HANDBUCH DER PFLANZENERNÄHRUNG UND DÜNGUNG

BEGRÜNDET VON

KARL SCHARRER UND HANS LINSER

HERAUSGEGEBEN VON

DR. PHIL. HANS LINSER
O. UNIVERSITÄTSPROFESSOR FÜR PFLANZENERNÄHRUNG
DIREKTOR DES INSTITUTS FÜR PFLANZENERNÄHRUNG
DER JUSTUS-LIEBIG-UNIVERSITÄT IN GIESSEN

IN DREI BÄNDEN

ERSTER BAND

PFLANZENERNÄHRUNG

ERSTE HÄLFTE

Springer-Verlag Wien GmbH
1969

PFLANZENERNÄHRUNG

BEARBEITET VON

D. I. ARNON · W. BAUMEISTER · W. U. BEHRENS · E. v. BOGUSLAWSKI
M. J. BUKOVAC · H. BURGHARDT · M. ERICHSEN · W. FLAIG · W. H. FUCHS
F. GROSSMANN · F. HEILINGER · G. P. HILL · J. JUNG · H. KICK · J. G. KISSER
P. J. KRAMER · H. KÜHN · P. LIMBERG · H. LINSER · H. H. MAYR
K. MENGEL · K.-H. NEUMANN · K. SCHARRER · G. SCHMID · W. SCHUSTER
H. B. TUKEY · H. B. TUKEY JR. · H. WALTER · S. H. WITTWER

ERSTE HÄLFTE

MIT 99 ABBILDUNGEN

Springer-Verlag Wien GmbH
1969

Ursprünglich erschienen bei Springer Vienna 1969.
Softcover reprint of the hardcover 1st edition 1969
Library of Congress Catalog Card Number 66-1904

ISBN 978-3-7091-8221-5 ISBN 978-3-7091-8220-8 (eBook)
DOI 10.1007/978-3-7091-8220-8

Titel-Nr. 8320

Vorwort

Seit dem Erscheinen des zweibändigen Standardwerkes von F. HONCAMP, „Handbuch der Pflanzenernährung und Düngerlehre", sind mehr als dreißig Jahre vergangen. Bei den stürmischen Fortschritten auf allen Gebieten der Naturwissenschaften, insbesondere der Chemie, Pflanzenphysiologie, Biochemie, Bodenkunde und Technologie, ist dieses zur Zeit seines Erscheinens so ausgezeichnete Handbuch natürlich längst veraltet.

Zweifellos besteht heute ein dringendes Bedürfnis nach einem ähnlichen Werk. Wenn wir von dem ursprünglichen Plan abgekommen sind, das HONCAMPsche Handbuch in neuer Auflage zu bearbeiten, so vor allem deswegen, weil die tiefgreifende Entwicklung auf diesem Gebiet eine völlig neue Gestaltung des Werkes geboten erscheinen ließ. Es gliedert sich nun in drei Bände.

Band I behandelt im wesentlichen die physiologischen Grundlagen der Pflanzenernährung. Er enthält eine ausführliche und systematische Darstellung der eigentlichen Ernährungsphysiologie. Auf eine Erörterung der allgemeinen pflanzenphysiologischen Grundlagen konnte dabei verzichtet werden, weil im RUHLANDschen „Handbuch der Pflanzenphysiologie" ein umfassendes und modernes Nachschlagewerk zur Verfügung steht.

Band II beschäftigt sich mit dem Boden und den Düngemitteln. Unter Berücksichtigung der modernen Agrikulturchemie haben wir das heutige Wissen über den Boden als Standort und Nährstoffquelle der Pflanze unter den Verhältnissen der landwirtschaftlichen Praxis und des Gartenbaues bzw. des Forstwesens systematisch zusammengefaßt. Die folgenden Kapitel befassen sich mit der Beschreibung und Herstellung der verschiedenen Wirtschafts- und Handelsdüngemittel. Gerade auf diesem Gebiet bestehen in der wissenschaftlichen Literatur erhebliche Lücken, da keine größeren Lehr- oder Handbücher vorhanden sind, die sich eingehender mit der Technologie der Düngemittel und der Düngung beschäftigen.

Band III behandelt schließlich die Ausbringungsverfahren für Düngemittel sowie die Düngung aller wichtigen landwirtschaftlichen, gärtnerischen und forstlichen Kulturpflanzen einschließlich wichtiger tropischer Arten. Sondergebiete, wie die Düngung von Moor und Anmoor und die Düngung von Teichen, sind in eigenen Abschnitten behandelt. Besonderes Augenmerk ist in ausführlichen Kapiteln der Rentabilität und der wirtschaftlichen Bedeutung der Düngung wie auch ihren ernährungsphysiologischen Auswirkungen gewidmet. Ein Anhang gibt einen Überblick über die während der letzten Jahre in verschiedenen Ländern hauptsächlich verwendeten Nährstoffverhältnisse in Düngemitteln.

Das vorliegende Werk soll der agrikulturchemischen Forschung einen Überblick über den heutigen Entwicklungsstand auf dem Gebiet der Pflanzenernährung und Düngung vermitteln. Ist uns dies gelungen, so war die dabei aufgewandte Mühe nicht vergeblich. Die Erfordernisse der praktischen Landwirtschaft bringen es mit sich, daß einzelne Fragen recht unterschiedliches Gewicht haben. Die Gliederung des Stoffes konnte daher nicht nur nach logischen und theoretisch-sachlichen Gesichtspunkten vorgenommen werden. Wir hielten es auch für richtig, einzelne Gegenstände unter verschiedenen Gesichtspunkten darzustellen, wie sie sich aus den unterschiedlichen Betrachtungsweisen verschiedener Forscher und Autoren ergeben. Wenn dadurch gewisse Überschneidungen verursacht wurden, so halten wir dies nicht für einen Nachteil.

Spezielle Kapitel über neuere technisierte Pflanzenernährungsverfahren wurden nicht aufgenommen, weil diese noch nicht so weit entwickelt und abgeklärt zu sein scheinen, daß eine kurze zusammenfassende Darstellung fruchtbar wäre. Es muß deshalb auf die in jüngerer Zeit erschienenen Bücher, z. B. C. ELLIS und M. W. SWANEY, Soilless growth of plants, New York: Reinhold, 1963; H. BAUMANN, Plastoponik, Heidelberg: Hüthig, 1967 (170 Seiten); F. PENNINGSFELD und P. KURZMANN, Hydrokultur und Torfkultur, Stuttgart: Ulmer, 1966 (205 Seiten), und auf die Veröffentlichungen der Gesellschaft für Industriellen Pflanzenbau, Wien 1965, verwiesen werden, aus denen Problematik und Stand der Entwicklungen ersichtlich werden. Dasselbe gilt für die speziellen Fragen der Algengroßkultur für Zwecke der Futtermittelerzeugung (vgl. J. S. BURLEW, Algal culture from laboratory to pilot plant, Washington, D. C.: Carnegie Inst., 1953, 357 Seiten).

Professor Dr. Dr. h. c. Dr. h. c. KARL SCHARRER, der langjährige Direktor des agrikulturchemischen Instituts der Justus-Liebig-Universität in Gießen, gab den Anstoß zum Entstehen dieses Werkes, mit dem er seinen grundlegenden Arbeiten auf dem Gebiete der Agrikulturchemie und insbesondere auf dem des Düngungswesens einen zusammenfassenden Abschluß geben wollte. Seine letzten Bemühungen vom Krankenbett aus galten diesem Buch. Sein früher Tod ließ ihn das Entstehen des Gesamtwerkes nicht mehr erleben. Der Herausgeber hofft, es in seinem Sinne weitergeführt zu haben.

Über hundert Wissenschaftler und Techniker aus aller Welt haben an dem Werk mitgearbeitet. Ihnen allen sei an dieser Stelle besonders gedankt. Zu danken ist aber auch jenen, die bei der umfangreichen redaktionellen Arbeit tatkräftig mitgewirkt haben, vor allem Frau Dr. ELFRIEDE PRESOLY (Linz), Herrn Priv.-Doz. Dr. KARL-HERMANN NEUMANN (Gießen), der zusammen mit Herrn Dr. JOACHIM BOHRING (Gießen) auch die Register angefertigt hat, sowie Frau EDITH HARNDT, Frau ILSE HELMSORIG und Frau ELLEN NEUMANN (Gießen).

Dem Springer-Verlag in Wien, der sich dem Plan von Anfang an aufgeschlossen gezeigt hat, gebührt Dank für alle die Sorgfalt, die er dem Werk hat angedeihen lassen.

Gießen, im Frühjahr 1969

Hans Linser

Inhaltsverzeichnis der ersten Hälfte

Seite

Inhaltsübersicht der zweiten Hälfte

Mitarbeiter von Band I

ARNON, Professor Dr. D. I., Ph. D., Department of Cell Physiology, University of California, Hilgard Hall, *Berkeley*, California, U. S. A.

BAUMEISTER, Professor Dr. W., Botanisches Institut der Westfälischen Wilhelms-Universität, Schloßgarten 3, *Münster in Westfalen*, Bundesrepublik Deutschland.

BEHRENS †, Dr. W. U., Kali-Chemie A. G., Hans-Böckler-Allee 20, *Hannover*, Bundesrepublik Deutschland.

BOGUSLAWSKI, Professor Dr. E. VON, Direktor des Instituts für Pflanzenbau und Pflanzenzüchtung der Justus-Liebig-Universität, Ludwigstraße 23, *Gießen*, Bundesrepublik Deutschland.

BUKOVAC, Professor Dr. M. J., Ph. D., Department of Horticulture, College of Agriculture, Michigan State University, *East Lansing*, Michigan, U. S. A.

BURGHARDT, Dr. H., Ruhr-Stickstoff A. G., Landwirtschaftliche Forschung „Hanninghof", Hanninghof 35, *Dülmen in Westfalen*, Bundesrepublik Deutschland.

ERICHSEN, MAREN, Institut für Pflanzenbau und Pflanzenzüchtung der Justus-Liebig-Universität, Ludwigstraße 23, *Gießen*, Bundesrepublik Deutschland.

FLAIG, Professor Dr. W., Direktor des Instituts für Biochemie des Bodens der Forschungsanstalt für Landwirtschaft, Bundesallee 50, *Braunschweig-Völkenrode*, Bundesrepublik Deutschland.

FUCHS, Professor Dr. W. H., Direktor des Instituts für Pflanzenpathologie und Pflanzenschutz der Georg-August-Universität, Nikolausberger Weg 5 a, *Göttingen*, Bundesrepublik Deutschland.

GROSSMANN, Professor Dr. F., Direktor des Instituts für Phytopathologie der Justus-Liebig-Universität, Ludwigstraße 23, *Gießen*, Bundesrepublik Deutschland.

HEILINGER, Dr. F., Institut für Pflanzenbau und Saatgutforschung der Forschungsanstalt für Landwirtschaft, Bundesallee 50, *Braunschweig-Völkenrode*, Bundesrepublik Deutschland.

HILL, Professor Dr. G. P., B. Sc., M. Sc., Department of Applied Microbiology and Biology, University of Strathclyde, George Street, *Glasgow* C 1, Great Britain.

JUNG, Dr. J., Parkstraße 10, *Limburgerhof/Pfalz*, Bundesrepublik Deutschland.

KICK, Professor Dr. H., Direktor des Agrikulturchemischen Instituts der Rheinischen Friedrich-Wilhelms-Universität, Meckenheimer Allee 176, *Bonn*, Bundesrepublik Deutschland.

KISSER, Professor Dr. J. G., Vorstand des Botanischen Instituts der Hochschule für Bodenkultur, Gregor-Mendel-Straße 33, *Wien* XVIII, Österreich.

KRAMER, Professor Dr. P. J., M. Sc., Ph. D., Department of Botany, Duke University, *Durham*, North Carolina, U. S. A.

KÜHN, Professor Dr. H., Wissenschaftlicher Rat am Institut für Pflanzenernährung der Justus-Liebig-Universität, Braugasse 7, *Gießen*, Bundesrepublik Deutschland.

LIMBERG, Professor Dr. P., Direktor des Instituts für Acker- und Pflanzenbau der Technischen Universität Berlin, Albrecht-Thaer-Weg 5, *Berlin* 33, Deutschland.

LINSER, Professor Dr. H., Direktor des Instituts für Pflanzenernährung der Justus-Liebig-Universität, Braugasse 7, *Gießen*, Bundesrepublik Deutschland.

MAYR, Priv.-Doz. Dipl.-Ing. Dr. H. H., Leiter der Biologischen Forschung der Österreichischen Stickstoffwerke A. G., St. Peter 224, *Linz*, Österreich.

MENGEL, Professor Dr. K., Leiter der Landwirtschaftlichen Forschungsanstalt Büntehof der Verkaufsgemeinschaft Deutscher Kaliwerke GmbH., Bünteweg 8, *Hannover*, Bundesrepublik Deutschland.

NEUMANN, Priv.-Doz. Dr. K.-H., Institut für Pflanzenernährung der Justus-Liebig-Universität, Braugasse 7, *Gießen*, Bundesrepublik Deutschland.

SCHARRER †, Professor Dr. Dr. h. c. Dr. h. c. K., Direktor des Agrikulturchemischen Instituts der Justus-Liebig-Universität, Braugasse 7, *Gießen*, Bundesrepublik Deutschland.

SCHMID, Dr. G., Landwirtschaftliche Untersuchungs- und Forschungsanstalt, Josef-König-Institut, von Esmarchstraße 12, *Münster in Westfalen*, Bundesrepublik Deutschland.

SCHUSTER, Professor Dr. W., Wissenschaftlicher Rat am Institut für Pflanzenbau und Pflanzenzüchtung der Justus-Liebig-Universität, Ludwigstraße 23, *Gießen*, Bundesrepublik Deutschland.

TUKEY, Professor Dr. H. B., Ph. D., hon. D. Sc., Head, Department of Horticulture, College of Agriculture, Michigan State University, *East Lansing*, Michigan, U. S. A.

TUKEY, Professor Dr. H. B. JR., Ph. D., Department of Floriculture, New York State College of Agriculture, Cornell University, *Ithaca*, N. Y., U. S. A.

WALTER, Professor Dr. H., em. Direktor des Botanischen Instituts der Universität Hohenheim, Garbenstraße 56, *Stuttgart-Hohenheim*, Bundesrepublik Deutschland.

WITTWER, Professor Dr. S. H., Ph. D., Director, Agricultural Experiment Station and Professor of Horticulture, College of Agriculture, Michigan State University, *East Lansing*, Michigan, U. S. A.

Einleitung

Problematik der Pflanzenernährung und Historisches

Von

K. Scharrer

Das Wesen der Ernährung der Pflanze konnte naturgemäß erst ergründet werden, als die chemischen, biochemischen und physiologischen Erkenntnisse eine gewisse Entwicklung erreichten.

Der Laie ist geneigt, die ihm zunächst, wenigstens in ihren Grundzügen, viel leichter begreifliche und erkennbare menschliche und tierische Ernährung auf die Ernährungsvorgänge in der Pflanze zu übertragen. Von der Tatsache aus gesehen, daß seine eigene Ernährung hauptsächlich organische Substanzen zur Grundlage hat, schließt er fälschlicherweise, daß dies im wesentlichen auch bei der Pflanze der Fall sei. Bereits in den Anfängen der Kultur war diese Irrlehre verbreitet, und sie zieht sich wie ein roter Faden durch die Wissenschaftsgeschichte bis auf den heutigen Tag. In ältester Zeit wurde diese unrichtige Meinung noch durch die Tatsache gefördert, daß man noch nicht in der Lage war, heterotrophe von autotrophen Organismen zu unterscheiden. Selbst ein Naturforscher und Philosoph von größtem Ansehen, nämlich ARISTOTELES (384—322), lehrte noch, daß die Pflanzen ihre Nahrung durch die Wurzeln unmittelbar dem Boden in einer Form entnehmen, wie wir sie in der Pflanze vorfinden.

THEOPHRASTUS (371—286) vertrat die Ansicht, als Ausgangspunkt seiner Forschung die Beobachtungen der natürlichen Vorgänge und nicht deduktive Schlußfolgerungen heranzuziehen. Im Mittelalter galten, wie auf den verschiedensten Gebieten der Naturwissenschaften, noch die Ansichten des ARISTOTELES über die Ernährung der Pflanze. Erst JOACHIM JUNGIUS (1587—1657) wies darauf hin, daß das Wesen der Ernährung die Aufnahme und Abgabe von Stoffen sei und die Pflanze die Fähigkeit habe, die ihr dargebotenen Substanzen in gewissem Umfang auswählen zu können. Den ersten Pflanzenversuch führte der Chemiker und Arzt JOHANN BAPTIST VAN HELMONT (1577—1644) durch, allerdings mit falscher Deutung der Ergebnisse; zu ähnlichen Schlußfolgerungen gelangte auch R. BOYLES (1627—1691).

Die Bedeutung der grünen Blätter als wichtige Organe der Ernährung erkannte MALPIGHI (1628—1694). Von entscheidender Bedeutung waren die Feststellungen von MARIOTTE (1620—1684), daß die Pflanzen in der Lage seien, ihre Körpersubstanz aus den dem Boden entnommenen Stoffen aufzubauen. Im Verein mit den Erkenntnissen von MALPIGHI wurden dadurch endlich die Lehren des ARISTOTELES in Zweifel gezogen und damit die Möglichkeit eröffnet, zu neuen Vorstellungen über die Pflanzenernährung zu gelangen.

Für ST. HALES (1677—1761) waren die Blätter in erster Linie Organe der Transpiration; er erkannte, daß durch sie Wasser und Nährstoffe durch die Pflanze bis zur oberen Spitze transportiert werden. Der Begründer der Phlogistontheorie, ERNST GEORG STAHL (1660—1734) war ebenso wie H. BOERHAVE (1668—

—1738) und J. R. GLAUBER (1603—1668) von der Wichtigkeit der anorganischen Stoffe des Bodens für die Pflanzenernährung überzeugt.

Erst die Entdeckung des Sauerstoffs durch K. W. SCHEELE (1742—1786) und die Untersuchungen von A. L. LAVOISIER (1743—1794) über die Bedeutung dieses Elements für die Atmung und die bei diesem Prozeß entwickelte Kohlensäure förderten, obwohl ursprünglich beim tierischen Organismus ausgeführt, die Erkenntnisse über die Ernährung der Pflanze. LAVOISIER vermochte schon zu zeigen, daß die Blätter bei Belichtung Sauerstoff entwickeln.

JAN INGEN-HOUSZ (1730—1799) hat den Gaswechsel der Pflanzen genauer studiert und gefunden, daß die grünen Blätter im Lichte Sauerstoff ausscheiden, zum Unterschied von anderen Organen, die sowohl bei Licht als auch in der Dunkelheit Kohlendioxyd entwickeln, was übrigens auch die grünen Blätter im Dunkeln tun. Allerdings unterließ er es, das Schicksal des Kohlendioxyds und dessen Verarbeitung zu organischen Substanzen weiter zu studieren. Erst SENEBIER (1742—1809) hat erkannt, daß die Kohlensäure im Licht unter Freimachung von Sauerstoff reduziert wird. Nach ihm entnehmen die Pflanzen die Kohlensäure hauptsächlich durch die Wurzeln aus dem Boden und nicht aus der Atmosphäre.

Die von den letztgenannten Forschern erhaltenen Ergebnisse wurden durch THEODOR DE SAUSSURE (1767—1845) bestätigt; dadurch, daß er bei seinen eigenen Arbeiten die Umsetzungen nicht nur qualitativ wie sein Vorgänger, sondern auch quantitativ untersuchte, war er in der Lage, das Wesen der Photosynthese zu erkennen. Er zeigte, daß für die Synthese der organischen Substanzen neben dem CO_2 auch das Wasser benötigt wird, während die aus dem Boden zugeführten Nährstoffe der Menge nach klein sind. Seine Forschungen hat er in seinem Buch „Recherches chimiques sur la végétation" niedergelegt; darin zeigte er auch schon, daß der Stickstoff hauptsächlich aus stickstoffhaltigen Stoffen anorganischer Natur von der Pflanze dem Nährsubstrat entnommen wird, jedoch aus dem elementaren Stickstoff der Atmosphäre kommt. Richtig erkannte er den Ursprung der anorganischen Substanzen, die von der Pflanze dem Boden entnommen wurden.

Wie wenig jedoch die Forschungsergebnisse von INGEN-HOUSZ, SENEBIER und SAUSSURE Allgemeingut der Wissenschaftler und Praktiker geworden waren, zeigt die Fragestellung und Beantwortung einer Preisaufgabe der Berliner Akademie der Wissenschaften vom Jahre 1800: „Von welcher Art sind die erdigen Bestandteile, welche man durch Hilfe der chemischen Zergliederung in verschiedenen inländischen Getreidearten findet? Treten diese als solche ein, wie man sie darinnen findet, oder werden sie durch die Lebenskraft und durch die Wirkung der Hilfsmittel zum Wachstum gebracht?" Die Preisträger CH. K. SCHRADER und I. S. NEUMANN gaben hinsichtlich der wesentlichsten Punkte folgende Antwort: „. . . daß die in den Getreidearten enthaltenen Erden und metallischen Bestandteile nicht als solche, wie man sie darin findet, eintreten, sondern durch die Lebenskraft und durch die Wirkung der Vegetation darin erzeugt sind."

Ein wesentlicher Rückschritt gegenüber den Erkenntnissen von SENEBIER und SAUSSURE erbrachte die von ALBRECHT THAER (1752—1828) aufgestellte Humustheorie, die er hauptsächlich in seinen im Jahre 1809 erschienenen „Grundsätze der rationellen Landwirtschaft" vertrat. Diese Humustheorie behauptet, daß neben dem Wasser nur der Humus die Nahrung der Pflanze bilde, die anorganischen Stoffe dagegen höchstens Reizmittel seien. Da der Humusgehalt eines Bodens mit dessen Fruchtbarkeit gleichgesetzt wurde, war somit der Hauptzweck der Düngung, den Boden an humusbildenden pflanzlichen und tierischen Produkten anzureichern. Vergeblich hat diesen Lehren gegenüber HUMPHRY DAVY

(1778—1829), von dem übrigens der Name „Agrikulturchemie" („agricultural chemistry") stammt, die Bedeutung der Mineralstoffe für die Pflanzenernährung betont, ebenso wie in Deutschland KARL SPRENGEL (1787—1859).

Der letztgenannte Forscher hat in seinem im Jahre 1845 erschienenen Buch „Die Lehre vom Dünger" schon vor LIEBIG in voller Klarheit und Deutlichkeit die Grunderkenntnisse der modernen Pflanzenernährungslehre niedergelegt, darin sind z. B. folgende Sätze zu finden: „Die Pflanzen bilden aus unorganischen Stoffen, welche dieselben aus dem Boden und der atmosphärischen Luft erhalten, unter Beihilfe des Lichts, der Wärme, der Elektrizität und des Wassers ihren organischen Körper. Mit Gewißheit können wir annehmen, daß die mineralischen Körper allen Gewächsen auch zur wirklichen Nahrung dienen und zu ihrer chemischen Konstitution ebenfalls wesentlich erforderlich sind wie der Sauerstoff, Kohlenstoff, Wasserstoff und Stickstoff der organischen Düngematerialien." Aus diesen seinen Lehren zog er auch die entsprechenden Folgerungen für die praktische Landwirtschaft, zumal er bereits vor LIEBIG das Gesetz des Minimums deutlich erkannte. Die gleichen Ansichten waren in dem Buch von AUGUST WILHELM LAMPADIUS (1772—1842) „Über die Lehre von den mineralischen Düngemitteln" zu finden, der ein Schüler von SPRENGEL war.

Wenn auch die Lehren SPRENGELS und seiner Schüler von vielen Forschern und seitens der landwirtschaftlichen Praxis noch wenig beachtet worden waren, da vielfach noch die Ansichten THAERS vorherrschten, so zeigt doch eine im Jahre 1838 von der Universität Göttingen gestellte Preisfrage deutlich die veränderte Betrachtungsweise eines neuen Zeitalters. Sie lautete: „Sind die sogenannten unorganischen Elemente, die in der Asche der Pflanzen gefunden wurden, auch dann vorhanden, wenn sie denselben nicht dargeboten werden, und sind jene Elemente so wesentliche Bestandteile des vegetabilischen Organismus, daß dieser sie zu seiner völligen Ausbildung bedarf?" Diese Frage wurde 1842 von WIEGMANN und POLSTORFF, die auch den Preis erhielten, folgendermaßen beantwortet: „Das Wachstum der Pflanzen wird sehr behindert und fast ganz unterdrückt, sobald nicht eine gewisse Menge von unorganischen Bestandteilen in aufgelöstem Zustand im Boden zugegen ist." Erwähnenswert ist, daß zum ersten Mal in der so bewegten Geschichte der Pflanzenernährungslehre eine wissenschaftliche These auf Grund eines außerordentlich exakten, selbst für unsere heutige Zeit als vorbildlich anzusprechenden Experimentes ausgesprochen worden ist.

Lange Zeit blieb auch die Methode, die man anwenden mußte, um die Notwendigkeit eines Mineralstoffes für das Pflanzenwachstum festzustellen, problematisch. Auf keinen Fall genügt es dazu, wie noch LIEBIG meinte, die Pflanze hinsichtlich ihrer Zusammensetzung zu untersuchen und die dabei gefundenen Elemente als lebensnotwendig zu bezeichnen. Wie aus einer Fülle durchgeführter pflanzlicher Analysen von SPRENGEL, WOLFF (1815—1896) und STEFFEN hervorgeht, zeigen die gleichen Pflanzen auf verschiedenen Standorten wesentliche Unterschiede in ihrem Aschengehalt und auch in qualitativer Hinsicht. Die Pflanze scheint somit bis zu einem gewissen Grad gezwungen zu sein, die ihr im Nährsubstrat angebotenen Elemente aufzunehmen, so daß vielfach für die Pflanzenernährung überflüssige Mineralstoffe in ihr enthalten sind. Die Gegenwart und Menge eines Elementes in der Pflanze ist somit kein Beweis für seine Lebensnotwendigkeit, geschweige der hiervon für die Pflanze benötigten Menge. Erst WIEGMANN und POLSTORFF haben ein Verfahren ausgearbeitet, daß auch heute als sogenannte Differenzmethode noch angewandt wird; die Pflanze wird in einem nach Möglichkeit nährstofffreien Substrat herangezogen und die Notwendigkeit eines bestimmten Mineralstoffes durch systematisches Zugeben bzw. Weglassen geprüft. Meist wurde als indifferentes Material Sand verwendet, weshalb sich die

Bezeichnung „Sandkultur“ eingebürgert hat. Dieses Verfahren ist von H. HELLRIEGEL (1831—1895), H. WILFARTH (1853—1904) und P. WAGNER (1843—1930) verbessert und angewandt worden. Da dabei aber noch immer, auch aus dem sterilsten Sand, Nährstoffe und vor allem Mikronährstoffe in die Pflanze gelangen können, haben I. SACHS (1832—1897) und W. KNOP (1817—1891) die Methode der Wasserkultur eingeführt, womit rein ernährungsphysiologische Fragen am besten geklärt werden, da der Boden mit seiner komplizierten Zusammensetzung völlig ausgeschaltet ist. Dabei werden den Pflanzen die in Frage kommenden oder vermutlichen Nährstoffe in Form von Salzen in sehr verdünnter wässeriger Lösung zugeführt.

Es wurde gezeigt, daß zwar, hauptsächlich durch SPRENGEL, richtige Erkenntnisse über die Ernährungsphysiologie der grünen Pflanze gewonnen worden waren, diese Ansichten sich aber kaum in wissenschaftlichen Kreisen und überhaupt nicht in der landwirtschaftlichen Praxis durchsetzen konnten, wo sie kaum beachtet worden sind. Es mußte erst ein Forscher von der internationalen Bedeutung JUSTUS V. LIEBIGS die Lehren seiner Vorgänger in genialer Synthese und Intuition zusammenfassen und mit dem Gewicht seines Namens an die Öffentlichkeit bringen, um vor allem auch die landwirtschaftlichen Kreise überzeugen zu können. Dazu war es nötig, die Humustheorie von THAER als unrichtig zu beweisen und zu zeigen, daß die Pflanzen ihre organische Substanz mittels der Photosynthese aus dem Kohlendioxyd der Atmosphäre aufbauen und den Humus nicht aufbrauchen, sondern anreichern. Seine Arbeiten und Ideen veröffentlichte er in dem im Jahre 1840 erschienenen Buch über „Die organische Chemie in ihrer Anwendung auf Agrikultur und Physiologie“, meist als „Agrikulturchemie“ bezeichnet, das später noch in zahlreichen, neubearbeiteten Auflagen erschien. Darin kommt der berühmte Satz vor, der auch heute noch im wesentlichen Gültigkeit besitzt: „Die Nahrungsmittel aller grünen Gewächse sind anorganische Substanzen. Die Pflanze lebt von Kohlensäure, Ammoniak (Salpetersäure), Wasser, Phosphorsäure, Schwefelsäure, Kieselsäure, Kalk, Magnesia, Kali und Eisen; manche bedürfen Kochsalz.“ LIEBIG stellte auch schon Hypothesen über den Chemismus der Photosynthese auf, wobei er annahm, daß Kohlendioxyd über Oxalsäure, Weinsäure und Essigsäure in ein Kohlenhydrat übergeführt wird.

LIEBIG versuchte, die Lebensnotwendigkeit der einzelnen Mineralstoffe für die Pflanzenernährung zu erklären, wobei er sich allerdings in gewagte Spekulationen verlor. Ursprünglich hat er auch die positiven Seiten der Humustheorie von THAER restlos abgelehnt, worin er sich allerdings in den späteren Auflagen seines Buches berichtigt hat. Das bereits von SPRENGEL, wie erwähnt, aufgestellte Gesetz des Minimums ist von LIEBIG klar ausgesprochen worden und hat auch heute nichts an Bedeutung verloren, wenn es auch später durch das Wirkungsgesetz der Wachstumsfaktoren mathematisch einwandfrei formuliert und genauer dargestellt worden ist.

Von LIEBIG wurden nicht nur die theoretischen Grundlagen der Pflanzenernährung neu gestaltet; auch die praktische Landwirtschaft erhielt wesentliche Anregungen. Dadurch wurde von ihm die stürmische Entwicklung der Industrie der Handelsdünger angeregt, was wiederum der landwirtschaftlichen Praxis ermöglichte, durch die Mineraldüngung eine beträchtliche Steigerung der Ernteerträge der Kulturpflanzen zu erreichen. Dadurch kann man J. v. LIEBIG in der Geschichte der Wissenschaftler eine Sonderstellung einräumen, indem seine Forschungen nicht nur die theoretische Erkenntnis befruchtet haben, sondern auch für das materielle Leben der Menschheit von tiefgreifenden Folgen gewesen sind.

Große Verdienste um unsere Erkenntnisse auf pflanzenphysiologischem Gebiet hat sich J. B. BOUSSINGAULT (1802—1887) erworben. In ausgedehnten

Vegetationsversuchen zeigt er, daß die Pflanzen auf einem völlig humusfreien Boden gedeihen können. Andererseits vermögen grüne Pflanzen nicht zu wachsen, falls sie auf einem humusreichen Boden bei völliger Abwesenheit von Kohlendioxyd in der Atmosphäre herangezogen werden sollen. Der letztgenannte Forscher zeigte deutlich, daß der atmosphärische Stickstoff von den Pflanzen nicht verwertet werden kann und sie ihren Stickstoffbedarf aus den Ammonsalzen und Nitraten des Bodens zu decken gezwungen sind. Daß der elementare Luftstickstoff für die höheren Pflanzen bedeutungslos ist, war bereits die Überzeugung LIEBIGS. Er nahm jedoch an, daß die durch stille elektrische Entladungen in der Atmosphäre gebildeten Stickstoffverbindungen, durch die Atmosphärilien in den Boden gebracht, genügten, um die Kulturpflanzen genügend mit Stickstoff zu versorgen und war daher zunächst ein Gegner der Stickstoffdüngung. Diesbezüglich lag er lange Zeit in wissenschaftlicher Fehde mit englischen Forschern, wie vor allem J. B. LAWES (1814—1900) und J. H. GILBERT (1827—1901), die auf Grund ihrer Versuche von der Bedeutung einer Stickstoffdüngung für ein gedeihliches Pflanzenwachstum überzeugt waren.

Viele Forscher haben sich im Laufe der Zeit mit der unterschiedlichen Wirkung von Ammonsalzen und Nitraten auf das Pflanzenwachstum beschäftigt. Erst in neuerer Zeit hat man in der Methode der fließenden Wasserkultur bei konstanter pH-Zahl ein Mittel gefunden, um diese Frage lösen zu können. Während früher die Ansicht bestand, daß lediglich das Nitrat-Ion, aber nicht das Ammonium-Ion in der Lage wäre, die Pflanze mit Stickstoff zu versorgen, weiß man heute, daß beide Ionenarten von der Pflanze aufgenommen werden können, wobei allerdings das Ammonium-Ion nur zwischen pH5 und 7 gleich gut wie das Nitrat-Ion verwendet wird, das zwischen pH 3 und 8 noch günstig wirkt, was auf die hydrolytische Spaltung der Ammonsalze bei hoher pH-Zahl zurückzuführen ist, wodurch freies Ammoniak entsteht, das außerordentlich giftig für die Zelle ist. Für die praktische Düngung ist allerdings vor allem die Tatsache wichtig, daß Ammoniumsalze physiologisch sauer, Nitrate physiologisch alkalisch reagieren und daher die Nitrate für acidophobe, die Ammonsalze für acidophile Kulturpflanzen am besten zu verwenden sind, worauf auch die Bevorzugung der verschiedenen Stickstoff-Formen durch landwirtschaftliche Kulturpflanzen zurückzuführen ist.

Klare Vorstellungen über die Verwertbarkeit des Luftstickstoffs zur Ernährung der Pflanzen wurden erst relativ spät gewonnen. Zwar vertraten bereits THAER, BERZELIUS und DAVY die Ansicht, daß gewisse Pflanzen in der Lage seien, sich den Stickstoff der Luft anzueignen. Bald darauf konnte BOUSSINGAULT mit Hilfe der Elementaranalyse zeigen, daß Rotklee und Erbsen Luftstickstoff aufzunehmen vermögen. Ebenso wie LIEBIG glaubte er jedoch an eine Ammoniakzufuhr aus der Atmosphäre, wobei das Ammoniak seiner Ansicht nach aus elementarem Stickstoff und dem Wasserstoff des Wasser gebildet wurde. Noch fast ein halbes Jahrhundert blieb der Mechanismus der Stickstoffaufnahme aus der Luft ins Dunkel gehüllt. Eine intensive Beschäftigung mit dieser Frage riefen in den 80er Jahren des vorigen Jahrhunderts die Erfolge des Praktikers SCHULTZ-LUPITZ hervor, dem es durch Anbau von Leguminosen gelang, selbst ärmste Sandböden ertragswürdig zu machen. Im Jahre 1886 konnten dann HELLRIEGEL und WILFARTH beweisen, daß die Leguminosen mit Hilfe der Wurzelknöllchen und unter Beteiligung von Mikroorganismen befähigt sind, den Stickstoff der Luft zu binden und aufzunehmen. Wenig später gelang es BEIJERINCK, sterile Kulturen von Vicia faba mit Knöllchenbakterien künstlich zu infizieren mit dem Erfolg, daß die Pflanzen Wurzelknöllchen ausbildeten und zur Stickstoffassimilation befähigt wurden. Er nannte das Bacterium (nicht ganz richtig) Bacillus radicicola. In neuester Zeit konnte VIRTANEN wesentlich zur Aufklärung des Chemismus der Stickstoffbindung durch die Knöllchenbakterien und der Übertragung auf die Wirtspflanze beitragen. Es sei jedoch nicht unerwähnt, daß in der Jugendentwicklung auch die Leguminosen auf lösliche Stickstoffverbindungen angewiesen sind; die Ausbildung der Wurzelknöllchen und damit die Ausnutzung des Luftstickstoffs setzt erst später ein.

Die „Mineralstofftheorie" LIEBIGS fand, auf Grund seiner überzeugenden Darstellung und der Autorität seines Namens schnellen Eingang in der landwirtschaftlichen Praxis. Die Folge war eine zunehmende Nachfrage nach mineralischen Düngemitteln in der zweiten Hälfte des vorigen Jahrhunderts und der Aufbau eines neuen ausgedehnten Industriezweiges zur Erzeugung von Handelsdüngern. Bereits im Jahre 1843 erfolgte in England die erste fabrikmäßige Herstellung von Superphosphat aus Knochen und Koprolithen, während in Deutschland die erste Anlage dieser Art 12 Jahre später errichtet wurde. Wesentlichen Einfluß auf die Versorgung der europäischen, besonders der deutschen Landwirtschaft mit Phosphorsäure nahm einige Jahrzehnte später die Thomasschlacke, die beim Stahlgewinnungsprozeß nach dem Verfahren von THOMAS-GILCHRIST anfällt. Noch bis in die 60er Jahre des vorigen Jahrhunderts war das wichtigste Kalidüngemittel die Holzasche. Erst als man erkannte, daß die beim Stassfurter Steinsalzbergbau anfallenden „Abraumsalze" Kali enthielten und daß in Mitteldeutschland Kalisalzlager von außerordentlicher Ergiebigkeit zur Verfügung standen, war es möglich, die landwirtschaftliche Praxis des In- und Auslandes mit diesem Nährstoff zu versorgen. Die Belieferung der Landwirtschaft mit Stickstoffdüngern erfolgte bis zum Beginn des 20. Jahrhunderts in der Hauptsache in Form von Chilesalpeter, Guano und später mit dem in Gasfabriken und Kokereien anfallenden schwefelsauren Ammoniak. Diese Stickstoffdünger verloren erheblich an Bedeutung, als es in den ersten Jahrzehnten dieses Jahrhunderts gelang, in großtechnischen Verfahren den atmosphärischen Stickstoff in Nitrat- und Ammoniak- bzw. in Kalkstickstoff überzuführen. Hervorragenden Anteil an dieser Entwicklung nahmen BIRKELAND. EYDE und SCHÖNHERR; HABER, BOSCH, OSTWALD und MITTASCH sowie FRANK und CARO.

Während LIEBIG in den ersten Auflagen seiner „Agrikulturchemie" die Humustheorie THAERS völlig ablehnte, erkannte er später die Bedeutung des Humus für die Bodenfruchtbarkeit sehr wohl. Die heutige moderne Auffassung der Pflanzenernährung lehnt die Einseitigkeit der THAERschen Humustheorie ebenso ab wie diejenige einer bloßen Mineralstoffersatztheorie. Das Beispiel der Wasser- und Hydroponikkultur zeigt zwar, daß die Ernährung der höheren Pflanze mit mineralischen Nährstoffen allein durchaus möglich ist und zur Ausbildung hoher Erträge führen kann. Von praktischer Bedeutung als Standort für die Pflanze wird aber auch in Zukunft nur der natürliche Boden sein. Die mineralische Düngung ist deshalb nur dann erfolgreich anzuwenden, wenn der Boden sich in einem Zustand befindet, der die Aufnahme und Ausnützung der zugeführten Nährstoffe günstig beeinflußt, jenem Zustand, den die Praxis mit „Bodengare" und die Wissenschaft mit „Beständigkeit der Krümelstruktur" bezeichnet. Voraussetzung hierfür sind optimale Wärme- und Wasserverhältnisse, ein geregelter Kalkzustand und die Anwesenheit genügender Mengen organischer Substanz. Hierdurch werden günstige Bedingungen für die Mikroorganismen geschaffen, deren Tätigkeit wiederum für die Ausbildung des erwünschten Bodenzustandes von höchster Bedeutung ist. Wir wissen heute, daß zur Erhaltung und Hebung der Bodenfruchtbarkeit die Huminstoffe der Wirtschaftsdünger von unerläßlicher Bedeutung sind, daß jedoch die geringen Mengen der darin enthaltenen Mineralstoffe in einer auf höchste Intensivierung ausgerichteten Landwirtschaft nicht ausreichen, um den Bedarf der landwirtschaftlichen und gärtnerischen Kulturpflanzen zu decken. Nur durch die Verwendung von Wirtschafts- und Mineraldüngern ist es möglich, die Fruchtbarkeit des Bodens zu erhalten und zu mehren und die Ernteerträge auf ihrer jetzigen Höhe zu halten und weiter zu steigern.

Die Auffassung SPRENGELS und LIEBIGS, daß eine vollkommene Ernährung der Pflanzen durch die Anwesenheit ausreichender Mengen der Elemente Kohlenstoff, Wasserstoff, Sauerstoff, Stickstoff, Schwefel, Phosphor, Eisen, Calcium, Magnesium und Kalium gewährleistet sei, wurde durch die Forschung der letzten Jahrzehnte dahingehend erweitert, daß außer den genannten noch eine Anzahl weiterer Elemente für eine normale Entwicklung der Pflanzen notwendig ist. Hierbei handelt es sich durchweg um Nährstoffe mit hohem Wirkungswert nach MITSCHERLICH, d. h. solche, von denen die Aufnahme bereits geringster Mengen ausreicht, um eine geregelte Ernährung der Pflanzen sicherzustellen. Man faßt diese Elemente heute unter dem Namen Mikronährstoffe zusammen im Gegensatz zu den zehn sogenannten klassischen Elementen, die auch als Makronährstoffe bezeichnet werden. Von den Elementen Bor, Kupfer, Mangan, Zink und Molybdän weiß man heute mit Sicherheit, daß sie zu den lebensnotwendigen Pflanzennährstoffen zählen. Es erscheint aber durchaus möglich, daß mit der Weiterentwicklung der Methodik des Pflanzenversuchs und fortschreitender Verfeinerung der Analysenverfahren noch weitere Elemente als Mikronährstoffe erkannt werden.

Die ständig wachsende Bevölkerungszahl unseres Planeten verlangt intensivste Bewirtschaftung der landwirtschaftlich nutzbaren Flächen. Daran ändert auch der scheinbare zeitweise Überfluß an landwirtschaftlichen Produkten nichts. Indem wir den Hunger bannen, tragen wir zur Erhaltung des Weltfriedens bei. Durch nichts wird die Bedeutung der von LIEBIG begründeten Pflanzenernährungslehre für die Menschheitsgeschichte deutlicher als durch eine Darstellung der

Durchschnittliche Ernteerträge und Mineraldüngerverbrauch in Deutschland von 1878 bis 1959
(nach L. SCHMITT 1960)

Zeitspanne	Nährstoffverbrauch (kg/ha)				Erträge dz/ha	
	N	P_2O_5	K_2O	Summe	Getreide	Kartoffeln
1878—1880	0,7	1,6	0,8	3,1	12,2	74,9
1886—1890	1,5	5,3	0,8	7,6	12,3	84,1
1896—1900	2,2	8,8	2,9	13,9	16,6	116,8
1900—1904	2,8	9,2	4,1	16,1	17,5	130,0
1905—1909	3,8	12,3	7,3	23,4	18,8	139,0
1910—1914	5,1	16,1	12,6	33,8	19,8	135,8
1915—1919	3,1	12,7	21,6	37,4	15,3	116,9
1920—1924	8,3	7,9	22,7	38,9	15,7	122,9
1925—1229	12,9	15,6	23,4	51,9	18,5	135,5
1930—1934	12,5	15,4	22,8	50,7	19,5	160,0
1935—1939	19,8	22,9	35,6	78,3	21,0	172,9
1940—1945	17,6	11,1	42,1	70,8	19,2	160,9
1946—1951	24,0	27,4	42,8	94,2	24,5	215,5
1950—1954	28,4	30,7	50,5	107,2	25,0	215,0
1955—1959	36,4	39,3	64,2	139,9	27,3	220,5

Zusammenhänge zwischen dem Verbrauch an Mineraldüngern während der letzten 80 Jahre und den Erträgen der wichtigsten Nahrungs- und Futtermittel, die heute eine, noch vor zwei Jahrzehnten nicht geahnte Steigerung erfahren haben.

Literatur

ARISTOTELES, s. F. STRUNZ: Naturbetrachtungen und Naturerkenntnisse im Altertum. Hamburg und Leipzig 1904.

BOERHAEVE, H.: Elementa Chemiae, 2 Bde. 1732. Englische Übersetzung: „A new method of chemistry", London 1753. — BOUSSINGAULT, J. B.: Economie rurale considérée dans ses rapports avec la chimie, la physique et la météorologie, 2 Bde. Paris 1843/44. Deutsche Übersetzung: „Die Landwirtschaft in ihren Beziehungen zur Chemie, Physik und Meteorologie", Halle 1851. — Agronomie, chimie agricole, et physiologie, 7 Bde. Paris 1860–1884. — BOYLES, R.: The sceptical chymist. London 1661.

DAVY, H.: Elements of agricultural chemistry. London 1813.

GLAUBER, J. R.: Furni Novi Philosophici. Amsterdam 1648.

HALES, ST.: Vegetable statics, or, an account of some statical experiments on the sap in vegetables. London 1727. Deutsche Übersetzung: „Statik der Gewächse", Halle 1748. — HELMONT, B. VAN: Ortus Medicinae. Amsterdam 1652. — HELLRIEGEL, H.: Grundlagen des Ackerbaues. Braunschweig 1883. — HELLRIEGEL, H., und H. WILFARTH: Untersuchungen über die Stickstoffnahrung der Gramineen und Leguminosen. Beilagen zur Z. Ver. Rübenzuckerindustrie. Berlin 1888.

INGEN-HOUSZ, J.: Experiments upon vegetables discovering their great power of purifying the common air in the sunshine and of injuring it in the shade and at night. London 1779. Deutsche Übersetzung: „Versuche mit Pflanzen", Wien 1798. An essay on the food of plants and the renovation of soils. London 1796. Deutsche Übersetzung: „Über die Ernährung der Pflanze und Fruchtbarkeit des Bodens", Leipzig 1798.

JUNGIUS, J.: Logica Hamburgensis, 1638.

KNOP, W.: Der Kreislauf des Stoffes. Leipzig: Haessel. 1868.

LAMPADIUS, W. A.: Die Lehre von den mineralischen Düngemitteln mit besonderer Berücksichtigung auf Herrn Dr. SPRENGELS neuere Analysen der Pflanzen und Bodenarten. Leipzig 1833. — LAVOISIER, A. L.: Traité élémentaire de chimie, 2 Bde. Paris 1789. — LAWES, J. B., und J. H. GILBERT: Über die Agriculturchemie. J. Roy. Agricult. Soc. 8, 226 (1847). — Agrikulturchemie mit besonderer Berücksichtigung der Beziehungen zur Mineraltheorie von Baron Liebig. J. Roy. Agricult. Soc. **12**, 1 (1851). — LIEBIG, J. VON: Die organische Chemie in ihrer Anwendung auf Agrikultur und Physiologie. Braunschweig: Vieweg. 1842. — Chemische Briefe, 6. Aufl. Leipzig und Heidelberg: Winter. 1878.

MALPIGHI, M.: Anatome Plantarum. London 1672. — MARIOTTE, E.: Gesammelte Werke, 2 Bde. Leiden 1717.

SACHS, J.: Untersuchungen über Pflanzenphysiologie. Leipzig: Engelmann. 1882. — SAUSSURE, TH. DE: Recherches chimiques sur la végétation. Paris 1804. — Über die Ernährung der Pflanzen. Ann. Chem. **42**, 275–291 (1842). — SCHEELE, C. W.: Chemische Abhandlung von der Luft und dem Feuer. Upsala und Leipzig 1777. — SCHMITT, L.: Vom Segen der richtigen Düngung. Frankfurt a. M.: Deutsche Landwirtschafts-Ges.-Verlags-GmbH. 1954. — Agrarwirtschaft **9**, 4, 129 (1960). — Jahresberichte 1957/58 und 1958/59 des Bundesministeriums für Ernährung, Landwirtschaft und Forsten, Referat Acker- und Pflanzenbau, Pflanzenernährung und Düngung. — SENEBIER, J.: Expériences sur l'action de la lumière solaire dans la végétation. Genf und Paris 1788. — Physiologie végétale. Genf und Paris 1800. — SPRENGEL, C.: Chemie für Landwirthe, Forstmänner und Cameralisten, 2 Bde. Göttingen 1831/32. — Die Bodenkunde oder die Lehre vom Boden nebst einer vollständigen Anleitung zur chemischen Analyse von Ackererden. Leipzig 1837. — Die Lehre vom Dünger oder Beschreibung aller bei der Landwirtschaft gebräuchlicher vegetabilischer, animalischer und mineralischer Düngermaterialien nebst Erklärung ihrer Wirkungsart, 2. Aufl. Leipzig 1845. — STAHL, G. E.: Fundamenta Chymiae. Nürnberg 1727.

THAER, A.: Grundsätze der rationellen Landwirtschaft, 4 Bde. Berlin: Realschulbuchhandlung. 1809–1812. — THEOPHRASTUS, s. F. STRUNZ: Naturbetrachtungen und Naturerkenntnisse im Altertum. Hamburg und Leipzig 1904.

WAGNER, P.: Beiträge zur Ausbildung der Düngerlehre. Landwirtsch. Jb. **12**, 640–680 (1883). — WIEGMANN, A. F., und L. POLSTORFF: Über die anorganischen Bestandteile der Pflanzen oder Beantwortung der Frage: Sind die anorganischen Elemente, welche sich in der Asche der Pflanze finden, so wesentliche Bestandteile des vegetabilischen Organismus, daß dieser sie zu seiner völligen Ausbildung bedarf, und werden sie den Gewächsen von außen angeboten? Braunschweig: Vieweg. 1842. — WOLFF, E. VON: Aschenanalysen von landwirtschaftlichen Produkten, I. und II. Berlin: Parey. 1880.

I. Die Zusammensetzung von Kulturpflanzen und deren Ernteprodukten

A. Bruttozusammensetzung von Kulturpflanzen

Von

H. H. Mayr

unter Mitwirkung von

H. Kühn

Die Frage nach der Ernährung der höheren Pflanzen konnte in ihren Grundlagen erst nach Kenntnis der Zusammensetzung der Pflanzensubstanz einer Klärung zugeführt werden. Bei unseren Kulturpflanzen, welche der Mensch für seine Erfordernisse aus den auf der Erde vorkommenden Pflanzen auswählte und durch Züchtung diesen Zwecken anpaßte, handelt es sich um Organismen, die alle charakteristischen Eigenschaften des Lebens zeigen. Das Leben, als Geschehen, spielt sich an Strukturen ab, so daß die Pflanzensubstanz, die stoffliche Grundlage des pflanzlichen Lebens, als Basis für weitergehende Betrachtungen zentrale Bedeutung besitzt. Ihrer Zusammensetzung gilt also primär unser Interesse.

Als bedeutendsten Bestandteil der frischen Pflanzen finden wird das *Wasser*, welches zur Aufrechterhaltung eines aktiven Lebenszustandes in ausreichender Menge vorhanden sein muß (vgl. RUHLAND 1956). So enthalten Blätter 50 bis 97%, fleischige Früchte 80 bis 95%, holzige Teile 40 bis 50%, trockene Samen 6 bis 15% und Algen 95 bis 98% ihres Frischgewichtes an Wasser (MEVIUS 1941).

Die Pflanze enthält das Wasser in den lebenden Zellen im Zellsaft, wo es in größeren Mengen vorliegt, im Protoplasma, aber auch in den Zellen der Gerüstsubstanzen. Die Stoffleitung geschieht in Form wässeriger Lösungen, so daß auch in den Leitungsbahnen der höheren Pflanzen, also außerhalb der Zellen, Wasser zu finden ist. Von dem in Speicherorganen bestimmter Pflanzen, insbesondere der Sukkulenten, gespeicherten Wasser kann in unserem Zusammenhang abgesehen werden.

Während das Wasser in den Leitungsbahnen und im Zellsaft als „freies" Wasser zu bezeichnen ist, ist das im Protoplasma, aber auch das in den Zellen der Gerüstsubstanzen vorhandene mehr oder weniger fest an bestimmte Strukturen gebunden. Wir haben in der Pflanzenmasse also ein hydratisiertes System vor uns, in welchem der Hydratisierungszustand je nach der Funktion der einzelnen Organe wechselt. Auch die Tatsache, daß gleichzeitig freies und gebundenes Wasser im Gesamtsystem einer Pflanze vorhanden ist, weist darauf hin, daß wir es mit einem dynamischen System zu tun haben, in dem das Wasser als wesentlicher Bestandteil anzusehen ist. Der hydrodynamische Zustand ist für die physiologische Aktivität der Pflanzen von entscheidender Bedeutung. Er wird im Hinblick auf die Gesamtmenge des in der Pflanze enthaltenen Wassers durch das Verhältnis von gebundenem zu freiem Wasser charakterisiert.

Das gebundene Wasser findet sich vorwiegend an ganz bestimmten Strukturen der in den Zellen vorhandenen hochmolekularen Verbindungen und bedingt den Quellungszustand dieser Substanzen. Besonders die Eiweißstoffe des Protoplasmas sind quellungsfähig und enthalten in aktivem Zustand strukturiert angelagertes Wasser (FISCHER und SUER 1950). Unter den Gerüstsubstanzen sind es hauptsächlich Zellulose und Pektine, welche der Quellung fähig sind. Überhaupt sind nur hochmolekulare Verbindungen dazu in der Lage, und es kann gesagt werden, daß strukturiert angelagertes Wasser (Quellung) eine Bedingung für die Funktion des lebenden Systems ist.

Durch die Konzentration des Zellsaftes ist der osmotische Zustand einer Zelle gegeben. Auch diese Zustandsgröße ist für die Pflanze von großer Wichtigkeit und spielt bei der Aufnahme und Ausscheidung von Stoffen eine bedeutende Rolle. Die physiologische Aktivität der pflanzlichen Zelle ist nur innerhalb eines bestimmten osmotischen Bereiches möglich (MAYR 1955). Dieser reicht vom Zustand der Wassersättigung bis zur Grenzplasmolyse. Selbstverständlich steht der Zellsaft mit dem ihn umgebenden Protoplasma in Wechselwirkung, so daß dessen Quellungszustand beeinflußt wird. Das freie Wasser des Zellsaftes dient in erster Linie als Lösungsmittel. Dieselbe Funktion erfüllt es im Leitungssystem der Pflanzen, wo es einerseits Nährstoffe, andererseits die Produkte der Assimilation gelöst transportiert. Wie schon erwähnt, zeigen verschiedene Pflanzenorgane einen unterschiedlichen Wassergehalt. Den höchsten Gehalt an Wasser findet man in jungen Pflanzenorganen, bei denen die Synthesereaktionen bei weitem die Abbauvorgänge überwiegen. Es zeigt sich, daß die wasserhaltende Kraft des Protoplasmas mit zunehmendem Alter abnimmt

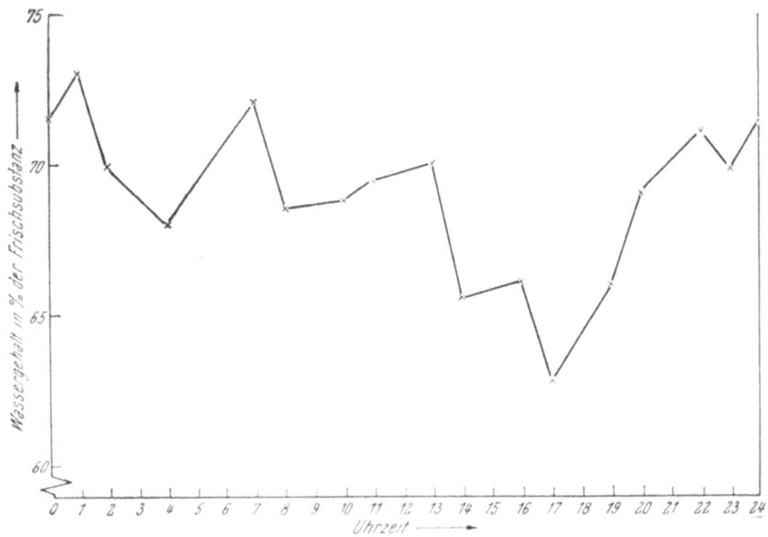

Abb. 1. Schwankungen des Wassergehaltes der Blätter einer Pflanze (*Parthenocissus tricuspidata*) im Tageslauf (nach STANESCU 1936)

(FREY-WYSSLING 1952). Die niedrigsten Wassergehalte besitzen Organe, bei denen die Lebenstätigkeit weitgehend ruht: die Samen der höheren Pflanzen und die Sporen der Pilze.

Außer dem durch innere Faktoren, sozusagen durch die „innere Umwelt“ bedingten Wassergehalt der Pflanzen haben selbstverständlich auch die Faktoren der „äußeren Umwelt“ wie geographischer Standort (vgl. MICHAELIS 1934), Boden, Klima, Tageszeit (vgl. Abb. 1) und Wasserangebot Einfluß auf den Wassergehalt.

Tab. 1 enthält Angaben über den Wassergehalt verschiedener Kulturpflanzen.

Tabelle 1. *Wassergehalt einiger Kulturpflanzen*

Pflanze	Pflanzenteil	Wassergehalt in % der Frischsubstanz
Getreide	Samen	12—15
Getreide	Blätter	75—90
Gräser	Blätter, Stengel	75—90
Kartoffel	Knollen	75
Zuckerrübe	Wurzel	75—80
Leguminosen	Samen	12—15
Raps	Samen	8—10
Erdbeeren	Frucht	80—85
Gurken	Frucht	85—95
Karotten	Wurzel	85—90
Karfiol (Blumenkohl)	Blüte	90
Weißkraut	Blätter	90
Spargel	Sproß	95
Tomate	Frucht	95
Eiche (60jährig)	Blätter	65
Holzpflanzen	Holz	40—50

Diese Werte unterstreichen die große Bedeutung des Wassers im Leben der Pflanze. Vom Standpunkt der Pflanzenernährung muß es als einer der grundlegenden Faktoren angesehen werden, und Änderungen in der Zusammensetzung einer Pflanze nach Düngung müssen nicht unbedingt als direkte Folge der Nährstoffwirkung betrachtet werden, sondern können auch aus dem durch diese Ernährung veränderten Wasserhaushalt abgeleitet sein (SCHMALFUSS 1938).

Nach Abzug des Wassergehaltes von der Frischsubstanz verbleibt die pflanzliche Trockensubstanz. Diese besteht in ihrer Hauptmenge aus organischen Stoffen, also solchen, die im wesentlichen aus Kohlenstoff, Wasserstoff, Sauerstoff, Stickstoff, Phosphor und Schwefel aufgebaut sind. Daneben findet man in der Trockensubstanz auch eine geringere Menge an Mineralstoffen, welche bei der Verbrennung der Pflanzensubstanz als Asche zurückbleiben. Die Trockensubstanz korrespondiert entsprechend ihrer Definition mit dem Wassergehalt, während dies beim Aschegehalt nicht direkt der Fall ist. Fast immer sind die Blätter die aschenreichsten Organe, dagegen zeigen Früchte und Samen einen niedrigeren Gehalt an Mineralstoffen.

Für den Gehalt an Mineralstoffen, die von der höheren Pflanze natürlicherweise fast ausschließlich durch die Wurzeln aufgenommen werden, ist die Zusammensetzung des Bodens weitgehend bestimmend. Dementsprechend kann der Aschegehalt großen Schwankungen unterworfen sein. Aber nicht nur die absolute Menge der Asche schwankt innerhalb weiter Grenzen, auch ihre Zusammensetzung kann bei vergleichbaren Organen wesentlich differieren. Andere Umweltsfaktoren wirken auf den Aschegehalt hauptsächlich über den Boden, dessen Zusammensetzung, insbesondere des pflanzenaufnehmbaren Anteils, beeinflußt werden kann, wie beispielsweise durch das Klima (Niederschläge,

Temperatur usw.). In der Asche werden Verbindungen derjenigen Elemente gefunden, die bei der jeweiligen Veraschungstemperatur keine gasförmigen Verbrennungsprodukte liefern. Diese Elemente sind in der Pflanze entweder in organischen Verbindungen enthalten, oder sie stammen aus den in den Pflanzen vorhandenen Mineralstoffen und Salzen. Letztere sind hauptsächlich im Zellsaft zu finden und bestimmen dort den osmotischen Zustand der Zellen. Im einzelnen wird die Funktion einer Reihe von Elementen noch später besprochen werden.

Die nachstehend aufgeführten Aschegehalte verschiedener Kulturpflanzen sind lediglich als Anhaltspunkte zu betrachten. Höhere oder niedrigere Gehalte dürften in jedem Fall möglich sein (Tab. 2).

Mit dem Aschegehalt ist zwar der Bruttogehalt an Mineralstoffen gegeben, aber noch keine nähere Kenntnis der Zusammensetzung der Asche vermittelt. Hierzu ist es erforderlich, dieselbe auf ihre Bestandteile zu untersuchen. In der Asche ist stets eine große Zahl von Elementen vertreten und bei genügend empfindlichen analytischen Methoden fehlen nur wenige Grundstoffe des periodischen Systems. Von einer Reihe dieser Elemente, den lebensnotwendigen bzw. nützlichen Pflanzennährstoffen, ist die physiologische Bedeutung mehr oder weniger genau bekannt. Daneben finden sich aber auch Grundstoffe, deren Funktion in der Pflanze noch unbekannt ist, und solche, die mit Sicherheit keine physiologische Bedeutung besitzen, aber von der Pflanze aus dem Boden aufgenommen wurden. Als Beispiel dafür kann die Aufnahme von Radium in Pflanzen angesehen werden (KAINDL 1951).

Für die Grundstoffe, deren Funktion in der Pflanze bekannt ist oder welche Bestandteile von lebenswichtigen Verbindungen sind, liegt bereits eine Vielzahl von Gehaltsangaben vor. Im Gegensatz dazu gibt es in der Literatur relativ wenige Angaben für die anderen Elemente und Vollanalysen besitzen überhaupt Seltenheitswert. Es ist dazu zu sagen, daß möglichst genaue und vollständige Analysenergebnisse die Voraussetzung für die Aufklärung der physiologischen Bedeutung der Komponenten des pflanzlichen Systems sind bzw. in der historischen Entwicklung immer waren.

Wie bereits ausgeführt, besteht die Trockensubstanz der Pflanzen zum großen Teil aus einer Vielzahl organischer Verbindungen, von denen mengenmäßig die Kohlenhydrate, Fette und Eiweißkörper überwiegen. Neben diesen finden sich aber auch organische Säuren, Nucleinsäuren, Nucleotide, Gerbstoffe, Glykoside, Alkaloide, Vitamine und ihre Vorstufen, Pflanzenhormone, Senföle, Terpene, Sterine, Phosphatide, Wachse und viele andere. Selbstverständlich sind in der Pflanze auch die Zwischenstufen und Abbauprodukte der genannten Verbindungen enthalten.

Hauptbestandteil und wichtigstes Bauelement dieser Verbindungen ist der *Kohlenstoff*. Er stammt vorwiegend aus der Kohlensäure der Luft und wird hauptsächlich durch die Blätter aufgenommen. Kohlenstoff ist mit etwa 45 bis 50% am Aufbau der pflanzlichen Trockensubstanz beteiligt. BERTHELOT und ANDRE (zit. nach JAVIELLIER 1952) fanden eine Abhängigkeit des C-Gehaltes der Getreideblätter von der Jahreszeit: 47,8% C im Mai, 48,9% C im Juni, 50,1% C im Juli.

Als weiteren Bestandteil der organischen Verbindungen findet man *Wasserstoff*, welcher aus dem meist über die Wurzel aufgenommenen Wasser geliefert wird. Wasserstoff ist zu etwa 6% in der Trockenmasse der Pflanzen enthalten; sein Gehalt in frischen, 75% Wasser enthaltenden Pflanzen beträgt etwa 10%.

In wesentlich größeren Mengen ist *Sauerstoff* in der pflanzlichen Substanz anzutreffen, in absolut trockenem pflanzlichen Material zu etwa 42 bis 44%, in frischen Pflanzen zu etwa 76%.

Tabelle 2. *Aschegehalt einiger Kulturpflanzen*

Pflanze	Pflanzenteil	Aschegehalt in % der Trockensubstanz
Winterweizen	oberirdische Organe	7,0 — 9,7
Winterweizen	Körner	1,2 — 3,7
Gerste	oberirdische Organe	6,4 —10,8
Gerste	Körner	1,7 — 4,9
Roggen	Körner	1,4 — 4,7
Hafer	oberirdische Organe	6,5 — 8,2
Hafer	Körner	1,9 — 9,4
Mais	oberirdische Organe	6,1 — 6,9
Mais	Körner	0,6 — 4,5
Reis (geschält)	Körner	0,3 — 3,3
Rotklee	oberirdische Organe	5,3 —10,8
Weißklee	oberirdische Organe	7,3 —13,5
Luzerne	oberirdische Organe	9,7 —11,7
Lupinen, Heu	oberirdische Organe	4,1
Serradella	oberirdische Organe	6,7 — 9,8
Esparsette	oberirdische Organe	5,5
Pferdebohne (Blühbeginn)	oberirdische Organe	6,0
Pferdebohne	Samen	3,8
Erbse	oberirdische Organe	7,5 —10,8
Erbse	Samen	1,6 — 4,3
Soja	oberirdische Organe	5,5
Soja	Samen	4,3 — 5,8
Kartoffel	oberirdische Organe	8,6 —17,7
Kartoffel	Knollen	2,2 — 5,8
Zuckerrübe	Wurzeln	2,0 — 6,6
Zuckerrübe	Blätter	8,3 —29,2
Futterrübe	Wurzeln	4,4 —14,1
Futterrübe	Blätter	11,1 —21,0
Tabak	oberirdische Organe	8,5 —23,0
Hanf	oberirdische Organe	16,3 —17,5
Weißer Senf	oberirdische Organe	11,7
Grünraps (Blühbeginn)	oberirdische Organe	8,1
Sonnenblume	ganze Pflanze	5,4 —11,3
Zuckerrohr	oberirdische Organe	1,23—13,9
Baumwolle	Samen	4,97
Engl. Raygras (Lolium perenne)	oberirdische Organe	10,1 —14,0
Wiesenschwingel (Festuca pratensis)	oberirdische Organe	9,33—10,3
Wiesenrispe (Poa pratensis)	oberirdische Organe	5,1 — 8,4
Thimotheegras (Phleum pratense)	oberirdische Organe	6,8 — 8,5
Küchenzwiebel	Blätter	10,6
Schnittlauch	oberirdische Organe	5,5
Spargel	Sproß	7,2 — 8,1
Spinat	Blätter	16,5
Speisemöhre	Wurzel	6,3
Sellerie	Knollen	4,9
Sellerie	Blätter	13,4
Sellerie	Stengel	14,1
Gurke	Frucht	9,8
Karfiol (Blumenkohl)	Blütenkopf	9,1
Weißkohl	oberirdische Organe	11,9
Kopfsalat	Blätter	18,2
Fichte (Picea excelsa)	Holz	0,17
Fichte (Picea excelsa)	Nadeln	2,13— 2,67
Fichte (Picea excelsa)	Rinde	1,38

(Fortsetzung der Tabelle 2)

Pflanze	Pflanzenteil	Aschegehalt in % der Trockensubstanz
Weißtanne (Abies alba)	Holz	0,25
Weißtanne (Abies alba)	Rinde	1,8
Eiche (Quercus robur)	Holz	0,22— 0,50
Eiche (Quercus robur)	Blätter	4,51
Eiche (Quercus robur)	Rinde	5,98
Eiche (Quercus robur)	Früchte (Eicheln)	2,2 — 3,0
Rotbuche (Fagus silvatica) ..	Holz	0,45
Rotbuche (Fagus silvatica) ..	Blätter	5,52
Rotbuche (Fagus silvatica) ..	Rinde	3,08
Rotbuche (Fagus silvatica) ..	Früchte (Bucheckern)	4,3 — 5,0

BERTRAND (zit. nach JAVIELLIER 1952) gibt für oberirdische Teile der Luzerne Gehalte von 45,37% C, 5,54% H, 41,01% O an.

Die Quelle für *Stickstoff* als essentieller Bestandteil der Eiweißkörper und Nucleinsäuren sowie einer Reihe weiterer, in kleinen Mengen vorhandener organischer Stoffe, sind anorganische Salze des Bodens (Nitrate, Ammoniumsalze oder auch Amide usw.), deren Ionen durch die Pflanzenwurzeln aufgenommen werden. Der Gehalt pflanzlicher Substanzen an Stickstoff kann so nach dem Alter der Pflanzen und in Abhängigkeit von den in Betracht kommenden Pflanzenteilen außerordentlich starken Schwankungen unterliegen und auf der einen Seite weniger als 1% der Trockensubstanz betragen, auf der anderen Seite 7% übersteigen.

In wesentlich geringeren Mengen als die genannten Elemente ist *Schwefel* in der Pflanze enthalten, vorwiegend als Bestandteil von Eiweißkörpern, Senfölen usw; er kommt im Boden in der Hauptsache als Sulfat vor und wird vorwiegend auch in dieser Form aufgenommen.

Die genannten Elemente entweichen bei der Verbrennung zum großen Teil in gasförmigem Zustand und werden deshalb in der Asche nicht oder nur zum Teil gefunden, besonders dann, wenn sie in organischer Bindung in der Pflanze vorliegen.

Im Folgenden sollen diejenigen Elemente besprochen werden, die normalerweise, d. h. unter Einhaltung bestimmter Bedingungen quantitativ in der Asche wiedergefunden werden. Sie werden in der Reihenfolge ihrer Ordnungszahl im periodischen System der Elemente behandelt werden.

Lithium wurde bereits sehr früh in der Zuckerrübe nachgewiesen (LIPPMANN 1897). TSCHERMAK (1899) fand dieses Element in den Blättern angereichert. Nach Angaben von TRUCHOT (zit. nach BORESCH 1931) enthielten Raps und Rüben 0,01%, Tabakasche bis 0,44% Li. BERTRAND (1943) bestimmte in zahlreichen Pflanzen den Lithiumgehalt und gibt Werte von 0,095 bis 9,5 ppm in der Trockensubstanz an; für Kryptogamen durchschnittlich 1,29, für Phanerogamen 2,06 ppm. In den Wurzeln wurden im allgemeinen höhere Werte gefunden als in den oberirdischen Organen (ausgenommen Rettich). KENT (1941) fand, daß Lithium vorwiegend in den älteren Blättern gespeichert wird; er ist der Ansicht, daß die Pflanze die Aufnahme des Lithiums nicht zu steuern vermag.

Samen enthalten meist weniger Li als die übrigen Teile der Pflanze. BERTRAND (1949) fand in Getreidesamen 0,01 bis 0,13 ppm Li in der Trockensubstanz und im Samen anderer Pflanzen 0,04 bis 0,56 ppm.

Mehrfach konnte eine Giftwirkung des Lithiums festgestellt werden. ALDRICH, VANSELOW und BRADFORD (1951) berichten über toxische Symptome bei Citrusfrüchten bei Konzentration von 12 ppm Li und darüber. Eine physiologische Bedeutung konnte für Li bisher nicht nachgewiesen werden.

Beryllium. Auch diesem Element kann bisher eine sichere Bedeutung im pflanzlichen Stoffwechsel nicht beigemessen werden, wenn auch nach HOAGLAND (1952) Beryllium das Magnesium in der Pflanze teilweise zu ersetzen vermag. Gelegentlich kann auf Be-reichen Standorten der Be-Gehalt stark ansteigen und nach SESTINI (1888) bis 2% der Asche erreichen. Normalerweise liegt der Be-Gehalt der Kulturpflanzen an der Grenze der Nachweisbarkeit.

Bor. Seine Bedeutung als lebenswichtiger Pflanzennährstoff ist seit langem bekannt; es wird praktisch in allen Pflanzen und Tieren angetroffen, jedoch ist der Borgehalt der Pflanzen etwa 100- bis 200mal höher als in tierischen Organismen (BERTRAND 1938).

Der Borgehalt der einzelnen Pflanzen ist sehr unterschiedlich. SYWOROTKIN (1958) teilt die Pflanzen nach ihrem Borgehalt folgendermaßen ein:

Borgehalt in mg/kg

Monokotyledonen		Dikotyledonen		Dikotyledonen mit Milchsaft	
Gerste	2,3	Erbsen	21,7	Löwenzahn	80,0
Weizen	3,2	Rüben	49,2	Wolfsmilch	93,0
Mais	5,0	Salat	69,9	Mohn	94,0

Nach BERTRAND (1941) sind die Leguminosen und Cruciferen besonders reich an Bor; sie können 8 bis 95 ppm B in der Trockensubstanz enthalten.

Auch die Verteilung des Bors innerhalb der Pflanze ist nicht gleichmäßig, wie BERTRAND und SILBERSTEIN (1940) zeigten:

Verteilung des Bors in der Tabakpflanze
(ppm B in der Frischsubstanz)

Wurzel	0,6	Blüte:	
Stengel	0,5—0,7	Kelchblätter	1,2
Blätter	0,7—1,0	Kronenblätter	0,3
Vegetationspunkt	1,1	Fruchtblätter	1,3
Blüte	1,5	Staubblätter	1,6
Samen	9,5	Staubfäden (Filament)	1,0
		Staubgefäße (Antheren)	3,9
		Pollensäcke	2,9

BERTRAND und DE WAAL (1936) geben für eine Anzahl von Pflanzen, die auf dem gleichen Boden gewachsen waren, folgende Borgehalte an:

Pflanze	mg B pro kg Trockensubstanz	Pflanze	mg B pro kg Trockensubstanz
Gerste	2,3	Buchweizen	36,2
Roggen	3,1	Rotklee	36,2
Lauch	3,1	Kohl	37,1
Weizen	3,3	Sojabohne	37,1
Mais	5,0	Linse	41,4
Spinat	10,4	Kohlrübe	49,2
Sellerie	17,5	Schwarzer Senf	53,3
Erbse	21,7	Radieschen	64,5
Weißer Senf	21,9	Inkarnatklee	69,9
Möhre	25,0	Beta Rübe	75,6

BERTRAND und SILBERSTEIN (1941) ermittelten den Borgehalt einer großen Anzahl von Samen verschiedener Pflanzenfamilien (Gramineen, Cruciferen, Papilionaceen, sowie Samen von Kaffee, Cacao, Tabak, Pfeffer, Edelkastanie,

Lein, Hanf, Dattel, Mohn, Rhizinus und Früchte verschiedener Umbelliferen) und geben Gehalte von 7,1 bis 20,6 mg B pro kg Trockensubstanz an. Die entsprechenden Gesamtpflanzen enthielten 2,3 bis 95 mg B pro kg Trockensubstanz, so daß der Borgehalt der Samen höher oder tiefer liegen kann als derjenige der gesamten Pflanze. Die gleichen Autoren untersuchten auch die Verteilung des Bors im Samen: Im allgemeinen enthielt der Keim mehr Bor als die übrigen Teile des Samens (BERTRAND und SILBERSTEIN 1944).

Die Verteilung des Bors in den Pflanzen wird auch durch das Angebot bestimmt. Luzernepflanzen, denen in der Nährlösung gerade während der stärksten Wachstumsperiode Bor vorenthalten wurde, zeigten im apikalen Teil des Sprosses eine B-Konzentration von 8 ppm, im Gesamtsproß von 23 ppm. Bei den Vergleichspflanzen, die während der gesamten Versuchsdauer Bor enthielten, zeigte sich kein Unterschied zwischen den basalen und den apikalen Teilen des Sprosses (DIBLE und BERGER 1952).

BOBKO (1940) gibt für einige Kulturpflanzen folgende Borgehalte an: Hafer (Stengel und Blätter) 16,7; Hirse (Gesamtpflanze) 12,8; Lupine (Blütenstiel) 51,8; Sommerweizen 3,7 bis 10,2 ppm in der Trockensubstanz.

Beträchtliche Unterschiede im Borgehalt ergaben sich bei Kartoffelpflanzen, die in verschiedenen Anbaugebieten von unterschiedlichen Sorten gewonnen wurden: Blätter enthielten 20,9 bis 73,8; im Durchschnitt 38,9 ppm B in der Trockensubstanz, Knollen dagegen 5,5 bis 13,9; im Durchschnitt 9,2 ppm B in der Trockensubstanz (MACVICAR und Mitarbeiter 1941). Diese Untersuchungen ergaben, daß der Standort den wesentlichsten Einfluß auf den Borgehalt ausübte.

Für eine Reihe von Pflanzenkrankheiten wurde Bormangel als Ursache erkannt. Am bekanntesten ist nach den Arbeiten von BRANDENBURG (1939) die Herz- und Trockenfäule der Zucker- und Futterrübe. Diese Krankheit äußert sich auch im Borgehalt der Pflanzen:

Tabelle 3. *Borgehalt gesunder und kranker Zuckerrüben* (nach BRANDENBURG 1935, aus SCHARRER 1955)

	Gesunde Pflanzen mg H_3BO_3 pro kg Trockensubstanz	Kranke Pflanzen mg H_3BO_3 pro kg Trockensubstanz
Rübe	87	78
Blätter ohne Stiele	258	71
Blattstengel	198	71

PHILIPSON (1953) gibt für gesunde und Bormangelpflanzen die folgenden Gehalte an (ppm B in der Trockensubstanz):

		Gesunde Pflanzen	Kranke Pflanzen
Futterrüben:	Blattspreite	35—70	16,5
	Blattstiele	20—40	15,8
Kartoffeln:	Blätter	35—50	25—30
	Stengel	20—21	19—22
Sommerraps:	Blätter	13,7—27,9	6,5—11,7
	Stengel	8,3—13,0	4,9—7,8

In gesunden und bormangelkranken Spinat- und Selleriepflanzen fanden SCHARRER, KÜHN und LÜTTMER (1955) sowie SCHARRER und KÜHN folgende Borgehalte (ppm B in der Trockensubstanz):

	Gesunde Pflanzen	Kranke Pflanzen
Spinat	45—87	6—7
Sellerieblätter	36	18
Sellerieknollen	31,5	12,4

Auch die „Stippigkeit" der Äpfel ist eine Bormangelerscheinung. Während in kranken Äpfeln 3 bis 6 ppm B gefunden werden, liegen die Werte für gesundes Obst bei 10 bis 30 ppm. Die entsprechenden Werte für die Blätter liegen bei 9 bis 11 ppm B (krank) bzw. bei 17 bis 18 ppm B (gesund) (ASKEW 1935). Durch entsprechende Gaben an Bordüngemitteln lassen sich diese Werte für Blätter auf 45 und für Früchte auf 50 ppm B bringen (BATJER und HALLER 1942).

Olivenblätter enthalten normalerweise 19 bis 33 ppm B in der Trockensubstanz. Pflanzen, die offensichtlich an Bormangel litten, enthielten dagegen nur 7 bis 13 ppm B (HANSEN 1945).

Fluor. Fluor ist als Bestandteil des Minerals Apatit in der Erdrinde weit verbreitet und wird deshalb auch vielfach in wechselnder Menge in Pflanzen gefunden. Meist handelt es sich um sehr geringe Mengen, die jedoch in der Umgebung bestimmter industrieller Emissionsstellen wesentlich höhere Werte erreichen können. Buchenblätter enthielten beispielsweise auf einem vergleichbaren, 3,2 km von einer Emissionsstelle entfernten Standort 0,004% F in der Trockensubstanz, während in Blättern von Buchen in 80 m Entfernung von der Rauchquelle 0,17% F in der Trockensubstanz nachgewiesen werden konnten (WENTZEL 1958). Normalerweise liegt der F-Gehalt vieler Pflanzen zwischen 0,0001 und 0,001% (bezogen auf Trockensubstanz), wie dies aus einem umfangreichen Untersuchungsmaterial hervorgeht, welches von BREDEMANN (1956) zusammengestellt wurde. Eine Ausnahme bildet die Teepflanze, welche auch normalerweise höhere Fluorgehalte in den Blättern aufweist. Bei der Untersuchung fünf verschiedener Teesorten wurden in den Blättern Werte zwischen 161,5 und 202,9 mg F pro kg gefunden (FABRE und Mitarbeiter 1950). Ältere Teeblätter enthalten mehr Fluor als junge Blätter. Das in den Blättern enthaltene Fluor ist ursprünglich schwer extrahierbar, wird aber im Laufe der Zubereitung der Teeblätter leichter löslich. In fermentierten Fukien-Teeblättern, wie sie zur Herstellung des Getränkes dienen, wurden Mengen von 5,7 bis 35,5 mg % F bestimmt (WANG und Mitarbeiter 1949). Die Analysen von 10 Teeproben aus Sao Paulo ergaben Werte zwischen 87,5 und 90,8 ppm Fluor (POURCHET CAMPOS 1951). Abgesehen von Teepflanzen ist die Aufnahme von Fluor aus dem Boden gering. So wurde in Pflanzen, welche in Böden mit einem F-Gehalt von 137 bis 172 ppm wuchsen, folgende Werte gefunden: Luzerne 2,1 ppm; Kohl 3,4 ppm; Salat 11,3 ppm; Spinat 28,3 ppm (ROBINSON und EDGINGTON 1946).

Es scheint, daß Fluor leichter in der Gasphase durch die oberirdische Pflanze aufgenommen wird, und zwar häufig in Form von HF, wie es von Aluminiumfabriken abgegeben wird. Pflaumenblätter neben einer Aluminiumfabrik enthielten 18 bis 4000 ppm F, während entsprechende Kontrollbäume eine Konzentration von 6 bis 15 ppm F in den Blättern aufwiesen (JOHNSON und Mitarbeiter 1947). GERICKE und KURMIES (1955) geben für eine Anzahl landwirtschaftlicher Kulturpflanzen die folgenden Grenz- und Durchschnittsgehalte an (Tab. 4):

Tabelle 4. *Fluorgehalt von landwirtschaftlichen Erzeugnissen* (ppm F in der Frischsubstanz bzw. lufttrockenen Substanz)

	von—bis	Durchschnitt	Anzahl der Ergebnisse
Getreidekörner	0,18—7,1	1,0	83
Weizenkörner	0,18—3,15	0,93	44
Roggenkörner	0,42—7,1	1,53	14
Gerstenkörner	0,43—4,8	1,18	13
Haferkörner	0,18—0,78	0,45	12
Getreidestroh	2,0 —7,0	4,0	6
Kartoffeln	0,12—2,9	0,56	45
Rüben, Möhren	0,19—0,60	0,28	12
Wiesenheu	0,24—3,33	2,15	71
Salat	0,18—0,42	0,27	12
Spinat	0,44—6,4	2,82	17
Erbsen grün	0,09—0,49	0,24	7

Natrium. Dieses Element ist in der Erdrinde sehr weit verbreitet. Wie umfangreiche Analysen bewiesen haben, ist Natrium als Bestandteil aller Pflanzen anzusehen, wenn auch seine Menge in den verschiedenen Pflanzen stark wechselt. Von Bertrand (1951) wurde der Natriumgehalt von 560 Pflanzen bestimmt und Werte von 0,02 bis 2,84% gefunden. Bereits früher konnte derselbe Autor in sorgfältigen Untersuchungen feststellen, daß bei verschiedenen Spezies der Na-Gehalt in der Trockensubstanz zwischen 0,0013 und 3,51% und in der Asche

Tabelle 5. *Natriumgehalt einiger Kulturpflanzen*

Pflanze	Pflanzenteil	mg Na pro g Trockensubstanz
Weizen	oberirdische Organe	0,7
Gerste	oberirdische Organe	0,4 — 2
Hafer	oberirdische Organe	0,3 — 2,3
Rotklee	oberirdische Organe	0,9 — 6,5
Weißklee	oberirdische Organe	0,4 — 7,2
Luzerne	oberirdische Organe	0,9 —17,7
Pferdebohne	oberirdische Organe	1,9
Erbse	oberirdische Organe	2,0 — 5,0
Erbse	Samen	0,2
Kartoffel	oberirdische Organe	1,0 —11,0
Kartoffel	Knollen	0,8
Zuckerrübe	Wurzel	0,3
Zuckerrübe	Blätter	1,5
Tabak	Blätter	0,4
Weißer Senf	oberirdische Organe	6,0
Grünraps	oberirdische Organe	2,0
Sonnenblume	oberirdische Organe	9,0
Zuckerrohr	oberirdische Organe	0,6
Engl. Raygras	oberirdische Organe	1,2 — 5,4
Wiesenschwingel	oberirdische Organe	4,5
Wiesenrispe	oberirdische Organe	0,5 — 2,4
Küchenzwiebel	Blätter	4,5
Spinat	Blätter	7,0 —43,0
Futtermöhre	Blätter	25,0
Sellerie	Wurzel	11,0
Tomate	Frucht	0,4

von 0,016 bis 16,78% betragen kann (BERTRAND und PERIEZTZEANU 1927). Diese großen Schwankungen im Na-Gehalt der Pflanzen sind durch die verschiedenen Standorte auf Böden von wechselndem Gehalt an Na und die Anpassung von Pflanzen (Halophyten) an ausgesprochene Salzböden bedingt.

Neben den zahlreichen Untersuchungen, welche zur Annahme berechtigen, daß Na in allen Pflanzen enthalten ist, stehen aber auch solche, die zu anderen Ergebnissen kommen. WALLACE und Mitarbeiter (1948) geben nach Untersuchung einer großen Zahl von Proben für Kulturpflanzen Werte von 0,00 bis 3,00% Na in der Trockensubstanz an. Diese Autoren fanden auch, daß der Na-Gehalt der meisten Pflanzen wesentlich niedriger lag als der Kaliumgehalt. Von 15 untersuchten Gräsern zeigten nur 4 mehr als 0,1% Na. Leguminosen enthielten meist etwas höhere Na-Mengen, ebenso die Gemüsearten Kohl, Karotten, Radieschen und Spinat (Tab. 5).

Welchen zum Teil außerordentlich hohen Schwankungen der Na-Gehalt der Pflanzen unterliegen kann, geht auch aus Untersuchungen von SCHARRER und KÜHN (1958) hervor, die folgende Werte angeben (mg Na pro g Trockensubstanz):

Deutsches Weidelgras	
1. Schnitt	0,12 —13,4
2. Schnitt	0,42 — 9,15
Zuckerrüben, Wurzel	0,44 — 1,16
Zuckerrüben, Blätter	2,80 —10,30
Futterrüben, Wurzel	0,92 — 3,25
Futterrüben, Blätter	3,05 —12,30
Spinat	0,95 —21,9
Rotklee, 1. Schnitt	0,29 — 1,20
Rotklee, 2. Schnitt	0,29 — 2,30
Sommergerste, Stroh	0,60 — 4,60
Sommergerste, Körner	0,19 — 0,56
Rispenhirse	0,26 — 0,44
Samen	0,08 — 0,17

Die physiologische Bedeutung des Natriums scheint in seiner Korrelation mit Kalium einerseits und Calcium und Magnesium andererseits zu liegen und damit in einer Beeinflussung des Quellungsvermögens der pflanzlichen Zelle.

Magnesium. Als Bestandteil des Chlorophylls stellt Magnesium einen unentbehrlichen Pflanzennährstoff dar. Zum Aufbau des Chlorophylls wird

Tabelle 6. *An Chlorophyll gebundenes Magnesium in % des Gesamtmagnesiums von Maispflanzen in Wasserkultur* (nach MICHAEL 1941)

Nährlösung	Normale Düngung mit Mg + Fe		Ohne Mg	Ohne Fe	Ohne Mg, Fe
pH-Wert der Lösung	4,0	6,0	6,0	6,0	6,0
1. + 2. Blatt (alt)	2,7	2,0	6,3	3,5	3,7
3. + 4. Blatt	19,9	7,4	11,6	2,0	5,0
5. + 6. Blatt	19,0	18,3	7,9	0,6	2,1
7. Blatt (jung)	11,6	13,2	—	—	—
8. Blatt (jung)	6,9	8,2	—	—	—

aber nur ein kleiner Teil des gesamten in der Pflanze vorkommenden Magnesiums herangezogen (vgl. Tab. 6). Der Mg-Gehalt verschiedener Organe einer Pflanze zeigt normalerweise beträchtliche Unterschiede. Meist enthalten ältere Blätter weit höhere Mengen als jüngere (MICHAEL 1941, vgl. Tab. 7).

Tabelle 7. *Magnesiumgehalt verschieden alter Blätter von Maispflanzen in Wasserkultur* (nach MICHAEL 1941) (Mg in % der Trockensubstanz)

Nährlösung	Normale Düngung mit Mg + Fe			Ohne Mg	Ohne Fe	Ohne Mg, Fe
pH-Wert der Lösung	4,0	6,0	7,5	6,0	6,0	6,0
1. + 2. Blatt (alt)	3,3	5,5	13,9	1,44	5,95	1,5
3. + 4. Blatt	1,86	3,66	7,3	0,96	4,2	1,2
5. + 6. Blatt	1,86	2,2	4,2	1,26	3,85	1,92
7. + 8. Blatt (jung).....	2,2	2,15	—	—	—	—

Gänzlich andere Verhältnisse liegen bei Mg-Mangelpflanzen vor, wo alte und junge Blätter etwa den gleichen Mg-Gehalt zeigen. Der Mg-Gehalt ist weitgehend abhängig von der Menge des pflanzenverfügbaren Magnesiums im Boden, aber

Tabelle 8. *Magnesiumgehalt einiger Kulturpflanzen*

Pflanze	Pflanzenteil	mg Mg pro g Trockensubstanz
Winterweizen	oberirdische Organe	0,8 — 1,8
Winterweizen	Körner	5,0
Gerste	oberirdische Organe	1,2 — 2,5
Gerste	Körner	1,0
Roggen	Stroh	0,6 — 0,7
Roggen	Körner	0,7 — 1,5
Hafer	oberirdische Organe	1,3 — 2,2
Hafer	Körner	1,0
Grünmais	oberirdische Organe	1,0 — 4,0
Mais	Körner	1,2
Rotklee....................	oberirdische Organe	4,1 — 5,6
Weißklee	oberirdische Organe	4,2 — 5,1
Luzerne	oberirdische Organe	2,0 — 3,0
Pferdebohne	oberirdische Organe	2,0
Erbse	oberirdische Organe	4,6 — 5,0
Erbse	Samen	1,0
Soja.......................	Blätter	3,0
Soja.......................	Samen	1,5
Raps	Blätter	1,2
Raps	Samen	2,0
Kartoffel	oberirdische Organe	3,6 — 8,6
Kartoffel	Knolle	0,4 — 1,2
Zuckerrübe	Blätter	2,0 —10,0
Zuckerrübe	Wurzel	0,3 — 2,0
Tabak	Blätter	8,0 —20,0
Zuckerrohr	oberirdische Organe	1,0
Deutsches Weidelgras	oberirdische Organe	2,6 — 3,2
Wiesenschwingel	oberirdische Organe	1,5 — 3,0
Wiesenrispe	oberirdische Organe	1,0 — 2,0
Küchenzwiebel	Blätter	2,6
Spinat	Blätter	6,3
Tomaten	Früchte	2,1
Karotten	Wurzel	1,8
Kopfsalat	Blätter	0,16— 2,2
Apfel	Frucht	0,12
Birne......................	Frucht	0,12
Weintraube	Frucht	0,24

auch konkurrierende Wirkungen anderer Nährstoffe können von Einfluß sein. Einen Überblick über den Mg-Gehalt verschiedener Pflanzen gibt Tab. 8.

Für einige Gemüsepflanzen gibt KÜHN (1962) folgende Mg-Gehalte an (mg Mg pro g Trockensubstanz).

Radieschenwurzeln	1,4 — 2,9	Spinat	7,1 —14,5
Radieschenblätter	2,8 — 4,2	Gurken	2,7 — 4,1
Sellerieknollen	1,3 — 3,6	Gurkenkraut	7,8 — 9,1
Sellerieblätter	3,7 — 6,4	Gartenkresse	3,1 — 3,7
Schnittsalat	2,8 — 3,8	Karotten	1,2 — 1,5
Grünkohlblätter	1,6 — 3,7	Karottenkraut	5,5 — 6,8
Grünkohlstengel	1,75— 3,1		

Aluminium. Obwohl Aluminium in der Erdrinde in großen Mengen vorhanden ist, wird in den Pflanzen nur ein geringer Gehalt an diesem Element gefunden. Die in Kulturpflanzen enthaltenen Mengen an Al wechseln von Pflanze zu Pflanze stark, es kann heute aber doch angenommen werden, daß es in allen Blütenpflanzen vorkommt (KAHLENBERG und CLOSS 1929). Die Schwankungen des Al-Gehaltes können über mehrere Größenordnungen gehen; z. B. wurden in Wurzeln von Zuckerrüben 6 mg Al und von Bohnen 1640 mg Al pro kg Trockensubstanz gefunden (BERTRAND und LEVY 1931). Samen enthalten im allgemeinen wenig Al, nämlich 0,5 bis 10 mg pro kg Trockensubstanz, während grüne Blattgemüse höhere Werte zeigen. Die genannten Autoren geben folgende Al-Gehaltszahlen an: Spinatblätter 96 bis 104 mg, Rhabarberblätter 166 mg, Rettichblätter 157 bis 280 mg Al pro kg Trockensubstanz. In Kartoffelknollen fanden sie 76 mg, in Bohnen, Linsen und Erbsen 1 mg und in Ceylon-Teeblättern 465 mg Al pro kg Trockensubstanz. Die Al-Menge zeigte Schwankungen der verschiedenen Pflanzenorgane und nach dem Alter der Pflanzen. MEUNIER (1935) analysierte ebenfalls eine Reihe von Pflanzen und fand dabei folgende Werte: Minze-Blätter 160 mg, Spinatblätter 102 mg, Rübenblätter 72 mg, Rüben 28 mg, Rapswurzeln 32 mg, Sojabohnen 7,5 mg, Haferkörner 15 mg, Bananen (Fruchtmark) 6 mg Al je kg Trockensubstanz.

WÖHLBIER und KIRCHGESSNER (1957) geben für Gräser, Klee und Kräuter nachstehende Gehalte an (ppm Al in der Trockensubstanz):

Deutsches Weidelgras	22—66	Wiesenkerbel	42—71
Goldhafer	17—55	Bärenklau	24—68
Kammgras	14	Löwenzahn	71—90
Wiesenfuchsschwanz	36—38	Spitzwegerich	75
Knaulgras	14—29	Rotklee	28—47
Glatthafer	15—26	Weißklee	117

Weitere Angaben über den Al-Gehalt sind bei SCHARRER und JUDEL (1959) zu finden (ppm Al in der Trockensubstanz):

Rotkleeheu	68	Zuckerrüben, Blätter	410
Luzerneheu	257	Zuckerrüben, Wurzeln	104
Haferstroh	57	Grünmais	170
Weizenstroh	43	Haferkorn	12
Gerstenstroh	157	Weizenkorn	17
Roggenstroh	124	Gerstenkorn	12
Kartoffelkraut	980	Roggenkorn	37
Kartoffeln	127	Maiskorn	17

Die physiologische Bedeutung des Aluminiums für Kulturpflanzen ist derzeit noch nicht eindeutig geklärt, doch dürfte die Anwesenheit dieses Elementes für bestimmte Pflanzen lebensnotwendig sein.

Silicium. Dieses Element liegt in den mineralischen Bestandteilen der Böden weit verbreitet und in größten Mengen vor. Als Kieselsäure SiO_2 ist es der

Hauptbestandteil der festen Erdrinde. Von den Pflanzen wird es in wechselnden Mengen aufgenommen. Der Si-Gehalt der verschiedenen Organe einer Pflanze kann dabei sehr stark schwanken. Enthält beispielsweise Weizenstroh auf Trockensubstanz bezogen 2 bis 3% SiO_2, so findet man in den entsprechenden Körnern nur 0,025 bis 0,07% (Coppenet und Mitarbeiter 1947).

Für eine Reihe von Kulturpflanzen sind die Siliciumgehalte in Tab. 9 zusammengestellt.

Tabelle 9. *Siliciumgehalt einiger Kulturpflanzen*

Pflanze	Pflanzenteil	mg Si pro g Trockensubstanz
Winterweizen	oberirdische Organe	12,0—20,0
Winterweizen	Körner	0,2
Gerste	oberirdische Organe	9,4—15,0
Gerste	Körner	3,3
Roggen	Körner	0,2
Hafer	oberirdische Organe	8,0—11,0
Hafer	Körner	5,6
Rotklee	oberirdische Organe	1,0—19,0
Weißklee	oberirdische Organe	1,5—15,0
Luzerne	oberirdische Organe	1,0—25,0
Pferdebohne	oberirdische Organe	2,5
Erbse	oberirdische Organe	0,5— 7,5
Grünraps	oberirdische Organe	2,0
Kartoffel	oberirdische Organe	2,0— 9,0
Kartoffel	Knollen	0,4
Zuckerrübe	Blätter	7,0
Zuckerrübe	Wurzel	0,4
Zuckerrohr	oberirdische Organe	4,8
Engl. Raygras	oberirdische Organe	13,0—17,5
Wiesenschwingel	oberirdische Organe	12,0—15,0
Wiesenrispe	oberirdische Organe	7,0—30,0
Küchenzwiebel	Blätter	5,0
Spinat	Blätter	3,5
Kiefer (1jährig)	oberirdische Organe	0,6
Fichte (1jährig)	oberirdische Organe	0,7
Rotbuche (1- bis 4jährig)	oberirdische Organe	0,75

Kühn und Ganssmann (1962) fanden ebenfalls, daß der Si-Gehalt der Pflanzen großen Schwankungen unterliegen kann. Diese Autoren geben nachstehende Gehalte an (mg Si pro g Trockensubstanz):

Junger Sommerweizen (zur Zeit des Bestockens)	0,58 — 9,9
Junge Sommergerste (zur Zeit des Bestockens)	0,39 — 6,1
Sommerweizen Stroh	0,48 —24,3
Sommerweizen Körner	0,03 — 0,06
Sommergerste Stroh	0,34 —15,9
Sommergerste Körner	0,15 — 2,24
Deutsches Weidelgras (in der Blüte)	1,64 — 6,8
Hanf zur Zeit der Blüte: Blätter	5,1 — 8,8
Hanf zur Zeit der Blüte: Stengel	0,11 — 0,44

Über die physiologische Bedeutung des Siliciums ist noch wenig bekannt; Zusammenhänge mit dem Phosphatstoffwechsel der Pflanze scheinen zu bestehen.

Phosphor. Von der Pflanze als Phosphat-Ion aufgenommen, handelt es sich bei diesem Grundstoff um einen Bestandteil von lebensnotwendigen Verbindungen. Phosphor findet sich in den Nucleoproteiden, Nucleotiden, Phosphatiden, im Phytin, als Phosphorsäureester der Kohlenhydrate und spielt im Energiestoffwechsel (und damit bei fast allen Synthese-Reaktionen) eine entscheidende Rolle. Phosphor wird deshalb in allen Pflanzen gefunden, wenn auch die einzelnen Organe unterschiedliche Gehalte zeigen können. Die Unterschiede im Gehalt an P sind im allgemeinen nicht so großen Schwankungen unterworfen, wie dies oft bei anderen Elementen der Fall ist. Den P-Gehalt der Pflanzen ganz wesentlich beeinflußende Faktoren sind der P-Gehalt des Bodens sowie die Versorgung mit phosphathaltigen Düngemitteln. In Tab. 10 sind die P-Gehalte einiger Kulturpflanzen zusammengestellt.

Tabelle 10. *Phosphorgehalt einiger Kulturpflanzen*

Pflanze	Pflanzenteil	mg P pro g Trockensubstanz
Reis	Korn	3,0
Winterweizen	oberirdische Organe	2,3 — 3,2
Winterweizen	Körner	4,0 — 5,5
Gerste	oberirdische Organe	2,9 — 3,5
Gerste	Körner	4,0
Roggen	Stroh	1,0 — 1,8
Roggen	Körner	3,5 — 5,0
Hafer	oberirdische Organe	2,0 — 3,0
Hafer	Körner	3,5
Rotklee	oberirdische Organe	2,2 — 5,3
Weißklee	oberirdische Organe	2,9 — 4,1
Luzerne	oberirdische Organe	1,9 — 4,1
Pferdebohne	oberirdische Organe	2,0
Sojabohne	Samen	5,5
Erbse	oberirdische Organe	3,5
Grünmais	oberirdische Organe	1,9 — 2,7
Kartoffel	oberirdische Organe	0,8 — 3,0
Kartoffel	Knolle	2,4 — 3,2
Zuckerrübe	Blätter	3,0 — 4,4
Zuckerrübe	Wurzel	1,6
Zuckerrohr	oberirdische Organe	0,7
Engl. Raygras	oberirdische Organe	2,8 — 5,6
Wiesenschwingel	oberirdische Organe	2,4 — 3,7
Wiesenrispe	oberirdische Organe	1,9 — 9,0
Küchenzwiebel	Blätter	1,8
Spinat	Blätter	7,5
Sellerie	Wurzel	1,8 — 7,0
Kohl	Blätter	1,0 — 3,0
Salat	Blätter	5,0
Tomate	Frucht	3,5
Tabak	Blätter	1,2 — 5,0
Kiefer (50jährig)	Wurzel	0,09— 0,13
	Stamm	0,04— 0,06
	Rinde	0,13— 0,37
	Zweige	0,2 — 0,3
	Nadeln	1,0 — 1,3
Fichte	Wurzel	0,17
	Stamm	0,02— 0,05
	Rinde	0,25— 0,5
	Zweige	0,3 — 1,4
	Nadeln	1,0 — 1,5

Schwefel. Nur unter Einhaltung besonderer Bedingungen ist es möglich, den S-Gehalt der Pflanzen quantitativ zu erfassen. Bei normaler Verbrennung von Pflanzenmaterial entweicht der Schwefel zum Teil in Form von SO_2, zum Teil findet er sich als Sulfat in der Asche. S stellt als Baustein von Eiweißkörpern bzw. Aminosäuren und Vitaminen neben Senfölen usw. ein für die Pflanze unentbehrliches Element dar. Der Gehalt vieler Pflanzen an Schwefel liegt etwa in derselben Größenordnung wie Phosphor, meistens jedoch niedriger.

Neben dem genannten Vorkommen von Schwefel in der pflanzlichen Substanz in organisch gebundener Form ist auch der als Sulfat vorliegende Schwefel von Bedeutung. Es scheint, daß das Sulfat-Ion den Kolloidzustand der pflanzlichen Zellen mit beeinflußt. Normalerweise enthalten junge Blätter weniger SO_4^{--} als ältere, während in reifen Samen die organischen Schwefelverbindungen vorherrschen. Über den Schwefelgehalt einiger Kulturpflanzen gibt Tab. 11 Auskunft.

Tabelle 11. *Schwefelgehalt einiger Kulturpflanzen*

Pflanze	Pflanzenteil	mg S pro g Trockensubstanz
Winterweizen	oberirdische Organe	0,5 — 1,2
Winterweizen	Körner	0,9 — 4,5
Gerste	Körner	0,7 — 1,9
Hafer	oberirdische Organe	0,7 — 1,7
Rotklee	oberirdische Organe	0,6 — 1,6
Weißklee	oberirdische Organe	2,0 — 2,4
Luzerne	oberirdische Organe	1,8 — 3,9
Pferdebohne	oberirdische Organe	1,4
Sojabohne	oberirdische Organe	1,3
Erbse	oberirdische Organe	2,4 — 3,3
Grünraps in der Blüte	oberirdische Organe	2,0 —10,3
Grünmais	oberirdische Organe	0,8
Kartoffel	oberirdische Organe	1,5 — 5,0
Kartoffel	Knollen	3,0
Zuckerrübe	Blätter	3,0 — 3,6
Zuckerrübe	Wurzel	3,0
Zuckerrohr	oberirdische Organe	0,6
Sonnenblume	oberirdische Organe	0,9 — 1,4
Engl. Raygras	oberirdische Organe	1,7 — 4,0
Wiesenschwingel	oberirdische Organe	0,7 — 1,7
Wiesenrispe	oberirdische Organe	0,6 — 6,5
Küchenzwiebel	oberirdische Organe	1,9 — 6,0
Küchenzwiebel	Zwiebel	1,4 — 4,7
Spargel	Sproß	1,8 — 2,6
Spinat	Blätter	4,5
Tabak	Blätter	1,6 — 5,6
Ölrettich (in der Blüte)	oberirdische Organe	3,7 — 7,4
Süßlupine (in der Blüte)	oberirdische Organe	1,5 — 4,7
Speiserübe	Wurzel	2,6 — 6,2
Speiserübe	Blätter	1,9 — 4,6
Kiefer (1jährig)	oberirdische Organe	0,6
Fichte (junge Pflanze)	oberirdische Organe	0,7
Rotbuche (junge Pflanze)	oberirdische Organe	0,4

Chlor. Dieses Element wird in allen Kulturpflanzen gefunden, jedoch bei verschiedenen Pflanzenarten in sehr unterschiedlicher Menge, und es gibt Pflanzen, die ein besonderes Speichervermögen für dieses Element besitzen (Salzpflanzen).

Auch deutliche jahreszeitliche Schwankungen im Cl-Gehalt der Pflanzen konnten nachgewiesen werden (VANDERVELDE 1908, 1909). Dies dürfte u. a. auch mit dem im Boden zeitlich wechselnden Cl-Gehalt, bedingt durch die mit den Niederschlägen zugeführten bzw. ausgewaschenen Cl-Mengen, zusammenhängen. Tab. 12 gibt einen Überblick über den Cl-Gehalt einiger Kulturpflanzen.

Tabelle 12. *Chlorgehalt einiger Kulturpflanzen*

Pflanze	Pflanzenteil	mg Cl pro g Trockensubstanz
Winterweizen	oberirdische Organe	1,2 — 7,5
Winterweizen	Körner	0,08— 2,0
Gerste	oberirdische Organe	2,4 — 8,3
Hafer	oberirdische Organe	2,4 — 3,5
Rotklee	oberirdische Organe	1,5 —13,0
Weißklee	oberirdische Organe	3,0 —10,0
Luzerne	oberirdische Organe	9,0 —17,5
Pferdebohne	oberirdische Organe	0,9
Sojabohne	oberirdische Organe	0,06
Erbse	oberirdische Organe	2,5 —13,0
Grünraps	oberirdische Organe	0,6
Grünmais	oberirdische Organe	3,0
Kartoffel	oberirdische Organe	2,6 —32,0
Kartoffel	Knollen	1,3
Zuckerrübe	Blätter	12,0 —30,0
Zuckerrohr	oberirdische Organe	1,2
Sonnenblume	oberirdische Organe	0,7 — 7,0
Engl. Raygras	oberirdische Organe	4,0 — 8,0
Wiesenschwingel	oberirdische Organe	9,0 —13,0
Wiesenrispe	oberirdische Organe	3,2 — 6,7
Küchenzwiebel	oberirdische Organe	6,0
Spargel	Sproß	4,0 — 7,0
Spinat	Blätter	0,8
Tabak	Blätter	11,5

Die Physiologie des Chlors konnte noch nicht eindeutig geklärt werden, jedoch scheint Chlor in ionogener Form den Kolloidzustand der Zellen zu beeinflussen und außerdem bei der Aktivierung von Enzymen eine Rolle zu spielen.

Kalium. Als „Kernnährstoff“ ist Kalium in der Asche aller Pflanzen zu finden. Bei diesem Element handelt es sich nicht um einen durch Hauptvalenzen gebundenen Bestandteil bestimmter Pflanzenstoffe, vielmehr um ein in Ionenform quellend und hydratisierend auf das lebende System wirkendes Element (LINSER 1957). In der Asche der Pflanzen stellt das Kalium meist den mengenmäßigen Hauptbestandteil dar. In Tab. 13 sind die K-Gehalte der wichtigsten Kulturpflanzen zusammengestellt.

Calcium. Auch dieser Grundstoff — in der Erdrinde weit verbreitet — wird in der Asche aller Pflanzen gefunden und ist, wie in Mangelversuchen festgestellt werden kann, ein lebensnotwendiges Element. Ähnlich dem Kalium tritt das Calcium in der pflanzlichen Zelle meist als Ca^{++} auf und weniger als Baustein organischer Moleküle. Als Antagonist von Kalium und dessen hydratisierenden Eigenschaften bestimmt Calcium den Quellungszustand des Zellsystems der Pflanzen mit. Dies einerseits durch sein Vorkommen im Cytoplasma, andererseits aber in den Zellwänden, auf die Ca-Ionen verfestigend wirken. Man findet Ca

Tabelle 13. *Kaliumgehalt einiger Kulturpflanzen*

Pflanze	Pflanzenteil	mg K pro g Trockensubstanz
Winterweizen	oberirdische Organe	16,0 —29,0
Winterweizen	Körner	2,8 — 6,0
Gerste	oberirdische Organe	14,0 —39,0
Roggen	Stroh	16,5 —22,0
Roggen	Körner	4,8 — 5,3
Hafer	oberirdische Organe	21,0 —29,0
Rotklee	oberirdische Organe	10,0 —30,0
Weißklee	oberirdische Organe	13,0 —26,0
Luzerne	oberirdische Organe	13,0 —40,0
Pferdebohne	oberirdische Organe	21,0
Sojabohne	oberirdische Organe	12,0
Erbse	oberirdische Organe	17,0 —23,0
Erbse	Samen	10,0
Grünraps	oberirdische Organe	23,0
Hanf	oberirdische Organe	5,0
Grünmais	oberirdische Organe	10,0 —18,0
Kartoffel	oberirdische Organe	3,0 —42,0
Kartoffel	Knollen	19,0
Zuckerrübe	Blätter	32,0
Zuckerrübe	Wurzel	16,5
Zuckerrohr	oberirdische Organe	4,0
Sonnenblume	ganze Pflanze	27,0
Engl. Raygras	oberirdische Organe	21,0 —49,0
Wiesenschwingel	oberirdische Organe	24,0 —40,0
Wiesenrispe	oberirdische Organe	18,0 —43,0
Küchenzwiebel	oberirdische Organe	26,0
Spinat	Blätter	23,0
Tabak	Blätter	18,0 —83,0
Fichte	Wurzel	0,8
	Stamm	0,26— 0,38
	Rinde	0,95— 2,9
	Zweige	0,9 — 1,7
	Nadeln	3,2 — 5,0
Tanne	Wurzel	1,22
	Stamm	0,42— 0,86
	Rinde	3,0 — 4,0
	Zweige	0,67— 3,3
	Nadeln	3,5 — 4,7
Kiefer	Wurzel	0,5
	Stamm	0,2 — 0,34
	Rinde	0,8 — 1,1
	Zweige	0,9 — 1,5
	Nadeln	4,0 — 5,7

ferner als Aktivator von Enzymen und oft auch als schwerlösliches Salz organischer Säuren (z. B. Ca-Oxalat) in Zellen auskristallisiert.

Calcium ist in der Pflanze nicht gleichmäßig verteilt, und die Höhe des Gehaltes einzelner Organe hängt insbesondere von ihrem Alter ab. In älteren Organen findet man meist wesentlich größere Mengen von diesem Element als in vergleichbaren jüngeren. Dies muß aber nicht unbedingt immer der Fall sein. Selbstverständlich ist für den Gesamtgehalt der Pflanze die Menge des Ca im Boden hauptsächlich bestimmend. Die relativ größte Menge Ca innerhalb der Pflanze wird fast immer in den Blättern gefunden. In Tab. 14 ist der Ca-Gehalt einiger Kulturpflanzen zusammengestellt.

Tabelle 14. *Calciumgehalt einiger Kulturpflanzen*

Pflanze	Pflanzenteil	mg Ca pro g Trockensubstanz
Winterweizen	oberirdische Organe	2,0 — 8,5
Winterweizen	Körner	0,22— 0,98
Gerste	oberirdische Organe	2,6 — 7,0
Hafer	oberirdische Organe	2,8 — 4,0
Rotklee	oberirdische Organe	13,3 —20,0
Weißklee	oberirdische Organe	15,5 —16,2
Luzerne	oberirdische Organe	12,6 —22,0
Pferdebohne	oberirdische Organe	9,2
Sojabohne	oberirdische Organe	12,0
Erbse	oberirdische Organe	13,0 —16,0
Erbse	Same	9,0
Grünraps	oberirdische Organe	13,0
Grünmais	oberirdische Organe	4,0 — 6,0
Kartoffel	oberirdische Organe	20,0 —40,0
Kartoffel	Knollen	0,7
Zuckerrübe	Blätter	21,5
Zuckerrübe	Wurzel	1,7
Zuckerrohr	oberirdische Organe	1,4
Sonnenblume	oberirdische Organe	5,0 —20,0
Engl. Raygras	oberirdische Organe	5,0 —12,0
Wiesenschwingel	oberirdische Organe	5,0 — 9,0
Wiesenrispe	oberirdische Organe	1,3 — 9,0
Baumwolle	oberirdische Organe	54,0
Küchenzwiebel	oberirdische Organe	26,0
Spargel	Sproß	2,5 — 5,7
Fichte	Wurzel	2,33
	Stamm	0,48— 0,93
	Rinde	5,1 —14,0
	Zweige	2,1 — 6,7
	Nadeln	3,1 — 8,7
Tanne	Wurzel	1,9
	Stamm	0,2 — 0,6
	Rinde	1,9 — 8,3
	Zweige	1,2 — 4,3
	Nadeln	2,4 —11,3
Kiefer	Wurzel	0,8
	Stamm	0,64— 0,86
	Rinde	5,4 — 7,5
	Zweige	2,5 — 2,8
	Nadeln	3,5 — 4,8

In Gemüsepflanzen fand KÜHN (1962) folgende Ca-Gehalte (mg Ca pro g Trockensubstanz):

Radieschen	3,5— 7,8
Radieschenblätter	17,6—50,6
Sellerieknollen	3,7— 6,1
Sellerieblätter	42,7—68,7
Schnittsalat	11,6—20,0
Grünkohlblätter	23,8—44,2
Grünkohlstengel	6,0— 9,8
Spinat	9,4—22,4
Gurken	5,6— 8,4
Gurkenkraut	49,6—61,5
Gartenkresse	12,2—18,6
Karotten	3,3— 3,5
Karottenkraut	29,2—33,3

Titan. Dieses Element ist, wie neuere Untersuchungen ergaben, in kleinen Mengen ein weitverbreiteter Bestandteil pflanzlicher Aschen. Besonders die grünen Teile der Pflanze sind relativ reich an Titan (Geilmann 1920). Die Angaben für die verschiedenen Pflanzen zeigen große Unterschiede im Ti-Gehalt, die sich von 10^{-1} mg bis 10^2 mg je kg Pflanzensubstanz bzw. Substanz einzelner Pflanzenorgane bewegen (Bertrand und Voronca 1929, 1930). Für die in 1 kg lufttrockener Substanz enthaltene Menge Titan werden für einige Kulturpflanzen folgende Werte angegeben (vgl. Scharrer 1955): Äpfel 2 mg, Birnen 1 mg, Birnenblätter 23 mg, Birnenholz 2 mg, Futterrüben 7 mg, Futterrübenblätter 25 mg, Gras 11 mg, Haferpflanzen 2 mg, Kartoffelkraut 112 mg, Kohl 3 mg, Lupinen 27 mg, Mais 21 mg, Pferdebohnen 23 mg, Winterweizen 2 mg.

Über die physiologische Bedeutung von Titan in der Pflanze herrscht noch Unklarheit, doch wurde bei entsprechenden Versuchen eine günstige Wirkung dieses Elementes für eine Reihe von Pflanzen gefunden.

Vanadium. Bertrand (1941a, b) glaubt auf Grund seiner umfangreichen Untersuchungen annehmen zu dürfen, daß Vanadium in allen Pflanzen gegenwärtig ist. Er findet Werte zwischen 0,27 bis 4,2 mg V pro kg Trockensubstanz; im Mittel liegen die Werte bei 1,0 mg. Auffallenderweise erwiesen sich die Samen der Leguminosen als besonders arm an V.

Schon früher wurde Vanadium in den Aschen von Wein, Zuckerrüben, der Buche, Eiche, Fichte und Tanne gefunden (vgl. Czapek 1920). In Holzgewächsen scheint Vanadium überhaupt weit verbreitet zu sein (Nemec und Mitarbeiter 1936). So wie das Lithium fand Lippmann (1897) auch Vanadium in der Schlempekohle aus der Zuckerrübenfabrikation. Vanadium kann, wie diesbezügliche Versuche zeigten, das Wachstum höherer Pflanzen positiv beeinflussen; welche Rolle das Vanadium dabei im Stoffwechsel spielt, ist bisher nicht bekannt geworden. Scharrer und Judel (1959) geben u. a. die folgenden V-Gehalte an (ppm V in der Trockensubstanz):

Rotkleeheu	0,13
Luzerneheu	0,16
Erbsenstroh	0,44
Ölrettichheu	2,50
Haferstroh	0,08
Haferkorn	0,03
Weizenstroh	0,16
Weizenkorn	0,07
Kartoffelkraut	1,25
Kartoffelknolle	0,07
Zuckerrübenblatt	0,33
Zuckerrübe	0,05

Chrom. Obwohl Chrom in vielen Böden nachgewiesen werden kann, liegen nur wenige quantitative Angaben über den Gehalt der Pflanzen an diesem Element vor. Besonders hoch ist der Chromgehalt von Serpentin-Böden, doch sinkt die Ertragsfähigkeit derartiger Böden mit steigendem Cr-Gehalt. Saint-Rat (1948) untersuchte verschiedene Gemüse aus 25 botanischen Familien auf ihren Gehalt an Cr und fand Werte zwischen 10 und 1000 μg Chrom pro kg Trockensubstanz; meist lagen die Werte zwischen 100 und 500 μg.

Wöhlbier und Kirchgessner (1957) sowie Wöhlbier und Mitarbeiter (1957) fanden in Wiesenpflanzen und Kartoffeln folgende Cr-Gehalte (ppm Cr in der Trockensubstanz):

Deutsches Weidelgras	0,21	Wiesenkerbel	0,19—0,21
Goldhafer	0,06—0,10	Bärenklau	0,21—0,32
Wiesenfuchsschwanz	0,08	Rotklee	0,07—0,24
Knaulgras	0,05—0,24	Zaunwicke	0,32
Glatthafer	0,09—0,38	Kartoffelknolle	0,08—0,10
Weiche Trespe	0,20		

Die Frage, ob Chrom in allen Kulturpflanzen enthalten ist, ist derzeit noch nicht mit Sicherheit zu beantworten.

Lounamaa (1956) ermittelte in der Asche wildwachsender Pflanzen Nordfinnlands folgende Cr-Gehalte; bemerkenswert sind die hohen Gehalte der Pflanzen auf den aus basischen bzw. Serpentingesteinen hervorgegangenen Böden (ppm Cr in der Asche):

	Saure Gesteine	Basische Gesteine	Kalk und Dolomit
Flechten	130	260	—
Moose	610	570	400
Farne (oberirdische Teile)	740	1400	480
Koniferen: Nadeln	1300	3000	440
Zweige	1000	2700	—
Laubbäume und Sträucher:			
Blätter	1000	760	660
Zweige	1300	1200	890
Zwergsträucher: Blätter	1600	2800	2000
Stengel	1300	3200	2000
Kräuter: Blätter	640	980	590
Stengel	520	570	480
Gräser: Blätter + Stengel	170	320	—

Mangan. Bei diesem Element handelt es sich um einen für die Pflanzen lebensnotwendigen Stoff, welcher dementsprechend in allen Kulturpflanzen in wechselnder Menge gefunden wird. Sein Fehlen bzw. ein zu geringer Gehalt an Mn ruft typische Mangelerscheinungen hervor. Die Manganversorgung und der Mangangehalt der Pflanzen sind weitestgehend von der Bodenreaktion abhängig. Über den Mangangehalt von Kulturpflanzen liegen zahlreiche Angaben vor, von denen einige Beispiele in Tab. 15 wiedergegeben werden:

Tabelle 15. *Mangangehalt einiger Kulturpflanzen*

Pflanze	Pflanzenteil	ppm Mn in der Trockensubstanz
Weizen	Körner	12—80
Wiesenrispe	oberirdische Organe	80—130
Wiesenschwingel	oberirdische Organe	130—750
Weißer Senf	oberirdische Organe	140
Pferdebohne	Blätter	40
Erbse	Blätter	140
Kartoffel	Blätter	90—100
Spargel	Sproß	36
Karotten	Wurzel	22
Salat	Blätter	50
Tomaten	Frucht	21
Kiefer (1jährig)	Nadeln	970
Kiefer (4jährig)	Nadeln	1920
Buche	Blätter	1720
Eiche	Blätter	1660

Wöhlbier und Kirchgessner (1957) geben für Wiesenpflanzen nachstehende Mn-Gehalte an (ppm Mn in der Trockensubstanz):

Weidelgras	37 — 61
Goldhafer	54 — 59
Wiesenfuchsschwanz	21 — 46
Knaulgras	75 —127
Glatthafer	27 — 52
Wiesenkerbel	30 — 44
Bärenklau	68 — 96
Löwenzahn	45 — 63
Spitzwegerich	27

Scharrer und Judel (1959) fanden ppm Mn in der Trockensubstanz:

Rotkleeheu	78
Luzerneheu	52
Lupinenkraut	188
Haferstroh	123
Weizenstroh	28
Gerstenstroh	64
Roggenstroh	24
Kartoffeln	13
Kartoffelkraut	87
Zuckerrüben	104
Zuckerrübenblätter	575
Haferkorn	70
Weizenkorn	19
Gerstenkorn	31

Gemüsepflanzen enthalten nach Kühn (1962) ppm Mn in der Trockensubstanz:

Radieschen	17 — 50
Radieschenblätter	111 — 260
Sellerieknollen	85 — 134
Sellerieblätter	196 — 656
Schnittsalat	199 — 790
Grünkohlblätter	82 —1038
Grünkohlstengel	12 — 141
Spinat	94 — 461
Gurken	24 — 125
Gurkenkraut	184 —1705
Gartenkresse	79 — 169
Karotten	28 — 98
Karottenkraut	384 — 963

Wie stark der Mangangehalt, insbesondere unter dem Einfluß der Bodenreaktion, schwanken kann, geht auch aus den Untersuchungen von Kurmies (1955) hervor:

Schwankungsbreite des Mangangehaltes im Heu in verschiedenen Gebieten Westdeutschlands

	mg Mn in 1 kg Heu			
	1. Schnitt		2. Schnitt	
	kleinster Wert	größter Wert	kleinster Wert	größter Wert
Rheinland	29	647	77	1119
Westfalen und Hannover	23	382	23	584
Oldenburg	44	840	—	—
Hessen und Pfalz	17	251	46	269
Bayern	8	249	14	378
Württemberg und Baden	12	289	15	361

Eisen. Auch das Vorhandensein von Eisen ist für eine normale Entwicklung der höheren Pflanzen unbedingt erforderlich, weil es im Stoffwechsel eine wichtige Rolle spielt. Eisen wird von den Kulturpflanzen in größeren Mengen aufgenommen und benötigt, so daß man dieses Element zu den Hauptnährstoffen zählt. Aus einer großen Zahl von Analysen gibt Tab. 16 eine Auswahl über den Eisengehalt verschiedener Kulturpflanzen.

Tabelle 16. *Eisengehalt einiger Kulturpflanzen*

Pflanze	Pflanzenteil	ppm Fe in der Trockensubstanz
Winterweizen	oberirdische Organe	100— 600
Winterweizen	Körner	20— 100
Gerste	oberirdische Organe	180— 450
Hafer	oberirdische Organe	300— 400
Rotklee	oberirdische Organe	500—1200
Weißklee	oberirdische Organe	1000—1600
Luzerne	oberirdische Organe	1000—5600
Pferdebohne	oberirdische Organe	300
Sojabohne	oberirdische Organe	3000
Erbse	oberirdische Organe	400— 800
Grünraps	oberirdische Organe	660
Grünmais	oberirdische Organe	1000
Kartoffel	oberirdische Organe	500—3200
Kartoffel	Knollen	300
Zuckerrübe	Blätter	560
Zuckerrübe	Wurzel	300
Sonnenblume	oberirdische Organe	1000—1400
Engl. Raygras	oberirdische Organe	900—2500
Wiesenschwingel	oberirdische Organe	2000—3100
Wiesenrispe	oberirdische Organe	300—3100
Küchenzwiebel	oberirdische Organe	2400
Spinat	Blätter	1000—3100
Tabak	Blätter	2400
Hopfen	oberirdische Organe	1200
Hanf	oberirdische Organe	300
Kiefer (1jährig)	oberirdische Organe	850
Fichte (1jährig)	oberirdische Organe	960
Rotbuche (1- bis 4jährig)	oberirdische Organe	870

Vergleicht man ältere Angaben über den Eisengehalt mit solchen neueren Datums, z. B. den nachstehenden von Scharrer und Judel (1959), so fällt auf, daß die älteren Angaben fast durchweg wesentlich höher liegen. Mit großer Wahrscheinlichkeit sind diese Unterschiede nicht auf fehlerhafte oder unvollkommene Analysenmethoden zurückzuführen, sondern es muß angenommen werden, daß der Eisengehalt heute tatsächlich niedriger ist als vor 40 bis 50 Jahren. Als Ursache dürfte die auf Grund der gesteigerten Kalkanwendung veränderte Bodenreaktion und das durch erhöhte NPK-Düngung gesteigerte Massenwachstum anzusehen sein.

Scharrer und Judel (1959) geben für eine Anzahl landwirtschaftlicher Kulturpflanzen die nachstehenden Eigenschaften an (ppm Fe in der Trockensubstanz):

Weidelgras	116
Grünmais	225
Grünraps	352
Sonnenblumen (grün)	400
Rotkleeheu	146
Luerzneheu	243
Erbsenstroh	563
Lupinenkraut	184
Bohnenstroh	506
Hirsestroh	140
Hirsekorn	59
Haferstroh	146
Haferkorn	98
Weizenstroh	152
Weizenkorn	40
Gerstenstroh	463
Gerstenkorn	81
Roggenstroh	89
Roggenkorn	67
Kartoffelkraut	218
Kartoffeln	71
Zuckerrübenblätter	445
Zuckerrüben	105
Gehaltsrübenblätter	390
Gehaltsrüben	35

In Gemüsepflanzen ermittelte KÜHN (1962) folgende Eisengehalte (ppm Fe in der Trockensubstanz):

Radieschen	99 — 205
Radieschenblätter	328 — 524
Sellerieknollen	27 — 116
Sellerieblätter	195 — 555
Schnittsalat	566 —1387
Grünkohlblätter	100 — 531
Grünkohlstengel	29 — 70
Spinat	260 — 492
Gurken	42 — 237
Gurkenkraut	235 — 381
Gartenkresse	235 — 329
Karotten	117 — 201
Karottenkraut	555 — 820

Zum Teil außerordentlich hohe Unterschiede im Eisengehalt von wirtschaftseigenen Futtermitteln gegenüber früheren Untersuchungen fand auch ESPENHAYN

Tabelle 17. *Eisengehalte verschiedener Futterpflanzen*

Bezeichnung des Futtermittels	Eisenwerte in mg % der ursprünglichen Substanz nach		
	MACH und HERRMANN	MORRISON	ESPENHAYN
Grünfutter			
Gräser	55,6	7,1	2,4
Klee und Hülsenfrüchte	19,3	6,9	3,3
Dürrheu			
Gräser	—	25,2	4,6
Klee	—	33,5	7,5
Silage	16,3	9,3	3,2
Hülsenfruchtstroh	73,2	—	16,5

(1949). Er stellt seine eigenen Untersuchungsergebnisse den Befunden von MACH und HERMANN (1939) und MORRISON (1949) gegenüber (Tab. 17).

ESPENHAYN läßt es offen, ob die beobachteten Differenzen auf Art, Eisengehalt, geologische und mineralogische Beschaffenheit des Bodens, Klima, Eisenaufnahmefähigkeit der Pflanzen, Jahreszeit der Ernte usw. zurückzuführen sind. Auf die gleiche Erscheinung weist auch v. BRONSART (1952) hin; diese Autorin führt die allgemein hohen Eisengehalte nach älteren Untersuchungen auf die sparsamere Anwendung der Stickstoffdüngung zurück.

Cobalt. Dieser Grundstoff stellt für Mensch und Tier ein unentbehrliches Spurenelement dar und ist Bestandteil des Vitamins B_{12}. Seine Notwendigkeit für die höhere Pflanze konnte bislang nicht allgemein nachgewiesen werden, obwohl man Co in der Asche der meisten Pflanzen vorfindet. Der Co-Gehalt der Weidepflanzen ist für das Gedeihen der Weidetiere von entscheidender Bedeutung, und zu niedrige Werte führen zu schweren Mangelerkrankungen der Tiere. So enthält Grünfutter, welches nicht zu derartigen Erkrankungen führt, 0,2 bis 1,0 ppm Co in der Trockensubstanz, während Grünfutter mit einem Co-Gehalt von 0,03 bis 0,07 ppm Co bereits zu Mangelerscheinungen führt (ASKEW 1937).

In Bohnen und Erbsen wurden höhere Co-Werte gefunden als in Mais und Weizen. Je 100 g Trockensubstanz enthielten bei Bohnen 0,018 bis 0,0475 mg, Mais 0,014 bis 0,042 mg und Cerealien 0,006 bis 0,008 mg Co (AHMAD und McCOLLUM 1939). Für Gemüsepflanzen werden von HURWITZ und BEESON (1944) folgende Werte angegeben (ppm): Spinat 0,67; Weiße Rübe (Blätter) 0,34; Salat 0,21; Kohl 0,19; Erbsen 0,16; Rüben (Wurzel) 0,07; Süßkartoffeln 0,03 und Feldmais 0,01.

Besonders reich an Co haben sich Blätter und Samenschalen erwiesen. Bei Bäumen wurde im Holz mehr Co gefunden als in der Rinde (BERTRAND und MOKRAGNATZ 1922). In Tomaten wurde 0,005 mg pro kg Trockensubstanz und in Buchweizen 0,3 mg bestimmt. MITCHELL (1945) gibt den normalen Co-Gehalt der trockenen Pflanzensubstanz mit 0,01 bis 0,4 ppm an.

SCHARRER und JUDEL (1959) fanden in einigen landwirtschaftlichen Kulturpflanzen die folgenden Gehalte (ppm Co in der Trockensubstanz):

Rotkleeheu	0,26
Luzerneheu	0,43
Erbsenstroh	0,13
Lupinenkraut	0,17
Bohnenstroh	0,44
Haferstroh	0,09
Weizenstroh	0,10
Gerstenstroh	0,14
Roggenstroh	0,06
Haferkorn	0,03
Weizenkorn	0,03
Gerstenkorn	0,04
Roggenkorn	0,02
Kartoffelkraut	0,66
Zuckerrübenblätter	0,27
Zuckerrüben	0,07
Kartoffeln	0,05
Grünmais	0,12
Weidelgras	0,11

KOWALSKI (1958) fand in der UdSSR für einige Leguminosen und Gräser zum Teil höhere Gehalte (ppm Co in der Trockensubstanz):

Rotklee	0,56
Weißklee	0,27—0,54
Wilde Luzerne	0,49
Weißes Straußgras	0,20
Wiesenrispe	0,20
Wiesentrespe	0,25

Durch Düngung kann der Co-Gehalt der Pflanzen sehr stark angereichert werden, wie aus Untersuchungen von SCHARRER und TAUBEL (1954) hervorgeht (ppm Co in der Trockensubstanz):

Junge Roggenpflanzen	0,46 —148
Junge Erbsenpflanzen	0,95 —211
Westerwold. Weidelgras	0,13 — 56
Futterroggen	0,15 — 18
Futtererbsen	0,32 — 68
Rotklee	0,23 — 45

Mit den hohen Gehalten waren aber zum Teil erhebliche Ertragsdepressionen verbunden.

Welchen ausgeprägten Einfluß der Standort auf den Co-Gehalt der Pflanzen haben kann, zeigen die Untersuchungen LOUNAMAAS (1956) über den Co-Gehalt wildwachsender Pflanzen in Finnland (ppm Co in der Asche):

	Saure Gesteine	Basische Gesteine	Kalk und Dolomit
Flechten	9,6	70	—
Moose	6	27	5
Farne (oberirdische Teile)	4,5	38	1,5
Koniferen: Nadeln	6,0	18	1,0
Zweige	8,5	62	3,4
Laubbäume und Sträucher:			
Blätter	8,6	57	1,3
Zweige	13	43	2,0
Zwergsträucher: Blätter	2,5	59	3,3
Stengel	5,6	170	5,5
Kräuter: Blätter	7,3	15	3,5
Stengel	7,3	15	3,5
Gräser: Blätter + Stengel	4,3	20	—

Nickel. Eine weite Verbreitung im Pflanzenreich kommt auch dem Nickel zu, obwohl über seine Funktion in der Pflanzenzelle keine genauen Kenntnisse vorliegen. Der Gehalt der Pflanzensubstanz an Ni liegt sehr niedrig (BERTRAND und MOKRAGNATZ 1922), meist unter 3,5 mg pro kg Trockensubstanz. In Gemüsepflanzen wurden von BERISTEIN (1943) Werte von 0,13 bis 4,6 ppm (auf Trockensubstanz bezogen) gefunden. Von MITCHELL (1945) werden 0,10 bis 5,0 ppm in der Trockensubstanz als die normalen Ni-Werte angegeben. jedoch schwankt der Gehalt von Pflanze zu Pflanze sehr. Auch andere Autoren (SHIHA und KODAIRA 1952) geben ähnliche Werte für grüne Blätter an: 0,2 bis 1,6 ppm in der Trockensubstanz. Im allgemeinen kann festgestellt werden, daß der Ni-Gehalt der Pflanzen etwas über dem Co-Gehalt der gleichen Pflanzen liegt.

Nach SCHARRER und JUDEL enthalten einige Kulturpflanzen die folgenden Nickelgehalte (ppm Ni in der Trockensubstanz):

Rotkleeheu	2,30
Luzerneheu	2,43
Erbsenstroh	2,03
Lupinenkraut	1,40
Bohnenstroh	2,73
Haferstroh	0,90
Gerstenstroh	0,04
Roggenstroh	0,60
Weizenstroh	nicht nachweisbar
Haferkorn	0,70
Gerstenkorn	0,01
Roggenkorn	3,00
Weizenkorn	0,59
Kartoffelkraut	3,60
Zuckerrübenblätter	0,80
Zuckerrüben	0,40
Kartoffeln	0,30
Grünmais	0,3
Weidelgras	4,0
Wiesenheu	0,55

Wie bei Cobalt fand LOUNAMAA (1956) auch bei Nickel einen starken Einfluß des Bodens bzw. des Ausgangsgesteins auf den Gehalt in Pflanzen (ppm Ni in der Asche):

	Saure Gesteine	Basische Gesteine	Kalk und Dolomit
Flechten	43	1400	—
Moose	70	2200	23
Farne (oberirdische Teile)	30	2200	15
Koniferen: Nadeln	34	1200	16
Zweige	38	620	21
Laubbäume und Sträucher:			
Blätter	43	1200	18
Zweige	42	1100	15
Zwergsträucher: Blätter	32	1300	23
Stengel	46	3000	25
Kräuter: Blätter	37	920	22
Stengel	37	920	22
Gräser: Blätter und Stengel	20	700	—

Kupfer. Als lebensnotwendiges Element ist Kupfer in den Pflanzen bzw. Pflanzenteilen enthalten. Es wurde bereits vor mehr als 100 Jahren in der Pflanzenasche nachgewiesen und sein Gehalt in der Pflanze bestimmt; doch müssen ältere Gehaltsangaben zweifellos sehr kritisch angesehen werden, wie z. B. diejenigen von VEDRÖDI (1896), der für einige Samen folgende Gehalte angibt (mg Cu pro kg Samen):

Winterweizen	80 — 170
Sommerweizen	190 — 630
Roggen	10 — 90
Gerste	10 — 120
Hafer	40 — 200
Bohnen	110 — 320
Erbsen	60 — 100
Sojabohnen	70 — 100
Lupinen	80 — 290
Flachs	110 — 150
Hanf	60 — 130
Pfefferschoten	230 —1350

Auch die Angaben von Mac Dougal (1899), der den Cu-Gehalt von Pflanzen auf normalen Böden mit 30 ppm, von solchen auf kupferreichen Böden bis 560 ppm in der Trockensubstanz angibt, scheinen sehr hoch zu sein. Untersuchungen von Gueritthault (1920) in einer großen Anzahl von Gemüsen, Früchten, Cerealien und Nüssen ergaben Gehalte zwischen 8,7 und 63,6 mg Cu pro 100 g Asche und 1,1 bis 17,1 mg Cu je kg Frischsubstanz.

In Wiesenpflanzen fanden Wöhlbier und Kirchgessner (1957) nachstehende Cu-Gehalte (ppm Cu in der Trockensubstanz):

Deutsches Weidelgras	5,2 — 8,0
Goldhafer	4,7 — 8,5
Wiesenfuchsschwanz	6,9 —10,4
Knaulgras	7,8 — 8,8
Wiesenkerbel	9,0 —10,4
Bärenklau	8,2 —13,0
Acker-Kratzdistel	25,0
Löwenzahn	12,0 —13,0
Rotklee	7,7 — 9,8
Zaunwicke	5,9 —10,0

Kühn und Schaumlöffel (1961) geben für Getreide an (ppm Cu in der Trockensubstanz):

Haferstroh	2,1 —15,6
Haferkörner	1,9 —14,0
Sommerweizenstroh	1,2 — 4,1
Sommerweizenkörner	0,9 —11,3
Sommergerstenstroh	1,5 —12,2
Sommergerstenkörner	0,9 —11,6

In einigen Gemüsepflanzen fand Kühn (1961) die folgenden Cu-Gehalte (ppm Cu in der Trockensubstanz):

Radieschen	3,1 — 6,3
Radieschenblätter	3,7 — 9,3
Sellerieknollen	8,8 —23,0
Sellerieblätter	3,7 — 9,7
Schnittsalat	4,9 —14,8
Grünkohlblätter	2,0 — 7,1
Grünkohlstengel	1,9 — 5,0
Spinat	7,2 —21,3
Gurken	6,9 —11,5
Gurkenkraut	4,8 —11,5
Gartenkresse	5,8 — 7,3
Karotten	2,9 — 3,4
Karottenkraut	6,4 — 7,8

Für Koniferen *(Pinus, Picea, Abies, Thuja, Larix, Tsuga)* geben Riou und Mitarbeiter (1941a) folgende Gehalte in den verschiedenen Teilen der Pflanzen an (ppm Cu in der Trockensubstanz):

Herz	1,3—2,7
Mark	1,4—2,8
Zweige	4,3—5,8
Rinde	4,1—5,9
Blätter	4,9—8,6
Zapfen	2,7—9,4

Laubbäume enthalten nach den gleichen Autoren (ppm Cu in der Trockensubstanz) *(Acer, Traximus, Ulmus, Betula, Ostrya, Populus)*:

Herz	0,9— 3,9
Mark	0,6— 3,4
Zweige	2,7— 7,9
Rinde	4,9—10,9
Blätter	7,1—11,8

In Kaffeebohnen fand TAYLOR (1949) 8 bis 20 ppm Cu.

Zink. Auch Zink ist ein wichtiger Bestandteil der Substanz höherer Pflanzen, welcher in kleinsten Mengen wichtige physiologische Funktionen erfüllt. Sein Fehlen ruft Mangelerscheinungen hervor, welche insbesondere als Verkleinerung der Blattlamina sichtbar werden. BERTRAND und BENZON (1928, 1929) bestimmten den Zn-Gehalt verschiedener Nahrungsmittel pflanzlichen Ursprungs (Werte pro kg Frischsubstanz): 1 mg im Fruchtfleisch von Pfirsich, Kirschen, Aprikosen und Melonen, sowie etiolierten Blättern von Endivie; 1 bis 2 mg in Wurzelgemüsen, Orangen, chlorophyllarmen Blättern und Grape-Frucht; 2 bis 3 mg in Kürbis, Bananen, Karfiol (Blumenkohl), Kartoffeln, Tomaten und Artischocken; 3 bis 4 mg in Spargeln und Datteln. In chlorophyllreichem Material ist der Zn-Gehalt wesentlich höher (vgl. BERTRAND und ANDREITCHEVA 1934). Beispielsweise enthalten Spinat 6,2 mg, Löwenzahnblätter 9,7 mg pro kg Frischsubstanz. Knoblauch und Zwiebeln enthalten 10 bis 13,8 mg, Getreide und Leguminosen 10 bis 50 mg, wobei die höheren Werte bei den Leguminosen gefunden wurden. RAO (1938) fand in Erbsen als Mittelwert 40,2 mg Zn pro kg Trockensubstanz. Die Verteilung von Zn in Haferpflanzen wurde von WOOD und SIBLY (1950) studiert: Die Blätter enthalten 20 bis 30% des Gesamtzinks, wovon 15 bis 20% des Zn der Blätter in den Chloroplasten lokalisiert sind (bei Spinat etwa 50%).

Der Zinkgehalt der Pflanzen ist besonders abhängig von der Zusammensetzung des Bodens, aber auch innerhalb einer Pflanzenart auf gleichem Boden können verschiedene Sorten sich im Zn-Gehalt wesentlich unterscheiden (WATSON 1950). Diese Ansicht vertritt auch MUNK (1956), der den Einfluß von Boden und Düngung als wesentlich stärker ansieht als die Fähigkeit einzelner Pflanzengruppen, sich mit Zink anzureichern. MUNK fand folgende Zinkgehalte (ppm Zn in der lufttrockenen Substanz):

Roggenstroh	13
Weizenstroh	24
Wiesenheu	24,5—35
Rohrglanzgras	36
Rotschwingel	23
Grünmais	29
Rotklee	165
Weißklee in der Blüte	36
Hornschotenklee	31
Inkarnatklee	34
Wicken	46
Erbsen in der Blüte	51
Ackerbohnen	50
Zuckerrübenblätter	160
Futterrübenblätter	66
Schwarzer Senf	30
Ölrettich	45
Platterbse	44

HÖFNER (1957) fand in Gefäßversuchen mit Buschbohnen bei steigender Zinkdüngung im Bohnenkraut Zinkgehalte von 32 bis 511 ppm in der Trockensubstanz und in Hülsen 35 bis 88 ppm. Im Grünmais schwankten die Gehalte zwischen 21 und 287 ppm.

KÜHN und SCHAUMLÖFFEL (1961) ermittelten in Getreidepflanzen die folgenden Gehalte (ppm Zn in der Trockensubstanz):

Haferstroh	55—236
Haferkörner	33— 99
Sommerweizenstroh	135—299
Sommerweizenkörner	59—146
Sommergerstenstroh	77—227
Sommergerstenkörner	21— 61

Die Zinkgehalte von Gemüsepflanzen bewegten sich nach Untersuchungen von KÜHN (1962) zwischen (ppm Zn in der Trockensubstanz):

Radieschen	17— 29
Radieschenblätter	27— 79
Sellerieknollen	17— 41
Sellerieblätter	39—121
Schnittsalat	42—121
Grünkohlblätter	18— 73
Grünkohlstengel	8— 29
Spinat	41—127
Gurken	29— 46
Gurkenkraut	71— 85

Gallium. Obwohl Ga ein in der Erdkruste weit verbreitetes Element zu sein scheint, liegen über sein Vorkommen in höheren Pflanzen kaum genauere Untersuchungen vor. LIEBIG und Mitarbeiter (1943) halten es jedoch für möglich, daß Ga für das Gedeihen von Citrus notwendig ist, jedoch genügt ein Gehalt an Ga von weniger als 1 ppm der Trockensubstanz für die Funktion des pflanzlichen Gewebes. LOUNAMAA (1956) hat das Gallium in seine Untersuchungen über den Spurenelementgehalt wildwachsender Pflanzen einbezogen, so daß über den Gehalt an Ga halbquantitative Angaben vorliegen (ppm Ga in der Asche):

	Saure Gesteine	Basische Gesteine	Kalk und Dolomit
Flechten	25	4	—
Moose	8	1,6	1,7
Farne (oberirdische Teile)	1,3	1,0	1,0
Koniferen			
Nadeln	1,3	1,0	1,0
Zweige	1,8	1,0	1,0
Laubbäume und Sträucher			
Blätter	1,5	1,0	1,0
Zweige	1,1	1,0	1,0
Zwergsträucher			
Blätter	2,0	1,0	3,2
Stengel	2,7	1,0	3,8
Kräuter			
Blätter	1,9	1,0	1,0
Stengel	1,9	1,0	1,6
Gräser	1,7	2,7	—

Germanium. Germanium wird in Kohlenaschen gefunden. Dementsprechend weisen Pflanzen, welche auf Müllabladeplätzen wachsen, einen geringen Gehalt (0,2 bis 0,8 ppm der Trockensubstanz) an diesem Element auf (GEILMANN und BRÜNGER 1935). Genaue Kenntnisse über seine Funktion in der Pflanze besitzen wir heute noch nicht.

Arsen. Das Vorkommen von Arsen in Pflanzen wurde schon vor über 100 Jahren entdeckt. Seither haben zahlreiche Forscher den As-Gehalt einer großen Zahl von Pflanzen bestimmt, und wir können heute berechtigt annehmen, daß dieser Grundstoff in allen Pflanzen enthalten ist, wie dies auch schon früher behauptet wurde (JADIN und ASTRUC 1912). Diese Autoren fanden in Hafer und Zuckerrüben 0,6 mg und im Reis 0,08 mg As pro kg Trockensubstanz.

Interessante Ergebnisse brachten neuere Untersuchungen (MINGUZZI und NALDONI 1950) über den As-Gehalt von Hölzern. Es wurde in Cupressus sempervirens 0,00014%, in Abies alba 0,000011%, in Pinus laricius 0,000013% und in Castanea vesca 0,000005% As gefunden. Daraus schließen die genannten Forscher, daß der höhere As-Gehalt von Kohlenaschen sekundären Ursprungs ist.

SHTENBERG fand in einigen Gemüsepflanzen und Früchten nachstehende As-Gehalte (ppm As in der Trockensubstanz):

Kartoffeln	0,1 —1,25
Kohl	0,28—1,66
Rüben	0,13—0,65
Karotten	0,09—0,4
Tomaten	1,43—2,95
Gurken	0,09—2,4
Äpfel	0,3 —0,7

Wiederum ist die Zusammensetzung des Bodens und eventuell die Düngung mit As-haltigen Düngemitteln von großem Einfluß auf den As-Gehalt der Pflanzen.

Selen. Auf Grund seiner Giftigkeit wurde diesem Element vor allem in den USA besondere Aufmerksamkeit gewidmet, und es wurden in verschiedenen Pflanzenarten sehr unterschiedliche Gehalte an Se gefunden. Beispielsweise wurde auf Se-reichen Böden ein Gehalt von 135,9 ppm in Bohnen und 137,3 ppm Se in Gerste gefunden (ANCIZAR-SORDO 1947). In einer großen Zahl von Proben aus verschiednen Teilen der Welt konnte in Weizenkörnern 0,1 bis 1,9 ppm Se nachgewiesen werden (ROBINSON 1936). Zum gleichen Ergebnis führten auch Untersuchungen anderer Autoren (THORWALDSON und JOHNSON 1940). Den größten Einfluß auf den Se-Gehalt der Pflanzen übt der Se-Gehalt des Bodens aus. Es gibt aber auch Pflanzen (z. B. Astragalus var.), welche in der Lage sind, Se ganz besonders anzureichern.

Brom. Über die Verbreitung von Brom in Pflanzen liegen relativ wenige Untersuchungen vor, obwohl anzunehmen ist, daß dieses Element häufig vorkommt. BELLUCI und DE GORI (1949) untersuchten verschiedene Getreidearten, Gemüse und Früchte, wobei sie fanden, daß die Werte in weiten Grenzen schwanken. Die von ihnen gefundenen Br-Gehalte deckten sich mit den von DAMIENS und BLAIGNAN (1931, 1932) angegebenen Werten weitgehend. Letzterer fand beispielsweise bei Raphanus sativus bis 0,8 mg, in Boletus scaber bis 3,6 mg und in Curcuma citrullus 26,2 mg Br in 100 g Pflanzensubstanz. Über Funktionen des Brom in der Pflanze liegen keine sicheren Kenntnisse vor.

Rubidium. Entsprechend seiner geochemischen Verteilung wurde dieses Element in einer großen Zahl von Pflanzenarten gefunden. BERTRAND und BERTRAND (1946, 1950a) fanden in Cryptogamen 2,4 bis 1510 mg Rb pro kg Trockensubstanz, mit einem Mittelwert von 120 mg und in Phanerogamen 1 bis 98 mg Rb pro kg Trockensubstanz mit einem Mittelwert von 20 mg. In früheren Untersuchungen, in welchen dieselben Autoren bereits 8 Pflanzenspezies analysierten, wurde in Phanerogamen 2,1 bis 81 mg Rb pro kg Trockensubstanz (im Mittel 20,3 mg) und in Cryptogamen 2,8 bis 354 mg Rb pro kg Trockensubstanz (im Mittel 75,5 mg) gefunden (BERTRAND und BERTRAND 1944).

Bei Rb-Bestimmungen in Gramineae, Leguminosae, Polygonaceae, Ranunculaceae, Compositae und Chenopodiaceae erhielt BOROVIK-ROMANOVA (1944) Werte zwischen $1 \cdot 10^{-4}$ und $1 \cdot 10^{-3}$ %. Auch in Zuckerrüben wurde Rb bestimmt (BRECKPOT 1936).

Eine sehr umfangreiche Untersuchung von BERTRAND und BERTRAND (1950b) an 366 Pflanzenspezies aus 16 Familien brachte folgendes Ergebnis (Durchschnittswerte, ppm):

Dikotyledonen	18,2
Ranunculaceae	17,8
Cruciferae	23,4
Caryophyllaceae	27,3
Leguminosae	16,5
Rosaceae	11,7
Umbelliferae	18,8
Compositae	21,1
Boraginaceae	18,8
Solanaceae	27,9
Scrophulariceae	11,8
Labiatae	11,0
Salsolaceae	37,6
Polygonaceae	21,8
Monokotyledonen	15,8
Gramineae	12,5

Auch in den Samen verschiedener Pflanzen kommt Rb vor. So enthielten die Samen von Kaffee 45,7 mg Rb pro kg Trockensubstanz, Gramineensamen im Mittel 3,6 bis 5,67 mg und Roggen 0,6 mg Rb pro kg Trockensubstanz (BERTRAND und BERTRAND 1951, 1952).

Strontium. Dieses Element trat als Bestandteil der Pflanzensubstanz besonders in den lezten Jahren in den Vordergrund. Mit dem „fall out“ nach Kernexplosionen gelangten kleinste, zeitlich sehr schwankene Mengen von radioaktivem Sr auf die Erdoberfläche und wurden von den Pflanzen aufgenommen. Aber auch natürlicherweise ist in pflanzlichen Geweben Sr enthalten, wie dies schon frühzeitig von TRIMBLE (1897) festgestellt wurde. Auch HEADDEN (1921) konnte in verschiedenen Pflanzen Sr nachweisen. So wurde es auch in Citrusfrüchten gefunden (ROBERTS und GADDUM 1937). Sr ist im Pflanzenreich sehr weit verbreitet und nach ROBINSON und Mitarbeiter (1917) zu 10^{-3} bis 10^{-2} % in der pflanzlichen Trockensubstanz enthalten. HEILENZ (1962) bestimmte in einer Reihe von Pflanzen, die auf dem gleichen kalkhaltigen Sandboden und bei gleicher Düngung gewachsen waren, den Sr-Gehalt (ppm Sr in der Trockensubstanz):

Junge Haferpflanzen	30,4
Haferstroh	21,9
Haferkörner	3,5
Junge Gerstenpflanzen	31,3
Gerstenstroh	16,8
Gerstenkörner	2,7
Junge Sommerroggenpflanzen	29,1
Junge Sommerweizenpflanzen	22,7
Weizenstroh	12,5
Weizenkörner	2,2
Grünmais	17,2
Rapsstroh	51,6
Rapssamen	11,7
Grünkohlblätter	37,7
Grünkohlstengel	41,7
Blumenkohlblätter	46,7
Blumenkohlblüte	6,7
Rettichwurzel	24,7
Rettichblätter	84
Schnittsalat	38,5
Spinat	48,3
Rote Rübe, Blätter	70,0
Rote Rübe, Wurzel	21,6
Karottenkraut	48,1
Karottenwurzeln	12,4
Westerwold. Weidelgras	29,7
Knaulgras	21,5
Rotklee	61,7
Lihoraps	58,9

Yttrium. Über den Gehalt der Pflanzen an Yttrium liegen kaum Angaben vor. In Gesteinen ist dieses Element nach GOLDSCHMIDT (1937) durchschnittlich mit 28 ppm, in Böden nach MITCHELL (1944) in Mengen bis zu 500 ppm enthalten. Für wildwachsende Pflanzen Nordfinnlands macht LOUNAMAA folgende halbquantitative Angaben über ihren Y-Gehalt (ppm Y in der Asche):

	Saure Gesteine	Basische Gesteine	Kalk und Dolomit
Flechten	14	4	—
Moose	7	4	8
Farne (oberirdische Teile)	30	26	10
Koniferen			
Nadeln	3,3	5,7	3,0
Zweige	4,0	5,7	3,0
Laubbäume und Sträucher			
Blätter	3,3	3,0	3,0
Zweige	3,1	3,0	3,0
Zwergsträucher			
Blätter	4,0	3,0	3,0
Stengel	4,4	9,0	3,0
Kräuter			
Blätter	5,9	3,0	3,8
Stengel	5,9	3,0	3,8
Gräser, Blätter und Stengel	3,0	7,5	—

Zirkon. Zr kommt im Boden in Konzentrationen von 0,003 bis 0,08% vor. Die Untersuchungen von LOUNAMAA (1956) lassen vermuten, daß Zirkon von allen Pflanzen in kleinsten Mengen aufgenommen wird. Dieser Forscher macht für wildwachsende Pflanzen in Finnland folgende Gehaltsangaben (ppm Zr in der Asche):

	Saure Gesteine	Basische Gesteine	Kalk und Dolomit
Flechten	110	21	—
Moose	40	9	23
Farne (oberirdische Teile)	14	14	17
Koniferen			
Nadeln	12	9,8	6,8
Zweige	19	18	10
Laubbäume und Sträucher			
Blätter	7,5	6,9	4,5
Zweige	5,3	4,9	3,9
Zwergsträucher			
Blätter	13	19	18
Zweige	23	26	23
Kräuter			
Blätter	19	9,0	11,0
Stengel	19	9,0	11
Gräser, Blätter und Stengel	22	12	—

Molybdän. Für dieses Element konnte eine physiologische Bedeutung im pflanzlichen Organismus nachgewiesen werden. Untersuchungen verschiedener Autoren zeigten, daß Mo im Pflanzenreich eine weite Verbreitung hat. Dabei zeigte sich im allgemeinen die Tendenz eines höheren Mo-Gehaltes in einjährigen Pflanzen gegenüber perennierenden (SHIHA und KODEIRA 1951). Besonders reich an Mo sind Cruciferen und Leguminosen. BERTRAND (1938) fand in den oberirdischen Organen von Blütenpflanzen Mo-Werte zwischen 0,54 und 4,5 mg pro kg Trockensubstanz. Unter den Früchten zeigte die Erdbeere mit 3 mg pro kg Trockensubstanz sehr hohe Werte, in Bohnenkeimen konnten 53 mg nachgewiesen werden. VINOGRADOVA (1943) wies in Leguminosensamen Mo in einer durchschnittlichen Menge von $5{,}54 \cdot 10^{-4}\%$ nach, während für andere Pflanzen ein Durchschnittswert von $4{,}6 \cdot 10^{-5}\%$ Mo gefunden wurde. Besonders hohe Mo-Gehalte zeigen die Wurzelknöllchen der Leguminosen. Über die Verteilung von Mo in Pflanzen liegen auch Untersuchungen von TER MEULEN (1932, 1935) vor.

SCHARRER und JUDEL (1959) geben für einige landwirtschaftliche Kulturpflanzen nachstehende Mo-Gehalte an (ppm Mo in der Trockensubstanz):

Rotkleeheu	0,82
Luzerneheu	0,35
Haferstroh	0,57
Haferkörner	0,35
Weizenstroh	0,39
Weizenkörner	0,30
Gerstenstroh	0,34
Gerstenkörner	1,24
Roggenstroh	0,12
Roggenkörner	0,22
Kartoffel	0,43
Kartoffelkraut	0,48
Zuckerrüben	0,12
Zuckerrübenblätter	0,70
Futterrüben	0,07
Futterrübenblätter	0,78
Grünmais	0,28
Weidelgras	1,40
Wiesenheu	0,69

Daß der Mo-Gehalt durch Mo-Düngung sehr stark beeinflußt werden kann, geht aus Untersuchungen von PARTSCH (1955) hervor, der in jungen Blumenkohlpflänzchen durch Düngung den Mo-Gehalt von 0,8 auf 496 ppm Mo in der Trockensubstanz erhöht fand, in Trifolium subterranum von 0,8 auf 91 ppm. Der Molybdängehalt der Pflanzen wird stark durch die Bodenreaktion beeinflußt.

Silber. Ag konnte in kalkbildenden Algen nachgewiesen werden (LAGRANGE und Mitarbeiter 1939). Der Silbergehalt der Böden kann nach MITCHELL (1944) bis zu 2 ppm betragen. Über den Silbergehalt landwirtschaftlicher Kulturpflanzen liegen keine gesicherten Ergebnisse vor.

LOUNAMAA (1956) machte die folgenden halbquantitativen Angaben (ppm Ag in der Asche):

	Saure Gesteine	Basische Gesteine	Kalk und Dolomit
Flechten	1,2	2,4	—
Moose	2,7	4,9	0,3
Farne (oberirdische Teile)	2,0	2,6	0,3
Koniferen			
Nadeln	1,2	0,3	0,74
Zweige	1,2	0,3	0,98
Laubbäume und Sträucher			
Blätter	1,3	0,54	0,68
Zweige	1,9	0,49	0,90
Zwergsträucher			
Blätter	2,0	0,3	0,3
Zweige	3,5	0,3	1,0
Kräuter			
Blätter	1,6	0,78	0,68
Stengel	1,6	0,78	0,68
Gräser	1,6	1,3	—

Cadmium. Cadmium ist dem Zink verwandt. Sandell und Goldich (zit. nach Lounamaa 1956) geben für Gesteine ein ungefähres Zink/Cadmium-Verhältnis von 500/1 an. Über das Vorkommen des Cadmiums in landwirtschaftlichen Kulturpflanzen liegen keine sicheren Angaben vor. Nach Lounamaa (1956) enthalten wildwachsende Pflanzen Finnlands die nachstehenden Gehalte, wobei der hohe Cadmiumgehalt der Flechten auffällt (ppm Cd in der Asche):

	Saure Gesteine	Basische Gesteine	Kalk und Dolomit
Flechten	120	110	—
Moose	5,8	3,3	3,0
Farne (oberirdische Teile)	12	6,7	0,5
Koniferen			
Nadeln	15	3,9	2,2
Zweige	42	14	10
Laubbäume und Sträucher			
Blätter	14	6,8	3,7
Zweige	29	20	9,8
Zwergsträucher			
Blätter	13	4,4	34
Zweige	35	17	50
Kräuter			
Blätter	23	6,8	2,7
Stengel	23	6,6	2,7
Gräser	9,3	3,4	—

Zinn. Zinn ist in Gesteinen in wesentlich höheren Konzentrationen als Cadmium enthalten, trotzdem liegen die Sn-Gehalte der Pflanzen in den meisten Fällen niedriger als die Cadmiumgehalte, wie aus den Untersuchungen von Lounamaa (1956) hervorgeht (ppm Sn in der Asche):

	Saure Gesteine	Basische Gesteine	Kalk und Dolomit
Flechten	72	37	—
Moose	24	18	12
Farne (oberirdische Teile)	3,2	3,0	3,0
Koniferen			
Nadeln	3,2	3,0	3,0
Zweige	55	3,0	3,0
Laubbäume und Sträucher			
Blätter	3,0	3,0	3,0
Zweige	3,4	3,0	3,0
Zwergsträucher			
Blätter	3,0	6,0	3,0
Zweige	4,0	10	3,0
Kräuter			
Blätter	3,3	3,8	3,0
Stengel	3,3	3,8	3,0
Gräser	5,3	3,0	—

Jod. Die Jod-Gehalte von Boden, Luft und Wasser sind sehr starken Schwankungen unterworfen. Dadurch bedingt bewegen sich auch die in Pflanzen vorhandenen J-Mengen innerhalb weiter Grenzen. So fanden Newton und Toth (1951) in Karotten J-Gehalte von 0,1 ppm bis 5,16 ppm; im Mittel lagen Werte von 0,24 bis 1,45 ppm. Von Heller und Mitarbeiter (1935) liegen Untersuchungen über den J-Gehalt in verschiedenen Gemüsepflanzen vor (ppm):

Spargel	0,945	Salat	0,618
Rüben	0,245	Radieschen	0,994
Bohnen	0,501	Spinat	0,483
Karotten	0,507	Tomaten	0,379
Kohl	0,286	Kartoffeln	0,210

Diese Werte sind repräsentative Zahlen aus zweijährigen Versuchen. Für Weizen werden Werte um 0,300 ppm angegeben. Über die Verteilung von Jod in pflanzlichen Geweben arbeitete schon CAMERON (1915). Jod dürfte in der Pflanzensubstanz an Eiweiß gebunden sein. GAUS und GRIESSBACH geben für einige landwirtschaftliche und gärtnerische Kulturpflanzen die folgenden Gehalte an (ppm J in der Trockensubstanz):

Tomatenfrüchte	0,09—0,19	Zwiebelkraut	0,37—0,58
Tomatenblätter	0,76—4,56	Sellerieknollen	0,18—0,66
Haferkörner	0,08	Sellerieblätter	0,26—1,0
Haferstroh	0,16—0,34	Zuckerrüben	0,016—0,22
Haferspreu	0,64—0,85	Zuckerrübenblätter	0,06—0,55
Zwiebeln	0,1 —0,25		

Die physiologische Bedeutung des Jods für die Pflanze konnte noch nicht geklärt werden.

Caesium. Cs konnte schon frühzeitig in der Asche von Pflanzen nachgewiesen werden (CASOLI 1897). In neuerer Zeit wurden nur wenige diesbezügliche Untersuchungen durchgeführt. In spektroskopischen Analysen fanden BERTRAND und BERTRAND (1949) in Phanerogamen 3 bis 88,5 mg Cs pro kg Trockensubstanz, mit einer Häufung der Werte um 22 mg. Für Pilze geben sie den entsprechenden Wert mit 22,8 mg pro kg Trockensubstanz an.

Barium. Dieses Element, welches in Böden weit verbreitet ist, konnte schon vor über 100 Jahren in Pflanzenaschen nachgewiesen werden (Buchweizen: ECKARD 1856; Weizen: DWORZAK 1874). Relativ häufig wurde Tabak (KNIGHT 1916) auf seinen Ba-Gehalt untersucht und in Blättern Werte von 0,01 bis 0,1% Ba (als $BaSO_4$), im Stamm 0,07 bis 0,5% Ba (als $BaSO_4$) gefunden (ARTIS und MAXWELL 1916). Dieselben Autoren geben beispielsweise folgende Prozentgehalte an Ba (als $BaSO_4$) für verschiedene Pflanzen an: Maulbeerblätter 0,0696; Lindenblätter 0,0152; Pflaumenblätter 0,0372; Walnußblätter 0,0752. Auch von McHARGUE (1913) wurden schon für eine Reihe Pflanzen die Bariumgehalte untersucht: % Ba (als $BaSO_4$) in Sojabohnen, trockene Pflanzen 0,005; Klee, trockene Pflanze 0,008; Irische Kartoffel, Asche 0,016; in einigen Pflanzen konnte kein Ba nachgewiesen werden.

In neuerer Zeit gaben ROBINSON und Mitarbeiter (1950) einen Überblick über das Vorkommen von Barium in Böden und Pflanzen.

Gold. Nachdem eine große Zahl von Böden mehr oder weniger goldhaltig ist, konnte dieses Element auch in einer Reihe von Pflanzen nachgewiesen werden. Insbesondere in den Samen wurde eine Speicherung von Au gefunden (vgl. BABICKA 1943), wobei die Frage der physiologischen Notwendigkeit noch nicht geklärt werden konnte. NEMEC (1935) konnte in Mais 1 mg Au per kg nachweisen, während Vicia faba vom gleichen Standort kein Gold enthielt. Jedenfalls ist aus den bisher durchgeführten Untersuchungen zu ersehen, daß der Goldgehalt des Bodens entscheidend für die aufgenommene Au-Menge der einzelnen Pflanzen ist (WARREN und Mitarbeiter 1950).

Thallium. Daß Thallium in pflanzlichen Organismen zu finden ist, konnte erst in jüngster Zeit nachgewiesen werden (GEILMANN und Mitarbeiter 1960). Tab. 18 gibt die gefundenen Werte wieder. Über die Funktion dieses Elementes in der Pflanze ist nichts bekannt.

Tabelle 18. *Thalliumgehalt einiger Kulturpflanzen* (nach GEILMANN und Mitarbeitern 1960)

Pflanze	Tl-Gehalt pro g Trockensubstanz	
Kopfsalat	21	$\cdot 10^{-9}$ g
Rotkohl	40	
Grünkohl	125	
Lauch	75	
Endivien	80	
Klee	8—10	
Wiesenheu	20—25	
Rübenblatt	25—30	
Kartoffelkraut	25—30	

Blei. Der Bleigehalt des Bodens zeigt sehr unterschiedliche Werte und diese Unterschiede spiegeln sich auch in den Pflanzen wider. Nach SINYAKOVA (1945) findet man die höchsten Bleigehalte in den Gramineen und verwandten Pflanzen, beispielsweise in Panicum crusgalli $4,55 \cdot 10^{-4}$% der Asche. Allgemein kommt SINYAKOVA zu dem Schluß, daß der Bleigehalt der Asche von Landpflanzen zwischen $n \cdot 10^{-5}$ und $n \cdot 10^{-4}$% ($n = 0,8$ bis 7,6) liegt, bei Böden, die eine um eine Zehnerpotenz höhere Bleimenge enthalten. KOGAN (1940) fand in Körnern von Weizen, Gerste, Hafer und Reis weniger als 0,1 mg Pb pro kg, während KENT (1942) für den Weizenkeim zwischen 0,04 und 0,15 mg pro 100 g und für Weizenkörner 0,04 bis 0,1 mg pro 100 g, also etwas höhere Werte angibt. Aus den halbquantitativen Untersuchungen LOUNAMAAS (1956) geht hervor, daß Flechten einen höheren Bleigehalt aufweisen, daß ferner in den verholzten Teilen von Bäumen und Sträuchern der Bleigehalt ganz wesentlich höher ist als in Nadeln und Blättern (ppm Pb in der Asche).

	Saure Gesteine	Basische Gesteine	Kalk und Dolomit
Flechten	1100	450	—
Moose	130	97	33
Farne (oberirdische Teile)	29	52	6,6
Koniferen			
Nadeln	38	64	16
Zweige	200	170	98
Laubbäume und Sträucher			
Blätter	16	26	17
Zweige	120	170	73
Zwergsträucher			
Blätter	53	63	30
Zweige	130	220	48
Kräuter			
Blätter	39	27	17
Stengel	39	27	17
Gräser	24	44	—

Radium. Algen sind in der Lage, Radium in ihrem Organismus zu speichern, ebenso wie verschiedene Wasserpflanzen, in welchen ein Ra-Gehalt von 0,9 bis $20 \cdot 10^{-12}$% nachgewiesen werden konnte (BRUNOVSKII und KUNASHEVA 1935). Auch Landpflanzen sind in der Lage, Ra durch die Wurzeln aus dem Boden aufzunehmen (KAINDL 1951) und zu speichern. PELZ (1939) fand in verschiedenen Holzgewächsen $0,7 \cdot 10^{-14}$ bis $77,8 \cdot 10^{-14}$ g Ra pro g Holzsubstanz, hauptsächlich im inneren Teil der Rinde.

Thorium. Th wird von Pflanzen aufgenommen, wenn es im Nährsubstrat vorliegt (DOBKOV 1949); genügend zuverlässige Angaben über den natürlicherweise in Pflanzen vorliegenden Th-Gehalt liegen nicht vor.

Uran. Schon ACQUA (1912) wies nach, daß U von höheren Pflanzen aufgenommen wird. Umfangreiche Untersuchungen über den U-Gehalt von Kulturpflanzen stellte HOFFMANN (1943) an. Er gibt für verschiedene Pflanzen beispielsweise folgende U-Werte an: Apfelsamen $2{,}81 \cdot 10^{-5}\%$; Wein, Samen $3{,}38 \cdot 10^{-3}\%$; Kartoffelknollen $2{,}71 \cdot 10^{-8}\%$; Dille, Blätter $1{,}58 \cdot 10^{-5}\%$; Samen $7{,}15 \cdot 10^{-6}\%$;

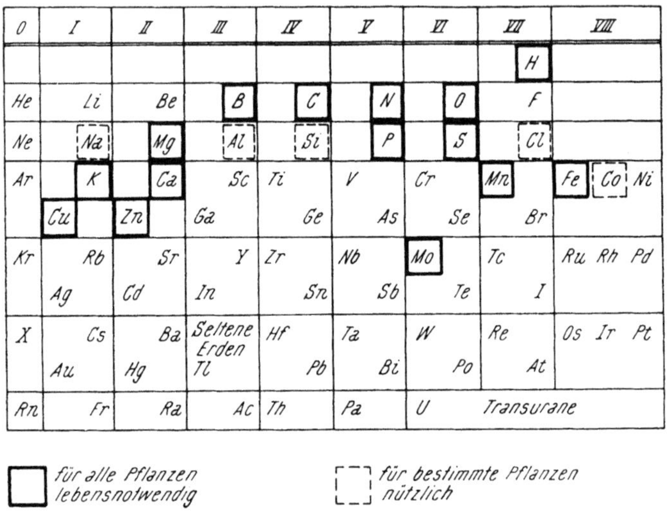

Abb. 2. Stellung der für den pflanzlichen Organismus lebensnotwendigen Elemente im Periodischen System

Sellerie, Wurzel $8{,}91 \cdot 10^{-6}\%$, Blätter $1{,}41 \cdot 10^{-5}\%$. Die Untersuchungen erfaßten auch den zeitlichen U-Gehalt verschiedener pflanzlicher Organe, und es konnte gezeigt werden, daß der U-Gehalt von Blättern vor dem Laubfall abnimmt.

Im vorliegenden Abschnitt wurde versucht, einen Überblick über die Bruttozusammensetzung von Kulturpflanzen und deren Ernteprodukten zu geben. Es wurde insbesondere der Gehalt an verschiedenen chemischen Elementen, welche in der Pflanze teils strukturell, wie die meisten Nichtmetalle, teils ionisch, wie die meisten Metalle, gebunden sind, in Beispielen angegeben. Die Zahlen lassen deutlich werden, daß die Gehalte der pflanzlichen Substanz an den einzelnen Elementen keine feststehenden Größen sind, sondern je nach Pflanzenart, Pflanzenteil, Alter der Pflanzen und in Abhängigkeit von den Einwirkungen der verschiedensten Wachstumsfaktoren, von denen der Faktor Boden zweifellos der wichtigste ist, innerhalb weiter Grenzen variieren können. Für einige Grundstoffe bewegen sich die Schwankungen bei einer Pflanzenart, auf Böden mit verschieden hohem Gehalt an diesem Stoff, innerhalb weniger Prozente; meist sind dies die lebensnotwendigen Elemente. Andere Grundstoffe zeigen unter denselben Bedingungen Schwankungen in der Größenordnung mehrerer Zehnerpotenzen; für einen Großteil dieser Elemente konnte bisher noch keine Funktion in der Pflanze nachgewiesen werden, so daß man sie zu den nicht lebensnotwendigen zählen muß. Als Abschluß dieses Kapitels gibt Abb. 2 einen Überblick über die Stellung der für den pflanzlichen Organismus lebensnotwendigen Elemente im Periodischen System.

Literatur

ACQUA, C.: The action of uranium on the vegetable cell. Arch. Farmac. sper. Sci. aff. **14**, 81–84 (1912). — AHMAD, B., und E. V. MCCOLLUM: Cobalt content of some food materials from different parts of the United States. Amer. J. Hyg. **29 A**, 24–26 (1939). — ALDRICH, D. G., A. P. VANSELOW und G. R. BRADFORD: Lithium toxicity in citrus. Soil Sci. **71**, 291–295 (1951). — ANCIZAR-SORDO, J.: Occurrence of selenium in soils and plants of Colombia, South America. Soil Sci. **63**, 437–438 (1947). — ARTIS, B., und H. L. MAXWELL: Barium in tobacco and other plants. Chem. News **114**, 62–63 (1916). — ASKEW, H. O.: The boron status of fruit and leaves in relation to "internal core" of apples in the Nelson District. Preliminary report. New Zealand J. Sci. Technol. **17**, 388–391 (1935). — Mineral content of pastures. Report on stock and pasture investigations in the Nelson District. 1936–1937. New Zealand Dept. Sci. Ind. Res. 11th Ann. Rep., S. **46–47** (1936–37).

BABICKA, J.: Au im lebenden Organismus. Mikrochim. Acta **31**, 201–253 (1943). — BATJER, L. P., und M. H. HALLER: Fruit maturity and growth of apple trees as affected by boron content. Proc. Amer. Soc. Hort. Sci. **40**, 29–30 (1942). — BELLUCCI, I., und R. DE GORGI: The content of bromine and chlorine in edible plants. Ann. Chim. appl., Roma **39**, 56–63 (1949). — BERISTEIN, A.: The normal occurrence of nickel in vegetable foodstuffs of Argentina. Rev. facultad cienc. quim. **18**, 139–145 (1943). — BERTRAND, D.: The diffusion of molybdenum in plants. Compt. rend. **208**, 2024–2026 (1938). — Vanadium in plants. Bull. Soc. Chim. biol. **23**, 391–397 (1941a). — Distribution of vanadium in plants. Compt. rend. **212**, 1170–1172 (1941b). — The distribution of lithium in plants. Compt. rend. **117**, 707–708 (1943). — Distribution of lithium in seeds. Bull. Soc. Chim. biol. **31**, 5–7 (1949). — BERTRAND, G.: The biological importance of boron, particularly in connection with good plant growth. Rec. Trav. Chim. Pays-Bas **57** (6), 569–574 (1938). — Distribution of boron among plant species. Ann. agr. **11**, 1–6 (1941). — The presence and probable role of sodium in plants. Compt. rend. **232**, 1381–1384 (1951). — BERTRAND, G., und M. M. ANDREITCHEVA: Sur la teneur comparée en Zinc des feuilles vertes et des feuilles étiolées. Ann. Inst. Pasteur **52**, 249–251 (1934). — BERTRAND, G., und B. BENZON: The content of zinc in the principal food of vegetable origin. Bull. Soc. Sci. Hyg. Aliment. **16**, 457–463 (1928); Ann. Inst. Pasteur **43**, 386–393 (1929). — BERTRAND, G., und D. BERTRAND: The general presence of rubidium in plants. Compt. rend. **219**, 325–327 (1944). — Rubidium in the cryptogams. Compt. rend. **222**, 572–574 (1946). — Normal existence of cesium in plants. Compt. rend. **229**, 453–455 (1949). — The relation between the rubidium content of the plant sap and the amount of rubidium in the plant. Compt. rend. Acad. agr. France **36**, 227–229 (1950a). — Distribution of rubidium in the families of phanerogames. Compt. rend. **230**, 343–345 (1950b). — Additional note on the rubidium content of seeds. Compt. rend. **233**, 1539–1541 (1951). — The rubidium content of seeds. Compt. rend. **232**, 2065–2066 (1951); Ann. Inst. Pasteur **82**, 661–667 (1952). — BERTRAND, G., und G. LEVY: The content of plants, notably food plants, in aluminium. Compt. rend. Acad. Sci. **192**, 525–529 (1931); Compt. rend. Acad. agr. France **17**, 235–238 (1931). — BERTRAND, G., und M. MOKROGNATZ: Sur la présence du nickel et du cobalt chez les végétaux. Compt. rend. Acad. Sci. Paris **175**, 458–460 (1922); **190**, 21–25 (1930); Bull. Soc. Chim. France 4 ser. **47**, 326–331 (1930). — BERTRAND, G., und J. PERIEZTZEANU: On sodium as a constituent of plants. Bull. Soc. Chim. France 4 ser. **41**, 709–713 (1927). — BERTRAND, G., und L. SILBERSTEIN: Distribution of boron in the organs of Nicotiana rustica. Compt. rend. **210**, 70–73 (1940). — Boron content of seeds. Compt. rend. **213**, 221–224 (1941). — The distribution of boron in different parts of seed. Ann. agr. **14**, 257–260 (1944). — BERTRAND, G., und C. VORONKA-SPIRT: Recherches sur la présence et la repartition du titane chez les phanerogames. Compt. rend. Acad. Sci. Paris **188**, 1199–1202 (1929); **189**, 73–75, 221–223 (1929); Ann. Inst. Pasteur **44**, 185–199, 270–272 (1930); **45**, 102–106 (1930); Bull. Soc. Chim. France **45**, 1044–1052 (1929); **47**, 102–104 (1930). — BERTRAND, G., und L. DE WAAL: Recherches sur la teneur comparative en bore des plantes cultivées sur le même sol. Ann. agr. **6**, 537–541 (1936); zit. nach W. SCHROPP: Bor und Gramineen. Forschungsdienst **10**, 138–160 (1940). — BOBKO, E. V.: Content of boron in plants. Compt. rend. Acad. Sci. USSR **29**, 510–513 (1940). — BOROVIK-ROMANOVA, T. F.: The content of Rb in plants, II. Doklady Akad. Nauk SSSR **44**, 313–316 (1944). — BRANDENBURG, E.: Über die Grundlagen der Boranwendung in der Landwirtschaft. Phytopath. Z. **12**, 1–112 (1939). — BRECKPOT, R.: Spectrographic determination of certain minor elements in sugar beets. Agricultura **38**, 115–122 (1936). — BREDEMANN, G.: Biochemie und Physiologie des Fluors und der industriellen Fluorrauchschäden, 2. Aufl. Berlin:

Akademie-Verlag. 1956. — BRONSART, H. v.: Wachstum und Eisengehalt im Blattgemüse. Hippokrates, H. 5, 130–131 (1952). — BRUNOVSKII, B. K., und K. G. KUNASHEVA: Der Radiumgehalt von Pflanzen und Wässern. Trav. lab. biogeochim. Acad. Sci. USSR 3, 31–41 (1935).

CAMERON, A. T.: The distribution of iodine in plants and animal tissues. J. Biol. Chem. 23, 1–39 (1915). — CASOLI, M. A.: The presence of cesium in the ash of plants. Ann. agr. 23, 607 (1897). — COPPENET, M., G. DUCET, J. GUERILLO und E. KAHANE: The silicia content of the straw and grain of wheat. Ann. agr. 17, 564–567 (1947). — CZAPEK, F.: Biochemie der Pflanzen, II. Bd., 2. Aufl. Jena 1920.

DAMIENS, A., und S. BLAIGNAN: Normal bromine (vegetable kingdom): edible grains, wheat, bread. Acad. Sci. (Paris), Compt. rend. 193, 1460–1462 (1931). — Normal bromine (vegetable kingdom): edible plants and fruits. Acad. Sci. (Paris), Compt. rend. 194, 2077–2080 (1932). — DIBLE, W. T., und K. C. BERGER: Boron content of alfalfa as influenced by boron supply. Soil Sci. Soc. Amer. Proc. 16, 60–62 (1952). — DROBKOV, A. A.: The role of natural radioactive elements in the life of plants. Soviet Agron. 7, 75–79 (1949). — DWORZAK, H.: Bariumoxyd unter den Aschebestandteilen von ägyptischem Weizen. Landwirtsch. Versuchsstat. 17, 398–400 (1874).

ECKARD, G. E.: Bariumoxyd, ein Bestandteil der Asche von Buchweizen. Ann. Chem. Pharm. 100, 294–296 (1856). — ESPENHAYN, G.: Über den Eisengehalt in Futtermitteln. Diss. München 1950.

FABRE, R., und POURCHET DE CAMPOS: Distribution of Fluorine in plants, I, Tea leaves. Ann. pharm. Franç. 8, 391–397 (1950). — FISCHER, M. H., und W. J. SUER: Der kolloide Aufbau der lebenden Substanz. Kolloid-Z. 119, 1–22, 85–94 (1950). — FREY-WYSSLING, A.: Deformation and flow in biological systems. Amsterdam: North Holland Publ. Co. 1952.

GAUS, W., und R. GRIESBACH: Jodfrage und Landwirtschaft. Berlin: Verlag Chemie. 1929. — GEILMANN, W.: Über die Verbreitung des Titans in Böden und Pflanzen. J. Landwirtsch. 68, 107–124 (1920). — GEILMANN, W., und K. BRÜNGER: Über die Aufnahme von Germanium durch Pflanzen. Biochem. Z. 275, 387–395 (1935). — GERICKE, S., und B. KURMIES: Fluorgehalt und Fluoraufnahme von Kulturpflanzen. Phosphorsäure 15, 50–63 (1955). — GOLDSCHMIDT, V. M.: The principles of distribution of chemical elements in minerals and rocks. J. Chem. Soc. (London) 65, 655–673 (1937). — GUERITHAULT, B.: The presence of copper in plants and particularly in food materials of plant origin. Comp. rend. Acad. Sci. 171, 196–198 (1920); zit. nach „Bibliography of the Literature on the Minor Elements".

HANSEN, C. J.: Boron content of olive leaves. Proc. Amer. Soc. Hort. Sci. 46, 78–88 (1945). — HEADDEN, W. P.: Titanium, barium, strontium and lithium in certain plants. Colorado Agric. Exper. Stat. Bull. 267, 3–20 (1921). — HEILENZ, S.: Sorten- und artbedingte Unterschiede im Strontiumgehalt einiger landwirtschaftlicher und gärtnerischer Kulturpflanzen. (In Vorb.) — HELLER, V. G., M. JONES und L. PURSELL: Iodine content of Oklahoma vegetables. Okla. Agr. Exper. Stat. Bull. 229, 2–8 (1935). — HOAGLAND, M. B.: Beryllium and growth, II, The effect of beryllium on plant growth. Arch. Biochem. Biophys. 35, 249 (1952). — HOFFMANN, J.: Ein weiterer Beitrag zur Verteilung von Uran in pflanzlichen Stoffen. Bodenkde. u. Pflanzenernähr. 32 (77), 295–306 (1943). — HÖFNER, W.: Untersuchungen über die Auswaschung und Sorption des Zinks im Boden und über die Zinkaufnahme der Pflanzen. Diss. Gießen 1957. — HURWITZ, C., und K. C. BEESON: Cobalt contents of some food plants. Food Res. 9, 348–357 (1944).

JADIN, F., und A. ASTRUC: La présence de l'arsenic dans le règne végétal. J. Pharm. Chim. 7. ser., 6, 529–535 (1912). — JAVILLIER, M.: Les éléments chimiques et le monde vivant. Paris: Flammarion. 1952. — JOHNSON, F., V. L. MILLER und D. F. ALLMENDINGER: Hydrogen fluoride injury to prune trees in Washington. Phytopathology 37, 362 (1947).

KAHLENBERG, L., und J. O. CLOSS: On the presence of aluminium in plant and animal matter. J. Biol. Chem. 83, 261–264 (1929); Science 69, 186 (1929). — KAINDL, K.: Verhalten von Radium in Pflanze und Boden. Bodenkultur 5, 425–436 (1951). — KENT, N. L.: Absorption, translocation and ultimate fate of lithium in the wheat plant. New Phytologist 40, 291–298 (1941). — KNIGHT, N.: Barium in tobacco and other plants. Proc. Iowa Acad. Sci. 23, 26–29 (1916). — KOGAN, I. M.: The natural content of lead in food products. Voprosy Pitman 9, 13–19 (1940). — KOWALSKI, W. W.: Die Bedeutung des Kobalts für den tierischen Organismus. In: WINOGRADOW Spurenelemente der Landwirtschaft. Berlin: Akademie-Verlag. 1958. — KÜHN, H.: Über die Anreicherung von Mikronährstoffen in Pflanzen. (In Vorb. 1962.) — KÜHN, H., und W. GANSSMANN: Die Aufnahme der Kieselsäure des Rhenaniaphosphats. (In Vorb. 1962.) — KÜHN, H., und E. SCHAUMLÖFFEL: Die Wirkung hoher Kupfergaben auf das Wachstum von Getreide. Landwirtsch. Forsch. **14**, 82–90 (1960). — KURMIES, B.: Mangan im Wiesenheu. Phosphorsäure **15**, 146–161 (1955).

LAGRANGE, R., und A. TEHAKIRIAN: Traces of elements in calcerous algae. Compt. rend. **209**, 58–59 (1939). — LINSER, H.: Die pflanzenphysiologische Wirkung der Makronährstoffe (N, P, K, Ca, Mg) im Lichte der neuesten wissenschaftlichen Erkenntnisse. 100 Jahre erfolgreiche Düngerwirtschaft, Generalberichte des III. Weltkongresses für Düngungsfragen (Heidelberg, Sept. 1957) mit allen Diskussionsbeiträgen, S. 145–162. Frankfurt/M.: Sauerländer. 1958. — LIPPMANN, O. V.: Über einige seltene Bestandteile aus Zuckerfabriksschlempekohlen. Ber. Dtsch. chem. Ges. **30**, 3037 (1897). — LOUNAMAA, J.: Trace elements in plants, growing wild on different rocks in Finland. Ann. Bot. Soc. Zool. Bot. Fennicae "Vanamo" **29**, No. 4, Helsinki 1956.

MACDOUGAL, D. T.: Copper in plants. Bot. Gaz. **27**, 68–69 (1899). — MACH, F., und R. HERMANN: Nährstoff- und Aschenanalysen von wirtschaftseigenen Futtermitteln. Landwirtsch. Versuchsstat. **119** (1939) (zit. nach G. ESPENHAYN). — MACVICAR, R., W. E. TOTTINGHAM und G. H. RIEMANN: The comparative boron content of potato leaves and tubers produced under different cultural conditions. Amer. Potato J. **18**, 249–253 (1941). — MAYR, H. H.: Zur Kenntnis des osmotischen Verhaltens von Getreidewurzeln. Protoplasma **44**, 389–411 (1955). — MCHARGUE, J. S.: The occurrence of barium in tobacco and other plants. J. Amer. Chem. Soc. **35**, 826–834 (1913). — MEULEN, H. TER: Distribution of molybdenum. Nature **130**, 966 (1932). — MEULEN, H. TER, und H. J. RAVENSWAAY: Molybdenum content of leaves. Proc. Acad. Sci. Amsterdam **38**, 7–10 (1935). — MEUNIER, P.: A new method for the determination of very small quantities of aluminium in plant tissue. Bull. Soc. Chim. Biol. **17**, 548–560 (1935). — MEVIUS, W.: Miehes Taschenbuch der Botanik, 12. Aufl., S. 112. Leipzig: Thieme. 1941. — MICHAEL, G.: Über die Aufnahme und Verteilung des Magnesiums und dessen Rolle in der höheren grünen Pflanze. Z. Pflanzenernähr., Düng., Bodenkde. **25** (70), 65–120 (1941). — MICHAELIS, P.: Ökologische Studien an der alpinen Waldgrenze V, Osmotischer Wert und Wassergehalt während des Winters in den verschiedenen Höhenlagen. Jb. wiss. Bot. **80**, 337 (1934). — MINGUZZI, C., und K. M. NALDONI: Supposed traces of arsenic in wood: Its determination in the wood of some trees. Atti soc. toscana sci. nat. (Pisa), Mem. **57**, Ser. A, 38–48 (1950). — MITCHELL, R. L.: Distribution of trace elements in soils and grasses. Proc. Nutr. Soc. **1**, 183–189 (1944). — Cobalt and nickel in soils and plants. Soil Sci. **60**, 63–70 (1945). — MORRISON: Feeds and Feeding. Ithaca, N. Y.: Morrison. 1949 (zit. nach G. ESPENHAYN). — MUNK, H.: Die Bestimmung kleinster Mengen Zink in Böden sowie pflanzlichen und tierischen Substanzen. Diss. Gießen 1956.

NEMEC, B.: Gold in Zea Mays. Ber. Dtsch. Bot. Ges. **53**, 560–562 (1935). — NEMEC, B., J. BABICKA und A. OBORSKY: Weitere Aschenanalysen einiger Pflanzen von goldführenden Standorten. Bull. Int. Acad. Sci. Boheme Nr. 1, 1–7, Nr. 13, 1–7 (1936). — NEWTON, H. P., und S. J. TOTH: Iodine content of some soils and plants of New Jersey. Soil Sci. **71**, 175–179 (1951).

PARTSCH, G.: Molybdänmangel an Blumenkohl in Deutschland. Diss. Gießen 1955. — PELZ, F. M.: Bestimmung von Radium in verschiedenen Hölzern. Anz. Akad. Wiss. Wien, math.-naturw. Kl. 117–119 (1939). — PHILIPSON, T.: Boron in Plant and Soil. Acta Agr. Scand. **3**, 121–242 (1953). — POURCHET CAMPOS, M. A.: Fluorine content of tea cultivated in São Paulo. Univ. São Paulo **9**, 57–59 (1951).

RAO, A. L. SUNDARA: Quantitative spectroscopic analysis of plant products. Sci. a. Cult. **4**, 362 (1938). — RIOU, P., G. DELORME und F. SYLVESTRE: Distribution of copper in the conifers of Quebec. Ann. ACFAS **7**, 72–73 (1941). — ROBERTS, J. A., und L. W. GADDUM: Composition of citrus fruit juices. Ind. Engng. Chem. **29**, 574–575 (1937). — ROBINSON, W. O.: Selenium content of wheat from various parts of the world. Ind. Engng. Chem. **28**, 736–738 (1936). — ROBINSON, W. O., und G. EDGINGTON: Fluorine in soils. Soil Sci. **61**, 341–353 (1946). — ROBINSON, W. O., L. STEINKÖNIG und C. F. MILLER: The relation of some of the rarer elements in soils and plants. U.S. Dept. Agr. Bull. **600**, 1 (1917). — ROBINSON, W. O., R. R. WHETSTONE und G. EDGINGTON: The occurrence of barium in soils and plants. U.S.D.A. Techn. Bull. 1013, 36 (1950). — RUHLAND, W.: Handbuch der Pflanzenphysiologie, Bd. III. Berlin-Göttingen-Heidelberg: Springer. 1956.

SAINT-RAT, L. D.: The presence of chromium in vegetables. Compt. rend. **227**, 150–152 (1948). — SANDELL, E. B., und S. S. GOLDICH: The rarer metallic constituents of some American igneous rocks. J. Geol. **51**, 99, 167 (1943). — SCHARRER, K.: Biochemie der Spurenelemente, 3. Aufl. Berlin-Hamburg: Parey. 1955. — SCHARRER, K., und G. K. JUDEL: Über den Mineralstoffgehalt der Futtermittel. Z. Tierphysiol., Tierernähr., Futtermittelkde. **14**, 34–42 (1949). — SCHARRER, K., und H. KÜHN: Über die Nährstoffwirkung des Humatdüngers „Wichtel". Landwirtsch. Forsch. **12**,

11–117 (1959). — SCHARRER, K., H. KÜHN und J. LÜTTMER: Die Borbestimmung mit Chinalizarin in Pflanzen, Böden und Düngemitteln. Landwirtsch. Forsch. 8, 26–32 (1955). — SCHARRER, K., und H. KÜHN: Die Wirkung des Natriums im Rhenania-phosphat. Z. Pflanzenernähr., Düng., Bodenkde. **80** (125), 189–202 (1958). — SCHARRER, K., und N. TAUBEL: Über den Einfluß der Düngung auf den Kobaltgehalt verschiedener Futterpflanzen. Z. Pflanzenernähr., Düng., Bodenkde. **67**, 248–261 (1954). — SCHMALFUSS, K.: Beeinflussung des Wasserhaushalts der Pflanzen durch Düngung in Beziehung zur Qualitätsveränderung. Fortschr. Landwirtsch. chem. Forsch. Berlin: Neumann-Neudamm. 1938. — SESTINI, F.: Über einige seltene chemische Elemente, die sich in den Gewässern finden und besonders über das Beryllium in einigen Kulturpflanzen. Studi e ricerche istitute nel Laboratorio di chimica agraria della R. Università di Pisa **8**, 1 (1888). — SHIHA, K.: Minor elements contained in the soil and green leaves. Molybdenum content, III. J. Sci. Soil Manure, Japan **22**, 126 (1951). — SINYAKOVA, S. I.: The content of lead in plants. Compt. rend. Acad. Sci. URSS **48**, 414–415 (1945). — SHTENBERG, A. I.: Natural arsenic content of some vegetables and fruits. Voprosy Pitaniya **10**, 29–33 (1941). — STANESCU, P. P.: Daily variations in products of photosynthesis, water content and acidity of leaves toward end of vegetative period. Amer. J. Bot. **23**, 374–379 (1936). — SYROWOTKIN, G. S.: Über den Borgehalt von Pflanzen mit einem Milchsaftgefäßsystem. In: WINOGRADOW Spurenelemente in der Landwirtschaft. Berlin: Akademie-Verlag. 1958.

TAYLOR, A.: Copper content of coffee and coffee products. Chem. and Ind. **43**, 737–738 (1949). — THORVALDSEN, T., und L. R. JOHNSON: The selenium content of Saskatchewan wheat. Canad. J. Res. **18 B**, 138–150 (1940). — TRIMBLE, H.: The occurrence of strontium in plants. Amer. J. Pharmacy **69**, 296 (1897). — TRUCHOT, zit. in K. BORESCH: Die anorganischen Bestandteile. In: F. HONCAMP, Handbuch der Pflanzenernährung und Düngerlehre, Bd. I, S. 244. Berlin: Springer. 1931. — TSCHERMAK, E.: Über die Verbreitung des Lithiums im Pflanzenreich. Z. landw. Versuchswesen Österr. **2**, 560–571 (1899).

VANDEVELDE, A. J. J.: The chlorine content of leaves. Handel Vlaamsch Natur. Geneesk. Cong. **12**, 225–229 (1908). The chlorine contents of leaves of plants. Bull. Soc. Chim. Belg. **23**, 84–88 (1909). — VEDRÖDI, V.: Das Kupfer als Bestandteil unserer Vegetabilien. Chem.-Ztg. **20**, 399, 400 (1896). — VINOGRADOVA, KH. G.: Presence of Mo in Leguminosae. Doklady Akad. Nauk SSSR **40**, 26–29 (1943).

WALLACE, A., S. J. TOTH und F. E. BEAR: Sodium content of some New Jersey plants. Soil Sci. **65**, 249–258 (1948). — WANG, TIAO-HSIN, C. S. LIN, C. WU, C. E. LIAO und H. Y. LIN: Fluorine content of Fukien teas. Food Res. **14**, 98–103 (1949). — WARREN, H. V., und R. E. DELAVAULT: Gold and silver content of some trees and horsetails (Equisetum spp.) in British Columbia. Bull. Geol. Soc. Amer. **61**, 123–128 (1950). — WATSON, J.: Zinc content of leaves and fruit spurs of apple trees. New Zealand J. Sci. Technol. **A 31**, 58–60 (1950). — WENTZEL, K. F.: Über die Regelung eines Rauchschadenfalles in der Praxis. Allg. Forstz. **13**, 606–613 (1958). — WOOD, J. G., und P. M. SIBLY: The distribution of zinc in oat plants. Austr. J. Sci. Res. **B 3**, 14–27 (1950). — WÖHLBIER, W., und M. KIRCHGESSNER: Der Gehalt von einzelnen Gräsern, Leguminosen und Kräutern an Mangan und Spurenelementen. Landwirtsch. Forsch. **10**, 240–251 (1957). — WÖHLBIER, W., M. KIRCHGESSNER und W. OELSCHLÄGER: Der Gehalt an Mangan und Spurenelementen in verschiedenen Kartoffel- und Rübensorten. Z. Tierernähr. Futtermittelkde. **12**, 259–262 (1957).

Für die Zusammenstellung der Tabellen wurde folgende Literatur herangezogen:

BAUMEISTER, W.: Mineralstoffe und Pflanzenwachstum. Stuttgart: Fischer. 1954. — Bibliography of the literature on the minor elements and their relation to plant and animal nutrition, 4. Aufl., Bd. I, II, III. Chilean Nitrate Educational Bureau, Inc., New York 1948, 1951, 1953. — BORESCH, K.: Gehalt der Pflanzen an Mineralstoffen. Tabulae Biologicae **10**, 315–353 (1935); **11**, 136–191 (1936). — GEILMANN, W., K. BEYERMANN, K.-H. NEEB und R. NEEB: Thallium, ein regelmäßig vorhandenes Spurenelement im tierischen und pflanzlichen Organismus. Biochem. Z. **333**, 62–70 (1960). — HOPKINS, H., und J. EISEN: Mineral elements in fresh vegetables from different geographic areas. Agric. Food. Chem. **7**, 633–638 (1959). — JAKOB, A.: Zur Frage der Magnesiadüngung. Z. Pflanzenernähr., Düng., Bodenkde. **47** (92), 179–197 (1949). — KENT-JONES, D. W., und A. J. AMOS: Modern cereal chemistry, 5. Ed. Liverpool: The Northern Publ. Co., Ltd. 1957. — KÖNIG, J.: Chemische Zusammensetzung der menschlichen Nahrungs- und Genußmittel, 4. Aufl. Berlin: Springer. 1903. — RENNIE, P. J.: The uptake of nutrients by mature forest growth. Plant a. Soil **7**, 49–95 (1955). — SCHARRER, K.: Biochemie der Spurenelemente. Berlin und Hamburg: Parey. 1955. — Untersuchungen des Biologischen Laboratoriums der Österreichischen Stickstoffwerke Aktiengesellschaft, Linz/Donau.

B. Bau- und Inhaltsstoffe von Kulturpflanzen (Klassifizierung, Vorkommen, Bedeutung)

Von

H. H. Mayr

Im vorstehenden Kapitel wurde auf die Bruttozusammensetzung der Kulturpflanzen eingegangen und insbesondere der Gehalt an anorganischen Elementen berücksichtigt. Die Trockensubstanz der Pflanzen setzt sich aber nur zu einem Bruchteil aus Elementen zusammen, welche wir als „anorganisch" bezeichnen, in dem Sinne, daß sie die wesentlichen Bestandteile der unbelebten Natur darstellen. Auch in dieser kommen sie meist nicht in elementarer Form, sondern in anorganischen Verbindungen vor und bilden den Gegenstand der anorganischen Chemie. In der belebten Natur haben wir es aber hauptsächlich mit den Elementen Kohlenstoff, Wasserstoff und Sauerstoff zu tun, welche in vielfältigster Weise miteinander verknüpft in den organischen Verbindungen enthalten sind, welche von der organischen Chemie behandelt werden (die hier ausgeführte Begriffseinteilung ist historisch bedingt). Diese letztgenannten Verbindungen stellen den überwiegenden Teil der Trockensubstanz der Kulturpflanzen dar. Zum größten Teil sind auch die „anorganischen" Elemente in der pflanzlichen Trockensubstanz „organisch" gebunden, d. h. Bestandteil von organischen bzw. Kohlenstoffverbindungen.

Durch besondere Eigenschaften des Kohlenstoffatoms, auf welche hier nicht näher eingegangen werden soll, ist dieses Element befähigt, mit Wasserstoff und unter Heranziehung einiger weniger Elemente, wie beispielsweise Sauerstoff, Stickstoff, Phosphor, eine außerordentlich große Zahl von chemischen Verbindungen mit verschiedenen Eigenschaften zu bilden. Unter diesen Verbindungen befinden sich auch viele mit gleicher Bruttozusammensetzung, aber verschiedenen chemischen und physikalischen Eigenschaften. Das Merkmal dieser Verbindungen ist, daß sie sich aus Molekülen mit unterschiedlicher Struktur aufbauen. Diese Struktur der Moleküle läßt sich mit Hilfe der chemischen Symbolik in Strukturformeln abbilden oder in ihren räumlichen Ausdehnungen vielfach mit Molekülmodellen, aus Atomkalotten zusammengesetzt, darstellen.

Die Struktur verleiht den Molekülen die ihnen eigenen charakteristischen Eigenschaften. Darüber hinaus sind im besonderen die aus einer großen Zahl von Atomen aufgebauten Verbindungen (hochmolekulare Verbindungen) befähigt, Strukturen höherer Ordnung zu bilden. Diesen Strukturen ist eine Dynamik zu eigen, welche ein Charakteristikum der lebenden Substanz darstellt. Wir können daher in der lebenden Materie neben die räumliche (statische) die *dynamische Struktur* als wesentliches Prinzip herausstellen (vgl. LINSER 1948). Läßt sich die räumliche Struktur in den Raumkoordinaten erfassen, so ist in der dynamischen Struktur auch die Zeitkoordinate, als Element des Geschehens, enthalten. Die dynamische Struktur benötigt zu ihrer Aufrechterhaltung das im lebenden System ständig ablaufende Geschehen des Stoff- und Energiewechsels. Im lebenden Organismus laufen daher ständig Aufbau- und Abbaureaktionen meist miteinander gekoppelt gleichzeitig ab. So werden ständig aus einfachen Molekülen komplizierte, höhermolekulare Verbindungen aufgebaut, diese aber auch wieder in kleinere Bestandteile zerlegt. Es zeigt sich, wie Untersuchungen mit radioaktiv markierten Verbindungen ergaben, daß die einzelnen Bausteine (Moleküle, Elemente) der lebenden Substanz nur eine beschränkte Lebensdauer (Aufenthaltsdauer im Organismus) besitzen. Diese Lebensdauer ist eine charakteristische, durch verschiedene Faktoren beeinflußbare Größe für die einzelnen Organismen und läßt sich durch die „Halbwertszeit" zahlenmäßig erfassen. Sie liegt in der Größenordnung von Sekunden bis zu vielen Tagen.

Betrachten wir nun einen erwachsenen Organismus, in dem sich Auf- und Abbaureaktionen etwa das Gleichgewicht halten, der Stoffbestand also konstant ist, andererseits aber den Umstand einer relativ kurzen Lebensdauer seiner Moleküle, so können wir schließen, daß bei Erhaltung der Struktur ein ständiger Austausch der Moleküle stattfindet. Bei der chemischen Analyse der Pflanzensubstanz wird das Geschehen unterbrochen und ein ganz bestimmter Zustand erfaßt.

Eine Auftrennung der einzelnen in der Pflanze enthaltenen organischen Stoffe liefert eine große Zahl verschiedener Verbindungen vom kleinsten Molekül bis zu Makromolekülen, welche in wechselnder Menge gefunden werden. Der weitaus überwiegende Teil dieser Verbindungen wird in allen Lebewesen, unter Berücksichtigung verschiedener Anpassungen an die jeweiligen äußeren Umweltsbedingungen, vorgefunden. Dies berechtigt zu dem Schluß, daß der Aufbau der lebenden Substanz sowie die Erhaltung des Lebensgeschehens bei allen Organismen mit denselben Stoffen erfolgt. Während jedoch die höheren Organismen nur in beschränktem Umfang in der Lage sind, organische Verbindungen aus einfachen, anorganischen Verbindungen zu synthetisieren, kann dies die Pflanze, welche die Lichtenergie und einfache anorganische Nährstoffe zum Aufbau komplizierter Moleküle benützt.

In die Vielzahl der die Pflanzensubstanz zusammensetzenden organischen Verbindungen läßt sich nach chemischen Gesichtspunkten ein Ordnungssystem einführen, und es können bestimmte Stoffgruppen zusammengefaßt werden. Im folgenden werden nun die wichtigsten Stoffgruppen organischer Verbindungen, welche in der Pflanze vorkommen, besprochen werden.

a) Kohlenhydrate (Saccharide)

Im Reaktionsablauf der Photosynthese der höheren Pflanzen, aber auch bei der Chemosynthese niederer Pflanzen und Pilze, werden primär fast ausschließlich Kohlenhydrate gebildet, wenn man von der neuerdings diskutierten photosynthetischen Aminosäurebildung absieht (vgl. NICKIPOROVICH 1961). Die Kohlenhydrate bestehen aus Kohlenstoff, Wasserstoff und Sauerstoff, die Monomere im stöchiometrischen Verhältnis von 1:2:1. Chemisch gesehen gehören die Kohlenhydrate zu den Hydroxy-Aldehyden und den Hydroxy-Ketonen. Sie stellen die Hauptmenge der pflanzlichen Trockensubstanz dar, ihr Anteil kann jedoch in verschiedenen Pflanzenorganen stark schwanken. Meist enthält die Trockensubstanz pflanzlicher Zellen über 50%, trockene Samen über 70% Kohlenhydrate (vgl. ARNOLD 1958).

In der Tab. 19 ist der Gesamtgehalt einiger Kulturpflanzen (bzw. deren Ernteprodukte) an Kohlenhydraten angegeben.

Die Kohlenhydrate (Saccharide) sind also Naturstoffe, welche im chemischen Aufbau sehr nahe verwandt sind und daher in eine Stoffgruppe zusammengefaßt werden können. Die einzelnen Verbindungen zeigen aber doch sehr verschiedene Eigenschaften und erfüllen im pflanzlichen Organismus verschiedene Funktionen, wie wir später noch sehen werden. Eine Variation der chemischen Eigenschaften ergibt sich beispielsweise durch die unterschiedliche Molekülgröße der einzelnen Kohlenhydrate. Ihre durch Säurehydrolyse nicht mehr spaltbaren Bausteine werden als Monosaccharide bezeichnet. Je nach der Zahl der Monosaccharide, die in einem Kohlenhydratmolekül enthalten sind, spricht man von Oligo- (Di-, Tri-,

Tabelle 19. *Durchschnittlicher Kohlenhydratgehalt einiger Kulturpflanzen*

Pflanze	Pflanzenteil	% Kohlenhydrate (bezogen auf Trockensubstanz)	Literatur
Weizen	Körner	70—89	KENT-JONES und AMOS
Weizen	Keimling	50	KENT-JONES und AMOS
Gerste	Körner	78—83	KENT-JONES und AMOS
Hafer	Körner	79	KENT-JONES und AMOS
Roggen	Körner	82	KENT-JONES und AMOS
Mais	Körner	83	KENT-JONES und AMOS
Reis	Körner	83	KENT-JONES und AMOS
Sojabohne	Samen	18,5—35,5	KENT-JONES und AMOS
Erbse	Samen	53	KÖNIG
Bohnen	Samen	68	SPECTOR
Kartoffel	Knollen	86	KENT-JONES und AMOS
Tomate	Frucht	68	SPECTOR
Kürbis	Frucht	77	SPECTOR
Kirsche	Frucht	87	SPECTOR
Pflaume	Frucht	90	SPECTOR
Erdbeere	Frucht	83	SPECTOR
Ananas	Frucht	93	SPECTOR
Orange	Frucht	88	SPECTOR

Tetra- usw.) oder Polysacchariden (vgl. LEITHE 1957). Die niederen Glieder dieser Reihe werden auch als Zucker bezeichnet. Die Monosaccharide können weiterhin nach der Zahl der Sauerstoffatome in Triosen, Tetrosen, Pentosen und Hexosen unterteilt werden und im Hinblick auf ihre funktionelle Gruppe in Aldosen und Ketosen. Die natürlich vorkommenden Kohlenhydrate enthalten in ihrem Molekül asymmetrische Kohlenstoffatome und sind daher optisch aktiv.

Betrachten wir nun als Beispiel ein einfaches Monosaccharid, die D-Glucose, welche im pflanzlichen Organismus als solche, wie auch als Monomere von Polysacchariden (Stärke, Zellulose) und in Verbindung mit Nicht-Kohlenhydraten vorkommt, so finden wir, daß das einfache Formelbild (I) nicht allen Reaktionen entspricht.

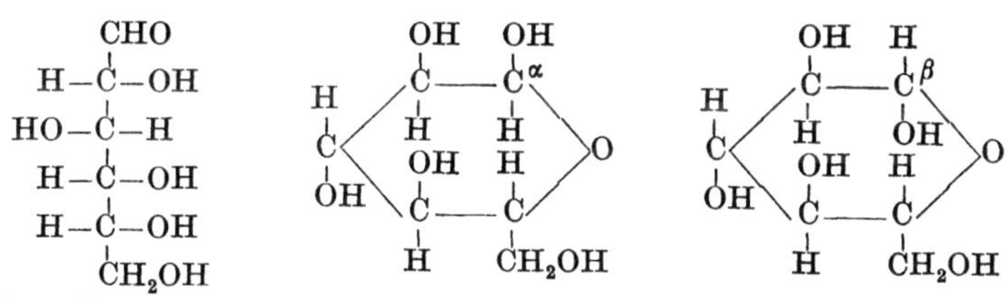

D — Glucose (I) α — Glucose (II) β — Glucose (III)

Es zeigt sich, daß die genannte Verbindung auch als inneres Acetal (ringförmig) in zwei Formen vorliegt (II, III). Bei Fünfringen spricht man von Furanosen, bei Sechsringen von Pyranosen.

In der Pflanzensubstanz konnte, besonders in den letzten Jahren, eine große Zahl von verschiedenen Monosacchariden nachgewiesen werden. Diese können in der Pflanze frei oder als Bestandteil höhermolekularer zusammengesetzter Verbindungen enthalten sein.

Es würde den vorgegebenen Rahmen sprengen, wenn hier alle bis jetzt entdeckten Monosaccharide behandelt würden, und darum sei schon jetzt auf die am Ende dieses Kapitels angeführte Literatur hingewiesen.

In Tab. 20 wird ein Überblick über einige in Pflanzen vorkommende Monosaccharide gegeben (vgl. KARRER 1958).

Tabelle 20. *Überblick über einige in Pflanzen frei bzw. gebunden enthaltene Monosaccharide*

Diosen $C_2H_4O_2$:
Glykolaldehyd

Triosen $C_3H_6O_3$:
Glycerinaldehyd
Dihydroxyaceton

Tetrosen $C_4H_8O_4$:
α-Threose
Erythrose

Pentosen $C_5H_{10}O_5$:
D-Xylose (α-D-Xylopyranose)
D-Arabinose (Pectinose)
L-Arabinose (β-L-Arabopyranose)
D-Ribose (D-Ribopyranose, Carnose, D-Ribofuranose)
D-Ribulose (D-erythro-Pentulose, D-Adonose, D-Arabulose)
L-Xylulose (L-threo-Pentulose)
D-threo-Pentulose
L-Lyxose

Methylpentosen $C_6H_{12}O_5$:
L-Rhamnose (L-Mannomethylose)
D-Antiarose (D-Gulomethylose)
L-Fucose (L-Galactomethylose)
D-Fucose (Rhodeose, D-Galactomethylose)

Hexosen $C_6H_{12}O_6$:
D-Glucose (α, β-D-Glucopyranose, Dextrose, Traubenzucker)
L-Glucose
D-Mannose
D-Galactose
L-Galactose
DL-Galactose
D-Fructose (Lävulose, Fruchtzucker)
L-Sorbose
D-Tagatose
Hamamelose

Heptosen $C_7H_{14}O_7$:
L-Gala-D-Mannoheptose
D-Mannoheptulose
D-altro-Heptulose (Sedoheptulose, Sedoheptose)

Die mengenmäßige Bedeutung der einzelnen Monosaccharide ist sehr unterschiedlich und in verschiedenen Pflanzenarten (und -sorten) oft großen Schwankungen unterworfen. Dies trifft insbesondere auf die frei vorkommenden Monosaccharide zu; sie sind in der pflanzlichen Trockensubstanz meist unter 10% enthalten. Glucose und Fructose spielen hier eine besondere Rolle.

Außer von einer Reihe äußerer Umweltsfaktoren, wie Klima, Boden, Düngung usw., ist der Gehalt an freien Monosacchariden hauptsächlich vom physiologischen Alter der Pflanzen und anderen inneren Faktoren abhängig.

Während junge Pflanzen einen höheren Gehalt an niederen Zuckern haben, verschiebt sich das Verhältnis mit zunehmender Reife in Richtung Polysaccharide, wie dies beispielsweise für Weizenkörner von COLIN und BELVAL (1923) angegeben wird (vgl. Tab. 21).

Wie schon erwähnt, beeinflußt auch die Ernährung der Pflanzen ihren Gehalt

Tabelle 21. *Dynamik der Kohlenhydrate in Weizenkörnern* (nach COLIN und BELVAL, Werte in % der Trockensubstanz)

Datum	Reduzierende Zucker	Rohrzucker	Stärke
12. VI.	1,10	1,02	4,94
15. VI.	0,84	2,32	5,34
20. VI.	0,74	1,44	8,13
26. VI.	0,77	1,14	12,35
1. VII. ...	0,72	1,24	16,62
17. VII. ...	0,45	0,83	10,47
25. VII. ...	0,15	0,57	61,84

an Kohlenhydraten. In Tab. 22 wird am Beispiel des Glucose- und Fructosegehaltes grüner Erbsen bei unterschiedlicher Versorgung mit den Nährstoffen Phosphor und Kalium gezeigt, in welcher Größenordnung die Schwankungen bei Monosacchariden etwa liegen können.

Tabelle 22. *Gehalt an Glucose und Fructose einer Schalerbsensorte („Kleine Rheinländerin") bei verschiedener Kali- und Phosphatdüngung* (nach SCHEFFER und O. HERMANN 1961; gekürzt)

Versuch 1958 Düngung in g/Gefäß			1. Ernte (beginnende Blüte) gesamte oberirdische Pflanzenmasse		2. Ernte (Grünreife)			
					Stroh		Hülsen	
			Glucose	Fructose	Glucose	Fructose	Glucose	Fructose
N	P	K	in % der Trockensubstanz					
1,2	0,52	0	3,1	1,25	1,3	0,27	8,2	1,30
1,2	0,52	0,17	2,8	0,71	1,5	0,26	14,6	0,97
1,2	0,52	0,33	2,8	0,72	1,7	0,22	23,5	1,12
1,2	0,52	0,66	3,3	0,42	3,3	0,79	23,6	1,20
1,2	0,52	1,33	1,9	0,39	0,77	0,30	20,0	1,24
1,2	0,52	1,99	1,6	0,42	1,0	0,24	23,4	0,87
1,2	0,52	3,32	1,1	0,30	0,75	0,54	12,3	0,76
1,2	0	1,0	2,2	0,41	0,06	0,10	10,4	0,61
1,2	0,066	1,0	4,6	0,54	0,81	0,32	15,4	0,50
1,2	0,26	1,0	4,5	0,37	0,47	0,19	13,3	0,95
1,2	0,52	1,0	2,8	0,54	1,4	0,36	18,2	0,50
1,2	1,05	1,0	2,1	0,46	1,4	0,35	15,1	0,76

Das am weitesten im Pflanzenreich verbreitete Monosaccharid ist die Glucose. Sie ist in den meisten Samen von Gramineen und Leguminosen zu etwa 0,3 bis 1% enthalten (NIETHAMMER und TIETZ 1961) und soll beispielsweise die Frosthärte von Weizensamen bestimmen (BALDE 1930). Auch fleischige Früchte enthalten freie Hexosen in relativ großen Mengen.

Im pflanzlichen Organismus sind die Monosaccharide in den grünen Teilen als „Durchlaufposten" zu betrachten. Sie sind ständig aktiv am Stoffwechselgeschehen beteiligt als Reaktionspartner entweder in Synthese- oder in Abbauvorgängen. Sie sind die einfachen Glieder, aus denen makromolekulare Stoffe aufgebaut werden können (z. B. Stärke, Zellulose), und können durch Umwandlungen Ausgangsprodukte für Fette und Aminosäuren sein. Insbesondere aber kann die in ihrer Struktur liegende Energie im Stoffwechsel für die verschiedensten Synthesen verbraucht werden. Unter den Monosacchariden befinden sich überhaupt die wichtigsten direkten Energielieferanten für den pflanzlichen Stoffwechsel und damit die Überträger der Sonnen- (Licht-) Energie auf die verschiedensten in der Pflanze vorkommenden Stoffe. Bei diesen Reaktionsvorgängen spielen die Verbindungen der Monosaccharide mit Phosphorsäure (ein oder zwei Phosphatreste in esterartiger Bindung pro Molekül) die wesentlichste Rolle. Einige davon werden auch bei der Analyse von Pflanzenmaterial gefunden, wenn auch nicht alle Verbindungen dieser Art chemisch stabil und als reine Stoffwechselzwischenprodukte anzusehen sind.

Neben den Monosacchariden konnten aus pflanzlichem Material von den einfachen Kohlenhydraten auch eine Reihe von *Disacchariden* isoliert werden. Einige davon sind in Tab. 23 angeführt.

Tabelle 23. *Überblick über einige wichtige in Pflanzen enthaltene Disaccharide* ($C_{12}H_{22}O_{11}$)

Saccharose (2-(α-D-Glucosido)-β-D-fructofuranose, Rohrzucker)
Trehalose (1-(α-D-Glucosido)-α-D-glucose, Mycose)
Maltose (4-(α-D-Glucosido)-D-glucose, Malzzucker)
Cellobiose (4-(β-d-Glucosido)-D-glucose, Cellose)
Gentiobiose (6-(β-D-Glucosido)-D-glucose, Amygdalinbiose)
Lactose (4-(β-D-Galactosido)-D-glucose, Milchzucker)
Melibiose (6-(α-D-Galactosido)-D-glucose, Eucalyn)
Solabiose (3-(β-D-Glucosido)-D-galactose)
Sophorose (2-(β-D-Glucosido)-D-glucose)
Laminaribiose (3-(β-D-Glucosido)-D-glucose)

Das wichtigste und am weitesten verbreitete der in Tab. 23 angeführten Disaccharide ist die Saccharose. Sie ist ein normales Stoffwechselprodukt aller grünen Pflanzen und in verschiedenen Teilen der Pflanzen in wechselnden Mengen enthalten.

Schon SCHULZE und FRANKFURT (1895) bestimmten den Saccharosegehalt einer großen Zahl von Pflanzen. DUPERON (1955) fand in den Samen von 81 verschiedenen Pflanzen Saccharose. Der Saccharosegehalt einiger Kulturpflanzen ist in Tab. 24 zusammengestellt.

Tabelle 24. *Saccharosegehalt einiger Kulturpflanzen*

Pflanze	Pflanzenteil	% Saccharose der Trockensubstanz
Weizen	Korn	0,5— 3
Gerste	Korn	2 — 3
Roggen	Korn	1 — 5,2
Hafer	Korn	1,5— 3
Soja	Samen	4 — 6,4
Erbsen	Samen	4,5—19,2
Erbsen	Hülsen	4,0—23,1
Erbsen	Stroh	0,4— 6,2
Zuckerrübe .	Rübe	14 —27% der Frischsubstanz
Zuckerrohr .		13 —15% der Frischsubstanz

Da Saccharose ein für die menschliche Ernährung wichtiges Produkt ist, werden Pflanzen mit besonders hohem Gehalt an Rohrzucker landwirtschaftlich gebaut und industriell verarbeitet. Neben Zuckerrohr steht in Mitteleuropa seit 1747 hauptsächlich die Zuckerrübe dafür in Verwendung. Neben den inneren Faktoren, welche durch Züchtung in die gewünschte Richtung gelenkt wurden, wird ihr Zuckergehalt auch durch Umwelteinflüsse, wie Boden, Klima, Düngung usw., mitbestimmt (vgl. Tab. 25).

Tabelle 25. *Zuckergehalt von Zuckerrüben in den Jahren 1955 bis 1958 bei verschieden hoher Stickstoffdüngung (140 kg/ha P_2O_5, 240 kg/ha K_2O) in einmaligen und geteilten Gaben auf zwei Bodenarten* (nach PRIMOST 1959)

Versuchsjahr	Rein-N kg/ha	drei-	zwei-	ein-
		malige Gaben		
1955	PK	16,8	16,8	16,8
schwerer Boden	100	16,7	17,2	17,4
	160	16,7	17,0	16,8
	220	16,6	16,6	17,8
	280	16,8	16,5	15,8
1956	PK	19,3	19,3	19,3
schwerer Boden	100	18,9	19,0	18,2
	160	19,2	19,0	18,8
	220	18,6	18,4	18,2
	280	17,7	18,0	17,8
1957	PK	18,6	18,6	18,6
schwerer Boden	100	18,2	18,2	18,9
	160	18,7	17,6	17,9
	220	18,1	18,0	18,3
	280	17,7	17,9	17,8
1957	PK	19,0	19,0	19,0
leichter Boden	100	19,0	19,4	19,2
	160	18,8	19,4	19,0
	220	18,3	18,7	18,6
	280	18,2	18,7	18,6
1958	PK	18,5	18,5	18,5
schwerer Boden	100	18,4	17,7	17,1
	160	17,9	17,6	17,3
	220	17,1	17,5	17,2
	280	16,8	17,1	16,7
1958	PK	18,0	18,0	18,0
leichter Boden	100	18,1	18,2	18,2
	160	17,9	18,4	18,0
	220	17,1	18,2	17,1
	280	17,4	17,7	17,4

Von den Oligosacchariden (Tri-, Tetra- usw. Sacchariden) liegen nur wenige in den pflanzlichen Zellen in freier Form vor. Zu den frei vorkommenden zählen beispielsweise die Triosen Gentianose (zu 3 bis 5% in frischen *Gentiana*wurzeln), Umbelliferose (etwa 0,03% in trockenen Wurzeln von *Angelica archangelica* und anderen Umbelliferen) und Raffinose (in Baumwollsamen und Zuckerrübenmelasse nachgewiesen) (vgl. KARRER 1958). Vielfach werden Oligosaccharide jedoch als Spaltprodukte von Polysacchariden und Glycosiden gefunden, sie liegen in der Pflanze demnach in gebundener Form vor.

Die in der Pflanze in größeren Mengen vorliegenden und die Hauptmasse der Trockensubstanz bildenden Kohlenhydrate zählen zu den *Polysacchariden.* Im wesentlichen sind es zwei Stoffe: die Stärke und die Zellulose.

Als wichtigstes Reservekohlenhydrat der Pflanze wird die *Stärke* im Verlauf der Assimilation in den Blättern von grünen Pflanzen gebildet. Dementsprechend wird sie in fast allen chlorophyllhaltigen Pflanzen gefunden.

In ihrem chemischen Aufbau besteht die Stärke im wesentlichen aus Glucose- bzw. Maltosemolekülen, welche in charakteristischer Weise miteinander verbunden sind:

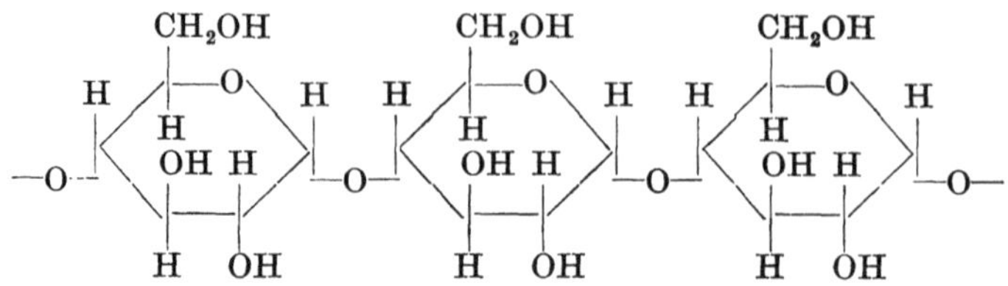

Ihre Bruttoformel lautet demnach $(C_6H_{10}O_5)_n$, wobei n jeweils eine Zahl zwischen 10000 und 1000000 bedeutet. Die niedrigeren Molekulargewichte (etwa $1 \cdot 10^4$ bis $5 \cdot 10^4$) besitzt die wasserlösliche Amylose, welche zu etwa 10 bis 30% am Aufbau der Stärke beteiligt ist, die höheren gelten für das wasserunlösliche Amylopektin, das sich außerdem strukturell durch Kettenverzweigung von der Amylose unterscheidet. Die Stärke ist im pflanzlichen Organismus weit verbreitet, wird aber vorwiegend in Samen, Wurzeln und Knollen gespeichert. In diesen Organen finden sich die Stärkekörner, deren Form für eine Pflanze spezifisch ist. Der Stärkegehalt einiger Kulturpflanzen wird in Tab. 26 angegeben.

Tabelle 26. *Stärkegehalt einiger Kulturpflanzen*

Pflanze	Pflanzenteil	Stärkegehalt in % der Trockensubstanz
Weizen	Korn	60—75
Hafer	Korn	40—65
Gerste	Korn	53—70
Roggen	Korn	55—65
Mais	Korn	63—83
Reis	Korn (mit Hülse)	70—80
Kartoffel	Knolle	73 (Mittelwert)

In den genannten Speicherorganen befindet sich die Stärke weitgehend in einem stationären Zustand, solange nicht Keimung, Wachstum usw. eintritt; dies ist jedoch nicht in den Bildungsstätten der Stärke, in den grünen Pflanzenteilen, der Fall. Dort ist die Stärke am Stoffwechselgeschehen direkt beteiligt, daher

Tabelle 27. *Dynamik der Kohlenhydrate innerhalb 24 Stunden in Reisblättern* (nach DASTUR und CHINAY 1932)

Kohlenhydrat	Datum	Tageszeit			
		6 Uhr	12 Uhr	18 Uhr	24 Uhr
Hexosen	17. VIII.	0,052	0,233	0,165	0
Saccharose	17. VIII.	2,896	13,127	13,095	8,709
Stärke	17. VIII.	0,268	0,497	0,713	0,367
Hexosen	18. X.	0,029	0,253	0,227	0,031
Saccharose	(Blüte)	5,461	20,991	18,628	6,772
Stärke		0,125	1,599	1,938	0,119

schwanken auch die Stärkegehalte chlorophyllhaltiger Pflanzenteile im Laufe der Vegetationsperiode sowie im Verlaufe des Tages und der Nacht sehr stark; Korrelationen mit dem Gehalt an Mono- und Disacchariden bestehen, wie dies an einem Beispiel gezeigt wird (Tab. 9, vgl. auch Tab. 27).

Ein Reservekohlenhydrat, welches in den unterirdischen Organen einiger Compositen (z. B. Topinambur) nachgewiesen wurde, ist das aus Fructoseresten aufgebaute Inulin. Aber auch in Wurzeln anderer Pflanzen (z. B. Gramineen) konnten Polyfructosane nachgewiesen werden.

Die mengenmäßig wichtigste organische Verbindung in höheren Pflanzen ist die *Zellulose*. Sie besteht aus kettenartig verbundenen Glucose- bzw. Cellobiosemolekülen:

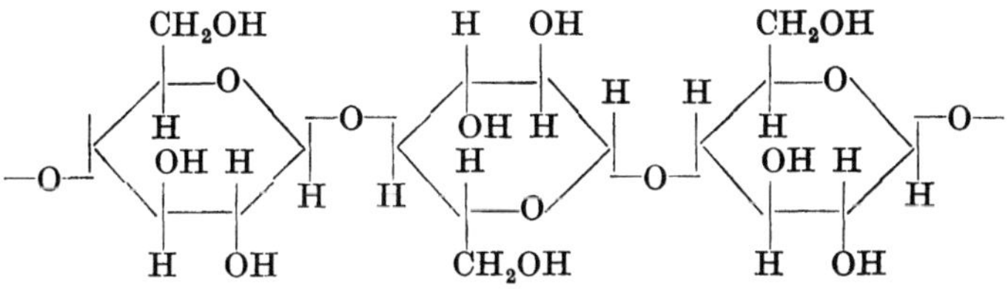

Ihr Molekulargewicht beträgt $2 \cdot 10^5$ bis $5 \cdot 10^5$, das entspricht etwa 1200 bis 3000 Glucoseresten. Während grüne Pflanzenteile relativ geringe Zellulosemengen enthalten, besteht das Holz zu 40 bis 45% (Coniferenholz bis zu 60%) aus Zellulose. Samenhaare (z. B. Baumwolle) und Bastfasern einiger Pflanzen können bis zu 95% vorwiegend aus Zellulose bestehen. Charakteristisch sind ihre physikalisch-chemischen Eigenschaften, insbesondere die Bildung regelmäßiger Zelluloseketten, welche in Bündeln parallel zueinander kristallisieren können. In diesem Zustand zeigt die Zellulose große Resistenz.

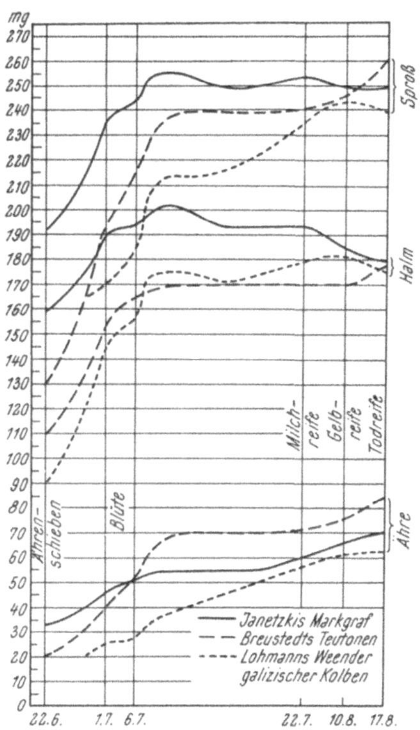

Abb. 3. Der Gehalt an Zellulose im Sproß, im Halm und in der Ähre von drei Sommerweizensorten während der Vegetation 1955 (nach HEYLAND 1959)

Zellulose ist die Membran- oder Gerüstsubstanz der pflanzlichen Zellwände. Sie wird in einzelnen Pflanzenorganen im Verlaufe der Vegetationsperiode in wechselnden Mengen gebildet und eingelagert. Ein Beispiel dafür gab HEYLAND (1959) für verschiedene Sommerweizensorten (Abb. 3).

Zellulose stellt die Hauptmasse der sogenannten „Rohfaser" dar. Meist wird die Zellulose von anderen Kohlenhydraten bzw. kohlenhydratähnlichen Stoffen begleitet. Diese Stoffe werden unter dem Begriff *Hemizellulosen* zusammengefaßt und können bis zu 50% der Gesamtkohlenhydrate ausmachen. Es sind dies Polysaccharide, die aus verschiedenen Monosacchariden (z. B. Mannose, Galaktose, Xylose, Arabinose usw.) oder auch Uronsäuren aufgebaut sind. Nicht alle Hemizellulosen haben wie die Zellulose reine Gerüstfunktionen, sondern können auch Reservestoffe darstellen.

Einige niedere Pflanzen enthalten statt Zellulose ähnliche, aber nicht identische Verbindungen als Gerüstsubstanz. Dazu zählt bei einigen Flechten das Lichenin, bei einigen Pilzen das Chitin (aus Acetylglucosaminresten aufgebaut).

Auch aus Pentoseresten aufgebaute Kohlenhydrate konnten in höheren Pflanzen gefunden werden. Diese Verbindungen werden als Pentosane zusammengefaßt und nach ihren Monomeren bezeichnet (Arabane, Xylane). Ihr Molekulargewicht ist niedriger als das der Zellulose, weil sie meist keinen sehr hohen Polymerisationsgrad erreichen.

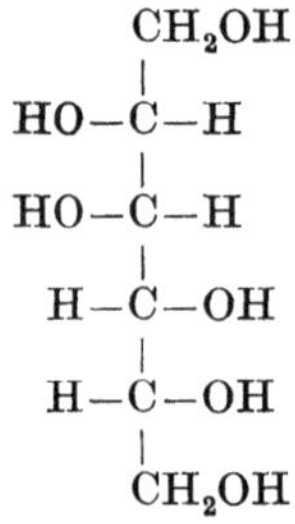

Mannit

Bisher wurden im wesentlichen die echten Kohlenhydrate bzw. Zucker abgehandelt. Nun werden im Pflanzenmaterial aber auch eine Reihe von Stoffen gefunden, welche sich von Zuckern ableiten und diesen strukturell sehr ähnlich sind. Zu ihnen zählen die *Zuckeralkohole*, in welchen die Aldehyd- bzw. Ketogruppen des Zuckers zur Alkoholstufe reduziert sind. Es ergeben sich dann Triole, Tetritole, Pentritole und Hexitole. Ein typischer Vertreter eines Hexitols ist der Mannit, welcher sowohl in höheren als auch in niederen Pflanzen sehr weit verbreitet ist.

Eine weitere Reihe reduzierten Zuckern ähnlicher Verbindungen sind die *Inosite* oder *Cyclite*, die als Polyoxyderivate des Cyclohexans aufgefaßt werden können. In Pflanzen am weitesten verbreitet findet man von dieser Stoffklasse den meso-Inosit, sowohl in freier Form als auch in Verbindung mit Phosphat oder in Polysacchariden.

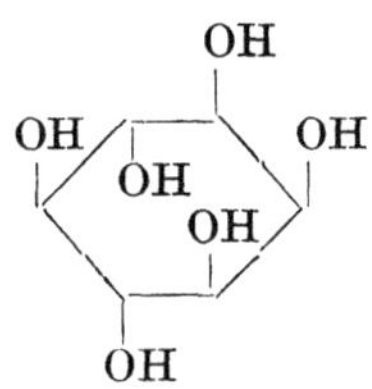

meso-Inosit

Eine Oxydation der Aldehydgruppe von Zuckern zur Carboxylgruppe führt zu den *Aldonsäuren*. Diese Polyoxycarbonsäuren scheinen als Zwischenstufen im pflanzlichen Stoffwechsel eine Rolle zu spielen. Als Bausteine von Makromolekülen besitzen die *Uronsäuren* eine größere Bedeutung. Sie leiten sich von den Aldosen durch Oxydation der Endgruppe ab, wobei jedoch die Aldehydgruppe erhalten bleibt (Aldehydcarbonsäuren). Die wichtigsten in Pflanzen vorkommenden Uronsäuren sind die D-Galakturonsäure, D-Mannuronsäure und die D-Glucuronsäure. Aus ihnen bauen sich die Polyuronsäuren, welche im Pflanzenreich weit verbreitet sind, auf:

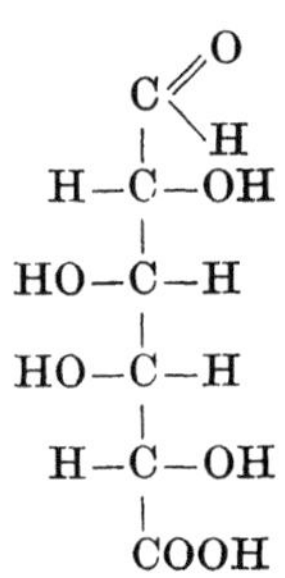

D-Galakturonsäure

Pektine (aus D-Galakturonsäure),
Alginsäuren (aus D-Mannuronsäure),
Pflanzengummi und -schleime (aus D-Glucuronsäure).

Es handelt sich um gallertartige Stoffe, von denen hauptsächlich die Pektine in verschiedenen Organen von Kulturpflanzen nachgewiesen werden können. Sie finden sich in den primären Zellmembranen und in den Mittellamellen der Gewebe.

Zu den einfachen Zuckerabkömmlingen zählen auch die *Aminozucker*, in welchen eine Hydroxygruppe durch die Aminogruppe ersetzt ist (vgl. KENT und WHITEHOUSE 1955). Unter ihnen ist das D-Glucosamin die wichtigste Verbindung. Das aus Acetylglucosaminresten aufgebaute Chitin wurde schon genannt. In höheren Pflanzen besitzen Aminozucker keine Bedeutung.

Wie oben schon erwähnt, finden sich im Pflanzenmaterial eine große Zahl von Verbindungen, welche sich aus ein oder mehreren Zuckern mit Nicht-Zuckern zusammensetzen. Zu dieser Gruppe gehören die *phosphorylierten Zucker*, Ester von Zuckern mit Phosphorsäure, welche vornehmlich als Stoffwechsel-Zwischenprodukte beim Auf- und Abbau von Kohlenhydraten eine Rolle spielen. Sie sind meist kurzlebig und nur in relativ kleinen Mengen nachweisbar.

Eine sehr große Klasse bilden die *Heteroside*, in denen die cyclische Form der Aldosen mit ihrer Aldehydgruppe mit einer Hydroxylgruppe eines Nichtzuckers (Aglykon) über eine Halbazetalbindung (Glycosidbindung) verbunden sind. Man spricht auch von Glycosiden, obwohl strenggenommen dazu auch die Di-, Oligo- und Polysaccharide zählen.

Als Zuckerkomponente fungieren viele Mono- sowie Di- und Oligosaccharide und deren Abkömmlinge (z. B. Desoxyzucker), welche wiederum mit den verschiedensten Aglykonen kombiniert sein können. Daraus resultiert die große Zahl von Glycosiden. Die Einteilung erfolgt nach den Aglykonen:

Einfache Alkohol- und Phenolglycoside
Benzopyranglycoside
Lignanglycoside
Anthraglycoside, Dianthronglycoside
Di- und Triterpenglycoside
Steroidglycoside
Cyanogene Glycoside
Glycoside der Antibiotikagruppe
N-Glycoside (Nucleoside)
S-Glycoside (Senfölglucoside)
Glycoside verschiedener Aglykone

Glycoside sind in vielen Pflanzen meist in geringer Menge enthalten. Oft enthalten nur bestimmte Pflanzenteile das Glycosid. Zur näheren Information muß auf die Literatur verwiesen werden (McIlroy 1951, Stoll und Jucker 1958).

Die physiologischen Funktionen der Kohlenhydrate wurden bei der Besprechung einzelner Verbindungsklassen schon kurz erwähnt und seien hier nochmals zusammengefaßt. Die Monosaccharide, meist im Verlaufe der Photosynthese primär aufgebaut, sind wichtige Energieträger und die Ausgangsprodukte der verschiedensten Stoffe der Pflanzensubstanz. Sie werden in der Pflanze in gebundener makromolekularer Form in Reservekohlenhydraten (z. B. Stärke, Inulin) oder aber auch als Oligosaccharide gespeichert und können, aus diesen frei gemacht, wieder in den Stoffwechsel eintreten. Vielfach erscheinen sie dann als Kohlehydratester der Phosphorsäure. Als Bestandteil der Heteroside ist eine Reihe von Monosacchariden zu finden. Über die physiologische Bedeutung der Heteroside ist bisher nur wenig bekannt, sie dürfte jedoch in der Funktion des Aglykon zu suchen sein. Abkömmlinge der Zucker (z. B. Aldonsäure, Uronsäure) findet man als Zwischenprodukte des Stoffwechsels aber auch als Bausteine von Makromolekülen (z. B. Polyuronide, Pektine) deren Funktion vielfach noch wenig bekannt ist.

Neben der Stärke ist die Zellulose das wichtigste Polysaccharid der Pflanze. Sie dient als Gerüstsubstanz und gibt dem pflanzlichen Gewebe die Festigkeit. Die mit dem Begriff Hemizellulosen zusammengefaßten Verbindungen, können sowohl Gerüst- als auch Reservestoffunktion ausüben.

Im übrigen muß auf die äußerst umfangreiche Literatur über die Kohlenhydrate verwiesen werden (Sammelwerke: Bernhauer 1933, Karrer 1958, Pigman und Goepp 1948, Ruhland 1958, Tollens und Elsner 1935, Whistler und Smart 1953).

b) Fette (und verwandte Verbindungen)

Die natürlichen Fette und Öle sind die Ester der Fettsäuren mit Glycerin und werden auch als Glyceride bezeichnet. In der Regel sind in einem Fettmolekül verschiedene Fettsäuren mit einem Glycerinmolekül verestert.

Die physikalischen und chemischen Eigenschaften der Fette hängen von Art und Verhältnis der enthaltenen Fettsäuren ab. Die Fettsäuren können sehr verschiedenes Molekulargewicht, d. h. Molekülgröße haben und gesättigte oder aber eine wechselnde Zahl ungesättigter Bindungen enthalten. Die natürlich vorkommenden Fette sind stets Gemenge von verschiedenen Glyceriden.

$$\begin{array}{ll} H_2CO \cdot CO\,R_1 & \\ \quad | & \\ H_2CO \cdot CO\,R_2 & R_{1,2,3} = C_x\,H_y \\ \quad | & \\ H_2CO \cdot CO\,R_3 & \end{array}$$

Fett (Öl)

Besonders reich an ungesättigten Fettsäuren sind die bei Zimmertemperatur flüssigen fetten Öle (zum Unterschied zu den chemisch davon verschiedenen „ätherischen Ölen"). Die Fette und insbesondere die Öle sind im Pflanzenreich weit verbreitet und Bestandteil aller Pflanzen, wenn auch der Gehalt in einzelnen Organen großen Schwankungen unterliegt. Besonders die Samen sind reich an Fetten und Ölen und diese bilden in einem Großteil von jenen die wichtigsten Reservestoffe. Allgemein kann gesagt werden, daß Fette in den Reproduktionsorganen (im weitesten Sinne) der Pflanzen angereichert sind.

Tabelle 28. *Fettgehalt einiger Kulturpflanzen*
(nach KENT-JONES und AMOS 1957, NIETHAMMER und TIETZ 1961, HILDITCH 1949)

Pflanze	Pflanzenteil	% Fett in der Frischsubstanz
Weizen	Korn	1,5—2
Gerste	Korn	1,5—2,5
Hafer	Korn	4,8
Roggen	Korn	1,7
Mais	Korn	4,4
Reis	Korn	1,8
Soja	Same	13,5—24,2
Bohnen (grün) ...	Same	1,8
Erbsen (grün) ...	Same	0,5
Linsen	Same	1,0
Kartoffel	Knolle	0,1
Sonnenblume	Same	26—53
Walnuß	Frucht	40—65
Haselnuß	Frucht	50—60
Kürbis	Same	31,9
Raps	Same	43,6
Sesam	Same	47—56
Lein	Same	35,9
Äpfel	Frucht	0,5
Pfirsich	Frucht	0,1
Erdbeeren	Frucht	0,6
Tomaten	Frucht	0,4
Ölpalme	Frucht	50
Baumwolle	Same	18—25
Kokosnuß	Samenkern	67
Kokosnuß	Samenmilch	0,11
		% Fett in der Trockensubstanz
Weidegräser	Blätter	1,5—4
Kohl	Blätter	1,7
Spinat	Blätter	0,4
Pfefferminze	Blätter	5

In ruhenden Samen ist das Fett (Öl) homogen im Plasma verteilt, es kann aber bei einigen Pflanzen auch zur Bildung von Fettkristallen kommen. Während die Samen der gemäßigten und kühleren Klimazonen einen hohen Gehalt an ungesättigten Fettsäuren haben, finden wir in den Fetten der Pflanzen der Tropen einen höheren Anteil an gesättigten Fettsäuren. So kann auch die Zusammensetzung der Fette einer Pflanzenart unter verschiedenen ökologischen Verhältnissen Schwankungen unterworfen sein.

Auch in den einzelnen Organen der Pflanze ist der Aufbau der Fette unterschiedlich, und es treten jeweils verschiedene Fettsäuren als Hauptbestandteil auf, wie dies aus der folgenden Zusammenstellung hervorgeht (Tab. 29).

Tabelle 29. *Charakterisierung der Fette (und Öle) verschiedener Pflanzenorgane nach Fettsäuren* (zusammengestellt nach HILDITCH 1949)

	Hauptbestandteil	Nebenbestandteil
Blatt-Fette	Linolsäure, Linolensäure, Ölsäure, Palmitinsäure	Stearinsäure, Cerotinsäure
Rinden-Fette	Ölsäure, Linolsäure, Palmitinsäure	Linolensäure, Stearinsäure
Wurzel-Fette	Ölsäure. Palmitinsäure, Linolensäure	Stearinsäure, Arachidonsäure usw.
Fruchtschalen-Fette ...	Palmitinsäure, Ölsäure, Linolsäure	Myristinsäure, Stearinsäure, Linolensäure
Samen-Fette	große Schwankungen in der Zusammensetzung bei den verschiedenen Pflanzenfamilien	

Eine Übersicht über den Gehalt an Fettsäuren verschiedener Fette einer großen Zahl von Pflanzen gibt HILDITCH (1949).

Wie schon erwähnt, wird Gehalt und Zusammensetzung der Fette von Pflanzen auch von äußeren Umweltsbedingungen beeinflußt, wobei den ökologischen (klimatischen) Einflüssen die größte Wirkung zukommt, während andere Faktoren zurücktreten. Letzteres gilt auch für die Düngungsmaßnahmen, welche im Fettgehalt von Pflanzen nicht einen so großen Niederschlag finden wie beispielsweise in anderen Stoffgruppen. Infolge Förderung der Bildung anderer Verbindungen findet man bei sehr hohen einseitigen Düngergaben manchmal einen wenn auch geringfügigen Rückgang des Fettgehaltes, wie dies am Beispiel eines Stickstoffsteigerungsversuches gezeigt werden kann (vgl. Tab. 30).

Tabelle 30. *Rohfett- und Rohproteingehalt der Samen von Körnerraps (Lihoraps) bei steigenden, geteilt verabreichten Stickstoffgaben* (nach PRIMOST 1957)

Kalkammonsalpeter kg/ha	Rohfettgehalt % der Trockensubstanz	Rohproteingehalt % der Trockensubstanz
0 (PK[1])	41,22	21,75
400	41,53	22,06
700	40,21	23,36
1000	39,16	24,88
1300	38,17	28,44

[1] Alle Versuchsglieder erhielten eine Grunddüngung von 800 kg/ha Thomasphosphat, 800 kg/ha Patentkali und eine Kopfdüngung mit 250 kg/ha granuliertem Superphosphat.

Neben den Fetten ist auch das freie Vorkommen ihrer Bausteine Glycerin und höhere Fettsäuren in Pflanzen bewiesen. Während dies für Glycerin seltener der Fall ist, sind freie Fettsäuren weit verbreitet. Fettsäuren sind auch in ätherischen Ölen verestert enthalten. Die Ester der Fettsäuren mit höheren Alkoholen werden als *Wachse* bezeichnet. Diese sind meist in der Cuticula der Pflanzen enthalten. Als Alkohole findet man darin solche mit Kohlenstoffketten von C_{24} bis C_{36}, beispielsweise n-Hexacosanol $C_{26}H_{53}OH$, n-Oktocosanol $C_{28}H_{57}OH$ (in den Blattscheiden des Weizens) und Triacontanol $C_{30}H_{61}OH$ (in Luzerneblättern). Als Fettsäuren treten die schon bei den Fetten genannten auf. Ihre Funktion scheinen die Wachse in einem Schutz der Pflanzenorgane gegen zu starke Transpiration und Auswaschung durch Niederschläge zu besitzen.

Eine wichtige, den Fetten verwandte Stoffgruppe stellen die *Phosphatide* dar. Sie enthalten an Glycerin verestert Fettsäuren und Phosphorsäure, an letztere organische Basen gebunden. Zu ihnen zählen die Lecithine, bei denen als organische Base Cholin auftritt.

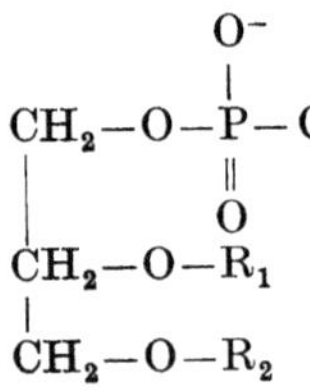

α—Lecithin

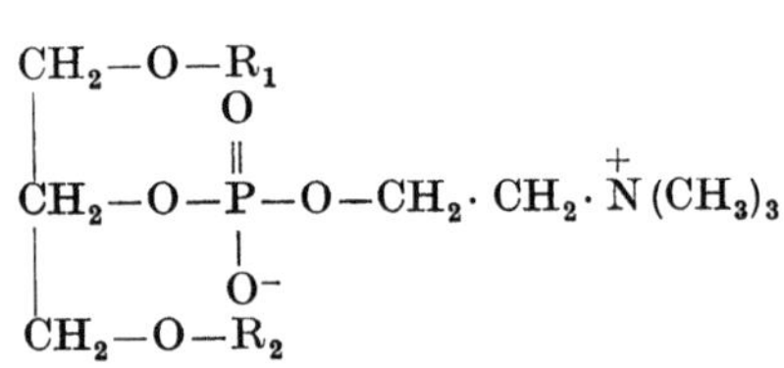

β—Lecithin

R_1, R_2 ...... Fettsäurerest

Lecithine sind im Pflanzenmaterial in stark wechselnden Mengen weit verbreitet enthalten. Ihre komplexe Struktur ist im einzelnen oft noch nicht bekannt. Besonders reich an Lecithinen sind die Embryonen fett- und ölhaltiger Samen. Für die Kulturpflanzen werden Werte von 0,1 bis 2% Lecithin in der Frischsubstanz angegeben (vgl. u. a. SCHALL 1962). Die Lecithine besitzen eine wichtige physiologische Bedeutung für die Funktion des Cytoplasmas und damit für den Ablauf der stofflichen und energetischen Umsetzungen.

In fett- und ölhaltigen Pflanzengeweben (Früchte, Samen) findet man immer *Phytosterine* in geringer Menge (1,5 bis 2%). Diese Verbindungen leiten sich vom Steran ab und liegen in der Pflanze teils frei, teils als Ester oder Glycosid gebunden vor.

c) Eiweiß (Proteine und ihre Bausteine)

Die Proteine stellen wohl eine der wichtigsten Verbindungsklassen dar, welche in allen Organismen enthalten sind. Alles Leben auf der Erde ist an Eiweiß gebunden und damit dessen weite Verbreitung erklärt. Chemisch gesehen sind die Proteine Makromoleküle mit schwankendem hohen Molekulargewicht (meist ein Vielfaches von 17500), welche sich aus Aminosäuren, die miteinander durch Peptidbindungen verknüpft sind, aufbauen.

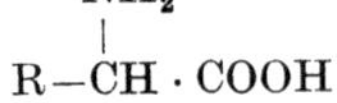

α—Aminosäure

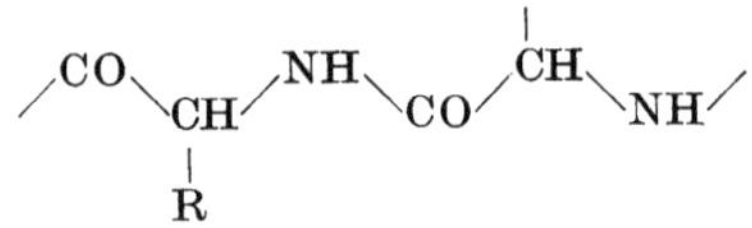

Peptidbindung

Man kennt heute schon über 80 Aminosäuren, welche in Pflanzen vorkommen. Sie sind in der Hauptmenge im pflanzlichen Eiweiß gebunden, zum kleinen Teil aber auch in freier Form in den Zellen vorhanden. Die chemische Konstitution bedingt L- und D-Formen, wobei die L-Aminosäuren überwiegen. So bestehen die Proteine höherer Pflanzen fast ausschließlich aus L-α-Aminosäuren. Die Aminosäuren der Proteine lassen sich nach Hydrolyse der Peptidbindungen am besten mit chromatographischen Methoden nachweisen und quantitativ bestimmen. Es zeigt sich dabei, daß sich die Aminosäurezusammensetzung verschiedener Proteine unterscheidet (vgl. Tab. 31).

Tabelle 31. *Aminosäurezusammensetzung einiger Samenproteine in g Aminosäure pro 16 g N (in 100* g *Eiweiß)* (aus SMITH et al. 1959)

	Reis	Weizen	Mais	Erbse	Sonnenblume
Arginin	7,9	4,3	4,4	7,2	8,6
Histidin	2,5	1,8	2,4	3,2	1,8
Cystin	1,1	3,3	1,6	1,5	1,6
Isoleucin	4,7	4,4	4,0	5,3	4,8
Leucin	8,4	6,9	12,7	6,4	6,4
Lysin	3,4	2,5	2,7	6,2	3,3
Methionin	1,8	1,2	1,8	1,5	1,9
Phenylalanin ...	4,7	4,4	4,5	5,0	4,5
Threonin	3,6	3,9	4,1	3,8	3,4
Tryptophan	1,2	1,2	0,7	1,2	1,1
Valin	6,3	4,5	5,3	5,2	5,1

Über die Aminosäurezusammensetzung von Ernteprodukten, insbesondere solchen, welche zur menschlichen Ernährung dienen, existiert bereits eine umfangreiche Literatur (vgl. dazu beispielsweise SMITH et al. 1959, DE VUYST et al. 1958 und vor allem BLOCK und WEISS 1956).

Die chemische Struktur eines Proteins ist festgelegt, wenn man die Reihenfolge der Aminosäuren im Proteinmolekül, die sogenannte Aminosäuresequenz, kennt. Obwohl heute keine prinzipiellen Schwierigkeiten zu ihrer Bestimmung bestehen, ist der Aufwand groß und daher die Struktur der meisten Pflanzenproteine noch nicht ausreichend bekannt. Zu berücksichtigen ist weiters, daß die Proteinmoleküle eine bestimmte räumliche Struktur einnehmen können und vielfach in höhere Ordnungen, in welchen sie durch Haupt- oder Nebenvalenzbrücken gebunden sind, eintreten und damit Bestandteil einer sehr komplexen „Hyperstruktur“ werden. In dieser sind sie auch der wesentliche Bestandteil des (pflanzlichen) Protoplasmas.

Als charakteristischer Elementarbestandteil tritt bei den Proteinen der Stickstoff auf. Die Hauptmenge des Stickstoffs in den Pflanzen ist in den Proteinen gebunden, welche im Durchschnitt zu etwa 16% aus diesem Element bestehen. Im Hinblick auf die angeführten Schwierigkeiten, welche schon bei der Extraktion bzw. Abtrennung des Proteins von anderen Stoffgruppen auftreten, wird der Gehalt an Stickstoff zum Gehalt an Protein in Relation gesetzt und durch eine Stickstoffbestimmung die Proteinmenge ermittelt. Der entsprechende konventionelle empirisch begründete Faktor beträgt 6,25 bis 5,75, je nach Eiweißart (Pflanzenart), wobei in Europa meist dem ersteren Wert der Vorzug gegeben wird, während in den USA der letztere verwendet wird. Fast alle in der Literatur angegebenen Proteingehalte in Pflanzensubstanzen basieren auf Stickstoffbestimmungen. In Tab. 32 sind durchschnittliche Proteingehalte für einige Nahrungspflanzen angegeben.

Tabelle 32. *Durchschnittlicher Eiweißgehalt einiger Nahrungspflanzen* (aus Schall 1962)

Pflanze	Pflanzenteil	Eiweißgehalt in % der Frischsubstanz (N × 6,25)
Weizen	Korn	12
Roggen	Korn	11,2
Hafer	Korn	10,2
Gerste	Korn	9,7
Mais	Korn	9,4
Lein	Samen	19,3
Buchweizen ..	Samen	11,4
Erbsen (gelb) .	Samen	23,4
Sojabohne	Samen	33,7
Kartoffel	Knolle	1,8
Topinambur ..	Knolle	1,9
Apfel	Frucht	0,4
Kirsche	Frucht	0,8
Banane	Frucht	0,9
Orange	Frucht	0,6
Olive	Frucht	6,2
Tomate	Frucht	1,0

Zwischen verschiedenen Pflanzenfamilien bestehen auch Unterschiede im Proteingehalt ihrer Samen. Einer diesbezüglichen Zusammenstellung sind die Werte der Tab. 33 entnommen.

Tabelle 33. *Mittlerer Proteingehalt von reifen Samen einiger Pflanzenfamilien* (nach Smith et al. 1959)

Pflanzenfamilie	Mittlerer Proteingehalt der Samen in % der Frischsubstanz
Leguminosae	30,1
Cucurbitaceae	28,3
Compositae	25,9
Euphorbiaceae	22,7
Rosaceae	21,5
Gramineae	13,8
Palmaceae	9,7
Guttiferae	5,5

Auf Grund ihrer verschiedenen Struktur lassen sich verschiedene Proteine auch durch unterschiedliche Löslichkeit in bestimmten Lösungsmitteln unterscheiden, ohne die chemische Struktur im einzelnen zu kennen.

Als wesentlicher Bestandteil des lebenden Systems ist der Gehalt der Proteine in Pflanzen von einer Reihe von Außenfaktoren abhängig. Zu diesen zählen u. a. die Klimabedingungen und die Ernährung der Pflanzen. So kann durch steigende Stickstoffdüngung der Proteingehalt in einzelnen Pflanzenorganen oder in der ganzen Pflanze erhöht, unter Umständen aber auch die Proteinstruktur (Aminosäurezusammensetzung) beeinflußt werden (vgl. Tab. 30, 34, 35) (Schuphan 1961a).

Tabelle 34. *Rohproteingehalt* ($N \times 6{,}25$) *von Markstammkohl in % der Trockensubstanz in Abhängigkeit von der Stickstoffdüngung* (nach PRIMOST 1962)

Jahr	Rein-N kg/ha[1]	Markstammkohlpflanzung N-Düngung				Markstammkohlaussaat N-Düngung	
		geteilt		einmalig		geteilt	einmalig
		Blatt	Stamm	Blatt	Stamm	ganze Pflanze	
1958	—	19,50	14,50	19,50	14,50	12,32	12,32
	80	19,81	19,25	21,87	18,44	13,12	15,20
	160	23,60	20,00	21,75	15,00	16,00	19,50
	240	25,20	23,06	22,75	19,75	22,62	22,37
	320	27,13	21,50	24,82	—	25,12	23,06
	400	27,63	24,25	21,37	23,75	24,82	24,69
1959	—	11,06	11,00	11,06	11,00	11,44	11,44
	80	11,59	12,81	13,06	11,87	11,94	10,69
	160	13,06	13,31	16,31	13,06	13,25	9,56
	240	18,44	18,56	14,31	12,69	14,94	10,88
	320	19,69	24,44	14,50	13,44	16,44	11,81
	400	21,50	24,37	20,62	16,00	20,31	12,81
1960	—	15,50	9,75	15,50	9,75	17,44	17,44
	80	18,19	12,62	14,81	9,44	16,69	20,06
	160	18,88	14,00	14,31	9,75	16,94	17,38
	240	23,38	16,50	21,75	11,25	16,81	18,69
	320	22,31	17,50	14,12	15,94	24,00	27,75
	400	23,50	17,94	27,19	17,81	23,94	25,31

[1] Grunddüngung: 600 kg/ha Thomasphosphat, 600 kg/ha Patentkali.

Tabelle 35. *Abhängigkeit des Stickstoffgehaltes und der Aminosäurezusammensetzung eines Weizenkornproteins („Hubertus" Winterweizen) von der Stickstoffdüngung in % der Trockensubstanz* (nach BODO 1960)

Düngung kg N/ha[1]	0	40	80	120	160	200
Gesamt-N	1,84	1,94	2,07	2,25	2,38	2,48
Asparaginsäure	0,54	0,57	0,60	0,62	0,67	0,68
Threonin	0,27	0,27	0,31	0,31	0,36	0,37
Serin	0,50	0,52	0,56	0,58	0,68	0,68
Prolin	1,02	1,09	1,21	1,38	1,54	1,55
Glutaminsäure	2,83	2,97	3,31	3,75	4,05	4,23
Glykokoll	0,39	0,42	0,42	0,47	0,51	0,51
Alanin	0,37	0,40	0,40	0,42	0,48	0,48
Valin	0,45	0,45	0,48	0,54	0,58	0,60
Cystin	(0,08)	(0,03)	(0,07)	(0,06)	(0,15)	(0,11)
Methionin	0,15	0,14	0,17	0,19	0,23	0,21
Isoleuzin	0,36	0,37	0,39	0,43	0,48	0,46
Leuzin	0,73	0,76	0,80	0,89	0,98	0,98
Tyrosin	0,33	0,34	0,35	0,40	0,42	0,43
Phenylalanin	0,48	0,50	0,55	0,60	0,67	0,65
Ammoniak	0,40	0,42	0,44	0,49	0,53	0,57
Lysin	0,25	0,20	0,21	0,23	0,26	0,26
Histidin	0,28	0,23	0,24	0,25	0,29	0,29
Arginin	0,47	0,44	0,43	0,51	0,56	0,55
Tryptophan	0,09	0,08	0,09	0,09	0,10	0,11
	9,99	10,20	11,03	12,21	13,54	13,72

[1] 800 kg/ha Thomasphosphat und 800 kg/ha Patentkali als Grunddüngung, 250 kg Superphosphat als Kopfdüngung; die Stickstoffdüngung wurde in zwei bzw. drei Teilgaben verabreicht.

Als integrierender Bestandteil der lebenden Substanz wird Eiweiß in allen Organismen gefunden. An den Proteinstrukturen laufen die charakteristischen Reaktionen (Stoffwechsel, Reduplikation usw.) ab, welche für das Leben typisch sind. Proteine sind das Material der lebenden Substanz, ermöglichen seine Dynamik und sind damit selbst in diese mit einbezogen. Über Proteine besteht eine äußerst umfangreiche Literatur, auf die zur näheren Information verwiesen werden muß (beispielsweise NEURATH und BAILEY 1953, 1954).

d) Nucleinsäuren (Polynucleotide und verwandte Verbindungen)

Diese Verbindungsklasse zählt wohl nicht mengenmäßig, doch aber im Hinblick auf ihre Funktionen zu den bedeutendsten in lebenden Organismen. Die Polynucleotide besitzen einen komplexen Bau und liefern bei der totalen Hydrolyse Phosphorsäure, Pentose und Pyrimidine oder Purinverbindungen im molaren Verhältnis 1:1:1. Letztere sind N-haltige Basen, während als Pentose die Ribose bei Ribonucleinsäuren (RNS, RNA) oder die Desoxyribose bei Desoxyribonucleinsäuren (DNS, DNA) gefunden wird. Als niedere Bausteine der Nucleinsäuren sind die Mononucleotide anzusehen. Die Verbindung der Mononucleotidreste in den Polynucleotiden erfolgt durch Veresterung der Zuckerhydroxyle mit den Phosphorsäuregruppen:

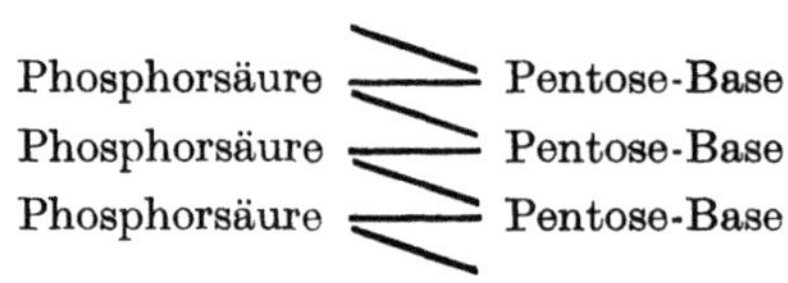

Mononucleotide sind in lebenden Zellen nicht nur Bestandteil von Nucleinsäuren, sondern treten auch in freier Form auf. Dazu zählt die für alle Energieumwandlungen wichtige Adenosintriphosphorsäure (ATP).

Auch Diphosphorpyridinnucleotid (DPN) und Triphosphorpyridinnucleotid (TPN) sind als Elektronenüberträger in der lebenden Zelle mit wichtigen Funktionen betraut.

Sowohl die Mononucleotide (beispielsweise als Coenzym) als auch die Polynucleotide (Nucleinsäuren) finden sich in der lebenden Substanz zu einem größeren Teil in Verbindung mit Proteinen (z. B. Nucleoproteide). Die Nucleinsäuren sind also einerseits aus niedermolekularen Stoffen verschiedener Stoffgruppen aufgebaut, andererseits können sie auch mit anderen Stoffgruppen Verbindungen eingehen.

Ein Großteil der bisherigen Untersuchungen über Nucleinsäuren wurde an tierischem Material oder an Hefe durchgeführt. Über den Gehalt und Aufbau an Polynucleotiden in höheren (Kultur-)Pflanzen liegen bisher nicht sehr viele Angaben vor. Den diesbezüglichen quantitativen Untersuchungen haften noch große Unsicherheiten der Methodik an. Deshalb kennt man den Einfluß von Außenfaktoren wie Düngungsmaßnahmen auf den Nucleinsäuregehalt von Kulturpflanzen noch nicht in ausreichendem Maße. Zur Bestimmung werden die Nucleinsäuren aus dem pflanzlichen Gewebe extrahiert und der P-Gehalt der entsprechenden Fraktionen mit dem Nucleinsäuregehalt korreliert. Auf diese Weise fanden BÖTTGER und WOLLGIEHN (1958) in jungen Tabakblättern (Sorte „Virgin Gold") in 1 g Trockensubstanz 856,4 γ RNS-P, 388,9 γ DNS-P und in alten Blättern 459 γ RNS-P sowie 182,9 γ DNS-P. Werte für den Gehalt an RNS, RNS-ase und Protein in Gerstenkeimlingen, welche im Dunkeln bzw. Licht aufwuchsen, werden von LEDOUX et al. (1962) gegeben.

Während Nucleotide im Plasma und besonders in den Mitochondrien zu finden sind, ist der Zellkern (die Gene) Sitz der Polynucleotide. Diese sind das primäre genetische Material und somit die Informationsträger der Vererbung. Die genetische Information besteht in der spezifischen Aufeinanderfolge (Sequenz) der Basen. In Pflanzen tritt vorwiegend Desoxyribonucleinsäure (DNS) als genetischer Informationsträger auf.

Mononucleotide besitzen wichtige Funktionen bei Enzymreaktionen, wie teilweise schon oben erwähnt.

Zusammenfassende Literatur: CHARGAFF und DAVIDSON (1955), LINSER (1957).

Bisher wurden die Verbindungsgruppen besprochen, welche die Hauptmenge der pflanzlichen Substanz darstellen. Es folgen nun Stoffgruppen, deren einzelne Verbindungen, wohl in geringer Menge, aber oft mit wichtigen physiologischen Funktionen in der Pflanze enthalten sind.

e) Alkohole, Aldehyde, Carbonsäuren

Ein Teil der hier zu besprechenden Verbindungen wurde schon bei anderen Stoffgruppen erwähnt und wird daher im folgenden nicht mehr berücksichtigt.

Der einfachste Alkohol (R·OH), nämlich das Methanol CH_3OH, wurde schon 1875 von GUTZEIT in freier Form in *Heracleum*-Früchten nachgewiesen. Im weiteren wurde der Methylalkohol in den grünen Blättern einer Reihe von Pflanzen in Mengen von 126 bis 717,4 mg%, häufig auch in veresterter Form gefunden (FLANZY 1934). Ähnliche Befunde erhielt man auch für Äthanol, welches jedoch nur selten in esterartiger Form in Pflanzen vorliegt (KARRER 1958). Vielfach sind Alkohole in den sogenannten ätherischen Ölen gebunden (als Äther oder Ester), wobei es sich meist um die niederen Glieder der Reihe handelt; als Beispiel seien angeführt n-Butylalkohol, Isobutylalkohol, Isoamylalkohol (3-Methylbutanol), n-Hexylalkohol, Heptanole, Octanole u. ä. Ein Teil der höheren Alkohole wurde bei den Wachsen abgehandelt, man findet solche aber auch als Bestandteil ätherischer Öle, z. B. Citronellol ($C_{10}H_{20}O$), Geraniol, Nerol usw. Als Bestandteil des Chlorophylls und der Vitamine E und K_1 besitzt Phytol weiteste Verbreitung und größte Bedeutung im Pflanzenreich.

Wie die Alkohole findet man auch Aldehyde $\left(R\cdot C\begin{smallmatrix}\nearrow O\\ \searrow H\end{smallmatrix}\right)$ häufig in ätherischen Ölen von Pflanzen. Acetaldehyd $CH_3\cdot C\begin{smallmatrix}\nearrow O\\ \searrow H\end{smallmatrix}$ beispielsweise hat eine sehr weite Verbreitung; meist werden die den Alkoholen entsprechenden Aldehyde gefunden, wie Propionaldehyd, Isobutylaldehyd, Citronellaldehyd usw. Neben den aliphatischen spielen auch aromatische Aldehyde eine Rolle (z. B. Benzaldehyd, Salizylaldehyd, Vanillin usw. in Glycosiden gebunden).

Weiteste Verbreitung in allen Pflanzen kommt auch den Carbonsäuren (R·COOH) zu. Sie sind in den Pflanzenzellen teils frei, aber auch in Form von Salzen, Estern oder Säureamiden zu finden; auf ihrem Vorkommen beruht die meist schwach saure Reaktion des Zellsaftes von Landpflanzen. Die aliphatischen Säuren (Fettsäuren) sind mit ihren niederen Gliedern hauptsächlich in ätherischen Ölen, mit den höheren in Fetten und Ölen enthalten (s. S. 61 ff.). Einige Carbonsäuren besitzen im Stoffwechsel wichtige Funktionen (z. B. Citronensäure, Äpfelsäure, Bernsteinsäure, verschiedene Ketosäuren u. a. m.) und sind in allen Pflanzenzellen, wenn auch oft nur in kleinsten Mengen, nachzuweisen.

Dazu zählt auch die Oxalsäure, welche jedoch auch oft in bestimmten Pflanzen frei oder als Ca-Salz vorliegend nachgewiesen werden konnte. Am bekanntesten ist ihr Vorkommen im Spinat, wo sich der Oxalsäuregehalt von verschiedenen äußeren Bedingungen als abhängig erwiesen hat. So besteht zwischen Frühjahrs- und Herbstspinat ein Unterschied (EHRENDORFER 1961), und auch durch Düngungsmaßnahmen können unterschiedliche Oxalsäuregehalte erhalten werden. Überhaupt bestehen zwischen der Bildung von Carbonsäuren und der Form der Stickstoffernährung oft Beziehungen, deren Chemismus aber nicht genau bekannt ist. So wird nach Nitratgaben oft ein höherer Säuregehalt in den Pflanzen gefunden als nach Verabreichung von Stickstoff in der Ammoniumform (vgl. Tab. 36).

Tabelle 36. *Carbonsäuren in Tomaten bei verschiedener Stickstoffernährung* (nach CLARK 1936). Milli-Äquivalent in 100 g Trockensubstanz

N-Form	Blätter		Stengel	
	NH_4^+	NO_3^-	NH_4^+	NO_3^-
Gesamtsäure	71	153	66	147
Oxalsäure	3	47	10	68
Citronensäure	1	28	1	11
Äpfelsäure	2	36	5	39
Unbekannte Säuren	65	42	50	29

Eine Übersicht über den Gehalt an Oxalsäure einiger Gemüsepflanzen wird in Tab. 37 gegeben.

Tabelle 37. *Oxalsäuregehalt in Gemüsepflanzen* (nach ANDREWS und VISSER 1951)

Pflanze	mg % Oxalsäure bezogen auf Frischsubstanz
Spinat	1050
Schnittlauch	185
Grünkohl	125
Porree	89
Pastinake	81
Zwiebel	76
Möhren	60
Bohnen grün	37
Rosenkohl	37
Sellerieknollen	26
Karfiol (Blumenkohl)	25
Kopfkohl	19
Spargel	15—18
Endivie	18
Tomate	13
Kopfsalat	11
Erbsen	6
Gurken	4
Radieschen	0

Die Aminosäuren (s. S. 64 ff.) sind als Eiweißbausteine wesentliche Bestandteile aller Organismen.

Neben den Carbonsäuren der aliphatischen Reihe kommen in Pflanzen auch aromatische Säuren entweder frei oder in gebundener Formvor. Sie sind Bestandteil von Harzen, Glukosiden, ätherischen Ölen, Gerbstoffen und Lignin, um nur einige zu nennen. Darüber hinaus werden in pflanzlichen Geweben auch verschiedene zyklische Carbonsäuren gefunden; zu diesen zählt beispielsweise die Shikimisäure, Chinasäure, Chaulmoograsäure. Die Funktionen der besprochenen Stoffgruppen von Alkoholen, Aldehyden und Carbonsäuren sind sehr vielseitig und werden, nachdem sie meist in größeren Molekülen chemisch gebunden im pflanzlichen Organismus vorliegen, von der Funktion dieser Moleküle bzw. Verbindungen bestimmt.

Als Reaktionsteilnehmer an wesentlichen Kreisprozessen (z. B. Tricarbonsäurezyklus) des lebenden Systems kommt einigen Säuren eine große Bedeutung im gesamten Stoffwechsel zu. Darüber hinaus können wir aber für eine Reihe von Verbindungen der besprochenen Stoffgruppe heute die Funktion noch nicht angeben.

Sowohl die behandelte Verbindungsklasse als auch die in den folgenden Kapiteln zu besprechenden können unter dem Begriff der „sekundären Pflanzenstoffe" zusammengefaßt werden. Man vergleiche dazu Paech (1950).

f) Farbstoffe

In Pflanzen findet man eine Vielzahl von Farbstoffen, wobei man meist eine ausgesprochene Lokalisation in bestimmten Organen feststellt. In dieser Stoffgruppe finden sich Verbindungen mit optischer oder anderweitiger physiologischer Funktion, aber auch solche, für welche bisher eine physiologische Funktion nicht nachgewiesen werden konnte. Der wichtigste Farbstoff von lebenden Organismen überhaupt ist der Farbstoff der grünen Pflanze: Chlorophyll. Dieser Farbstoff baut sich aus zwei Komponenten, dem Chlorophyll a und dem Chlorophyll b, etwa im Verhältnis 3:1 auf.

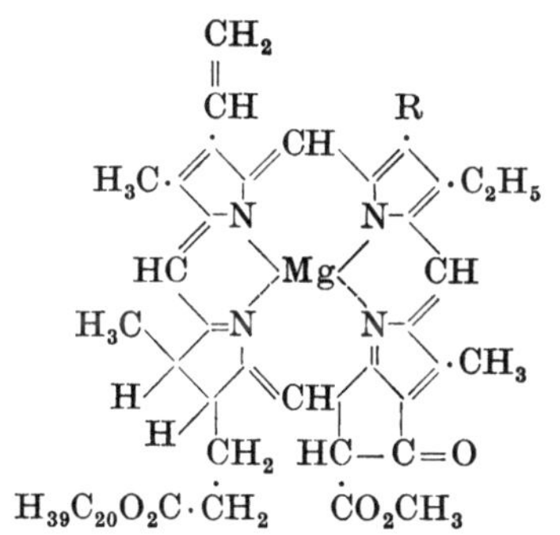

Chlorophyll

a... $R=CH_3-$

b... $R= -C{\overset{O}{\underset{H}{\lessgtr}}}$

Chlorophyll ist in den Chloroplasten aller grünen Pflanzenteile lokalisiert und vielfach an Eiweiß gebunden (Chloroplastin ist natives Chlorophyllproteid). Seine Bildung in der Pflanze ist heute weitgehend aufgeklärt (vgl. Linser und Mayr 1956) und an das Vorhandensein ausreichenden Lichtes gebunden. Der Chlorophyllgehalt in grünen Pflanzen kann durch äußere Einflüsse (Licht, Düngung, Temperatur usw.) großen Schwankungen unterworfen sein. Grüne Blätter von Pflanzen, etwa in der Mitte der Vegetationsperiode, enthalten in frischem Zustand etwa 0,15 bis 0,35% und auf Trockensubstanz bezogen etwa 0,2 bis 1,0% Chlorophyll a+b. Große Abhängigkeit zeigt der Chlorophyllgehalt auch vom Wachstumszustand der Pflanzen (vgl. Tab. 38). Besonders gegen Ende der Vegetationsperiode wird Chlorophyll rasch abgebaut.

Neben morphologischen Veränderungen zeigt sich Nährstoffmangel vielfach in einem verringerten Chlorophyllgehalt der grünen Pflanzenorgane (Chlorose).

Tabelle 38. *Feldversuch mit Spinat (Sorte „Nobel"); Chlorophyll-Gehalt im Laufe der Vegetationsperiode*

Düngung: 300 kg/ha Superphosphat, 800 kg/ha Patenkali, 750 kg/ha Nitramoncal (Kalkammonsalpeter). Anbau: 14. IV. (Aus dem Biologischen Laboratorium der Österr. Stickstoffwerke AG., unveröffentlicht)

Erntetermin	Chlorophyll (in mg/g Trockensubstanz)			a:b
	a	b	a + b	
8. V.	8,56	2,37	10,93	3,6
20. V.	10,0	3,02	13,02	3,3
27. V.	12,0	4,62	16,62	2,6
3. VI.	11,25	4,20	15,45	2,7

Eine weitere Klasse von Pflanzenfarbstoffen leitet sich vom Isopren ab. Dazu zählt das Lycopin, der Farbstoff der reifen Tomate und der Hagebutte, welches auch in der Karotte und den Preiselbeeren enthalten ist und die Carotine: α-, β- und γ-Carotin, Xanthophyll, Zeaxanthin, Myxoxanthin (in Blaualgen), Bixin und Crocetin. Die drei erstgenannten Carotine (α, β, γ) sind als Vorstufen des Vitamins A von großer Bedeutung; β-Carotin besitzt hierfür die günstigste Struktur. Auf Frischsubstanz bezogen, enthalten Pflanzen 0,02 bis 0,15% β-Carotin. Auch der Carotingehalt kann durch Düngungsmaßnahmen verändert werden. Dieser Umstand besitzt besonders bei Nahrungspflanzen für Mensch und Tier Bedeutung.

In Tab. 39 wird das Ergebnis eines Gefäß-Düngungsversuches zu Spinat wiedergegeben, in welchem besonders die Wirkung steigender Stickstoffgaben auf den Chlorophyll- und Carotingehalt deutlich wird. Willstätter und Stoll (1913, 1918) geben für normal grüne Blätter als niedrigste und höchste Werte für Chlorophyll 0,15 bis 0,35% bezogen auf Frischsubstanz, 0,6 bis 1,2% bezogen auf Trockensubstanz und für Carotinoide entsprechend 0,02 bis 0,07% bzw. 0,07 bis 0,2% an.

Tabelle 39. *Gefäßversuch mit Spinat; Wirkung steigender N-Gaben auf den Chlorophyll- und Carotin-Gehalt*

(aus „Arbeiten der Landwirtschaftlichen Versuchsstation Limburgerhof")

Düngung	g Trockensubstanz je Gefäß	In 10 g Trockensubstanz enthalten mg Chlorophyll		mg Carotin
		a	b	
PK-Grunddüngung	2,40	12,4	10,8	1,39
PK + 0,25 g N	7,75	39,7	18,5	2,93
PK + 0,5 g N	10,05	45,8	27,7	3,52
PK + 1,0 g N	13,69	64,7	33,2	5,21

Weitere Gruppen von Pflanzenfarbstoffen leiten sich vom Benzochinon (z. B. Juglon) und vom Anthrachinon ab (z. B. Alizarin, Emodine). Zu den Anthoxanthinen zählt eine Reihe gelber Farbstoffe (Flavone und verwandte Verbindungen), während rote und blaue Farbstoffe unter den chemisch ähnlichen

Anthocyanen zusammengefaßt werden. Die in diesem Abschnitt genannten Farbstoffe sind in den Pflanzen meist als Glukoside gebunden vorhanden und sind die Ursache der Farbenpracht der gefärbten Blüten und Blätter bei höheren Pflanzen.

g) Alkaloide

Zu dieser Stoffgruppe werden hauptsächlich basische, meist komplizierte Verbindungen gezählt, welche Stickstoff in ringförmiger Bindung enthalten. Sie werden nur im Pflanzenkörper aufgebaut und zeichnen sich durch charakteristische physiologische Wirkungen auf den Säugetierorganismus aus. Viele Alkaloide sind starke Gifte, werden in geringen Konzentrationen aber auch in der Heilkunde verwendet.

Die Alkaloide sind im Pflanzenreich weit verbreitet, bestimmte Pflanzenfamilien zeichnen sich aber durch einen besonderen Reichtum an diesen aus; dazu zählen die Papaveraceen, Solanaceen, Ranunculaceen und Rubiaceen. Meist enthält eine Pflanze mehrere (bis zu etwa 20) verschiedene oft nahe verwandte Alkaloide. Sie können in allen Teilen der Pflanze gefunden werden, besonders aber in Geweben von Organen, die sich in voller Entwicklung befinden (z. B. Wurzeln). In fast allen Fällen sind sie nicht frei enthalten, sondern an Pflanzensäuren oder seltener als Glycoside gebunden. Der Alkaloidgehalt ist durch äußere Einflüsse veränderlich, aber im besonderen vom Entwicklungszustand der Pflanzen abhängig. Eine Einteilung der Alkaloide kann nach chemischen Ordnungsprinzipien geschehen; im allgemeinen wird dazu das dominierende Ringsystem im Alkaloidmolekül herangezogen. So kennen wir Alkaloide, die sich vom Pyridin und Piperidin ableiten. Dazu zählt das Coniin, welches sich im Schierling *(Conium maculatum)* findet; seine getrockneten, unreifen Früchte enthalten davon bis zu 1%. Weiters gehört dazu das Lobelamin und vor allen Dingen Nikotin, das Hauptalkaloid des Tabaks (*Nicotiana* sp.), welcher dieses in Wurzeln und Blättern in einer Menge von etwa 0,2 bis 8%, meist an Äpfel- und Citronensäure gebunden, enthält.

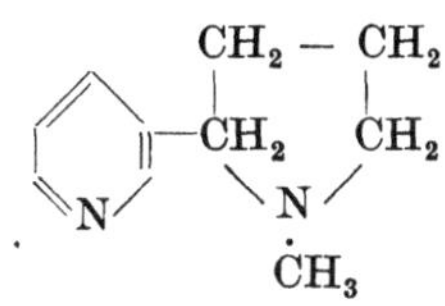

Nikotin

Der Nikotingehalt des Tabaks zeigt eine große Sortenabhängigkeit. Auch Klima und Bodenbeschaffenheit haben einen bedeutenden Einfluß. Durch entsprechende Versorgung mit Nährstoffen kann der Nikotingehalt des Tabaks erhöht oder erniedrigt werden; ersteres kann beispielsweise durch erhöhte N-Düngung erreicht werden. Schipfer (1959) konnte zeigen, daß Kalimangel zu extrem niederen Nikotinwerten (0,2 bis 0,56% der Trockensubstanz) in den Tabakblättern führt, während eine Normalernährung bei der in Gefäßversuchen geprüften Sorte ,,Havanna IIc“ Werte um etwa 1,0 bis 1,5% (bezogen auf Trockensubstanz) ergab. Eine Steigerung der Kalidüngung hatte aber keine sprunghafte Erhöhung des Nikotingehaltes zur Folge.

Neben Nikotin enthält der Tabak noch eine Reihe (meist chemisch nahe verwandter) Alkaloide, wie z. B. Nornicotin, Myosmin, Nicotyrin, Anabasin, Anatabin u. a.

Eine weitere Gruppe von Alkaloiden enthält kondensierte Pyrrolidin- und Piperidinringe, wie beispielsweise das Atropin in der Tollkirsche, im Bilsenkraut und im Stechapfel. Aber auch Cocain (in *Erythroxylon Coca*) und Pseudopelletierin (in *Punica granatum*) gehören in diese Gruppe.

Vom Chinolin bzw. Isochinolin leiten sich weitere Alkaloide ab: Das Chinin in der Rinde zahlreicher Arten der Gattungen *Cinchona* und *Remijia* (Chinarinde), das bis zu etwa 18% der Trockensubstanz ausmachen kann.

Die Opium-Alkaloide kann man teilweise auch der letztgenannten Gruppe zuordnen. Es sind dies insbesondere Papaverin und das Narcotin. Mit Morphin, Codein, Thebain und einigen anderen (etwa 20) sind sie im Opium, dem eingedickten Milchsaft der unreifen Mohnkapseln von *Papaver somniferum*, enthalten. Morphin ist darin etwa mit 10% zugegen.

Das Colchicin, ein Phenanthrenderivat, ist in den Samen von *Colchicum autumnale* zu etwa 0,4% enthalten. In den Samen von *Strychnos nux vomica* (Brechnuß) findet man das Alkaloid Strychnin (etwa 1 bis 2%) neben Brucin. Coffein, ein Purinderivat, ist ein weit verbreitetes Alkaloid. In der Kaffeebohne sind davon etwa 1,0 bis 1,5%, in der Cola-Nuß 1,5% enthalten (vgl. Niethammer und Tietz 1961). Dem Coffein verwandt ist das Theobromin, welches zu 0,3 bis 3% in der Kakaobohne enthalten ist.

Zu den Steroidalkaloiden zählt Solanidin, welches in glucosidischer Bindung als Solanin in *Solanum*-Arten vorkommt.

So enthalten beispielsweise die Kartoffelknolle 0,002 bis 0,02% und Kartoffelkeimlinge etwa 0,5% Solanin; es ist aber auch in den übrigen Teilen der Pflanze zu finden.

Alkaloide des Mutterkornes, wie Ergotoxin, Ergotamin, Ergobasin u. ä., können auch in Ernteprodukte höherer Pflanzen, wie Getreide, gelangen, sind aber normalerweise in diesen nicht enthalten.

Über die Funktion der Alkaloide, von denen hier einige Erwähnung fanden, im Stoffwechsel von Pflanzen wurden bisher nur Vermutungen angestellt. Häufig werden sie als Stoffwechsel-Endprodukte angesehen, doch dürfte damit ihre Aufgabe nicht vollständig charakterisiert sein.

h) Pflanzenhormone

Neben Stoffen, welche im wesentlichen die Pflanzensubstanz aufbauen oder als Energieträger ihre Funktionen im Stoffwechsel ausüben, werden in allen Pflanzen Stoffe gefunden, die das Wachstum fördern oder hemmen können, ohne daß ihre Wirkung auf dem Kaloriengehalt oder auf dem Gehalt an notwendigen Elementen beruht, also keine Nährstoffwirkung vorliegt. Beruht die Förderung auf einer Zellstreckungswirkung, so haben wir es mit Zellstreckungs-Wuchsstoffen zu tun; analog dazu gibt es z. B. Reduplikationswuchsstoffe und Teilungswuchsstoffe. Stoffe, die bereits in kleinsten Konzentrationen die oben genannten Vorgänge hemmen, werden als Hemmstoffe bezeichnet. Eine scharfe Abgrenzung stößt aber oft auf Schwierigkeiten, weil sich die Wirkungen einzelner Stoffe oft überschneiden und die verwendeten physiologischen Testmethoden auf ihre Klassifizierung von Einfluß sind. Eine ausgezeichnete Zusammenstellung über die Testmethoden geben Linser und Kiermayer (1957).

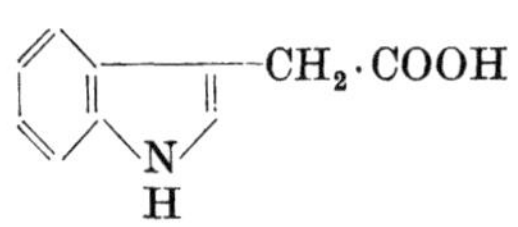

Indol-3-essigsäure
(Heteroauxin)

Wenn wir uns nun den Zellstreckungs-Wuchsstoffen zuwenden, so haben wir die am besten untersuchten Pflanzenhormone vor uns. Als erster Wuchsstoff, welcher tatsächlich in Pflanzen vorkommt, wurde das „Heteroauxin", die Indol-3-essigsäure von Kögl entdeckt und seine Struktur aufgeklärt, nachdem bereits vor ihm die Existenz pflanzlicher Wuchsstoffe im Prinzip nachgewiesen war.

Später konnten dann noch weitere Indolverbindungen mit und ohne Wuchsstoffwirkung in Pflanzen gefunden werden. Es sind dies insbesondere Indol-3-acetonitril, Indol-3-acetaldehyd, Indol-3-brenztraubensäure und Skatol. Alle diese Verbindungen dürften dem Tryptophanstoffwechsel zuzuordnen sein

(LINSER, MAYR und MASCHEK 1954). Besonders hohe Gehalte von Indolderivaten werden in den Brassica-Arten gefunden. Tab. 40 gibt eine Übersicht über die Mengen an Indolkörpern (Indol-3-acetonitril + Indol-3-essigsäure) bezogen auf 100 g Frischsubstanz von einigen Brassica-Gemüsen (LINSER und Mitarbeiter 1958).

Tabelle 40. *Wuchsstoffwirksame Indolderivate in 100 g Frischgewicht einiger Brassica-Gemüse* (nach LINSER und Mitarbeiter 1958)

Stadium	Sprossenkohl mg	Wirsingkohl mg	Riesenkarfiol mg
trockene Samen	—[1]	0,1[1]	4,4 [1]
angekeimte Samen	—	0,1	0,4
Jungpflanzen	1,6	0,7	0,1
Jungpflanzen	0,5	66,9	106,8
Jungpflanzen	3,3	40,0	66,7
Jungpflanzen	1,7	6,7	0,7
vollentwickelte Pflanzen	0,8[1]	33,3	1,4
Blätter	7,3[1]	40,5[1]	1,8
Stengel	—	0,1	—
Wurzel	—	0,3[1]	—[1]
verspeisbare Teile	13,3[1]	40,5[1]	8,0

[1] Bezeichnet Indolverbindungen, die im Zellstreckungstest ohne Wirkung waren.

Außer den soeben besprochenen sind in verschiedenen Untersuchungen auch nichtindolartige Wuchsstoffe sehr wahrscheinlich gemacht worden (vgl. z. B. LINSER, MAYR und MASCHEK 1954). Vor allem wurden aber auch natürlich vorkommende Zellstreckungshemmstoffe nachgewiesen (LINSER 1940). Für die meisten Stoffe der beiden letztgenannten Gruppen kann jedoch bis heute keine chemische Struktur angegeben werden. Es ist jedoch bekannt, daß beispielsweise Cumarin in einer großen Zahl von Pflanzen vorkommt und sich im Zellstreckungstest als Hemmstoff erweist.

Sicherlich ist auch der Wuchsstoffgehalt bei den Pflanzen von den Umweltsbedingungen abhängig. So beantwortet die wachsende Pflanze Stickstoffgaben mit erhöhter Wuchsstoffproduktion, die aber auf Frischsubstanz bezogen nicht zum Ausdruck kommt, weil gleichzeitig die Massenproduktion erhöht wird. N-Gaben steigern den Wuchsstoffgesamtumsatz, so daß es in der Folge zu einer besseren Versorgung der Vegetationspunkte der Pflanze mit Wuchsstoff bzw. seinen Vorstufen kommt (Arbeiten Limburgerhof 1939).

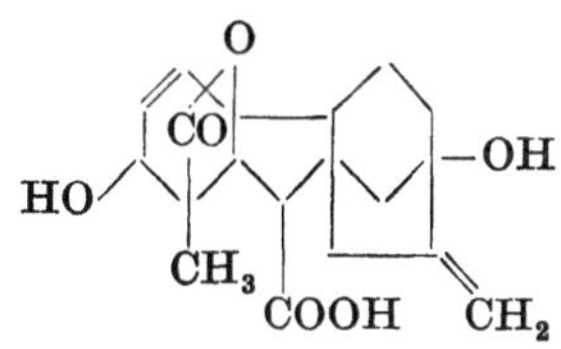

Gibberellinsäure

Die vielseitigen Wirkungen der Wuchs- und Hemmstoffe auf das Plasma pflanzlicher Zellen setzt sich aus einer Reihe von Einzeleffekten zusammen, welche darauf hinweisen, daß diese Stoffe regulierend in den Stoffwechsel pflanzlicher Zellen und Gewebe eingreifen.

Wirkstoffeffekte an Pflanzen, welche auch nicht unmittelbar als Zellstreckungswirkungen gedeutet werden können, wurden erst in neuerer Zeit, obwohl schon 1926 entdeckt, einem näheren Studium unterworfen. Ursprünglich nur in Filtraten von Kulturen des Pilzes *Gibberella fujikuroi* (= *Fusarium moniliforme*) gefunden, wurde das Vorhandensein von Gibberellinen in einer Reihe von höheren Pflanzen nachgewiesen (insbesondere in *Phaseolus multiflorus*). Man kennt heute etwa neun Gibberelline, welche sich alle von der Gibberellinsäure ableiten lassen.

Ob die Gibberelline in höheren Pflanzen auch natürlicherweise Hormonfunktionen ausüben, kann heute nicht mit Sicherheit gesagt werden, obwohl eine gewisse Wahrscheinlichkeit dafür besteht.

Untersuchungen mit synthetischen, hormonähnlich wirkenden Stoffen, welche besonders in den letzten Jahren von Linser und Mitarbeitern durchgeführt wurden, machen es sehr wahrscheinlich, daß pflanzeneigene Stoffe existieren, die entwicklungssteuernd in die pflanzliche Formbildung eingreifen. Solche Stoffe werden als „Morphoregulatoren" bezeichnet (Linser und Kiermayer 1958). Bis jetzt ist aber nur die chemische Konstitution synthetischer Verbindungen bekannt.

Zusammenfassend kann festgestellt werden, daß in der Forschung über Pflanzenhormone, trotz umfangreicher Detailkenntnisse, noch kein geschlossenes Bild, besonders über die Wirkungsweise, vorliegt.

Eine zusammenfassende Darstellung zum Gegenstand wird in Ruhland, Handbuch der Pflanzenphysiologie, Bd. 14 (Wachstum und Wuchsstoffe), Berlin-Göttingen-Heidelberg: Springer, 1961, gegeben.

i) Vitamine

In dieser Stoffgruppe werden — zwar chemisch weitgehend verschiedene — organische Verbindungen zusammengefaßt, die aber als Wirkstoffe, also in kleinsten Mengen, für Mensch und Tier lebensnotwendig sind. Die meisten Vitamine kommen in Pflanzen vor oder sind darin als Vorstufen enthalten (Vitamin A, D). Eine klare Einteilung für diese Stoffgruppe ist noch nicht gefunden, so daß man auf Grund ihrer Löslichkeit wasserlösliche und fett- bzw. öllösliche Vitamine unterscheidet. Außer ihrer Wirkung in höheren Organismen besitzen zumindest einige von ihnen auch wichtige Funktionen im Pflanzenstoffwechsel. So sind die Vitamine der B-Gruppe Bestandteil von Cofermenten.

Ohne Vollständigkeit anzustreben, seien nun einige Vitamine besprochen, im übrigen aber wird auf Karrer (1958) verwiesen.

Die l-Ascorbinsäure, Vitamin C, findet sich in allen höheren Pflanzen. Besonders reichlich findet man sie in verschiedenen Früchten, wo sie bis zu 3% angereichert sein kann. Meist ist sie aber in Pflanzenteilen in Mengen unter 1% enthalten. Über den Einfluß steigender Düngegaben auf den Vitamin-C-Gehalt von Nahrungspflanzen liegt eine umfangreiche Literatur vor. Es läßt sich aus dieser ableiten, daß Mangelpflanzen fast immer auch sehr niedere Ascorbinsäurewerte besitzen und harmonisch gesteigerte Düngergaben zu einem Ansteigen des Vitamin-C-Gehaltes in den Pflanzen führen (vgl. dazu Arbeiten Limburgerhof 1939).

Analoges wurde auch für Vitamin B_1 (Aneurin, Thiamin) gefunden. Dieses Vitamin ist im Pflanzenreich auch weit verbreitet, aber in geringeren Mengen als Vitamin C. Durch einen besonders hohen B_1-Gehalt zeichnen sich die Keimlinge der verschiedenen Getreidearten aus (über 0,001%). Ebenso weit verbreitet scheint Vitamin B_2 (Lactoflavin, Riboflavin) und in der Menge etwa dem Aneurin gleich zu sein. In diese Gruppe fällt auch Vitamin B_6 (Adermin, Pyridoxin).

Allgemein in Pflanzen weit verbreitet liegen auch das Nicotinamid, die Pantothensäure und in sehr geringen Mengen die Folsäure vor. Als Vitamin H wird Biotin bezeichnet. Es ist vorwiegend in Samen und Pollen enthalten. Das Vitamin H ist keine einheitliche Verbindung, sondern sieben bisher isolierte Tocopherole werden so bezeichnet. In grünen Blättern weit verbreitet findet sich α-Phyllochinon, das Vitamin K_1 (oft auch als Vitamin K angeführt) in Mengen bis zu 0,005%.

Über die Vorstufen von Vitamin A, welches im Pflanzenreich weite Verbreitung besitzt, wurde bereits im Kapitel „Farbstoffe" (s. S. 71) berichtet.

Tabelle 41. *Vitamingehalt einiger Nahrungspflanzen* (in mg/100 g bezogen auf Frischsubstanz der erntereifen Pflanzen) (aus SCHALL 1962)

	fettlöslich				wasserlöslich					
	Carotin	E	K	B_1	B_2	Nicotinamid	Pantothensäure	H	Folsäure	C
Weizen (Korn)	0,2–0,3	7,0	0,04	0,6–1,0	0,23	4–8	0,5–2,0	0,01	0,05–0,13	1,5
Roggen (Korn)	0,3	2–7,5	—	0,4	0,15–0,3	1,3–2,7	1–2	—	—	—
Gerste (Korn)	0,001	4,7	—	0,45	0,3	4,1	1,0	—	—	—
Hafer (Korn)	—	60	0,1	0,5	0,24	1,3	0,18	—	0,02	1,25
Mais (Korn)	0,1–0,4	1,3–10	0,04	0,4	0,05–0,2	1–3	0,3–0,8	0,79	0,25	1,4
Reis (Korn)	0,1	—	—	0,25	0,1	4,1	0,4–1,7	0,12	—	2,4
Karotten	2–10	–3,0	0,1	0,08	0,1	0,5–1,5	0,1–0,25	0,005	0,06	10,5
Kartoffel	0,01–0,06	—	0,08	0,09–0,2	0,1	1,0–1,3	0,3–0,7	0,0006–0,02	0,1–0,8	10–50
Karfiol	0,02	—	4,0	0,15	0,12	0,6	1,1	—	—	50–100
Spargel	2,0	—	—	0,08–0,2	0,13	–0,9	—	—	—	50
Endivien	1,2	—	—	0,04	0,09	—	—	—	—	10
Rosenkohl	–8,0	2–3	0,08–3	0,25	0,075	0,3	0,1–1,4	0,002–0,07	0,14–0,5	100–150
Spinat	2–9	–6,0	–5,0	0,22	–0,33	0,4–1,7	0,12	0,007	0,28	80
Bohnen (grüne)	0,2	—	0,28	0,2	0,1–0,2	0,2–0,6	—	—	0,7	50
Tomaten	–3,3	—	0,7	0,12	0,2	0,3–1,0	0,1–0,4	0,004	0,13	50
Äpfel	0,05	0,72	—	0,04	0,05	0,1–0,5	0,06	0,001	—	5–30
Pflaume	0,14–0,2	—	—	0,08	0,1	0,6	0,03–0,3	—	—	10
Weintraube	0,05	—	—	0,03	0,09	0,4	—	—	—	5
Orange	0,25	0,1	—	0,07	0,04	0,2	0,05	—	—	50
Banane	0,3	0,5	—	0,16	0,08	0,5	0,18	0,004–0,005	—	10
Walnuß	0,3	—	—	0,3–0,5	0,13	1,2	—	—	—	10
Erdnuß	0,35	16	—	0,75	0,5	15	2,5	0,034	—	0

In Tab. 41 werden Vitamingehalte einiger Nahrungspflanzen angegeben. Weitere Gehaltsangaben finden sich in KARRER (1958), SCHALL (1962), SCHOPPER (1949) und SCHUPHAN (1961b).

k) Verschiedene Pflanzenstoffe

Es wurde nun eine Reihe von Stoffgruppen besprochen, welche sich, wenn auch nicht immer in wünschenswerter Konsequenz, ohne größere Schwierigkeiten nach phytochemischen oder funktionellen Gesichtspunkten orden lassen. Dabei wurde schon offensichtlich, daß Überschneidungen oft nicht zu vermeiden sind und manche Pflanzenstoffe verschiedenen Gruppen zugeordnet werden können. Darüber hinaus lassen sich aber nicht alle Verbindungen sinnvoll in das gegebene Schema einordnen. Eine Reihe solcher Verbindungen soll nun angeführt werden.

Eine große Zahl von Stoffen werden zu den *Terpenen* gezählt, deren Hauptmerkmal periodisch wiederkehrende Doppelbindungen zwischen den C-Atomen und periodisch gebundenen Methylgruppen sind. Nach ihrem chemischen Aufbau kann man offene und cyclische Terpene unterscheiden. In der Pflanze kommen die Terpene sowohl in den Zellen als auch in sehr spezialisierten Bildungen, wie Drüsen, Exkretgänge, Milchröhren usw. vor. Viele ätherische Öle und Harze basieren chemisch auf Terpenen. Über die vielseitigen Funktionen der Terpene vgl. PAECH 1950; diesbezüglich sind jedoch noch viele Fragen ungeklärt.

Von den offenen Terpenen sei hier im besonderen auf den Kautschuk verwiesen. Dieser baut sich chemisch gesehen aus Isoprenresten zu einem Makromolekül mit einem Molekulargewicht von 70000 bis 200000 auf.

$$CH_2{=}CH{-}C({=}CH_2){-}CH_3$$

Isopren

$$-CH_2-CH{=}C(CH_3)-CH_2-$$

Kettenglied eines Kautschukmoleküls

Der im Chlorophyll esterartig gebundene Phytol wurde schon früher erwähnt.

Wesentlich mannigfaltiger sind im Pflanzenreich cyclische Terpene vertreten. Es werden darunter die Hydroderivate und Substitutionsprodukte des Cymols (Methyl-isopropyl-benzol) zusammengefaßt. Es gibt cyclische Terpene mit einem oder mehreren Ringen im Molekül (Mono-, Di-, Tri-Terpene). In diese Gruppe gehören beispielsweise Geraniol, Menthol und Kampfer.

Den Terpenverbindungen nahe stehen die Steroide, die sich vom Sterangerüst (Cyclopentanoperhydrophenanthren) ableiten lassen. Die Sterine pflanzlichen Ursprungs werden auch als „Phytosterine" bezeichnet. Sie sind in Pflanzen sowohl frei als auch glycosidisch gebunden enthalten und werden wohl in allen höheren Pflanzen gefunden. Aus der großen Zahl der genannten Verbindungsklasse seien erwähnt die Sitosterine, das Ergosterin (Provitamin D_2), Stigmasterin und Brassicasterin.

Meist stehen die Steroide dem Fettstoffwechsel nahe, ebenso wie die Phosphatide, welche als Base z. B. Cholin enthalten. Cholin ist aber neben anderen quartären Ammoniumverbindungen frei vorkommend nachgewiesen (vgl. MAYR und PAXTON 1962, PAXTON und MAYR 1962). Im Durchschnitt beträgt der Cholingehalt auf Frischsubstanz bezogen 0,001 bis 0,2%. Die Funktion der quartären Ammoniumverbindungen im Pflanzenstoffwechsel ist nicht genau bekannt.

In den vorstehenden Abschnitten wurde versucht, eine Übersicht über die wichtigsten Verbindungen, nach Stoffgruppen geordnet, zu geben, welche in Pflanzen als Bau- und Inhaltsstoffe vorkommen. Es sei nochmals erwähnt, daß

Vollständigkeit nicht angestrebt werden konnte und auf die bei den einzelnen Kapiteln angeführte Literatur hingewiesen. Weitergehende Informationen können KARRER (1958) und den einzelnen Bänden von RUHLAND, Handbuch der Pflanzenphysiologie, Berlin-Göttingen-Heidelberg: Springer, entnommen werden, wo auch zahlreiche Originalarbeiten zitiert sind.

Der Überblick über die organischen Pflanzenstoffe kann eine wesentlich tiefere Kenntnis des Pflanzenlebens, seines Baues und seiner Funktionsweise bringen, als eine bloße Betrachtung der Elementarzusammensetzung. Darüber hinaus finden sich unter diesen organischen Pflanzenstoffen die für Mensch und Tier wichtigen Verbindungen, welche als Nahrung lebensnotwendig sind oder als Rohstoff zu den verschiedensten Zwecken benötigt werden.

Eine Beeinflussung der Zusammensetzung der Kulturpflanzen, sei es durch Unterdrückung oder Förderung der Bildung bestimmter Stoffgruppen, beispielsweise durch Düngungsmaßnahmen oder andere Mittel des Pflanzenbaues, liegt daher oft im Interesse und im Möglichkeitsbereich des Menschen.

Wenn wir nun nochmals zusammenfassend die in diesem Abschnitt behandelten Verbindungen übersehen, so müssen wir noch berücksichtigen, daß wir einen Unterschied machen müssen zwischen jenem chemischen System, welches die notwendigen Lebenseigenschaften selbst trägt (das „lebende System") und jenem Stoffsystem, das dieses lebende System enthält, umschließt oder abscheidet, das ihm aber wesentlich nicht zugehört (LINSER 1957a). Würde man in dieser Weise begrifflich aufgliedern, so würde man eine andere Einteilung erhalten, als die vorliegende. In Abb. 4 wird das Stoffwechselschema einer pflanzlichen Zelle in der anderen Betrachtungsweise gezeigt. Dieses Schema wird vor allen Dingen der Dynamik des Lebensgeschehens gerecht. Es ist jedoch heute nicht in allen Fällen möglich, die Stoffgruppeneinteilung in dieses Stoffwechselschema zu transformieren, d. h. einzelnen Stoffgruppen bestimmte Funktionen nach dem Schema der Abb. 4 zuzuordnen. Die genaue Kenntnis der einzelnen Systeme nach dem gegebenen Schema würde uns aber sicherlich weitergehende Einblicke gestatten, beispielsweise in die Wirkung verschiedener Ernährungweisen auf die Zusammensetzung der Kulturpflanzen, als dies heute schon möglich ist.

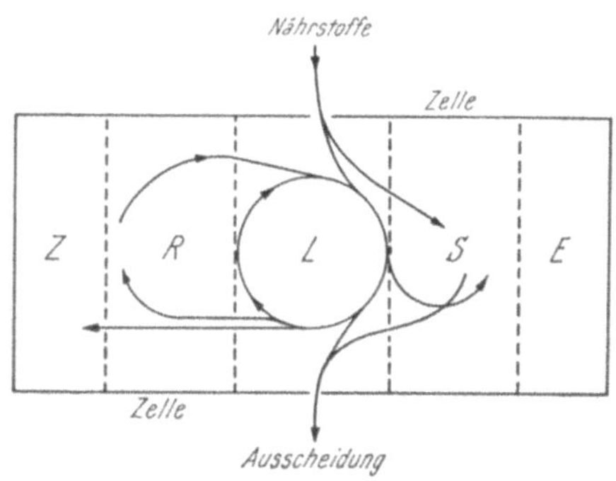

Abb. 4. Schema der Aufgliederung der Bau- und Inhaltsstoffe einer Zelle und der Stellung des lebenden Systems der Zelle zu deren übrigen Bestandteilen (nach LINSER 1957b). *Z* Zellwandsubstanzen; *R* Reservestoffe; *L* lebendes System; *S* systembelastende Stoffe; *E* dem Stoffwechsel entzogene Restsubstanzen

Literatur

ANDREWS, I. C., und E. VISSER: The oxalic acid contents of some common foods. Food Res. **16**, 306 (1951). — Arbeiten aus der Landwirtschaftlichen Versuchsstation Limburgerhof. Limburgerhof/Saarpfalz, 1939. — ARNOLD, A., in RUHLAND, W.: Handbuch der Pflanzenphysiologie, Bd. VI. Berlin-Göttingen-Heidelberg: Springer. 1958.

BALDE, H.: Angew. Bot. **12**, 177 (1930), zit. nach NIETHAMMER und TIETZ (1961). — BERNHAUER, K.: Grundzüge der Chemie und Biochemie der Zuckerarten. Berlin: Springer. 1933. — BLOCK, R. J., und K. W. WEISS: Amino acid handbook, Springfield/Ill.: Thomas. 1956. — BODO, G.: Über die Zusammensetzung des Weizeneiweißes bei verschieden hohen N-Gaben. Qual. Plant. Mat. Veg. **6**, 337–354 (1960). —

BÖTTGER, I., und R. WOLLGIEHN: Untersuchungen über den Zusammenhang zwischen Nucleinsäure- und Eiweißstoffwechsel in grünen Blättern höherer Pflanzen. Flora **146**, 302–320 (1958).

CHARGAFF, E., und J. N. DAVIDSON: The nucleic acids (chemistry and biology). New York: Academic Press. 1955, 1960. — CLARK, E. H.: Plant Physiol. **11**, 5 (1936); zit. nach PEACH (1950). — COLIN, H., und H. BELVAL: Les hydrocarbones solubles du grain de blé au cours du développement. Compt. Rend. Acad. Sci. Paris **177**, 343–346 (1923).

DASTUR, R. H., und J. J. CHINAY: Carbon dioxide assimilation of the leaves of the rice plant Oryza sativa L. Indian J. Agric. Sci. **2**, 431–454 (1932). — DE VUYST, A., W. VERVACK, M. VANHELLE, R. ARNOULD und MOREELS: La composition en acides amines des céréales Belges et leur valeur dans l'alimentation du porc et de la volaille. Agricultura **6**, 20–53 (1958). — DUPERON, R.: Compt. Rend. Acad. Sci. Paris **241**, 1817 (1955), zit. nach KARRER (1958).

EHRENDORFER, K.: Oxalsäure im Spinat (Spinacea oleracea L.). Bodenkultur **12** A, 100–111 (1961).

FLANZY, M.: Compt. Rend. Acad. Sci. Paris **198**, 2118 (1934), zit. nach KARRER (1958).

GUTZEIT, H.: Liebigs Ann. Chem. **177**, 344 (1875), zit. nach KARRER (1958).

HEYLAND, K. U.: Der Verlauf der Einlagerung von Gerüstsubstanzen und anderen Kohlehydraten in den Sproß von Weizen und Roggen zwischen Ährenschieben und Todreife. Z. Acker- u. Pflanzenbau **108**, 473–502 (1959). — HILDITCH, T. P.: The chemical constitution of natural fats, 2. Aufl. London: Chapman & Hall. 1949.

KARRER, W.: Konstitution und Vorkommen der organischen Pflanzenstoffe. Basel-Stuttgart: Birkhäuser. 1958. — KENT, P. W., und M. W. WHITEHOUSE: Biochemistry of the aminosugars. London: Butterworth. 1955. — KENT-JONES, D. W., und A. J. AMOS: Modern cereal chemistry, 5. Bd. Liverpool: Northern Publishing Co. 1957. — KÖNIG, J.: Chemie der Nahrungs- und Genußmittel. Berlin: Parey. 1903/26.

LEDOUX, L., P. GALAND und R. HUART: Nucleic acid and protein metabolism of barley seedlings, I. The parallelism between ribonucleic acid content and ribonuclease activity. Biochim. Biophys. Acta **55**, 97–104 (1962). — LEITHE, W., in LINSER H.: Grundlagen der allgemeinen Vitalchemie, Bd. III. Wien-Innsbruck: Urban & Schwarzenberg. 1957. — LINSER, H.: Über das Vorkommen von Hemmstoff in Pflanzenextrakten, sowie über das Verhältnis von Wuchsstoffgehalt und Wuchsstoffabgabe bei Pflanzen oder Pflanzenteilen. Planta (Berlin) **31**, 32 (1940). — Chemismus des Lebens. Wien: Universum. 1948. — Grundlagen der allgemeinen Vitalchemie, Bd. 3/III, Purine, Pyrimidine, Nucleinsäuren und Viren. Wien-Innsbruck: Urban & Schwarzenberg. 1957. — Die pflanzenphysiologische Wirkung der Makronährstoffe (N, P, K, Ca, Mg) im Lichte der neuesten wissenschaftlichen Erkenntnisse. III. Weltkongreß für Düngungsfragen. Frankfurt a. M.: Sauerländer. 1957a. — Was ist „richtige" Ernährung? Medizin heute **6**, 261–268 (1957b). — LINSER, H., ELHUSSEINY YOUSSEF und O. KIERMAYER: Hohe Gehalte an Indolderivaten bei Brassica-Gemüsen. Z. Lebensmittel Unters. Forsch. **108**, 358–362 (1958). — LINSER, H., und O. KIERMAYER: Methoden zur Bestimmung pflanzlicher Wuchsstoffe. Wien: Springer. 1957. — Pflanzliche Formbildung — experimentell gesteuert. Naturwiss. Rdsch. H. 2, 47–51 (1958). — LINSER, H., und H. MAYR: Stoffwechsel, in LINSER, H.: Grundlagen der allgemeinen Vitalchemie, Bd. V, Funktioneller Bau und Stoffwechsel des lebenden Systems. Wien-Innsbruck: Urban & Schwarzenberg. 1956. — LINSER, H., H. MAYR und F. MASCHEK: Papierchromatographie von zellstreckend wirksamen Indolkörpern aus Brassica-Arten. Planta (Berlin) **44**, 103–120 (1954).

MAYR, H. H., und R. G. PAXTON: Quaternary ammonium bases in tomato plant. Experientia **18**, 440–441 (1962). — MCILROY, R. J.: The plant glycosides. London: Arnold. 1951.

NEURATH, H., und K. BAILEY: The proteins. New York: Academic Press. 1953, 1954. — NICHIPOROVICH, A. A.: Non-carbohydrate products photosynthesis. Symp. No. VI/31, Vth Int. Congr. of Biochemistry, Moscow, 1961. — NIETHAMMER, A., und N. TIETZ: Samen und Früchte des Handels und der Industrie. Weinheim: Cramer. 1961.

PAECH, K.: Biochemie und Physiologie der sekundären Pflanzenstoffe. Berlin-Göttingen-Heidelberg: Springer. 1950. — PAXTON, R. G., und H. H. MAYR: Untersuchungen über das natürliche Vorkommen quaternärer Ammoniumbasen in Lycopersicon esculentum. Planta (Berlin) **59**, 165–174 (1962). — PIGMAN, W. W., und R. M. GOEPP: Chemistry of the carbohydrates. New York: Academic Press. 1948. — PRIMOST, E.: Ergebnisse von Versuchen mit hohen geteilten Stickstoffgaben zu Körnerraps (Sommerraps) im Jahre 1956. Österr. Stickstoffwerke AG., Biolog. Forschungsabt., Ber. Nr. 131, 1957. — Der Einfluß von Stickstoffdüngung, Bodenart und Witterung auf den Rübenertrag und Zuckergehalt der Zuckerrübe. Z. Zuckerindustrie 9, 453–456 (1959). — Ertragsleistung und Futterqualität des Markstammkohles in Abhängigkeit von der Stickstoffdüngung und Anbaumethode. Z. Acker- u. Pflanzenbau 114, 199–216 (1962).

RUHLAND, W.: Handbuch der Pflanzenphysiologie, Bd. VI, Aufbau, Speicherung, Mobilisierung und Umbildung der Kohlenhydrate. Berlin-Göttingen-Heidelberg: Springer. 1958.

SCHALL, H.: Nahrungsmittel-Tabelle, 18. Aufl. Leipzig: Barth. 1962. — SCHEFFER, F., und A. OTTERMANN: Über Zucker in grünen Erbsen bei unterschiedlicher Kali- und Phosphorsäureversorgung der Pflanzen. Qual. Plant. Mat. Veg. 8, 284–305 (1961). — SCHIPFER, L.: Untersuchungen über den Einfluß gesteigerter und gestaffelter Kalidüngung auf den Ertrag und die Qualität des Tabaks. Fachl. Mitt. Öst. Tabakregie H. 3, 5–40 (1959). — SCHOPPER, W. H.: Plants and vitamins. Waltham: Chronica Botanica Comp. 1949. — SCHULZE, E., und S. FRANKFURT: Z. physiol. Chem. 20, 511 (1895), zit. nach KARRER (1958). — SCHUPHAN, W.: Methioningehalt und Eiweißqualität von Blattpflanzen in Abhängigkeit von der Stickstoffdüngung. Qual. Plant. Mat. Veg. 8, 261–283 (1961a). — Zur Qualität der Nahrungspflanzen. München-Bonn-Wien: BLV-Verlagsges. 1961b. — SMITH, C. R. JR., M. C. SKEKLETON, I. A. WOLFF und QUENTIN JONES: Seed protein sources-amino acid composition and total protein content of various plant seeds. Economic Bot. 13, 132–150 (1959). — SPECTOR, W. S.: Handbook of biological data. Philadelphia-London: Saunders Comp. 1956. — STOLL, A., und E. JUCKER: Die Heteroside, in RUHLAND, W.: Handbuch der Pflanzenphysiologie, Bd. VI. Berlin-Göttingen-Heidelberg: Springer. 1958.

TOLLENS, B., und H. ELSNER: Kurzes Handbuch der Kohlenhydrate. Leipzig: Barth. 1935.

WHISTLER, R. L., und C. L. SMART: Polysaccharide chemistry. New York: Academic Press. 1953. — WILLSTÄTTER, R., und A. STOLL: Untersuchungen über Chlorophyll. Berlin: Springer. 1913. — Untersuchungen über die Assimilation der Kohlensäure. Berlin: Springer. 1918.

C. Der Begriff „Qualität“ und die Qualitätseigenschaften von Ernteprodukten

Von

H. H. Mayr

In den vorhergehenden Abschnitten wurde bei der Betrachtung der Zusammensetzung der Kulturpflanzen und deren Ernteprodukten ein objektiver Standpunkt eingenommen. Es konnten dabei verschiedene Gegebenheiten festgestellt werden; es wurde nach verschiedenen Gesichtspunkten klassifiziert und versucht, nach verschiedenen Ordnungsprinzipien einzuteilen, ohne daß eine (anthropomorphe) Wertung der gefundenen Stoffe bzw. Stoffgruppen angestrebt wurde. Mit dem Anbau von Pflanzen verfolgt jedoch der Mensch bestimmte Ziele und schafft damit „Kulturpflanzen“. Mit diesen produziert er Stoffe oder Stoffkombinationen, die er für seine Zwecke benötigt, sei es, um sich zu ernähren, zu kleiden, Energie zu gewinnen oder sonstige Bedürfnisse zu befriedigen. Die Ausrichtung auf ein Ziel bringt aber nun mit sich, daß eine Auswahl aus verschieden Möglichem (Vorhandenem) durch den Menschen erfolgen muß.

Die Beurteilung einer Produktion, auch die von landwirtschaftlichen Produkten, erfolgt allgemein nach zwei Gesichtspunkten, nämlich nach der Quantität und den Eigenschaften der erzeugten Produkte. Die Eigenschaften resultieren aus der Zusammensetzung der Erzeugnisse, deswegen kommt dieser auch aus subjektiver Sicht so große Bedeutung zu. Dazu kommt noch, daß die Beschaffenheit (Eigenschaften) von pflanzlichen Produkten nur im Hinblick auf bestimmte Ziele gewertet wird. Für diese bewerteten Eigenschaften kann der Begriff

„Qualität" eingeführt werden; er wird üblicherweise auch in diesem Sinne in der Pflanzenproduktion verwendet. Die Qualität ist also ein Wertbegriff, welcher einen Eigenschaftskomplex zusammenfaßt, der nicht direkt von der vorhandenen Menge abhängt. Sie ist der wertende Vergleich von Eigenschaften eines Produktes derselben Art nach Zielen („Qualitätszielen"), welche ursprünglich nicht direkt von der Natur gegeben, sondern vom Menschen gesetzt sind (MAYR 1961). Das Ergebnis ist meist eine Zahlenreihe (z. B. die Wertzahl beim Weizen), deren relativer Charakter auf der Hand liegt. Es kann hier vorweggenommen werden, daß es oft wesentlich schwieriger ist, eine derartige Zahlenreihe mit entsprechender Aussagekraft aufzustellen, als eine Ordnung nach absoluten Größen im naturwissenschaftlichen Sinne herzustellen. Es ist daher zweckmäßig, die Eigenschaften eines Produktes mit naturwissenschaftlich definierten Größen zu korrelieren, wenn dies möglich ist.

Aus dem bisher Gesagten geht schon deutlich hervor, daß der Begriff Qualität, besonders auf pflanzliche Ernteprodukte bezogen, ein sehr allgemeiner ist und auch zeitlichen Schwankungen unterworfen sein kann.

Die Feststellung der Qualitätsmerkmale kann durch objektive oder subjektive Methoden erfolgen, man kann dementsprechend objektive oder subjektive Qualitätsmerkmale unterscheiden. Beispielsweise zählt zu den objektiven Merkmalen der quantitative Gehalt eines Wertbestandteiles (z. B. Vitamin C in einer Nahrungspflanze), zu den subjektiven Qualitätsmerkmalen sichtbare Merkmale, wie Aussehen, Geruch usw. Objektiv ermittelte Qualitätsmerkmale ändern jedoch nichts an der prinzipiellen Tatsache, daß die Qualität ein subjektiver Wertbegriff bleibt.

Mit Ausrichtung auf ein Ziel werden an die pflanzlichen Produkte bestimmte Ansprüche gestellt: die Qualitätsansprüche.

Hier zeigt sich wohl die Subjektivität des Qualitätsbegriffes am deutlichsten, da die Qualitätsansprüche von sehr verschiedenen Standpunkten aus gestellt sein können und daher auch nicht unbedingt nur gleichsinnig zu sein brauchen, sondern sich sogar widersprechen können. Solche widersprechende Anforderungen an die Qualität liegen z. B. vor, wenn ein höchster Gehalt an einem wertgebenden Inhaltsstoff bei einem pflanzlichen Nahrungsmittel gleichzeitig mit einer bestimmten (oft maximalen) Größe gefordert wird (vgl. SCHUPHAN 1961). Hier zeigen sich schon die typischen Schwierigkeiten eines Begriffes, der verschiedene Betrachtungsrichtungen zuläßt; es sind die Schwierigkeiten jeder Wertung. Dies gilt für das einzelne Individuum, im besonderen aber für die Interessentengruppen mit verschiedenen Interessen. Es zeigt dies ferner, daß ein Qualitätsmerkmal nie isoliert betrachtet werden darf, sondern immer der gesamte „Qualitätskomplex" berücksichtigt werden muß, um die Probleme der Qualität im rechten Licht zu sehen.

Betrachten wir unter diesen Gesichtspunkten die Anforderungen, die hinsichtlich der Qualität an ein landwirtschaftliches Produkt gestellt werden. Der landwirtschaftliche Produzent hat ein Qualitätsziel im Hinblick auf die Sorte, welches der Züchter erfüllen muß. Zu den Eigenschaften einer Sorte gehört unter anderem auch der Ertrag, so daß dieser hier zum Qualitätsmerkmal wird. Es müssen die Ernteprodukte aber auch bestimmte Eigenschaften, eine bestimmte Beschaffenheit haben; diese Eigenschaften werden dem Produzenten, in unserem Fall dem Landwirt, vom Abnehmer vorgeschrieben. Diese Qualitätsanforderungen sind bestimmt durch (LINSER 1959):

1. Den Händler, der schon aus wirtschaftlichen Überlegungen gezwungen ist, Anforderungen an bestimmte Transport-, Lagerungs- und Haltbarkeitseigenschaften zu stellen.

2. Den Verarbeitungsbetrieb, der bestimmte technologische und arbeitsökonomische Eigenschaften verlangen muß.

3. Den Konsumenten, der aus Gewohnheit oder anderen Gründen das verarbeitete Produkt in bestimmter Qualität erwerben will.

Dazu kommt bei einem Nahrungsmittel noch der Ernährungsphysiologe, der eine bestimmte Zusammensetzung wünscht, besonders im Hinblick auf wertgebende Stoffe, die er in bestimmter Menge bzw. Mengenverhältnissen fordert und der das Vorliegen anderer Stoffe ablehnt, wobei zumeist noch nicht genügende Kenntnisse über das zu Fordernde vorhanden sind (vgl. LINSER 1957).

Neben der Einteilung der Qualitätsanforderungen aus der Sicht beteiligter Interessenten, wie sie hier gegeben wurde und allgemein auf die Pflanzenproduktion Anwendung finden kann, wurde von SCHUPHAN (1956, 1961) eine schematische Darstellung des Qualitätsbegriffes bei pflanzlichen Nahrungsmitteln vom Produkt aus versucht. Er unterscheidet die „äußere Beschaffenheit" auf Grund von Sinneswahrnehmungen, den Gebrauchswert für nahrungsmitteltechnische und Futterzwecke und den biologischen Wert, der die Inhaltsstoffe, welche Nährwert, Bekömmlichkeit und Gesunderhaltung bedingen, umfaßt.

Es ist daraus zu erkennen, wie vielschichtig der Begriff Qualität ist und wie komplex das Qualitätsziel!

Wenn wir uns noch einmal den aufgezählten Qualitätsanforderungen zuwenden, so sehen wir, daß sich diese auch als Pyramide darstellen lassen: an der Spitze der Konsument, an der breiten Basis der Produzent, auf welchem die Hauptlast der ursprünglich vom Verbraucher gestellten und vom Händler und Verarbeitungsbetrieb erweiterten Anforderungen liegt.

Es muß auch besonders herausgestellt werden, daß Qualitätsziele im allgemeinen nicht endgültig festliegen. Sie können sich, manchmal in sehr kurzer Zeit, durch Änderung von Verbrauchsgewohnheiten oder aus technologischen Gründen wandeln. Gerade bei derartigen Wandlungen ist es dann oft schwierig, allen Gruppen für welche die Qualität, aus welchen Gründen auch immer, bestimmend ist, gerecht zu werden. Dies vor allem auch deswegen, weil die Qualitätsansprüche der angeführten Gruppen ursprünglich in keinem (logischen) Zusammenhang stehen. Dieser Zusammenhang ist erst am Ernteprodukt zwangsweise gegeben, sofern ein solches, allen Wünschen entsprechendes, überhaupt hergestellt werden kann. Meist ist das nicht der Fall und nur eine mehr oder weniger gute Annäherung an eine „ideale Qualität" (zum betreffenden Zeitpunkt) möglich.

Aber auch die Definition einer „idealen Qualität" ist oft deswegen schwierig, weil das Qualitätsziel mangelnder Erkenntnisse wegen nicht genau genug festgelegt werden kann. Letztlich wird man immer versuchen, unter den gegebenen inneren (genetischen) und äußeren (Umwelt-) Einflüssen ein dem Stand unseres Wissens entsprechendes Optimum zu erreichen.

Eingangs wurde ausgeführt, daß Qualität als wertender Vergleich von Eigenschaften nach bestimmten Zielen aufgefaßt werden kann. Um diesen Vergleich anstellen zu können, müssen Größen, die wir dazu heranziehen können, bestimmt und direkt oder indirekt zueinander in Beziehung gesetzt werden. Nicht alle Eigenschaften, welche in Qualitätsansprüchen enthalten sind, lassen sich auf diese Weise eindeutig festlegen. Dies gilt insbesondere für (pflanzliche) Nahrungsmittel, wo neben meßbaren Größen auch die äußere Beschaffenheit (Aussehen, Geruch, Geschmack usw.) eine ausschlaggebende Rolle spielt und man sich um eindeutige Definitionen für eine klare Begriffsfassung sehr bemüht (SCHUPHAN 1956).

Die letztgenannten Eigenschaften sind wohl rasch, wenn auch nicht immer eindeutig, festzustellen, aber in ihrer Bewertung sehr problematisch, weil es sich um eine rein subjektive Wertskala handelt, die auf diese Art aufgestellt werden kann. Für die Beurteilung der Qualität pflanzlicher Rohstoffe für industrielle Zwecke (z. B. Holz, Stärkekartoffel, aber auch Braugerste) besitzen subjektive Merkmale kaum eine Bedeutung. Hier werden ausschließlich technologische bzw. chemische und physikalische Merkmale zur Qualitätsfeststellung herangezogen. Trotzdem resultieren aus diesen Untersuchungen vielfach nur konventionelle Werte, die, in relativen Zahlenreihen geordnet, oft brauchbare Aussagen liefern. Nicht immer befriedigt der Vergleich von an verschiedenen Stellen (Laboratorien) erzielten Ergebnissen bei Anwendung solcher konventioneller Methoden. Beispielsweise mußten wir feststellen, daß müllereitechnische Untersuchungen an gleichen Weizenproben in verschiedenen Laboratorien Streuungen bis zu etwa 100% ergaben (vgl. MAYR 1961). Dies bei standardisierten Methoden mit genormten Apparaten und Geräten! Dabei ist noch zu berücksichtigen, daß weitere Unsicherheiten in der oft nicht vollständig gegebenen Korrelation mit dem Qualitätsziel liegen.

Neben dem Festlegen des Qualitätszieles ist auch die Feststellung der Qualität eines Ernteproduktes zum Zwecke seiner Bewertung nach den verschiedensten Gesichtspunkten als sehr schwierig zu bezeichnen. Trotz objektiver Methoden bleibt die Bewertung der erhaltenen Ergebnisse oft weitgehend subjektiv. Die ständige Verbesserung der Methodik und das Aufsuchen neuer Methoden wird daher auch in Zukunft notwendig sein, um eine noch bessere Annäherung an die Qualitätsziele zu ermöglichen (LINSER 1959). Primär sind jedoch die Grundlagen zu erarbeiten, um diese Ziele festlegen zu können!

Obwohl sachlich nicht direkt in Zusammenhang stehend, können wirtschaftliche Gesichtspunkte oft weitgehenden Einfluß auf die Qualität pflanzlicher Produkte gewinnen, einerseits als Begrenzung eines Qualitätszieles nach oben, andererseits als Anreiz zur Erzeugung höherwertiger Produkte (durch Qualitätsbezahlung), also zur Begrenzung nach unten. Diese untere Grenze der Qualität wird aber vielfach auch, wenn es um Allgemeininteressen geht, durch gesetzliche Maßnahmen abgesteckt. Es sind dies beispielsweise die Lebensmittelgesetzgebung, in den verschiedenen Ländern noch unterschiedlich gehandhabt, oder die den Handel betreffenden Gesetze.

Es darf aber in diesem Zusammenhang nicht übersehen werden, daß letztlich die gesetzlichen Bestimmungen (Gesetze, Verordnungen) ihre Basis in der Feststellung der Produktqualität haben und damit alle die Schwierigkeiten auftreten, die bereits oben bei der Diskussion der Methoden Erwähnung fanden. Oft wird daher entweder die Methodik gleich in den entsprechenden Gesetzen festgehalten (z. B. für die Weinuntersuchung) oder in der Urteilsfindung auf bestimmte Methodenbücher zurückgegriffen. Ein Beispiel dafür ist die österreichische Lebensmittelgesetzgebung, welche die Richtlinien und Methoden des Codex Alimentarius Austriacus anerkennt. Diese Verfahrensweise beseitigt wohl juridische, aber keine fachlichen Schwierigkeiten, kann aber derzeit kaum durch eine bessere ersetzt werden!

Es ist also zu ersehen, daß bei der Beurteilung einer Produktion, in unserem Fall der Pflanzenproduktion, die Quantität (der Ertrag) und die Qualität gleichwertig nebeneinander stehen, die Festlegung und Bestimmung des letztgenannten Bewertungsfaktors aber ungleich größere Schwierigkeiten bereitet.

Es würde den gegebenen Rahmen sprengen, hier auf alle Qualitätsanforderungen, welche an landwirtschaftliche Produkte herangetragen werden, und die korrespondierenden Untersuchungsmethoden einzugehen. Diesbezüglich muß auf die einschlägige Literatur verwiesen werden (vgl. z. B. SCHMITT, OTT und SCHUPHAN 1953; PELSHENKE, HAMPEL und SCHÄFER 1953, KLEBER 1953,

LÜDECKE und HEUER 1953, HORWITZ 1960, SWANSON 1957, PAECH und TRACEY 1955ff.).

Es sollen hier nur an wenigen Beispielen die allgemeinen Ausführungen erläutert bzw. ergänzt werden.

Betrachten wir dazu die Mahlweizenproduktion. Die Anforderungen, welche an die Mahlweizenqualität gestellt werden, sind vielfältig und kommen aus verschiedenen Richtungen. Dies ergibt sich allein schon daraus, daß der Weizen bis zum Verzehr eine Reihe von Arbeitsgängen und Umformungen (Saatgut—Korn—Mehl—Brot) mitmachen und damit den verschiedensten Ansprüchen genügen muß:

An erster Stelle steht der Verbraucher mit seinen Qualitätserwartungen hinsichtlich Geschmack, Aussehen und bestimmter gewohnter Konstitution des Lebensmittels. Im wesentlichen betreffen die mit diesen Erwartungen verknüpften Forderungen die äußere Beschaffenheit des Endproduktes, in unserem Beispiel das Brot. Die Feststellung dieser Eigenschaften ist fast ausschließlich auf subjektive Weise möglich und die Beurteilung damit nicht nur mit räumlichen und zeitlichen Schwankungen behaftet, sondern auch noch anderen, beispielsweise psychischen (durch Werbung) Einflüssen ausgesetzt. Als weiteres Merkmal einer guten Qualität muß der Verbraucher eine möglichst hohe ernährungsphysiologische (biologische) Wertigkeit verlangen. Diese zu definieren, zu bestimmen und zu beurteilen, ist er aber kaum in der Lage, so daß er dazu auf den Ernährungsphysiologen angewiesen ist. Relativ einfach fällt diesem scheinbar festzulegen, welche Stoffe im Lebensmittel nicht enthalten sein dürfen, weil darunter meist Fremdstoffe verstanden werden. Daß darüber hinaus in unserer Nahrung auch Stoffe enthalten sind, welche den Stoffwechsel belasten oder ungenützt im Körper gespeichert werden müssen, führt zu den heute meist noch ungelösten Problemen der Ernährungsphysiologie. Schwierig ist es auch anzugeben, welche Stoffe oder Stoffgruppen in pflanzlichen Nahrungsmitteln vorhanden sein und in welchen Mengenverhältnissen diese günstigerweise vorliegen sollen.

Eine Ausnahme bilden hier die zur Beseitigung von Mangelzuständen notwendigen und relativ gut durchforschten Stoffgruppen (z. B. Mineralstoffe, Vitamine). Dies drückt sich beispielsweise bei der ernährungsphysiologischen Bewertung von Gemüse aus, wo folgende Stoffe als maßgeblich angesehen werden (RINNO 1965).

1. Vitamin C und Carotin
2. Mineralstoffe (insbesondere Ca und Fe)
3. Ballaststoffe (Rohfaser)

Die Gehaltswerte an den genannten Stoffen werden darum mit den ernährungsphysiologischen Bedarfsnormen in Beziehung gesetzt. Größere Bedeutung wird in letzter Zeit auch der biologischen Wertigkeit der Proteine beigemessen, und es sind dementsprechend zahlreiche Untersuchungen durchgeführt worden. Es gibt direkte und indirekte Methoden zur Bestimmung des biologischen Eiweißwertes. Zu den ersteren zählen die Bestimmung des Rohproteins, die Bestimmung des Reinproteins, die Bestimmung der Aminosäurezusammensetzung und die Bestimmung der Verdaulichkeit der Proteine. Als direkte Methoden sind der Wachstumstest und die Bestimmung des Stickstoffgleichgewichtes anzusehen (JANICKI, KOWAECZYK 1965).

Als Maßanzahl für die Eiweißwertigkeit dient häufig der EAS- (Essentielle Aminosäuren-) Index nach OSER (1951). Er ergibt sich aus den bei der chemischen oder biologischen Analyse bestimmten Mengen an Aminosäuren (a, b, c...) in 100 g Versuchsprotein im Vergleich zu den in 100 g Vergleichsprotein, meist von

Vollei (vgl. Bayzer 1965) vorhandenen essentiellen Aminosäuremengen (a_e, b_e, c_e...) in g nach der Gleichung

$$\text{EAS — Index} = \sqrt[n]{100 \cdot \frac{a}{a_e} \cdot 100 \cdot \frac{b}{b_e} \ldots\ldots 100 \cdot \frac{n}{n_e}}.$$

Der EAS-Index ist als relative Größe zur Charakterisierung der ernährungsphysiologischen Wertigkeit von *Proteinen* geeignet, wenn man die Vergleichsbasis anerkennt.

Zur Beurteilung der Qualität von pflanzlichen *Nahrungsmitteln*, deren Proteingehalt, durch äußere oder innere Faktoren verursacht, verschieden hoch sein kann, erscheint der EAS-Index nur bedingt geeignet und seine Aussagekraft ist in diesem Fall sehr eingeschränkt. Er sollte dazu besser nicht herangezogen werden, denn vom ernährungsphysiologischen Standpunkt aus ist die absolut mit der Nahrung aufgenommene Menge an z. B. essentiellen Aminosäuren in der Zeiteinheit entscheidend und meist nicht ihr relatives Verhältnis wesentlich. Das heißt, es ist von sekundärer Bedeutung, ob die benötigte Aminosäuremenge durch ein Nahrungsmittel mit einem höheren Proteingehalt und einem etwas niedrigerem EAS-Index des Proteins oder durch ein solches mit einem niedrigeren Proteingehalt, aber mit einem etwas höheren EAS-Index zugeführt wird. Dies gilt überall dort, wo es sich nicht um Extremfälle handelt, die jedoch sehr selten sind. Es muß daher auch bei der ernährungsphysiologischen Beurteilung von pflanzlichen Ernteprodukten die chemische Zusammensetzung des Gesamtproduktes bei der Bewertung der Zusammensetzung einzelner Stoffgruppen, die darin enthalten sind, übergeordnet werden und immer auf die letztlich erfolgende Verwendung als Nahrungsmittel, also einem Zweck dienend, abgestimmt sein. Im übrigen ist allgemein festzustellen, daß das pflanzliche Eiweiß in der Qualität, d. h. biologischen Wertigkeit, dem tierischen Eiweiß unterlegen ist. Dies dürfte seinen Grund vielfach in einem geringeren Gehalt an schwefelhaltigen Aminosäuren haben (vgl. Burghardt 1960). Ein geringes Absinken des EAS-Index von einem Lebensmitteleiweiß kann aber durch einen erhöhten Proteingehalt mehr als ausgeglichen werden, wenn man annimmt, daß der Verbraucher immer dieselbe Quantität an diesem Lebensmittel zu sich nimmt. Dieser Umstand sollte bei der biologischen Eiweißbewertung berücksichtigt und ein entsprechender Index aufgestellt werden. Erst dann ist es möglich, die Proteinfraktion eines (pflanzlichen) Nahrungsmittels als Qualitätsfaktor eindeutig zu beurteilen, und der Gebrauch des EAS-Index als Bestandteil einer komplexeren Größe wird sinnvoll. Ein entsprechender Vorschlag wurde von Bayzer und Mayr (1965) gemacht:

$$\text{Eiweißwertzahl (Proteinwertzahl)} \frac{\text{EAS} - \text{Index}' \times \%\text{-Protein}}{100}$$

Darin soll der Proteingehalt (N-Gehalt multipliziert mit dem Faktor 6,25) auf jeweils einen für das betreffende Nahrungsmittel charakteristischen mittleren Wassergehalt bezogen werden. Die Proteinwertzahl (Eiweißwertzahl) soll angeben, wie sich gleiche Gewichtsmengen verschiedener Nahrungsmittel hinsichtlich der biologischen Wertigkeit der in ihnen enthaltenen Proteine zueinander verhalten.

Es muß in diesem Zusammenhang jedoch erwähnt werden, daß in jüngster Zeit den direkten Methoden zur Eiweißbewertung größere Bedeutung zugemessen wird. Insbesondere werden auch Untersuchungen an Menschen für die eindeutige Beurteilung der ernährungsphysiologischen Wertigkeit von Nahrungsmitteln herangezogen. Die Schwierigkeiten derartiger Untersuchungen liegen auf der Hand und sind sicherlich wesentlich größer als beispielsweise die biologische Bewertung von Eiweiß, welches für die Ernährung von Haustieren Verwendung findet (vgl. BRUNE 1963).

Wenden wir uns jetzt wieder unserem Beispiel zu. Um den Anforderungen des Verbrauchers zu genügen, muß der Verarbeitungsbetrieb, der das Endprodukt Brot herstellt, der Bäcker, an das von ihm zu verarbeitende Rohprodukt Mehl von seinem Standpunkt aus weitere Ansprüche im Hinblick auf die technologischen Eigenschaften stellen. Das Mehl muß backfähig sein. Für die Prüfung der Backfähigkeit gibt es geeignete Tests, welche teilweise noch besprochen werden. Der aussagekräftigste scheint der standardisierte Backversuch zu sein. Gerade hinsichtlich Backfähigkeit sind die Anforderungen an die Qualität eines Mehles beträchtlich gestiegen, seit die Mechanisierung eine individuell angepaßte Teigführung nicht mehr möglich macht. Um den Ansprüchen an die backtechnischen Eigenschaften der Mehle genügen zu können, muß der Müller, als Mehlproduzent, von seinem Rohstoff (Getreidekorn) verlangen, daß seine Beschaffenheit die Erreichung des Qualitätszieles erwarten läßt. Außerdem muß er noch zusätzliche Eigenschaften technologischer Art, die sich aus der Verarbeitung ergeben, fordern. Zur Prüfung der Qualität seines Rohstoffes sowie seines Fertigproduktes hat er mühlentechnische Laboratorien, wo mit meist standardisierten Methoden Kennzahlen erarbeitet werden, die jedoch in ihrer Reproduzierbarkeit erfahrungsgemäß nicht immer befriedigen. Der Landwirt hat sich nun zu bemühen, den gewünschten Weizen zu produzieren, und muß von ihm noch eine entsprechende Anbauqualität verlangen. Die inneren Faktoren muß ihm der Züchter mit der Sorte geben, die äußeren hat der Landwirt zum Teil selbst in der Hand. Damit sind wir an der Basis der „Pyramide" der Qualitätsanforderungen angelangt (die Forderungen des jeweils dazwischengeschalteten Handels wurden der Übersichtlichkeit halber nicht erwähnt).

Das Beispiel läßt sich analog auch auf andere Nahrungspflanzen übertragen und sinngemäß auf pflanzliche Rohstoffe (z. B. Baumwolle, Industriekartoffel, Holz usw.) für die industrielle oder gewerbliche Verarbeitung anwenden. So können die Qualitätsansprüche an dieselbe Pflanzenart, je nach dem Verwendungszweck, sehr verschieden sein; als Beispiel sei die Industriekartoffel angeführt, von welcher, im Gegensatz zur Speisekartoffel, extreme Eiweißarmut verlangt werden muß. Das Qualitätsziel bestimmt in einem solchen Fall in erster Linie über Sorte und weitere Behandlung der Pflanzen. Je mehr Verarbeitungsbetriebe zwischen Produzenten und Verbraucher eingeschaltet sind, um so mehr Ansprüchen muß der Rohstoff im allgemeinen genügen!

Zum Abschluß dieses Kapitels sollen noch einige Bemerkungen zum Thema „Qualitätsbeeinflussungen" gemacht werden. Die Bildung der Stoffe und Stoffgruppen in den Pflanzen ist, wie im vorhergehenden Abschnitt ausgeführt wurde, eine Funktion der Zeit. Es ist bekannt, daß bei der Stoffbildung in einem bestimmten Zeitraum während der Vegetationsperiode (in der „physiologischen Zeit") jeweils bestimmte Stoffgruppen bevorzugt sind. Diese zeitliche Änderung der Zusammensetzung und damit der Qualität der Kulturpflanzen macht deutlich, welche große Bedeutung der Erntezeitpunkt für die Erreichung des Qualitätszieles besitzt. Auch alle Folgemaßnahmen, die mit dem Ernteprodukt geschehen, haben letztlich Einfluß auf die Qualität des Endproduktes. Dadurch ist man auch in der Lage, noch korrigierend in erwünschter Richtung einzugreifen. Es gehören dazu beispielsweise sachgemäße und zeitlich abgestimmte Lagerung von Ernteprodukten und die technologische Zubereitung in den Verarbeitungsbetrieben und beim Verbraucher.

Die entscheidenden Möglichkeiten aber, im Sinne der Erreichung des Qualitätszieles einzugreifen, besitzt der Produzent pflanzlicher Produkte, sei es bei Kulturpflanzen durch entsprechende Maßnahmen vor oder bei wildwachsenden Pflanzen durch entsprechende Auswahl bei der Ernte.

Bei den Kulturpflanzen steht zu Beginn die Züchtung geeigneter Sorten und die Verwendung von solchen durch den Landwirt, denn es müssen a priori die genetischen Voraussetzungen (als innere Faktoren) in den Pflanzen vorhanden sein. Im Rahmen dieser Voraussetzungen ist es dann möglich, geeignete Maßnahmen zu setzen, die zur geforderten Qualität führen. Zu diesen Maßnahmen zählen neben der Auswahl des Standortes für die Pflanzenproduktion im Hinblick auf die wenig oder gar nicht beeinflußbaren Wachstumsfaktoren (z. B. Klima) vor allem pflanzenbauliche Maßnahmen. Unter diesen nehmen die Düngungsmaßnahmen den wichtigsten Platz ein. Durch geeignete Ernährung der Pflanzen, entsprechend den Stadien der Stoffbildung, ist man in der Lage, bei vielen pflanzlichen Produkten die gewünschten Eigenschaften zu erzielen. Darüber wird im III. Band des vorliegenden Handbuches noch ausführlicher berichtet. Auch der Pflanzenschutz dient letztlich nicht nur der Erhaltung der Ernten und damit einer relativen Ertragssteigerung, sondern zu einem bedeutenden Teil der Erzielung von geforderter Pflanzenqualität.

Es darf aber nicht übersehen werden, daß falsch gesetzte Maßnahmen bei der Pflanzenproduktion auch einen negativen Einfluß auf die Qualität der pflanzlichen Produkte haben können. Gerade auf dem Qualitätsgebiet sind noch viele Fragen offen und wesentliche Probleme harren der Bearbeitung. Nicht immer sind die Qualitätsziele heute schon mit ausreichender Sicherheit bekannt, noch kennen wir hinlänglich die Wege, welche zu einer geforderten „Qualität" führen.

Meist sind es die Zeiten des Wohlstandes, in denen die höchsten Qualitätsansprüche gestellt werden. Dies ist auf dem Ernährungssektor oft paradox, denn der Mensch im Wohlstand hat verschiedenste und ausreichende Quellen, um seinen Minimalbedarf zu decken; diese Möglichkeit besitzt er in Mangelzeiten nicht. Damit besitzt gerade in Mangelzeiten sachlich gesehen, die Qualität der (pflanzlichen) Nahrungsmittel überragende Bedeutung. Dies trifft auch derzeit auf die Entwicklungsgebiete der Erde zu.

Es wurde in diesem Kapitel versucht, die Problematik der Qualität pflanzlicher Produkte zu diskutieren. Im gegebenen Rahmen konnte weder Vollständigkeit noch ein tieferer Einblick erreicht werden. Es erschien jedoch zweckmäßig, rückschauend auf die vorstehenden Abschnitte über die Zusammensetzung der Kulturpflanzen, das gewonnene objektive Bild nach praktischen Gesichtspunkten einer subjektiven Abrundung sinnvoll zuzuführen.

Literatur

BAYZER, H.: Eiweißqualität und Ernährung. Universum **20**, 277–279 (1965). — BAYZER, H., und H. H. MAYR: Einfluß von Chlorcholinchlorid (CCC) auf die Aminosäurezusammensetzung der Weizenkornproteine. Z. Lebensmittel-Untersuchung und Forschung **122**, 340–345 (1965). — BRUNE, H.: Die Bedeutung der biologischen Eiweißbewertung für die Ernährung der Schweine. Erg. landw. Forschung an der Justus-Liebig-Universität Gießen, 29–47 (1963). — BURGHARDT, H.: Zur Frage der Eiweißqualität. Ernährungs-Umschau, H. 4, 3–7 (1960).

HORWITZ, W.: Official methods of analysis of the Association of Official Agricultural Chemists, 9. Aufl. Washington: Association of Official Agricultural Chemists. 1960.

JANICKI, J., und U. KOWALCZYK: Der biologische Wert des Roggeneiweißes im Vergleich mit dem Weizeneiweiß. Vitalstoffe, Zivilisationskrankheiten **10**, 14–21 (1965).

KLEBER, W.: Die Untersuchung und Beurteilung von Braugerste, in HERRMANN, R.: Methodenbuch, Bd. 15. Radebeul-Berlin: Neumann. 1953.

LINSER, H.: Probleme der Qualitätsbeeinflussung durch Düngemaßnahmen. Mühlen-Markt **60**, 91–95 (1959). — Was ist richtige Ernährung? Medizin heute **6**, 261–268 (1957). — LÜDECKE, H., und E. HEUER: Die Untersuchung von Wurzel- und Knollengewächsen, in HERRMANN, R.: Methodenbuch, Bd. 15. Radebeul-Berlin: Neumann. 1953.

MAYR, H.: Probleme der Weizenqualität in biochemischer Sicht. Bericht über die Arbeitstagung 1961 der Arbeitsgemeinschaft der Saatzuchtleiter in Gumpenstein. Gumpenstein: Bundesversuchsanstalt für alpenländische Landwirtschaft. 1961.

OSER, B. L.: Method for integrating essential amino acid content in the nutritional evaluation of protein. J. Amer. Diet. Ass. **27**, 396–402 (1951).

PEACH, K., und M. V. TRACEY: Moderne Methoden der Pflanzenanalyse, 6 Bde. Berlin-Göttingen-Heidelberg: Springer. 1955ff. — PELSHENKE, P., G. HAMPEL und W. SCHÄFER: Die Untersuchung von Getreide und Mehl, in HERRMANN, R.: Methodenbuch, Bd. 15. Radebeul-Berlin: Neumann. 1953.

RINNO, G.: Der ernährungsphysiologische Wert von Gemüse. Züchter **35**, 254–259 (1965).

SCHMITT, L., M. OTT und W. SCHUPHAN: Methoden zur chemischen und biologischen Qualitätsbestimmung von gärtnerischen und landwirtschaftlichen Erzeugnissen, in HERRMANN, R.: Methodenbuch, Bd. 4. 2. Aufl. Radebeul-Berlin: Neumann. 1953. — SCHUPHAN, W.: Zur Qualität der Nahrungspflanzen. München-Bonn-Wien: BLV Verlagsges. 1961. — Subjektive und objektive Qualitätsmerkmale als Grundlage für eine Abgrenzung und Definition des Begriffes „Qualität bei Nahrungspflanzen". Landwirtsch. Forsch. 8. Sonderheft, 8–19 (1956). — SWANSON, E. C.: Cereal laboratory methods. 6. Aufl. St. Paul/Minn.: American Association of Cereal Chemists, Inc. 1957.

II. Pflanzennährstoffe

A. Begriffe

Von

H. Kick

1. Bezeichnungsweisen für Nährstoffe bei pflanzlichen Organismen

In der älteren Literatur sowie bis in die neueste Zeit hinein findet man für den Begriff des Pflanzennährstoffs kaum einen klaren, konsequent benutzten Ausdruck, sondern eine Reihe von Ausdrucksweisen und Formulierungen, die zwar alle das gleiche meinen, aber ihrer Wortbedeutung nach nicht immer richtig wiedergeben. Gebräuchlich sind Ausdrücke wie Nährstoff, Nahrung, mineralische Nahrungsmittel, Nährelemente, Nahrungsstoff, Nahrungsmittel des Pflanzenreiches. Sie werden oft für die verschiedenen Stoffe ohne nähere Abgrenzung gesetzt.

J. v. Liebig (1862) definiert: Die Nahrungsmittel aller grünen Gewächse sind unorganische oder Mineralsubstanzen. Die Pflanzen leben von Kohlensäure, Ammoniak, Salpetersäure, Wasser, Phosphorsäure, Schwefelsäure, Kieselsäure, Kalk, Bittererde, Kali (Natron), Eisen, und manche bedürfen Kochsalz. Bei Stohmann (1889) heißt es: Die Aschenbestandteile sind nicht zufällige, sie sind wesentliche Nährstoffe der Pflanzen. Zur Unterscheidung von den atmosphärischen nennt man sie auch die mineralischen Nährstoffe. Sie entstammen dem Boden und werden aus den bodenbildenden Zersetzungsprodukten der Mineralien entnommen.

Schibler (1864) unterscheidet

a) Elemente, die in den Pflanzenkörper eingehen,

b) die Form oder die Verbindungen, in welcher die einzelnen Elemente in die Pflanze eintreten.

R. Meyer (1930) erwähnt, daß Nährstoffe nur in bestimmten Verbindungen in die Pflanze aufgenommen werden. Lundegårdh (1960) spricht von Nährsalzen und Neutralsalzen, in denen Nährstoffe, Nährkationen, Nähranionen vorhanden sind. Bei ihm findet man auch den Hinweis auf den Begriff Nahrungsfaktor und hormonalen Faktor. Im Sprachgebrauch, besonders in der agrikulturchemisch-landwirtschaftlichen Literatur, werden fast immer der Stickstoff, die Phosphorsäure, das Kali, der Kalk, die Magnesia, der Schwefel als Pflanzennährstoffe bezeichnet. Auch die Elementbezeichnungen Phosphor, Kalium, Calcium, Magnesium, Schwefel, Eisen usw. werden häufig als Nährstoffe definiert. Obwohl diese Elemente für den pflanzlichen Organismus als notwendig erkannt sind, sind diese Grundstoffe keineswegs in ihrer chemischen Elementarform Nährstoffe im eigentlichen Sinne des Wortes, denn abgesehen vom molekularen Stickstoff, der durch Vermittlung von Mikroorganismen (Knöllchenbakterien, freilebende Stickstoffbinder) auch den höheren Pflanzen zugänglich ist, werden sie keineswegs stofflich im Sinne der in der Chemie festgelegten Definition eines Elementes von den Pflanzen aufgenommen, sondern entweder als Ion oder in einer anderen geeigneten, dem pflanzlichen Organismus zuträglichen, meist einfachen chemischen Verbindung. Der Begriff Nährstoff wird eigentlich erst dann im richtigen Sinne gebraucht, wenn man damit eine ganz bestimmte chemische Verbindung oder Zustandsform des Elementes meint. Man sollte daher nicht einfach den Begriff des chemischen Elementes mit dem Begriff Nährstoff gleichsetzen.

2. Chemische Grundstoffe als Bestandteile der Pflanzen. Einteilungsprinzip. Stellung im Periodischen System. Unentbehrlichkeit und Entbehrlichkeit für den pflanzlichen Organismus

Die einzelnen Elemente, aus denen sich die Pflanzenmasse zusammensetzt, kann man im Hinblick auf den Ablauf des physiologischen Geschehens in unentbehrliche und entbehrliche einteilen, wobei noch keineswegs alle in der Pflanze gefundenen Elemente, besonders, wenn sie in geringen Mengen vorkommen, eindeutig zugeordnet werden können. Ganz sicher unentbehrlich oder auch als „essentielle“ gelten nach dem heutigen Stand der Kenntnisse: C, O, H, N, P, S,

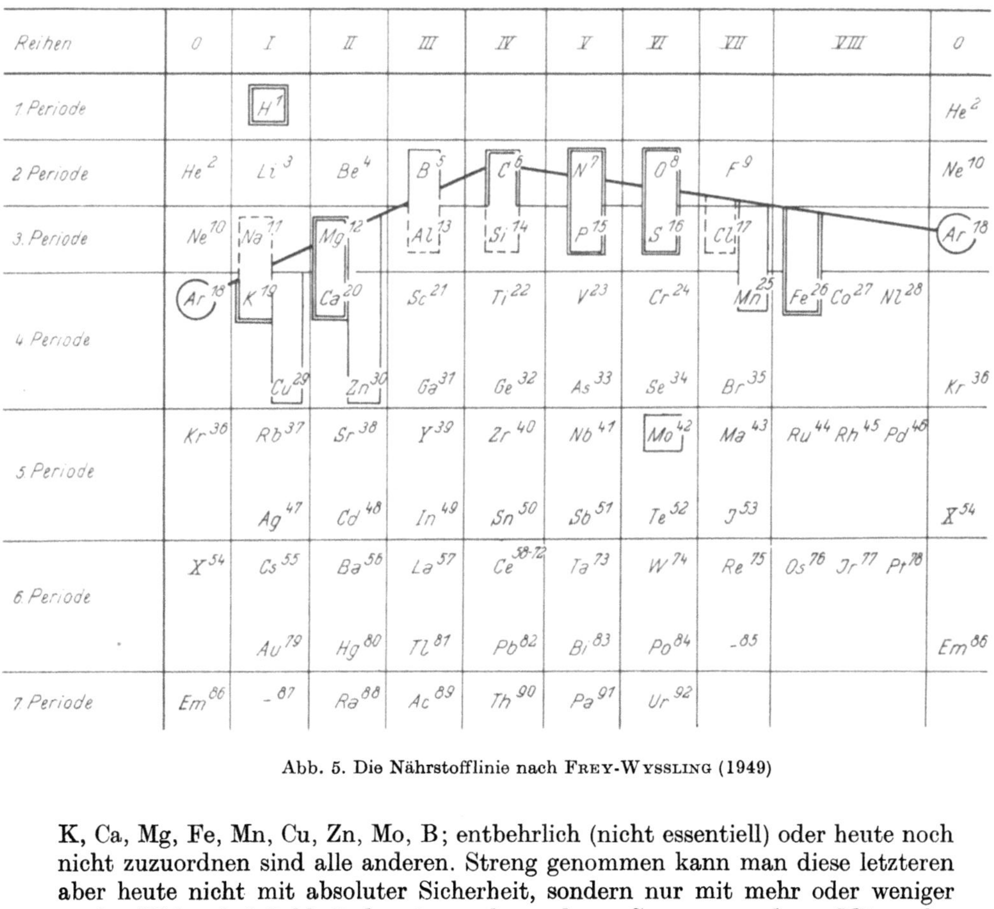

Abb. 5. Die Nährstofflinie nach FREY-WYSSLING (1949)

K, Ca, Mg, Fe, Mn, Cu, Zn, Mo, B; entbehrlich (nicht essentiell) oder heute noch nicht zuzuordnen sind alle anderen. Streng genommen kann man diese letzteren aber heute nicht mit absoluter Sicherheit, sondern nur mit mehr oder weniger großer Wahrscheinlichkeit der einen oder anderen Gruppe zuordnen. Mit großer

Wahrscheinlichkeit sind entbehrlich der größte Teil der in der 5., 6. und 7. Periode des Periodischen Systems aufgezählten Elemente, mit Ausnahme des Molybdäns, dessen Notwendigkeit feststeht, während die eindeutig nötigen Elemente der 1. bis 5. Periode zugehören. Als sicher entbehrlich gelten auch die Edelgase. Für entbehrlich gelten zur Zeit auch die Elemente Pb, Hg, ferner die Lanthaniden. Diskutiert wird zur Zeit diese Frage bei Al, Ga, Si, Se, Cl, Co, V und Th (Albert 1956, Geilmann und Mitarbeiter 1960). Nach Kawraisski (1957) haben die wichtigsten Nährstoffelemente das geringste Atomgewicht je Ladungseinheit, z. B. H, O, N, C; weitere notwendige Elemente, z. B. Ca, S, K, P, haben ein etwas

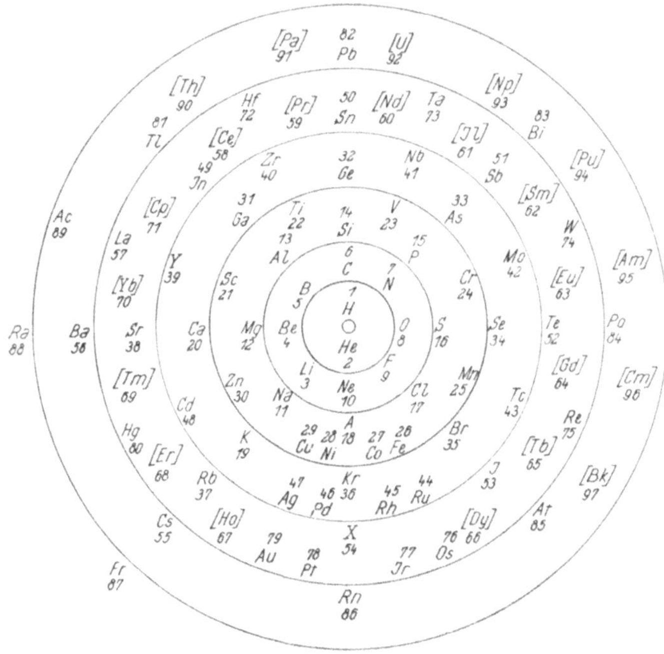

Abb. 6. Das Cyklisch-periodische System der Elemente in 7 Kreisen, entsprechend den Elektronenschalen der Atome (vereinfacht nach Böning 1951)

höheres. Wiederholt ist versucht worden, bei der Einordnung der lebenswichtigen Elemente in das Periodische System (Thatcher 1934, Böning 1951) Zusammenhänge zu finden, die mit den Eigenschaften und dem Aufbau der einzelnen Elemente zusammenhängen. Sestini (1885) erwähnt schon, daß die Elemente, die man in der Pflanzenasche in größeren Mengen finde, alle ein Atomgewicht unter 56 hätten. Man findet aber auch Elemente, die höhere Atomgewichte als 56 haben, wie Cu, Zn, Mo, und die nötig bzw. unentbehrlich sind. Frey-Wyssling (1949) stellte fest, daß die wesentlichen, für die Pflanzen notwendigen Elemente im Periodischen System einer Linie entlang angeordnet sind, die vom Kohlenstoff zum Edelgas Argon führt (Abb. 5), oder beim Langperiodischen System vom Kalium zum Kohlenstoff und von dort zum Argon. Für einige Elemente, wie Na, Al, Si, Cl, die er als „Ballastelemente" bezeichnet, sowie für das F, Be wie auch für Co und vor allem für Ni finden sich neuerdings gewisse Hinweise auf ihre Notwendigkeit (Albert 1956, Ozanne und Mitarbeiter 1957, Timaschow 1958).

Je weiter die Elemente von dieser Linie entfernt sind, um so weniger ist nach Frey-Wyssling damit zu rechnen, daß ihre physiologische Bedeutung für die

Pflanze aufgeklärt wird. Das Mo scheint hiervon ausgenommen zu sein, denn Ti, Cr, Ni liegen näher an dieser Linie als Mo.

Böning (1951) gibt eine etwas andere Darstellung dieser Zusammenhänge. Dabei stützt er sich auf das seiner Ansicht nach anschaulichere System der ring- oder schalenförmigen Darstellungsweise des Periodischen Systems, das von Schultze (1944) und anderen vorgeschlagen wurde und von der Vorstellung der um den Atomkern angeordneten Elektronenschalen und deren Energieniveau ausgeht (Abb. 6). Dadurch sollte der Zusammenhang zwischen Feinbau der Atome und der physiologischen Bedeutung der Atome besser herausgearbeitet werden, weil bei dieser Darstellungsweise gegenseitige Wirkungen nach allen Richtungen hin besser abzugrenzen seien.

Nach Böning (1951) kann man drei Gruppen von sogenannten Bioelementen unterscheiden (Abb. 7):

1. Substantielle Elemente, nämlich: H, C, N, O, P, S.
2. Hydroregulatorische: K, Na, Ca, Mg, B, Cl, wobei für K, Na keine organische Bindung bekannt ist, und
3. Katalytische: Mn, Fe, Mo, Zn, Cu, wobei besonders der Wertigkeitswechsel eine Rolle spielt, und die als Ionen wie aber auch in Fermente eingebaut vorkommen.

Abb. 7. Die „Bioelemente" im Cyklisch-periodischen System mit Kohlenstoff als Mittelpunkt eines biologischen Systems der Elemente (nach Böning 1951)

○ Substantielle Elemente
△ Hydroregulatorische Elemente
□ Katalytische Elemente
Na, J für bestimmte Organismengruppen lebensnotwendige Elemente

Allerdings ist noch keineswegs ausgemacht, daß die in die „hydroregulatorische" Gruppe eingereihten Elemente nicht außerdem wichtige katalytische Funktionen ausüben, was für das Mg und B auch mit Bestimmtheit zutrifft.

Stellt man nun auch bei diesem System den Kohlenstoff als das der Menge nach am meisten vorkommende Element in den Mittelpunkt, so läßt sich in den einzelnen Bereichen des Systems eine bestimmte Häufung der Elemente der drei erwähnten Gruppen feststellen.

Böning (1951) weist bei der Betrachtung der drei wichtigen Hauptnährstoffelemente N, P, K auch auf einen polaren Gegensatz dieser drei Elemente im Stoffwechselgeschehen hin. N-Mangel entspricht einem Überschuß an K und P, während N-Überschuß einem K- und P-Mangel entspricht. Alle anderen Bioelemente spielen diesen drei gegenüber eine geringere Rolle.

Bisher sind speziellere Beziehungen der „Bioelemente" und ihrer biochemischen Funktionen zu atomphysikalischen Daten kaum gefunden worden, wie z. B. Eigenschaften des Atomkerns und Aufbau der Nucleonen (Kernmaterie), Zahl der stabilen Isotope sowie Aufbau der Elektronenschalen bzw. Elektronenzahl in den einzelnen Elektronenschalen. Die Klärung solcher Zusammenhänge muß noch weiterer Forschung vorbehalten werden. Jedenfalls liegen auch den biologischen Vorgängen physikalisch-chemische Gesetzmäßigkeiten zugrunde. Es handelt sich allerdings bei den biologisch wichtigen Elementen um Elemente (insbesondere Elemente der Aufbaustoffe der Pflanzen, wie z. B. der Kohlenstoff), die unter geeigneten äußeren Bedingungen sehr reaktionsfähig sind, leicht sich zu Verbindungen (Molekülen) gruppieren, die ihrerseits sich durch hohe Bereitschaft zur Kondensation, Polymerisation, Substitution auszeichnen. Ferner sind diese Elemente meist verhältnismäßig leicht reduzier- und oxidierbar. Man neigt heute zur Annahme, daß das Leben auf der Erde, insbesondere durch Reaktionen des Kohlenstoffes, Wasserstoffes, Sauerstoffes und Stickstoffes seinen Ausgang genommen habe.

Es hätten sich unter bestimmten physikalischen Bedingungen Aminosäuren gebildet, und allmählich seien durch Dazutreten von S und P Proteine und auch die Nucleinsäuren entstanden. Wenigstens sind physikalisch-chemische Bedingungen, z. B. auch Mitwirkung energiereicher Strahlen für die Entstehung solcher Stoffe denkbar, ohne jedoch damit schon eine Erklärung für die Organisation der belebten Materie mit ihrer Fähigkeit zur Fortpflanzung zu bieten. Man wird sich aber fragen müssen, ob die Funktion der Elemente in der Biologie überhaupt allein auf den Vorstellungen vom Bau der Atome gegründet werden kann, oder ob mehr im Sinne einer Quantenchemie (Preuss 1960) die theoretisch schwierigere Behandlung der Atomassoziationen bei den Bindungsvorgängen nicht eher zu tieferen Einsichten führt.

Neben Entbehrlichkeit und Unentbehrlichkeit von Elementen für den pflanzlichen Organismus findet man oft den Begriff der „Toxizität" auf sie angewandt. Diese scheint jedoch mehr von der Konzentration des betreffenden Elementes bzw. seiner Verbindungen als von seinem absoluten Vorkommen selbst abzuhängen, wobei allerdings schon ganz geringe Mengen eines Ions durch spezifische Blockierung eines Fermentsystems stark toxisch wirken können, z. B. Hg.

Nach Homes (1953) wäre jedes Kation völlig für sich betrachtet und ohne Gegenwart anderer Ionen giftig. Es gibt also relative Konzentrationen eines jeden Ions und ein Ionengleichgewicht, das im äußeren Milieu der Pflanzen optimal eingestellt auch eine optimale Entwicklung der Pflanze gestattet. Man hat hier auch die Vorstellung von der Harmonie der Nährstoffe entwickelt, die von Hellriegel zuerst gebraucht worden sein soll (Scholz 1935).

Da einem Element oft auch mehrere Funktionen im pflanzlichen Organismus zugeordnet sind, ist nicht nur die Gegenwart des Elementes selbst und seine Konzentration, sondern auch das Mengeverhältnis (Mol- bzw. Äquivalentverhältnis) der einzelnen Elemente entscheidend. Daraus lassen sich dann Begriffe, wie Vertretbarkeit der Elemente, z. B. des Natriums für das Kalium, des Cl und NO_3-Anions in gewissen Teilfunktionen oder die günstige Wirkung eines Elementes ableiten, das aber deswegen keineswegs unentbehrlich sein muß. Man spricht daher auch von nützlichen (beneficial) Elementen. Für die in Pflanzen bestimmbaren Elemente werden neben den Nährstoffelementen von manchen Autoren auch Begriffe wie Füllstoffe, mehr oder weniger indifferente Elemente, Stimulantia Giftstoffe unterschieden, die jedoch bei der Mannigfaltigkeit der Kombinationen oft nur relativ zu gebrauchen und nicht immer klar abzugrenzen sind. Schließlich muß die Forschung auf die klare Entscheidung abzielen, ob ein Element entbehrlich oder unentbehrlich ist. Selbstverständlich können chemische Verbindungen der verschiedensten Art je nach ihrem physiologischen Effekt auch als Gifte, Stimulantia oder Reizstoffe, Füllstoffe bezeichnet werden, aber nicht ein Element. Diese Zusammenhänge mögen hier zunächst jedoch nur angedeutet werden.

3. Definition des Begriffes Nährstoff, Nährstoffelement (Nährelement)

Der Begriff „Nährstoff" schließt sowohl für den pflanzlichen wie auch tierischen Organismus ein, daß es sich um einen unentbehrlichen Stoff handelt. Daher wird man am besten unentbehrliche Elemente als Nährstoffelemente oder auch als „Nährelemente" bezeichnen (englisch nutrient element, französisch élément nutritif, spanisch elementos nutritivos). Die Nährstoffelemente, also die chemischen Grundstoffe, sind für den tierischen und pflanzlichen Organismus die gleichen, lediglich die chemische Bindung, in der sie dargeboten werden, ist verschieden. Beim Tier gelten als Nährstoffe z. B. die Kohlenhydrate, Fette, Eiweißstoffe, also kompliziertere Gebilde, bei der Pflanze sind dies vornehmlich einfache, anorganische Verbindungen, besonders auch Salze, die man in der Tierernährung als Mineralstoffe bezeichnet und nicht ausdrücklich als Nährstoffe definiert, obwohl sie es ihrem Wesen und ihrer Funktion nach in der gleichen Weise sind, sobald man ihre Unentbehrlichkeit als entscheidendes Kriterium ansieht. Ganz ähnlich trifft dies für Vitamine zu, die für das Tier unentbehrlich sind und daher den Spurennährstoffen der Pflanzen analog wären.

Weder in der deutschen noch in der ausländischen Literatur wird die Terminologie für Pflanzennährstoffe einheitlich gehandhabt. Als Nährstoff jedoch wäre jedenfalls am eindeutigsten die Form zu definieren, in der das betreffende Nährstoffelement in die Pflanze aufgenommen und von der Pflanze assimiliert wird, nämlich: ein Neutralmolekel oder ein Ion eines unentbehrlichen Elementes (Ionenmolekel, z. B. NH_4, NO_3, SO_4 usw. Nach STRASSBURGER und Mitarbeitern (1936) kann man die chemischen Grundstoffe, die für die Pflanze als notwendig erkannt sind, schlechthin nicht als Nährstoffe bezeichnen, da sie, von wenigen Ausnahmen abgesehen, von den Pflanzen in elementarer Form gar nicht aufgenommen werden können.

Der Begriff Nährstoff setzt voraus, daß diese aufnehmbare Form dem Organismus förderlich und zuträglich ist, wenigstens in einem bestimmten physiologisch bedeutsamen Konzentrationsbereich.

ALLEN und ARNON (1955) bezeichnen ein Element als lebensnotwendig, wenn folgende vier Kriterien erfüllt sind:

1. Normales Wachstum ist ohne das Element unmöglich
2. Mangelsymptome verschwinden bei Zugabe des Elementes
3. Einfluß auf den Metabolismus muß erkennbar sein
4. Das Element darf nicht durch ein anderes ersetzbar sein.

Um zu erkennen, ob ein Element entbehrlich oder unentbehrlich ist, bedient man sich vornehmlich der Wasser- und Sandkultur, wobei man heute durch moderne Verfahren zur Wasser- und Chemikalienreinigung auch für die sogenannten Spurenelemente sehr hohe Reinheitsgrade erzielt und daher weit sichere Schlüsse zu ziehen vermag als noch vor wenigen Jahrzehnten. Bei der klassischen Sandkultur wird mehr und mehr der Quarzsand durch geeignete Kunststoffgranulate entsprechender Korngröße ersetzt. Solche Kunststoffe, wie Polyäthylen, Polyvinylchlorid, sind sehr rein zu erhalten, außerdem werden sie nur sehr schwer chemisch bzw. biologisch angegriffen, während der Quarzsand auf umständliche Weise, z. B. durch Glühen oder mit starken Säuren, erst gereinigt werden muß, ohne daß man den gewünschten Reinheitsgrad auch sicher erreicht. Dies gilt auch für die Vegetationsgefäße in analoger Weise (KICK und GROSSE-BRAUCKMANN 1961).

Die analytische Chemie hat Verfahren entwickelt (Spektralphotometrie, Emissionsspektrographie, Aktivierungsanalyse, Kernresonanz), mit denen heute äußerst geringe Mengen eines Elementes genauer quantitativ bestimmt werden können (vgl. PINTA 1962), während dies noch vor wenigen Jahrzehnten auf die größten Schwierigkeiten stieß. Nicht zuletzt haben gerade diese höchst empfindlichen Bestimmungsmethoden entscheidende Erkenntnisse von der physiologischen Bedeutung mancher Spurenelemente gebracht.

Welche chemische Verbindung man im einzelnen als Nährstoff bezeichnen soll, hängt davon ab, ob wir es mit autotrophen oder heterotrophen pflanzlichen Organismen zu tun haben. Bei der höheren Pflanze, die hinsichtlich des Aufbaues ihrer organischen Körpermasse als autotroph gilt, wären dann unter Nährstoffen zu verstehen: assimilierbare Ionen oder einfache Verbindungen (Moleküle), die ein oder mehrere Nährstoffelemente enthalten. Dies schließt jedoch nicht aus, daß auch kompliziertere Verbindungen, wie z. B. Aminosäuren, Amide, Nucleinsäuren, Harnsäure, Harnstoff, lösliche Kohlenhydrate fakultativ als Nährstoffe auftreten können, insofern sie in einer für den Bedarf der Pflanze bedeutsamen Menge in die Pflanze eintreten und assimiliert werden, d. h. ohne Störung physiologischer Abläufe schließlich in eine dem Organismus gemäße Verbindung glatt übergeführt werden; z. B. vermögen die sogenannten fleischfressenden Pflanzen Harnstoff, Asparagin und andere organische Stoffe aufzunehmen (Lundegårdh 1960). Diese Definition des Nährstoffbegriffes für pflanzliche Organismen wäre auch dem Nährstoffbegriff in der tierischen und menschlichen Ernährung besser angepaßt. So wäre z. B. das NO_3- und das NH_4-Ion als Pflanzennährstoff zu bezeichnen, das CN-Ion jedoch nicht, obwohl es das Nährstoffelement N enthält. Desgleichen wären auch Pflanzennährstoffe der Harnstoff sowie N_2, denn alle diese Verbindungen des Elementes Stickstoff werden von einem pflanzlichen Organismus (im weiteren Sinne auch von niederen Pflanzen, Bakterien, Pilzen) aufgenommen und leicht assimiliert. Ganz entsprechend gälte dies für das Phosphatanion, das Sulfatanion oder schwefel- bzw. phosphathaltige einfache andere Verbindungen, sofern sie nicht unmittelbar toxisch sind. Für die Metalle gilt die Ionenform als Nährstoff, für die unentbehrlichen Nichtmetalle meistens ein Ionenmolekül, nämlich als Anion auftretendes Oxid (H_2O. SO_4, NO_3, H_2PO_4, HPO_4, BO_3, MoO_4, das Kation NH_4).

Bei manchen Nährstoffelementen, vor allem den Metallen, ist neben der Ionenform (Kation oder Anion) auch noch die Oxydationsstufe oder Wertigkeit des Ions von Bedeutung. Z. B. werden 2- und 3wertige Fe-Ionen ohne weiteres als Nährstoffe aufgenommen, während für Mangan das zweiwertige Ion in der Hauptsache als Nährstoff in Frage kommt, höherwertige Ionen dagegen schwerer aufgenommen werden.

4. Die Begriffe Düngestoff, Düngemittel, Ballast- und Begleitstoffe

Vom Begriff des Nährstoffelementes und des Nährstoffes muß man unterscheiden den mehr praktischen Begriff des Düngestoffs. Ein Düngestoff enthält auf jeden Fall ein oder mehrere Nährstoffelemente oder auch Nährstoffe, und zwar als geeignete Verbindungen dieses Elementes. Der Düngestoff braucht aber nicht einen schon fertigen Nährstoff enthalten oder darstellen. Er muß jedoch so beschaffen sein, daß das im Düngestoff vorliegende Nährstoffelement, sei es durch chemische Umsetzung im Boden, meist unter Mitwirkung von Mikroorganismen, sei es auf andere Weise, in eine geeignete Verbindung bzw. in einen Nährstoff übergeführt wird. Ein Düngestoff soll aber im Endeffekt stets günstig auf das Pflanzenwachstum wirken. Viele gebräuchliche Düngestoffe sind mit Nährstoffen identisch, wie z. B. die Nitrate, Phosphate und Sulfate des Calciums, Ammoniums, Kaliums, Magnesiums usw.

Düngemittel oder Dünger, zum Unterschied von Düngestoffen, sind Produkte, die entweder aus Düngestoffen allein bestehen oder daneben auch noch andere Stoffe als Begleit- oder sogenannte Ballaststoffe enthalten können, ohne daß diese mit der Pflanzenernährung in einem näheren Zusammenhang stünden.

Mit dieser Definition eines Düngemittels ist die im deutschen Gesetz über den Verkehr mit Düngemitteln (Bundesgesetzblatt Teil I, Nr. 35 vom 24. August 1962, S. 558) niedergelegte Definition nicht ganz identisch, weil das Gesetz auch Bodenimpfmittel und Bodenwirkstoffe einschließt, andere Stoffe, wie Stallmist, Wasser, Kompost, Abwässer, Klärschlamm, aus praktischen Gründen jedoch ausklammert, obwohl sie von der Ernährung der Pflanze her gesehen auch als Düngemittel oder Dünger gelten können.

Der Begriff „Ballaststoff" oder besser „Begleitstoff" besonders im Zusammenhang mit Düngemitteln bezieht sich eigentlich mehr auf die praktische Düngung. Beabsichtigt man, einen bestimmten Nährstoff im Düngemittel zuzuführen, so sind die sonst noch im Düngemittel vorhandenen Stoffe nicht in jedem Fall als erwünscht, nützlich oder sogar als nötig anzusehen, z. B. das Chloridanion. Bei zahlreichen Düngemitteln enthalten jedoch die Begleitstoffe entweder Nährstoffelemente bzw. sind Nährstoffe und bestimmen ganz wesentlich die Wahl des Düngemittels, weil die Auswahl sich auf den für das Düngemittel in Rechnung gestellten Nährstoff stützt und die anderen Begleitstoffe als nützliche, kostenlose Beigabe angesehen werden können.

Solange jedoch noch nicht feststeht, welche Elemente außer den bisherig als unentbehrlich angesehenen im Stoffwechsel der Pflanzen noch unentbehrlich sind, ist es schwierig, Ballaststoffe für den Stoffwechsel der Pflanze, also völlig überflüssige Stoffe im eigentlichen Sinne, abzugrenzen. Zum Beispiel von den Lanthaniden sind die meisten als Ballaststoffe anzusehen, auch die Actiniden, wobei allerdings noch die Emission von Strahlung dazukommt, deren Einfluß auf physiologische Abläufe durchaus beträchtlich sein kann.

5. Nährstoffbegriff in Beziehung zu Autotrophie und Heterotrophie Mineralstoffernährung

Notwendigerweise muß jeder Organismus sich seine Aufbau- und seine Betriebsstoffe aus der ihn umgebenden Umwelt beschaffen. Dazu benötigt er eine Energiequelle und Baustoffe oder Rohstoffe, eben die sogenannten Nährstoffe, mit deren Mitwirkung oder aus denen er mit Hilfe von Energie über das Energietransformationssystem des Organismus die nötigen Stoffe bildet.

Die Organismen haben einen recht verschiedenen Nährstoffbedarf. Man kann in bezug auf die Kohlenstoff- und Stickstoffbindung oder Assimilation bei der Ernährung zwei wichtige Grundprinzipien unterscheiden, nämlich die Autotrophie und Heterotrophie.

A. Autotrophie

Energie als Lichtenergie (z. B. Sonnenlicht, bei Bakterien wird Energie auch aus der Oxydation einfacher organischer Verbindungen gewonnen). Die Energie ermöglicht im Photosyntheseapparat die Bildung von Kohlenhydraten aus CO_2 und H_2O (Photosynthese bzw. Chemosynthese). Aus den Photosyntheseprodukten und NH_4- oder NO_3-Ionen werden die Eiweißstoffe gebildet.

Alle Bau- und Betriebsstoffe werden gebildet aus den Photosyntheseprodukten unter Mitwirkung und durch die Assimilation, d. h. den Einbau einfacher anorganischer Verbindungen und Ionen, insbesondere der Elemente Stickstoff, Phosphor, Schwefel sowie des Magnesiums, Kaliums, Calciums, Eisens u. a. Je nach der Energiequelle unterscheidet man photoautotrophe und chemoautotrophe Organismen.

B. Heterotrophie

Energie zum Aufbau der körpereigenen Stoffe stammt aus Umsetzungen von energieliefernden Stoffen, z. B. Oxydation höher organisierter und anderweitig schon synthetisierter Stoffe (Kohlenhydrate, Fette, Eiweißstoffe). Die Aufbaustoffe werden ebenfalls aus diesen bereits anderweitig synthetisierten Stoffen unter Mitwirkung von Mineralstoffen und zugeführten Vitaminen gebildet.

Besonders im Bereich der Mikroorganismen gibt es zahlreiche Übergänge zwischen Autotrophie und Heterotrophie. Oft findet man beide Ernährungsweisen im gleichen Organismus nebeneinander, wobei die Umweltbedingungen entscheiden, ob hetero- oder autotrophe Ernährung vorliegt. Für die höheren Pflanzen — und dazu gehören fast alle Kulturpflanzen — ist die autotrophe, auf der Photosynthese aufgebaute Ernährung entscheidend. Trotzdem ist bei der höheren Pflanze auch die heterotrophe Ernährung nicht völlig ausgeschlossen. Sie vermag nämlich auch unmittelbar dargebotene Amide, Aminosäuren und Zucker schnell zu assimilieren. Entscheidend ist das Funktionieren des dafür nötigen spezifischen Enzymapparates und die Geschwindigkeit dieser Reaktionen. Ihr Nährstoffbedarf erstreckt sich aber im wesentlichen auf die sogenannten Mineralstoffe, die sich vom Gesichtspunkt des Chemikers und des Mineralogen jeweils etwas verschieden definieren lassen. Man spricht daher bei der Ernährung der höheren Pflanzen auch von der „Mineralsalzernährung", der „mineralischen Ernährung", dem „mineralischen Bedürfnis" der Pflanzen. Die Mineralstoffernährung bezieht sich vor allem auf die Stoffe bzw. die Nährstoffelemente, die sich als sogenannte Aschenbestandteile erfassen lassen. Das Vorhandensein und die Menge der sogenannten Aschenelemente ist jedoch nicht ohne weiteres in Beziehung zu ihrer physiologischen Funktion zu bringen. Dies führte in der Anfangszeit der modernen Pflanzenernährungslehre auch zu manchen falschen Konsequenzen über die Bedeutung der Aschenelemente in einer ausgewogenen Ernährung der Pflanze (Liebig, Sprengel u. a.).

Wenn man unter Mineralstoffe nicht die eigentlichen Mineralien, nämlich homogene (einheitliche) natürliche feste Bestandteile der festen Erdrinde versteht, sondern mehr im Sinne der Chemie die Mineralstoffe als natürlich vorkommende chemische Verbindungen auffaßt, die von wenigen Ausnahmen abgesehen anorganischer Natur sind und sich nach wohldefinierten physikalischen Bedingungen des stofflichen Zustandes gesetzmäßig bilden, so handelt es sich bei der Ernährung der höheren Pflanze tatsächlich um eine Mineralstoffernährung, denn man wird in den Bereich der Mineralstoffe auch CO_2, H_2O und NH_3 einbeziehen dürfen. Da ferner diese Mineralstoffe in der Natur meist als Salze dargeboten werden, kann man hier sehr wohl von einer Mineralsalzernährung sprechen. Die Bezeichnung „Mineraldünger" für die meisten Nährstoffdünger ist daher auch hinsichtlich ihrer Herkunft, ihrer chemischen Beschaffenheit und der Rolle, die sie in der Ernährung der Pflanze spielen, berechtigt.

6. Unterscheidung der im pflanzlichen Organismus vorkommenden Elemente ihrer Menge nach

Der Menge nach, in der sich die einzelnen Elemente in der Pflanze finden, unterscheidet man: Mengen- oder Massenelemente (auch Hauptelemente oder konstituierende Elemente) sowie Spurenelemente. Analog dazu bei Berücksichtigung ihres Nährstoffcharakters Mengen-, Massen- oder Hauptnährstoffe (Maiwald 1930) und Spurennährstoffe. Die Bezeichnungen Makroelemente, Makronährstoffe, Mikroelemente und Mikronährstoffe sind zwar sehr gebräuchlich und von verschiedener Seite vorgeschlagen, aber wenig glücklich gewählt.

Mit dem Begriff „Mikroelement" ist nicht, wie es sprachlich richtiger wäre, die räumliche Ausdehnung des Atoms verknüpft, gemessen etwa am Atomdurchmesser, sondern die geringe Menge, in der es vorzukommen pflegt. Das Attribut „Mikro" bezeichnet doch im wesentlichen die kleine Dimension der räumlichen Ausdehnung, wie z. B. der jedermann geläufige Begriff Mikroorganismus nicht das mengenmäßige Vorkommen solcher Organismen kennzeichnen soll, sondern ihre kleine Dimension, die man nur mit Hilfe des Mikroskops erkennen kann.

Nach ARNON (1950) soll der Begriff „micronutrient" = Mikronährstoff die falsche Auslegung von ‚minor', ‚trace', ‚rare', ‚oligo-elements' vermeiden, weil diese Bezeichnung dazu führen könnte, daß diese Elemente in ihren toxischen Effekten unterschätzt werden.

Von Spurenelementen spricht man dann, wenn es sich überwiegend um Konzentrationen von nur wenigen mg/kg Trockenmasse handelt oder in Lösungen von meist weniger als einem mg/l. Als Haupt- oder Mengenelemente werden dann diejenigen bezeichnet, die überwiegend in Konzentrationen von mehr als 100 mg/kg Trockenmasse vorkommen. In der Literatur ist nirgends genauer festgelegt, bei welchen Konzentrationen der Begriff Spurenelemente angewendet werden soll. Im allgemeinen sind es Konzentrationen, die unter 100 mg/kg (0,1 %) liegen. In der Pflanzenwelt kann man als Spurenelemente alle jene Elemente bezeichnen, deren Gesamtanteil an den Aschenelementen unter 1 % liegt.

Zu den Hauptelementen zählen daher folgende: Kohlenstoff, Wasserstoff, Sauerstoff, ferner Stickstoff, Phosphor, Schwefel, Silicium, Chlor, Kalium, Natrium, Magnesium, Calcium. Alle anderen gelten als Spurenelemente oder treten nur in ganz seltenen Fällen als Hauptelemente auf, meistens aber dann nicht bei Kulturpflanzen, sondern angepaßten Wildpflanzen (Galmeipflanzen) und auf außergewöhnlichen Standorten oder bei schon toxischen Überschüssen des betreffenden Elementes im Gewebe.

In pflanzlichen Organismen werden mehr nach praktischen und vor allem für den Nährstoffkreislauf in der Natur oder im landwirtschaftlichen Betrieb wichtigen Gesichtspunkten die Aschenelemente besonders unterschieden, weil sie im Gegensatz vor allem zu dem C, H, O, N, S bei der Mineralisierung der organischen Masse nicht als Gase entweichen können, sondern sich in der „Asche" bzw. als Rückstand wiederfinden und daher leichter in den Nährstoffkreislauf zurückkehren. Dabei bezieht sich die Bezeichnung Aschenelemente hauptsächlich auf die Veraschung im „Muffelofen" oder unter hohen Temperaturen, weniger auf die biologische Mineralisierung, die jedoch für die Nährstoffkreisläufe in der Natur entscheidend ist.

B. Anorganische Stoffe

Von

H. Kick

a) Hauptnährstoffe

1. Kohlenstoff, Wasserstoff, Sauerstoff

Wenn auch der Kohlenstoff auf der Erdoberfläche und in der Atmosphäre zusammengenommen nur 0,11 bis 0,13 Gew.-% aller Elemente ausmacht, so ist er der Hauptbestandteil der Lebewesen. Er tritt leicht zu Verbindungen mit kettenförmiger oder ringförmiger Anordnung der Kohlenstoffatome zusammen und verbindet sich auch leicht mit anderen Elementen, wie dem Wasserstoff, dem Sauerstoff, dem Stickstoff und dem Schwefel. Daraus erklärt sich seine zentrale

Stellung im Bereich der belebten Natur. Die Pflanzenmasse enthält etwa 40 bis 45% Kohlenstoff. Da die Kohlenstoffassimilation über die Photosynthese ausführlich an anderer Stelle beschrieben wird, erübrigt sich hier eine nähere Darstellung. Lediglich die wichtigsten kohlenstoffhaltigen Verbindungen des pflanzlichen Organismus seien aufgezählt, die bei der Assimilation oder Dissimilation entstehen, nämlich: Kohlenhydrate, Fette, Eiweißstoffe, ferner Stoffe, die mit diesen drei Hauptstoffgruppen nahe verwandt sind, wie zum Beispiel Hemicellulosen, Pektin, Lignin, Nucleinsäuren; schließlich organische Säuren, Enzyme, Vitamine, Hormone, Alkaloide, Gerbstoffe, Farbstoffe, Isoprenabkömmlinge,

Nährstoffelement	Atomgewicht	Massenzahl der natürlichen Isotope	Häufigkeit	Anteil in Gewichtsprozenten an der Erdrinde (einschließlich Ozeane und Atmosphäre)
C	12,10	12	98,9 %	
		13	1,1 %	0,087
H	1,008	1	99,98 %	
		2	0,02 %	0,88
O	16,0000	16	99,76 %	
		17	0,038 %	49,5
		18	0,020 %	

Terpene, ätherische Öle, Steroide. Man berücksichtigt den Kohlenstoff, Wasserstoff und Sauerstoff im allgemeinen nicht besonders bei der Behandlung der Mineralstoffaufnahme, weil der Kohlenstoff fast ausschließlich als CO_2 aus der Atmosphäre über die oberirdischen Organe bzw. durch den Photosynthese- und Gasaustauschapparat aufgenommen wird. Wasserstoff stammt überwiegend aus dem Wasser, das jedoch vornehmlich als Transportmittel für gelöste Stoffe, zur Aufrechterhaltung des Stoffkreislaufes und als wichtiger Bestandteil der Zellkolloide dient, der Sauerstoff aus der Atmosphäre und dem Wasser. Der Wasseranteil, der zur Sauerstoff- und Wasserstofflieferung gebraucht wird, ist im Verhältnis zu den Hauptfunktionen des Wassers der Menge nach von untergeordneter Bedeutung. Der Wasserverbrauch in der Transpiration zur Bildung eines Kilogramms Pflanzentrockenmasse liegt je nach den äußeren Umständen und der Pflanzenart bei 400 bis 800 kg. Nach den eingangs gegebenen Definitionen für den Pflanzennährstoff zählt auch das CO_2 und das H_2O zu den Nährstoffen, obwohl das Wasser auch noch andere Funktionen, zum Beispiel im Stofftransport als Lösungsmittel, ausübt.

Die Beteiligung des Kohlenstoffs, Wasserstoffs und Sauerstoffs am Bau- und Betriebsstoffwechsel der Pflanze ist so allgemein und vielseitig, daß die Besprechung besonderer spezifischer Funktionen dieser Elemente hier zu weit führen würde. Ihre Bedeutung liegt in den besonderen Funktionen der zahlreichen organischen Verbindungen, in denen sie vorkommen, begründet. Der Hauptanteil an C-, H- und O-haltigen Verbindungen fällt den Kohlenhydraten und Fetten zu. Der Sauerstoff tritt als gasförmiger Sauerstoff auch in den Energiestoffwechsel bei der fermentgesteuerten Respiration ein. Dem Wasserstoff kommt besonders als Wasserstoffion (Proton) noch eine besondere Rolle zu, weil das Eingreifen der Enzyme bzw. ihre Aktivierung und damit das Ablaufen zahlreicher Stoffwechselvorgänge unter anderem auch von der Wasserstoffionenkonzentration (pH-Wert) des Zellsaftes abhängt. Auch der Einfluß der Wasserstoffionenkonzentration auf die Nährstoffaufnahme im Wurzelbereich wäre hier zu erwähnen. Geschwindigkeit und Art der Nährstoffaufnahme hängt eng von der Wasserstoffionenkonzentration ab, die in der Nährlösung (bzw. Bodenlösung) in Wurzelnähe wie auch in dem sehr komplizierten System Boden—Pflanzenwurzel herrscht, desgleichen auch die Stoffbewegung im pflanzlichen Gewebe selbst. Wasserstoff und Sauerstoff treten außerdem bei den fermentgesteuerten Reduktions- und Oxydationsreaktionen in Erscheinung. Die Gegenwart des Sauerstoffs, das heißt die durch ihn unterhaltene Atmung, ist für den Nährstofftransport im Gewebe nötig, desgleichen für die Aufnahme der Nährstoffe durch die Wurzel, wahrscheinlich deswegen, weil die Atmungsvorgänge die nötige Energie für die Aufnahme der Nährstoffe entgegen einem Konzentrationsgefälle liefern (Phillis und Mason 1936). In vielen Funktionen weit spezifischer als die in allen Pflanzenstoffen vorkommenden Elemente C, O, H sind die anderen Haupt- und Spurennährstoffelemente.

2. Stickstoff

Der Stickstoff (Atomgewicht 14,008) ist Hauptbestandteil der Luft, macht aber an der Masse der Erdrinde nur 0,03% (Atmosphäre, flüssige und feste Erdrinde), in der Luft 78,08 Vol.-% bzw. 74,46 Gew.-% aus; dieser Anteil bleibt recht konstant. Der in der Natur vorkommende Stickstoff ist ein Gemisch aus zwei stabilen Isotopen der Massenzahl 14 und 15, wobei das Isotop N^{14} mit 99,62% und N^{15} mit rund 0,38% am Stickstoff in der Natur beteiligt ist.

Der Stickstoff kommt auf der Erdoberfläche überwiegend in elementarer Form als Stickstoffgas (N_2) als Bestandteil der Atmosphäre vor. Nur knapp 1% des gesamten Stickstoffvorrates ist chemisch an andere Elemente gebunden, und zwar in der Atmosphäre als NO und NO_2, ferner in den Nitraten, die als feste Salzausscheidungen in Lagerstätten, zum Beispiel im Chilesalpeter, aber auch als gelöste Salze im Bodenwasser und in den Gewässern vorkommen. Der Hauptanteil jedoch liegt als stickstoffhaltige organische Verbindungen in den lebenden Organismen und ihren Rückständen vor. In der Pflanze findet sich die Hauptstickstoffmenge als Proteine und Proteide in den Eiweißstoffen des Protoplasmas, das etwa 60% davon enthält (10% N). Die Eiweißstoffe selbst enthalten 15 bis 18,9% N, 51,5 bis 55,2% C, 22,2 bis 22,5% O, 6,8 bis 7,3% H.

Die kleinsten Bausteine der Eiweißkörper oder der Proteine sind die Aminosäuren, von denen in den Eiweißkörpern etwa 26 vorkommen, in der Hauptsache α-Aminosäuren. Eine bestimmte Anzahl davon gelten für Tier und Mensch als unentbehrlich und werden daher auch als essentielle Aminosäuren bezeichnet. Die Aminosäuren, von denen man neutrale, saure und basische unterscheidet, vermögen sich durch Kupplung der NH_2- und COOH-Gruppe (eine zwischenmolekulare Säureamidbindung) zu Peptiden in schraubenförmiger und spiraliger Anordnung zusammenzulagern. Aus zwei Aminosäuren entstehen dabei die Dipeptide, aus mehreren Aminosäuren die sogenannten Polypeptide. Diese Polypeptide lagern sich ihrerseits schließlich zu den eigentlichen Eiweißstoffen zusammen, die hierbei möglichen Kombinationen oder Reihenfolgen der einzelnen Aminosäuren — es sind mehrere Hundert im Eiweißmakromolekül — sind derart mannigfaltig und unvorstellbar zahlreich, daß sich hieraus die von Individuum zu Individuum wechselnde Beschaffenheit jedes einzelnen Organismus erklären läßt. Von der Aminosäuregarnitur der Polypeptide hängt auch die sogenannte biologische Wertigkeit für die tierische und menschliche Ernährung ab.

Neuerdings hat man festgestellt (Fowden 1959), daß außer den am Proteinaufbau beteiligten Aminosäuren noch etwa 60 andere Aminosäuren in der Pflanze synthetisiert werden können. Sie finden sich allerdings nur in ganz bestimmten Pflanzenarten und zeigen häufig ungewöhnliche Strukturmerkmale. Auch ist ihre Funktion im Stoffwechsel noch recht unklar, vermutlich wirken einige bei der Stoffwechselkontrolle als Enzyminhibitoren mit oder treten als Zwischenstufen bei der Synthese anderer Aminosäuren auf.

Die Aminosäuren werden aus Ketosäuren über sogenannte Transaminierungsvorgänge gebildet, wahrscheinlich aus den beiden Monoaminodicarbonsäuren, Glutaminsäure und Asparaginsäure, die dabei ihre NH_2-Gruppe abgeben. Die Proteine bzw. ihre Bausteine sind nicht nur als „Baustoffe" des pflanzlichen Organismus, sondern auch als „Betriebsstoffe" wichtig, denn an die Proteine können auch Nichtproteine angelagert werden, wodurch dann physiologisch wichtige Stoffe, wie zum Beispiel die Fermente, entstehen. Man nennt diese Stoffe dann Proteide und unterscheidet je nach der zusätzlichen Stoffgruppe zwischen Nucleoproteiden, Phosphorproteiden, Glykoproteiden und Chromoproteiden. Die in diesen Proteiden vorhandene eiweißfremde Gruppe nennt man auch die prosthetische Gruppe. Die Funktionsfähigkeit der Protoplasten beispielsweise wird ganz entscheidend durch ihr Protein bestimmt, dessen Trägerfunktion für alle fermentgesteuerten Reaktionsabläufe unentbehrlich ist.

Andere stickstoffhaltige Stoffe, wie die Nucleinsäuren, bei denen der N als Bestandteil einer organischen Base eingebaut ist, ferner Amide, Alkaloide, Glykoside, Betaine, Wuchsstoffe u. a., treten der Menge nach gegenüber den Eiweißstoffen stark zurück. Die Amide können als Reservestoffe auftreten, indem sie überschüssigen NH_4-N auffangen. Die anderen sind dagegen überwiegend stoffwechselphysiologisch wirksam, zum Beispiel die Fermente und Hormone bzw. die Wuchsstoffe. Auch ist noch im einzelnen wenig bekannt, auf welchem Wege der pflanzliche Organismus die in den Pflanzen vorkommenden Stickstoffbasen, wie das Purin, das Pyrimidin und auch die Pyrrolkerne des Chlorophylls, aufbaut (DIMROTH und JAENICKE 1952).

Außer einem stets vorhandenen, natürlichen Vorrat an verschiedenen Stickstoffverbindungen steht den Pflanzen auch der praktisch unerschöpfliche Vorrat an molekularem Stickstoff in der Atmosphäre zur Verfügung (VIRTANEN 1953). Er wird ihnen allerdings nur zugänglich, einmal durch Oxydation bei elektrischen Entladungen (Gewitter, in der neueren Zeit auch durch die industrielle N-Bindung, besonders über die NH_3-Synthese, die sich jährlich auf rund $13 \cdot 10^6$ t N beläuft (TIMM 1963), ferner durch Zwischenschalten von einigen Mikroorganismen, die wahrscheinlich mittels Fermentsysteme den molekularen Stickstoff in die Eiweißbindung überführen können, ohne daß die einzelnen Reaktionsschritte besonders in den Anfangsstadien schon bekannt wären. Diese für die N-Versorgung der Pflanzen sehr wichtige Bindung des molekularen Stickstoffes an andere Elemente geschieht zum Teil in Symbiose mit den höheren Pflanzen, durch die Knöllchenbakterien an den Wurzeln der Leguminosen sowie an den Wurzeln von acht verschiedenen Nichtleguminosen, die anderen Genera zugehören (Eleaegnus, Hippophae, Shephardia, Casuarina, Myrica, Coriaria, Alnus, Ceanothus). Auch freilebende, Kohlenhydrate benötigende Bakterien, wie Azotobacter, Amylobacter und Clostridium, sind zur Bindung des molekularen N befähigt; sie stellen allerdings diesen gebundenen Stickstoff erst bei der Remineralisierung ihres Zelleiweißes als Ammoniak- und Nitratstickstoff den Pflanzen zur Verfügung, während bei den Symbionten im Stadium der Eusymbiose auch ein laufender Austausch von N-haltigen Stoffen gegen Kohlenhydrate der Wirtspflanze besteht. Im Vergleich zur Stickstoffbindung über die symbiotisch lebenden Bakterien ist die Bindung durch freilebende Bakterien der Menge nach bzw. je Gewichtseinheit verbrauchter Kohlenhydrate verhältnismäßig gering. Aber trotzdem wird der

Hauptanteil des für die Pflanzen verfügbaren N auf biologischem Wege gewonnen, während nach VIRTANEN (1953) nur wenige Prozente auf anderem Wege gebunden werden. Im übrigen nehmen die Pflanzen, abgesehen von den erwähnten Ausnahmen, die Hauptmenge ihres Stickstoffs in Form des Ammonium- und Nitrations auf, auch die Leguminosen und die anderen Arten, falls die Symbiose nicht zustande kommt oder NH_4- und NO_3-N angeboten werden. Daneben kann jedoch auch Harnstoff unmittelbar vor allem über das Blatt aufgenommen werden, ferner auch Aminosäuren und andere wasserlösliche organische Stickstoffverbindungen, wie Amide, Amine und Alkaloide.

In der Natur findet ein Stickstoffkreislauf statt, der über die Organismen läuft, denn der organisch gebundene Stickstoff stammt aus dem molekularen Stickstoff der Atmosphäre, der auf biologisch-chemischem oder rein chemisch-physikalischem Wege gebunden, durch Pflanzen in das Eiweiß eingebaut wird und schließlich wieder über den Eiweißabbau zu Ammoniak und Nitrat mineralisiert oder sogar unter betont anaeroben Bedingungen über Denitrifikationsvorgänge zum atmosphärischen Stickstoff zurückkehrt.

3. Phosphor

Das Nährstoffelement Phosphor (Atomgewicht 30,98) kommt in der Natur nur mit dem Isotop der Massenzahl 31 vor. Am Gesamtgewicht der Erde macht der Phosphor 0,15% aus (RANKAMA und SALAMA 1956). In Eruptivgesteinen findet man etwa 0,08 bis 0,15% P, in Sedimentgesteinen etwa 0,11% (Sandstein 0,035% P, Schiefer 0,074% P, Kalkstein 0,017% P, CONWEY 1945). In Böden findet man ihn hauptsächlich als Orthophosphate des Calciums, Magnesiums, Aluminiums, Eisens und Mangans. Geringe Mengen sind auch an den Bodenkolloiden sorbiert bzw. austauschbar gebunden, im Bodenwasser jedoch nur ganz geringe Mengen, etwa in der Größenordnung von 0,03 bis 0,06 mg P/l. Ein verhältnismäßig großer Anteil bis zu 50% des Gesamtphosphors der Böden findet sich auch in organischer Bindung, vor allem wohl im Phytin und den Nucleinsäuren. Für technische Zwecke, also auch für Düngemittel, gewinnt man die Phosphate aus den Rohphosphatvorkommen, daneben aber auch aus der Verhüttung phosphathaltiger Eisenerze. Die Rohphosphatvorkommen der Erde werden zur Zeit auf 47 Milliarden Tonnen geschätzt. Sie sind im Gegensatz zum Stickstoff jedoch nicht unerschöpflich.

Aufgenommen wird der Phosphor durch die Pflanzen fast ausschließlich in Form der Nährstoffionen PO_4, HPO_4 und H_2PO_4. Das PO_4-Anion wird unverändert sofort in den Stoffwechsel übernommen bzw. in pflanzliche Stoffe eingebaut, indem es Organophosphate bildet, wie zum Beispiel Ester durch Phosphorylierungsreaktionen mit Zuckern, ferner das Phytin, Nucleotide und das wichtige Adenosinmono-, di- und triphosphat. Die Geschwindigkeit der Phosphataufnahme durch die Pflanze hängt besonders davon ab, wie rasch das anorganische Phosphat in organische Verbindungen eingebaut werden kann, wobei wahrscheinlich eine Trägersubstanz die Aufnahme des PO_4-Ions durch die Membrane der Wurzelzellen unter Energieaufwand einleitet.

Das Phosphat finden wir immer nur als organische ortho-, aber auch als Pyrophosphate in der Pflanze eingebaut. Auch beobachtete man in Hefe sogenannte Polymetaphosphate (Volutin), deren Vorkommen jedoch in den grünen Pflanzen noch nicht erwiesen zu sein scheint. Polyphosphate, wie auch Phytin, sind Speicherformen (HOFFMANN-OSTENHOFF und WEIGERT 1952). Phytin (Phosphorsäureester des Inosits), das besonders in Samen, zum Beispiel in Getreide, aber auch in Reis in größeren Mengen vorkommt, wird nur sehr langsam hydrolysiert und besonders in keimenden (offenbar durch eine Phytase) Samen abgebaut, das heißt, das Phosphat wird für die dann einsetzenden Stoffbildungsvorgänge freigegeben. Phytin liegt in den Pflanzen meist als Calcium-Magnesium-Salz der Inosithexophosphorsäure vor und lagert sich verhältnismäßig leicht an Proteine an. Ferner findet sich das Phosphat in den fettähnlichen Phosphatiden (Ester des Glyzerins mit zwei Fettsäuren und der Phosphorsäure sowie eine organische Base) gebunden. Die Phosphatide sind Bauelemente von Plasmastrukturen, sie finden sich an den Grenzflächen des planarstruktuierten Plasmas, bei lamellenartigen Plasmastrukturen an den Oberflächen dieser Lamellen und an den Membranoberflächen. Pflanzliche Phosphatide sind vorzüglich in den Samen angereichert, als Basen finden wir das Purin, zum Beispiel im Lecithin, das auch Phosphatidylpurin genannt wird, ferner das Kephalin, dessen organische Base das Cholamin ist, und das auch Phosphatidyläthanolamin heißt. Da Phosphatide sich mit Proteinen und auch mit Kohlenhydraten ziemlich fest verkoppeln, sind sie nicht sehr leicht rein zu gewinnen. Sie sind aber durch Fermente in ihre Bausteine aufspaltbar (ACKER 1957).

Ein größerer Anteil der Phosphationen findet sich in den Phosphorsäureestern des Kohlenhydratstoffwechsels (Nucleoside). Sie dienen hier der Energieübertragung bei der Glykolyse, auch im sogenannten Pentosezyklus. Hierbei spielen die sogenannten Nucleotide eine wichtige Rolle, gebildet aus Nucleosiden (Glykoside der organischen Basen vom Typus der Purine und Pyrimidine), deren Saccharid aber meist mit Phosphorsäure verestert ist und die dann als Nucleotide bezeichnet werden. Zwei oder mehrere solcher Mononucleotide ergeben die Polynucleotide oder Nucleinsäuren.

Da in den Nucleinsäuren die genetischen Informationen eines Organismus gleichsam programmiert sind und dieses Programm von Generation zu Generation weitergegeben wird, kommt dem Phosphor im Chemismus der Genetik eine große Bedeutung zu (HERSHEY und CHASE 1952). In der eigentümlichen Anordnung und Verknüpfung der Nucleinsäuren ist auch der Ablauf sämtlicher biochemischer Vorgänge eines Organismus gleichsam nach einem in der Erbmasse vorgezeichneten Programm festgelegt. Das besondere Verhalten der Viren folgt aus ihrer Eigenschaft als Makromoleküle, die sich aus Nucleinsäuren und Protein bilden, indem das Protein einen Kern aus Nucleinsäuren umhüllt (Nucleoproteine).

Besonders dem Nucleotid Desoxyriboseadenosinphosphat, das 1,2 und 3 Orthophosphatreste enthalten kann,

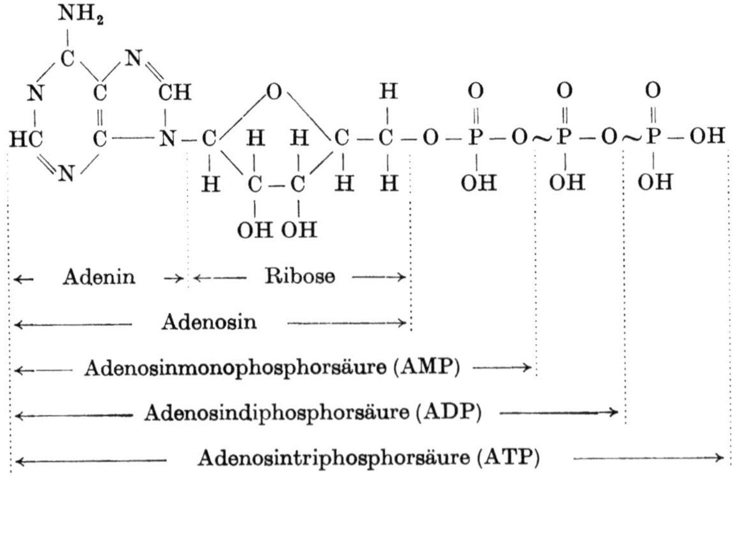

nach BEHRENS (1959) kommt eine sehr große Bedeutung zu für die mit der Übertragung der Phosphatgruppen verbundene Energieübertragung. Dies gilt sowohl für Oxydations- wie auch Synthesereaktionen (Kohlenhydrat-Peptidbindung). Beim Übergang von Adenosin-triphosphat (ATP) zu Adenosin-diphosphat (ADP) werden 12000 cal frei und als Energie verfügbar. Adenosin-triphosphat ist gleichsam der Akkumulator, in dem diese Energie gespeichert ist, und zwar sind es die hier vorhandenen zwei Pyrophosphatbindungen, die man als „energiereich" bezeichnet. Die Rückbildung des ATP erfordert wiederum einen entsprechenden Energieaufwand.

Ein hohes Angebot an P erhöht in der Pflanze auch den Gehalt an P-haltigen Inhaltstoffen, wobei allerdings der Nucleinsäure-P am wenigsten anwächst (GARZ 1960). Mit steigender N-Zufuhr steigt mit dem Proteingehalt auch der Nucleinsäuregehalt, allerdings ändert sich dieses Verhältnis zugunsten des Proteins (Reserveeiweißbildung) gegen das Reifestadium hin (GARZ 1959, WOLLGIEHN 1959).

4. Schwefel

Schwefel (Atomgewicht 32,066) kommt in der Natur als Gemisch von vier stabilen Isotopen vor, mit den Massezahlen 32 (95,1%), 33 (0,74%), 34 (4,2%) und 36 (0,016%). Sein Anteil an den wichtigsten Elementen der Erdrinde macht 0,048% aus. Er findet sich auch zu einem beachtlichen Teil organisch gebunden in Böden und Pflanzen, in der Bodenlösung sowie auch in der Atmosphäre als SO_2. Die Gehalte an Gesamtschwefel in den Böden können sich in unseren Verhältnissen zwischen 8 und 40 mg/100 g bewegen (SAALBACH, JUDEL und KESSEN 1962, SAALBACH 1962), abgesehen von gipshaltigen Böden, wo diese Werte weit höher liegen können. Da der Gehalt in der Pflanzentrockenmasse mehrere Zehntel Prozent S ausmacht, wird der Schwefel in beträchtlichen Mengen aus dem Boden aufgenommen, und zwar hauptsächlich als SO_4-Ion, seltener auch als SO_2 über das Blatt (auch als SO_4). Die Aufnahme von H_2S oder Sulfiden spielt bei den höheren Pflanzen keine entscheidende Rolle, da vor allem H_2S sehr schnell toxisch wirkt. SO_4 wie auch SO_2 werden praktisch gleich gut in den Stoffwechsel übernommen.

In den Pflanzen findet man ähnliche Mengen an S wie an P, allerdings in wechselnden Anteilen je nach Standort, Pflanze und Pflanzenorganen, bis zu 1% in der Trockenmasse. Er tritt in den Haupt- oder Grundstoffwechsel ein, findet sich aber auch in sekundären Pflanzenstoffen. Nach Reduktion des SO_4 oder SO_2 findet sich der Schwefel als SH-Gruppe vor allem in schwefelhaltigen Aminosäuren (Cystein, Cystin, Homocystein, Methionin) in den Proteinen, die ihrerseits 0,2 bis 1,2% S enthalten. Das Methionin vermittelt offenbar besonders Transmethylierungen. Die Eiweißbildung ist bei Schwefelmangel daher gehemmt. Über die Reaktionsschritte beim Schwefeleinbau in reduzierter Form ist wenig bekannt. Die Reduktion, die einen Energieaufwand von 115 Kcal verlangt, ist unabhängig von der Lichtenergie, sondern diese Energie stammt wohl aus der Kohlenhydratveratmung. Die Reduktion verlangt aber auch genügend NH_4-Zufuhr. Nicht nur die Proteine allein, sondern auch wichtige Enzymsysteme bzw. deren prosthetische Gruppen sind schwefelhaltig, z. B. Urease, Papain, ferner Redoxasen, Cytochrome, Pyridin- Flavin- und Pyrridoxalenzymsysteme. Die Decarboxylierung der Brenztraubensäure zu Acetaldehyd wird gesteuert durch eine schwefelhaltige Carboxylase. Coenzym A hängt in seiner acetylierenden Funktion von einer aktiven Sulfhydrilgruppe oder zwei Disulfiden ab.

Die Beteiligung der S-haltigen α-Liponsäure an der Photosynthese wird vermutet (CALVIN 1956). Auch das S-reiche Protein der Chloroplasten deutet darauf hin, denn es enthält wie auch das Cytoplasma, S-haltige Aminosäuren. Cystein- und Methioningruppen wirken bei Redoxoxydationsreaktionen und Methylierungen mit.

Auch an der Fettsäuresynthese sowie bei der Bildung der Carotinoide, Sterine, Terpene und der Isoprene sind S-haltige Fermentsysteme beteiligt. Man findet daher auch Sulfhydrilschwefel besonders im jungen Gewebe, während alternde Pflanzen SO_4 anreichern, wie übrigens eine zu starke SO_4-Aufnahme das Altern des Blattgewebes beschleunigt.

Als sekundäre, schwefelhaltige Stoffe, die nicht allen Pflanzen eigen sind, finden sich besonders in den *Cruciferen* die schon lange bekannten N- und S-haltigen Senföle (Ester der Isothiocyansäure sind bekannt), ferner Thiole oder Mercaptane sowie Disulfide ($RS—SR_1$), Sulfoide ($RSO—R_2$) und Sulfone ($RSO—R_1$) meist gebunden als Glucoside (KJEER 1958). Ihre physiologische Bedeutung ist noch nicht geklärt. In der Gattung Allium findet sich Alliin (s-Alkyl-L Cysteinsulfoxid'), aus dem Diallyldisulfid entsteht. Auch S-Methyl- und S-Propylcysteinsulfoxide sind gefunden worden (STOLL und SEEBECK 1951). Diese verschiedenen, als sogenannte Lauchöle bezeichneten Stoffe haben besonders pharmakologische Bedeutung. Im übrigen gibt es auch eine Reihe schwefelhaltiger Antibiotica, Vitamine und Wuchsstoffe, die in pflanzlichen Organismen gebildet werden.

Der Einbau von SO_2 in die organischen Verbindungen, den man neuerdings mit ^{35}S eingehend studiert, hängt auch von der Pflanzenart ab, so wird bei Weizen SO_2 eingebaut, ohne daß SO_4 gebildet wird, bei Mais wird aus SO_2 zunächst Sulfat gebildet, das dann nachher reduziert und eingebaut wird. Wird das Sproßwachstum unterbrochen, so sind die Wurzeln allein nicht zur SO_4-Reduktion fähig (THOMAS, HENDRICKS und HILL 1944). Im übrigen ist das SO_4, das aus dem SO_2 gebildet wird, weniger für die Eingliederung in den Stoffwechsel geeignet als das SO_4-Ion, das über die Wurzel aufgenommen wird.

5. Kalium

Das *Kalium* (Atomgewicht 39,096) mit der Ordnungszahl 19 findet man in der Natur als Gemisch von 3 Isotopen, mit den Massenzahlen 39 (93,32%), 40 (0,012%) und 41 (6,66%). Das $Kalium^{40}$ sendet eine schwache β- und γ-Strahlung von 1,41 MeV aus, bei einer Halbwertszeit von $1{,}33 \cdot 10^9$ Jahren. Im übrigen sendet auch das dem K in seinem chemischen Verhalten sehr nahestehende Rb, von dem 2 Isotope mit den Massenzahlen 85 (72,8%) und 87 (27,2%) vorkommen, eine schwache β-Strahlung von 0,13 MeV aus (Rb^{87}). Am Gesamtgewicht der Erde ist K mit 0,29% beteiligt, in der Erdkruste dagegen ist der Anteil meist höher; so findet man z. B. in den Eruptivgesteinen bis zu 2,6% K, in der Erdrinde 2,4% K. Aus dem ^{40}K entstehen beim Zerfall durch Elektroneneinfang Argon und Calcium. In den Böden findet sich das Kalium als Bestandteil zahlreicher Silikate, ferner als Chloride und Sulfate sowie als sorbierte Kationen.

Kalium kommt in der Pflanzenmasse meist in größeren Mengen vor als die anderen Kationen, und sein Anteil in der Trockenmasse kann bis mehrere Prozent ausmachen. Besonders angereichert wird K in allen Pflanzenteilen und Geweben mit starkem meristimatischem Wachstum, z. B. in Knospen und jungen Blättern, während der Samen weit geringere Mengen enthält. Steigende Stoffwechselaktivität, die stets mit intensiver Atmung und Phosphorylierung gekoppelt ist, steigert auch die Kaliumaufnahme. Das Kalium ist also engstens mit den intensiven Lebensvorgängen in der Pflanze gekoppelt. Wie mit dem künstlichen Radioisotop ^{42}K festgestellt werden konnte, wandert das über die Wurzel aufgenommene K rasch über das Xylem in alle Pflanzenteile (STOUT und HAOGLAND 1939).

Über die physiologische Funktion des Kaliums gibt es eine umfangreiche Literatur (BERGER 1954). Trotzdem sind unsere Kenntnisse von dieser physiologischen Funktion im einzelnen noch recht begrenzt. Da der größte Teil des Kaliums durch Extraktion mit Wasser aus dem pflanzlichen Gewebe herauslösbar ist, tritt das Kalium nicht als fester Bestandteil bestimmter Bau- oder Betriebsstoffe der Pflanze auf, sondern findet sich offenbar frei als Ion in lockerer Bindung im Plasma, ohne besonders fixierte stöchiometrische Beziehungen zu anderen Plasmabestandteilen. Die Bindung an das Plasma scheint um so lockerer zu sein, je höher der Kaliumgehalt der Zellen ist (OVERSTREET und BROYER 1940). Dies ist auch schon deswegen erklärlich, weil das Kalium in wässerigen Systemen kein stärkeres Komplexbildungsvermögen zeigt und auch nicht chelatisiert wird. Es kommt in der belebten und unbelebten Natur daher nur als Ion vor und beständige Komplexe vermag es fast nur in nichtwässerigen Lösungsmitteln zu bilden. In wässerigen Systemen gebildete Komplexverbindungen sind, sofern sie überhaupt zustandekommen, sehr labil und daher leicht aufspaltbar.

Die Gegenwart des Kaliums begünstigt die Bildung von polymeren Stoffen aus ihren monomeren Bausteinen. Dies gilt besonders für die Bildung von Oligosacchariden wie Rohrzucker und den Polysacchariden Stärke, Cellulose, Glykogen und kohlenhydratähnlicher Stoffe sowie der Eiweißstoffe. Relativer Kaliummangel ist daher stets verbunden mit erhöhtem Gehalt an monomeren, niedermolekularen Bausteinen, wie reduzierenden Zuckern, Aminosäuren oder anderen Zwischenstufen. Die Mitwirkung des Kaliums bei der Photosynthese ist wahrscheinlich auch auf eine wesentliche Beeinflussung der „Lichtphosphorylierung" zurückzuführen (LATZKO und MECHSNER 1958).

In welcher Weise das Kalium an den einzelnen Stoffsynthesen beteiligt ist, läßt sich nicht genauer angeben, sondern nur an den recht summarisch faßbaren Vorgängen abschätzen. Alle Untersuchungen deuten darauf hin, daß diese Beteiligung mit der Enzymaktivierung zusammenhängt, die über eine Beeinflussung des chemisch-physikalischen Zustandes des Enzymproteins denkbar ist, also der Steuerung des Nährstoffionen- oder ganz allgemein des Ionenhaushaltes der Zellen, insbesondere des Zellplasmas, ferner des Stofftransportes sowie auch mit dem Wasserhaushalt der Pflanzen. Gerade auch der Zusammenhang mit dem Wasserhaushalt weist auf den Einfluß des Kolloidzustandes hin. Daß die Mitwirkung des Kaliums bei Stoffsynthesen und im Stoffwechsel auch von den spezifischen Eigenschaften des Kaliumions abhängig sein muß, zeigt, daß das Kaliumion nicht durch die Ionen des Lithiums, Natriums, Rubidiums und Cäsiums völlig ersetzt werden kann, wenn auch für das sonst recht häufige Natriumion sowie die seltener vorkommenden Rubidium- und Cäsiumionen eine Vertretbarkeit in gewissen Teilfunktionen des Kaliums angenommen werden muß, so z. B. bei der oxydativen Phosphorylierung. Überhaupt wird durch K die Veresterung des Phosphates gefördert (LATZKO 1961). Das Eingreifen des K in diesen Reaktionsablauf muß jedoch als nicht unbedingt spezifisch angesehen werden, da zwar das Kalium am intensivsten wirkt, die anderen Alkalien diesbezüglich in folgender Reihenfolge einzuordnen sind:

$$K^+ > Rb^+ > Cs^+ > Li^+ > Na^+ \text{ (LATZKO 1962).}$$

Der Kaliumbedarf wird durch Na-Angebot erniedrigt (VERONA und STEPHANELLI), ferner kann bei Kaliummangel durch Na das Auftreten von K-Mangelsymptomen abgeschwächt und auch der Ertrag etwas erhöht werden (McEVOY 1955). Die Kaliumaufnahme durch Maiswurzeln ist nach RANG (1959) durch Na schwach gehemmt, bei gleicher Konzentration an beiden Ionen wird jedoch doppelt soviel K aufgenommen. Man kann daraus schließen, daß für das K möglicherweise ein stark selektives Trägersystem besteht, während daneben noch ein System wirksam ist, über das K und Na durch ein weniger spezifisches Trägersystem in die Pflanzenwurzel Eingang finden (vgl. MENGEL und MARSCHNER 1963).

Bei der Aktivierung zahlreicher Enzymsysteme ist das Kalium meist weit wirksamer als die anderen Alkalimetalle sowie das hierzu oft auch notwendige Mg-Ion. Diese Vertretbarkeit scheint u. a. von der Hydratation der Alkaliionen abzuhängen, d. h. je näher die Hydratationszahl eines anderen Alkaliions bei der Hydratationszahl des K-Ions liegt, um so stärker ist die Vertretbarkeit ausgeprägt. Von den Enzymsystemen, die besonders durch K aktiviert werden, lassen sich sechs wasserstoff-, phosphat- und acetatübertragende Fermente aufzählen, ferner Synthesefermente und Hydrolasen (LATZKO 1962), also vor allem gruppenübertragende und synthetisch wirksame Fermente. Kaliummangel setzt daher auch die Synthesefähigkeit des pflanzlichen Organismus eindeutig herab. Damit hängt wohl auch die Beobachtung zusammen, daß bei schwacher Lichtenergie durch Kaliumzufuhr die Photosyntheseintensität gesteigert, d. h. ein relativer Lichtmangel etwas ausgeglichen werden kann, allerdings wird auch eine höhere Lichtintensität durch steigende Kaliumgaben besser ausgenutzt.

Hinsichtlich des Wasserhaushaltes und der Transpiration läßt sich zeigen, daß mit der „quellenden Wirkung" des K-Ions die Wasserabgabe gebremst wird, im Gegensatz zu dem „entquellenden" Ca-Ion, das die Wasserabgabe fördert. Anderseits ist die morphologische Ausbildung der Blattepidermis und das Verhalten der Spaltöffnungen unter dem Einfluß des Kaliums für die Wasserabgabe günstiger als unter dem Einfluß des Calciums, das die Spaltöffnungen schließt. Welcher Effekt jedoch überwiegt, hängt noch von verschiedenen anderen Umständen, z. B. auch von der N- und P-Versorgung ab, so daß man nicht immer eindeutig diesen Antagonismus beobachten kann.

6. Calcium

Das Erdalkalielement Calcium, Atomgewicht 40,08, kommt in der Natur in sechs stabilen Isotopen mit den Massenzahlen 40 (96,9%), 42 (0,64%), 44 (2,13%), 46 (0,003%), 48 (0,18%) vor. Es macht rund 3,4% am Gewicht der festen Erdrinde aus, und am Gesamtgewicht der Erde etwa 2,99% und ist wesentlicher Bestandteil zahlreicher Silikate, auch der Sedimente und vor allem der Carbonatgesteine.

Ca wird fast ausschließlich wie das K, Mg und andere Metallkationen als Ion über die Wurzel aufgenommen, allerdings weniger schnell als N, P und K, und wandert dann rasch im Sproß aufwärts, in die Blätter und auch gegen die Blattspitze (BIDULPH und Mitarbeiter 1958). Die oberen Sproßteile sind daher Ca-reicher. Es reichert sich in Blättern an und wird hier ziemlich stark festgehalten, sodaß es von hier zu den Zweigen oder Wurzeln später kaum zurückwandert. Man kann eine Proportionalität zwischen der Wasser- und Ca-Aufnahme beobachten, wobei sich das Ca mehr passiv verhält, während die Intensität der K-Aufnahme offenbar weit mehr von der Vitalität des Wurzelgewebes abhängt (SCHMIDT 1936).

Bei Sonnenblumen (*Helianthus annuus*) ist allerdings beobachtet worden, daß Ca im Sproß abwärts wandert. Ca ist also in den einzelnen Teilen der Pflanze recht ungleich verteilt. Läßt man den einen Teil des Wurzelbüschels einer Tomatenpflanze in eine Ca-haltige Nährlösung und den anderen Teil in eine Ca-freie Nährlösung tauchen, so enthalten die den jeweiligen Wurzelbüscheln entsprechenden Sproßteile und Blätter auch jeweils mehr oder weniger Ca. Ca-Ionen auf die Blattoberfläche aufgebracht, wandern kaum in andere Pflanzenteile weiter. Man kann allerdings eine tagesperiodische Auswanderung von Ca aus Laubblättern in den Abend- und frühen Morgenstunden betrachten

(Lausch 1958). Im Gegensatz zum K und Na, die im Herbst aus den Blättern abwandern, verbleibt das Ca in den Blättern.

Al^{+++}, Mn^{++} und auch H^+ hemmen die Ca-Ionen-Aufnahme, daher kann auf manchen sauren Böden das $CaSO_4$ durch Al-, Mn- und H-Ionen freisetzende Austauschreaktionen am Bodenkomplex die Ca-Ionenaufnahme sogar hemmen (Schmehl und Mitarbeiter 1952).

Der Ca-Gehalt der Pflanze hängt stark vom Ca-Angebot ab, daher findet man besonders in Abhängigkeit vom Standort recht verschiedene Ca-Gehalte (Ilyin 1933), so daß der Ca-Gehalt beträchtlich schwanken kann (Lincas und Scarseth 1947). Bei Ca-Aufnahme spielen verschiedene Antagonismen eine Rolle (Ca/K-Faktor nach Ehrenberg). Verfügbares K drängt allerdings die Ca-Aufnahme stärker zurück als ein steigendes Calciumangebot die K-Aufnahme; bei starker $CaCO_3$- oder $CaSO_4$-Zufuhr kann sogar der K-Gehalt von Pflanzen noch steigen. Aus den zahlreichen Untersuchungen zu dieser Frage kann man nicht eindeutig schließen, daß Ca^{++} die K-Aufnahme entscheidend hemmt, denn auch bei Verwendung von Nährlösungen fand man bei zunehmender Ca- und Mg-Konzentration sogar steigende K-Aufnahme (York und Mitarbeiter 1953), so daß Ca und Mg die K-Aufnahme nicht wesentlich zu beeinflussen scheinen (Carolus 1938). Erst wenn der Ca-Gehalt einer Nährlösung das 30fache des K-Gehaltes betrug, war die K-Aufnahme herabgesetzt. Dieser Effekt war jedoch auch bei Mg, Sr und Ba zu beobachten, so daß man diesen Effekt den mehrwertigen Ionen allgemein zuschreibt als dem Ca^{++} speziell. Ca scheint auch die NH_4-Aufnahme zu drücken. Dagegen wird durch das Ca/Mg-Verhältnis die Aufnahme dieser beiden Ionen gegenseitig beeinflußt, besonders, wenn dieses Verhältnis sehr groß oder klein wird, hemmt das im Überschuß vorhandene Ion die Aufnahme des anderen. Starker Mg-Überschuß läßt sich durch Ca-Gaben kompensieren. Auch setzt ein starkes Ca-Angebot die B-Aufnahme herab (Stindt 1956). Erhöhte Ca-Konzentrationen im Wurzelbereich verschärfen den Bormangel, aber auch hier sind je nach Pflanze größere Unterschiede im Antagonismus dieser beiden Nährstoffelemente zu beobachten. Ähnliche Effekte des Calciumions sind auch in Zusammenhängen mit der Fe- und PO_4-Aufnahme beobachtet worden.

Im pflanzlichen Organismus ist das Ca zum Teil fester gebunden als das K, denn nur ein Teil (bis zu 40% des Gesamt-Ca) kann durch H_2O extrahiert werden, während ein Rest durch verdünnte Essigsäure und Salzsäure in Lösung gebracht wird, und zwar aus Calciumcarbonat, Calciumphosphat sowie Calciumoxalat (Kostyschew und Berg 1929). Im übrigen häuft sich besonders der säurelösliche Ca-Anteil in den älteren Blättern, während der Wasser- und in $NaNO_3$ lösliche, also der austauschbare Anteil nach den oberen Teilen der Pflanzen hin zunimmt. Ein zu geringer Gehalt an Ca^{++} im Protoplasma führt besonders bei zu kleinem Ca/K zu Koagulationserscheinungen, besonders wirkt sich Ca-Mangel auf die Funktionsfähigkeit des Wurzelgewebes aus, weil hier gewisse strukturbedingte Plätze des Cytoplasmas mit Ca^{++} oder anderen mehrwertigen Ionen besetzt sein müssen (Viets 1944).

Das Ca setzt den Quellungszustand des Plasmas herab und damit auch die Saugfähigkeit des Plasmas für Wasser. Dadurch gibt das Plasma leichter Wasser ab. Starker Ca-Gehalt in den Blättern verstärkt die Cuticula und verkleinert die Spaltöffnungen. Obwohl aber diese morphologischen Änderungen der Transpiration entgegen wirken, steigert im allgemeinen ein starkes Ca-Angebot die Transpiration, begünstigt also Welkeerscheinungen (Enzmann 1951). Dieser Gesamteffekt ist aber nicht nur für das Calcium sehr spezifisch, sondern hängt auch noch sehr wesentlich von anderen Umständen ab, wie z. B. Entwicklungsstadium der Pflanze, Gegenwart bzw. Versorgung mit anderen Nährstoffen, Beschaffenheit des Wurzelmediums. Ca^{++} verfestigt die Plasmaoberfläche, indem jeweils zwei freie Valenzen der Grenzschichtkolloide abgesättigt werden. Bei schwachen Ca-Konzentrationen wird dadurch der Wassereinstrom gehindert, bei höheren Ca-Ionen-Konzentrationen die Wasserpermeabilität jedoch wieder erhöht. Das strukturelle System der Zellwand enthält bestimmte Ionenzentren an Pektate gekoppelt. Hier findet sich besonders das Ca als Calciumpektat. Durch diese mit Kationen abzusättigenden Ionenzentren bildet sich ein Donnangleichgewicht zugunsten der Kationenaufnahme, während die Anionenaufnahme zurückgedrängt wird.

Da das Calciumion in der Konkurrenz um die Ionenbindungszentren im Plasma als zweiwertiges Ion günstiger gestellt ist als die einwertigen Ionen, genügt schon eine geringe Ca-Ionen-Konzentration, um ein bestehendes Mißverhältnis zwischen Ca und dem einwertigen Ion auszugleichen. Ca-, Sr- und Ba-Ionen (Ionenradien 1,06; 1,27 und 1,43 Å) konkurrieren um die Bindung an den gleichen Stellen, dagegen nicht das Magnesium mit dem Ionenradius 0,78, das bedeutet, daß Ca und Sr im gleichen Verhältnis aufgenommen werden und je nach Angebot auch Sr, mit dessen Aufnahme durch Pflanzen man sich besonders im Zusammenhang mit ^{90}Sr in den letzten Jahren sehr intensiv befaßt hat (Samaniego 1960).

In physiologischer Hinsicht können Sr und Ba jedoch das Ca nicht völlig ersetzen, sondern nur teilweise und wirken bei höherer Konzentration bald giftig. Calcium wie auch Mg ist bei niedrigen Organismen auch an der Aktivierung der Phosphorasen beteiligt.

7. Magnesium

Das Magnesium (Atomgewicht 24,32, Ordnungszahl 12) kommt in der Natur als Gemisch von drei stabilen Isotopen mit den Massenzahlen 24 (78,6%), 25 (10,1%) und 26 (11,3%) vor. An der Erdrinde (einschließlich der im Wasser gelösten Mengen) ist es mit 1,94 Gew.-% beteiligt. Wie Ca, Sr, Ba zu der Gruppe der Erdalkalimetalle gehörend, sitzen in der äußersten Elektronenschale zwei Elektronen, die leicht abgegeben werden. Das Mg hat mit 0,78 Å einen kleineren Ionendurchmesser als das Ca (1,06), K (1,33) und Na (0,98). Eine wesentliche Eigenschaft für das physiologische Verhalten des Mg-Ions scheint seine Neigung zur Komplexbildung zu sein, die einmal auf seinem geringen Ionendurchmesser sowie auf seiner Zweiwertigkeit beruht.

Auf die Beeinflussung der Aufnahme des Magnesiums wurde schon bei der Aufnahme des Ca hingewiesen. Zwischen Ca und Mg, vor allem aber zwischen Mg und K herrscht ein Antagonismus (Libbert 1953). Loew (1931) hält ein Verhältnis von CaO:MgO etwa in den Grenzen von 1:1 bis 3:1 auch in der Pflanze für das günstigste. Das Ca vermag einen zu starken Mg-Überschuß zu kompensieren. Zahlreiche Beobachtungen zeigen, daß ein zu hohes Kaliumangebot die Mg-Aufnahme hemmt und sogar Mg-Mangel zu induzieren vermag.

Vom aufgenommenen Mg, das in der Pflanze beweglicher zu sein scheint als das Calcium, werden etwa nur 10 bis 20% in das Chlorophyll eingebaut (Michael 1941). Als Zentralatom des Chlorophyllmoleküls kommt dem Magnesium in den grünen Pflanzenteilen hier eine ganz entscheidende und spezifische Rolle für die Photosynthese zu, in der es durch kein anderes Element vertreten werden kann. Aber nicht nur als Bestandteil des Chlorophylls ist es hier wirksam, sondern wohl auch außerhalb des Chlorophylls, da bei Mg-Mangel die bei der Photosynthese auftretende Sauerstoffentbindung herabgesetzt und die im Dunkeln ablaufende Blackmann-Reaktion (temperaturabhängige Bindung des CO_2 in intracellularen Systemen der Zellen) gebremst wird (Kennedy und Mitarbeiter 1940). Im übrigen findet sich auch viel Mg in den nicht-grünen Pflanzenteilen. Es kann in gewissem Gegensatz zum Ca auch bei Bedarf von den älteren zu den jüngeren Blättern transportiert werden und reichert sich daher in den jüngeren Pflanzenteilen stärker an.

Auch läuft die Aufnahme von Mg und P ziemlich parallel (IONES 1951), wodurch sich auch die gute Aufnahme des P aus Magnesiumphosphat erklären läßt, d. h., es besteht eine positive Korrelation zwischen Mg und P in der Pflanze (TUCKER und Mitarbeiter 1952). Auch ist das Mg/P in älteren Zuckerrübenpflanzen recht konstant, während Mg:K:Ca zwar in den Wurzeln verhältnismäßig konstant ist, jedoch sonst von Jahr zu Jahr stärker schwankt (LÜDECKE und Mitarbeiter 1955). Über das Zusammentreffen und Zusammenwirken von Mg und P finden sich zahlreiche Angaben bei JAKOB (1955).

Auch ist Mg bei der Bildung der Carotinoide beteiligt und fördert sie (SCHARRER und Mitarbeiter 1953).

Bei etiolierten Pflanzen staut sich das Mg in den Wurzeln, und der Mg-Gehalt etiolierter Blätter bleibt geringer als von belichteten grünen Blättern. In etiolierten Blättern ist jedoch der Gehalt an organisch gebundenem Mg (erkennbar an dem äther- und acetonlöslichen Anteil, und zwar aus älteren Blättern mehr als aus den jüngeren Blättern, die ähnlich wie die Samenkörner das meiste Mg enthalten) größer als ihrem Protochlorophyllgehalt entspricht. Allerdings wächst im grünen Blatt der Gehalt an ätherlöslichem Mg stärker als in etiolierten, d. h. unter Lichtentzug gebildeten Blättern (RIESMANN 1930).

Ein Teil des aufgenommenen Mg ist auch im Zellsaft gelöst (60 bis 80% sind mit heißem Wasser extrahierbar), ferner greift Mg wie das K und Ca regulierend in den Quellungs- bzw. den kolloiden Zustand des Plasmas ein. Sehr wichtig ist das Mg als Bestandteil sowie als Aktivator (Beeinflussung der Plasmakolloide) von Fermentsystemen, z. B. bei der Coenzymase bei der Phosphorylierung. Mg aktiviert zwei Peptidasen, Enzyme des Tricarbonsäurecyclus, verschiedenen Phosphorasen (Phosphokinasen, Phosphotransferasen, Pyrophosphorylase, Phosphatesterdehydrogenase, Phosphomutasen) (HEWITT 1958). Man findet daher im Samen immer mehr Mg als Ca, hier ist Mg für die Bildung von Speicherstoffen sehr wichtig.

Mg muß als Aktivator von Fermentsystemen immer in höheren Konzentrationen vorhanden sein als z. B. das Mn, dem bei verhältnismäßig geringer Konzentration ähnliche aktivierende Funktionen zukommen, bzw. die optimale Konzentration für diese Aktivierung liegt beim Mg weit höher als bei anderen Elementen, die ebenfalls Fermente aktivieren bzw. als Fermentbestandteile wirksam sind.

Literatur

ACKER, L., und G. ERNST: Über das Vorkommen eines phosphatidspaltenden Ferments in Cerealien. Biochem. Z. **325**, 253–257 (1957). — ALBERT, U., und K. OHKI: Chlorine, bromine and sodium as nutrients for sugar beet plants. Plant Physiol. **31**, 171–181 (1956). — ALLEN, A. W., und D. J. ARNON: Studies on nitrogen fixing blue green algae. Physiol. Plant., Kopenhagen, **8**, 653–660 (1955). — ARNON, D. J.: A memorandum regarding nomenclature. Lotsya **3**, 31 (1950).

BEHRENS, W. U.: Die Rolle der Phosphorsäure im Energieumsatz der Pflanze. Kali-Briefe, Fachgeb. 2, 12. Folge (1959). — BERGER, X.: Der Kaliumstoffwechsel der Pflanzen. In: Kalium-Symposium. Internat. Kaliinstitut, Bern 1954. — BIDULPH, O., S. BIDULPH und R. CORRY: Translocation of Ca of bean plants. Plant Physiol. **33**, 233 (1958). — BÖNING, K.: Versuche einer Einteilung der lebenswichtigen Elemente der Pflanzenernährung auf Grund ihrer Stellung im Cyclisch-periodischen System. Z. Pflanzenbau Pflanzenschutz **2**, 1–21 (1951).

CALVIN, M.: Der Photosynthese-Cyclus. Angew. Chem. **68**, 253–264 (1956). — CAROLUS, R. L.: Effect of certain ions used single and in combination on the growth and K, Ca and Mg absorption of the bean plant. Plant Physiol. **13**, 349–363 (1938). —

Conwey, E. T.: Mean losses of Na, Ca etca in one weathering Cycle and potassium removal from the ocean. Amer. J. Sci. **243** (1945).

Dimroth, K., und L. Jaenicke: Serin als Partner bei der Biosynthese der Pürine von Nucleinsäuren. Naturwiss. **39**, **134** (1952).

Enzmann, J.: Der Einfluß des Kalkes auf die relative Transpiration der Gerste. Wiss. Z., Univ. Leipzig, 1–76 (1951/52).

Frey-Wyssling, A.: Stoffwechsel der Pflanzen. Zürich: Büchergilde Gutenberg. 1949. — Fowden, L.: Amino acids of plants with special reference to recently discovered acids. Utilization of Na and its compounds by plants. Cambridge: University Press. 1959.

Garz, J.: Die phosphathaltigen Substanzen der Beta-Rüben in ihrer Abhängigkeit von der P- und N-Ernährung. Thaer-Arch. **4**, 436–449 (1960). — Beziehungen zwischen N-Ernährung und Phosphatstoffwechsel des Tabaks. Flora **148**, 112–117 (1959). — Geilmann, W., K. Beyermann, K. H. Neeb und R. Neeb: Thallium, ein regelmäßig vorhandenes Spurenelement im tierischen und pflanzlichen Organismus. Biochem. Z. **333**, 62–70 (1960).

Hershey, A. D., und M. Chase: Die voneinander unabhängigen Funktionen von Virus-Protein und Nucleinsäuren beim Wachstum von Bakteriophagen. J. Gen. Physiol., Baltimore, **36**, 39 (1952). — Hewitt, E. T.: The role of mineral elements in the activity of plant enzyme systems. In: W. Ruhland (Herausg.), Handbuch der Pflanzenphysiologie, Bd. IV. Berlin-Göttingen-Heidelberg: Springer. 1958. — Hoffmann-Ostenhof, O., und W. Weigert: Über die mögliche Funktion des polymeren Metaphosphates als Speicher energiereichen Phosphates in der Hefe. Naturwiss. **39**, 303 (1952). — Homès, M. V.: L'alimentation minérale des plantes et le problème des engrais chimiques. Liège: Editions Sciences et Lettres; Paris: Masson. 1953.

Ilyin, W. S.: Zusammensetzung der Salze in der Pflanze auf verschiedenen Standorten, Kalkpflanzen. Beih. Bot. Zbl. **50**, Abt. I, 55–137 (1933).

Jakob, A.: Magnesia, der fünfte Pflanzenhauptnährstoff. Stuttgart: F. Enke. 1955.

Kalthofen, H.: Über den Begriff der aufnehmbaren Nährstoffmenge. Z. Acker- u. Pflanzenbau **102**, 165–82 (1956). Ref.: Landwirtsch. Zbl., Abt. II, 1282 (1957). — Kawraisski, F.: Zu den Ursachen der ungleichen Bedeutung der einzelnen Elemente für das Pflanzenleben (russ.). Pflanzenphysiologie **4**, 372–77 (1957); Ref.: Landwirtsch. Zbl., Abt. II, 1635 (1959). — Kennedy, J., und R. Sidney: The influence of magnesium deficiency, chlorophyll concentration and heat treatments on the rate of photosynthesis. Amer. J. Bot. **27**, 68–73 (1940). — Kjeer, A.: Secondary organic sulfur compounds. In: W. Ruhland (Herausg.), Handbuch der Pflanzenphysiologie, Bd. IX. Berlin-Göttingen-Heidelberg: Springer. 1958. — Kick, H., und E. Grosse-Brauckmann: Über die Konstruktion eines Vegetationsgefäßes aus Kunststoff. Z. Pflanzenernähr., Düng., Bodenkde. **95**, 52–53 (1961). — Kostyschew, S., und V. Berg: Die Form der Ca-Verbindungen im lebenden Pflanzengewebe. Planta, Berlin, **8**, 53–67 (1929).

Latzko, E.: Einfluß von Alkalien auf Hexoseabbau, Energiestoffwechsel und Redoxstatus der Pyridinnucleotide in lebenden Hefezellen. Habilitationsschrift, T. H. München, 1962. — Latzko, E., und K. Mechsner: Bedeutung der Alkaliionen bei der Lichtphosphorylierung bei Chlorella vulgarus. Naturwiss. **45**, 247–248 (1958). — Latzko, E.: Zur Rolle des K bei der oxydativen Phosphorylierung. Biochim. Biophys. Acta **47**, 350–357 (1961). — Unterschiedliche Aktivierung des aeroben Phosphatausbaus in der oxydativen Phosphorylierung durch Alkaliionen in Hefezellen. Hoppe-Seylers Z. physiol. Chem. **328**, 131–138 (1962). — Lausch, E.: Untersuchungen über Ca-Rücktransport in höheren Pflanzen. Flora, Jena, **145**, 542–588 (1957/58). — Libbert, E.: Die Wirkung der Alkali- und Erdalkaliionen auf das Wurzelwachstum unter besonderer Berücksichtigung des Ionenantagonismus und seiner Abhängigkeit von Milieufaktoren. Planta, Berlin, **41**, 396 (1953). — Liebig, J. V.: Der chemische Prozeß der Ernährung der Vegetabilien. Braunschweig: Vieweg. 1862. — Lincas, R. E., und G. O. Scarseth: K, Ca and Mg equilibrium in plants. J. Amer. Soc. Agron. **39**, 887–896 (1947). — Lundegårdh, H.: Pflanzenphysiologie. Jena: G. Fischer. 1960. — Loew, O.: Über den Einfluß des Ca auf die physiologische Funktion des Mg. Ernähr. d. Pflanze **27**, 97 (1931). — Lüdecke, H., und I. Paulsen: Über die Funktion des Magnesiums und seine Aufnahme im Verhältnis zu Calcium, Phosphorsäure und Kalium bei der Zuckerrübe. Z. Pflanzenernähr., Düng., Bodenkde. **68**, 240–255 (1955).

Maiwald, K.: Nährstoffaufnahme und Stofferzeugung von Buchweizen. Ein Beitrag zum t-Ertragsgesetz der höheren Pflanze. Z. Pflanzenernähr., Düng., Bodenkde. **17**, 12 (1930). — Mc Evoy, E. T.: Interaction of sodium and potassium on growth and mineral content of flue-cured tobacco. Canad. J. Agric. Sci. **35**, 294 (1955). — Menzel, K., und H. Marschner: Die aktive Ionenaufnahme durch die Pflanzenzelle (Sammelreferat). Z. Pflanzenernähr., Düng., Bodenkde. **100**, 193–207 (1963). — Meyer, R.: Nährstoffgehalt und Nährstoffbedarf. Z. Pflanzenernähr., Düng., Bodenkde. **15**, 101–115 (1930). — MICHAEL, G.: Über die Aufnahme und Verteilung des Mg und dessen Rolle in der höheren Pflanze. Bodenkde. u. Pflanzenernähr. **25**, 65–120 (1941).

OZANNE, R. F., J. T. WOOLLEY und T. C. BROYER: Chlorine and bromine in the nutrition of higher plants. Austral. J. Appl. Sci. **10**, 66–79 (1957). — OVERSTREET, R., und T. C. BROYER: The nature of absorption of radioactive isotopes by living tissues as illustrated by experiments with barley roots. Proc. Nat. Acad. Sci. **26**, 16 (1940).

PINTA, M.: Recherche et dosage des éléments traces. Paris: Dunod. 1962. — PHILLIS, E., und T. G. A. MASON: Further studies on transport in the cotton plant. Ann. Bot. **50**, 1936 (679–697). — PREUSS, H.: Die gegenwärtige Situation der Quantenchemie. Naturwiss. **47**, 241–249 (1960).

RANG, G. G. J.: Interaction in the potassium and sodium absorption by intact mays seedlings. Plant a. Soil **11**, 17–29 (1959). — RANKAMA, K., und TH. G. SALAMA: Geochimistry Chicago. Chicago: University Press. 1950. — RISSMANN, R.: Der Mineralstoffwechsel grüner etiolierter Pflanzen unter besonderer Berücksichtigung des Mg-Gehaltes und der Chlorophyllbildung. Planta, Berlin, **9**, 195–245 (1930).

SAALBACH, E., G. K. TUDEL und G. KESSEN: Über den Einfluß des Sulfatgehaltes im Boden auf die Wirkung einer Schwefeldüngung. Z. Pflanzenernähr., Düng., Bodenkde. **99**, 177–182 (1962). — SAALBACH, E.: Untersuchungen über die Bestimmung des Gehaltes an pflanzenverfügbarem Schwefel im Boden. Landwirtsch. Forsch. **15**, 6–15 (1962). — SAMANIEGO, R.: Die Aufnahme von Sr durch Rotklee (Trifolium pratense) und Serradella (Ornithopus sadivus) unter dem Einfluß verschiedener Ca-Verbindungen und mineralischer Düngemittel. Dissertation, Universität Bonn, 1960. — SCHARRER, K., und R. BÜRKE: Der Einfluß auf die Provitamin A- (Carotin-) Bildung in landwirtschaftlichen Nutzpflanzen. Z. Pflanzenernähr., Düng., Bodenkde. **62**, 244–262 (1953). — SCHIBLER, J. J.: Lehrbuch der Agrikulturchemie. Aarau: J. J. Christen. 1864. — SCHMEHL, W. R., M. PEECH und R. BRADFIELD: Influence of soil acidity on absorption of Ca by Alfalfa as revealed by ^{45}Ca. Soil Sci., Baltimore, **73**, 11–21 (1952). — SCHMIDT, O.: Mineralstoffaufnahme der Pflanzen als Funktion einer Wechselbeziehung zwischen inneren und äußeren Faktoren. Z. Bot. **30**, 288–334 (1936). — SCHOLZ, W.: Über die praktische Bedeutung der sogenannten Harmonie der Nährstoffe. Z. Pflanzenernähr., Düng., Bodenkde. **38**, 340–354 (1935). — SCHULZE, H.: Über ein neues periodisches System der Elemente. Naturwiss. **32**, 58–59 (1944). — SESTINI, F.: Beziehungen zwischen Atomgewicht und physiologischer Funktion der chemischen Elemente. Studi e ricerche institutio nel laboratoria di chimica agraria di Pisa 6. Gaz. chim. Ital. **15**, 107–109 (1885) ref. in Ber. Dt. chem. Ges. **18**, 475–476 (1885). — STINDT, H.: Der Einfluß der Kalkung auf die Löslichkeit und Pflanzenverfügbarkeit des Bors in sauren Böden. Dissertation, Bonn, 1956. — STOHMANN, F., und B. KERL: Enzyklopädisches Handbuch der technischen Chemie, Bd. 2. Leipzig: Vieweg. 1889. — STOLL, A., und E. SEEBECK: Chemical investigations on aliin, the specific principle of garlic. Adv. Enzymol. **11**, 377–400 (1951). — STOUT, P. R., und D. R. HOGELAND: Upward and lateral movement of salt in certain plants as indicated by radioactive isotopes of potassium, sodium and phosphorus adsorbed by roots. Amer. J. Bot. **26**, 320 (1939). — STRASSBURGER, E., F. NOLL und H. SCHENCK: Lehrbuch der Botanik für Hochschulen, 19. Aufl. Jena: G. Fischer. 1936.

Thallium als Spurenelement. Biochem. Z. **333**, 62 (1960). — THATCHER, R. W.: A proposed classification of the chemical elements with respect to their function in plant nutrition. Science, New York, **79**, 463–466 (1934). — THOMAS, M. D., R. H. HENDRICKS und G. R. HILL: Study of sulfur metabolism of wheat, barley and corn, using radioactive S. Plant Physiol. **19**, 227–244 (1944). — TIMASCHOW, N. D.: Der Einfluß der Spurenelemente Cu und Co auf den Nucleinsäuregehalt der Kartoffelblätter (russ.). Ber. Akad. Wiss. UdSSR **119**, 1244–46 (1958); Ref.: Landwirtsch. Zbl., Abt. II, 514 (1959). — TIMM, B.: 50 Jahre Ammoniaksynthese. Chem. Techn. **35**, 817–823 (1963). — TUCKER, T. C., und F. W. SMITH: The influence of applied boron magnesium and potassium on the growth and chemical composition of red clover grown under greenhouse condition. Proc. Soil Sci. Soc. Amer. **16**, 252–253 (1952).

VERONA, O., und J. STEPHANELLI: A brief note on the effect of sodium in plant nutrition (Preliminary trials with spinach and tobacco). Soils a. Fertil. **15**, **43** (1952). — VIETS, F. G.: Calcium and other polyvalent cations as accelerators of ion accumulation by excised barley roots. Plant Physiol. **19**, 466–468 (1944). — VIRTANEN, A.: Atmosphärischer N als Aufrechterhalter des Lebens auf der Erde. Angew. Chem. **65**, 1 (1953).

WOLLGIEHN, R.: Untersuchungen über den Zusammenhang zwischen Nucleinsäuren und Eiweißstoffwechsel in reifendem Samen. Flora **148**, 479–483 (1959).

YORK, E. T., R. BRADFIELD und M. PEECH: Ca—K Interactions in Soils and Plants. II. Reciprocal relationship between Ca and K in plants. Soil Sci., Baltimore, **76**, 481 (1953).

b) Spurennährstoffe

Wie oben erwähnt, gelten nach dem heutigen Stand des Wissens über die physiologische Funktion zahlreicher Elemente, die ihrer Menge nach als Spurenelemente in Pflanzen gefunden werden, mit Sicherheit nur Eisen, Mangan, Kupfer, Zink, Molybdän und Bor als unentbehrliche Elemente, und daher als eigentliche Spurennährelemente (Tab. 42). Ob ein Element als Spurenelement anzusehen ist,

Tabelle 42

Element	Atomgewicht[1]	Ordnungszahl	Massenzahl der natürlichen Isotope	% Häufigkeit im natürlichen Isotopengemisch	Anteil in Gew.-% in der festen, flüssigen und gasförmigen Erdrinde
B	10,811	5	10	19,6	$0{,}14 \cdot 10^{-2}$
			11	80,4	
Mn	54,94	25	55	100	$0{,}85 \cdot 10^{-1}$
Fe	55,847	26	54	5,81	4,7
			56	91,6	
			57	2,21	
			58	0,34	
Cu	63,54	29	63	68,9	$0{,}1 \cdot 10^{-1}$
			65	31,1	
Zn	65,38	30	64	48,9	$0{,}2 \cdot 10^{-1}$
			66	27,8	
			67	4,07	
			68	18,6	
			70	0,62	
Mo	95,95	42	92	15,8	$0{,}72 \cdot 10^{-3}$
			94	9,0	
			95	15,7	
			96	16,5	
			97	9,5	
			98	23,8	
			100	9,6	

[1] Bezogen auf die relative Atommasse des ^{12}C-Isotopes.

kann davon abhängen, ob man sein Vorkommen in der Größenordnung < 100 mg/kg nur auf gewisse Stoffgruppen oder Organe der Pflanze oder auf die gesamte Masse einer Pflanze beziehen will. Sie sind der Menge nach als Bestandteile am Aufbau der pflanzlichen Masse kaum beteiligt, dagegen aber als wichtige Komponenten zahlreicher biochemischer Aktivatoren (z. B. der Fermente) besonders im Stoffwechselgeschehen nötig. Als kationische Spurennährstoffe fungieren Kupfer, Mangan, Zink und als anionische das Bor und das Molybdän. Man muß auch hier bei der Begriffsfestlegung unterschieden zwischen der Form, in der ein Element in der Pflanze wirksam ist, d. h. von seiner Bindungsform, die seinen eigentlichen Nährstoffcharakter ausmacht, und der bloßen Aufzählung oder Angabe eines Elementes ohne näheren Hinweis, ob es etwa als Ion oder in spezieller Bindung vorliege oder gar als chemisch nicht gebundenes elektrisch neutrales Atom, was in Pflanzen äußerst selten sein dürfte. Angesichts der wachsenden Kenntnisse von der Bedeutung der Spurenelemente für die Kulturpflanzen und schließlich auch für Tier und Mensch hat man in den letzten Jahren fast überall in der Welt das Vorkommen von Spurenelementen in Böden in Abhängigkeit von bodenbildendem Material, Bodentyp und geologischer Herkunft der Böden untersucht (WINOGRADOW 1958, SCHLICHTING 1962) und Methoden zur Kennzeichnung der Pflanzenverfügbarkeit entwickelt. Nicht sicher entschieden ist die Unentbehrlichkeit bei den zahlreichen anderen, oben nicht aufgezählten Elementen, deren Vorkommen in Pflanzen häufig auch von den Zufälligkeiten des Standorts bestimmt wird.

Mit neueren Methoden der analytischen Chemie, z. B. der Aktivierungsanalyse und der Röntgenfluoreszenzspektroskopie, lassen sich in Pflanzen zahlreiche Elemente feststellen. Es werden 60 verschiedene vermutlich meist entbehrliche angegeben (GIRARDI und Mitarbeiter 1967), deren Funktion in der lebenden Zelle noch ungeklärt ist (Tab. 43). Entscheidend bei diesen Elementen scheint ihre auf Grund

Tabelle 43. *Durch Aktivierungsanalyse nachweisbare Elemente in Kohlblättern* (GIRARDI und Mitarbeiter 1967) Angabe in mg/kg

Rb	57,5 ± 1,5	Ti	< 600	Al	41 ± 2
Cs	< 0,06	Zr	< 20	Ga	< 30
Sr	76 ± 0,3	Hf	< 0,07	In	< 0,3
Ba	< 40	V	< 1,5	Ge	< 260
La	< 0,20	Ta	< 0,1	Sn	< 30
Ce	< 0,9	Cr	< 0,7	Te	< 1,1
Pr	< 0,29	Mo	< 40[1]	Se	< 0,5
Nd	< 1,9	W	< 2,5	As	< 2,2
Sm	< 1,3	Mn	17,5 ± 0,6	Sb	< 0,2
Eu	< 0,007	Re	< 0,3	Br	24,9 ± 1
Gd	< 2	Fe	113	J	< 0,6
Tb	< 0,03	Ru	< 1		
Dy	< 0,7	Os	< 0,25		
Ho	< 0,07	Co	0,06 ± 0,003		
Er	< 1,1	Ir	0,0066		
Tm	< 0,1	Ni	< 4000[1]		
Yb	< 0,1	Pt	< 300[1]		
Lu	< 0,03	Cu	< 30		
		Ag	0,5 ± 0,04		
		Au	< 0,003		
		Zn	< 37 ± 3		
		Cd	< 3		
		Hg	< 0,1		

[1] Diese Angaben dürften fehlerhaft bzw. methodisch bedingt sein.

ihres Atombaues vorhandene Fähigkeit zu sein, mehrere Wertigkeitsstufen anzunehmen und auf diese Weise bei Oxydations- und Reduktionsvorgängen beim Elektronentransfer mitzuwirken. Auch von den bisher als entbehrlich angesehenen Elementen haben verschiedene diese Eigenschaft und wirken auch auf den Stoffwechsel ein, vor allem erkennbar in einer toxischen Wirkung schon bei geringer Überdosierung, die übrigens auch bei den als unentbehrlich angesehenen Elementen ebenso toxisch werden kann. Aus der toxischen Wirkung bei Überdosierung eines Elementes läßt sich jedoch keineswegs ableiten, daß es in geringerer Konzentration unbedingt nötig ist, aber sein Eingreifen in den Stoffwechsel ist sicher anzunehmen. Möglicherweise können manche Elemente andere Spurennährstoffe in Teilfunktionen ersetzen oder vertreten. Wenig bekannt ist z. B. auch die Bedeutung der Lanthaniden und Actiniden, die sich im chemischen Verhalten kaum oder nur sehr wenig voneinander unterscheiden. Obwohl das Cer mit der Ordnungszahl 58 biotisch wirksam zu sein scheint, ist von den Elementen der Ordnungszahlen 59 bis 71, deren O- und P-Elektronenschalen denen des Cers entsprechen, keine spezifische Funktion bekannt. Vereinzelte Beobachtungen sprechen dafür, daß auch verschiedene andere Schwermetalle, wie z. B. das Kobalt, Vanadium, Chrom, Nickel, ferner das Selen zu den für die Pflanze unentbehrlichen Elementen zu zählen sind. Bei einigen Mengenelementen, wie Chlor, Silicium, Natrium, wird vermutet, daß sie in geringen Spuren benötigt werden. Bei diesen drei Elementen ist dies allerdings praktisch von geringer Bedeutung, weil sie überall in verhältnismäßig großen Mengen vorkommen und in der Größenordnung der Spurenelemente in der Natur fast allgegenwärtig sind. Da als Spurenelemente in Boden und Pflanze nur solche gelten, die in geringeren Konzentrationen als das Eisen vorkommen — im allgemeinen weniger als 100 mg/kg Trockenmasse —, kann man annehmen, daß das Eisen in bezug auf seine Konzentration in den Pflanzen gleichsam an der oberen Grenze der Spurenelemente steht.

Hinsichtlich der biologischen Wirksamkeit einzelner Spurenelemente sei besonders erwähnt, daß die als Metallionen vorkommenden Spurenelemente sich durch ausgeprägtere Affinität zur Bindung in sogenannte „Bioliganden" auszeichnen. Auch spielt die Bindung in sogenannten Chelaten (Chelonate) eine große Rolle. Dieses sind Verbindungen, die direkt oder nach Verlust von Protonen mit einem geeigneten Metallion an mehr als einem Punkt verbunden sind. Die physiologische Bedeutung solcher Verbindungen bzw. der einzelnen Spurenelemente ist an anderer Stelle ausführlich beschrieben. Hier soll daher nur in aller Kürze auf das Vorkommen und die Verfügbarkeit von B, Mo, Cu, Mn und Zn hingewiesen werden.

1. Bor

Vorkommen im Boden. Das Bor findet sich infolge des B-Gehaltes des Meerwassers (6 bis 10 mg B/l) in Meeressedimenten und den daraus gebildeten Gesteinen bis zu 100 mg B/kg, während in den magnatischen Gesteinen nur 1,5 bis 3 mg B/kg vorkommen (HASLER 1942). Borhaltige Minerale sind: Turmaline (2,49 bis 3,73% B), die in fast allen SiO_2-reichen Tiefengesteinen und in Sedimenten vorkommen. Andere, wie Borazit, Borocalcit, Colemanit, Datolith, sind dagegen weniger verbreitet. In den Turmalinen ist das Bor allerdings sehr fest gebunden und für die Pflanzen schwer verfügbar. In der organischen Masse des Bodens kann das Boration sich mit OH-Gruppen verestern und auf diese Weise zunächst ziemlich fest komplex gebunden werden und ist dann den Pflanzen nur sehr schwer zugänglich. Auch kann das Boration eine sorptive Bindung an Tonmineralien und eine komplexe Bindung an Sesquioxide eingehen.

In Kalkgestein verschiedener Herkunft fanden SCHACHTSCHABEL und SCHRÖDER (1953) zwischen 3 und 27 mg Bor/kg (Probe bei 600° C geglüht und in 20% HCl gelöst). Kalkgestein aus der oberen Kreide (Turon/Cenoman) enthielt 7 bis 10mg B/kg, Korallenoolith des Oberen Jura 7 bis 15 mg, Kimmeridge des Harz 14 bis 27 mg, während Oberer Muschelkalk und Zechstein nur 3 bis 7 mg und devonische Kalke nur um 3 mg je kg enthielten. STINDT (1956) gibt in einigen deutschen Böden folgende Gesamtgehalte an Bor an (Tab. 44).

Tabelle 44. *Borgehalte deutscher Böden*

Heidesand (Oldenburg)	16,6 mg/kg
Stark humoser sandiger Lehm (Bonn)	37,6 mg/kg
Lößlehm (Hetzerath, Mosel)	39,4 mg/kg
Niedermoor (Brenig, Rheinland)	34,6 mg/kg
Sand (Bonn)	14,4 mg/kg

Bei 50 verschiedenen Böden aus ganz Ägypten lagen die Gehalte an Gesamtbor zwischen 17 und 133 mg/kg Boden, wobei Böden mit hohen Salzgehalten im allgemeinen am meisten B enthielten (KICK 1963).

Verfügbarkeit. Als pflanzenverfügbar gelten etwa 2 bis 3% des in den Böden vorhandenen Gesamtbors, allerdings abhängig auch vom pH-Wert — steigendes pH vermindert die Verfügbarkeit — und der Gegenwart von Erdkalicarbonaten, Sesquioxiden und Bindung an die organische Masse. Als bester Indikator für das pflanzenverfügbare Bor gilt das heißwasserlösliche Bor nach BERGER und TRUOG. 0,3 mg/kg ist bei leichteren Böden und 0,6 mg/kg bei schwereren Böden ausreichend (SCHACHTSCHABEL 1955, WEAR und Mitarbeiter 1962, STINDT 1956, LEHR 1962). Bei mehr als 1,2 mg heißwasserlöslichem Bor je kg Boden können schon Symptome eines Borüberschusses bei borempfindlichen Pflanzen beobachtet werden (LEHR 1962).

2. Molybdän

Vorkommen im Boden. Verhältnismäßig reich an Mo sind — abgesehen von ausgesprochenen Mo-Mineralien — verschiedene Fe-, Cu- und Mn-haltige Mineralien. Hierzu gehören: Chlorite, Glaukonit, Ilmenit, Magnetit, Markasit, Vivianit, Azurit und Pyrolusit. Auch Tonminerale können Mo enthalten (SWALY und PASSEY 1953). Meist liegt das Mo als Mo VI im Molybdat-Ion vor. Die metamorphen Gesteine (Tonschiefer) sind Mo-reicher als Sedimentgesteine (Sand, Kalkstein). Andere Gesteinsarten wechseln je nach Herkunft im Mo-Gehalt sehr stark. Nach GRAHAM (1953) sind stark verwitterte, quarzreiche und feldspatarme Böden auch Mo-arm. Auch enthalten solche Böden wenig Eisen-Magnesium- und Eisen-Calcium-Minerale und wenig verwitterbares Material in der Schwermetallfraktion.

Die Gehalte an Gesamt-Mo in Böden liegen meist bei 1 bis 5 mg/kg Boden (WINOGRADOW 1958). Gehalte über 100 mg/kg sind sehr selten, führen aber dann leicht zu hohen Gehalten in den Pflanzen, die dann Gesundheitsstörungen vornehmlich bei den Rindern verursachen, wie in Kanada, Neuseeland, Amerika und Schweden beobachtet werden konnte. Urgesteinsböden enthalten im allgemeinen genügend Molybdän, dagegen kann auf Böden des Keuper, Muschelkalkes oder Buntsandsteins auch auf Lößböden Mo-Mangel auftreten (TROBISCH 1962). Auch Podsolböden sind häufig Mo-arm (DOBRICKAJA 1964).

Die Verfügbarkeit des Mo hängt sehr stark von der Bodenreaktion ab. Mit Fe^{III}- und Al^{III}-Ionen bildet das MoO_4-Ion schwerlösliche Molybdate, während Erdalkali- und Alkalimolybdate löslicher sind. Das ist wohl die Hauptursache dafür, daß das Mo in stark sauren Böden, z. B. Hochmooren und pleistozänen Sanden, Böden mit Raseneisenstein und anmoorigen sauren Sandböden schlecht verfügbar, bei pH-Werten über 6 jedoch zunehmend besser verfügbar wird. Aber auch auf Muschelkalk-Verwitterungsböden und degradierten Lößböden wurde Mo-Mangel beobachtet (BRANDENBURG 1961). Mo liegt wahrscheinlich auch in adsorptiver Bindung an Tonminerale, Hydroxidgele und Huminstoffe vor.

Man benutzt zur Bestimmung der Mo-Verfügbarkeit den Wasserauszug, meist aber den Auszug mit einer 0,275-m-Lösung von Ammoniumoxalat + Oxalsäure (pH 3,3) nach GRIGG (1953), wobei Mo-Gehalte von weniger als 0,15 bis 0,20 mg/kg bei pH-Werten unter 6 Verdacht auf Mo-Mangel anzeigen, bei höheren pH-Werten liegt die Grenze bei 0,1 mg/kg. Auch die Aspergillusmethode ist brauchbar. Der Grenzwert für beginnenden Mangel liegt für pH 5 des Bodens bei 0,10 mg, für pH 6 bei 0,06 mg und für pH 7 bei 0,02 mg/kg Boden (YATAZAWA und Mitarbeiter 1965).

LOWE und MASSEY (1965) schlagen die Bestimmung des heißwasserlöslichen Molybdäns vor (25 g Boden/125 ml H_2O) und finden für Kulturböden eine gute Korrelation zur Aufnahme durch Pflanzen.

3. Kupfer

Vorkommen. Man findet Kupfer als Vertreter des Calciums und Natriums in den Mineralien Plagioklas, Apatit, Granat und Dolomit, ferner in Olivin, Pyroxenen, Amphibolen und Biotit (Stahlberg 1956). Ferner kommt es in Böden vor als basisches Kupfercarbonat und -Sulfid, aber auch sorbiert und komplex gebunden in den Humusstoffen des Bodens. Nach Schnitzer und Skinner (1965) wird offenbar Kupfer, wie übrigens Eisen und Aluminium, auch durch phenolische und alkoholische OH-Gruppen sowie durch Carboxyl-Gruppen gebunden. Die Stabilität von Komplexen dieser Metalle mit Fulvosäuren ist bei Kupfer am größten, danach beim Eisen und am geringsten beim Zink (Schnitzer und Skinner 1966). Schachtschabel und Schroeder (1953) fanden in Kalksteinen verschiedenster Herkunft Kupfergehalte von geringen Spuren beginnend bis zu 17 mg/kg; nur in einem Falle von 28 Proben waren 96,6 mg gefunden worden. Granite und Gneise des Schwarzwaldes enthalten 0,9 bis 10,3 mg Kupfer je kg (Tätigkeitsbericht der Landwirtschaftlichen Untersuchungs- und Forschungsanstalt Augustenberg 1958/1961).

Es liegen zahlreiche Untersuchungen über die Gesamtkupfergehalte des Bodens vor. Sie liegen in der Größenordnung von Spuren bis 50 mg/kg. Auch Sedimente in Gewässern können Kupfergehalte bis zu 100 mg/kg enthalten, in der neueren Zeit häufig bedingt durch einlaufende Abwässer (Kick 1967). Für Moostorf wurden Mengen von 5 bis 5,6 mg und bei Heidesanden bis zu 52 mg/kg gefunden (Hoffmann 1952). In Schwarzerdeböden fanden Dobroljubskaj und Mitarbeiter (1966) 10 bis 43 mg Cu/kg, wovon 10 bis 25% als verfügbar angegeben werden. Sandige Schwarzerden enthielten am wenigsten Kupfer. Verhältnismäßig arm an Kupfer sind Podsole. Im Auswaschungshorizont dagegen findet man eine Anreicherung im Bh- und Bs-Horizont. Podsole haben aus litho- und pedogenen Ursachen geringe Kupfervorräte und gelten als Mangelstandorte. Kupfer ist in der Tonfraktion pleistozäner Sedimente angereichert. Daher sind Böden aus Mergel und Lehmböden Cu-reicher als Sandböden. Die Kupfergehalten können durch langjährige Anwendung von kupferhaltigen Pflanzenschutzmitteln in Weinbergböden sehr hoch sein. Delas und Mitarbeiter (1960) fanden zwischen 234 und 845 mg Cu/kg Boden. Bei diesen Mengen treten bei manchen Pflanzen bereits Schäden auf.

Verfügbarkeit. Nach Ytazawa (1965) liegt der Grenzwert für das pflanzenverfügbare Kupfer nach der Aspergillus-Methode bei 0,5 mg/kg. Dieser Wert ist allerdings abhängig vom C-Gehalt des Bodens und steigt mit diesem an. Kupfer wird in Schwarzerden infolge ihres verhältnismäßig hohen Humus- und Carbonat-Gehaltes stärker sorbiert als in Lateriten und sandigen Lehmen. Der Anteil des im Boden sorbierten und austauschbaren Kupfers ist verhältnismäßig gering und daher ist auch die Verlagerung oder Auswaschung des Kupfers aus Böden unbedeutend.

Die Kupferverfügbarkeit wird zwar durch die Gegenwart organischer Masse und Calciumcarbonat bzw. hohen pH-Wert beeinflußt, im allgemeinen geht sie besonders bei starker Kalkung zurück. Trotzdem ist die Verfügbarkeit des Kupfers nicht immer sehr deutlich abhängig vom Gehalt der Böden an kohlensaurem Kalk und an organischer Masse. Für die Beurteilung des Kupferversorgungsgrades wird neben mikrobiologischen Methoden meist die Extraktion mit 0,5 normaler HNO_3 (Westerhoff 1954) und auch mit EDTA benützt. Als Kupfermangel gilt bei der Beurteilung nach Westerhoff für Sandböden ein Gehalt von weniger als 2 mg Kupfer je kg Boden und bei Lehm- und Tonböden weniger als 1,5 mg je kg Boden.

4. Zink

Vorkommen im Boden. Zn ist gebunden in Silikaten, z. B. in Hornblende, Olivin, Biotit und Augit, ferner liegt es als Carbonat und Phosphat vor. Nur wenige Prozente des Gesamt-Zink sind austauschbar. Auch in der organischen Masse wird es vermutlich in Komplexbindung festgelegt, wenigstens sind humusreiche Böden auch Zn-reich.

Die Zinkgehalte in Böden sind im Durchschnitt weit höher als die Mo- und B-Gehalte. Mitbestimmend ist die geologische Herkunft des bodenbildenden Materials, wie das Beispiel einiger deutscher (Tab. 45) Böden zeigt (GEILMANN und NEEB 1954):

Tabelle 45. *Zinkgehalte deutscher Böden*

Bodenbildende Formation	*mg Zn/kg Boden*
Diabas	120—121
Unterer Keuper	54—92
Lößoberboden	50—62
Rotliegendes	62
Devonischer Tonschiefer	86
Tertiärer Muschelkalk	80—90
Hunsrückschiefer	115

In bulgarischen Böden wurden im obersten Bodenhorizont 3,8 bis 12,5 mg Zn/kg festgestellt. Das bewegliche Zink nach BARON macht hier 0,36 bis 1,58% des Gesamt-Zn aus (PENEVA und Mitarbeiter 1965).

Zinkgehalte von Böden des Punjab liegen bei 18 bis 97,5 mg/kg (RANDHAWA und Mitarbeiter 1964).

In ägyptischen Böden fand KICK (1963) in leichten Sandböden 1,6 bis 4 mg, auf den schwereren Böden des Nildeltas und Niltales um 20 bis 80 mg in 10% HCl lösliches Zink.

In indischen Böden (GUJARAT und SAURASTHRA) und westpakistanischen Böden wurden ebenfalls Gehalte von 20 bis 95 bzw. 15 bis 87 mg/kg Boden gefunden (WAHAB und BATTHI 1958, NAI und METHA 1959).

In Sedimenten des Bodensees kommen ebenfalls Zn-Gehalte von 10 bis 100 mg/kg in der Trockenmasse vor (KICK 1967). SCHACHTSCHABEL und SCHRÖDER (1953) finden in Kalkstein Kreide Oberer Jura 11 bis 33 mg und im oberen Muschelkalk 33 bis 466 mg Zn/kg, in devonischen Kalken 16 bis 31 mg/kg.

Die Verfügbarkeit des Zinks wird besonders mit der Aspergillusmethode bestimmt. Nach MARTENS und Mitarbeiter (1964) liegt der Korrelationskoeffizient für die Beziehung zwischen dem Zn-Gehalt nach der Aspergillusmethode und der Aufnahme durch die Pflanzen bei +0,780, wenn man bei der Auswertung den pH-Wert und Tongehalt des Bodens berücksichtigt.

Als untersten Grenzwert für eine ausreichende Zn-Versorgung gibt JATAZAWO und TANAKA (1965) nach der Aspergillusmethode 2,5 mg/kg Boden an. Dieser Grenzwert wird bei steigendem pH-Wert höher, d. h. die Verfügbarkeit nimmt ab. Bei hohen Kalk- und Phosphatgaben geht die Zn-Verfügbarkeit für die Pflanzen zurück (BROWN und Mitarbeiter 1964, ROSCOE und Mitarbeiter 1964), wenn nicht gleichzeitig der Zn-Gehalt erhöht wird. In entsprechender Weise steigt die Löslichkeit des Zn im Boden, sobald auch die H-Ionenkonzentration steigt.

Neben der Aspergillusmethode wird die Verfügbarkeit des Zn auch mit Acetatpuffer von pH 4 sowie mit 0,1 n HCl bestimmt, auch scheint die Extraktion den Zn mit EDTA und Dithizon vorteilhaft zu sein. STEWART und BERGER (1965) schlagen 2 n Mg Cl_2 Lösung als Extraktmittel vor und finden gute Korrelationen zur Zn-Aufnahme durch die Pflanzen.

5. Mangan

Vorkommen im Boden. Mangan kommt im allgemeinen in den Böden in verhältnismäßig großen Mengen vor und ist in zahlreichen Mineralien (Plagioklas, Apatit, Dolomit) als Vertreter von Calcium und Natrium enthalten. Außerdem findet es sich als zweiwertiges Mangan in Olivin, in Amphibolen und Pyroxenen, wo es das Eisen und Magnesium isomorph ersetzen kann. Auch in Augiten und Hornblenden findet sich das zweiwertige Mangan. Nach FINK (1956) findet man das Mangan im Boden als Mangan-Aquooxide, schwerlösliche Mangansalze, z. B. Carbonate, Phosphate und Silikate, ferner Mangan in organischer Bindung und schließlich als zweiwertiges Ion an den Umtauschkomplexen. Das zweiwertige Mangan ist am beweglichsten und wird daher durch Verlagerungsvorgänge im Profil und durch Auswaschung am ehesten erfaßt. Nach SCHACHTSCHABEL und SCHROEDER (1953) liegen die Gehalte bei 28 verschiedenen Kalkgesteinen zwischen 96 und 767 mg Mn/kg. GISIGER (1952) fand in Gesteinen, die in Tab. 46

Tabelle 46. *Mangangehalte verschiedener Gesteine in ppm*

Untere Süßwassermolasse	80—1100 ppm
Tertiäre Tone	160—800 ppm
Kalkstein der Effinger Schichten	80 ppm
Oberer Dogger	Spuren
Schrattenkalk	160 ppm
Gneis	320 ppm
Granit	400 ppm
Lamporphyre (Aaremassiv)	1600 ppm
Basalt (Hegau)	3500 ppm
Sodalith (Hegau)	1900 ppm
Phonolith (Hegau)	3600 ppm

angegebenen Mengen. GONZALES GARCIA und Mitarbeiter (1960) fanden in der leichten Sandfraktion von Böden 25 bis 140 mg Gesamtmangan je kg, in der schweren Sandfraktion 4000 bis 10000. Kalkhaltige Roterde und Terrarossa enthielten 375 bis 550 mg/kg. Limonit, Hornblende, Magnetit, Hämatit und Granat enthielten bis zu 12500 mg Mn/kg. 74 Oberbodenproben aus Indien (Bihar) mit pH-Werten von 7,5 bis 8,7 und 2,0 bis 3,3% Calciumcarbonat enthielten 8,6 bis 566 mg Gesamtmangan/kg, der Gehalt an austauschbarem Mangan lag bei 3,4 bis 17,7 mg/kg, der Gehalt an wasserlöslichem Mangan bei 0,2 bis 0,6, an reduzierbarem Mangan bei 55 bis 368 und an aktivem Mangan bei 72,9 bis 372,6 mg/kg. Die beiden Fraktionen „aktives“ und „reduzierbares“ Mangan sind hier praktisch gleich groß. Je mehr Ton die Böden enthalten, um so höher sind auch die Mangan-Gehalte (PAGE und Mitarbeiter 1962). In 160 finnischen Mineralböden waren die Gehalte an Mangan, Kupfer, Kobalt, Zink und Nickel um so geringer, je gröber ihre Textur war. Mit zunehmendem Gehalt an organischer Masse von 5 bis 15% fiel auch der Gehalt an diesen Elementen (SILLANPÄÄ 1962).

Die Verfügbarkeit des Mangan hängt ab vom pH und vom Redoxpotential des Bodens, weil dadurch das Gleichgewicht zwischen dem 4-, 3- und dem für Pflanzen zugänglichen 2wertigen Mangan bestimmt wird. Hohe Feuchtigkeit im Boden und saure Bodenreaktion verschieben dieses Gleichgewicht zugunsten der 2wertigen und löslichen Mangan-Verbindungen, Austrocknung des Bodens und Verschiebung des pH-Wertes nach der basischen Seite begünstigen die Bildung höherwertiger Mangan-Verbindungen, die schwer- oder unlöslich sind. Auch reduzierende und oxydierende Mikroorganismen greifen besonders bei Zufuhr leicht abbaubarer organischer Stoffe in diese Zusammenhänge ein. Daher sind der pH-Wert, der Gehalt an aktivem Mangan (austauschbares und leicht reduzierbares Mn) sowie in geringem Umfange auch das austauschbare Calcium für die Beurteilung der Mangan-Verfügbarkeit wichtig (FINK 1960). Die Aufnahme von Mangan durch Hafer aus verschiedenen Mangan-Verbindungen nimmt in folgender Reihenfolge zu: Mangandioxid, Manganomanganit, Mangandioxid, Manganit, Hausmannit (PAGE 1962). Nach PAGE (1962) korreliert auch der Gesamtmangan-Gehalt und der Gehalt an wasserlöslichem Mangan sehr gut mit der Mangan-Aufnahme durch Hafer.

Zur Beurteilung der Mangan-Verfügbarkeit benutzt man meistens das sogenannte aktive Mangan, das durch eine Lösung von normalem Magnesiumnitrat und einem Reduktionsmittel (0,2%iges Hydrochinon oder Natriumsulfit) gewonnen wird.

Literatur

BRANDENBURG, E.: Die Symptome des Molybdänmangels an verschiedenen Kulturpflanzen. Z. Pflanzenkrankh. (Pflanzenpath.) Pflanzenschutz **68**, 533—541 (1961). — BROWN, A. L., und J. J. JURINAK: Effect of liming on the availability of zinc and copper. Soil Sci. (Baltimore) **98**, 170–173 (1964).

DELAS, J., J. DELMAS und CHR. DEMIAS: Etude par emploi de cuivre radioactif de diffusibilité du cuivre incorporé depuis 70 ans dans les sols. Compt. Rend. Acad. Agric. France **46**, 574–576 (1960). — DOBRICKAJA, JN. J.: Molybdän in den Böden des Moskauer Gebietes. Pocvovedenie (Moskva) **1964**, 5, 84–95. — DOBROLJUBSKIJ, O. K., und T. M. KOZULJA: Der Gehalt an Kupfer in einigen Schwarzerdeböden und in einigen landwirtschaftlichen Kulturpflanzen der Südukraine, **1966**. Ref. Landwirtsch. Zbl. **1**, 33 (1967).

FINK, A.: Untersuchungen zur Manganversorgung von Feldpflanzen auf einigen Bodentypen Schleswig-Holsteins. Z. Pflanzenernähr., Düng., Bodenkde. **89**, 120–137 (1960).

GEILMANN, W., und R. NEEB: Ein einfaches Verfahren zur Bestimmung des Zinkgehaltes in Böden. Z. Pflanzenernähr., Düng., Bodenkde. **67**, 38–47 (1954). — GIRARDI, E., J. PAULY, E. SABIONI und G. VOS: Elemental analysis of a biological standard reference material by non-destructive methods. A comparison between radioactivation and X-ray fluorescent, spectroscopy. Symposium on Nuclear Activation Techniques in the Life Sciences. Amsterdam, 8–12 May 1967. — GISIGER, L.: Die Manganversorgung des landwirtschaftlich genutzten Bodens der Schweiz. Phosphorsäure **12**, 209–218 (1952). — GONZALEZ, GARCIA F. J., und VELA CARMEN MANZUELOS: Geoquimica, formas y ciclo del manganeso en suelos calizos. II. Relacion del contenido total de manganeso total y caracteres generales de los suelos. Calizos del Valle del Quadalquivir. An. Edaf. Agrobiol. **19**, 591–613 (1960). — GRAHAM, E. R.: Soil mineralogy as an index to the trace element status of some Australian soils. Soil. Sci. (Baltimore) **75**, 333–343 (1953). — GRIGG, J. L.: Determination of available soil molybdenum. New Zealand Soil News **3**, 37–40 (1953).

HASLER, A.: Borgehalt von Böden und Gesteinen. Landw. Jb. Schweiz **56**, 486–498 (1942). — HERMAN, P.: Recherches géochimiques en matière d'agriculture. Rev. Agric. (Bruxelles) **19**, 55–65 (1966). — HOFFMANN, W.: Die Heidemoorkrankheit und die Wirkung des Kupfers als Spurenelement. Landwirtsch. Forsch. **4**, 39–45 (1952).

JATAZAWA, M., und H. TANAKA: Levels of available micronutrient levels in some Japanese soils as measured by Aspergillus niger with special reference to their threshold values. Soil. Sci. Plant. Nutr. (Tokyo) **11**, 157–163 (1965).

KICK, H.: Über den Nährstoffgehalt ägyptischer Böden unter besonderer Berücksichtigung der Spurennährstoffe Cu, Zn und B. Z. Pflanzenernähr., Düng., Bodenkde. **100**, 102–114 (1963). — Chemische Beschaffenheit von Sedimenten des Bodensees. Noch nicht veröffentlicht (1967).

LEHR, J. J.: Der Borversorgungsgrad holländischer Böden. Landw. Forsch. Sonderh. **16**, 72–83 (1962). — LOWE, R. H., und H. F. MASSEY: Hot water extraction for available soil molybdenum. Soil Sci. (Baltimore) **100**, 238–243 (1965).

MARTENS, D. C., G. CHESTERS und J. J. MURDOCK: Available zinc status of Wisconsin soils as determined by Aspergillus niger. Agr. J. (Madison, Wis.) **56**, 262–265 (1964). — MISRA, S. G., und R. C. TIWARI: Effect of fertilizers and pH on retention of copper by soils. J. Indian Soc. Soil Sci. **12**, 289–295 (1965).

NAIR, G. G. K., und B. V. METHA: Status of zinc in soils of Western India. Soil Sci. (Baltimore) 87, 155–159 (1959).

PAGE, E. R.: Studies on soil and plant manganese. III. The availability of higher oxides of manganese to oats. Plant and Soil (The Hague) 16, 99–108 (1962). — PAGE, E. R., E. K. SCHOFFIELD-PALMER und A. J. MCGREGOR: Studies on soil and plant manganese. I. Manganese in soil and its uptake by oats. Plant and Soil (The Hague) 16, 238–246 (1962). — PENEVA, N., und M. KOZUCHAROW: Der Gesamtgehalt an Zink und der Gehalt an beweglichem Zink in den wichtigsten Bodenvarietäten in Bulgarien. Ref. Landwirtsch. Zbl. 11, 2822 (1966).

RANDHAWA, N. S., und J. S. KANWAR: Zinc, copper and cobalt status of Punjab soils. Soil Sci. (Baltimore) 98, 403–407 (1964). — ROSCOE, E., JR., J. F. DAVIS und P. L. THURLOW: Zinc availability in calcareous Michigan soils as influenced by Phosphorous level and temperature. Proc. Soil. Sci. Soc. America 28, 83–86 (1964).

SCHACHTSCHABEL, P., und D. SCHROEDER: Untersuchungen über die Nebenbestandteile von Kalksteinen verschiedener geologischer Herkunft. Z. Pflanzenernähr., Düng., Bodenkde. 63, 193 (1953). — SCHACHTSCHABEL, P.: Der Nährstoffgehalt des idealen Bodens. Landw. Forsch. Sonderh. 50 (1955). — SCHLICHTING, E.: Mikronährstoffe in den Böden Deutschlands. Landw. Forsch. Sonderh. 16, 41–55 (1962). — Schwermetalle in typischen Böden der Moränenlandschaft (insbesondere Kupfer in Podsolen). Z. Pflanzenernähr., Düng., Bodenkde. 110, 93–108 (1965). — SCHNITZLER, M., und S. J. M. SKINNER: Organometallic interactions in soils: 4. carboxyl and hydroxyl groups in organic matter and metal retention. Soil Sci. (Baltimore) 99, 278–284 (1965). — Organo-metallic interactions in soils. 5. Stability constants of Cu^{++}-, Fe^{++}- and Zn^{++}-fulvic acid complexes. Soil Sci. (Baltimore) 102, 361–365 (1966). — SILANPÄÄ, M.: Trace elements in Finnish soils as related to soil texture and organic matter content. J. Sci. agric. Soc. Finland 34, 34–40 (1962). — STAHLBERG, S.: On the occurrence and behaviour of trace elements in soils. Centr. Int. Engr. Chim. 5. An. Gen. 79–91 (1956). — STEWART, J. A., und K. C. BERGER: Estimation of available soil zinc using $MgCl_2$ as extractant. Soil Sci. (Baltimore) 100, 244–250 (1965). — STINDT, H.: Der Einfluß der Kalkung auf die Löslichkeit und Pflanzenverfügbarkeit des Bors in sauren Böden. Diss. Univ. Bonn. 1956. — SWABY, R., und P. PASSEY: Availability of trace elements from rocks and minerals. J. agric. Res. (Washington) 4, 292–304 (1953).

Tätigkeitsbericht der Landwirtschaftlichen Untersuchungs- und Forschungsanstalt Augustenberg 1958/1961. — TROBISCH, S.: Die Molybdänversorgung der Thüringer Böden. Dtsch. Akad. Landw. Wiss. Berlin. Tagungsberichte 1962, Nr. 56.

WAHHAB, A., und H. M. BHATTI: Trace element status of some West Pakistan soils. Soil Sci. (Baltimore) 86, 319–323 (1958). — WEAR, J. J., und PA HERSON R. M.: Effect of soil pH and texture on the availability of water-scuble boron in the soil. Proc. Soil Sci. Soc. America 26, 344–346 (1962). — WESTERHOFF, H.: Beitrag zur Kupferbestimmung im Boden. Landw. Forsch. 7, 190–193 (1954/55). — WINOGRADOW, A. P.: Spurenelemente in der Landwirtschaft. Berlin: Akademie-Verlag. 1958.

C. Organische Stoffe

Von

W. Flaig, F. Heilinger und G. Schmid

Faßt man alle diejenigen Stoffe, die zum Aufbau von pflanzlicher Substanz beitragen, als Nährstoffe auf, so können auch organische Verbindungen als „Nährstoffe" bezeichnet werden. In ernährungsphysiologischer Hinsicht spielt es nämlich keine Rolle, ob organische Substanzen direkt in den Pflanzenorganismus eingeführt oder aus anorganischen Verbindungen durch Photosynthese in der Pflanze gebildet werden (PFEFFER 1881). In beiden Fällen werden die organischen Nährstoffe fortgeleitet, um dann fern von dem Ort der Aufnahme bzw. Bildung weiteren Umwandlungen zu unterliegen. Mit Hilfe der Wasserkultur haben die Pflanzenphysiologen nachgewiesen, daß die landwirtschaftlichen Kulturpflanzen ihre organische Substanz aus anorganischen Verbindungen aufbauen können (STOUT und OVERSTREET 1950). Trotzdem hat man aber die Möglichkeit der

Aufnahme und Verwertung von im Boden vorkommenden organischen Stoffen durch die höhere Pflanze immer wieder untersucht. Untersuchungen unter nicht sterilen Bedingungen haben allerdings oft wenig Wert bei Aussagen über die Aufnahme und Verwertung organischer Stoffe durch die höhere Pflanze.

Die den Nährlösungen zugesetzten organischen Stoffe können von den Pflanzen in den Stoffwechsel einbezogen werden, oder sie rufen nach ihrer Aufnahme Veränderungen im Stoffwechsel hervor. In anderen Fällen sind organische Verbindungen nach der Aufnahme in die Pflanze als allochthone Bestandteile ohne Einfluß auf den Stoffwechsel.

a) Pflanzenbausteine aus Organismen

Die organischen Stoffe des Bodens werden entweder direkt von den Pflanzen, den tierischen Organismen oder den Mikroorganismen in den Boden ausgeschieden oder gelangen nach dem Absterben der Organismen in den Boden, aus dem sie von der Pflanze über die Wurzel aufgenommen werden können. Zu diesen Bausteinen der Pflanze gehören Zucker, Aminosäuren, aliphatische und aromatische Carbonsäuren, sowie Phenole. Wie die klassischen Untersuchungen von SCHREINER und SHOREY (1910) zeigen, kommen solche Pflanzeninhaltsstoffe im Boden nur in geringen Konzentrationen vor. Die Bedeutung für die Ertragsbildung in der Praxis ist deshalb umstritten, zumal durch die Mikroorganismen des Bodens ein mehr oder weniger starker Abbau erfolgen dürfte.

Nur unter bestimmten experimentellen Bedingungen ist ein Einbau in die Pflanzensubstanz festgestellt worden. In vielen Fällen ist die Wirkung dieser Substanzen nur als Steigerung des Wachstums oder des Ertrages bestimmt worden, so daß aus den Angaben in der Literatur nicht auf den direkten Einbau geschlossen werden kann.

b) Zucker

Nach Untersuchungen von SCHEFFER, KICKUTH und VISSER (1962a, 1962b) werden von Pflanzen die Zucker Xylose, Glucose, Galaktose, Maltose und Saccharose ausgeschieden. Die Gesamtkonzentration der Zucker in den Ausscheidungen beträgt etwa ein Zehntel der an Aminosäuren. MARTIN (1956) fand in Wasserkultur mit Hafer die Ausscheidung von Glucose und Fructose durch die Wurzel.

Der Einfluß der Disaccharide Saccharose, Maltose und Lactose sowie der Monosaccharide Fructose, Glucose, Galaktose und Mannose auf *Sisyrinchium bermudianum* in Sterilkultur ist von TANAKA (1931) untersucht worden. Mit Ausnahme von Mannose erhöhten diese Zucker den Ertrag an Trockengewicht. Bei *Plantago* (Wegerich) wurde das Wachstum durch Saccharose, Lactose und Glucose gefördert, aber durch Maltose, Galaktose und Mannose gehemmt.

Von RAMSHORN (1959) und RAMSHORN und KOENIG (1959) sind Untersuchungen über die Atmung isolierter Wurzeln von *Vicia faba* in Nährlösungen mit Zuckern (Glucose, Fructose, Saccharose, Turanose, Trehalose und Maltose) sowie dem Zuckerabbauprodukt Brenztraubensäure durchgeführt worden. Daneben hat der genannte Autor auch das Streckungswachstum untersucht. Glucose und Fructose wirken bei 0,5% fördernd, in höherer Konzentration (Glucose 3%, Fructose 2%) bereits hemmend. Saccharose wirkt auch noch bei 4% fördernd, und zwar in Abhängigkeit von Sauerstoffgehalt und Kohlendioxydgehalt der Luft.

c) Aminosäuren

Wie über das Ausscheiden (SCHEFFER, KICKUTH und VISSER 1962a, 1962b) von Aminosäuren aus lebenden Wurzelzellen (LINSKENS und KNAPP 1955, MARTIN 1956, 1957, FRENZEL 1957, 1960) liegen auch zahlreiche Untersuchungen über die Aufnahme von Aminosäuren durch die Pflanzenwurzeln aus dem Nährmedium, zum Teil auch Ergebnisse über den Abbau und Umbau der Aminosäuren im pflanzlichen Organismus vor. Bei der Untersuchung der Aufnahme oder Abgabe von Substanzen ist zu beachten, ob und wie weit Verletzungen der Wurzel vorliegen, wozu es bei der Vorbereitung für ein Aufwachsen in sterilen Nährlösungen leicht kommen kann. Hierdurch würden Aufnahme oder Abgabe wesentlich verändert. Als ältere Arbeit sei TANAKA (1931) angeführt, der die Wirkung von Asparagin, Glykokoll, Leucin und Alanin als N-Quelle bei *Sisyrinchium* und *Plantago* in Sterilkultur untersuchte. Die Analyse ergab eine Aufnahme des Stickstoffs aus den Verbindungen durch die Pflanze.

Umfangreiche Untersuchungen über die Wirkung von Aminosäuren auf Pflanzen stammen von VIRTANEN und LINKOLA (1957). So zeigt der Nährlösung zugesetztes α-Alanin einen deutlichen Einfluß auf das Wachstum von Erbsenpflanzen (buschige und verzweigte Pflanzen, kurze und buschige Wurzeln). Phenyläthylamin, das Decarboxylierungsprodukt des Phenylalanins, wirkt sich besonders auf die Blattbildung und Blattform aus. Ähnliche Wirkungen zeigt β-Alanin, wobei das Wurzelwachstum gestört wird (Braunwerden der Wurzeln, die kurz und dick sind). In welcher Form die den Nährlösungen zugesetzten Substanzen in der Pflanze zur Wirkung kommen, geht aus den Arbeiten nicht hervor (VIRTANEN 1947, VIRTANEN und LINKOLA 1946, VIRTANEN, VON HAUSEN und KARSTRÖM 1933, MIETINEN 1939). In Sterilkulturen ist die Aufnahme der niederen aliphatischen Amine Dimethylamin, Trimethylamin, Äthylamin, n-Propylamin und iso-Propylamin nach Extraktion papierchromatographisch nachgewiesen worden (VIRTANEN und SCHWYZER 1951). Trimethylamin wird durch die Blätter ausgeschieden und läßt sich am Geruch erkennen.

Eine Umwandlung von Glycin zu Allantoin in Weizenpflanzen, die unter sterilen Bedingungen gezogen worden sind, haben KRUPKA und TOWERS (1958, 1959) nachgewiesen.

In einem Stoffwechselschema, das die Autoren angeben, sind die Wege der Umwandlung von Glycin in die verschiedenen Baustoffgruppen der Pflanze angegeben. Die Untersuchungen zeigen, daß Glycin im Allantoin eingebaut wird, das als Speicher- und Transportform für den Stickstoff gilt. Weiter bildet sich aus Glycin die Glyoxylsäure. Harnstoff wird nicht in Allantoin eingebaut. Auch bei Mais ist die Aufnahme von Aminosäuren durch die Wurzeln nachgewiesen worden (RATNER, KOLOSOV u. a. 1956). In Sterilkulturen gezogene Maispflanzen zeigten eine starke Aufnahme von Stickstoff aus den zugesetzten Aminosäuren, die die N-Aufnahme der mit Nitrat gezogenen Pflanzen um ein Mehrfaches überstieg. Weitere Untersuchungen (RATNER und UKHINA 1961) über die Aufnahme von Aminosäuren in Sterilkultur, wobei für die Dauer der Aufnahmeversuche die oberirdischen Teile entfernt waren, ergaben Zusammenhänge zwischen der Wirkung der einzelnen Aminosäuren auf das Wachstum und den Ertrag und der Geschwindigkeit ihrer Desaminierung in der Wurzel der Pflanze.

Über den Einfluß von 14 dem Boden zugesetzten Aminosäuren auf Bohnen und Hafer berichtet DIETZ (1959). Hierbei ist nicht näher untersucht worden, ob die Substanzen aufgenommen werden; die Auswertung erstreckt sich lediglich auf Trockensubstanzbestimmungen. Außerdem ist nicht unter sterilen Bedingungen gearbeitet worden. Ertragssteigerungen ergeben sich bei diesen Untersuchungen besonders durch Tryptophan, aber auch durch D-Prolin, Hydroxyprolin (in beiden Fällen mehr auf die Frucht) und Histidin (mehr auf das Blatt). DL-Lysin und D-Arginin fördern den Kornertrag bei Hafer, ebenso L-Tyrosin, L-Cystin und Cystein. Unwirksam oder sogar hemmend sind Glycin, Alanin, Isoleucin und Leucin. Einen wachstumsfördernden Effekt wie nach Behandlung durch Hefeextrakt zeigt eine Mischung von L-Tryptophan und DL-Methionin bei isolierten Wurzeln vom Gemeinen Kreuzkraut (*Senecio vulgaris*) (CHARLES und STREET 1959). Bei Behandlung mit L-Arginin tritt eine stärkere Wachstumsförderung nur dann auf, wenn eine Behandlung mit Tryptophan vorausgeht.

Gleichfalls an abgeschnittenen Wurzeln ist von STREET, HUGHES und LEWIS (1960) der Einfluß von 21 Aminosäuren und den Amiden L-Glutamin und L-Asparagin untersucht worden. In den meisten Fällen zeigen in Nährlösung kultivierte Tomatenwurzeln eine Wachstumshemmung, die sehr stark vom pH-Wert abhängig ist. Inwieweit die Aufnahme von Glycin und L-Methionin aus Nährlösungen durch die Anwesenheit anderer Substanzen beeinflußt werden kann, zeigen Untersuchungen von WRIGHT (1961) an abgeschnittenen Wurzeln von Senf und Weizen. Die Aufnahme dieser beiden Aminosäuren ist nach Zusatz von verschiedenen Wuchsstoffen und Wirkstoffen in einer Konzentration von 5×10^{-5} M zu den Nährlösungen mehr oder weniger stark gehemmt. Bei einer Konzentration z. B. an Dichlorphenoxyessigsäure von 5×10^{-6} M ist die Aufnahme von Glycin durch die Wurzeln von Senf um 9% erhöht. Dieser Befund zeigt die Abhängigkeit des Effektes von Wuchs- und Wirkstoffen von der Höhe der angewandten Konzentration und die Steuerung der Stoffaufnahme und des Wachstums über Prozesse des Energiehaushaltes der Pflanze (SCHMID und FLAIG 1962).

An Lupine (*Lupinus albus*) ist das Wachstum der Wurzeln unter dem Einfluß von Humanserum durch RØNNIKE (1959a, 1960a, 1960b) geprüft worden. Natives Serum wirkt wachstumshemmend. Die hemmende Wirkung des Serums vermindert sich mit steigender Konzentration von Salzen. Die Hemmwirkung (Phytotoxizität) einzelner Seren ist recht unterschiedlich, jedoch nicht abhängig von Krankheiten (RØNNIKE 1960c). Die Phytohormone sind im Serum an Protein gebunden, und zwar an die Albumin- und nicht an die Globulinfraktion. Die Wirkung verändert sich hier nicht gegenüber unbehandeltem Serum (RØNNIKE 1959b). Ähnliche Effekte wie mit Serum sind mit menschlichem Urin erzielt worden (RØNNIKE 1960d). Chromatographische Untersuchungen der aktiven Substanzen im Serum und im Urin haben Rf-Werte ergeben, die der Indol-3-essigsäure entsprechen, doch sind wahrscheinlich auch noch andere aktive Stoffe vorhanden (RØNNIKE 1960e).

d) Proteine

Untersuchungen mit ^{14}C- und ^{3}H-markierten Proteinen zeigen, daß diese durch die Wurzel aufgenommen werden. Mit Gerste und Zwiebel als Testpflanzen ist die Aufnahme der Enzyme Ribonuclease und Lysozym und des Proteids Hämoglobin nachgewiesen worden (BRACHET 1957, JENSEN und MCLAREN 1960).

e) Säuren

Organische Säuren werden von manchen Pflanzen durch die Wurzeln ausgeschieden (SCHEFFER, KICKUTH und VISSER 1962a, 1962b). Unter sterilen Bedingungen wird von den Pflanzen Ameisensäure über die Wurzel aufgenommen und in die α-Ketoglutarsäure eingebaut, was mit Hilfe von markiertem Formiat nachgewiesen worden ist. Acetat geht in der Pflanze nach Aufnahme durch die Wurzeln in α-Ketoglutarsäure, Brenztraubensäure und α-Ketoisocapronsäure über. Brenztraubensäure geht nach Aufnahme teilweise in die α-Ketoglutarsäure über. Auch Bernsteinsäure wird in der Pflanze in den Tricarbonsäurecyclus einbezogen (Krupka und Towers 1958).

Weiter ist im Zusammenhang mit dem Aminosäure- und N-Stoffwechsel die Glyoxylsäure untersucht worden. Glyoxylsäure führt nach Aufnahme durch die Pflanze zur Synthese von Glycin. Das ^{14}C-markierte Kohlenstoffatom der Glyoxylsäure ist von Krupka und Towers (1958, 1959) im Glycin und in der Glykolsäure wiedergefunden worden. Die Verfasser geben ein Schema des Stoffwechsels an.

Von Calciumcitrat ist bekannt, daß es den Auflauf von Roggenkörnern fördert, wenn es neben einer anorganischen Düngung dem Boden zugesetzt wird (Rathje 1960). Von Husseinow (1958) sind durch die Natriumsalze der als Naphteinsäurenfraktion bezeichneten sauren Bestandteile des Erdöls von der ungefähren chemischen Zusammensetzung $C_{13}H_{24}O_2$ bei Gefäß- und Feldversuchen bei normaler Mineraldüngergabe in bestimmten Konzentrationen Ertragssteigerungen bis zu 30% erzielt worden.

f) Phenolcarbonsäuren

Die Phenolcarbonsäuren Ferulasäure, p-Hydroxybenzoesäure, p-Hydroxyzimtsäure und Vanillinsäure, die bei dem Abbau von pflanzlicher Substanz gebildet werden, können nach Aufnahme aus dem Boden über die Wurzeln in den normalen Stoffwechsel einbezogen werden (Bate-Smith 1954, Herrmann 1958, Dannenberg 1959). Den Umbau von Ferulasäure haben Reznik und Urban (1957) nachgewiesen. Bei diesen Untersuchungen ist die Ferulasäure-β-^{14}C durch Infiltration jungen Pflanzen von Sonnenblume, Weizen und Mais verabreicht worden. Die Radioaktivität ist in Chlorogensäure, Kaffeesäure und im Scopolin wiedergefunden worden. In klassischen Untersuchungen hat Freudenberg (1959) den Einbau von markiertem Coniferylalkohol in Lignin untersucht.

Die aus Stroh und Spelzen von Getreide in den Boden gelangenden Phenolcarbonsäuren können auf das Wurzelwachstum von Getreide hemmend wirken, wobei die Wirkung einmal von der Konzentration, zum anderen von der Getreideart abhängig ist (Börner 1957). Bei Weizen ist die auf die Wurzeln einwirkende Ferula- oder p-Hydroxyzimtsäure in den Pflanzen nicht mehr nachweisbar (Winter und Schönbeck 1959a). In den Pflanzen ist dagegen eine neue Substanz festgestellt worden, die im Rf-Wert und in der Farbreaktion mit der Chlorogensäure identisch ist. Chlorogensäure soll in Kartoffeln für die Resistenz gegen *Streptomyces scabies* (Kartoffelschorf) wichtig sein (Johnson und Schaal 1952, 1957). Anfälligkeit bzw. Resistenz können also von im Boden vorhandenen Phenolcarbonsäuren, die in der Pflanze in Chlorogensäure umgewandelt werden, abhängen.

Auch eine schnellere Wundheilung durch einen hohen Gehalt an Phenolcarbonsäuren (darunter Chlorogen- und Kaffeesäure) ist bei Kartoffeln, Rüben und anderen Früchten nachgewiesen worden (Craft, Siegelman und Butler 1958, McClure 1960). Bei einem Teil der Phenolcarbonsäuren und auch phenolischen Verbindungen ist es auf Grund der vorliegenden Untersuchungen nicht immer möglich, zu erkennen, wie weit sie nach Aufnahme durch die Wurzeln der Pflanze in den Stoffwechsel einbezogen werden, oder ob sie nur allochthone Bestandteile der Pflanze darstellen. Interessant ist z. B. der Kreislauf von Salicylsäure (Winter und Schönbeck 1959a). Sie kann als autochthone Substanz z. B.

von Senegawurzeln in den Boden ausgeschieden werden, wird dann von anderen Pflanzen, wie *Phaseolus vulgaris*, durch die Wurzel aufgenommen und ist als allochthone Substanz in den oberirdischen Pflanzenteilen nachgewiesen worden. Die Beständigkeit ist allerdings gering, d. h., die Salicylsäure ist nicht mehr nachweisbar, wenn nicht immer wieder neue Substanz nachgeliefert wird. Salicylsäure wird in verschiedenen Pflanzen in Gentisinsäure und 2,3-Dihydroxybenzoesäure umgewandelt (IBRAHIM und TOWERS 1959).

g) Phenole

Von bestimmten Pflanzen wird Brenzcatechin durch die Wurzeln ausgeschieden (SCHEFFER, KICKUTH und VISSER 1962a, b). Über das Verhalten von phenolischen Substanzen im Pflanzenstoffwechsel liegen umfangreiche Untersuchungen vor. Weizen- und Bohnenpflanzen resorbieren durch die Wurzel aus Nährlösungen Phenol und leiten es in die oberirdischen Organe, wo es nach einer Inkubationszeit von 90 Minuten bei einer Mindestkonzentration von 20 γ/cm^3 Nährlösung noch nachzuweisen ist (WINTER und SCHÖNBECK 1959b). Die Haltbarkeit des allochthonen Phenols in der Pflanze hängt von den angebotenen Konzentrationen in der Nährlösung ab. Das Phenol ist bei geringer Konzentration schon nach 1 bis 2 Tagen nicht mehr nachweisbar. Neben freiem Phenol sind in den Pflanzen noch unbekannte, auf Phenolreaktionen positiv reagierende und in den Kontrollpflanzen fehlende Substanzen nachzuweisen.

Weizen- und Bohnenpflanzen nehmen durch die Wurzeln Hydrochinon und Phloroglucin auf und bilden daraus die Glykoside Arbutin bzw. Phlorin (WINTER, SCHÖNBECK-PEUSS und SCHÖNBECK 1959, WINTER, PEUSS und SCHÖNBECK 1959). Diese Glykoside sind zunächst nur in den Wurzeln, bei Weizen früher als bei Bohnen, und erst später im Sproß nachweisbar. Erst wenn freies Hydrochinon bzw. Phloroglucin in den Wurzeln nachzuweisen ist, findet man die beiden Glykoside auch im Sproß. Aus diesen Untersuchungen kann geschlossen werden, daß nicht das Glykosid, sondern das Aglucon von der Wurzel in den Sproß wandert und sich dort mit dem Zucker verbindet. Von abgestorbenen Pflanzen in den Boden abgegebenes Arbutin ist von WINTER, BRÜSEWITZ und SCHÖNBECK (1960) als allochthones Arbutin in Weizenwurzeln nachgewiesen worden.

h) Cumarine

In der Wasserkultur von Haferkeimpflanzen hat MARTIN (1956, 1957) die Ausscheidung von Scopoletin in die Nährlösung nachgewiesen. Von SCHÖNBECK (1962) wurde die Aufnahme von Cumarin in Wasserkultur untersucht. In Sproß und Wurzel von Weizen- und Bohnenpflanzen ist Cumarin nachgewiesen worden. Darüber hinaus treten im Sproß weitere, in den Kontrollen fehlende Verbindungen auf. Bei der Zugabe von Umbelliferon wird in den Wurzeln das Glykosid Skimmin gefunden. In den grünen Pflanzenteilen ist Umbelliferon nachzuweisen, wenn die Pflanzen in Nährlösungen mit höherem Umbelliferongehalt gezogen werden. Bei der Zugabe von Aesculetin und Scopoletin sind sowohl die freien Cumarine als auch ihre Glykoside nachzuweisen. Eine Wanderung von Aesculetin oder Scopoletin oder ihrer Glykoside in die grünen Pflanzenteile ist nicht nachgewiesen worden. Die untersuchten Cumarine werden demnach von den Pflanzenwurzeln resorbiert. Wie die phenolischen Verbindungen wird nur ein Teil von ihnen in die grünen Pflanzenteile transportiert. Soweit die aufgenommenen Substanzen reaktionsfähige OH-Gruppen tragen, können diese, ähnlich wie bei den Phenolen, in der Pflanze glykosidiert werden.

i) Ligninspaltstücke

Beim Abbau von Lignin während der Rotte sind verschiedene Phenolcarbonsäuren und Phenolaldehyde sowie deren Methoxylderivate nachgewiesen worden (Maeder 1959, Flaig 1962). Im einzelnen handelt es sich um p-Hydroxybenzoesäure und p-Hydroxybenzaldehyd, Vanillinsäure und Vanillin sowie Ferulasäure. Eine weitere Anzahl phenolischer Substanzen, die im Chromatogramm noch auftraten, ist nicht identifiziert worden. Diese Substanzen können von der Pflanze aufgenommen und in den Stoffwechsel einbezogen werden (Even-Haim 1963, Reznik und Urban 1957).

j) Huminstoffe

Die beim Abbau und Umbau der organischen Bausteine der Pflanze neugebildeten höhermolekularen Verbindungen werden auf Grund ihres hohen Molekulargewichtes von der Pflanze nicht direkt aufgenommen. Huminstoffe, wie Hymatomelansäuren oder Huminsäuren können aber eine Rolle spielen, wenn im Verlauf der Rotte aus ihnen erneut niedermolekulare Substanzen gebildet werden, die von der Pflanze über die Wurzel aufgenommen werden. Auch im Falle der meist niedermolekularen Fraktion der Huminstoffe, der Fulvosäuren, wäre dies möglich. Hierüber ist noch wenig bekannt, und es könnte sich zum Teil ebenfalls um phenolische Substanzen handeln (Tichy 1959).

Neben dem direkten Einbau von Bausteinen der Pflanzensubstanz, der unter ganz bestimmten Bedingungen nachgewiesen werden kann, spielen besonders die katalytischen Wirkungen vieler organischer Substanzen im Stoffwechsel der Pflanze eine Rolle. Auch das Vorkommen der Mikroorganismen im Boden bedingt, daß die an den Boden abgegebenen Baustoffe und Substanzen mehr oder weniger stark verändert zur Aufnahme durch die Pflanze gelangen. So ist gerade im Falle der Untersuchungen von Dietz (1959) mit Aminosäuren, bei denen unter nicht sterilen Bedingungen gearbeitet worden ist, anzunehmen, daß die besonders in Gegenwart von Mikroorganismen sehr labilen Aminosäuren keine direkte Wirkung ausüben. Erstaunlich ist die Steigerung des Ertrages, die sich nur über eine katalytische Wirkung erklären läßt. Welcher Art die katalytisch wirkenden Umwandlungsprodukte sind, ist noch wenig erforscht. Nur im Falle des Tryptophans ist nachgewiesen, daß es in Indol-3-essigsäure übergeht (Fischnich 1955).

k) Natürliche Wirkstoffe

Die natürlichen Wirkstoffe umfassen Substanzen, die aus Pflanzen ausgeschieden werden oder nach dem Absterben der Pflanzen bei der Zersetzung in den Boden gelangen. Ferner gehören hierzu Wirkstoffe aus den Mikroorganismen, und schließlich sind hierzu auch die Wirkstoffe aus dem Tierkörper, wie z. B. die Hormone zu rechnen.

Von den oben schon genannten Verbindungen, wie z. B. den Phenolcarbonsäuren, ist anzunehmen, daß ein Teil von ihnen nicht nur als Bausteine anzusehen ist, sondern daß sie auch als Wirkstoffe im Stoffwechsel eine Rolle spielen. Ähnlich ist auch von den Phenolen und Cumarinen eine hauptsächlich physiologische Wirkung im Pflanzenstoffwechsel anzunehmen.

Die Quecke (*Agropyrum repens*) scheidet durch die Wurzeln das Agropyren aus (Treibs 1947, 1959). Werden gleichzeitig Quecke und Weizen angebaut, dann werden durch einen Stoff, der dem Agropyren analog ist, die Weizenwurzeln geschädigt und sterben ab. Indirekt erfolgt noch eine Schädigung der Wurzeln durch den Pilz *Stemphylium ilicis*, der durch den von der Quecke ausgeschiedenen Stoff stimuliert wird (LASTUVKA 1960).

l) Vitamine

Aneurin, ein Vitamin der B-Gruppe, wird von Weizen, Senf und Sonnenblume (v. WITSCH und FLÜGEL 1953) aufgenommen. Aneurin wird von den Bodenmikroorganismen gebildet und wird von diesen in den Boden ausgeschieden oder gelangt nach dem Absterben der Oganismen in den Boden. Mit ^{60}Co als Leitisotop haben PFAU, KALLISTRATOS und OSSOWSKI (1962) die Aufnahme von Vitamin B_{12}, in dem Kobalt koordinativ fest gebunden vorliegt, durch die Wurzeln von *Vicia faba* untersucht. Die Autoren konnten die Aufnahme von Vitamin B_{12} durch die Pflanzenwurzeln und den intakten Transport in die oberirdischen Teile der Pflanze nachweisen. Das Molekulargewicht von Vitamin B_{12} liegt bei 1356. Die Versuche zeigen weiter, daß das Vitamin B_{12} nicht in den Pflanzen synthetisiert wird und das in den oberirdischen Teilen vorkommende Vitamin B_{12} als allochthoner Bestandteil anzusehen ist, der über die Wurzel in die Pflanze gelangt.

m) Hormone

In Wasserkulturen, denen Follikelhormon aus Schwangerenharn zugesetzt worden ist, sind Steigerungen im Wachstum und im Ertrag bei Erbsen und Sommerweizen festgestellt worden. Geringer ist die Förderung bei Mais und Sommergerste. Bei Winterroggen und Hafer ist das Follikelhormon wirkungslos (SCHARRER und SCHROPP 1934). Von BROOM, GURD, HARMER und RANDALL (1961) ist mit Klee als Testpflanze die Aufnahme von Hexöstrol, einem synthetischen Follikelhormon, untersucht worden.

n) Alkaloide

Eine große Gruppe der Wirkstoffe aus Pflanzen stellen die Alkaloide dar. Dabei können die Alkaloide durch Blattstreu, Erntereste, aber auch durch die Wurzeln selbst, sogar durch Auswaschung aus lebenden Blättern in den Boden gelangen (WASICKI 1959). Damit besteht die Möglichkeit eines Einflusses auf Pflanzen in Pflanzengesellschaften wie auch in der Fruchtfolge.

WINTER und RINGS-WILLEKE (1959) und SCHÖNBECK (1962) haben an Weizenkeimpflanzen den Beweis erbracht, daß Alkaloide — und zwar allochthone — durch die Wurzeln in die Pflanze gelangen. Es handelt sich dabei um die Alkaloide Atropin, Hyoscyamin, Scopolamin, Tropin, Chinidin, Cinchonin, Narcotin, Thebain, Papaverin, Codein, L-Nicotin, L-Anabasin, Pilocarpin, Spartein, Strychnin, Cytisin, Colchicin und Berberin. Diese Substanzen mit Molgewichten zwischen 141 und 413 waren bei den Untersuchungen der genannten Autoren in den Wurzeln und bis auf Tropin auch im Sproß papierchromatographisch nachweisbar. Die Beständigkeit der Alkaloide in Wurzel und Sproß ist größer als die der Phenole, was dafür spricht, daß die Alkaloide mehr physiologische Wirkungen entfalten, während die Phenole sowohl physiologische Wirkungen besitzen als auch Metabolite im Pflanzenstoffwechsel darstellen.

o) Purine

Von WINTER und RINGS-WILLEKE (1959) ist die Aufnahme verschiedener Purine durch Weizenkeimpflanzen nachgewiesen worden. Bei den Purinen besteht dabei die Möglichkeit, daß sie nach Umbau in der Pflanze in die Pflanzensubstanz eingebaut werden.

p) Antibiotika

Antibiotika spielen eine bedeutende Rolle im Stoffwechsel und in der Bodenflora. Wenn auch ihre Beständigkeit im Boden vielfach bezweifelt wird, so erfolgt doch mit der Inaktivierung gleichzeitig eine stetige Neubildung. Auch die geringe, oft gar nicht nachweisbare Konzentration im Gesamtboden darf nicht unterschätzt werden, denn nach WINTER (1957) entspricht der Rhizosphäre der Pflanzenwurzel eine Hyposphäre der Pilzhyphen. Damit ist eine Konzentration und Wirkung von Antibiotika in unmittelbarer Nähe der Wurzel viel höher als im übrigen Boden. Neben der antibiotischen Wirkung auf Saprophyten und Parasiten können Antibiotika in der Pflanze selbst die Resistenz gegen Krankheiten erhöhen. Hohe Konzentrationen von Antibiotika wirken dabei hemmend auf das Pflanzenwachstum.

Im Jahre 1951 gelang es gleichzeitig mehreren Wissenschaftlern (BLANCHARD und DILLER 1951, BRIAN, WRIGHT, STUBBS und WAY 1951, BRIAN 1957, WINTER und WILLEKE 1951a, WINTER und WILLEKE 1951b) nachzuweisen, daß Antibiotika von Pflanzenwurzeln aufgenommen werden und in den oberirdischen Pflanzenteilen nachzuweisen sind: Penicillin bei Bohnen, Hafer, Kresse und Lattich, Aureomycin bei Bohnen und Streptomycin bei Kresse. Weiterhin haben die Versuche gezeigt, daß die der Pflanze durch die Wurzeln zugeführten Antibiotika die Anfälligkeit gegen parasitische Pilze herabsetzen. Ein Überangebot von Antibiotika kann jedoch zu Wachstumshemmung führen. LEH (1960) hat bei der Zugabe von Streptomycin zur Nährlösung oder auch zum Boden eine Abhängigkeit der Wirkung von der Konzentration gefunden, wobei hohe Konzentrationen das Wachstum hemmen und auch starke morphologische Veränderungen hervorrufen. Bei geringen Konzentrationen ist bei einigen Pflanzenarten eine Förderung des Wachstums mit erhöhter Bildung von Pflanzenmasse festgestellt worden, z. B. bei Erbsen, Wicken, Mais und Gurken. Weitere Versuche, die gleichfalls die Aufnahme von Antibiotika durch Wurzeln und den Transport in die oberirdischen Pflanzenorgane bestätigen, sind mit Griseofulvin, Chloramphenicol und dem Griseofulvin verwandten Verbindungen an Bohnen und Tomaten durchgeführt worden (CROWDY, GARDNER, GROVE und PRAMER 1955, CROWDY, GROVE, HEMMING und ROBINSON 1956, CROWDY, GREEN, GROVE, MCCLOSKEY und MORRISON 1959). Inwieweit andere im Boden vorhandene Substanzen die Wirkung von Antibiotika auf höhere Pflanzen beeinflussen können, zeigen Arbeiten von NORMAN (1960). Der wachstumshemmende Effekt bei der Aufnahme von Duramycin auf Wurzeln von Gurkensämlingen wird bei gleichzeitiger Anwesenheit von Ca- oder Mg-Ionen verringert.

Die Wirkung einiger Antibiotika im Boden kann lange Zeit erhalten bleiben. SCHEFFER und KLOKE (1954) stellten auf mit Streptomycin und Terramycin behandeltem Boden eine wachstumsschädigende Wirkung nicht nur beim Anbau von Hafer, sondern sogar noch bei Lihoraps als Nachfrucht fest. Die Wirkung erfolgt in Abhängigkeit von den angewandten Mengen an Antibiotika.

q) Gibberelline

Die bekannten durch Gibberelline hervorgerufenen Effekte können außer nach Besprühen der Pflanzen auch nach Einwirkung der Gibberelline über die Wurzel auftreten. Bei Erbsen, Hafer, Mais und Bryophyllum führen Nährlösungen, die das Kaliumsalz der Gibberellinsäure enthalten, zur Streckung der Internodien, einer Zunahme des Frisch- und Trockengewichtes, einer schlechteren Wurzelentwicklung, einer geringeren Festigkeit des Sproßgewebes, einer Hemmung der Blütenbildung und zu Chlorose der Blätter (LEH 1958). Die Wirkungen sind deutlich von der Konzentration an Gibberellinen abhängig. Nicht nur die Aufnahme von Gibberellinen durch die Pflanzenwurzeln, sondern auch die Abgabe aus den Wurzeln in den Boden wird von KNAPP (1960) vermutet. Bei Blattbehandlung von Erbsenpflanzen mit Lösungen von Gibberellinsäure zeigen sich für Gibberellin spezifische Wachstumsförderungen auch bei nicht behandelten Nachbarpflanzen.

r) Auxine

In die Anfänge der Wuchsstofforschung gehört das Heteroauxin, die Indol-3-essigsäure. Sie kommt im Harn vor (KÖGL, HAAGEN-SMIT und ERXLEBEN 1934), aber auch in den meisten pflanzlichen Organismen. Von Pilzen und Bakterien wird sie in den Boden ausgeschieden und kann über die Wurzel in höhere Pflanzen gelangen, wo sie wachstumsfördernd wirkt (FISCHNICH 1955). Die Aufnahme von Indol-3-essigsäure durch die Wurzeln kann durch KCN herabgesetzt werden (ANDREAE und VAN YSSELSTEIN 1960a). Nach Aufnahme von Indol-3-essigsäure durch die Wurzeln von Erbsenpflanzen ist in den Wurzeln eine Anreicherung von Indol-3-acetylasparaginsäure nachzuweisen, die in den Wurzelspitzen am höchsten ist und mit dem Abstand von der Wurzelspitze abnimmt (ANDREAE und VAN YSSELSTEIN 1960b). Die Aufnahme von Indol-3-essigsäure ist in Gegenwart von Saccharose und Calciumionen in der Nährlösung erhöht. Indol-3-essigsäure wie auch Indol-3-propionsäure erhöhen bei Gefäßversuchen nach Zugabe zum Boden den Ertrag von Bohnen und Hafer (DIETZ 1959). Die bisher aufgeführten natürlich vorkommenden Wirkstoffe, die über den Boden durch die Wurzeln aufgenommen werden, sind im strengen Sinne keine Nährstoffe, doch können sie nach Aufnahme durch die Pflanze trotz der geringen Konzentration Wirkungen hervorbringen, die sich entweder in einer verschieden hohen Bildung pflanzlicher Substanz im Laufe der Vegetation äußern oder morphologische Änderungen der Pflanzen hervorrufen. Weiterhin haben sie einen Einfluß auf die Zusammensetzung der anorganischen und organischen Inhaltsstoffe der Pflanzen. Die Wirkstoffe sind daher auf Grund der Konzentrationsbereiche, in denen sie ihre Wirkung entfalten, den Mikronährstoffen vergleichbar.

s) Synthetische Wirkstoffe

Die Zahl der bisher synthetisch hergestellten Wirkstoffe ist sehr groß. Die synthetischen Wuchsstoffe mit aromatischer Struktur können in fünf Gruppen unterteilt werden (FISCHNICH 1955). Es sind dies die Indol-, Naphthyl-, Naphthoxy-, substituierte Phenoxy-Verbindungen sowie substituierte Benzoesäuren. Mehrere von ihnen sind sogenannte Zellstreckungswuchsstoffe („Auxine"), ein Teil von ihnen zeigt Wirkungen auf Entwicklungsvorgänge, welche zu einer Veränderung von morphologischen Merkmalen führen, die man gemeinhin zur Charakterisierung von Sorten oder Arten verwendet, weshalb diese Stoffgruppe unter dem Begriff „Morphoregulatoren" zusammengefaßt wurde (LINSER 1957,

Linser und Kirschner 1957, Linser und Kiermayer 1958). Deren Wirkung bei Aufnahme über das Wurzelsystem wurde jedoch nur wenig untersucht. 1-Naphthyle-essigsäure und 2-Naphthoxy-essigsäure beeinflussen das Wachstum isolierter Wurzeln von Tomaten in Saccharoselösung in Abhängigkeit von der Konzentration. Bei einer Saccharosekonzentration von 2% oder höher hemmen die genannten Substanzen das Wachstum von isolierten Pflanzenwurzeln, während bei Konzentrationen von 0,75 und 0,5% Saccharose das Wachstum gefördert ist. Im Gegensatz hierzu hemmen die als Antiauxin bezeichneten Substanzen α-(1-Naphthyl-methylsulfid-)propionsäure und 1-Naphthoxy-essigsäure das Wurzelwachstum bei niedriger und fördern das Wurzelwachstum bei hoher Konzentration an Saccharose (Street 1955, Butcher und Street 1960). Ähnlich wie 1-Naphthylessigsäure verhält sich bei diesen Versuchen die Gibberellinsäure.

Eine Vielzahl von Phenoxyalkancarboxylsäuren wirkt als Wachstumsregulatoren wie mittels des Kressewurzeltestes festgestellt worden ist (Vitou 1956, Vitou und Wain 1959). Sie wirken mehr oder weniger stark hemmend auf das Wurzelwachstum. Über die wachstumsfördernde Wirkung von 2-Naphthoxy-essigsäure berichtet Charles (1959). Die Untersuchungen sind an isolierten Wurzeln von Gemeinem Kreuzkraut (*Senecio vulgaris*) durchgeführt worden. Die Wachstumsförderung erweist sich unterschiedlich in Abhängigkeit vom Herkunftsort der Pflanzen. Die Unterschiede können durch eine Vorbehandlung der Wurzeln mit Lysin und Arginin aufgehoben werden. Es wird vermutet, daß die Unterschiede auf die verschiedenen Konzentrationen eines natürlichen Wuchsstoffes zurückzuführen sind, der ähnlich wie 2-Naphthoxy-essigsäure wirkt.

Verschiedenen Phenoxyverbindungen, die als Herbicide in Betracht kommen, sind Nährlösungen zugesetzt worden, in denen Erbsenkeimpflanzen aufwuchsen (Mühling, Van't Hof, Wilson und Grigsby 1960). Die Wirkung der Substanzen ist hemmend — ähnlich wie durch Colchicin — auf die Mitose im Wurzelmeristem. Unter diesen Herbiciden spielen Amidverbindungen eine große Rolle. Die Wirkung von 82 dieser Stoffe bei verschiedenen Testen wird von Pizey und Wain (1959) beschrieben. Die Präparate sind dem Boden vor der Aussaat zugegeben worden.

Die Wirkung der durch die Wurzeln aufgenommenen 2,4-Dichlorphenoxyessigsäure auf den Stoffwechsel der Pflanze ist eingehend untersucht und mit der von Indol-3-essigsäure verglichen worden (Humphreys und Dugger 1957a, 1957b, 1959a, 1959b). Die Einwirkung von 2,4-Dichlorphenoxy-essigsäure führt bei Erbsen und Maispflanzen zu einer Erhöhung des Respirationsquotienten, trotzdem nehmen bei Atmung im Dunkeln Stärke, Saccharose und reduzierende Zucker bei behandelten wie auch bei unbehandelten Pflanzen in gleicher Weise ab. Die CO_2-Produktion aus markiertem Acetat wird erhöht. Danach scheint unter der Behandlung mit Wirkstoffen eine Verschiebung des Stoffwechsels zu katabolischen Prozessen stattzufinden.

Eine weitere Gruppe synthetischer Wirkstoffe bilden die von Tolbert (1960a, 1960b) und Wittwer und Tolbert (1960) in ihrer Wirkung auf das Wachstum von Weizen- und Tomatenpflanzen untersuchten Halogenalkylammoniumhalogenide, von denen einige sich zur Verhinderung des „Lagerns" von Getreidebeständen eignen (Linser, Mayr und Bodo 1961). Die Wirkung zeigt sich in einem verkürzten Stengelwachstum sowie in breiteren und grüneren Blättern. Der Einfluß auf Frischgewicht und Trockensubstanz ist nur gering. Von über 30 synthetisierten Präparaten sind für eingehendere Untersuchungen die drei aktivsten 2-Chloräthyltrimethylammoniumchlorid, 2-Bromäthyltrimethylammoniumbromid und 2,3-n-Propylentrimethylammoniumbromid ausgewählt worden.

Für die Aktivität erweist sich das Trimethylammoniumion als essentiell. Weiter ist für die optimale Wirkung ein Abstand von zwei Kohlenstoffatomen zwischen dem Trimethylammoniumion und dem homöopolar gebundenen Halogen oder der aktiven $=CH_2$-Gruppe erforderlich. Der Boden, auf dem die Weizenpflanzen aufwuchsen, wurde mit den Wirkstofflösungen von verschiedenen Konzentrationen getränkt, in anderen Versuchen sind kleine Pflanzen besprüht worden. Die Effekte sind in beiden Fällen die gleichen. Die Wirkung dieser Substanzen ist von der Höhe der angewandten Konzentration abhängig, wobei eine Wachstumsförderung im Bereich von 10^{-7} molar auftritt, während bei steigender Konzentration bis 10^{-2} molar eine zunehmende Wachstumshemmung beobachtet werden kann. Von den Autoren ist die Wirkung der Ammoniumverbindungen auf eine große Zahl von Pflanzenarten untersucht worden. Bei Tomatenpflanzen wird zusätzlich eine Beschleunigung der Blütenbildung festgestellt. Damit sind die genannten Substanzen geeignet, die bei hoher Temperatur und Lichtmangel bei Treibhausgewächsen auftretenden Effekte aufzuheben. Weiterhin ist bei diesen Versuchen festgestellt worden, daß sich die wachstumsfördernde Wirkung der Gibberelline und die hemmende der Trimethylammoniumverbindungen antagonistisch auswirken. So läßt sich die Wirkung der einen Substanz durch die Anwendung der anderen aufheben.

Das als Insekticid gegen die Pfirsichblattlaus (*Mycodes persicae*), dem Überträger des Blattrollvirus verwendete Präparat E 605 (Diäthyl-p-nitrophenylthiophosphonat) kann auch durch die Wurzeln bei Kartoffelstecklingen in Nährlösungen oder Sandkulturen in die Kartoffelpflanze gelangen. Hofferbert und Orth (1948) haben bei Versuchen mit 0,01%iger Lösung noch eine hohe Sterblichkeit der Läuse an den Blättern festgestellt. Frohberger (1949) hat den Transport von E 605 aus den Wurzeln durch das Xylem in das Blatt nachgewiesen. Er hat das durch die Wurzeln aufgenommene E 605 in Guttationströpfchen der Blätter wiedergefunden, wobei allerdings die Konzentration geringer ist als in den Wurzeln.

Von Aldrin, das als Gießmittel nach Aussaat, als Streumittel und als Inkrustierungsmittel, wie auch von Dieldrin, das als Inkrustierungsmittel verwendet wird, sind auf Grund des Biotestes an *Drosophila melanogaster* wirksame Rückstände in Möhren, Radieschen und Rettichen nachzuweisen (Schmidt 1959, Mosebach und Steiner 1959). Schuphan und Boek (1960) haben festgestellt, daß die Aufnahme von Aldrin in Wurzeln von Möhren, der Gehalt und die Verteilung in der Möhre sortenspezifisch und von dem Gehalt an ätherischen Ölen in den Wurzeln abhängig ist, da Aldrin sich in diesen ätherischen Ölen löst.

Eine Reihe von Untersuchungen liegt von Klees und Steiner (1961) und Klee (1962) vor, in denen die Einwirkung von Insekticiden auf Gemüse geprüft worden ist. Da es sich hier jedoch um verschiedene Arten der Applikation des Insekticids handelt, wie Streuen, Gießen, Besprühen, hat nicht immer die Aufnahme durch die Wurzel als einzigem Weg der Aufnahme vorgelegen.

Die insekticide Wirkung von Kalkstickstoff ist auf seinen Gehalt an Cyanamid zurückzuführen, das durch die Pflanzenwurzeln als solches aufgenommen wird und in der Pflanze erhalten bleibt. Den Beweis dafür haben Fuchs und Kunz (1954) an Bohnen durch die erhöhte Sterblichkeit von Blattläusen an Blättern von mit Cyanamid behandelten Pflanzen erbracht. Latzko und Amberger (1952a, 1952b) haben bereits früher nachgewiesen, daß Cyanamid bei Zugabe zu der Nährlösung als einzige Stickstoffquelle bei Sommergerste, Sommerweizen und Mais durch die Pflanzenwurzel in die oberirdischen Teile der Pflanze gelangt und dort analytisch nachzuweisen ist. Cyanamid als einzige Stickstoffquelle führt zu einer Erhöhung der Trockensubstanz und des Gesamtstickstoffs sowie zu einer Zunahme an Eiweiß und Amiden. Es ist bewiesen worden, daß bei der Aufnahme nicht ein vorangehender Abbau zu Ammoniak erfolgen muß und daß Cyanamid direkt und auf dem Wege über Harnstoff in der Pflanze in den Stickstoffhaushalt eingeschaltet wird. In Abhängigkeit von der Konzentration und der Einwirkungsdauer des Cyanamids, sowie auch in der von den klimatischen Bedingungen, zeigen sich allerdings Hemmungen im Sproß- und Wurzelwachstum, ein Erschlaffen der Spitzen und der Randzonen der Blätter, Vergilbungserscheinungen, sogar Nekrosen und Absterben der Blätter. Diese Auswirkungen sind bei Mais geringer. Das als Fungicid Verwendung findende Captan [N-(Trichlormethylthio)-4-cyclohexen-1,2-dicarboximid] zeigt bei Keimpflanzen von Erbsen und Mais bei der Einwirkung über die Wurzeln einen Einfluß auf Wachstum und Ertrag, besonders in den Fällen, in denen Temperatur und Licht nicht optimal sind. Es ist deshalb in einer weiteren Arbeit der Einfluß auf verschiedene Stoffwechselprozesse untersucht worden (Dugger, Humphreys und Calhoun 1958, 1959).

t) Sekundäre Wirkungen organischer Verbindungen

Aus den vorangegangenen Ausführungen geht hervor, daß die Wirkung der organischen Substanz auf die Pflanze oft eine katalytische ist.

So wird durch die Wirkung der aufgenommenen organischen Stoffe der physikalische Zustand des Zellplasmas beeinflußt (Rypacek 1962, Christewa 1951, Christewa, Psenignyj und Prvovarov 1957, Tichy, 1958, Sladky 1959). Organische Stoffe aus dem Boden können weiterhin Schwermetalle reduzieren und leichter aufnehmbar machen (Betremieux 1951, Laatsch 1950, Mann und Quastel 1956), dies kann auch durch eine Komplexbildung bewirkt werden (Horner, Burk und Hoover 1934, De Kock und Strmecki 1954, De Kock 1955, 1960, Scheffer, Ulrich und Hiestermann 1957). Eine fördernde Wirkung auf die Aufnahme anorganischer Ionen ist ebenfalls nachgewiesen worden (Chaminade 1955, Flaig und Saalbach 1958, 1959, Scheffer und Welte 1955, Flaig, Saalbach und Schobinger 1960). Die Veränderungen im Gehalt der anorganischen Bestandteile der Pflanze können auch eine Folge der Veränderungen im Stoffwechsel der Pflanze durch die organische Substanz darstellen (Saalbach 1956). Über die Änderungen im Stoffwechsel, die in Abhängigkeit von der angewandten Menge der organischen Substanz auftreten, liegen zahlreiche Untersuchungen vor.

So sind durch Einwirkung von Huminstoffen oder durch Thymohydrochinon der Zuckergehalt verändert, ebenso die Aktivitäten einiger Enzyme des Kohlenhydratstoffwechsels (Flaig, Scharrer, Scholl 1957, Ruiz-Amil und Flaig 1960a, Paech und Simonis 1952). In Abhängigkeit von der Höhe der angewandten Konzentration werden auch der Säurestoffwechsel und die Atmung beeinflußt (Ruiz-Amil und Flaig 1960b). Der Gehalt an Chlorophyll ist erhöht. Zwischen dem Säurestoffwechsel und dem Gehalt an Calcium ist eine Beziehung gefunden worden, indem mit steigendem Gehalt an Oxalsäure auch der Gehalt an Calcium erhöht wird.

Bei der Betrachtung der in der Literatur beschriebenen Wirkungen von stoffwechselaktiven Substanzen fällt es schwer, Gesetzmäßigkeiten bei den Stoffwechselvorgängen zu erkennen. Es fällt aber auf, daß die Wirkungen abhängig sind von der Höhe der angewandten Konzentration (Flaig und de Jong 1960a, 1960b). Weiter ist auch die Wirkung einer bestimmten Konzentration verschieden je nach Pflanzenart oder auch bei einer bestimmten Pflanze vom Ort der Einwirkung (Flaig und Söchtig 1962). Gleiche Konzentrationen verschiedener Wirkstoffe ergeben ebenfalls Unterschiede in der Wirkung (FLAIG und SCHMID 1962). Die Vorgänge, die zu Wachstum führen und damit die Ertragsbildung beeinflussen, sind sehr komplexer Natur.

Ausgehend von der gefundenen Abhängigkeit der Wirkung von der Konzentration wurde vermutet, daß der Einfluß auf Phosphorylierungsvorgänge der Schlüssel zur Erklärung des Wirkungsmechanismus darstellt, da diese die empfindlichsten Reaktionen des Stoffwechsels sind. Die erhöhte Atmung bei bestimmten Substanzen und Konzentrationen weist ebenfalls auf eine Beteiligung von Phosphorylierungsprozessen hin. Die bei den in dieser Richtung durchgeführten Untersuchungen erhaltenen Ergebnisse zeigen für viele Substanzen, die eine Erhöhung des Ertrages bewirken, eine Wirkung auf die oxydative Phosphorylierung (SCHMID und FLAIG 1962).

Für die Substanzen, die als gemeinsames Merkmal die entkoppelnde Wirkung auf die oxydative Phosphorylierung besitzen, läßt sich ein Mechanismus dieser Wirkung so formulieren: Durch die Entkoppelung der oxydativen Phosphorylierung ist in den Pflanzen der Spiegel des anorganischen Phosphats erhöht. Hierdurch werden Prozesse, die von der Menge des anorganischen Phosphats abhängig sind, wie z. B. Glykolyse und der Citronensäurecyclus, angeregt.

Diese beiden Prozesse liefern vermehrt Bausteine für den Aufbau von organischer Substanz. Es ist aber nur dann eine Erhöhung des Ertrages möglich, wenn die Menge an energiereichem Phosphat noch genügend hoch ist, um Synthesen ablaufen zu lassen. Ist also die Menge des energiereichen Phosphats nicht ausreichend, so ist das Wachstum gehemmt, wie das bei der hohen Konzentration an Wirkstoff der Fall ist. Bei niedriger Konzentration an Wirkstoff ist kein Einfluß mehr auf das Wachstum festzustellen. Wie weit Substanzen, die nicht entkoppeln und trotzdem den Ertrag steigern können, über direkte Einflüsse auf die Glykolyse und den Citronensäurecyclus ihre Wirkung entfalten, ist bisher noch nicht untersucht worden.

Literatur

ANDREAE, W. A., und M. W. VAN YSSELSTEIN: Studies on 3-indoleacetic acid metabolism, VI. 3-indoleacetic acid uptake and metabolism by pea roots and epicotyls. Plant Physiol. **35**, 225–232 (1960a). — Studies on 3-indoleacetic acid metabolism, V. Effect of calcium ions on 3-indoleacetic acid uptake and metabolism by pea roots. Plant Physiol. **35**, 220–224 (1960b).

BATE-SMITH, E. C.: Ferulic-, sinapic-, and related acids in leaves. Chem. a. Ind. 1457–1458 (1954). — BETREMIEUX, R.: Etude expérimentale de l'évolution du fer et du manganèse dans les sols. Ann. agronom. **II**, 193–295 (1951). — BLANCHARD, F. A., und V. N. DILLER: Uptake of aureomycin through the roots of *phaseolus lunatus*. Amer. J. Bot. **38**, 111–112 (1951). — BÖRNER, H.: Die Abgabe organischer Verbindungen aus den Karyopsen, Wurzeln und Ernterückständen von Roggen (*Secale cereale* L.), Weizen (*Triticum aestivum* L.) und Gerste (*Hordeum vulgare* L.) und ihre Bedeutung bei der gegenseitigen Beeinflussung der höheren Pflanzen. Beitr. Biol. Pflanze **33**, 33–38 (1957). — BRACHET, J.: Biochemical cytology. New York: Academic Press. 1957. — BRIAN, P. W.: The effects of some microbial metabolic products on plant growth. Symp. Soc. Exper. Biol. **11**, 166–182 (1957). — BRIAN, P. W., J. M. WRIGHT, J. STUBBS und A. M. WAY: Uptake of antibiotic metabolites of soil microorganisms by plants. Nature **167**, 347–349 (1951). — BROOM, W. A., M. R. GURD, G. L. M. HARMER und S. S. RANDALL: The stability of hexestrol in soil and its uptake by plants. J. Endocrinol. **21**, 381–385 (1961). — BUTCHER, D. N., und H. E. STREET: The effects of gibberellins on the growth of excised tomato roots. J. Exper. Bot. **11**, 206–216 (1960).

CHAMINADE, R.: Le potassium et la matière organique. Kalium-Symposium 203 (1955). — CHARLES, H. P.: Studies on the growth of excised roots, VII. Effects of 2-naphtoxyacetic acid on excised roots from four strains of groundsel. New Phytologist **58**, 81–84 (1959). — CHARLES, H. P., und H. E. STREET: Studies on the growth of excised roots, VI. The effect of certain amino acids and auxins on the growth of excised groundsel roots. New Phytologist 58, 75–80 (1959). — CHRISTEWA, L. A.: Die Rolle der Huminsäuren bei der Pflanzenernährung und bei der Humusdüngung (russ.). Trudy Poc. Inst. V. V. Dokutschajew 38, 108–184 (1951). — CHRISTEWA, L. A., A. E. PSENIGNYJ und L. R. PRVOVAROV: Der Einfluß der Huminsäuren auf die Lebenstätigkeit höherer Pflanzen unter verschiedenen Bedingungen des mineralischen Nährmediums (russ.). Guminovyje udobrenija 109–126 (1957). — CRAFT, C. C., H. W. SIEGELMAN und W. L. BUTLER: Study of the phenolic compounds in potato tubers during storage. Amer. Potato J. 35, 651–661 (1958). — CROWDY, S. H., D. GARDNER, J. F. GROVE und D. PRAMER: The translocation of antibiotics in higher plants, I. Isolation of griseofulvin and chloramphenicol from plant tissue. J. Exper. Bot. 6, 371–383 (1955). — CROWDY, S. H., F. J. GROVE, H. G. HEMMING und K. C. ROBINSON: The translocation of antibiotics in higher plants, II. The movement of griseofulvin in broad bean and tomato. J. Exper. Bot. 7, 42–64 (1956). — CROWDY, S. H., A. P. GREEN, J. F. GROVE, P. MCCLOSKEY und A. MORRISON: The translocation of antibiotics in higher plants, III. The estimation of griseofulvin relatives in plant tissue. Biochem. J. 72, 230–241 (1959).

DANNENBERG, K.: Synthese von ^{14}C-markierten Abbauprodukten des Lignins und ein Beitrag zu deren Einwirkung auf den pflanzlichen Stoffwechsel. Diplomarbeit Braunschweig 1959. — DIETZ, R.: Über den Einfluß von Aminosäuren auf die höhere Pflanze. Bodenkultur 10, 144–147 (1959). — DUGGER, W. M., T. E. HUMPHREYS und B. CALHOUN: Influence of N-(trichloromethylthio)-4-cyclohexene-1,2-dicarboximide (CAPTAN) on higher plants, I. Effect on the morphology and gross metabolism of root tissue. Amer. J. Bot. 45, 683–687 (1958). — Influence of N-(trichloromethylthio)-4-cyclohexene-1,2-dicarboximide (CAPTAN) on higher plants, II. Effects on specific enzyme systems. Amer. J. Bot. 46, 151–156 (1959).

EVEN-HAIM, A.: Etude sur l'absorption de la matière organique par les plantes supérieures au moyen de leurs racines. Essai à l'aide d'acide vanillique contenant carbon radioactif. Techn. Meeting on the Use of Isotopes in Soil Organic Matter Studies, Braunschweig-Völkenrode, Sept. 1963.

FISCHNICH, O.: Die Bedeutung von Wuchs- und Hemmstoffen im Leben der höheren Pflanze. Z. Pflanzenernähr., Düng., Bodenkde. 69, 205–215 (1955). — FLAIG, W.: Zur Umwandlung von Lignin in Humusstoffe. Freiberger Forschungshefte, H. A 254, 39–56 (1962). — FLAIG, W., und E. SAALBACH: Beziehungen zwischen Kalium, Wasser und Boden. Kalium-Symposium 109 (1958). — Über den Einfluß von im Boden gerottetem Stroh auf das Wachstum und die Nährstoffaufnahme von Roggenkeimpflanzen. Z. Pflanzenernähr., Düng., Bodenkde. 87, 229–235 (1959). — FLAIG, W., und G. SCHMID: Über den Wirkungsmechanismus stoffwechselaktiver Substanzen. In: Eigenschaften und Wirkungen der Gibberelline, Symposium der Oberhessischen Gesellschaft für Natur- und Heilkunde, Naturwiss. Abt., Giessen, 1.—3. Dezember 1960, S. 25–37 (Herausgeber R. KNAPP). Berlin–Göttingen–Heidelberg: Springer. 1962. — FLAIG, W., und H. SÖCHTIG: Einfluß organischer Stoffe auf die Aufnahme anorganischer Ionen. Agrochimica 3, 251–264 (1962). — FLAIG, W., und W. DE JONG: Untersuchungen über die Wirkung von p-Benzochinonderivaten auf den aeroben und anaeroben Stoffwechsel der Hefe (*Saccharomyces cerevisiae*). Arch. Mikrobiol. 37, 355–368 (1960a). — Vergleich der Wirkung von Thymochinon und Thymohydrochinon mit der von 2,4-Dinitrophenol auf den Stoffwechsel der Hefe (*Saccharomyces cerevisiae*). Arch. Mikrobiol. 37, 369–378 (1960b). — FLAIG, W., E. SAALBACH und U. SCHOBINGER: Zur Kenntnis der Huminsäuren, XIX. Über den Einfluß von Kaltwasserextrakten aus unterschiedlich lange gerottetem Weizenstroh auf das Anfangswachstum und die Nährstoffaufnahme von Roggenkeimpflanzen. Z. Pflanzenernähr., Düng., Bodenkde. 88, 232—236 (1960). — FLAIG, W., K. SCHARRER und G. SCHOLL: Zur Kenntnis der Huminsäuren, XV. Über den Einfluß von Thymohydrochinon als Modellsubstanz von Humusstoffen auf den Kohlenhydratstoffwechselvon Getreide. Z. Pflanzenernähr., Düng., Bodenkde. 76, 193–200 (1957). — FRENZEL, B.: Zur Abgabe von Aminosäuren und Amiden an das Nährmedium durch die Wurzel von *Helianthus annuus* L. Planta 49, 210–234 (1957). — Zur Ätiologie der Anreicherung von Aminosäuren und Amiden im Wurzelraum von *Helianthus annuus* L. Ein Beitrag zur Klärung der Probleme der Rhizosphäre. Planta 55, 169–207 (1960). — FREUDENBERG, K.: Über die Biosynthese und Konstitution des Lignins. Chem. Ber. 92, LXXXIX (1959). — FROHBERGER, P. E.: Untersuchungen über das Verhalten des Insektizids Diäthyl-p-nitrophenyl-thiophosphat (E 605) auf und in der Pflanze. Höfchenbriefe 2, 10–92 (1949). — FUCHS, W. H., und H. D. KUNZ: Über die innertherapeutische Wirkung von Cyanamid. Naturwiss. 41, 20 (1954).

HERRMANN, K.: Über Oxyzimtsäuren mit Ausnahme der Kaffeesäure und der Chlorogensäure. Pharmazie **13**, 266–276 (1958). — HOFFERBERT, W., und H. ORTH: Ein Vorschlag zur inneren Therapie gegen die Pfirsichblattlaus mit Hilfe von E 605 f. Kartoffelwirtsch. **1**, 31–33 (1948). — HORNER, C. K., D. BURK und S. R. HOOVER: Preparation of humate iron and other humate metals. Plant Physiol. **9**, 663 (1934). — HUMPHREYS, T. E., und W. M. DUGGER: The effect of 2,4-dichlorphenoxyacetic acid on pathways of glucose catabolism in higher plants. Plant Physiol. **32**, 136–140 (1957a). — The effect of 2,4-dichlorophenoxyacetic acid on the respiration of etiolated pea seedlings. Plant Physiol. **32**, 530–536 (1957b). — Effect of 2,4-dichlorophenoxyacetic acid and 2,4-dinitrophenol on the uptake and metabolism of exogenous substrates by corn roots. Plant Physiol. **34**, 112–116 (1959a). — Use of specifically labeled glucose and gluconate in the evaluation of catabolic pathways for glucose in corn roots. Plant Physiol. **34**, 580–582 (1959b). — HUSSEINOW, D. M.: Die Rolle von Wachstumsstimulatoren erdöliger Herkunft bei der Ertragssteigerung landwirtschaftlicher Pflanzen. Int. Bodenkdl. Ges. **II**, 51–55 (1958).

IBRAHIM, R. K., und G. H. N. TOWERS: Conversion of salicylic acid to gentisic acid and o-pyrocatechuic acid, all labelled with carbon-14, in plants. Nature **184**, 1803 (1959).

JENSEN, W. A., und A. D. MCLAREN: Uptake of proteins by plant cells. The possible occurrence of pinocytosis in plants. Exper. Cell Res. **19**, 414 (1960). — JOHNSON, G., und L. A. SCHAAL: Relation of chlorogenic acid to scabies resistance in potatoes. Science **115**, 627–629 (1952). — Accumulation of phenolic substances and ascorbic acid in potato tuber tissue upon injury and their possible role in disease resistance. Amer. Potato J. **34**, 200–209 (1957).

KLEE O.: Arbeiten über Rückstände von Pflanzenschutzmitteln auf oder in Erntegut, IX. Insektizidrückstände bei Spinat, Wirsing, Blumenkohl, Möhren, Salat, Gurken und Erdbeeren nach Behandlung mit organischen Phosphorverbindungen oder chlorierten Kohlenwasserstoffen. Nachrichtenbl. dtsch. Pflanzenschutzdienst **14**, 19–21 (1962). — KLEE, O., und E. STEINER: Arbeiten über Rückstände von Pflanzenschutzmitteln auf oder in Erntegut, VII. Insektizidrückstände bei Möhren und Futterrüben nach Behandlung mit organischen Phosphorverbindungen oder chlorierten Kohlenwasserstoffen. Nachrichtenbl. dtsch. Pflanzenschutzdienst **13**, 33–38 (1961). — KNAPP, R.: Wirkung von mit Gibberellinsäure behandelten Pflanzen auf neben ihnen wachsenden Individuen. Naturwiss. **47**, 285–286 (1960). — DE KOCK, P. C.: Influence of humic acids on plant growth. Science **121**, 473 (1955). — The effects of natural and synthetic chelating substances on the mineral status of plants. 7th Int. Congr. Soil Sci., Madison, Wisc., USA, **III**, 573–579 (1960). — DE KOCK, P. C., und E. L. STRMECKI: An investigation into the growth promoting effects of a lignite. Physiol. Plant. **7**, 503 (1954). — KÖGL, F., A. J. HAAGEN-SMIT und H. ERXLEBEN: Über ein neues Auxin (Heteroauxin) aus Harn, 11. Über pflanzliche Wachstumsstoffe. Z. physiol. Chem. **228**, 90–103 (1934). — KRUPKA, R. M., und G. H. N. TOWERS: Studies of the keto acids of wheat, II. Glyoxylic acid and its relation to allantoin. Canad. J. Bot. **36**, 179–186 (1958). — Studies of the metabolic relations of allantoin in wheat. Canad. J. Bot. **37**, 539–545 (1959).

LAATSCH, W.: Die Kupfer-, Mangan- und Borernährung unserer Kulturpflanzen. Schriftenreihe der landwirtschaftlichen Fakultät der Universität Kiel. Vorträge zur Hochschultagung 1950, S. 31–44. — LASTUVKA, Z.: Der Einfluß der gemeinen Quecke auf die Anatomie des Weizens (russ.). Publ. Fac. Sci. Univ. Brno, ČSSR, No. 411, 81–94 (1960). — LATZKO, E., und A. AMBERGER: Die Aufnahme des Cyanamids und seine Wirkung auf Wachstum und N-Stoffwechsel bei verschiedenen Kulturpflanzen. Z. Pflanzenernähr., Düng., Bodenkde. **59**, 198–215 (1952a). — Über die Wirkung des Cyanamids (H_2CN_2) in der Pflanze. Naturwiss. **39**, 526 (1952b). — LEH, H.-O.: Versuche über die Wirkung von Gibberellinsäure auf einige Kulturpflanzen. Z. Pflanzenernähr., Düng., Bodenkde. **83**, 234–244 (1958). — Die Wirkung von Streptomycin auf das Wachstum einiger Kulturpflanzen. Z. Pflanzenernähr., Düng., Bodenkde. **88**, 129–148 (1960). — LINSER, H.: Morphoregulatoren. Universum (Wien) **12**, 103–107 (1957). — LINSER, H., und R. KIRSCHNER: Zur Beeinflussung der Blattbildung durch Morphoregulatoren. Planta **50**, 211–237 (1957). — LINSER, H., und O. KIERMAYER: Pflanzliche Formbildung, experimentell gesteuert. Naturwiss. Rdsch. **11** (2), 47–51 (1958). — LINSER, H., H. H. MAYR und C. BODO: Über die Wirkung von Chlorcholinchlorid auf Sommerweizen. Bodenkultur **12**, 279–280 (1961). — LINSKENS, H. F., und R. KNAPP: Über die Ausscheidung von Aminosäuren in reinen und gemischten Beständen verschiedener Pflanzenarten. Planta **45**, 106–117 (1955).

Maeder, H.: Chemische und pflanzenphysiologische Untersuchungen mit Rottestroh. Diss. Gießen 1959. — Mann, P. J. G., und J. H. Quastel: Manganese metabolism in soils. Nature **138**, 154–156 (1956). — Martin, P.: Qualitative und quantitative Untersuchungen über die Ausscheidung organischer Verbindungen aus den Keimwurzeln des Hafers (*Avena sativa* L.). Naturwiss. **43**, 227–228 (1956). — Die Abgabe von organischen Verbindungen, insbesondere von Scopoletin, aus den Keimwurzeln des Hafers. Z. Bot. **45**, 475–506 (1957). — McClure, T. T.: Chlorogenic acid accumulation and wound healing in sweet potato roots. Amer. J. Bot. **47**, 277–280 (1960). — Mietinen, J. K.: Assimilation of amino acids in higher plants. Symp. Soc. Exper. Biol. **13**, 210 (1939). — Mosebach, E., und P. Steiner: Arbeiten über Rückstände von Pflanzenschutzmitteln auf oder in Erntegut, V. Biologischer Nachweis von Aldrin- bzw. Dieldrin-Rückständen auf Radieschen und Möhren. Nachrichtenbl. dtsch. Pflanzenschutzdienst **11**, 150–155 (1959). — Mühling, G. N., J. Van't Hof, G. B. Wilson und B. H. Grigsby: Cytological effects of herbicidal substituted phenols. Weeds **8**, 173–181 (1960).

Norman, A. G.: The action of duramycin on plant roots. Proc. Soil Sci. Soc. Amer. **24**, 109–111 (1960).

Paech, K., und W. Simonis: Übungen zur Stoffwechselphysiologie der Pflanzen. Berlin-Göttingen-Heidelberg: Springer. 1952. — Pfau, A., A. Kallistratos und B. Ossowski: Leitisotopenuntersuchungen zur Aufnahme des Vitamins B_{12} über die Wurzeln der *Vicia faba*. Atompraxis **8**, 392 (1962). — Pfeffer, W.: Pflanzenphysiologie, Bd. 1, Stoffwechsel, Leipzig: Engelmann. 1. Aufl. 1881. — Pizey, J. S., und R. L. Wain: Pre-emergent herbicidal activity of some substituted amides and related compounds. J. Sci. Food Agric. **11**, 577–584 (1959).

Ramshorn, K.: Zum aeroben Zuckerumsatz in pflanzlichem Meristem. Naturwiss. **46**, 451–452 (1959). — Ramshorn, K., und R. König: Die Bedeutung der Substratqualität und der Sauerstoffspannung für Gaswechsel und Wachstum isolierter Wurzelspitzen. Flora **147**, 358–381 (1959). — Rathje, W.: Steigerung des Jugendwachstums von Roggenpflanzen durch Belegung des Saatgutes mit Calciumcitrat. Z. Pflanzenernähr., Düng., Bodenkde. **91**, 208–211 (1960). — Ratner, E. I., und S. F. Ukhina: Metabolism of the roots with reference to the uptake and assimilation of amino acids by plants (russ.). Izvest. Akad. Nauk UdSSR, Ser. Biol. **6**, 865–877 (1961). — Ratner, E. I., I. I. Kolosow, S. F. Ukhina, I. N. Dobrokhotowa und O. N. Kazuto: Assimilation of amino acids by plants as a source of nitrogen. Izvest. Akad. Nauk UdSSR, Ser. Biol. **6**, 64–82 (1956). — Reznik, H., und R. Urban: Über den Metabolismus ^{14}C-markierter Ferulasäure im Pflanzenversuch. Naturwiss. **44**, 13 (1957). — Rønnike, F.: Effects of serum proteins and certain salts, jointly and separately, on the amounts of free phytohormone in human blood. Acta Pharmacol. Toxicol. **16**, 97–112 (1959a). — Interaction of phytohormones and proteins of human blood. Acta Pharmacol. Toxicol. **16**, 46–54 (1959b). — Cell-growth of plant roots, inorganic salts and native serum proteins. Nature **185**, 151–152 (1960a). — Specific interaction of native protein and inorganic salts. Nature **186**, 88–89 (1960b). — Der hemmende Einfluß des Humanserums auf das Wachstum von Pflanzenwurzeln. Eine neue Serumklassifikation. Arch. Int. Pharmocodyn. **124**, 174–179 (1960c). — The auxin activity of human serum and urine. Acta Pharmacol. Toxicol. **16**, 203–212 (1960d). — Paperchromatography of substances with auxin activity in serum and urine. Acta Pharmacol. Toxicol. **16**, 282–290 (1960e). — Ruiz-Amil, M., und W. Flaig: Influencia de la timohidroquinona sobre el metabolismo de carbohidratos en algunas dicotiledoneas. An. Edafol. Agrobiol. **19**, 1–9 (1960a). — Influencia de la timohidroquinona sobre el metabolismo de acidos organicos y sobre la respiracion de las plantas. An. Edafol. Agrobiol. **19**, 11–22 (1960b). — Rypáček, V.: Der Einfluß isolierter Humusstoffe auf einige physiologische Äußerungen der Pflanzenzelle. Studies about Humus. Symposium Humus and Plant, Praha and Brno 28. IX.–6. X. 1961, S. 235–243 (1962).

Saalbach, E.: Einfluß von Humusstoffen auf den Stoffwechsel der Pflanzen. VIe. Congr. Int. Sci. Sol. (Paris) **IV**, 107 (1956). — Scharrer, K., und W. Schropp: Wasserkulturversuche mit Progynon. Z. Pflanzenernähr., Düng., Bodenkde. B **13**, 1 (1934). — Scheffer, F., und A. Kloke: Der Einfluß von Antibiotica auf die Entwicklung und den Nährstoffgehalt von Kulturpflanzen. Z. Pflanzenernähr., Düng., Bodenkde. **66**, 29–38 (1954). — Scheffer, F., und E. Welte: Kalium in den Böden des gemäßigten Klimas. Kalium-Symposium 349 (1955). — Scheffer, F., L. Ulrich und P. Hiestermann: Ein methodischer Weg zur Ermittlung der Komplex- und Chelatbindungskapazität von organischen Stoffen und Böden. Z. Pflanzenernähr., Düng., Bodenkde. **78**, 168 (1957). — Scheffer, F., R. Kickuth und J. H. Visser: Wurzelausscheidungen höherer Pflanzen. 1. Isolierung und Identifizierung der Wurzelausscheidungen von *Trifolium pratense* L., *Medicago sativa* L. und *Eragrostis curvula*

(Schrad.) Nees. Z. Pflanzenernähr., Düng., Bodenkde. **97**, 26–40 (1962a). — Die Wurzelausscheidungen von *Eragrostis curvula* (Schrad.) Nees und ihr Einfluß auf Wurzelknoten-Nematoden, 2. Mitt. Z. Pflanzenernähr., Düng., Bodenkde. **98**, 114–120 (1962b). — SCHMID, G., und W. FLAIG: Pflanzenstoffwechsel und Wirkstoffe. Landbauforsch. **12**, 51–57 (1962). — SCHMIDT, G.: Arbeiten über Rückstände von Pflanzenschutzmitteln auf oder in Erntegut, IV. Ergebnisse einiger Biotestversuche zum Nachweis von Insektizidrückständen. Nachrichtenbl. dtsch. Pflanzenschutzdienst **11**, 136–138 (1959). — SCHÖNBECK, F.: Weitere Untersuchungen über die Veränderungen der chemischen Zusammensetzung von Pflanzen durch Aufnahme phenol- und cumarinartiger Verbindungen aus Nährlösungen und Boden. Z. Pflanzenernähr., Düng., Bodenkde. **98**, 126–136 (1962). — SCHREINER, O., und E. SHOREY: Chemical nature of soil organic matter. U.S. Dept. Agric. Bur. Soils Bull. **74**, 5–48 (1910). — SCHUPHAN, W., und K. BOEK: Histologisch-chemische Untersuchungen in Speicherwurzeln der Möhre (*Daucus carota* L.) in Beziehung zu Rückständen nach Aldrin- und Dieldrin-Behandlung. Qual. Plant. Mat. Veg. **7**, 213–228 (1960). — SLADKY, Z.: The effect of extracted humus substances on growth of tomato plants. Biol. Plant. **1**, 142–150 (1959). — STOUT, P. R., und R. OVERSTREET: Soil chemistry in relation to inorganic nutrition of plants. Ann. Rev. Plant Physiol. **1**, 304–342 (1950). — STREET, H. E.: Factors controlling meristematic activity in excised roots, VI. Effects of various antiauxins on the growth and survival of excised roots of *Lycopersicum exculentum*. Physiol. Plant. **8**, 48–62 (1955). — STREET, H. E., J. C. HUGHES und J. S. LEWIS: Studies on the growth of excised roots, X. Individual amino acids and acid-hydrolysed casein as nitrogen sources for the growth of excised tomato roots. New Phytologist **59**, 273–287 (1960).

TANAKA, I.: Studien über die Ernährung der höheren Pflanzen mit den organischen Verbindungen. Jap. J. Bot. **5**, 323 (1931). — TICHY, V.: Über den Einfluß einiger Komponenten des Bodenhumus auf das Wachstum des Weizens. Folia Biol. **4**, 286–289 (1958). — Über den Einfluß einiger Humusstoffgruppen auf den Gehalt der oberirdischen Weizenteile an reduzierenden und nicht reduzierenden Zuckern. Biol. Plant. (Praha) **1**, 107 (1959). — TOLBERT, N. E.: (2-Chloroethyl) trimethylammonium chloride and related compounds as plant growth substances. I. Chemical structure and bioassay. J. Biol. Chem. **235**, 475–479 (1960a). — (2-Chloroethyl) trimethylammonium chloride and related compounds as plant growth substances. II. Effect on growth of wheat. Plant Physiol. **35**, 380–385 (1960b). — TREIBS, W.: Über das Agropyren, einen natürlichen aromatischen en-in-Kohlenwasserstoff der Queckenwurzel. Chem. Ber. **80**, 97–101 (1947). — Das Agropyren aus dem ätherischen Öl der Queckenwurzel, ein Phenylhexadiin, mit breiter antibiotischer Wirkung. Parfümerie u. Kosmetik **40**, 451–452 (1959).

VIRTANEN, A. I.: Organic nitrogen compounds and higher plants. Sitzungsber. Finn. Akad. Wiss. 1946, S. 213, Helsinki 1947. — VIRTANEN, A. I., und H. LINKOLA: Organic nitrogen compounds as nitrogen nutrition for higher plants. Nature **158**, 515 (1946). — On the effect of amino acids and amines on the growth and the form of the pea plant. Suom Kem. B **30**, 220–221 (1957). — VIRTANEN, A. I., und R. SCHWYZER: The uptake of lower aliphatic amines by pea plants. Acta Chem. Scand. **5**, 1397–1398 (1951). — VIRTANEN, A. I., H. K. VON HAUSEN und K. KARSTRÖM: Untersuchungen über die Leguminose-Bakterien und -Pflanzen, XII. Die Ausnutzung der aus den Wurzelknöllchen der Leguminosen herausdiffundierten Stickstoffverbindungen durch Nichtleguminosen. Biochem. Z. **258**, 106 (1933). — VITOU, H. E.: Studies on the effect of synthetic growth substances on root growth inhibition. Thesis, University of London 1956. — VITOU, H., und R. L. WAIN: Studies on plant growth-regulating substances, XV. The use of root-growth inhibition tests in investigations on the relationships between chemical structure and growth regulating activity. Ann. Appl. Biol. Cambridge **47**, 752–765 (1959).

WASICKI, R.: Herausschwemmen von Substanzen aus Blättern und seine eventuelle biologische Bedeutung. Naturwiss. **46**, 172–173 (1959). — WINTER, A. G.: Beziehungen zwischen Edaphon und Pflanze im Lichte neuerer Biocönoseforschung. Z. Pflanzenkrankh. Pflanzenschutz **64**, 407–415 (1957). — WINTER, A. G., und F. SCHÖNBECK: Zum Wirkstoffkreislauf Pflanze – Tier – Boden. Z. Pflanzenernähr., Düng., Bodenkde. **84**, 11–21 (1959a). — Untersuchungen über die Aufnahme organischer Substanzen durch die Wurzeln höherer Pflanzen, II. Phenol. Naturwiss. **46**, 537 (1959b). — WINTER, A. G., und L. WILLEKE: Untersuchungen über Antibiotica aus höheren Pflanzen und ihre Bedeutung für die Bodenmikrobiologie und Pflanzensoziologie. Naturwiss. **38**, 262–264 (1951a). — Über die Aufnahme von Antibioticis durch höhere Pflanzen und ihre Stabilität in natürlichen Böden. Naturwiss. **38**, 457–458 (1951b). — WINTER, A. G., und L. RINGS-WILLEKE: Untersuchungen über die Aufnahme organischer Substanzen durch die Wurzeln höherer Pflanzen, III. Alkaloide. Naturwiss. **46**, 656–657 (1959). — WINTER, A. G., G. BRÜSEWITZ und F. SCHÖNBECK: Untersuchungen über die Aufnahme organischer Substanzen durch die Wurzeln höherer Pflanzen, IV. Die Bildung allochthoner Substanzen in Weizen auf natürlichen Böden. Naturwiss. **47**, 139–140 (1960). — WINTER, A. G., H. PEUSS und F. SCHÖNBECK: Untersuchungen über die Aufnahme organischer Substanzen durch die Wurzeln höherer Pflanzen, I. Phenolische Verbindungen. Naturwiss. **46**, 536–537 (1959). — WINTER, A. G., H. SCHÖNBECK-PEUSS und F. SCHÖNBECK: Untersuchungen über die Aufnahme organischer Substanzen durch die Wurzeln höherer Pflanzen, IV. Bildungsbedingungen allochthonen Arbutins und Phlorins. Naturwiss. **46**, 673–674 (1959). — WITSCH, H. v., und A. FLÜGEL: Physiologische Untersuchungen an Pflanzen mit erhöhtem Aneuringehalt. Flora **140**, 534 (1953). — WITTWER, S. H. und N. E. TOLBERT: (2-Chloroethyl) trimethylammonium chloride and related compounds as plant growth substances, III. Effect on growth and flowering of the tomato. Amer. J. Bot. **47**, 560–565 (1960). — WRIGHT, D. E.: Effect of plant growth compounds on uptake of amino-acids by plant roots. Nature **192**, 1044–1045 (1961).

III. Die Aufnahme von Nährstoffen

A. Nährstoffaufnahme durch die Wurzel

Von

W. Baumeister und **H. Burghardt**

a) Allgemeines

Sammelreferate: Burström (1949, 1951, 1954—1963), Kramer (1956), Robertson (1958).

1. Ausmaß und zeitlicher Verlauf der Nährstoffaufnahme

Die zahlreichen u. a. in den Arbeiten von v. Wolff (1871, 1880), Strigel (1912), Boresch (1931, 1935, 1936), Mach und Hermann (1934), Wolff (1936), Baumeister (1960) publizierten bzw. zusammengestellten Angaben über den Nährstoffgehalt ganzer Pflanzen oder einzelner Organe geben uns erste Aufschlüsse über den Umfang, in dem die einzelnen Nährstoffe von den Pflanzen aufgenommen werden. Die Analysenergebnisse lassen auch bereits erkennen, daß nicht alle Nährstoffelemente von den Pflanzen dem Medium in gleichen Mengen entnommen werden, und sie geben auch eine Vorstellung von den erheblichen Schwankungsbereichen, die für die Aufnahme der einzelnen Nährstoffe charakteristisch sind.

Die geschilderten Verhältnisse lassen sich gut mit den Werten demonstrieren, die Kenworthy (1950) für die Blätter verschiedener Obstbäume ermittelte (Tab. 47):

Tabelle 47. *Nährelemente in Blättern von Obstbäumen*

	Werte in % der Trockensubstanz	
	Schwankungsbreite	Mittelwert
Stickstoff	1,69 —4,60	3,02
Calcium	0,69 —3,00	1,78
Kalium	0,41 —2,82	1,54
Magnesium	0,28 —1,45	0,56
Phosphor	0,09 —0,75	0,25
Eisen	0,0019—0,0740	0,0217
Mangan	0,0017—0,0280	0,0115
Bor	0,0010—0,0160	0,0051
Kupfer	0,0003—0,0200	0,0028

Die Weite der Schwankungsbereiche hinsichtlich der aufgenommenen Nährstoffmengen ist bedingt einmal durch die Abhängigkeit der Nährstoffaufnahme von äußeren Faktoren (Gehalt des Bodens an Nährstoffen, Zustand der Nährstoffe im Boden) und zum anderen durch die individuellen Verschiedenheiten der Pflanzen in bezug auf ihre Ansprüche an die Nährstoffversorgung. Letztere Feststellung bedeutet, daß verschiedene Pflanzen aus dem gleichen Medium unterschiedliche Mengen an Nährstoffen aufnehmen können, wie u. a. durch die Untersuchungen von COLLANDER (1941) bewiesen werden konnte.

Der zeitliche Verlauf der Nährstoffaufnahme bei Kulturpflanzen ist u. a. von LIESEGANG (1928, 1929, 1930), VOGEL und WEBER (1932), REMY (1938, 1939) sowie von FAUST (1960) untersucht worden. Aus der Arbeit von VOGEL und WEBER (1932) ist die Tab. 48 entnommen worden, wobei jedoch die Werte auf % Element in der Trockensubstanz umgerechnet wurden.

Tabelle 48. *Zeitlicher Verlauf der Mineralstoffaufnahme und Substanzbildung bei der Treibgurke* (nach VOGEL und WEBER 1932)

Erntedatum Kultivierungsdauer	Pflanzenteil	Trockensubstanz in %	Asche in %	in % der Trockensubstanz			
				K	Ca	Mg	P
19. VII. (Pflanzung)	Setzpflanze	3,33		5,31	1,10	0,27	1,04
4. VIII. 16 Tage	Blätter	7,77		4,53	2,63	0,56	1,04
	Stengel	5,06		5,87	0,26	0,19	1,19
	Wurzeln	4,28		7,08	0,29	0,33	1,05
	ganze Pflanze	6,30		5,05	1,81	0,43	1,09
18. VIII. 30 Tage	Blätter	8,59		4,92	6,19	1,11	0,61
	Stengel	5,71		6,84	1,82	0,25	1,06
	Fruchtansatz	8,01		6,61	1,06	0,36	0,78
	Wurzeln	7,66		6,13	0,90	0,39	1,04
	ganze Pflanze	7,32		5,66	4,30	0,80	0,84
1. IX. 44 Tage	Blätter	7,96		6,13	7,19	1,35	0,64
	Stengel	6,53		7,29	1,41	0,38	0,85
	junge Früchte	4,14		6,89	1,01	0,52	0,96
	Wurzeln	13,66		3,89	0,96	0,39	0,85
	ganze Pflanze	6,57		6,49	3,82	0,81	0,80
15. IX. 58 Tage	Blätter	7,83	35,48	5,62	8,82	1,40	0,49
	Stengel	6,01	22,11	8,82	1,30	0,39	0,72
	junge Früchte	3,75	17,08	6,35	1,18	0,57	0,72
	halbreife Früchte	3,63	16,42	6,76	0,99	0,45	0,82
	Wurzeln	15,11	14,57	3,85	1,21	0,45	0,86
	ganze Pflanze	4,97	—	6,41	3,15	0,72	0,75
2. X. 75 Tage	Blätter	10,10	32,22	5,43	7,49	1,35	0,40
	Stengel	6,99	19,53	8,21	1,22	0,37	0,70
	junge Früchte	3,70	18,66	6,35	1,15	0,45	0,69
	halbreife Früchte	3,73	15,91	6,20	0,82	0,42	0,67
	marktreife Früchte	3,43	18,72	7,52	1,07	0,48	0,90
	Wurzeln	16,26	16,76	3,77	1,01	0,41	0,66
	ganze Pflanze	4,88	—	6,85	2,81	0,70	0,73

Aus den Zahlenwerten der Tab. 48 ist zu ersehen, daß der Gehalt der Pflanzen an Trockensubstanz prozentual bis zum 30. Tag ansteigt, und zwar von 3,33 auf 7,32%, um dann mit dem Heranreifen der Früchte wieder auf 4,88% abzusinken. Der prozentuale Gehalt der ganzen Pflanze an Kalium steigt bis zum Ende der Vegetationsperiode an. Besonders reich an Kalium sind die wasserreichen Stengel und Früchte, die bei der Treibgurke höhere Kaliumwerte aufweisen als die Blätter. Der prozentuale Calciumgehalt der ganzen Pflanze steigt nur bis zum 30. Tag und fällt dann wieder ab, während der Calciumgehalt der Blätter bis zum 58. Tag ansteigt und erst dann wieder geringer wird. Beim Magnesium ist zu beobachten, daß der Gehalt der ganzen Pflanze an Magnesium bis zum 30. Tag zunimmt und dann im wesentlichen konstant bleibt. Für die Blätter gilt diese Feststellung mit der Abweichung, daß der Magnesiumgehalt ab 44. Tag unverändert bleibt. Der Phosphorgehalt der Pflanzen erreicht am 16. Tag den höchsten Wert und sinkt dann laufend ab. Hier eilt also die Phosphoraufnahme der Trockensubstanzbildung voraus. Im Laufe der Vegetationsperiode findet zudem eine Verschiebung in dem Sinne statt, daß der Phosphor aus den Blättern und Wurzeln abgeleitet und in den Früchten angereichert wird.

Die zeitlichen Veränderungen im Nährstoffgehalt der Blätter von Holzgewächsen sind — soweit die Laubbäume betroffen sind — u. a. von TUCKER und TOLLENS (1900), SABALITSCHKA und WIESE (1926), GÜTTLER (1941), OLSEN (1948), TAMM (1951), ROGERS und Mitarbeitern (1953), BOULD (1955a), STOLLE (1956), MCCLUNG und LOTT (1956), SCHMALFUSS und SCHULZE (1961) untersucht worden. Diese Arbeiten ergaben ein einheitliches Bild in dem Sinne, daß der prozentuale Gehalt der Blätter an Stickstoff, Phosphor und Kalium im Laufe der Vegetationsperiode abnimmt, während der prozentuale Gehalt an Calcium und Schwefel laufend ansteigt. Der Magnesiumgehalt der Blätter nimmt anfänglich zu und bleibt dann im wesentlichen konstant.

Die Verminderung des prozentualen Anteils von Stickstoff, Phosphor und Kalium an der Trockensubstanz der Blätter ist einmal darauf zurückzuführen, daß zu Beginn der Vegetationsperiode die Versorgung der jungen Blätter mit diesen Nährstoffen offensichtlich besonders gut ist, so daß mit fortschreitender Entwicklung der Blätter deren Anteil an der Trockensubstanz geringer werden muß. Hinzu kommt aber zum anderen, daß im Spätsommer bzw. im Herbst vor der Vergilbung der Blätter nennenswerte Mengen an Stickstoff, Phosphor und Kalium aus den Blättern abgeleitet und in den Zweigen und Ästen bzw. im Stamm der Bäume gespeichert werden. Beim Blattaustrieb im nächsten Frühjahr findet eine Mobilisierung statt, bei der die Elemente Kalium und Phosphor den austreibenden Knospen zugeleitet werden. Diese Verhältnisse sind von RIPPEL (1921) bei *Salix fragilis* und *Corylus avellana*, von RIPPEL (1923b) bei *Sambucus nigra*, von WILLIAMS (1932) bei Pfirsichbäumen und von MASON und WHITFIELD (1960) bei Apfelbäumen untersucht worden. Es ist bezeichnend, daß SABALITSCHKA und WIESE (1926) demgegenüber in den immergrünen und nicht absterbenden Blättern von *Hedera helix* im Sommer und Herbst eine Ableitung des Kaliums nicht nachweisen konnten.

Es wurde schon ausgeführt, daß der Gehalt der Blätter an Calcium bis zum Ende der Vegetationsperiode zunimmt, eine Ableitung des Calciums vor dem Vergilben und Abfallen der Blätter also nicht stattfindet. Für das Magnesium ist nachgewiesen worden, daß es bei Magnesiummangel aus den Blättern der Fruchttriebe in die Früchte abgeleitet werden kann (FUDGE 1939, MOON und Mitarbeiter 1952).

Abschließend sei noch erwähnt, daß mit den Reifevorgängen auch Veränderungen im prozentualen Mineralstoffgehalt der Früchte verbunden sind. So konnten u. a. ZIDAN und WALLACE (1954) an Orangenfrüchten zeigen, daß der Gehalt der Früchte an Kalium und Phosphor in % der Trockensubstanz zunächst laufend abnahm, um dann am Ende der Reifeperiode wieder anzusteigen. Der prozentuale Gehalt an Magnesium fiel stetig ab, der des Calciums erreichte ein Maximum im Oktober, ein Minimum im Februar des folgenden Jahres und stieg dann wieder an.

Auch mit der Kornreife bei Getreidepflanzen sind Verschiebungen in der Lokalisation der Mineralstoffe innerhalb der Pflanzen verbunden. Es seien in diesem Zusammenhang nur die Arbeiten von JEGOROV (1923), DIX und BISCHOF (1930) sowie FAUST (1960) erwähnt.

2. Orte der Nährstoffaufnahme

Orte der Nährstoffaufnahme sind bei den Landpflanzen naturgemäß vornehmlich die absorbierenden Wurzeloberflächen. Darunter sind die Oberflächen aller jungen Wurzelteile, insbesondere der Wurzelhaarzonen zu verstehen. Aufnahmefähig sind aber auch die Rhizodermiszellen der Teilungs- und Streckungszone. Die Intensität der Aufnahme der Nährstoffe durch die einzelnen Wurzelregionen ist verschiedentlich untersucht worden. PREVOT und STEWARD (1936) untersuchten die Aufnahme von Br-Ionen durch die Wurzeln von Gersten-, Baumwoll- und Ackerbohnenpflanzen. Mit Gerstenwurzeln führten STEWARD und Mitarbeiter (1942) Versuche über die Aufnahme von Rb-, K- und PO_4-Ionen, OVERSTREET und JACOBSON (1946) über die Aufnahme von Rb- und PO_4-Ionen und JACOBSON und OVERSTREET (1947) über die Aufnahme von Sr- und J-Ionen durch. Übereinstimmend wurde von den genannten Autoren festgestellt, daß eine Aufnahme der Ionen bereits unmittelbar hinter der Wurzelspitze möglich ist. Teilweise konnten für diese Zone sogar maximale Werte der Aufnahme ermittelt werden. CANNING und KRAMER (1958) fanden unterschiedliche Verhältnisse bei verschiedenen Versuchspflanzen. Bei den Wurzeln von Baumwoll- und Erbsenpflanzen wurde eine maximale Aufnahme 1 bis 2 mm hinter der Spitze, bei Wurzeln von Maispflanzen dagegen 50 mm hinter der Spitze ermittelt. So interessant diese Ergebnisse sind, so ist doch zweifelhaft, ob die Frage der Ionenaufnahme ohne Berücksichtigung der Ableitung geklärt werden kann. Der Abtransport zum Sproß kann aber erst dann in geregelter Weise erfolgen, wenn im Zuge der Differenzierung die Voraussetzungen für den Anschluß an den Transpirationsstrom gegeben sind. WIEBE und KRAMER (1954) sowie CANNING und KRAMER (1958) geben daher auch an, daß in ihren Versuchen die Ableitung einige Zentimeter hinter der Wurzelspitze am intensivsten war. KRAMER und WIEBE (1952) hatten schon früher beobachtet, daß die Aufnahme von ^{32}P bei Gersten- und Tomatenpflanzen in der Wurzelhaarzone und bei Kiefernwurzeln ein oder mehrere Zentimeter hinter der Spitze besonders intensiv war. TSAO und Mitarbeiter (1964) stellten an Weizenwurzeln 2 Hauptabsorptionszonen für die Aufnahme von ^{32}P fest. Die eine lag 0 bis 3 mm hinter der Spitze und die andere im jüngsten Bereich der Wurzelhaarzone. POTAPOV und SUMYANOVA (1966) fanden bei Lupinen, daß die Wurzelhaarzone 12- bis 15mal mehr Nitratstickstoff aufnimmt als die meristematische Zone. Der aufgenommene Stickstoff wurde in der meristematischen Zone zu 60 bis 80% und in der Wurzelhaarzone zu 30% als Eiweißstickstoff bestimmt. Ähnliche Verhältnisse stellte WEIGL (1964a) bei Maiswurzeln auch hinsichtlich der Aufnahme und des Einbaues von Phosphat fest.

Wir dürfen daher die Ansicht vertreten, daß zwar die Aufnahme der Ionen grundsätzlich bereits in der Teilungs- und Streckungszone möglich ist, daß aber zweifellos die Intensität dort am größten ist, wo die Voraussetzungen für eine schnelle Ableitung gegeben sind.

Außer den Wurzeln sind, wie wir heute wissen, aber auch oberirdische Teile der Pflanze, besonders natürlich die Blätter, zur Nährstoffaufnahme befähigt (BOYNTON 1954, KRZYSCH 1958 a, WITTWER und TEUBNER 1959, BURGHARDT 1961 u. a.). Einzelheiten über diese Art der Nährstoffaufnahme werden im Abschnitt „Nährstoffaufnahme über die Blätter" (s. S. 235) behandelt werden. Hier sei noch auf die Verhältnisse bei submersen Pflanzen hingewiesen, da diese in der Lage sind, die benötigten Nährstoffe mit der ganzen Oberfläche aufzunehmen. Das ist möglich, weil die — zwar auch hier noch vorhandene — Cuticula besonders dünn ist und zudem, wie die Untersuchungen von VOLZ (1952) an den Blättern von *Elodea* vermuten lassen, wahrscheinlich stets von Poren durchsetzt ist (Porencuticula). Für die Diffusion der Nährstoffionen durch die Außenwände der Epidermiszellen dürften daher bei submersen Wasserpflanzen keinerlei Schwierigkeiten bestehen. Diese Annahme wird zudem durch die Untersuchungen von SCHUMACHER und HALBSGUTH (1938), SCHUMACHER (1942, 1957), LAMBERTZ (1954), SCHUMACHER und LAMBERTZ (1956) sowie SIEVERS (1959) gestützt, die — allerdings an Landpflanzen — gezeigt haben, daß die Epidermisaußenwände von Ectodesmen durchsetzt sind.

Wir können daher heute von der Feststellung ausgehen, daß die Nährstoffaufnahme sowohl mit Hilfe der Wurzeln als auch mit Hilfe oberirdischer Pflanzenteile möglich ist. Wir können sogar noch einen Schritt weiter gehen und grundsätzlich eine Gleichwertigkeit von Blatt- und Wurzeldüngung annehmen (Literatur bei BUCHNER 1955 u. a.). Interessant sind in diesem Fall auch noch die Versuchsergebnisse, die erkennen lassen, daß gewisse Wechselbeziehungen zwischen der Blatt- und Wurzeldüngung bestehen. So konnte SCHEREWERJA (1959) nachweisen, daß die vorteilhafte Wirkung einer Blattdüngung zum Teil auf einer gleichzeitig verstärkten Nährstoffaufnahme über die Wurzeln beruht. Auch die Untersuchungen von IBONENKO (1959) haben gezeigt, daß die Aufnahme von Stickstoff, Phosphorsäure und Kalium bei gleichzeitiger Blattdüngung gefördert wird. Das gilt speziell, wenn sich ein oder mehrere Nährstoffe im Boden im Mangel befinden (GEISSLER 1955). Auch sind diese Beziehungen nicht auf die verschiedenen Aufnahmemöglichkeiten ein und desselben Nährstoffes beschränkt, sondern nach Untersuchungen von MATZKOW und IBONENKO (1958) wurde z. B. allein durch eine Harnstoffspritzung bei Tomaten neben der Erhöhung des N-Gehaltes auch die Aufnahme von ^{32}P durch die Wurzeln um 98,3% gefördert. Umgekehrt bewirkte nach KRZYSCH (1958 b) P-Blattdüngung eine bessere Ausnutzung des Bodenstickstoffs als bei alleiniger P-Bodendüngung. Weiter förderte nach COOK und BOYNTON (1952) eine gute N-Versorgung des Bodens auch die Aufnahme des auf die Blätter gespritzten Harnstoffs. Einen eindeutigen Einfluß der Nährstoffversorgung des Bodens bzw. des Ernährungszustandes der Pflanze konnte KRZYSCH (1958 a) an Hand der vorliegenden Literatur allerdings nicht nachweisen. KAINDL (1953) stellte bei guter P-Versorgung nur eine geringe Ausnutzung der P-Blattdüngung, zum Teil sogar eine Schädigung fest. Dagegen hatten Untersuchungen von THORNE (1957) mit ^{15}N und ^{32}P an Zucker- und Kohlrüben deutliche, für die einzelnen Nährstoffe allerdings uneinheitliche Ergebnisse:

Die Stickstoffblattdüngung erhöhte allgemein die Stickstoffaufnahme durch die Wurzeln.

Die Aufnahme der Phosphorsäure über die Blätter verminderte bei guter Phosphorsäureversorgung des Bodens die Phosphorsäureaufnahme über die

Wurzeln und blieb bei schlechter Versorgung ohne Einfluß. Die Trockensubstanzproduktion wurde nicht verändert.

Die Kaliumaufnahme über die Blätter blieb bei guter Kaliumversorgung des Bodens ohne Wirkung auf die Kaliumaufnahme über die Wurzeln, erhöhte sie aber bei schlechter Versorgung. Die Trockensubstanzproduktion wurde bei schlechter Kaliumversorgung durch die Blattdüngung gefördert, blieb aber bei guter Kaliumversorgung unbeeinflußt. Allgemein war das über die Blätter aufgenommene Kalium das wirksamere.

Wie Thorne (1954) bereits hervorhob, dürfte allerdings feststehen und muß berücksichtigt werden, daß es im Einzelfall oft schwierig ist, zu entscheiden, ob die festgestellten Einflüsse allein der Blattdüngung zuzuschreiben sind, oder ob lediglich die Wurzeln in bestimmter Weise zu erhöhter Aufnahme von Nährstoffen angeregt werden. Kompetive Beeinflussungen der Zufuhr über Blätter und Wurzeln wurden von Barbier und Brossard (1963) für Strontium, nicht aber für Caesium gefunden.

3. Ionenaufnahme

Sammelreferate: Sutcliffe (1956, 1962), Kramer (1956), Robertson (1957, 1958, 1960), Laties (1959), Arisz (1960), Epstein (1960), Marschner und Mengel (1962), Mengel und Marschner (1963), Brouwer (1965).

Die in der Außenlösung befindlichen Ionen müssen, um in das Zellinnere — Vakuole — gelangen zu können, einmal die tote Zellwand und zum anderen das lebende Plasma passieren, das in der ausgewachsenen Zelle in der Regel als mehr oder weniger dünner Belag der Zellwand anliegt.

Über den Feinbau der Zellwand sind wir heute recht gut unterrichtet. Wir wissen, daß ihre Grundbausteine, die Zellulosemoleküle, in geordneter Weise zu Elementar-, Mikro- und Makrofibrillen zusammentreten. Als innere Hohlräume treten die intermicellaren Räume mit 10 Å und die interfibrillären Räume mit 100 Å im Durchmesser auf. Insgesamt gesehen, haben wir es mit einem System zu tun, das für Ionen passierbar ist und das über große innere Oberflächen verfügt.

Komplizierter ist der Feinbau des Zytoplasmas. Die klassische Zytologie lehrt, daß das Zytoplasma zwei Grenzschichten besitzt, von denen die eine als Tonoplast die Abgrenzung gegen die Vakuole und die andere als Plasmalemma die Abgrenzung gegen die Zellwand darstellt. Man nimmt dabei an, daß sowohl der Tonoplast als auch das Plasmalemma semipermeabel sind. Ob das tatsächlich der Fall ist, ist heute umstritten. Weitgehend ungeklärt ist auch die Bedeutung des plasmatischen Feinbaues für die Ionenaufnahme. Endoplasmatisches Reticulum und Golgi-Körper stellen ein labiles System innerer Räume und Oberflächen dar, das wahrscheinlich auch für die Ionenaufnahme bedeutsam ist.

Im natürlichen Boden liegen die Ionen entweder frei in der Bodenlösung vor oder sind adsorptiv an die Bodenkolloide gebunden. Welcher Zustand bei der Aufnahme der Ionen die größere Rolle spielt, wird unterschiedlich beurteilt. Befürworter eines vorherrschenden Kontaktaustausches sind u. a. Jenny und Overstreet (1939), Jenny und Mitarbeiter (1939), Gonzalez und Jenny (1958) sowie Scheuring und Overstreet (1961). Nur von untergeordneter Bedeutung bei der Ionenaufnahme ist der Kontaktaustausch demgegenüber nach Ansicht von u. a. Walker (1960) sowie Lagerwerff und Peech (1961).

Wenn wir uns im folgenden auch vornehmlich mit dem Problem der Ionenaufnahme beschäftigen werden, so sei doch betont, daß der Aufnahme in mehr oder weniger großem Umfang eine Ionenabgabe parallel läuft. Ob beide Vorgänge im Gleichgewicht stehen oder nicht, hängt von vielen Faktoren ab, von denen die

Ionenkonzentration des Gewebes und der Außenlösung, die Ionenkonkurrenz sowie der physiologische Zustand des Gewebes bzw. das Alter der Pflanzen als Beispiele genannt seien (MICHAEL und MARSCHNER 1958 a, b, SCHEFFER und Mitarbeiter 1961, MENGEL 1964 u. a.).

Die Ionenaufnahme beginnt mit einer kurzfristigen und schnellen Anfangsphase, die meistens etwa 10 bis 15 Minuten andauert. Sie geht dann in eine längere Phase mit langsamer Aufnahme über (ROBERTSON 1941, 1944, OVERSTREET und JACOBSON 1946, BUTLER 1953 a, LUNDEGÅRDH 1958 u. a.). EPSTEIN und Mitarbeiter (1962) fanden bei abgeschnittenen Gerstenwurzeln bereits nach 1 Min. die gleiche Rb-Konzentration in den Wurzeln wie in der Aufnahmelösung. Nach 1 Std. betrug die Rb-Konzentration in den Wurzeln bereits das 60fache. Die Schnelligkeit der Aufnahme hängt dabei im einzelnen von vielen Faktoren ab. Die erste Phase der Aufnahme ist nicht-metabolischer Natur, daher allein chemisch-physikalischen Gesetzmäßigkeiten unterworfen und zudem reversibel. Die anschließende Phase der Ionenaufnahme ist dagegen metabolischer Natur, nicht reversibel und an die Stoffwechselprozesse des aufnehmenden Gewebes gebunden. Wir sprechen auch davon, daß die Salzaufnahme mit der Aufnahme in den freien Raum beginnt und dann in die Phase der aktiven Aufnahme übergeht. Von diesem Schema stärker abweichende Theorien werden von verschiedenen Autoren hinsichtlich der Aufnahme von Schwermetallionen vorgetragen. So läuft nach PAGE und DAINTY (1964) die Mn-Aufnahme zwar auch in zwei Phasen ab, doch werden beide als passiv angesehen. Die Aufnahme des Zinks soll nach FINDENEGG und BRODA (1965) ohne Beteiligung aktiver Vorgänge durch Austauschadsorption und Komplexbildung erfolgen. Es sei dahingestellt, ob diese Ansichten richtig sind, zumal SCHMID und Mitarbeiter (1965) auch bei der Zinkaufnahme Temperatureinflüsse sowie Beeinträchtigungen durch Dinitrophenol und Natriumazid feststellen konnten.

Der Begriff des „freien Raumes“ bzw. „scheinbar freien Raumes“ („free space“ bzw. „apparent free space“) wurde von BRIGGS geprägt, von HOPE und STEVENS (1952) aber erstmals in die Literatur eingeführt. ROBERTSON (1958) gibt folgende Definition des AFS: „Apparent free space: the volume of tissue into which the electrolyte apparently moves to equality of concentration with the outside by free diffusion; this includes intercellular spaces, wet cell walls, nonliving cells and some parts of the cytoplasma.“ EPSTEIN (1955) spricht von einem „outer space“, der mit dem AFS praktisch identisch ist, und von einem „inner space“, in den die Ionen nur durch aktive Aufnahme gelangen können und der der Vakuole entspricht.

Die mit verschiedenen Methoden durchgeführten Größenbestimmungen des AFS haben zu unterschiedlichen Werten geführt. So fanden u. a. HOPE und STEVENS (1952) an Wurzeln der Pferdebohne für Kaliumchlorid einen Anteil des AFS am Wurzelvolumen von 13%. BUTLER (1953 b) experimentierte mit Weizenwurzeln und fand für Chlorid und Phosphat mittlere Werte für den AFS von 33,7 bzw. 33,3% und für Mannitol von 24,3%. In späteren Versuchen ermittelte BUTLER (1959) AFS-Werte für Sulfat von 18—20% und an Phosphatmangelwurzeln für Phosphat von 36%. EPSTEIN (1955) gibt für Gerstenwurzeln auf Grund von Versuchen mit Sulfat, Selenat, Phosphat und Calcium einen Wert von annähernd 23% an. KYLIN und HYLMÖ (1957) sowie KYLIN (1960) fanden bei Weizenwurzeln einen AFS in der Größe von 15—18%. Weitere Größenbestimmungen des AFS stammen u. a. von PETTERSSON (1960, 1961, 1966). Bei schwacher Transpiration verminderten sich die AFS-Werte mit steigenden SO_4-Konzentrationen im Medium von 20 auf 16% und bei höherer Transpirationsrate von 19 auf 16%. Bei sulfatarmen Pflanzen wurden bei einer Außenkonzentration von

0,25 mmol Sulfat Werte für den AFS von 57% und bei 50 mmol Sulfat von 14% gefunden.

Die genannten Werte für die Größe des AFS erfordern, daß wenigstens Teile des Cytoplasmas in den AFS einbezogen werden. LEVITT (1957) lehnt diese Vorstellung ab und ist der Ansicht, daß Fehler in der Methodik oder in der Berechnung vorliegen. Er hält einen Wert von 8, höchstens 10% für die mögliche obere Grenze. Das sind Werte, die von VAKHMISTROV (1965) auch experimentell ermittelt wurden.

Der AFS ist zudem keine absolute Größe. Er ist abhängig u. a. von der Nährstoffversorgung der Pflanze, von der Ionenkonzentration im Außenmedium, von der Ionenart und von der Pflanzenart. Unterschiede ergeben sich auch zwischen dem AFS der Wurzeln und der Blätter. ARISZ und SOL (1956) sind z. B. der Ansicht, daß in den Blättern der Wasserpflanze *Vallisneria* der AFS keine Rolle spielt. KYLIN (1957) widerspricht dem, gibt aber zu, daß der AFS in den Wasserblättern nur eine geringe Größe hat. Er teilt Werte von 5,7 bis 7,7% für *Vallisneria gigantea* und von 4,5% für *Vallisneria spiralis* mit.

Neben der Größe ist auch die Lokalisation des AFS umstritten. Es geht dabei im wesentlichen um die Frage, ob und in welchem Umfang das Cytoplasma zum freien Raum gehört. Eine gewisse Beteiligung des Cytoplasmas am AFS wird angenommen u. a. von HOPE (1953), BRIGGS (1957), BURSTRÖM (1957), BRIGGS und ROBERTSON (1957). Die Einbeziehung von Teilen des Cytoplasmas bedeutet, daß das Plasmalemma nicht als Ionenbarriere angesehen wird. Dieser Ansicht wird aber von anderen Autoren widersprochen, so u. a. von LEVITT (1957), BROUWER (1959), EPSTEIN (1960). BRIGGS und Mitarbeiter (1958) unterteilen den freien Raum in einen „water free space" (WFS) und einen „Donnan free space" (DFS). Im WFS gleicht sich die Konzentration an Kationen und an Anionen schnell der Außenlösung an. Im DFS werden dagegen wegen der Anwesenheit nichtdiffusibler Anionen vornehmlich Kationen angereichert. Hinsichtlich der Lokalisation des DFS gehen die Ansichten genauso auseinander wie bezüglich des AFS. Seine Größe wird aber gering eingeschätzt. BRIGGS und Mitarbeiter (1958) berechneten für Gewebescheiben der Roten Rübe 2,1% für den DFS.

So verwirrend die Ansichten über die Ionenaufnahme auch sind, so herrscht doch im großen und ganzen Einmütigkeit darüber, daß sie mit einer Diffusion in den AFS bzw. WFS beginnt. Unterschiedliche Auffassungen bestehen aber über den Charakter der Austauschvorgänge im DFS. Das ist jedoch unvermeidbar, solange keine Klarheit über die Lokalisation des DFS besteht.

Die aktive Phase der Ionenaufnahme, die letztlich zu einer Ionenakkumulation in der Vakuole führt, ist ein stoffwechselabhängiger und energiebedürftiger Prozeß. Die Beziehungen zwischen der Ionenaufnahme und der Atmung wurden erstmals von LUNDEGÅRDH und BURSTRÖM (1933) erkannt. Diese Autoren stellten fest, daß die Atmungsintensität von Weizenwurzeln unmittelbar nach Überführung der Wurzeln in eine Salzlösung ansteigt. Diese von LUNDEGÅRDH später als Anionenatmung und von anderen Autoren als Salzatmung bezeichnete Komponente der Atmungsvorgänge ist unabhängig von der Grundatmung. Sie wird durch Cyanid gehemmt, während die Grundatmung davon nur wenig beeinflußt wird (LUNDEGÅRDH 1945, 1949, 1955, 1960, ROBERTSON 1941, 1944, 1960, MACHLIS 1944, ROBERTSON und Mitarbeiter 1947, ROBERTSON und WILKINS 1948, WEEKS und ROBERTSON 1950, EPSTEIN 1954, HONDA 1955, BRIGGS 1963 u. a.).

Als Sitz der Atmungsenzyme sind in diesem Zusammenhang die Mitochondrien von besonderem Interesse. Sie sind offensichtlich auch Orte einer aktiven Ionenaufnahme, die aber wahrscheinlich keinen spezifischen Charakter hat (ROBERTSON und Mitarbeiter 1955, HONDA und ROBERTSON 1956, DAVIES 1956, FLORELL

1957, SWITZER und SMITH 1957, HONDA und Mitarbeiter 1958, JACKSON und Mitarbeiter 1962, HODGES und HANSON 1965, MILLARD und Mitarbeiter 1965 u. a.).

Bei der Salzakkumulation müssen die Ionen je nach den Auffassungen über die Ausdehnung des freien Raumes entweder das Plasmalemma und den Tonoplasten oder nur den Tonoplasten überwinden. Trotz der Unklarheit über die dem aktiven Ionentransport zugrunde liegenden Prozesse darf jedoch dessen Abhängigkeit von energieliefernden Stoffwechselprozessen als bewiesen gelten.

LUNDEGÅRDH (1945, 1955, 1958, 1960) nimmt eine direkte Beziehung zwischen der Anionenatmung und dem Anionentransport an. Nach seiner Theorie werden die Anionen im Austausch gegen Elektronen der valenzwechselnden Fe-Atome des Cytochromsystems transportiert. Sie bewegen sich dabei gegenläufig zum Elektronenstrom. Die im Austausch gegen die bei der Atmung auftretenden H-Ionen aufgenommenen Kationen folgen aus elektrostatischen Gründen passiv nach. Die Anionentheorie wird im wesentlichen auch von ROBERTSON (1960) und BRIGGS (1963) vertreten. Kritisiert wird an der Theorie von LUNDEGÅRDH vor allem der unspezifische Charakter des Anionentransportes, da er im Widerspruch steht zur Konkurrenz der Anionen um gleiche Trägersysteme (EPSTEIN 1960, 1962).

Viel diskutiert wurde auch die Feststellung, daß die Ionenaufnahme durch entkoppelnd wirkende Stoffe — Dinitrophenol, Arsenat — gehemmt wird. Man sieht darin Beweise für die Theorie, daß für den Ionentransport die oxydative Phosphorylierung bzw. das ATP eine größere Bedeutung hat als der Elektronentransport der Atmungskette. Doch muß eine endgültige Klärung abgewartet werden, zumal das ATP für das gesamte Stoffwechselgeschehen in der Zelle unentbehrlich ist. Das gilt auch für die Aufrechterhaltung der labilen Strukturen des Cytoplasmas einschließlich der der Plasmagrenzschichten. Jeder Eingriff, der zu einer Blockierung der ATP-Bildung führt, muß sich daher auch auf die Stabilität und damit auf die Permeabilität der Membranen auswirken. Störungen sowohl bei der Ionenaufnahme als auch bei der Ionenabgabe dürften somit eine zwangsläufige sekundäre Folge sein (ROBERTSON und Mitarbeiter 1951, BUTLER 1953 c, HONDA 1956, HIGINBOTHAM 1959, MENGEL 1963, WEIGL 1963, 1964 b, BARBER und KOONTZ 1963, BUDD und LATIES 1964, HODGES und HANSON 1965 u. a.).

Während die Anionentheorie von LUNDEGÅRDH nur für die Anionen eine aktive Aufnahme annimmt, setzt die vor allem von EPSTEIN vertretene Trägertheorie voraus, daß sowohl die Anionen als auch die Kationen durch einen aktiven Mechanismus transportiert werden. Die Ionen werden nach der Trägertheorie außerhalb der Membranen von mehr oder weniger spezifischen Trägermolekülen aufgenommen und von ihnen durch die Membranen befördert. Jenseits der Membran werden die Träger entladen. Die Ionen werden dabei frei oder von anderen Trägern übernommen. Eine passive Rückdiffusion ist nicht möglich. Wenn trotzdem vielfach eine Rückwanderung der Ionen ins umgebende Medium festgestellt werden konnte, so bedeutet das, daß die Träger auch von innen nach außen zu wandern vermögen (EPSTEIN und HAGEN 1952, EPSTEIN 1953, 1960, 1962, OERTLI 1964 u. a.).

In zahlreichen Arbeiten konnte nachgewiesen werden, daß die Ionen entsprechend ihrer Affinität zum jeweiligen Trägersystem um die Bindungsstellen konkurrieren. So wurde von EPSTEIN und HAGEN (1952), SUTCLIFFE (1957), MARSCHNER (1961) sowie HANDLEY und OVERSTREET (1961) gefunden, daß die Alkali-Ionen, besonders aber K- und Rb-Ionen um die gleichen Träger konkurrieren. Bezüglich des Kaliums vertreten BANGE (1959), BANGE und VAN VLIET (1961), EPSTEIN und RAINS (1965) sowie RAINS und EPSTEIN (1965) die Ansicht, daß dafür zwei Trägersysteme vorliegen, von denen das eine hochselektiv für Kalium-Ionen ist, während das andere neben K- auch Na-Ionen aufnehmen kann. Ca-, Sr- und

Ba-Ionen konkurrieren nach EPSTEIN und LEGGETT (1954) ebenfalls um gleiche Träger, während für das Magnesium ein eigenes Trägersystem vermutet wird. Dafür spricht auch die Feststellung von MOORE und Mitarbeitern (1961), daß die Aufnahme des Magnesiums mehr der der Alkali-Ionen als der des Calciums ähnelt.

Wechselbeziehungen sind auch für einige Anionen ermittelt worden. So bewerben sich nach BÖSZÖRMENYI und CSEH (1961, 1964) Cl- und Br-Ionen und nach LEGGETT und EPSTEIN (1956) SO_4- und SeO_4-Ionen um gleiche Träger. Die NO_3-Ionen scheinen spezifische Träger zu besitzen, da keinerlei Wechselbeziehungen zu anderen Anionen aufgefunden werden konnten (EPSTEIN 1953, STENLID 1957). HPO_4- und H_2PO_4-Ionen werden durch jeweils spezifische Träger transportiert (HAGEN und HOPKINS 1955, HAGEN und Mitarbeiter 1957).

Weder die Beschaffenheit der Träger noch deren Wirkungsmechanismus konnten bisher aufgeklärt werden. Die von den einzelnen Autoren ausgesprochenen Vermutungen lassen kein einheitliches Bild erkennen. Beachtenswert erscheint die Anregung von OVERSTREET (1957), das Plasma insgesamt als Träger anzusehen. Im Hinblick auf die heute besser aufgeklärten vielfältigen Feinstrukturen des Cytoplasmas kommt dieser Anregung eine aktuelle Bedeutung zu.

Die pH-Abhängigkeit der Ionenaufnahme ist in zahlreichen Arbeiten untersucht worden. Die Ergebnisse lassen erkennen, daß niedere pH-Werte die Kationenaufnahme und höhere pH-Werte die Anionenaufnahme hemmen. Es wird vermutet, daß diese Erscheinungen die Auswirkung einer Konkurrenz zwischen H-Ionen und Kationen bzw. zwischen OH-Ionen und Anionen sind. Besonders schwerwiegend ist die Hemmung der Kationenaufnahme durch tiefe pH-Werte bei Abwesenheit von Ca-Ionen. Der selektive Aufnahmemechanismus ist offensichtlich an die Anwesenheit von Ca-Ionen gebunden. Es ist zudem bekannt, daß bei Ca-Mangel der Membranaufbau gestört und als Folge die Permeabilität erhöht ist. Zur Stabilisierung der Membranen ist somit ebenfalls Calcium notwendig. Das dürfte auch die Erklärung für den häufig beschriebenen „Viets-Effekt" sein, worunter die Förderung der K-Aufnahme durch das Calcium unter bestimmten Bedingungen verstanden wird (VIETS 1944, OVERSTREET und Mitarbeiter 1952, OLSEN 1953, NIELSEN und OVERSTREET 1955, JACOBSON und Mitarbeiter 1950, 1960, 1961, EPSTEIN 1961, WAISEL 1962, RAINS und Mitarbeiter 1964, MARSCHNER 1964, MARSCHNER und GÜNTHER 1964, MARSCHNER und MENGEL 1966 u. a.). Die Förderung der K-Aufnahme durch höhere pH-Werte, die von HURD und SUTCLIFFE (1957) sowie HURD (1958) beschrieben wurde, dürfte die Auswirkung einer verstärkten Aufnahme von Bikarbonat-Ionen sein.

Von einigen Autoren wurde eine Hemmung der Ionenaufnahme durch Chloramphenicol festgestellt. Da dieser Hemmstoff spezifisch die Eiweißsynthese beeinträchtigt, wird eine Verbindung zwischen dem Eiweißstoffwechsel und der Ionenaufnahme vermutet (BOWLING 1963, UHLER und RUSSELL 1963, ELLIS und Mitarbeiter 1964). Es ist aber wahrscheinlich, daß es sich wiederum um sekundäre Auswirkungen handelt.

Nach ILAN und REINHOLD (1963, 1964) fördert Indol-3-Essigsäure (IES) die Aufnahme von K- und Rb-Ionen, während die der NH_4-Ionen gehemmt wird. Es wird vermutet, daß K-, Rb- und NH_4-Ionen um die gleichen Trägerpositionen konkurrieren und daß IES die Trägerstruktur verändert, doch bleiben die Zusammenhänge zwischen der Ionenaufnahme und der Wirkung von IES unklar. Das gilt auch für die Wirkung von Kinetin, das bei Zufuhr über den Sproß bzw. die Blätter die ^{32}P-Aufnahme durch Bohnenpflanzen fördert, sie dagegen hemmt, wenn es über die Wurzeln verabreicht wird (LINSER und HEGAZY 1963). Phlorizin hemmt in höheren Konzentrationen (10^{-3}) die Aufnahme von Sulfat-, Chlorid- und Phosphat-Ionen, nicht aber die Ca-Aufnahme (WEIGL 1964 c).

4. Ionentransport

Über die Weiterleitung der aufgenommenen Ionen in den pflanzlichen Geweben und über den Ionentransport von der Wurzel zum Sproß liegen wie bei allen anderen Teilfragen bezüglich der Ionenaufnahme keine einheitlichen Ansichten vor. ARISZ (1956, 1960) hat auf Grund umfangreicher Untersuchungen an Blättern von *Vallisneria* seine bekannte Symplasttheorie entwickelt. Diese Theorie geht zunächst davon aus, daß die nicht-metabolische Aufnahme in den AFS bei *Vallisneria* keine besondere Rolle spielt. Die Aufnahme ist vornehmlich aktiv. Die Ionen gelangen dabei in das periphere Cytoplasma und von dort aus in das Innenplasma. Dieses dient als „pool" für die aufgenommenen Ionen, die nunmehr entweder aktiv in die Vakuole sezerniert oder im Symplast abtransportiert werden, wobei die Plasmodesmen der Weiterleitung von Zelle zu Zelle dienen.

Die Symplasttheorie von ARISZ mag für die Blätter von Wasserpflanzen eine Berechtigung haben; auf die Ionenaufnahme bei den wesentlich komplizierter gebauten Wurzeln ist sie sicherlich nur bedingt anwendbar.

HYLMÖ (1953, 1955, 1958) sowie KYLIN und HYLMÖ (1957) vertreten die Theorie eines passiven Ionentransportes mit dem Transpirationsstrom, während BROUWER (1956, 1959) der Ansicht ist, daß nur geringe Mengen an Ionen passiv mit dem Transpirationsstrom in die Pflanze gelangen. Das ist auch die Meinung zahlreicher anderer Autoren. Der Einfluß der Transpiration auf die Ionenaufnahme und den Ionentransport von der Wurzel zum Sproß ist relativ gering. Beziehungen ergeben sich im wesentlichen nur dann, wenn die Ionenkonzentration sowohl in der Außenlösung als auch in den Wurzelzellen hoch ist. Offensichtlich werden die Wurzelzellen vorrangig mit Ionen versorgt; erst wenn deren Bedürfnisse befriedigt sind, werden größere Mengen an Nährstoffionen an die Gefäße abgegeben. Es ist wahrscheinlich, daß bei hoher Außenkonzentration und hoher Transpirationsrate die normalerweise aktive Aufnahme der Ionen durch eine zusätzliche passive Ionenwanderung ergänzt wird. Der selektive Charakter der Ionenaufnahme erfährt dabei eine Abschwächung (RUSSELL und SHORROCKS 1959, BANGE und OVERSTREET 1960, MICHAEL und MARSCHNER 1962, OERTLI 1963, BANGE 1965, PITMAN 1965, 1966, RAJAN 1966, MENGEL 1965 u. a.). Abweichend von diesen Vorstellungen vertreten BOWLING und WEATHERLEY (1965), BOWLING (1966) sowie BOWLING und Mitarbeiter (1966) die Ansicht, daß zwar die Anionen, nicht aber auch die Kationen aktiv aufgenommen werden. Eine Abhängigkeit von der Transpiration fanden sie bezüglich des Kaliums nur für den Kaliumtransport in den Sproß, nicht aber für die Kaliumaufnahme in die Wurzelzellen. Ein Massenfluß wird abgelehnt. Die Selektivität bei der Kationenaufnahme zugunsten des Kaliums wird durch eine Diffusionsbarriere oder durch einen auswärts gerichteten Pumpmechanismus zu erklären versucht.

5. Bedeutung der Chelatisierung für die Nährstoffaufnahme

Sammelreferate: BURSTRÖM (1957, 1958, 1959), MARTELL (1957), SCHEFFER und Mitarbeiter (1957), SCHOLZ (1957), WALLACE (1956a), STEWART (1963).

A. Charakterisierung der Chelate

Die Versorgung der Pflanzen mit Mikronährstoffen leidet häufig darunter, daß diese Nährstoffe im Boden in eine Form überführt werden, in der sie für die Pflanzen nicht oder nur schwer aufnehmbar sind. Als Folge treten mannigfaltige Chloroseerscheinungen auf. Man hat versucht, die Chloroseerscheinungen durch

Methoden wie: Nährstoffzufuhr in Form von Salzen oder organischen Verbindungen zum Boden, Veränderung der Bodenreaktion, Blattspritzung, Injektion von festen oder flüssigen Verbindungen unter Druck in die Stämme von Bäumen zu bekämpfen. Alle diese Bemühungen haben aber nur zu Teilerfolgen von beschränkter Dauer und mehr oder weniger unbefriedigender Wirkung geführt. Das trifft auch für die Versuche zur Eisenversorgung von Pflanzen unter Umgehung des ionisierten Zustandes mit Kaliumferrocyanid (KNOP 1869, SCHROPP 1934) und Eisen-Humaten (HORNER und Mitarbeiter 1934) wegen der Giftigkeit bzw. der wenig definierten Zusammensetzung dieser Verbindungen zu. Eine grundlegende Änderung dieser Situation trat erst mit der Einführung der Chelate in die Pflanzenernährung ein. Obwohl die inneren Komplexverbindungen seit 1904 (LEY) bekannt und bereits als Titrationsmittel in der chemischen Analyse eingesetzt waren, bedurfte es erst der Untersuchungen von JACOBSON (1951), um die Aufnahme dieser Verbindungen durch die Pflanzen nachzuweisen und ihre erfolgreiche Anwendung in der praktischen Landwirtschaft durch STEWART und LEONARD (1952 a) einzuleiten. Diese Untersuchungen brachten andererseits nachträglich die Erkenntnis mit sich, daß Chelatisierungsprozesse in der Natur weit verbreitet sind (SCHATZ 1955) und für den Ablauf vieler Lebensvorgänge eine entscheidende Bedeutung haben (BURSTRÖM 1957).

Unter einem Chelat versteht man eine reversible Komplexverbindung von einem organischen Molekül (Chelatbildner) mit einem zwei- bis mehrwertigen Metallkation. Von dem mehrere elektronenliefernde Gruppen enthaltenden Chelatbildner werden, im Gegensatz zu den herkömmlichen Komplexverbindungen, mehrere Koordinationsstellen des Metallions besetzt. Da die elektronenabgebenden Gruppen innerhalb der Moleküle untereinander gebunden sind, tritt durch die Komplexbildung mit einem Metallion ein Ringschluß auf, derart, daß das Zentralatom von den Liganden, die in diesem Falle dem Chelatbildner gemeinsam angehören, scherenförmig eingeschlossen wird (MARTELL und CALVIN 1952, SCHEFFER und Mitarbeiter 1957). Diese Eigenschaft hat den Chelaten ihren Namen (griechisch: $\chi\eta\lambda\acute{\eta}$=Klaue) eingetragen (MORGAN und DREW 1920).

Die Chelatbildner, deren in Gebrauch befindliche synthetische Vertreter meist Polyaminopolyacetat-Verbindungen darstellen, werden üblicherweise mit Abkürzungen bezeichnet, die sich aus den englischen Anfangsbuchstaben der in ihnen enthaltenen Molekülgruppen zusammensetzen, wofür nachfolgend einige Beispiele in Anlehnung an MARTELL (1957) und WALLACE (1956 a), angegeben werden:

EDTA	Äthylendiamintetraessigsäure
HEEDTA (HEDTA)	Hydroxyäthyläthylendiamintriessigsäure
EDDA	Äthylendiamindiessigsäure
DHEEDDA (HEDDA)	Dihydroxyäthyläthylendiamindiessigsäure
DTPA	Diäthylentriaminpentaessigsäure
HDTPA	Hydroxyäthyldiäthylentriaminpentaessigsäure
CDTA	1,2-Diaminocyclohexantetraessigsäure
EDDHA (APCA)	Äthylendiamin-di-(o-hydroxyphenylessigsäure)

B. Reaktionen der Chelate im Boden

Als sehr beständige Verbindungen unterliegen die Chelate nur bei hohem pH-Wert einer Hydrolyse. Dabei erwiesen sich auf Kalkböden DTPA und HEEDTA beständiger als EDTA (WALLACE und Mitarbeiter 1955 a), und Verbindungen wie CDTA und EDDHA (APCA, Chel 138) (WALLACE und Mitarbeiter

1955 b) sind sogar in nahezu allen pH-Bereichen gleichmäßig beständig. Einige Chelate werden an den Oberflächen von Tonkolloiden gebunden, jedoch sind Verbindungen wie CDTA oder EDDHA offenbar dagegen geschützt. Durch Mikroorganismen werden Polyaminopolyacetatchelate nicht zersetzt (WALLACE 1956 a).

In Abhängigkeit von der Chelatstabilität, der Metallart und der vorliegenden Konzentration können die Chelatmetalle durch Bodenmetalle ersetzt werden. Unter den Metallen läßt sich folgende Rangordnung von starker nach schwacher Bindung nennen: Fe^3, Cu, Zn, Fe^2, Mn, Ca, Mg (WALLACE 1956 b). Durch Isotopenversuche konnte nachgewiesen werden, daß auch ein und dasselbe Metall zwischen Chelat und Boden ausgetauscht wird (HILL-COTTINGHAM und LLOYD-JONES 1958). Die Chelatbildner extrahieren auch in Form der Säuren und der Natriumsalze Metalle aus dem Boden und unterscheiden sich so in ihrer Wirkung kaum von den komplett eingebrachten Metallchelaten, wie z. B. durch Untersuchungen mit EDDHA von WALLACE (1956 b) nachgewiesen werden konnte.

Die von den Chelaten geforderten Funktionen im Boden bestehen darin, einmal Metalle und speziell Eisen in Lösung zu halten und in dieser Weise einen Eisenmangel zu verhindern, und zum anderen, die verfügbaren Gehalte an schädlichen Spurenelementen zu vermindern und damit nachteilige Wechselwirkungen, wie sie z. B. durch zu hohe Kupfer- und Manganaufnahme aus dem Boden entstehen, zu verhüten. Diese Vorgänge können, wie ATKINSON und WRIGHT (1957) aufgezeigt haben, bei verstärkter Chelatanwendung auch nachteilige Folgen mit sich bringen, indem eine Auswaschung von Mineralstoffen aus den oberen Bodenschichten und folglich eine Abwanderung wichtiger Kationen eintreten kann. Weitere negative Auswirkungen kann eine Chelatisierung dann zeigen, wenn entweder durch Bindung und relativ leichten Abtransport von Metallen Mangelerscheinungen entstehen, oder wenn die als Chelate transportierten Metalle in größeren Mengen frei werden, wie es z. B. bei den Welketoxinen pathogener Pilze (GÄUMANN und NAEF-ROTH 1956) der Fall ist.

Bei Untersuchungen über die Lebensbedingungen der Flechten stellte SCHATZ (1955) fest, daß bestimmte, allein in diesen Organismen vorkommende Polyhydroxypolycarbonsäuren begierig mit Metallen wasserlösliche Komplexe bilden, die es den Flechten ermöglichen, selbst aus felsigem Substrat die notwendigen Mineralstoffe zu entnehmen. Die Wechselwirkungen sind hier so weitgehend, daß einerseits auf Grund der speziellen Lebensbedingungen der Flechten der Abbau organischer Stoffe nur bis zur Stufe der Flechtensäuren erfolgt, daß andererseits aber gerade nur diese in der Lage sind, den Flechten zu den für ihren Stoffwechsel notwendigen Mineralstoffen und speziell Mikronährstoffen zu verhelfen. Auf Grund dieses Vorganges und anderer von SCHEFFER und Mitarbeitern (1957) angeführter für die Dynamik des Bodens wesentlicher Prozesse stellt die Chelatisierung neben Oxydation, Hydratation, Carbonisierung, Lösung und Fällung einen wesentlichen Faktor bei der Verwitterung, speziell von basischem Muttergestein dar.

Die Mitwirkung von Chelaten bei der Kationenaufnahme der Wurzeln ist nach SCHOLZ (1957) in der Weise zu verstehen, daß in der Rhizosphäre gebildete Säuren von der Wirkung der Citronen-, Äpfel- oder Weinsäure das Metall den Bodenkolloiden, an deren organischen Anteil es oft wohl auch als Chelat gebunden ist, entreißen und in komplexer Form dem Organismus zuführen. So wirken die aus der organischen Substanz des Bodens freigesetzten natürlichen Chelatbildner bei der Verfügbarmachung von Phosphorsäure aus unlöslichen Phosphatgesteinen mit, indem sie Ca chelatisieren, das als Ca-EDTA beständiger als in der Form des Calciumphosphates vorliegt (BEAR 1955).

Die erwähnten, im Boden reichlich vorhandenen Chelatbildner entstehen als Umsetzungsprodukte der organischen Bodensubstanz, die mit ihren hohen Gehalten an den Elementen Stickstoff, Sauerstoff und Schwefel hierzu Gelegenheit bietet. Allein diese Elemente sind nämlich auf Grund ihrer einsamen Elektronenpaare mit der Befähigung zur koordinativen Bindung und Auffüllung der Elektronenkonfiguration des Zentralatoms für die Chelatisierung bedeutsam (SCHEFFER und Mitarbeiter 1957). Die praktische Verwendung natürlicher, einfach aufgebauter und relativ billiger Chelatbildner scheitert daran, daß deren Komplexe eine zu geringe Stabilität aufweisen und durch Mikroorganismen schnell abgebaut werden.

C. Verhalten der Chelate innerhalb der Pflanze

Durch Isotopenversuche mit ^{15}N (WALLACE und NORTH 1953), ^{14}C und ^{55}Fe (HOLMES und BROWN 1955) konnte nachgewiesen werden, daß Chelate von der Pflanze als ganze Moleküle aufgenommen und ähnlich wie ionisierte Metalle verteilt werden (DE KOCK 1956). Nach Untersuchungen von STEWART und LEONARD (1956) mit ^{55}Fe und ^{59}Fe zeigte sich bei Chelatanwendung eine wesentlich gleichmäßigere Verteilung des Eisens in der Pflanze als bei Anwendung in der Form des Sulfates. Mit steigender Zufuhr von Fe-Chelat stiegen die Eisengehalte der Pflanzen stark an, während alle anderen Nährstoffgehalte nahezu unverändert blieben (LEONARD und STEWART 1953). In den Blättern können die Chelate einerseits zum Teil als solche erhalten bleiben, andererseits sind sowohl der enthaltene Stickstoff als auch das chelatisierte Metall ausnutzbar (SCHOLZ 1957). Über die Art der Metallabtrennung besteht noch keine Klarheit, möglicherweise spielt die Zersetzlichkeit verschiedener Chelate, speziell von EDTA im Licht hierbei eine Rolle (HILL-COTTINGHAM 1955). Die Wirkung chelatisierter Metalle setzt kurzfristig ein und kann über lange Zeit erhalten bleiben (WALLACE 1956 a).

Hinsichtlich der Chelatisierung verhalten sich 2- und 3wertige Kationen nach Untersuchungen von DE KOCK und MITCHELL (1957) an Senf und Tomaten insofern unterschiedlich, als 2wertige Metalle wie Co, Ni, Zn, Cu in Ionenform schnell, in Chelatform mit EDTA dagegen langsam aufgenommen werden, wobei es gleichgültig ist, ob EDTA allein oder Eisenchelat verwendet wird. Umgekehrt werden 3wertige Metalle wie Cr, Al, Ga, In, die bei Vorliegen in Ionenform nur spurenweise Aufnahme finden, in der Chelatform schneller aufgenommen und zu den Blättern transportiert. Als Erklärung kann für alle diese Erscheinungen angeführt werden, daß offenbar die Wurzelaufnahme durch die Ladung des Chelates kontrolliert wird.

Wie Versuche von WEINSTEIN und Mitarbeitern (1954) an Sonnenblumen gezeigt haben, sind die Pflanzen nicht nur zur getrennten Aufnahme von Chelatbildner und Metall befähigt, sondern die Chelatbildung kann auch unabhängig von der Wurzelaufnahme noch in der Pflanze selbst erfolgen. Die günstige Wirkung von Fe-EDTA zeigte sich nämlich ebenfalls, wenn einem Teil des Wurzelsystems nur $FeSO_4$ und einem anderen nur Na-EDTA geboten wurde.

TIFFIN und BROWN (1959) sowie TIFFIN und Mitarbeiter (1960) fanden bei Zinnie, Sonnenblume und Sojabohne, daß das Eisen von den Wurzeln in stärkerem Maße aufgenommen wurde als der EDDHA-Komplex. In der Pflanze betrug das Verhältnis des chelatisierten Eisens zum Gesamteisen 1:12. TIFFIN und BROWN (1961) sind der Ansicht, daß der Fe-Chelatkomplex das Eisen in der Wurzel abgibt und daher für dessen Transport in der Pflanze ohne Bedeutung ist. Äthylenbishydroxyphenylglycin (EHPG) wird nach SIMONS und Mitarbeitern (1962) von

Sojabohnenwurzeln nur dann aufgenommen, wenn es in der Nährlösung in höherer Konzentration vorliegt als das Eisen. Die Chelatisierung findet dann in der Pflanze statt. Eine starke pH-Abhängigkeit der Aufnahme von Fe und EDDHA stellten JEFFREYS und Mitarbeiter (1961) fest.

Da die Grenzen von Bedarf und Überschuß sehr dicht beieinander liegen können, ist die richtige Dosierung von großer Bedeutung. Das trifft besonders für weniger stabile Chelate unter ungünstigen Bedingungen zu, z. B. für EDTA auf Kalkboden. Überschüsse wirken im allgemeinen stark giftig, wobei im einzelnen Abhängigkeiten von Temperatur, Belichtung usw. bestehen (WALLACE 1956a). Nach Auffassung von WEINSTEIN und Mitarbeitern (1954) setzt die Giftwirkung der Chelate bei verschiedenen Enzymen wie Phosphatasen, Polyphenoloxydase, Katalase ein. Im Sinne von WALLACE (1956a) dürfte somit in der Pflanze eine Konkurrenz um verschiedene Metallionen zwischen Enzymen und Chelaten bestehen und eine Erklärung für zahlreiche beobachtete Antagonismen im Stoffwechsel liefern. Nach DE KOCK (1956) kann die Giftwirkung von Cu, Ni, Co, Zn, Mn auch in Beziehung zu ihrer Neigung für Chelatbildung gebracht und zum Teil so erklärt werden, daß diese Metalle Calcium aus anderen, mit Phosphorproteiden gebildeten Chelaten verdrängen.

D. Anwendung von Chelaten

Die Anwendung der Chelate bei der Versorgung der Pflanzen mit Nährstoffen kann sowohl über den Boden als auch über die Blätter vorgenommen werden (WALLACE und Mitarbeiter 1957, WITHEE und CARLSON 1959), wobei die Blattspritzung kurzfristig wirksamer, die Bodenbehandlung aber weniger problematisch ist. Die geeignetsten Chelatkonzentrationen wechseln mit den Chelatbildnern, der Bodenart, der Niederschlags- oder Bewässerungsmenge und den Blatt- bzw. Bewurzelungsverhältnissen der zu behandelnden Pflanzen. Untersuchungen über die Chelatdosierung liegen u. a. von KUYKENDALL und Mitarbeitern (1957) WALLACE und Mitarbeitern (1955a, b), GUINN und JOHAM (1962), WALLACE (1963), WAELE (1965) vor. Gegenüber der Salzform ist eine Chelatanwendung etwa 250mal wirksamer in der Behandlung von Chloroseschäden (STEWART und LEONARD 1952a).

Spezielle Untersuchungsergebnisse über die Wirkung von Chelaten in der Versorgung der Pflanzen mit Mikronährstoffen wurden außer von verschiedenen bereits genannten u. a. von folgenden Autoren mitgeteilt für:

Mikronährstoffe allgemein von WALLACE und LUNT (1956), WALLACE und MUELLER (1959), WALLACE und Mitarbeitern (1953), STEWART und LEONARD (1957);

Eisen von BOULD (1955b), DE KOCK (1955), CHABEREK und BERSWORTH (1953), KROLL (1957), TIFFIN und Mitarbeitern (1960), BROWN und Mitarbeitern (1961a, b), GUENNELON (1962), JUNG (1962);

Zink von BENSON und Mitarbeitern (1957), BOAWN und Mitarbeitern (1957), BUTLER und BRAY (1956);

Mangan von OZAKI (1955), SHEPHERD und Mitarbeitern (1960).

In Anbetracht der Vielfältigkeit der Chelatwirkungen und der zu erwartenden Klärung weiterer Chelatisierungsprobleme dürften die Chelatisierungsprozesse einschließlich der praktischen Anwendung von Chelaten an Bedeutung für die Pflanzenernährung in Zukunft noch zunehmen.

b) Aufnahme anorganischer Stoffe

1. Aufnahme von Kohlendioxid und Sauerstoff

Sammelreferate: Lundegårdh (1924), Steemann Nielsen (1960), Stålfelt (1960).

Im Gegensatz zu den später zu besprechenden Makro- und Mikronährstoffen entnehmen die höheren Pflanzen das für die Photosynthese (CO_2-Assimilation) notwendige Kohlendioxid im wesentlichen der Luft. Diese Feststellung trifft in gleicher Weise für den Sauerstoff zu, den die Pflanze für die Dissimilationsvorgänge benötigt. Voraussetzung für die Aufnahme des Kohlendioxids und Sauerstoffs ist natürlich ein genügendes Diffusionsgefälle, damit die Gase in genügender Schnelligkeit und Intensität in die Pflanze gelangen können.

Orte für die Aufnahme sind beim Kohlendioxid vornehmlich die Blätter, darüber hinaus auch alle anderen grünen Teile der Pflanze, d. h. also, daß alle assimilierenden Pflanzenteile Kohlendioxid direkt aus der Luft aufnehmen. In einem gewissen Umfang erfolgt die Aufnahme von Kohlendioxid aber auch durch die Wurzeln (Härtel 1938, Poel 1953, Voznesensky 1958, Stemmet und Mitarbeiter 1962, Bergquist 1964, Kick und Mitarbeiter 1965). Soweit die Aufnahme des Kohlendioxids durch die Blätter erfolgt, besteht eine sehr starke Abhängigkeit vom Öffnungszustand der Spaltöffnungen, da die CO_2-Diffusion durch die Cuticula nur gering ist (Stålfelt 1935 u. a.).

Besondere Verhältnisse hinsichtlich der CO_2-Versorgung liegen bei Wasserpflanzen vor, da diese neben Kohlendioxid auch gelöste Kohlensäure sowie Bikarbonationen aufnehmen und assimilieren (Arens 1933, 1936a, b). Erwähnt sei, daß auch die Wurzeln der Landpflanzen Bikarbonationen aufnehmen können (Overstreet und Mitarbeiter 1940, Scharrer und Jung 1957b, Voznesensky 1958, Stålfelt 1960).

Der Gehalt der Luft an Kohlendioxid wird im Mittelwert mit 0,03 Vol.-% oder mit 0,57 mg CO_2/ Ltr. angegeben. Um diesen Mittelwert herum kann der CO_2-Gehalt der Luft beträchtlichen Schwankungen unterworfen sein. Wenn auch in der Natur im Großen gesehen die Bilanz, d. h. Bildung und Verbrauch des Kohlendioxids, ausgeglichen ist, so können doch Schwankungen auftreten, sei es, daß die Ansammlung von Wohnstätten und Fabriken den Gehalt der Luft an Kohlendioxid erhöht, sei es, daß das intensive Pflanzenwachstum eine vorübergehende Verarmung bewirkt (Lundegårdh 1924). Auch Witterungsfaktoren können den CO_2-Gehalt der unteren Luftschichten beeinflussen (Kreutz 1941). Für die Versorgung der Pflanzen mit Kohlendioxid spielt die Atmungstätigkeit der Mikroorganismen des Bodens eine besonders wichtige Rolle. Die Bodenluft weist bei guten Böden mit reichem Mikroorganismenleben wesentlich höhere Gehalte an CO_2 auf als der freie Luftraum. Man hat für die Bodenluft Werte bis zu 1,3 bis 1,4 Vol.-% CO_2 gemessen. Davon profitieren auch die bodennahen Luftschichten. Oberhalb guter humusreicher Waldböden sowie gut gedüngter Ackerländereien und Wiesen ist der Kohlensäurefaktor positiv, d. h. es besteht ein Konzentrationsgefälle von unten nach oben, während über schlecht gedüngten Kulturfeldern der Kohlensäurefaktor vielfach negativ ist. Es besteht also ein Diffusionsgefälle von oben nach unten. Für die CO_2-Versorgung der Pflanzen spielen im übrigen nur die Luftschichten bis maximal 100 m Höhe eine Rolle (Literatur bei Lundegårdh 1924, 1957).

Der normale CO_2-Gehalt der Luft schafft für die intensive CO_2-Assimilation der Pflanzen keineswegs optimale Verhältnisse. Die Pflanzen reagieren auf eine Erhöhung des CO_2-Gehaltes der Luft daher mit Steigerungen in der photosynthetischen Intensität (LUNDEGÅRDH 1924, STOCKER und Mitarbeiter 1938). Über die praktische Anwendung dieser Erkenntnisse im Gartenbau berichtet REINAU (1927, 1931).

Der Sauerstoff wird von allen Teilen der Pflanze einschließlich der Wurzeln aufgenommen. Daraus ergibt sich auch bereits, daß der Sauerstoff unabhängig von Spaltöffnungen in die Pflanze eindringen kann. Er vermag also die Außenwände der Epidermiszellen zu passieren. Sofern die Pflanzen in sumpfigen Böden wachsen und an diese Lebensweise entsprechend angepaßt sind, sichert ein gut ausgebildetes Durchlüftungsgewebe die Versorgung der im Schlamm verankerten Pflanzenteile mit Sauerstoff (HABERLANDT 1924). In Sonderfällen kommt es sogar zur Ausbildung von Atemwurzeln, das sind Abschnitte des Wurzelsystems, die senkrecht nach oben wachsen, bis zur Oberfläche vorstoßen und so die Versorgung der tiefer im Schlamm liegenden Teile des Wurzelsystems mit Sauerstoff sicherstellen (TROLL 1941 u. a.).

Schwierigkeiten für die Sauerstoffversorgung können weiterhin auftreten, wenn ältere Sprosse oder auch Wurzeln durch Korkschichten nach außen abgegrenzt sind. Doch finden wir auch dann besondere Einrichtungen für eine Erleichterung des Gasaustausches, z. B. in Form der Lenticellen bei den Zweigen von Holzgewächsen.

2. Aufnahme der Makronährstoffe

A. Stickstoff

Sammelreferate: NIGHTINGALE (1937, 1948), McKEE (1949), PRJANISCHNIKOW (1952), STREET und SHEAT (1958).

Der Stickstoff nimmt unter den Nährstoffen für die Pflanzen insofern eine Sonderstellung ein, als er sowohl in Kationen- als auch in Anionenform aufgenommen werden kann. Die als Kationen, d. h. als NH_4-Ionen, aufgenommenen Stickstoffmengen sind dabei der direkten Assimilation zugänglich, während die als Anionen (NO_3- oder NO_2-Ionen) in die Pflanze gelangten Stickstoffmengen zuerst im Zuge der Nitratreduktion reduziert werden müssen, um assimiliert werden zu können (Literatur bei SPENCER 1958). Von den Anionen spielen die Nitrationen die Hauptrolle, da die Nitrite im Boden normalerweise sofort zu Nitrat weiter oxydiert werden (Literatur bei ENGEL 1958). Nur in Böden mit gestörter Nitrifikation kann es zu einer Anreicherung an Nitrit kommen. Auch Nitritsalze können für die Pflanzen bei neutraler und alkalischer Reaktion des Mediums eine gute Stickstoffquelle sein (MEVIUS und DIKUSSAR 1930, MEVIUS 1958).

Die anorganischen Stickstoffverbindungen des Bodens, Ammonium-, Nitrat- und Nitritsalze, stellen aber nur einen Bruchteil des Gesamtstickstoffs im Boden dar. SCHEFFER und SCHACHTSCHABEL (1960) beziffern den Anteil des anorganischen Stickstoffs mit etwa 5%, so daß 95% auf die organischen Stickstoffverbindungen entfallen. Hier handelt es sich vorwiegend um Proteine, Nucleoproteide und Huminsäuren. Besonders erwähnt sei noch der Harnstoff, der als Abbauprodukt der Proteine bzw. Aminosäuren auftritt, aber auch als Düngemittel direkt in den Boden gelangt oder im Boden als Umwandlungsprodukt von Kalkstickstoff gebildet werden kann (Literatur bei SCHEFFER 1958).

Die Verwertbarkeit der organischen Stickstoffverbindungen als Stickstoffquelle für die Pflanzen ist noch nicht restlos geklärt. Der Harnstoff zeigt ein ähnliches Verhalten, wie wir es für NH_4-Ionen kennenlernen werden, d. h., daß der N-Gehalt der Pflanzen mit Harnstoff als Stickstoffquelle bei pH 6,8 höher ist als bei pH 4,8. Er wird auch unzersetzt aufgenommen und in der Pflanze in der Amidform transportiert (PYLNEVA und MOSOLOV 1964). Indol und Skatol sowie Alkaloide, die Indol als Grundkörper enthalten, können ebenfalls über die Wurzeln in die Pflanze gelangen (DÖRR 1965). Der heterozyklisch gebundene Stickstoff der Huminsäuren ist für höhere Pflanzen direkt nicht ausnutzbar, doch scheint er gewissen Pilzen zugänglich zu sein (EHRLICH 1917, KÜSTER 1952). Cyanamid wird nach LATZKO und AMBERGER (1952) durch die Wurzeln höherer Pflanzen (Getreidepflanzen, Kartoffeln, Rotklee) aufgenommen und offensichtlich auch assimiliert. Diese Feststellung hat aber nur theoretischen Wert, da die Pflanzen bereits durch geringe Cyanamidkonzentrationen irreversibel geschädigt werden.

Zahlreicher sind die Untersuchungen über die Verwertbarkeit der Aminosäuren als Stickstoffquellen. RIPPEL und Mitarbeiter (1942) sowie RIPPEL-BALDES und KÖHLER (1942) berichten, daß *Bac. glycinophilus* mit Glycin allein oder mit Mischungen von Glycin, Alanin und Leucin als Stickstoffquelle Eiweiß zu bilden vermag. Auch Grünalgen, z. B. *Scenedesmus obliquus*, sind in der Lage, Glycin oder Alanin als gute Stickstoffquelle zu nutzen (ALGÉUS 1948, 1949).

RIKER und GUTSCHE (1948) kultivierten in vitro Krongallengewebe (*Phytomonas tumefaciens*) von *Helianthus annuus* mit verschiedenen Stickstoffverbindungen anorganischer oder organischer Natur. Neben der Feststellung, daß sich die Gewebe mit Harnstoff und Nitratstickstoff besonders gut entwickelten, interessiert aus diesen Versuchsergebnissen besonders die Beobachtung, daß bestimmte Aminosäuren wie Alanin, Arginin, Asparaginsäure, Glutaminsäure den Gewebestücken ebenfalls ein gutes Wachstum ermöglichten. Bei höheren Pflanzen wurde die Verwertbarkeit des Stickstoffs von Aminosäuren bzw. Amiden durch GHOSH und BURRIS (1950) untersucht. Während Tabakpflanzen mit Aminosäuren als Stickstoffquelle nur ein schlechtes Wachstum zeigten, vermochten Rotklee und Tomaten verschiedene Aminosäuren und Amide so gut auszunutzen, daß die Pflanzen sich besser als mit Ammoniumsulfat, teilweise sogar besser als mit Calciumnitrat entwickelten. Besonders geeignet waren wiederum Alanin, Glutaminsäure, Histidin, Arginin, Lysin und Asparagin beim Rotklee und Arginin, Asparaginsäure, Glutaminsäure, Glycin, Histidin und Leucin bei Tomatenpflanzen. Die Verwertbarkeit der Aminosäuren durch isolierte Maiswurzeln ist nach RATNER und UKHINA (1961) davon abhängig, wieweit diese in den Wurzeln desaminiert werden können. Aufgenommen und assimiliert werden nach SMIRNOW und CHUAN (1961) Asparagin, Glutamin und Asparaginsäure durch Luzernewurzeln, nach WRIGHT (1962) Glycin und Methionin durch Senfwurzeln und nach MILLER und SCHMIDT (1965) Glycin, eingeschränkt auch Alanin durch Bohnenwurzeln. Wegen der bei der Versuchsanstellung auftretenden Schwierigkeiten ist jedoch Vorsicht bei der Wertung der Versuchsergebnisse geboten. Es sei daran erinnert, daß unter natürlichen Verhältnissen die organischen Stickstoffverbindungen im Boden einem schnellen mikrobiellen Abbau (N-Mineralisation) unterliegen.

Als Stickstoffquelle für die Pflanzen hat der riesige Vorrat an Luftstickstoff nur begrenzte Bedeutung, da er erst gebunden werden muß, bevor die Pflanzen ihn normalerweise ausnutzen können. Diese Bindung des Luftstickstoffs erfolgt, wenn wir von der großtechnischen Bindung absehen, in der Natur einmal bei atmosphärischer Entladung und zum anderen durch bestimmte Mikroorganismen, die teilweise frei im Boden, teilweise aber in Symbiose mit anderen pflanzlichen Organismen leben. Die biologische Bindung des Luftstickstoffs durch Mikroorganismen stellt jedoch ein Sonderproblem dar, das wir hier nicht behandeln können. Die Literatur über die biologische N_2-Bindung findet sich u. a. bei

WILSON (1939, 1958), BURRIS und WILSON (1945), WILSON und BURRIS (1947), VIRTANEN (1947), SCHAEDE (1948), ALLEN und ALLEN (1958). Wir beschränken uns daher im folgenden darauf, Ammonium- und Nitratverbindungen als die wichtigsten Stickstoffquellen für höhere Pflanzen zu behandeln. Die Frage, ob Nitrat- oder Ammoniumstickstoff die bessere Stickstoffquelle darstellt, ist bereits im vergangenen Jahrhundert unter maßgebender Beteiligung von BOUSSINGAULT und LIEBIG lebhaft diskutiert worden. Die Geschichte der damit verbundenen Auseinandersetzungen ist von PRJANISCHNIKOW (1952) anschaulich geschildert worden. Als Ergebnis der Bemühungen zahlreicher Forscher wissen wir heute, daß sowohl die Ammonium- als auch die Nitrationen für die Pflanzen vollgültige Stickstoffquellen sind, wobei es von den jeweiligen Gegebenheiten abhängt, welche Stickstoff-Form am besten verwertet wird. Es lag nahe, die beobachteten Unterschiede im Verhalten der Pflanzen gegenüber einer Ernährung mit Ammonium- oder Nitratsalzen auf die unterschiedliche physiologische Reaktion dieser Salze zurückzuführen. Mit Hilfe fließender Nährlösungen, durch die die Verschiebungen im pH der Nährlösung unterbunden werden konnten, wurde jedoch festgestellt, daß die Unterschiede im Verhalten der Pflanzen auch dann bestehen, wenn dieser Faktor praktisch ausgeschaltet ist (PRJANISCHNIKOW 1929, 1952, PIRSCHLE 1929, 1930, 1931a, b, DIKUSSAR 1930). Es bestätigte sich dabei aber auch der Einfluß des pH-Wertes auf die Aufnahme der Ammonium- und Nitrationen. Die Aufnahme der Ammoniumionen steigt mit zunehmenden pH-Werten und erreicht im neutralen Bereich optimale Verhältnisse, während die Aufnahme des Nitratstickstoffs aus sauren Medien besonders gut ist. Tomaten assimilieren den Ammoniumstickstoff nach TIEDJENS und ROBBINS (1931) am besten bei pH 7 bis 8 des Nährmediums, Apfelbäume nach TIEDJENS und BLAKE (1932) den Ammoniumstickstoff bei pH-Werten über 6,0 und Nitratstickstoff bei pH-Werten unter 6,0. Für Tomaten gibt TIEDJENS (1934) als optimale pH-Werte für die Aufnahme von Ammoniumstickstoff pH 6,0 und von Nitratstickstoff pH 4,0 an, während CLARK und SHIVE (1934a, b) als besonders günstig für Ammoniumstickstoff pH 7,0 und für Nitratstickstoff pH 5,0 ansehen. Pfirsichbäume nehmen mehr Ammoniumstickstoff bei pH 6,0 als bei pH 4,0 und mehr Nitratstickstoff bei pH 4,0 als bei pH 6,0 auf (DAVIDSON und SHIVE 1934). *Aspergillus niger* ist nach BÜNNING (1937) nur bei einem pH des Mediums unter 3,0 in der Lage, den Nitratstickstoff zu speichern. Bei alkalischen Medien wurde keine Nitrataufnahme festgestellt.

Gegen Verschiebungen in der Reaktion des Mediums sind die Pflanzen bei einer Ernährung mit Ammoniumstickstoff wesentlich empfindlicher als bei einer Nitraternährung. Auch ARNON und Mitarbeiter (1942) haben bei verschiedenen Pflanzen festgestellt, daß die Nitrataufnahme in einem weiten Bereich — pH 4 bis 9 — keine oder nur unwesentliche Beeinflussungen durch die Reaktion des Mediums aufwies. Die besonders ungünstige Wirkung einer alkalischen Reaktion des Mediums bei Ammoniumsalzen als Stickstoffquellen führen MEVIUS (1928), ENGEL (1930) sowie MEVIUS und ENGEL (1930) auf die Bildung freier Ammoniakmoleküle zurück, die bekanntlich ein starkes Zellgift darstellen, wenn eine sofortige Entgiftung nicht erfolgen kann. EVERS (1963a, b, c) ist der Ansicht, daß eine ausschließliche NH_4-Düngung bei *Picea abies* in saurem Milieu eine Unterversorgung mit Calcium und ein gestörtes Kationen-Anionen-Verhältnis bewirkt. Die Störungen können durch Zufuhr von HCO_3-Ionen behoben werden.

Es interessiert nunmehr die Frage, welche Stickstoff-Form am schnellsten aufgenommen wird. SCHMID (1930), TIEDJENS (1934), MARTHALER (1937) und PRJANISCHNIKOW (1952) u. a. sind der Ansicht, daß die Ammoniumionen schneller aufgenommen werden als die Nitrationen. Doch gibt es auch gegenteilige Ansichten in dieser Frage, was zum Teil eine Erklärung darin findet, daß die Pflanzen sich in den einzelnen Entwicklungsstadien unterschiedlich verhalten. STAHL und SHIVE (1933a) fanden, daß bei Haferpflanzen die Aufnahme der Ammoniumionen in frühen und die Aufnahme der Nitrationen in späteren Entwicklungsstadien ein Maximum erreicht. Ähnliche Feststellungen konnten STAHL und SHIVE (1933b) auch bei Buchweizen treffen. Hier erreichte die Aufnahme des Ammoniumstickstoffs am 18. Tag und die Aufnahme des Nitratstickstoffs am 38. Tag den maximalen Wert. Bei Tomatenpflanzen fanden CLARK und SHIVE (1934a), daß im Gegensatz zu jüngeren Pflanzen (41 Tage) ältere Pflanzen (52 Tage) keine pH-Abhängigkeit der Nitrataufnahme mehr zeigen und daß wiederum im Gegensatz zu den jüngeren Pflanzen die älteren mehr Nitrat- als Ammoniumstickstoff aufnehmen. Es kann daher als gesichert angesehen werden, daß die Aufnahme der Ammonium- und Nitrationen in unterschiedlicher Weise durch das Alter der Pflanzen beeinflußt wird. Ähnliche Ergebnisse sind auch von NAFTEL (1931) mitgeteilt worden. Es sei allerdings darauf hingewiesen, daß PRJANISCHNIKOW (1952) eine gegenteilige Auffassung vertritt.

Unabhängig vom unterschiedlichen Verhalten der Pflanzen in verschiedenen Entwicklungsstadien scheinen auch die Pflanzenarten untereinander verschieden auf eine Ernährung mit Ammonium- bzw. Nitratsalzen zu reagieren. Ananaspflanzen vermögen ihren ganzen Stickstoffbedarf zwar aus Ammoniumsalzen zu decken, entwickeln sich aber am besten mit Nitratstickstoff (STEWART und Mitarbeiter 1925). PIRSCHLE (1931a) berichtet, daß in seinen Versuchen Erbsen, Raps, Kürbis, Buchweizen, *Tradescantia viridis*, *Zebrina pendula*, *Chenopodium capitatum* eine Vorliebe für Nitrat-, Soja und Zuckerhirse dagegen eine solche für Ammoniumstickstoff erkennen ließen. MARTHALER (1937) konnte zeigen, daß sich selbst Ruderalpflanzen unterschiedlich verhalten können. *Chenopodium album* erwies sich als ausgesprochen abhängig vom Ammoniumstickstoff, während sich *Urtica dioica* und *Rumex obtusifolius* zwar mit Nitratstickstoff besser entwickelten, aber durchaus in der Lage waren, den Ammoniumstickstoff zu verwerten. *Chenopodium album* nahm zwar Nitratstickstoff auf, vermochte ihn aber nur schwer zu assimilieren. *Epilobium angustifolium* wurde durch Ammoniumstickstoff geschädigt und zeigte das beste Wachstum mit hohen Nitratgaben. In einer späteren Arbeit untersuchte MARTHALER (1939) Hochmoorpflanzen, die nach den Ergebnissen dieser Arbeit an Ammoniumstickstoff angepaßt sind.

Tomatenpflanzen entwickelten sich nach CLARK (1936) besser mit Nitratstickstoff als mit Ammoniumstickstoff, nach COÏC und Mitarbeitern (1962) bevorzugen sie aber Ammoniumstickstoff. *Ananas comosus und Pandanus veitchii* nahmen Ammoniumstickstoff intensiver auf als Nitratstickstoff (SIDERIS und Mitarbeiter 1937, 1938), Citrussämlinge wuchsen nach SMITH (1957) mit Ammoniumsulfat als Stickstoffquelle ebensogut wie mit Nitratstickstoff, sofern eine übermäßige Ansäuerung des Mediums vermieden wurde. WALLACE (1954) stellte fest, daß junge Citruspflanzen in Erdkultur und mit Ammoniumnitrat als Stickstoffquelle bevorzugt Nitratstickstoff, in Sandkulturen dagegen Ammonium- und Nitratstickstoff in gleichen Mengen aufnehmen. Hafer bevorzugte in den gleichen Untersuchungen Ammoniumstickstoff bei der Aufnahme aus Ammoniumnitrat. STABROWSKA (1959) beobachtete bei Mais, Gerste und Weizen eine gewisse Ammophilie, bei Sauerstoffmangel im Nährmedium war Nitratstickstoff aber günstiger als Ammoniumstickstoff.

Die Aufzählung dieser Versuchsergebnisse beweist zur Genüge, daß die Frage nach der besten Stickstoffquelle für die Pflanzen nicht bündig beantwortet werden kann. Und das um so mehr, als weitere Faktoren dieses Problem erschweren können. Am Beispiel *Chenopodium album* in den Versuchen von

Marthaler (1937) ist zu erkennen, daß Aufnahme und Assimilation des Nitratstickstoffs zwei Vorgänge sind, die keineswegs immer konform gehen. Weiter wissen wir, daß bei Versuchen mit natürlichen Böden die NH_4-Fixierung durch Tonmineralien ein Unsicherheitsfaktor sein kann, da diese ihrem Ausmaß nach von den jeweiligen Bodeneigenschaften abhängt (Allison und Mitarbeiter 1953, Barshad 1954, Allison und Roller 1955, Hanway und Mitarbeiter 1957, Sohn und Peech 1958). Damit ändert sich aber auch die Menge an aufnehmbarem Stickstoff, da das fixierte Ammonium nur zum Teil pflanzenverfügbar ist. Eine weitere, häufig sehr maßgebliche Rolle spielen die Beziehungen zwischen der Aufnahme der NH_4- und NO_3-Ionen einerseits und den übrigen Nährstoffionen andererseits.

Es bleibt uns als gesicherte Feststellung daher auch heute nur die alte Erkenntnis, daß Ammonium- und Nitratstickstoff unter geeigneten Bedingungen für die Pflanzen vollgültige Stickstoffquellen sind, wobei die bessere Eignung je nach den Umständen den Ammonium- oder den Nitrationen zuerkannt werden muß. Das bedeutet, daß die Frage nach der besten Stickstoffversorgung der Pflanzen nur in Kenntnis der Ansprüche der zu kultivierenden Pflanzen und unter Berücksichtigung der jeweiligen Bodenverhältnisse zu beantworten sein wird. Prjanischnikow (1952) faßt diesen Tatbestand wie folgt zusammen: „Wenn wir verstehen, optimale Bedingungen für jede N-Quelle zu bieten, dann kommen wir zur grundsätzlichen Anerkennung ihrer Gleichwertigkeit in physiologischer Hinsicht; wenn wir sie aber unter irgendwelchen gleichen Bedingungen vergleichen, dann kann das Übergewicht mal auf der Seite der einen, mal auf der der anderen Quelle liegen je nach den Bedingungen. Aber aus der physiologischen Schlußfolgerung ergibt sich noch keine unmittelbar agronomische, weil wir optimale Bedingungen für jede Quelle nur in Laboratorien erreichen können, wo wir es in der Hand haben, die Eigenschaften der Umwelt zu ändern."

Abschließend sei noch erwähnt, daß im Vergleich zur Aufnahme anderer Nährstoffe die des Stickstoffs — unabhängig von der Stickstoffquelle — als besonders schnell bezeichnet werden muß. Der Stickstoff gehört damit zu den Nährstoffen, deren Aufnahme der Stoffproduktion besonders deutlich vorauseilt. Rippel (1927) gibt hinsichtlich der Schnelligkeit der Aufnahme folgende Reihenfolge an: $N > K > P > Ca$, S, Mg. Beim Getreide hat man sich besonders mit dem Problem der späten Stickstoffaufnahme, d. h. nach Abschluß der vegetativen Phase, beschäftigt, weil die zusätzliche Spätdüngung uns die Möglichkeit gibt, die Verwertung des Stickstoffs in Richtung auf eine zusätzliche Eiweißsynthese zu steuern, die sich in einer erhöhten Einlagerung von Eiweißverbindungen in die Körner auswirkt (Selke 1938, 1940, Baumeister 1940 u. a.).

B. Phosphor

Sammelreferate: Pierre (1948), Dean (1949), Arnon (1953).

Die Aufnahme des Phosphors durch die höheren Pflanzen erfolgt im wesentlichen in Form anorganischer Phosphationen, und zwar als HPO_4^{--}- oder $H_2PO_4^{-}$-Ionen. PO_4^{---}-Ionen spielen demgegenüber keine Rolle. Welche Ionen vorliegen, hängt vom pH des Bodens ab. Im Bereich von pH 4 bis 7 herrschen $H_2PO_4^{-}$-Ionen und im Bereich über pH 7 die HPO_4^{--}-Ionen vor (McGeorge 1933, Hagen und Hopkins 1955). Die Konzentration dieser Phosphationen in der Bodenlösung ist aber selbst bei phosphatreichen Böden relativ gering, wie ältere und neuere Autoren übereinstimmend berichten (Burd und Martin 1924, Pierre und Parker 1927, Laatsch 1954). Behrens (1958) gibt für deutsche

Böden Werte von 0,005 bis 1 mg PO_4 auf 100 g Boden an, während demgegenüber der Gesamtgehalt des Bodens an Phosphorsäure etwa 100 mg P_2O_5 auf 100 g Boden beträgt. Es sei aber schon hier betont, daß die Pflanzen auch bei geringen Phosphatkonzentrationen in der Boden- bzw. in der Nährlösung ein ausreichendes, wenn nicht sogar maximales Wachstum zeigen können. TIDMORE (1930) fand ein Wachstumsoptimum bei einer PO_4-Konzentration der Nährlösung von 0,5 ppm für Mais, Tomaten und Hirse. Ähnliche Ergebnisse liegen auch aus den Untersuchungen von BURD und MARTIN (1923), HOAGLAND und MARTIN (1923), PARKER und PIERRE (1928) vor. Innerhalb der Pflanze reichert sich das Phosphat dann aber relativ stark an. PIERRE und POHLMAN (1933) fanden bei einer Konzentration der Bodenlösung von 0,03 bis 0,31 ppm PO_4 im Saft von Maispflanzen PO_4-Konzentrationen von 132 bis 441 ppm.

Die geringe Phosphatkonzentration in der Bodenlösung ist die Folge der schnellen Festlegung der Phosphate im Boden, für die verschiedene, im einzelnen nicht immer klar abgrenzbare Vorgänge eine Rolle spielen. Von besonderer Bedeutung ist zweifellos die Sorption an anorganische Sorptionsträger wie freie Eisen- und Aluminiumhydroxyde sowie Tonmineralien (FORD 1933, SCARSETH 1935, CHANDLER 1941, METZGER 1941, LAATSCH 1941, ALLISON 1943, COLEMAN 1944, DEAN 1949, DÖRING 1956). Die Bindung der Phosphationen an die Sorptionsträger, die im einzelnen unterschiedlich ist, kann so fest sein, daß die dadurch gebundenen Phosphatmengen für die Pflanzen nur schwer verwertbar sind. COLEMAN (1942) berichtet allerdings, daß Hafer und Baumwollpflanzen auch an Sorptionsträger gebundenes Phosphat aufnehmen konnten.

Eine weitere Art der Festlegung erfolgt durch die Bildung schwer löslicher Calciumphosphatverbindungen (MCGEORGE und Mitarbeiter 1935, COLE und Mitarbeiter 1953 u. a.). In Gegenwart von Fluorverbindungen ist die Bildung von Fluorapatit möglich (SCHARRER und Mitarbeiter 1953, JUNG 1953), der nach LINDSAY und DE MENT (1961) für die Pflanzen völlig unaufnehmbar ist.

Über die Art und Weise, in der die Festlegung der Phosphate erfolgt, entscheidet maßgeblich der pH-Wert des Bodens. In sauren Böden herrscht die Bindung an Sorptionsträger vor, während in neutralen und alkalischen Böden vornehmlich schwer lösliche Calciumphosphate gebildet werden (MIDGLEY 1940, CHANDLER 1941 u. a.). Beweise für diese Anschauungen sind auch darin zu sehen, daß eine Entfernung der freien Eisen- und Aluminiumhydroxyde aus den Böden die Phosphatbindung deutlich einschränkt (CHANDLER 1941, KELLY und MIDGLEY 1943, LEAVER und RUSSELL 1957). Erwähnt sei auch, daß die Löslichkeit der Phosphorsäure, genauer die Aufnehmbarkeit der Phosphorsäure durch die Pflanzen, vom Wassergehalt des Bodens abhängig ist (DUNNEWALD 1935).

Aus den angeführten Gründen ist auch die Aufnahme der Phosphorsäure durch die Pflanzen u. a. von der Sorptionskapazität und von der Bodenreaktion abhängig. Hinzu kommt noch, daß auch Abhängigkeiten vom Wassergehalt des Bodens bestehen. Angaben über die genannten Zusammenhänge finden sich u. a. bei UNGERER (1928), TEAKLE (1928), TIDMORE (1930), PIERRE und BROWNING (1935), BENNE und Mitarbeitern (1936), NELLER und COMAR (1947), DION und Mitarbeitern (1949), BARBIER und TYSZKIEWICZ (1954), NELLER (1956), DEAN und GLEDHILL (1956), LOW und PIPER (1960).

Hinsichtlich der pH-Abhängigkeit der Phosphataufnahme ist im einzelnen zu sagen, daß der optimale Bereich recht eng ist. Er liegt, um einige Beispiele anzuführen, nach TRUOG (1948) zwischen pH 6,5 und 7,5, nach JONES (1948) bei pH 5, nach VON ZEZSCHWITZ (1953) zwischen pH 6 und 7, nach C. OLSEN (1953) zwischen pH 3,5 und 5,5, nach HAGEN und HOPKINS (1955) zwischen pH 4 und 5, nach SEBALD (1956) zwischen pH 3 und 5 und nach SCHÖNNAMSGRUBER (1958) bei pH 5,5. Es besteht also Übereinstimmung in dem Sinne, daß sowohl die stark sauren als auch die alkalischen pH-Bereiche die Phosphataufnahme hemmen.

Die Ausnutzung der Phosphate des Bodens durch die Pflanzen ist unterschiedlich. So nehmen Buchweizen und verschiedene Leguminosen (Luzerne, Ladinoklee, *Crotalaria*) nach FRIED (1953) schwer lösliches Phosphat leichter auf als Gramineen (Raygras, Hirse, Hafer). NYE und FOSTER (1958) konnten allerdings bei Leguminosen und Gramineen, die in Gefäßversuchen unter Verwendung tropischer Böden mit schwer löslichen Phosphaten kultiviert wurden, keine Unterschiede in der Aufnahme von markiertem Phosphor feststellen, wohl aber schwankte die festgestellte Menge an Gesamtphosphor in der Pflanze erheblich. Es sei hier auch noch an die alte Arbeit von DOMONTOVITSCH und SCHESTAKOW (1928) erinnert, die darüber berichtet, daß Hafer und Hirse Rohphosphat (Phosphorit) allein sehr schlecht auszunutzen vermochten, während eine Gemischtkultur mit Lupinen zu wesentlich besseren Erfolgen führte. Ähnliche Feststellungen wurden auch hinsichtlich einer Gemischtkultur von Gramineen mit Senf und Buchweizen getroffen. Auch RUSSELL und Mitarbeiter (1958) berichten über Unterschiede im Vermögen der Pflanzen, sich die Phosphate des Nährmediums anzueignen. Roggen und Kohl waren offensichtlich in der Phosphataufnahme der Gerste überlegen.

Liegt die Phosphorsäure im Boden oder im Nährmedium allgemein in gut aufnehmbarer Form vor, so erfolgt die Aufnahme durch die Pflanzen sehr schnell. Schon RIPPEL (1927) konnte feststellen, daß der Phosphor zu den Nährstoffelementen gehört, die relativ schnell aufgenommen werden. In neuerer Zeit konnte dieser Tatbestand mit Hilfe markierter Phosphorsäure bestätigt werden, so von MORELAND (1950) für *Pinus taeda*, von NAYLOR und Mitarbeitern (1951) für Weizenkeimlinge, von GERICKE (1954) u. a. für Kartoffel- und Tomatenpflanzen, von SCHÖNNAMSGRUBER (1955) für Pappelsämlinge. In späteren Versuchen mit zweijährigen Holzgewächsen fand SCHÖNNAMSGRUBER (1958) eine Transportgeschwindigkeit von 10 bis 15 cm/Std. bei *Sequoia gigantea* und von 170 bis 180 cm/Std. bei *Ailanthus glandulosa*. Auch GÁSPÁR (1956) berichtet, daß junge Weizenkeimlinge sehr frühzeitig Phosphorsäure aus dem Boden aufnehmen.

Die Tatsache, daß die Pflanzen schon in frühen Stadien eine intensive Phosphorsäureaufnahme aufweisen, erklärt auch die Bedeutung, die der Einbringungsart der Phosphatdüngemittel in den Boden zukommt (MOSSOLOV und PANOWA 1955, SCHARRER und KÜHN 1955, 1956, GEISSLER 1958, VAVRA und BRAY 1959). In den frühen Stadien ist die Phosphorsäure der oberen Bodenschicht von besonderer Bedeutung. Später mit zunehmender Durchwurzelung kann auch die Phosphorsäure der tieferen Bodenschichten ausgenutzt werden (MURDOCK und ENGELBERT 1958).

Die Aufnahme der Phosphorsäure durch die Pflanzen ist lichtabhängig in dem Sinne, daß bei Dunkelheit die Phosphataufnahme gehemmt wird, wie u. a. BREWER und BRAMLEY (1940) bei Maiskeimlingen und SCHÖNNAMSGRUBER (1955) bei Pappelsämlingen feststellen konnten.

Die Intensität der Phosphataufnahme nimmt nach WILLIAMS (1948), RUSSELL und MARTIN (1953) sowie STANFORD und DE MENT (1957) mit steigenden Phosphatkonzentrationen im Nährmedium zu. RUSSELL und Mitarbeiter (1954) fanden bei jungen Gerstenpflanzen eine optimale Phosphataufnahme bei Konzentrationen von 0,1 bis 0,3 ppm P im Nährmedium. Niedere und höhere Konzentrationen im Bereich von 0,0003 bis 0,1 bzw. von über 0,3 bis 30 ppm P bewirkten dem Optimum gegenüber eine verminderte Phosphataufnahme. HILL und Mitarbeiter (1954) konnten keine Beziehungen zwischen der Höhe der Phosphataufnahme und der Höhe der Phosphatkonzentration im Nährmedium feststellen. Eine zur Phosphatkonzentration streng proportionale Phosphataufnahme stellten GESSNER und KAUKAL (1952) bei submersen Pflanzen fest.

Für die Entwicklung der Pflanzen ist die Phosphorsäureaufnahme in den ersten Wochen besonders wichtig, was mit Versuchen bewiesen werden konnte, bei denen den Pflanzen nur in den ersten Wochen der Vegetationszeit Phosphorsäure im Nährmedium geboten wurde (GERICKE 1925, REID und YORK 1958). Der hohe Phosphorsäurebedarf junger Pflanzen ergibt sich auch aus Versuchen von HERBST und PHILIPP (1952), in denen nachgewiesen werden konnte, daß bereits die austreibenden Edelreiser von Pfropfreben einen hohen Phosphorsäurebedarf besitzen. Diese Feststellung bedeutet aber natürlich nicht, daß die Pflanzen in späteren Entwicklungsstadien keine Phosphorsäure mehr aus dem Boden aufnehmen. Eine anhaltende Phosphataufnahme konnten BRENCHLEY (1929), TSAO und Mitarbeiter (1950), GLOVER (1953) und EJDELNANT (1955) feststellen.

Besondere Verhältnisse liegen bei den Waldbäumen vor, die über eine Mykorrhiza verfügen (MELIN 1958). Nach KRAMER und WILBUR (1949) nehmen Wurzeln mit einer Mykorrhiza Phosphat schneller auf als pilzfreie. MELIN und NILSSON (1950, 1954) konnten darüber hinaus zeigen, daß *Boletus variegatus* aufgenommenes Phosphat in die Wurzeln von *Pinus silvestris* überleitet. HARLEY und McCREADY (1952a, b), HARLEY und Mitarbeiter (1953, 1958), HARLEY und BRIERLEY (1954, 1955) sowie HARLEY und LOUGHMAN (1963) fanden, daß der größte Teil des von den Pilzhyphen aufgenommenen Phosphats zunächst in der Pilzscheide zurückgehalten und dort in organisches Phosphat überführt wird. Nur ein kleinerer Anteil wird sofort weitergeleitet und in den Rindenzellen des Wirtes in organische Phosphate eingebaut. Bei Phosphatmangel im äußeren Medium findet jedoch eine Mobilisierung des in der Pilzscheide gespeicherten Phosphats und eine Ableitung in den Wirt statt. Dieser Vorgang ist metabolisch und daher temperatur- und sauerstoffabhängig. Die aktive Weiterleitung des Phosphats von der Pilzscheide zur Wurzelrinde hört auf, wenn die Zufuhr von Phosphat aus dem äußeren Medium wieder einsetzt. Auch für die Weiterleitung des Phosphats von der Wurzelrinde zur Sproßspitze ist, wie MORRISON (1962a) zeigen konnte, die Mykorrhiza von Bedeutung, und zwar im Sinne eines stetigeren Ablaufes des Transportes. LINNEMANN und MEYER (1958) nehmen ebenfalls Beziehungen zwischen dem Auftreten von Phosphormangelsymptomen bei Waldbäumen und der Ausbildung der Mykorrhiza an.

Unter Hinweis auf den Abschnitt Blattdüngung (s. Bd. III) sei hier kurz noch einmal erwähnt, daß die Phosphorsäure auch über das Blatt aufgenommen werden kann. Die durch die Blätter aufgenommene Phosphorsäure wird schnell weitergeleitet und gelangt von den Blättern in alle Teile der Versuchspflanze (OLIVER 1952, SWANSON und WHITNEY 1953, PETERSBURGSKIJ und SIDOROVA 1955, BIDDULPH 1956, BIDDULPH und Mitarbeiter 1958). Die über die Blätter aufgenommene Phosphorsäure wandert sogar über die Wurzeln in den Boden aus, so daß markierter Phosphor, der einem Blatt einer Pflanze zugeführt wurde, nach 24 Std. in allen Teilen sämtlicher Nachbarpflanzen nachweisbar war (SCHAIN und Mitarbeiter 1957). Trotz der schnellen Verteilung auch der über die Wurzeln aufgenommenen Phosphorsäure in der Pflanze erfolgt eine bevorzugte Verteilung zunächst im Wurzelsystem, gleichgültig ob die einzelnen Wurzelabschnitte unmittelbar mit dem phosphorsäurehaltigen Medium in Verbindung stehen oder nicht (WILKINSON und LINDSEY 1953). Das gilt besonders dann, wenn die zur Verfügung stehenden Phosphatkonzentrationen im Nährmedium gering sind (RUSSELL und MARTIN 1953). Zudem bestehen enge Wechselbeziehungen zwischen Wurzeloberflächen und Boden im Sinne eines Phosphataustausches (BARBIER und HUSSON 1952, MICHAEL und MARSCHNER 1958a, b). Werden Weizenkeimlinge mit geteiltem Wurzelsystem kultiviert und ein Teil in eine inaktive und der andere Teil in eine markiertes Phosphat enthaltende Lösung gebracht, so wandert ^{32}P durch die Wurzeln in die inaktive Lösung über (HEVESY 1947). NAYLOR und Mitarbeiter (1951) fanden bei Weizen- und Gerstenpflanzen eine bevorzugte Ansammlung von ^{32}P in den Embryonen der Körner.

Von besonderem Interesse ist naturgemäß die Frage, ob und in welchem Umfang die Pflanzen den organischen Phosphor des Bodens zu verwerten vermögen. Wir müssen dabei unterscheiden zwischen dem in Pflanzenresten festgelegten organischen Phosphat und den freien organischen Verbindungen des Bodens. Alle genannten organischen Phosphate stehen den Pflanzen natürlich nach erfolgter Mineralisierung zur Verfügung, die, wie es scheint, recht schnell vor sich gehen kann (PEARSON und Mitarbeiter 1941, FULLER und ROGERS 1952). Für eine direkte Aufnahme kommen vornehmlich Phytin, Phosphorlipoide und Nucleinsäuren in Frage, die sich allgemein in den Böden finden (DEAN 1949, FRIES 1952, PEDERSEN 1953, BOHNE 1954, JAHN-DEESBACH 1955, ULRICH und BENZLER 1955, ANDERSON 1958).

Nach Ansicht von WEISSFLOG und MENGDEHL (1933) werden Phytin und Nucleinsäuren von den Wurzeln der höheren Pflanzen (Maispflanzen) wahrscheinlich direkt aus dem Nährmedium aufgenommen. Die gleiche Ansicht vertreten ROGERS und Mitarbeiter (1941) bezüglich der Aufnahme von Phytin und Lezithin auf Grund ihrer Versuche mit Mais- und Tomatenpflanzen. ALLISON und Mitarbeiter (1941) konnten bei Verwendung verschiedener anorganischer und organischer Phosphorverbindungen keine wesentlichen Unterschiede in der Wirkung feststellen. BERTRAMSON und STEPHENSON (1942) geben dagegen folgende Reihenfolge hinsichtlich der Ausnutzung der Phosphorverbindungen an: Superphosphat > Calciumäthylphosphat > Nucleinsäuren > Lezithin > Phytin.

Wir können daher als bewiesen ansehen, daß auch die höheren Pflanzen in der Lage sind, die Phosphorsäure organischer Phosphorverbindungen auszunutzen. Es bleibt aber die Frage offen, ob diese Verbindungen von den Wurzeln als ganzes Molekül aufgenommen werden oder ob zuvor eine Zerlegung der Moleküle erfolgt. Für die letztere Auffassung sprechen die Versuchsergebnisse mehrerer Autoren. Nach FLAIG und KAUL (1955) ist die Aufnahme des Nucleinsäurephosphors von der Aktivität eines dephosphorylierenden Ectofermentes der Wurzeln abhängig. Auch die Aufnahme des Phytatphosphors ist erst nach einer Spaltung des Phytatmoleküls möglich, und die Geschwindigkeit der Aufnahme ist abhängig von der Geschwindigkeit der Spaltung, wie FLAIG und Mitarbeiter (1960) an Gerstenpflanzen nachweisen konnten. JACKMAN und BLACK (1952) fanden, daß die Bodenphosphatase künstlich zugeführten Phytinphosphor leicht zu hydrolysieren vermag. Die Notwendigkeit einer Spaltung der organischen Phosphatverbindungen begründet auch die Feststellung von GERICKE und GSCHWIND (1955), daß die Ausnutzung des organisch gebundenen Phosphors eindeutig hinter der des anorganischen Phosphors zurückbleibt.

C. Schwefel

Sammelreferate: BALKS (1939), GILBERT (1951), LOUGHMAN (1964).

Die Aufnahme des Schwefels erfolgt bei den höheren Pflanzen in der Regel in Form des Sulfations. Darüber hinaus scheinen die höheren Pflanzen aber auch andere Schwefelverbindungen in einem gewissen Ausmaß aufnehmen bzw.

ausnutzen zu können. Wood und Barrien (1939) geben in dieser Hinsicht an, daß *Phalaris tuberosus* in Sandkulturen auch Cystin als Schwefelquelle zu verwerten vermag. Steigende Cystingaben im Nährmedium führten — wenigstens am ersten Versuchstag — zu einem Anstieg im Gehalt der Pflanzen an Sulfatschwefel, während ihr Gehalt an Cystinschwefel und Eiweißschwefel unbeeinflußt blieb. Heller (1955) kultivierte in vitro Gewebestücke von Karotten und fand dabei, daß diese in der Lage waren, neben Natriumsulfat auch Natriumsulfit, Natriumsulfid, Cysteinhydrochlorid, Glutathion und Methionin als Schwefelquelle zu verwerten. Scheuermann (1964) wies die Aufnahme von ^{35}S-Methionin durch das Wurzelmeristem von *Vicia faba* nach. Unter gleichen Bedingungen erfolgte die Inkorporation von ^{35}S-Methionin wesentlich schneller als die von ^{35}S-Sulfat.

Von großer Bedeutung für die Schwefelversorgung der Pflanzen ist zweifellos auch die direkte Aufnahme von Schwefeldioxidgas aus der Luft (Egnér 1956, Buchner 1958 u. a.), da die Pflanzen offensichtlich Schwefeldioxid aufzunehmen vermögen und diesen Schwefel dann auch assimilieren können (Fried 1949). Das ist natürlich nur für den Fall von Bedeutung, in dem die Konzentration an Schwefeldioxidgas in der Atmosphäre unterhalb schädlicher Grenzen bleibt, andernfalls kommt es zu den bekannten Schädigungen der Pflanzen (Bredemann und Radeloff 1933, Stratmann 1956, Keller 1958, Garber 1960 u. a.). Thomas und Mitarbeiter (1943) fanden, daß bei niedriger Sulfatdüngung Luzernepflanzen auf eine Begasung mit geringen Konzentrationen von SO_2-Gas (0,1 mg/l) mit einem Ertragsanstieg reagieren, was als Beweis dafür anzusehen ist, daß das über die Blätter aufgenommene Schwefeldioxid in den Stoffwechsel der Pflanzen einbezogen worden ist. Bei ausreichender Düngung mit Sulfatschwefel wurde allerdings eine günstige Auswirkung der Begasung nicht festgestellt. Thomas und Mitarbeiter (1944) wiesen die schnelle SO_2-Aufnahme durch die Blätter auch mit Hilfe von ^{35}S nach, und Harrison und Mitarbeiter (1944) fanden, daß die Art der Schwefelaufnahme — als Na_2SO_4 aus der Nährlösung oder als SO_2-Gas über die Blätter — nur sehr wenig Einfluß auf die Verteilung des Schwefels in der Pflanze hat. Olsen (1957) konnte weiterhin an Baumwollpflanzen nachweisen, daß gesunde Pflanzen über 30%, Schwefelmangelpflanzen sogar über 50% des Schwefels direkt aus der Atmosphäre aufnehmen können.

Über die Schnelligkeit, mit der die Aufnahme des Schwefels durch die höheren Pflanzen erfolgt, liegen nur wenige Angaben in der Literatur vor. Nach Rippel (1927) gehört der Schwefel zu den Nährstoffelementen, die relativ langsam aufgenommen werden. Unter den Anionen besteht bezüglich der Aufnahmegeschwindigkeit eine Reihenfolge, bei der das Sulfation an letzter Stelle steht ($Cl > NO_3 > PO_4 > SO_4$, s. Balks 1939). Thomas und Mitarbeiter (1950) konnten mit Hilfe von markiertem Schwefel die Schwefelaufnahme bei jungen Luzernepflanzen verfolgen. Der als Sulfat gebotene Schwefel war in diesen Versuchen nach 16 Tagen maximal in den neugebildeten Blättern angereichert. Dort erfolgte der Einbau in organische Schwefelverbindungen, der nach 34 Tagen abgeschlossen war. In Natriumsulfatlösungen eingetauchte Sprosse nahmen den Sulfatschwefel auch oberflächlich auf und leiteten ihn basalwärts ab. Pate (1965) konnte zeigen, daß nur ein geringer Teil des aufgenommenen Sulfats in der Wurzel reduziert wird. Der Anteil des organisch gebundenen Schwefels am Gesamtschwefelgehalt des Blutungssaftes ist daher gering.

Ebenfalls mit Hilfe von markiertem Schwefel untersuchte Kylin (1953) die Schwefelaufnahme von Weizenkeimlingen. In diesen Versuchen wurde der radioaktive Schwefel in den ersten Minuten nach der Zugabe sehr schnell, anschließend aber langsamer aufgenommen, was den im Abschnitt „Ionenaufnahme“ behandelten Gesetzmäßigkeiten entspricht.

Nach MOSOLOV und VOLLEJDT (1955) nehmen die Pflanzen den Schwefel während der ganzen Vegetationsperiode auf. Der pH-Wert des Mediums scheint für die Schwefelaufnahme keine besondere Bedeutung zu haben (BIDDULPH und Mitarbeiter 1956).

Ähnlich wie beim Phosphat konnte auch für das Sulfat mit Hilfe von markiertem Schwefel (^{35}S) bei Buchen- und Kiefernmykorrhizen eine Aufnahme durch den Pilz und eine Abgabe an das Rindengewebe der Wirtswurzeln festgestellt werden (MORRISON 1962b, 1963).

D. Natrium, Kalium, Calcium, Magnesium

Sammelreferate: SCHMALFUSS (1936), ZIMMERMANN (1947), JACOB (1955), WYBENGA (1957), BAUMEISTER (1960).

Natrium, Kalium, Calcium und Magnesium werden von den Pflanzen ausschließlich als Kationen — Na^+, K^+, Ca^{++}, Mg^{++} — aufgenommen, und zwar nach den Gesetzmäßigkeiten, die im Abschnitt „Ionenaufnahme“ (S. 146 ff.) bereits behandelt worden sind. In welcher Form die genannten Elemente dem Nährmedium zugeführt werden, ist im Prinzip gleichgültig. Lediglich beim Calcium und Magnesium spielt die Löslichkeit der zugeführten Salze eine gewisse Rolle. So wurde Calcium (^{45}Ca) in Untersuchungen von RIRIE und TOTH (1952) leichter aus Calciumcarbonat als aus Calciumphosphat oder Calciumsulfat aufgenommen. Für das Magnesium konnten DUNN und ROBERTS (1954) feststellen, daß dieses Element auch dann aufnehmbar ist, wenn es den Pflanzen in Form organischer Magnesiumsalze geboten wird.

Unter den Verhältnissen natürlicher Böden kommen für die Aufnahme durch die Pflanzen vom Gesamtgehalt an Natrium, Kalium, Calcium und Magnesium einmal die in der Bodenlösung befindlichen und zum anderen die austauschbaren Anteile in Frage. Beim Kalium erweitert sich die Menge an pflanzenverfügbarem Kalium noch um Teile des nicht austauschbaren Kaliums sowie des sogenannten nachlieferbaren Kaliums. Zahlenwerte über die Aufnahme durch verschiedene Pflanzen finden sich bezüglich des Natriums bei BERTRAND und PERIETZEANU (1927a), BERTRAND und ROSENBLATT (1928), des Kaliums bei BERTRAND und PERIETZEANU (1927b), BERTRAND und ROSENBLATT (1928), GÜTTLER (1941), des Calciums bei ILJIN (1933) sowie SHCHERBAKOV und TURKOVA (1960) und des Magnesiums bei DANIEL (1935) sowie BENDER und EISENMENGER (1941).

Unterschiedlich ist die Schnelligkeit, mit der die Na-, K-, Ca- und Mg-Ionen aufgenommen werden. Es sei wieder an die Untersuchungen von RIPPEL (1927) erinnert, die für die Aufnahme der wichtigsten Pflanzennährstoffe folgende Reihenfolge ergaben: N > K > P > Ca, S, Mg. In neuerer Zeit fanden BAIRD und MEHLICH (1951) bei Mangold die Reihenfolge: Na > K > Mg > Ca und DAVIDE und GALVEZ (1952) bei Salat Unterschiede in der Schnelligkeit der Aufnahme im folgenden Sinne: K > Na > Mg > Ca. Übereinstimmend lassen die Ergebnisse erkennen, daß Natrium und Kalium wesentlich schneller aufgenommen werden als Calcium und Magnesium.

Ähnlich wie beim Phosphor konnte auch für das Kalium festgestellt werden, daß das in ersten Jugendstadien aufgenommene Kalium für die Pflanze besonders wertvoll ist (LIESEGANG 1927, ALTEN 1952, REID und JORK 1958).

Über die Bedeutung des pH-Wertes des Nährmediums bzw. des Bodens für die Aufnahme der Natrium-, Kalium-, Calcium- und Magnesiumionen liegen einige Untersuchungen vor, so für das Natrium von PADEN und GARMAN (1947) und SOWELL und ROUSE (1958), für das Kalium von ARNON und Mitarbeitern (1942), C. OLSEN (1953) sowie SEBALD (1956) und für das Magnesium von MICHAEL (1941), ARNON und Mitarbeitern (1942), PADEN und GARMAN (1947) sowie SCHROPP (1950). Die genannten Untersuchungen ergeben zwar kein klares Bild, berechtigen aber doch zu der Ansicht — auch im Sinne von TRUOG (1948) und C. OLSEN (1953) —, daß in weiten Grenzen — etwa pH 5 bis 8 — die Aufnahme der Kationen Natrium, Kalium, Calcium und Magnesium durch die Bodenreaktion nicht oder nur unwesentlich beeinflußt wird. Hinsichtlich des Calciums liegen Befunde vor, die die Hemmung der Aufnahme bei tiefen pH-Werten erkennen lassen. SEBALD (1956) fand ein Maximum der Aufnahme bei pH 7,5. ARNON und Mitarbeiter (1942) stellten bei ihren Versuchspflanzen unterschiedliche pH-Bereiche für eine maximale Calciumaufnahme fest, so für Tomaten bei pH 5 bis 8, für Salat bei pH 9,0 und für Bermudagras bei pH 8 bis 9. SCHMEHL und Mitarbeiter (1952) vertreten die Ansicht, daß die Beeinträchtigung der Calciumaufnahme auf sauren Böden die Folge der antagonistischen Wirkung vor allem der Al^{+++}- und abgeschwächt der Mn^{++}- und H^{+}-Ionen ist.

Die gegenseitige Beeinflussung der Kationen bei der Aufnahme wird an anderer Stelle ausführlich beschrieben werden (s. S. 261). Hier sei darauf hingewiesen, daß auch die Pflanzen selbst sich unterschiedlich verhalten. So wissen wir, daß die Leguminosen relativ mehr Magnesium aufnehmen als die Gramineen, was bei den Leguminosen zu einer Verschiebung des K/Mg-Verhältnisses zugunsten des Magnesiums führt (DANIEL 1935, BENDER und EISENMENGER 1941, COOPER und Mitarbeiter 1947). Diese Feststellung gilt im übrigen auch für das Calcium, das ebenfalls von den Leguminosen in größerer Menge aufgenommen wird als von den Gramineen. ILJIN (1933) fand, daß gleiche Pflanzenarten je nach den Verhältnissen ihres Standortes einen unterschiedlichen Calciumgehalt besitzen und umgekehrt verschiedene Pflanzenarten des gleichen Standortes eine unterschiedliche Höhe der Calciumaufnahme aufweisen können. Vergleichende Untersuchungen über die Natrium- und Calciumaufnahme abgeschnittener Gersten- und Erbsenwurzeln von ELGABALY und WIKLANDER (1949) ergaben, daß die Gerstenwurzeln aus Na-Ca-Bentonitsuspensionen mehr Natrium und weniger Calcium aufnahmen als die Erbsenwurzeln.

Ein besonders instruktives Beispiel für die unterschiedliche Kationenaufnahme verschiedener Pflanzen bei gleichen Bedingungen bieten die Untersuchungen von COLLANDER (1941), da die Pflanzen gemeinsam in großen Gefäßen und somit in völlig gleicher Weise kultiviert worden waren (Tab. 49).

Die Werte in Tab. 49 ergeben, daß vornehmlich der Anteil des Natriums an der Summe von Na + K + Rb + Mg + Ca bei den Versuchspflanzen in weiten Grenzen schwankt, während die Schwankungen bei den anderen Kationen wesentlich geringer, aber immerhin noch erkennbar sind. Hinsichtlich des Natriums sei noch auf die Untersuchungen von WYBENGA (1957) hingewiesen, die ebenfalls zeigen, daß die Aufnahme durch die Pflanzen recht variabel ist.

Die gleiche Arbeit von WYBENGA zeigt auch, daß darüber hinaus die Ableitung des Natriums von den Wurzeln in den Sproß bei den Pflanzenarten unterschiedlich schnell und umfänglich sein kann. Das bedeutet, daß die Beweglichkeit des Natriums innerhalb der Pflanze bei den Arten nicht gleichmäßig ist, wie neuerdings auch HUFFAKER und WALLACE (1959) nachgewiesen haben. Besonders beweglich ist das Kalium, wie übereinstimmend die Untersuchungen von RIPPEL (1921, 1923b), SABALITSCHKA und WIESE (1926), JAMES (1931), OLSEN (1948), TAMM (1951), LÖHR (1953), STOLLE (1956), GOODMAN und PERKINS (1959) sowie GREENWAY und PITMAN (1965) bewiesen haben. Als besonders unbeweglich gilt das Calcium. Ein basipetaler Transport scheint nicht stattzufinden, und selbst innerhalb des Wurzelsystems findet kein Ausgleich statt, wenn ein Teil des Wurzelsystems unter Ca-Mangel leidet (RIRIE und TOTH 1952, PETERSBURGSKIJ und SIDOROVA 1955, BIDDULPH und Mitarbeiter 1959). LAUSCH (1958) glaubt allerdings, daß bei Keimpflanzen von *Phaseolus vulgaris* ein Abtransport des Calciums möglich ist. ABUTALYBOV und DZHANGIROVA (1960) fanden eine bevorzugte Wanderung des Calciums in aufsteigender Richtung. Eine Sättigung der oberen Pflanzenteile mit Calcium durch Besprühen mit $CaCl_2$ bewirkte allerdings eine abwärts

Tabelle 49. *Kationenaufnahme verschiedener Pflanzen bei gleichem Nährmedium* (nach COLLANDER 1941)

Versuchspflanze (ohne Wurzeln)	prozentualer Anteil an der Summe der mval von: Na + K + Rb + Mg + Ca/kg Trockensubstanz für				
	Na	K	Rb	Mg	Ca
Atriplex hortensis	27,9	12	14	32	15
Plantago maritima	16,3	12	12	23	37
Salicornia herbacea	12,5	11	13	50	14
Sinapis alba	10,9	18	26	18	30
Atriplex litorale	10,3	11	20	31	28
Vicia sativa	8,6	22	28	16	25
Melilotus albus	8,4	22	25	19	25
Plantago lanceolata	6,9	22	30	19	22
Lactuca sativa	5,7	24	34	13	22
Papaver somniferum	5,4	25	37	18	16
Aster tripolium	5,2	27	30	14	23
Avena sativa	4,7	25	41	15	14
Spinacia oleracea	4,6	23	24	33	15
Solanum lycopersicum	3,5	15	22	25	33
Nicotiana tabacum	3,5	28	28	22	19
Pisum sativum	1,4	23	27	18	32
Salsola kali	1,3	16	15	40	27
Chenopodium bonus Henricus	0,9	23	27	28	21
Helianthus annuus	0,7	24	29	21	25
Zea mays	0,7	31	28	29	13
Fagopyrum esculentum	0,5	19	18	39	23

gerichtete Wanderung des Calciums. Die Beweglichkeit des Magnesiums wurde von BUKOVAC und Mitarbeitern (1960) bei Bohnen untersucht. Über die Wurzeln zugeführtes ^{28}Mg gelangte in alle Teile der Pflanze und wurde zu 33% in den Stengeln, zu 32% in Hülsen und Samen, zu 13 bis 16% in den Folgeblättern und zu 5% in den Primärblättern wiedergefunden. Wurden die Primärblätter mit markiertem Magnesiumsulfat besprüht, so war weder bei den Keimpflanzen noch bei den fruchtenden Pflanzen innerhalb von 4 Std. eine Ableitung des Magnesiums feststellbar. Das läßt auf eine geringe Beweglichkeit des einmal abgelagerten Magnesiums schließen.

3. Aufnahme der Mikronährstoffe

Da die Mikronährstoffe, zu denen hier auch das Eisen gezählt werden soll, nur in relativ geringen Mengen benötigt werden, in größeren Mengen aber bereits toxisch wirken, tritt zum Problem der Mindestversorgung bei diesen Elementen auch das Problem einer schädigenden Anreicherung, die meist zu chlorotischen Erscheinungen führt, hinzu (s. HEWITT 1953, 1954, HUNTER und VERGNANO 1953, WARINGTON 1954). Zudem werden die mit der Aufnahme verbundenen Probleme durch die mannigfaltigen Wechselbeziehungen zwischen den Makro- und Mikronährstoffen bzw. den Mikronährstoffen untereinander vielfach sehr unübersichtlich. Aus Platzmangel soll hier nur die Aufnahme der wichtigsten Mikronährstoffe, und zwar die des Eisens, Mangans, Kupfers, Zinks, Bors und Molybdäns behandelt werden. Literaturhinweise über weitere Elemente finden sich u. a. bei SCHARRER (1955), STILES (1951, 1958).

A. Eisen

Sammelreferate: EHRENBERG (1936), BAUMEISTER (1959a).

Die Pflanzen vermögen das Eisen in Form des Ferro- und Ferriions (Fe^{++}, Fe^{+++}) aufzunehmen. Die Fragen, die mit der Aufnahme des Eisens aus Chelaten zusammenhängen, sind bereits auf S. 151ff. besprochen worden.

Für die Aufnahme des Eisens ist, da ein echter Eisenmangel im Boden nur selten vorkommt, die Menge des aufnehmbaren Eisens im Boden entscheidend. Die Pflanzen selbst nutzen zudem das zur Verfügung stehende Eisen in verschiedener Weise aus, so daß auch die in den Pflanzen festgestellten Mengen sehr unterschiedlich sind, sogar bei Pflanzen des gleichen Standortes (GÜTTLER 1941, ERKAMA 1947, MAYER und GORHAM 1951, BOLLMANN und SCHWANITZ 1957 u. a.). OERTLI und JACOBSON (1960) untersuchten die Ansprüche von Mais-, Erbsen-, Sonnenblumen- und Tabakpflanzen an die Eisenversorgung und fanden dabei, daß Maispflanzen höhere Ansprüche stellen als Erbsen- und Tabakpflanzen und daß Sonnenblumenpflanzen eine Zwischenstellung einnehmen.

Die Aufnahme des Eisens kann nicht nur über die Wurzeln, sondern auch über die Blätter erfolgen, wie zahlreiche Versuche über die Blattdüngung mit Eisensalzen erkennen lassen. Wichtig für die Eisenaufnahme ist auch die Erkenntnis, daß sie kontinuierlich erfolgen muß, da das Eisen innerhalb der Pflanzen wenig beweglich ist und daher ein Abtransport von den älteren zu den jüngeren Blättern nicht erfolgt (GLENISTER 1944, BROWN und HOLMES 1955). Physiologisch wichtig ist in der Pflanze nur das in gelöster Form vorliegende Eisen, „aktives Eisen" im Sinne von OSERKOWSKI (1933), JACOBSON (1945), BENNETT (1945). Eisenchlorosen müssen daher nicht unbedingt mit einer stark verminderten Eisenaufnahme gekoppelt sein (CHAPMAN 1931, OLSEN 1935).

Von den äußeren Faktoren, die die Eisenaufnahme beeinflussen, sei zunächst der Einfluß des pH-Wertes genannt. Sowohl stark saure als auch stark alkalische Böden können Eisenmangelchlorosen als Folge einer ungenügenden Eisenaufnahme bewirken. Wie schon im Zusammenhang mit dem Phosphor erwähnt wurde, neigen stark saure Böden zur Bildung unlöslicher Eisenphosphate, und in alkalischen Böden sind es Oxydationsprozesse, die das Eisen in eine nicht aufnehmbare Form überführen. Der Einfluß des pH-Wertes auf die Eisenaufnahme ist experimentell von OLSEN (1935, 1938), von REDISKE und BIDDULPH (1953) sowie von OERTLI und JACOBSON (1960) u. a. untersucht worden. REDISKE und BIDDULPH (1953) koppelten die Auswirkung des pH-Wertes mit dem Einfluß der Phosphatkonzentration der Nährlösung und konnten zeigen, daß bei pH 4,0 und niedrigen Phosphatkonzentrationen die Eisenaufnahme schnell und ausreichend erfolgt, während bei pH 7,0 und hohen Phosphatkonzentrationen in der Nährlösung das Eisen bereits größtenteils an der Wurzeloberfläche bzw. in der exodermalen Rindenschicht niedergeschlagen wird. Entsprechende Befunde werden auch von SIDERIS und Mitarbeitern (1943), FRANCO und LOOMIS (1947), SIDERIS (1950) sowie BIDDULPH und WOODBRIDGE (1952) beschrieben, wobei SIDERIS (1950) noch die Ansicht vertritt, daß bei den Oxydationsprozessen

(Fe^{++} zu Fe^{+++}) möglicherweise das Mangan beteiligt ist, das dabei selber reduziert wird (Mn^{+++} zu Mn^{++}).

Es sind mannigfaltige Beziehungen zwischen der Aufnahme des Eisens und der anderer Mineralstoffe beschrieben worden. Daß hohe Phosphatkonzentrationen die Eisenversorgung der Pflanzen beeinträchtigen, ist vielfach beobachtet worden (CHANDLER und SCARSETH 1941, REDISKE und BIDDULPH 1953 u. a.), wobei vornehmlich wieder die Weiterleitung von den Wurzeln zum Sproß betroffen ist (FOSTER und RUSSELL 1958). Hohe Calciumgaben hemmen die Eisenaufnahme nach TAPER und LEACH (1957). Beziehungen zwischen Eisen und Kalium werden von HEWITT und BOLLE-JONES (1953) sowie von BOLLE-JONES (1955b) beschrieben. Durch Eisenmangel bedingte chlorotische Erscheinungen wurden durch die Zugabe von Calciumkarbonat und von Phosphaten hervorgerufen oder verstärkt, durch die Zugabe von hohen Kaliumgaben aber reduziert oder geheilt. Die Kaliumwirkung war mit einer Erhöhung der Eisenkonzentration in den Blattflächen und mit einer besseren Ausnutzung des Eisens im Hinblick auf die Chlorophyllbildung gekoppelt. BOLLE-JONES (1955b) nimmt an, daß das Kalium die Beweglichkeit des Eisens in der Pflanze fördert.

Der Einfluß der Schwermetalle auf die Eisenaufnahme wird unterschiedlich beurteilt. Die Beziehungen zwischen Eisen und Mangan werden beim Mangan besprochen, doch sei hier darauf hingewiesen, daß nach ERKAMA (1950) Mangan die Eisenaufnahme zu hemmen vermag, was sich vornehmlich in der Verminderung des Eisengehaltes der Blätter ausprägt. RIPPEL (1923) hat allerdings über eine durch Mangan verursachte Eisenchlorose beim Hafer berichtet, die ohne Senkung des Eisengehaltes der Blätter auftrat. Das Mangan hatte also nicht die Eisenaufnahme, sondern nur die Eisenwirkung beeinflußt. SIDERIS und YOUNG (1949) fanden, daß die an sich schon geringe Beweglichkeit des Eisens in der Pflanze durch hohe Mangangaben noch weiter beeinträchtigt werden kann.

Der Einfluß des Kupfers ist nach ERKAMA (1949) von der Art der Stickstoffquelle abhängig (Ammonium-N oder Nitrat-N). Abhängigkeiten bei den Wechselbeziehungen zwischen Kupfer und Eisen von der Art der Stickstoffernährung wurden auch von MOORE und Mitarbeitern (1957) beschrieben. In Versuchen mit *Hevea brasiliensis* wurde die Eisenaufnahme durch Kupfer gefördert, wobei sich vor allem der Eisengehalt der Wurzeln anreicherte (BOLLE-JONES 1958). SMITH und SPECHT (1953) beobachteten bei Citruspflanzen als Folge hoher Kupfer-, Zink- oder Mangangaben chlorotische Erscheinungen an den Blättern, ohne daß der Eisengehalt der Wurzeln eindeutig vermindert wurde. FORSTER (1954) berichtet über eine Hemmung der Eisenaufnahme durch Kobalt und Kupfer beim Hafer und durch Nickel und Kupfer bei der Gerste. Nickel hemmte auch die Eisenaufnahme beim Hafer in den Versuchen von CROOKE und Mitarbeitern (1954).

Abschließend läßt sich also feststellen, daß die Eisenaufnahme durch verschiedene Schwermetalle beeinflußt wird. Allerdings ist auch die Weiterleitung des Eisens von den Wurzeln zu den Blättern betroffen, da, wie erwähnt, häufig chlorotische Erscheinungen an den Blättern beobachtet wurden, ohne daß der Eisengehalt der Wurzeln eindeutig vermindert war.

B. Mangan

Die in weiten Grenzen schwankenden Mangangehalte der Pflanzen (GÜTTLER 1941, COLLANDER 1941, MAYER und GORHAM 1951, BERTRAND und SILBERSTEIN 1953, 1954, 1955, 1958 u. a.) sind naturgemäß die Folge einer sehr variablen Aufnahme des Mangans durch die Pflanzen (MUNNS und Mitarbeiter 1963 u. a.). Abgesehen vom unterschiedlichen Aufnahmevermögen der Pflanzen selber, sind es wiederum äußere Faktoren, die die Aufnahme entscheidend zu beeinflussen vermögen. Die Aufnahme des Mangans soll nach COÏC und Mitarbeitern (1951) schnell erfolgen, doch ist die Weiterleitung von den Wurzeln zu den oberirdischen Teilen der Pflanzen unterschiedlich schnell (OUELETTE und DESSUREAUX 1958).

Für die Intensität der Manganaufnahme ist zunächst der Manganzustand im Boden bzw. im Nährmedium von entscheidender Bedeutung (SHERMAN und Mitarbeiter 1942, SHERMAN und HARMER 1942, MANN und QUASTEL 1946, FUJIMOTO und SHERMAN 1948, COPPENET und CALVEZ 1952, WINOGRADOW 1954, FINCK 1956 a, b, HEINTZE 1957, SCHACHTSCHABEL 1955, 1957 u. a.). Aufnehmbar sind für die Pflanzen vor allem die zweiwertigen Manganionen (Mn^{++}), deren Anteil am Gesamtmangangehalt des Bodens einmal vom Redoxpotential und zum anderen vom pH des Bodens abhängig ist. Die Oxydation des zweiwertigen Mangans erfolgt über $Mn_2O_3 \cdot n\, H_2O$ zu $MnO_2 \cdot n\, H_2O$ (WINOGRADOW 1954). Es ist selbstverständlich, daß sich aus diesen Zusammenhängen Konsequenzen für die Manganaufnahme ergeben. So wird die Manganaufnahme mit steigenden pH-Werten vermindert (OLSEN 1934, MORRIS 1949, KATALYMOV 1950, SCHACHTSCHABEL 1957 u. a.). OLSEN (1934) fand bei Wasserkulturen die höchsten Werte für die Manganaufnahme bei pH 6 bis 7; höhere und niedrigere pH-Werte hemmten die Aufnahme des Mangans. In sauerstoffarmen Medien konnte aber auch bei höheren pH-Werten noch eine genügende Manganaufnahme festgestellt werden, da unter diesen Verhältnissen die Mangansalze beständiger in Lösung bleiben.

Für die Manganaufnahme der Pflanzen sind auch das austauschbare Mangan und die leicht reduzierbaren Manganoxide (leicht reduzierbares Mn, aktives Mn) von Bedeutung. So geben JONES und LEEPER (1951) an, daß Oxyde von der Struktur des Manganits und des Pyrolusits für die Pflanzen verwertbar sind. FISKEL und MOURKIDES (1955) fanden bei Tomatenpflanzen in bezug auf die Verwertbarkeit verschiedener Manganverbindungen folgende Reihenfolge: $MnSO_4 > MnO > > MnO_2 >$ Mn-EDTA. Nach RADEMACHER (1941), GERICKE (1952) und SCHROPP (1952) sind die Manganverbindungen im Thomasphosphat und nach HOFMANN (1958) auch die der Manganschlacken gute Manganquellen für die Pflanzen.

An der Umwandlung höherer Manganoxide in zweiwertiges Mangan sind offensichtlich Mikroorganismen stark beteiligt (SCHACHTSCHABEL 1955, VLASJUK und BUTKEVIČ 1957). Der vermutete Einfluß der Bodenkohlensäure auf die Manganaufnahme konnte von RUCK und BOLAS (1954) bei Kartoffeln nicht bestätigt werden.

Besonders häufig sind die Beziehungen zwischen der Aufnahme des Mangans und der anderer Nährstoffe untersucht worden. Hohe Calciumgaben hemmen die Manganaufnahme nach WILLIAMS und VLAMIS (1957), TAPER und LEACH (1957), LÖHNIS (1960), doch ist nicht sicher, daß in allen Fällen der Einfluß des pH-Wertes zuverlässig ausgeschaltet war. Die Hemmung der Manganaufnahme gilt, wie WILLIAMS und VLAMIS (1957) angeben, auch für das Magnesium und das Kalium und auch nach LÖHNIS (1960) für das Magnesium. Doch zeigen gerade die Versuche von LÖHNIS (1960), daß sich die Pflanzen keinesfalls immer gleichartig verhalten. Hinsichtlich der Phosphorsäure geben FISKEL und MOURKIDES (1955) und WILLIAMS und VLAMIS (1957) an, daß sie die Manganaufnahme fördert, während BOLLE-JONES (1955 a) über gegenteilige Befunde berichtet.

Von den Beziehungen zwischen Mangan und anderen Mikronährstoffen interessieren besonders die zum Molybdän und zum Eisen. Zwischen Mangan und Molybdän besteht ein Antagonismus in dem Sinne, daß hohe Molybdängaben die Manganaufnahme zu hemmen vermögen (MILLIKAN 1950, 1951). KIRSCH und Mitarbeiter (1960) bestätigen diese Molybdänwirkung für die Fälle einer niederen Eisen- und hohen Manganversorgung, bei hohen Eisen- und Mangangaben fanden sie jedoch eine Förderung der Manganaufnahme durch das Molybdän.

Kompliziert sind auch die Beziehungen zwischen Mangan und Eisen. Ein einfacher Antagonismus im Sinne von SOMERS und SHIVE (1942) scheint nicht zu bestehen, wie u. a. durch die Untersuchungen von BURGHARDT (1956) bewiesen wurde. Die Beziehungen zwischen beiden Elementen können offensichtlich durch den unterschiedlichen Zustand des Mangans und des Eisens im Nährmedium sehr variabel gestaltet sein. In Versuchen mit Gerstenpflanzen in Nährlösungen konnte TWYMAN (1951) eine Hemmung der Manganaufnahme durch steigende Eisenkonzentrationen im Nährmedium nachweisen (Tab. 50), eine Feststellung, die auch von anderen Autoren bestätigt werden konnte (LEACH und TAPER 1954, BOLLE-JONES 1955 a, FISKEL und MOURKIDES 1955, TAPER und LEACH 1957). Bei Sonnenblumen verminderten nach WEINSTEIN und ROBBINS (1955) hohe Eisengaben wohl den Gehalt des Blattgewebes an löslichem Mangan, nicht aber die Menge an Gesamtmangan. OERTLI und JACOBSON (1960) fanden bei Sonnenblumenpflanzen ein optimales Wachstum bei einem Mn-Fe-Verhältnis von 0,03, während bei Maispflanzen keine Abhängigkeit vom Mn-Fe-Verhältnis festgestellt werden konnte.

Tabelle 50. *Abhängigkeit der Manganaufnahme von der Eisenkonzentration im Nährmedium*

(nach TWYMAN 1951)

ppm Fe im Medium	ppm Mn in Salat-Pflanzen	ppm Fe im Medium	ppm Mn in Hafer-Pflanzen
2,0	150 ± 11,0	0,05	444 ± 66,6
10,0	97 ± 11,4	0,50	77 ± 28,4
30,0	57 ± 17,4	2,00	66 ± 12,8
50,0	34 ± 6,6	25,00	56 ± 12,8

BOKEN (1955, 1956, 1956/57) fand dagegen, daß auf Mn-haltigen Lehmböden die Manganaufnahme durch Ferrosulfat bzw. Ferrochlorid gefördert wird, was BOKEN auf die Beteiligung des Eisens an der Reduktion höherer Mn-Oxide zurückführt. BROMFIELD (1956/57) fand in entsprechender Weise, daß Manganoxid (MnO_2) in sauren Lösungen und in Anwesenheit von Fe^{++}-Ionen am stärksten in Lösung ging, und MEHLICH (1957) berichtet, daß die Ausfällung des Mangans bei konstantem pH-Wert durch Fe^{+++}- und Al^{+++}-Ionen besonders begünstigt wurde. Er gibt im übrigen folgende Reihenfolge der Beeinflussung an: $Zn < Cu < Fe^{++} < Al^{+++} < Fe^{+++}$.

C. Kupfer

Sammelreferat: SOMMER (1945).

Von den Pflanzen kupferreicher Böden abgesehen, die eine hohe Kupferresistenz aufweisen (PRÁT 1934, DUVIGNEAUD 1958, REPP 1963), sind die Pflanzen im allgemeinen gegen höhere Kupfergehalte des Mediums empfindlich. Das gilt sowohl für Mikroorganismen als auch für höhere Pflanzen, wenngleich die Notwendigkeit der Aufnahme kleiner Kupfermengen unbestritten ist. In der Reihenfolge der Schädigungen hoher Konzentrationen nimmt Kupfer nach dem Nickel den zweiten Platz ein (Ni > Cu > Co > Cr > Zn > Mo > Mn), wie HUNTER und VERGNANO (1953) an Haferpflanzen feststellen konnten. Entsprechende Angaben finden sich auch bei HEWITT (1953).

Wegen der verhältnismäßig hohen toxischen Wirkung des Kupfers ist es begreiflich, daß die in den Pflanzen gefundenen Mengen relativ gering sind, jedenfalls die in den Pflanzen vorkommenden Mengen an Eisen, Mangan oder Zink nicht erreichen. Als Beispiel für diese auch von Weber und McLean (1939), Erkama (1950), Kenworthy (1950), Smith und Mitarbeitern (1952) und Balks (1957) gefundenen Verhältnisse seien Werte von Scharrer und Jung (1956) angeführt:

	Kupfer	Mangan	Zink
	Werte in ppm/Trockensubstanz		
Mais	2,28—11,32	21,07—109,70	21,31—128,33
Ackerbohne	4,55—32,03	20,21—329,61	40,20—352,68

Die Intensität der Kupferaufnahme steigt in Wasserkulturen zwar mit steigenden Kupferkonzentrationen an (Scharrer und Jung 1956), doch ist unter den Verhältnissen der Praxis der absolute Gehalt der Böden an Kupfer verhältnismäßig unwichtig, da allein der Gehalt an aufnehmbarem Kupfer entscheidend ist, der mit chemischen Methoden kaum, mit biologischen Methoden, z. B. mit Hilfe von *Aspergillus niger*, aber recht zuverlässig bestimmt werden kann (Mulder 1939, Nicholas und Fielding 1951, Stapp und Wetter 1953, Hirai und Kai 1957). Das Kupfer ist besonders an die organische Substanz des Bodens gebunden und damit festgelegt (Hoffmann 1941, Lucas 1948, Winogradow 1954, Schlichting 1955 a, b), was wiederum erklärt, warum die Urbarmachungskrankheit insbesondere auf humosen Böden auftritt (Hudig und Mitarbeiter 1926, Rademacher 1936).

Für die Versorgung der Pflanzen können auch schwerlösliche Kupferverbindungen Verwendung finden. Das Kupfer in diesen Verbindungen geht nur langsam in Lösung, hat daher eine gute Nachwirkung und kann aufgenommen werden, ehe es an die Bodenkolloide gebunden wird. Eine ausreichende Kupferaufnahme ist nach Gilbert (1957) bei der Verwendung von Kupferoxiden und nach Scharrer und Mitarbeitern (1957) bei Verwendung von kupferhaltigen, sogenannten „Metallmehlen" möglich.

Das aufgenommene Kupfer reichert sich insbesondere im Wurzelsystem an (Sowell und Mitarbeiter 1957, Riceman und Jones 1956, 1958 a) und wird nur zum kleineren Teil in die Blätter abgeleitet. Eine irgendwie geartete Abhängigkeit der Kupferaufnahme von der Bodenreaktion scheint nicht vorzuliegen (Wehrmann 1955).

D. Zink

Sammelreferate: Camp (1945), Chesters und Rolinson (1951) Baumeister (1955, 1959).

Liegt das Zink in aufnehmbarer Form vor, so entspricht die Zinkaufnahme mehr oder weniger der Zinkkonzentration im Nährmedium (Vöchting 1953). Unter den Verhältnissen natürlicher Böden ist in der Regel jedoch nur ein Teil des Zinks in einer für die Pflanze aufnehmbaren Form vorhanden. Als Faktor, der die Festlegung des Zinks im Boden beeinflußt, ist vornehmlich der pH-Wert des Bodens zu nennen (Scharrer und Höfner 1958). Die kritische Grenze liegt nach Camp (1945) bei pH 5,5 bis 6,5. Höhere Werte begünstigen die Festlegung des Zinks (Woltz und Mitarbeiter 1953, Wear 1956, Scharrer und Höfner 1958). Die Förderung der Zinkaufnahme durch Ammoniumsulfat führen Viets und Mitarbeiter (1957) auf die physiologisch saure Wirkung dieses Düngemittels zurück.

Neben dem pH als Hauptfaktor für die Zinkfestlegung im Boden spielen Bindungen des Zinks an organische Stoffe (zersetzte Pflanzenreste) des Bodens sowie an Tonmineralien eine Rolle. Die Bindung des Zinks an die Tonmineralien wird von ELGABALY (1950) beschrieben.

Sehr häufig ist darauf hingewiesen worden, daß Beziehungen zwischen der Zinkaufnahme und dem Phosphatgehalt des Nährmediums im Sinne einer Hemmung der Zinkaufnahme durch hohe Phosphatgaben bestehen (CHAPMAN und Mitarbeiter 1937, ROGERS und WU 1948, LONERAGAN 1951). Doch sind bei der Beurteilung dieser Verhältnisse die pH-Werte des Mediums und die Möglichkeiten einer Ausfällung vielleicht nicht genügend beachtet worden. WOLTZ und Mitarbeiter (1953) berichten, daß Kalkgaben eine stärkere Festlegung des Zinks zur Folge hatten als die Zugabe von Phosphaten. Auch VIETS und Mitarbeiter (1953) sowie BOAWN und Mitarbeiter (1954) fanden keine Beziehungen zwischen Zinkaufnahme und Gehalt des Bodens an löslichen Phosphaten.

Die Bestimmung des für die Pflanze verfügbaren Zinks im Boden ist schwierig, mit Hilfe der *Aspergillus*-Methode jedoch möglich (NICHOLAS und FIELDING 1951, TUCKER und Mitarbeiter 1953, ROSCHACH 1955, HIRAI und KAI 1957). Es sei darauf hingewiesen, daß die Frage, welche Zinkverbindungen für die Pflanzen gut verwendbar sind, nicht ganz geklärt ist. So können die Pflanzen nach BOAWN und Mitarbeitern (1957) auch Zinkverbindungen wie: ZnO, $Zn_3(PO_4)_2$ und $ZnCO_3$ ausnutzen, und zwar vergleichsweise so gut wie $ZnSO_4$. Entscheidend sind wohl in jedem Fall die sonstigen Verhältnisse im Nährsubstrat.

Junge Pflanzen vermögen in den ersten Tagen den Zinkvorrat in den Samen bzw. Früchten zu mobilisieren, sind dann aber auf eine Zufuhr von außen angewiesen, und zwar laufend bis zur Samenreife. Die aufgenommenen Zinkmengen reichern sich dabei zunächst in den jüngeren Teilen der Pflanzen an, später wird die Zinkverteilung dann aber gleichmäßiger. Versuche mit ^{65}Zn haben ergeben, daß die Sproßknoten besonders zinkreich sind, was darauf zurückgeführt werden kann, daß sich das Zink besonders in den Gefäßwänden anreichert. Während der Samenreife wird das in der Pflanze enthaltene Zink teilweise in die Samen abgeleitet, größtenteils stammt aber das in den Samen lokalisierte Zink aus dem Nährmedium. Das ist im wesentlichen das Bild, das wir hinsichtlich der Zinkaufnahme gewinnen, wenn wir die Versuchsergebnisse von WOOD und SIBLY (1950), VÖCHTING (1953), WOLTZ und Mitarbeitern (1953), HEWITT und GARDNER (1956), RICEMAN und JONES (1958 a, b, 1960) zugrunde legen.

Mitteilungen über die Höhe des Zinkgehaltes der Pflanzen finden sich bei JAVILLIER (1908), BERTRAND und BENZON (1928). Besonders reich an Zink sind die Galmeipflanzen, d. h. die Pflanzen zinkreicher Standorte (BAUMANN 1885, JENSCH 1894, SCHULZ 1911/12, SCHWICKERATH 1930, KOCH 1932, HEIMANS 1936, ERNST 1965, 1966). Diese Pflanzen haben sich als besonders resistent gegen hohe Zinkkonzentrationen erwiesen und werden möglicherweise sogar durch sie in ihrer Entwicklung gefördert (BAUMEISTER 1954, SCHWANITZ und HAHN 1954 a, b, BAUMEISTER und BURGHARDT 1956).

E. Bor

Sammelreferate: BRANDENBURG (1938), SCHROPP (1940, 1957), SHIVE (1945) BAUMEISTER (1949), BERGER (1949), PHILIPSON (1953).

Auch das Bor oder besser die Borsäure wird von den Pflanzen sehr unterschiedlich aufgenommen. Monokotylen — insbesondere die Gramineen — benötigen nur wenig Bor und nehmen es infolgedessen auch nur in geringen Mengen auf. Die Dikotylen stellen demgegenüber größere Ansprüche an die Borversorgung. Das gilt besonders für Leguminosen, Cruciferen, Umbelliferen sowie für einzelne Vertreter anderer Familien, so für *Beta vulgaris* (Beta-Rüben) und *Solanum tuberosum* (BERTRAND und DE WAAL 1936, BERTRAND und SILBERSTEIN 1940, 1941 a, b. BERTRAND 1942, COLEMAN 1945 u. a.). Die Aufnahme des Bors erfolgt relativ schnell, muß aber während der ganzen Vegetationsperiode in stetiger Weise erfolgen, da das Bor innerhalb der Pflanze sehr schnell festgelegt wird und daher eine laufende Nachlieferung notwendig ist (ELTINGE 1936, EATON 1944, DIBLE und BERGER 1952, FRÖMEL und AMBERGER 1957). BENSON und Mitarbeiter (1961) vertreten demgegenüber aber auf Grund ihrer Untersuchungen beim Spargelkohl die Ansicht, daß eine gewisse Umlagerung des Bors bei Bormangel stattfindet, und zwar wird nach diesen Autoren aus jüngeren, nicht aber aus alten Blättern Bor zu den jüngsten Geweben hingeleitet. Innerhalb der Pflanze erfolgt der Bortransport nur in Richtung von der Wurzel zum Sproß (SCHOLZ 1960, KOHL und OERTLI 1961).

Das Ausmaß der Boraufnahme zeigt zunächst Beziehungen zum Borgehalt des Mediums, wobei in Kulturversuchen die Art des Borsalzes unwichtig sein kann (BRENCHLEY und WARINGTON 1927, COLLWELL und CUMMINGS 1944). Unter den Verhältnissen des natürlichen Bodens ist allerdings weniger der Gesamtborgehalt des Bodens als der pflanzenverfügbare Teil von Bedeutung. Wenigstens zum Teil scheint das Bor an organische Substanzen des Bodens gebunden zu sein (BERGER und TRUOG 1946, OLSON und BERGER 1947, KATALYMOV 1951, PARKS und WHITHE 1952, SCHEFFER und SCHACHTSCHABEL 1966). Das in dieser Weise komplex gebundene Bor wird erst nach der Mineralisierung der organischen Substanz pflanzenverfügbar.

Weniger umstritten ist die Ansicht, daß weitere Anteile der Borsäure des Bodens an anorganische Bestandteile, und zwar an Tonmineralien sowie freie Al- und Fe-Oxide gebunden sind (PARKS und SHAW 1941, TRUNINGER 1944, PARKS und WHITE 1952, PHILIPSON 1953, SCHARRER und Mitarbeiter 1956). Das Ausmaß der Borfestlegung ist dabei abhängig vom Gehalt des Bodens an toniger Substanz bzw. vom physikalisch-chemischen Zustand der Trockensubstanz (REEVE und Mitarbeiter 1944, SCHARRER und Mitarbeiter 1955, 1956) und zudem pH-abhängig (MIDGLEY und DUNKLEE 1939, BARBIER und CHABANNES 1953, SCHARRER und Mitarbeiter 1955). Das Maximum der Borfestlegung liegt nach SCHARRER und Mitarbeitern (1956) für Al-Oxide zwischen pH 5,5 und 7 und für Fe-Oxide bei pH 8 bis 9.

Für uns ist in diesem Zusammenhang wichtig, daß mit steigenden pH-Werten als Folge dieser pH-Abhängigkeit der Borfestlegung die Boraufnahme durch die Pflanzen vermindert wird. Durch hohe Kalkgaben werden daher häufig die Bormangelerscheinungen verstärkt oder Borvergiftungen abgeschwächt. Umgekehrt können alle Maßnahmen, die zu einer Senkung des pH-Wertes der Böden bzw. des Nährmediums führen, eine Förderung der Boraufnahme bewirken (BRANDENBURG 1938, WOLF 1939, COOK und MILLAR 1939, MUHR 1940, PHILIPSON 1953, SCHARRER und Mitarbeiter 1955, BAKER und COOK 1959).

Unabhängig von dieser Kalkwirkung, die auf die Erhöhung des pH-Wertes der Böden zurückzuführen ist, sind die Beobachtungen, die auf Zusammenhänge zwischen Calcium und Bor bei der Aufnahme hindeuten. Leider sind diese Untersuchungen nicht in allen Fällen eindeutig, da die Verschiebungen des pH-Wertes nicht immer genügend beachtet zu sein scheinen. Doch lassen die Arbeiten von REEVE und SHIVE (1944), CHANDLER (1944) und BRENNAN und SHIVE (1948) eine Hemmung der Boraufnahme — vor allem bei hohen Borgaben — durch das Calcium und die Arbeiten von WARINGTON (1934), SWANBACK (1939), HENDER-

SON und VEAL (1948) eine Förderung der Calciumaufnahme durch das Bor erkennen. Als Folge dieser gegenseitigen Beeinflussung der Calcium- und der Boraufnahme kommt dem Ca/B-Verhältnis sowohl im Boden als auch innerhalb der Pflanzen eine besondere Bedeutung zu (DRAKE und Mitarbeiter 1941, JONES und SCARSETH 1944). Nach Ansicht von MARSH und SHIVE (1941), MARSH (1942), SMITH (1944), ASEN und TUKEY (1953) ist das Bor vor allem für den Zustand des Calciums in der Pflanze selbst verantwortlich, da es für die Aufrechterhaltung seines physiologisch aktiven Zustandes (lösliches Calcium) von Bedeutung ist.

Vereinzelt sind auch die Beziehungen zwischen Kalium und Bor untersucht worden. So hemmt das Kalium nach WALLACE und BEAR (1949) die Boraufnahme, während REEVE und SHIVE (1944) eine Förderung der Boraufnahme durch steigende Kaliumgaben feststellten. REEVE und SHIVE (1944) glauben aber, daß die beobachteten Beziehungen nur sekundäre Auswirkungen des Kaliumeinflusses auf die Calciumaufnahme darstellen.

F. Molybdän

Sammelreferate: HOAGLAND (1945), BENNE und JERRIM (1956), EVANS (1956), DAVIES (1956). — Literaturnachweis: Soil Sci. **81**, 243—258 (1956).

Es ist bekannt, daß besonders Leguminosen über einen relativ hohen Gehalt an Molybdän verfügen (TER MEULEN 1931, 1932, TER MEULEN und RAVENSWAAY 1935, BERTRAND 1940, ROBINSON und EDGINGTON 1948, 1954). Sehr reich an Molybdän sind Pflanzen gewisser Weidegebiete in England (FERGUSON und Mitarbeiter 1943, FERGUSON 1944), in Californien (BARSHAD 1948) sowie in Neuseeland (CUNNINGHAM und Mitarbeiter 1956), die daher zu einer Gefahr für die Weidetiere werden können. RUDA (1961) fand eine besonders starke Molybdänanreicherung in Löwenzahnpflanzen eines molybdänreichen Standortes. Gegenüber Pflanzen normaler Standorte war der Mo-Gehalt der Wurzeln von 5,05 auf 451,8, der der Blätter und Stengel von 4,65 auf 172,8 und der der Blüten von 2,2 auf 124,1 mg Mo/kg Trockensubstanz angestiegen.

Das Molybdän kommt im Boden in Form leicht oder schwer löslicher Salze sowie adsorbiert an Tonmineralien, Eisen- bzw. Aluminiumhydroxyden und organischen Substanzen vor. Die Menge des für die Pflanzen aufnehmbaren Molybdäns hängt sehr wesentlich vom pH-Wert des Bodens ab. Niedere pH-Werte begünstigen einmal die Bildung der schwer löslichen Eisen- und Aluminiummolybdate (JONES 1957), und zum anderen zeigt die Sorption der Molybdationen im sauren Bereich ein Maximum (BARSHAD 1951, STOUT und Mitarbeiter 1951). Optimale Verhältnisse hinsichtlich der Molybdänaufnahme liegen nach BARSHAD (1951) bei einem pH-Bereich von pH 4,7 bis 7,5 vor. Die pH-Abhängigkeit der Molybdänaufnahme bzw. die Auswirkung einer Kalkung auf die Molybdänaufnahme sind häufig untersucht worden und haben einheitlich zu dem Ergebnis geführt, daß die Molybdänaufnahme durch eine Erhöhung des pH-Wertes der Böden bzw. des Mediums verstärkt werden kann und Molybdänmangelerscheinungen dadurch bekämpft werden können (EVANS und Mitarbeiter 1951, ROBINSON und Mitarbeiter 1951, PLANT 1951, 1952, STEWART und LEONARD 1953, GAMMON und Mitarbeiter 1954). Es ist bei dieser engen Verknüpfung von Bodenreaktion und Molybdänaufnahme auch verständlich, warum die in weiten Gebieten Australiens (ANDERSON 1946, 1956) sowie Nordamerikas (RUBINS 1956) auftretenden Molybdänmangelerscheinungen vorwiegend an saure Böden gebunden sind.

Liegt das Molybdän in pflanzenverfügbarer Form vor, so wird es leicht aufgenommen und besonders in den Blättern angereichert, wie JOHAM (1953) an Baumwollpflanzen zeigen konnte.

c) Aufnahme organischer Stoffe

Die Fähigkeit der Pflanzen, neben anorganischen auch organische Verbindungen aufzunehmen, ist in diesem Beitrag schon verschiedentlich erwähnt worden. Es sei erinnert an die Ausführungen über die Aufnahme von Chelatverbindungen (S. 151ff.), organischen Stickstoff- (S. 157f.), Phosphor- (S. 165) oder Schwefelverbindungen (S. 166). Die Bewertung der Versuchsergebnisse ist allerdings häufig durch die in der Regel nie ganz ausschaltbare Möglichkeit bakterieller Zersetzung erschwert. Die Pflanzen können zudem durch die organischen Stoffe beeinflußt werden, ohne daß eine Aufnahme durch die Wurzeln erfolgt (FLAIG und SÖCHTIG 1952).

Solange das Problem der organischen Düngung nur im Hinblick auf die Versorgung der Pflanzen mit Makronährstoffen geprüft wurde, konnte die Überlegenheit der anorganischen über die organische Düngung leicht nachgewiesen werden. Ganz neue Aspekte bekam dieses Problem aber in dem Augenblick, als man begann, dem Vorkommen von Wirk- und Hemmstoffen in der organischen Substanz Beachtung zu schenken. So wiesen WINTER und WILLEKE (1951 a, b, c, 1952 a, b), BUBLITZ (1953), WINTER und BUBLITZ (1953) sowie WINTER und SCHÖNBECK (1953) das Vorkommen von Antibiotica bzw. Hemmstoffen allgemein auch in höheren Pflanzen nach. Wir können daraus folgern, daß die Pflanzen in der Lage sind, diese Stoffe über die Wurzeln aus dem Boden aufzunehmen. Beweise für diese Annahme liegen in genügender Zahl vor. Für das Griseofulvin wurde die Aufnahme durch höhere Pflanzen von BRIAN und Mitarbeitern (1951), STOKES (1954), CROWDY und PRAMER (1955), CROWDY und Mitarbeitern (1956), für Penicillin und Streptomycin von WINTER (1952), SCHEFFER und KLOKE (1954) nachgewiesen. BLANCHARD und DILLER (1951) ergänzten diese Feststellungen durch entsprechende Nachweise für Aureomycin, SCHEFFER und KLOKE (1954) für Terramycin, CROWDY und JONES (1956) für Sulfonamide. Die von FLAIG und SAALBACH (1955 a, b, 1956 a, b) sowie FLAIG und Mitarbeitern (1957 a, b, c) mitgeteilten Versuchsergebnisse über den Einfluß von Thymohydrochinon auf Keimung, Wachstum, Entwicklung, Kohlenhydratstoffwechsel und Phosphataufnahme bei Getreidepflanzen setzen voraus, daß Thymohydrochinon über die Wurzeln in die Pflanze gelangt. WINTER und Mitarbeiter (1959, 1960) sowie WINTER und SCHÖNBECK (1959 a) berichten schließlich über die Aufnahme von Phenol bzw. phenolartigen Substanzen (p-Oxybenzoesäure, p-Oxyzimtsäure, Ferulasäure, Vanillinsäure, Salizylsäure u. a.) durch die Wurzeln von Weizen- bzw. Bohnenpflanzen.

Mit diesen Untersuchungen ist der Beweis erbracht worden, daß selbst organische Verbindungen mit einem hohen Mol.-Gewicht von den Wurzeln höherer Pflanzen aufgenommen werden. Das gilt nach WINTER (1959) selbst für Stoffe, die, wie z. B. das Bacitracin, ein Mol.-Gewicht von etwa 1500 besitzen; allerdings scheint die Weiterleitung dieser Stoffe in der Pflanze auf Schwierigkeiten zu stoßen.

Das Schicksal der von den Wurzeln aufgenommenen organischen Stoffe in der Pflanze ist sehr unterschiedlich. WINTER und SCHÖNBECK (1959 b) vertreten die Ansicht, daß organische Wirkstoffe, die über die Wurzeln aus dem Boden aufgenommen werden, sich im allgemeinen um so länger in völlig unveränderter Form in der höheren Pflanze halten, je weniger Ähnlichkeit sie in ihrer chemischen Konstitution mit den normalen Bestandteilen dieser Pflanzen besitzen und je geringer daher die Wahrscheinlichkeit ist, daß sie in den Stoffwechsel einbezogen werden. Die genannten Autoren unterscheiden in diesem Zusammenhang zwischen „allochthonen“ und „autochthonen“ Bestandteilen der Pflanze.

Interessant ist auch die wiederholt beschriebene günstige Wirkung von Huminsäuren auf die Mineralstoffaufnahme, die insbesondere bei mangelndem Mineralstoffgehalt zu beobachten ist (CHAMINADE 1952, CHAMINADE und BLANCHET 1952, 1953). In ähnlicher Weise wirkt sich aber auch der Zusatz von getrocknetem Pflanzenmaterial aus. NISHITA und Mitarbeiter (1956) fanden, daß dadurch z. B. die Aufnahme von Calcium, Strontium (^{90}Sr), Magnesium, Natrium und Kalium gefördert wird. FLAIG und Mitarbeiter (1957 c) fanden dagegen, daß Thymohydrochinon in einer Konzentration von $1{,}5 \times 10^{-3}$ mol/l die Phosphataufnahme von Roggenkeimlingen hemmt.

Ebenso wie anorganische werden auch organische Stoffe von den Wurzeln höherer Pflanzen ausgeschieden. Nähere Angaben darüber finden sich u. a. bei FRENZEL (1961), SCHEFFER und Mitarbeitern (1962), SULOCHANA (1962), MARTIN (1963).

d) Nährstoffaufnahme und osmotischer Zustand der Zelle

Sammelreferat: STEINER und ESCHRICH (1958).

Der osmotische Wert des Zellsaftes setzt sich zusammen aus den osmotischen Partialwerten aller im Zellsaft gelösten Stoffe, wobei es gleichgültig ist, ob diese in dissoziierter, molekulardisperser oder kolloidaler Verteilung vorliegen. Das bedeutet, daß auch die in die Zelle gelangten Nährstoffionen den osmotischen Wert des Zellsaftes beeinflussen, und es ist daher für uns von Interesse, etwas über den Anteil zu erfahren, der den anorganischen Bestandteilen der Zelle an der osmotisch wirkenden Gesamtkonzentration zukommt.

Die Beantwortung der damit aufgeworfenen Fragen ist nur dann möglich, wenn neben dem osmotischen Wert des Zellsaftes auch dessen chemische Zusammensetzung bekannt ist. Die Kleinheit der normalen Pflanzenzellen bedingt naturgemäß erhebliche Schwierigkeiten bei der analytischen Untersuchung. Besonders beliebte Objekte sind daher einige Algenformen, die sich durch extrem große Zellen auszeichnen. Das sind einmal die schlauchförmigen Grünalgen (*Siphonales*) und zum anderen die Armleuchtergewächse (*Charales*) mit ihren großen Internodialzellen. Untersuchungen über die Zusammensetzung des Zellsaftes von Schlauchalgen liegen von OSTERHOUT (1923, 1925), OSTERHOUT und DORCAS (1925), BLINKS (1930) und von Armleuchteralgen u. a. von HOAGLAND und DAVIS (1923) und COLLANDER (1930) vor. Einige Werte bringt die Zusammenstellung in Tab. 51.

Tabelle 51. *Anorganische Bestandteile des Zellsaftes großzelliger Algen* (nach STEINER und ESCHRICH 1958)

Name der Pflanze Autor Standort	K	Na	Ca	Mg	Cl (+Br)	SO_4	Summe
	alle Werte in at						
Nitella clavata .... (HOAGLAND und DAVIS 1923) Süßwasser	4,2	0,5	0,4	0,8	(4,0)	0,3	6,2
Chara ceratophylla .... (COLLANDER 1930) Brackwasser	6,8	7,0	0,1	0,5	(10,5)	—	14,4
Halicystis spec. .... (OSTERHOUT und DORCAS 1925) Meerwasser	1,3	23,0	0,5	0,5	(24,0)	—	25,3
Valonia macrophysa .... (OSTERHOUT 1923) Meerwasser	44,4	4,2	—	—	(26,5)	—	48,4

Die Werte der Tab. 51 lassen erkennen, daß die osmotische Gesamtkonzentration in den Algenzellen entscheidend vom Standort beeinflußt wird und daß Na- und K-Ionen bei den Kationen und Cl-Ionen bei den Anionen überwiegen. Ihr Anteil an der osmotischen Gesamtkonzentration ist daher auch besonders hoch. Da von den Autoren organische Stoffe nur in geringen Mengen im Zellsaft gefunden wurden, können wir feststellen, daß bei den untersuchten Algen Zellsäfte mit überwiegend anorganischer Zusammensetzung vorliegen.

Bei den höheren Pflanzen liegen derart günstige Versuchsobjekte nicht vor. Die chemische Untersuchung des Zellsaftes kann daher nur an Preßsäften erfolgen, für die es verschiedene, uns hier aber nicht interessierende Methoden gibt (STEINER und ESCHRICH 1958). PITTIUS (1935) analysierte die Blätter von *Hedera helix* und *Ilex aquifolium*, und KNODEL (1938) bestimmte die chemischen Komponenten des osmotischen Wertes der Preßsäfte u. a. von *Beta vulgaris*, *Secale cereale*, *Picea abies* und *Buxus sempervirens*. Einige Werte aus den Untersuchungen von KNODEL (1938) werden in der folgenden Aufstellung angeführt (alle Werte in at):

	Gesamtzucker	anorg. Salze	org. Säuren	osmotischer Wert
Beta vulgaris, Blatt	1,98	7,11	0,33	9,4
Beta vulgaris, Rübe	8,69	3,69	0,96	13,3
Secale cereale, Blatt	4,31	6,71	2,24	14,0
Picea abies, Nadeln	9,95	4,66	2,65	17,3
Buxus sempervirens, Blatt	8,58	9,85	1,34	19,8

Die anorganischen Salze spielen also auch bei höheren Pflanzen eine wichtige Rolle; das gilt besonders für die Preßsäfte von Blättern, während in den Rüben von *Beta vulgaris* naturgemäß der Zuckergehalt die dominierende Rolle spielt. Bei den Preßsäften der Blätter entfallen 50 bis 75 % der osmotisch wirksamen Substanz auf die anorganischen Salze. Gegenüber den Verhältnissen bei Algen, die vorher erläutert wurden, bestimmen aber damit in den Preßsäften höherer Pflanzen organische und anorganische Bestandteile mehr oder weniger zu gleichen Teilen die Höhe des osmotischen Wertes.

Besondere Verhältnisse finden wir bei den Salzpflanzen (Halophyten). Abgesehen davon, daß die osmotischen Werte bei diesen Pflanzen extrem hoch sein können, ist auch der Anteil des Chlorids und des Natriums am osmotischen Gesamtwert besonders hoch (STEINER 1934, 1939, WALTER und STEINER 1936, WALTER 1937 u. a.).

ARNOLD (1955) gibt in seinen Tabellen folgende Schwankungsbereiche für den Anteil der Chloride am osmotischen Wert des Zellsaftes an:

	osmotischer Wert in at[1]	Anteil der Chloride in %[1]
Mangrovepflanzen	22,8—45,6 (32,2)	49,0—86,0 (66,0)
Halophyten	14,6—44,3 (32,6)	42,0—93,0 (65,0)
Kultur- und Futterpflanzen	9,5—30,2 (16,1)	0,5—59,0 (18,0)
Ackerunkräuter u. a.	8,8—24,9 (13,5)	3,0—60,0 (23,0)
Sumpfpflanzen	8,4—37,3 (14,5)	20,0—65,0 (44,0)

[1] Mittelwert in Klammern.

Die weiten Schwankungsbereiche lassen erkennen, daß hohe Chloridanteile am osmotischen Wert des Zellsaftes keineswegs nur bei Halophyten zu finden sind, sondern daß, wenn auch abgeschwächt, auch Glykophyten über hohe Chloridkonzentrationen im Zellsaft verfügen können.

Literatur

ABUTALYBOV, M. G., und SH. G. DZHANGIROVA: Translocation of calcium in plants. Fiziol. Rastenij 7, 558–563 (1960); zit. nach Ber. wiss. Biol. **159**, 256 (1961). — ALGÉUS, S.: Glycocoll as a source of nitrogen for Scenedesmus obliquus. Physiol. Plant. (Copenh.) **1**, 65–84 (1948). — Alanine as a source of nitrogen for green algae. Physiol. Plant. (Copenh.) **2**, 266–271 (1949). — ALLEN, E. K., und O. N. ALLEN: Biological aspects of symbiotic nitrogen fixation. In: Hdb. d. Pflanzenphysiologie, Bd. 8, S. 48–118. Berlin-Göttingen-Heidelberg: Springer. 1958. — ALLISON, F. E., M. KEFAUVER und E. M. ROLLER: Ammonium fixation in soils. Proc. Soil Sci. Soc. Amer. **17**, 107–110 (1953). — ALLISON, F. E., L. A. PINCK und M. S. SHERMAN: Comparative availabilities of organic and inorganic phosphates as shown by the Neubauer method. J. Amer. Soc. Agronomy **33**, 918–926 (1941) — ALLISON, F. E., und E. M. ROLLER: Fixation and release of ammonium ions by clay minerals. Soil Sci. **80**, 431–441 (1955). — ALLISON, L. E.: The trend of phosphate adsorption by inorganic colloids from certain Indiana soils. Soil Sci. **55**, 333–342 (1943). — ALTEN, F.: Zur Frage der frühzeitigen Kaliumdüngung. Bodenkultur **6**, 97–101 (1952). — ANDERSON, A. J.: Molybdenum in relation to pasture improvement in South Australia. J. Council Sci. Ind. Res. **19**, 1–15 (1946). — Molybdenum deficiencies in legumes in Australia. Soil Sci. **81**, 173–182 (1956). — ANDERSON, G.: Identification of derivatives of deoxyribonucleic acid in humic acid. Soil Sci. **86**, 169–174 (1958). — ARENS, K.: Physiologisch polarisierter Massenaustausch und Photosynthese bei submersen Wasserpflanzen, I. Planta (Berl.) **20**, 621–658 (1933). — Physiologisch polarisierter Massenaustausch und Photosynthese bei submersen Wasserpflanzen, II. Die Ca $(HCO_3)_2$-Assimilation. Jb. wiss. Bot. **83**, 513–560 (1936a). — Photosynthese von Wasserpflanzen in Kaliumbikarbonatlösungen. Jb. wiss. Bot. **83**, 561–566 (1936b). — ARISZ, W. H.: Significance of the symplasm theory for transport across the root. Protoplasma **46**, 5–62 (1956). — Symplasmatischer Salztransport in *Vallisneria*-Blättern. Protoplasma **52**, 309–343 (1960). — ARISZ, W. H., und H. H. SOL: Influence of light and sucrose on the uptake and transport of chloride in *Vallisneria* leaves. Acta Bot. Neerl. **5** (3), 218–246 (1956). — ARNOLD, A.: Die Bedeutung der Chlorionen für die Pflanze. Botanische Studien H. 2. Jena: Fischer. 1955. — ARNON, D. I.: The physiology and biochemistry of phosphorus in green plants. Agronomy (New York) **4**, 1–42 (1953). — ARNON, D. I., W. E. FRATZKE und C. M. JOHNSON: Hydrogen ion concentration in relation to absorption of inorganic nutrients by higher plants. Plant Physiol. **17**, 515–524 (1942). — ASEN, S., und H. B. TUKEY: Leaf scorch on the snow white variety of greenhouse rose as influenced by various concentrations of boron and calcium. Proc. Amer. Soc. Horticult. Sci. **61**, 515–522 (1953). — ATKINSON, H. J., und J. R. WRIGHT: Chelation and the vertical movement of soil constituents. Soil Sci. **84**, 1–11 (1957).

BAKER, A. S., und R. L. COOK: Greenhouse studies on alfalfa with soil type, soil reaction and borax fertilization as variables. Agronomy J. **51**, 1–4 (1959). — BAIRD, G. B., und A. MEHLICH: The effect of soil exchangeable cations on swiss chard and cotton. Proc. Soil Sci. Soc. Amer. **15**, 201–205 (1951). — BALKS, R.: Über die Rolle des Schwefels in der Pflanzenernährung. Ernährg. d. Pfl. **35**, 194–201 (1939). — Über Makro- und Mikronährstoffe im Wiesenheu. Phosphorsäure **17**, 194–202 (1957). — BANGE, G. G. J.: Interaction in the potassium and sodium absorption by intact maize seedlings. Plant a. Soil (The Hague) **11**, 17–29 (1959). — Upward transport of potassium in maize seedlings. Plant a. Soil (The Hague) **22**, 280–306 (1965). — BANGE, G. G. J., und R. OVERSTREET: Some observations on absorption of cesium by excised barley roots. Plant Physiol. **35**, 605–608 (1960). — BANGE, G. G. J., und E. VAN VLIET: Translocation of potassium and sodium in intact maize seedlings. Plant a. Soil (The Hague) **15**, 312–328 (1961). — BARBER, D. A., und H. V. KOONTZ: Uptake of dinitrophenol and its effect on transpiration and calcium accumulation in barley seedlings. Plant Physiol. **38**, 60–65 (1963). — BARBIER, G., und M. BROSSARD: Relations entre l'absorption racinaire et l'absorption foliaire du strontium et du cesium chez le mais. Agrochimica (Pisa) **7**, 216–225 (1963); zit. nach Ber. wiss. Biol. **202**, 310 (1964). — BARBIER, G., und J. CHABANNES: Contribution à l'étude du bore dans le sol et les plantes. Ann. agronom., Sér. A, **4**, 27–43 (1953). — BARBIER, G., und CH. HUSSON: Sur l'emploi de l'isotope radioactif P^{32} dans l'étude de l'alimentation phosphatée des végétaux. C. r. Acad. Sci. (Paris) **234**, 126–128 (1952). — BARBIER, G., und E. TYSZKIEWICZ: Extension, par dessication, de l'autodiffusion des ions phosphoriques dans le sol. C. r. Acad. Sci. (Paris) **238**, 1908–1910 (1954). — BARSHAD, I.: Molybdenum content of pasture plants in relation to toxicity to cattle. Soil Sci. **66**, 187–195 (1948). — Factors affecting the molybdenum content of pasture plants, I. Nature of soil molybdenum, growth of plants, and soil pH. Soil Sci. **71**, 297–313 (1951). — Cation exchange in micaceous minerals, II. Replaceability of ammonium and potassium from vermiculite, biotite, and montmorillonite. Soil Sci. **78**, 57–76 (1954). — BAUMANN, A.: Das Verhalten von Zinksalzen gegen Pflanzen und im Boden. Landwirtsch. Versuchsstat. **31**, 1–53 (1885). — BAUMEISTER, W.: Über den Einfluß zusätzlicher und zeitlich gestaffelter Stickstoffgaben. Forschungsdienst **9**, 254–266 (1940). — Neuere Ergebnisse über die Wirkung des Bors. Z. Pflanzenernähr., Düng., Bodenkde. **48**, 190–203 (1949). — Über den Einfluß des Zinks bei *Silene inflata* Smith. Ber. Dtsch. Bot. Ges. **67**, 205–213 (1954). — Über den Einfluß des Zinks auf das Pflanzenwachstum. Protoplasma **45**, 133–149 (1955). — Die Bedeutung des Eisens für die höhere Pflanze. Pharmaz. Rdsch. **1**, H. 1, 14–18 (1959a). — Zink als Mikronährstoff für die Pflanzen. Pharmaz. Rdsch. **1**, H. 6, 9–10, H. 7. 11–13 (1959b). — Das Natrium als Pflanzennährstoff. Stuttgart: Fischer. 1960. — BAUMEISTER, W., und H. BURGHARDT: Über den Einfluß des Zinks bei *Silene inflata* Smith, II. Mitt. CO_2-Assimilation und Pigmentgehalt. Ber. Dtsch. Bot. Ges. **69**, 161–168 (1956). — BEAR, F. E.: Chemistry of the soil. New York: Reinhold. 1955. — BEHRENS, W. U.: Die Phosphorsäure in der Chemie und Biologie des Bodens. Kali-Briefe, Fachgebiet 1, 4. Folge (1958). — BENDER, W. H., und W. S. EISENMENGER: Intake of certain elements by calciphilic and calciphobic plants grown on soils differing in pH. Soil Sci. **52**, 297–305 (1941). — BENNE, E. J., und D. M. JERRIM: Report on molybdenum in plants. J. Assoc. Agricult. Chemists **39**, 412–419 (1956). — BENNE, E. J., A. T. PERKINS und H. H. KING: The effect of calcium i ons and reaction upon the solubility of phosphorus. Soil Sci. **42**, 29–38 (1936). — BENNETT, J. P.: Iron in leaves. Soil Sci. **60**, 91–105 (1945). — BENSON, N. R., L. P. BATJER und I. C. CHMELIR: Response of some deciduous fruit trees to zinc chelates. Soil Sci. **84**, 63–75 (1957). — BENSON, N. R., E. S. DEGMAN und I. C. CHMELIR: Translocation and re-use of boron in broccoli. Plant Physiol. **36**, 296–301 (1961). — BERGER, K. C.: Boron in soils and crops. Adv. Agronomy **1**, 321–351 (1949). — BERGER, K. C., und E. TRUOG: Boron availability in relation to soil reaction and organic matter content. Proc. Soil Sci. Soc. Amer. **10**, 113–116 (1946). — BERGQUIST, N. O.: Absorption of carbon dioxide by plant roots. Bot. Not. (Lund) **117**, 249–261 (1964); zit. nach Ber. wiss. Biol. **239**, 80 (1965). — BERTRAMSON, B. R., und R. E. STEPHENSON: Comparative efficiency of organic phosphorus and of superphosphate in the nutrition of plants. Soil Sci. **53**, 215–226 (1942). — BERTRAND, D.: Contribution à l'étude de la diffusion du molybdène chez les végétaux. Ann. Inst. Pasteur **64**, 90–96 (1940). — BERTRAND, G.: Recherches sur la teneur en bore des graines. Ann. Inst. Pasteur **68**, 457–460 (1942). — BERTRAND, G., und B. BENZON: La teneur en zinc des aliments végétaux. C. r. Acad. Sci. (Paris) **187**, 1098–1101 (1928). — BERTRAND, G., und J. PERIETZEANU: Sur la présence du sodium chez les plantes. Bull. Soc. Chim. France, 4. Sér., **41**, 709–713 (1927a). — Sur les proportions relatives de potassium et de sodium chez les plantes. Bull. Soc. Chim. France, 4. Sér., **41**, 1378–1380 (1927b). — BERTRAND, G., und M. ROSENBLATT: Sur la présence générale du sodium chez les plantes. Bull. Soc. Chim. France, 4. Sér., **43**, 368–371 (1928). — BERTRAND, G., und L. SILBERSTEIN: Sur la répartition du bore parmi les espèces végétales. C. r. Acad. Sci. (Paris) **211**, 624–625 (1940). — Sur la répartition du bore parmi les espèces végétales. C. r. hebd. Séances Acad. Agric. France **27**, 24–26 (1941). — Sur la teneur en bore des graines. C. r. Acad. Sci. (Paris) **213**, 221–224 (1941). — Sur la teneur des graines en manganèse. C. r. Acad. Sci. (Paris) **237**, 481–482 (1953). — Nouvelles recherches sur la teneur en manganèse des phanérogames. Ann. Inst. Nat. Rech. agronom., Sér. A, **5**, 319–320 (1954). — Teneur en manganèse d'environ cinq cents échantillons de phanérogames. Ann. Inst. Rech. agronom., Sér. A, **6**, 523–535 (1955). — Relation entre les espèces végétales et leur teneur en manganèse. C. r. hebd. Séances Acad. Agric. France **44**, 184–187 (1958). — BERTRAND, G., und H. L. DE WAAL: Recherches sur la teneur comparative en bore de plantes cultivées sur le même sol. Ann. Inst. Pasteur **57**, 121–126 (1936). — BIDDULPH, O., S. BIDDULPH, R. CORY und H. KOONTZ: Circulation patterns for phosphorus, sulfur and calcium in the bean plant. Plant. Physiol. **33**, 293–300 (1958). — BIDDULPH, O., R. CORY und S. BIDDULPH: The absorption and translocation of sulfur in red kidney bean. Plant Physiol. **31**, 28–33 (1956). — Translocation of calcium in the bean plant. Plant Physiol. **34**, 512–519 (1959). — BIDDULPH, O., und C. G. WOODBRIDGE: The uptake of phosphorus by bean plants with particular reference to the effects of iron. Plant Physiol. **27**, 431–444 (1952). — BIDDULPH, S. F.: Visual indication of S^{35} and P^{32} translocation in the phloem. Amer. J. Bot. **43**, 143–148 (1956). — BIDDULPH, S., O. BIDDULPH und R. CORY: Visual indications of upward movement of foliar-applied P^{32} and C^{14} in the phloem of the bean stem. Amer. J. Bot. **45**, 648–652 (1958). — BLANCHARD, F. A., und V. M. DILLER: Uptake of aureomycin through the roots of *Phaseolus lunatus*. Amer. J. Bot. **38**, 111–112 (1951). — BLINKS, L. R.: Protoplasmatic potentials in *Halicystis*. J. Gen. Physiol. **13**, 223–229 (1930). — BOAWN, L. C., F. G. VIETS JR. und C. L. CRAWFORD: Effect of phosphate fertilizers on zinc nutrition of field beans. Soil Sci. **78**, 1–7 (1954). —Plant utilization of zinc from various types of zinc compounds and fertilizer materials. Soil Sci. **83**, 219–227 (1957). — BÖSZÖRMENYI, Z., und E. CSEH: The uptake of halide ions and their relationships in absorption. Physiol. Plant. (Copenh.) **14**, 242–252 (1961). — Studies of ion-uptake by using halide ions changes in the relationships between ions depending on concentration. Physiol. Plant. (Copenh.) **17**, 81–90 (1964). — BOHNE, H.: Weitere Untersuchungen über den organischen Phosphor im Boden. Z. Pflanzenernähr., Düng., Bodenkde. **67**, 57–68 (1954). — BOKEN, E.: On the effect of ferrous sulphate on the available manganese in the soil and the uptake of manganese by the plant. Plant a. Soil (The Hague) **6**, 97–112 (1955). — On the effect of ferrous sulphate on the available manganese in the soil and the uptake of manganese by the plant. II. Plant a. Soil (The Hague) **7**, 237–252 (1956). — The effect of ferrous sulphate on the yield and manganese uptake of oats on sandy soil fertilized with pyrolusite. Plant a. Soil (The Hague) **8**, 160–169 (1956/57). — BOLLE-JONES, E. W.: The effect of varied nutrient levels on the concentration and distribution of manganese within the potato plant. Plant a. Soil (The Hague) **6**, 45–60 (1955a). — The interrelationships of iron and potassium in the potato plant. Plant a. Soil (The Hague) **6**, 129–173 (1955b). — Copper: its effects on the growth and composition of the rubber plant (*Hevea brasiliensis*). Plant a. Soil (The Hague) **9**, 160–178 (1957).— BOLLMANN, A., und F. SCHWANITZ: Über den Eisengehalt in Pflanzen eines eisenreichen Standortes. Z. Bot. **45**, 39–42 (1957). — BORESCH, K.: Die anorganischen Bestandteile. In: Hdb. d. Pflanzenernährung und Düngerlehre, Bd. **1**, S. 180–284. Berlin: Springer. 1931. — Gehalt der Pflanzen an Mineralstoffen. I. Tabulae Biologicae **10**, 315–353 (1935). — Gehalt der Pflanzen an Mineralstoffen. II. Tabulae Biologicae **11**, 136–191 (1936). — BOULD, C.: Seasonal changes in the major nutrients of black currant leaves. J. horticult. Sci. **30**, 188–196 (1955a). — Chelated iron compounds for the correction of lime-induced chlorosis in fruit. Nature (London) **175**, 90–91(1955b). — BOWLING, D. J. F.: Effect of chloramphenicol on the uptake of salts and water by intact castor oil plants. Nature (London) **200**, 284–285 (1963). — Active transport of ions across sunflower roots. Planta (Berl.) **69**, 377–382 (1966). — BOWLING, D. J. F., A. E. S. MACKLON und R. M. SPANSWICK: Active and passive transport of the major nutrient ions across the root of *Ricinus communis*. J. exper. Bot. (London) **17**, 410–416 (1966). BOWLING, D. J. F. und P. E. WEATHERLEY: The relationships between transpiration and potassium uptake in *Ricinus communis*. J. exper. Bot. (London) **16**, 732–741 (1965). — BOYNTON, D.: Nutrition by foliar application. Ann. Rev. Plant Physiol. **5**, 31–54 (1954). — BRANDENBURG, E.: Über die Grundlagen der Boranwendung in der Landwirtschaft. Phytopathol. Z. **12**, 1–112 (1938). — BREDEMANN, G., und H. RADELOFF: Rauchschäden durch schwefeligsaure Abgase und ihre Erkennung. Phytopathol. Z. **5**, 179–194 (1933). — BRENCHLEY, W. E.: The phosphate requirement of barley at different periods of growth. Ann. Bot. **43**, 89–110 (1929). — BRENCHLEY, W. E., und K. WARINGTON: The role of boron in the growth of plants.Ann. Bot. **41**, 167–187 (1927). — BRENNAN, E. G., und J. W. SHIVE: Effect of calcium and boron nutrition of the tomato on the relation between these elements in the tissues. Soil Sci. **66**, 65–75 (1948). — BREWER, A. K., und A. BRAMLEY: A radioactive isotope study of the absorption of phosphorus and sodium by corn seedlings. Science (Lancaster, Pa.) **91**, 269–270 (1940). — BRIAN, P. W., J. M. WRIGHT, J. STUBBS und A. M. WAY: Uptake of antibiotic metabolites of soil microorganisms by plants. Nature (London) **167**, 347–349 (1951). — BRIGGS, G. E.: Some aspects of free space in plant tissues. New Phytologist **56**, 305–324 (1957). — Rate of uptake of salts by plant cells in relation to an anion pump. J. exper. Bot. (London) **14**, 191–197 (1963). — BRIGGS, G. E., A. B. HOPE und M. G. PITMAN: Exchangeable ions in beet disks at low temperature. J. exper. Bot. **9**, 128–141 (1958). — BRIGGS, G. E., und R. N. ROBERTSON: Apparent free space. Ann. Rev. Plant Physiol. **8**, 11–30 (1957). — BROMFIELD, S. M.:

The solution of manganese oxide by iron sources used in nutrient solutions. Plant a. Soil (The Hague) **8**, 389–394 (1957). — BROUWER, R.: Investigations into the occurrence of active and passive components in the ion uptake by *Vicia faba*. Acta bot. neerl. (Amsterdam) **5**, 287–314 (1956). — Diffusible and exchangeable rubidium ions in pea roots. Acta bot. neerl. (Amsterdam) **8**, 68–76 (1959). — Ion absorption and transport in plants. Ann. Rev. Plant Physiol. **16**, 241–266 (1965). — BROWN, J. C., und R. S. HOLMES: Iron, the limiting element in a chlorosis: Part I. Availability and utilization of iron dependent upon nutrition and plant species. Plant Physiol. **30**, 451–457 (1955). — BROWN, J. C., L. O. TIFFIN, A. W. SPECHT und J. W. RESNICKY: Iron absorption by roots as affected by plant species and concentration of chelating agent. Agronomy J. **53**, 81–85 (1961a). — Stability and concentration of metal chelates, factors in iron chlorosis in plants. Agronomy J. **53**, 85–93 (1961b). — BUBLITZ, W.: Über die keimhemmende Wirkung der Fichtenstreu. Naturwiss. **40**, 275–276 (1953). — BUCHNER, A.: Neuere Erfahrungen über die Blattdüngung mit Stickstoff, Phosphorsäure und Kali. Pflanzenschutz **7**, 20–22 (1955). — Die Schwefelversorgung der westdeutschen Landwirtschaft. Landwirtsch. Forsch. **11**, 79–92 (1958). — BUDD, K., und G. G. LATIES: Ferricyanide-mediated transport of chloride by anaerobic corn roots. Plant Physiol. **39**, 648–654 (1964). — BÜNNING, E.: Über die Farbstoff- und Nitrataufnahme bei *Aspergillus niger*. Flora **31** (131), 87–112 (1937). — BUKOVAC, M. J., F. G. TEUBNER und S. H. WITTWER: Absorption and mobility of Magnesium[28] in the bean (*Phaseolus vulgaris* L.). Proc. Amer. Soc. Horticult. Sci. **75**, 429–434 (1960). — BURD, J. S., und J. C. MARTIN: Water displacement of soils and the soil solution. J. agric. Sci. **13**, 265–295 (1923). — Secular and seasonal changes in the soil solution. Soil Sci. **18**, 151–167 (1924). — BURGHARDT, H.: Beiträge zum Eisen-Mangan-Antagonismus der Pflanzen. Flora **143**, 1–30 (1956). — Blattdüngung der Kulturpflanzen. Angew. Bot. **35**, 191–214 (1961). — BURRIS, R. H., und P. W. WILSON: Biological nitrogen fixation. Ann. Rev. Biochem. **14**, 685–708 (1945). — BURSTRÖM, H.: Mineralstoffwechsel. Fortschr. Bot. **12**, 216–246 (1949); **13**, 250–268 (1951); **15**, 290–312 (1954a); **16**, 269–291 (1954b); **17**, 509–528 (1955); **18**, 242–263 (1956); **19**, 221–234 (1957); **20**, 155–168 (1958); **21**, 247–261 (1959); **22**, 178–190 (1960); **23**, 206–222 (1961); **24**, 169–177 (1962); **25**, 233–244 (1963). — Root surface development, sucrose inversion, and free space. Physiol. Plant. (Copenh.) **10**, 741–751 (1957). — BUTLER, G. W.: Ion uptake by young wheat plants, I. Time course of the absorption of potassium and chloride ions. Physiol. Plant. (Copenh.) **6**, 594–616 (1953a). — Ion uptake by young wheat plants, II, The "apparent free space" of wheat roots. Physiol. Plant. (Copenh.) **6**, 617–635 (1953b). — Ion uptake by young wheat plants, III. Phosphate absorption by excised roots. Physiol. Plant. (Copenh.) **6**, 637–661 (1953c). — Uptake of phosphate and sulphate by wheat roots at low temperature. Physiol. Plant. (Copenh.) **12**, 917–925 (1959). — BUTLER, P. C., und R. H. BRAY: Effect of the zinc chelate of ethylenediaminetetraacetic acid on plant uptake of zinc and other heavy metals. Proc. Soil Sci. Soc. Amer. **20**, 348–351 (1956).

CAMP, A. F.: Zinc as a nutrient in plant growth. Soil Sci. **60**, 157–164 (1945). — CANNING, R. E., und P. J. KRAMER: Salt absorption and accumulation in various regions of roots. Amer. J. Bot. **45**, 378–382 (1958). — CHABEREK, S. JR., und F. C. BERSWORTH: New chelating agents for trivalent iron. Science (Lancaster, Pa.) **118**, 280 (1953). — CHAMINADE, R.: Recherche sur le rôle de la matière organique dans la fertilité des sols. Influence de l'humus sur la nutrition minérale des végétaux. Ann. Inst. Nat. Rech. agronom., Sér. A, **3**, 95–104 (1952). — CHAMINADE, R., und R. BLANCHET: Influence de l'humus sur la nutrition minérale de la plante dans le sol. C. r. Acad. Sci. (Paris) **234**, 878–879 (1952). — Recherches sur le rôle de la matière organique dans la fertilité des sols, 2. mémoire. Ann. Inst. Nat. Rech. agronom. Sér. A, **4**, 399–409 (1953). — CHANDLER, F. B.: Nutrition of Brassica and potatoes. Soil Sci. **57**, 67–73 (1944). — CHANDLER, W. V.: Phosphorus absorption by five Alabama soils as influenced by reaction, base saturation, and free sesquioxides. J. Amer. Soc. Agronomy **33**, 1–12 (1941). — CHANDLER, W. V., und G. D. SCARSETH: Iron starvation as affected by over-phosphating and sulfur treatment on houston and sumter clay soils. J. Amer. Soc. Agronomy **33**, 93–104 (1941). — CHAPMAN, G. W.: The relation of iron and manganese to chlorosis in plants. New Phytologist **30**, 266–283 (1931). — CHAPMAN, H. D., A. P. VANSELOW und G. F. LIEBIG JR.: The production of Citrus mottle-leaf in controlled nutrient cultures. J. Agricult. Res. **55**, 365–379 (1937). — CHESTERS, C. G. C., und G. N. ROLINSON: The role of zinc in plant metabolism. Biol. Rev. Cambridge Philos. Soc. **26**, 239–252 (1951). — CLARK, H. E.: Effect of ammonium and of nitrate nitrogen on the composition of the tomato plant. Plant Physiol. **11**, 5–24 (1936). — CLARK, H. E., und J. W. SHIVE: The influence of the pH of a culture solution on the rates of absorption of ammonium and nitrate by the tomato plant. Soil Sci. **37**, 203–225 (1934a). — The influence of the pH of a culture solution on the assimilation of ammonium and nitrate nitrogen by the tomato plant. Soil Sci. **37**, 459–476 (1934b). — COÏC, Y., G. DE BAISSE und M. COPPENET: Evolution du manganèse dans les différents organes de la pomme de terre. Ann. Inst. Nat. Rech. agronom., Sér. A, **2**, 31–46 (1951). — COÏC, Y., C. LESAINT und F. LE ROUX: Comparaison du mais et de la tomate quant à l'effet de la nature nitrique ou ammoniacale de l'alimentation azotée sur l'absorption et le métabolisme des anions-cations. C. r. Acad. Sci. (Paris) **254**, 549–551 (1962). — COLE, C. V., S. R. OLSEN und C. O. SCOTT: The nature of phosphate sorption by calcium carbonate. Proc. Soil Sci. Soc. Amer. **17**, 352–356 (1953). — COLEMAN, R.: Utilization of adsorbed phosphate by cotton and oats. Soil Sci. **54**, 237–246 (1942). — Phosphorus fixation by the coarse and fine clay fractions of kaolinitic and montmorillonitic clays. Soil Sci. **58**, 71–77 (1944). — Boron content of Mississippi soils and plants. Better Crops with Plant Food **29**, No. 6, 11–13, 42–43 (1945). — COLLANDER, R.: Permeabilitätsstudien an Chara ceratophylla, I. Die normale Zusammensetzung des Zellsaftes. Acta bot. fenn. **6**, 1–20 (1930). — Selective absorption of cations by higher plants. Plant Physiol. **16**, 691–720 (1941). — COLLWELL, W. E., und R. W. CUMMINGS: Chemical and biological studies on aqueous solutions of boric acid and of calcium, sodium, and potassium metaborates. Soil Sci. **57**, 37–49 (1944). — CONWAY, E. J., und F. DUGGAN: A cation carrier in the yeast cell wall. Biochem. J. **69**, 265–274 (1958). — COOK, J. A., und D. BOYNTON: Some factors affecting the absorption of urea by McIntosh apple leaves. Proc. Amer. Soc. Horticult. Sci. **59**, 82–90 (1952). — COOK, R. L., und C. E. MILLAR: Some soil factors affecting boron availability. Proc. Soil Sci. Soc. Amer. **4**, 297–301 (1939). — COOPER, H. P., W. R. PADEN und W. H. GARMAN: Some factors influencing the availability of magnesium on soil and the magnesium content of certain crop plants. Soil Sci. **63**, 27–41 (1947). — COPPENET, M., und J. CALVEZ: "Manganèse actif" du sol et teneur en manganèse des végétaux. C. r. Acad. Sci. (Paris) **234**, 879–881 (1952). — CROOKE, W. M., J. G. HUNTER und O. VERGNANO: The relationship between nickel toxicity and iron supply. Ann. appl. Biol. **41**, 311–324 (1954). — CROWDY, S. H., J. F. GROVE, H. G. HEMMING und K. C. ROBINSON: The translocation of antibiotics in higher plants, II. The movement of griseofulvin in broad bean and tomato. J. exper. Bot. **7**, 42–64 (1956). — CROWDY, S. H., und D. R. JONES: The translocation of sulphonamides in higher plants, I. Uptake and translocation in broad beans. J. exper. Bot. **7**, 335–346 (1956). — CROWDY, S. H., und D. PRAMER: The occurrence of translocated antibiotics in expressed plant sap. Ann. Bot. N. S. **19**, 79–86 (1955). — CUNNINGHAM, I. J., K. G. HOGAN und J. N. BREEN: The copper and molybdenum contents of pastures grown on the different soils of New Zealand. New Zealand J. Sci. Technol., Sect. A, **38**, 225–238 (1956).

DANIEL, H. A.: The magnesium content of grasses and legumes and the ratios between this element and the total calcium, phosphorus, and nitrogen in these plants. J. Amer. Soc. Agronomy **27**, 922–927 (1935). — DAVIDE, J. G., und N. L. GALVEZ: The effects of varying amounts of exchangeable bases on the yield and on the lime and phosphoric acid contents of lettuce. Philippine Agr. **35**, 389–401 (1952); zit. nach Bibliography on the Literature on Minor Elements 4, 213. New York 1955. — DAVIDSON, O. W., und J. W. SHIVE: The influence of the hydrogen-ion concentration of the culture solution upon the absorption and assimilation of nitrate and ammonium nitrogen by peach trees grown in sand cultures. Soil Sci. **37**, 357–385 (1934). — DAVIES, D. D.: Soluble enzymes from pea mitochondria. J. exper. Bot. **7**, 203–218 (1956). — DAVIES, E. B.: Factors affecting molybdenum availability in soils. Soil Sci. **81**, 209–221 (1956). — DEAN, L. A.: Fixation of soil phosphorus. Adv. Agronomy **1**, 391–411 (1949). — DEAN, L. A., und V. H. GLEDHILL: Influence of soil moisture on phosphate absorption as measured by an excised root technique. Soil Sci. **82**, 71–79 (1956). — DIBLE, W. T., und K. C. BERGER: Boron content of alfalfa as influenced by boron supply. Proc. Soil Sci. Soc. Amer. **16**, 60–62 (1952). — DIKUSSAR, I. G.: Die Wirkung des Ammoniumsulfats und des Salpeters auf die Entwicklung von Zuckerrübe und Mais in Abhängigkeit von der chemischen Zusammensetzung der Nährlösung. Landwirtsch. Jb. **72**, 79–104 (1930). — DION, H. G., J. W. T. SPINKS und J. MITCHELL: Experiments with radiophosphorus on the uptake of phosphorus by wheat. Sci. Agricult. **29**, 167–172 (1949); zit. nach Ber. wiss. Biol. **70**, 351 (1951). — DIX, W., und ST. BISCHOF: Düngungsversuche mit Magnesiasalzen zu Hafer zur Ermittlung der Wirkungsweise des Magnesiums. Z. Pflanzenernähr., Düng., Bodenkde. A **18**, 158–179 (1930). — DÖRING, H.: Untersuchungen über die Phosphorsäure-Sorption an typischen Bodenbestandteilen. Chem. d. Erde

18, 31–46 (1956). — DÖRR, R.: Die Aufnahme von Alkaloiden und Benzpyren durch intakte Pflanzenwurzeln. Naturwiss. **52**, 166 (1965). — DOMONTOVITSCH, M., und A. SCHESTAKOW: Beiträge zur Frage über die Löslichmachung von Rohphosphat durch die Wurzeln der Kulturpflanzen. Z. Pflanzenernähr., Düng., Bodenkde. **A 11**, 108–112 (1928). — DRAKE, M., D. H. SIELING und G. D. SCARSETH: Calcium-boron ratio as an important factor in controlling the boron starvation of plants. J. Amer. Soc. Agronomy **33**, 454–462 (1941). — DUNN, ST., und S. S. ROBERTS: The availability of magnesium from organic carriers in artificial substrates. Plant Physiol. **29**, 337–342 (1954). — DUNNEWALD, T. J.: Solubility of soil phosphorus as affected by moistening and drying basic soils. J. Amer. Soc. Agronomy **27**, 325–329 (1935). — DUVIGNEAUD, P.: La végétation du Katanga et de ses sols métallifères. Bull. Soc. roy. Bot. Belg. **90**, 127–286 (1958).

EATON, F. M.: Deficiency, toxicity, and accumulation of boron in plants. J. Agricult. Res. **69**, 237–277 (1944). — EGNÉR, H.: Die Bedeutung der Nährstoffzufuhr durch Luft und Niederschläge für die Bodenfruchtbarkeit. Landwirtsch. Forsch., **7**. Sonderh., 90–94 (1956). — EHRENBERG, P.: Zusammenfassende Betrachtungen zur Eisenversorgung von Kulturpflanzen. Z. Pflanzenernähr., Düng., Bodenkde. **45**, 1–55 (1936). — EHRLICH, F.: Über die Vegetation von Hefen und Schimmelpilzen auf heterocyklischen Stickstoffverbindungen und Alkaloiden. Biochem. Z. **79**, 152–161 (1917). — EJDELNANT, N. M.: Aneignung und Resorption von Stickstoff und Phosphor durch die Baumwollstaude in den letzten Stadien ihrer Entwicklung. Dokl. Akad. Nauk SSSR **105**, 364–366 (1955; russ.); zit. nach Ber. wiss. Biol. **104**, 236 (1956). —. ELGABALY, M. M.: Mechanism of zinc fixation by colloidal clays and related minerals. Soil Sci. **69**, 167–173 (1950). — ELGABALY, M. M., und L. WIKLANDER: Effect of exchange capacity of clay mineral and acidoid content of plant on uptake of sodium and calcium by excised barley and pea roots. Soil Sci. **67**, 419–424 (1949). — ELLIS, R. J., K. W. JOY und J. F. SUTCLIFFE: The inhibition of salt uptake by D-serine. Phytochemistry **3**, 213–219 (1964). — ELTINGE, E. T.: Effect of boron deficiency upon the structure of *Zea Mays*. Plant Physiol. **11**, 765–778 (1936). — ENGEL, H.: Die Wirkung der Ammoniumsalze in Abhängigkeit von der Wasserstoffionenkonzentration. Z. Pflanzenernähr., Düng., Bodenkde. A **16**,226–233 (1930). — Nitrifikation. In: Hdb. d. Pflanzenphysiologie, Bd. **8**, S. 1107–1127. Berlin-Göttingen-Heidelberg: Springer. 1958. — EPSTEIN, E.: Mechanism of ion absorption by roots. Nature (London) **171**, 83–84 (1953). — Cation-induced respiration in barley roots. Science (New York) **120**, 987–988 (1954). — Passive permeation and active transport of ions in plant roots. Plant Physiol. **30**, 529–535 (1955). — Spaces, barriers, and ion carriers: Ion absorption by plants. Amer. J. Bot. **47**, 393–399 (1960). — The essential role of calcium in selective cation transport by plant cells. Plant Physiol. **36**, 437–444 (1961). — Mutual effects of ions in their absorption by plants. IV. Simposio Internazionale di Agrochimica, Pisa-Firenze 9.–14. April 1962. — EPSTEIN, E., und C. E. HAGEN: A kinetic study of the absorption of alkali cations by barley roots. Plant Physiol. **27**, 457–474 (1952). — EPSTEIN, E., und J. E. LEGGETT: The absorption of alkaline earth cations by barley roots: Kinetics and mechanism. Amer. J. Bot. **41**, 785–791 (1954). — EPSTEIN, E., und D. W. RAINS: Carrier-mediated cation transport in barley roots: kinetic evidence for a spectrum of active sites. Proc. Nat. Acad. Sci. (Wash.) **53**, 1320–1324 (1965). — EPSTEIN, E., D. W. RAINS und W. E. SCHMID: Course of cation absorption by plant tissue. Science (New York) **136**, 1051–1052 (1962). — ERKAMA, J.: Über die Rolle von Kupfer und Mangan im Leben der höheren Pflanzen. Ann. Acad. Sci. fenn., Ser. A II, **25**, 1–105 (1947). — Effect of copper on the iron uptake of plants. Acta chem. scand. (København.) **3**, 850–857 (1949). — On the effect of copper and manganese on the iron status of higher plants. In: WALLACE, T.: Trace elements in plant physiology. Lotsya **3**, 53–60 (1950). — ERNST, W.: Ökologisch-soziologische Untersuchungen der Schwermetall-Pflanzengesellschaften Mitteleuropas unter Einschluß der Alpen. Abh. Landesmuseum f. Naturkunde zu Münster in Westfalen **27**, H. 1, 1–54 (1965). — Ökologisch-soziologische Untersuchungen an Schwermetallpflanzengesellschaften Südfrankreichs und des östlichen Harzvorlandes. Flora (Jena), Abt. B, **156**, 301–318 (1966). — EVANS, H. J.: Role of molybdenum in plant nutrition. Soil Sci. **81**, 199–208 (1956). — EVANS, H. J., E. R. PURVIS undF. E. BEAR: Effect of soil reaction on availability of molybdenum. Soil Sci. **71**, 117–124 (1951). — EVERS, F. H.: Die Wirkung von Ammonium- und Nitratstickstoff auf Wachstum und Mineralstoffhaushalt von *Picea* und *Populus*. I. Das Wachstum bei abgestufter Azidität und verschiedener Ca-Konzentration im Nährmedium. Z. Bot. **51**, 61–79 (1963a). — II. Die Abhängigkeit der Wirkung einer NH_4-Ernährung vom Anionenangebot auf das Wachstum von *Populus*. Z. Bot. **51**, 80–90 (1963b). — III. Einfluß auf den Mineralstoffhaushalt und Auswirkungen auf das Wachstum. Z. Bot. **51**, 91–111 (1963c).

FAUST, H.: Untersuchungen über die Mineralstoffabgabe einjähriger Pflanzen. Z. Pflanzenernähr., Düng., Bodenkde. **90**, 83–93 (1960). — FERGUSON, W. S.: "Teart" of Somerset: A molybdenosis of farm animals. Proc. Nutrition Soc. **1**, 215–220 (1944).— FERGUSON, W. S., A. H. LEWIS und S. J. WATSON: The teart pastures of Somerset, I. The cause and cure of teartness. J. agric. Sci. **33**, 44—51 (1943). — FINCK, A: Aktives und verfügbares Mangan in Podsolen und Braunerden. Landwirtsch. Forsch. **9**, 147–154 (1956a). — Die Bindungsformen des Mangans im Boden. Z. Pflanzenernähr., Düng., Bodenkde. **73**, 59–73 (1956b). — FINDENEGG, G., und E. BRODA: Mechanism of uptake of trace elements by plant roots. Nature (London) **208**, 196–197 (1965). — FISKEL, J. G. A., und G. A. MOURKIDES: A comparison of manganese sources using tomato plants grown on marl, peat and sand soils. Plant a. Soil (The Hague) **6**, 313–331 (1955). — FLAIG, W., und R. KAUL: Zur Aufnahme der Phosphorsäure aus Nucleinsäure durch die Pflanze. Phosphorsäure **15**, 208–217 (1955). — FLAIG, W., und E. SAALBACH: Zur Kenntnis der Huminsäuren, X. Über den Einfluß des Thymohydrochinons als Modellsubstanz von Vorstufen bzw. Abbauprodukten von Huminsäuren auf das Wurzelwachstum von Sommerweizen. Z. Pflanzenernähr., Düng., Bodenkde. **71**, 208–215 (1955a). — Zur Kenntnis der Huminsäuren, XI. Die Beeinflussung der Keimung von Getreide durch Thymohydrochinon als Modellsubstanz von Vorstufen bzw. Abbauprodukten von Huminsäuren. Z. Pflanzenernähr., Düng., Bodenkde. **71**, 215–224 (1955b). — Zur Kenntnis der Huminsäuren, XII. Untersuchungen über den Einfluß von Thymohydrochinon als Modellsubstanz von Vorstufen bzw. Abbauprodukten von Huminsäuren auf die Atmung von Getreide. Z. Pflanzenernähr., Düng., Bodenkde. **72**, 1–7 (1956a). — Zur Kenntnis der Huminsäuren, XIII. Untersuchungen über die Beeinflussung der Anfangsentwicklung von Getreide in Neubauerschalen durch Thymohydrochinon als Modellsubstanz von Vorstufen bzw. Abbauprodukten von Huminsäuren. Z. Pflanzenernähr., Düng., Bodenkde. **72**, 7–15 (1956b). — FLAIG, W., K. SCHARRER und G. SCHOLL: Zur Kenntnis der Huminsäuren, XV. Über den Einfluß von Thymohydrochinon als Modellsubstanz von Humusstoffen auf den Kohlenhydratstoffwechsel von Getreide. Z. Pflanzenernähr., Düng., Bodenkde. **76**, 193–200 (1957a). — Zur Kenntnis der Huminsäuren, XVI. Über den Einfluß von Thymohydrochinon als Modellsubstanz von Humusstoffen auf die Aktivität verschiedener Enzyme des Roggens. Z. Pflanzenernähr., Düng., Bodenkde. **76**, 201–209 (1957b). — Zur Kenntnis der Huminsäuren, XVII. Über den Einfluß von Thymohydrochinon als Modellsubstanz von Humusstoffen auf die Phosphataufnahme von Roggenkeimpflanzen. Z. Pflanzenernähr., Düng., Bodenkde. **76**, 210–212 (1957c). — FLAIG, W., G. SCHMID, E. WAGNER und H. KEPPEL: Die Aufnahme von Phosphor aus Inosithexaphosphat. Landwirtsch. Forsch., **14**. Sonderh., 43–48 (1960). — FLAIG, W., und H. SÖCHTIG: Einfluß organischer Stoffe auf die Aufnahme anorganischer Ionen. Agrochimica (Pisa) **6**, 251–264 (1962). — FLORELL, C.: Calcium, mitochondria, and anion uptake. Physiol. Plant. (Copenh.) **10**, 781–790 (1957). — FORD, M. C.: The nature of phosphate fixation in soils. J. Amer. Soc. Agronomy **25**, 134–144 (1933). — FORSTER, W. A.: Toxic effect of heavy metals on crop plants grown in soil culture. Ann. appl. Biol. **41**, 637–651 (1954). — FOSTER, W. N. M., und R. S. RUSSELL: Factors affecting the ability of plants to absorb phosphate from soils, III. Plantphysiological effect of iron. J. Soil Sci. **9**, 280–288 (1958). — FRANCO, C. M., und W. E. LOOMIS: The absorption of phosphorus and iron from nutrient solutions. Plant Physiol. **22**, 627–634 (1947). — FRENZEL, B.: Modellversuche zur Klärung einiger Probleme der Abgabe von Aminoverbindungen durch die Wurzeln höherer Pflanzen im Boden. Planta (Berl.) **57**, 444–454 (1961). — FRIED, M.: The absorption of sulfur dioxide by plants as shown by the use of radioactive sulfur. Proc. Soil Sci. Soc. Amer. **13**, 135–138 (1949). — The feeding power of plants for phosphates. Proc. Soil Sci. Soc. Amer. **17**, 357–359 (1953). — FRIES, N.: Variations in the content of phosphorus, nucleic acids and adenine in the leaves of some deciduous trees during the autumn. Plant a. Soil (The Hague) **4**, 29–42 (1952). — FRÖMEL, W., und A. AMBERGER: Über die Boraufnahme von Zuckerrüben im Verlaufe einer Vegetationszeit. Z. Pflanzenernähr., Düng., Bodenkde. **78**, 178–185 (1957). — FUDGE, B. R.: Relation of magnesium deficiency in grapefruit leaves to yield and chemical composition of fruit. Florida Sta. Bull. 331 (1939); zit. nach Bibliography on the Literature on Minor Elements **1**, 563. New York 1948. — FUJIMOTO, CH. K., und G. D. SHERMAN: Behaviour of manganese in the soil and the manganese cycle. Soil Sci. **66**, 131–145 (1948). — FULLER, W. H., und R. N. ROGERS: Utilization of phosphorus from barley residues. Soil Sci. **74**, 373–382 (1952).

GÄUMANN, E., und ST. NAEF-ROTH: Über die chelierende Wirkung einiger Welketoxine, IV. Die Verschiebung der Toxizität durch steigende Absättigung mit verschiedenen Schwermetallionen. Phytopathol. Z. **25**, 418–444 (1956). — GAMMON, N. JR.,

G. M. VOLK, E. N. MCGUBBIN und A. H. EDDINS: Soil factors affecting molybdenum uptake by cauliflower. Proc. Soil Sci. Soc. Amer. 18, 302–305 (1954). — GARBER, K.: Neuere Literatur über Rauch-, Staub- und Abgasschäden. Angew. Bot. 34, 65–103 (1960). — GÁSPÁR, L.: Phosphorus uptake of wheat seedlings. Agrokém. és talajtan 5, 213–220 (1956; ung.); zit. nach Ber. wiss. Biol. 111, 79 (1957). — GEISSLER, TH.: Ein Beitrag zur Frage der Nährstoffaufnahme von Spinat über die Blätter. Arch. Gartenbau 2, 311–318 (1954). — Weitere Untersuchungen über die Nährstoffaufnahme durch die Blätter bei Spinat. Arch. Gartenbau 3, 219–226 (1955). — Der Wirkungswert der Phosphorsäure des Superphosphates bei unterschiedlicher Form der Einbringung. Z. Acker- u. Pflanzenbau 106, 75–107 (1958). — GERICKE, S.: Thomasphosphat als Grundlage der Manganversorgung unserer Kulturpflanzen. Phosphorsäure 12, 250–256 (1952). — Düngungsversuche mit radioaktivem Thomasphosphat. Phosphorsäure 14, 199–218 (1954). — GERICKE, S., und S. GSCHWIND: Die Düngewirkung der organischen Phosphorsäure. Phosphorsäure 15, 218–229 (1955). — GERICKE, W. F.: Salt requirements of wheat at different growth phases. Bot. Gaz. 80, 410–425 (1925). — GESSNER, F., und A. KAUKAL: Die Ionenaufnahme submerser Wasserpflanzen in ihrer Abhängigkeit von der Konzentration der Nährlösung. Ber. Dtsch. Bot. Ges. 65, 155–163 (1952). — GHOSH, B. P., und R. H. BURRIS: Utilization of nitrogenous compounds by plants. Soil Sci. 70, 187–203 (1950). — GILBERT, F. A.: The place of sulfur in plant nutrition. Bot. Rev. 17, 671–691 (1951). — Contribution to the knowledge of copper as a plant nutrient. Agrochimica (Pisa) 1, 136–151 (1957). — GLENISTER, P. R.: Effects of iron deficiency on respiration of sunflower plants. Bot. Gaz. 106, 33–40 (1944). — GLOVER, J.: The nutrition of maize in sand culture, II. The uptake of nitrogen and phosphorus and its relevance to plant analysis. J. agric. Sci. 43, 160–165 (1953). — GONZALEZ, J. DE D. L., und H. JENNY: Modes of entry of strontium into plant roots. Science (New York) 128, 90–91 (1958). — GOODMAN, G. T., und D. F. PERKINS: Mineral uptake and retention in cotton-grass (*Eriophorum vaginatum* L.). Nature (London) 184, Suppl. 7, 467–468 (1959). — GREENWAY, H. und M. G. PITMAN: Potassium retranslocation in seedlings of *Hordeum vulgare*. Austral. J. Biol. Sci. 18, 235–247 (1965). — GUENNELON, R.: Les chélates de fer dans le traitement de la chlorose du poirier. C. r. Acad. Agric. France 48, 209–213 (1962). — GÜTTLER, R.: Über den Gehalt wildwachsender Pflanzen an Kalium, Phosphor, Eisen und Mangan. Forschungsdienst 11, 485–522 (1941). — GUINN, G., und H. E. JOHAM: Effects of two chelating agents on absorption and translocation of Fe, Cu, Mn, and Zn by the cotton plant. Soil Sci. 94, 220–223 (1962).

HABERLANDT, G.: Physiologische Pflanzenanatomie, 6. Aufl. Leipzig: Engelmann, 1924. — HÄRTEL, O.: Die Bedeutung der Bodenkohlensäure für die grüne Pflanze. Jb. wiss. Bot. 87, 173–210 (1938). — HAGEN, C. E., und H. T. HOPKINS: Ionic species in orthophosphate absorption by barley roots. Plant Physiol. 30, 193–199 (1955). — HAGEN, C. E., J. E. LEGGETT und P. C. JACKSON: The sites of orthophosphate uptake by barley roots. Proc. Nat. Acad. Sci. USA 43, 496–506 (1957). — HANDLEY, R., und R. OVERSTREET: Effect of various cations upon absorption of carrier-free cesium. Plant Physiol. 36, 66—69 (1961). — HANWAY, J. J., A. D. SCOTT und G. STANFORD: Replaceability of ammonium fixed in clay minerals as influenced by ammonium or potassium in the extracting solution. Proc. Soil Sci. Soc. Amer. 21, 29–34 (1957). — HARLEY, J. L., und J. K. BRIERLEY: The uptake of phosphate by excised mycorrhizal roots of the beech, VI. Active transport of phosphorus from the fungal sheath into the host tissue. New Phytologist 53, 240–252 (1954). — The uptake of phosphate by excised mycorrhizal roots of the beech, VII. Active transport of P^{32} from fungus to host during uptake of phosphate from solution. New Phytologist 54, 296–301 (1955). — HARLEY, J. L., und B. C. LOUGHMAN: The uptake of phosphate by excised mycorrhizal roots of the beech. IX. The nature of the phosphate compounds passing into the beech. New Phytologist 62, 350–359 (1963). — HARLEY, J. L., und C. C. MCCREADY: The uptake of phosphate by excised mycorrhizal roots of the beech, II. Distribution of phosphorus between host and fungus. New Phytologist 51, 56–64 (1952a). — The uptake of phosphate by excised mycorrhizal roots of the beech, III. The effect of the fungal sheath on the availability of phosphate to the core. New Phytologist 51, 342–348 (1952b). — HARLEY, J. L., C. C. MCCRAEDY und J. K. BRIERLEY: The uptake of phosphate by excised mycorrhizal roots of the beech, IV. The effect of oxygen concentration upon host and fungus. New Phytologist 52, 124–132 (1953). — VIII. Translocation of phosphorus in mycorrhizal roots. New Phytologist 57, 353–362 (1958). — HARRISON, B. F., M. D. THOMAS und G. R. HILL: Radioautographs showing the distribution of sulphur in wheat. Plant Physiol. 19, 245–257 (1944). — HEIMANS, J.: De Herkomst von de Zinkflora aan de Geul door. Nederl. Kruidkundig Arch. 46, 878–897 (1936). — HEINTZE, S. G.: Studies on soil manganese. J. Soil Sci. 8,

287–300 (1957). — HELLER, R.: De quelques composés du soufre assimilables par les tissus vegetaux cultivés in vitro. C. r. Acad. Sci. (Paris) **241**, 234–236 (1955); zit. nach Ber. wiss. Biol. **101**, 59 (1956). — HENDERSON, J. H. M., und M. P. VEAL: The effect of the interrelationship of boron and manganese on the growth and calcium uptake of blue lupine (*Lupinus angustifolius* L.) in solution culture. Plant Physiol. **23**, 609–620 (1948). — HERBST, W., und K. PHILPP: Radiophosphor(P^{32}) als methodisches Hilfsmittel zum Studium des P-Anspruches und der P-Verteilung bei Pfropfreben. D. dtsch. Weinbau Wiss. Beih. **6**, 65–73 (1952). — HEVESY, G.: Interaction between the phosphorus atoms of the wheat seedling and the nutrient solution. Ark. Bot. (Stockh.) **33** A, Nr. 2, 1–16 (1947). — HEWITT, E. J.: Metal interrelationships in plant nutrition, I. Effects of some metal toxicities on sugar beet, tomato, oat, potato, and marrowstem kale grown in sand culture. J. exper. Bot. **4**, 59–64 (1953). — Metal interrelationships in plant nutrition, II. The relation of metal toxicity, molybdenum and nitrogen source to chlorophyll and magnesium content of beet in sand culture. J. exper. Bot. **5**, 110–118 (1954). — HEWITT, E. J., und E. W. BOLLE-JONES: Studies in iron deficiency of crops, II. The interrelationships of iron and potassium in the potato plant. J. horticult. Sci. **28**, 185–195 (1953). — HEWITT, W. B., und M. E. GARDNER: Some studies of the adsorption of zinc sulfate in Thompson seedless grape canes. Plant Physiol. **31**, 393–399 (1956). — HIGINBOTHAM, N.: The possible role of adenosine triphosphate in rubidium absorption as revealed by the influence of external phosphate, dinitrophenol and arsenate. Plant Physiol. **34**, 645–650 (1959). — HILL, H., A. B. DURKEE, H. B. HEENEY und G. M. WARD: Phosphorus content of potato plants in relation to yield and to phosphorus concentrations in nutrient solutions. Canad. J. Agricult. Sci. **34**, 644–650 (1954). — HILL-COTTINGHAM, D. G.: Photosensitivity of iron chelates. Nature (London) **175**, 347–348 (1955). — HILL-COTTINGHAM, D. G., und C. P. LLOYD-JONES: Behaviour of iron chelates in calcareous soils, II. Laboratory experiments with some further chelating agents. Plant a. Soil (The Hague) **9**, 189–201 (1958). — HIRAI, K., und H. KAI: Microbiological and chemical determination of copper and zinc in soil. Soil a. Plant Food **2**, 211–214 (1957); zit. nach Z. Pflanzenernähr., Düng., Bodenkde. **80**, 183 (1958). — HOAGLAND, D. R.: Molybdenum in relation to plant growth. Soil Sci. **60**, 119–123 (1945). — HOAGLAND, D. R., und A. R. DAVIS: The composition of the cell sap of the plant in relation to the absorption of ions. J. Gen. Physiol. **5**, 629–646 (1923). — HOAGLAND, D. R., und J. C. MARTIN: A comparison of sand and solution cultures with soils as media for plant growth. Soil Sci. **16**, 367–388 (1923). — HODGES, T. K., und J. B. HANSON: Calcium accumulation by maize mitochondria. Plant Physiol. **40**, 101–109 (1965). — HOFFMANN, W.: Vegetationsversuche mit Humus- und Sandböden, ein weiterer Beitrag zur Frage des Kupfermangels als Ursache der Urbarmachungskrankheit. Bodenkde. u. Pflanzenernähr. **25**, 121–136 (1941). — HOFMANN, ED.: Mangandüngung mit Manganschlacken. Bayer. Landwirtsch. Jb. **35**, 671–676 (1958). — HOLMES, R. S., und J. C. BROWN: Chelates as correctives for chlorosis. Soil Sci. **80**, 167–179 (1955). — HONDA, S. I.: Succinoxidase and cytochrome oxidase in barley roots. Plant Physiol. **30**, 402–410 (1955). — The salt respiration and phosphate contents of barley roots. Plant Physiol. **31**, 62–70 (1956). — HONDA, S. I., und R. N. ROBERTSON: Studies in the metabolism of plant cells, XI. The Donnan equilibration and the ionic relations of plant mitochondria. Austral. J. Biol. Sci. **9**, 305–320 (1956). — HONDA, S. I., R. N. ROBERTSON und J. M. GREGORY: Studies in the metabolism of plant cells, XII. Ionic effects on oxidation of reduced diphosphopyridine nucleotide and cytochrome c by plant mitochondria. Austral. J. Biol. Sci. **11**, 1–15 (1958). — HOPE, A. B.: Salt uptake by root tissue cytoplasm: The relation between uptake and external concentration. Austral. J. Biol. Sci. **6**, 396–409 (1953). — HOPE, A. B., und P. G. STEVENS: Electric potential differences in bean roots and their relation to salt uptake. Austral. J. Sci. Res. B **5**, 335–343 (1952). — HORNER, C. K., D. BURK und S. R. HOOVER: Preparation of humate iron and other humate metals. Plant Physiol. **9**, 663–670 (1934). — HUDIG, J., C. MEYER und J. GOODYK: Über die sogenannte „Urbarmachungskrankheit" als dritte Bodenkrankheit. Z. Pflanzenernähr., Düng., Bodenkde. A **8**, 14–52 (1926). — HUFFAKER, R. C., und A. WALLACE: Effect of potassium and sodium levels on sodium distribution in some plant species. Soil Sci. **88**, 80–82 (1959). — HUNTER, J. G., und O. VERGNANO: Trace-element toxicities in oat plants. Ann. appl. Biol. **40**, 761–777 (1953). — HURD, R. G.: The effect of pH and bicarbonate ions on the uptake of salts by disks of red beet. J. exper. Bot. (London) **9**, 159–174 (1958). — HURD, R. G., und J. F. SUTCLIFFE: An effect of pH on the uptake of salt by plant cells. Nature (London) **180**, 233–235 (1957). — HYLMÖ, B.: Transpiration and ion absorption. Physiol. Plant. (Copenh.) **6**, 333–405 (1953). — Passive components in ion absorption of the plant, I. The zonal ion and water absorption in Brouwer's experiments. Physiol.

Plant. (Copenh.) 8, 433–449 (1955). — II. The zonal water flow, ion passage, and pore size in roots of *Vicia faba*. Physiol. Plant. (Copenh.) **11**, 382–400 (1958).

IBONENKO, T. K.: Über die Wechselwirkungen zwischen der Mineralstoffernährung durch Wurzeln und Blätter und der Photosynthese in den Pflanzen. (Pflanzenphysiologie) **6**, 95–97 (1959; russ.); zit. nach Landwirtsch. Zbl. II, **4**, 2544 (1959). — ILAN, I., und L. REINHOLD: Analysis of the effects of indole-3-acetic acid on the uptake of monovalent cations. Physiol. Plant. (Copenh.) **16**, 596–603 (1963). — Reversal by sucrose of the effects of indolyl-3-acetic acid on cation uptake by plant cells. Nature (London) **201**, 726 (1964). — ILJIN, W. S.: Zusammensetzung der Salze in der Pflanze auf verschiedenen Standorten: Kalkpflanzen. Beih. Bot. Zbl. **50**, 1. Abt., 95–137 (1933).

JACKMAN, R. H., und C. A. BLACK: Hydrolysis of phytate phosphorus in soils. Soil Sci. **73**, 167–171 (1952). — JACKSON, P. C., S. B. HENDRICKS und B. M. VASTA: Phosphorylation by barley root mitochondria and phosphate absorption by barley roots. Plant Physiol. **37**, 8–17 (1962). — JACOB, A.: Magnesia der fünfte Pflanzenhauptnährstoff. Stuttgart: Enke. 1955. — JACOBSON, L.: Iron in the leaves and chloroplasts of some plants in relation to their chlorophyll content. Plant Physiol. **20**, 233–245 (1945). — Maintenance of iron supply in nutrient solutions by a single addition of ferric-potassium- ethylenediamine-tetra-acetate. Plant Physiol. **26**, 411–413 (1951). — JACOBSON, L., R. J. HANNAPEL, D. P. MOORE und M. SCHAEDLE: Influence of calcium on selectivity of ion absorption process. Plant Physiol. **36**, 58–61 (1961). — JACOBSON, L., D. P. MOORE und R. J. HANNAPEL: Role of calcium in absorption of monovalent cations. Plant Physiol. **35**, 352–358 (1960). — JACOBSON, L., R. OVERSTREET, H. M. KING und R. HANDLEY: A study of potassium absorption by barley roots. Plant Physiol. **25**, 639–647 (1950). — JAHN-DEESBACH, W.: Über den Gehalt der Böden an organisch gebundener Phosphorsäure und deren Wert für die Pflanze. Phosphorsäure **15**, 197–202 (1955). — JAMES, W. O.: Studies of the physiological importance of the mineral elements in plants, II. Potassium: its distribution, movement, and relation to growth in the potato. Ann. Bot. **45**, 425–442 (1931). — JAVILLIER, M.: Le zinc chez les plantes. Ann. Inst. Pasteur (Paris) **22**, 720–727 (1908). — JEFFREYS, R. A., V. Q. HALE und A. WALLACE: Uptake and translocation in plants of labeled iron and labeled chelating agents. Soil Sci. **92**, 268–273 (1961). — JEGOROW, M. A.: Pflanzenernährungsfragen. Bedeutung des K und Mg für die Pflanzen. Wogrossi sollnogo pitania rastenij Charkow 1923 (russ.); zit. nach Bot. Zbl. **3**, N. F., 423 (1924). — JENNY, H., und R. OVERSTREET: Cation interchange between plant roots and soil colloids. Soil. Sci. **47**, 257–272 (1939). — JENNY, H., R. OVERSTREET und A. D. AYERS: Contact depletion of barley roots as revealed by radioactive indicators. Soil Sci. **48**, 9–24 (1939). — JENSCH, E.: Beiträge zur Galmeiflora von Oberschlesien. Z. angew. Chem. **7**, 14–15 (1894). — JOHAM, H. E.: Accumulation and distribution of molybdenum in the cotton plant. Plant Physiol. **28**, 275–280 (1953). — JONES, H. E., und G. D. SCARSETH: The calcium-boron balance in plants as related to boron needs. Soil Sci. **57**, 15–24 (1944). — JONES, L. H. P.: The solubility of molybdenum in simplified systems and aqueous soil suspensions. J. Soil Sci. **8**, 313-327 (1957). — JONES, L. H. P., und G. W. LEEPER: The availability of various manganese oxides to plants. Plant a. Soil (The Hague) **3**, 141–153 (1951). — JONES, U. S.: Availability of phosphorus in rock phosphate as influenced by potassium and nitrogen salts, lime, and organic matter. J. Amer. Soc. Agronomy **40**, 765–770 (1948). — JUNG, J.: Die Eisenversorgung der Pflanzen mit Chelaten. Landwirtsch. Forsch., Sh. **16**, 84–92 (1962). — JUNG, W.: Pflanzenphysiologische Untersuchungen über die Einwirkung von Fluor auf Phosphate. Phosphorsäure **13**, 101–116 (1953).

KAINDL, K.: Untersuchungen über die Aufnahme von P^{32}-markiertem primärem Kaliumphosphat durch die Blattoberfläche. Bodenkultur **7**, 324–353 (1953). — KATALYMOV, M. V.: Der Einfluß der Acidität des Bodens auf den Eintritt des Mangans in Pflanzen. Dokl. Akad. Nauk SSSR **71**, 1093–1096 (1950; russ.); zit. nach Ber. wiss. Biol. **79**, 114 (1952). — Über die Ursachen der Verminderung der Zugänglichkeit des Bors für Pflanzen beim Kalken der Böden. Dokl. Akad. Nauk SSSR N. S. **76**, 863–866 (1951; russ.); zit. nach Ber. wiss. Biol. **72**, 342 (1951). — KELLER, H.: Beiträge zur Erfassung der durch schwefelige Säure hervorgerufenen Rauchschäden an Nadelhölzern. Forstwiss. Forsch. (Beih. z. Forstwiss. Cbl.), H. 10 (1958). — KELLY, J. B., und A. R. MIDGLEY: Phosphate fixation—an exchange of phosphate and hydroxyl ions. Soil Sci. **55**, 167–176 (1943). — KENWORTHY, A. L.: Nutrient-element composition of leaves from fruit trees. Proc. Amer. Soc. Horticult. Sci. **55**, 41–46 (1950). — KICK, H., D. SAUERBECK und F. FÜHR: Die Aufnahme von Kohlendioxid durch Pflanzenwurzeln, III. Untersuchungen über die mengenmäßige Bedeutung. Plant a. Soil (The Hague) **23**, 181–191 (1965). — KIRSCH, R. K., M. E. HARWARD und R. G. PETERSEN: Interrelationships among iron, manganese, and molybdenum in the growth and nutrition of tomatoes grown in culture solution. Plant a. Soil (The Hague) **12**, 259–275 (1960). — KNODEL, H.: Eine Methodik zur Bestimmung der stofflichen Grundlagen des osmotischen Wertes von Pflanzensäften. Planta (Berl.) **28**, 704–715 (1938). — KNOP, W.: Versuche über die Wirkung der Eisensalze auf das Ergrünen der Chlorophyllkörner. Ber. Ver. Königl. Sächs. Ges. Wiss., Math. Phys. Kl. Leipzig **21**, 1–27 (1869). — KOCH, K.: Die Vegetationsverhältnisse des Silberberges im Hüggelgebiet bei Osnabrück. Mitt. naturw. Ver. Osnabrück **22**, 117–149 (1932). — DE KOCK, P. C.: Iron nutrition of plants at high pH. Soil Sci. **79**, 167–175 (1955). — Heavy metal toxicity and iron chlorosis. Ann. Bot. N. S. **20**, 133–141 (1956). — DE KOCK, P. C., und R. L. MITCHELL: Uptake of chelated metals by plants. Soil Sci. **84**, 55–62 (1957). — KOHL, H. C., und J. J. OERTLI: Distribution of boron in leaves. Plant Physiol. **36**, 420–424 (1961). — KRAMER, P. J.: The uptake of salts by plant cells. In: Hdb. d. Pflanzenphysiologie, Bd. **2**, S. 290–315. Berlin–Göttingen–Heidelberg: Springer. 1956. — KRAMER, P. J., und H. H. WIEBE: Longitudinal gradients of P^{32} absorption in roots. Plant Physiol. **27**, 661–674 (1952). — KRAMER, P. J., und K. M. WILBUR: Absorption of radioactive phosphorus by mycorrhizal roots of pine. Science (Lancaster, Pa.) **110**, 8–9 (1949). — KREUTZ, W.: Kohlensäuregehalt der unteren Luftschichten in Abhängigkeit von Witterungsfaktoren. Angew. Bot. **23**, 89–117 (1941). — KROLL, H.: The ferric chelate of ethylenediamine di(o-hydroxyphenylacetic acid) for treatment of lime-induced chlorosis. Soil Sci. **84**, 51–53 (1957). — KRZYSCH, G.: Blattdüngung mit Mineralsalzen. (Eine Literaturübersicht.) Z. Pflanzenernähr., Düng., Bodenkde. **80**, 42–55 (1958a). — Die Wirkungen verschiedener N-, P- und K-Verbindungen bei Anwendung als Blattdüngemittel. Z. Pflanzenernähr., Düng., Bodenkde. **82** (127), 107–120 (1958b). — KÜSTER, E.: Abbau heterocyclischer N-Verbindungen durch verschiedene Bodenmikroorganismen. Zbl. Bakteriol., Parasitenkunde, Infektionskrankh. I **158**, 350–356 (1952). — KUYKENDALL, J. R., R. H. HILGEMAN und C. W. VAN HORN: Response of chlorotic Citrus trees in Arizona to soil applications of iron chelates. Soil Sci. **84**, 77–86 (1957). — KYLIN, A.: The uptake and metabolism of sulphate by deseeded wheat plants. Physiol. Plant. (Copenh.) **6**, 775–795 (1953). — The apparent free space of *Vallisneria* leaves. Physiol. Plant. (Copenh.) **10**, 732–740 (1957). — The apparent free space of green tissues. Physiol. Plant. (Copenh.) **13**, 385–397 (1960). — KYLIN, A., und B. HYLMÖ: Uptake and transport of sulphate in wheat. Active and passive components. Physiol. Plant. (Copenh.) **10**, 467–484 (1957).

LAATSCH, W.: Die Festlegung der Phosphorsäure an Tone. Bodenkde. u. Pflanzenernähr. **23**, 17–31 (1941). — Dynamik der mitteleuropäischen Mineralböden. Dresden und Leipzig: Steinkopff. 1954. — LAGERWERFF, J. V., und M. PEECH: Relation between exchange adsorption and accumulation of calcium and rubidium by excised barley roots. Soil Sci. **91**, 84–93 (1961). — LAMBERTZ, P.: Untersuchungen über das Vorkommen von Plasmodesmen in den Epidermisaußenwänden. Planta (Berl.) **44**, 147–190 (1954). — LATIES, G. G.: Active transport of salt into plant tissue. Ann. Rev. Plant Physiol. **10**, 87–112 (1959). —LATZKO, E., und A. AMBERGER: Die Aufnahme des Cyanamids und seine Wirkung auf Wachstum und N-Stoffwechsel bei verschiedenen Kulturpflanzen. Z. Pflanzenernähr., Düng., Bodenkde. **59**, 198–215 (1952). — LAUSCH, E.: Untersuchungen über Calcium-Rücktransport in höheren Pflanzen. Flora **145**, 542–588 (1958). — LEACH, W., und C. D. TAPER: Studies in plant mineral nutrition, II. The absorption of iron and manganese by dwarf kidney bean, tomato, and onion from culture solutions. Canad. J. Bot. **32**, 561–570 (1954). — LEAVER, J. P., und E. W. RUSSELL: The reaction between phosphate and phosphate-fixing soils. J. Soil Sci. 8, 113–126 (1957). — LEGGETT, J. E., und E. EPSTEIN: Kinetics of sulfate absorption by barley roots. Plant Physiol. **31**, 222–226 (1956). — LEONARD, C. D., und I. STEWART: An available source of iron for plants. Proc. Amer. Soc. Horticult. Sci. **62**, 103–110 (1953). — LEVITT, J.: The significance of "apparent free space" (A.F.S.) ion absorption. Physiol. Plant. (Copenh.) **10**, 882–888 (1957). — LEY, H.: Über innere Metall-Komplexsalze. Z. Elektrochem. **10**, 954 (1904). — LIESEGANG, H.: Kaliversuche mit Mais in Wasserkultur bei vergleichsweise zeitweilig geänderter Kalidarbietung und -entziehung. Ernährg. d. Pfl. **23**, 113–118 (1927). — Untersuchungen über den Nährstoffverbrauch und den Verlauf der Nährstoffaufnahme, I. Landwirtsch. Jb. **67**, 663–698 (1928). — Untersuchungen über den Nährstoffverbrauch und den Verlauf der Nährstoffaufnahme verschiedener Gemüsearten, II. Gartenbauwissenschaft **2**, 415–455 (1929). — Untersuchungen über den Verlauf der Nährstoffaufnahme bei Herbstspinat und über die Höhe des Nährstoffverbrauches bei verschieden gedüngtem Frühjahrsspinat. Gartenbauwissenschaft **3**, 457–467 (1930). — LINDSAY, W. L., und J. D. DEMENT: Effectiveness of some iron phosphates as sources of phosphorus for plants. Plant a. Soil (The Hague) **14**, 118–126 (1961). — LINNEMANN, G., und H. MEYER: Mycorrhiza und Phosphormangel. Forst- u. Holzwirt 13, Nr. 1 (1958). — Linser, H., und T. Hegazy: Förderung der P-Aufnahme von Bohnenpflanzen durch Kinetin. Experientia (Basel) 19, 587–588 (1963). — Löhnis, M. P.: Effect of magnesium and calcium supply on the uptake of manganese by various crop plants. Plant a. Soil (The Hague) 12, 339–376 (1960). — Löhr, E.: Die Redistribution von Kalium in Getreide. Physiol. Plant. (Copenh.) 6, 859–862 (1953). — Loneragan, J. F.: The effect of applied phosphate on the uptake of zinc by flax. Austral. J. Sci. Res. B 4, 108–114 (1951). — Loughman, B. C.: Sulfur absorption and metabolism in plants. Agrochimica (Pisa) 8, 189–209 (1964). — Low, A. J., and F. J. Piper: The influence of water supply on the growth and phosphorus uptake of Italian ryegrass and white clover in pot culture. Plant a. Soil (The Hague) 13, 242–252 (1960). — Lucas, R. E.: Chemical and physical behaviour of copper in organic soils. Soil Sci. 66, 119–129 (1948). — Lundegårdh, H.: Der Kreislauf der Kohlensäure in der Natur. Ein Beitrag zur Pflanzenökologie und zur landwirtschaftlichen Düngungslehre. Jena: Fischer. 1924. — Absorption, transport and exudation of inorganic ions by the roots. Ark. Bot. (Stockh.) 32 A, Nr. 12, 1–139 (1945). — Quantitative relations between respiration and salt absorption. Ann. Agric. Coll. Sweden 16, 372–403 (1949). — Mechanism of absorption, transport, accumulation and secretion of ions. Ann. Rev. Plant Physiol. 6, 1–24 (1955). — Klima und Boden. Jena: Fischer. 1957. — Investigations on the mechanism of absorption and accumulation of salts, I. Initial absorption and continued accumulation of potassium chloride by wheat roots. Physiol. Plant. (Copenh.) 11, 332–346 (1958). — Pflanzenphysiologie, S. 362–394. Jena: VEB Gustav Fischer. 1960. — Lundegårdh, H., und H. Burström: Atmung und Ionenaufnahme. Planta (Berl.) 18, 683–699 (1933). —

Mach, F., und R. Herrmann: Nährstoff- und Aschenanalysen von wirtschaftseigenen Futtermitteln, ausgeführt von Mitgliedern des Verbandes deutscher landwirtschaftlicher Versuchsstationen. Landwirtsch. Versuchsstat. 119, 1–173 (1934). — Mann, P. J. G., und J. H. Quastel: Manganese metabolism in soils. Nature (London) 158, 154–156 (1946). — Marschner, H.: Untersuchungen über die Aufnahme von Cäsium durch isolierte Gerstenwurzeln. Z. Pflanzenernähr., Düng., Bodenkde. 95, 30–51 (1961). — Einfluß von Calcium auf die Natriumaufnahme und die Kaliumabgabe isolierter Gerstenwurzeln. Z. Pflanzenernähr., Düng., Bodenkde. 107, 19–32 (1964). — Marschner, H., und I. Günther: Ionenaufnahme und Zellstruktur bei Gerstenwurzeln in Abhängigkeit von der Calciumversorgung. Z. Pflanzenernähr., Düng., Bodenkde. 107, 118–136 (1964). — Marschner, H., und K. Mengel: Apparent free space (AFS). Z. Pflanzenernähr., Düng., Bodenkde. 98, 30–44 (1962). — Der Einfluß von Ca- und H-Ionen bei unterschiedlichen Stoffwechselbedingungen auf die Membranpermeabilität junger Gerstenwurzeln. Z. Pflanzenernähr., Düng., Bodenkde. 112, 39–49 (1966). — Marsh, R. P.: Comparative study of the calcium-boron metabolism of representative dicots and monocots. Soil Sci. 53, 75–78 (1942). — Marsh, R. P., und J. W. Shive: Boron as a factor in the calcium metabolism of the corn plant. Soil Sci. 51, 141–151 (1941). — Martell, A. E.: The chemistry of metal chelates in plant nutrition. Soil Sci. 84, 13–26 (1957). — Martell, A. E., und M. Calvin: Chemistry of the metal chelate compounds. New York: Prentice-Hall. 1952. — Marthaler, H.: Die Stickstoffernährung der Ruderalpflanzen. Jb. wiss. Bot. 85, 76–106 (1937). — Die Stickstoffernährung der Hochmoorpflanzen. Zugleich ein Beitrag zum Xerophytenproblem. J. wiss. Bot. 88, 723–758 (1939). — Martin, P.: Zur Frage der Abgabe organischer Verbindungen aus Pflanzenwurzeln. Z. Bot. 51, 300–307 (1963). — Mason, A. C., und A. B. Whitfield: Seasonal changes in the uptake and distribution of mineral elements in apple trees. J. horticult. Sci. 35, 34–55 (1960). — Matzkow, F. F., und T. K. Ibonenko: Über gegenseitige Beziehungen zwischen der Blatternährung, der Photosynthese und der Wurzelernährung bei den Pflanzen. Ber. Akad. Wiss. UdSSR 118, 601–603 (1958; russ.); zit. nach Z. Pflanzenernähr., Düng., Bodenkde. 86, 165 (1959). — Mayer, A. M., und E. Gorham: The iron and manganese content of plants present in the natural vegetation of the English lake district. Ann. Bot. 15, 247–263 (1951). — McClung, A. C., und W. L. Lott: Mineral nutrient composition of peach leaves as affected by leaf age and position and the presence of a fruit crop. Proc. Amer. Soc. Horticult. Sci. 67, 113–120 (1956). — McGeorge, W. T.: Phosphate availability in alkaline calcareous soils. J. Amer. Soc. Agronomy 25, 351–354 (1933). — McGeorge, W. T., T. F. Buehrer und J. F. Breazeale: Phosphate availability in calcareous soils: A function of carbon dioxide and pH. J. Amer. Soc. Agronomy 27, 330–335 (1935). — McKee, H. S.: Review of recent work on nitrogen metabolism. New Phytologist 48, 1–83 (1949). — Mehlich, A.: Aluminium, iron, and pH in relation to lime induced manganese deficiencies. Proc. Soil Sci. Soc. Amer. 21, 625–628 (1957). — Melin, E.: Die Bedeutung der

Mycorrhiza für die Versorgung der Pflanze mit Mineralstoffen. In: Hdb. d. Pflanzenphysiologie, Bd. 4, 283–288. Berlin-Göttingen-Heidelberg: Springer. 1958. — MELIN, E., und H. NILSSON: Transfer of radioactive phosphorus to pine seedlings by means of mycorrhizal hyphae. Physiol. Plant. (Copenh.) **3**, 88–92 (1950). — — Transport of labelled phosphorus to pine seedlings through the mycelia of *Cortinarius glaucopus* (Schaeff, Fr.) Fr. Sv. bot. Tidskr. **48**, 555–558 (1954). — MENGEL, K.: Der Einfluß von ATP-Zugaben und weiterer Stoffwechselagenzien auf die Rb-Aufnahme abgeschnittener Gerstenwurzeln. Physiol. Plant. (Copenh.) **16**, 767–776 (1963). — Influx und Efflux bei der Kaliumaufnahme junger Gerstenwurzeln. Z. Pflanzenernähr., Düng., Bodenkde. **106**, 193–206 (1964). — Beweglichkeit und Verteilung von neu aufgenommenem Kalium in jungen Gerstenwurzeln. Landwirtsch. Forsch., Sh. **19**, 145–152 (1965). — MENGEL, K., und H. MARSCHNER: Die aktive Ionenaufnahme durch die Pflanzenzelle. Z. Pflanzenernähr., Düng., Bodenkde. **100**, 193–207 (1963). — METZGER, W. H.: Phosphorus fixation in relation to the iron and aluminium of the soil. J. Amer. Soc. Agronomy **33**, 1093–1099 (1941). — MEULEN, H. TER: Sur la répartition du molybdène dans la nature. Rec. Trav. Chim. Pays-Bas **50**, 491–504 (1931). — Distribution of molybdenum. Nature (London) **130**, 966 (1932). — MEULEN, H. TER, und H. J. RAVENSWAAY: The molybdenum content in leaves. Proc. Kon. Acad. Wetensch. Amsterdam **38**, 7–10 (1935). — MEVIUS, W.: Die Wirkung der Ammoniumsalze in ihrer Abhängigkeit von der Wasserstoffionenkonzentration. Planta (Berl.) **6**, 379–455 (1928). — Nitrite. In: Hdb. d. Pflanzenphysiologie, Bd. **8**, S. 166–178. Berlin-Göttingen-Heidelberg: Springer. 1958. — MEVIUS, W., und I. DIKUSSAR: Nitrite als Stickstoffquellen für höhere Pflanzen. Ein Beitrag zur Frage nach der Assimilation des Nitratstickstoffs. Jb. wiss. Bot. **73**, 633–703 (1930). — MEVIUS, W., und H. ENGEL: Die Wirkung der Ammoniumsalze in ihrer Abhängigkeit von der Wasserstoffionenkonzentration, II. Planta (Berl.) **9**, 1–83 (1930). — MICHAEL, G.: Über die Aufnahme und Verteilung des Magnesiums und dessen Rolle in der höheren grünen Pflanze. Bodenkde. u. Pflanzenernähr. **25** (70), 65–120 (1941). — MICHAEL, G., und H. MARSCHNER: Untersuchungen über die Phosphat-Abscheidung aus Pflanzenwurzeln mit Hilfe von P^{32}. Z. Pflanzenernähr., Düng., Bodenkde. **80**, 1–18 (1958a). — Über den Phosphataustausch an Wurzeloberflächen. Z. Bot. **46**, 37–52 (1958b). — Einfluß unterschiedlicher Luftfeuchtigkeit und Transpiration auf Mineralstoffaufnahme und -verteilung. Z. Pflanzenernähr., Düng., Bodenkde. **96**, 200–212 (1962). — MIDGLEY, A. R.: Phosphate fixation in soils. A critical review. Proc. Soil Sci. Soc. Amer. **5**, 24–30 (1940). — MIDGLEY, A. R., und D. E. DUNKLEE: The effect of lime on the fixation of borates in soils. Proc. Soil Sci. Soc. Amer. **4**, 302–307 (1939). — MILLARD, D. L., J. T. WISKICH und R. N. ROBERTSON: Ion uptake and phosphorylation in mitochondria: effect of monovalent ions. Plant Physiol. **40**, 1129–1135 (1965). — MILLER, R. H., und E. L. SCHMIDT: Uptake and assimilation of amino acids supplied to the sterile soil: root environment of the bean plant *(Phaseolus vulgaris)*. Soil Sci. **100**, 323–330 (1965). — MILLIKAN, C. R.: Relation between nitrogen source and the effects on flax of an excess of manganese or molybdenum in the nutrient solution. Austral. J. Sci. Res. **3**, 450–473 (1950). — Radio-autographs of manganese in plants. Austral. J. Sci. Res. B **4**, 28–41 (1951). — MOON, H. H., C. P. HARLEY und L. O. REGEIMBAL: Earlyseason symptoms of magnesium deficiency in apple. Proc. Amer. Soc. Horticult. Sci. **59**, 61–64 (1952). — MOORE, D. P., M. E. HARWARD, D. D. MASON, R. J. HADER, W. L. LOTT und W. A. JACKSON: An investigation of some of the relationships between copper, iron, and molybdenum in the growth and nutrition of lettuce, II. Response surfaces of growth and accumulations of Cu and Fe. Proc. Soil Sci. Soc. Amer. **21**, 65–74 (1957). — MOORE, D. P., R. OVERSTREET und L. JACOBSON: Uptake of magnesium and its interaction with calcium in excised barley roots. Plant Physiol. **36**, 290–295 (1961). — MORELAND, D. E.: A study of the translocation of radioactive phosphorus in loblolly pine (*Pinus taeda* L.). J. Elisha Mitchell Sci. Soc. **66**, 175–181 (1950); zit. nach Ber. wiss. Biol. **78**, 48 (1952). — MORGAN, G. T., und H. D. K. DREW: Researches on residual affinity and coordination, II. J. chem. Soc. London **117**, 1456–1465 (1920). — MORRIS, H. D.: The soluble manganese content of acid soils and its relation to the growth and manganese content of sweet clover and lespedeza. Proc. Soil Sci. Soc. Amer. **13**, 362–371 (1949). — MORRISON, T. M.: Absorption of phosphorus from soils by mycorrhizal plants. New Phytologist **61**, 10–20 (1962a). — Uptake of sulphur by mycorrhizal plants. New Phytologist **61**, 21–27 (1962b). — Uptake of sulphur by excised beech mycorrhizas. New Phytologist **62**, 44–49 (1963). — MOSOLOV, I. V., und A. W. PANOWA: Die Aufnahme des markierten Phosphors durch die Pflanze in Abhängigkeit von der Tiefe seiner Einbringung in den Boden. Počvovedenie **7**, 92–93 (1955; russ.); zit. nach Ber. wiss. Biol. **115**, 223 (1957). — MOSOLOV, I. V., und L. P. VOLLEJDT: Zum Problem der physiologischen

Rolle des Schwefels in Pflanzen. Dokl. Akad. Nauk SSSR **105**, 1045–1048 (1955; russ.); zit. nach Ber. wiss. Biol. **105**, 45 (1956). — MUHR, G. R.: Available boron as affected by soil treatments. Proc. Soil Sci. Soc. Amer. **5**, 220–226 (1940). — MULDER, E. G.: Über die Bedeutung des Kupfers für das Wachstum von Mikroorganismen und über eine mikrobiologische Methode zur Bestimmung des pflanzenverfügbaren Bodenkupfers. Arch. Mikrobiol. **10**, 72–86 (1939). — MUNNS, D. N., C. M. JOHNSON und L. JACOBSON: Uptake and distribution of manganese in oat plants, I. Varietal variation. Plant a. Soil (The Hague) **19**, 115–126 (1963). — MURDOCK, J. T., und L. E. ENGELBERT: The importance of subsoil phosphorus to corn. Proc. Soil Sci. Soc. Amer. **22**, 53–57 (1958).

NAFTEL, J. A.: The absorption of ammonium and nitrate nitrogen by various plants at different stages of growth. J. Amer. Soc. Agronomy **23**, 142–158 (1931). — NAYLOR, J. M., G. W. R. WALKER, D. MURRAY, C. O. PERSON, J. W. T. SPINKS und T. J. ARNASON: Uptake of P^{32} by some cereals. Canad. J. Bot. **29**, 329–338 (1951). — NELLER, J. R.: Effect of sulfur and gypsum additions on availability of rock phosphate phosphorus in leon fine sand. Soil Sci. **82**, 129–134 (1956). — NELLER, J. R., und C. L. COMAR: Factors affecting fixation of phosphorus in soils as determined with radioactive phosphorus. Soil Sci. **64**, 379–387 (1947). — NICHOLAS, D. J. D., und A. H. FIELDING: The use of *Aspergillus niger* (M.) for the determination of magnesium, zinc, copper and molybdenum available in soils to crop plants. J. horticult. Sci. **26**, 125–147 (1951). — NIELSEN, T. R., und R. OVERSTREET: A study of the role of the hydrogen ion in the mechanism of potassium absorption by excised barley roots. Plant Physiol. **30**, 303–309 (1955). — NIGHTINGALE, G. T.: The nitrogen nutrition of green plants. Bot. Rev. **3**, 85–174 (1937). — The nitrogen nutrition of green plants, II. Bot. Rev. **14**, 185–221 (1948). — NISHITA, H., B. W. KOWALEWSKY und K. H. LARSON: Influence of soil organic matter on mineral uptake by tomato plants. Soil Sci. **82**, 401–407 (1956). — NYE, P. H., und W. N. M. FOSTER: A study of the mechanism of soil-phosphate uptake in relation to plant species. Plant a. Soil (The Hague) **9**, 338–352 (1958).

OERTLI, J. J.: A test of a mechanism of salt and water absorption using evidence from guttation studies. Agrochimica (Pisa) **8**, 37–63 (1963). — Aufnahme und Rücktransport von Ionen durch pflanzliche Zellen (eine mögliche Erklärung des Viets-Effekts). Z. Pflanzenernähr., Düng., Bodenkde. **107**, 193–205 (1964). — OERTLI, J. J., und L. JACOBSON: Some quantitative considerations in iron nutrition of higher plants. Plant Physiol. **35**, 683–688 (1960). — OLIVER, W. F.: Absorption and translocation of phosphorus by foliage. Sci. Agric. **32**, 427–432 (1952). — OLSEN, C.: Über die Manganaufnahme der Pflanzen. Biochem. Z. **269**, 329–348 (1934). — Iron absorption and chlorosis in green plants. Compt. rend. Lab. Carlsberg, Sér. chim. **21**, 15–52 (1935). — Experiments with different quantities of iron salts given to maize in water culture. Compt. rend. trav. Lab. Carlsberg, Sér. chim. **21**, 301–313 (1938). — The mineral nitrogen and sugar content of beech leaves and beech leaf sap at various times. Compt. rend. Lab. Carlsberg, Sér. chim. **26**, 197–230 (1948). — The significance of concentration for the rate of ion absorption by higher plants in water culture, IV. The influence of hydrogen ion concentration. Physiol. Plant. (Copenh.) **6**, 848–859 (1953). — OLSEN, R. A.: Absorption of sulfur dioxide from the atmosphere by cotton plants. Soil Sci. **84**, 107–111 (1957). — OLSON, R. V., und K. C. BERGER: Boron fixation as influenced by pH, organic matter content, and other factors. Proc. Soil Sci. Soc. Amer. **11**, 216–220 (1946). — OSERKOWSKY, J.: Quantitative relation between chlorophyll and iron in green and chlorotic pear leaves. Plant Physiol. **8**, 449–468 (1933). — OSTERHOUT, W. J. V.: Some aspects of selective absorption. J. Gen. Physiol. **5**, 225–230 (1923). — On the importance of maintaining differences between cell sap and external medium. J. Gen. Physiol. **7**, 561–564 (1925). — OSTERHOUT, W. J. V., und M. J. DORCAS: Contrast in the cell sap of Valonias and the problem of flotation. J. Gen. Physiol. **7**, 633–640 (1925). — OUELLETTE, G. J., und L. DESSUREAUX: Chemical composition of alfalfa as related to degree of tolerance to manganese and aluminium. Canad. J. Plant. Sci. **38**, 206–214 (1958). — OVERSTREET, R.: Comments of the absorption of inorganic ions by root cells. Plant Physiol. **32**, 491–492 (1957). — OVERSTREET, R., und L. JACOBSON: The absorption by roots of rubidium and phosphate ions at extremely small concentrations as revealed by experiments with Rb^{86} and P^{32} prepared without inert carrier. Amer. J. Bot. **33**, 107–112 (1946). — OVERSTREET, R., L. JACOBSON und R. HANDLEY: The effect of calcium on the absorption of potassium by barley roots. Plant Physiol. **27**, 583–590 (1952). — OVERSTREET, R., S. RUBEN und T. C. BROYER: The adsorption of bicarbonate ion by barley plants as indicated by studies with radioactive carbon. Proc. Nat. Acad. Sci. USA **26**, 688–695 (1940). — OZAKI, CH. T.: The relative effectiveness of foliar applications of several manganese sources in correcting manganees deficiency. Proc. Amer. Soc. Horticult. Sci. **65**, 313–316 (1955).

PADEN, W. R., und W. H. GARMAN: Yield and composition of cotton and Kobe lespedeza grown in different pH levels. Proc. Soil Sci. Soc. Amer. **11**, 309–316 (1947). — PAGE, E. R., und J. DAINTY: Manganese uptake by excised oat roots. J. exper. Bot. (London) **15**, 428–443 (1964). — PARKER, F. W., und W. H. PIERRE: The relation between the concentration of mineral elements in a culture medium and the absorption and utilization of those elements by plants. Soil Sci. **25**, 337–343 (1928). — PARKS, R. Q., und B. T. SHAW: Possible mechanism of boron fixation in soil, I. Chemical. Proc. Soil Sci. Soc. Amer. **6**, 219–223 (1941). — PARKS, W. L., und J. L. WHITE: Boron retention by clay and humus systems saturated with various cations. Proc. Soil Sci. Soc. Amer. **16**, 298–300 (1952). — PATE, J. S.: Roots as organs of assimilation of sulfate. Science (Lancaster, Pa.) **149**, 547–548 (1965). — PEARSON, R. W., A. G. NORMAN und CH. HO: The mineralization of the organic phosphorus of various compounds in soil. Proc. Soil Sci. Soc. Amer. **6**, 168–175 (1941). — PEDERSEN, E. J. N.: On phytin phosphorus in the soil. Plant a. Soil (The Hague) **4**, 252–266 (1953). — PETERSBURGSKIJ, A. V., und N. K. SIDOROVA: Über den Calcium- und Phosphortransport in der Pflanze. Dokl. Akad. Nauk SSSR **105**, 1049–1052 (1955; russ.); zit. nach Ber. wiss. Biol. **105**, 51 (1956). — PETTERSSON, S.: Ion absorption in young sunflower plants I. Uptake and transport mechanisms for sulphate. Physiol. Plant. (Copenh.) **13**, 133–147 (1960). — II. The sulphate uptake in the apparent free space. Physiol. Plant. (Copenh.) **14**, 124–132 (1961). — Active and passive components of sulfate uptake in sunflower plants. Physiol. Plant. (Copenh.) **19**, 459–492 (1966). — PHILIPSON, T.: Boron in plant and soil with special regard to Swedish agriculture. Acta Agr. scand. (Stockh.) **3**, 121–242 (1953). — PIERRE, W. H.: The phosphorus cycle and soil fertility. J. Amer. Soc. Agronomy **40**, 1–14 (1948). — PIERRE, W. H., und G. M. BROWING: The temporary injurious effect of excessive liming of acid soils and its relation to the phosphate nutrition of plants. J. Amer. Soc. Agronomy **27**, 742–759 (1935). — PIERRE, W. H., und F. W. PARKER: Soil phosphorus studies, II. The concentration of organic and inorganic phosphorus in the soil solution and soil extracts and the availability of the organic phosphorus to plants. Soil Sci. **24**, 119–128 (1927). — PIERRE, W. H., und G. G. POHLMAN: Preliminary studies of the exuded plant sap and the relation between the composition of the sap and the soil solution. J. Amer. Soc. Agronomy **25**, 144–160 (1933). — PIRSCHLE, K.: Nitrate und Ammonsalze als Stickstoffquellen für höhere Pflanzen bei konstanter Wasserstoffionenkonzentration, II. Ber. Dtsch. Bot. Ges. **47**, (86)–(92) (1929). — Nitrate und Ammonsalze als Stickstoffquellen für höhere Pflanzen bei konstanter Wasserstoffionenkonzentration. Planta (Berl.) **9**, 84–104 (1930). — Nitrate und Ammonsalze als Stickstoffquellen für höhere Pflanzen bei konstanter Wasserstoffionenkonzentration, III. Planta (Berl.) **14**, 583–676 (1931a). — Nitrate und Ammonsalze als Stickstoffquellen für höhere Pflanzen bei konstanter Wasserstoffionenkonzentration, IV. Z. Pflanzenernähr., Düng., Bodenkde. A **22**, 51–86 (1931b). — PITMAN, M. G.: Sodium and potassium uptake by seedlings of *Hordeum vulgare*. Austral. J. Biol. Sci. **18**, 10–24 (1965). — Uptake of potassium and sodium by seedlings of *Sinapsis alba*. Austral. J. Biol. Sci. **19**, 257–269 (1966). — PITTIUS, G.: Über die stofflichen Grundlagen des osmotischen Druckes bei *Hedera helix* und *Ilex aquifolium*. Bot. Arch. **37**, 43–64 (1935). — PLANT, W.: The control of "whiptail" in broccoli and cauliflower. J. Horticult. Sci. **26**, 109–117 (1951). — Molybdenum deficiency in lettuce. Nature (London) **169**, 803 (1952). — POEL, L. W.: Carbon dioxide fixation by barley roots. J. exper. Bot. **4**, 157–163 (1953). — POTAPOV, N. G., und V. E. SUMYANOVA: Significance of growth zones of the lupine root for absorption and transformation of nitrates. Fiziol. Rastenij **13**, 231–235, engl. Zus. fass. (1966; russ.); zit. nach Ber. wiss. Biol. **263**, 296 (1966). — PRÁT, S.: Die Erblichkeit der Resistenz gegen Kupfer. Ber. Dtsch. Bot. Ges. **52**, 65–67 (1934). — PREVOT, P., und F. C. STEWARD: Salient features of the root system relative to the problem of salt absorption. Plant Physiol. **11**, 509–534 (1936). — PRJANISCHNIKOW, D. N.: Zur Frage nach der Ammoniakernährung von höheren Pflanzen. Biochem. Z. **207**, 341–349 (1929). — Der Stickstoff im Leben der Pflanzen und im Ackerbau der UdSSR. Berlin: Akademie-Verlag. 1952. — PYLNEVA, P. N., und I. V. MOSOLOV: On the uptake of urea by the root system of *Zea mays*. Dokl. Akad. Nauk SSSR **156**, 214–217 (1964; russ.); zit. nach Ber. wiss. Biol. **233**, 213–214 (1965).

RADEMACHER, B.: Die Heidemoorkrankheit (Urbarmachungskrankheit) unter besonderer Berücksichtigung der Kupferfrage. Arb. biol. Reichsanst. Land- u. Forstwirtsch. **21**, 531–603 (1936). — Die Bedeutung des Mangans im Thomasphosphat für die Düngung von Manganmangelböden. Phosphorsäure **10**, 103–110 (1941). —

RAINS, D. W., und E. EPSTEIN: Transport of sodium in plant tissue. Science (Lancaster, Pa.) **148**, 1611 (1965). — RAINS, D. W., W. E. SCHMID und E. EPSTEIN: Absorption of cations by roots. Effects of hydrogen ions and essential role of calcium. Plant Physiol. **39**, 274–278 (1964). — RAJAN, A. K.: The effect of root temperatures on water and sulphate absorption in intact sunflower plants. J. exper. Bot. (London) **17**, 1–19 (1966). — RATNER, E. I., und S. F. UKHINA: Metabolism of the roots with reference to the uptake and assimilation of amino acids by plants. Izv. Akad. Nauk SSSR, Ser. Biol. **26**, 865–877, engl. Zus. fass. (1961; russ.); zit. nach Ber. wiss. Biol. **174**, 300–301 (1962). — REDISKE, J. H., und O. BIDDULPH: The absorption and translocation of iron. Plant Physiol. **28**, 576–593 (1953). — REEVE, E., A. L. PRINCE und F. E. BEAR: The boron needs of New Jersey soils. N. J. Agricult. Exper. Stat. Bull. **709**, 1–26 (1944). — REEVE, E., und J. W. SHIVE: Potassium-boron and calcium-boron relationships in plant nutrition. Soil Sci. **57**, 1–14 (1944). — REID, P. H., und E. T. YORK JR.: Effect of nutrient deficiencies on growth and fruiting characteristics of peanuts in sand cultures. Agronomy J. **50**, 63–67 (1958). — REINAU, E. H.: Praktische Kohlensäuredüngung in Gärtnerei und Landwirtschaft. Berlin: Springer. 1927. — Kohlensäuredünger. In: HONCAMP, F.: Hdb. der Pflanzenernährung und Düngerlehre, Bd. **2**, S. 643–658. Berlin: Springer. 1931. — REMY, TH.: Fertilization in its relationship to the course of nutrient absorption by plants. Soil Sci. **46**, 187–209 (1938). — Düngung und Verlauf der Nährstoffaufnahme. Ernährg. d. Pfl. **35**, 129–132 (1939). — REPP, G.: Die Kupferresistenz des Protoplasmas höherer Pflanzen auf Kupfererzböden. Protoplasma (Wien) **57**, 643–659 (1963). — RICEMAN, D. S., und G. B. JONES: Distribution of zinc and copper in seedlings of subterranean clover (*Trifolium subterraneum* L.) in solution culture. Austral. J. Agricult. Res. **7**, 495–503 (1956). — Distribution of zinc and copper in subterranean clover (*Trifolium subterraneum* L.) grown in culture solutions supplied with graduated amounts of zinc. Austral. J. Agricult. Res. **9**, 73–122 (1958a). — Distribution of zinc in subterranean clover (*Trifolium subterraneum* L.) grown to maturity in a culture solution containing zinc labelled with the radioactive isotope Zn^{65}. Austral. J. Agricult. Res. **9**, 730–744 (1958b). — Distribution of recently absorbed zinc in subterranean clover (*Trifolium subterraneum* L.) determined by adding radioactive zinc to the culture solution. Austral. J. Agricult. Res. **11**, 887–893 (1960). — RIKER, A. J., und A. E. GUTSCHE: The growth of sunflower tissue in vitro on synthetic media with various organic and inorganic sources of nitrogen. Amer. J. Bot. **35**, 227–238 (1948). — RIPPEL, A.: Untersuchungen über die Mobilisation der Aschenbestandteile und des Stickstoffs in Zweigen beim frühjährlichen Austreiben. Biochem. Z. **113**, 125–144 (1921). — Über die durch Mangan verursachte Eisenchlorose bei grünen Pflanzen. Biochem. Z. **140**, 315–323 (1923a). — Über die Mobilisation der Mineralstoffe und des Stickstoffs aus Holz und Rinde beim frühjährlichen Austreiben. Biochem. Z. **135**, 518–531 (1923b). — Über den Zusammenhang zwischen dem Aufnahmeverlauf der Bodennährstoffe bei den höheren Pflanzen und der Beweglichkeit dieser Stoffe in der Pflanze. Biochem. Z. **187**, 272–282 (1927). — RIPPEL-BALDES, A., und W. KÖHLER: Über Eiweißbildung durch Bakterien. Arch. Mikrobiol. **13**, 389–392 (1942). — RIPPEL, A., K. NABEL und W. KÖHLER: Über Eiweißbildung durch Bakterien. Arch. Mikrobiol. **12**, 285–311 (1942). — RIRIE, D., und S. J. TOTH: Plant studies with radioactive calcium. Soil Sci. **73**, 1–10 (1952). — ROBERTSON, R. N.: Studies in the metabolism of plant cells, 1. Accumulation of chlorides by plant cells and its relation to respiration. Austral. J. Exper. Biol. Med. Sci. **19**, 265–278 (1941). — Studies in the metabolism of plant cells, 2. Effects of temperature on accumulation of potassium chloride and on respiration. Austral J. Exper. Biol. Med. Sci. **22**, 237–245 (1944). — Elektrolyte in Pflanzengeweben. Endeavour **16**, 193–198 (1957). — The uptake of minerals. In: Hdb. d. Pflanzenphysiologie, Bd. 4, S. 243–279. Berlin-Göttingen-Heidelberg: Springer. 1958. — Ion transport and respiration. Biol. Rev. **35**, 231–264 (1960). —ROBERTSON, R. N., J. S. TURNER und M. J. WILKINS: Studies in the metabolism of plant cells, 5. Salt respiration and accumulation in red beet tissue. Austral. J. Exper. Biol. Med. Sci. **25**, 1–8 (1947). — ROBERTSON, R. N., und M. J. WILKINS: Studies in the metabolism of plant cells, 7. The quantitative relation between salt accumulation and salt respiration. Austral. J. Sci. Res. B **1**, 17–37 (1948). — ROBERTSON, R. N., M. J. WILKINS, A. B. HOPE und L. NESTEL: Studies in the metabolism of plant cells, 10. Respiratory activity and ionic relations of plant mitochondria. Austral. J. Biol. Sci. **8**, 164–185 (1955). — ROBERTSON, R.N., M. J. WILKINS und D. C. WEEKS: Studies in the metabolism of plant cells, 9. The effects of 2,4-Dinitrophenol on salt accumulation and salt respiration. Austral. J. Sci. Res. B **4**, 248–264 (1951). — ROBINSON, W. O., und G. EDGINGTON: Toxic aspect of molybdenum in vegetation. Soil Sci. **66**, 197–198 (1948). — Availability of soil molybdenum as shown by the molybdenum content of many different plants. Soil Sci. **77**, 237–251 (1954). — Robinson, W. O., G. Edgington, W. H. Armiger und A. V. Breen: Availability of molybdenum as influenced by liming. Soil Sci. **72**. 267–274 (1951). — Rogers, B. L., L. P. Batjer und A. H. Thompson: Seasonal trend of several nutrient elements in Delicious apple leaves expressed on per cent and unit area basis. Proc. Amer. Soc. Horticult. Sci. **61**, 1–5 (1953). — Rogers, H. T., R. W. Pearson und W. H. Pierre: Absorption of organic phosphorus by corn and tomato plants and the mineralizing action of exoenzyme systems of growing roots. Proc. Soil Sci. Soc. Amer. **5**, 285–291 (1941). — Rogers L. H., und Chih-Hwa Wu: Zinc uptake by oats as influenced by application of lime and phosphate. J. Amer. Soc. Agronomy **40**, 563–566 (1948). — Roschach, H.: Die Reproduzierbarkeit der Aspergillus-Methode beim quantitativen Nachweis von Zink. Landwirtsch. Forsch. **8**, 227–234 (1955). — Rubins, E. J.: Molybdenum deficiencies in the United States. Soil Sci. **81**, 191–197 (1956). — Ruck, H. C., und B. D. Bolas: The effect of soil carbon dioxide on manganese uptake and growth of the potato. J. horticult. Sci. **29**, 193–202 (1954). — Ruda, E.: Einige Beobachtungen auf einem molybdänreichen Pflanzenstandort. Z. Pflanzenernähr., Düng., Bodenkde. **92**, 32–35 (1961). — Russell, R. S., und R. P. Martin: A study of the absorption and utilization of phosphate by young barley plants, 1. The effect of external concentration on the distribution of absorbed phosphate between roots and shoots. J. exper. Bot. **4**, 108–127 (1953). — Russell, R. S., R. P. Martin und O. N. Bishop: A study of the absorption and utilization of phosphate by young barley plants, 3. The relationship between the external concentration and the absorption of phosphate. J. exper. Bot. **5**, 327–342 (1954). — Russell, R. S., E. W. Russell und P. G. Marais: Factors affecting the ability of plants to absorb phosphate from soil, II. A comparison of the ability of different species to absorb labile soil phosphate. J. Soil Sci. **9**, 101–108 (1958). — Russell, R. S., und V. M. Shorrocks: The relationship between transpiration and the absorption of inorganic ions by intact plants. J. exper. Bot. (London) **10**, 301–316 (1959).

Sabalitschka, Th. und A. Wiese: Das Verhalten des Kalis vor und bei dem herbstlichen Absterben der Blätter von *Populus nigra* L. und *Hedera helix* L. Z. Pflanzenernähr., Düng., Bodenkde. **A 7**, 166–173 (1926). — Scarseth, G. D.: The mechanism of phosphate retention by natural alumino-silicate colloids. J. Amer. Soc. Agronomy **27**, 596–616 (1935). — Schachtschabel, P.: Das Mangan im Boden. Phosphorsäure **15**, 133–139 (1955). — Die Bestimmung des Manganversorgungsgrades von Böden und seine Beziehung zum Auftreten der Dörrfleckenkrankheit bei Hafer. Z. Pflanzenernähr., Düng., Bodenkde. **78**, 147–167 (1957). — Schaede, R.: Die pflanzlichen Symbiosen, 2. Aufl. Jena: Fischer. 1948. — Schain, S. S., W. M. Kaschmanowa, M. A. Melnikowa und A. W. Motowa: Die gleichzeitige Ausnutzung von radioaktivem Phosphor und Kalzium durch Futterpflanzen. Ber. Landw. Lenin-Akad. **H 1**, 15–23 (1957; russ.); zit. nach Z. Pflanzenernähr., Düng., Bodenkde. **81**, 268 (1958). — Scharrer, K.: Biochemie der Spurenelemente, 3. Aufl. Berlin: Parey. 1955. — Scharrer, K., S. Gericke und W. Jung: Untersuchungen über das Verhalten einiger Phosphate gegenüber der Einwirkung von Fluoriden in wäßriger Lösung. Z. Pflanzenernähr., Düng., Bodenkde. **60**, 250–270 (1953). — Scharrer, K., und W. Höfner: Über die Sorption und Auswaschung des Zinks im Boden. Z. Pflanzenernähr., Düng., Bodenkde. **81**, 201–212 (1958). — Scharrer, K. und J. Jung: Über den Einfluß von Mangan, Kupfer, Zink, Eisen, Bor, Molybdän und Kobalt auf die Mineralstoffaufnahme bei Mais und Ackerbohnen. Z. Pflanzenernähr., Düng., Bodenkde. **75** (120), 47–66 (1956). — Das Kationen-Anionen-Verhältnis der Pflanze bei Zufuhr steigender Mengen Carbonat-, Sulfat-, Silikat-, Chlorid- und Acetat-Ionen. Z. Pflanzenernähr., Düng., Bodenkde. **76**, 27–38 (1957). — Scharrer, K., und H. Kühn: Studien über die Aufnahme der Phosphorsäure aus markiertem Superphosphat. Landwirtsch. Forsch. **7**, 153–159 (1955). — Vergleichende Versuche über die Aufnahme der Phosphorsäure aus markierten Phosphatdüngemitteln. Landwirtsch. Forsch. **9**, 9–19 (1956). — Scharrer, K., H. Kühn und J. Lüttmer: Über die Auswaschung des Bors im Boden. Landwirtsch. Forsch. **7**, 89–105 (1955). — Untersuchungen über die Bindung des Bors durch anorganische Bodenbestandteile. Z. Pflanzenernähr., Düng., Bodenkde. **73** (118), 40–48 (1956). — Scharrer, K., R. Schreiber und H. Kühn: Über die Brauchbarkeit von kupferhaltigen Legierungen (Metallmehlen) zur Behebung von Kupfermangel. Landwirtsch. Forsch. **10**, 100–113 (1957). — Schatz, A.: Bodenbildung und Ertragssteigerung durch „Chelatisierung". Umschau **55**, 746–748 (1955). — Scheffer, F.: Der organisch gebundene Stickstoff des Bodens, seine Verwertbarkeit (auch Harnstoff). In: Hdb. d. Pflanzenphysiologie, Bd. 8, S. 179–200.

Berlin-Göttingen-Heidelberg: Springer. 1958. — SCHEFFER, F., R. KICKUTH und J. H. VISSER: Wurzelausscheidungen höherer Pflanzen. I. Isolierung und Identifizierung der Wurzelausscheidungen von *Trifolium pratense* L., *Medicago sativa* L. und *Eragrostis curvula* (Schrad.) Nees. Z. Pflanzenernähr., Düng., Bodenkde. **97**, 26–40 (1962). — SCHEFFER, F. und A. KLOKE: Der Einfluß von Antibiotica auf die Entwicklung und den Nährstoffgehalt von Kulturpflanzen. Z. Pflanzenernähr., Düng., Bodenkde. **66**, 29–38 (1954). — SCHEFFER, F., und P. SCHACHTSCHABEL: Lehrbuch der Bodenkunde, 6. Aufl. Stuttgart. Enke. 1966. — SCHEFFER, F., B. ULRICH und P. HIESTERMANN: Die Bedeutung der Chelatisierung in der Agrikulturchemie und Bodenkunde. Z. Pflanzenernähr., Düng., Bodenkde. **76**, 146–155 (1957). — SCHEFFER, F., B. ULRICH und H. J. KAUFMANN: Über die Phosphationenaufnahme durch Pflanzen. I. Phosphationenaufnahme durch Hafer als Funktion der Phosphatkonzentrationen in Nährlösung und Pflanze. Plant a. Soil (The Hague) **14**, 264–276 (1961). — SCHEREWERJA, N. I.: Über die Wechselbeziehungen der Mineralstoffernährung der Pflanze durch Blätter und Wurzeln. (Pflanzenphysiologie) **6**, 21–29 (1959; russ.); zit. nach Landwirtsch. Zbl. II, **4**, 2543–2544 (1959). — SCHEUERMANN, W.: ^{35}S-Inkorporation in das Wurzelspitzenmeristem von *Vica faba*. Z. Naturforsch. **19b**, 434–438 (1964). — SCHEURING, D. G., und R. OVERSTREET: Sodium uptake by excised barley roots from sodium bentonite suspensions and from their equilibrium filtrates. Soil Sci. **92**, 166–171 (1961). — SCHLICHTING, E.: Kupferbindung und -fixierung durch Huminsäuren. Z. Pflanzenernähr., Düng., Bodenkde. **69**, 134–137 (1955a). — Kupferbindung und -fixierung durch Humusstoffe. Acta Agric. scand. (Stockh.) **5**, 313–356 (1955b). — SCHMALFUSS, K.: Das Kalium. Eine Studie zum Kationenproblem im Stoffwechsel und bei der Ernährung der Pflanze. (Naturwissenschaft und Landwirtschaft H. 19.) Freising-München: Datterer. 1936 — SCHMALFUSS, K., und W. SCHULZE: Über Nährstoffverlagerungen in Holzgewächsen. Flora (Jena) **150**, 353–371 (1961). — SCHMEHL, W. R., M. PEECH and R. BRADFIELD: Influence of soil acidity on absorption of calcium by alfalfa as revealed by radiocalcium. Soil Sci. **73**, 11–21 (1952). — SCHMID, K.: Über die Geschwindigkeit der N-Aufnahme landwirtschaftlicher Kulturpflanzen aus Ammon- und Nitratsalzen. Diss. L. H. Hohenheim, Stuttgart 1930. — SCHMID, W. E., H. P. HAAG und E. EPSTEIN: Absorption of zinc by excised barley roots. Physiol. Plant. (Copenh.) **18**, 860–869 (1965). — SCHÖNNAMSGRUBER, H.: Studien über den Phosphathaushalt von jungen Holzpflanzen, insbesondere von Pappeln. Mitt. Württ. Forstl. Versuchsanst. **12**, H. 2, 1–68 (1955). — Die Aufnahme der Phosphorsäure aus Thomasphosphat durch junge Holzpflanzen. Phosphorsäure **18**, 24–41 (1958). — SCHOLZ, G.: Die Rolle von Chelaten bei der Eisenversorgung und im Stoffwechsel der Pflanze. Z. Pflanzenernähr., Düng., Bodenkde. **76**, 133–145 (1957). — Über die Translokation des Bors in Tabak-Blattstecklingen mit geteilten Wurzelsystemen. Flora **148**, 484–488 (1960). — SCHROPP, W.: Die Eisenversorgung der Pflanzen bei Wasserkulturversuchen. Z. Pflanzenernähr., Düng., Bodenkde. **33**, 38–79 (1934). — Bor und Gramineen. Forschungsdienst **10**, 138–160 (1940). — Wasserkulturversuche über die Wirkung des Magnesiums in Nährlösungen mit verschiedener Reaktion. Z. Pflanzenernähr., Düng., Bodenkde. **48**, 65–84 (1950). — Die Wirkung des Mangans im Thomasphosphat. Phosphorsäure **12**, 219–249 (1952). — Bor und Leguminosen. Versuch einer Monographie über die Wirkung des Mikronährstoffes Bor auf eine Pflanzenfamilie. Arbeiten und Berichte der Süddeutschen Versuchs- und Forschungsanstalt für Milchwirtschaft Weihenstephan **2**, H. 3/4, 83–186 (1957). — SCHULZ, A.: Über die auf schwermetallhaltigem Boden wachsenden Phanerogamen Deutschlands. Jb. des westf. Provinzial-Vereins für Wissenschaft und Kunst **40**, 209–227 (1912). — SCHUMACHER, W.: Über plasmodesmenartige Strukturen in Epidermisaußenwänden. Jb. wiss. Bot. **90**, 530–545 (1942). — Über Ektodesmen und Plasmodesmen. Ber. Dtsch. Bot. Ges. **70**, 335–342 (1957). — SCHUMACHER, W., und W. HALBSGUTH: Über den Anschluß einiger höherer Parasiten an die Siebröhren der Wirtspflanzen. Ein Beitrag zum Plasmodesmenproblem. Jb. wiss. Bot. **87**, 324–355 (1938). — SCHUMACHER, W., und P. LAMBERTZ: Über die Beziehungen zwischen der Stoffaufnahme durch Blattepidermen und der Zahl der Plasmodesmen in den Außenwänden. Planta (Berl.) **47**, 47–52 (1956). — SCHWANITZ, F., und H. HAHN: Genetisch-entwicklungsphysiologische Untersuchungen an Galmeipflanzen I., Pflanzengröße und Resistenz gegen Zinksulfat bei *Viola lutea* Hudson, *Alsine verna* L. und *Silene inflata* Sm. Z. Bot. **42**, 179–190 (1954a). — Genetisch-entwicklungsphysiologische Untersuchungen an Galmeipflanzen, II. Über Galmeibiotypen bei *Linum catharticum* L., *Campanula rotundifolia* L., *Plantago lanceolata* L. und *Rumex acetosa* L. Z. Bot. **42**, 459–471 (1954b). — SCHWICKERATH, M.: Das Violetum calaminariae der Zinkböden in der Umgebung Aachens. Beitr. z. Naturdenkmalpflege **14**, 463–503 (1930). — SEBALD, O.: Über Wachstum und Mineralstoffgehalt von Waldpflanzen in Wasser- und Sandkulturen bei abgestufter Azidität. Mitt. Württ. Forstl. Versuchsanst. **13**, H. 1, 1–83 (1956). — SELKE, W.: Neue Möglichkeiten einer verstärkten Stickstoffdüngung zu Getreide. Bodenkde. u. Pflanzenernähr. **9/10**, 506–535 (1938). — Die Wirkung zusätzlicher später Stickstoffgaben auf Ertrag und Qualität der Ernteprodukte. Bodenkde. u. Pflanzenernähr. **20**, 1–50 (1940). — SHCHERBAKOV, A. P., und M. S. TURKOVA: Forms of calcium in seedlings of woody plants. Fiziol. Rastenij **7**, 439–446, engl. Zus.fass. (1960; russ.); zit. nach Ber. wiss. Biol. **157**, 287 (1961). — SHEPHERD, L., K. LAWTON und J. F. DAVIS: The effectiveness of various manganese materials in supplying manganese to crops. Proc. Soil Sci. Soc. Amer. **24**, 218–221 (1960). — SHERMAN, G. D., und P. M. HARMER: The manganous-manganic equilibrium of soils. Proc. Soil Sci. Soc. Amer. **7**, 398–405 (1942). — SHERMAN, G. D., J. S. MCHARGUE und W. S. HODGKISS: Determination of active manganese in soil. Soil Sci. **54**, 253–257 (1942). — SHIVE, J. W.: Boron in plant life. A brief historical survey. Soil Sci. **60**, 41–51 (1945). — SIDERIS, C. P.: Manganese interference in the absorption and translocation of radioactive iron (Fe^{59}) in *Ananas comosus* (L.) Merr.. Plant Physiol. **25**, 307–321 (1950). — SIDERIS, C. P., B. H. KRAUSS und H. Y. YOUNG: Assimilation of ammonium and nitrate nitrogen from solution cultures by roots of *Pandanus veitchii* Hort., and the distribution of the various nitrogen fractions and sugars in the stele and cortex. Plant Physiol. **12**, 899–928 (1937). — Assimilation of ammonium and nitrate by pineapple plants grown in nutrient solutions and its effects on nitrogenous and carbohydrate constituents. Plant Physiol. **13**, 489–527 (1938). — SIDERIS, C. P., H. Y. YOUNG und B. H. KRAUSS: Effects of iron on the growth and ash constituents of *Ananas comosus* (L.) Merr.. Plant Physiol. **18**, 608–632 (1943). — SIDERIS, C. P., und H. Y. YOUNG: Growth and chemical composition of *Ananas comosus* (L.) Merr. in solution cultures with different iron-manganese ratios. Plant Physiol. **24**, 416–440 (1949). — SIEVERS, A.: Untersuchungen über die Darstellbarkeit der Ektodesmen und ihre Beeinflussung durch physikalische Faktoren. Flora **147**, 263–316 (1959). — SIMONS, J. N., R. SWIDLER und H. M. BENEDICT: Absorption of chelated iron by soybean roots in nutrient solutions. Plant Physiol. **37**, 460–466 (1962). — SMIRNOV, A.M., und C.-S. CHUAN: Comparative availability of various nitrogen compounds to isolated roots of lucerne grown under sterile conditions. Izv. Akad. Nauk SSSR, Ser. Biol. **26**, 878–887 (1961; russ.); zit. nach Ber. wiss. Biol. **174**, 289–290 (1962). — SMITH, M. E.: The role of boron in plant metabolism, 1. Boron in relation to the absorption and solubility of calcium. Austral. J. Exp. Biol. Med. Sci. **22**, 257–263 (1944). — SMITH, P. F.: Studies on the growth of Citrus seedlings with different forms of nitrogen in solution cultures. Plant Physiol. **32**, 11–15 (1957). — SMITH, P. F., W. REUTHER und A. W. SPECHT: Seasonal changes in Valencia orange trees, II. Changes in microelements, sodium and carbohydrates in leaves. Proc. Amer. Soc. Horticult. Sci. **59**, 31–35 (1952). — SMITH, P. F., und A. W. SPECHT: Heavy-metal nutrition and iron chlorosis of Citrus seedlings. Plant Physiol. **28**, 371–382 (1953). — SOHN, J. B., und M. PEECH: Retention and fixation of ammonia by soils. Soil Sci. **85**, 1–9 (1958). — SOMERS, I. I., und J. W. SHIVE: The iron-manganese relation in plant metabolism. Plant Physiol. **17**, 582–602 (1942). — SOMMER, A. L.: Copper and plant growth. Soil Sci. **60**, 71–79 (1945). — SOWELL, W. F., und R. D. ROUSE: Effect of Na on cation content of leaves and boll production of cotton plants grown in solution cultures in growth chamber. Soil Sci. **86**, 70–74 (1958). — SOWELL, W. F., R. D. ROUSE und J. I. WEAR: Copper toxicity of the cotton plant in solution cultures. Agronomy J. **49**, 206–207 (1957). — SPENCER, D.: The reduction and accumulation of nitrate. In: Hdb. d. Pflanzenphysiologie, Bd. **8**, S. 201–211. Berlin-Göttingen-Heidelberg: Springer. 1958. — STABROWSKA, J.: Das Wachstum der Pflanzen auf Nitraten beziehungsweise auf Ammonsalzen in Abhängigkeit von der Sauerstoffversorgung des Substrats. Acta Soc. bot. pol. **28**, 589–620 (1959; poln.); zit. nach Ber. wiss. Biol. **151**, 175 (1960). — STAHL, A. L., und J. W. SHIVE: Studies on nitrogen absorption from culture solutions, I. Oats. Soil Sci. **35**, 375–399 (1933 a). — Further studies on nitrogen absorption from culture solutions, II. Buckwheat. Soil Sci. **35**, 469–483 (1933 b). — STÅLFELT, M. G.: Die Spaltöffnungsweite als Assimilationsfaktor. Planta (Berl.) **23**, 715–759 (1935). — Das Kohlendioxyd. In: Hdb. d. Pflanzenphysiologie, Bd. 5/2, S. 81–99. Berlin-Göttingen-Heidelberg: Springer. 1960. — STANFORD, G., und J. D. DEMENT: A method for measuring short-term nutrient absorption by plants, I. Phosphorus. Proc. Soil Sci. Soc. Amer. **21**, 612–617 (1957). — STAPP, C., und C. WETTER: Beiträge zum quantitativen mikrobiologischen Nachweis von Magnesium, Zink, Eisen, Molybdän und Kupfer im Boden. Landwirtsch. Forsch.

5, 167–180 (1953). — STEEMANN NIELSEN, E.: Uptake of CO_2 by the plant. In: Hdb. d. Pflanzenphysiologie, Bd. 5, 1, S. 70—84. Berlin-Göttingen-Heidelberg: Springer. 1960. — STEINER, M.: Zur Ökologie der Salzmarschen der nordöstlichen Vereinigten Staaten von Nordamerika. Jb. wiss. Bot. 81, 94–202 (1934). — Die Zusammensetzung des Zellsaftes bei höheren Pflanzen in ihrer ökologischen Bedeutung. Erg. Biol. 17, 151–254 (1939). — STEINER, M., und W. ESCHRICH: Die osmotische Bedeutung der Mineralstoffe. In: Hdb. d. Pflanzenphysiologie, Bd. 4, S. 334–354. Berlin-Göttingen-Heidelberg: Springer. 1958. — STEMMET, M. C., J. A. DE BRUYN und P. B. ZEEMAN: The uptake of carbon dioxide by plant roots. Plant a. Soil (The Hague) 17, 357–364 (1962). — STENLID, G.: Some differences between the accumulation of chloride and nitrate ions in excised wheat roots. Physiol. Plant. (Copenh.) 10, 922–936 (1957). — STEUBING, L.: Hydraturänderung durch oberirdische Wasser- und Nährstoffaufnahme. Ber. Dtsch. Bot. Ges. 72, 11 (26) – (27) (1959). — STEWARD, F. C., P. PREVOT und J. A. HARRISON: Absorption and accumulation of rubidium bromide by barley plants. Localization in the root of cation accumulation and transfer to the shoot. Plant Physiol. 17, 411–421 (1942). — STEWART, G. R., E. C. THOMAS und J. HORNER: The comparative growth of pineapple plants with ammonia and nitrate nitrogen. Soil Sci. 20, 227–241 (1925). — STEWART, I.: Chelation in the absorption and translocation of mineral elements. Ann. Rev. Plant Physiol. 14, 295–310 (1963). — STEWART, I., und C. D. LEONARD: Chelates as sources of iron for plants growing in the field. Science (Lancaster, Pa.) 116, 564–566 (1952). — Correction of molybdenum deficiency in Florida Citrus. Proc. Amer. Soc. Horticult. Sci. 62, 111–115 (1953). — Use of isotopes for determing the availability of chelated metals to growing plants. Peaceful uses of atomic energy 12, 159–164 (1956). — Use of chelates in Citrus production in Florida. Soil Sci. 84, 87–97 (1957). — STILES, W.: Trace elements in plants and animals, 2. Aufl. Cambridge: University Press. 1951. — Essential micro-(trace)-elements. In: Hdb. d. Pflanzenphysiologie, Bd. 4, S. 558–598. Berlin-Göttingen-Heidelberg: Springer. 1958. — STOCKER, O., S. REHM und I. PAETZOLD: Beiträge zur Methodik der kurzfristigen Assimilationsmessung. Jb. wiss. Bot. 86, 556–580 (1938). — STOKES, A.: Uptake and translocation of griseofulvin by wheat seedlings. Plant a. Soil (The Hague) 5, 132–142 (1954). — STOLLE, G.: Jahreszeitliche Veränderungen im Nährstoffgehalt verschiedener Organe von Schattenmorellen auf *Prunus mahaleb*. Z. Pflanzenernähr., Düng., Bodenkde. 73, 193–202 (1956). — STOUT, P. R., W. R. MEAGHER, G. A. PEARSON und C. M. JOHNSON: Molybdenum nutrition of crop plants, I. The influence of phosphate and sulfate on the absorption of molybdenum from soils and solution cultures. Plant a. Soil (The Hague) 3, 51–87 (1951). — STRATMANN, H: Staub- und Gasimmissionen von Kohlenfeuerungen, ihr Einfluß auf die Vegetation und ihre Messung. VDI- Ber. 15, 59–66 (1956). — STREET, H. E., und D. E. G. SHEAT: The absorption and availability of nitrate and ammonia. In: Hdb. d. Pflanzenphysiologie, Bd. 8, S. 150–165. Berlin-Göttingen-Heidelberg: Springer. 1958. — STRIGEL, A.: Mineralstoffaufnahme verschiedener Pflanzenarten aus ungedüngtem Boden. Über den Einfluß der botanischen Natur, der Herkunft und Erntezeit auf die chemische Zusammensetzung von Wiesenheu. Landwirtsch. Jb. 43, 349–371 (1912). — SULOCHANA, C. B.: Amino acids in root exudates of cotton. Plant a. Soil (The Hague) 16, 312–326 (1962). — SUTCLIFFE, J. F.: Salt uptake in plants. Nature (London) 178, 897–899 (1956). — The selective uptake of alkali cations by red beet root tissue. J. exper. Bot. 8, 36–49 (1957). — Mineral salts absorption in plants. New York, Oxford, London, Paris: Pergamon Press. 1962. — SWANBACK, T. R.: Studies on antagonistic phenomena and cation absorption in tobacco in the presence and absence of manganese and boron. Plant Physiol. 14, 423–446 (1939). — SWANSON, C. A., und J. B. WHITNEY JR.: Studies on the translocation of foliar-applied P^{32} and other radioisotopes in bean plants. Amer. J. Bot. 40, 816–823 (1953). — SWITZER, C. M., und F. G. SMITH: Factors affecting oxidation and phosphorylation by soybean mitochondria. Canad. J. Bot. 35, 515–525 (1957).

TAMM, C. O.: Seasonal variation in composition of birch leaves. Physiol. Plant. (Copenh.) 4, 461–469 (1951). — TAPER, C. D., und W. LEACH: Studies in plant mineral nutrition, III. The effects of calcium concentration in culture solutions upon the absorption of iron and manganese by dwarf kidney bean. Canad. J. Bot. 35, 773–777 (1957). — TEAKLE, L. J. H.: Phosphate in the soil solution as effected by reaction and cation concentrations. Soil Sci. 25, 143–162 (1928). — THOMAS, M. D., R. H. HENDRICKS, T. R. COLLIER und G. R. HILL: The utilization of sulphate and sulfur dioxide for the sulphur nutrition of alfalfa. Plant Physiol. 18, 345–371 (1943). — THOMAS, M. D., R. H. HENDRICKS, L. C. BRYNER und G. R. HILL: A study of the sulphur metabolism of wheat, barley and corn using radioactive sulphur. Plant

Physiol. **19**, 227–244 (1944). — THOMAS, M. D., R. H. HENDRICKS und G. R. HILL: Sulfur metabolism in alfalfa. Soil Sci. **70**, 19–26 (1950). — THORNE, G. N.: Absorption of nitrogen, phosphorus and potassium from nutrient sprays by leaves. J. exper. Bot. **5**, 37–48 (1954). — The effect of applying a nutrient in leaf sprays on the absorption of the same nutrient by the roots. J. exper. Bot. **8**, 401–412 (1957). — TIDMORE, J. W.: Phosphate studies in solution cultures. Soil Sci. **30**, 13–31 (1930). — TIEDJENS, V. A.: Factors affecting assimilation of ammonium and nitrate nitrogen particularly in tomato and apple. Plant Physiol. **9**, 31–57 (1934). — TIEDJENS, V. A., und M. A. BLAKE: Factors affecting the use of nitrate and ammonium nitrate by apple trees. N. J. Agricult. Exper. Stat. Bull. **547** (1932). — TIEDJENS, V. A., und W. R. ROBBINS: The use of ammonia and nitrate nitrogen by certain crop plants. N. J. Agricult. Exper. Stat. Bull. **526**, (1931). — TIFFIN, L. O., und J. C. BROWN: Absorption of iron from iron chelate by sunflower roots. Science (New York) **130**, 274–275 (1959). — Selective absorption of iron from iron chelates by soybean plants. Plant Physiol. **36**, 710–714 (1961). — TIFFIN, L. O., J. C. BROWN und R. S. HOLMES: Chelating agent and plant nutrient interactions affecting the iron nutrition of soybeans. Proc. Soil. Sci. Soc. Amer. **24**, 120–124 (1960). — TIFFIN, L. O., J. C. BROWN und R. W. KRAUSS: Differential absorption of metal chelate components by plant roots. Plant Physiol. **35**, 362–367 (1960). — TROLL, W.: Vergleichende Morphologie der höheren Pflanzen, 1. Bd., Vegetationsorgane. Berlin-Zehlendorf: Borntraeger. 1941. — TRUNINGER, E.: Versuche und Untersuchungen über Wirkungen des Bors als Spurenelement. Landwirtsch. Jb. Schweiz **58**, 1–36 (1944). — TRUOG, E.: Lime relation to availability of plant nutrients. Soil Sci. **65**, 1–7 (1948). — TSAO, T. H., H. T. LIU und C. H. YANG: The uptake of P^{32} by different regions of wheat roots. Acta bot. sinica **12**, 190–200, engl. Zus. fass. (1964; chin.); zit. nach Ber. wiss. Biol. **230**, 117–118 (1965). — TSAO, T.-H., G. S. RABIDEAU und W. G. WHALEY: The phosphorus uptake of *Andropogon ischaemum* L. at various stages of development. Plant Physiol. **25**, 653–665 (1950). — TUCKER, G. M., und B. TOLLENS: Über den Gehalt der Platanenblätter an Nährstoffen und die Wanderung dieser Nährstoffe beim Wachsen und Absterben der Blätter. J. Landwirtsch. **48**, 39–63 (1900). — TUCKER, T. C., L. T. KURTZ und D. L. LYNCH: Zinc status of some Illinois soils as estimated by an *Aspergillus niger* method. Proc. Soil Sci. Soc. Amer. **17**, 111–114 (1953). — TWYMAN, E. S.: The iron and manganese requirements of plants. New Phytologist **50**, 210–226 (1951).

UHLER, R. L., und R. S. RUSSELL: Chloramphenicol inhibition of salt absorption by intact plants. J. exper. Bot. (London) **14**, 431–437 (1963). — ULRICH, B., und J.-H. BENZLER: Der organisch gebundene Phosphor im Boden. Z. Pflanzenernähr., Düng., Bodenkde. **70**, 220–249 (1955). — UNGERER, E.: Über pflanzenphysiologisch wichtige schwerlösliche Phosphate. Z. Pflanzenernähr., Düng., Bodenkde. A **12**, 349–362 (1928).

VAKHMISTROV, D. B.: On the magnitude of the „apparent free space" of plant roots. Fiziol. Rastenij **12**, 805–813, engl. Zus.fass. (1965; russ.); zit. nach Ber. wiss. Biol. **260**, 382 (1966). — VAVRA, J. P., und R. H. BRAY: Yield and composition response of wheat to soluble phosphate drilled in the row. Agronomy J. **51**, 326–328 (1959). — VIETS, F. G. JR.: Calcium und other polyvalent cations as accelerators of ion accumulation by excised barley roots. Plant Physiol. **19**, 466–480 (1944). — VIETS, F. G. JR., L. C. BOAWN, C. L. CRAWFORD and C. E. NELSON: Zinc deficiency in corn in central Washington. Agronomy J. **45**, 559–565 (1953). — VIETS, F. G. JR., L. C. BOAWN und C. L. CRAWFORD: The effect of nitrogen and types of nitrogen carrier on plant uptake of indigenous and applied zinc. Proc. Soil Sci. Soc. Amer. **21**, 197–201 (1957). — VIRTANEN, A. I.: The biology and chemistry of nitrogen fixation by legume bacteria. Biol. Rev. **22**, 239–269 (1947). — VLASJUK, P. A., und K. P. BUTKEVIČ: Die Bedeutung der Mikroflora des Bodens für die Manganernährung der Pflanzen. Dokl. Vses. Ordena Lenina Akad. Sel'skochoz. Nauk i. V. I. Lenina **22**, H. 5., 3–9 (1957; russ.); zit. nach Ber. wiss. Biol. **116**, 230 (1957). — VÖCHTING, A.: Über die Zinkaufnahme von *Zea Mays* L. und *Aspergillus niger* v. Tiegh. in Einzelkultur und in Mischkultur. Ber. schweiz. bot. Ges. **63**, 103–161 (1953). — VOGEL, F., und E. WEBER: Untersuchungen über Umfang und Verlauf der Nährstoffaufnahme, Substanzbildung und Stoffwanderung bei Treibgurken. Gartenbauwissenschaft **6**, 478–499 (1932). — VOLZ, G.: Elektronenmikroskopische Untersuchungen über die Porengrößen pflanzlicher Zellwände. Mikroskopie (Wien) **7**, 251–266 (1952). — VOZNESENSKY, V. L.: On the absorption of carbon dioxide by the roots of plants. Fiziol. Rastenij. **5**, 329–336 (1958; russ.); zit. nach Ber. wiss. Biol. **133**, 45 (1959).

WAELE, M. DE: La chlorose et son traitment par les chélates. Rev. agricult. **18**, 51–60 (1965). — WAISEL, Y.: The effect of Ca on the uptake of monovalent ions by excised barley roots. Physiol. Plant. (Copenh.) **15**, 709–724 (1962). — WAISEL, Y., R. NEUMANN und Y. ESHEL: The nature of the pH effect on the uptake of rubidium by excised barley roots. Physiol. Plant. (Copenh.) **19**, 115–121 (1966). — WALKER, T. W.: Uptake of ions by plants growing in soil. Soil Sci. **89**, 328–332 (1960). — WALLACE, A.: Ammonium and nitrate nitrogen absorption by Citrus. Soil Sci. **78**, 89–94 (1954). — Metal chelates in agriculture. Symposium on the use of metal chelates in plant nutrition 4–23. Palo Alto, California: National Press. 1956a. — Differential availability of micronutrients in the soil following chelate applications. Symposium on the use of metal chelates in plant nutrition 44–48. Palo Alto, California: National Press. 1956b. — Role of chelating agents on the availability of nutrients to plants. Proc. Soil Sci. Soc. Amer. **27**, 176–179 (1963). — WALLACE, A., und F. E. BEAR: Influence of potassium and boron on nutrient-element balance and growth of ranger alfalfa. Plant Physiol. **24**, 664–680 (1949). — WALLACE, A., und O. R. LUNT: Reactions of some iron, zinc and manganese chelates in various soils. Proc. Soil Sci. Soc. Amer. **20**, 479–482 (1956). — WALLACE, A., und R. P. MUELLER: Responses of plants to zinc and manganese chelates. Proc. Soil Sci. Soc. Amer. **23**, 79 (1959). — WALLACE, A., R. T. MUELLER, O. R. LUNT, R. T. ASHCROFT und L. M. SHANNON: Comparisons of five chelating agents in soils, in nutrient solutions and in plant responses. Soil Sci. **80**, 101–108 (1955). — WALLACE, A., und C. P. NORTH: Lime-induced chlorosis. Calif. Agric. **7** (8), 10 (1953). — WALLACE, A., C. P. NORTH, R. T. MUELLER und N. HEMAIDAN: Chelating agents as a means of supplying micronutrients to woody plants in alkaline and calcareous soils. Proc. Amer. Soc. Horticult. Sci. **62**, 116–118 (1953). — WALLACE, A., C. P. NORTH, R. T. MUELLER, L. M. SHANNON und N. HEMAIDAN: Behaviour of chelating agents in plants. Proc. Amer. Soc. Horticult. Sci. **65**, 9–16 (1955). — WALLACE, A., L. M. SHANNON, O. R. LUNT und R. L. IMPEY: Some aspects of the use of metal chelates as micronutrient fertilizer source. Soil Sci. **84**, 27–41 (1957). — WALTER, H.: Die ökologischen Verhältnisse in der Namib-Nebelwüste (Südwestafrika) unter Auswertung der Aufzeichnungen des Dr. G. Boss (Swakopmund). Jb. wiss. Bot. **84**, 58–222 (1937). — WALTER, H., und M. STEINER: Die Ökologie der ostafrikanischen Mangroven. Z. Bot. **30**, 65–193 (1936). — WARINGTON, K.: Studies in the absorption of calcium from nutrient solutions with special reference to the presence or absence of boron. Ann. Bot. **48**, 743–776 (1934). — The influence of iron supply on toxic effects of manganese, molybdenum and vanadium on soybean, peas and flax. Ann. appl. Biol. **41**, 1–22 (1954). — WEAR, J. I.: Effect of soil pH and calcium on uptake of zinc by plants. Soil Sci. **81**, 311–315 (1956). — WEBER, A. L., und H. C. MCLEAN: Copper content of some New Jersey grown tomatoes. Proc. Amer. Soc. Horticult. Sci. **36**, 705–707 (1939). — WEEKS, D. C., und R. N. ROBERTSON: Studies in the metabolism of plant cells, 8. Dependence of salt accumulation and salt respiration upon the cytochrome system. Austral. J. Sci. Res. B **3**, 487–500 (1950). — WEHRMANN, J.: Mangan, Kupfer und Kobalt in Pflanzen und Böden schleswig-holsteinischer Weidegebiete. Plant a. Soil (The Hague) **6**, 61–83 (1955). — WEIGL, J.: Die Bedeutung der energiereichen Phosphate bei der Ionenaufnahme durch Wurzeln. Planta (Berl.) **60**, 307–321 (1963). — Die Phosphataufnahme durch verschiedene Wurzelzonen. Naturwiss. **51**, 516–517 (1964a). — Zur Hemmung der aktiven Ionenaufnahme durch Arsenat. Z. Naturforsch. **19b**, 646–648 (1964b). — Die Wirkung von Phlorizin auf die aktive Ionenaufnahme durch Maiswurzeln. Naturwiss. **51**, 340–341 (1964c). — WEINSTEIN, L. H., und W. R. ROBBINS: The effect of different iron and manganese nutrient levels on the catalase and cytochrome oxidase activities of green and albino sunflower leaf tissues. Plant Physiol. **30**, 27–32 (1955). — WEINSTEIN, L. H., W. R. ROBBINS und H. F. PERKINS: Chelating agents and plant nutrition. Science (Lancaster, Pa.) **120**, 41–43 (1954). — WEISSFLOG, J., und H. MENGDEHL: Studien zum Phosphorstoffwechsel in der höheren Pflanze, III. Aufnahme und Verwertbarkeit organischer Phosphorsäureverbindungen durch die Pflanze. Planta (Berl.) **19**, 182–241 (1933). — WIEBE, H. H., und P. J. KRAMER: Translocation of radioactive isotopes from various regions of roots of barley seedlings. Plant Physiol. **29**, 342–348 (1954). — WIKLANDER, L.: The soil. In: Hdb. d. Pflanzenphysiologie, Bd. **4**, S. 118–169. Berlin-Göttingen-Heidelberg: Springer. 1958. — WILKINSON, J., und A. J. LINDSEY: Movement of phosphate in the root system of the broad bean (*Vicia faba*). Biochim. Biophys. Acta **11**, 453 (1953). — WILLIAMS, C. F.: Seasonal variations in nitrogen concentration in twigs of peach trees under sandhills conditions. Proc. Amer. Soc. Horticult. Sci. **28**, 39–44 (1932). — WILLIAMS, D. E., und J. VLAMIS: Manganese and boron toxicities in standard culture solutions. Proc. Soil Sci. Soc. Amer. **21**, 205–209 (1957). — WILLIAMS, R. F.: The effects of phosphorus supply on the rates of intake of phosphorus and nitrogen and upon certain aspects of phosphorus metabolism in gramineous plants. Austral. J. Sci. Res. B **1**, 333–361 (1948). — WILSON, J. K.: Leguminous plants and their associated organisms. Cornell University Agricultural Experiment Station, Memoir **221** (1939). — WILSON, P. W.: Asymbiotic nitrogen fixation. In: Hdb. d. Pflanzenphysiologie, Bd. **8**, S. 9–47. Berlin-Göttingen-Heidelberg: Springer. 1958. — WILSON, P. W., und R. H. BURRIS: The mechanism of biological nitrogen fixation. Bacteriol. Rev. **11**, 41–73 (1947). — WINOGRADOW, A. P.: Geochemie seltener und nur in Spuren vorhandener chemischer Elemente im Boden. Berlin: Akademie-Verlag. 1954. — WINTER, A. G.: Untersuchungen über die Aufnahme von Penicillin und Streptomycin durch die Wurzeln von *Lepidium sativum* L. und ihre Beständigkeit in natürlichen Böden. Z. Bot. **40**, 153–172 (1952). — Analyse und Synthese in der Bodenbiologie. Landwirtsch. Forsch., 12. Sonderh., 97–110 (1959). — WINTER, A. G., und W. BUBLITZ: Über die keim- und entwicklungshemmende Wirkung der Buchenstreu. Naturwiss. **40**, 416 (1953). — WINTER, A. G., H. PEUSS und F. SCHÖNBECK: Untersuchungen über die Aufnahme organischer Substanzen durch die Wurzeln höherer Pflanzen, I. Phenolische Verbindungen. Naturwiss. **46**, 536–537 (1959). — WINTER, A. G., und F. SCHÖNBECK: Untersuchungen über die Beeinflussung der Keimung und Entwicklung von Getreidesamen durch Kaltwasserauszüge aus Getreidestroh. Naturwiss. **40**, 168–169 (1953). — Untersuchungen über die Aufnahme organischer Substanzen durch die Wurzeln höherer Pflanzen, II. Phenol. Naturwiss. **46**, 537 (1959a). — Zum Wirkungskreislauf Pflanze-Tier-Boden. Z. Pflanzenernähr., Düng., Bodenkde. **84** (129), 11–21 (1959b). — WINTER, A. G., und L. WILLEKE: Untersuchungen über Antibiotika aus höheren Pflanzen und ihre Bedeutung für die Bodenmikrobiologie und Pflanzensoziologie. Naturwiss. **38**, 262–264 (1951a). — Untersuchungen über Antibiotika aus höheren Pflanzen, II. Mitt. Naturwiss. **38**, 354 (1951b). — Untersuchungen über Antibiotika aus höheren Pflanzen. Leicht flüchtige Hemmstoffe der Ranunculaceen, III. Mitt. Naturwiss. **38**, 457 (1951c).— Untersuchungen über Antibiotika aus höheren Pflanzen, IV. Mitt. Hemmstoffe im herbstlichen Laub. Naturwiss. **39**, 45–46 (1952a). — Untersuchungen über Antibiotika aus höheren Pflanzen, V. Mitt. Hemmstoffe in Blättern und Blattstreu der Gramineen. Naturwiss. **39**, 190–191 (1952b). — WITHEE, L. V., und C. W. CARLSON: Foliar and soil applications of iron compounds for control of iron chlorosis of grain sorghum. Agronomy J. **51**, 474–476 (1959). — WITTWER, S. H., und F. G. TEUBNER: Foliar absorption of mineral nutrients. Ann. Rev. Plant Physiol. **10**, 13–32 (1959). — WOLF, B.: Experiments with boron on some New Jersey soils. Soil Sci. **48**, 41–57 (1939). — WOLFF, E. VON: Aschenanalysen von landwirtschaftlichen Produkten. Berlin: Wiegandt, Hempel und Parey. I. Teil 1871, II. Teil 1880. — WOLFF, H.: Über den Mineralstoffgehalt deutscher Futtermittel und seine Beeinflussung durch Düngung und Herkunft. Landwirtsch. Versuchsstat. **124**, 153–240 (1936). — WOLTZ, S., S. J. TOTH und F. E. BEAR: Zinc status of New Jersey soils. Soil Sci. **76**, 115–122 (1953). — WOOD, J. G., und B. S. BARRIEN: Studies on the sulphur metabolism of plants, I. Preliminary investigations on the effects of different external concentrations of sulphate, ammonia and cystine on the amounts of sulphur-containing compounds in leaves. New Phytologist **38**, 125–149 (1939). — WOOD, J. G., und P. M. SIBLY: The distribution of zinc in oat plants. Austral. J. Sci. Res. B **3**, 14–27 (1950). — WRIGHT, D. E.: Amino acid uptake by plant roots. Arch. Biochem. **97**, 174–180 (1962). — WYBENGA, J. M.: A contribution to the knowledge of the importance of sodium for plant life. Diss. Wageningen 1927.

ZEZSCHWITZ, E. VON: Zur Frage der Festlegung von Phosphorsäure im Boden. Phosphorsäure **13**, 117–144 (1953). — ZIDAN, Z. I., und A. WALLACE: Concentrations of five nutrient elements in orange fruits collected at different stages of maturity. Proc. Amer. Soc. Horticult. Sci. **63**, 53–58 (1954). — ZIMMERMAN, M.: Magnesium in plants. Soil Sci. **63**, 1–12 (1947).

B. The Absorption of Water by Roots

By

Paul J. Kramer

a) Introduction

The daily loss of water from a plant often equals or even exceeds its total water content. Unless this water loss is replaced by absorption of an equal quantity, an internal water deficit develops which interferes with essential physiological processes, stops growth, and eventually causes death from dehydration. Thus the factors which affect water absorption are of vital importance because of the relation of absorption to maintenance of an internal water balance (Wasserzustand) favorable for growth. Furthermore, the movement of large quantities of water from the soil into and through plants has important effects, both directly and indirectly, on the absorption and translocation of mineral nutrients.

Plant water relations can be said to consist of four interrelated groups of phenomena. These are water absorption, the ascent of sap, transpiration, and the internal water balance. It has become increasingly evident that no single phase of plant water relations, such as absorption, can be discussed adequately without giving some attention to its relationship to other phases of water relations. The water in soil, plant, and atmosphere should be regarded as a more or less continuous system (Gradmann 1928, van den Honert 1948, Cowan 1965, Philip 1966), and whatever affects the free energy of water in one part of this system will influence its behaviour in other parts of the system. Water absorption of plants in moist soil is controlled largely by the rate of water loss in transpiration, and the relative rates of absorption and transpiration are much affected by plant structure as well as by environmental factors.

Although some water is absorbed through leaves and other aerial structures (Gessner 1956), the amount entering in this way is negligible compared with the amount entering through roots. The small amount of water absorbed through the leaves sometimes is important, especially in dry climates (Duvdevani 1964), but we will restrict our attention to water absorption through roots in this chapter.

b) Mechanisms Involved in Water Absorption

It will be assumed in this discussion that water movement into, through, and out of plants occurs along gradients of decreasing free energy or chemical potential. Various attempts have been made to identify a nonosmotic force causing water movement by the expenditure of metabolic energy (Bennet-Clark *et al.* 1936, van Overbeek 1942, Rosene 1947, Bogen 1953). For reasons given in detail elsewhere (Bennet-Clark 1959, Kramer 1955, 1956 a), it seems doubtful if any measurable nonosmotic absorption of water occurs in plants. If nonosmotic absorption does occur, the quantity of water involved probably is too small to be a significant factor in plant water relations.

There has been much variation in the terminology used by various writers to describe the free energy status or chemical potential of water in plants and plant cells. Among the terms used are suction force (Saugkraft) (Ursprung and Blum 1916), water absorbing power (Thoday 1918), diffusion pressure deficit (Meyer 1945) and water potential (Slatyer and Taylor 1960). Walter (1931, 1965) proposed the term Hydratur which is described as the vapor pressure of the cell sap relative to that of pure water, and it deals with the effects of osmotic pressure on the hydration of the protoplasm.

The term water potential (Ψ_w) is preferable to suction force or diffusion pressure deficit to describe the difference in chemical potential between pure free water and water in plant cells or tissues. It is familiar to workers in many fields, it can be applied to water in soil as well as in plants, and it permits evaluation of the various components which reduce the free energy of water.

Since the potential of pure water, which is set at zero, is reduced by solutes and water-binding substances, the potential of water in soil, cells, and tissues is ordinarily negative. The water potential of a cell or tissue is numerically equal to its suction force or diffusion pressure deficit, but opposite in sign. The derivation of the terminology is discussed by SLATYER and TAYLOR (1960) and KRAMER *et al.* (1966).

The potential of water in plants is decreased by the presence of solutes, by the binding forces of hydrophilic colloids in the protoplasm and cell walls, and by the development of negative pressure or tension in the hydrodynamic system. It is increased by the wall pressure in turgid cells. The potential of soil water also is decreased by solutes, by the capillary or surface binding forces of soil particles, and by the gravitational forces which operate on the water films in a soil mass.

Water absorption occurs when there is a gradient of water potential to the roots from the water in the soil or other medium surrounding them. This gradient can be produced in two ways, resulting in two different types of water absorption, known as "active" and "passive" absorption. These terms were applied by RENNER (1912) to differentiate between active absorption caused by forces developed in the roots themselves and passive absorption caused by forces developed in the transpiring shoots and transmitted to the roots.

After discussing these two absorption mechanisms we will discuss the plant and environmental factors which affect the rate of water absorption.

Active Absorption. Roots of many species develop positive pressure in their xylem sap when grown in moist, well aerated soil and with atmospheric conditions which cause low rates of transpiration. This root pressure causes guttation from leaves and if the tops are removed, considerable quantities of sap often exude from the stumps. Root pressure and the resulting exudation occur only in healthy, well aerated root systems growing in media with a relatively high water potential (i. e., low soil moisture tension and high osmotic potential). It is dependent on conditions maintained by living, actively metabolizing cells, because little or no pressure develops in poorly aerated roots or in the presence of respiration inhibitors. Because the water absorption responsible for root pressure depends on the metabolic activity of the roots themselves, RENNER (1912) called it active absorption.

Several explanations of active absorption and the accompanying root pressure have been proposed including osmosis, electroosmosis, and nonosmotic secretion of water into the xylem. These were discussed in detail by KRAMER (1949, 1956 a), and by VAN ANDEL (1953) and will be treated rather briefly here.

Although nonosmotic "secretion" of water into the xylem has been proposed as the cause of root pressure by various investigators for over a century, no satisfactory explanation of such secretion has ever been offered. Some investigators proposed that the inner surfaces of the root cells are more permeable to water than the outer surfaces, and as the cells absorb water from the soil and become turgid, water is forced out on the inner sides and finally is forced into the xylem under pressure. More recently URSPRUNG (1929) suggested that the "endodermis operates like a suction pump and reduction valve" and the "parenchyma of the bleeding root acts like a force pump".

Interest in nonosmotic absorption of water was stimulated by the observation of van Overbeek (1942) that the osmotic potential of the exudate is higher than the osmotic potential of the solution required to stop exudation. Such discrepancies might easily result from errors inherent in the methods used. For example, the living cells bordering the xylem might remove considerable salt from the xylem sap as it moves up the stem, increasing its osmotic potential as compared with that in the roots. This is supported by observations that the concentration of solutes in guttated liquid usually is considerably lower than in sap exuding from stumps of detopped plants (Eaton 1943, Klepper and Kaufmann 1966, Oertli 1966). Furthermore, roots are somewhat leaky to the solutes used to stop exudation, resulting in abnormally high estimates.

It has been shown that there is a correlation between active absorption and metabolism, because respiration inhibitors greatly reduce exudation from detopped root systems (van Overbeek 1942, Rosene 1944, 1947). It has also been shown that diurnal variations occur in water uptake and root pressure (Grossenbacher 1939, Speidel 1939, Hagan 1949). It is probable that the relationship between water uptake and root metabolism is an indirect one, caused by changes in salt uptake, and possibly in permeability, rather than by direct effects on the water absorption mechanism.

Some investigators claim that electroosmosis is involved in active water uptake (Keller 1930, Lund 1931, Heyl 1933). Fensom (1957, 1958) reopened the discussion of electroosmosis as a factor in water absorption, but failed to show any new evidence of its importance. The stele seems to be negative to the outer surface of roots, producing a condition favorable for inward movement of water by electroosmosis, but the potential difference between the outside and inside is quite small (Lundegardh 1944). According to Blinks and Airth (1951) it seems unlikely that such small difference in potential causes any significant movement of water. Dainty (1963) also considers electroosmosis as unlikely to move significant amounts of water.

The current evidence seems to support the view that the active absorption responsible for root pressure and "bleeding" from stumps is an osmotic phenomenon, resulting from the accumulation of solutes in the root xylem. This view is supported by the studies of Arisz *et al.* (1951), van Andel (1953), and others which show that the rate of exudation is very sensitive to changes in the concentration of the solution surrounding the roots. Exudation usually can be stopped immediately by immersing the roots in a sucrose solution with an osmotic pressure of only 2 or 3 atmospheres (see Fig. 9), but it is resumed when the roots are returned to water or a very dilute solution.

The principal difficulty with the osmotic theory of active absorption is explaining how sufficient solutes accumulate in the root xylem to produce inward movement of water by osmosis. Priestley (1922) believed that solutes might be released during the breakdown of cells which are differentiating into xylems vessels. More recently Hylmö (1953) proposed that protoplasts of cells which are differentiating into xylem elements continue to accumulate salt after their upper ends disintegrate and release the salt into the xylem. It seems possible that there is active transport or "secretion" of ions into the xylem, but the mechanism by which this occurs is not understood. Arisz (1956) proposed that salt moves inward through the symplast to the stele and escapes passively into the xylem elements. Crafts and Broyer (1938) suggested that the well aerated cortical parenchyma cells accumulate salt which moves inward by diffusion and leaks out of the less metabolically active stelar parenchyma cells into the xylem. This view is supported by recent research of LATIES and his co-workers (LUTTGE and LATIES 1966). Salt absorption will be discussed in detail elsewhere in this book.

Passive Absorption. Passive absorption of water occurs as the result of forces developed in the transpiring shoots and transmitted through the water conducting system to the roots, causing water to move in through the roots. Active absorption occurs as a result of forces developed in the roots themselves which cause them to function as osmometers. Active absorption requires the presence of healthy, growing roots able to accumulate salt, but passive absorption can occur through dead roots or in the absence of roots, as when the bases of cut shoots are placed in water.

The gradient of water potential required to cause water movement from soil to roots in passive absorption is produced by the reduced pressure or tension usually found in the water conducting system of transpiring plants. Passive absorption occurs because the water in plants forms a continuous system of high tensile strength extending through the water saturated walls and water filled xylem elements, from the evaporating surfaces of the leaves to the absorbing surfaces of the roots. Loss of water from the leaves develops imbibitional forces in the leaf cell walls which cause water to move out of the xylem to the evaporating surfaces. If transpiration losses exceed active absorption, the pressure on the water in the xylem is reduced and may even become a negative pressure or tension of several to many atmospheres. This reduced pressure or tension is transmitted throughout the hydrodynamic system of the plant and produces a water potential gradient at the root surface which causes inward movement of water by mass flow from the medium surrounding the roots (LEVITT 1956).

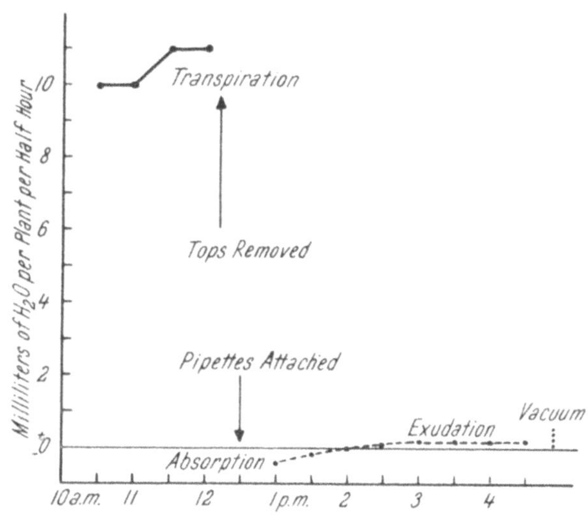

Fig. 8. Comparison of the amounts of water required by transpiring plants and supplied by active absorption, as indicated by exudation from stumps of detopped plants. Water was absorbed through the stumps for over an hour after the tops were removed. The rate of water movement through the same root systems when attached to a vacuum pump and subjected to a pressure gradient of 0.8 atm is 3.5 times the rate of exudation, as indicated by the dotted line labelled "Vacuum". The root systems were in soil kept at field capacity. (From KRAMER 1939)

The mass flow of water into roots of transpiring plants from distances of several centimeters (GARDNER 1960) carries ions to the root surface. As water tends to enter the roots more rapidly than ions, the latter accumulate at the root surfaces producing a situation favorable for salt accumulation (BARBER 1962, LAGERWERFF and EAGLE 1962). FRIED and SHAPIRO (1961) estimated that maize plants transpiring 25 cm of water in a season can obtain the required calcium, magnesium, and potassium from the soil solution brought to the root surface.

Relative Importance of Active and Passive Absorption. Active absorption of water has received much attention from plant physiologists because of the uncertainty which exists concerning its cause, but it probably is a negligible factor in plant water realtions. If the amount of exudation from the stump of a detopped root system can be taken as a measure of the water entering by active absorption, it supplies only a small percentage of the total water lost by transpiration. As shown in Fig. 8, when the tops are removed from rapidly transpiring plants water usually is absorbed through the stumps for some time before exudation begins. This is believed to occur because rapid transpiration has produced in the roots a water deficit which must be eliminated before the active absorption can begin to move water in the xylem.

It seems possible that the active absorption mechanism does not operate in roots of freely transpiring plants because the water potential in the root cells becomes lower than the osmotic potential of the xylem sap, preventing movement of water from the root cells into the xylem along a water potential gradient.

It has been suggested that development of tension in the xylem sap increases active absorption (ROMELL 1918, KÖHNLEIN 1930), but BOONSTRA (1935) was unable to find any evidence of active absorption in the roots of transpiring plants. Some investigators believe that the absence of exudation is not evidence that ac-

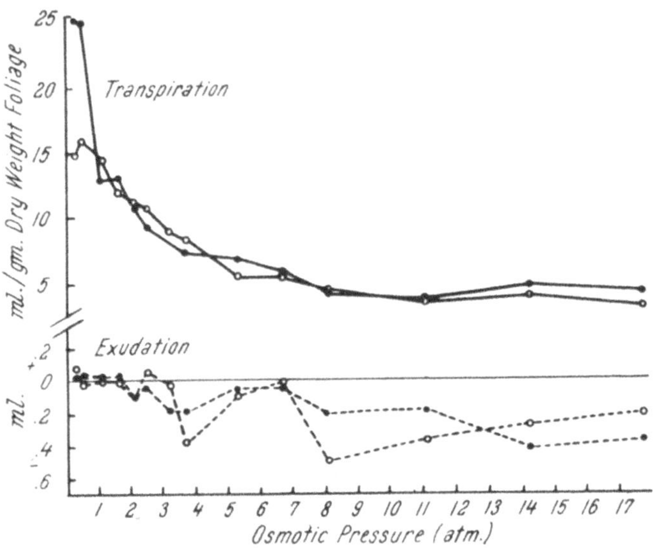

Fig. 9. Effect of osmotic pressure of the medium surrounding the roots on absorption of water by intact transpiring plants and detopped root systems of tomato. Transpiring plants absorbed water from a solution with an osmotic pressure of 17.8 atm, but absorption by detopped root systems was stopped by an osmotic pressure of about 2 atm. (From ARMY and KOZLOWSKI 1951)

tive absorption has stopped, but merely indicates that it is very small in amount as compared with water loss. RUFELT (1956) claims that root pressure definitely increases transpiration of intact plants. It seems, however, that root pressure could have only a small effect on transpiration because the volume of water entering by active absorption usually constitutes such a small percentage of the total absorbed by rapidly transpiring plants.

Perhaps equally important is the fact that the active absorption mechanism cannot absorb water against as low an external water potential as the passive mechanism. For example, TAGAWA (1934) observed that intact bean plants absorbed water from solutions with osmotic potentials down to −14.6 atmospheres, but absorption by detopped root systems was stopped at an external osmotic potential of −1.9 atm. RENNER (1929) estimated that intact *Helianthus* plants developed absorbing forces of 4.1 to 11.7 atmospheres, but detopped root systems developed forces of only 1.6 to 2.2 atmospheres. Several other investigators have found that detopped root systems are unable to absorb water against as low external water potentials as intact, transpiring plants (ARMY and KOZLOWSKI 1951, KRAMER 1941, McDERMOTT 1945, JANTTI and KRAMER 1956). This is shown in Fig. 9.

It seems probable that active absorption and root pressure are the result of the structure of roots and of the manner in which salt is accumulated in the root xylem, and active absorption probably plays a negligible role in the water economy of plants. Possibly it is of some importance in replacing the air in xylem elements with water (WHITE 1942), but plants which show no evidence of active absorption or root pressure seem to thrive as well as those in which it is most evident.

c) Factors Affecting Water Absorption

It seems desirable to emphasize again that transpiration and water absorption are closely related and that the rate of absorption appears to be controlled principally by the rate of transpiration. Perhaps it would be more accurate to say that the steepness of the water potential gradient from soil to roots determines the rate of absorption, but this usually is controlled largely by the rate at which water is lost by transpitraion. Many other factors modify the rate of absorption, however, including aeration, temperature, the availability of soil water, and the extent and efficiency of root systems.

1. Plant Factors Affecting Absorption

The chief plant factors other than transpiration which affect absorption are the extent and efficiency of root systems, condition of the protoplasm, and the water potential of the roots. We will now discuss the plant factors affecting transpiration.

A. Efficiency of Root Systems

The efficiency of root systems as absorbing surfaces for water and salt depends both on their extent and on their condition, i. e., the maturation of xylem and the development of endodermis and suberized layers which might hinder the entrance of water and solutes.

The Absorbing Zone. The zone of maximum absorption of water usually is in the region where the xylem is differentiated sufficiently to function in conduction, and the surface and endodermis have not become so heavily suberized as to interfere seriously with water movement (see Fig. 10). The apical region lacks xylem and the high concentration of cytoplasm in the meristematic region offers high resistance to water movement. Further back, maturation of the endodermis and development of suberized layers hinders the entrance of water, although the development of branch root initials probably produces many breaks in the endodermis. The impermeability of the mature endodermis, considered an important factor in many roots (ARNOLD 1952), possibly has been overemphasized. The location of the absorbing zone naturally varies with the kind of root and its rate of growth and differentiation.

ROSENE (1937, 1941 a) found that maximum absorption of water by onion roots occurred 4 to 5 cm behind the tips in roots over 7 cm long, the rate decreasing both apically and basally from this region. HAYWARD *et al.* (1942) found maximum uptake of water about 10 cm behind the tips of corn roots. According to BREWIG (1937) and BROUWER (1953) the zone of most rapid water absorption in roots of *Vicia faba* shifts toward the base when the rate of transpiration increases.

The region of most rapid absorption coincides approximately with the region where root hairs usually develop. Much emphasis has been placed on the role of root hairs in increasing the absorbing surface. It has been claimed that they sometimes increase the root surface 6 to 12 times, but these claims probably are based on observations made on roots grown under conditions exceptionally favorable for root hair development. EVANS (1938) found that although root hairs increased the surface of sugar cane roots grown in moist air 8 to 10 times they increased the surface only 3.2 times on roots grown in soil. According to DITTMER (1937) the root hair surface of 4-months-old winter rye plants (*Secale cereale*) was only 1.6 times the root surface. Roots of woody plants usually bear fewer root hairs than roots of herbaceous species. For example the roots of the rye plants studied by DITTMER bore about 2,500 root hairs per square centimeter, but roots of *Robinia pseudo acacia* growing in fertile soil bore only 520 root hairs per square centimeter (KOZLOWSKI and SCHOLTES 1948).

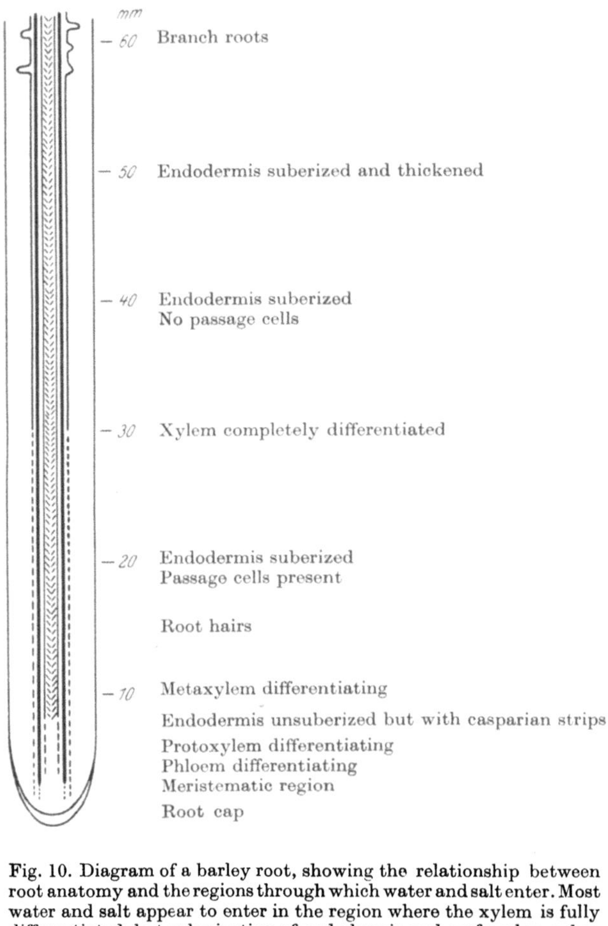

Fig. 10. Diagram of a barley root, showing the relationship between root anatomy and the regions through which water and salt enter. Most water and salt appear to enter in the region where the xylem is fully differentiated, but suberization of endodermis and surface layers has not progressed far enough to constitute a serious barrier. This was about 30 mm behind the apex in these roots. (WIEBE and KRAMER 1954)

The importance of the increased surface provided by root hairs likely depends on the medium from which absorption is occurring. HOHN (1934) probably was correct in concluding that root hairs are not important in the absorption of water from water or nutrient solutions. Neither are they important in absorption from soil with a water content at or above field capacity, because surface contact with the medium is seldom limiting in moist soil. On the other hand, water movement is extremely slow in soils drier than field capacity and the extent of contact between roots and soil may be a limiting factor, hence the presence of root hairs might increase water absorption.

Absorption through Suberized Roots. The roots of most plants are soon modified by lignification or suberization of the epidermal or subepidermal layers. This usually destroys the root hairs, but in Valencia orange (*Citrus sinensis* (L.) Osbeck) secondary root hairs are said to be produced by the hypodermal layer and persist until a hypodermal periderm is well developed (HAYWARD and LONG 1942). Secondary growth usually results eventually in sloughing off the epidermis, cortical parenchyma, and endodermis, and development of a relatively impermeable layer by the activity of a cork cambium. In addition, the cambium and especially the cork cambium must offer considerable resistance to the passage of water and salt.

It is possible that the impermeability of suberized roots has been greatly overestimated. HAYWARD *et al.* (1942) showed that water can be absorbed through the suberized roots of sour orange seedlings, and absorption through suberized roots of several species of trees was observed by KRAMER (1946). CRIDER (1933) and NIGHTINGALE (1935) found that both water and minerals were absorbed through suberized roots. According to ADDOMS (1946) absorption occurs through lenticels, crevices in the bark, and breaks around branch roots.

Suberized roots are considerably less permeable than unsuberized roots, but the latter often form such a small percentage of the root system that it is very doubtful if they provide sufficient absorbing surface. ROBERTS (1948) found that less than 3 per cent of the length of roots on loblolly pine (*Pinus taeda*) in North Carolina were unsuberized in the winter. KRAMER and BULLOCK (1966) found that growing root tips usually constituted less than one percent of the total root surface under the forest stands studied. Several investigators have found that citrus trees in California bear few or no growing roots in the winter. Nevertheless these trees lose large amounts of water on sunny, winter days and they must absorb equivalent amounts, largely through their suberized roots. Even in the summer, unsuberized roots constitute such a small fraction of the total root surface of many trees that the much larger surface areas of suberized roots probably contribute significantly to water and salt absorption. The large surface area probably compensates in part for the lower permeability of the suberized roots.

The absorbing surfaces of many woody plants are modified by the presence of mycorrhizae, formed by the growth of a fungus in close association with roots (KELLEY 1950). The role of mycorrhizal roots in mineral absorption has been established (HARLEY and MCCREADY 1950, KRAMER and WILBUR 1949, MELIN and NILSSON 1950, MELIN *et al.* 1958), but their role in water absorption has not been studied. It seems probable that they increase water absorption by increasing the surface in contact with the soil. Mycorrhizal roots also are said to occur on some herbaceous plants (SIEVERS 1953, WINTER 1951, 1953), but their role in water and salt absorption has not been evaluated.

Path of Radial Movement through Roots. Attention should be given to the path along which water moves from the surface to the xylem of roots. A cross section of a young root is shown in Fig. 11. In roots which have not undergone secondary growth the epidermis and endodermis are of particular interest because they form compact layers containing no intercellular spaces. The cortical parenchyma consists of less compactly arranged cells with numerous intercellular spaces which normally are filled with air.

The radial walls of the endodermal cells usually are assumed to be rendered impermeable by the presence of bands of apparently suberized tissue, the casparian strips. The tangential walls also become much thickened, except in the so-called passage cells opposite the xylem points. As mentioned previously the impermeability of the endodermis seems to have been overemphasized because HAYWARD and SPURR (1943) observed maximum absorption of water occurring 6 to 10 cm behind the tips in corn roots although the walls of some of the passage cells already were thickened in this region. WIEBE and KRAMER (1954) also found considerable movement of radiocative ions into the xylem of barley roots when supplied 5 to 6 cm behind the tips, although the endodermis is fully matured at this point. The endodermis probably is ruptured by branch root initials and rendered permeable by plasmodesms. Certainly it presented no serious barrier to water and solute movement in the experiments just cited, nor in others by CANNING and KRAMER (1958).

Special properties seldom have been attributed to the epidermal cells, but the very rapid reduction in water uptake which occurs when root systems are placed in a more concentrated solution has led to the suggestion that perhaps the permeability of the epidermis controlled water movement in these experiments (RUFELT 1959). Some experiments by SANDSTROM (1950) indicated that when the development of the epidermal cells is inhibited by di-n-amyl acetic acid, breaks in the epidermis occur and the salt concentration of the xylem sap is the same as that of the solution surrounding the roots. This suggests that the epidermis may act as a filter, restraining the movement of ions more than the movement of water. More work is needed on the role of the epidermis and the endodermis in salt and water absorption.

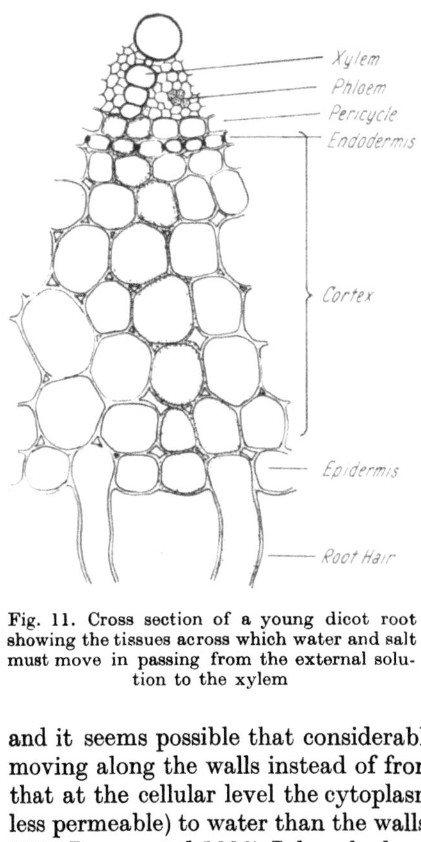

Fig. 11. Cross section of a young dicot root showing the tissues across which water and salt must move in passing from the external solution to the xylem

It usually is assumed that water moves from vacuole to vacuole across the cortex, passing through the wall and adjacent layer of cytoplasm on the outer side, across the vacuole, through the cytoplasm and wall on the inner side, and on to the next cell. STRUGGER (1943, 1949) has demonstrated that some movement of solutes and water can occur in cell walls and it seems possible that considerable water and salt might reach the xylem by moving along the walls instead of from vacuole to vacuole. It is well established that at the cellular level the cytoplasm offers considerably more resistance (i. e., is less permeable) to water than the walls (BENNET-CLARK 1959, HUBER and HÖFLER 1930, LEVITT *et al.* 1936). It has also been shown that the rate of mass movement of water through roots is increased after they are killed (RENNER 1929, KRAMER 1933). Diffusion of water also is much more rapid through dead than through living roots (ORDIN and KRAMER 1956). Furthermore, respiration inhibitors, excess of carbon dioxide, and deficiency of oxygen decrease the permeability of roots to water movement (KRAMER 1949, BROUWER 1954), and these must operate through their affects on the protoplasm. It should be remembered, however, that there is considerable cytoplasm, or at least protein, in cell walls (BURSTROM

1958) and changes in its structure might affect the permeability of the walls as well as the cytoplasmic membranes.

Obviously, water will follow the path of least resistance through roots (COLLANDER 1959, p. 21). As the resistance to water movement through walls is much lower than to water movement through vacuoles, most inward movement of water probably occurs through the cell walls, except where it crosses the endodermis (RUSSEL and WOOLLEY 1961).

Extent and Branching of Root Systems. The depth to which roots penetrate and the extent of their branching often is an important factor in determining survival during droughts. Shallow rooted plants almost always are more subject to injury from drought than deep rooted plants, and plants having extensively branched root systems absorb more efficiently than those with poorly branched roots. Root extension and root branching are important because the water in soil drier than field capacity moves very slowly, hence the soil in the immediate vicinity of a root tends to become dried to the permanent wilting percentage even though soil only a few centimeters away is still at field capacity (VEIHMEYER 1956, RICHARDS and WADLEIGH 1952, KAUSCH 1955). Thus unless the soil is frequently rewetted by rain or by irrigation, continual extension of root systems is necessary to make water available.

Root penetration often is limited by impervious hardpan layers or by inadequate aeration, but in well drained, well aerated soils roots often grow to great depths. For example, pear trees growing on a poorly aerated adobe soil in Oregon had 90 per cent of their roots in the upper meter (ALDRICH *et al.* 1935), but PROEBSTING (1943) found that in a deep loam soil in California the greatest concentration of roots of fruit trees was at 0.6 to 1.5 m with many roots extending to a depth of at least 5 m. Roots of alfalfa are known to penetrate to a depth of at least 10 m in certain soils, and WIGGANS (1936) found that the roots of 18-year-old apple trees had penetrated to a depth of over 10 m in a deep loose soil and had fully occupied the soil between the rows which were about 10 m apart. These deep roots were functioning, as indicated by the depletion of soil moisture. The deeper penetration of roots of Coastal Bermuda grass seems to explain its greater drought resistance as compared to certain other grasses (BURTON *et al.* 1954).

The efficiency of roots as absorbing surfaces not only depends on their depth, but also on the amount of branching. Some root systems are poorly branched and do not utilize all of the readily available water, but other root systems branch and rebranch until they occupy every cubic centimeter of soil and remove all of the available water. The roots of grasses usually are much branched, and PAVLYCHENKO (1937) found that a two-year-old plant of *Agropyron cristatum* possessed over 500 kilometres of roots which occupied a soil mass 1.2 m across and 2 m deep. DITTMER (1937) found 622 km of roots on a plant of winter rye (*Secale cereale*) 4 months old. MILLER (1916) ascribed the greater drought resistance of sorghum than of corn partly to the fact that sorghum has nearly twice as many fine roots as corn. SLATYER (1955) also attributed the greater drought resistance of sorghum than of cotton to the more extensive root system of the former.

It should be emphasized that root systems which are effective in water absorption also are effective in salt absorption. In fact the absorption of radioactive isotopes placed at various depths and distances from plants has been used to measure the rate of growth and depth and spread of growing root systems (BURTON 1957, HALL *et al.* 1953).

Readers interested in root growth and factors affecting it and the role of roots as absorbing organs are referred to KRAMER (1949, 1956 b) for citations of the extensive literature on this subject.

B. Transpiration and Absorption

As mentioned earlier, other factors being constant, the rate of water absorption is controlled by the rate of transpiration because it produces a decrease in water potential of the leaves which is transmitted to the root surfaces and produces the water potential gradient from soil to roots which causes water to enter the roots. The relationship between transpiration and water absorption is shown graphically in Fig. 12. This figure also shows that absorption tends to lag somewhat behind transpiration. This lag occurs because of the resistance to water movement which exists in the conducting system, chiefly in the roots.

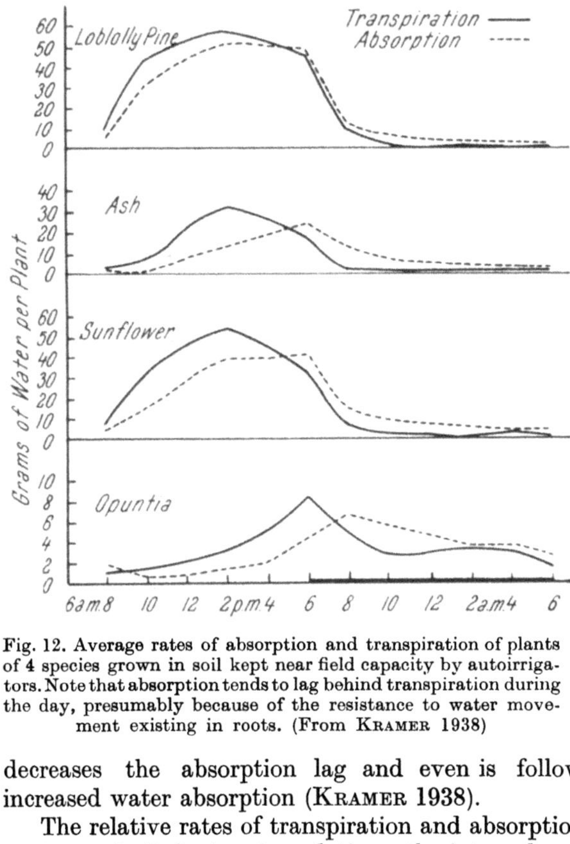

Fig. 12. Average rates of absorption and transpiration of plants of 4 species grown in soil kept near field capacity by autoirrigators. Note that absorption tends to lag behind transpiration during the day, presumably because of the resistance to water movement existing in roots. (From Kramer 1938)

The resistance to water movement through the xylem of most plants probably is quite low compared to the resistance to movement outside of the xylem in leaves and roots (Wilson and Livingston 1937, Kramer 1949, Jensen *et al.* 1961). Resistance in the leaves is lower than in roots because the distance from the xylem to the evaporating cells is short in leaves, but in roots water must move across many layers of cells to reach the xylem. The importance of root resistance is indicated by the large increase in water intake through root systems attached to a vacuum pump after the roots are killed (Renner 1929, Kramer 1933). Removal of the root systems from transpiring plants decreases the absorption lag and even is followed for a short time by increased water absorption (Kramer 1938).

The relative rates of transpiration and absorption determine the most important aspect of plant water relations, the internal water balance or internal water stress to which the plant tissues are subjected. On hot, sunny days even plants growing in soil near field capacity sometimes wilt because absorption lags too far behind transpiration and the difference is made up by removal of water from the plant tissues. Even when no wilting occurs a temporary water deficit often develops, as indicated by the premature closure of stomata and a midday decrease in osmotic potential and water potential (Shmueli 1953).

2. Soil Factors Affecting Absorption

A considerable number of soil factors directly or indirectly affect the absorption of water. First in importance is the availability of the water in the soil surrounding the roots. This depends largely on the water potential or total soil moisture stress, which is controlled by the soil moisture tension or matric potential and the osmotic potential of the soil solution. Soil texture and structure affect the water holding capacity, aeration, and suitability of the soil as a medium for root growth and root functioning. Soil aeration and temperature also have important direct effects on water absorption which will be discussed later.

A. The Available Water Content of Soil

The water content of soil on a dry weight basis is a poor indicator of the amount of water available for plant growth because a water content which approaches saturation in a sandy soil might be below the permanent wilting percentage of a clay soil, as shown in Table 52. For practical purposes it often is assumed that the soil water available for plant growth is that which occurs between two somewhat arbitrary points known as field capacity and the permanent wilting percentage VEIHMEYER and HENDRICKSON 1950, VEIHMEYER 1956).

Table 52. *Differences in amounts of socalled readily available water found in various types of soils.* (From MACGILLIVRAY and DONEEN 1942)

Soil Type	Moisture equivalent	Permanent wilting percentage	Inches of available water per foot depth
Oakley fine sand	3.29	1.33	0.34
Yolo fine sandy loam	16.80	8.93	1.26
Aiken clay loam	31.12	25.70	0.71
Salinas clay	34.50	16.80	2.83
Catherine loam	37.90	19.03	3.08
Wooster silt loam	23.36	6.12	2.89

Field capacity is the water content of a soil which has been wetted thoroughly and then allowed to drain until the rate of water loss becomes very slow. The water which remains is held against gravity by the surface forces operating in the smaller capillaries and in the films surrounding the soil particles. Field capacity is not a true equilibrum condition because slow drainage continues. The soil moisture tension at field capacity varies somewhat with soil texture and the nature of the underlying layers, but is approximately 0.1 atm in lighter textured soils. The available water content of several soils is shown in Table 52. The permanent wilting percentage is the water content of a soil at the time when plants growing in it first show permanent wilting. It usually is determined by fairly well standardized methods with sunflowers grown in containers of soil in the greenhouse (FURR and REEVE 1954, VEIHMEYER and HENDRICKSON 1949).

The permanent wilting percentage generally is regarded as a useful indicator of the lower limit of soil water available for plant growth. It also often is assumed to occur with all kinds of plants at a soil water potential of approximately −15 atmospheres. However, SLATYER (1957 a) questioned this assumption, arguing that the permanent wilting percentage depends on the kind of plant studied and the conditions under which the measurements are made. He points out that permanent wilting occurs when the water potential of the drying soil becomes as low as the water potential of the plants growing in it. The minimum water potential which can be attained by a plant depends on the species and the conditions under which it is grown and wilted. It usually is not very important because of the shape of the moisture tension-moisture content curve of most soils. Thus the relative uniformity of permanent wilting percentages at a soil water potential of approximately −15 atmospheres, as reported in the literature, results from the uniformity in plant materials and methods used in its determination rather than from the existence of a really critical limit on availability at a soil water potential of approximately −15 atmospheres.

The availability of water in a soil can best be described in terms of its water potential or total soil moisture stress. This is made up of two components. The reduction in potential of soil water caused by gravitational, hydrostatic, and capillary forces often is termed the soil moisture tension or capillary potential by soil scientists, or sometimes the matric potential (Ψ_m). It usually is expressed in atmospheres of pressure or in terms of the height of a column of water which will just move water against the forces with which it is held in the soil. The other component of soil water potential is the osmotic potential of the soil solution which is controlled by the concentration of solutes in the soil water. The osmotic potential seldom is lower than one atmosphere in soils of humid regions and therefore is neglected, but it often is a very important factor in soils of arid regions. The osmotic potential will be discussed later.

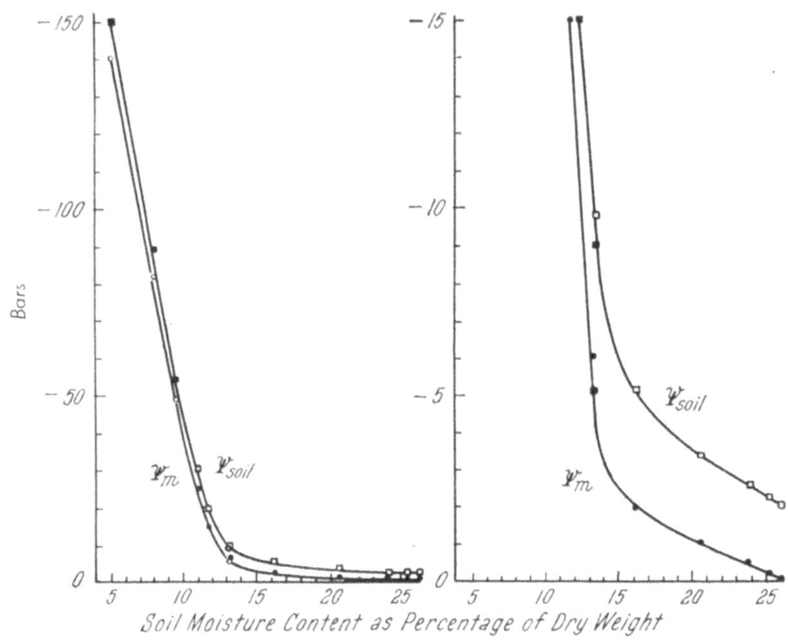

Fig. 13. Curves showing the soil moisture tension or matric potential (Ψ_m) and water potential (Ψ_{soil}) or total soil moisture stress of a sandy clay loam soil plotted over water content. (From SLATYER 1957b)

The term "total soil moisture stress" was proposed by WADLEIGH (1946) to include both the osmotic potential and the soil moisture tension, but the same value is expressed by the term "water potential" which is used increasingly by plant physiologists to describe the free energy status of water in plants. It is unfortunate that different terms have come into use to describe the water stress in soil and in plants as the availability of water obviously is controlled in both by its chemical potential. The soil moisture tension and water potential of a soil are shown in Fig. 13.

Soil Water Potential. One of the best ways of characterizing a soil as a source of water for plant growth is to plot the soil moisture tension or matric potential (Ψ_m), or even better the total water potential (Ψ_{soil}) or total soil moisture stress, over the soil moisture content expressed as percentage of dry weight as shown in Fig. 13.

It has been claimed by VEIHMEYER and HENDRICKSON (1950) and VEIHMEYER (1956) that water is equally available to plants over the range from field capacity to permanent wilting percentage, but suddenly becomes relatively unavailable when the soil moisture tension increases to about 15 atmospheres. This cannot be correct on theoretical grounds because water absorption depends on the existence of a water potential gradient from soil to roots and increase in soil moisture tension usually decreases the steepness of this gradient.

This controversial subject was reviewed by RICHARDS and WADLEIGH (1952). It has been demonstrated in practice that growth often is reduced by decreasing soil moisture before the water content is reduced to the permanent wilting percentage. STANHILL (1957) examined 80 studies dealing with the effects of soil moisture content on growth and found that in 66 of them plant growth seemed to be reduced before the water content fell to permanent wilting. It should be pointed out that the effects of increasing soil water stress depend somewhat on the criteria used to measure them. The effects on height growth, diameter growth, fruit yield and size, and yield of seed may be quite different (HAGAN 1955, HAGAN *et al.* 1959).

Plant Water Stress. In discussing the relationship between soil moisture and plant growth behaviour, it should be remembered that growth is not controlled directly by soil moisture content or soil moisture stress, but by plant water stress. The internal water balance and water stress are controlled by the relative rates of absorption and transpiration, hence they are affected by both soil and atmospheric conditions.

One of the serious deficiencies of plant water relations research has been the failure to measure the internal water stress of plants in connection with studies of the effects of soil water stress on plant growth and plant processes. If the shoots are in a humid atmosphere the soil can be dried down much more before a serious water deficit develops than if the shoots are in a dry atmosphere under conditions favorable for rapid transpiration. The importance of atmospheric conditions during the growing season with respect to the efficiency of water use by corn is shown in the different behavior of corn in two seasons with different patterns of weather (LETEY and PETERS 1957). Measurements of soil water stress therefore are not always a reliable indicator of plant water stress.

The most reliable indicator of plant water stress probably is the water potential of the plant, because it is a measure of the free energy deficit of the water in the plant, and can be expressed in the same units employed to measure the water potential of soil water. WEATHERLEY (1950) proposed that the relative turgidity or field water content expressed as a percentage of the water content at saturation be used as an indicator of plant water stress, and this has been used successfully by SLATYER (1957 b) and others. Stomatal opening also is used successfully as an indicator of water stress for irrigation control (OPPENHEIMER and ELZE 1941, ALVIM 1959, SHMUELI 1953), but it does not provide a quantitative measure of water stress. WEATHERLEY and SLATYER (1957) suggested that perhaps relative turgidity measurements, which are more easily made than water potential measurements, might be used as an indicator of water potential.

There are several methods of measuring plant water stress, most of which are reviewed by KRAMER and BRIX (1965). The most basic method is to measure the water potential by the use of thermocouple psychrometers (MONTEITH and OWEN

1958, RICHARDS and OGATA 1958) which measure the vapor pressure of the soil or plant tissue. Methods of avoiding errors caused by heat of respiration and differences in diffusion resistance of various kinds of tissue are described by BOYER and KNIPLING (1965). A less precise method very useful for field work is the dye method described by SHARDAKOV (1948). It involves measurement of the change in density of solutions caused by gain or loss of water by samples of plant tissue immersed in a series of sucrose solutions of various osmotic potentials. It has been described in detail by KNIPLING and KRAMER (1967). A third method is the pressure chamber procedure described by SCHOLANDER *et al.* (1965). A shoot or twig is cut and quickly placed in a pressure chamber with the cut end extending outside. Pressure is applied to the branch by admitting compressed air into the chamber until sap is forced back to the cut surface of the twig or shoot. The pressure required to accomplish this is assumed to be approximately equal to the water potential of the tissue in the chamber.

Soil Water Content. It has been assumed thus far in the discussion that availability of water is controlled primarily by the soil moisture tension or water potential. Evidence is now accumulating which suggests that uptake of water may be a function of the moisture content of the soil as well as of its moisture tension.

Fig. 14. Rates of height growth of sunflower plants growing in 17 soil separates, of different average particle sizes ranging from 3,360 to 9.25 μ in diameter. The separates were maintained at a constant water tension of 20 cm. Best growth occurred in particle sizes from 52.3 to 210 μ, aeration being limiting in finer particles and contact of roots with solution in the larger particles. (From MILLER and MAZURAK 1958)

PETERS (1957) set up an experiment to separate the effects of soil moisture tension from soil moisture content by preparing mixtures of various proportions of sand and silty clay loam which contained quite different amounts of water at the same moisture tension. Root elongation of corn seedlings decreased with increased moisture tension in the range used (0.33 to 8.0 atm), but it also decreased as the soil moisture content at a given tension decreased. Thus there appeared to be a capacity factor involved, as well as an energy factor. In another experiment by MILLER and MAZURAK (1958), sunflowers were grown in a series of 20 soil separates ranging in average size from 4,760 to 2.3 μ in diameter, with pore diameters ranging from 529 to 2.23 μ. The plants were grown with nutrient solution and the various particle sizes were all maintained at the same moisture tension.

Best growth occurred in particles of intermediate size in a series maintained at a soil moisture tension of 20 cm, as shown in Fig. 14. Apparently, the greater the area of contact between roots and soil solution, as controlled by particle and pore size, the more favorable the conditions were for absorption and growth, so long as aeration was not limiting. In very coarse particles growth was limited by inadequate absorption because of lack of contacts between the roots and the relatively small volume of soil solution surrounding the particles and filling the smaller pores. In the fine particles where nearly all the pore space was filled with solution, inadequate aeration became the limiting factor for absorption.

Water Supplying Capacity of Soil. The experiments discussed in the preceding section indicate that the steepness of the water potential gradient from soil to roots is not always the controlling factor in water absorption. A capacity factor also seems to be involved, because as the soil dries, the number and size of channels through which water can move to the roots decreases, reducing the amount which can be moved at a given water potential gradient. Thus plants eventually wilt permanently, even though a steep water potential gradient may exist from soil to roots, because water movement over the limited path available is too slow to replace transpirational losses, regardless of the steepness of the gradient.

LIVINGSTON introduced a useful concept, the water supplying power of the soil, to express the ability of a soil to deliver water to a root or a standard absorbing surface. He stated that the capacity of a soil to deliver water to roots is the essential factor in plant-soil water relations, and that other factors such as texture and soil moisture tension are important only so far as they affect the water supplying power. LIVINGSTON and his colleagues used porcelain cones to measure the capacity of soils to deliver water to an absorbing surface (WILSON and LIVINGSTON 1932). These cones are seldom used today, perhaps partly because it is difficult to establish good contact with dry or gravelly soil. The concept is a good one, however, and it was revived by TAYLOR and HADDOCK (1956), who stated that the water supplying power of the soil or volume of water moving into the roots depends upon the rate of movement of water moving toward the roots and the distance over which it must move.

The data of PETERS (1957) suggest that there is a definite distance for a particular moisture tension, beyond which plants cannot absorb water. The decreasing rate of movement with decreasing water content indicates that water movement toward roots from beyond some definite distance will be too slow to be of any practical value to the plant. The data of GINGRICH and RUSSEL (1957) suggest that the rate of movement of water to roots is a limiting factor on root growth, even at tensions of only one to three atmospheres. GARDNER (1960) presented data on the effects of decreasing soil moisture content and increasing rate of transpiration on movement of water from soil to roots in several types of soil.

PHILIP (1957) analyzed the reasons for decrease in rate of water movement or water supplying power in drying soils. This decrease in what soil physicists often term "unsaturated permeability" is attributed to the following changes:

1. The total cross sectional area available for water movement decreases as the films become thinner.

2. The largest pores are emptied first, and as their cross section and water carrying vary according to the square of their radius, permeability and water movement decrease very rapidly.

3. An increasing fraction of the total remaining volume of water is isolated in pores and wedges by breaks in the liquid system, and after it is isolated this water cannot move by liquid flow.

PHILIP pointed out that as continuity of soil water films is broken and liquid movement slows down, the amount of water moving as vapor increases. He concluded that as the soil dries out in the immediate vicinity of roots a "vapor gap" develops around them and most of the water moves to them as vapor. This idea was supported by BONNER (1959), but BERNSTEIN *et al.* (1959) point out that movement of vapor is so much slower than movement of liquid that in the wilting range about 90 per cent of the water probably moves as liquid and only 10 per cent as vapor.

B. Concentration of the Soil Solution

The concentration of the soil solution seldom becomes a limiting factor to plant growth in humid regions, but in arid regions where evaporation exceeds rainfall salt accumulation often decreases the osmotic potential of the soil solution to a level where it hinders or even prevents plant growth. In many instances irrigation water is high in salt, increasing the concentration to injurious levels. Occasionally heavy applications of fertilizer at least temporarily increase the salt concentration to a level where it interferes with water absorption. Injurious accumulations of salt occur frequently in greenhouse soils (DAVIDSON 1945).

Early investigations of the effects of salt on plant growth were concerned chiefly with the effects of various ions, but the present tendency is to emphasize the osmotic effects of high salt concentration on water absorption rather than the chemical effects of different ions on permeability and other physiological properties of cells (HAYWARD and BERNSTEIN 1958). Differences in effects of various ions cannot be ignored completely, however, because it has been shown that certain ions can modify the water relations of plants independently of their osmotic effects. For example, an excess of chloride ion increases the succulence of plant tissues (BOYCE 1954, VAN EIJK 1939), and sulfate ions are said to decrease succulence. BIEBL (1942) and SCHMIED (1953) are among those who have shown that the water economy of various species of plants can be modified by the presence or absence of various ions such as boron, copper, manganese, and zinc.

The results of many experiments support the view that the concentration of the medium is more important than its composition with respect to water absorption and growth. For example, HAYWARD and SPURR (1944) found that solutions of sucrose, mannitol, sodium sulfate, sodium chloride, and calcium chloride of the same osmotic potential reduced water absorption by corn roots to the same extent. ROSENE (1941 b) found water absorption by onion roots to be inhibited to the same extent by sucrose and potassium nitrate solutions of the same osmotic potential. The growth of beans (WADLEIGH and AYERS 1945) and guayule (WADLEIGH *et al.* 1946) was reduced to about the same extent by a given water deficit, regardless of whether it was caused by low soil moisture (high soil moisture tension), by high salt content (low osmotic potential), or by a combination of the two (see Fig. 15). BERNSTEIN and HAYWARD (1958) recently reviewed the work in this field and concluded that although there is much support for the view that the osmotic effect of concentrated soil solutions is the principle inhibiting factor, some of the details remain unexplained.

The effects of increasing the concentration of the medium on both passive water absorption of transpiring plants and active absorption of detopped root systems are shown in Fig. 9. A group of tomato plants were grown with a dilute nutrient solution and then transferred to sucrose solution of various osmotic potentials. Transpiration was much reduced, but did not cease even after four hours at an osmotic potential of —18 atmospheres. Exudation ceased in solutions with an osmotic potential lower than two atmospheres and became negative in more concentrated solutions as water moved out of the roots instead of into them. This is another demonstration of the fact that intact transpiring plants can absorb water from more concentrated external solutions than can detopped root systems.

It generally is assumed that increased salt concentration in the medium surrounding roots decreases water absorption because it decreases the steepness of the water potential gradient from the root environment to the roots. This certainly is true in short term experiments such as those of HAYWARD and SPURR (1944), ROSENE (1941 b), ARMY and KOZLOWSKI (1951), and SLATYER (1961). The recovery in rate of absorption which often occurs after some time in a concentrated solution results from increased salt concentration in the roots which tends to reestablish the original gradient in water potential. EATON (1942) found that the osmotic potential of the tops of several species of plants decreased with decreasing osmotic potential of the root medium, resulting in the same water potential gradient from medium to plant over a range of about six atmospheres. This led EATON to doubt if the inhibiting effects could be explained in terms of decreasing water potential gradients from medium to root.

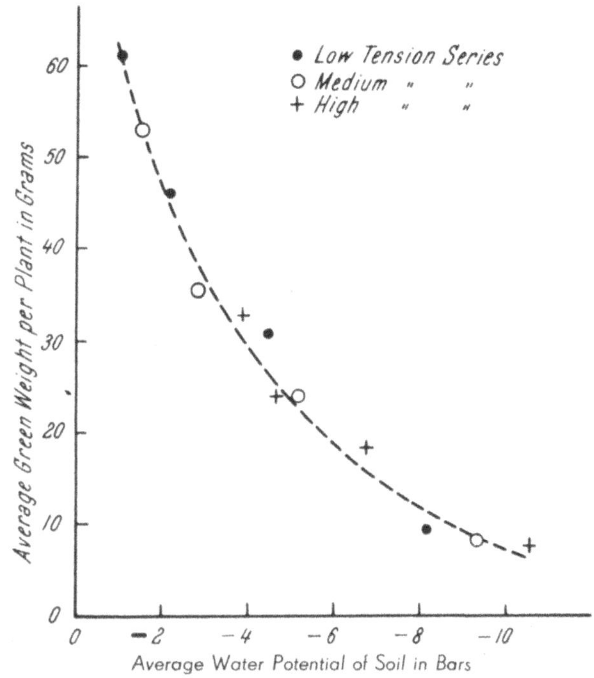

Fig. 15. Effect of increasing water potential or total soil moisture stress on growth of bean plants. The low tension series was watered when 50 to 60 per cent of the readily available water was removed, medium tension plants when 60 to 65 per cent of the available water was removed, and high tension plants were not watered until practically all of the available soil moisture was removed. Each soil moisture tension series was subdivided into four treatments receiving no salt, 0.1, 0.2, and 0.3 per cent of sodium chloride. Reduction in growth was proportional to decrease in average water potential (total soil moisture stress) whether the increase was caused by low soil moisture by high salt or by a combination of the two factors. The reduced growth is attributed to reduced water absorption caused by decreased soil matric potential and decreased osmotic potential of the soil solution. (From WADLEIGH and AYERS 1945)

WALTER (1955) questioned whether salt in the root medium can have any serious osmotic effects on water absorption because if it is absorbed it tends to decrease the osmotic potential of the plant sap. This question was raised again by BONNER (1959) who suggested, following ideas of PHILIP (1957), that a vapor gap develops around the roots of rapidly transpiring plants which prevents the entrance of salt, but permits the entrance of water as vapor. One serious difficulty with this idea, as pointed out by BERNSTEIN *et al.* (1959) is that the effects of high salt concentration are just as marked in solution culture as in soil. They also are observed at high soil moisture contents and low rates of absorption where formation of the postulated vapor gap would be impossible.

Another complicating factor in long term experiments with plants grown in solutions of various osmotic potentials is the reduction in root and shoot growth observed at lower osmotic potentials. The cells of plants growing in solutions having an osmotic potential of several atmospheres are subjected continuously to an equivalent water potential which reduces cell enlargement and hastens maturation. Thus root systems grown in concentrated media are smaller than those grown in dilute media (Eaton 1941), although there are important species differences, cotton roots, for example, being much more tolerant of a high salt concentration than bean roots (Wadleigh *et al.* 1947). Not only is the extent of the absorbing surface decreased, but its permeability also is often decreased by suberization. As Gracanin (1943) stated, high concentration of salt affects both root development and water absorption.

C. Soil Temperature

Low soil temperature frequently seriously reduces the absorption of water. Some of the reasons for reduction in water uptake in low temperatures are:

1. Decreased vapor pressure of water. The vapor pressure is only about one-fifth as great at freezing as at 25°.

2. Increased viscosity of water. The viscosity of water doubles as the temperature decreases from 25° to 0°. This decreases the rate of capillary flow of water in the soil and across the root tissues from epidermis to xylem. Movement of water through nonliving membranes at a given pressure is proportional to the viscosity of water.

3. Decreased rate of movement of water from soil to roots resulting from increased viscosity and lowered vapor pressure. The water supplying power of the soil as measured with Livingston soil-point cones is only one-third to one-half as great at freezing as at 25° (Kramer 1934).

4. Increased viscosity of protoplasm and of the colloidal gels in cell walls. Lowering the temperature decerases water movement less through dead roots than through living roots. This indicates that physical changes in the living protoplasm greatly increase the resistance to water movement through roots at low temperatures.

5. Decreased metabolic activity, as evidenced by decreased respiration and root growth. Decreased metabolic activity results in decreased active absorption. The writer found that exudation from sunflower and tomato root systems ceased when they were cooled (Kramer 1940 a). Low temperatures also reduce root growth and result in a limited absorbing surface. Considerable literature on soil temperature and root growth was summarized by Richards *et al.* (1952, pp. 379—411).

It appears that the principal cause of reduced water absorption when the root systems of plants are cooled below about 20° is the physical effect of increased resistance to water movement through the living cells. This results chiefly from the combined effects of reduced permeability of the root cells and the increased viscosity of water. Perhaps decreased water supplying power of the soil is next in importance, and decreased metabolic activity probably is relatively unimportant.

Species Differences. There seem to be important differences among species with respect to the effects of low temperature on water absorption. Sachs observed that tobacco and gourd plants wilted more severely than cabbage or turnip plants when the soil was cooled and wide differences among plants from different habitats have been observed by Firbas (1931), Döring (1935), and others. According to Brown (1939), water absorption of Bermuda grass (*Cynodon dactylon*), a warm climate species, was so much reduced by cooling the soil to 10° that the grass wilted. In contrast, bluegrass (*Poa pratensis*), a cool climate species, was not visibly affected at this temperature. SCHROEDER (1939) reported that watering the soil with cold water injured greenhouse-grown cucumbers because water absorption was greatly reduced at soil temperatures lower than 20°. Orange trees in California are said to wilt during cold weather because low soil temperatures reduce water absorption (CAMERON 1941). Low soil temperatures are said to limit the growth of rice in Italy, Japan, and California, and EHRLER and BERNSTEIN (1958) showed that low soil temperatures decrease salt absorption and yield of rice.

In general it appears that species native to warm climates or which are grown during the warm season are affected much more by cooling the soil than species native to cool climates or those which are grown in the cool season. For example, Fig. 16 shows that collards which are grown during the winter in southeastern United States are affected much less than cotton and watermelons which are warm weather crops. KOZLOWSKI (1943) found that water absorption of white pine (*Pinus strobus* L.), a northern species, was reduced much less in range from 15° to 5° than water absorption of loblolly pine (*P. taeda* L.), a southern species. These differences suggest that the permeability of roots of different species is affected differently by cooling.

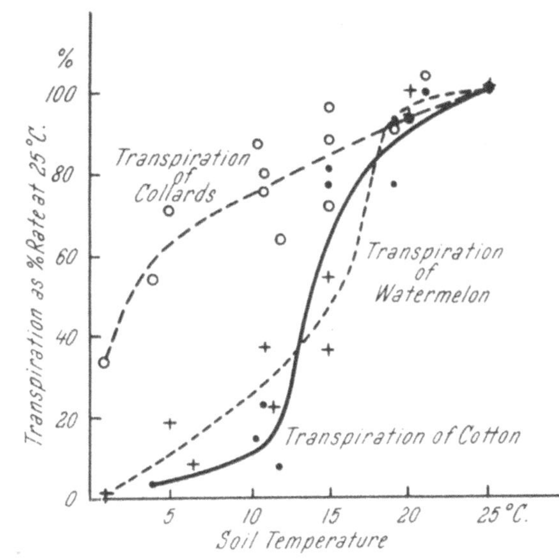

Fig. 16. Effects of soil temperature on water absorption, as measured by the transpiration rate. Collards grow in cool soil during the winter, while cotton and watermelons grow well only in warm soil. (From KRAMER 1942)

Rate of Cooling. Some species appear to react quite differently when cooled slowly and cooled rapidly. The writer found that elm, privet, and sunflower plants wilted severely when the root systems were cooled from room temperature to less than 5° over night, but similar plants cooled 4 or 5 degrees a day wilted very slightly and transpired considerably more at a soil temperature of 5° than the plants cooled suddenly. BÖHNING and LUSANANDANA (1952) reported that when the root systems of sunflower and tomato plants were cooled slowly from 25° to 5° the plants did not wilt, but when the roots were cooled rapidly the tops wilted severely. Beans were injured permanently when the root systems were cooled rapidly. The rate of water absorption of plants kept at a low soil temperature for several days often tends to increase toward the rate which existed before cooling the roots.

This behavior suggests that changes occur in the structure of the protoplasm during prolonged cooling which result in increased permeability to water. These changes might be similar to the changes in permeability which are said to occur during cold hardening (LEVITT and SCARTH 1936).

High Temperatures. Soil temperatures high enough to interfere with water absorption are less common than low temperatures. The writer found that exudation from sunflower and tomato root systems, caused by active absorption, attained a maximum at about 25° and then decreased as the temperature was increased above this. HAAS (1936) reported that water absorption by lemons, grapefruit, and Valencia oranges was reduced by soil temperatures of 30° to 35°, and BIALOGLOWSKI (1936) reported that water absorption by lemons was reduced at 35°.

D. Aeration

It has been known at least since the research of DE SAUSSURE at the beginning of the nineteenth century that inadequate aeration of the medium surrounding roots interferes with water absorption. The investigations made during the nineteenth and early part of the twentieth century were summarized by CLEMENTS (1921) and some of the more recent work was discussed by KRAMER (1949).

Species Differences. Even casual observations in the field indicate that there are wide differences among species in their tolerance of poor aeration. While some species such as cypress (*Taxodium*), cat-tails (*Typha*), and rice thrive in saturated soils most crop plants and trees are injured or killed if the soil is flooded for more than a few days. Injury usually is more severe to growing plants than to dormant plants, and it is more severe in warm soil than in cool soil. Flooding during the growing season therefore usually is more injurious than flooding during the dormant season.

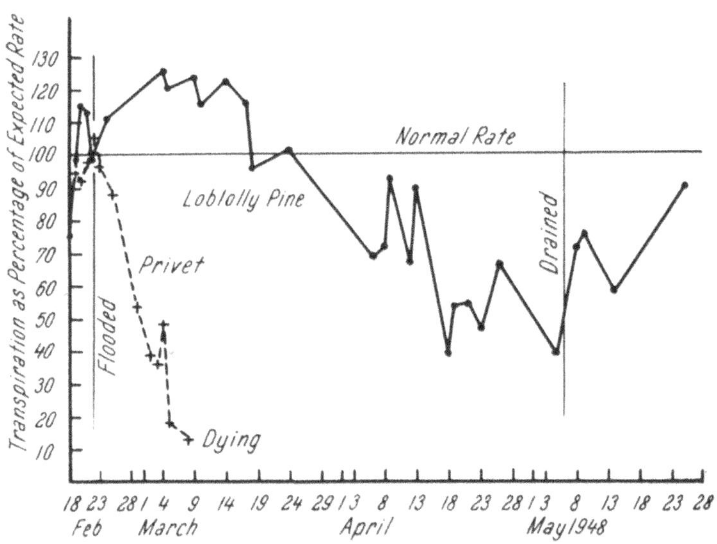

Fig. 17. Effects of saturating the soil with water on water absorption, as measured by the transpiration rate. Privet plants (*Ligustrum japonicum* Thunb.) were killed, but loblolly pine seedlings (*Pinus taeda* L.) survived over two months in flooded soil and began to recover as soon as the soil was drained. (From KRAMER 1951)

Laboratory experiments also indicate wide differences in the effect of flooding on water absorption. As shown in Fig. 17, water absorption by privet decreased abruptly when the soil was flooded and the plants soon died, but loblolly pine was flooded for a month before absorption was much reduced, and it recovered when drained after being flooded for two months. PARKER (1950) found that water absorption of cypress was reduced very little by flooding, while water absorption of several species of oak and pine was reduced to less than 50 percent of the unflooded controls. Dogwood and yellow poplar were severely injured or killed within a week (KRAMER 1951). Tobacco is so sensitive to deficient aeration that it sometimes wilts within an hour after the soil is saturated with water.

The reasons for differences in tolerance of flooding among various species are not fully understood. They probably are related to both morphological and physiological differences in the plants. Many plants which thrive in swamps and poorly aerated media possess roots and rhizomes which typically contain large air spaces, and there is considerable evidence that oxygen diffuses down from the shoots to the roots through these spaces (BROWN 1947, CANNON 1932, CONWAY 1940, GLASSTONE 1942, LAING 1940 a). One piece of evidence supporting this is the fact that rice roots lose their ability to function without external aeration when the tops are removed (VLAMIS and DAVIS 1944).

According to LAING (1940 b) the cells in the roots of at least some hydrophytes can carry on anaerobic respiration without injury. It seems probable that the roots of plants which grow in poorly aerated media, such as swamps, must be able to survive with very limited supplies of oxygen. The possibility of physiological differences in the respiratory mechanism and differences in tolerance of the products of anaerobic respiration needs further study.

How Inadequate Aeration Reduces Water Absorption. Inadequate aeration reduces metabolic activity of roots, checks root growth, decreases permeability of roots to water, and finally causes their death. Opinions differ concerning the relative importance on water absorption of these various effects. Older views emphasized the importance of reduction in metabolic activity and active absorption, but if we accept the statement made earlier in this chapter that active absorption is a minor factor in water absorption, the wilting observed in plants with inadequately aerated root systems cannot be explained by the cessation of active absorption. The wilting must be caused chiefly by interference with passive absorption.

It was suggested long ago by LIVINGSTON and FREE (1917) and by HUNTER and RICH (1925) that injury to the protoplasm of poorly aerated roots might explain reduced water absorption on a purely physical basis. The writer found that saturating with carbon dioxide the soil in which sunflower and tomato plants were growing greatly reduced the amount of water which could be moved through them by a pressure of 0.8 atmosphere (KRAMER 1940 b). HOAGLAND and BROYER (1942) and KRAMER and JACKSON (1954) also observed that inadequate aeration reduced the rate of passive water movement through root systems. In some experiments it was found that an excess of carbon dioxide decreased root permeability more rapidly and to a greater extent than deficiency of oxygen. BROUWER (1954), CHANG and LOOMIS (1945, and HAGAN (1950) also concluded that carbon dioxide reduces the permeability of roots to water.

It appears that the first reduction in water absorption immediately after flooding the soil or otherwise decreasing aeration may be caused by decreased permeability of the roots to water as shown in Fig. 18. In at least some instances this seems to be caused by specific effects of a high concentration of carbon dioxide on the structure of the root protoplasm (FOX 1933, SEIFRIZ 1942). Later the effects of low oxygen may cause injury and final death to the root systems.

While lack of water caused by reduced absorption explains wilting of the shoots, it does not explain some of the other effects of flooding root systems (JACKSON 1956). For example, some herbaceous plants in flooded soil show epinasty and yellowing of leaves, hypertrophy of stems at the water line, and development of adventitious roots (KRAMER 1951). Tobacco plants usually die if the soil in which they are growing is flooded, but tomato plants often survive and partly recover after producing adventitious roots. It seems possible that development of toxic reduced substances such as nitrites and sulfides in flooded soils, or release of toxic substances from dying roots might injure the shoots. JACKSON (1956) concluded that release of toxic substances from dying roots is not important, but he found evidence supporting the view of WENT (1943) that well aerated roots supply some substance in addition to water and minerals which is essential for shoot growth. This idea is supported by observations of KENDE (1965) and others that roots synthesize kinetin or a kinetin-like substance. They also convert inorganic to organic nitrogen compounds (BOLLARD 1960).

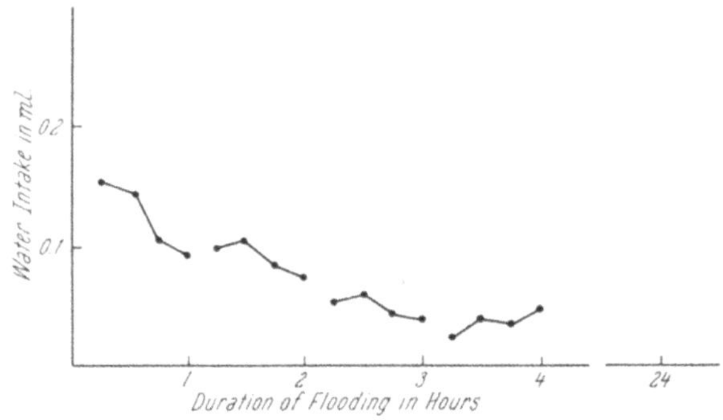

Fig. 18. Effects of saturating the soil with water for various periods of time on intake of water through tobacco root systems attached to a vacuum line and subjected to a pressure difference of 0.2 atm. The decreased water intake observed during the first 4 hours is attributed to decreased permeability of the roots caused by deficient aeration. The increased permeability after 24 hours is attributed to permanent injury. The roots died within a week. (From KRAMER and JACKSON 1954)

d) Relation between Water Absorption and Salt Absorption

It seems desirable to include a discussion of the highly controversial relationship between water absorption and salt absorption. Most early workers apparently assumed that the salts occurring in the soil solution were carried into plants along with the water which they absorbed, although near the beginning of the nineteenth century de Saussure observed that plants absorb relatively more water than salts and more of some kinds of salts than of others. Studies by KIESSELBACH (1916), MUENSCHER (1928), and others indicated that there was no consistent relationship between water uptake and salt uptake, but their experiments were criticized because plants grown for long periods of time in sun and shade differ morphologically and physiologically and are not really comparable with respect to salt absorption. In the better designed experiments of FREELAND (1937) and WRIGHT (1939) the plants which absorbed the most water also absorbed the most salt, but water and salt absorption were not proportional.

Increasing interest in the process of salt accumulation during the 1930's and 1940's led to the view that salt accumulation in the root cells is an essential feature of salt absorption by plants (HOAGLAND 1944, STEWARD *et al.* 1942). These workers argued that even though increased transpiration and water absorption may speed up movement of salt from roots to shoots it can have no direct effect on movement of salt from the external medium across the root tissues and into the xylem because this occurs entirely by active transport. According to this view, the only effect of transpiration is indirect, resulting from the fact that more rapid removal of salt from the root xylem in the transpiration stream might enable the active transport mechanism to move salt to the xylem more rapidly than with low rates of water absorption.

A number of observations made during the 1950's were interpreted as indicating that increased absorption of water directly increases absorption of salt. HYLMÖ (1953, 1958) found that increasing the transpiration rate of *Vicia faba* seedlings caused increased absorption of salt, and he attributed the increase to passive movement of salt in the transpiration stream. BROUWER (1954, 1956) attributed part of the increased salt uptake to increased permeability of the roots, but agreed that at least a small fraction of the total salt is carried in the transpiration stream. In contrast, VAN DEN HONERT *et al.* (1955) were unable to demonstrate any relationship between water absorption and salt absorption in corn. SMITH (1957), however, found that increasing the transpiration of corn and pea seedlings already high in salt increased the absorption of ^{32}P and its translocation to the shoots (see Fig. 19). RUSSEL and SHORROCKS (1959) also found that increased transpiration caused increased uptake of salt by plants already high in salt, but they claimed that this is an indirect effect and does not demonstrate passive movement of salt.

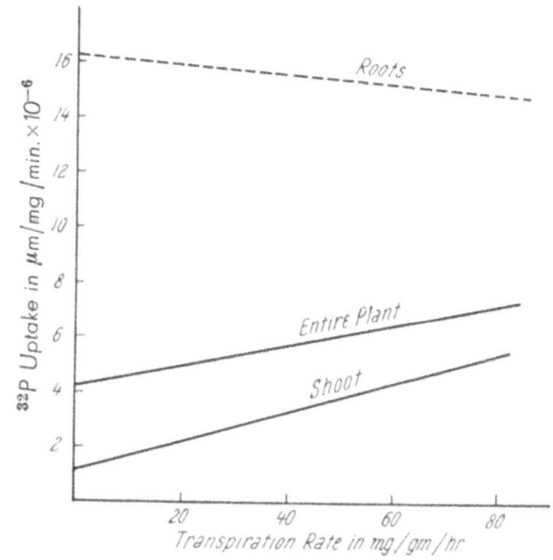

Fig. 19. Effect of increasing rate of transpiration on accumulation of ^{32}P in shoots and roots of corn seedlings. Increased uptake of water was accompanied by increased salt accumulation in the shoots and decreased accumulation in the roots. (From SMITH 1957)

LOPUSHINSKY (1964) immersed tomato root systems in a closed container and varied the rate of water movement through them by varying the pressure on the water surrounding the roots. Movement of ^{32}P which was added to the water increased with increased flow of water, although not proportionately. Although the concentration of tracer in the xylem sap exuding from the stumps decreased with increased rate of water flow through the roots, the total amount of salt transferred to the xylem sap per unit of time increased materially. This seems to represent increased passive movement of salt caused by increased movement of water through the roots.

There seems to be little doubt that at least in plants high in salt, increased absorption of water is accompanied by increased absorption of salt. The question is whether this results entirely from increased active transport or at least in part from passive movement in the transpiration stream. There is no doubt that active transport of ions is important in salt absorption because the concentration of salt in the xylem sap often becomes considerably higher than in the medium surrounding the roots. Lack of space prevents discussion of possible mechanisms of active transport, but they are discussed elsewhere in this book.

It is possible that in addition to movement by active transport, ions might move by diffusion and mass flow in the transpiration stream. SCOTT and PRIESTLEY (1928) long ago suggested that ions diffuse in through the water saturated cell walls as far as the endodermis which they, like many others (ARNOLD 1952,

CRAFTS and BROYER 1938), regarded as the principle barrier to movement by diffusion. Apparently the endodermis is not completely impermeable to salt movement by diffusion, because WIERSUM (1948) found that when a solution was flowed through the root xylem, ions from it appeared in the external solution, having moved outward by duffusion.

The work of KRAMER and WIEBE (1952), WIEBE and KRAMER (1954) and CANNING and KRAMER (1958) indicate that most of the salt enters roots in the same region where most of the water enters. Thus if roots are even slightly permeable to movement of ions by diffusion their movement will be speeded up by increased flow of water in the transpiration stream.

It seems clear, however, that most of the water passes through a protoplasmic filter which exerts a marked regulatory effect on the movement of ions, because neither the concentration nor the composition of the xylem sap is identical with that of the external solution. HYLMÖ (1958) suggests that water can move by two pathways, through protoplasts and through cell walls, while mass flow of ions occurs only through the walls. Even the walls are so permeated with cytoplasm (BURSTROM 1958) that factors affecting their structure and permeability may have considerable effect on movement through the walls as well as movement through the cytoplasm. The condition of the cytoplasm materially affects the mass flow of water through roots, hence it is not surprising to find that the mass movement of ions also is affected by aeration and respiration inhibitors, much as is the mass flow of water (LOPUSHINSKY 1964).

It seems that a distinction should be made between salt accumulation in root cells and absorption through roots. In fact it may be necessary to distinguish between accumulation in the vacuoles and accumulation in the cytoplasm of the root parenchyma cells (LUTTGE and LATIES 1966). Accumulation in the vacuoles is highly selective and closely coupled to cell metabolism, but it probably represents a diversion of salt from the stream passing inward to the root xylem, especially in roots low in salt (BROYER 1950, EPSTEIN 1956). Active transport to the xylem probably occurs in the symplast, as proposed by ARISZ (1956), CRAFTS and BROYER (1938), LATIES and BUDD (1964), and LUTTGE and LATIES (1966).

It is probable that in young, rapidly growing plants and in slowly transpiring plants active transport and accumulation dominate salt absorption. At high rates of transpiration, especially if the roots are high in salt, the amount of salt carried in to the xylem in the transpiration stream probably increases until it may become a significant part of the total salt absorption.

It has been argued that this view violates the generally accepted idea that "An essential and inescapable feature of a root system is its ability, whether attached or detached, to discriminate between the different ions of the solution . . ." (KRAMER 1959, p. 695). It is true that root cells are highly selectivity in accumulating some ions and rejecting others, but the selectivity of root systems may have been overemphasized because practically every element occurring in the soil has also been found in plants. We wish to stress again that in studying salt absorption on intact plants we must distinguish between accumulation of ions in the vacuoles of the root cells and movement of ions through the roots to the xylem, which probably is quite independent of accumulation in the vacuoles.

It is obvious that more research will be necessary before we can understand the mechanisms which cause movement of ions from the external medium across the roots and into the xylem. Only after these mechanisms are fully understood can we evaluate the effects of water movement through roots on salt absorption.

Literature

ADDOMS, R. M.: Entrance of water into suberized roots of trees. Plant Physiol. **21**, 109–111 (1946). — ALDRICH, W. W., R. A. WORK and M. R. LEWIS: Pear root concentration in relation to soil-moisture extraction in heavy clay soil. J. Agricult. Res. **50**, 975–988 (1935). — ALVIM, P. DE T.: Stomatal opening as a practical indicator of water stress in plants. Proc. 9th Intern. Bot. Congr. **4**, 5 (1959). — ANDEL, O. M. VAN: The influence of salts on the exudation of tomato plants. Acta Bot. Neerl. **2**, 445–521 (1953). — ARISZ, W. H.: Significance of the symplasm theory for transport across the root. Protoplasma **46**, 5–62 (1956). — ARISZ, W. H., R. J. HELDER and R. VAN NIE: Analysis of the exudation process in tomato plants. J. Exper. Bot. **2**, 257–297 (1951). — ARMY, T. J., and T. T. KOZLOWSKI: Availability of soil moisture for active absorption in drying soil. Plant Physiol. **26**, 353–362 (1951). — ARNOLD, A.: Über den Funktionsmechanismus der Endodermiszellen der Wurzeln. Protoplasma **41**, 189–211 (1952).

BARBER, S. A.: A diffusion and mass-flow concept of soil nutrient availability. Soil Sci. **93**, 39—49 (1962). — BENNET-CLARK, T. A.: Water relations of cells, p. 105–188. *In* F. C. STEWARD (ed.), Plant physiology II. New York: Academic Press. 1959. — BENNET-CLARK, T. A., A. D. GREENWOOD and J. W. BARKER: Water relations and osmotic pressures of plant cells. New Phytologist **35**, 277–291 (1936). — BERNSTEIN, L., W. R. GARDNER and L. A. RICHARDS: Is there a vapor gap around roots? Science **129**, 1750, 1753 (1959). — BERNSTEIN, L., and H. E. HAYWARD: Physiology of salt tolerance. Ann. Rev. Plant Physiol. **9**, 25–46 (1958). — BIALOGLOWSKI, J.: Effect of extent and temperature of roots on transpiration of rooted lemon cuttings. Proc. Amer. Soc. Hort. Sci. **34**, 96–102 (1936). — BIEBL, R.: Borwirkungen auf *Pisum sativum*. Jahrb. wiss. Bot. **90**, 731–749 (1942). — BLINKS, L. R., and R. L. AIRTH: The role of electroosmosis in living cells. Science **113**, 474–475 (1951). — BÖHNING, R. H., and B. LUSANANDANA: A comparative study of gradual and abrupt changes in root temperature on water absorption. Plant Physiol. **27**, 475–488 (1952). — BOGEN, H. J.: Beiträge zur Physiologie der nichtosmotischen Wasseraufnahme. Planta **42**, 140–155 (1953). — BOLLARD, E. G.: Transport in the xylem. Ann. Rev. Plant Physiol. **11**, 141–166 (1960). — BONNER, J.: Water transport. Science **129**, 447–450 (1959). — BOONSTRA, A. E. H. R.: Die Bedeutung der Wurzeldrucks für erhöhte Transpiration der Erbsen bei höherer Wurzeltemperatur. Planta **24**, 59–65 (1935). — BOYCE, S. G.: The salt spray community. Ecol. Monogr. **24**, 29–67 (1954). — BOYER, J. S., and E. B. KNIPLING: Isopiestic technique for measuring leaf water potentials with a thermocouple psychrometer. Proc. Nat. Acad. Sci. **54**, 1044–1051 (1965). — BREWIG, A.: Permeabilitätsänderungen der Wurzelgewebe, die vom Sproß aus beeinflußt werden. Z. Bot. 481–540 (1937). — BROUWER, R.: Water absorption by the roots of *Vicia faba* at various transpiration strengths. I. Analysis of the uptake and the factors determining it. Proc. Kon. Ned. Akad. Wet. C **56**, 106–115 (1953). — The regulating influence of transpiration and suction tension of the water and salt uptake by the roots of intact *Vicia faba* plants. Acta Bot. Neerl. **3**, 264–312 (1954). — Investigations into the occurrence of active and passive components in the ion uptake of *Vicia faba*. Acta Bot. Neerl. **5**, 287–314 (1956). — BROWN, R.: The gaseous exchange between the root and the shoot of the seedling of *Cucurbita pepo*. Ann. Bot. **11**, 417–437 (1947). — BROWN, E. M.: Some effects of temperature on the growth and chemical composition of certain pasture graasses. Missouri Agricult. Exper. Sta. Res. Bull. **299** (1939). — BROYER, T. C.: Further observations on the absorption and translocation of inorganic solutes using radioactive isotopes with plants. Plant Physiol. **25**, 367–375 (1950). — BURSTROM, H.: The influence of growth regulators on the composition of the cell wall. Kungl. Fys. Sällskapets I Lund Förhandlingar **28** (7), 53–64 (1958). — BURTON, G. W.: Role of tracers in root development investigations. *In* C. L. COMAR (ed.), Atomic Energy in Agriculture. Washington: American Association for the Advancement of Science. 1957. — BURTON, G. W., E. H. DEVANE and R. L. CARTER: Root penetration, distribution and activity in southern grasses measured by yields, drought symptoms, and p^{32} uptake. Agron. J. **46**, 229–233 (1954).

CAMERON, S. H.: The influence of soil temperature on the rate of transpiration of young orange trees. Amer. Soc. Hort. Sci. Proc. **38**, 75–79 (1941). — CANNING, R. E., and P. J. KRAMER: Salt absorption and accumulation in various regions of roots. Amer. J. Bot. **45**, 378–382 (1958). — CANNON, W. A.: Absorption of oxygen by roots when the shoot is in darkness or in light. Plant Physiol. **7**, 673–684 (1932). — CHANG, H. T., and W. E. LOOMIS: Effect of carbon dioxide on absorption of water and nutrients by roots. Plant Physiol. **20**, 221–232 (1945). — CLEMENTS, F. E.: Aeration and air content. Carnegie Inst. Wash. Publ. **315** (1921). — COLLANDER, R.: Cell membranes:

Their resistance to penetration and their capacity for transport, p. 4–102. *In* F. C. STEWARD (ed.), Plant Physiology II. New York: Academic Press. 1959. — CONWAY, V. M.: Aeration and plant growth in wet soils. Bot. Rev. **6**, 149–163 (1940). — COWAN, I. R.: Transport of water in the soil-plant-atmosphere system. J. Appl. Ecol. **2**, 221–239 (1965). — CRAFTS, A. S., and T. C. BROYER: Migration of salts and water into xylem of the roots of higher plants. Amer. J. Bot. **25**, 529–535 (1938). — CRIDER, F. J.: Selective absorption of ions not confined to young roots. Science **78**, 169 (1933).

DAINTY, J.: Water relations of plant cells, p. 279–326. *In* R. D. PRESTON (ed.), Advances in Botanical Research I. New York: Academic Press. 1963. — DAVIDSON, O. W.: Salts in old greenhouse soils stunt flowers and vegetables. Florists Rev. **95**, 17–19 (1945). — DITTMER, H. J.: A quantitative study of the roots and root hairs of a winter rye plant (*Secale cereale*). Amer. J. Bot. **24**, 417–420 (1937). — DÖRING, B.: Die Temperaturabhängigkeit der Wasseraufnahme und ihre ökologische Bedeutung. Z. Bot. **28**, 305–383 (1935). — DUVDEVANI, S.: Dew in Israel and its effects on plants. Soil Sci. **98**, 14–21 (1964).

EATON, F. M.: Water uptake and root growth as influenced by inequalities in the concentration of the substrate. Plant Physiol. **16**, 545–564 (1941). — Toxicity and accumulation of chloride and sulfate salts in plants. J. Agricult. Res. **64**, 357–399 (1942). — The osmotic and vitalistic interpretations of exudation. Amer. J. Bot. **30**, 663–674 (1943). — EHRLER, W., and L. BERNSTEIN: Effects of root temperature, mineral nutrition, and salinity on the growth and composition of rice. Bot. Gaz. **120**, 67–74 (1958). — EIJK, M. VAN: Analyse der Wirkung des NaCl auf die Entwicklung, Sukkulenz und Transpiration bei *Salicornia herbacea*, sowie Untersuchungen über den Einfluß der Salzaufnahme auf die Wurzelatmung bei Aster *Tripolium*. Rec. Trav. Bot. Neerl. **36**, 559–657 (1939). — EPSTEIN, E.: Passive passage and active transport of ions in plant roots. U. S. Atomic Energy Comm. Rept. TID-**7512**, 297–301 (1956). — EVANS, H.: Studies on the absorbing surface of sugarcane root systems. I. Method of study with some preliminary results. Ann. Bot. n. s. **2**, 159–182 (1938).

FENSOM, D. S.: The bioelectric potentials of plants and their functional significance. Canad. J. Bot. **35**, 573–582 (1957). — The bioelectric potentials of plants and their functional significance. II. The patterns of bioelectric potential and exudation rate in excised sunflower roots and stems. Canad. J. Bot. **36**, 367–383 (1958). — FIRBAS, F.: Untersuchungen über den Wasserhaushalt der Hochmoorpflanzen. Jahrb. wiss. Bot. **74**, 457–696 (1931). — FOX, D. L.: Carbon dioxide narcosis. J. Cell. Comp. Physiol. **3**, 75–100 (1933). — FREELAND, R. O.: Effect of transpiration upon the absorption of mineral salts. Amer. J. Bot. **21**, 373–374 (1937). — FRIED, M., and R. E. SHAPIRO: Soil-plant relationships in ion uptake. Ann. Rev. Plant Physiol. **12**, 91–112 (1961). — FURR, J. R., and J. O. REEVE: The range of soilmoisture percentages through which plants undergo permanent wilting in some soils from semiarid irrigated areas. J. Agricult. Res. **71**, 149–170 (1945).

GARDNER, W. R.: Dynamic aspects of water availability to plants. Soil Sci. **89**, 63–73 (1960). — GESSNER, F.: Die Wasseraufnahme durch Blätter und Samen, p. 215–246. *In* W. RUHLAND (ed.), Encyclopedia of plant physiology III. Berlin–Göttingen–Heidelberg: Springer. 1956. — GINGRICH, J. R., and M. B. RUSSELL: A comparison of effects of soil moisture tension and osmotic stress on root growth. Soil Sci. **84**, 185–194 (1957). — GLASSTONE, V. F. C.: Passage of air through plants and its relation to measurement of respiration and assimilation. Amer. J. Bot. **29**, 156–159 (1942). — GRACANIN, M.: Sur la question de la sécheresse physiologique des sols salins. Revisio Scientifica Agricult. **7**, 1–16 (1943). — GRADMAN, H.: Untersuchungen über die Wasserverhältnisse des Bodens als Grundlage des Pflanzenwachstums. I. Jahrb. Wiss. Bot. **69**, 1–100 (1928). — GROSSENBACHER, K. A.: Autonomic cycle of rate of exudation of plants. Amer. J. Bot. **26**, 107–109 (1939).

HAAS, A. R. C.: Growth and water losses in citrus as affected by soil temperature. California Citrograph **21**, 467 and 469 (1936). — HAGAN, R. M.: Autonomic diurnal cycles in the water relations of nonexuding detopped root systems. Plant Physiol. **24**, 441–454 (1949). — Soil aeration as a factor in water absorption by the roots of transpiring plants. Plant Physiol. **25**, 748–762 (1950). — Factors affecting soil moisture-plant growth relations. Report 14th Inter. Hort. Congr. Wageningen: 82–98 (1955). — HAGAN, R. M., Y. VAADIA and M. B. RUSSELL: Interpretation of plant responses to soil moisture regimes. Advances in Agronomy **9**, 77–98 (1959). — HALL, N. S., W. F. CHANDLER, C. H. M. VAN BAVEL, P. H. REID and J. H. ANDERSON: A tracer technique to measure growth and activity of plant root systems. North Carolina Agricult. Exper. Sta. Tech. Bull. **101** (1953). — HARLEY, J. L., and C. C. MCCREADY: The uptake of phosphate by excised mycorrhizal roots of the beech. New Phytol. **49**, 388–397 (1950). — HAYWARD, H. E., and L. BERNSTEIN: Plant-growth relationships on salt-affected soils. Bot. Rev. **24**, 584–635 (1958). — HAYWARD, H. E., W. M. BLAIR and P. E. SKALING: Device for measuring entry of water into roots. Bot. Gaz. **104**, 152–160 (1942). — HAYWARD, H. E., and E. M. LONG: The anatomy of the seedling and roots of the Valencia orange. U.S. Dept. Agricult. Tech. Bull. **786** (1942). — HAYWARD, H. E., and W. B. SPURR: Effects of osmotic concentration of substrate on the entry of water into corn roots. Bot. Gaz. **105**, 152–164 (1943). — Effects of isosmotic concentrations of inorganic and organic substrates on entry of water into corn roots. Bot. Gaz. **106**, 131–139 (1944). — HEYL, J. G.: Der Einfluß von Außenfaktoren auf das Bluten der Pflanzen. Planta **20**, 294–353 (1933). — HOAGLAND, D. R.: The inorganic nutrition of plants. Waltham, Mass.: Chronica Botanica Co. 1944. — HOAGLAND, D. R., and T. C. BROYER: Accumulation of salt and permeability in plant cells. J. Gen. Physiol. **25** 865–880 (1942). — HOHN, K.: Die Bedeutung der Wurzelhaare für Wasseraufnahme der Pflanzen. Z. Bot. **27**, 529–564 (1934). — HONERT, T. H. VAN DEN: Water transport in plants as a catenary process. Discussions Faraday Soc. No. **3**, 146–153 (1948). — HONERT, T. H. VAN DEN, J. J. HOOYMANS and W. S. VOLKERS: Experiments on the relation between water absorption and mineral uptake by plant roots. Acta Bot. Neerl. **4**, 139–155 (1955). — HUBER, B., and K. HÖFLER: Die Wasserpermeabilität des Protoplasmas. Jahrb. wiss. Bot. **73**, 351–511 (1930). — HUNTER, C., and E. M. RICH: The effect of artificial aeration of the soil on *Impatiens balsamina* L. New Phytol. **24**, 257–271 (1925). — HYLMÖ, B.: Transpiration and ion absorption. Physiol. Plantarum **6**, 333–405 (1953). — The zonal water flow, ion passage, and pore size in roots of *Vicia faba*. Physiol. Plantarum **11**, 382–400 (1958).

JACKSON, W. T.: The relative importance of factors causing injury to shoots of flooded tomato plants. Amer. J. Bot. **43**, 637–639 (1956). — JANTTI, A., and P. J. KRAMER: Regrowth of pastures in relation to soil moisture and defoliation. Proc. Seventh Int. Grasslands Cong. (1956). — JENSEN, R. O., S. A. TAYLOR and H. H. WIEBE: Negative transport and resistance to water flow through plants. Plant Physiol. **36**, 633–638 (1961).

KAUSCH, W.: Saugkraft und Wassernachleitung im Boden als physiologische Faktoren. Unter besonderer Berücksichtigung des Tensiometers. Planta (Berlin) **45**, 217–263 (1955). — KELLER, R.: Der elektrische Faktor des Wassertransports im Lichte der Vitalfärbung. Erg. Physiol. **30**, 294–407 (1930). — KELLEY, A. P.: Mycotrophy in plants. Waltham, Mass.: Chronica Botanica Co. 1950. — KENDE, H.: Kinetinlike factors in the root exudate of sunflowers. Proc. Nat. Acad. Sci. **53**, 1302–1307 (1965). — KIESSELBACH, T. A.: Transpiration as a factor in crop production. Nebraska Agricult. Exper. Sta. Res. Bull. **6** (1916). — KLEPPER, B., and M. R. KAUFMANN: Removal of salt from xylem sap by leaves and stems of guttating plants. Plant Physiol. **41**, 1743–1747 (1966). — KNIPLING, E. B., and P. J. KRAMER: Comparison of the dye method with the thermocouple psychrometer for measuring leaf water potentials. Plant Physiol. **42**. 1315–1320 (1967). — KÖHNLEIN, E.: Untersuchungen über die Höhe des Wurzelwiderstandes und die Bedeutung aktiver Wurzeltätigkeit für die Wasserversorgung der Pflanzen. Planta **10**, 381–423 (1930). — KOZLOWSKI, T. T.: Transpiration rates of some forest tree species during the dormant season. Plant Physiol. **18**, 252–260 (1943). — KOZLOWSKI, T. T., and W. H. SCHOLTES: Growth of roots and root hairs of pine and hardwood seedlings in the Piedmont. J. Forestry **46**, 750–754 (1948). — KRAMER, P. J.: The intake of water through dead root systems and its relation to the problem of absorption by transpiring plants. Amer. J. Bot. **20**, 481–492 (1933). — Effects of soil temperature on the absorption of water by plants. Science **79**, 371–372 (1934). — Root resistance as a cause of the absorption lag. Amer. J. Bot. **25**, 110–113 (1938). — The forces concerned in the intake of water by transpiring plants. Amer. J. Bot. **26**, 784–791 (1939). — Root resistance as a cause of decreased water absorption by plants at low temperatures. Plant Physiol. **15**, 63–79 (1940a). — Causes of decreased absorption of water by plants in poorly aerated media. Amer. J. Bot. **27**, 216–220 (1940b). — Soil moisture as a limiting factor for active absorption and root pressure. Amer. J. Bot. **28**, 446–451 (1941). — Species differences with respect to water absorption at low soil temperatures. Amer. J. Bot. **29**, 828–832 (1942). — Absorption of water through suberized roots of trees. Plant Physiol. **21**, 37–41 (1946). — Plant and soil water relationships. New York: McGraw-Hill Book Co. 1949. — Causes of injury to plants resulting from flooding of the soil. Plant Physiol. **26**, 722–736 (1951). — Water relations of plant cells and tissues. Ann. Rev. Plant Physiol. **6**, 253–272 (1955). — Physical and physiological aspects of water absorption, p. 124–159. *In* W. RUHLAND (ed.), Encyclopedia of plant physiology III. Berlin–Göttingen–Heidelberg: Springer. 1956a. — Roots as absorbing organs, p. 188–214. *In* W. RUHLAND (ed.), Encyclopedia of plant physiology III. Berlin–Göttingen–Heidelberg: Springer. 1956b. — Transpiration and the water economy of plants, p. 601–730. *In* F. C. STEWARD (ed.),

Plant physiology II. New York: Academic Press. 1959. — KRAMER, P. J., and H. BRIX: Measurement of water stress in plants. *In* Methodology of Plant Eco-physiology, Proc. Montpellier Symp. UNESCO Arid Zone Res. **25**, 343–351 (1965). — KRAMER, P. J., and H. C. BULLOCK: Seasonal variations in the proportions of suberized and unsuberuzed roots of trees in relation to the absorption of water. Amer. J. Bot. **53**, 200–204 (1966). — KRAMER, P. J., and W. T. JACKSON: Causes of injury to flooded tobacco plants. Plant Physiol. **29**, 241–245 (1954). — KRAMER, P. J., E. B. KNIPLING and L. N. MILLER: Terminology of cell-water relations. Science **153**, 889–890 (1966). — KRAMER, P. J., and H. H. WIEBE: Longitudinal gradients of p^{32} absorption in roots. Plant Physiol. **27**, 661–674 (1952). — KRAMER, P. J., and K. M. WILBUR: Absorption of radioactive phosphorus by mycorrhizal roots of pine. Science **110**, 8–9 (1949).

LAGERWERFF, J. V., and H. E. EAGLE: Transpiration related to ion uptake by beans from saline substrates. Soil Sci. **93**, 420–430 (1962). — LAING, H. E.: The composition of the internal atmosphere of *Nuphar advenum* and other water plants. Amer. J. Bot. **27**, 861–868 (1940a). — Respiration of the rhizomes of *Nuphar advenum* and other water plants. Amer. J. Bot. **27**, 574–581 (1940b). — LATIES, G. G., and K. BUDD: The development of differential permeability in isolated steles of corn roots. Proc. Nat. Acad. Sci. **54**, 462–469 (1964). — LETEY, J., and D. B. PETERS: Influence of soil moisture levels and seasonal weather on efficiency of water use by corn. Agron. J. **49**, 362–365 (1957). — LEVITT, J.: The physical nature of transpirational pull. Plant Physiol. **31**, 248–251 (1956). — LEVITT, J., and G. W. SCARTH: Frost-hardening studies with living cells. II. Permeability in relation to frost resistance and the seasonal cycle. Canad. J. Res. C **14**, 285–305 (1936). — LEVITT, J., G. W. SCARTH and R. D. GIBBS: Water permeability of isolated protoplasts in relation to volume change. Protoplasma **26**, 237–248 (1936). — LIVINGSTON, B. E., and E. E. FREE: The effect of deficient soil oxygen on the roots of higher plants. Johns Hopkins Univ. Circ. n. s. **3**, 182–185 (1917). — LOPUSHINSKY, W.: Effect of water movement on ion movement into the xylem of tomato roots. Plant Physiol. **39** 494–501 (1964). — LUND, E. J.: Electric correlation between living cells in cortex and wood in the Douglas fir. Plant Physiol. **6**, 631–652 (1931). — LUNDEGARDH, H.: Bleeding and sap movement. Arkiv f. Botanik **31**A, 1–56 (1944). — LUTTGE, U., and G. G. LATIES: Dual mechanisms of ion absorption in relation to long distance transport in plants. Plant Physiol. **41**, 1531–1539 (1966).

MCDERMOTT, J. J.: The effect of the moisture content of the soil upon the rate of exudation. Amer. J. Bot. **32**, 570–574 (1945). — MACGILLIVRAY, J. H., and L. D. DONEEN: Soil moisture conditions as related to the irrigation of truck crops on mineral soils. Amer. Soc. Hort. Sci. Proc. **40**, 483–492 (1942). — MELIN, E., and H. NILSSON: Transfer of radioactive phosphorus to pine seedlings by means of mycorrhizal hyphae. Physiol. Plantarum **3**, 88–92 (1950). — MELIN, E., H. NILSSON and E. HACSKAYLO: Translocation of cations to seedlings of *Pinus virginiana* through mycorrhizal mycelium. Bot. Gaz. **119**, 243–246 (1958). — MEYER, B. S.: A critical evaluation of the terminology of diffusion phenomena. Plant Physiol. **20**, 142–164 (1945). — MILLER, E. C.: Comparative study of the root systems and leaf areas of corn and the sorghums. J. Agricult. Res. **6**, 311–332 (1916). — MILLER, S. A., and A. P. MAZURAK: Relationships of particle and pore sizes to the growth of sunflowers. Proc. Soil Sci. Soc. Amer. **22**, 275–278 (1958). — MONTEITH, J. L., and P. C. OWEN: A thermocouple method for measuring relative humidity in the range 95–100%. J. Sci. Inst. **35**, 443–446 (1958). — MUENSCHER, W. C.: Effect of transpiration on the absorption of salts by plants. Amer. J. Bot. **9**, 311–329 (1922).

NIGHTINGALE, G. T.: Effects of temperature on growth, anatomy, and metabolism of apple and peach roots. Bot. Gaz. **96**, 581–639 (1935).

OERTLI, J. J.: Active water transport in plants. Physiol. Plantarum **19**, 809–817 (1966). — OPPENHEIMER, H. R., and D. L. ELZE: Irrigation of citrus trees according to physiological indicators. Palestine J. Bot. Rehovot Ser. **4**, 20–46 (1941). — ORDIN, L., and P. J. KRAMER: Permeability of *Vicia faba* root segments to water as measured by diffusion of deuterium hydroxide. Plant Physiol. **31**, 468–471 (1956). — OVERBEEK, J. VAN: Water uptake by excised root systems of the tomato due to non-osmotic forces. Amer. J. Bot. **29**, 677–683 (1942).

PARKER, J.: The effects of flooding on the transpiration and survival of some southeastern forest tree species. Plant Physiol. **25**, 453–460 (1950). — PAVLYCHENKO, T. K.: Quantitative study of the entire root system of weed and crop plants under field conditions. Ecology **18**, 62–79 (1937). — PETERS, D. B.: Water uptake of corn roots as influenced by soil moisture content and soil moisture tension. Proc. Soil Sci. Soc. Amer. **21**, 481–484 (1957). — PHILIP, J. R.: The physical principles of soil water movement during the irrigation cycle. Proc. 3rd Int. Congr. Irrigation and Drainage 8, 125–154 (1957). — Plant water relations: some physical aspects. Ann. Rev. Plant Physiol. **17**, 245–268 (1966). — PRIESTLEY, J. H.: Further observations upon the mechanism of root pressure. New Phytol. **21**, 41–48 (1922). — PROEBSTING, E. L.: Root distribution of some deciduous fruit trees in a California orchard. Proc. Amer. Soc. Hort. Sci. **43**, 1–4 (1943).

RENNER, O.: Versuche zur Mechanik der Wasserversorgung. Ber. Dtsch. Bot. Ges. **30**, 576–580, 642–648 (1912). — Versuche zur Bestimmung des Filtrationswiderstandes der Wurzeln. Jahrb. wiss. Bot. **70**, 805–838 (1929). — RICHARDS, L. A., and G. OGATA: Thermocouple for vapor pressure measurements in biological and soil systems at high humidity. Science **128**, 1089–1090 (1958). — RICHARDS, L. A., and C. H. WADLEIGH: Soil water and plant growth, p. 13–251. *In* B. T. SHAW (ed.), Agronomy **2**. New York: Academic Press. 1952. — RICHARDS, S. J., R. M. HAGAN and T. M. McCALLA: Soil temperature and plant growth, p. 303–480. *In* B. T. SHAW (ed.), Agronomy **2**. New York: Academic Press. 1952. — ROBERTS, F. L.: A study of the absorbing surfaces of the roots of loblolly pine. M. A. Thesis, Duke University (1948). — ROMELL, L. G.: Zur Frage einer Reizbarkeit blutender Zellen durch hydrostatischen Druck. Svensk Bot. Tidskr. **12**, 338 (1918). — ROSENE, H. F.: Distribution of the velocities of absorption of water in the onion root. Plant Physiol. **12**, 1–19 (1937). — Comparison of rates of water intake in contiguous regions of intact and isolated roots. Plant Physiol. **16**, 19–38 (1941 a). — Control of water transport in local root regions of attached and isolated roots by means of the osmotic pressure of the external solution. Amer. J. Bot. **28**, 402–410 (1941 b). — Effect of cyanide on rate of exudation in excised onion roots. Amer. J. Bot. **31**, 172–174 (1944). — Reversible azide inhibition of oxygen consumption and water transfer in root tissue. J. Cell. and Comp. Physiol. **30**, 15–30 (1947). — RUFELT, H.: Influence of the root pressure on the transpiration of wheat plants. Physiol. Plantarum **9**, 154–164 (1956). — Changes in the transpiration of wheat leaves caused by changes in the properties of the root medium. Physiol. Plantarum **12**, 390–399 (1959). — RUSSELL, M. B., and J. T. WOOLLEY: Transport processes in the soil-plant system, p. 695–721. *In* M. X. ZARROW (ed.), Growth in living systems. New York: Basic Books, Inc. 1961. — RUSSELL, R. S., and V. M. SHORROCKS: The relationship between transpiration and the absorption of inorganic ions by intact plants. J. Exper. Bot. **10**, 301–316 (1959).

SANDSTRÖM, B.: The ion absorption in roots lacking epidermis. Physiol. Plantarum **3**, 496–505 (1950). — SCHOLANDER, P. F., H. T. HAMMEL, D. BRADSTREET and E. A. HEMMINGSEN: Sap pressure in vascular plants. Science **148**, 339–346 (1965). — SCHMIED, E.: Spurenelementdüngung und Wasserhaushalt einiger Kulturpflanzen. Österr. Bot. Z. **100**, 552–578 (1953). — SCHROEDER, R. A.: The effect of root temperature upon the absorption of water by the cucumber. Univ. Missouri Res. Bull. **309**, 1–27 (1939). — SCOTT, L. I., and J. H. PRIESTLEY: A reconsideration of the entry of water and salts in the absorbing region. New Phytol. **27**, 125–140 (1928). — SEIFRIZ, W.: Some physical properties of protoplasm and their bearing on structure, p. 245–264. *In* The structure of protoplasm. Ames, Iowa: Iowa State College Press. 1942. — SHARDAKOV, V. S.: New field method for determination of the suction pressure of plants. Doklady Akad. Nauk SSSR **60**, 169–172 (1948). — SHMUELI, E.: Irrigation studies in the Jordan Valley I. Physiological activity of the banana in relation to soil moisture. Bull. Res. Council of Israel **3**, 228–247 (1953). — SIEVERS, A.: Untersuchungen über die Mycorrhizen von Allium- und Solanum-Arten. Ark. f. Mikrobiologie **18**, 289–321 (1953). — SLATYER, R. O.: Studies of the water relations of crop plants grown under natural rainfall in northern Australia. Austral. J. Agricult. Res. **6**, 365–377 (1955). — The significance of the permanent wilting percentage in studies of plant and soil water relations. Bot. Rev. **23**, 585–636 (1957 a). — The influence of progressive increases in total soil moisture stress on transpiration, growth and internal water relationships of plants. Austral. J. Biol. Sci. **10**, 320–336 (1957 b). — Effects of several osmotic substrates on the water relations of tomato. Austral. J. Biol. Sci. **14**, 519–540 (1961). — SLATYER, R. O., and S. A. TAYLOR: Terminology in plant-soteril-wa relations. Nature **187**, 922–924 (1960). — SMITH, R. C.: Studies on the relation of ion absorption to water uptake in plants. Ph. D. Dissertation, Duke University (1957). — SPEIDEL, B.: Untersuchungen zur Physiologie des Blutens bei höheren Pflanzen. Planta **30**, 67–112 (1939). — STANHILL, G.: The effect of differences in soil-moisture status on plant growth: a review and evaluation. Soil Sci. **84**, 205–214 (1957). — STEWARD, F. C., P. PREVOT and J. A. HARRISON: Absorption and accumulation of rubidium bromide by parley blants. Localization in the root of cation accumulation and of transfer to the shoot. Plant Physiol. **17**, 411–421 (1942). — STRUGGER, S.: Der aufsteigende Saftstrom in der

Pflanze. Naturwiss. **31**, 181–194 (1943). — Praktikum der Zell- und Gewebephysiologie der Pflanzen, 2nd ed. Berlin-Göttingen-Heidelberg: Springer. 1949.

TAGAWA, T.: The relation between the absorption of water by plant root and the concentration and nature of the surrounding solution. Jap. J. Bot. **7**, 33–60 (1934). — TAYLOR, S. A., and J. L. HADDOCK: Soil moisture availability related to power required to move water. Proc. Soil Sci. Soc. Amer. **20**, 284–288 (1956). — THODAY, D.: On turgescence and the absorption of water by the cells of plants. New Phytol. **17**, 108–113 (1918).

URSPRUNG, A.: The osmotic quantities of the plant cell. Int. Congr. Plant Sci. Proc. **2**, 1081–1094 (1929). — URSPRUNG, A., and G. BLUM: Zur Methode der Saugkraftmessung. Ber. Dtsch. Bot. Ges. **34**, 525–539 (1916).

VEIHMEYER, F. J.: Soil moisture, p. 64–123. *In* W. RUHLAND (ed.), Encyclopedia of plant physiology III. Berlin-Göttingen-Heidelberg: Springer. 1956. — VEIHMEYER, F. J., and A. H. HENDRICKSON: Methods of measuring field capacity and permanent wilting percentage of soils. Soil Sci. **68**, 75–94 (1949). — Soil moisture in relation to plant growth. Ann. Rev. Plant Physiol. **1**, 285–304 (1950). — VLAMIS, J., and A. R. DAVIS: Effects of oxygen tension on certain physiological responses of rice, barley and tomato. Plant Physiol. **19**, 33–51 (1944).

WADLEIGH, C. H.: The integrated soil moisture stress upon a root system in a large container of saline soil. Soil Sci. **61**, 225–238 (1946). — WADLEIGH, C. H., and A. D. AYERS: Growth and biochemical composition of bean plants as conditioned by soil moisture tension and salt concentration. Plant Physiol. **20**, 106–132 (1945). — WADLEIGH, C. H., H. G. GAUCH and O. C. MAGISTAD: Growth and rubber accumulation in guayule as conditioned by soil salinity and irrigation regime. U. S. Dept. Agricult. Tech. Bull. **925** (1946). — WADLEIGH, C. H., H. G. GAUCH and D. G. STRONG: Root penetration and moisture extraction in saline soil by crop plants. Soil Sci. **63**, 341–349 (1947). — WALTER, H.: Die Hydratur der Pflanze. Jena: Gustav Fischer. 1931. — The water economy and the hydrature of plants. Ann. Rev. Plant. Physiol. **6**, 239–252 (1955). — Zur Klärung des spezifischen Wasserzustandes im Plasma. Ber. Dtsch. Bot. Ges. **78**, 104–114 (1965). — WEATHERLEY, P. E.: Studies in the water relations of the cotton plant. I. The field measurement of water deficits in the leaves. New Phytol. **49**, 81–97 (1950). — WEATHERLEY, P. E., and R. O. SLATYER: Relationship between relative turgidity and diffusion pressure deficit in leaves. Nature **179**, 1085–1086 (1957). — WENT, F. W.: Effect of the root system on tomato stem growth. Plant Physiol. **18**, 51–65 (1943). — WHITE, P. R.: Vegetable staticks. Sigma Xi Quart. **30**, 119–136 (1942). — WIEBE, H. H., and P. J. KRAMER: Translocation of radioactive isotopes from various regions of roots of barley seedlings. Plant Physiol. **29**, 342–348 (1954). — WIERSUM, L. K.: Transfer of solutes across the young root. Rec. Trav. Bot. Neerl. **61**, 1–79 (1948). — WIGGANS, C. C.: The effect of orchard plants on subsoil moisture. Amer. Soc. Hort. Sci. Proc. **33**, 103–107 (1936). — WILSON, J. D., and B. E. LIVINGSTON: Wilting and withering of grasses in greenhouse cultures as related to water-supplying power of the soil. Plant. Physiol **7**, 1–34 (1932). — Lag in water absorption by plants in water culture with respect to changes in wind. Plant Physiol. **12**, 135–150 (1937). — WINTER, A. G.: Untersuchungen über die Verbreitung und Bedeutung der Mykorrhiza bei kultivierten Gramineen und einigen anderen landwirtschaftlichen Nutzpflanzen. Phytopathol. Z. **17**, 421–432 (1951). — Zum Problem der Mykorrhiza bei landwirtschaftlichen Kulturpflanzen. Z. Pflanzenernähr., Düng., Bodenkde. **60**, 221–243 (1953). — WRIGHT, K. E.: Transpiration and the absorption of mineral salts. Plant Physiol. **14**, 171–174 (1939).

C. The Uptake of Nutrients through Leaf Surfaces[1]

By

S. H. Wittwer and M. J. Bukovac

a) Introduction

Aerial plant parts are capable of absorbing gases and solutes from the surrounding atmosphere and from deposits of dusts or sprays. This phenomenon, or the associated agricultural practice, has been described as foliar feeding, non-root feeding, extra-root feeding, "Blattdüngung" and nutrient absorption by above ground plant parts. In some of the descriptive terms for the phenomenon there is the implication that aerial plant parts other than leaves may also participate in nutrient uptake. Experiments that conclusively demonstrated the uptake of nutrients through leaf surfaces were published as early as 1844 by GRIS and were followed by those of MAYER (1874) and BÖHM (1877). In recent years the agricultural importance of foliar applications of mineral nutrients has progressively achieved greater proportions.

Several factors have contributed to the current widespread interest and potentialities in foliar feeding. With continuous cropping on the same soils and with tree fruits, deficiency disorders are becoming more frequent and foliar sprays are often the most effective and at times the only practical means of correction and control. Soil imposed problems of dilution, penetration, and fixation are circumvented. Thus, a greater response per unit of applied nutrient is often realized. A plants entire requirement for many micronutrients may often be supplied by application to above ground plant parts, because the quantities needed are small and tolerances for the applied materials and rates of uptake are adequate. But for the macronutrients used in large quantities by plants and for most crops only a part of the nutrient needs are satisfied, but the contribution can still be significant. No sharp line of demarcation can be drawn in benefits derived from foliar sprays of elements required in trace amounts by plants and those that are needed in large quantities. Results from nutrient sprays are more rapid but also more temporary than from soil treatments. This offers a quick recovery from deficiencies and more control over the equilibrium between vegetative growth and fruit production. As a supplement to the usual soil fertilizer treatments during the early life of the crop, favorable responses from foliage fertilization have been observed during periods of slow growth or during flowering and fruit setting when nutrient requirements are high but soil applications would be too late or not physically practical. Aside from the above plant responses, soluble nutrient salts and formulations, wherein many essential elements are combined, are now commercially available. Application to aerial plant parts has also been facilitated by better spray equipment and with nutrient mixtures that are compatible, and can be given a "free-ride" along with the application of pest control chemicals. Important in the development of fundamental knowledge and of the practical values and limitations of nutrient uptake through leaf surfaces, and other above ground plant parts, has been the use of stable isotopes differing in mass and those that are radioactive. In appropriately designed experiments isotopes have permitted a dis-

---

[1] This review was carried out as part of Contract AT (11–1)–888 with the Division of Biology and Medicine, United States Atomic Energy Commission.

tinction between foliar absorbed nutrients and those already present in the plant that were previously or concurrently absorbed from the root medium. Thus, by means of isotopes, foliar absorption rates and distribution patterns for plant nutrients have been established.

The first comprehensive review on foliar absorption of mineral nutrients in the U.S.A. was that of BOYNTON's (1954). In the meantime several summaries and reviews on uptake of nutrients through plant surfaces other than roots have appeared from our group (BUKOVAC and WITTWER 1959, JYUNG and WITTWER 1965, TUKEY and WITTWER 1956, TUKEY *et al.* 1956, WITTWER 1957, WITTWER 1964, WITTWER *et al.* 1957, WITTWER *et al.* 1963, WITTWER *et al.* 1965, WITTWER *et al.* 1967, WITTWER and TEUBNER 1959) and from abroad (KRZYSCH 1958a, SOSA-BOURDOVIL and LECAT 1956, THORNE 1955. THORNE 1958, TREFFTZ 1956). In addition to the above, extensive experiments on non-root feeding have been conducted and the results summarized from Germany (BUCHNER 1957), Great Britain (HALLIDAY 1961), The Netherlands (BEEFTINK *et al.* 1957) and the Soviet Union (MATSKOV 1957). Other reviews, germane to non-root absorption of nutrients, include those of CRAFTS (1956), CURRIER and DYBING (1959), VAN OVERBEEK (1956), and WOODFORD *et al.* (1958) for herbicides and growth regulators; and those of ERIKSON (1952) and TAMM (1958) for the utilization of atmospheric nutrients by plants.

In this article the mode of entry of nutrients through leaf surfaces and other above ground parts will be briefly outlined. The techniques that have been used to measure uptake with an appraisal of each will be given. Absorption of materials in gaseous forms will be discussed both from the standpoint of their nutrient contributions and effects on yield, as well as their injurious effects on plant growth. The body of the paper will deal with recent developments and results of research that pertain to the potentialities and limitations of foliar feeding as a practice in agricultural crop production. Individual nutrients will be considered and factors affecting their rates of absorption following application to leaf surfaces will be outlined as well as their distribution within the plant after absorption. Finally, a discussion of mechanisms of absorption through leaf surfaces will be given in which the deficiencies in our knowledge in this field will be emphasized.

b) Mode of Entry of Nutrients through Non-Root Parts

Most all gases that occur in the atmosphere and solutes that come in contact with aerial parts find entry through the plant surfaces. The chief pathways for entrance of gases such as carbon dioxide are the stomates and lenticels of leaves and stems, respectively. Thus, direct contact with the leaf mesophyll cells readily occurs. The early evidence for this has been reviewed by RABER (1937). Other gases such as sulphur dioxide (KATZ 1949, THOMAS *et al.* 1944), ammonia (ERIKSON 1952), and aerosol particles (INGHAM 1950) undoubtedly permeate the plant through the same media with all evidence pointing to stomatal and lenticel entry although some passage through discontinuities or imperfections in the cuticle is not precluded.

The stomates were likewise considered the primary path of entry of nutrients sprayed on plants by many early investigators (BOYNTON 1954), but evidence reviewed by WITTWER and TEUBNER (1959) suggests that both "intercuticular passage" and "intracuticular penetration" occur for mineral nutrients. Also, passage through the cuticle rather than stomatal entry provides the only means of resolving the data now recorded. Recent advances in the chemical control of the closing of stomata have encouraged additional studies on their role in ion uptake JYUNG *et al.* (1965). Results indicate that foliar absorption of rubidium (Rb) was more a function of stomatal frequency and leaf thickness than of stomatal opening.

Suberization of the air-exposed surfaces of mesophyll cells within stomatal cavities results in an internal cuticle. Thus, stomatal entry by solutes is not equivalent to absorption. The penetrated materials may be considered within the leaf but not in the cells. The necessity for penetration through a layer resembling cutin or suberin (SCOTT 1964) still remains. Ectodesmata occur in great profusion in and around stomatal guard cells (FRANKE 1964), and may serve as important pathways for penetrating nutrients. Cuticles on the lower surfaces of leaves are generally thinner that those on upper leaf surfaces.

Stomatal cavities, if penetrated by spray solutions, greatly increase the potential absorbing surface of the leaf. They also present a cuticular surface which is thinner, more hydrated, and permeable than that covering the outer leaf surface. These findings focus attention on the presence of stomata as they modify, or may be related to the ease of cuticular penetration of substances applied to leaf surfaces, rather than as portals of entry *per se* into leaf cells.

c) Techniques for Measuring the Uptake of Nutrients through Leaf Surfaces

In what is probably the oldest scientific report on nutrient uptake through the leaves (GRIS 1844), a cure for "chlorosis sickness" was found by applying a solution of soluble iron to the leaves. Thus, the efficacy of foliar feeding was first demonstrated by the greening up of chlorotic leaves.

Possibly the earliest report involving a measurable growth response from foliar absorption was that of MAYER (1874). His technique was to set plants in bell jars in which ammonia was introduced. The treated plants grew much larger. Refinements of MAYER's technique of growing plants in enclosed atmospheres to study growth responses from nutrients absorbed as gases, have since been utilized in studies of sulfur dioxide fumigation of alfalfa leaves (FRIED 1949, THOMAS *et al.* 1943) and carbon dioxide enrichment (THOMAS and HILL 1949, CHAPMAN 1959). A closed system has also been developed by HINSVARK *et al.* (1953) for measuring the rate of hydrolysis of carbon-14 labeled urea by several plant species. The carbon-14 dioxide released in the enclosed atmosphere was measured and used as an index of urea absorption.

BOYNTON (1954) has reviewed the early progress in nutrition by foliar application and techniques used to measure response. Many crop plants have been sprayed with iron to eliminate calcium or manganese induced chlorosis. Sprays of soluble salts of zinc, manganese, copper, boron, and molybdenum have also been extensively used, the index of absorption being the correction or prevention of specific nutritional disorders apparent on the foliage or the fruit. Correction of nutritional disorders has not been confined to the trace elements. Calcium and magnesium are also rapidly absorbed in sufficient amounts to overcome nutritional disorders on some crops (WITTWER and TEUBNER 1959).

The value of urea nitrogen applications in apple orchards (BOYNTON 1954) was first determined by increases in leaf chlorophyll, total leaf nitrogen, and in terms of productivity leaf sprays were as effective, or possibly more so, than applications of the same amount of nitrogen to the soil.

In addition to visual color differences and the correction of other specific disorders, growth responses, and changes in mineral content, radioactive isotopes and certain stable isotopes differing in mass, offer unique and sensitive tools for measuring the absorption of nutrients applied to plant surfaces. Radioactive phosphorus was first employed by SILBERSTEIN and WITTWER (1951) to measure phosphate uptake through the leaves of the bean and the tomato following a foliar spray of ortho-phosphoric acid. With radioactive isotopes foliar absorption rates and distribution patterns may be precisely established, and foliar absorbed nutrients may be distinguished from those which are root absorbed or already present in the plant. Furthermore, the extent of the nutrient contribution from foliar sprays may be accurately assessed.

One of the first considerations in studies of foliar absorption of labeled mineral nutrients is where and how the treating solutions are to be applied. SILBERSTEIN and WITTWER (1951), WITTWER and LUNDAHL (1951), and later

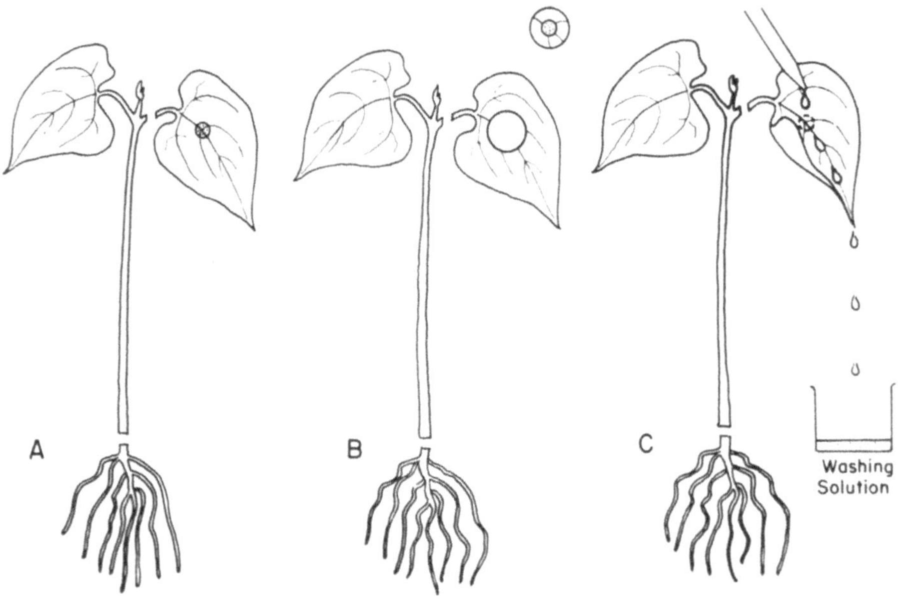

Fig. 20. Techniques, showing progressively greater degrees of refinement, for determining the absorption and transport of radioactive nutrients applied as single drops to the upper surface of one of the primary leaves of the bean plant: *A*—treated leaf removed and the radioactivity in the remaining parts of the plant compared with that of the treated leaf, *B*—disc from treated leaf, containing the treatment site removed, and the radioactivity in the other parts of the plant determined including the remainder of the treated leaf, and compared with that of the disc removed, *C*—treated area on the leaf washed with 10 milliliters of distilled water, and the radioactivity determined in all plant parts and compared with that of the washing solution

EGGERT *et al.* (1952) measured the absorption of radiophosphorus by several crops following momentary dipping of single leaves or spraying the foliage and subsequently assaying the accumulation of radiaoctivity in non-trated plant parts such as the roots. Distribution in the plant was followed by gross autoradiography (WITTWER and LUNDAHL 1951). Leaf dipping and spraying techniques for measuring the absorption of nutrients through leaf surfaces were not entirely satisfactory since the absorbed nutrient was estimated only by the radioactivity which was found in non-treated parts (Fig. 20).

In early experiments a distinction between that which was on the leaf and within the leaf seemed untenable. Consequently, foliar absorption was significantly underestimated. The error was greatest for short term experiments and for nutrients which were readily absorbed but not translocated from the treatment site. Nevertheless, in field requirements, plants can be sprayed with labeled nutrients at critical stages of development. The percent recovery of the sprayed nutrients in non-treated parts such as fruits, seeds or tubers may then be determined, as well as the contributions that are made to the total nutrient economy of the crop (TEUBNER *et al.* 1962).

A closer approximation of absorption rates may be obtained by applying the isotopically labeled nutrient as droplets (0.01 milliliter) onto the surface of bean leaves and removing a disc one-centimeter in diameter (Fig. 20, *B*) containing the non-absorbed residue. Values with this method are also significantly underestimated since the absorbed nutrients in the leaf disc itself are not included. However, BUKOVAC and WITTWER (1957) used the leaf disc removal technique for 14 isotopically labeled nutrients and obtained values both for foliar absorption and mobility in the bean plant.

A more accurate technique for measuring absorption of isotopically labeled nutrients applied to limited areas on leaf surfaces is to wash the treatment site, after a given interval of absorption, with distilled water or some complexing agent (Fig. 20 C). The details of this procedure and the many modifications of it, that have been developed in our own and other laboratories in recent years, have been outlined and reviewed in detail by JYUNG (1959). Supporting data relative to the accuracy of the three procedures illustrated by Fig. 20 are also given by BUKOVAC and WITTWER (1959).

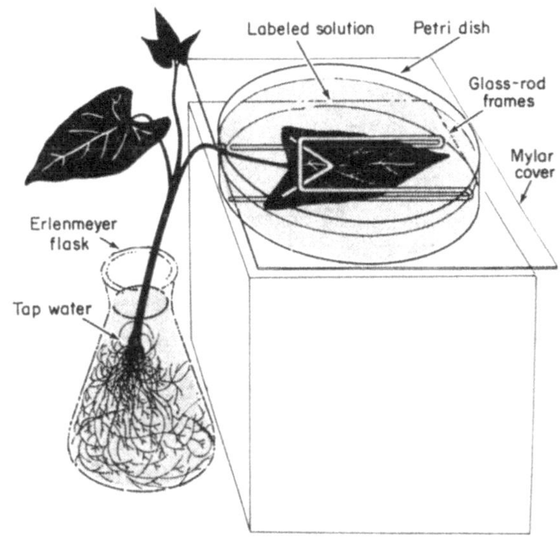

Fig. 21. Treatment of intact primary leaves of bean plants by the leaf immersion technique

Significant in the studies on environmental influences was the development of the leaf immersion and washing technique (Fig. 21), and an objective measurement for foliar absorption designated as "specific absorption". This is defined as the amount of a nutrient absorbed per unit area, per unit time, from an unchanging external solution maintained under constant environment. Through this technique and index of uptake has been established that the overall process of foliar absorption is an active one. Tests with criteria for active transport including time-course analysis, temperature, oxygen, and energy dependence, sensitivity to metabolic inhibitors, accumulation against a gradient, irreversibility, and pH dependence, and the application of enzyme kinetics strongly suggest that the overall process of absorption of rubidium and phosphate by bean leaves was metabolic. This has since been confirmed for iron uptake in bean and chrysanthenum (JYUNG and WITTWER 1964).

Great progress in research, has been the development and utilization of new techniques to enzymically separate the leaf into its component parts, the cuticular membrane (YAMADA *et al.* 1964) and cells from the laminae (JYUNG *et al.* 1965).

With these techniques came many new possibilities for the study of foliar absorption, this time at the cuticular and cellular levels.

Important findings relative to the penetration of the non-cellular cuticular membrane enzymically isolated from leaf surfaces are the following. Cations and anions move through by diffusion and urea by a "facilitated" diffusion (YAMADA *et al.* 1965). Cations penetrate more rapidly than anions, and influx exceeds that of efflux. The differences in directional rates are a function of the degree of ion binding, or ion exchange capacity, of the cuticular surface apposite the side of initial entry (YAMADA *et al.* 1964). Microautoradiograms reveal that the binding sites for calcium and chloride are closely associated with stomatal pores, and chloride was preferentially bound in areas above the periclinal cell walls. The rate of urea penetration through cuticular membranes exceeds that of nutrient ions by 10 to 20-fold, and there is evidence that with time urea not only facilitates its own penetration but enhances that of other nutrients simultaneously applied (YAMADA *et al.* 1965a). Further permeability studies with cuticular membranes derived from stomatous dorsal and astomatous ventral leaf surfaces of *Euonymous* have revealed that for the ion series Cs-Rb-K-Na and Ba-Sr-Ca penetration was inversely correlated with the hydrated ion size. Permeability of the dorsal surface generally exceeded that of the ventral. An indirect correlation was found between molecular size and penetration rates of certain organic nutrients.

Isolated leaf cells and their subcellular components offer perhaps the greatest possibilities for "in depth" studies on ion uptake. Significant findings to date, have revealed that uptake is an active process (JYUNG *et al.* 1965) for at least Rb, P, and Fe. Furthermore, Rb uptake parallels protein synthesis. Urea (10 mm) greatly enhances Rb, and Fe uptake by isolated cells. Chelation of iron with either EDTA or EDDHA reduces the cellular uptake of iron, and there is evidence that at the cellular level the iron is absorbed but the ligand is excluded. Cellular ratios following the application of Fe^{59}-EDDHA-C^{14} show values exceeding 1,000:1.

d) Nutrients Absorbed as Gases by Leaf Surfaces

The atmosphere serves as a large reservoir for nutrients that may be foliar absorbed and promote the growth of plants (ERIKSON 1952, INGHAM 1950, TAMM 1958) as well as a carrier of materials that are toxic. In an excellent historical review ERIKSON (1952), quotes LIEBIG as stating that plants derive their ammonia from the air as they do carbon dioxide and that the presence of such substances in manures may be useful but certainly not necessary.

While later experiments have shown that for high yields of non-leguminous plants a supply of soil nitrogen was necessary, the beneficial effects of direct absorption of nitrogenous gases through the foliage cannot be denied, and were demonstrated by MAYER as early as 1874. The amounts of nitrogen contributed per hectare from the atmosphere for crop production are known for many parts of the world and vary between 1 and 20 kilograms (ERIKSON 1952), however, the role of foliar absorption in nitrogen uptake by plants has not been defined. The very interesting observations of BACHER (1928) have never been exploited.

Sulfur is absorbed from the atmosphere by above ground plant parts as sulfur dioxide. Here the most extensive studies have been those of THOMAS and coworkers (1935, 1943, 1944). By means of autoradiography and sulfur 35 labeled sulfur dioxide HARRISON *et al.* (1944) showed that foliar absorbed sulfur dioxide in the wheat plant was translocated to the grain and converted to organic forms. Similarly, THOMAS *et al.* (1944) found with a variety of crop plant species that after sulfur dioxide entered the intercellular spaces of the leaf, presumably through the stomatal cavities (KATZ 1949), it was readily absorbed by the leaf mesophyll cells, and later converted to organic forms and translocated throughout the plant. The studies of THOMAS and colleagues relative to sulfur dioxide fumigation of plants and its utilization and absorption by plant foliage were prompted by the need for resolving the cause of injuries induced by excesses in the vicinity of large smelters. They did, however, subject sulfur deficient alfalfa plants to low atmospheric levels of sulfur dioxide (0.1 parts per million) and growth was significantly improved (THOMAS *et al.* 1943). Similarly FRIED (1949) has reported that $sulfur^{35}$ dioxide enters the leaves of alfalfa plants from the atmosphere in a manner similar to the absorption of carbon dioxide, is metabolized, and rapidly converted to organic forms. According to OLSEN (1957) healthy cotton plants obtain about 30 per cent, and sulfur deficient plants over 50 per cent, of their sulfur directly from the atmosphere. The amounts absorbed were roughly proportional to the size of the plant and were presumably a function of the effective leaf surface.

Reports have also appeared with respect to foliar absorption of other nutrients as gases. VOBLIKOVA (1954) fumigated bean plants with red phosphorus by which protection against low temperatures was achieved. Also, bean and geranium leaves were exposed to $iodine^{131}$ as I_2 vapor following which rapid absorption and distribution throughout the plant occured (SELDERS and HUNGATE 1956).

While the studies of THOMAS *et al.* (1943) and KATZ (1949) already referred to were concerned primarily with the effects of excess levels of atmospheric sulfur dioxide on plant growth, other harmful gases and aerosols may be absorbed by the foliage. Smoke clogs the stomata and reduces the uptake of carbon dioxide (MEETHAM 1956). Excess amounts of ozone and ozonated 1-hexane, the primary injurious constituents of "smog" (HAAGEN-SMIT *et al.* 1952) have caused considerable foliage injury on crops. A marked rise in the respiratory rates of bean and citrus leaves has been reported (TODD 1958). Stipple-like ozone induced lesions have been observed on grape leaves (RICHARDS *et al.* 1958) and on over 40 different species and varieties of woody and herbaceous crops in California (RICHARDS 1959). Ozone absorption, at least the associated "weather-fleck" injury therefrom, was directly correlated with stomatal activity of tobacco leaves (HEGGESTAD and MIDDLETON 1959). Serious problems in crop production have also been created in some industrial areas of the U.S.A. by the release of hydrogen fluoride and other airborne fluorine-containing materials. Marginal leaf scortch, leaf necrosis, and direct injury of fruit tissues have been noted for fruit crops, and reduced yields have been recorded for alfalfa, corn and wheat in the polluted areas (FRISCHKNECHT *et al.* 1953, RICHARDS 1959). Carefully controlled experiments suggest that very low atmospheric fluoride concentrations (1 to 5 parts per billion) may seriously reduce growth of citrus (BREWER *et al.* 1959).

A discussion of the absorption of gases would not be complete without a brief resume of studies on enrichment of atmospheres with carbon dioxide to promote plant growth. The benefits from adding extra carbon dioxide to glass-house crops such as tomatoes, beans, cucumbers, and many flower crops have been summarized by LUNDEGÅRDH (1924), REINAU (1927) and KILBINGER (1955). Studies of THOMAS and HILL (1949) have also shown a linear increase in apparent assimilation of several crop plants with each increase in carbon dioxide concentration up to 12-fold that of normal air. Chlorotic sulfur deficient plants did not utilize the excess gas, even though light intensity was not limiting. Similar studies have been conducted by CHAPMAN (1959) with specially built growth chambers giving complete control of temperature, light, air movement, and humidity. Carbon dioxide levels were varied during daylight hours from the normal (300 parts per million) to 400, 500 and 600 parts per million level with resultant marked increases in tuber yields but with little or no effect on top growth. Tests with carnations, however, were less conclusive. It is also significant that carbon dioxide enriched air is used in all algae cultures where efficiency of light energy conversion into growth was measured (WASSINK 1959). During the past five years carbon dioxide enrichment of greenhouse atmospheres has given the most spectacular yield increases of any growth factor yet manipulated in the culture of greenhouse-grown vegetable and flower crops (WITTWER 1967, WITTWER and ROBB 1964). Maturity is accelerated, yields are increased, root growth is promoted, fruit and flower size is enlarged, and overall quality improved. Other interesting observations include a complimentary effect of elevated levels of atmospheric carbon dioxide on plant growth during periods of low light intensity in midwinter, increased requirements for mineral nutrients and moisture, and a need for maintaining higher growing temperatures.

e) Nutrients Absorbed from Sprays and Dusts by Leaf Surfaces

1. Nitrogen

One of the best examples of nutrient uptake by non-root parts may be found with carnivorous plants; and nitrogen is probably the main element derived from their prey. As reviewed by McKEE (1958), leaves of *Drosera capensis* readily absorb and metabolize organic forms (glycine, urea, asparagine, peptone, gelatine, insect bodies) as well as inorganic salts of nitrogen. There is little doubt that leaf absorption plays an important role in the nutrient economy of this plant since it has a meager root system, is free of any mycorrhiza, and often grows where the supply of soil nutrients is very low.

Many forms of nitrogen have been employed in nutrient spraying. Urea is, however, the form most widely used and it has been applied to many crop plants (WITTWER and TEUBNER 1959). In early studies with apple trees, as discussed by BOYNTON (1954), urea sprays were the least injurious when applied to the foliage of any of the compounds tested. Foliage injury following applications of certain urea formulations was first related to the presence of biuret as a contaminant (SANFORD *et al.* 1954), but the tolerance to a given spray dosage will also vary greatly with plant species and this, in turn, has been inversely correlated with differences in urease activity of the treated foliage (HINSVARK *et al.* 1953). For some crops (apple, pineapple) urea sprays may constitute the sole means of nitrogen fertilization and in many others it can strongly supplement that normally absorbed by the roots. Although it has been established experimentally that in deciduous tree fruit culture, particularly with apples, urea sprays are both an effective and efficient means of nitrogen fertilization, in current practice they are not used extensively (BEEFTINK *et al.* 1957, WOODBRIDGE *et al.* 1959) and to a lesser extent than formerly. Further studies in relating the results of experimental findings to field usage are necessary. Studies on factors affecting the absorption and transport of foliar applied urea, and its subsequent metabolism as related to urease activity in plants have already been reviewed in some detail by WITTWER and TEUBNER (1959). Interest still continues, however, with respect to the metabolism of foliar applied urea, and an advantage claimed (KALINKEVICH 1957) for its use in lettuce, as compared with inorganic forms of nitrogen, is that it causes a significantly greater accumulation of sulfhydryl groups within the leaves. Furthermore, IKONENKO (1959) and MATZKOV and IKONENKO (1958) have reported that root absorption of

P^{32} labeled phosphorus by tomato plants fed through the leaves with urea was enhanced. A definite positive correlation between foliage feeding and absorption of mineral substances by the roots from the substrate was established. Foliage feeding also increased the intensity of photosynthesis. Thus, a correlation was found between foliage and root absorption of mineral nutrients and carbon fixation. Similar promotive effects from nitrogen sprays in the form of ammonium nitrate in combination with potassium di-hydrogen phosphate on the rate of photosynthesis and sugar accumulation in sugar beets have been reported by DOROKOV (1957). A few plants utilize the nitrogen from foliar applications very poorly. In this connection it has been suggested (DILLEY and WALKER 1959) that in the process of absorption, a urea-benzaldehyde complex forms that is quite stable. This, or other aldehyde addition compounds, may account for the difficulty in urea utilization by certain plants receiving foliar urea, and could well be the problem with stone fruits such as peach which fail to respond.

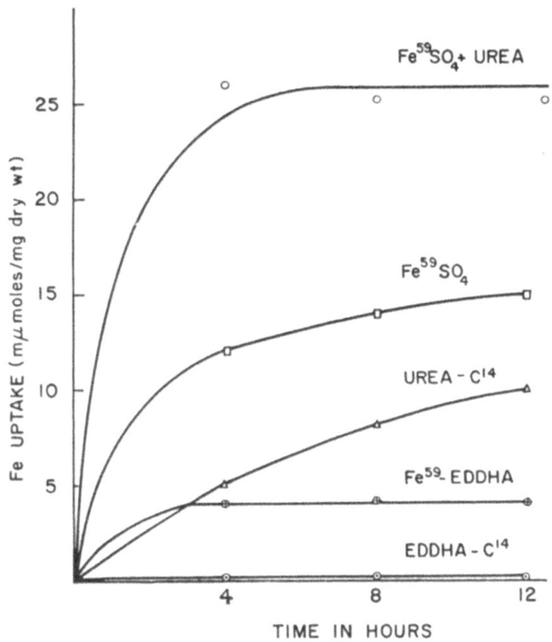

Fig. 22. The uptake of Fe^{59}, urea-C^{14} and EDDA-C^{14}, separately and in combination, by cells enzymically isolated from green tobacco leaves

Many inorganic nitrogen compounds have also been applied to plants as foliar sprays including ammonium and potassium nitrates, ammonium di-hydrogen phosphate (KRZYSCH 1958b), ammonium nitrate (BOGUSLAWSKI and VÖMEL 1957, DOROKOV 1957), di-ammonium hydrogen phosphate (BOTTINI and MORRA DI LAVRIANO 1958), and cyanamide (AMBERGER and LATZKO 1954). SUGIYAMA *et al.* (1954) found that sprays of urea and ammonium nitrate were very promising on Komatsuma (a variety of leafy Brassica) but ammonium sulfate and sodium nitrate gave no response. There are continuing reports (KRZYSCH 1958b, ZHURBITSKY 1959) that ammonium sulfate and potassium nitrate sprays applied to cereal crops enhance the protein content of the grain and improve the yields.

Recent findings have demonstrated that urea not only facilitates its own absorption but also the penetration of other nutrients into intact leaves, through separated cuticles, and into isolated leaf cells (YAMADA *et al.* 1965). These potentiations of absorption by urea are significant not only in explaining the great effectiveness of urea itself as a nitrogen source (WITTWER 1964) when applied to the foliage of some crop plants, but also in the increased efficiency of other materials when they are applied with urea. Effects similar to those for the urea enhancement of iron uptake (Fig. 22) by leaf cells have also been abserved for rubidium and manganese. These remarkable effects of urea as a foliar applied nutrient should be further exploited.

A new innovation in the timing of foliar application of urea for tree crops has been suggested. This is the post-harvest or late autumn treatment. This timing of spray treatments is also effective for preventing deficiency disorders of zinc and boron. They may be used at 2x early season concentrations. Significant increases in yield and tree performance have been achieved by applying nutrient sprays shortly before leaf fall. Solutions containing 4 to 5 per cent urea may be used with very little likelihood of leaf damage.

2. Phosphorus

Of the macro-nutrient elements phosphorus should offer the most promise when foliar applied. The quantitative needs for phosphorus are not as great as those for most other major plant foods. Without phosphorus additions, plants grown on cultivated soils will usually become deficient, and when phosphatic fertilizers are applied, a large percentage usually reverts to, or becomes fixed in forms un-available to growing crop plants, resulting in a per cent recovery of soil applied phosphorus of from only 2 to 35 per cent (DEAN 1956). Phosphorus is also moderately mobile in plants (Table 53) and transport readily occurs from

Table 53. *Comparative absorption and relative mobilities of foliar applied elements*

Absorption Rank (Modified from WITTWER and TEUBNER 1959)	Mobility Rank (Modified from BUKOVAC and WITTWER 1957)
Rapid	Mobile
Urea Nitrogen	Urea nitrogen
Rubidium	Rubidium
Sodium	Sodium
Potassium	Potassium
Chlorine	Phosphorus
Zinc	Chlorine
Moderate	Sulfur
Calcium	Partially Mobile
Sulfur	Zinc
Barium	Copper
Phosphorus	Manganese
Manganese	Iron
Boron	Molybdenum
Slow	Boron
Magnesium	Immobile
Strontium	Magnesium
Copper	Calcium
Iron	Strontium
Molybdenum	Barium

the foliage to the roots and to all meristematic tissues (BIDDULPH *et al.* 1958, SILBERSTEIN and WITTWER 1951). Nevertheless, field tests with phosphorus sprays have not been too promising. Contributing factors may be that when annual plants are young and their response to applied phosphate is usually the greatest during the early part of the growing season, leaf areas are small and totally inadequate as absorbing organs to meet the needs of the plant. Also leaves of most crop plants seldom tolerate, without burning injury, the more effective salts at concentrations in excess of 0.3 to 0.5 per cent (SILBERSTEIN and WITTWER 1951). Furthermore, the rate of uptake of phosphate through leaf surfaces is far below that of calcium (Fig. 23) and that of several other nutrients (BUKOVAC and WITTWER 1957, WITTWER and TEUBNER 1959).

Numerous experiments, however, have been conducted on factors affecting foliar absorption of P^{32} labeled phosphate (Table 54), its subsequent distribution (BUKOVAC and WITTWER 1959, BUKOVAC *et al.* 1957, OPRITOV 1958, STANKOVIC and BUKOVAC 1958), and its conversion to organic forms in the plant (EGOROV 1957, WITTWER and TEUBNER 1959).

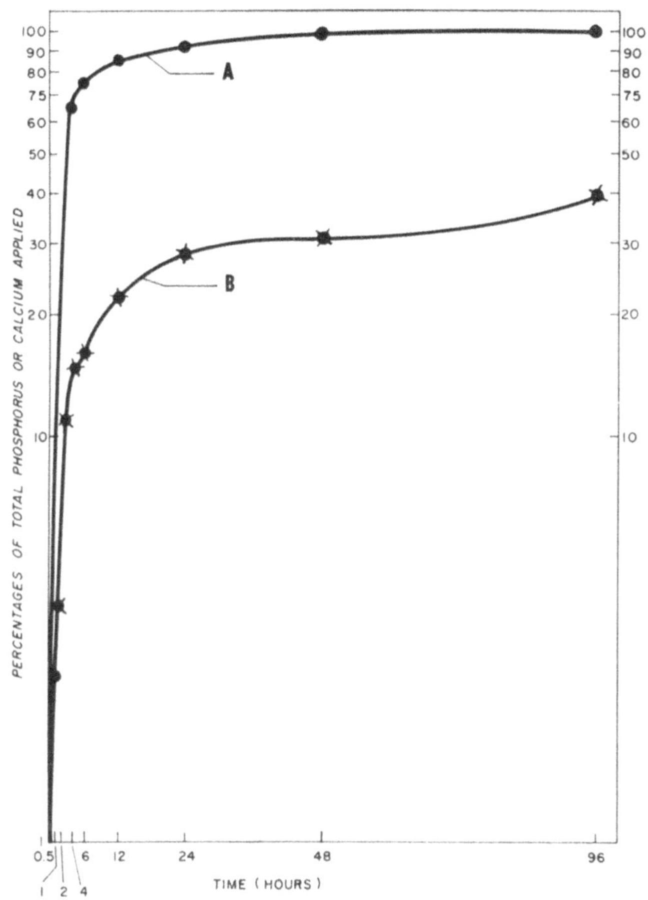

Fig. 23. Absorption rates for (*A*) calcium[45] labeled calcium chloride and (*B*) phosphorus[32] labeled ortho-phosphoric acid through the upper surface of the primary leaves of the bean plant, as determined by the leaf washing technique illustrated in Fig. 20, *C*

Phosphatic leaf sprays have proven especially beneficial (STRAUSBERG 1958, ZHURBITSKY 1959) when soil temperatures were low. At favorable growing temperatures both soil and leaf fertilization led to equal assimilation, whereas at low temperatures tomato plants assimilated 15 times more P_2O_5 from foliar applications. Phosphorous sprays have reduced bud abscission on cotton and increased the sugar content of sugar beets (ZHURBITSKY 1959). Growth responses from sprays of ammonium di-hydrogen phosphate have been observed with seedling fruit trees (SATO *et al.* 1954). Significant contributions to the total phosphate nutrition of tree fruits and vegetable crops under field conditions have also been recorded by TEUBNER *et al.* (1962). Sprays of P^{32} labeled ortho-phosphoric acid (5.0 per cent)

Table 54. *Summary of factors affecting foliar absorption of phosphorus, and possible benefits derived from foliar applications*

Variable	Comments	Reference
I-Treating Solution pH	Maximum absorption at pH 2.0—3.0 dependent upon cation	TEUBNER *et al.* (1957) KOONTZ and BIDDULPH (1957)
Carrier ion	Greater absorption with NH_4 than Na or K	TEUBNER *et al.* (1957)
Surfactants	No effect on absorption in plants easily wetted. Facilitates absorption on difficult to wet plants	TEUBNER *et al.* (1957) KOONTZ and BIDDULPH (1957)
Sucrose	Depresses uptake for short term periods (3—12 hrs) in the light and enhances absorption over long term studies (> 24 hrs) when held in the dark	TEUBNER *et al.* (1957) THORNE (1958)
Concentration	Greater total uptake with an increase in concentration of applied solution, but reduced percentage absorbed of that applied	THORNE (1958) KOONTZ and BIDDULPH (1957)
II-External Environment		
Temperature	Increases with temperature increase from 50—70° F. At low temperatures, absorption is more effective through the foliage than through the roots	TEUBNER *et al.* (1957)
Root Temperature	Increases with temperature increase. Translocation also increases	PHILLIPS and BUKOVAC (1967)
Light	Greater absorption in light than dark	THORNE (1958)
Humidity	Increase in humidity results in an increase in absorption	THORNE (1958)
Time of day	Greater absorption observed during morning hours than evening hours	TEUBNER *et al.* (1957)
Nutritional status of the plant	High levels in the root media depressed foliar absorption	THORNE (1958) KOONTZ and BIDDULPH (1957)
III-Leaf and Plant Characteristics		
Stomates	Absorption not related to the number of stomates on a leaf surface	TEUBNER *et al.* (1957)
Site of application	Greatest absorption when applied to the upper surface at the base or on the midrib of the leaf blade. Absorption greater through the upper than lower surface	TEUBNER *et al.* (1957) KOONTZ and BIDDULPH (1957)
Age of leaf	Absorption rates reduced with age of the leaf	THORNE (1958) KOONTZ and BIDDULPH (1957)
Presence of surface moisture	Greatly facilitates foliar absorption	JYUNG (1959) THORNE (1958)
State of plant development	Maximum benefits derived from applications during flower bud development and anthesis	THORNE (1958)

applied to the branches of apple and cherry trees in early spring, during bud swell and the green tip stages, supplied 8 to 13 per cent of the total phosphorus utilized in the current shoot growth and young fruits (Table 55). Sweet corn, bean, tomato and potato plants accumulated from 2 to 14 per cent of the total phosphate mobilized in the reproductive structures or edible parts from single or repeat foliar sprays of a 0.3 per cent ortho-phosphoric acid applied during flowering and early fruit setting (Table 55).

Table 55. *Sprayed phosphorus absorbed by the above ground parts of sweet corn, bean tomato and potato plants, and the shoots and fruits of apple and cherry trees*

Number of Sprays	Sweet Corn (seeds)	Bean (seeds)	Tomato (fruits)	Potato (tubers)	Means (sprays)[a]
	(per cent of total phosphorus in edible portions derived from 1 to 4 foliar sprays of P^{32} labeled 0.3 per cent H_3PO_4 applied at anthesis and during early fruit or tuber development)				
1	1.8	2.4	3.2	2.4	2.4
2	3.3	4.7	5.5	4.3	4.5
3	5.5	6.1	7.3	7.1	6.5
4	9.6	10.9	9.5	13.7	10.9
Means (crops)[a]	5.0	6.0	6.4	6.9	

[a] Least difference necessary for significance for crops or numbers of sprays at P of 0.05 = 1.3.

Tree Number	Apple		Cherry	
	Shoots	Fruits	Shoots	Fruits
	(per cent of total phosphorus in shoots and fruits derived from 2 sprays of P^{32} labeled 5.0 per cent H_3PO_4 applied at bud swell and green tip stages)			
I	12.4	10.6	7.8	11.5
II	12.2	12.9	9.1	11.8
Means	12.3	11.7	8.4	11.6[a]
Means (crops) .	12.0[b]		10.0	

[a] Per cent of total phosphorus in cherry fruits significantly greater than in cherry shoots (P = 0.05).
[b] Per cent of total phosphorus in apple tissues greater than in cherry (P=0.05).

3. Potassium

K^{42} labeled potassium salts applied as water solutions to plant foliage are rapidly absorbed and translocated (Table 53). Some factors affecting uptake have been briefly outlined by TEUBNER *et al.* (1957). Of the various potassium salts (0.72 per cent K_2O) applied to the foliage of tobacco seedlings the citrate was most beneficial, the monobasic phosphate the least, with intermediate results from the nitrate (RAMUNNI 1958). Only when standard quantities of potassium were supplied through the roots or the plants sprayed with potassium citrate were potassium deficiency symptoms completely absent. These results confirm those reported earlier by TEUBNER *et al.* (1957) with K^{42} labeled potassium citrate at pH 8 applied to bean leaves.

In field experiments PRUMMEL (1958) sprayed potatoes at a late growth stage with 60 to 90 kilograms per hectare of K_2O, and obtained higher yields than with similar amounts to the soil. Solutions of 7 and 10 per cent potassium sulfate and 5.9 and 8.4 per cent potassium chloride were used. The sulfate was found superior to the chloride in that less foliage burning occurred and quality (specific gravity) of the tubers was higher. It was concluded that foliage sprays of potassium sulfate may be especially beneficial for potatoes late in the growing season especially after long dry periods. With oats, however, better results were obtained with potassium chloride (BOGUSLAWSKI and VÖMEL 1957). BEEFTINK *et al.* (1957) concluded that with fruit crops in The Netherlands slight potassium deficiencies could be controlled and severe ones partially controlled by repeated sprayings beginning at the flowering stage. 2 and 4 per cent solutions of potassium sulfate were recommended, although potassium nitrate could be used, but at concentrations not to exceed 0.5 per cent because of burning injury.

4. NPK Mixtures

Mixed fertilizers containing nitrogen, phosphorus and potassium (NPK) alone, and in some instances combined with certain essential trace elements have been experimentally applied as foliage sprays, repeated periodically, to various crops (AUFHAMMER and HOPFENGART 1952, BOGUSLAWSKI and VÖMEL 1957, BOTTINI and MORRA DI LAVRIANO 1958, DOROKHOV 1957, KRZYSCH 1958). Weekly or daily applications of complete nutrient solutions to the foliage of the bean plant using concentrations ten-fold above those present in the solution cultures

Fig. 24. Comparative growth of bean plants resulting from exclusively foliar or root absorption of mineral nutrients. Left, foliage sprayed weekly with a complete nutrient solution; and center, sprayed daily with a complete nutrient solution. Right, plants supplied with a complete nutrient solution (containing one tenth the concentration of nutrients sprayed on the foliage) for absorption through the roots. Roots of plants in left and center cultures were grown in distilled water with no nutrients added

of the root medium failed to give a growth response equivalent to that from root absorption. Nevertheless, bean plants and undoubtedly many other crops may be grown from seed to seed from nutrients absorbed only through the foliage and with only water being taken up by the roots (Fig. 24).

5. Magnesium

This element, if in short supply, is one of the most effective of all nutrients when applied to the foliage. While the rate of uptake of Mg^{28} is slow based on the ratings established for nutrients in general (Table 53) and it is considered immobile (BUKOVAC *et al.* 1960), it has given good results in field tests as a foliar spray for apples (FORSHEY 1959, WOODBRIDGE *et al.* 1959), tree fruits generally and for grapes (BEEFTINK 1957), tomatoes and cantaloupes (STARK and MATTHEWS 1958) and celery (JOHNSON *et al.* 1957 and JOHNSON *et al.* 1961). Magnesium sulfate solutions have been chiefly used in field tests, although there is evidence (FISHER and WALKER 1955) that the more caustic nitrate and chloride salts may be absorbed more rapidly (ALLEN 1960). Relatively high (2.0 per cent) concentrations of magnesium sulfate are tolerated by the leaves of most crops and there are good examples of the effectiveness of small amounts of magnesium applied as foliage sprays where much larger quantities applied to the soil give little or no response (JOHNSON *et al.* 1957). Magnesium sprays late in the season when this element is in short supply have also improved the effectiveness of chemical sprays for preventing pre-harvest fruit drop of apples. Applied early in the season leaf magnesium and fruit set is increased (GREENHAM and WHITE 1959). Some factors affecting foliar absorption of magnesium have been summarized by WITTWER and TEUBNER (1959).

6. Calcium

Absorption of Ca^{45} labeled calcium chloride by bean leaves is very rapid (Fig. 24) with over 90 per cent uptake within 24 hours. Increasing the pH of the treating solution from four to six greatly enhances uptake (JYUNG 1959). Sprays of calcium chloride or nitrate effectively control blackheart in celery (GERALDSON 1954), brownheart in escorale (MAYNARD *et al.* 1962), and blossom-end rot in tomatoes (GERALDSON 1957) and are widely used in the field. These are disorders that are definitely linked to calcium deficiencies but are often not easily corrected by soil amendments. Firmness in strawberries is also increased by foliar sprays of calcium (EAVES and LEEFE 1962).

The effectiveness of foliar absorbed calcium is limited (Table 53), however, by its immobility (failure to move basipetally from the absorbing site). Thus, in the correction or prevention of nutritional disorders complete coverage of affected areas is essential, and special "placement" of the spray solutions may be necessary (GERALDSON 1954). Chelation with EDTA, however, greatly increased translocation of Ca^{45} in several species (MILLIKAN and HANGER 1965). Radiostrontium, an important component of atomic "fallout" is closely allied to calcium in the periodic series and is also immobile, but readily absorbed by surfaces of aerial plant parts. The significance of foliar absorption of strontium^{90} fallout by food crops near areas of atomic blasts is apparent from reports of high levels of radioactivity in the tops but little if any in the roots of test plants (RUSSEL *et al.* 1955). Ruthenium^{103} is another component of fallout, also readily absorbed by plant foliage but immobile, while caesium^{137} is both quickly absorbed and transported. Thus, as WITTWER and TEUBNER (1959) have already indicated, the rapid absorption of strontium^{90}, ruthenium^{103} and caesium^{137} into the absorbing organs precludes the decontamination of various fruits and vegetables by washing or peeling.

7. Sulfur, Sodium and Chlorine

While foliar absorption of sulfur dioxide from the atmosphere has already been discussed, absorption as sulfate solutions (Biddulph *et al.* 1956, Bukovac and Wittwer 1957, Hofmann and Süss 1954) and from dusts of elemental sulfur (Turrell and Weber 1955) occurs. The absorbed products are subsequently metabolized and transported out of the leaves.

Rapid uptake of both radiosodium and radiochlorine occurs through leaf surfaces and both are highly mobile after absorption (Table 53). Mist, rainfall and irrigation water which contact leaf surfaces often contribute to, or reduce, the salt uptake of plants. In this connection, several vegetable crops and pineapples grown near the sea, upon which mists containing salt water fall periodically, contained several times the normal amounts of sodium chloride (Sideris 1955, Wenkham and Miller 1957). It has also been reported by Erikson (1952) that the concentration of sodium, as well as calcium and magnesium, in precipitation is, in some areas, a direct function of the distance from the sea. Leaves sprayed with contaminated irrigation water may also absorb excess salts (Harding *et al.* 1958).

8. Iron

The beneficial effects of iron as foliar spray command special attention not only from the historical significance of Gris' experiment in 1844, but the earliest commercial foliage spraying was with ferrous sulfate on the pineapple plantations of the Hawaiian Islands, which practice is still carried on today (Sanford *et al.* 1958).

Though iron uptake through leaf surfaces is perhaps the slowest of all trace elements, with the possible exception of molybdenum, and it is only slightly mobile (Table 53), chlorosis induced by iron deficiencies is readily, if but temporarily, corrected on a great number of species. An interesting example of the efficiency of foliar sprays is found in the report of Withee and Carlson (1959) and Krantz *et al.* (1962) for grain sorghum grown in the southern great plains. Two foliar sprays consisting of 30 gallons of four percent ferrous sulfate produced more grain than 500 pounds per acre applied to the soil. The cost of the foliar application was only one thenth that of the soil amendment. Results were best when temperatures were low and the relative humidity high. According to Wort (1957), (1966) iron spray and dust formulations with 2,4-dichlorophenoxyacetic (2,4-D) may indirectly increase yields of sugar beets, corn, beans and potatoes by reducing the phytotoxicity of the 2,4-D on the crop plants.

Both Kannan and Wittwer (1967) and Eddings and Brown *et al.* (1967) observed that, light and high temperature markedly increased uptake and transport of Fe^{59}. Chelation with EDTA or EDDHA greatly reduced absorption but increased the percentage translocated of that absorbed.

9. Zinc

As with iron deficiencies soil applications, even of massive doses, of zinc salts are frequently ineffective. The early use of zinc sprays applied either to the foliage of deciduous fruit trees and to citrus, or to the branches of dormant fruit trees have been reviewed by Boynton (1954). While the responses to zinc sprays have been variable, with most species they are more quickly effective and prolonged in their effects than are iron sprays in the correction of deficiencies. This can be attributed to the more rapid rate of uptake of zinc through leaf surfaces and greater mobility within the plant as compared to iron (BUKOVAC and WITTWER 1957).

According to COOK (1958) and COOK and MITCHELL (1958) one of the major fertilizer problems in California grape vineyards is zinc deficiency. Foliage sprays of zinc sulfate (4—7 pounds per 100 gallons of water) plus hydrated lime, and zinc sulfate solutions (one and one-half pounds per gallon of water) swabbed immediately into winter pruning cuts of spur-pruned varieties are the two procedures most commonly recommended. Chelated zinc (disodium zinc ethylenediaminetetraacetate dihydrate) has not proved superior to inorganic forms. For correcting widespread zinc deficiencies in apple orchards of the Pacific northwest solutions of zinc sulfate (20 to 30 pounds per acre) are applied in early spring as a late dormant spray (WOODBRIDGE *et al.* 1959). The standard practice for correcting zinc deficiency in the avocado is periodic application of zinc sprays (WALLIHAN *et al.* 1958). Foliar sprays of zinc sulfate or zinc EDTA have effectively controlled deficiency disorders in pecans (ALBEN 1962), and citrus (LABANAUSKAS 1963). Two sprays of zinc sulfate at the rate of one pound of zinc per acre increased yields of Michigan field beans from 0 on the control to 23 bushels (WITTWER 1967).

LINGLE and co-workers (1956, 1957, 1958) have found that annual crops such as sweet corn, tomatoes, beans and sugar beets also showed marked zinc deficiencies in the calcareous soils of the west, and that foliar sprays of 0.5 per cent zinc sulfate provided an excellent means of circumventing problems of fixation and unavailability associated with soil treatments. Thus, only eight pounds of foliar applied zinc sulfate were needed compared to over 100 pounds per acre of the same material to achieve satisfactory correction by soil application (LINGLE and HOLMBERG 1957). For treatment of a growing crop zinc sulfate was superior to chelated zinc sprays, zinc oxide dusts, and zinc sulfate sidedressing (LINGLE *et al.* 1958). Additional factors that affect foliar absorption of zinc and its subsequent mobility may be found in recent reviews (BUKOVAC and WITTWER 1959, WITTWER and TEUBNER 1959).

10. Manganese

Foliar absorption of manganese by bean leaves proceeds at a somewhat slower rate than that of zinc, and its mobility is intermediate between iron and zinc (BUKOVAC and WITTWER 1957, SINGLE 1958). The early work on spraying crops with manganese has been summarized in an excellent review (104 references) by VAN ALPHEN (1956). As with iron and zinc foliar applications bypass the problems of soil fixation. Most investigators who have included the leaf spraying method in their experiments concluded that spraying with manganese was the best and most efficient method to control and prevent manganese deficiency. This has been confirmed by the recent report of MEDERSKI and HOFF (1958) and the earlier report of HENKENS (1956). Although very dilute solutions of manganese sulfate (one part per million) may suffice in relieving chlorosis in pot experiments, a one to five per cent spray solution is necessary for correcting manganese deficiencies with crops under field conditions. Manganese deficiencies that appear in growing crops can be quickly corrected by spraying (VAN ALPHEN 1956). Dormant sprays appear less effective in the control of manganese deficiencies of deciduous fruits than in the control of zinc deficiencies, but with peaches and plums spraying the wood with a five per cent manganese sulfate solution in winter time effectively controls manganese deficiencies (BEEFTINK *et al.* 1957). Also in The Netherlands, "Bad-heart" of peas, a disorder resulting in hollow seeds, has been corrected by spraying plants with one and one-half per cent solutions of manganese sulfate applied at the rate of 1,000 liters per hectare during full bloom, followed by a second spray at the end of the flowering period (HENKENS 1958). Prebloom sprays were ineffective.

Sprays of 1 pound equivalent of metallic manganese per 100 gallons of water have been effective on desert grapefruit (LABANAUSKAS 1963), and manganous oxide (MnO_2) and manganous sulfate ($MnSO_4$) were equally effective on soyabeans (WITTWER 1967).

11. Boron

VAN ALI HEN (1955) in an extensive review of boron spraying of various crops, concludes that a direct and very rapid uptake of boron occurs through the leaves. However, several successive sprayings at short intervals are necessary, as boron is immobilized in the leaf and it is not easily made mobile thereafter. That boron is rapidly absorbed by leaves, and is relatively immobile after absorption has recently been confirmed by the unique experiments of THELLIER (1959) with the radish. The foliar absorbed boron 10 was bombarded with neutrons, and the resulting radiation emitted (alpha-particles) measured.

Timing of boron spraying is apparently very critical. Fall applications (three parts of borax to 100 parts of water) were essential for the control of blossom blast and twig dieback in pears (JOHNSON *et al.* 1955). With cantaloupes and tomatoes the most beneficial effects on fruit quality occurred from spraying (2 pounds per acre of borax) during fruit development (STARK and MATTHEWS 1958). According to DUNLAP and THOMPSON (1959) bitter-pit in the York Imperial apple can be controlled by foliar sprays (one to eight pounds of "Solubor" per 100 gallons of water) applied only during the blossoming period. These data suggest, along with those presented by THELLIER (1959), that boron is relatively immobile in plants, and the requirement is extremely critical during certain stages in flowering and fruit development.

12. Copper

In limited experiments with $Copper^{64}$ labeled copper nitrate BUKOVAC and WITTWER (1957) reported rapid absorption by bean leaves, and transport comparable to that of zinc, occurred out of treated leaves. The extensive review (368 references) of spraying crops with copper by VAN ALPHEN (1957) emphasizes that copper deficiencies in many crops are controlled by foliage applications (primarily with sprays of copper sulfate and Bordeaux mixtures), and that the apparent advantages of this method of fertilization are the same as those for other trace elements. Copper deficiency in Tasmanian apple orchards has been controlled with Bordeaux (WARD 1959). According to ALLEN (1965), copper uptake in apple leaves occurs in three phases — an initially rapid but declining, a linear proportional to concentration, and a linear with time at high concentrations.

13. Molybdenum

The widespread occurrence of molybdenum deficiencies and their correction by foliage spray applications of sodium or ammonium molybdates (two to five ounces per acre) has been reviewed by STOUT and JOHNSON (1956). Many crops respond to sprays of molybdenum and the slow absorption rate for molybdenum (BUKOVAC and WITTWER 1957) apparently is no deterrent because such small quantities are needed. The apparent immobility of molybdenum in citrus (STEWART and LEONARD 1952) has been confirmed by BUKOVAC and WITTWER (1957) with Mo^{99} applied to bean leaves.

f) Nutritional Absorption and Mobility Considerations

1. Mechanisms of Absorption

The placement of an isotopically labeled nutrient such as phosphorus^{32} or calcium^{45} on the surface of a bean leaf is followed by an initially rapid absorption period which, with increasing time, declines sharply and approaches an asymptote (Fig. 23). Similar foliar absorption patterns have been recorded for other nutrients (BUKOVAC and WITTWER 1957), and are reminiscent of those observed for chloride uptake by *Vallisneria* leaves (SOL 1958), ion absorption by barley roots (EPSTEIN 1956) and mineral uptake in general by plant roots (ROBERTSON 1958). The uptake mechanisms of salts by leaves of land plants are probably not different from those for root uptake. There appears to be an initially rapid non-metabolic process which may be adsorption, adsorption-exchange or exchange, and one or more active or metabolic processes which are dependent on respiration and by which accumulation occurs. On the other hand, the primary mechanism of entry of gases into leaves is by diffusion.

In the usual nutritional experiment, roots are continuously immersed in a solution, the components of which may be regulated at will and the root environment easily standardized. When nutrients are applied to leaves, and especially to dormant trees and pruning wounds, far greater concentrations are initially employed than can be tolerated by roots. Evaporation of the aqueous phase of these solutions usually occurs within minutes following application resulting in a progressively higher salt concentration on the leaf surface. Thus subsequent absorption occurs from residues in varying states of dehydration, presenting unusual problems in resolving mechanisms of absorption.

Recent studies (JYUNG and WITTWER 1964, 1965, WITTWER 1965, 1967) suggest that foliar absorption is a multistep process. Penetration through the cuticle is by diffusion or an "activated" diffusion in the case of urea. At the cellular level absorption is temperature, oxygen, pH and energy dependent, subject to metabolic inhibitors, irreversible and occurs against a concentration gradient.

2. Mobility

When nutrients in solution, or otherwise, are applied locally to a leaf surface absorption into the leaf tissues occurs rapidly. The index of mobility is the extent to which foliar absorbed nutrients are translocated basipetally and out of the absorbing leaf into other, including the most distant, plant parts.

The effectiveness of foliar sprays in preventing and correcting nutritional disorders, and in supplying the nutritional needs of a crop is conditioned by both uptake and mobility. Thus with nutrients such as calcium and boron that are readily absorbed but comparatively immobile (Table 53), more frequent and carefully timed spraying, and spray placement, are usually necessary. The new growth must be treated directly as it developes since there is little or no redistribution into it from older previously sprayed tissues. For elements required in trace quantities such as molybdenum and copper slow absorption and partial mobility (Table 53) is no deterrent to their use as foliar sprays or dusts, and such treatments can be entirely adequate for the total needs of the plant. However, with phosphorus which is required in much larger amounts, even though it is highly mobile, uptake is slow (Fig. 23), and only a part of total crop needs can be provided by foliar absorption from sprays. Conversely with nitrogen, rapid absorption is the rule and the nutrient is highly mobile. Thus, the entire needs of some crops can be provided if the leaf areas are adequate and spray applications are repeated.

Much can be gained from additional research as to factors affecting mobility of foliar nutrients. Chelation of metals with EDTA or EDDHA markedy increases the transport of iron (KANNAN and WITTWER 1967). Growth substances such as 2,4-D may inhance the availability of several micronutrients (WORT 1966), and surfactants may be important (EDDINGS and BROWN 1967).

g) Increasing the Effectiveness of Nutritional Sprays

Means of increasing the effectiveness of nutritional spraying may be directed towards either speeding up the rate of absorption through leaf surfaces or by increasing the mobility of the absorbed nutrient. The reports of BUKOVAC and WITTWER (1957, 1959) and KESSLER and MOSCICKI (1958) indicate that certain chemical plant growth substances or anesthetization with diethyl ether may increase the effectiveness of nutrient spraying by making mobile otherwise immobile nutrients such as iron and calcium.

Dormant sprays offer an especially intriguing method of applying large quantities of fertilizer to tree fruits. Concentrations far in excess of those tolerated by the foliage during active growth may be used. Spray solutions of zinc sulfate (WOODBRIDGE *et al.* 1959) and manganese sulfate (BEEFTINK *et al.* 1957) are already applied in this manner. TUKEY (1953) has reported that phosphorus and potassium are readily absorbed through the bark even in midwinter. A significant contribution to the nutritional needs of shoots and fruits results if five percent solutions of ortho-phosphoric acid are applied during bud swell on the apple and peach (Table 55).

Aside from possibilities offered in altering the mobility of foliar absorbed nutrients or increasing dosages as in dormant spraying of fruit trees, many investigators have studied factors that alter the initial absorption of nutrient salts by aerial plant parts. Some for phosphorus are outlined in Table 54, and pertinent papers include those of VOLK and MCAULIFFE (1954) for urea nitrogen, THORNE (1958) for phosphorus, TEUBNER *et al.* (1957) for phosphorus, potassium and rubidium, JYUNG (1959) for calcium and phosphorus, FISHER and WALKER (1955) for phosphorus and magnesium, and MEDERSKI and HOFF (1958) for manganese. In general, foliar absorption rates for most nutrients are greater for young leaves than for old, temperature optima for absorption of some nutrients have been established, with coefficients somewhat less than those for root uptake. pH of the treating solution is important, examples being that maximum uptake of phosphorus occurs at pH 3, while that for calcium is greater at pH 6. Light promotes uptake of chloride and phosphate but greatest absorption of urea occurs at night. The presence of surface moisture or high humidity greatly favors the absorption of nutrient salts by leaves.

h) Effects of Foliar Absorption of Nutrients on other Processes

According to Soviet investigators (DOROKOV 1957, IKONENKO 1959, MATSKOV and IKONENKO 1958) foliar applications of nitrogen and phosphorus enhance root absorption of nutrients by a type of chain reaction. First there is an increase in photosynthesis, this is followed by the production and transport of greater quantities of organic substances to the roots, then an increase in respiration with consequently more root growth that gives a greater absorbing surface. THORNE (1957) has also shown that ammonium nitrate applied to the leaves of the sugar beet increased uptake of nitrogen by the roots.

Application of nutrients to leaves may also alter the course of disease development. Sprays of urea nitrogen applied before inoculation of tomato plants with *Fusarium* wilt retarded the disease (BLOOM and WALKER 1955). Ammonium nitrate sprays have protected oat plants from mildew (KRZYSCH 1958b), and complete nutrient sprays have been used in Michigan to delay the harmful effects of *Verticillium* wilt on eggplant.

Air temperature, rather than soil temperature, controls uptake and transport of nutrients applied to the foliage. A great differential in soil and air temperatures occurs in early spring as well as in the perma-frost agricultural areas of the far north. Under these conditions foliar applications of nutrients should promote earlier growth and increase productivity. An increase in availability of nutrients for plants grown in cold climates through foliar feeding has been suggested by the studies of STRAUSBERG (1958) and ZHURBITSKY (1959). Foliar absorption of phosphate may also have a direct effect on a plants resistance to cold (VOBLIKOVA 1954).

There is also now a considerable body of evidence that foliar applications of nutrients prove most beneficial if treatments parallel critical stages in plant development when nutrient uptake by roots is low but demands are high (KAINDL 1953, 1956, WITTWER and TEUBNER 1959). During anthesis or coinciding with the late vegetative stage many crop plants show a marked depression in general overall metabolic activity. This is reflected in less dry matter accumulation per unit leaf area, a lowered respiratory level, and a marked reduction in water and mineral nutrient uptake by the roots (WITTWER 1943).

i) Special Programs of Foliar Fertilization in Various Countries

In the Hawaiian Islands 75 to 80 per cent of the total nitrogen applied to pineapple fields is in the form of urea sprays, and 40 to 50 per cent of the phosphorus and potassium fertilizer is applied to the foliage (SANFORD *et al.* 1958). Some plantations use urea sprays exclusively as a source of nitrogen. Nutritional spraying of pineapple has developed because (a) foliar applications were fully as effective if not more so than soil treatments; (b) the pineapple can tolerate high concentrations of dissolved nutrients; and (c) trace elements, such as ferrous sulfate are regularly applied and the major elements, particularly urea, simply take a "free ride". There is little doubt but that foliar absorption is involved since "low gallonage" (less than 50 gallons per acre) spraying, where there is no runoff, is as effective as the "high gallonage" treatment.

The extent to which foliar feeding is currently practiced for sugar cane production in Hawaii is not clear from published papers by BURR *et al.* (1956, 1958). Calculations, however, were provided showing that the entire phosphorus requirement of the sugar cane plant may be supplied through the leaves.

NAUNDORF (1959) has summarized his studies and those of his students relative to nutritional sprays for cacao (*Theobroma cacao* L.) in Columbia, South America. Foliar spraying with a mixture of urea and potassium glycerophosphate is recommended as a new and economical method of crop fertilization. In addition to remarkable increases in yield, premature fruit drop and shriveling of the young cacao fruits was prevented. Foliage spraying did not disturb pollination and the nutrients were successfully combined with fungicides and hormones. Disease incidence was greatly reduced on plants sprayed with urea.

In Japan foliar applications of urea nitrogen and other nitrogeneous compounds, and phosphorus, potassium and manganese are widely used (NOGUCHI 1954). The practice of foliar feeding extends to the commercial production of apples, and mulberry and tea leaves. Urea nitrogen combined with manganese sulfate is highly beneficial in rice culture but it is not an adopted agricultural practice because of the difficulty of applying spray solutions to paddy fields. Nutrient spraying in conjunction with fertilizer applications to the soil has given good results on vegetables.

VENKATARAMANI (1959) obtained striking increases in the yield of tea bushes in India following foliar applications of fertilizers. The most pronounced effects were with periodically applied potassium chloride sprays equivalent to 52 pounds of K_2O per acre per year. Little benefit was derived when nitrogen and phosphorus were added.

According to ZHURBITSKY (1959) there is widespread interest and extensive research in progress in the Soviet Union on foliar absorption utilizing radioisotopes. Bud abscission is prevented in cotton and the sucrose content of sugar beets is increased by phosphorus sprays. Top dressing of cereals with nitrogen increases yields as well as the protein content of the grain. Grapes have responded with a significant increase in sugar content to sprays of nitrogen, phosphorus and potassium plus manganese. Many crops have shown benefits from spraying with boron, copper and manganese, and boron sprays have been used to increase yields of seed in clover, alfalfa, many vegetables and other crops. Finally, foliage sprays are being utilized extensively for fertilizing crops grown on soils in the near arctic regions where nutrient uptake by roots is greatly suppressed by low soil temperatures.

Literature

ALBEN, A. O.: Evaluation of zinc chelate and zinc sulfate sprays for controlling rosette on Cheley and Stuart pecans. Proc. Amer. Soc. Hort. Sci. **80**, 312–314 (1962). — ALLEN, M.: The uptake of metallic ions by leaves of apple trees. II. The influence of certain anions on uptake from magnesium salts. Jour. Hort. Sci. **35**, 127–135 (1960). — The uptake of metallic ions by leaves of apple trees. IV. The uptake of copper by leaves of Cox's Orange Pippin momentarily dipped in solution of copper sulfate. Jour. Hort. Sci. **40**, 42–57 (1965). — AMBERGER, A., and E. LATZKO: Über die Aufnahme des Cyanamids durch oberirdische Pflanzenteile und seine Verweildauer in der Pflanze. Z. Pflanzenernähr., Düng., Bodenkde. **67**, 211–219 (1954). — AUFHAMMER, G., and M. HOPFENGART: Untersuchungen zur Mineralsalzaufnahme durch die Blätter bei Getreide. Z. Pflanzenbau u. Pflanzenschutz **3**, 241–246 (1952).

BACHER, T. O.: The effect of ammonia in the air on the growth of the plant. Cornell University, M. S. Thesis, 36 pp. (1928). — BEEFTINK, W. G., J. VAN DER BOON, H. H. BORGMAN, P. R. DEN DULK, J. VAN DEN ENDE, P. KNOPPIEN, A. POUWER, J. P. N. L. ROORDA VAN EYSINGA, J. Ch. VAN SCHOUWBURG, A. C. VAN SCHREVEN and H. J. WEZENBURG: Volding van de plant via het blad (Nutrition of the plant through the leaf). Overdruck mit Mededelingen Directeur van de Tuinbouw **20**, 150–157 (1957). — BIDDULPH, S., O. BIDDULPH and R. CORY: Visual indications of upward movement of foliar-applied P^{32} and C^{14} in the phloem of the bean stem. Amer. J. Bot. **45**, 648–652 (1958). — BLOOM, J. R., and J. C. WALKER: Effect of nutrient sprays on Fusarium wilt of tomato. Phytopath. **45**, 443–444 (1955). — BOGUSLAWSKI, E. VON, and A. VÖMEL: Über Blattdüngung mit Einzelnährstoffen und Volldüngung bei Hafer. Landwirtsch. Forsch. **9**, 83–94 (1957). — BÖHM, J.: Über die Aufnahme von Wasser und Kolksalsen durch die Blätter der Feuerbohne. Landw. Vers. Sta. **20**, 51–59 (1877). — BOTTINI, E., and E. MORRA DI LAVRIANO: Sulla possibilita della nutrizione vegetale attraverso le foglie. Ricerche eseguite sul pomoforo e sulla cicora. Ann. Sper. Agrar. **12**, 1175–1190 (1958). — BOYNTON, D.: Nutrition by foliar application. Ann. Rev. Plant Physiol. **5**, 31–54 (1954). — BREWER, R. F., F. H. SUTHERLAND, R. G. TIMMONS and F. B. GUILLEMET: The effects of low atmospheric fluoride concentrations on bearing navel orange trees. (Abstract.) Amer. Soc. Hort. Sci., Penn. State Univ., University Park, Penn., Aug. 30–Sept. 3 (1959). — BUCHNER, A.: Neue Wege der Düngung im Intensionsbetrieb. Arbeiten DLG **46**, 48 pp. Frankfurt am Main (1957). — BUKOVAC, M. J., F. G. TEUBNER and S. H. WITTWER: Absorption and mobility of magnesium ^{28} in the bean (Phaseolus vulgaris). Proc. Amer. Soc. Hort. Sci. **75**, 429–434 (1960). — BUKOVAC,

M. J., H. B. TUKEY and S. H. WITTWER: Effet de la greffe et de l'orientation du scion sur la circulation des substances nutritives d'après la méthode des radio-isotopes. Colloque International sur la Greffe des tissus végétaux et animaux. Comptes Rendus des Travaux, Juin 7–11, pp. 115–130 (1957). — BUKOVAC, M. J., and S. H. WITTWER: Absorption and mobility of foliar applied nutrients. Plant Physiol. **32**, 428–435 (1957). — Absorption and distribution of foliar applied mineral nutrients as determined with radioisotopes. Third Colloquium on Plant Analysis and Fertilizer Problems. Montreal, Canada pp. 215–230 (1961). — BURR, G. O., C. E. HARTT, T. TANIMOTO, D. TAKAHASHI and H. W. BRODIE: The circulatory system of the sugarcane plant. Proc. First (UNESCO) Intern. Conf. Radioisotopes in Sci. Research **4**, 351–368 (1958). — BURR, G. O., T. TANIMOTO, C. E. HARTT, A. FORBES, G. SADAOKA, F. M. ASHTON, J. H. PAYNE, J. A. SILVA and G. E. SLOANE: Uses of radioisotopes by the Hawaiian Sugar Plantations. Peaceful Uses of Atomic Energy **12**, 177–183, United Nations, New York, N. Y., 553 pp. (1956).

CHAPMAN, H. W.: Personal communication. Dept. Hort., Colorado State Univ., Fort Collins, Colo., U.S.A. (1959). — COOK, J. A.: Field trials with foliar sprays of Zn-EDTA to control zinc deficiency in California vineyards. Proc. Amer. Soc. Hort. Sci. **72**, 148–164 (1958). — COOK, J. A., and F. G. MITCHELL: Screening trials of chelated zinc materials toward the correction of zinc deficiency in Vinifera grapevine. Proc. Amer. Soc. Hort. Sci. **72**, 149–157 (1958). — CRAFTS, A. S.: Weed control: Applied Botany. Amer. J. Bot. **43**, 548–556 (1956). — CURRIER, H. B., and C. D. DYBING: Foliar penetration of herbicides-review and present status. Weeds **7**, 195–213 (1959).

DEAN, L. A.: The availability of soil and fertilizer phosphorus to plants. Conf. on Radioactive Isotopes in Agriculture, Jan. 12–14, E. Lansing, Mich. TID 7512. U. S. Atomic Energy Commission, Washington D. C. (1956). — DILLEY, D. R., and D. R. WALKER: Personal communication. Dept. Hort. N. Carolina State College, Raleigh, N. C. (1959). — DOROKHOV, V. L.: Effect of nutrition by foliar application on the rate of photosynthesis. Fiziol. Rast. **4**, 183–191 (1957). — DUNLAP, D. B., and A. H. THOMPSON: Effect of boron sprays in the development of bitter-pit in the York Imperial apple. Univ. Maryland Agr. Exper. Sta. Bull. A-102. 31 pp. (1959).

EAVES, C. A., and J. S. LEEFE: Note on the influence of foliar sprays of calcium on the firmness of strawberries. Canadian J. Plant Sci. **42**, 746–747 (1962). — EDDINGS, J. L., and A. L. BROWN: Absorption and translocation of foliar applied iron. Plant Physiol. **42**, 15–19 (1967). — EGGERT, R., and L. T. KARDOS: Further results on the absorption of phosphorus by apple trees. Proc. Amer. Soc. Hort. Sci. **64**, 47–51 (1954). — EGOROV, A. V.: Non-root feeding of plants with phosphorus. Reports of the Timiryazev Agricultural Academy **16**, 164–177 (1957). — EPSTEIN, E.: Passive passage and active transport of ions in Commission Report TID 7512, Washington D.C. (1956). — ERIKSON, E.: Composition of atmospheric precipitation. Tellus **4**, 215–232, 280–303 (1952).

FISHER, E. G., and D. R. WALKER: The apparent absorption of phosphorus and magnesium from sprays applied to the lower surface of McIntosh apple leaves. Proc. Amer. Soc. Hort. Sci. **65**, 17–24 (1955). — FORSHEY, C. G.: The effect of nitrogen status of magnesium deficient apple trees on the response to epsom salts sprays. Proc. Amer. Soc. Hort. Sci. **73**, 40–45 (1959). — FRANKE, W.: Role of guard cells in foliar absorption. Nature **202**, 1236–1237 (1964). — FRIED, M.: The absorption of sulfur dioxide by plants as shown by the use of radioactive sulfur. Proc. Soil Sci. Soc. Amer. **13**, 135–138 (1949). — FRISCHKNECHT, C., W. BINNS, D. A. GREENWOOD, L. E. HARRIS, M. L. MINER, B. L. RICHARDS and F. B. WANN: The effect of fluorides on plants and animals. Utah Agri. Extension Circular 179, 12 pp. (1953).

GERALDSON, C. M.: The control of blackheart of celery. Proc. Amer. Soc. Hort. Sci. **63**, 353–358 (1954). — Control of blossom-end rot of tomatoes. Proc. Amer. Soc. Hort. Sci. **69**, 309–317 (1957). — GREENHAM, D. W. P., and G. C. WHITE: The control of magnesium deficiency in dwarf pyramid apples. J. Hort. Sci. **34**, 238–247 (1959). — GRIS, E.: Nouvelles expériences sur l'action des composés ferrugineux solubles, appliqués à la végétation et spécialement au traitement de la chlorose et à la debilité des plantes. Compt. Rend. (Paris) **19**, 1118–1119 (1844).

HAAGEN-SMIT, A. J., E. F. DARLEY, M. ZAITLIN, H. HULL and W. NOBLE: Investigations on injury to plants from air pollution in the Los Angeles area. Plant Physiol. **27**, 18–34 (1952). — HALLIDAY, D. J.: Foliar application of major nutrients to fruit and plantation crops. Outlook on Agriculture **3**, 111–115 (1961). — HARDING, R. B., M. P. MILLER and M. FIREMAN: Absorption of salts by citrus leaves during sprinkling with water suitable for surface irrigation. Amer. Soc. Hort. Sci. **71**, 248–256 (1958). — HARRISON, B. F., M. D. THOMAS and G. R. HILL: Radioautographs showing the distribution of sulfur in wheat. Plant Physiol. **19**, 245–257 (1944). — HEGGESTAD, H. E., and J. T. MIDDLETON: Ozone in high concentrations as cause of tobacco leaf injury. Science **129**, 208–210 (1959). — HENKENS, CH. H.: Enkele resultaten van onderzoek over sporenelementen molybdeen en mangaan. Landbouwkundig Tijdschrift **68**, 109–112 (1956). — Het voorkomen van kwade harten in erwten door bespuiting met mangaansulfaat. Landbouwvoorlichting **15**, 262–265 (1958). — HINSVARK, O. N., S. H. WITTWER and H. B. TUKEY: The metabolism of foliar-applied urea. I. Relative rates of $C^{14}O_2$ production by certain vegetable plants treated with labeled urea. Plant Physiol. **28**, 70–76 (1953). — HOFMANN, E., and A. SÜSS: Über die Aufnahme von radioaktivem Schwefel (35 S) bei einigen Kulturpflanzen. Naturwiss. **41**, 506–507 (1954).

IKONENKO, T. K.: The interrelationship between root and foliar nutrition and photosynthesis in plants. Fiziol. Rast. (Translated Edition) **6**, 94–97 (1959). — INGHAM, G.: Effect of materials adsorbed from the atmosphere in maintaining soil fertility. Soil Sci. **70**, 205–212 (1950).

JOHNSON, F., D. F. ALLMENDINGER, V. L. MILLER and D. POLLEY: Fall applications of boron sprays as a control for blossom blast and twig dieback of pears. Phytopath. **45**, 110–114 (1955). — JOHNSON, K. E. E., J. F. DAVIS and E. J. BENNE: Control of magnesium deficiency in Utah 10-B celery grown on organic soil. Proc. Soil. Sci. Soc. Amerr. **21**, 528–532 (1957). — JOHNSON, K. E. E., J. F. DAVIS and E. J. BEINE: Occurrence and control of magnesium-deficiency symptoms in some common varieties of celery. Soil Sci. **91**, 203–207 (1961). — JYUNG, W. H.: Foliar absorption of mineral nutrients with special reference to the use of radioisotopes and the "leaf washing technique". M. S. Thesis, Michigan State Univ., 45 pp. (1959). — JYUNG, W. H., and S. H. WITTWER: Foliar absorption — an active uptake process. Amer. J. Bot. **51**, 437–444 (1964). — JYUNG, W. H., and S. H. WITTWER: Pathways and mechanisms for foliar absorption of mineral nutrients. Agr. Sci. Rev. **3**, 26–36 (1965). — JYUNG, W. H., S. H. WITTWER and M. J. BUKOVAC: The role of stomata in the foliar absorption of Rb by leaves of tobacco, bean and tomato. Proc. Amer. Soc. Hort. Sci. **86**, 361–367 (1965). — JYUNG, W. H., S. H. WITTWER and M. J. BUKOVAC: Ion uptake by cells enzymically isolated from green tobacco leaves. Plant Physiol. **40**, 410–414 (1965).

KAINDL, K.: Untersuchung über die Aufnahme von P^{32} markiertem primärem Kaliumphosphat durch die Blattoberfläche. Die Bodenkultur **4**, 324–353 (1953). — Untersuchung über die Aufnahme von P^{32} markiertem primärem Kaliumphosphat durch die Oberfläche von Weizenblättern. Die Bodenkultur **9**, 43–49 (1956). — KALINKEVICH, A. F.: The effect of synthetic urea on the formation of sulfhydryl groups in plants in extra-radical nutrition. Doklady Akad. Nauk SSSR (Translated Edition) **117**, 270–271 (1957). — KANNAN, S., and S. H. WITTWER: Absorption of iron by enzymically isolated leaf cells. Pysiologia Plant. **20**, 911–919 (1967.) — KATZ, M.: Sulfur dioxide in the atmosphere and its relation to plant life. Ind. Eng. Chem. **41**, 2450–2465 (1949). — KESSLER, B., and Z. W. MOSCICKI: Effect of triiodobenzoic acid and maleic hydrazide upon the transport of foliar applied calcium and iron. Plant Physiol. **33**, 70–72 (1958). — KILBINGER, A.: Kohlensäure, ein Lebensstoff, 52 pp. München 19: Landbau. 1955. — KOONTZ, H., and O. BIDDULPH: Factors affecting absorption and translocating of foliar applied phosphorus. Plant Physiol. **32**, 463–470 (1957). — KRANTZ, B. A., A. L. BROWN, B. B. FISCHER, W. F. PENDERY and V. W. BROWN: Foliage sprays correct iron chlorosis in grain sorghum. Calif. Agr. **16** (5), 5–6 (1962). — KRZYSCH, G.: Blattdüngung mit Mineralsalzen. Z. Pflanzenernähr., Düng., Bodenkde. **80**, 42–55 (1958a). — Der Einfluß steigender Salzkonzentrationen und der Spritztermine auf den Erfolg einer Blattdüngung. Z. Pflanzenernähr., Düng., Bodenkde. **83**, 214–224 (1958b).

LABANAUSKAS, C. K.: Foliar sprays correct manganese deficiencies on desert grapefruit. Calif. Agr. **17**, 14–15 (1963). — LINGLE, J. C., and D. M. HOLMBERG: Zinc-deficient crops. California Agriculture **10**, 13–14 (1956). — The response of sweet corn to foliar and soil zinc applications on a zinc deficient soil. Proc. Amer. Soc. Hort. Sci. **70**, 308–315 (1957). — LINGLE, J. C., D. M. HOLMBERG and M. P. ZOBEL: The correction of zinc deficiency of tomatoes in California. Proc. Amer. Soc. Hort. Sci. **72**, 397–402 (1958). — LUNDEGÅRDH, H.: Der Kreislauf der Kohlensäure in der Natur, 308 pp. Jena: Fischer. 1924.

MATSKOV, F. F.: Non-root feeding of plants. Ukranian Academy of Sciences, 264 pp., Kiev, USSR (1957). — MATSKOV, F. F., and T. K. IKONENKO: The correlation between foliage feeding, photosynthesis and root feeding of plants. Doklady Akad. Nauk SSSR **118**, 601–603 (1958). — MAYER, A.: Über die Aufnahme von Ammoniak durch oberirdische Pflanzenteile. Landw. Vers. Sta. **17**, 329–340 (1874). —

MAYNARD, D. N., B. GERSTEN and H. F. VERNELL: The cause and control of brown heart of escarole. Proc. Amer. Soc. Hort. Sci. **81**, 371–375 (1962). — MCKEE, H. S.: Nitrogen metabolism in leaves. *In*: Encyclopedia of Plant Physiology **8**, 516–553 (1958). — MEDERSKI, H. J., and D. J. HOFF: Factors affecting absorption of foliar-applied manganese by soybean plants. Agron. J. **50**, 175–178 (1958). — MEETHAM, A. R.: Atmospheric pollution, 302 pp. London: Pergamon Press. 1956. — MILLIKAN, C. R., and B. C. HANGER: Effects of chelation and of certain cations on the mobility of foliar-applied ^{45}Ca in stock, broad bean, peas, and subterranean clover. Aust. J. Biol. Sci. **18**, 211–226 (1965).

NAUNDORF, G.: Neue Düngungsmethoden beim Kakao. Gordian **63** (1398), 9–12 (1959). — NOGUCHI, Y. (Editor): Studies on foliar absorption (in Japanese), 83 pp. Tokyo: Yokudo. 1954.

OLAND, K.: Responses of cropping apple trees to post-harvest urea sprays. Nature **198**, 1282–1283 (1963). — OLSEN, R. A.: Absorption of sulfur dioxide from the atmosphere by cotton plants. Soil Sci. **84**, 107–111 (1957). — OPRITOV, V. A.: The role of bioelectric potentials in the uptake and transfer of materials in plants. Biophysics (Translated Edition) **3**, 34–42 (1958).

PHILLIPS, R. L., and M. J. BUKOVAC: Influence of root temperature on absorption of foliar-applied radiophosphorus and radiocalcium. Proc. Amer. Soc. Hort. Sci. **90**, 555–560 (1967). — PRUMMEL, J.: Genezing van kaligebrek bij aardappelen door bespuiting of overbemesting in een laat stadium. Landbouwvoorl. **15**, 237–241 (1958).

RABER, O.: Principles of Plant Physiology, 432 pp. New York: The MacMillan Co. 1937. — RAMUNNI, A.: Prove di assorbimento per via fogliare del potassio, sotto forma di sali diversi, in Nicotiana tabacum. Tobacco **62**, 245–254 (1958). — REINAU, E.: Praktische Kohlensäuredüngung in Gärtnerei und Landwirtschaft, 203 pp. Berlin: Springer. 1927. — RICHARDS, B. L., J. T. MIDDLETON and W. B. HEWITT: Air pollution with relation to agronomic crops. V. Oxidant stipple of grape. Agronomy J. **50**, 559–561 (1958). — RICHARDS, B. L.: Personal communication. University of California, Riverside, Calif. (1959). — ROBERTSON, R. N.: Mineral Nutrition of Plants, Encyclopedia of Plant Physiology **4**, 243–279. Berlin-Göttingen-Heidelberg: Springer. 1958. — RUSSEL, R. S., H. M. SQUIRE and R. P. MARTIN: The effects of operation hurricane on plants and soils. A.E.R.E. Report, Oxford University, pp. 1–74 (1955).

SANFORD, W. G., D. P. GOWING, H. Y. YOUNG and R. W. LEEPER: Toxicity to pineapple plants of biuret found in urea fertilizers from different sources. Science **120**, 349–350 (1954). — SANFORD, W. G., G. NIGHTENGALE, W. S. STEWART, D. P. GOWING, C. SIDERIS, R. W. LEEPER, H. Y. YOUNG, B. KRAUSS and J. FO: Personal communication. Pineapple Research Institute, Honolulu (1958). — SATO, K., M. ISHIHARA and R. HARADA: Studies on the foliar sprays of phosphate in fruit trees (1). J. Hort. Assoc. Japan **23**, 159–164 (1954). — SCOTT, F. M.: Liquid deposition in intercellular space. Nature **203**, 164–165 (1964). — SELDERS, A. A., and F. P. HUNGATE: The foliar sorption of iodine in plants. U. S. Atomic Energy Commission, Washington D. C. (HW-44890) (1956). — SIDERIS, C. P.: Effects of sea water sprays on pineapple plants. Phytopath. **45**, 590–594 (1955). — SILBERSTEIN, O., and S. H. WITTWER: Foliar application of phosphatic nutrients to vegetable crops. Proc. Amer. Soc. Hort. Sci. **58**, 179–190 (1951). — SINGLE, W. V.: The mobility of manganese in the wheat plant. I. Redistribution and foliar application. Ann. Bot. N. S. **22**, 479–488 (1958). — SOL, H. H.: Pretreatment and chloride uptake in Vallisneria leaves. Acta Bot. Neerl. **7**, 131–173 (1958). — SOSA-BOURDOUILL, C., and P. LECAT: Mesure de l'absorption foliaire par l'emploi du phosphore radioactive P^{32}. Compt. Rend. **234**, 2221–2223 (1952). — STANKOVIC, D., and M. J. BUKOVAC: Utijac temperatura i elementa Na, B i Cu na apsorbovanje i kretanje fosfora kod mlade biljke pasulja. Arh. poljopr. Nauk **11**, 126–131 (1958). — STARK, F. C., and W. A. MATTHEWS: Improving quality of cantaloupes and tomatoes by foliar feeding. Univ. of Maryland Agri. Exper. Sta. Bul. 464 (1958). — STEWART, I., and C. D. LEONARDI: Molybdenum deficiency in Florida citrus. Nature **170**, 714 (1952). — STOUT, P. R., and C. M. JOHNSON: Molybdenum deficiency in horticultural and field corps. Soil Sci. **81**, 183–190 (1956). — STRAUSBERG, D. V.: The influence of temperature on the assimilation of nutrients by plants in the polar regions. Fiziol. Rast. (English Translation) **5**, 228–234 (1958). — SUGIYAMA, T., A. KITAJIMA, Y. MACHIDA and H. YASHIRO: Responses of vegetables to foliar applications of nitrogenous and phosphatic compounds. From "Studies on Foliar Application", pp. 31–37 (1954).

TAMM, C. O.: Mineral Nutrition of Plants. Encyclopedia of Plant Physiology **4**, 233–242. Berlin-Göttingen-Heidelberg: Springer. 1958. — TEUBNER, F. G., S. H. WITTWER, W. G. LONG and H. B. TUKEY: Some factors affecting absorption and transport of foliar-applied nutrients as revealed by radioactive isotopes. Mich. Agr. Exper. Sta.

Quart. Bull. **39**, 398–415 (1957). — TEUBNER, F. G., M. J. BUKOVAC, S. H. WITTWER and B. K. GAUR: The utilization of foliar-applied radiophosphorus by several vegetable crops and tree fruits under field conditions. Michigan Agr. Exper. Sta. Quart. Bull. **44**, 455–465 (1962). — THELLIER, M.: Pénétration et transport du bore fourni en application foliaire utilisant l'isotope stable 10 comme traceur. (Abstract.) IX Intern. Botanical Congress, Montreal, Canada, Aug. 19–29 (1959.) — TODD, G. W.: Effect of ozone and ozonated 1-hexene on respiration and photosynthesis of leaves. Plant Physiol. **33**, 416–420 (1958). — THOMAS, M. D., and G. R. HILL: Absorption of sulphur dioxide by alfalfa and its relation to leaf injury. Plant Physiol. **10**, 291–307 (1935). — THOMAS, M. D., R. H. HENDRICKS, T. R. COLLIER and G. R. HILL: The utilization of sulfate and sulfur dioxide for the sulfur nutrition of alfalfa. Plant Physiol. **18**, 345–371 (1943). — THOMAS, M. D., R. H. HENDRICKS and G. R. HILL: Some chemical reactions of sulfur dioxide after absorption by alfalfa and sugar beets. Plant Physiol. **19**, 212–226 (1944). — THOMAS, M. D., R. H. HENDRICKS, L. C. BRYNER and G. R. HILL: A study of the sulfur metabolism of wheat, barley and corn using radioactive sulphur. Plant Physiol. **19**, 227–244 (1944). — THOMAS, M. D., and G. R. HILL: Photosynthesis under field conditions. *In:* Photosynthesis in Plants (500 pp.), pp. 19–52. Ames, Iowa, U.S.A.: Iowa State College Press. 1949. — THORNE, G. N.: Nutrient uptake from leaf sprays by crops. Field Crop Abstracts **8**, 147–152 (1955). — The effect of applying a nutrient in leaf sprays on the absorption of the same nutrient by the roots. J. Exp. Bot. **8**, 401–412 (1957). — Factors affecting uptake of radioactive phosphorus by leaves and its translocation to other parts of the plant. Ann. Bot. **22**, 381–398 (1958). — TREFFTZ, G.: Ein Beitrag zur Frage der Ernährung über das Blatt. Die Kulturpflanze **4**, 325–346 (1956). — TUKEY, H. B.: The uptake of nutrients by leaves and branches of fruit trees. Report 13th Intern. Hort. Congress. The Royal Hort. Soc., London **1**, 297–306 (1953). — TUKEY, H. B., and S. H. WITTWER: The entry of nutrients into plants through stem, leaf, and fruit, as indicated by radioactive isotopes. Progress in Nuclear Energy, Series 6. Biological Sciences and Medicine, **1**, 106–114. New York: McGraw-Hill Book Co., Inc., or London: Pergamon Press Ltd. 1956. — TUKEY, H. B., S. H. WITTWER, F. G. TEUBNER and W. G. LONG: Utilization of radioactive isotopes in resolving the effectiveness of foliar absorption of plant nutrients. Peaceful Uses of Atomic Energy, Proc. Intern. Cong., Geneva, Switzerland. Vol. 12, Radioactive Isotopes and Ionizing Radiations in Agriculture, Physiology, and Biochemistry, pp. 138–143. United Nations Publ., New York (1956). — TURRELL, F. M., and J. R. WEBER: Elemental sulphur dust, a nutrient for lemon leaves. Science **122**, 119–120 (1955).

VAN ALPHEN, TH. G.: Bespuiting met borium op verschillende gewassen. Landbouwkundig Tijdschr. **67**, 761–780 (1955). — Bespuiting met mangaan op verschillende gewassen (Spraying crops with manganese). Centrum voor Landbouwdocumentatie, Wageningen, Literatuuroverzicht No. 17 (1956). — Bespuiting met koper op verschillende gewassen (Spraying crops with copper). Centrum voor Landbouwdocumentatie, Wageningen, Literatuuroverzicht No. 20 (1957). — VAN OVERBEEK, J.: Absorption and translocation of plant regulators. Ann. Rev. Plant Physiol. **7**, 355–372 (1956). — VENKATARAMANI, K. S.: Responses of tea bushes to foliar application of fertilizers. J. Indian Bot. Soc. **38**, 239–248 (1959). — VOBLIKOVA, T. A.: Influence of phosphorus fumigation on plants (In Russian). Doklady Akad. Nauk SSSR **96** (1954). — VOLK, R. J., and C. MCAULIFFE: Factors affecting the foliar absorption of N^{15} labeled urea by tobacco. Proc. Soil Sci. Soc. Amer. **18**, 308–312 (1954).

WALLIHAN, E. F., T. W. EMBLETON and W. PRINTY: Zinc deficiency in the avocado. California Agriculture **12**, 4–5 (1958). — WARD, J. R.: Copper deficiency in young apple trees in Tasmania. Tasm. J. Agr. **30**, 329–332 (1959). — WASSINK, E. C.: Efficiency of light energy conversion in plant growth. Plant Physiol. **34**, 356–361 (1959). — WENKHAM, N. S., and C. D. MILLER: Sodium content of Hawaii-grown foods. Hawaii Farm Sci. **6**, 2–3 (1957). — WITHEE, L. V., and C. W. CARLSON: Foliar and soil applications of iron compounds to control iron chlorosis in grain sorghum. Agron. J. **51**, 474–476 (1959). — WITTWER, S. H.: Growth hormone production during sexual reproduction of higher plants. Missouri Agri. Exper. Sta. Res. Bull. 371 (1943). — Nutrient uptake with special reference to foliar absorption, 139–164. *In:* Atomic Energy and Agriculture, C. L. COMAR, Editor (AAAS Washington, D.C., 450 pp.) (1957). — Foliar absorption of plant nutrients. Adv. Front. Plant Sci. **8**, 161–182 (1964). — Carbon dioxide and its role in plant growth. Proc. 17th Internat. Hort. Congr. **3**, 311–322 (1966). — Foliar application of nutrients. Plant Food Rev. **2**, 11–14 (1967). — WITTWER, S. H., and W. S. LUNDAHL: Autoradiography as an aid in determining the gross absorption and utilization of foliar applied nutrients. Plant Physiol. **26**, 792–797 (1951). — WITTWER, S. H., and WM. ROBB: Carbon dioxide enrichment of greenhouse atmospheres for food crop production. Econ. Bot. **18**, 34–56 (1964). — WITTWER, S. H., M. J. BUKOVAC and H. B. TUKEY: Advances in foliar feeding of plant nutrients from: Fertilizer Technology and Usage, pp. **429–455**. Madison, Wisconsin: Soil Science Society of America. 1963. — WITTWER, S. H., H. B. TUKEY, F. G. TEUBNER and W. G. LONG: Current status of nutritional spraying as revealed by radioisotopes. Atompraxis **7**, 243–247 (1957). — WITTWER, S. H., and F. G. TEUBNER: Foliar absorption of mineral nutrients. Ann. Rev. Plant Physiol. **10**, 13–32 (1959). — WITTWER, S. H., W. H. JYUNG, Y. YAMADA, M. J. BUKOVAC, R. DE, S. KANNAN, H. P. RASMUSSEN and S. N. HAILE MARIAM: Pathways and mechanisms for foliar absorption of mineral nutrients as revealed by radioisotopes. From: Isotopes and Radiation in Soil-Plant Nutrition Studies, pp. 387–403. Vienna: International Atomic Energy Agency. 1965. — WOODBRIDGE, C. G., N. R. BENSON and L. P. BATJER: Nutrition of fruit trees in the Pacific northwest. (Abstract.) IX Intern. Botanical Congress, Montreal, Canada, Aug. 19–29 (1959). — WOODFORD, E. K., K. HOLLY and C. C. MCCREADY: Herbicides. Ann. Rev. Plant Physiol. **9**, 311–358 (1958). — WORT, D. J.: The foliar application of 2,4-D and other growth regulators with and without added minor elements. Proc. IV Intern. Congress Plant Protection, Hamburg, Germany, Sept. (1957). — WORT, D. J.: Effects of 2,4-D-nutrient dusts on the growth and yield of beans and sugar beets. Agron. J. **58**, 27–29 (1966).

YAMADA, Y., S. H. WITTWER and M. J. BUKOVAC: Penetration of ions through isolated cuticles. Plant Physiol. **39**, 28–32 (1964). — YAMADA, Y., S. H. WITTWER and M. J. BUKOVAC: Penetration of organic compounds through isolated cuticular membranes with special reference to C^{14} urea. Plant Physiol. **40**, 170–175 (1965). — YAMADA, Y., W. H. JYUNG, S. H. WITTWER and M. J. BUKOVAC: The effects of urea on ion penetration through isolated cuticular membranes and ion uptake by leaf cells. Proc. Soc. Hort. Sci. **87**, 429–432 (1965).

ZHURBITSKY, Z.: Personal communication. K. A. Timiriazev Institute of Plant Physiol. USSR Acad. of Sciences, Moscow (1959).

D. Die gegenseitige Beeinflussung der Nährstoffe bei ihrer Aufnahme in die Zelle

Von

K. Mengel

a) Einleitung

Die Tatsache, daß sich die einzelnen Nährstoffe bei ihrer Aufnahme gegenseitig hemmen oder fördern können, ist schon seit langem bekannt. Sie hat für die Pflanzenernährung eine erhebliche Bedeutung, da ein relativer Überschuß eines Nährstoffes im extremen Fall zu einem Mangel an einem anderen Element in der Pflanze führen kann, wenngleich es im Nährmedium in einer relativ hohen Menge pflanzenverfügbar vorhanden ist (MULDER 1950, FERRARI und SLUIJSMANS 1955). Nicht allein die ertragsmindernde Wirkung einer unharmonischen Nährlösung, auch die Qualität der Pflanzen — sei es an mineralischen oder organischen Substanzen — kann durch die gegenseitige Beeinflussung der Nährstoffe bei ihrer Aufnahme erheblich verändert werden. Es ist so verständlich, daß diese Frage schon sehr früh das Interesse von Pflanzenphysiologen und Agrikulturchemikern erregte.

Die Vermutung, daß ein Nährstoff einen anderen bei seiner Aufnahme durch die Pflanze hemmen oder fördern kann, ergibt sich aus der experimentell wiederholt festgestellten Tatsache, daß bei verstärkter Zugabe eines Ions zu der Nährlösung der Gehalt an anderen Nährstoffen in der Pflanze erniedrigt bzw. erhöht wird. Diese Feststellung läßt zahlreiche Erklärungsmöglichkeiten zu, da der in höheren Mengen gegebene Nährstoff auf die verschiedenste Art wirksam werden kann. Von den einzelnen Möglichkeiten, die durch den Boden gegeben sind, wie Austausch anderer Ionen, Fällungs- und Lösungsvorgänge, soll hierbei ganz abgesehen werden. Untersuchungen an einzelnen Geweben oder an Mikroorganismen lieferten wertvolle Beiträge zur Erklärung der gegenseitigen Beeinflussung der Nährstoffe, da es hier möglich ist, die Zahl der unkontrollierbaren Faktoren einzuschränken. Besonders haben in den letzten Jahren durchgeführte Versuche mit radioaktiven Isotopen der gesamten Problemstellung wesentliche Impulse gegeben.

Allgemein darf man annehmen, daß bei der Steigerung eines im Minimum vorliegenden Wachstumsfaktors die Aufnahme anderer Nährstoffe allein schon über eine vermehrte Substanzbildung gefördert wird. Diese vermehrte Aufnahme bezieht sich auf die gesamte Pflanze. Die einzelne Zelle dagegen braucht durch diese Maßnahme nicht reicher an Nährstoffen zu werden. Im Gegenteil, eine vermehrte Substanzproduktion tendiert dahin, den Gehalt einer Zelle an verschiedenen Mineralstoffen zu verdünnen. Die hohe Mineralstoffkonzentration von Mangelpflanzen (z. B. N-Mangel) zeigt diese Tendenz sehr deutlich (LUNDEGÅRDH 1945a). Sie erklärt sich damit, daß der geringen Masse an organischer Substanz eine relativ hohe Menge an pflanzenverfügbaren Nährstoffen im Nährmedium gegenübersteht. Dieser Gesichtspunkt spielt bei der Beurteilung und Erklärung von Nährstoffgehalten in Pflanzensubstanzen eine Rolle, er soll jedoch nicht weiter erörtert werden, da hier die gegenseitige Beeinflussung der Nährstoffe nur äußerst indirekter Natur ist.

Eine Vorstellung darüber, wie ein Nährstoff den anderen bei der Aufnahme hemmen oder fördern kann, muß zwangsläufig von der Kenntnis über den Mechanismus der Nährstoffaufnahme ausgehen. Wieviel an dieser Frage noch ungeklärt ist und wie sehr sich die einzelnen Theorien unterscheiden, ja zum Teil widersprechen, soll hier nicht weiter dargelegt werden (BURSTRÖM 1959). Es ergibt sich allerdings hieraus, daß eine Abhandlung über die eigentlichen Ursachen der gegenseitigen Beeinflussung der Nährstoffe ebenfalls sehr theoretisch sein muß. Die meisten der experimentell ermittelten Ergebnisse lassen unterschiedliche Erklärungen zu, ihre Einordnung in ein Modell des Mechanismus der Nährstoffaufnahme wird sich zwangsläufig nach der jeweiligen Vorstellung hierüber richten.

Die heute verbreitetste Ansicht über die Ionenaufnahme gliedert diesen Prozeß in zwei Vorgänge, eine Sorption bzw. Donnan-Verteilung der Ionen am Cytoplasma und einen aktiven, d. h. Energie verbrauchenden Transport der Ionen durch das Cytoplasma in die Vakuole. Bei der höheren Pflanze schließt sich an die Ionenakkumulation im Inneren der Zelle ein transversaler Ionentransport durch die einzelnen Zellen bis zu den Xylemgefäßen an. Grundsätzlich wird jedoch für alle Zellen eine Sorption der Ionen an der Oberfläche und ein aktiver Transport entgegen dem Konzentrationsgefälle (Akkumulation) angenommen, d. h. Zellen des Wurzelgewebes verhalten sich genauso wie die Zellen anderer Gewebe. Eine Anreicherung einer Ionenart in spezifischen Zellorganellen z. B. in den Mitochondrien, ist auch möglich, so daß man bei Zellen ohne Vakuole ebenfalls von einer aktiven Aufnahme sprechen kann (ROBERTSON 1958).

Für die höhere Pflanze interessieren hauptsächlich die Zellen des Wurzelgewebes, da sie in unmittelbarer Berührung mit der Nährlösung stehen. An und in den Wurzelzellen ist also für die Ionen der Nährlösung die erste Möglichkeit gegeben, andere Ionen bei ihrer Aufnahme zu beeinflussen. Hierbei kann man zwischen einem direkten und einem indirekten Einfluß unterscheiden. Zum indirekten Einfluß zählen alle die Vorgänge, bei denen eine Ionenart oder auch ein Nährstoff die Aufnahme anderer Nährstoffe über einen weiteren Prozeß hemmt oder fördert. Hierzu gehört die Beeinflussung der Sorptionskapazität, der Permeabilität plasmatischer Strukturen, der Wirksamkeit von Trägersystemen und der Stoffwechselvorgänge. Unter direktem Einfluß soll die Verdrängung eines Ions von seiner Bindungsstelle durch ein anderes verstanden werden (Ionenkonkurrenz). Dieser Einordnung entsprechend wird nachstehend die gegenseitige Beeinflussung der Nährstoffe bei ihrer Aufnahme diskutiert. Es muß im Auge behalten werden, daß ein Nährstoff oder ein Ion über mehrere der oben aufgezeigten Möglichkeiten wirksam werden kann.

b) Die indirekte gegenseitige Beeinflussung

1. Die Sorption von Ionen im Freien Raum der Wurzel

Der erste Schritt der Ionenaufnahme ist eine Sorption von Ionen an Bindungsstellen des Freien Raumes (FS = free space). Die Ionenverteilung entspricht hier den Donnan-Gesetzen (BRIGGS und ROBERTSON 1957). Sie ist in Abhängigkeit von der Konzentration in Abb. 25 für ein uni-uni-valentes Salz dargestellt.

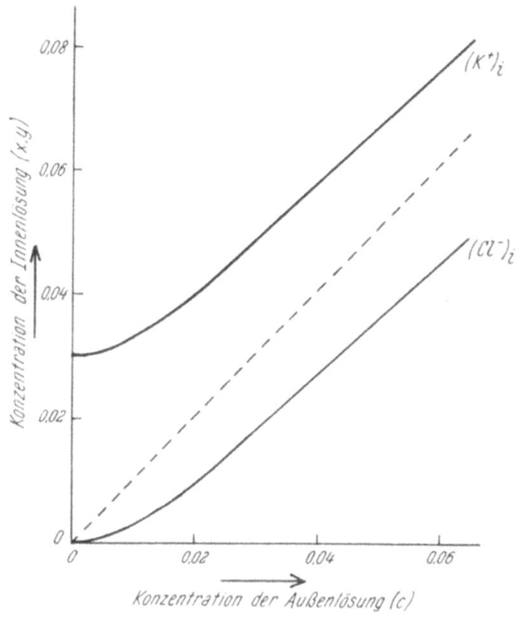

Abb. 25. Die Ionenverteilung eines uni-uni-valenten Salzes im Donnan free space[1] in Abhängigkeit von der Konzentration der Außenlösung (ROBERTSON 1958)
(K^+) = K-Konzentration der Innenlösung $(= x)$
(Cl^-) = Cl-Konzentration der Innenlösung $(= y)$
z = Konzentration der indiffusiblen Anionen des Donnan free space
KCl-Konzentration $(= c)$

Die Plasmakolloide sind unter normalen Bedingungen negativ aufgeladen. Der Donnan free space zeigt also eine Akkumulation von Kationen, während die diffusiblen Anionen in vergleichsweise geringerer Konzentration[2] vorliegen. Mit der Konzentration der Außenlösung steigt der Gehalt an Kat- und Anionen des Donnan free space an (s. Abb. 25). Der Donnan-Effekt, d. h. die vergleichsweise stärkere Anhäufung von Kationen gegenüber diffusiblen Anionen in der Innenlösung wird kleiner. Für die in Abb. 25 dargestellte Donnan-Verteilung gilt die Gleichung:

$$c^2 = y \cdot x$$

oder

$$c^2 = y\,(z + y) \qquad (1)$$

da

$$x = z + y.$$

Für den Verlauf der beiden Kurven in Abb. 25 errechnen sich hieraus die Funktionsgleichungen:

$$y = \frac{\sqrt{4\,c^2 + z^2} - z}{2} \qquad (2)$$

$$x = \frac{\sqrt{4\,c^2 + z^2} + z}{2} \qquad (3)$$

y = Konzentration der diffusiblen Anionen der Innenlösung.
x = Konzentration der Kationen in der Innenlösung.
z = Konzentration der indiffusiblen Anionen.

[1] Donnan free space = der Teil des Freien Raumes, der an die Valenzstellen grenzt und der deshalb die diffusiblen An- und Kationen nicht mehr in gleichen Konzentrationen enthält.

[2] In der Abhandlung wird der Einfachheit halber die Bezeichnung „Konzentration“ und nicht „Aktivität“ gebraucht.

Wird z. B. zu einer bestimmten KCl-Konzentration der Außenlösung eine weitere Menge an einem verwandten Kation, z. B. radioaktives K^* in Form des Chlorides, gegeben und zwar soviel, daß im Gleichgewichtszustand die K-Konzentration $(K + K^*)$ der Außenlösung doppelt so hoch ist wie ursprünglich (c), so gilt für die im Donnan free space sorbierte $(K + K^*)$-Menge (x_2):

$$(2\,c)^2 = x_2\,(x_2 - z)$$

$$x_2 = \frac{\sqrt{16\,c^2 + z^2} + z}{2}. \tag{4}$$

Die K-Menge, die vor der K^*-Zugabe im Freien Raum vorlag (x_1), entspricht der Gl. (3).

$$x_1 = \frac{\sqrt{4\,c^2 + z^2} + z}{2}. \tag{5}$$

Unter Annahme, daß das stabile K-Ion und das radioaktive K-Ion in gleichen Mengen sorbiert sind — sie liegen in gleichen Mengen in der Außenlösung vor — gilt für die Menge an sorbiertem, nicht aktivem K (x_K) nach Einstellung des Gleichgewichtes zwischen K und K^* die Gleichung:

$$x_K = \frac{x_2}{2} = \frac{\sqrt{16\,c^2 + z^2} + z}{4}. \tag{6}$$

x_K = Konzentration des stabilen K-Ions im Donnan free space nach Gleichgewichtseinstellung mit K^*.

Ein mathematischer Vergleich zwischen x_K und x_1 ergibt, daß $x_1 > x_K$ ist. Falls $z = 0$ wird, gilt $x_1 = x_K$, in diesem Falle ist verständlicherweise keine Donnan-Verteilung mehr gegeben. Diese theoretische Überlegung besagt, daß die Sorption des stabilen K durch die Zugabe von radioaktivem K^* abgenommen hat, eine Tatsache, die in ihrer qualitativen Aussage schon lange bekannt ist, ihre quantitative Erfassung wird durch die dargestellten Gleichungen ermöglicht. An Stelle des K^*-Ions können auch andere Kationen in gleicher Weise wirken. Das bedeutet ganz allgemein für den ersten Schritt der Nährstoffaufnahme, daß eine Zugabe von anderen Kationen zur Nährlösung die Aufnahme der in der Nährlösung bereits vorhandenen Kationen herabsetzt. Der Vorgang basiert lediglich auf chemisch-physikalischen Gesetzen. Es ist schwierig, biologisches Material auf diese Weise quantitativ zu erfassen, da die einzelnen Kationen, auch dann, wenn sie gleichwertig sind, eine unterschiedliche Affinität zu den indiffusiblen Anionen aufweisen.

Die Donnan-Verteilung besagt weiterhin, daß ein Kation um so bevorzugter sorbiert wird, je höher seine Wertigkeit ist. So gilt für die Verteilung zwischen ein-, zwei- und dreiwertigen Kationen die Gleichung:

$$\frac{(Me^+)_i}{(Me^+)_a} = \sqrt{\frac{(Me^{++})_i}{(Me^{++})_a}} = \sqrt[3]{\frac{(Me^{+++})_i}{(Me^{+++})_a}}. \tag{7}$$

$(Me)_i$ = Konzentration bzw. Aktivität der Innenlösung.
$(Me)_a$ = Konzentration bzw. Aktivität der Außenlösung.

Da die Konzentration an Kationen der Innenlösung immer größer als die der Außenlösung ist, wird das Verhältnis von der Konzentration der Innenlösung zu der der Außenlösung um so größer sein, je höher die Wertigkeit des betreffenden Ions ist. Eine Zugabe von höherwertigen Kationen zur Nährlösung wird sich also besonders negativ auf die Sorption einwertiger Kationen auswirken. DANIELLI (1949) berichtet, daß auf Grund der Donnan-Verteilung die Ca-Sorption in biologischen Systemen genau so hoch sein kann wie die des Na, obgleich die Außenlösung ein Na:Ca Verhältnis von einer Größenordnung wie 100:1 aufweist.

Aus Abb. 25 sowie aus Gl. (1) kann abgeleitet werden, daß die Konzentration an Kationen in der Innenlösung nur bei extrem niedrigen Konzentrationen der Außenlösung so groß wie die der indiffusiblen Anionen ist, mit steigender Konzentration der Außenlösung nimmt sie zu. Der Überschuß an Kationen, der über die Konzentration an indiffusiblen Anionen hinausgeht, wird im Gleichgewichtszustand von diffusiblen Anionen ausgeglichen. Der Eintritt von Anionen in den Freien Raum einer Zelle (SUTCLIFFE 1957) steigt mit der Außenkonzentration der Anionen. Diese Feststellung, daß die Aufnahme eines Anions zunimmt, wenn seine Konzentration in der Nährlösung erhöht wird, ist eine verbreitete Tatsache, die keiner weiteren Erläuterung mehr bedarf. Interessanter sind die Ergebnisse MATTSONs et al. (1948), aus denen hervorgeht, daß die Phosphataufnahme bei Erbsen, Roggen und Gerste allein durch die Zugabe von in Chloridform vorliegenden Neutralsalzen beachtlich gesteigert wurde. MATTSON et al. (1948) rekonstruierten die an lebenden Pflanzenwurzeln vorliegende Ionenverteilung an einer künstlichen Membran. Diese Versuchsergebnisse stimmten in ihrer Tendenz mit denen an lebenden Pflanzen überein, so daß es berechtigt ist, die erhöhte Phosphataufnahme mit einer Donnan-Verteilung der Ionen an der Pflanzenwurzel zu erklären. Die zusätzliche Neutralsalzgabe (KCl bzw. $CaCl_2$) zur Hoagland-Nährlösung bewirkte ein verstärktes Eindringen von über die Konzentration an indiffusiblen Anionen hinausgehenden Kationen in den Freien Raum. Damit aber erhöht sich auch die Konzentration an diffusiblen Anionen im Freien Raum. MATTSON et al. (1948) erklären hiermit die erhöhte Phosphataufnahme. Zu ihrer Ableitung muß jedoch noch gesagt werden, daß man theoretisch durch die Zugabe des Chlorids eine erhöhte Chlorid-Konzentration und weniger einen erhöhten Phosphatgehalt im Freien Raum erwarten müßte. Das Beispiel zeigt, wie hier lediglich durch Zugabe eines Salzes zur Nährlösung die Aufnahme eines anderen Nährstoffes gefördert wird. Ob dieser günstige Einfluß nur auf eine Gleichgewichtseinstellung zwischen Nährlösung und Innenlösung zurückgeführt werden kann, sei dahingestellt. Daß auch das im zugegebenen Neutralsalz vorhandene Kation (K^+ bzw. Ca^{++}) eine Wirkung auf physiologische Prozesse hatte und damit die Phosphataufnahme beeinflußte, ist nicht ausgeschlossen. Der Anstieg der Phosphataufnahme bei Zugabe von KCl bzw. $CaCl_2$ ist aus Tab. 56 ersichtlich.

Tabelle 56. *Die Phosphataufnahme junger Erbsenpflanzen in Abhängigkeit von der Salzkonzentration* (MATTSON et al. 1948)

Nährlösung	Phosphataufnahme in % des gesamten vorhandenen Phosphates	
0,35 mg P_2O_5 als KH_2PO_4	—	36,7
0,35 mg P_2O_5 als KH_2PO_4	+ 0,0025n KCl	46,4
0,35 mg P_2O_5 als KH_2PO_4	+ 0,0025n $CaCl_2$	57,9

Aus Tab. 56 geht hervor, daß $CaCl_2$ die Phosphataufnahme noch mehr begünstigte als KCl. Auch dieser Effekt läßt sich mit der Einstellung von Donnan-Gleichgewichten erklären.

Die Frage, inwieweit die Donnan-Verteilung allgemein einen entscheidenden Einfluß auf den gesamten Vorgang der Ionenaufnahme hat, ist experimentell schwierig zu lösen, da neben den physikalisch-chemischen Gesetzmäßigkeiten auch andere mit den zugegebenen Ionen gekoppelte Prozesse, wie der Transport von Ionen in das Innere der Zelle, Bindung an spezifische Träger, Veränderung der Konzentration an indiffusiblen Anionen und die Beeinflussung von Stoffwechselvorgängen, die Ionenverteilung zwischen Innen- und Außenlösung überdecken. METZNER (1951) fand bei ausgedehnten Untersuchungen mit *Lepidium*-Wurzeln, daß der Eintritt zweiwertiger Kationen in die Innenlösung höher ist als der der einwertigen. Seine Ergebnisse bestätigen, daß die lebenden Plasmakolloide zumindestens eine Ionenverteilung anstreben, die den Donnan-Gesetzen entspricht. Honda und Robertson (1956) berichten, daß sich zwischen den Mitochondrien von Roten Rüben und der Außenlösung eine den Donnan-Gleichgewichten entsprechende Ionenverteilung einstellt. Black (1956) schließt aus der experimentell gefundenen Tatsache, daß das Verhältnis „Kationensumme zu Anionensumme" in reifen Blättern von *Atriplex hastata* mit steigender NaCl-Zugabe zur Nährlösung abnimmt, auf eine Donnan-Verteilung zwischen der Nährlösung und dem Zellsaft der Blätter. Die quantitativen Verhältnisse dieser Untersuchungen sind in Abb. 26 dargestellt.

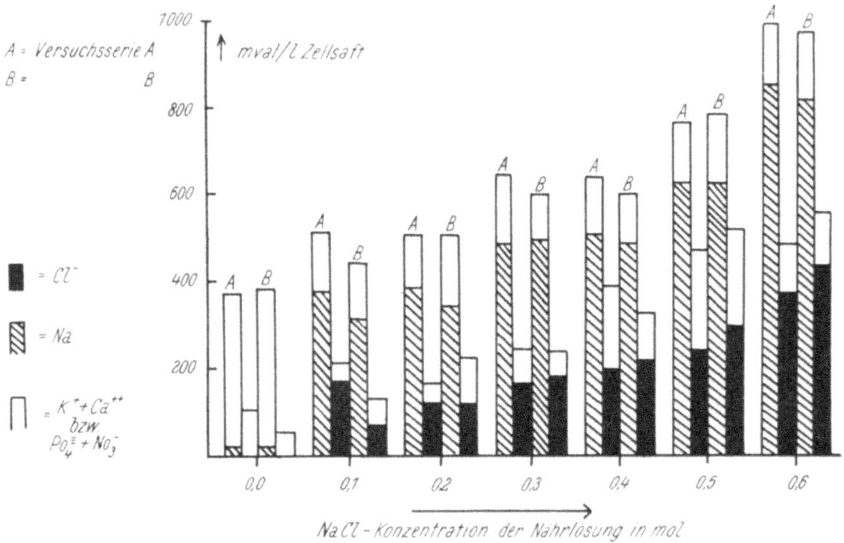

Abb. 26. Die Anionen- und Kationensumme im wäßrigen Extrakt von reifen Antriplex-Blättern in Abhängigkeit von der NaCl-Konzentration der Nährlösung (Black 1956)

Aus der Abb. 26 ist ersichtlich, daß mit steigender NaCl-Konzentration bei den Anionen hauptsächlich der Cl-Gehalt der Blätter ansteigt, aber auch die Gehalte an Phosphat und Nitrat sind bei vermehrter NaCl-Gabe etwas erhöht. Die Ergebnisse Blacks (1956) sind insofern charakteristisch für eine Donnan-Verteilung, als sie zeigen, daß mit zunehmender Konzentration der Außenlösung die bevorzugte Sorption der Kationen relativ abnimmt. Lundegårdh (1945a) kommt durch eine rein deduktive Ableitung zu gleichem Schluß. Diese mathematisch aus Gl. (1) ableitbare Gesetzmäßigkeit beruht darauf, daß ein Donnan-Effekt um so ausgeprägter ist, je größer die Konzentration der indiffusiblen Anionen (z) gegenüber der Konzentration der Außenlösung (c) ist. Hierbei ist unter Donnan-Effekt sowohl allgemein eine bevorzugte Akkumulation von Kationen in der Innenlösung als auch der Anstieg der Sorption von Kationen mit ihrer Wertigkeit zu verstehen.

Pflanzen mit einer hohen Konzentration an indiffusiblen Anionen im Freien Raum (entspricht der Austauschkapazität der Wurzeln) müßten demnach eine verstärkte Sorption höherwertiger Kationen aufweisen. In Übereinstimmung hiermit fanden Elgabaly und Wiklander (1949), daß in kurzfristigen Versuchen Erbsen in ihren Wurzeln relativ mehr Ca und weniger Na im Vergleich zur Gerste angereichert hatten, obgleich das Nährmedium für beide Pflanzen gleiche Mengen an Ca und Na enthielt. Die Autoren führen diese Unterschiedlichkeit auf die verschiedenen Austauschkapazitäten der Pflanzenwurzeln von Erbsen und Gerste und damit auf die Donnan-Verteilung zurück. Die Austauschkapazität betrug für die Erbse 71 mval, für die Gerste 22,7 mval/100 g lufttr. Wurzelmasse. PERKINS und STELLY (1958) berichten, daß Pflanzen mit einer gewissen Vorliebe für zweiwertige Kationen, z. B. Klee, weniger durch eine verstärkte K- bzw. Na-Düngung in ihrem Gehalt an zweiwertigen Kationen erniedrigt werden als z. B. Hafer mit einer gewissen Vorliebe für einwertige Kationen. Allgemein läßt sich feststellen, daß die Dikotyledonen mit ihrer höheren Wurzelaustauschkapazität (KELLER und DEUEL 1958) im Vergleich zu den Monokotyledonen vielfach einen höheren Gehalt an zweiwertigen Kationen haben (MATTSON et al. 1948). SMITH und WALLACE (1956b) untersuchten die Aufnahme von K und Ca an verschiedenen Pflanzen. Entsprechend der Donnan-Verteilung postulieren sie hierbei eine Beziehung zwischen Kationenaustauschkapazität und Aufnahme, die nachstehender Gleichung entspricht:

$$\frac{\mathrm{CEC}_1}{\mathrm{CEC}_2} = \left(\frac{\mathrm{Ca}_1}{\mathrm{Ca}_2}\right)^2 = \frac{\mathrm{K}_2}{\mathrm{K}_1}.$$

(CEC = cation exchange capacity; die Indices bezeichnen die zu einer Pflanzenart gehörende Kationenaustauschkapazität.)

Die experimentell gefundenen Ergebnisse an ganzen Pflanzen zeigen jedoch nur eine mäßige Übereinstimmung mit dieser Gleichung, während die Sorption von Ca und K an abgeschnittenen Wurzeln eher der dargestellten Beziehung entspricht (SMITH und WALLACE 1956a). Ob also die bevorzugte Aufnahme und der bevorzugte Transport von Ca in die oberirdischen Teile direkt mit der höheren Austauschkapazität und damit durch Donnan-Effekte zu erklären ist, bleibt offen. Die Annahme, daß die indiffusiblen Anionen des Freien Raumes nur zum Teil Trägervalenzen für den Ionentransport in das Innere der Zelle darstellen (SUTCLIFFE 1957), läßt vermuten, daß nur bei sehr niedrigen Konzentrationen der Nährlösung der zweite Schritt der Ionenaufnahme, der aktive Transport in die Zelle, vom ersten Schritt, der Sorption, nachhaltig beeinflußt wird. MENGEL (1961) konnte an intakten und abgeschnittenen Pflanzenwurzeln eine der Donnan-Verteilung entsprechende Sorption von ein- und zweiwertigen Kationen an Bindungsstellen des Freien Raumes nachweisen. Diese Verteilung hatte jedoch höchstens einen indirekten Einfluß auf die aktive Kationenaufnahme. Seiner Ansicht nach ist nur ein sehr kleiner Anteil der Bindungsstellen des Freien Raumes mit dem Trägermechanismus gekoppelt.

Wie schon erwähnt, hängt die Sorption der Kationen von der Konzentration an indiffusiblen Anionen ab. Alle Maßnahmen, die diese Konzentration zu verändern vermögen, werden also auch eine gewisse Wirkung auf die Ionenaufnahme haben. Da die Plasmakolloide als amphotere Elektrolyte aufzufassen sind, wird sich die *H-Ionenkonzentration* des umgebenden Mediums entscheidend auf den Säurecharakter der Pflanzenwurzeln auswirken. Das elektrostatische Potential einer Pflanzenwurzel als Maß für die H-Ionendissoziation der Wurzel fällt mit dem pH-Wert.

LUNDEGÅRDH (1945a) konnte an den Wurzeln junger Getreidepflanzen feststellen, daß ein deutliches Absinken des *Wurzelpotentials* erst unterhalb eines pH-Wertes von 3 beobachtet werden konnte. Da auch eine Anzahl weiterer Autoren unter den verschiedensten Bedingungen bei pH-Werten von 3 bis 4 ein plötzliches Absinken der Kationenaufnahme beobachteten, während in höheren pH-Bereichen die Kationenaufnahme nur geringfügig mit einer steigenden

H-Ionenkonzentration abfällt, darf angenommen werden, daß der rapide Abfall der *Austauschkapazität* in niederen Bereichen hauptsächlich für die geringere Kationenaufnahme verantwortlich ist. MATTSON et al. (1948), die die indiffusiblen Anionen hauptsächlich in den Pektinsubstanzen der Zellwände lokalisiert sehen, verweisen darauf, daß unterhalb von pH 5 die Dissoziation der indiffusiblen Anionen merklich eingeschränkt wird. Abb. 27 zeigt die Ionenaufnahme in Abhängigkeit vom pH-Wert (ARNON et al. 1942).

Bei pH 3 liegt nur eine geringe Nährstoffaufnahme vor. Da auch die Pflanzen einschließlich der Wurzeln kein normales Aussehen mehr zeigten und Phosphat und Ca überhaupt nicht aufgenommen wurden, darf angenommen werden, daß die gedrosselte Nährstoffaufnahme weniger auf eine Veränderung der Austauschkapazität der Wurzel als auf eine schon toxisch wirkende H-Ionenkonzentration zurückzuführen ist. Die Unterschiede in der Kationenaufnahme im pH-Bereich von pH 5 bis 9 sind gering. Die verminderte Sorption bei pH 4 mag vorwiegend auf eine geringe Austauschkapazität der Wurzel zurückzuführen sein. JACOBSON et. al (1957) fanden an abgeschnittenen Gerstenwurzeln, daß die K-Aufnahme unterhalb pH 4 gering ist, bei pH 4 ziemlich steil ansteigt und in höheren pH-Bereichen praktisch konstant verläuft. OLSEN (1953) berichtet über ähnliche Versuchsergebnisse an jungen Roggenpflanzen. Auch hier war die K-Aufnahme im pH-Bereich von 5,0 bis 8,0 praktisch konstant, unterhalb pH 5 fiel sie dagegen mit steigender Azidität ab. MURPHY (1959) berichtet, daß Weidelgras K-Ionen abgibt, sobald die H-Ionenkonzentration größer als pH 3,5 wird. Mit steigendem pH-Wert wird oberhalb dieser kritischen Grenze die K-Aufnahme gefördert. In Übereinstimmung hiermit fand PIRSCHLE (1931), daß der K-Gehalt einer Anzahl unterschiedlicher Pflanzenarten um so niedriger wird, je saurer das Nährmedium ist. MICHAEL (1941) zeigte, daß die Mg-Aufnahme mit steigender Azidität des Nährmediums gehemmt wird; REDISKE und SELDERS (1953) berichten, daß die Sr-Akkumulation in den Wurzeln mit dem pH-Wert abnimmt. Aus allen diesen Hinweisen geht hervor, daß gerade in relativ saurem Bereich (pH 3,5 bis 5,0) die Kationenaufnahme gehemmt ist. Daß hierbei zwischen den einzelnen Pflanzen artspezifische Unterschiede vorliegen, ist verständlich. So fanden ARNON et al. (1942) bei Bermuda Gras bei pH 3 im Vergleich zu anderen Pflanzenarten noch eine relativ gute Aufnahme von Kationen und Anionen. Allgemein läßt sich jedoch sagen, daß mit steigender Azidität die Aufnahme der Kationen erschwert wird. Alle Vorgänge, die die Versauerung des Bodens über den für die Pflanzenart erwünschten Bereich hinaus begünstigen, wie physiologisch saure Düngung oder starke Auswaschung, erschweren es somit der Pflanzenwurzel, Kationen zu sorbieren.

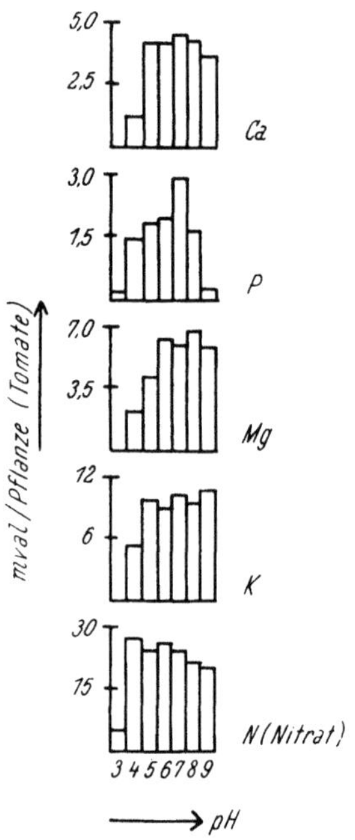

Abb. 27. Die Ionenaufnahme in Abhängigkeit vom pH-Wert

Die Ursache hierfür kann nicht allein darin gesehen werden, daß mit erhöhter Azidität des Nährmediums die Kationenaustauschkapazität der Wurzel abnimmt. Es wurde bereits erwähnt, daß bei sehr saurem Medium auch toxische Wirkungen, d. h. tiefer in den Stoffwechsel eingreifende Veränderungen, die Ionenaufnahme behindern. In diesem Falle müßten Anionen- und Kationenaufnahme erschwert oder vollkommen gehemmt werden. Abb. 27 zeigt, daß die P- und N-Aufnahme bei pH 3 minimal ist, während sie bei pH 4 in einer normalen Größenordnung vorliegt. Die behinderte Anionen- als auch Kationensorption dürfte also bei pH 3 auf toxische Auswirkungen zurückzuführen sein. In den höheren pH-Bereichen kann dagegen die Kationenaustauschkapazität maßgebend für die Sorption der Ionen gewesen sein. Entsprechend dem amphoteren Charakter der Pflanzenwurzel müßte in diesem nicht mehr toxisch wirkenden Bereich die *Anionensorption* mit steigendem pH-Wert abnehmen. Diese Beziehung ist jedoch in Abb. 27 nur für N (Nitrat) gegeben. OLSEN (1953) berichtet, daß die Anionen Cl^-, NO_3^- und Phosphat im pH-Bereich von 4,0 bis 5,5 mit einer maximalen vom pH-Wert unabhängigen Rate aufgenommen werden, oberhalb pH 5 wird mit abnehmendem Säuregrad die Anionenaufnahme immer mehr gehemmt. PIRSCHLE (1931) fand an zahlreichen Pflanzenarten, daß sie im mehr sauren Medium besser Phosphat aufnehmen als im schwach sauren bzw. neutralen. JACOBSON et al. (1957) berichten, daß die Bromid-Aufnahme durch abgeschnittene Gerstenwurzeln bei pH 5 ein Maximum hat. Nach BIDDULPH und WOODBRIDGE (1952) hat die Phosphataufnahme bei Bohnen, die in Nährlösungen gezogen wurden, bei pH 4 und bei pH 6 ein Maximum. Diese zum Teil unterschiedlichen Versuchsergebnisse der verschiedenen Autoren lassen vermuten, daß die Anionenaufnahme weniger als die Sorption der Kationen vom pH-Wert und damit von der Austauschkapazität kontrolliert wird. Offenbar dominieren hier andere Prozesse. So nehmen BIDDULPH und WOODBRIDGE (1952) an, daß das Minimum der Phosphataufnahme bei pH 5 durch eine Reihe von Zellkonstituenten, die hier ihren isoelektrischen Punkt und für die Phosphatsorption eine Bedeutung haben, bedingt wird. Das Maximum bei pH 6 müßte demnach für andere dissoziierbare Zellstrukturen gelten, die bei diesem Säuregrad ihre höchste für die Phosphatsorption geeignete Dissoziation zeigen. OLSEN (1953) führt die gehemmte Anionenaufnahme bei pH-Werten über 5,5 auf die steigende HCO_3^--Ionenkonzentration zurück. Er konnte nachweisen, daß in bikarbonatfreien Lösungen im Bereich von pH 4 bis 9 das Nitrat-Ion mit gleicher Absorptionsrate aufgenommen wird. Die verminderte Aufnahme von Anionen bei höheren pH-Werten wird seiner Meinung nach durch die Konkurrenz der Anionen mit HCO_3-Ionen um gleiche Bindungsstellen des Plasmas hervorgerufen.

Diese Ionenkonkurrenz, die spater noch eingehender diskutiert wird, dürfte auch für die Sorption der Kationen in Abhängigkeit vom pH-Wert eine gewisse Rolle spielen. Es ist deshalb bei den zahlreichen in der Literatur aufgeführten Beziehungen zwischen pH-Wert und Kationenaufnahme vielfach schwierig zu unterscheiden, ob man die verminderte Kationenaufnahme auf die geringere Kationenaustauschkapazität oder auf die Konkurrenz der H-Ionen mit anderen Kationen um gleiche Bindungsstellen zurückführen soll. ROBERTSON (1958) schreibt der mit dem pH-Wert abnehmenden Dissoziation der indiffusiblen Anionen einen wesentlichen Einfluß zu. Die Tatsache, daß von einem bestimmten pH-Wert an (pH 4 bis 5) die Kationenaufnahme nur noch unwesentlich mit dem pH-Wert ansteigt, erklärt sich mit der „Säurestärke" der Wurzelkolloide, aber auch mit dem logarithmischen Verlauf der pH-Scala; auf die Natur der Beziehung zwischen den H-Ionen und den anderen Kationen — ob Ionenkonkurrenz oder Veränderung der Austauschkapazität — läßt sie keinen sicheren Schluß zu, da beide Vorgänge Funktionen der H-Ionenkonzentration sind. Die Überlegung, daß in einer Nährlösung mit pH 4 und mit einer normalen K^+-Konzentration in einer Größenordnung von 200 ppm K^+ die Konzentration der H-Ionen bei $\frac{1}{10}$ ppm H^+ liegt, läßt mit gewissen Einschränkungen vermuten, daß die Abhängigkeit der Kationenaufnahme vom pH-Wert weniger durch eine Ionenkonkurrenz hervorgerufen wird — die konkurrierenden Ionen müßten dann in vergleichbaren Konzentrationen vorliegen — als von der Veränderung der Austauschkapazität und damit auch von der Dissoziation der indiffusiblen Anionen. Es darf so abschließend gesagt werden, daß die H-Ionen hauptsächlich durch ihre Wirkung auf die indiffusiblen Anionen des Plasmas die Kationenaufnahme beeinflussen.

Ein gewisser Anteil dieser indiffusiblen Anionen fungiert als Träger beim aktiven Ionentransport in das Innere der Zelle (SUTCLIFFE 1957), so daß der pH-Wert nicht nur den ersten Schritt der Kationenaufnahme, sondern auch die Kationenakkumulation in der Zelle beeinflußt. Hierbei dürfte nicht allein der Grad der Dissoziation der Trägerstrukturen maßgebend sein, auch ihre Synthese in Abhängigkeit vom Stoffwechsel und damit auch vom pH-Wert mag eine Bedeutung für die Ionenaufnahme haben.

Die H-Ionenkonzentration der Nährlösung ist unter normalen Bedingungen der wichtigste Faktor, der die Sorption der Ionen über die Sorptionskapazität der Wurzel beeinträchtigt. Daß auch andere Maßnahmen die Austauschkapazität der Wurzelzellen beeinflussen, ist zwar wahrscheinlich, jedoch im einzelnen noch wenig erforscht. SMITH und WALLACE (1956c) berichten, daß eine verstärkte N-Düngung die Kationenaustauschkapazität der Wurzeln erhöht. Die hin und wieder beobachtete höhere Kationenaufnahme bei guter N-Versorgung mag hiermit zusammenhängen. Ähnliches gilt nach LUNDEGÅRDH (1945a, S. 10) für B und Mn, auch sie erhöhen das Wurzelpotential.

Die Adsorption von Ionen im „Freien Raum" der Pflanzenwurzel hat nur für Kationen eine Bedeutung (MARSCHNER und MENGEL 1962). Neuere Untersuchungen zeigen nun, daß diese Kationenadsorption zwar den Donnan-Gesetzen entspricht (MENGEL 1961), den eigentlichen Kationentransport durch das Plasmalemma in das Zytoplasma aber nicht direkt beeinflußt (MARSCHNER 1961). Die den Donnan-Gesetzen entsprechende Kationenverteilung in der Zellwand und an den Grenzflächen des Zytoplasma (sog. Donnan free space) zieht sich offenbar nicht gleichmäßig über die gesamte plasmatische Grenzfläche, vielmehr ist eher eine punktförmige Verteilung anzunehmen, so daß Kationen und Anionen sowie den Wassermolekülen eine von elektrostatischen Kräften ungehinderte Diffusion von der Bodenlösung bis zum Plasmalemma möglich ist.

2. Die Permeabilität plasmatischer Strukturen

Der Transport der Ionen aus der Nährlösung in das Innere der Zelle wird weitgehend von der Beschaffenheit der trennenden Wand, des Plasmalemmas, abhängen. Wie aus zahlreichen älteren Arbeiten hervorgeht (s. LUNDEGÅRDH 1932), kann die Permeabilität kolloidaler Systeme beachtlich von der einwirkenden Ionenart beeinflußt werden. Man hat angenommen, daß dieser Einfluß eines Ions auf das Cytoplasma in erster Linie die Aufnahme anderer Ionen hemmt bzw. fördert. In Modell-Untersuchungen fand man, daß der von den einzelnen Ionen hervorgerufene Quellungsgrad der Plasmakolloide ihre Permeabilität in der Weise reguliert, daß die quellend wirkenden einwertigen Ionen das Eindringen anderer Ionen in das Cytoplasma begünstigen, während die höherwertigen Ionen durch ihre entquellende Wirkung die Aufnahme anderer Ionen hemmen. KAHO (zit. nach LUNDEGÅRDH 1932) fand, daß die Permeabilität des Plasmas in Abhängigkeit von der einwirkenden Ionenart mit der Reihenfolge

$$K > Na > Li > Mg > Ba > Ca$$

abnimmt. Die Aufnahme eines Salzes wird durch die Anwesenheit eines der oben angeführten Kationen gehemmt, sobald das dem Salz zugehörige Kation in der obigen Reihenfolge links von einem anderen in der Lösung vorhandenen Kation steht. Die Hemmung ist um so größer, je weiter der Abstand zwischen den beiden betreffenden Kationen ist. Ca^{++} wird also alle oben angeführten Kationen bei ihrer Aufnahme behindern, K^+ wird sie relativ fördern. Auch für die Anionen gilt, daß die Permeabilität des Plasmas um so geringer wird, je höherwertiger das einwirkende Anion ist. So fanden LUNDEGÅRDH und MORAVEK (1924) an jungen Weizenkeimlingen, daß K^+ und NO_3^- die Permeabilität erhöhen, Ca^{++} und $H_2PO_4^-$ wirken neutral und Al^{+++} sowie PO_4^{3-} haben einen hemmenden Einfluß auf die Aufnahme anderer Ionen. Die häufig getroffene Feststellung, daß bei verstärkter Zugabe eines Ions, z. B. des Ca-Ions, der Gehalt an anderen Kationen in der Pflanze heruntergedrückt wird, hat man auf den permeabilitätserniedrigenden Einfluß des Ca zurückgeführt. Ca^{++} wirkt hinsichtlich der Permeabilität den einwertigen Ionen entgegen. Dieser *Ionenantagonismus* zwischen einwertigen und zweiwertigen Ionen äußert sich auch in der physiologischen Wirksamkeit eines Ions. So wirkt nach OSTERHOUT (zit. nach LUNDEGÅRDH 1932) NaCl ab einer gewissen Konzentration giftig auf Algenkulturen. Die Giftwirkung wird durch eine Zugabe von $CaCl_2$, die in ihrer Menge $\frac{1}{100}$ der vorhandenen NaCl-Menge darstellt, aufgehoben. Diese entgiftende Wirkung, die ein Ion auf ein anderes ausübt, hat man in der Pflanzenphysiologie mit Antagonismus bezeichnet. Die Definition von OSTERHOUT (1918) lautet: „We are therefore safe in saying that antagonism exists, if the effect (Giftwirkung) of any combination (Ionenzusammensetzung einer Lösung) is less than that produced by the most strongly acting substance in the absence of the others.“ In gleichem Sinne definiert LIBBERT (1953) die Bezeichnung Antagonismus, indem er sagt, daß zwei Ionen antagonistisch wirken, wenn ihre gegenseitige Beeinflussung ein besseres Pflanzenwachstum hervorruft als jedes dieser Ionen allein. Es wird deutlich, daß diese Auslegungen nicht unbedingt auf den oben dargestellten Permeabilitätsvorgängen fußen müssen, vielmehr ist es nach neueren Forschungsergebnissen wahrscheinlich, daß auch Stoffwechselprozesse, insbesondere enzymatische Vorgänge, die an ein bestimmtes Ionenmilieu gebunden sind, hierbei eine Bedeutung haben.

Diese Frage steht jedoch nicht weiter zur Diskussion. Wesentlich ist, daß die gegebene Definition für „Antagonismus“ von der bei der Nährstoffaufnahme gebräuchlichen Definition abweicht. Nach A. JACOB (1955) versteht man unter Antagonismus, daß die Aufnahme eines Ions durch das verstärkte Angebot anderer Ionen gehemmt wird. Entsprechend muß unter *Synergismus* eine Aufnahmebegünstigung eines Nährstoffes, hervorgerufen durch die Wirkung eines anderen Ions, verstanden werden. Wie erwähnt, wirken die mehrwertigen Ionen abdichtend auf die Plasmakolloide (LUNDEGÅRDH 1932), ihnen wäre also bei der Aufnahme anderer Ionen eine antagonistische Wirkung zuzuschreiben, während die einwertigen Ionen synergistisch wirken. LUNDEGÅRDH (1932) betont, daß die absolute Konzentrationshöhe der einwirkenden Lösung ebenfalls für die *Permeabilitätswirkung* der einzelnen Ionen von Bedeutung ist. Auch BRAUNER (1930) fand bei seinen Untersuchungen an einer natürlichen Membran, daß die quellende Wirkung eines Ions sehr weitgehend von der gesamten Konzentration aller Ionen abhängt.

Bei der Behandlung der Frage, inwieweit unter natürlichen Bedingungen im Boden oder in einer ausbalancierten Nährlösung die Ionen durch ihren Einfluß auf die Permeabilität die Nährstoffaufnahme beeinflussen, muß besonders berücksichtigt werden, daß in den meisten Untersuchungen der älteren Schule mit hohen Konzentrationen und zum Teil einseitig hohen Mengen einer Ionenart gearbeitet wurde, die teils schon toxische Auswirkungen hatten. Man darf voraussetzen, daß unter natürlichen Bedingungen derartige Auswirkungen nicht vorliegen, da die Pflanzen, obgleich sie in ihren Mineralstoffgehalten durch die verstärkte Gabe eines Ions beeinflußt werden, ein normales Wachstum aufweisen. In Tab. 57 sind die Mineralstoffgehalte von Lihoraps bei einer steigenden KCl-Düngung angegeben.

Tabelle 57. *Der Mineralstoffgehalt von Lihoraps bei steigender K-Düngung (bezogen auf Trockensubstanz)* (MENGEL 1960)

K-Düng./Gefäß	Tr. Sub. in g	Gehalte in mg/g Tr. Sub.							
		K	Na	Ca	Mg	N	Cl	S	P
1,0 g K	20,0 ± 0,41	45,8	1,25	28,9	1,96	55,6	12,1	9,3	4,9
2,0 g K	18,9 ± 0,82	57,5	0,85	27,5	1,73	55,0	15,7	8,8	4,8
3,0 g K	18,9 ± 1,01	61,8	0,82	27,2	1,64	56,2	17,9	8,5	4,8

Die Erträge an Trockensubstanz unterscheiden sich nicht signifikant, so daß ein Vergleich der einzelnen Mineralstoffgehalte möglich ist. Es zeigt sich, daß die steigende Zufuhr an permeabilitätserhöhenden Ionen $K^+ + Cl^-$ in keinem Falle die Aufnahme anderer Ionen begünstigte, vielmehr wird besonders bei den Kationen die Aufnahme eher gehemmt. Einer eventuellen Permeabilitätserhöhung durch K^+ bzw. Cl^- kommt demnach unter natürlichen Bedingungen offenbar nur eine untergeordnete Rolle zu, und gerade die Verschiebung der Kationenkonzentration läßt eher auf eine Ionenkonkurrenz — in diesem Falle eine Konkurrenz des K gegenüber Mg, Ca und Na — bei der Aufnahme schließen. MACLEOD und SNELL (1950) berichten in Übereinstimmung hiermit, daß der Ionenantagonismus sich primär nicht dadurch äußert, daß die Membranpermeabilität wesentlich verändert wird. Sie schreiben vielmehr der Konkurrenz der Ionen um metallaktivierte Enzymsysteme die größere Bedeutung zu. Diese Ionenkonkurrenz, sei es bei enzymatischen Prozessen oder auch bei der Ionenaufnahme, dürfte für viele in der Literatur beschriebene antagonistische Wirkungen die tiefere Ursache sein. Inwieweit auch der Permeabilitätsänderung für die Ionenaufnahme unter natürlichen Bedingungen eine Bedeutung zukommt, ist schwierig zu sagen, da Ionenkonkurrenz und Kolloidaktivität schwerlich zu trennen sind. HARWARD et al. (1956) berichten, daß mit steigendem Cl- und abnehmendem SO_4-Gehalt des Nährmediums der Ca-, Mg- und teils auch der K-Gehalt von Kartoffelblättern zunimmt. Beim Vergleich verschiedener K-Salze fanden GILBERT et al. (1954), daß das K einwertiger Anionen von *Aleurites fordii* am besten aufgenommen wurde. Es ist so nicht ausgeschlossen, daß die permeabilitätserhöhende Wirkung einwertiger Ionen die Aufnahme anderer Ionen geringfügig begünstigt. Für die Versuchsergebnisse der genannten Autoren gibt es jedoch auch noch andere Erklärungsmöglichkeiten.

Von verschiedenen Autoren wurde festgestellt, daß Ca^{++} und auch andere polyvalente Kationen die K-Aufnahme und auch die K-Bindung durch die Zelle begünstigen (VIETS 1944, NIELSEN und OVERSTREET 1955, JACOBSON et al. 1950). FAWZY et al. (1954) berichten, daß abgeschnittene Gerstenwurzeln unterhalb pH 4,25 K^+ in die Außenlösung abgeben. Ca^{++}, La^{++}, Al^{+++} und Ce^{+++} wirken der K-Abgabe entgegen. Sie begünstigen die K-Aufnahme derart, daß erst unterhalb eines pH-Wertes von 2,5 die K-Sorption durch die Wurzeln aufhört. VIETS (1944) nimmt an, daß Ca^{++} die Stoffwechselvorgänge in der Wurzel begünstigt, da bei Ca-Zugabe die Atmungsintensität zunimmt. Hierdurch ließe sich eine vermehrte Ionenaufnahme erklären, zumal bekannt ist, daß Ca^{++} für die Synthese von Mitochondrien (FLORELL 1957) und für die Zellstreckung (BURSTRÖM 1954) eine spezifische Funktion hat. Diese über eine erhöhte Stoffwechselintensität gesteigerte Ionenaufnahme, die im nächsten Abschnitt eingehender erläutert wird, dürfte jedoch nicht allein für die vermehrte Sorption von Ionen, besonders aber auch für das Zurückhalten der Ionen in der Zelle bei niedrigen pH-Werten, verantwortlich sein. Die Tatsache, daß nicht allein Ca^{++}, sondern auch Mg^{++}, Sr^{++}, Ba^{++}, La^{++}, Al^{+++} und Ce^{+++}, — alles Ionen mit einer entquellenden Wirkung und zum Teil Ionen, die für die Pflanzenernährung überhaupt keine spezifische Bedeutung haben (Ba^{++}, La^{++}, Sr^{++}, Ce^{+++}) — die K-Aufnahme fördern bzw. das Herausdiffundieren von K aus der Zelle verhindern, läßt vermuten, daß ihr günstiger Effekt bei der Zurückhaltung der Ionen in der Zelle auf kolloidchemischen Vorgängen beruht. Es ist durchaus möglich, daß höhere H-Ionenkonzentrationen die Permeabilität des Plasmas steigern. Die oben angeführten Kationen würden diesem H-Ionen-Einfluß entgegenwirken. Es läge also ein im Sinne OSTERHOUTS definierter Antagonismus vor.

VIETS (1944) betont den Einfluß des Ca-Ions der Außenlösung auf das Cytoplasma, da er feststellte, daß für die erhöhte K-Aufnahme nicht die Ca-Konzentration im Inneren der Zelle entscheidend war und damit auch keine durch Ca^{++} gesteuerten Stoffwechselprozesse, sondern die Konzentration an Ca^{++} in der von außen auf die Zelle einwirkenden Lösung. In neueren Untersuchungen über die Aufnahme einwertiger Kationen konnten JACOBSEN et al. (1960) feststellen, daß Ca^{++} das Vermögen einwertiger Kationen, in die Zelle einzudringen, unterschiedlich beeinflußt. K^{+} und Rb^{+} werden in sauren Reaktionsbereichen durch Ca^{++} begünstigt, die Li-Aufnahme wird dagegen in einem Reaktionsbereich von pH 2—11 fast vollkommen blockiert. Die Verfasser nehmen an, daß die Ionen, bevor sie an die eigentlichen Stellen ihrer Aufnahme gelangen, eine Schranke passieren müssen, die vornehmlich mit H-Ionen besetzt ist. Ca^{++} vermag diese H-Ionen teilweise zu verdrängen. Die Schranke wird dadurch in ihrer Permeabilität zu Gunsten der Rb^{+}- und K^{+}-Aufnahme verändert, für Li wird sie dagegen impermeabel.

Der Befund, daß in Anwesenheit von Ca^{++} oder anderer mehrwertiger Kationen (=Viets-Effekt) die K- und Phosphataufnahme gefördert wird, wurde von den verschiedensten Autoren beschrieben und unterschiedlich interpretiert (FOOTE und HANSON 1964, LEGGETT 1956, KAHN und HANSON 1957, OERTLI 1964, JACOBSON et al. 1960, HOOYMANS 1964, PITMAN 1964, MARSCHNER 1964). Neuere Untersuchungen zeigen, daß neben dem Influx (Ionentransport in die Zelle) auch ein Efflux (Ionentransport aus der Zelle) existiert (MICHAEL und MARSCHNER 1958, MENGEL 1964, MENGEL und SCHNEIDER 1965). Hierbei scheint der aktive Transport in die Zelle nicht oder nur unwesentlich von Ca^{++} beeinflußt zu sein, der Efflux jedoch wird durch Ca^{++} eingeschränkt (MENGEL und HELAL 1967). Ca^{++} erhöht damit zwar die Nettoaufnahme aktiv aufgenommener Ionen; dieser Effekt ist aber nur als eine bessere Retention zu verstehen. Offenbar erniedrigt hierbei Ca^{++} (oder andere mehrwertige Kationen) durch eine Permeabilitätsveränderung der biologischen Membranen den passiven Ionenflux durch Wasser gefüllte Poren. H-Ionen wirken entgegengesetzt (MARSCHNER und MENGEL 1966). Neben dieser Permeabilitätswirkung hat Ca^{++} einen direkten Einfluß auf die Ausbildung biologischer Membranen (MARSCHNER und GÜNTHER 1964).

Abschließend sei noch erwähnt, daß der Eintritt eines Ions in die Pflanze bzw. in die Zelle auch durch einfache chemische Ausfällungsprozesse in der Pflanze oder an der Wurzelfläche behindert werden kann. REDISKE (1950) berichtet, daß mit steigender Fe-Versorgung der P-Gehalt im Blatt ab- und in der Wurzel zunimmt. Bei hohen Fe-Gaben kam es zur Ausfällung von $FePO_4$ an der Wurzeloberfläche und in den Wurzeln. Umgekehrt wird in gleicher Weise durch hohe P-Gaben auch die Fe-Aufnahme, besonders aber der Fe-Transport in die oberen Pflanzenteile und in das Blattgewebe erschwert, so daß es in vielen Fällen bis zur Fe-Chlorose kommen kann (AIYAR 1946, REDISKE und BIDDULPH 1953). Auch Al^{+++} kann die P-Aufnahme, wahrscheinlich ebenfalls durch Ausfällung des Phosphates, behindern. WRIGHT und DONAHUE (1953) berichten, daß mit Al ernährte Gerstenpflanzen eine Al-Akkumulation an der Wurzeloberfläche und in der Rindenzone zeigen und daß das Al^{+++} die Aufnahme des Phosphates behindert. Nach DEKOCK (1955) bewirkt eine hohe O_2-Zufuhr zur Wurzel eine vermehrte Oxydation von Fe^{II} zu Fe^{III}. Hierdurch wird die Fe-Aufnahme, besonders aber der Fe-Transport in die oberirdischen Pflanzenteile beeinträchtigt. Höhere Mo-Gehalte des Nährmediums sollen ebenfalls, vermutlich durch Ausfällung von Fe-Molybdat im Wurzelgewebe, die Fe-Aufnahme und den Fe-Transport hemmen (GERLOFF et al. 1959).

3. Der Einfluß des Stoffwechsels auf die Ionenaufnahme

LUNDEGÅRDH (1945a, S. 10) berichtet, daß K^+ bei Abwesenheit anderer Ionen das Wurzelpotential wesentlich stärker senkt als vergleichbare Mengen an Ca^{++}, Mg^{++} oder Na^+. Zugaben von Ca^{++} zu reinen K^+-Lösungen wirken potentialerhaltend. Mn und B haben einen günstigen Einfluß auf das Wurzelpotential. Diese Hinweise, wie auch die schon erwähnte Feststellung von SMITH und WALLACE (1956c), daß eine reichliche N-Düngung die Kationenaustauschkapazität der Wurzel steigert, zeigen, daß sich die Wurzel als Sorptionskomplex wesentlich von den „toten“ Sorptionskomplexen des Bodens unterscheidet. Die Ernährung der Pflanze, die Intensität des Stoffwechsels und die Wirkung der einzelnen Nährstoffe auf diese Prozesse haben einen nachhaltigen Einfluß sowohl auf die gesamte Höhe der Ionenaufnahme als auch auf den Anteil der im einzelnen aufgenommenen Ionen. Der Transport der Ionen aus der Nährlösung in das Wurzelgewebe und in die oberirdischen Pflanzenteile ist vorwiegend ein aktiver Prozeß der Pflanze. Maßnahmen, die den Aufwand der hierfür notwendigen Energie einschränken, wie O_2-Mangel bzw. hohe CO_2-Konzentration, Mangel an zu veratmenden Kohlenhydraten und auf den Atmungsstoffwechsel toxisch wirkende Stoffe, behindern die Ionenaufnahme. Die Bedeutung des *aeroben Stoffwechsels* für die Ionenaufnahme geht aus Abb. 28 hervor. Abgeschnittene Gerstenwurzeln wurden in eine belüftete und in eine gleiche Nährlösung, durch die N_2 geleitet wurde, getaucht.

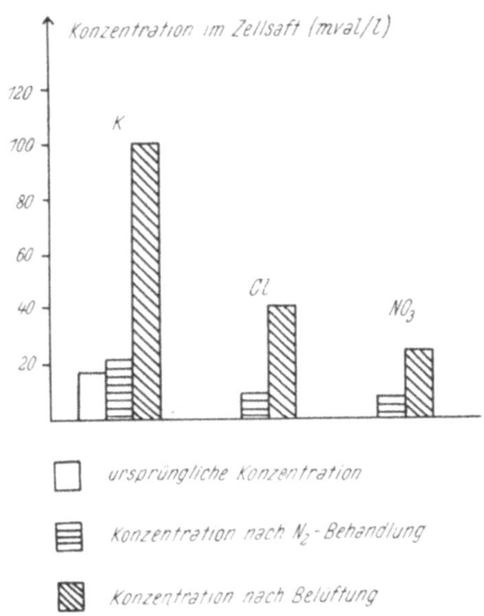

Abb. 28. Die Ionenaufnahme in einem belüfteten und in einem mit N_2 behandelten Nährmedium (HOAGLAND S. 57, 1948)

Die Abbildung zeigt sehr anschaulich, wie die Aufnahme von K^+, Cl^- und NO_3^- im belüfteten Medium wesentlich höher ist als im N_2-Medium. Für die K-Ionen liegt hier praktisch keine Aufnahme vor.

Über den günstigen Einfluß einer ausreichenden O_2-Versorgung auf die Ionenaufnahme wurde von verschiedenen Autoren berichtet. VIETS (1944) fand eine gehemmte K-Aufnahme bei O_2-Mangel; DEKOCK (1955) führt an, daß nicht nur die Phosphataufnahme, sondern auch der Phosphattransport in der Pflanze mit der O_2-Steigerung zunimmt. Umgekehrt soll nach NIEMANN (1956) auch die Höhe der K-Konzentration der Nährlösung die O_2-Aufnahme begünstigen. Die O_2-Aufnahme steigt mit der Zeit in einem logarithmischen Verlauf an und erreicht einen „steady-state", dessen Höhe von der jeweiligen K-Konzentration der Nährlösung abhängt. EDDY et al. (1951) fanden an *Bacterium Lactis aerogenes*, daß bei der Oxydation von Kohlenhydraten (Glukose, Bernsteinsäure, Essigsäure) die Alkali-Ionen K und Rb aufgenommen werden, und zwar auch dann, wenn die Zelle nicht wächst, also keine neue Substanz bildet, die für die Bindung der Ionen von Bedeutung wäre. Nach der Oxydation werden die Ionen teils wieder abgegeben. In Abb. 29 ist die K- und Phosphataufnahme im Verlaufe der Oxydation dargestellt.

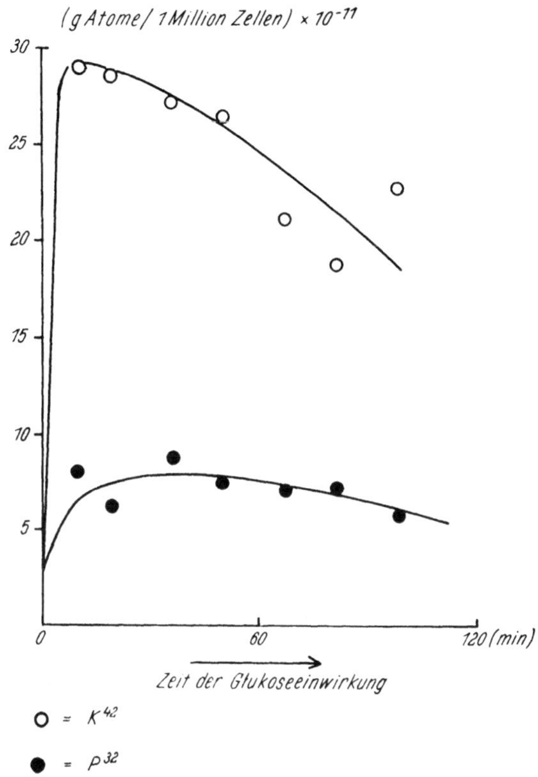

Abb. 29. Die Aufnahme von K^{42} und P^{32} während der Oxydation von Glukose bei *Bacterium Lactis aerogenes* (EDDY et al. 1951)

HARRIS und VAN BAVEL (1957) berichten, daß bei Abwesenheit von O_2 und einem CO_2-Gehalt von 20% in der Bodenluft die Ca-, P- und K-Aufnahme unterbleibt. Steigende CO_2-Konzentrationen der Bodenluft behindern die Ionenaufnahme in der Reihenfolge $K > N > P > Mg \geqq Ca$. Nach HAMMOND et al. (1955) ist im Freiland weniger der absolute Gehalt der Bodenluft an CO_2 als der Partialdruck des O_2 für die K-Aufnahme maßgebend. Eine ungenügende O_2-Versorgung kann unter Umständen bis zum K-Mangel führen. HOPKINS (1956) fand, daß die Phosphataufnahme mit dem Sauerstoffdruck des Nährmediums ansteigt. SKELDIN (1957) berichtet, daß CO_2 die Mn-Aufnahme hemmt, GOSS und ROMNEY (1959), daß von den verschiedenen Anionen (Cl^-, NO_3^-, SO_4^{2-} und HCO_3^-) die Bikarbonat-Ionen die Aufnahme von P, Ca, Fe, Sr und Rb signifikant erniedrigen. Sie verweisen auf die Möglichkeit, daß die Bikarbonat-Ionen den Atmungsstoffwechsel behindern. Der Zusammenhang zwischen Ionenaufnahme und Atmung ist komplex. KAHN und HANSON (1959) fanden, daß die Akkumulation von K in den Mitochondrien in keinem festen stöchiometrischen Verhältnis zum O_2-Verbrauch steht. Auch Phosphorylierungsprozesse haben nach den Untersuchungen der Autoren keinen Einfluß auf die K-Aufnahme, sie vermuten vielmehr, daß die Ionenaufnahme mit dem Elektronentransport zwischen Cytochrom a und Cytochrom a_3 gekoppelt ist. HIGINBOTHAM (1959) stellte fest, daß bei Zugabe von Arsenat oder Dinitrophenol die Rb-Aufnahme von etioliertem Pflanzenmaterial abnimmt, während die Atmung ansteigt. Auch aus diesen Untersuchungen darf geschlossen werden, daß eine direkte Beziehung zwischen O_2-Verbrauch und Ionenaufnahme nicht besteht. CONWAY und BEARY (1958) schließen aus ihren Untersuchungsergebnissen, daß die Kopplung der Ionenaufnahme mit dem Stoffwechsel für K und Mg unterschiedlich ist. In jedem Falle dürfte jedoch die aktive Ionenaufnahme mit einem Elektronenfluß gekoppelt sein (LATIES 1959).

Interessant ist die Feststellung MICHAELS (1959), daß eine Beeinflussung des Stoffwechsels nicht allein die gesamte Aufnahme an Ionen hemmt bzw. fördert, auch die relativen Anteile der einzelnen aufgenommenen Ionen werden hierdurch verschoben. MICHAEL (1959) untersuchte an Keimpflanzen das Aufnahmeverhältnis von Li und K; er fand hierbei die in Tab. 58 auszugsweise aufgeführten Ergebnisse.

Tabelle 58. *Die Aufnahmerelation von Li und K bei unterschiedlicher Behandlung der Pflanzen*

Behandlung	Li : K
Nährlösung belüftet	3:10
CO_2 in Nährlösung angereichert	5:10
Nährlösung + Urethan	6:10

Die K-Aufnahme war also um so ungünstiger, je schlechter die Bedingungen für den Atmungsstoffwechsel waren. Man kann sich diesen Befund damit erklären, daß die Ionen sowohl aktiv als auch passiv von der Pflanze aufgenommen werden. Ionen, die vorwiegend auf Grund ihrer Verknüpfung mit dem Stoffwechsel aktiv

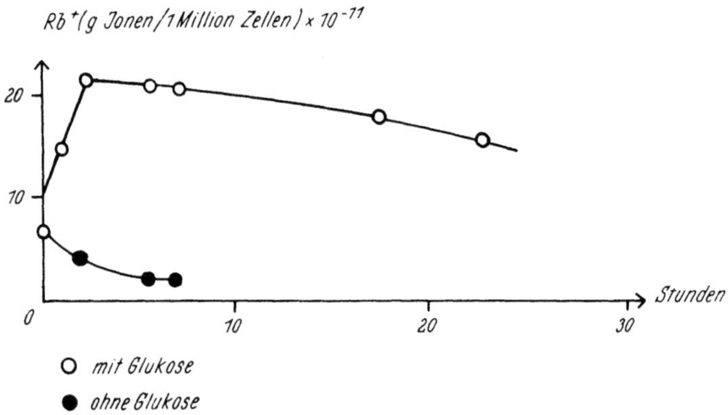

Abb. 30. Die Rb-Konzentration in der Zelle in Abhängigkeit von der Zeit bei Zugabe von Glukose und beim Fehlen von Glukose (EDDY et al. 1951)

aufgenommen werden, wie K, Mg und Ca, sind bei behindertem Stoffwechsel in ihrer Aufnahme besonders stark gehemmt, während die mehr passive Aufnahme von Ionen, die weniger mit Stoffwechselvorgängen gekoppelt sind, vergleichsweise zunimmt. Unter normalen Bedingungen ist der passive Ionentransport von geringerer Bedeutung. Er beruht darauf, daß das Wasser bei seinem Transport von der Nährlösung in die Xylemgefäße Ionen mitbringt. Dieser Transport des

Wassers kann nicht über osmotische Vorgänge durch die Zelle erfolgen, vielmehr ist anzunehmen, daß er durch feine Kapillaren des Freien Raumes bis zum Xylem vor sich geht. SOWELL und ROUSE (1958) berichten, daß durch eine schlechte Wurzelbelüftung der Ca-, Mg- und K-Gehalt in den Blättern von Baumwollpflanzen erniedrigt, der Na-Gehalt dagegen erhöht wurde. Auch dieser Befund dürfte sich damit erklären, daß bei ungenügender O_2-Versorgung die passive Na-Aufnahme relativ ansteigt. Daß auch eine Zufuhr von Kohlenhydraten die Ionenaufnahme begünstigt, wurde bereits erwähnt. Abb. 30 zeigt die Rb^+-Aufnahme von *B. Lactis aerogenes* bei Anwesenheit und bei Abwesenheit von Glukose.

Auch HOAGLAND und BROYER (1936) fanden, daß der Zuckerverbrauch der Nährlösung mit der Ionenaufnahme parallel verläuft. In einem gewissen Gegensatz zu diesen Ergebnissen steht der Befund von MURPHY (1959). Er fand, daß an abgeschnittenen Weidelgraswurzeln eine Zugabe von Rohrzucker die K-Aufnahme nicht begünstigte. Er stellte lediglich fest, daß der Zucker eine erhöhte Abscheidung von H-Ionen aus der Wurzel bewirkte.

Der Einfluß der Wasserversorgung und der Transpiration auf die Ionenaufnahme soll an dieser Stelle nicht weiter erläutert werden, da er in Abschnitt III D und III E eingehender diskutiert wird. Die enge Verknüpfung der Ionenaufnahme mit dem Atmungsstoffwechsel macht es verständlich, daß Atmungsgifte wie Zyanide (LUNDEGÅRDH 1945b, VIETS 1944) Kohlenmonoxyd (BURSTRÖM 1951) und Urethan (MICHAEL 1959) die aktive Ionenaufnahme hemmen.

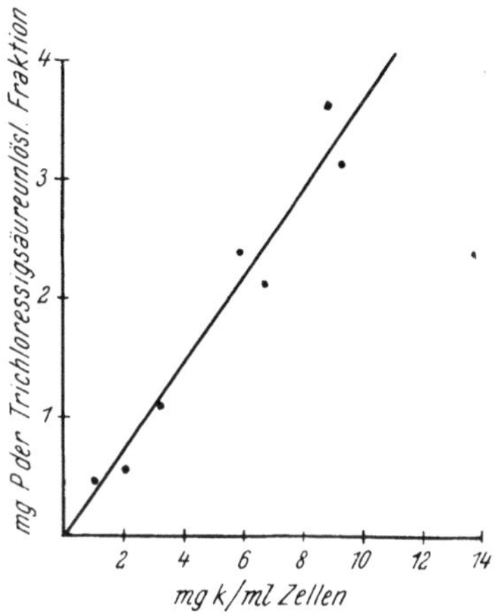

Abb. 31. Der Einbau von P in die in Trichloressigsäure unlösliche Fraktion der Zelle in Abhängigkeit vom K-Gehalt (ROBERTS und ROBERTS 1950)

Der günstige Einfluß einer ausreichenden B-Versorgung der Pflanze auf die Ionenaufnahme wurde von verschiedenen Autoren festgestellt (REHM 1937, TULIN 1940, WALKER 1944). Da B für einen normalen Transport der Kohlenhydrate in der Pflanze notwendig ist, darf angenommen werden, daß bei B-Mangel die Wurzel arm an Kohlenhydraten ist, so daß die für die aktive Ionenaufnahme notwendige Energie begrenzender Faktor wird (WHITE-STEVENS 1939, GAUCH und DUGGER 1954).

Die Möglichkeit, daß ein Nährstoff die Synthese einer organischen Struktur in der Pflanze begünstigt, kann ebenfalls für die Nährstoffaufnahme von Bedeutung sein. So wird nach ROBERTS und ROBERTS (1950) die P-Aufnahme und der Einbau von P in organische Substanz durch K gefördert. Abb. 31 zeigt die Beziehung zwischen dem K-Gehalt von *Escherichia coli* und dem Anstieg des P-Gehaltes in der in Trichloressigsäure unlöslichen Fraktion. Auch der Einbau von S in Eiweiße wird von K in gleicher Weise beeinflußt.

FLORELL (1957) berichtet, daß in gewissen Grenzen die Bildung von Mitochondrien mit dem Ca-Gehalt der Nährlösung korreliert. Mit der in den Wurzelzellen vorhandenen Mitochondrienmenge steigt gleichzeitig die Aufnahme von NO_3^- und Br^- an. In Übereinstimmung hiermit berichten ROBERTSON et al. (1955), daß die Mitochondrien befähigt sind, Ionen zu akkumulieren und daß sie gleichzeitig als Träger fungieren können. Auch BURSTRÖM (1959) führt den günstigen Einfluß des Ca^{++} der Nährlösung auf eine vermehrte Synthese von Mitochondrien zurück. Bei der Diskussion über den Einfluß des Stoffwechsels auf den Ionentransport bleibt noch die Frage offen, inwieweit der Stoffwechsel das Elektropotential zwischen Zelle und Außenmedium beeinflußt. Die Zelle ist gegenüber dem Außenmedium negativ aufgeladen — etwa 100—150 mV — (HIGINBOTHAM et al. 1964). Auf Grund dieser Potentialdifferenz können Kationen passiv in die Zelle strömen und sich hier anreichern (DAINTY 1962).

Es ist noch nicht eingehend untersucht, inwieweit die Synthese einer organischen Substanz in den oberirdischen Teilen der Pflanze auf die Aufnahme von Mineralstoffen aus der Nährlösung einen Einfluß hat. Die Tatsache, daß es verschiedene Literaturhinweise gibt, die eine parallele Aufnahmeintensität zweier Nährstoffe zeigen, läßt es jedoch nicht unwahrscheinlich sein, daß ein derartiger Einfluß vorkommt. TSUNG-HSUN TSAO et al. (1950) fanden bei vier verschiedenen Grasarten, daß mit steigenden P-Gaben der N-Gehalt in der Pflanze nicht erniedrigt, sondern meistens sogar noch etwas erhöht wurde. SIDERIS und YOUNG (1956) stellten bei Ananas fest, daß Fe-Mangel die Nitrat-Aufnahme und die Nitrat-Assimilation hemmt. Es ist nicht ausgeschlossen, daß eine infolge Fe-Mangels behinderte Eiweißsynthese eine Akkumulation von Nitrat in der Pflanze hervorruft, die ihrerseits auf die weitere Nitrataufnahme stauend wirkt.

Von den verschiedenen Autoren wird über Beziehungen zwischen Ca und B in der Pflanze berichtet (s. Abschnitt IV A/f Erdalkalimetalle). PURVIS und DAVIDSON (1948) stellten fest, daß hohe Ca-Gehalte in der Pflanze auch hohe B-Gehalte erfordern. Die Tatsache, daß beide Elemente am Aufbau der Zellwand beteiligt sind, mag damit zusammenhängen, daß eine relativ hohe Ca-Versorgung auch einen hohen B-Bedarf der Pflanze hervorruft.

Anschließend seien noch verschiedene Literaturhinweise über die gegenseitige Beeinflussung der Ionen bei ihrer Aufnahme angeführt, für die es noch keine überzeugenden Erklärungen gibt, die aber wahrscheinlich auf biochemische bzw. physiologische Prozesse in der Pflanze zurückzuführen sind. So wird von STOUT und MEAGHER (1948), von STOUT et al. (1951) sowie von E. G. MULDER (1954) übereinstimmend berichtet, daß Phosphat die Molybdat-Aufnahme begünstigt. SWANBACK (1939) fand, daß K die Mn-Aufnahme fördert, HUFFACKER und WALLACE (1959), daß es in geringen Konzentrationen sogar die Na-Aufnahme erhöht. Citruswurzeln nahmen nach SMITH (1953) mehr Cu auf, wenn sie vorher, Zn, Mn oder Fe sorbiert hatten im Vergleich zu Wurzeln, die vorher die genannten Schwermetalle nicht aufgenommen hatten. Nach COOPER und HALL (1955) soll Si die Aufnahme von CO_2 bzw. Bikarbonat-Ionen bei Gräsern fördern. Interessant ist die Feststellung von ROTHSTEIN (1958). Er fand, daß Phosphat die Mn- und Mg-Aufnahme seiner Ansicht nach durch Bildung eines spezifischen P-haltigen Trägers fördert. Die Tatsache, daß man auch bei Phosphorylierungsprozessen eine relativ lockere Bindung des Phosphates mit Mg bzw. Mn annimmt, könnte ein Hinweis für den Trägermechanismus und für seine Spezifität sein. TRUOG et al. (1947) stellten fest, daß Mg die Aufnahme von Phosphat begünstigt. GÄRTEL (1959) kam bei seinen Untersuchungen an der Weinrebe zu ähnlichen Ergebnissen. Seine interessante Feststellung, daß bei Mg-Mangel nicht allein der Mg-, sondern auch der Phosphatgehalt im Blatt abnimmt, deutet darauf, daß Mg im Sinne TRUOGS als P-carrier wirkt.

Der Einfluß eines Ions auf die Bildung oder auf das Funktionieren eines Trägers stellt ganz allgemein einen nicht unbedeutenden Faktor bei der gegenseitigen Beeinflussung der Ionen bei ihrer Aufnahme dar. Konkrete Angaben hierüber erfordern jedoch noch weitere Untersuchungen. Auch der Einfluß der Ionen auf Enzymsysteme wird auf die Nährstoffaufnahme einwirken (MALM 1950).

c) Die direkte gegenseitige Beeinflussung

Schon bei der Behandlung der Donnan-Gleichgewichte zwischen Außenlösung und Freiem Raum wurde darauf hingewiesen, daß allein auf Grund der Verteilungsgesetze eine relativ hohe Konzentration einer Ionenart in der Außenlösung auch in der Innenlösung in einer vergleichsweise höheren Menge vorliegt. Andere Ionen werden dadurch am Eintritt in die Innenlösung gehindert, oder sie werden von dem im relativen Überschuß vorhandenen Ion aus der Innenlösung gedrängt. Die Wahrscheinlichkeit, aufgenommen zu werden, wird dadurch für sie geringer. Dieser Einfluß einer in ihrer Konzentration überwiegenden Ionenart ist direkter Natur. Ein in die Innenlösung eintretendes Ion kann nun von einer Bindungsstelle eines Trägers sorbiert werden. Andere Ionen, die zu dieser Trägervalenz ebenfalls eine hohe Affinität haben, werden mit dem eintretenden Ion um diese Bindungsstelle konkurrieren. Diese *Ionenkonkurrenz* dürfte sich besonders stark auf die gegenseitige Beeinflussung der Ionen bei ihrer aktiven Aufnahme in die Zelle und auf ihren weiteren Transport in der Pflanze auswirken. Sie ist spezifischer als die Konkurrenz der Ionen um ihren Eintritt in den Donnan free space. Ihr dürfte deshalb eine erhöhte Bedeutung zukommen. Ihre Beurteilung verlangt eine genauere Kenntnis der Trägersysteme.

1. Die Trägersysteme

Die Tatsache, daß die Ionen entgegen einem Konzentrationsgefälle aufgenommen werden und daß die Pflanze in der Lage ist, aus einem Ionengemisch gewisse Ionen bevorzugt zu sorbieren, führte dazu, *Träger* zu postulieren, die für die einzelnen Ionen mehr oder weniger spezifisch sind. Es muß betont werden, daß man bis heute noch nicht derartige Träger isolieren konnte, und es ist so verständlich, daß die Ansichten darüber, welche organischen Substanzen als Träger fungieren und wie ihr Mechanismus abrollt, unterschiedlich sind. Damit aber ist auch die Diskussion über die Ionenkonkurrenz um die Bindungsstellen der Träger in gewissem Maße hypothetisch.

Tanda (1956) sowie Lansing und Rosenthal (1952) nehmen an, daß die Träger Ribo-nucleo-proteine sind. Nach Tanda (1957) sollen SH-Gruppen die Stabilisierung eines Trägerkomplexes bewirken. Robertson et al. (1955) sehen in den Mitochondrien eine Möglichkeit des Ionentransportes, und Lundegårdh (1952) führt an, daß die Cytochrome die H-Atome bzw. Elektronen auf Grund des Valenzwechsels ihrer Fe-Atome vom Krebszyklus im Inneren der Zelle an die Peripherie leiten. Diese sogenannte Elektronenleiter ermöglicht in entgegengesetzter Richtung einen Anionenstrom, also einen aktiven Ionentransport aus der Nährlösung in das Zellinnere. Overstreet (1957) sieht in dem gesamten Cytoplasma und in seiner Bewegung den eigentlichen Träger. Er postuliert keine spezifisch für die Ionenaufnahme ausgebildeten organischen Strukturen, vielmehr ist er der Ansicht, daß das lebende Plasma eine hochkomplizierte, labile Substanz ist, dessen Konstituenten einem dauernden Auf- und Abbau unterworfen sind. Beim Aufbau werden die Ionen in die neue Substanz eingebaut bzw. relativ fest an die Substanz gebunden. Die günstige Wirkung des Ca-Ions auf die K-Aufnahme führt er darauf zurück, daß beide Ionen an eine einzige chemische Struktur gebunden werden und daß diese Struktur beständiger ist, wenn neben dem K auch noch Ca vorhanden ist. Es läge also hier gleichsam ein Träger vor, der beide Ionen an verschiedenen Stellen bindet. Die Akkumulation von Ionen in der Vakuole führt Overstreet (1957) auf ein Zusammenbrechen plasmatischer Strukturen zurück, was eventuell enzymatisch gesteuert wird.

Die am meisten vertretene Ansicht ist, daß die Ionen an der Außenseite der Zellmembran von einem Träger gebunden werden. Der Träger diffundiert durch die Membran bis zur Innenseite und gibt hier sein Ion ab. CONWAY und DUGGAN (1958) sehen in diesem Trägermechanismus ein Redoxsystem. Der Zusammenbruch des Träger-Ion-Komplexes wird bei der Kationenaufnahme durch Abgabe eines Elektrons an einen Acceptor, vermutlich ein Cytochromsystem, bewirkt. Nach EPSTEIN und HAGEN (1952) ähnelt der Trägermechanismus einem Enzymsystem, wobei das Trägermolekül das Enzym, die Ionen das Substrat darstellen. Die genannten Autoren postulieren in Analogie zur Berechnung von Enzymreaktionen die nachstehende Beziehung zwischen der Reaktionsgeschwindigkeit des Trägers und der Konzentration der einwirkenden Ionenart (Michaelis-Menten-Gleichung).

$$v = \frac{V \cdot c}{K_s + c} \tag{8}$$

v = Reaktionsgeschwindigkeit
c = Konzentration der Ionen
V = maximale Reaktionsgeschwindigkeit
K_s = Michaelis-Konstante.

Die Michaelis-Konstante ist also ein Maß für die Reaktionsgeschwindigkeit eines Trägersystems. Die graphische Darstellung der reziproken Werte von c und v der Gl. (8) ergeben eine Gerade (s. Abb. 33). Wenn nun zwei Ionen bei der Aufnahme um einen Träger konkurrieren, so muß die Reaktionsgeschwindigkeit jedes dieser Ionen mit dem Träger geringer sein als die Reaktionsgeschwindigkeit,

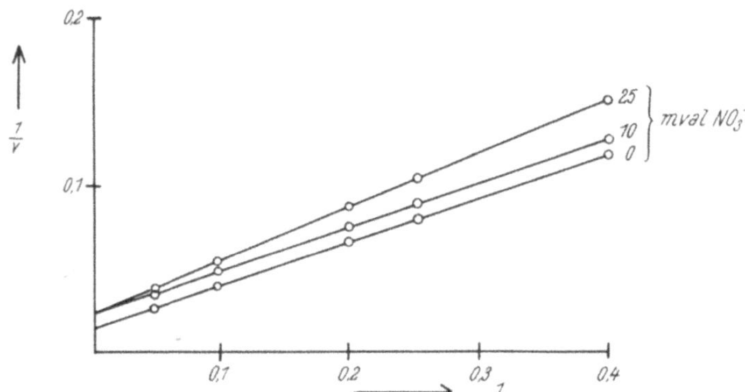

Abb. 32. Der Einfluß unterschiedlicher NO_3-Konzentrationen auf die Reaktionsgeschwindigkeit (v) der Br-Ionen in Abhängigkeit von der Br^--Konzentration (c)

die vorliegt, wenn kein konkurrierender Einfluß vorhanden ist. Die Größe der Reaktionsgeschwindigkeit eines Trägers, um den zwei verschiedene Ionenarten konkurrieren, ist durch Gl. (9) gegeben. Die Indices geben die der jeweiligen Ionenart zugehörigen Werte an. (c_1 und c_2 sind die Konzentrationen der beiden um einen gemeinsamen Träger konkurrierenden Ionen.)

$$v_1 = \frac{c_1 \cdot V_1}{K_1 + c_1 + \left(\frac{K_1}{K_2}\right) \cdot c_2} \tag{9}$$

(EPSTEIN und HAGEN 1952)

Epstein (1953) untersuchte u. a. den Einfluß von NO_3- und Cl-Ionen auf die Br^--Sorption von Gerstenwurzeln bei steigender Br^--Konzentration. Seine Ergebnisse sind als reziproke Werte $\left(\frac{1}{v} \text{ und } \frac{1}{c}\right)$ in den nachstehenden Abbildungen dargestellt.

Aus der Abb. 32 ist ersichtlich, daß die Sorption von Br^- mit der Br^--Konzentration ansteigt, daß aber die NO_3-Ionen praktisch keinen Einfluß auf die Br^--Sorption haben.

Der Verlauf der einzelnen Kurven in Abb. 33 wurde wesentlich durch die Menge der vorhandenen Cl-Ionen beeinflußt. Bei jeder Br^--Konzentration wird die Br^--

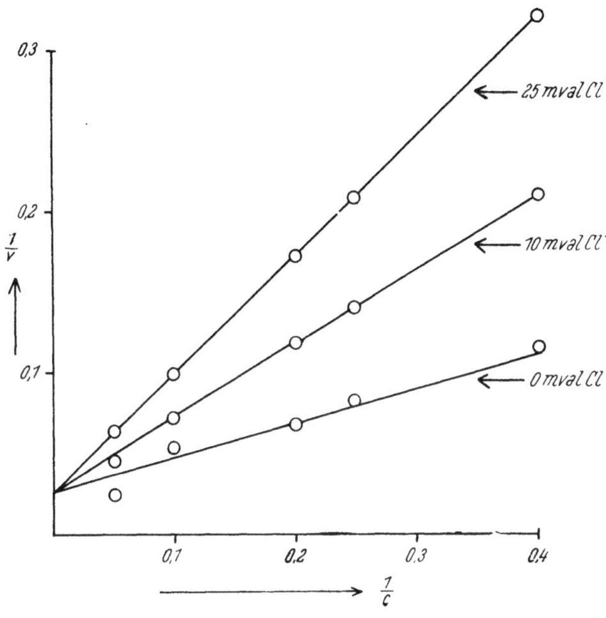

Abb. 33. Der Einfluß unterschiedlicher Cl^--Konzentrationen auf die Reaktionsgeschwindigkeit (v) der Br-Ionen in Abhängigkeit von der Br^--Konzentration (c)

Aufnahme mit steigender Cl^--Menge geringer. Die beiden Beispiele sollen zeigen, daß Cl^- und Br^- aber nicht NO_3^- und Br^- einen gemeinsamen Träger haben. Beim Vergleich der Abb. 32 und 33 fällt auf, daß in Abb. 33 die Linien von einem Punkt, in Abb. 32 von mehreren Punkten ausgehen. Die unterschiedlichen Abschnitte auf der Ordinate bei Abb. 32 erklärt Epstein damit, daß das Nitrat-Ion sich an eine andere Stelle als das Br-Ion an den Br^--Träger anlagert. Hierdurch wird die Reaktionsgeschwindigkeit des Trägersystems etwas vermindert. Epstein (1953) bezeichnet diesen Einfluß des NO_3^- mit „un-competitive interference“ im Gegensatz zur „competitive interference“ zwischen dem Br- und dem Cl-Ion (Epstein und Hagen 1952). Das Nitrat-Ion kann sich auch an den Br^--Träger anlagern, ohne daß Br^- gebunden wird, aber an eine andere als für Br^- empfindlichen Bindungsstelle. In diesem Falle spricht Epstein von einer „non-competitive interference“. Diese verschiedenen Möglichkeiten der Bindung sind nachstehend schematisch dargestellt.

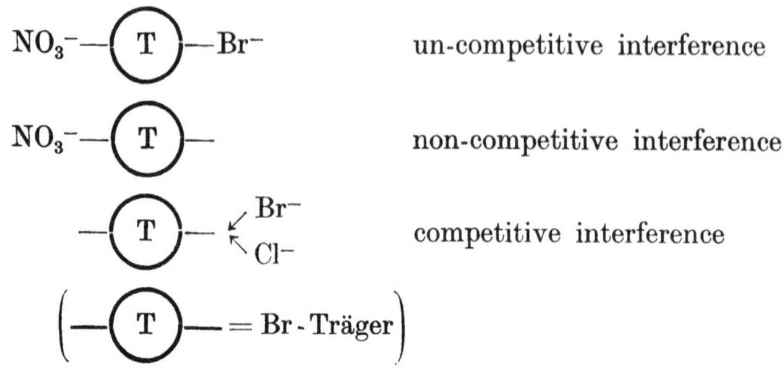

Eine „un-competitive interference“ muß, da sie höchstens die Reaktionsgeschwindigkeit ändert, bei der Beziehung $\frac{1}{v}$ zu $\frac{1}{c}$ einen parallelen Verlauf zur Linie aufweisen, bei der kein störendes Ion vorhanden ist (Abb. 32, 10 mval Nitrat und 0 mval Nitrat). Den steileren Anstieg der Linie bei 25 mval Nitrat erklärt Epstein mit einer „non-competitive interference“. Das NO_3-Ion hat sich hier lediglich an den Träger gebunden, ohne daß Br^- sorbiert war, und ist so in das Innere der Zelle gewandert. Die Aufnahmegeschwindigkeit für Br^- wurde damit herabgesetzt.

Fried und Noggle (1958) untersuchten die Sorption von markiertem Rb^+, K^+, Na^+ und Sr^{++} durch abgeschnittene Gerstenwurzeln. Sie konnten zwischen dem reziproken Wert der betreffenden Ionenkonzentration und den reziproken Werten der Aufnahmegschwindigkeit jedoch keine lineare Beziehung feststellen. Die Autoren erklären dies damit, daß für die Aufnahme der genannten Ionen mindestens zwei, wenn nicht mehr Träger fungieren. Legett (1956) schließt aus seinen Untersuchungen, daß $H_2PO_4^-$ und HPO_4^{2-} von verschiedenen Trägern sorbiert werden, Ca^{++} soll die Reaktionsgeschwindigkeit des HPO_4^{2-}-Trägersystems beschleunigen.

Bange (1959) fand, daß die Na-Sorption junger Maispflanzen der Michaelis-Menten-Gleichung entspricht, falls in der Nährlösung keine K-Ionen vorhanden waren. Für die K-Aufnahme konnte er jedoch eine solche Beziehung nicht feststellen. Bei Annahme, daß für die K-Aufnahme zwei Träger fungieren, ergab sich eine gute Übereinstimmung der experimentell gefundenen Werte mit den theoretischen. Die theoretischen Werte errechnen sich aus der Formel:

$$v = \frac{c \cdot V_A}{K_A + c} + \frac{c \cdot V_B}{K_B + c}. \tag{10}$$

Die Indices A und B bezeichnen die zu dem Träger A bzw. B zugehörigen Größen.

Aus der Tatsache, daß die Na-Aufnahme der Michaelis-Gleichung nur entspricht, wenn keine K-Ionen vorliegen, schließt Bange (1959), daß einer der beiden Träger K^+ und auch Na^+ bindet, sodaß eine Konkurrenz um einen gemeinsamen Träger vorliegt. Bange (1959) konnte zeigen, daß seine Untersuchungsergebnisse der Gl. (9) in befriedigendem Maße genügten, und damit nachweisen, daß hier eine echte Ionenkonkurrenz zwischen Na^+ und K^+ um einen gemeinsamen Träger gegeben ist. Er schließt aus seinen Untersuchungen, daß für die Aufnahme eines Ions mehr als ein Träger in Frage kommen kann und daß ein Träger nicht nur für eine Ionenart spezifisch zu sein braucht. Hiermit steht er in einem gewissen Gegensatz zu Epstein (1953), der annimmt, daß K^+, Cs^+ und Rb^+ mit einem anderen Träger als Na^+ und Li^+ reagieren. Andererseits räumen auch EPSTEIN und HAGEN (1952) ein, daß bei hohen Na^+-Konzentrationen Na^+ mit Rb^+ um Trägervalenzen des Rb^+ konkurrieren kann. Umgekehrt soll auch bei einem hohen Anteil von Rb^+ eine Ionenkonkurrenz des Rb^+ um spezifische Na-Träger möglich sein.

EPSTEIN und Mitarbeiter konnten in ausgedehnten Untersuchungen an abgeschnittenen Gerstenwurzeln eine Anzahl von Ionengruppen ermitteln, die jeweils um einen gemeinsamen Träger konkurrieren. So werden nach EPSTEIN und HAGEN (1952) K^+, Rb^+ und Cs^+ von einem anderen Träger sorbiert als Na^+ und Li^+. Ca^{++}, Sr^{++} und Ba^{++} sollen einen gemeinsamen Träger haben, der auf Mg^{++} praktisch nicht anspricht (EPSTEIN und LEGETT 1954). Die Anionen Br^-, Cl^- und J^- zeigen eine ausgesprochene Ionenkonkurrenz, Nitrat dagegen hat auf die Aufnahme der Halogene keinen Einfluß (EPSTEIN 1953). Weiterhin gehören nach LEGETT und EPSTEIN (1956) Selenat und Sulfat einem gemeinsamen Trägersystem an, um das Phosphate, Nitrate und Chloride nicht konkurrieren können.

RUSSELL und AYLAND (1955) untersuchten die Ionenkonkurrenz von K^+, Rb^+ und Cs^+ an Möhrenschnitten, abgeschnittenen Gerstenwurzeln und lebenden Gerstenpflanzen. Sie konnten besonders bei niederen Konzentrationen keine lineare Beziehung zwischen dem reziproken Wert der Aufnahmegeschwindigkeit und dem der Ionenkonzentration feststellen. Das bedeutet, daß für die Aufnahme mehr als ein Trägersystem verantwortlich ist. RUSSEL und AYLAND (1955) sind deshalb der Meinung, daß Ionenaufnahme und -transport mehr komplexer Natur sind und daß das Schema EPSTEINS eine ziemliche Vereinfachung bedeutet. BURSTRÖM (1956) schreibt zu den kinetischen Berechnungen von Trägersystemen: „... es muß aber betont werden, daß die kinetischen Berechnungen nicht ganz überzeugend sind, da sie wie immer nur unter großen numerischen Abkürzungen der gefundenen Werte ausgeführt werden können...“. Kritische Überlegungen zur „Trägerkinetik“ finden sich weiterhin bei BANGE (1962), TROMP (1962), MENGEL und MARSCHNER (1963). Es bleibt weiterhin zu erwähnen, daß EPSTEIN und Mitarbeiter ihre Untersuchungen ausschließlich an Gerstenwurzeln durchführten, sodaß strenggenommen die Versuchsergebnisse nur für die Gerste zutreffen. Daß zwischen den einzelnen Pflanzenarten Unterschiede bezüglich ihrer Selektivität für Ionen bestehen, konnte von SUTCLIFFE (1956) nachgewiesen werden. Er untersuchte die K- und Na-Aufnahme an Roten Rüben, Kartoffelschnitten, Wasserrüben *(Brassica campestris)*, abgeschnittenen Gerstenwurzeln und lebenden Gerstenpflanzen. Hierbei fand er, daß die Na^+-Aufnahme der Roten Rüben durch K^+ nicht beeinflußt wird, während bei Kartoffeln, *Brassica* und Gerstenwurzeln die Sorption von Na^+ durch K^+ gehemmt wird. Die lebenden Gerstenpflanzen zeigten diese Einwirkung noch deutlicher. Die K^+-Aufnahme von Kartoffeln, *Brassica* und Gerstenwurzeln wurde dagegen von Na^+ nicht beeinflußt. SUTCLIFFE (1956) schließt aus seinen Versuchen, daß die konkurrierende Wirkung zwischen Na^+ und K^+ einen gemeinsamen Träger für beide Ionen bedeutet. Die Affinität eines Trägers einer Pflanzenart zu den genannten Kationen ist seiner Ansicht nach jedoch unterschiedlich. Rote Rüben sorbieren bevorzugt Na^+. K-Ionen werden diese Sorption, falls sie nicht in relativ hoher Konzentration vorliegen, nicht beeinflussen. Umgekehrt wird die Aufnahme von K^+ durch Na^+ gehemmt, da der gemeinsame Träger eine höhere Affinität zu Na^+ hat. Für Kartoffeln, Gerste und Brassica gilt das Umgekehrte. Diese Pflanzen bevorzugen das K-Ion, sodaß seine Sorption durch Na^+ in gewissen Grenzen unbeeinflußt bleibt, während K^+ die Na^+-Aufnahme hemmt.

SUTCLIFFES Auffassung unterscheidet sich im wesentlichen von der EPSTEINS dadurch, daß er die Selektivität auf die Affinität zu einem einzigen Träger zurückführt. EPSTEIN dagegen erklärt die bevorzugte Aufnahme einer Ionenart damit, daß für diese Ionenart ein spezifischer Träger fungiert, auf den die anderen Kationen so gut wie nicht ansprechen. Die Anschauung Sutcliffes ist ohne weiteres geeignet, die Selektivität bei der Ionenaufnahme und damit auch die Versuchsergebnisse Epsteins und Mitarbeiter sowie die Banges (1959) zu erklären. Daß bei dem gesamten Prozeß der Ionenaufnahme und des Ionentransportes jedoch nur ein einziger Träger fungiert, ist unwahrscheinlich. Zumindest sind unterschiedliche Träger für den Kationen- und Anionentransport anzunehmen. Sutcliffe (1957) vermutet, daß der Transport der Alkali-Ionen nur durch ein einziges Trägersystem bewerkstelligt wird. Conway und Duggan (1958) fanden bei Untersuchungen an Hefezellen, daß ein physiologischer K-Träger auch die Ionen Rb, Cs, Na, Li und Mg in das Innere der Zelle transportieren kann. Die maximale Aufnahmerate der angeführten Kationen unterschied sich nur unwesentlich, falls optimale Konzentrationen der einzelnen Kationen vorlagen. Diese optimalen Konzentrationen der genannten Elemente waren jedoch sehr verschieden, d. h. die Affinität der einzelnen Ionen zum physiologischen K-Träger unterschied sich erheblich. Conway und Duggan (1958) geben folgende relative Affinitäten an:

$$K:Rb:Cs:Na:Li:Mg \text{ wie } 100:42:7:3{,}8:0{,}5:0{,}5.$$

Dieses Beispiel zeigt, daß für die effektive Aufnahme von Ionen über einen Träger, Affinität, Konzentration und die hieraus resultierende Ionenkonkurrenz der auf ein System wirkenden Ionen maßgebend ist. Es darf angenommen werden, daß auch noch andere Träger für die Kationenaufnahme fungieren, deren Affinitäten sich von denen des oben dargestellten Trägers unterscheiden. Die Bedeutung der Ergebnisse von Conway und Duggan (1958) liegt darin, daß eine strenge Spezifität eines Trägers für ein Ion nicht gegeben ist. Die Affinität und damit auch die Konzentration der einzelnen Ionenarten ist so, entsprechend der Anschauung Sutcliffes, eine wesentliche Größe bei Ionenkonkurrenzen. Nach Middleton und Russel (1958) steigt die Affinität eines Ions zum Träger mit der Wertigkeit und der Atomzahl. Diese Feststellung dürfte jedoch nur in gewissen Grenzen gültig sein, nämlich dann, wenn von den konkurrierenden Ionen keines durch eine spezifisch höhere Affinität zum Träger ausgezeichnet ist. Sutcliffe (1957) versuchte mittels einer mathematischen Beziehung den gegenseitigen Einfluß zweier auf einen gleichen Träger ansprechenden Ionenarten zu erfassen, indem er für die Affinität eines Ions zum Träger die Größe P (=preference) einsetzte. Aus der mathematischen Gleichung folgt jedoch, daß das weniger bevorzugte Ion das andere in seiner Aufnahme begünstigen muß, also synergistisch wirkt (Laties 1959), eine Annahme, die sich mit den experimentellen Befunden nicht deckt. Als Maß für die Affinität eines Ions zum Träger dürfte in Analogie zu Enzymreaktionen die Michaelis-Konstante der geeignetste Wert sein. Er wird von verschiedenen Autoren für die Affinität gebraucht (Fried und Noggle 1958, Bange 1959, Epstein und Hagen 1952).

Rothstein und Hayes (1956) geben als mögliche Bindungsstelle für Kationen an der Zelloberfläche Phosphoryl-, Karboxyl-, Imidazol, Sulfhydryl-, Amino- und phenolische Hydroxylgruppen an. Man weiß zwar nicht, ob diese Gruppen alle als Träger fungieren können, die Möglichkeit, daß es jedoch chemisch sehr unterschiedliche Träger geben kann, ist nicht ausgeschlossen. Damit aber sind auch zahlreiche Abstufungen in der Affinität der Ionen zum Träger möglich. Ganz allgemein gibt Williams (1956) an, daß die einzelnen organischen Strukturen eine gewisse Selektivität für Metall-Ionen besitzen. So wird Mg von Oxyanionen, Zn von SH-Gruppen und Fe von Iminen bevorzugt komplex gebunden. Diese Hinweise sollen zeigen, wie kompliziert die Verhältnisse *in vivo* sind und welche

Möglichkeiten und Faktoren bei Ionenkonkurrenzen im Auge behalten werden müssen.

Die Frage, ob für die Aufnahme der Alkali- und Erdalkali-Ionen nur ein Träger in Frage kommt oder ob es eine Anzahl von verschiedenen Trägersystemen gibt, hat für die Beurteilung der gegenseitigen Beeinflussung der Ionen bei ihrer Aufnahme insofern eine Bedeutung, als bei ersterer Annahme theoretisch eine Ionenkonkurrenz zwischen allen möglichen Kombinationen aller Alkali- und Erdalkali-Ionen auftreten kann, bei der Annahme von spezifischen Trägern dürfte man dagegen nur eine Ionenkonkurrenz zwischen den Ionen vorfinden, die auf einen gemeinsamen Träger ansprechen. Eine endgültige Stellungnahme zu dieser Frage erfordert weitere systematische Untersuchungen, bei ihrer Diskussion ist jedoch noch folgendes zu berücksichtigen:

a) Die Frage basiert auf einer relativ einfachen Vorstellung. Ein Träger oder wenige spezifische Träger werden für den gesamten Ionentransport zumindestens im Wurzelgewebe postuliert. Man darf eher mit Russel und Ayland (1955) annehmen, daß der Ionentransport ein mehr komplexer physiologischer Vorgang ist und daß es eine Fülle verschiedenartiger Träger geben kann, die zwar nicht streng spezifisch, aber doch unterschiedliche Affinitäten zu den einzelnen Ionen aufweisen (Kahn und Hanson 1957).

b) Die bei einer Pflanzenart festgestellten Ergebnisse brauchen für eine andere nicht zuzutreffen (Sutcliffe 1956).

c) Das Alter eines Gewebes und seine Stoffwechselaktivität können die Ionensorption maßgeblich beeinflussen (Hanson und Kahn 1957).

d) Es ist möglich, daß in den einzelnen Gewebearten einer Pflanze unterschiedliche Trägersysteme den Ionentransport bewirken. So kann beispielsweise die Maiswurzel in ihren Wurzelzellen zwar relativ viel Na akkumulieren, die Sekretion des Na in die Xylemgefäße ist jedoch ziemlich gering (Huffaker und Wallace 1959).

Entsprechend dem heutigen Stand unseres Wissens läßt sich zusammenfassend sagen:

Ionenaufnahme und Ionentransport werden von Bindungsstellen organischer Strukturen der Zelle bewerkstelligt. Es ist wahrscheinlich, daß diese Bindungsstellen unterschiedlichen chemischen Substanzen angehören. Die Ionen konkurrieren um diese Valenzstellen. Der verdrängende Einfluß einer Ionenart gegenüber einer anderen wird um so größer sein, je höher ihre Affinität zu der organischen Struktur ist. Diese Affinität wird nicht allein durch die Eigenschaften des Ions wie Wertigkeit und Atomzahl bestimmt, die Struktur der organischen Bindungsstelle ist ebenfalls von Bedeutung. Neben mehr sorptiven Bindungsarten dürften auch chelatartige Bindungen möglich sein. Die Fülle chemisch unterschiedlicher Bindungsstellen bedingt, daß es für viele Ionenarten Valenzen mit maximaler Affinität gibt. Für die effektiv auftretende Ionenkonkurrenz ist neben der Affinität auch die Konzentration der konkurrierenden Ionen maßgebend.

Die Möglichkeiten für eine Ionenkonkurrenz innerhalb der Kationen bzw. Anionen sind mannigfaltig, die Wahrscheinlichkeit für eine Konkurrenz zwischen zwei Ionen ist um so größer, je mehr die betreffenden Ionen chemisch verwandt sind.

2. Die Ionenkonkurrenz verwandter Ionen

Für viele Fragen der Pflanzenernährung interessiert weniger, wie sich die Ionenkonkurrenz physiologisch erklärt, als das Ausmaß der Mineralstoffverschiebung im oberirdischen Teil der Pflanze, das sich durch die gegenseitige Beeinflussung der Ionen bei ihrer Nährstoffaufnahme ergibt. In der Literatur sind zahlreiche Versuche beschrieben, bei denen aus dem Mineralstoffgehalt der oberirdischen Pflanzenteile in Verbindung mit den entsprechenden Düngungsmaßnahmen auf Ionenkonkurrenzen geschlossen wird. Die Tendenz dieser Untersuchungsergebnisse gleicht den Ergebnissen von Versuchen an isolierten Gewebearten oder kurzfristigen Untersuchungen mit markierten Ionen. Es erscheint deshalb in diesem Falle gerechtfertigt, die aus einer Düngungsmaßnahme resultierende Mineralstoffverschiebung in den oberirdischen Pflanzenteilen auch bei langfristigen Versuchen mit Ionenkonkurrenzen zu erklären. Hierbei ist zu beachten, daß sich der konkurrierende Einfluß in der Pflanze an den verschiedensten Stellen bemerkbar machen kann: In den Wurzelzellen beim Eintritt der Ionen aus der Nährlösung in die Zelle, bei der Sekretion der Ionen aus den Zellen des Wurzelgewebes in die Xylemgefäße, beim Eintritt der Ionen aus dem Xylemsaft in die Zelle und schließlich auch bei physiologischen Funktionen in der Zelle (SCHARRER und MENGEL 1958 und 1960).

Bei allen Untersuchungen — sei es mit ganzen lebenden Pflanzen oder mit isolierten Geweben — fällt auf, daß sich Ionen einer Gruppe des Periodischen Systems besonders häufig und stark bei ihrer Aufnahme gegenseitig hemmen. Innerhalb einer Gruppe des Periodischen Systems sind es vielfach wieder einige Elemente, die eine ausgeprägte Ionenkonkurrenz zeigen. COLLANDER (1941) fand in Nährlösungen mit Hafer, Erbsen und Sonnenblumen, daß innerhalb der Alkali-Ionen sich K^+ und Rb^+, innerhalb der Erdalkali-Gruppe Ca^{2+} und Sr^{2+}, am stärksten bei der Aufnahme behindern. COLLANDER schreibt: „These findings are explained by assuming that the ions K^+ and Rb^+, and Ca^{++} and Sr^{++} behave in the salt absorption of plants somewhat as identical ions or as two isotopes of the same element." MICHAEL (1959) konnte nachweisen, daß die gegenseitige Beeinflussung der genannten Ionenpaare quantitativ gleiche Ausmaße hat. Die Tab. 59 und 60 zeigen MICHAELS Versuchsresultate.

Tabelle 59. *Die K^+- und Rb^+-Aufnahme junger Maispflanzen* (MICHAEL 1959)

Düngung mval/Gef.		aufgenommene mval		Relation
K	Rb	K	Rb	
7,5	—	3,98	—	—
7,5	7,5	1,33	1,14	1:0,9
7,5	15,0	0,46	1,15	1:2,5
15,0	—	6,20	—	—
15,0	7,5	2,60	1,19	1:0,5
15,0	15,0	1,28	1,20	1:1,0

Tabelle 60. *Die Ca^{2+}- und Sr^{2+}-Aufnahme junger Erbsenpflanzen* (MICHAEL 1959)

Düngung	oberirdischer Ertrag	Gehalt in mval/g		
		Ca	Sr	Ca + Sr
Ca	8,4	0,73	—	0,73
Ca + Sr[1]	7,9	0,37	0,37	0,74
Sr	2,0	0,04	0,41	0,45

[1] Ca und Sr wurden in äquivalenten Mengen gegeben.

Aus Tab. 60 geht hervor, daß das Sr die Ca-Aufnahme gerade um die Hälfte erniedrigt hat. Weiterhin ist ersichtlich, daß das dem Ca-Ion so ähnliche Sr-Ion zwar in gleicher Weise wie das Ca aufgenommen wird, Ca in seiner physiologischen Funktion jedoch nicht ersetzen kann, sodaß in der Reihe ohne Ca-Düngung der

Ertrag erheblich abfällt. Bei einer Düngung von äquivalenten Ca- und Sr-Mengen fand MICHAEL (1959), daß das Ca/Sr-Verhältnis von den unteren Pflanzenteilen der Erbse zu den oberen fortschreitend größer wird. So enthielt der untere Stengel ein Ca/Sr-Verhältnis wie 1:1,13, die Blüte wie 1:0,76. COWIE et al. (1949) berichten über eine Ionenkonkurrenz zwischen Rb^+ und K^+ bei *Escherichia coli*, bei der das Na-Ion ohne Einfluß blieb. BOWEN und DYMOND (1956) variierten in Wasserkulturen das Ca:Sr-Verhältnis von 2:1 bis auf 4000:1. Sie stellten fest, daß die Ca/Sr-Relation der Pflanze denen der Nährlösungen entsprachen. RUSSEL und SQUIRE (1958) berichten, daß die Sr-Aufnahme durch Ca-Ionen eingeschränkt wird. Die Menge des von der Pflanze sorbierten Sr hängt weniger von der absoluten Sr-Menge des Nährmediums als von seinem Ca/Sr-Verhältnis ab.

Der Phosphataustausch an der Wurzeloberfläche wird nach MICHAEL und MARSCHNER (1958) durch Arsenat-Gaben zur Nährlösung erhöht, NO_3^-, So_4^{2-} und Cl^- begünstigen dagegen die Phosphataufnahme. Die Verfasser nehmen an, daß neben der stoffwechselhemmenden Wirkung des Arsenates der erhöhte Austritt von Phosphat-Ionen aus der Wurzel in die Nährlösung auf eine Ionenkonkurrenz der chemisch verwandten Arsenat- und Phosphat-Ionen zurückzuführen ist. Ähnliche Beziehungen bestehen zwischen den Ionen der Halogene. OZANNE et al. (1957) berichten, daß Cl^- und Br^- um gleiche Bindungsstellen in der Pflanze konkurrieren, ein Befund, der mit den Ergebnissen EPSTEINS (1953) übereinstimmt. Während jedoch EPSTEIN an Gerstenwurzeln feststellte, daß durch Cl^- die Br^--Aufnahme vermindert wurde, fanden OZANNE et al. (1957) an Tomaten und Klee, daß Br^- den Transport von Cl^+ in der Pflanze begünstigt. Die genannten Autoren schließen aus ihren Versuchsergebnissen, daß das von der Wurzel gebundene Cl^- vom Br^- verdrängt und dadurch für den weiteren Transport in die oberirdischen Teile der Pflanze begünstigt wird. Es bleibt dahingestellt, inwieweit auf dem Wege der Verdrängung eine Aufnahmebegünstigung möglich ist. Nach BÖSZÖRMENYI und CSEH (1958) wird die Cl^--Aufnahme bei Weizen durch J^- gehemmt, umgekehrt soll Cl^- dagegen die Jodid-Sorption fördern. Hierzu steht der Befund von LEWIS und POWERS (1941) in einem gewissen Gegensatz. Sie berichten, daß die toxische Wirkung höherer J^--Mengen durch Cl^--Gaben zum Nährmedium aufgehoben wird. Diese Auswirkung dürfte darauf zurückzuführen sein, daß J^- und Cl^- um gleiche Bindungsstellen konkurrieren. LEGETT und EPSTEIN (1956) fanden in abgeschnittenen Gerstenwurzeln eine ausgeprägte Ionenkonkurrenz zwischen Sulfat und Selenat.

3. Die gegenseitige Beeinflussung der Alkali- und Erdalkali-Ionen

Die Bedeutung der H-Ionenkonzentration des Nährmediums für die Ionenaufnahme wurde bereits erläutert. Auf Grund der meist sehr unterschiedlichen Konzentration zwischen H-Ionen und den übrigen Kationen dürfte der Einfluß der H-Ionen auf die Dissoziation der indiffusiblen Anionen gegenüber der Ionenkonkurrenz als dominierende Wirkung angesehen werden. Bei der folgenden Besprechung von Ionenkonkurrenzen soll deshalb das H-Ion nicht mehr ausführlicher diskutiert werden.

Die Ionenkonkurrenz chemisch nah verwandter Ionen, z. B. des K und des Rb, hat zwar für theoretische Betrachtungen ein beachtliches Interesse, in der Praxis sind jedoch die Ionenkonkurrenzen chemisch weniger eng verwandter Ionen, beispielsweise zwischen K^+ und Ca^{++}, von größerer Bedeutung. Allgemein konnte man feststellen, daß zwischen den in höheren Mengen aufgenommenen Kationen wie K^+, Ca^{++}, Mg^{++} und Na^+ Wechselbeziehungen bestehen (JUNG 1959). OLSEN (1950) fand bei unterschiedlicher Düngung, daß, wenngleich sich auch die einzelnen Kationengehalte in den verschiedenen Versuchsreihen geändert hatten, die Summe der aufgenommenen Kationen außerordentlich konstant blieb. Scharrer und Jung (1955a, 1955b) kamen bei Versuchen mit Sonnenblumen und Weidelgras zu ähnlichen Ergebnissen. Das würde also allgemein bedeuten, daß bei vermehrter Aufnahme eines Kations die anderen Kationen um einen äquivalenten Teil in ihrer Aufnahme erniedrigt werden. Es bleibt dahingestellt, ob man ganz allgemein eine konstante Kationensumme in der Pflanze annehmen kann. Dies ist zumindest unwahrscheinlich, da die gesamte Menge an Kationen sich aus den oberflächlich sorbierten, aus den inkorporierten und aus den Kationen, die von diffusiblen Anionen ausbalanciert werden, zusammengesetzt. Selbst wenn man annimmt, daß die sorbierten und die in eine organische Substanz eingebauten Kationen für eine Pflanzenart und für ein gewisses Entwicklungsstadium konstant seien, so kann jedoch die Menge an Kationen, die durch diffusible Anionen neutralisiert wird, sehr variabel sein (s. Black 1956, Abb. 2). Eine quantitative Aussage über den gegenseitigen Einfluß der Kationen bei ihrer Aufnahme wird so die für eine Pflanzenart postulierte Kationensumme nicht zulassen. Qualitativ kann man jedoch sagen, daß bei vermehrter Aufnahme eines Kations ein anderes oder mehrere andere in ihrer Aufnahme gehemmt und damit in ihren Gehalten in der Pflanze erniedrigt werden. Dies ist letztlich die Folge der Ionenkonkurrenz.

Allgemeine Angaben darüber, welches Kation innerhalb eines Gemisches verschiedener Ionen wie Ca^{++}, Mg^{++}, Na^{+} und Mn^{++} durch die verstärkte Gabe eines anderen, beispielsweise K^{+} am meisten beeinflußt wird, sind nicht möglich. Die Konzentrationen der einzelnen Kationen in der Nährlösung, die Beschaffenheit der Pflanzenwurzel, ihr Entwicklungzustand, klimatische Faktoren und der spezifische Bedarf einer Pflanzenart sowie ihr Ernährungszustand werden die Ionenkonkurrenz und die Ionenaufnahme der genannten Kationen weitgehend beeinflussen.

Elgabaly (1955) berichtet, daß steigende Na-Gaben zum Nährmedium den Gehalt an Ca, K und Mg in jungen Gerstenpflanzen senken. Harmer und Benne (1945) fanden, daß bei Na-Düngung der Gesamtgehalt an Basen ziemlich konstant bleibt, die K-Aufnahme wird stark, die Aufnahme von Ca und Mg nur unwesentlich geändert. Rote Rüben, Flachs und Hafer zeigten mit steigender Na-Düngung abnehmende Gehalte an K, Ca und Mg (Larson und Pierre 1953). Mais dagegen reagierte im Mineralstoffgehalt der oberirdischen Pflanzenteile nicht auf die Na-Düngung. Gleiches gilt nach Sowell und Rouse (1958) für den K-, Ca- und Mg-Gehalt von Baumwollblättern. Auch hier hatte Na keinen Einfluß. Eine erhöhte Na-Düngung verminderte bei Sellerie und Karotten den K-Gehalt (Truog et al. 1953), bei Sonnenblumen, Mais und Zuckerrüben den Gehalt an Ca und K (Scharrer et al. 1953, Scharrer und Jung 1957, Tullin 1954). Hohe K-Gehalte in der Pflanze korrelieren vielfach mit niedrigen Mg-Gehalten (Gärtel 1955, 1959, Mulder 1950). Die umgekehrte Beziehung, ein hoher Mg-Gehalt fällt mit einem niedrigen K-Gehalt zusammen, konnte ebenfalls von Gärtel (1955) an den Blättern der Weinrebe und von D. Mulder (1950) an den Blättern von Obstbäumen festgestellt werden. Conway und Beary (1958) berichten, daß bei Hefe ein physiologischer K-Träger auch Mg transportieren kann. Die Affinität des Mg zum Träger ist jedoch so gering, daß schon vergleichsweise niedrige K-Konzentrationen die Mg-Aufnahme erheblich einschränken können. Larson und Pierre (1953) fanden an verschiedenen Pflanzen, daß eine steigende K-Düngung den Gehalt an Ca und Mg erniedrigt. Gleiches beobachteten Scharrer und Mengel (1958) bei Mais und Sonnenblumen. Daß K^{+} die Ca-Aufnahme behindert, wurde von verschiedenen Autoren festgestellt (Smith und Wallace 1956a, 1956b, Bowling und Brown 1947, York Jr. et al. 1953). Cain (1948) fand, daß jeweils steigende K-, Ca- oder Mg-Gaben den Gehalt der korrespondierenden beiden anderen Kationen in Apfelblättern senkten. Er stellte fest, daß eine vermehrte K-Düngung weniger den Ca- und Mg-Gehalt der Stengel als den der Blätter erniedrigte. Gärtel (1959) fand zwischen Blatt und Blattstiel der Weinrebe, Scharrer und Mengel (1958) zwischen Blatt und Stengel der Sonnenblume die gleiche Tendenz. Hier war es sogar häufig so, daß durch die erhöhte K-Gabe der Ca- und Mg-Gehalt im Blatt zwar merklich abgefallen, im Stengel dagegen angestiegen war. Allgemein ließ sich feststellen, daß die Ca- und Mg-Gehalte durch eine verstärkte K-Düngung am meisten in den Blättern und weniger in den Stengeln und Wurzeln erniedrigt wurden. Na verhielt sich anders. Sein Gehalt wurde hauptsächlich in den Wurzeln durch eine erhöhte K-Düngung gesenkt. Besonders Pflanzen, die an sich geringe Na-Gehalte haben, wie Sonnenblumen und Erbsen, blieben durch die K-Düngung in der Na-Konzentration ihrer Blätter unbeeinflußt. Der Na-Gehalt der Wurzel wurde dagegen gerade bei diesen Pflanzen durch die konkurrierende Wirkung des K-Ions außerordentlich erniedrigt (SCHARRER und MENGEL 1960). SCHARRER und KÜHN (1958) fanden bei verschiedenen Pflanzenarten, daß eine vermehrte Na-Gabe den K-Gehalt der Pflanze drückt. Hirse dagegen, die in ihrem Na-Gehalt nur mäßig auf eine Na-Düngung reagierte, zeigte keine geringeren K-Gehalte infolge erhöhter Na-Versorgung. NELSON und BRADY (1953) berichten, daß eine vermehrte Düngung von Ca, K oder auch Na die Mn- und Mg-Aufnahme mindert; SHEAR et al. (1948) stellten bei jungen Bäumchen von *Aleurites fordii* in Sandkulturen fest, daß mit erhöhter K-Versorgung der Mn-Gehalt und auch der Cu-Gehalt der Blätter abfiel, eine vermehrte Mg- oder auch Ca-Düngung bewirkte einen geringeren K-Gehalt, eine vermehrte Mn-Düngung eine geringere Ca-Aufnahme. WILLIAMS und VLAMIS (1957) konnten die Mn-Toxizität junger Gerstenpflanzen erfolgreich mit einer stärkeren Düngung von Ca, Mg und K bekämpfen. In Übereinstimmung hiermit fand LÖHNIS (1954), daß eine Mg-Düngung die Aufnahme von Mn bei Kartoffeln und Bohnen behindert. Nach SWANBACK (1939) kommt es bei hoher Ca-Düngung zu einem gehemmten Mn-Transport in der Pflanze. Das Mn wird hierbei vorwiegend in der Wurzel angereichert. Umgekehrt bewirken relativ hohe Mn^{++}- aber auch Al^{+++}-Konzentrationen des Nährmediums niedrige Ca-Gehalte in der Pflanze (SCHMEHL et al. 1952). Man darf annehmen, daß diese gegenseitige Beeinflußung des Mn^{++} und der Erdalkali-Ionen hauptsächlich auf Verdrängungsreaktionen zurückzuführen ist und daß derartige Ionenkonkurrenzen allgemein in den verschiedensten biologischen Systemen vorkommen. So berichten BARTLEY und AMOORE (1958), daß eine m-molare Mn^{++}-Lösung etwa 30% des in den Mitochondrien gebundenen Mg^{++} und ungefähr 50% des endogenen Ca^{++} austauscht. Die Mitochondrien wurden aus Lebergewebe von Ratten isoliert.

Diese Hinweise lassen erkennen, daß innerhalb der Kationen K, Na, Ca, Mg und Mn alle Kombinationen gegenseitiger Beeinflussung möglich sind. Auch das NH_4-Ion muß man noch in die aufgeführten Kationen einreihen. PIRSCHLE (1931) fand bei zahlreichen Pflanzen, daß eine NH_4-Düngung die K-Aufnahme hemmte. Nach MCEVOY (1954) wurde mit steigenden NH_4-Gaben der Gehalt des Tabaks an Ca und Mg gesenkt. MULDER (1956) berichtet über eine verminderte Mg-Aufnahme bei Hafer und Weizen, falls mit NH_4—N an Stelle von NO_3—N gedüngt wurde. WERNER (1959) kam in Gefäßversuchen mit Kartoffeln, JUNG (1959) in einem Gefäßversuch mit Weizen zu gleichem Ergebnis, GERALDSON (1957) berichtet, daß die Ca-Aufnahme der Tomaten besonders stark durch hohe NH_4-Konzentrationen des Nährmediums eingeschränkt wird.

Zu diesem Einfluß des NH_4-Ions auf die Aufnahme anderer Kationen ist zu bemerken, daß eine NH_4-Düngung meistens auch mit einer pH-Erniedrigung verbunden ist. Die steigende H-Ionenkonzentration kann deshalb auch die Kationenaufnahme behindert haben. E. G. MULDER (1956) ist der Ansicht, daß der pH-Verschiebung keine große Bedeutung zukommt. Demgegenüber fand GOUNY (1955) in Wasserkulturen mit Mais, Lupinen und Erbsen, daß NH_4—N im Vergleich zu NO_3—N nur dann eine geringere K-, Ca- und Mg-Aufnahme bewirkte, wenn kein neutralisierend wirkendes $CaCO_3$ zur Nährlösung gegeben wurde. Dieses Ergebnis spricht für den dominierenden Einfluß der physiologisch sauren Reaktion gegenüber der konkurrierenden Wirkung des NH_4-Ions bei der Kationenaufnahme.

Die angeführten Beispiele beziehen sich überwiegend auf längere Versuchsperioden in Wasser- oder Sandkulturen. Es wird hier jeweils der Gehalt an Mineralstoffen in der Pflanze der angewandten Düngung bzw. der Konzentration an Nährstoffen der Nährlösung gegenübergestellt, und aus diesen Daten, d. h. aus der Variation des Nährmediums und dem Mineralstoffgehalt der Pflanze wird auf den Einfluß eines Ions auf die Aufnahme der anderen geschlossen. Daß ein solcher Einfluß vorliegt, ist unbestreitbar, ob er unbedingt auf eine Ionenkonkurrenz zurückzuführen ist, bleibt dahingestellt.

4. Die gegenseitige Beeinflussung weiterer Ionen

Die Schwermetalle können sich in analoger Weise wie die Kationen der Alkali- und Erdalkaligruppe gegenseitig bei ihrer Aufnahme behindern. Darüber hinaus dürfte auch eine Konkurrenz zwischen den Alkali- und Erdalkali-Ionen einerseits und den Schwermetall-Ionen andererseits grundsätzlich möglich sein, wie die Beispiele für Mn zeigten. Mn nimmt zwar zwischen den Elementen der Erdalkaligruppe und denen der Schwermetalle gewissermaßen eine Mittelstellung ein, so daß es wahrscheinlich ist, daß die Affinität anderer Schwermetalle zu den Bindungsstellen der Erdalkali-Ionen geringer ist. Die Tatsache, daß es in der Literatur nur wenige Hinweise über eine gegenseitige Beeinflussung zwischen den Erdalkalimetallen und Schwermetallen gibt, mag damit zusammenhängen. Die häufig beschriebene Kalkchlorose, bedingt durch eine Aufnahmebehinderung der Schwermetalle auf kalkhaltigen Böden, kann in dem hier zur Diskussion stehenden Sinne nicht als eine gegenseitige Beeinflussung zweier Elemente gewertet werden. Sie ist hauptsächlich auf die geringe Löslichkeit der Schwermetallsalze bei höheren pH-Werten des Nährmediums zurückzuführen und hat so weniger mit einem direkten Einfluß des Ca-Ions auf die Aufnahme anderer Kationen zu tun.

Als eine Ionenkonkurrenz des K gegenüber Cu kann vielleicht die Beobachtung von Shear et al. (1948) angesehen werden. Sie fanden mit steigender K-Düngung neben einem abfallenden Mn-Gehalt auch sinkende Cu-Konzentrationen in den Blättern von *Aleurites fordii*. Bei einer Gegenüberstellung der Alkali- und Erdalkali-Ionen einerseits und den Ionen der Schwermetalle andererseits ist zu berücksichtigen, daß die beiden Ionengruppen unter normalen Bedingungen in Konzentrationen von unterschiedlicher Größenordnung in der Nährlösung vorliegen. Die geringen Mengen an Schwermetallen fallen so selbst bei einer konkurrierenden Wirkung gegenüber der Aufnahme von Alkali- und Erdalkali-Ionen nicht ins Gewicht (Scharrer und Jung 1956). Wenn man nun innerhalb der Schwermetalle vielfach eine beachtliche gegenseitige Beeinflussung bei ihrer Sorption durch die Pflanze feststellte, eine Ionenkonkurrenz zwischen ihnen und den übrigen Kationen jedoch nur selten beobachtete, so darf man daraus schließen, daß eine Reihe von Trägersystemen eine gewisse Selektivität für Schwermetalle haben und daß gerade um diese Bindungsstellen die Schwermetalle besonders konkurrieren. Hierbei dürfte ihre ausgesprochene Neigung, *Chelate* zu bilden, eine wichtige Rolle spielen. Es darf angenommen werden, daß gerade die chelatisierenden Strukturen der Pflanze bevorzugte Bindungsstellen der Schwermetall-Ionen sind. Diese Annahme wird durch Versuchsergebnisse verschiedener Autoren gestützt. Hewitt (1948) fand, daß eine Fe-Chlorose bei Zuckerrüben durch Schwermetall-Ionen induziert wurde. Der Grad des Fe-Mangels nahm ab mit der folgenden Reihe zugegebener Metall-Ionen:

$$Co^{++} > Cu^{++} > Zn^{++} = CrO_4^{2-} > Ni^{++} > Cr^{+++} > Mn^{++} > Pb^{++}$$

DeKock (1956) stellte für die Fe-Chlorose bei *Sinapis alba* nachstehende Reihenfolge fest:

$$Cu^{++} > Ni^{++} > Co^{++} > Zn^{++} > Cr^{+++} > Mn^{++}$$

Wenngleich sich die beiden Reihen nicht vollkommen decken — das mag an den verschiedenen Versuchsbedingungen liegen, besonders am unterschiedlichen Pflanzenmaterial —, so zeigen sie doch die gleiche Tendenz: Cu^{++} und Co^{++} wirken auf das Fe^{+++} am meisten verdrängend, Mn^{++} am geringsten. Diese Reihenfolge entspricht allgemein den Stabilitätskonstanten von Schwermetallchelaten. Die Vermutung, daß sich die konkurrierende Wirkung der Schwermetalle vorwiegend an chelatisierenden Strukturen abspielt, erscheint deshalb gerechtfertigt. Die folgenden Versuchsergebnisse verschiedener Autoren sind unter diesem Gesichtspunkt zu sehen.

Neben HEWITT (1948) und DEKOCK (1956) berichten SMITH und SPECHT (1953) über eine Fe-Chlorose bei Zitrussämlingen, die durch steigende Gaben an Cu, Zn und Mn verstärkt wurde. Der Fe-Transport aus der Wurzel in die oberirdischen Teile war gehemmt. Bezeichnenderweise hatten Mn, Cu und Zn keinen Einfluß auf die Fe-Chlorose, wenn das Fe in Form eines stabilen Fe-Chelates zur Nährlösung gegeben wurde.

Von praktischem Interesse sind besonders die Wechselbeziehungen zwischen Fe und Mn. SOMERS und SHIVE (1942) sowie LEACH und TAPER (1954) verweisen darauf, daß beide Elemente in ausbalancierten Mengen in der Nährlösung vorhanden sein müssen, um Mangelschäden bzw. Toxizitäten zu vermeiden. Auch diese gegenseitige Beeinflussung stellt letztlich eine Ionenkonkurrenz um gleiche Bindungsstellen dar (HEWITT 1948). Sie kann gerade bei den Schwermetallen durch deren enzymaktivierende Wirkung einschneidende physiologische Veränderungen auslösen (DAVIS 1958). In dieser Hinsicht unterscheiden sich die Schwermetalle wesentlich von den Elementen der Alkali- und Erdalkaligruppe. Während bei den letzteren sich die Ionenkonkurrenz hauptsächlich auf die Aufnahme auswirkt, ist die konkurrierende Wirkung der Schwermetalle um Bindungsstellen von Enzymen von hervorragender Bedeutung im Stoffwechsel der Pflanze. Die Konkurrenz innerhalb der Alkali- und Erdalkaligruppe wird also im extremen Fall einen absoluten Mangel (niedriger Gehalt in der Pflanze) an einem der Kationen bewirken, die Ionenkonkurrenz der Schwermetalle kann dagegen zu einem relativen Mangel führen. Damit soll nicht gesagt werden, daß sich die Schwermetall-Ionen nicht bei ihrer Aufnahme behindern. Die Ionenkonkurrenz um Enzyme und um die Bindungsstellen der Wurzel dürfte ziemlich parallel laufen. Abb. 34 zeigt, wie der Fe-Gehalt von Sojabohnenpflanzen durch eine steigende Mn-Düngung erniedrigt wird.

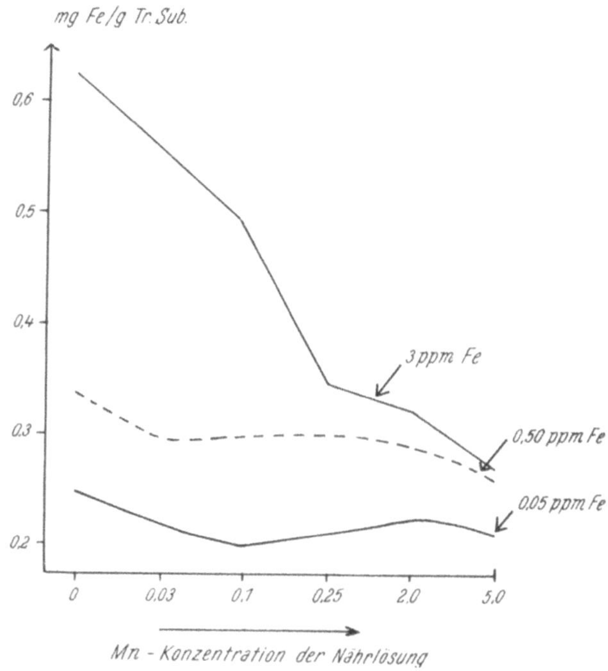

Abb. 34. Der Einfluß einer steigenden Mn-Düngung auf den Fe-Gehalt von Sojabohnenpflanzen (SOMERS und SHIVE 1942)

Charakteristisch für die dargestellte Beziehung ist, daß der Fe-Gehalt vornehmlich bei der höchsten Fe-Düngungsstufe durch steigende Mn-Gaben erheblich erniedrigt wurde. Die Ionenkonkurrenz machte sich also im Gehalt besonders bemerkbar, wenn ein relativ hoher Fe-Gehalt vorlag. Umgekehrt kommt sie bei schlechter Fe-Versorgung im Fe-Gehalt der Pflanze nur geringfügig zum Ausdruck. Scharrer und Mengel (1958) fanden bei Mais, daß mit steigender K-Versorgung der Mg-Gehalt bis zu einem gewissen Grad abnimmt, danach bleibt er zwar ziemlich konstant, die Substanzproduktion dagegen fällt erheblich ab. Vielleicht darf man hierin eine allgemeine Reaktion der Pflanze auf die Ionenkonkurrenz sehen. Die Konkurrenz erniedrigt vorerst den Gehalt eines Elementes in der Pflanze bis zu einem Schwellenwert, danach wird mit weiterem Anstieg der Konkurrenz weniger der Gehalt als das Wachstum und damit auch wieder die Aufnahme des betreffenden Ions negativ beeinflußt.

Auch Weinstein und Robbins (1955) berichten, daß Mn die Fe-Aufnahme behindert. Umgekehrt kann nach Twyman (1951) Fe die Aufnahme von Mn hemmen. Scharrer und Jung (1956) berichten, daß Cu und besonders Fe den Zn-Gehalt von Mais und Ackerbohnen etwas erniedrigen können; nach Hill et al. (1953) nimmt die Co-Aufnahme mit steigender Mn-Düngung ab.

So wie es innerhalb der Gruppe der Alkali- und Erdalkali-Ionen und innerhalb der Gruppe der Schwermetalle Ionenkonkurrenzen gibt, so darf man auch Ionenkonkurrenzen bei den Anionen vermuten. Es wurde bereits erwähnt, daß für die Halogene (Ozanne et al. 1957) für Sulfat und Selenat (Legett und Epstein 1956) und für Phosphat und Arsenat (Michael und Marschner 1958) derartige Beziehungen bestehen. Engel (1958) fand an Weizenpflanzen, daß Phosphat die Silikataufnahme hemmt, Stout et al. (1951) vermuten zwischen Sulfat und Molybdat eine Ionenkonkurrenz. Zwischen den für die Pflanze wichtigsten Anionen, Nitrat, Phosphat und Sulfat, scheint dagegen keine gegenseitige Aufnahmebehinderung zu bestehen (Michael und Marschner 1958, Legett und Epstein 1956, Tsung-hsun Tsao et al. 1950, Scharrer und Jung 1955b). Vielfach werden die Ergebnisse Ehrenbergs (1944) als Beispiel für eine Ionenkonkurrenz „Chlorid-Nitrat" angeführt. Ehrenberg fand, daß bei einer zusätzlichen Nitrat-Düngung der Cl-Gehalt im Kartoffelkraut und geringfügig in den Kartoffelknollen abfiel. Die Versuchsergebnisse sind für eine Deutung als Ionenkonkurrenz nicht ganz überzeugend, da mit der Nitratdüngung auch der Ertrag an Kartoffelkraut anstieg. Die geringeren Cl-Gehalte können so zumindestens zum Teil als ein Verdünnungseffekt gewertet werden. Eine Konkurrenz zwischen NO_3^- und Cl^- wurde zwar von Epstein an Gerstenwurzeln nicht beobachtet, sie scheint jedoch nicht ganz ausgeschlossen, zumal auch Buchner (1952) bei Nitraternährung eine geringere Cl-Aufnahme feststellte. Olsen (1953) schreibt den Bikarbonat-Ionen eine konkurrierende Wirkung gegenüber den anderen Ionen zu. Eine pH-Erhöhung, die meistens mit einer Erhöhung der HCO_3^--Konzentration parallel geht, hemmt so seiner Ansicht nach die Aufnahme von Chlorid, Phosphat und Nitrat. Es wurde bereits erwähnt, daß Pirschle (1931) bei vielen Pflanzen im sauren Medium eine höhere Phosphataufnahme feststellte und daß Arnon et al. (1942) für die Nitrataufnahme eine gewisse Abhängigkeit vom pH-Wert fanden (s. S. 268, Abb. 27). Die Tatsache, daß man aber auch ausgesprochene pH-Maxima für die Anionenaufnahme kennt (Jacobson et al. 1957, Biddulph und Woodbridge 1952), deutet darauf, daß dem pH-Wert und damit auch einer eventuellen Bikarbonat-Ionenkonkurrenz keine dominierende Bedeutung zukommt.

Zusammenfassend darf man sagen: Innerhalb der Anionen bestehen zwischen chemisch verwandten Elementen ebenfalls Ionenkonkurrenzen um gleiche Bindungsstellen. Im Vergleich zu den Kationen wirkt sich diese gegenseitige

Behinderung der Anionen bei ihrer Aufnahme in der praktischen Pflanzenernährung kaum aus, da die wichtigsten Nährstoffe Nitrat, Phosphat und Sulfat vermutlich keine gemeinsamen Träger haben. Im Unterschied zu den Kationen werden die meisten Anionen schnell in organische Substanzen eingebaut. Als anorganisches Ion liegen sie deshalb in der Pflanze und auch schon im Wurzelgewebe in vergleichsweise niedrigen Mengen vor. Die Möglichkeit für eine konkurrierende Wirkung um Bindungsstellen wird dadurch erniedrigt. Bei der Inkorporierung anorganischer Anionen in organische Strukturen tritt nur bei sehr eng verwandten Ionen eine Konkurrenz auf, z. B. zwischen Sulfat und Selenat beim Aufbau von Methionin.

5. Beziehungen zwischen Anionen und Kationen

Pflanzenzellen und Gewebe zeigen einen Ausgleich zwischen negativen und positiven Valenzen. Eine Akkumulation von Kationen bzw. von Anionen wird immer durch äquivalente Mengen von Gegen-Ionen organischer oder anorganischer Natur ausgeglichen. Die gesamte Pflanze ist also gewissermaßen elektroneutral. Die Relation zwischen diffusiblen Anionen und Kationen in der Zelle wurde bereits besprochen. Sie folgt im großen und ganzen den Donnan-Gesetzen, d. h. mit Anstieg der gesamten diffusiblen Ionen in der Zelle nimmt das Verhältnis von diffusiblen Anionen zu diffusiblen Kationen zu (Black 1956, Lundegårdh 1945a). Die Elektroneutralität der Pflanze führte zu der Vermutung, daß die vermehrte Aufnahme von Ionen mit gleichem Vorzeichen einen Anstieg der Aufnahme von Ionen mit entgegengesetztem Vorzeichen induzieren müsse. Das Schema Lundegårdhs (1945b) über die Ionenaufnahme hat diese Vorstellung wahrscheinlich noch bestärkt. Lundegårdh (1945b) gibt an, daß die Anionen aktiv aufgenommen und die Kationen infolge der Akkumulation negativer Valenzen gleichsam nachgezogen werden. Er vermerkt, daß bei dieser Hypothese auch die Bildung und der Verbrauch organischer Anionen mit einbezogen werden müssen. Das bedeutet, daß die aufgenommene Kationensumme der aufgenommenen Anionensumme nicht äuquivalent zu sein braucht. Vielmehr sind durch den Stoffwechsel zahlreiche Möglichkeiten, einschließlich der Abgabe von H- und OH-Ionen durch die Wurzel zu einem Ladungsausgleich zu kommen, gegeben. Für die Ionenaufnahme stellt sich die Frage: Hat der Ausgleich zwischen An- und Kationen eine Bedeutung für die Aufnahme anorganischer Ionen aus der Nährlösung? Kretschmer et al. (1953) postulierten von der Vorstellung eines Ladungsausgleiches ausgehend folgende Gleichung:

$$\frac{\mathrm{Ca} + \mathrm{Mg} + \mathrm{K} + \mathrm{Na}}{\mathrm{N} + \mathrm{Cl} + \mathrm{S} + \mathrm{P}} = \text{konstant}$$

Die Summe der aufgenommenen Kationenäquivalente sollte zu der Summe der aufgenommenen Anionenäquivalente in konstanter Relation stehen. Die Untersuchungen der genannten Autoren zeigten, daß zwar die Kationensumme — offensichtlich auf Grund von Ionenkonkurrenzen — bei unterschiedlicher Düngung ziemlich konstant blieb, die Anionensumme dagegen wurde durch eine steigende Cl-Düngung beachtlich erhöht, ohne daß ein anderes Ion in seiner Aufnahme merklich gehemmt wurde. Eine Übereinstimmung der oben angeführten Formel mit den Versuchsergebnissen an elf verschiedenen Pflanzenarten konnte nicht gefunden werden.

Die theoretische Begründung für die Aufstellung der von Kretschmer et al. (1953) postulierten Formel kann nicht darin gesehen werden, daß die Pflanze insgesamt elektroneutral ist, also gleich viel negative wie positive Valenzen aufweist. An diesem Ausgleich sind allzu viele organische Valenzen, wie organische

Säuren, Aminosäuren und Eiweißkörper, beteiligt, die mit der obigen Formel nicht erfaßt werden können (SHEAR et al. 1948). Die Konstanz zwischen aufgenommenen Kationen und Anionen kann so logischerweise nur auf der Vorstellung basieren, daß jeweils — um den Ladungsausgleich zu wahren — mit einem Äquivalent an Anionen auch ein Äquivalent an Kationen aufgenommen wird. Die Konstante müßte also $=1$ sein. Das ist offensichtlich in den meisten Fällen nicht gegeben (SCHARRER und JUNG 1955a, 1955b, 1957). Hieraus kann man nur folgern, daß noch andere Ionen, z. B. H^+ oder OH^-, an einem Ladungsausgleich bei der Ionenaufnahme teilnehmen, eine Tatsache, die schon lange bekannt ist, z. B. Austausch von Ionen der Nährlösung gegen die H-, OH- und HCO_3-Ionen der Pflanzenwurzel. In diesem Austausch liegt wahrscheinlich die größte Möglichkeit der Pflanze, zu einem Ladungsausgleich zwischen den Ionen bei der Aufnahme zu kommen. Ein konstantes Verhältnis der in der obigen Formel aufgeführten Kationen und Anionen bei der Aufnahme aber würde bedeuten, daß sich Abgabe und Aufnahme von H^+, OH^- und HCO_3^- ebenfalls hinsichtlich ihrer *Kationen/Anionen-Relation* konstant verhalten; eine Annahme, die allzu unwahrscheinlich erscheint. Wie schon dargelegt, konnten KRETSCHMER et al. (1953) dieser Überlegung entsprechend keine Übereinstimmung der experimentellen Ergebnisse mit der postulierten Formel finden. Das schließt nicht aus, daß man in vielen Fällen auch bei variierter Düngung feststellen kann, daß die Pflanze ein in gewissen Grenzen schwankendes Kationen/Anionen-Verhältnis anstrebt. So konnten SCHARRER und JUNG (1955a, 1955b, 1957) bei verschiedenen Pflanzen feststellen, daß die Aufnahme von Kationen zu Anionen vielfach in einem annähernd konstanten Verhältnis stand. Andererseits geht aus ihren Untersuchungen auch hervor, daß bei Mangel an einem Nährstoff das Kationen/Anionen-Verhältnis extrem verschoben wird. Die genannten Autoren fanden in einem Versuch mit Sonnenblumen, daß mit steigender Nitratdüngung das Kationen/Anionen-Verhältnis fortlaufend von 0,82 bis 0,47 abnimmt. JUNG (1956) verweist weiterhin darauf, daß bei NH_4-Ernährung das Kationen/Anionen-Verhältnis gesichert höher ist als bei NO_3-Ernährung. Aus diesen Angaben darf man schließen, daß die Pflanze, um zu einem elektrostatischen Ausgleich zu kommen, nicht darauf angewiesen ist, die Anionen und Kationen aus der Nährlösung in einem konstanten Verhältnis aufzunehmen. Hierbei bleibt jedoch die Möglichkeit offen, daß unter gewissen Bedingungen auch eine auf einem Ladungsausgleich basierende Ionenaufnahme erfolgen kann.

HURD und SUTCLIFFE (1957) berichten, daß mit steigender Bikarbonat-Konzentration der Nährlösung die K-Aufnahme zunimmt. Sie vermuten, daß durch die erhöhte HCO_3^--Aufnahme die Synthese organischer Säuren stimuliert wird, die ihrerseits wieder, nach Ansicht der Verfasser, auf Grund eines Kationen/Anionen-Ausgleiches die K-Aufnahme erhöht. BURSTRÖM (1945) stellte fest, daß durch den Eintritt von Kationen in den Zellsaft die Konzentration an Malat-Ionen ansteigt, so daß die überschüssigen Kationen neutralisiert werden. JACOBSON (1955) fand, daß der Einbau von CO_2 in Malat durch eine überschüssige Kationenmenge gefördert, durch eine überschüssige Anionenmenge gehemmt wird. YOUNG und GRAHAM (1959) konnten an Gerstenwurzeln jedoch nicht feststellen, daß eine erhöhte K-Aufnahme die CO_2-Fixierung und auch die Malat-Synthese fördert. Das Prinzip der Elektroneutralität in der Zelle wird durch neuere Arbeiten bestätigt (DIJKSHOORN 1957, MACDONALD und LATIES 1964, MENGEL 1965, KIRKBY und DEKOCK 1966, JACKSON und ADAMS 1963). Diese Untersuchungen zeigen, daß an der Aufrechterhaltung der Elektroneutralität organische Anionen, H-Ionen, Hydroxylionen und Bikarbonationen beteiligt sind. Bei Nitraternährung werden auf Grund des hohen N-Bedarfs der

Pflanze mit dem aufgenommenen Nitrat auch relativ viele Kationen aufgenommen. Bei der Nitratreduktion entstehen Hydroxylionen, die negative Ladung des Nitrats geht also auf das Hydroxylion über, welches seinerseits wieder mit CO_2 Bikarbonationen bilden oder aber von einer organischen Säure neutralisiert werden kann (DIJKSHOORN 1957, 1962). Die Synthese organischer Säuren wird dadurch stimuliert (CHOUTEAU 1963, EHRENDORFER 1964, KIRKBY und MENGEL 1967). In Übereinstimmung hiermit findet man bei Nitraternährung relativ hohe Gehalte an organischen Säuren (COÏC et al. 1962), während bei NH_4-Ernährung der Gehalt an organischen Säuren sehr niedrig ist. Wie sehr die Art der N-Ernährung die Ionengehalte und die Gehalte an organischen Säuren beeinflußt, konnte von COÏC überzeugend demonstriert werden (COÏC et al. 1962, COÏC 1964).

Die Tatsache, daß man auch bei unterschiedlicher Düngung ein in gewissen Grenzen schwankendes Kationen/Anionenverhältnis findet, ist weniger auf irgendeinen elektrostatischen Ionenausgleichsmechanismus zurückzuführen als auf den Bedarf einer Pflanze an den einzelnen Nährstoffen. Gerade das unterschiedliche Kationen-Anionenverhältnis bei NH_4-Ernährung im Vergleich zur NO_3-Ernährung beweist, daß primär für die Ionenaufnahme nicht ein konstantes Verhältnis, sondern der Bedarf an N maßgebend ist.

Der Beitrag wurde 1959/60 verfaßt. Später wurden einige Ergänzungen vorgenommen. Er stellt im wesentlichen den Wissensstand von 1959/60 dar.

Literatur

AIYAR, S. P.: Effect of phosphate deficiency on rice. Proc. Indian Acad. Sci. **23B**, 165–193 (1946). — ARNON, D. J., W. E. FRATZKE und C. M. JOHNSON: Hydrogen ion concentration in relation to absorption of inorganic nutrients by higher plants. Plant Physiol. **17**, 515–524 (1942).

BANGE, G. G.: Interactions in the potassium and sodium absorption by intact maize seedlings. Plant a. Soil **11**, 17–29 (1959). — BARTLEY, W., und J. E. AMORRE: The effects of manganese on the solute content of rat-liver mitochondria. Biochem. J. **69**, 348–360 (1958). — BIDDULPH, O., und C. G. WOODBRIDGE: The uptake of phosphorus by bean plants with particular reference to the effects of iron. Plant Physiol. **27**, 431–444 (1952). — BLACK, R. F.: Effect of NaCl in water culture on the ion uptake and growth of Atriplex hastata L. Austr. J. Biol. Sci. **9**, 67–80 (1956). — BÖSZÖRMÉNYI, Z., und E. CSEH: Relationships between the chloride and iodide uptake of wheat seedlings. Nature **182**, 1811–1812 (1958). — BOWEN, H. J. M., und J. A. DYMOND: The uptake of calcium and strontium by plants from soils and nutrient solutions. J. exper. Bot. **7**, 264–272 (1956). — BOWLING, J. D., und D. E. BROWN: Role of potash in growth and nutrition of Maryland tabacco. Technical Bull. No. 933, 1–26 (1947). — BRAUNER, L.: Untersuchungen über die Elektrolytpermeabilität und Quellung einer leblosen, natürlichen Membran. Jb. Bot. **73**, 513–632 (1930). — BRIGGS, G. E., und R. N. ROBERTSON: Apparent free space. Ann. Rev. Plant Physiol. **8**, 11–30 (1957). — BUCHNER, A.: Über den Einfluß der Chlorionen auf den Kohlenhydrat- und Stickstoffhaushalt der Pflanze bei Ammoniak- bzw. Nitraternährung. Z. Pflanzenernähr., Düng., Bodenkde. **57**, 1–29 (1952). — BURSTRÖM, H.: Studies on the buffer systems of cells. Ark. f. Botanik **32A**, No. 7, 1–18 (1945). — Mineralstoffwechsel. Fortschr. Bot. **13**, 252 (1951). — Mineralstoffwechsel. Fortschr. Bot. **15**, 301 (1954). — Mineralstoffwechsel. Fortschr. Bot. **18**, 245 (1956). — Mineralstoffwechsel. Fortschr. Bot. **21**, 247–254 (1959).

CAIN, J. C.: Some interrelationships between calcium, magnesium and potassium in one-year-old McIntosh apple trees grown in sand culture. Proc. Am. Soc. Hort. Sci. **51**, 1–22 (1948). — CHOUTEAU, J.: Etude de la nutrition de la plante de tabac en présence des doses croissantes de bicarbonate dans le milieu nutritif. Annales de l'Inst. Expérimental du Tabac de Bergerac, **4**, 2 (1963). — COÏC, M. Y.: Sur le déterminisme de l'absorption des cations minéraux par les genres et espèces végétales: Influence de la localisation de métabolisme de l'azote. Academie d'Agric. de France: Extrait du P.V. de la Séance du 24/6/1964 pp. 925–932. — COÏC, M. Y., CH. LESAINT und LEROUX, F.: Effets de la nature ammoniacale ou nitrique de l'alimentation azotée et du changement de la nature de cette alimentation sur le métabolisme des anions et cations chez la tomate. Ann. Physiol. vég. **4**, 117–125 (1962). — COLLANDER, R.: Selective absorption of cations by higher plants. Plant Physiol. **16**, 691–720 (1941). — CONWAY, E. J., und M. E. BEARY: Active transport of magnesium across the yeast cell membrane. Biochem. J. **69**, 275–280 (1958). — CONWAY, E. J., und F. DUGGAN: A cation carrier in the yeast cell wall. Biochem. J. **69**, 265–274 (1958). — COOPER, H. P., und E. E. HALL: Differential in potential production and in utilization of nitrogen and potassium by Calcium-accumulating and Silicon-accumulating crop plants. Soil Sci. **79**, 441–458 (1955). — COWIE, D. B., R. B. ROBERTS und I. Z. ROBERTS: Potassium metabolism in Escherichia coli. II: Metabolism in the presence of carbohydrates and their metabolic derivatives. J. Cell. Comp. Physiol. **34**, 259–291 (1949). — CROOKE, W. M., und R. H. E. INKSON: The relationship between nickel toxicity and major nutrient supply. Plant a. Soil **6**, 1–15 (1955).

DAINTY, J.: Ion transport and electrical potentials in plant cells. Ann. Rev. Plant Physiol. **13**, 379–402 (1962). — DANIELLI, J. F.: Concentration of ions at interfaces. Surface Chemistry, S. 87. London: Butterworth. 1949. — DAVIS, G. K.: Mechanisms of trace element function. Soil Sci. **85**, 59–62 (1958). — DEKOCK, P. C.: Iron nutrition of plants at high pH. Soil Sci. **79**, 167–175 (1955). — Heavy metal toxicity and iron chlorosis. Ann. Bot. N. S. **20**, 133–141 (1956). — DIJKSHOORN, W.: An note on the cation-anion relationships in perenninal ryegrass. Neth. J. Agric. Sci. **5**, 81–85 (1957). — Metabolic regulation of the alkaline effect of nitrate in utilization in plants. Nature **194**, 165–167 (1962).

EDDY, A. A., T. C. N. CARROLL, C. J. DANBY und C. HINSHELWOOD: Alkali metal ions in the metabolism of Bacterium Lactis aerogenes. I. Experiments on the uptake of radioactive potassium, rubidium and phosphorus. Proc. Roy. Soc. B **138**, 219–228 (1951). — EHRENBERG, P.: Chlorionenwirkung bei der Kalidüngung der Kartoffeln. Bodenkde. u. Pflanzenernähr. **34** (79), 253–292 (1944). — EHRENDORFER, K.: Einfluß der Stickstofform auf Mineralstoffaufnahme und Substanzbildung bei Spinat (Spinacia oleracea L.). Bodenkultur **15**, 1–13 (1964). — ELGABALY, M. M.: Specific effects of absorbed ions on plant growth. I: Effect of different combinations of calcium, magnesium and sodium of barley seedlings. Soil Sci. **80**, 235–248 (1955). — ELGABALY, M. M., und L. WIKLANDER: Donnan-equilibria in plant nutrition. Ann. Royal Agricult. Coll. Sweden **16**, 334–338 (1949). — EMMERT, F. H.: Loss of phosphorus^{32} by plant roots after foliar application. Plant Physiol. **34**, 449–454 (1959). — ENGEL, W.: Beitrag zur Funktion der Kieselsäure im pflanzlichen Organismus. Naturwissenschaften **45**, 316–317 (1958). — EPSTEIN, J. A.: Mechanism of ion absorption by roots. Nature **171**, 83–84 (1953). — EPSTEIN, E., und C. E. HAGEN: A kinetic study of the absorption of alkali cations by barley roots. Plant Physiol. **27**, 457–474 (1952). — EPSTEIN, E., und J. E. LEGETT: The absorption of alkaline earth cations by barley roots: Kinetics and mechanism. Amer. J. Bot. **41**, 785–791 (1954).

FAWZY, H., R. OVERSTREET und L. JACOBSON: The influence of hydrogen concentration on cation absorption by barley roots. Plant Physiol. **29**, 234–237 (1954). — FERRARI, TH. J., und C. SLUIJSMANS: Mottling and magnesium deficiency in oats and their dependence on various factors. Plant a. Soil **6**, 262–299 (1955). — FLORELL, C.: Calcium, mitochondria and anion uptake. Physiol. Plant. **10**, 781–790 (1957). — FRIED, M., und J. C. NOGGLE: Multiple site uptake of individual cations by roots as affected by hydrogen ion. Plant Physiol. **33**, 139–144 (1958). — FOOTE, B. D., und J. B. HANSON: Ion uptake by soybean root tissue depleted of calcium by ethylenediamentetraacetic acid. Plant Physiol. **39**, 450–460 (1964).

GÄRTEL, W.: Untersuchungen über den Kalium- und Magnesiumgehalt von Rebkulturen. Weinberg u. Keller **2**, 368–375 (1955). — Beitrag zur Kenntnis des Magnesiummangels bei Reben. Landwirtsch. Forsch. 13. Sonderh., 45–58 (1959). — GAUCH, G., und W. M. DUGGER, JR.: The physiological action of boron in higher plants: A review and interpretation. Agr. Exp. Sta. Maryland Techn. Bull. A 80 (1954). — GERALDSON, C. M.: Factors affecting calcium nutrition of celery, tomato and pepper. Proc. Soil Sci. Soc. Amer. **21**, 621–625 (1957). — GERLOFF, G. C., P. R. STOUT und L. H. P. JONES: Molybdenum—manganese—iron antagonism in the nutrition of tomato plants. Plant Physiol. **34**, 608–613 (1959). — GILBERT, S. G., M. DROSDORF und H. M. SELL: Differential absorption by tung seedlings of potassium from some of its salts. Soil Sci. **78**, 219–224 (1954). — GOSS, J. A., und E. M. ROMNEY: Effects of bicarbonate and some other anions on the shoot content of P^{32}, Ca^{45}, Fe^{59}, Rb^{86}, Sr^{90}, Ru^{106}, Cs^{137} and Ce^{144} in bean and barley plants. Plant a. Soil **10**, 233–241 (1959). — GOUNY, P.: Observations sur les particularités de l'alimentation ammoniacale en l'absence et en présence de calcaire. Ann. de l'instit. nat. de la rech. agron. Serie A: Ann. agron. **6**, 589–614 (1955).

HAMMOND, L. C., W. H. ALLAWAY und W. E. LOOMIS: Effects of oxygen and carbon dioxide levels upon absorption of potassium by plants. Plant Physiol. **30**, 155–161

(1955). — HANSON, J. B., und J. S. KAHN: The kinetics of potassium accumulation by corn roots as a function of cell maturity. Plant Physiol. **32**, 497–498 (1957). — HARMER, P. M., und E. J. BENNE: Sodium as a crop nutrient. Soil Sci. **60**, 137–148 (1945). — HARRIS, D. G., und C. H. M. VAN BAVEL: Nutrient uptake and chemical composition of tobacco plants as affected by the composition of the root atmosphere. Agron. J. **49**, 176–181 (1957). — HARWARD, M. E., W. A. JACKSON, J. R. PILAND und D. D. MASON: The relationship of chloride and sulfate ions to form of nitrogen in the nutrition of Irish potatoes. Proc. Soil Sci. Soc. Amer. **20**, 231–236 (1956). — HEWITT, E. J.: Relation of manganese and other metal toxicities to the iron status of plants. Nature **161**, 489–490 (1948). — HIGINBOTHAM, N.: The possible role of adenosin triphosphate in rubidium absorption as revealed by the influence of external phosphate, dinitrophenol and arsenate. Plant Physiol. **34**, 645–650 (1959). — HIGINBOTHAM, N., B. ETHERTON und R. J. FOSTER: Effect of external K, NH_4, Na, Mg and H ions on the cell transmembrane electropotential of Avena coleoptiles. Plant Physiol. **39**, 196–203 (1964). — HILL, A. C., S. J. TOTH und F. E. BEAR: Cobalt status of New Jersey soils and factors affecting the cobalt content of the plant. Soil Sci. **76**, 273–284 (1953). — HOAGLAND, D. R.: Lectures on the inorganic nutrition of plants. Waltham, Mass.: Chronica Botanica Company. 1948. — HOAGLAND, D. R., und T. C. BROYER: General nature of the process of salt accumulation by roots with description of experimental methods. Plant Physiol. **11**, 471–507 (1936). — HONDA, S. J., und R. N. ROBERTSON: Studies in the metabolism of plant cells. XI: The Donnan-equilibration and the ionic relations of plant mitochondria. Austr. J. Biol. Sci. **9**, 305–320 (1956). — HOOYMANS, J. J. M.: The role of calcium in the absorption of anions and cations by excised barley roots. Acta Bot. Neerl. **13**, 507–540 (1964). — HOPKINS, H. T.: Absorption of ionic species of orthophosphate by barley roots: Effects of 2,4-dinitrophenol and oxygen tension. Plant Physiol. **31**, 155–161 (1956). — HUFFAKER, R. C., und A. WALLACE: Effects of potassium and sodium levels on sodium distribution in some plant species. Soil Sci. **88**, 80–82 (1959). — HURD, R. G., und J. F. SUTCLIFFE: An effect of pH on the uptake of salt by plant cells. Nature **180**, 233–235 (1957).

JACKSON, P. C., und H. R. ADAMS: Cation-anion balance during potassium and sodium absorption by barley roots. J. gen. Physiol. **46**, 369–386 (1963). — JACOB, A.: Magnesia, der fünfte Pflanzenhauptnährstoff, S. 33. Stuttgart: F. Enke. 1955. — JACOBSON, L.: Carbon dioxide fixation and ion absorption in barley roots. Plant Physiol. **30**, 264–269 (1955). — Role of calcium in absorption of monovalent cations. Plant Physiol. **35**, 352–358 (1960). — JACOBSON, L., R. OVERSTREET, R. M. CARLSON und J. A. CHASTAIN: The effect of pH and temperature on the absorption of potassium and bromide by barley roots. Plant Physiol. **32**, 658–662 (1957). — JACOBSON, L., R. OVERSTREET, H. M. KING und R. HANDLEY: A study of potassium absorption by barley roots. Plant Physiol. **25**, 639–647 (1950). — JUNG, J.: Über den Einfluß der Ernährung auf das Verhältnis von Kationen zu Anionen in der Pflanze. Landwirtsch. Forsch. 7. Sonderh., 114–120 (1956). — Beziehungen zwischen pH-Werte, Stickstoff-Form, Natrium, Kalium und der Wirkung des Magnesiums. Landwirtsch. Forsch. 13. Sonderh., 31–37 (1959).

KAHN, J. S., und J. B. HANSON: The effect of calcium on potassium accumulation in corn and soya bean roots. Plant Physiol. **32**, 312–316 (1957). — Some observations on potassium accumulation in corn root mitochondria. Plant Physiol. **34**, 621–629 (1959). — KELLER, P., und H. DEUEL: Kationenaustauschgleichgewichte an abgetöteten Pflanzenwurzeln. Verhandl. d. 2. und 4. Kommission der Internat. Bodenkundl. Ges. Vol. II, S. 164–168, Hamburg 1958. Weinheim/Bergstr.: Verlag Chemie. 1958. — KIRKBY, E. A., und P. C. DEKOCK: The influence of age on the cation-anion balance in the leaves of Brussels sprouts (Brassica oleracea var. gemmifera). Z. Pflanzenernähr., Düng., Bodenkde. **111**, 197–203 (1965). — KIRKBY, E. A., und K. MENGEL: The ionic balance in different tissues of tomato plant in relation to nitrate, urea or ammonium nutrition. Plant Physiol. **42**, 6–14 (1967). — KNIGHT, A. H., und W. M. CROOKE: Interaction between nickel and calcium in plants. Nature **178**, 220 (1956). — KRETSCHMER, A. E., S. J. TOTH und F. E. BEAR: Effect of chloride versus sulfate ions on nutrient-ion absorption by plants. Soil Sci. **76**, 193–199 (1953).

LARSON, W. E., und W. H. PIERRE: Interaction of sodium and potassium on yield and cation composition of selected crop. Soil Sci. **76**, 51–64 (1953). — LATIES, G. G.: Active transport of salt into plant tissue. Ann. Rev. Plant Physiol. **10**, 87–112 (1959). — LANSING, A. I., und T. B. ROSENTHAL: The relation between ribonucleic acid and ionic transport across the cell surface. J. Cell. Comp. Physiol. **40**, 337–345 (1952). — LEACH, W., und C. D. TAPER: Studies in plant mineral nutrition. II: The absorption of iron and manganese by dwarf kidney bean, tomato and onion from culture solutions.

Canad. J. Bot. **32**, 561–570 (1954). — Leggett, E. J.: The activation of orthophosphate absorption by cations. Plant Physiol. **31**, VII (1956). — Legett, J. E., und E. Epstein: Kinetics of sulfate absorption by barley roots. Plant Physiol. **31**, 222–226 (1956). — Lewis, J. C., and W. L. Powers: Antagonistic action of chlorides on the toxicity of iodides to corn. Plant Physiol. **16**, 393–398 (1941). — Libbert, E.: Die Wirkung der Alkali- und Erdalkali-Ionen auf das Wurzelwachstum unter besonderer Berücksichtigung des Ionenantagonismus und seiner Abhängigkeit von Milieufaktoren. Planta **41**, 396–435 (1953). — Löhnis, M. P.: Influence of Mg on the uptake of Mn. 8e Congress Intern. Botan. (Paris 1954). Rapp. et Comm. Sect. 11 et 12 **83**. — Lundegårdh, H.: Permeabilität und Stoffaufnahme, S. 70–91. Die Nährstoffaufnahme der Pflanze. Jena: G. Fischer. 1932. — Die Nährstoffaufnahme der Pflanze, S. 117. Jena: G. Fischer. 1932. — Die Blattanalyse. Jena: G. Fischer. 1945a. — Absorption, transport and exudation of inorganic ions by the roots. Ark. f. Botanik **32** A, No. 12, 1–139 (1945b). — Spectroscopic evidence of the participation of the cytochrome-cytochrome oxidase system in the active transport of salts. Ark. f. kemi **3**, 69–79 (1952). — Lundegårdh, H., und Vl. Moravek: Untersuchungen über die Salzaufnahme der Pflanzen. Biochem. Z. **151**, 296–309 (1924).

Macleod, R. A., und E. E. Snell: The relation of ion antagonism to the inorganic nutrition of lactic acid bacteria. J. Bact. **59**, 783–792 (1950). — Malm, M.: On the potassium management of the yeast cell in the presence of weak acids. Physiol. Plant. **3**, 376–401 (1950). — Marschner, H.: Untersuchungen über die Aufnahme von Cs durch isolierte Gerstenwurzeln. Z. Pflanzenernähr., Düng., Bodenkde. **95**, 30–51 (1961). — Einfluß von Calcium auf die Natriumaufnahme und die Kaliumabgabe isolierter Gerstenwurzeln. Z. Pflanzenernähr., Düng., Bodenkde. **107**, 19–32 (1964). — Marschner, H., und J. Günther: Ionenaufnahme u. Zellstruktur bei Gerstenwurzeln in Abhängigkeit von der Calciumversorgung. Z. Pflanzenernähr., Düng., Bodenkde. **107**, 118–136 (1964). — Marschner, H., und K. Mengel: Apparent free space. Z. Pflanzenernähr., Düng., Bodenkde. **98**, 30–44 (1962). — Der Einfluß von Ca- und H-Ionen bei unterschiedlichen Stoffwechselbedingungen auf die Membranpermeabilität junger Gerstenwurzeln. Z. Pflanzenernähr., Düng., Bodenkde. **112**, 39–49 (1966). — Mattson, S., E. Eriksson, K. Vahtras und E. G. Williams: Phosphate relationships of soil and plant. I: Membrane equilibria and phosphate uptake. Kgl. Landbrukshögs. Ann. **16**, 457–484 (1948). — McEvoy, E. T.: The relation of ammonium and sulfate ions to magnesium deficiency in tobacco. C. J. Agr. Sc. **34**, 281–287 (1954). — Mengel, K.: Der Einfluß einer variierten K- und Mg-Düngung auf den Stickstoff- und Mineralstoffgehalt von Lihoraps. Landwirtsch. Forsch. **13**, 253–261 (1960). — Die Bedeutung der Wurzelaustauschadsorption für die Kationenaufnahme der höheren Pflanze. Habilitationsschrift d. Landw. Fakultät, Gießen 1961. — Die Donnan-Verteilung der Kationen im Freien Raum der Pflanzenwurzel und ihre Bedeutung für die aktive Kationenaufnahme. Z. Pflanzenernähr., Düng., Bodenkde. **95**, 240–259 (1961). — Das Kationen/Anionen-Gleichgewicht in Wurzel, Stengel und Blatt von *Helianths annuus* bei K-Chlorid- und K-Sulfaternährung. Planta **65**, 358–368 (1965). — Influx und Efflux bei der Kaliumaufnahme junger Gerstenwurzeln. Z. Pflanzenernähr., Düng., Bodenkde. **106**, 193–206 (1964). — Mengel, K., und M. Helal: Der Einfluß des austauschbaren Ca^{++} junger Gerstenwurzeln auf den Flux von K^{+} und Phosphat — eine Interpretation des Viets-Effekts. Z. Pflanzenphysiol. (1967). — Mengel, K., und B. Schneider: Die K-Aufnahme als Funktion der Influxrate und der Zellpermeabilität, mathematisch und experimentell an der K-Aufnahme junger Gerstenwurzeln dargestellt. Physiol. Plant. **18**, 1105–1114 (1965). — Metzner, H.: Elektrochemische Messungen an ungereizten Pflanzenwellen. Planta **38**, 605–647 (1951). — Michael, G.: Über die Aufnahme und Verteilung des Magnesiums und dessen Rolle in den höheren grünen Pflanzen. Bodenkde. u. Pflanzenernähr. **25**, 65–120 (1941). — Über das Wahlvermögen der Pflanzen bei der Mineralölstoffaufnahme. Deutsche Akad. d. Landwirtschaftswissenschaften, Berlin 1959. — Michael, G., und H. Marschner: Über den Phosphataustausch an Wurzeloberflächen. Z. Bot. **46**, 37–52 (1958). — Untersuchungen über die Phosphatabscheidung aus Pflanzenwurzeln mit Hilfe von P^{32}. Z. Pflanzenernähr., Düng., Bodenkde. **80**, 1–18 (1958). — Middleton, L. J., und R. S. Russel: The interaction of cations in absorption by plant tissues. J. exper. Bot. **9**, 115–127 (1958). — Mulder, D.: Magnesium deficiency in fruit trees on sandy soils and clay soils in Holland. Plant a. Soil **2**, 145–157 (1950). — Mulder, E. G.: Molybdenum in relation to growth of higher plants and microorganisms. Plant a. Soil **5**, 368–415 (1954). — Nitrogen-magnesium relationships in crop plants. Plant a. Soil **7**, 341–376 (1956). — Murphy, R. P.: Some factors influencing cation uptake by excised roots of perennial rye grass. Plant a. Soil **10**, 242–249 (1959).

NELSON, L. E., and N. C. BRADY: Some greenhouse studies of cation interactions in Ladino clover using split root techniques. Soil Sci. Soc. Amer. Proc. **17**, 274–278 (1953). — NIEMANN, R. H.: Salt-activated respiration in excised roots of the garden pea. Bot. Gaz. **118**, 1–13 (1956). — NIELSEN, T. R., und R. OVERSTREET: A study of the role of hydrogen ion in the mechanism of potassium absorption by excised barley roots. Plant Physiol. **30**, 303–309 (1955).

OERTLI, J. J.: Betrachtungen zum Trägertransport bei der pflanzlichen Ionenaufnahme. Z. Pflanzenernähr., Düng., Bodenkde. **104**, 25–38 (1964). — OLSEN, C.: The significance of concentration for the rate of ion absorption by higher plants in water culture. Physiol. Plant. **3**, 152–164 (1950). — The significance of concentration for the rate of ion absorption by higher plants in water culture. IV: The influence of hydrogen ion concentration. Physiol. Plant. **6**, 848–858 (1953). — OSTERHOUT, V. J. W.: The basis of measurement of antagonism. J. biol. Chem. **34**, 363–368 (1918). — OVERSTREET, R.: Comments on the absorption of inorganic ions by root cells. Plant Physiol. **32**, 491–492 (1957). — OVERSTREET, R., L. JACOBSON und R. HANDLEY: The effect of calcium on the absorption of potassium by barley roots. Plant Physiol. **27**, 575-590 (1952). — OZANNE, P. G., J. T. WOOLEY und T. C. BROYER: Chlorine and bromine in the nutrion of higher plants. Austr. J. Biol. Sci. **10**, 66–79 (1957).

PERKINS, H. F., und M. STELLY: Ca and Mg content of oats and Crimson clover grown on Norfolk sandy loam as affected by Na and K. Soil Sci. **86**, 305–309 (1958). — PIRSCHLE, K.: Nitrate und Ammonsalze als Stickstoffquellen für höhere Pflanzen bei konstanter Wasserstoffionenkonzentration. Planta **14**, 583–676 (1931). — PITMAN, M. G.: The effect of divalent cations on the uptake of salt by beetroot tissue. J. exp. Bot. **15**, 444–456 (1964). — PURVIS, E. R., und O. W. DAVIDSON: Review of the relation of Ca to the availability absorption of certain trace elements by plants. Soil Sci. **65**, 111–116 (1948).

REDISKE, J. H.: The translocation of radio iron in the bean plant. Thesis, The State College of Washington 1950 (zit. nach BIDDULPH und WOODBRIDGE 1952). — REDISKE, J. H., und O. BIDDULPH: The absorption and translocation of iron. Plant Physiol. **28**, 576–593 (1953). — REDISKE, J. H., und A. A. SELDERS: The absorption and translocation of strontium by plants. Plant Physiol. **28**, 594–605 (1953). — REHM, S.: Der Einfluß der Borsäure auf Wachstum und Salzaufnahme von Impatiens balsamina. Jb. wiss. Bot. **85**, 788–814 (1937). — ROBERTS, R. B., und I. Z. ROBERTS: Potassium metabolism in Escherichia coli. III: Interrelationship of potassium and phosphorus metabolism. J. Cell. Comp. Physiol. **36**, 15–40 (1950). — ROBERTSON, R. N.: The uptake of minerals. Hdb. der Pflanzenphysiologie **IV**, S. 245. Berlin-Göttingen-Heidelberg: Springer. 1958. — ROBERTSON, R. N., M. J. WILKINS, A. B. HOPE und L. NESZTEL: Studies in the metabolism of plant cells. X: Respiratory activity and ionic relations of plant mitochondria. Austr. J. Biol. Sci. **8**, 164–185 (1955). — ROTHSTEIN, A.: The transport of bivalent cations into the yeast cell in relation to potassium and phosphate uptake. Radioisotop. in Sci. Res. **4**, 1–11 (1958). — ROTHSTEIN, A., und A. D. HAYES: The relationship of the cell surface to metabolism. XIII: The cation-binding properties of the yeast cell surface. Arch. Biochem. Biophys. **63**, 87–99 (1956). — RUSSEL, R. S., und M. J. AYLAND: Exchange reactions in the entry of cations into plant tissues. Nature **175**, 204–205 (1955). — RUSSEL, R. S., und H. M. SQUIRE: The absorption and distribution of strontium in plants. J. exper. Bot. **9**, 262–276 (1958).

SCHARRER, K., und J. JUNG: Der Einfluß der Ernährung auf das Verhältnis von Kationen zu Anionen in der Pflanze. Z. Pflanzenernähr., Düng., Bodenkde. **71**, 76–94 (1955a). — Weitere Untersuchungen über die Nährstoffaufnahme und das Verhältnis von Kationen zu Anionen in der Pflanze. Z. Pflanzenernähr., Düng., Bodenkde. **71**, 97–113 (1955b). — Über den Einfluß von Mangan, Kupfer, Zink, Eisen, Bor, Molybdän und Kobalt auf die Mineralstoffaufnahme bei Mais und Ackerbohnen. Z. Pflanzenernähr., Düng., Bodenkde. **75**, 47–66 (1956). — Das Kationen-Anionenverhältnis der Pflanze bei Zufuhr steigender Mengen Carbonat-, Sulfat-, Silikat-, Chlorid- und Acetat-Ionen. Z. Pflanzenernähr., Düng., Bodenkde. **76**, 27–38 (1957). — SCHARRER, K., und H. KÜHN: Die Wirkung des Natriums im Rhenaniaphosphat. Z. Pflanzenernähr., Düng., Bodenkde. **80**, 189–202 (1958). — SCHARRER, K., und K. MENGEL: Über den Kalium-Magnesium-Antagonismus bei Mais und Sonnenblumen. Z. Pflanzenernähr., Düng., Bodenkde. **83**, 149–162 (1958). — Aufnahme und Verteilung der Kationen Ca, Mg, K und Na in der Pflanze bei variierter K- und Mg-Düngung sowie bei extraradikaler K-Versorgung. Plant a. Soil **12**, 372–396 (1960). — SCHARRER, K., R. SCHREIBER und H. KÜHN: Über den Einfluß des Natriums auf das Wachstum von Futter- und Zuckerrüben bei ausreichender Versorgung mit Kalium. Z. Pflanzenernähr., Düng., Bodenkde. **62**, 128–137 (1953). — SCHKOLNIK, M. J., N. A. MAKAROWA und

M. M. STEKLOWA: Über den Einfluß der Spurenelemente auf die Erhöhung der Salzfestigkeit von Pflanzen und über seine Ursache. Bot. J. UdSSR **34**, 85–94 (1949). — SCHMEHL, W. R., M. PEECH und R. BRADFIELD: Influence of soil acidity on absorption of calcium by alfalfa as revealed by radiocalcium. Soil Sci. **73**, 11–21 (1952). — SHEAR, C. B., H. L. CRANE und A. T. MEYERS: Nutrient-element balance: Application on the concept to the interpretation of foliar analysis. Proc. Amer. Soc. Hort. Sci. **51**, 319–326 (1948). — SIDERIS, C. P., und H. Y. YOUNG: Pineapple chlorosis in relation to iron and nitrogen. Plant Physiol. **31**, 211–222 (1956). — SKELDING, A. D.: The effect of carbon dioxide on the absorption of manganese by root tissues of red beet. Ann. Botany **21**, 121–141 (1957). — SMITH, P. F.: Heavy metal accumulation by citrus roots. Bot. Gaz. **114**, 426–436 (1953). — SMITH, P. F., und A. W. SPECHT: Heavy-metal nutrition and iron chlorosis of citrus seedlings. Plant Physiol. **28**, 371–382 (1953). — SMITH, R. L., und A. WALLACE: Influence of cation ratio, temperature and time on adsorption and absorption of calcium and potassium by citrus and other plant species. Soil Sci. **82**, 9–19 (1956a). — Cation-exchange capacity of roots and its relation to calcium and potassium content of plants. Soil Sci. **81**, 97–109 (1956b). — Influence of nitrogen fertilization, cation concentration and root cation-exchange capacity on calcium and potassium uptake by plants. Soil Sci. **82**, 165–172 (1956c). — SOMMERS, I. I., und J. W. SHIVE: The iron-manganese relation in plant metabolism. Plant Physiol. **17**, 582–602 (1952). — SOWELL, W. F., und R. D. ROUSE: Effect of Na on cation content of leaves and boll production of cotton plants grown in solution cultures in growth chamber. Soil Sci. **86**, 70–74 (1958). — STOUT, P. R., und W. R. MEAGHER: Studies of the molybdenum nutrition of plants with radioactive molybdenum. Science **108**, 471–473 (1948). — STOUT, P. R., W. R. MEAGHER, G. A. PEARSON und C. M. JOHNSON: Molybdenum nutrition of crop plants. 1. The influence of phosphate and sulphate on the absorption of molybdenum from soils and solution cultures. Plant a. Soil **3**, 51–87 (1951). — SUTCLIFFE, J. F.: The selective absorption of alkali cations by storage tissues and intact barley plants. Potassium Symposium S. 1–11. International Potash Institute, Bern (1956). — The selective uptake of alkali cations by red beet root tissue. J. exper. Bot. **8**, 36–49 (1957). — SWANBACK, T. R.: Studies on antagonistic phenomena and cation absorption in tobacco in the presence and absence of manganese and boron. Plant Physiol. **14**, 423–446 (1939).

TANDA, T.: Effect of ribonuclease on salt absorption by excised mung bean roots. Plant Physiol. **31**, 251–253 (1956). — Reversal of ultraviolet effects on the absorption of rubidium by excised mung bean roots. Amer. J. Bot. **44**, 723-725 (1957). — TRUOG, E., K. C. BERGER und O. J. ATTOE: Response of nine economic plants to fertilization with sodium. Soil Sci. **76**, 41–50 (1953). — TRUOG, E., R. J. GOATES, G. C. GERLOFF und K. C. BERGER: Magnesium-phosphorus relationships in plant nutrition. Soil Sci. **63**, 19–25 (1947). — TSUNG-HSUN TSAO, G. S. RABIDEAU und W. G. WHALEY: Effects of differences in phosphorus nutrition on the nitrogen content and phosphorus^{32} absorption of four species of grass. Bot. Gaz. **112**, 214–221 (1950). — TULIN, A. S.: Die Bedeutung des Bors für die Ausnutzung der mineralischen Nährstoffe auf Podsolböden. Pedology Nr. **3**, 39–53 (1940). — TULLIN, V.: Response of the sugar beet to common salt. Physiol. Plant. **7**, 810–834 (1954). — TWYMAN, E. S.: The iron and manganese requirements of plants. New Phytol. **50**, 210–226 (1951).

VIETS, F. G.: Calcium and other polyvalent cations as accelerators of ion accumulation by excised barley roots. Plant Physiol. **19**, 466–480 (1944).

WALKER, C. J.: Histologic-pathologic effects of boron deficiency. Soil Sci. **57**, 51–54 (1944). — WEINSTEIN, L. H., und W. R. ROBBINS: The effect of different iron and manganese nutrient levels on the catalase and cytochrome oxidase activities of green and albino sunflower leaf tissues. Plant Physiol. **30**, 27–32 (1955). — WERNER, W.: Die Wirkung einer Magnesiumdüngung zu Kartoffeln in Abhängigkeit von Bodenreaktion und Stickstoff-Form. Der Kartoffelbau **10**, H. 1 (1959). — WHITE-STEVENS, R. H.: Carbohydrate metabolism in relation to boron nutrition. Proc. Amer. Soc. Hort. Sci. **36**, 537–543 (1939). — WLILIAMS, D. E., und J. VLAMIS: The effect of silicon on yield and manganese^{54} uptake and distribution in the leaves of barley plants grown in culture solutions. Plant Physiol. **32**, 404–409 (1957). — WILLIAMS, R. J. P.: Models for metallo-enzymes. Nature **177**, 304–307 (1956). — WRIGHT, K. E., und B. A. DONAHUE: Aluminium toxicity studies with radioactive phosphorus. Plant Physiol. **28**, 674–680 (1953).

YORK, E. T., JR., R. BRADFIELD und M. PEECH: Calcium-potassium interactions in soils and plants. II: Reciprocal relationship between calcium and potassium in plants. Soil Sci. **76**, 481–491 (1953). — YOUNG, L. C. T., und J. S. D. GRAHAM: Carbon dioxide fixation and salt uptake in particulate preparations from barley roots. Plant Physiol. **34**, 527–529 (1959).

IV. Der Eintritt der Nährstoffe in den Stoffwechsel und ihre weitere Verarbeitung (Ernährungsphysiologie der Kulturpflanzen)

A. Makronährstoffe

a) Der Eintritt der Elemente Kohlenstoff, Wasserstoff und Sauerstoff in den Stoffwechsel

Von

K.-H. Neumann

1. Einleitung

Die pflanzliche Trockensubstanz setzt sich grob gesprochen zu etwa 80% aus den Elementen Kohlenstoff, Sauerstoff und Wasserstoff zusammen. Wie aus der Zusammenstellung der zur Bildung von 100 bushels Mais erforderlichen Mengen der einzelnen Elemente oder Nährstoffe hervorgeht (Tab. 61), haben davon Sauerstoff und Kohlenstoff dem Gewicht nach den höchsten Anteil.

Tabelle 61. *Benötigtes Rohmaterial (geschätzt), um 100 bushels Mais zu bilden* (nach STEWARD 1964)

Substanz	Symbol	kg
Wasser[1]	H_2O	1950000—2500000
Sauerstoff	O_2	3040
Kohlenstoff	C	2360 oder 8600 CO_2
Stickstoff	N	72,5
Kalium	K	55,6
Phosphor	P	18,1
Schwefel	S	34,0
Magnesium	Mg	22,6
Calcium	Ca	22,6
Eisen	Fe	0,91
Mangan	Mn	0,136
Bor	B	0,03
Zink	Zn	Spur
Kupfer	Cu	Spur
Molybdän	Mo	Spur

[1] Jahresniederschlagsmenge der Fläche, auf der 100 bushels Mais erzeugt wurden, alle anderen Angaben beziehen sich auf den Gehalt der einzelnen Elemente in der Trockensubstanz der Pflanzen.

Schon aus diesen Angaben in Tab. 61 ergibt sich die große Bedeutung dieser Elemente für den Lebensablauf der Pflanze und somit schließlich für den Ertrag. Sauerstoff und CO_2 entnimmt die Pflanze der Atmosphäre. Bei den autotrophen Pflanzen, wozu die landwirtschaftlichen Nutzpflanzen ausschließlich gehören, wird der Wasserstoff, aber auch der Sauerstoff, von der Pflanze dem Wasser entnommen. Durch die den autotrophen Organismen mögliche Photolyse des Wassers werden die im Wassermolekül zunächst gebundenen Elemente Wasserstoff und Sauerstoff in eine für den pflanzlichen Stoffwechsel verfügbare Form überführt.

Wie aus Tab. 62 zu ersehen ist, ist der Anteil des CO_2 an der Atmosphäre mit einem Durchschnittswert von 0,03 % äußerst gering. In Abhängigkeit von klimatischen Einflüssen, der Lage des jeweiligen Standortes, dem Wechselspiel von Tag und Nacht und der Jahreszeiten kann der CO_2-Gehalt beträchtlichen Schwankungen unterworfen sein, so daß sehr oft der Umfang des CO_2-Angebotes den für die Kohlenstoffassimilation begrenzenden Faktor darstellt, wie im folgenden noch zu zeigen sein wird.

Tabelle 62. *Die durchschnittliche Zusammensetzung der atmosphärischen Luft* (*ohne Berücksichtigung des Wasserdampfes,* nach Handbook of Chemistry and Physics 1966)

Bestandteil	Gehalt in Vol.-%	Gehalt in ppm
N_2	78,089 ± 0,004	
O_2	20,946 ± 0,002	
CO_2	0,033 ± 0,001	
H_2		0,5
A	0,934 ± 0,01	
Ne		18,18 ± 0,04
He		5,24 ± 0,004
Kr		1,14 ± 0,01
Xe		0,087 ± 0,001
CH_4		2
N_2O		0,5 ± 0,1

Da der Sauerstoffgehalt der Atmosphäre mit 21 % verhältnismäßig hoch liegt, der Wasserstoffgehalt mit 0,5 ppm dagegen extrem niedrig, dürfte die Photolyse des Wassers gerade für die Versorgung der Pflanzenzelle mit Wasserstoff von großer Bedeutung sein. Die große energetische Bedeutung der Photolyse des Wassers soll hier zunächst außer acht gelassen werden.

Während das Wasser von der Pflanze vorwiegend über die Wurzel aufgenommen wird, gelangt das CO_2 über die sich an Blättern und Stengeln befindenden Stomata in den Pflanzenkörper. Weiter unten soll noch aufgezeigt werden, daß diese Trennung nicht absolut durchgeführt werden kann. Eine Reihe von Untersuchungen zeigte, daß das CO_2 oder besser das HCO_3^- ebenfalls über die Wurzel und das Wasser in Form von Wasserdampf auch über die oberirdischen Organe aufgenommen werden kann. Über das Leitbündelsystem der Pflanzen werden diese aus der Umwelt aufgenommenen Elemente, also Wasserstoff, Sauerstoff und Kohlenstoff, verteilt und gelangen dabei zu den Zellen der stoffwechselaktiven Gewebe. Im Licht werden Kohlenstoff und Sauerstoff als CO_2 über den sogenannten Calvin-Zyklus in organische Akzeptormoleküle eingebaut und somit in den Stoffwechsel einbezogen. Bei ausreichender Zur-Verfügung-Stellung von ATP[1] und NADPH[2] ist dieser C- und O-Einbaumechanismus auch im Dunkeln möglich.

[1] ATP = Adenosintriphosphat.
[2] NADP = Nikotinamid-Adenin-Dinucleotid-Phosphat.

Neben dieser bei den höheren Pflanzen ihrem Umfang nach bedeutendsten Möglichkeit des CO_2-Einbaues bestehen noch einige weitere Möglichkeiten, CO_2 im Dunkeln zu fixieren, von denen hier zunächst nur die sogenannte Malat- oder Wood-Workman-Reaktion erwähnt werden soll.

Wie schon angeführt, ist der Wasserstoffgehalt in der unteren Atmosphäre äußerst gering, so daß praktisch nur der in der Photolyse des Wassers freiwerdende Wasserstoff für die Syntheseleistungen der Zelle zur Verfügung steht. Dabei soll der über die durch Hydrolasen ermöglichte Hydrolyse in organische Moleküle eingebaute Wasserstoff und Sauerstoff zunächst unberücksichtigt bleiben (s. jedoch S. 309).

Der in der Photolyse aktivierte Wasserstoff wird zunächst vom NADP aufgenommen, wobei NADPH gebildet wird. Dieses steht nun der Zelle für Synthesezwecke zur Verfügung. Auf die große Bedeutung des Wasserstoffs bzw. des NADPH für Redoxreaktionen soll hier zunächst nicht eingegangen werden. Von der PGS[1], dem ersten stabilen Produkt der CO_2-Fixierung im Calvin-Zyklus, dem Malat in der Wood-Workman-Reaktion und dem NADPH ausgehend, stehen die drei Elemente Sauerstoff, Wasserstoff und Kohlenstoff für die vielen Reaktionen, die unter dem Begriff „Stoffwechsel“ zusammengefaßt werden, der Zelle in für sie verwertbarer Form zur Verfügung.

Die Frage nach den Quellen dieser drei Nährstoffe schließt die Frage nach deren Pflanzenverfügbarkeit mit ein. Während Kohlenstoff und Sauerstoff der Pflanze als CO_2 in der Atmosphäre als Gas zur Verfügung stehen, das durch die Stomata an die von Wasserfilmen bedeckten Zellen direkt herantritt, dort gelöst wird und vermutlich als HCO_3^- dann von der Zelle aufgenommen werden kann, ist die Aktivierung des Wasserstoffs bei unseren Kulturpflanzen über die Photolyse des Wassers, also über einen lichtabhängigen Vorgang, möglich. Wenn man die Frage nach den H-Quellen stellt, kommt somit für letzteren Vorgang neben dem eigentlichen Angebot des Elementes Wasserstoff als zusätzlicher äußerer Faktor noch die Lichteinstrahlung hinzu. Da sowohl die CO_2-Fixierung als auch die Wasserspaltung der Pflanzenzellen von Enzymen katalysiert werden und diese in ihrer Wirkung temperaturabhängig sind (der Wirkungsbereich der meisten Enzyme liegt zwischen 10 und 30° C), ist auch der physikalische Faktor Umwelttemperatur von Bedeutung. Bei der Beurteilung der Nährstoffquellen sind also einerseits das Wasserangebot, der CO_2- und der O_2-Gehalt der Atmosphäre (chemische Faktoren) und andererseits die Lichteinstrahlung und die Temperatur (physikalische Faktoren) zu berücksichtigen. Für die Verwertung der physikalischen und chemischen Umwelt durch die Pflanzenzelle ist natürlich auch die Gesamtnährstoffsituation des Standortes von großer Bedeutung, jedoch soll das hier zunächst nicht interessieren.

Von entscheidender Bedeutung ist jedoch noch ein weiterer Fragenkomplex. Sowohl die chemischen als auch die physikalischen Faktoren unterliegen im Laufe eines Jahres beträchtlichen Schwankungen. Dem gegenüber steht der für jede Pflanzenart spezifische, genetisch festgelegte morphologische und physiologische Entwicklungsgang, so daß die einzelnen Pflanzenarten zu bestimmten, von Pflanzenart zu Pflanzenart oft unterschiedlichen Zeitpunkten gemäß ihres physiologischen Entwicklungszustandes bestimmte Ansprüche an die die Nährstoffverfügbarkeit determinierenden Faktoren stellen. Infolgedessen kommt zu den chemischen und physikalischen Faktoren der Nährstoffquellen-Verfügbarkeit noch ein biologischer Faktor hinzu.

[1] PGS = Phosphoglycerinsäure.

Der genetische Informationsgehalt, eine in unser physikalisches Weltbild zunächst nicht einzuordnende Größe, prägt also den zur anorganischen Welt gehörenden, und somit den dieser innewohnenden Gesetzmäßigkeiten unterworfenen Elementen Wasserstoff, Sauerstoff und Kohlenstoff eine den einzelnen Organismen als spezifisch zuzuordnende Form auf, in der sie wohl als Elemente oder Atome noch die ihnen den Gesetzen der Physik nach zukommenden Eigenschaften besitzen. In der höheren Organisationsform des in der Zelle enthaltenen Moleküls werden sie jedoch über den Informationsgehalt der Zelle spezifischen, den einzelnen Organismen eigenen Reaktionsabläufen, Strukturen und Organisationsformen unterworfen.

Die Nutzung der angebotenen Nährstoffe, in unserem Falle des Kohlenstoffs, Wasserstoffs und Sauerstoffs, durch die Pflanze wird also, etwas vereinfacht ausgedrückt, durch die Konzentration von CO_2 und O_2 in der Atmosphäre, durch das Wasserangebot, durch die Lichteinstrahlung und die Temperatur des Standortes und schließlich durch den genetisch festgelegten physiologischen Entwicklungsgang mit seinen variierenden Nährstoffansprüchen der betreffenden Pflanze determiniert. Die chemischen und physikalischen Faktoren sind festgelegt, sie machen den Standort aus und sind nur in relativ engen Grenzen dem Eingriff des Landwirtes zugänglich. Dagegen ist es Aufgabe des Landwirtes, die in ihrer physiologischen Entwicklung der Nährstoffverfügbarkeit des betreffenden Standortes angepaßte Pflanzenart auszuwählen und somit die Standortfruchtbarkeit zu lenken.

2. Aufnahme und Verarbeitung von Kohlenstoff, Wasserstoff und Sauerstoff

Das im Verlauf der Photosynthese zu reduzierende CO_2 gelangt durch die Stomata, die wiederum mit einem weitverzweigten Luftkanalsystem im Inneren des Blattes in Verbindung stehen, zu den chlorophyllhaltigen Zellen der Blätter oder des Stengels. Das Blatt (Abb. 35), bei weitem das wichtigste CO_2 fixierende Organ der Pflanze, kann als eine Reihe von photosynthetisch aktiven Zellschichten (das Mesophyll) angesehen werden, die wiederum von schützenden Zellschichten, der Epidermis, umgeben sind. Diesen photosynthetisch aktiven Zellschichten stehen Leitungsbahnen (die Blattadern) mit der Fähigkeit zur Stoffleitung in zwei Richtungen zur Verfügung. Durch dieses Leitungssystem wird einerseits „Syntheserohmaterial" (Mineralstoffe, Hormone, Aminosäuren usw.) den photosynthetisch aktiven Zellen zu- und andererseits werden photosynthetische Produkte abgeleitet. Dieses Stoffleitungssystem ist so dicht angelegt, daß praktisch jede Mesophyllzelle nur einige Zellquerschnitte von einer Blattader entfernt ist.

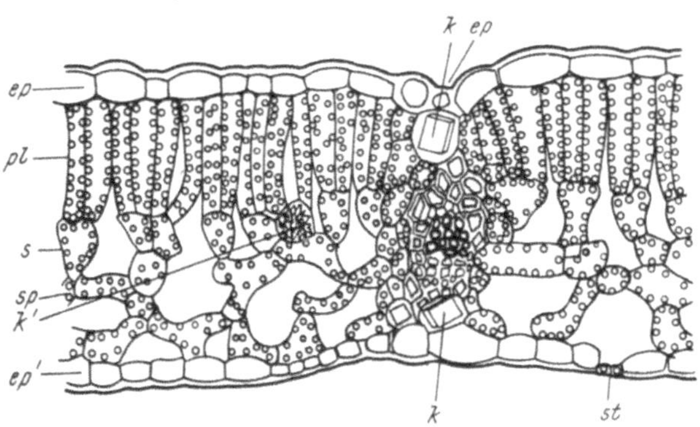

Abb. 35. Querschnitt durch das bifaziale Blatt einer Buche *(Fagus silvatica)*. *ep* Epidermis der Oberseite, *ep'* der Unterseite, *pl* Palisaden-, *s* Trichterzellen, *sp* Schwammparenchym; zwischen den beiden Kristallzellen *k* und *k* ein quergeschnittenes, kollaterales Leitbündel, dessen Gefäßteil nach oben und dessen Siebteil nach unten gerichtet und das von einer Sklerenchymscheide umgeben ist; *k'* Kristalldruse, *st* Spaltöffnung (360×, nach STRASBURGER, verändert)

Die in die Epidermis eingelagerten Stomata (die Fläche aller Spalten macht etwa 1% der Gesamtblattfläche aus) haben die Fähigkeit, sich in Abhängigkeit vom osmotischen Druck der sie umgebenden Schließzellen zu öffnen und zu schließen (Abb. 36). Die innere, der Stomataöffnung zugekehrte Zellwand der Schließzellen ist bedeutend dicker als die äußere, so daß im Falle zunehmenden osmotischen Druckes in der Schließzelle diese Wasser aufnimmt, sich dabei ausdehnt, wobei die weniger verstärkte Außenwand sich stärker dehnt und dabei die dickere Innenwand „mitzieht.“ Die Stomatapore öffnet sich. Die geöffneten Stomata dienen neben der CO_2-Aufnahme gleichzeitig, entlang eines Sättigungsgradienten, als Austrittstore für den Wasserdampf, sie regulieren also auch die Transpiration. Bei starkem Wasserverlust der Blätter (z. B. an einem heißen Tage) erschlaffen die Schließzellen der Stomata und die Pore schließt sich, so daß der Pflanze durch diesen Öffnungs- bzw. Schließmechanismus auch die Möglichkeit gegeben wird, ihren Wasserhaushalt in bestimmten Grenzen aktiv zu regeln. Das Schließen der Stomata infolge starkem Wasserverlust verhindert jedoch gleichzeitig die CO_2-Aufnahme aus der Luft und beeinflußt somit den Umfang der Photosynthese. Mit der rhythmischen Änderung der Stomataapertur und somit der möglichen CO_2-Aufnahme befassen sich u. a. APEL (1966, 1967) und RASCHKE (1965, 1966), wobei insbesondere die Oszillationen der Stomataapertur von RASCHKE als der Ausdruck der Tätigkeit eines sogenannten Regelkreises aufgefaßt werden. APEL ging der Frage nach, wodurch diese Oszillationen induziert werden und welche Umweltfaktoren ihre Parameter beeinflussen.

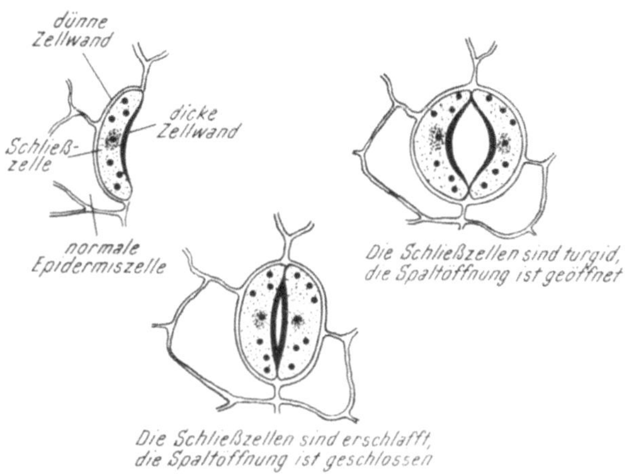

Abb. 36. Das Öffnen und Schließen der Stomata (nach BONNER und GALSTON)

Hat das CO_2-Molekül die stomatale Grenze passiert, so tritt es zunächst in die substomatale Luftkammer ein (s. Abb. 35), in der es dann zum Blattmesophyll diffundieren kann. Die Oberflächen der Mesophyllzellen werden feucht gehalten, und erreicht das CO_2-Molekül die Oberfläche einer Mesophyllzelle, so löst es sich zunächst, es wird in H_2CO_3 überführt, dieses dissoziiert in HCO_3^- und CO_3^{--} und wird schließlich wieder teilweise durch die Kationen der Zelle neutralisiert. Entsprechend dem Massenwirkungsgesetz wird somit immer ein Teil HCO_3^- frei vorliegen und der Zelle, d. h. in engerem Sinne den Chloroplasten, zur CO_2-Assimilation zur Verfügung stehen.

$$\frac{[HCO_3^-] \cdot [K^+]}{[KHCO_3]} = k$$

Bei der Photolyse des Wassers (s. weiter unten) wird O_2 freigesetzt, und dieser freie Sauerstoff wird ebenfalls durch die Stomata abgegeben, sobald dieser von den Oberflächen der photosynthetisch aktiven Zellen in das interzelluläre Luftkanalsystem gelangt ist. Dieses System steht wiederum mit den substomatalen Luftkammern in Verbindung. Werden infolge abnehmender Turgeszenz der

Schließzellen (wie im obigen Beispiel an einem heißen Tag) die Stomata geschlossen, wodurch der Gasaustausch unterbunden wird, so kann der gasförmige Sauerstoff wieder von den Zellen zur Atmung herangezogen werden. Die Respiration läuft also selbst bei geschlossenen Stomata weiter, und durch diesen positiven Einfluß des Sauerstoffs auf die Respirationsrate wird wiederum CO_2 freigesetzt. Dieses CO_2 kann bei geschlossenen Stomata im Licht als Substrat der CO_2-Assimilation dienen bzw. kann im Dunkeln über einige weiter unten noch zu beschreibende Stoffwechselwege mit NADPH und ATP aus der direkten Glucoseoxydation als Energiequelle wieder in den Stoffwechsel aufgenommen werden. Das Schließen der Stomata z. B. einer Pflanze im Anwelkstadium verhindert somit weder den Ablauf der Photosynthese noch den der Respiration. Jedoch wird die Photosynthesintensität, die unter optimalen Bedingungen die Respirationsintensität um ein Vielfaches übersteigt, auf etwa das gleiche Niveau wie die Respiration gesenkt. Daraus ergibt sich, daß das durch Welken hervorgerufene Schließen der Stomata ein starkes Herabsetzen der photosynthetischen Leistung der Pflanze und somit des Ertrages hervorruft.

Die zur Photolyse des Wassers erforderliche Wassermenge, nur ein kleiner Bruchteil des über die Wurzel aufgenommenen Wassers, wird in der Wurzel zunächst durch die Endodermis hindurch aktiv den wasserleitenden Gefäßen des sich im Zentrum der Wurzel befindenden Xylem zugeleitet und in diesem dann über den Stengel oder Stamm den Blättern zugeführt. Am Ende der Blattadern diffundiert das Wasser zu den benachbarten Mesophyllzellen und wird von diesen zum Teil passiv, aber zu einem großen Teil vermutlich auch aktiv aufgenommen und steht somit u. a. auch den Chloroplasten zur Photolyse zur Verfügung. All die vielen anderen Aufgaben des Wassers in der Zelle sollen hier unberücksichtigt bleiben (s. Abschnitt VII, A und B); daß eine durch die Wasseraufnahme bedingte Turgeszenz der Pflanzenzelle und des assimilierenden Organs bzw. Gewebes zur Photosynthese notwendig ist, wurde weiter oben schon angeführt. Ein großer Teil des in das Blatt

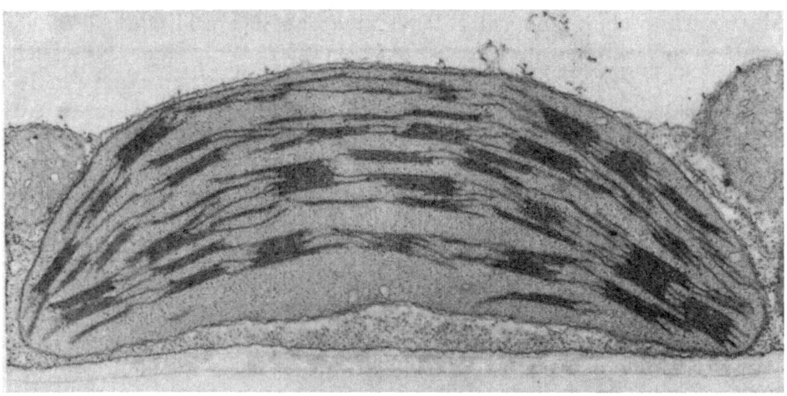

Abb. 37. Elektronenmikroskopische Aufnahme eines Chloroplasten in einer Mesophyllzelle von *Nicotiana tabacum* (25000 ×, Aufnahme H. ISRAEL)

gelangten Wassers wiederum verdunstet von den Oberflächen der Mesophyllzellen und verläßt über die interzellularen Luftkanäle und die substomatalen Luftkammern bei der Transpiration das Blatt.

Im Vorhergegangenen wurde der Eintritt der „Rohstoffe" der Assimilation von Kohlenstoff, Wasserstoff und Sauerstoff, also das CO_2 und das Wasser in die Pflanze als ganzes und schließlich in die photosynthetisch aktive Pflanzenzelle kurz skizziert. Auf die Möglichkeit der CO_2-Aufnahme über die Wurzel aus dem Boden soll am Ende dieses Abschnittes noch eingegangen werden. Die eigentlichen funktionellen, photosynthetisch aktiven Arbeitseinheiten der Zelle sind jedoch die Chloroplasten.

Die Chloroplasten sind Organellen im Zytoplasma mit einem Durchmesser von 4—8 μ (s. Abb. 37). Sie sind zur Selbstreduplikation befähigt, sie enthalten RNS und DNS (Tewari und Wildman 1966, Scher und Collinge 1965, Biggins und Park 1964), und entstehen aus äußerst kleinen Proplastiden. Diese Organellen können in einem hohen Maße als in sich geschlossene Einheiten angesehen werden. Dies führte zu einer ganzen Anzahl von Hypothesen über die phylogenetische Herkunft der Chloroplasten, von denen die extremste so weit geht, anzunehmen, daß es sich bei den Chloroplasten um ursprünglich selbständige Organismen handelt, welche im Laufe der phylogenetischen Entwicklung eine Art Symbiose mit den pflanzlichen Zellen eingegangen sind. Über die Entwicklung dieser Organellen soll an anderer Stelle noch ausführlicher berichtet werden (s. S. 325).

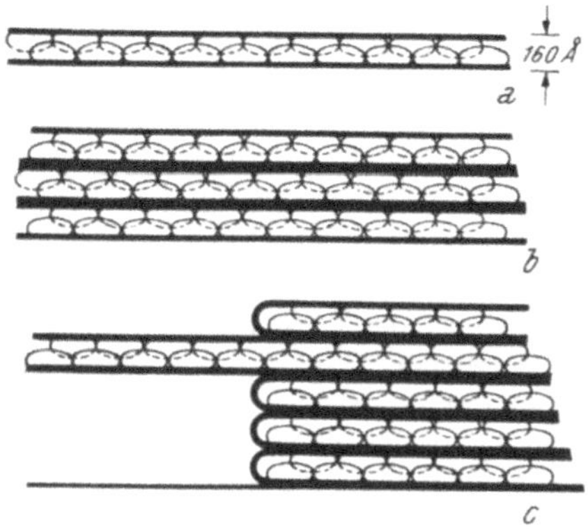

Abb. 38. Schematische Darstellung der Lamellenstruktur der Chloroplasten von: *a*) blaugrüne Alge, *b*) *Euglena*, *c*) höhere Pflanze (nach Park und Pon 1963)

Der Chloroplast enthält sowohl die photosynthetischen Pigmente und die mit diesen assoziierten Elektronentransportmechanismen als auch die die CO_2-Fixierung ermöglichenden Enzymsysteme (Trebst, Tsujimoto und Arnon 1958, Park und Pon 1961).

Betrachtet man dünne Schnitte von Chloroplasten mit dem Elektronenmikroskop, so kann ein in eine granuläre Matrix, das Stroma, eingebettetes Lamellensystem erkannt werden (Abb. 37). Der Chloroplast ist von einer Doppelmembran umgeben (Steinmann und Sjöstrand 1955; Hodge 1959, Menke 1960, s. auch Abb. 37). Untersuchungen von Park und Pon (1961) an Spinatchloroplasten *(Spinacea oleracea)* ergaben, daß die Licht- oder Hillreaktion und die mit dieser assoziierten Elektronentransportwege der Photosynthese in den Lamellenstrukturen enthalten sind. Verdickte oder verdichtete Stellen dieser Lamellen werden auch Grana genannt. Somit erfolgt die eigentliche Überführung der Lichtenergie in chemische Energie in diesen chlorophyllführenden Lamellenstrukturen. Die Lamellen der Chloroplasten erscheinen unter dem Elektronenmikroskop als zwei dunkle, etwa 160 Å voneinander entfernte Linien und können somit als aus zwei Teilen bestehend angesehen werden (Abb. 37). Jede dieser beiden Hälften besteht aus einer mit kleinen Partikeln (etwa 200 Å im Durchmesser) verbundenen osmophilen Membran. Diese kleinen Partikel mit einem Durchmesser von etwa 200 Å wurden zusammen mit den mit ihnen verbundenen Membranen von Calvin (1962) und von Park und Pon (1963) *Quantasomen* genannt.

In Abb. 38 sind die Quantasomen als zwischen zwei osmophilen Schichten liegende Scheiben dargestellt. Zur Durchführung der photosynthetischen Reaktionen ist jedoch nicht die ganze Lamellenstruktur notwendig. Schon aus 7 bis 8 Quantasomen bestehende Aggregate sind zur gleichen Energietransformation (Lichtenergie in chemische Energie) in der Lage wie der ganze Chloroplast

(PARK und PON 1961). Sehr wahrscheinlich ist das einzelne Quantasom die kleinste, zur Lichtreaktion der Photosynthese befähigte strukturelle Einheit und dürfte ein morphologisches Äquivalent der von EMERSON und ARNOLD (1932) und von KOK und BUSINGER (1957) postulierten „photosynthetischen Einheit" sein. Die zur CO_2-Fixierung erforderlichen Enzyme dagegen dürften mit dem Stromaanteil der Chloroplasten assoziiert sein (PARK und PON 1963).

Untersuchungen von SAUER und CALVIN (1962) ergaben, daß neben der Hauptmenge des Chlorophylls eine kleine Fraktion einer wahrscheinlich weitgehend „orientierten", langwelliges Licht absorbierenden Form des Chlorophylls a (695 mμ) zusammen mit einem ebenfalls „orientierten" Cytochrom und einigen gebundenen zunächst unbekannten Acceptormolekülen an einer bestimmten Stelle im Quantasom (dem Quantotrop) vorkommt. Obige Autoren schlagen einen Mechanismus vor, durch den die aus der Lichtabsorption des Pigmentes des Quantasoms entstandene Elektronenerregungsenergie am Quantotrop (etwa 10 Chlorophyll a-Moleküle) in das mit den Elektronentransportprozessen assoziierte chemische Potential überführt wird.

Nach den Angaben von PARK und PON (1963) dürfte das Molekulargewicht des Quantasoms etwa 960000 betragen. Bei der Berechnung der Zusammensetzung eines Quantasoms (s. Tab. 63) gingen obige Autoren davon aus, daß 1 Mn-Ion pro Quantasom entfällt, und errechneten so aus den Ergebnissen der Analyse der gereinigten Lamellenstruktur dann sowohl das Molekulargewicht als auch die Zusammensetzung des Quantasoms. Diese Berechnung ergibt ein Minimum-Molekulargewicht. Die Masse des 200-Å-Quantasoms kann jedoch auf Grund seiner Dichte und seines Volumens nach PARK und PON (1963) auf das 1- bis 2fache des in Tab. 63 angegebenen Minimum-Molekulargewichtes geschätzt werden. Infolgedessen würde das 200-Å-Quantasom mehrere hundert Chlorophyllmoleküle enthalten.

Tabelle 63. *Zusammensetzung von Chloroplastenlamellen auf der Basis eines minimalen Molekulargewichtes von 960000 einer chlorophyllhaltigen Einheit (Quantasom)* (nach PARK und PON 1963)

Substanz	Molekulargewicht	% -Anteil am berechneten Gesamtgewicht
	nicht lipoider Teil	
6 Fe	336	
1 Mn	55	
3 Cu	189	
4890 N-Atome als Protein	464000	
	464580	48
	Lipoidteil	
115 Chlorophyll × 920	107000	
Karotinoide	25000	
Differenz (unbekannte Substanzen)	363000	
	495000	52

Neben den in Tab. 63 aufgeführten Elementen wurden spektrochemisch auch noch Calcium, Aluminium und Silizium gefunden, und obige Autoren vermuten das Vorkommen von Calcium-Aluminiumsilikaten. Das Magnesium dürfte vor allem im Chlorophyll und das Fe in den weiter oben schon erwähnten Cytochromen enthalten sein. Das Mn steht wahrscheinlich im Zusammenhang mit dem von KESSLER (1957) und POSSINGHAM und SPENCER (1962) berichteten Mn-Erfordernis zur O_2-Freisetzung in der Photosynthese und das Cu mit dem Vorkommen eines Plastocyanins (KATOH, IKUKO, SHIRATORI und TAKAMIYA 1961). Elektronenmikroskopische Untersuchungen von PARK und PON (1963), in denen Quantasomen vor und nach der Entfernung der lipophilen Komponenten aufgenommen wurden, ergaben, daß das Protein in eine Lipoidmatrix eingebettet ist.

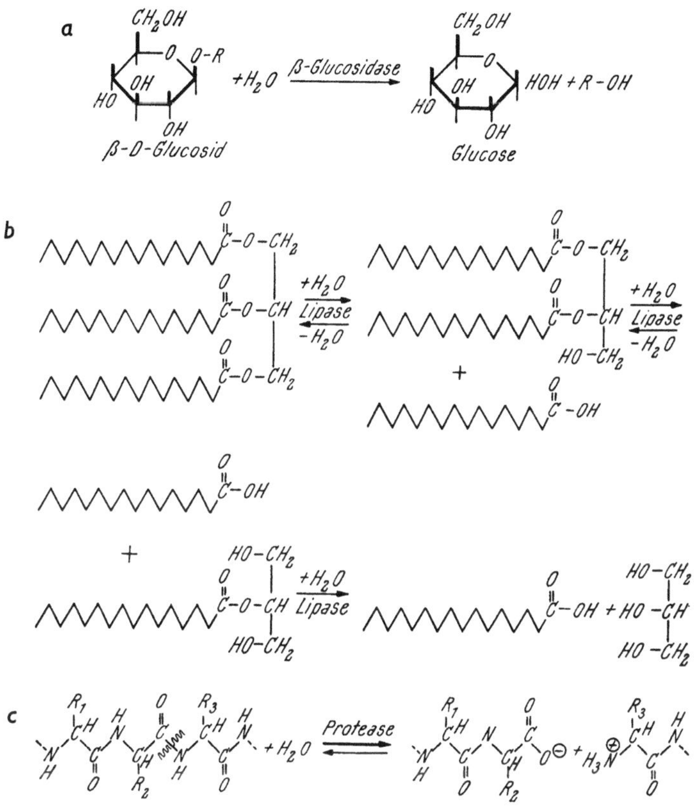

Abb. 39. Die Wirkungsweise verschiedener Hydrolasen: *a*) Protease, *b*) Lipase, *c*) Glucosidase (nach KARLSON 1962)

Die Chloroplastenanzahl je Zelle kann von Gewebe zu Gewebe und von Pflanzenart zu Pflanzenart zwischen 10 und 20 bis zu über 100 sehr stark schwanken. In den Chloroplasten erfolgt sowohl die Photolyse des Wassers mit der Zuverfügungstellung von NADPH und ATP als auch die Bildung der Phosphoglycerinsäure (PGS), dem ersten stabilen Produkt der CO_2-Fixierung, welche gleichzeitig den Ausgangspunkt für den Aufbau all der in der Pflanze zu findenden Kohlenstoffverbindungen darstellt. Die Chloroplasten nehmen also eine zentrale Stellung im Gesamtstoffwechsel der Zelle ein.

Im folgenden soll versucht werden darzustellen, durch welche Reaktionen die in Form von CO_2 und H_2O angebotenen Nährstoffe Kohlenstoff, Wasserstoff und Sauerstoff in für den Stoffwechsel verwertbare Formen überführt werden. Der Eintritt des Kohlenstoffs erfolgt im wesentlichen über die als Calvin- oder Pentosezyklus bekannte Reaktionskette. Daneben ist noch die über die Wood-

Workman-Reaktion erfolgende Fixierung des CO_2 unter Malatbildung von Bedeutung. Bei der Kohlenstoffixierung wird gleichzeitig der Sauerstoff mit eingebaut und steht so für weitere Synthesezwecke zur Verfügung. In der Photolyse des Wassers wird der Wasserstoff in Form von NADPH in eine für Synthesezwecke dem Stoffwechsel verfügbare Form überführt und schließlich werden Wasserstoff und Sauerstoff bei den durch Hydrolasen katalysierten Reaktionen ebenfalls in organische Moleküle eingebaut.

In Abb. 39c ist die enzymatisch gesteuerte Hydrolyse einer Proteinkette skizziert. Das hydrolytische Enzym ist eine Protease, und während der Sauerstoff des Wassers mit dem Kohlenstoff der Carboxylgruppe eine Verbindung eingeht, werden die beiden Wasserstoffionen zu der Aminogruppe der abgespaltenen Aminosäure transferiert. Als weitere Beispiele des hydrolytischen Einbaus von Wasserstoff und Sauerstoff in organische Moleküle sollen noch die von einer Lipase katalysierte Abspaltung der Fettsäuren vom Glycerin (Abb. 39b) und die von der β-Glucosidase katalysierte Hydrolyse eines Glucosides dienen (Abb. 39a).

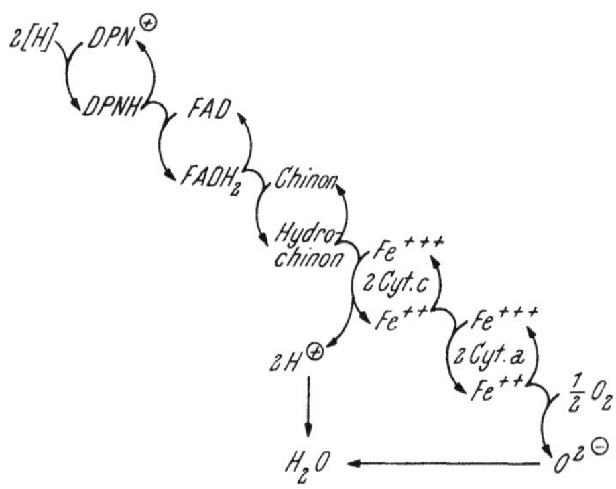

Abb. 40. Schematische Darstellung der Atmungskette (nach Karlson 1962)

Vermutlich verbindet sich das Enzym zunächst mit dem Substratmolekül (oder zumindest mit einem Teil des Substrates), und erst danach reagiert das Wasser mit dem Enzym-Substrat-Komplex unter Freisetzung des hydrolysierten Produktes.

Als Wasserstoffacceptor am Ende der Atmungskette (s. Abb. 40) greift der Sauerstoff, und zwar der molekulare Sauerstoff, nochmals in den Stoffwechsel ein, jedoch ohne selbst in organische Moleküle eingebaut zu werden. Für den Eintritt des molekularen Sauerstoffs in organische Verbindungen ist der Befund von Stout und Fritz (1966) von Interesse, daß anscheinend bei der Oxydation von Prolin zu OH-Prolin (s. Abb. 44) atmosphärischer Sauerstoff verwendet wird.

A. Die Photolyse des Wassers

Das von den grünen Pflanzen absorbierte Licht kann in der Photosynthese zur Spaltung des Wassers in Wasserstoff und Sauerstoff, also zur Photolyse des Wassers verwendet werden. Der dabei freiwerdende Wasserstoff wird vom NADP unter Bildung von NADPH aufgenommen. Die Reduktion des NADP wird von der Phosphorylierung des ADP (s. D. Arnon über die Photophosphorylierung, S. 348) begleitet, und NADPH und ATP werden zur CO_2-Fixierung, dem zweiten Hauptabschnitt der Photosynthese, auch Dunkelreaktion genannt, verwendet. Auch bei isolierten Chloroplasten und Chloroplastenbruchstücken kann die Photolyse des Wassers beobachtet werden, jedoch muß dann als Substituent für das NADP ein artificieller Elektronenacceptor vorhanden sein.

Von der Gesamtmenge des Chlorophylls in Chloroplasten sind nach Witt (1966) nur etwa 0,1% photoaktiv. Die vom Hauptteil des Chlorophylls absorbierte Lichtenergie wird auf das photoaktive Chlorophyll übertragen. Wie weiter unten noch zu zeigen sein wird, spielen bei der Photosynthese 2 Pigmentsysteme eine Rolle, über deren Bedeutung und Aufgabe eine ganze Anzahl von Hypothesen entwickelt wurden.

Das Vorkommen von sowohl zwei verschiedenen Chlorophyllarten bzw. Pigmentsystemen als auch zweier Lichtreaktionen wurde aus Veränderungen der Absorptions- und Wirkungsspektren bei unterschiedlichen Wellenlängen des eingestrahlten Lichtes geschlossen. Es konnte der Nachweis erbracht werden, daß diese beiden Systeme miteinander verbunden sind. Durch diese beiden Lichtreaktionen wird der Elektronenfluß vom Wasser zum NADP ermöglicht, wobei

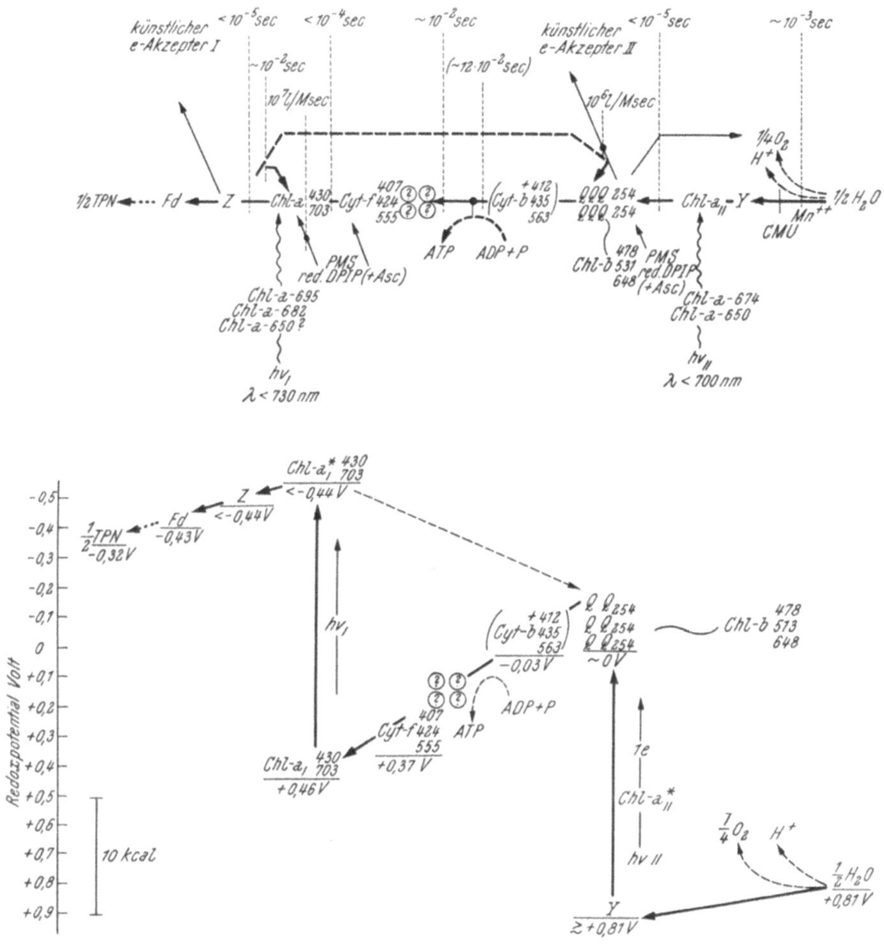

Abb. 41. Oben: Schema des Elektronentransportes bei der Photosynthese. Die Pfeile geben die Richtung der Elektronenverschiebung an. Unten: Energiediagramm des oben dargestellten Elektronentransportes. *TPN* Triphosphopyridinnucleotid (NADP), *Fd* Ferredoxin, *Chl-a* Chlorophyll a, *Chl-b* Chlorophyll b, *Cyt-f* Cytochrom f, *ATP* Adenosintriphosphat, *ADP* Adenosindiphosphat, *P* Phosphat *Cyt-b* Cytochrom b, *Q* Plastochinon, *Z* und *Y* sind chemisch unbekannt. Die Zeiten geben die Dauer der Elektronenübergänge an (nach Witt 1966)

NADPH gebildet wird, und über die Isolierung bzw. Identifizierung einer ganzen Reihe von Zwischenprodukten war es möglich, einen Reaktionsmechanismus auszuarbeiten, wie er in Abb. 41 dargestellt ist.

Der erste Hinweis auf diese Unterteilung der Photolyse des Wassers in 2 Stufen stammt von Emerson und Mitarbeitern (1957). Diese Forschergruppe fand, daß die Quantenausbeute einer grünen Pflanze zur Sauerstofffreisetzung bei Wellenlängen von über 700 mμ erhöht wird, sobald gleichzeitig Licht mit einer Wellenlänge von etwa 600 mμ eingestrahlt wird. Die Summe der beiden Quantenkonversionsvorgänge war bei gleichzeitiger Bestrahlung höher, als wenn jede Wellenlänge für sich allein eingestrahlt wurde. Diese Beobachtung wurde als der *Emersoneffekt* bekannt.

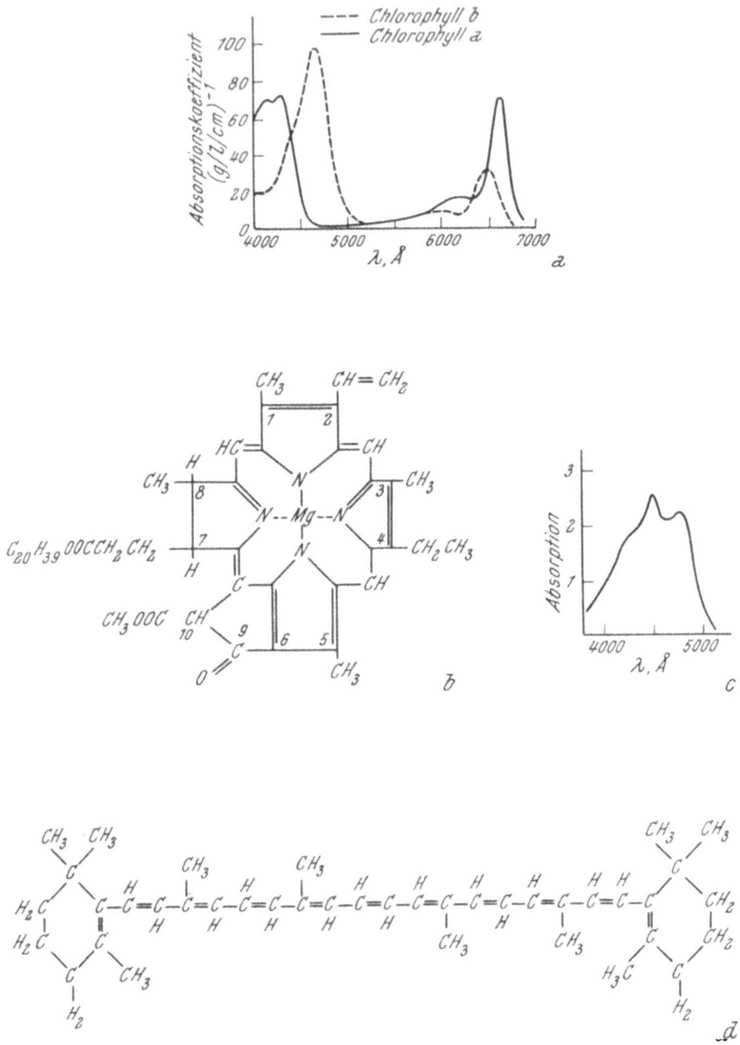

Abb. 42. *a*) Das Absorptionsspektrum des Chlorophylls in Methanol, *b*) Formel des Chlorophylls a, *c*) Spektrum des β-Carotins, *d*) Formel des β-Carotins (nach STEWARD 1964)

Der bedeutendste Acceptor der Lichtquanten ist das Chlorophyll, obgleich auch den Karotinoiden und einigen anderen accessorischen Farbstoffen (RABINOWITSCH 1945) eine photosynthetisch nutzbare Lichtquantenabsorption zugeschrieben wird (s. auch Abb. 42). Obgleich die Fraktion des Chlorophylls a als Ganzes nach der Extraktion ein einheitliches Spektrum besitzt (s. Abb. 42, 43) und auch in seinen sonstigen chemischen und physikalischen Eigenschaften einheitlich ist, konnte doch nachgewiesen werden, daß in der Lamellenstruktur der Chloroplasten das Chlorophyll a in zwei Formen vorkommt, die sich in der Lage der Hauptabsorptionsbanden unterscheiden, wobei das Absorptionsmaximum der einen Form bei 700 mμ (auch P 700 genannt) und das der anderen bei 680 mμ (P 680) liegt. Daraus wurde geschlossen, daß an der Absorption und Übertragung der Lichtenergie zwei Pigmentsysteme beteiligt sind.

Im folgenden soll nun eine kurze Zusammenfassung dieser Vorstellungen gegeben werden. Diese Zusammenfassung beruht auf folgenden Veröffentlichungen: METZNER (1966), SMITH und STACY FRENCH (1963), CALVIN (1965), WITT (1966), die dem interessierten Leser empfohlen werden sollen. Die bei der Photolyse von einem Wasserstoffdonator (DH z. B. H_2O) mit Hilfe der vom Pigmentsystem II absorbierten Lichtenergie auf das Energieniveau des Cytochrom b gehobenen Elektronen werden zunächst auch dort von einem „Pigment 680" (auch mit P 680 bezeichnet) eingefangen. Zu diesem Pigmentsystem II gehören Moleküle des Chlorophyll a mit einem Absorptionsmaximum bei 670 mμ, des Chlorophyll b, Carotinoide, bei Algen auch Phycocyan und Phycoerythrin und andere. Die von diesen accessorischen Pigmenten absorbierten Quanten werden an das P 680 weitergeleitet. Wie CALVIN vermutet, dürfte die primäre Lichtreaktion darin bestehen, daß durch die Lichtquanten im Pigmentmolekül ein Elektron aus einem Elektronenpaar abgespalten wird. Dieser Vorgang der Elektronenabspaltung mit den daraus resultierenden physikalischen Veränderungen des Moleküls kann auch an Pflanzenmaterial in flüssigem Stickstoff beobachtet werden, es handelt sich dabei also um einen rein physikalischen Vorgang.

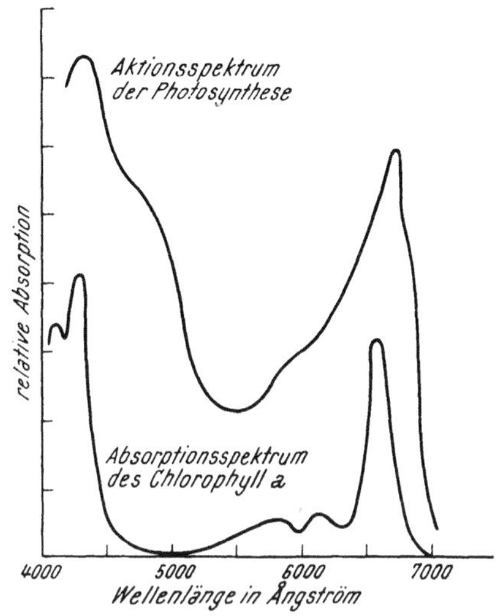

Abb. 43. Das Absorptionsspektrum des Chlorophylls und das Aktionsspektrum der Photosynthese

Das Elektron tritt vom P 680 auf das niedrigere Redoxpotential des Cytochrom f (+0,37 Volt) über, wobei gleichzeitig aus ADP und anorganischem Phosphat ATP aufgebaut wird. Auch das Pigmentsystem I setzt sich aus Clorophyll a und einigen accessorischen Farbstoffen zusammen, und die von diesem System absorbierte Lichtenergie wird an das allein photochemisch aktive Pigment 700 (P 700) weitergeleitet. Die diesem Pigment zugeleitete Strahlungsenergie hebt die Elektronen von Cytochrom f auf das höhere Potential eines zunächst noch unbekannten Acceptors, von dem aus sie dann schließlich über das nichthaemartige Ferroprotein Ferredoxin zum NADP (TPN) übergeleitet werden, welches dadurch zum NADPH (TPNH) reduziert wird. Bei der Verbindung der beiden photosynthetisch aktiven Systeme spielen wahrscheinlich auch die Plastochinone eine Rolle. Dem interessierten Leser sei die Arbeit von WITT (1966) empfohlen, der auch folgendes Zitat entnommen ist:

Etwas genauer beschrieben ereignet sich folgendes:

„Chl-a_I hat in angeregtem Zustand Chl-a_I^* ein so niedriges Redoxpotential (—0,44 Volt), daß es Z (Redoxpotential —0,44 Volt) reduzieren kann zu Z^-. Das Elektron von Z^- wird über Ferredoxin und Flavoprotein auf NADP (TPN) übertragen. Chl-a_I^+ wird durch Cyt-f reduziert. Das angeregte Chl-a_{II}^* bewirkt einen Elektronenübergang von Y zum Plastochinon Q. Das positive Y^+ entzieht dem Wasser ein Elektron und wird dadurch neutralisiert. Bei diesem Elektronenentzug zerfällt das Wasser in ein positives H^+ und $^1/_4$ O_2. H^+ verbindet sich mit NADP (TPN) zu NADPH (TPNH).

Die zwischen den Chlorophyll-Molekülen noch verbliebenen Ladungen Cyt-f^+ und Q^- neutralisieren sich. Dabei wird eine Energie von 10 kcal frei (das Elektron „fällt ein Stück bergab"). Dieser Betrag kann dazu benutzt werden, um die Bildung von energiereichem ATP zu ermöglichen. Nach diesem Vorgang, d. h. nach Bildung von NADPH ($TPNH_2$), ATP und O_2, liegt die Kette wieder im Ausgangszustand vor, bereit zu neuer Reaktion. Der akzeptierte Wasserstoff im NADPH ($TPNH_2$) und das energiereiche Phosphat ATP werden schließlich in dem Sekundärprozeß zur Reduktion von Kohlendioxid zu Zucker benutzt (Abb. 41)."

Zwischen den beiden Lichtreaktionen befindet sich ein Elektronendonatorreservoir, bestehend aus etwa 6 Plastochinonmolekülen Q, das eine Speicherung von etwa 12 Elektronen ermöglicht. Diesem Reservoir steht ein Elektronenakzeptorreservoir gegenüber, das aus etwa 6 Akzeptoren besteht, Chl-a_I^+, Cyt-f^+ und 4 weiteren unbekannten Stoffen.

Aus den Absorptionsänderungen folgt, daß die Reaktionsdauer der Kette durch die Elektronenübertragung zwischen den beiden Lichtreaktionen bestimmt wird. Diese beträgt etwa 10^{-2} sec bei 20° C. Diese Zeit stimmt ausgezeichnet mit der aus Sauerstoffmessungen ermittelten Gesamtreaktionsdauer überein. Die Entleerung der gefüllten Speicher nach links dauert — abhängig von der Lichtintensität — mindestens $12 \cdot 10^{-2}$ sec (s. Abb. 41).

Nach dem Schema muß zur Bildung eines O_2-Sauerstoffmoleküls insgesamt viermal ein Elektron von einem Ende zum anderen transportiert werden. Da für jeden Elektronentransport durch die Kette zwei Lichtquanten benötigt werden, folgt daraus ein Bedarf von 8 Quanten pro Sauerstoffmolekül. Der empirisch ermittelte Bedarf von 8 Lichtquanten pro Sauerstoffmolekül wird durch dieses Reaktionsschema also richtig beschrieben.

Das so gebildete NADPH steht der Zelle nun für Synthesezwecke zur Verfügung. Entgegen der für tierisches Gewebe geltenden Vorstellung, daß das NADPH im Gegensatz zum NADH[1] praktisch ausschließlich für Synthesezwecke und nicht zur Endoxydation über die Atmungskette (s. Abb. 40) mit der Bildung von ATP herangezogen werden kann, scheint nach den Untersuchungen von RAGLAND und HACKETT (1965), daß bei pflanzlichem Material, und zwar in der intakten Zelle, beide Pyridinucleotide, NADPH und NADH etwa gleichwertig als Wasserstoffdonatoren für zelluläre Oxydationsvorgänge mit Wasserbildung, also zur Endoxydation, verwendet werden können.

Untersuchungen von McNAUGHTON (1967) über die Reduktion von 2,6-Dichlorophenol-indophenol durch illuminierte isolierte Chloroplasten verschiedener ökologischer Rassen von *Typha latifolia* ergaben, daß die Reduktionsrate in negativer Korrelation zur Länge der Vegetationsperiode des Ursprungsgebietes der jeweiligen Rasse steht. Bei den Populationen aus dem Gebirge (1980 m über NN) war die Wirksamkeit des photochemischen Apparates der Chloroplasten etwa doppelt so hoch wie bei den maritimen Populationen aus Kalifornien. Da die Reduktion von 2,6-Dichlorophenol-indophenol dem Reaktionssystem II der Photoreduktion zugeschrieben wird (s. Abb. 41), wird aus diesen Ergebnissen geschlossen, daß die in der verkürzten Vegetationszeit im Gebirge entsprechend erhöhte Stoffproduktion in der Zeiteinheit auf eine verstärkte Wirksamkeit des Reaktionssystems II dieser Pflanzen zurückzuführen ist.

---

[1] NAD = Nikotinamid-Adenin-Dinucleotid.

Der anorganische Ausgangspunkt der Photolyse ist das Wasser, und die unter Verwendung der Quanten des eingestrahlten Lichtes gebildeten Endprodukte dieses photochemischen Prozesses sind ATP, NADPH und freier Sauerstoff. Die Geophysiker vermuten, daß der gesamte in der Atmosphäre heute vorhandene Sauerstoff sehr wahrscheinlich über die photolytische Wasserspaltung gebildet wurde. Der freie Sauerstoff dient als Acceptor des über die Respiration, d. h. die Endoxydation unter Energieabgabe wieder freigesetzten Wasserstoffs. Das NADPH dient als Wasserstoffdonator bei Reduktionsvorgängen im Stoffwechsel und das ATP als Donator für vom Stoffwechsel verwertbare Energie bei endergonischen Reaktionen. Ein Prozeß, bei dem sowohl ATP als auch NADPH benötigt wird, ist die CO_2-Fixierung über den Calvin-Zyklus oder die Dunkelreaktion der Photosynthese.

B. Die CO_2-Fixierung

Die Bedeutung des Calvin-Zyklus besteht einerseits darin, den energetisch geringwertigen Kohlenstoff im CO_2 auf ein höheres Energieniveau zu heben und andererseits, den Kohlenstoff des CO_2 in eine für die Pflanzenzelle für ihre vielen Synthesereaktionen verfügbare Form zu überführen. In Abb. 44 sind die Reaktionen und Zwischenprodukte dieses zyklischen Stoffwechselprozesses zusammenfassend dargestellt. In diesem stark vereinfachten Schema des intermediären Stoffwechsels sind auch die an den Calvin-Zyklus sich anschließenden Reaktionswege mit angedeutet. Das erste stabile Karboxylierungsprodukt im Zyklus ist die Phosphoglycerinsäure (Calvin und Mitarbeiter 1951), und bei allen übrigen stabilen Zwischenprodukten handelt es sich um Zuckermono- und -diphosphate mit einer unterschiedlichen Anzahl von C-Atomen. Vereinfacht ausgedrückt setzt sich der ganze Calvin-Zyklus aus 4 verschiedenen Abschnitten zusammen:

a) Das aus der Atmosphäre stammende (oder z. B. im Krebszyklus freigesetzte) CO_2 wird in das Acceptormolekül Ribulose-1-5-Diphosphat (Rud P) eingebaut. Dabei entsteht ein bisher noch nicht identifiziertes labiles C_6-Zwischenprodukt (C_6 ?), das in 2 Moleküle Phosphoglycerinsäure (PGS) zerfällt.

b) Durch die Triosephosphatdehydrogenase wird die PGS zum Phosphoglycerinaldehyd reduziert. Dazu ist NADPH und ATP erforderlich, und diese Reaktion stellt den eigentlichen „Energiehub" des Zyklus dar. Das ATP und das NADPH können aus der weiter oben beschriebenen Lichtreaktion stammen, jedoch ist diese Reaktion prinzipiell auch im Dunkeln möglich, sofern NADPH und ATP über andere nicht lichtabhängige Prozesse aus dem Stoffwechsel zur Verfügung gestellt werden, z. B. über die direkte Glucoseoxydation.

c) Durch eine ganze Reihe von Reaktionen (in Abb. 44 im Inneren des Kreises im oberen Teil der Abbildung angedeutet, wobei stellvertretend für die einzelnen Verbindungen nur die Anzahl ihrer C-Atome angegeben ist) werden 5 Triosemoleküle (P-Glycerinal-dehyd) in 3 Pentosephosphatmoleküle überführt.

d) Diese 3 Pentosephosphatmoleküle werden zu Ribulose-1-5-Diphosphat phosphoryliert und stehen somit als CO_2-Acceptoren zur Verfügung; der Zyklus ist geschlossen. Das zur Phosphorylierung benötigte ATP kann wiederum aus der Lichtreaktion stammen. Das im Zyklus fixierte CO_2 kann als reduzierter Kohlenstoff nur in der Form von PGS oder von Zuckerphosphaten den Zyklus verlassen bzw. vom Stoffwechsel entnommen und zur Synthese von Kohlenhydraten, Fetten, Proteinen usw. herangezogen werden, wie Abb. 44 zeigt.

Im Verlaufe dieses Zyklus werden durch eine ganze Anzahl von Enzymen die Zuckerphosphate einer ganzen Reihe von Umwandlungen unterzogen, auf die im folgenden noch einmal genauer eingegangen werden soll. Bei dieser Besprechung soll von 5 Molekülen PGA(C_3)[1] ausgegangen werden. Zunächst reagieren 2 Moleküle PGA (PGA_{1+2}) zu Fruktose-1-6-Diphosphat (C_6). Durch

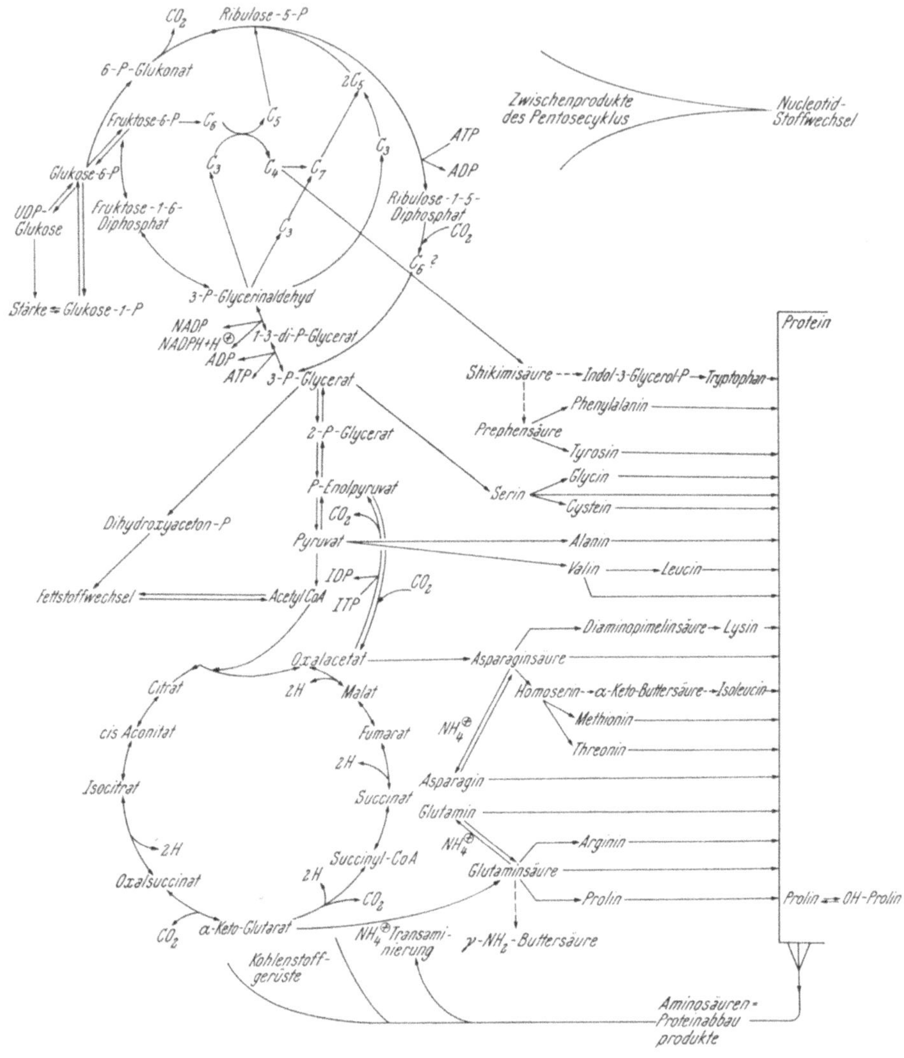

Abb. 44. Kohlenstoffstoffwechsel und Entstehung der Aminosäuren (schematisch und vereinfacht)

eine Phosphatase wird ein Phosphat abgespalten und es entsteht Fruktose-6-Phosphat, also ein Hexosephosphat (C_6). Dieses Hexosephosphat reagiert mit einem weiteren Molekül PGA (PGA_3) zu Erythrose-4-Phosphat (C_4) und Xylulose-5-Phosphat. Diese Reaktion wird durch eine Transketolase katalysiert. Xylulose-5-Phosphat wird in Ribulose-5-Phosphat umgelagert (erstes Molekül Ribulose-5-Phosphat). Über eine Aldokondensation wird aus Erythrose-4-Phosphat und einem weiteren Molekül PGA (PGA_4) Sedoheptulosediphosphat (C_7) gebildet.

[1] PGA = Phosphoglycerinaldehyd.

Durch die Wirkung der Transketolase werden aus der Heptulose und einem Molekül PGA (PGA_5) zwei Moleküle Pentose, und zwar Xylulose-5-Phosphat gebildet, die beide zu Ribulose-5-Phosphat epimerisiert werden (2 weitere Moleküle Ribulose-5-Phosphat).

Das Ribulose-5-Phosphat wird mit ATP zu Ribulose-1-5-Diphosphat phospholyliert und der Zyklus kann wieder von vorn beginnen. Aus 5 Molekülen PGA sind also 3 Moleküle Pentose gebildet worden.

Die in Abb. 44 dargestellte direkte Glucoseoxydation (linker Teil des Reaktionszyklus, Abb. 44) über 6-P-Gluconat ist zur CO_2-Fixierung nicht erforderlich, sie wurde jedoch aus Gründen der Raumersparnis an den Calvinzyklus mit angeschlossen, auch die einleitenden Reaktionen der Glycolyse wurden in dieses Reaktionsschema mit einbezogen. Schließlich handelt es sich bei der direkten Glucoseoxydation über P-Gluconat im sogenannten Pentosezyklus um die gleichen Reaktionen, die jedoch in umgekehrter Richtung verlaufen (im Inneren des Zyklus dargestellt). Bei der Oxydation des Glucose-6-Phosphats zu Gluconsäurephosphat wird ein NADPH gebildet und bei der Überführung des Gluconsäurephosphats in Ribulose-5-Phosphat wird CO_2 abgespalten und ein weiteres NADPH gebildet.

Im einzelnen geschieht folgendes: Aus zwei Molekülen Pentosephosphat wird durch C_2-Übertragung ein Sedoheptulose-7-Phosphat und ein Triosephosphat gebildet. Von der Sedoheptulose wird ein C_3-Fragment auf die Triose übertragen, wobei eine Hexose und ein Erythrose-Phosphat gebildet wird. Von einem dritten Molekül Pentose wird ein C_2-Fragment auf das Erythrose-Phosphat überführt, wobei ein weiteres Molekül Hexose und eine Triose gebildet werden. Die Triose kann dann über die Glycolyse und den Krebszyklus in CO_2 und Wasser abgebaut werden.

Das bei der direkten Glucoseoxydation gebildete NADPH kann entweder für Synthesezwecke in der Zelle verwendet oder wie weiter oben bereits angeführt zur Energiegewinnung herangezogen werden. Die in Abb. 44 ebenfalls vereinfacht dargestellten Synthesewege der Aminosäuren wurden im wesentlichen der Arbeit von MATTOON (1963) entnommen.

Offensichtlich gibt es Abweichungen von dem weiter oben dargestellten Photosynthesehauptweg. KORTSCHAK und Mitarbeiter (1965) fanden bei einem Vergleich der ersten Stufen der CO_2-Fixierung verschiedener Pflanzenarten, daß bei Zuckerrohr z. B. niemals mehr als 34% des fixierten $^{14}CO_2$ in der PGS war, während bei Sojabohnen der prozentuale Anteil 80% betrug. Bei dem Zuckerrohr dürften die Apfelsäure und die Asparaginsäure die ersten stabilen Photosyntheseprodukte sein, wobei Rohrzucker dann über PGS und die Hexosephosphate gebildet wird.

In einer späteren Arbeit wird diese Frage von KORTSCHAK und HARTT (1966) nochmals aufgegriffen, und die Versuche wurden unter verschiedenen Bedingungen (Lichtintensität, CO_2-Konzentration usw., s. Tab. 64) wiederholt. Erfahrungsgemäß ist der höchste ^{14}C-Anteil nach 7 bis 15 sec $^{14}CO_2$-Aufnahme in der PGS zu finden. Demzufolge wurde die $^{14}CO_2$-Aufnahme nach dieser Zeit unterbrochen und die Pflanzen analysiert. Wie aus Tab. 64 hervorgeht, wurde unter allen hier verwendeten Bedingungen die höchste spezifische Aktivität in der Apfelsäure gefunden, dann folgte die Asparaginsäure. Die spezifische Aktivität der PGS war in allen Fällen bedeutend niedriger als die der Apfelsäure. Die Autoren schließen daraus, daß die CO_2-Fixierung über das Malic-Enzym (s. S. 320) ein allgemeines Charakteristikum der Zuckerrohrblätter ist.

Die Befähigung verschiedener pflanzlicher Gewebe, CO_2 über nichtphotosynthetische Reaktionen zu fixieren, ist schon seit längerem bekannt, und als am besten bekanntes Beispiel soll die tägliche Fluktuation des Stoffwechsels der organischen Säuren in Succulenten angeführt werden (s. a. RANSON und THOMAS 1960).

Tabelle 64. *Der Einfluß der Lichtintensität, der CO_2-Konzentration, des Blattalters und der Sorte auf die in 7 bis 15 sec Photosynthese gebildeten Produkte beim Zuckerrohr* (nach KORTSCHAK und HARTT 1966)

	% an der ^{14}C-Aktivität (Gesamtimpulse)		
	Apfelsäure	Asparaginsäure	Phosphorglycerinsäure + Glycerinsäure
Standardbedingungen[1]	50	25	17
Extreme der Variablen[2]			
Lichtintensität 5000 Lux	40	36	14
80000 Lux	43	22	28
CO_2-Konzentration 0,01%	46	5	27
4,80%	39	18	21
Alter des Blattes 1 Woche	43	24	20
10 Wochen	39	25	23
Sorte H 50-7209	44	18	25
Sämling (Abstammung unbekannt)	39	18	21
Nichtabgeschnittenes Blatt (im Feld)	41	18	11

[1] Sorte H 37 — 1933. Lichtintensität = 20000 Lux; CO_2-Konzentration = 1%; Blattalter 3 bis 5 Wochen.
[2] Mit Ausnahme der angeführten Variablen entsprachen alle anderen Bedingungen den Standardbedingungen.

Obgleich bei den nicht succulenten Pflanzen derart hohe Schwankungen im Gehalt an organischen Säuren nicht feststellbar sind, liegen auch hier Hinweise und Ergebnisse vor, daß die Blätter vieler Pflanzenarten CO_2 im Dunkeln fixieren können (s. a. STUTZ und BURRIS 1951). Neben der CO_2-Dunkelfixierung der Blätter wird von verschiedenen Seiten auch von einer CO_2-Dunkelfixierung der Wurzeln berichtet, wobei bei Verwendung von ^{14}C das Malat die am stärksten markierte organische Säure war (JACOBSON 1963, TING und DUGGER 1967). Eine ausführliche Zusammenfassung der Vorstellungen über die CO_2-Aufnahme über die Wurzel und die damit im Zusammenhang stehenden stoffwechselphysiologischen Vorgänge geben KICK, SAUERBECK und FÜHR (1964).

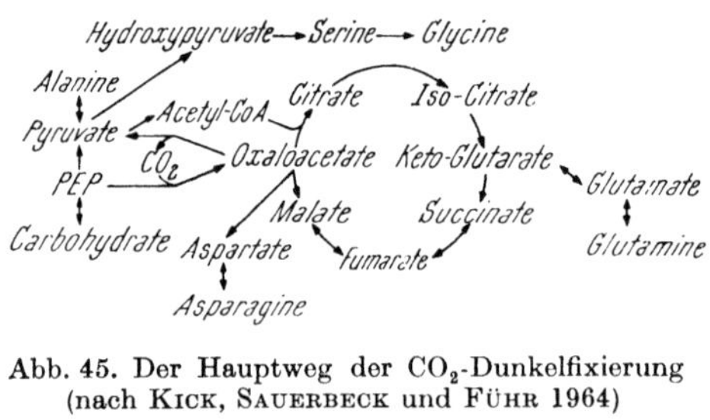

Abb. 45. Der Hauptweg der CO_2-Dunkelfixierung (nach KICK, SAUERBECK und FÜHR 1964)

Die heute geltenden Auffassungen über den biochemischen Mechanismus dieser CO_2-Dunkelfixierung gehen dahin, anzunehmen, daß das CO_2 über den Zitronensäure-Zyklus in den Stoffwechsel eintreten kann (s. Abb. 44, 45), über den Mechanismus selbst gehen jedoch die Auffassungen auseinander. Eigene unveröffentlichte Untersuchungen über die CO_2-Fixierung von Karottengewebekulturen ließen auch bei diesem Material auf einen beträchtlichen Anteil der Dunkelfixierung an der Gesamt-CO_2-Fixierung erkennen (s. Tab. 65). Bei diesen Untersuchungen wurde ebenfalls der höchste ^{14}C-Gehalt in der Apfelsäure gefunden. Untersuchungen über den Einfluß essentieller Schwermetalle auf die CO_2-Fixierung ließen einen starken Einfluß der Mikronährstoffe auf die Dunkelfixierung allgemein und auch auf das weitere Schicksal des im Dunkeln fixierten $^{14}CO_2$ erkennen. (s. Tab. 65, NEUMANN 1962, STEWARD und NEUMANN, in Vorbereitung).

Tabelle 65. *Der Einfluß von Fe, Mn und Mo auf die $^{14}CO_2$-Aufnahme (6 Std. Aufnahmezeit) von Karottengewebekulturen, kultiviert in einer von Schwermetallen gereinigten Whiteschen Nährlösung (B^x) + Kokosnußmilch (CM). (Die CO_2-Aufnahme erfolgte im Licht und im Dunkeln. Alle Werte in c/min pro 100 mg Frischgewicht)*

Nr.		Dunkelheit	Licht	Differenz zwischen Licht und Dunkelheit
1	B^x + CM	352	1768	1416
2	B^x + CM + Fe	258	567	309
3	B^x + CM + Mn	800	2133	1333
4	B^x + CM + Fe + Mn	168	618	450
5	B^x + CM + Mo	337	1212	875
6	B^x + CM + Mo + Fe	154	239	85
7	B^x + CM + Mo + Mn	519	2675	2156
8	B^x + CM + Mo + Mn + Fe ...	245	676	431

Zur Diskussion stehen hauptsächlich 2 Reaktionswege, einmal die Möglichkeit, das CO_2 über eine Karboxylierung des Pyruvats in das Malat (s. auch KATES und JONES 1965) und zum anderen das CO_2 über eine Karboxylierung des Phos-

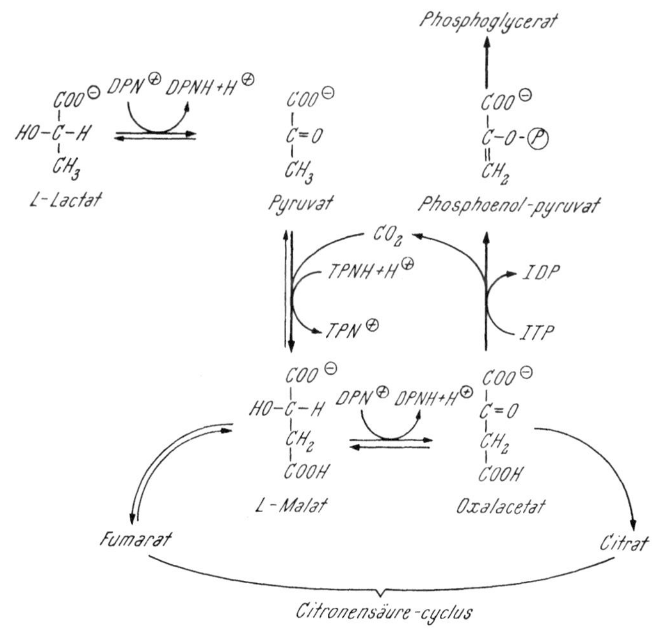

Abb. 46. Malat-Reaktion und Glucogenese (nach KARLSON 1962).

phoenolpyruvates in das Oxalacetat einzubauen (s. a. TING und TUGGER 1967). Bei letzterem Reaktionsverlauf wäre das Oxalacetat der Precursor sowohl für die Asparaginsäure als auch für die Apfelsäure (s. a. Abb. 45, 46), woraus sich auch der Befund von SPLITTSTOESSER (1966) erklären lassen würde, daß die Asparaginsäure die erste mit ^{14}C markierte Verbindung war. Bei dieser Reaktion ist die Phosphoenolpyruvat-Karboxylase oder Phospho-Karboxykinase das für die CO_2-Fixierung verantwortliche Enzym, während bei der Malatreaktion das Malic-Enzym die Karboxylierung ermöglicht.

Auch JACKSON und COLEMAN (1959) berichten, daß vermutlich in Anbetracht der ungünstigen Gleichgewichtszustände der Malatreaktion der Phosphoenolpyruvat-Carboxylase die größere Bedeutung für die CO_2-Fixierung zukommt. Auch bei den weiter oben bereits angeführten Untersuchungen an Gewebekulturen wurde nach 30 min $^{14}CO_2$-Aufnahme eine höhere spezifische Aktivität in den löslichen Aminosäuren als in den organischen Säuren gefunden, wobei in der Fraktion der löslichen Aminosäuren ebenfalls die höchste spezifische Aktivität in der Asparaginsäure gefunden wurde, jedoch hatte bei diesen Untersuchungen nach 30 min Aufnahme das Malat den höchsten ^{14}C-Gehalt einer einzelnen Verbindung. Wie der Abb. 44 entnommen werden kann, ist mit ITP als Energiedonator über Phosphoenolpyruvat auch eine teilweise Umkehr der Glycolyse und somit die Zuckersynthese möglich.

In den oben angeführten Untersuchungen ist bei der CO_2-Dunkelfixierung das Malat die bei kurzfristigen Versuchen am stärksten markierte Verbindung, und, wie die Untersuchungen von LIPS (1966a, b) ergaben, gibt es in der Zelle ähnlich wie bei der PGS 2 morphologisch getrennte Malatpools, wobei das mit der CO_2-Fixierung assoziierte, vermutlich sich im Cytoplasma befindende Malat einem langsameren „turn over" unterworfen ist als das sich in den Mitochondrien befindende, mit dem Krebs-Zyklus assoziierte Malat. Diese beiden „pools" dürften miteinander in Verbindung stehen. Somit dürfte ähnlich der PGS das Malat, unabhängig davon, ob es über die Malat-Reaktion oder über die Phosphoenolpyruvat-Karboxylase-Reaktion entstanden ist, eine ähnliche Stoffwechseldrehscheibe darstellen wie die PGS (s. Abb. 44), von der aus das CO_2 in die mit dem EMDEN-MEYERHOFF-Pathway in Verbindung stehenden Stoffwechselkomplexe (Fettstoffwechsel, Proteinstoffwechsel, Zellwandstoffwechsel usw.) gelangen kann. Untersuchungen von DANNER und TING (1967) ergaben, daß sich in den Zellen von Maiswurzeln im freien Cytoplasma (also nicht an Partikel gebunden) P-Enolpyruvatkarboxylase, Apfelsäuredehydrogenase und das Malic-Enzym befinden. Die im freien Cytoplasma gefundene Apfelsäuredehydrogenase unterscheidet sich sehr wahrscheinlich sowohl im Hinblick auf die Struktur als auch auf die Funktion von der an Zellpartikel gebundenen. Die Autoren vermuten, daß die nicht gebundene Apfelsäuredehydrogenase eine Rolle im CO_2-Stoffwechsel spielt. Wie die weiter oben berichteten Ergebnisse über die CO_2-Fixierung bei Zuckerrohr und bei Karottengewebekulturen vermuten lassen, kann die vom Calvin-Zyklus unabhängige CO_2-Fixierung im Krebszyklus nicht nur im Dunkeln, sondern auch im Licht erfolgen.

Mit dem eigentlichen CO_2-Aufnahmemechanismus in die Wurzelzellen befaßt sich HÖFNER (1963). Diese Untersuchungen lassen vermuten, daß das CO_2 als HCO_3 und somit als Anion aufgenommen wird und der Aufnahmemechanismus etwa dem für andere Anionen entspricht.

Eine ganze Anzahl von Arbeiten befassen sich mit der Frage, wie weit die im Calvin-Zyklus gebildete PGS, die ja grundsätzlich ein Zwischenprodukt der Glycolyse ist, mit der in diesem Prozeß gebildeten PGS identisch ist. Während KANDLER und HABERER-LIESENKÖTTER (1963) und BASSHAM und KIRK (1963) zumindest für *Chlorella* annehmen, daß die bei der CO_2-Assimilation als Zwischenprodukt auftretende PGS nicht mit der Gesamtmenge der in der Zelle vorkommenden PGS im Gleichgewicht steht und vermutlich nicht mit der freien PGS der Glycolyse identisch ist, kommen URBACH und Mitarbeiter (1965) auf Grund ihrer Untersuchungen an *Elodea* und Spinatblättern zu der Ansicht, daß die PGS-pools in Chloroplasten und im Cytoplasma in direkter Verbindung stehen, so daß ein Austausch beider pools möglich ist. Die PGS würde demnach eine Art Transportmetaboliten der stoffwechselaktiven Zelle darstellen. Die PGS-Verteilung zwischen Chloroplasten und Zytoplasma folgt etwa der Proteinverteilung, und in chloroplastenreichen Blatteilen kann demnach erheblich mehr als die Hälfte der gesamten PGS in den Chloroplasten lokalisiert sein. Auf Grund der oben angeführten Ergebnisse der Untersuchungen zu dieser Frage an *Chlorella* wurde vermutet, daß nur ein geringer Teil der PGS einer Zelle in den Chloroplasten in einer gebundenen Form vorliegt, die erst bei der Extraktion und nach Verdunklung auch in der Zelle zu freier PGS hydrolysiert wird. Diese Differenzen dürften eventuell auf die verschiedenen, bei den angeführten Untersuchungen verwendeten Pflanzenarten zurückzuführen sein. Andererseits würde durch die Vorstellung eines ständigen Austausches der beiden PGS-pools auch das sehr frühzeitige Erscheinen des ^{14}C nach $^{14}CO_2$-Applikation in den aus Krebszykluszwischenprodukten gebildeten Aminosäuren eine Erklärung finden (s. Tab. 66).

Tabelle 66. *Der Einbau von ^{14}C (appliziert als $NaH^{14}CO_3$) in verschiedene Fraktionen von Karottengewebekulturen nach 14tägiger (Versuch 1a) und 28tägiger (Versuch 1b) Kultur in Whites Basal Medium + Kokosnußmilch (alle Werte in c/min pro 10 Explantate)*

Versuch	Nr.	Aufnahmezeit	Zucker	Organische Säuren	Lösliche Aminosäuren	Protein	Poly-saccharide
	1	30 min	180	Spur	60	0	0
1a	2	1 Std	260	190	100	Spur	Spur
	3	2 Std	850	180	140	160	Spur
	4	4 Std	990	570	430	390	Spur
	1	30 min	780	560	240	140	Spur
1b	2	1 Std	1310	560	260	240	100
	3	2 Std	2100	1610	860	620	720
	4	4 Std	4070	2340	700	890	1340

Tab. 67 gibt eine Vorstellung von den quantitativen Verhältnissen der einzelnen Verbindungen des Calvin-Zyklus zueinander. Auch die Untersuchungen von

Tabelle 67. *Berechnete Konzentrationen photosynthetischer Zwischenprodukte. Die Konzentrationen sind berechnet, indem die Radioaktivität bei „Sättigung" durch die spezifische Radioaktivität des $^{14}CO_2$ dividiert wurde*

Verbindung	Konzentration C µgatom pro ml Algenkulturen	
	0,04% CO_2	1% CO_2
3-Phosphoglycerinsäure	0,40	3,0
Dihydroxyacetonphosphat	0,096	—
Fructose-1,6-diphosphat	0,086	—
Fructose-6-phosphat	0,27	—
Sedoheptulose-1,7-diphosphat	0,01	—
Sedoheptulose-7-phosphat	0,3	1,8
Ribose-5-phosphat	0,02	—
Ribulose-1,5-diphosphat	1,89	0,36

HEBER und WILLENBRINK (1964) und SANTARIUS, ULLRICH und URBACH (1964), zur Frage des Stofftransportes aus den photosynthetisch aktiven Chloroplasten in das Cytoplasma ergaben, daß ein solcher Transport vieler Zuckerphosphate und von ATP in beträchtlichem Umfange erfolgt. Interessanterweise gilt das jedoch nicht für Ribulosediphosphat.

Untersuchungen von PEDERSEN und Mitarbeitern (1966) zur Frage der Translokation der Photosynthese-Produkte aus den Chloroplasten in das Cytoplasma bei *Chlorella*, insbesondere die Veränderungen der ^{14}C-Markierung des Fructose-1,6-Diphosphats und des Seduheptulose-1,7-Diphosphats und der damit korrespondierenden Monophosphate durch das Ausschalten des Lichtes nach einer vorausgegangenen Belichtung (s. Abb. 47), ließen vermuten, daß die Diphosphataseenzyme durch Licht aktiviert werden, und daß diese Aktivierung erst nach 2 Minuten in der Dunkelheit wieder aufgehoben wird. Die Autoren vermuten, daß durch ein durch die Belichtung gesteuertes ,,An- und Abschalten" der enzymatischen Aktivität die Möglichkeit gegeben ist, Photosynthese und Glycolyse im Licht und im Dunkeln mit dem gleichen Enzymsatz durchzuführen. Dabei scheint es möglich, daß bei hohem Zuckerangebot Photosynthese und Zuckerabbau um die gleichen Enzymsysteme konkurrieren (s. auch STEWARD und NEUMANN, in Vorbereitung, NEUMANN 1968). Sobald die Belichtung beginnt und die PGS-Konzentration im Chloroplasten verringert wird, würde bei freiem Austausch zwischen Cytoplasma und Chloroplasten demnach PGS aus dem pool im Cytoplasma in den Chloroplasten verlagert werden müssen, um in diesem während der Induktionsperiode, in der die Ribulose-Diphosphat-Konzentration für eine ausreichende Karboxylierung noch nicht erreicht ist, die ursprüngliche PGS-Konzentration aufrecht zu erhalten. Zwischen den beiden pools müßte also ein schneller Transport möglich sein, und, wie die oben angeführten Ergebnisse zeigen, wird die Bildung von Ribulosediphosphat, für welches dieser schnelle Ausgleich zwischen Cytoplasma und Chloroplasten nicht möglich ist, vermutlich durch eine lichtinduzierte Veränderung der Enzymaktivität ausgelöst.

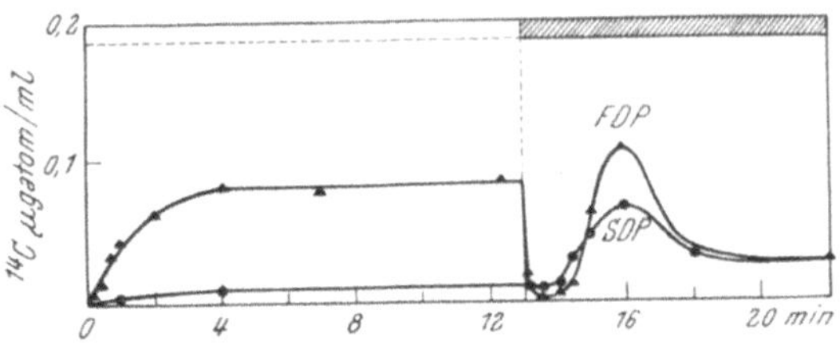

Abb. 47. Konzentrationen photosynthetischer Zwischenprodukte im Licht und im Dunkeln: Fruktose-(FDP) und Sedoheptulose-(SDP) Diphosphat (nach PEDERSEN und Mitarbeiter 1966)

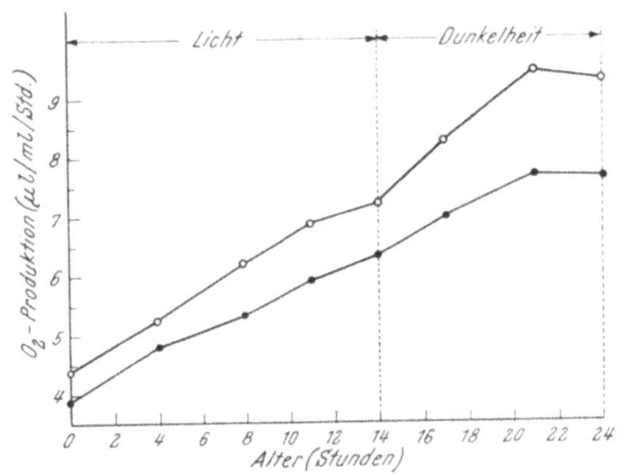

Abb. 48. Sauerstoff-Freisetzung einer synchronisierten Euglena-Kultur als eine Funktion des Zellalters. Jeder Punkt repräsentiert einen Durchschnitt von wenigstens 3 Messungen. Die Ordinatenwerte beziehen sich auf 1 ml der Kultur, in dem normalerweise 50000 Zellen zum Zeitpunkt Null enthalten sind (100000 Zellen/ml zum Zeitpunkt 24; nach COOK 1966)

Untersuchungen von COOK (1966) über Beziehungen zwischen Zellalter und Photosynthese bei synchronisierten *Euglena*-Kulturen ergaben, daß mit zunehmendem Zellalter die Photosyntheseintensität etwa linear zunimmt (Abb. 48). Die gleichen Verhältnisse wurden auch für den Chlorophyll-a- und den Karotinoidgehalt gefunden. Somit ergibt sich, ähnlich wie in den Versuchen von NEUMANN (1968) mit Karottengewebekulturen (s. S. 334), eine Beziehung zwischen Zellalter und Photosyntheseaktivität, die insbesondere in entwicklungsphysiologischer

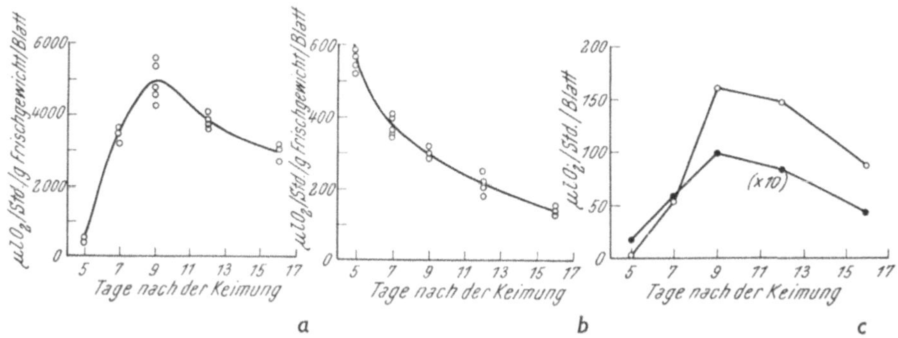

Abb. 49. *a*) Photosynthese von Erbsenblättern verschiedenen Alters. Jeder Punkt repräsentiert den Durchschnitt von Parallelmessungen in 2 verschiedenen Experimenten. *b*) Die Respiration von Erbsenblättern verschiedenen Alters. Jeder Punkt repräsentiert den Durchschnitt von Parallelmessungen in 2 verschiedenen Experimenten. *c*) Photosynthese und Respiration pro Blatt mit zunehmendem Alter. ○—○ Photosynthese, ●—● Respiration. Die Werte für die Photosynthese und die Respiration sind aus den Daten der Abbildungen *a*) und *b*) berechnet worden. Die eigentlichen Werte der Respiration pro Blatt sind mit 10 multipliziert (nach SMILLIE 1962)

Hinsicht von Bedeutung sein dürfte. Bei Erbsenblättern wurde ebenfalls eine direkte Beziehung zwischen dem Alter des Blattes und der daraus resultierenden Entwicklung auf der einen Seite und der Photosynthese- und Respirationsaktivi-

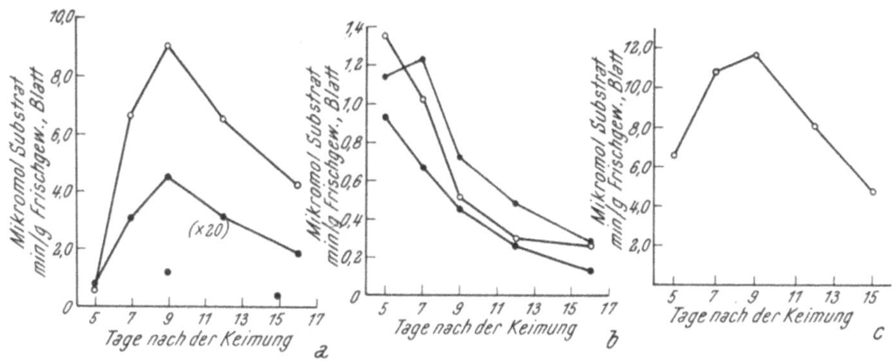

Abb. 50. *a*) Veränderungen in der Aktivität einiger Photosyntheseenzyme mit zunehmendem Blattalter ○—○ Ribulose-1,5-diphosphatcarboxylase..., ●—● PPNR (photosynthetic pyridine nucleotide reductase). Die eigentlichen Werte für PPNR sind mit 20 multipliziert. *b*) Veränderungen in der Aktivität einiger Respirationsenzyme mit zunehmendem Blattalter. ○—○ Enolase, ●—● 6-Phosphogluconat-dehydrogenase, ●—● Aconitase. *c*) Veränderungen in der Aktivität der Transketolase mit zunehmendem Blattalter (nach SMILLIE 1962)

tät auf der anderen Seite gefunden (SMILLIE 1962). Diese Beziehungen sind in den Abb. 49 a—c dargestellt, und, wie aus Abb. 49 hervorgeht, verlaufen, auf ein Blatt bezogen, Photosyntheseaktivität und Respirationsaktivität im Laufe der Entwicklung etwa parallel, obgleich auf das Frischgewicht bezogen die Respirationsaktivität mit zunehmendem Blattalter kontinuierlich abnimmt. In Abb. 50

sind die Veränderungen der Aktivität einiger für die Photosynthese und die Respiration wichtiger Enzyme angegeben. Sowohl die die Photosynthese steuernden Enzyme als auch die die Respiration steuernden Enzyme folgen in ihrer Aktivität etwa der Intensität der jeweiligen Stoffwechselabschnitte. Die beide Stoffwechselsysteme beeinflussende Enolase nimmt eine Mittelstellung ein.

Aus dem soeben Gesagten ergibt sich die Frage, wie weit sich Photosynthese und Respiration direkt gegenseitig beeinflussen (s. auch STEWARD und NEUMANN, in Vorbereitung). So fand DOMAN (1959), daß Bohnenpflanzen bei CO_2-Mangel in der Atmosphäre im Licht weniger CO_2 abgeben, da das in der Respiration freiwerdende CO_2 im Licht sofort wieder für die Photosynthese verwendet werden kann.

Untersuchungen über den Weg des ^{14}C ergaben, daß die Zwischenprodukte, wahrscheinlich vor allem die PGS, im Licht anscheinend sofort zur Respiration verwendet werden können. DOMAN (1959) vermutet, daß im Licht kaum Kohlenhydrate als Endprodukte der Photosynthese zur Atmung verwendet werden, sondern daß eher die Photosynthesezwischenprodukte normalerweise den Hauptteil des Atmungssubstrates stellen. Erst nach 300 sec Belichtung und ^{14}C-Aufnahme aus CO_2 wurden größere Mengen ^{14}C in den Zuckern festgestellt. Auch SALENSKI (1959) vermutet, daß unter Normalbedingungen bei der Photosynthese dem Atmungs-CO_2 der Vorrang gegeben wird, was sich vermutlich aus dem geringeren Diffusionsweg des CO_2 zwischen den Plastiden, also vom Mitochondrium, dem Träger des Atmungssystems, zum Chloroplasten, dem Träger des Photosynthese-Systems, in einer Zelle erklären dürfte. Somit wären Atmung und Photosynthese nicht scharf gegeneinander abgegrenzte Prozesse, sondern würden sowohl über die PGS als auch über die CO_2-Versorgung in enger Wechselbeziehung stehen.

Aus dieser engen Verbindung zwischen Photosynthese und Respiration ergibt sich auch eine Beziehung zwischen Photosynthese und Aminosäurestoffwechsel, denn schließlich dienen eine ganze Anzahl von Zwischenprodukten des Atmungssystems als Eintrittstore für den Stickstoff in organische Bindung (s. Abb. 44). Dadurch wird dann die Verbindung zwischen dem Kohlenstoffstoffwechsel und dem Proteinstoffwechsel hergestellt, über den an anderer Stelle des Handbuches berichtet wird (s. S. 394).

Über das Coenzym A und die Zwischenprodukte des Atmungssystems ergibt sich auch die Verbindung zum Fettstoffwechsel (s. Abb. 44). Nach den Untersuchungen von MORTIMER und WYLAM (1963) steht auch der Stoffwechsel der Zellwandsubstanzen in enger Verbindung mit der Photosynthese. Schon nach einer ^{14}C-Aufnahme von 10 sec konnte in allen Kohlenhydratfraktionen ^{14}C festgestellt werden, wobei der ^{14}C-Anteil in der Hemizellulose zunächst höher war als in der Zellulose. Schließlich soll noch erwähnt werden, daß der Weg des Kohlenstoffs nach dessen Fixierung über den Calvin-Zyklus und der Bildung der PGS als erstem stabilen Zwischenprodukt bei den einzelnen Pflanzenarten recht unterschiedlich verlaufen kann (DOMAN und Mitarbeiter 1959). Diese Unterschiede treten vor allem bei längerer Versuchsdauer in Erscheinung, so daß anscheinend bei den meisten Pflanzenarten die primären Reaktionen der CO_2-Fixierung recht gut übereinstimmen, daß jedoch dann bei den an den Calvin-Zyklus sich anschließenden Stoffwechselwegen vermutlich genetisch gesteuerte Unterschiede auftreten. Wahrscheinlich werden auch durch solche Veränderungen der Aktivität einzelner Enzyme an den „Stoffwechselschaltstellen“ die genetisch bedingten sichtbaren Unterschiede zwischen einzelnen Pflanzen, Pflanzenarten und Familien ausgelöst.

3. Die Photosyntheseaktivität im Verlauf der Entwicklung

Der keimende Samen und das sich noch im Dunkeln befindende Keimpflänzchen beziehen die für ihr Wachstum und ihre Entwicklung notwendige Energie und die zur Substanzbildung benötigten Kohlenstoff-, Wasserstoff- und Sauerstoffmengen über die während der Keimung abgebauten Reservestoffe des Samens. Wie weit der sich noch im Dunkeln befindende Keimling zur CO_2-Dunkelfixierung im Freiland befähigt ist, soll zunächst offenbleiben. Wie eine ganze Anzahl von Autoren feststellen konnte (VEERBECK 1964, PALEG 1964, und andere), wird der Abbau der Samenreservestoffe wieder durch einige vom keimenden Embryo gebildete und an das Endosperm abgegebene Hormone gesteuert. Im Falle der die Stärke abbauenden α-Amylase wurde die Gibberellinsäure als der die Enzymsynthese auslösende Wuchsstoff erkannt.

Wie jedoch Untersuchungen von HABER und CARRIER (1961) zeigten, ist auch der nicht keimende Embryo von Salatsamen, durch Maleinhydrazid in der Keimung gehemmt, in der Lage, bei Belichtung in den Kotyledonen Chloroplasten auszubilden. Die in den Kotyledonen des ungekeimten Samens gefundenen Chloroplasten waren bei der Betrachtung mit dem Mikroskop mit denen in entfalteten Kotyledonen gekeimter Samen normalerweise enthaltenen identisch. Aus den Kotyledonen der ungekeimten Samen wurden Chlorophyll und karotinoidähnliche Pigmente extrahiert. Im Gegensatz zu den im Dunkeln gehaltenen, in der Keimung gehemmten Samen, zeigten die belichteten eine lichtabhängige ^{14}C-Assimilation (aus Bikarbonat), wobei die Radioaktivität im Zucker, in Zuckerphosphaten, Aminosäuren und Ketosäuren wiedergefunden wurde (s. auch Tab. 68 und

Tabelle 68. *Einfluß des Lichtes auf die ^{14}C-Fixierung (aus Bicarbonat) von ruhenden Samen 7 Tage nach der Aussaat in 0,03 m Malein-Hydrazid*[1] (nach HABER und CARRIER 1961)

Belichtungsbedingungen während 7 Tagen in Malein-Hydrazid	Belichtungsbedingungen nach der Überführung in die $NaH^{14}CO_3$-Lösung[2]	^{14}C in löslichen Verbindungen[3] nach 165 min in $NaH^{14}CO_3$
		cts/sec pro Samen
Dunkelheit	Dunkelheit	11
Dunkelheit	900 ft-c	11
100 ft-c	Dunkelheit	17
100 ft-c	900 ft-c	128

[1] Der Samen wurde in einer Malein-Hydrazidlösung von pH 5,7 bei 23° C eingesät.

[2] Die Samen wurden mit 0,4 ml einer Lösung von 62,5 μc/ml bei pH 7 in mit Stopfen verschlossenen Fläschchen von 2,1 cm Durchmesser und 3,9 ml Volumen eingelagert. Die Temperatur betrug 25° C.

[3] Nach 165 min in der ^{14}C-Bicarbonatlösung wurden 7 Samen jeder Behandlungsstufe mit 80%igem Äthanol (kochend), heißem und kaltem Wasser extrahiert. Die Samen wurden vor der Extraktion nicht gewaschen.

69). Diese Ergebnisse zeigen, daß schon der ungekeimte Embryo die anatomischen und physiologischen Voraussetzungen zur autotrophen Ernährung im Hinblick auf den Kohlenstoff besitzt.

Werden die zunächst etiolierten Keimpflanzen dem Licht ausgesetzt, so wird das in den Kotyledonen vorhandene Protochlorophyll in Chlorophyll a überführt, dem dann eine Chlorophyllnettosynthese der in den Zellen des Embryos enthaltenen Proplastiden folgt. Nach dieser einleitenden Pigmentkonversion durchläuft der Proplastid eine Anzahl struktureller Reorganisationsstufen (s. auch LAETSCH und STETLER 1965), die schließlich zur Bildung des Photosyntheseapparates und der Entwicklung eines autotrophen Stoffwechsels führen.

Die in den etiolierten Keimpflanzen vorliegenden Proplastiden sind von einer Doppelmembran umgeben und enthalten kleine Vesikel (BEN-SHAUL und Mitarbeiter 1964, HODGE und Mitarbeiter 1956, MÜHLETHALER und FREY-WYSSLING 1959, v. WETTSTEIN 1958). Diese Vesikel wiederum scheinen sich zu prolamellaren Körpern zusammenzuschließen (HODGE und Mitarbeiter 1956). Auf dieser Entwicklungsstufe enthalten die Proplastiden Protochlorophyll (SMITH 1948), Cytochrom f und b_6 (DAVENPORT 1952, HILL 1954) und Karotinoide (SMITH 1954).

Tabelle 69. *Photosynthetische ^{14}C-Fixierung von grünen ruhenden Samen*[1] (nach HABER und CARRIER 1961)

Verbindung	Prozentualer Anteil am löslichen fixierten ^{14}C[2]
Rohrzucker	16
Citrulin	16
Glutamin	15
Alanin	13
Asparaginsäure	11
Zuckerphosphate	5
Zitronensäure	5
Serin	2
Glycin	1
Bernsteinsäure	1
Apfelsäure + Glycerinsäure	1
Fumarsäure	0,2
Unbekannte	14

[1] Verteilung des ^{14}C auf einzelne Verbindungen im Extrakt der Behandlungsstufe 128 cts/sec pro Samen in Tab. 68.
[2] Die Summe der einzelnen Prozentangaben entspricht 100%.

Die Belichtung der etiolierten Pflänzchen führt zu einer schnellen Bildung von Lamellen, zur Differenzierung in Grana- und Stromateil und schließlich zur Überführung des ganzen Proplastiden in einen vollfunktionsfähigen Chloroplasten.

Nach Belichtung der etiolierten Keimpflanzen erfolgt die photosynthetische O_2-Freisetzung, also die Photolyse des Wassers, erst nach 30minütiger Belichtung (SMITH 1954) und dem Einsetzen der Nettochlorophyllsynthese. TOLBERT und GAILLEY (1955) beobachteten bei etiolierten Weizenpflanzen, daß erst 2 Std. nach Beginn einer ununterbrochenen starken Chlorophyllsynthese eine signifikante CO_2-Fixierung erfolgt. Das anfänglich fixierte CO_2 wurde in der Apfelsäure, der Asparaginsäure und der Glutaminsäure gefunden. Erst nach einer weiteren 2stündigen Belichtung konnte ^{14}C in den Hexosephosphaten und dem Rohrzucker gefunden werden. Diese Ergebnisse sprechen für die Annahme, daß während der Ergrünung nicht nur der die Lichtreaktion katalysierende Teil des Photosyntheseapparates im Proplastiden ausgebildet wird, sondern daß parallel dazu auch der für den Ablauf des Calvin-Zyklus zuständige Teil des Chloroplasten entwickelt wird. Während dieser Entwicklung scheint, wie die Verteilung des ^{14}C ergibt, die ^{14}C-Fixierung vor allem über die Malatreaktion (s. S. 320) zu erfolgen, die dann allmählich durch den Calvin-Zyklus (s. S. 315) ersetzt wird. Bei Untersuchungen von BIGGINS und PARK (1966) über die Photosynthese etiolierter Gerstenpflanzen bei Belichtung ergab sich schon nach 1 bis 2 Std. Belichtung eine signifikante CO_2-Fixierung. Gleichzeitig mit der CO_2-Fixierung setzte die Nettochlorophyllsynthese ein. Der zeitliche Verlauf der Entwicklung der CO_2-Fixierung bei der Gerste weicht von dem der Weizenkeimpflanzen ab. Somit scheinen auch schon in diesem Entwicklungsabschnitt artspezifische Unterschiede vorzuliegen. In Tab. 70 ist die Verteilung des ^{14}C auf einige Verbindungen in Abhängigkeit von der Belichtungs- und Aufnahmezeit wiedergegeben. Ähnlich wie bei den Weizenkeimpflanzen findet man auch hier zunächst das ^{14}C im Malat, der Zitronen- und Isozitronensäure, der Asparaginsäure und der Glutaminsäure.

Tabelle 70. *Verteilung des ^{14}C in der löslichen Fraktion von Keimpflanzen (Hordeum vulgare) nach $^{14}CO_2$-Aufnahme*
(nach BIGGINS und PARK 1966)

Zeit im Licht (Std.)	System	Wiedergefundenes ^{14}C (in Prozent)								
		Malat	Iso-citrat/ Citrat	Aspar-tat	Gluta-mat	Alanin	PGS [1]	HMP [2]	HDP [3]	Rohr-zucker
0	Licht	33	32	26	8	0	0	0	0	0
	Dunkelheit	43	23	23	8	0	0	0	0	0
1	Licht	12	18	11	2	1	4	34	16	1
	Dunkelheit	43	23	20	9	0	0	0	0	0
2	Licht	8	15	11	1	1	7	33	15	8
	Dunkelheit	37	28	27	8	0	0	0	0	0
3	Licht	6	5	18	1	2	10	24	13	18
	Dunkelheit	33	32	26	8	0	0	0	0	0

[1] PGS = 3-Phosphoglyzerinsäure.
[2] HMP = Hexosemonophosphate.
[3] HDP = Hexosediphosphate.

In beiden Fällen ist zu vermuten, daß während der Entwicklung vom Proplastiden zum Chloroplasten während der Ergrünung das ^{14}C entweder über die Phosphoenolbrenztraubensäurekarboxylasereaktion oder über die Karboxykinase in Verbindung mit der Apfelsäurehydrogenase oder dem Malic-Enzym erfolgt, jedoch nicht über den Calvin-Zyklus. Alle 3 Enzyme sind in pflanzlichem Gewebe (HALL und Mitarbeiter 1959) weit verbreitet. Auch bei der Gerste nimmt mit zunehmender Belichtung die prozentuale Verteilung des ^{14}C auf die Zwischen- und Endprodukte des Calvin-Zyklus kontinuierlich zu, während bei den unbelichteten Kontrollen die ^{14}C-Verteilung mit zunehmender Aufnahmezeit etwa gleichbleibt.

Für die Vorstellung eines kontinuierlichen Ersatzes der CO_2-Fixierung über das Malat-Enzym und die übrigen oben angeführten Enzymsysteme durch die Entwicklung der zum Calvin-Zyklus gehörenden Enzymsysteme sprechen auch die Ergebnisse von HALL und Mitarbeitern (1959) über Veränderungen in der Enzymaktivität ergrünender Gerstenblätter. Während der Ergrünung nahm die Aktivität der Phosphoenolpyruvatkarboxylase und der Karboxykinase ab, während die Aktivitäten der Carboxydismutase, der Phosphoribulokinase und der Phosphoriboisomerase (alles mit dem Calvin-Zyklus in Verbindung stehende Enzyme) zunahmen.

Wie die Untersuchungen von FEIERABEND (1966) ergaben, kann beispielsweise in jungen, in ständiger Dunkelheit angezogenen Roggenpflänzchen die Carboxydismutase nachgewiesen werden. Bei Belichtung wird die Synthese dieses Enzyms jedoch noch bedeutend verstärkt. Gleichzeitig wird die Synthese der Glucose-6-Phosphat-Dehydrogenase gesenkt. Die Glucose-6-Phosphat-Dehydrogenase stellt das Eingangsenzym für den Abbau der Glucose über den oxydativen Pentosezyklus dar (s. S. 317 und Abb. 44), und obgleich dieses Enzym bereits in den Embryonen der trockenen Samen vorliegt, nimmt dessen Synthese während des heterotrophen Wachstums des Keimlings stark zu. Die Bedeutung des oxydativen Glucoseabbaues während der heterotrophen Wachstumsphase dürfte in der Lieferung der Zwischenprodukte des Pentosezyklus für die Synthese von Nukleo-

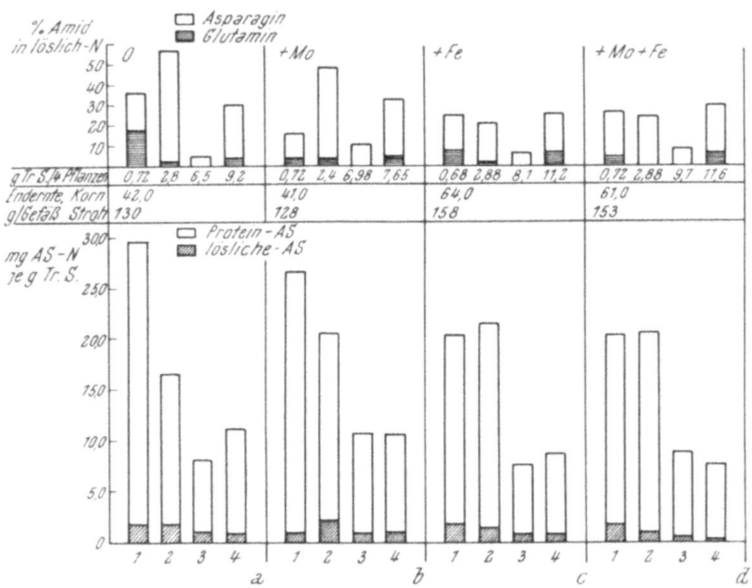

Abb. 51. Der Einfluß von Mo und Fe auf das Trockengewicht, den Gehalt an löslichem Aminosäurestickstoff (AS-N), den Protein-N- und den Amidgehalt von Hafer in verschiedenen Entwicklungsstadien. *a* = Bestocken, *b* = Schossen, *c* = Rispenschieben, *d* = Blüte (nach LINSER, RIEHLE und NEUMANN 1966)

tiden und anderen zyklischen Verbindungen (s. Abb. 44) zu sehen sein, die in der autotrophen Pflanze aus den Zwischenprodukten des Calvin-Zyklus (Reduktiver Pentosezyklus) gebildet werden.

Geht man von der eingangs erwähnten Beobachtung aus, daß die photolytische O_2-Freisetzung schon nach 30minütiger Belichtung einsetzt, was auf ein funktionsfähiges photolytisches System im sich entwickelnden Protochloroplasten schließen läßt, während die CO_2-Fixierung erst 2 bis 4 Std nach Belichtungsbeginn über den ebenfalls in Chloroplasten lokalisierten Calvin-Zyklus erfolgt, so ist anzunehmen, daß die beiden, vereinfacht gesprochen, die Photosynthese ausmachenden Teilsysteme einer unterschiedlichen Entwicklungsgeschwindigkeit unterliegen.

Untersuchungen von SHIMIZU und TSUNO (1959) über die photosynthetische Leistung der Weizenpflanze im Laufe der Entwicklung ergaben, daß die Photosyntheseleistung dem Wachstumsrhythmus entsprechenden Schwankungen unterworfen ist. Sowohl im Internodialstreckungsstadium als auch in der Milchreife wurde ein Photosyntheseintensitätsmaximum gefunden. Danach folgte dann bis zur Totreife ein kontinuierlicher Abfall. Vergleicht man diese Untersuchungen über die Photosyntheseaktivität der Weizenpflanze mit den Untersuchungen von LINSER, RIEHLE und NEUMANN (1966) über die Proteinsyntheseaktivität der Haferpflanze im Laufe ihrer Entwicklung (s. Abb. 51), so ergibt sich bei beiden Stoffwechselvorgängen ein analoger Aktivitätsrhythmus, wobei allerdings die Proteinsynthesemaxima zeitlich unmittelbar vor den Photosynthesemaxima liegen würden.

THORNE (1961) vergleicht die durchschnittliche Nettoassimilationsrate verschiedener landwirtschaftlicher Kulturpflanzen (Gerste, Zuckerrüben, Kartoffeln) und fand, daß, auf die Blattfläche bezogen, die Zuckerrübe den höchsten photosynthetischen „Wirkungsgrad" und die Gerste den niedrigsten hat, während der Wert für die Kartoffel dazwischen liegt. Daraus ergibt sich, daß die einzelnen Pflanzen, wahrscheinlich in Abhängigkeit von ihren genetischen Anlagen, die durch den Standort vorgegebenen Bedingungen der CO_2-Assimilation mit unterschiedlichem Wirkungsgrad auszunutzen vermögen. Die Differenz zwischen der Trockensubstanz des Samens und der Trockensubstanz der vollausgebildeten Pflanze stellt die Gesamtassimilationsleistung der betreffenden Pflanze dar. Wie Tab. 61 entnommen werden kann, setzt sich der Hauptteil der im Verlaufe der Entwicklung von einer Pflanze gebildeten Trockensubstanz aus Kohlenstoff und Sauerstoff zusammen, so daß sich die mit der Trockensubstanzzunahme gemessenen Gesamtassimilationsleistung der Pflanze vor allem auf die Assimilationsleistungsfähigkeit der Pflanze für diese beiden Elemente bezieht. Da jedoch ein Teil des in der Photosynthese assimilierten CO_2 in der Respiration wieder freigesetzt wird, ist die Gesamtassimilationsleistung, gemessen an der Trockensubstanzzunahme, nicht der Photosyntheseaktivität gleichzusetzen. Die Gesamtassimilationsleistung stellt eher ein Maß für die Gesamtstoffwechselaktivität der einzelnen Pflanze dar, wobei die Photosynthese wiederum nur einen Teilprozeß umfaßt. Um jedoch eine Vorstellung von der Gesamtassimilationsleistung verschiedener Pflanzen zu geben, sollen einige weitere Zahlen angeführt werden. Die Angaben über die Gesamtassimilationsleistung beziehen sich auf g Trockensubstanz-Tagesgewinn pro m^2 Blattfläche und sind dem Lehrbuch von H. WALTER „Grundlagen des Pflanzenlebens" (1950) entnommen:

Weizen:	6,3 g/m^2 Blattfläche
Inkarnatklee:	4,7—6,5 g/m^2 Blattfläche
Gerste:	5,9—9,4 g/m^2 Blattfläche
Kartoffeln, Zuckerrüben:	5,0—7,3 g/m^2 Blattfläche
Gurken:	1,5 g/m^2 Blattfläche

Bei den Untersuchungen von THORNE (s. oben) ergaben sich Unterschiede in der Assimilationsrate in Abhängigkeit von der zeitlichen Entwicklung. Die Nettoassimilationsrate nahm bei der Zuckerrübe und bei der Kartoffel mit fortschreitender Entwicklung etwa linear ab, und zwar innerhalb von 5 Wochen bei der Zuckerrübe um etwa 20% und bei der Kartoffel um 50%. Bei der Gerste blieb die Nettoassimilationsrate in den ersten 4 Wochen der Entwicklung konstant und verringerte sich jedoch dann in den folgenden 4 Wochen auf etwa die Hälfte.

Neben diesen artspezifischen Veränderungen in der Assimilationsintensität im Verlaufe der Entwicklung ergaben sich auch sortenspezifische Reaktionsverläufe. IBRAGIMOV (1962) vergleicht die Photosyntheseleistung frühreifer, mittelspäter und später Baumwollsorten und fand, daß das Photosynthesemaximum bei der frühreifen Sorte gegen Ende der Knospenbildung und den Beginn der Blüte liegt, während bei der späten Sorte das Photosynthesemaximum mit der Hauptblütezeit zusammenfällt. Mit der gleichen Fragestellung befaßt sich die 1961 veröffentlichte Arbeit von SSILIN und FALKOWA. Sie fanden, daß bei frühreifen Maissorten die maximale Photosyntheseaktivität in den früheren Entwicklungsstadien liegt (Juli), während die spätreifen Sorten dieses Maximum erst im August erreichen.

Aus all diesen Ergebnissen geht hervor, daß neben dem unterschiedlichen photosynthetischen Wirkungsgrad der einzelnen Pflanzenarten diese auch im Rahmen ihres Entwicklungsverlaufes zu unterschiedlichen Zeiten Photosynthesemaxima und somit zu unterschiedlichen Zeiten erhöhte Anforderungen an die chemischen (Kohlensäure-, Wasser- und Sauerstoffangebot) und physikalischen (Licht, Temperatur) Bedingungen des Standortes stellen. Möglicherweise besteht zwischen dem photosynthetischen „Wirkungsgrad", dem genetisch festgelegten Entwicklungsgang und den Standortfaktoren eine direkte Beziehung. Bevor jedoch diese Fragen behandelt werden, soll versucht werden, die Bedeutung der einzelnen Organe für die Gesamtnettophotosyntheseleistung der Pflanze darzustellen.

4. Der Anteil der einzelnen Pflanzenorgane an der Photosyntheseleistung der Pflanze

Die Photosynthese ist nicht allein auf die Blätter beschränkt, obgleich diese den Hauptteil der Photosynthese durchführen. Bei Untersuchungen über den Beitrag verschiedener Organe zum Kornertrag bei Berg- und Sumpfreis fand ENYI (1962), daß im Mittel beider Sorten 23% des Kornertrages aus den Leistungen der Rispe, 60% aus denen von Spreite und Scheide des obersten Blattes und 17% aus den Sproßteilen unterhalb des obersten Blattes (flag leaf) gebildet werden. Neben diesen mehr summarischen Untersuchungen über den Anteil der einzelnen Organe am Gesamtertrag an organischer Substanz, wobei die Organrelationen durch Abdecken, d. h. Verdunkeln einzelner Organe erfaßt wurden, führt GONG-MOU-SHEN (1960) detaillierte Versuche mit ^{14}C über die Photosyntheseintensität einzelner Organe der Reispflanze im Laufe ihrer Entwicklung durch. Die Ergebnisse sprechen dafür, daß in jedem Entwicklungsstadium das mittlere Blatt immer die stärkste Photosynthese-Aktivität aufweist. Von der Rispenbildung an konnten die unteren Blätter nur noch die eigenen, durch die Atmung entstehenden Verluste kompensieren. In jedem Entwicklungsstadium finden sich ein oder mehrere Wachstums- oder Speicherungszentren, zu denen, besonders bei ihrer Beschattung, die Produkte der Photosynthese abgeleitet werden. Im Bestocken und Schossen ist das junge Blatt das aktive Zentrum, während im Stadium der Ährenbildung die Ähre und die Sproßachse und im Ährenschieben die Ähre allein als die aktiven Zentren angesprochen werden können.

Wie die Untersuchungen von QUINLAN und SAGAR (1962) ergaben, dürften beim Weizen ähnliche Verhältnisse herrschen. In den frühen Entwicklungsstadien des Weizens wird das als CO_2 applizierte ^{14}C von den Blättern als den Hauptassimilationszentren über die ganze Pflanze verteilt, wobei der Hauptteil des ^{14}C in den meristematischen Geweben wiedergefunden wurde. In den späteren Entwicklungsstadien verbleiben die gebildeten Assimilate in jedem Trieb in der Nähe des Blattes. Nach dem Ährenschieben wurden die in den oberen Blättern gebildeten Assimilate vorwiegend zu den Wurzeln und die in den unteren Blättern gebildeten vorwiegend zur Ähre transportiert. Daneben konnte auch in den älteren Blättern noch eine gewisse Speicherung festgestellt werden.

Ähnliche Untersuchungen über den Anteil der einzelnen Organe an der Trokkensubstanzbildung bzw. am Ertrag der Gerste wurden von TERENTJEV und Mitarbeitern (1963) durchgeführt. Dabei wurde den Pflanzen in verschiedenen Entwicklungsstadien CO_2 als $^{14}CO_2$ angeboten und die ^{14}C-Verteilung sowohl 48 Std. nach der Applikation als auch in der Vollreife untersucht. Das im Schossen applizierte ^{14}C befand sich nach 48 Std. vor allem im Stengel (66,2%), weniger dagegen im Blatt (33,8%). Bei Applikation in der Milch- und Wachsreife ergaben sich jedoch andere Korrelationen. Hier fanden sich 48 Std. nach der Applikation 59,5% in der Ähre, 23,1% im Blatt und 17,4% im Stengel. Bei der Analyse in der Vollreife befanden sich dann nur noch 1,2% ^{14}C in den Blättern, 13,4% im Stengel und der ^{14}C-Anteil in der Ähre hatte sich auf 85,4% erhöht. Auch im Stadium der Wachsreife erfolgte im Blatt (15,4%) und im Stengel (3,2%) noch die Neubildung von Assimilaten, der Hauptteil der Assimilationsleistung in diesem Stadium entfällt jedoch auf die Ähre selbst (81,4%). In der Vollreife war der ^{14}C-Anteil (des in der Wachsreife applizierten ^{14}C) im Blatt auf 5,3% und im Stengel auf 1,6% reduziert. Der Hauptteil der in diesem späten Entwicklungsstadium gebildeten Assimilate dient vermutlich vor allem zur Ernährung der Samen und der Seitentriebe sowie der Atmung der jeweiligen Organe.

Eine ganze Reihe von Untersuchungen wurden über den Anteil der Ähre an der Photosyntheseleistung der Getreidepflanze in deren späteren Entwicklungsstadien durchgeführt. FREY-WYSSLING und BUTTROSE (1959) kommen zu dem Ergebnis, daß bei der Gerste die Photosyntheseleistung der Ähre (Deck- und Hüllspelzen) mit etwa 76% an der Korntrockensubstanzbildung beteiligt ist, und auch für Weizen wurde ein Anteil von 20 bis 30% (bei einzelnen Sorten verschieden) der Photosynthese-Leistung der Ähre selbst an der Ausbildung des Korngewichtes gefunden (LUPTON 1961, ASANA und Mitarbeiter 1958).

Eine interessante Frage stellt in diesem Zusammenhang die Bedeutung der gegenseitigen Beeinflussung der Haupt- und Nebentriebe einer Getreidepflanze dar. Bei Untersuchungen über die physiologische Wechselwirkung zwischen den Trieben einer Gerstenpflanze fanden TERENTJEW und Mitarbeiter (1963) nach Applikation von ^{14}C zum Haupttrieb während des Ährenschiebens nach 24 Std. 1% und nach 72 Std. 9% des Gesamt-^{14}C in den Bestockungstrieben angereichert. Wurde den Nebenhalmen $^{14}CO_2$ geboten, so wurde in den Organen des Haupttriebes nicht mehr als 1% der Gesamtradioaktivität gefunden. Daraus wäre zu schließen, daß durch den Abfluß der im Haupttrieb gebildeten Assimilate in die Bestockungstriebe nur dann Ertragsdepressionen nicht zu befürchten sind, wenn die Bestockung gleichmäßig und ohne Verzögerung verläuft. Die unproduktiven Bestockungstriebe der späteren Bestockung würden in ihrer Entwicklung etwa mit der Kornausbildung und der Reife des Haupttriebes zusammenfallen, wodurch sich dann Ertragsdepressionen bemerkbar machen würden. In einer späteren Veröffentlichung berichten obige Autoren von ähnlichen Beziehungen auch bei anderen Getreidearten (TERENTJEW und Mitarbeiter 1963b). Die Verlagerung von ^{14}C-markierten Assimilaten aus dem Haupttrieb in die Nebentriebe betrug bei Weizen 2%, bei Hafer 1% und bei Mais 3,8% des Gesamt-^{14}C, während die Verlagerung aus den Nebentrieben in die Haupttriebe bei Weizen 0, bei Hafer 0,7% und bei Mais 0,99% betrug. Daraus ergibt sich, daß sowohl durch ackerbauliche als auch durch züchterische Einflußnahme eine zu starke und vor allem ungleichmäßige Bestockung vermieden werden sollte.

Auch bei Dikotyledonen wurden in Abhängigkeit von der Entwicklung ähnliche Organkorrelationen der Photosyntheseaktivität und der Assimilatverteilung wie bei den Getreidepflanzen gefunden. Als Beispiel dafür sollen die Ergebnisse von Untersuchungen über die Verteilung der Photosyntheseprodukte bei der Sojabohne dienen. Einzelnen Blättern der Sojabohne wurde im 5- und 8-Blattstadium $^{14}CO_2$ angeboten und dabei wurde gefunden, daß bis zum Beginn der Fruchtbildung die Assimilate aus den niederen Blättern hauptsächlich in die Wurzeln und in die sich in den Blattscheiden der paarigen Blätter und des ersten 3teiligen Blattes befindenden Triebe gelangen, während die Assimilate aus den höheren Blättern hauptsächlich in die jungen wachsenden Blätter und den zentralen Vegetationspunkt verlagert werden. Die mittleren Blätter versorgen sowohl die Wurzeln und die niederen Seitentriebe als auch die jungen Blätter (BELIKOW und KOSSTETZKI 1959). Eine ganze Reihe von Untersuchungen über die Bedeutung der Wurzel für die Assimilatverteilung weisen diesem Pflanzenorgan eine besondere Bedeutung zu. KURSSANOW (1959) fand, daß nach Applikation von ^{14}C bei 22 Tage alten Kürbispflanzen 18 bis 45% der Photosyntheseprodukte in die Wurzel gelangen. Die Assimilatleitung erfolgte vorwiegend in Form von Zuckern, aber schon in den Leitgefäßen und besonders schnell in der Wurzel erfolgte die Umbildung der Zucker in organische Säuren und Aminosäuren. Ein Teil der so entstandenen Produkte wurde von der Wurzel verbraucht, etwa 40% davon gelangten jedoch wieder in die oberirdischen Organe, so daß, insbesondere für die Bildung der Aminosäuren, die Wurzel im „Kreislauf der organischen Stoffe" eine wichtige Stellung einnehmen dürfte.

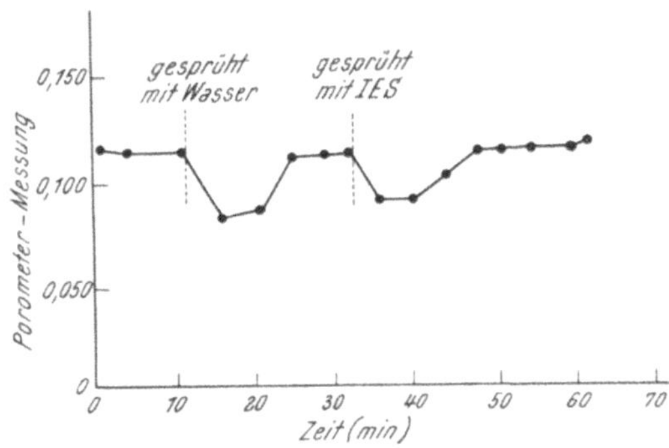

Abb. 52. Der Einfluß der Spritzung mit Wasser oder mit einer IES-Lösung (15 mg/Liter) auf die relative Stomataöffnung eines Bohnenblattes. Die relative Stomataöffnung wurde über Porometermessungen ermittelt (nach BIDWELL und TURNER 1966)

Diese wenigen Beispiele über die Bedeutung der Organkorrelationen für die Photosyntheseleistung der Pflanze im Laufe ihrer Entwicklung mögen genügen. Wie kann man sich diese Veränderungen im Zusammenspiel der einzelnen Organe im Laufe der Entwicklung erklären? Einen Einblick in diese komplexen Vorgänge geben einige in der letzten Zeit erschienene Arbeiten. So fanden BIDWELL und TURNER (1965) bei der Bohne, daß immer mit dem Austreten einer axilaren Knospe eine Erhöhung der Photosynthese der zunächstliegenden Blätter verbunden ist. Der gleiche Effekt konnte erzielt werden, wenn das Blatt mit IES[1] gespritzt wurde (s. a. Tab. 71). Da mit dem Austreten der Knospen eine erhöhte IES-Synthese verbunden ist (FOGG 1963) und die so gebildete IES in die benachbarten Pflanzenteile transportiert werden kann, war anzunehmen, daß die durch das Aufbrechen der Knospen erhöhte Photosyntheserate der benachbarten Blätter auf die Wirkung der IES zurückgeht. Wie aus Abb. 52 hervorgeht, kann die nach der IES-Applikation erhöhte Photosynthese nicht auf eine Beeinflussung der Stomataöffnung zurückgeführt werden. Diese Ergebnisse sprechen dafür, daß die weiter oben aufgezeigten Veränderungen der Organkorrelationen in der Photosyntheserate im Laufe der Entwicklung eng mit dem internen Wachstumsrhythmus und dem Wachstumssystem der Pflanze zusammenhängen und über die mit diesem im Zusammenhang zu sehenden Hormonbildungen gesteuert werden können.

---

[1] IES = Indolessigsäure.

Tabelle 71. *Der Einfluß einer Indolessigsäurespritzung auf die CO_2-Assimilation der Blätter verschiedener Pflanzen.* Die Versuche wurden bei 27° C, 1500 ft-c. Belichtung durchgeführt und der CO_2-Gehalt in der Luft betrug 0,04%. Die angegebenen Werte sind Durchschnittswerte einer großen Anzahl von Einzelbestimmungen. Bei Bohnenblättern konnte dieses Phänomen über 1000mal beobachtet werden (nach BIDWELL und TURNER 1966)

Pflanzenart	Pflanzenmaterial	IES-Konzentration mg/liter	Zunahme der CO_2-Aufnahme gegenüber der Kontrolle in %
Buschbohnen	Blatt an der Pflanze (Prim. Blatt)	20	30—80
	abgeschnittenes Blatt (Prim. Blatt)	20	30—80
	Blatt an der Pflanze (Laubblatt)	20	35—100
	abgeschnittenes Blatt (Laubblatt)	20	35—100
Mangold	Abgeschnittenes Blatt (voll entwickelt)	20	20—25
Mais	Abgeschn. Blatt (junges Prim. Blatt)	20	0
	Abgeschn. Blatt (entwickeltes Prim. Blatt)	20	0
	Abgeschn. Blatt (entwickeltes Prim. Blatt)	100	0
	Abgeschn. Blatt (senes. Prim. Blatt)	20	0
Erdbeeren	Abgeschn. Blatt (voll entwickelt) Anzucht = geringe Lichtintensität	10	25—35
	Abgeschn. Blatt (voll entwickelt) Anzucht = hohe Lichtintensität	10	20—30
Sonnenblume	Abgeschn. Blatt (voll entwickelt)	20	40
Sojabohne	Sproß mit 2 vollentw. Blättern	10	25—35
Weizen	Abgeschnittenes Blatt (Prim. Blatt)	10	30
Geranium	Abgeschnittenes Blatt (voll entwickelt)	10	25—40
Chlorella	Zellen in Kultur	10	5—50

Tabelle 72. *Der Einfluß der Sprühung mit Wachstumsregulatoren auf die CO_2-Fixierung von Bohnenblättern.* Die Versuche wurden bei 27° C, 1500 ft-c. Belichtung und einem CO_2-Gehalt von 0,04% in der Luft durchgeführt (nach BIDWELL und TURNER 1966)

Wachstumsregulator	Konzentration mg/liter	Zunahme der CO_2-Aufnahme gegenüber der Kontrolle in %
Indolessigsäure	10	65
Indolpropionsäure	10	0
Indolbuttersäure	10	35—40
Naphthylessigsäure	10	0
Gibberellinsäure	100	0
2,4-Dichlorophenoxyessigsäure	10	0
Kinetin	10	0[1]
Dimethylsulphoxid	1000	10—15

[1] Rief eine Hemmung der CO_2-Assimilation hervor, welche jedoch durch eine subsequente Applikation von Indolessigsäure wieder aufgehoben werden konnte. Die vorherige Kinetinapplikation hatte keinen Einfluß auf die Indolessigsäurewirkung.

In einer späteren Veröffentlichung (BIDWELL und TURNER 1966) wird die gleiche Fragestellung auf eine ganze Reihe weiterer Pflanzen einerseits (s. Tab. 71) und auf eine große Anzahl von Wachstumsregulatoren andererseits (Tab. 72) ausgedehnt. Mit Ausnahme von Mais konnte bei allen untersuchten Pflanzenarten die gleiche Wirkung der IES auf die Photosyntheserate wie bei der Bohne gefunden werden, so daß der Befund wahrscheinlich recht allgemeine Bedeutung hat. Von allen getesteten Substanzen (Tab. 72) hatte praktisch nur die Indolbuttersäure eine ähnliche Wirkung wie die IES. Auch die Gibberellinsäure war ohne Einfluß. Daraus ist zu schließen, daß es sich bei dem beobachteten Einfluß der IES auf die Photosyntheserate um eine spezifische IES-Wirkung handelt. In den verschiedenen Phasen während der Entwicklung einer Pflanze findet man in einzelnen Gewebepartien eine erhöhte IES-Bildung, und schreibt man der IES einen allgemeingültigen Einfluß auf die CO_2-Fixierung zu, so werden die weiter oben angeführten Veränderungen der Photosynthese im Laufe der Entwicklung etwas verständlicher. Dazu kommen noch rein klimatische, also physikalische Faktoren. Da jedoch auch die Entwicklung selbst sehr stark von den klimatischen Bedingungen des Standortes gesteuert wird, greifen hier eine ganze Reihe von Faktoren ineinander, deren Resultante schließlich der Ertrag ist.

Von SWEET und WAREING (1966) wird die gleiche Frage von einer anderen Seite her untersucht. Die Ergebnisse ihrer Untersuchungen an *Pinus radiata* lassen auf eine enge Beziehung zwischen den Wachstumsvorgängen der Pflanze und der Nettoassimilationsrate schließen; m. a. W. nicht nur die Photosyntheserate steuert den Wachstumsvorgang, sondern der Wachstumsvorgang der einzelnen Pflanzenorgane steuert auch die Photosyntheserate.

Die Assimilationsrate wird nicht nur durch die eigentliche Photosyntheseleistungsfähigkeit der Zellen bestimmt, sondern auch durch die Transportrate der Assimilate aus den photosynthetisch aktiven Geweben. DAVIES und WAREING (1965) konnten zeigen, daß durch die Applikation von IES zu dekapitierten Sprossen der Transport von ^{32}P aus dem unteren Sproßteil zum Applikationsort stimuliert wird. Es scheint somit möglich, daß die IES auch den Assimilationstransport aus den Blättern kontrolliert. Dafür sprechen auch die Ergebnisse der Untersuchungen von JEREMIAS (1966) über den Einfluß von Indolessigsäure und Gibberellinsäure auf die Verlagerung von Kohlenhydraten in der Pflanze. Das würde die weiter vorne berichteten Organkorrelationen bei der Verteilung der Assimilate im Verlaufe der Entwicklung recht gut erklären. Neben den Wuchsstoffen der Auxingruppe (IES, Indolbuttersäure) und der Gibberellinsäure dürften auch die Kinine bei der Substanzverteilung in der Pflanze eine Rolle spielen (MOTHES 1963, ENAYAT 1964). Neben dem synthetischen Kinin Kinetin übt auch das aus unreifen Maiskörnern isolierte Zeatin einen ähnlichen Einfluß auf die Substanzwanderung aus (LETHAM 1966). Auch die Untersuchungen von SHINDY und WEAVER (1967) über die Wirkung von Gibberellinsäure, CCC und einem Kinin (6-benzylamino-)-9-(2-tetrahydropyranyl)-9H-purin) bei Reben ergaben, daß durch das Aufbringen von Wachstumsregulatoren auf Sproßteile der Stofftransport von Photosyntheseprodukten beeinflußt werden kann.

Eine ähnliche Beziehung zwischen Wachstumsrhythmus, oder eher Wachstumsform, und photosynthetischer Aktivität konnte auch bei Karottengewebekulturen festgestellt werden (NEUMANN 1968). Durch die Zugabe von Kinetin, einem die Zellteilung steuernden, synthetischen Wuchsstoff, zu einer IES und m-Inosit als Wuchsstoffe enthaltenen Nährlösung, in der außerdem neben den anorganischen Nährelementen auch Zucker und Vitamine enthalten sind, werden die Gewebeexplantate zu einer sehr hohen Zellteilungsrate angeregt, und es bildet sich ein Callus ohne äußerlich sichtbarer Differenzierung aus. Wird das Kinetin aus der Nährlösung herausgelassen, so setzt, angeregt durch IES und Inosit, in den Explantaten ebenfalls die Zellteilung ein, jedoch ist in diesem Falle die Zellteilungsrate sehr viel niedriger als in den mit Kinetin versorgten Explantaten, und die Explantate sind zur Morphogenese, d. h. zur Ausbildung einer oder mehrerer Wurzeln, und zur Embryogenese befähigt. Die Ergebnisse dieser Untersuchungen ließen eine direkte Beziehung zwischen der hormonal gesteuerten Zellteilungsintensität, wodurch das Alter der die Explantate bildenden Zellen gelenkt wird, einerseits und dem Differenzierungsgrad der Explantate andererseits vermuten (Neumann 1965, Linser und Neumann 1968). Gleichzeitig wurde jedoch auch eine Beziehung zwischen der hormonal gesteuerten Zellteilungsintensität, also dem Zellalter, und der Respiration sowie der photosynthetischen Sauerstofffreisetzung, also der Photosynthese, festgestellt. Sowohl die Respiration als auch die Photosynthese war in den mit Kinetin versorgten, einer höheren Zellteilungsrate unterworfenen und somit aus realtiv „jüngeren" Zellen aufgebauten Explantaten niedriger, obgleich die mit Kinetin versehenen Gewebeexplantate einen höheren Chlorophyllgehalt hatten. Über den Kohlenstoffstoffwechsel dieses Versuchssystems wurde weiter oben schon berichtet. Hier soll jedoch nur aufgezeigt werden, daß über die hormonal gesteuerte Zellteilungsintensität die Photosyntheseaktivität des betreffenden Gewebes gesteuert werden kann (s. a. Neumann 1968).

Unter Berücksichtigung der Ergebnisse der oben angeführten Autoren über die Assimilationssteuerung durch Hormonapplikationen wäre es möglich, daß bei der ganzen höheren Pflanze ähnliche Beziehungen zwischen Zellteilungsrate und Photosynthese bestehen, welche durch das Zusammenspiel der natürlich vorkommenden endogenen, sich im Verlaufe der Entwicklung verändernden Hormonsysteme der Pflanze gelenkt würden. Die Photosyntheseleistung der einzelnen Organe und schließlich der ganzen Pflanze würde demnach primär durch deren endogenen Entwicklungs- und Wachstumsrhythmus gesteuert, während das quantitative Ausmaß des Prozesses per se eher von den Standortfaktoren gelenkt wird. Da jedoch die chemischen und physikalischen Standortfaktoren schließlich wieder in diesen Entwicklungsvorgang eingreifen, überschneiden sich beide Prozesse, wie im folgenden noch zu zeigen sein wird.

5. Umwelteinflüsse

Im folgenden sollen zunächst einige Untersuchungen an Waldpflanzen als Beispiele für die Beziehungen zwischen den chemischen und physikalischen Standortfaktoren, der Photosyntheseleistung und der Entwicklung der Pflanzen angeführt werden. Kaben (1959) führte während eines ganzen Jahres bei *Lamium galeobdolon* (der Goldnessel, also einer Schattenpflanze) Messungen der apparenten Photosynthese am natürlichen Standort in einem Buchen-Eichen-Mischwald durch. Wie Abb. 53, 54 und 55 zeigen, können die Assimilationstageskurven aus dem Verlauf der CO_2-Konzentration im Laufe des Tages erklärt werden. Im unbelaubten Walde, also im Frühjahr und im Herbst, hatte das Licht jedoch tagsüber so gut wie keinen Einfluß auf die Photosyntheseintensität, und die Assimilationskurven verliefen der CO_2-Konzentration parallel (Abb. 54). Bei voller Belaubung der Bäume im Sommer dagegen war häufig das Licht der begrenzende Faktor, und die Stoffbilanz der Pflanzen war negativ. Diesem Assimilationsminimum im Sommer standen je ein Assimilationsmaximum im Frühjahr und im Herbst gegenüber, wobei die herbstliche Assimilationsintensität höher war als die im Frühjahr gemessene. Parallel dazu stieg die CO_2-Konzentration in der Feldschicht, möglicherweise infolge erhöhter mikrobieller Zersetzungstätigkeit nach dem Laubfall, stark an und hatte im Frühjahr den niedrigsten Wert („Bodenbürtige Kohlensäure"). Bei ausreichender Belichtung stellte anscheinend das CO_2-Angebot den begrenzenden Faktor dar (s. Abb. 55). Überraschenderweise konnte auch im Winter, in einigen Fällen sogar unter einer 2 cm hohen Schneedecke, eine positive Assimilation festgestellt werden.

Aus diesen Untersuchungen geht hervor, daß die Jahresassimilationsleistung vor allem durch das Angebot der für die Photosynthese wichtigen chemischen und

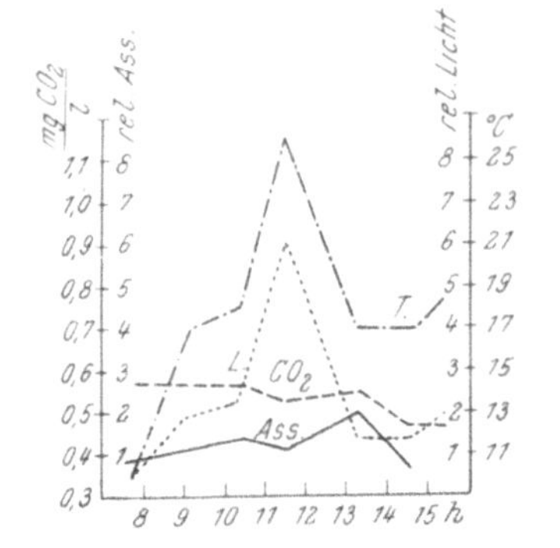

Abb. 53. Assimilationstageskurve vom 13. 5. 1956. *Ass.* apparente Assimilation, CO_2 Kohlensäuregehalt der Bestandesluft, *T* Temperatur in der Feldschicht, *L* relative Lichtintensität (nach KABEN 1959)

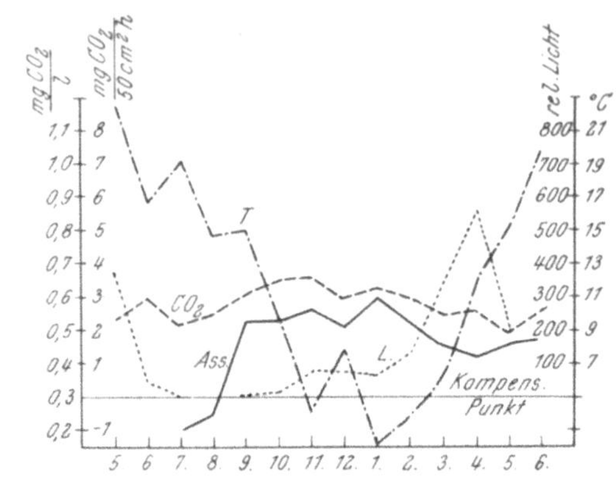

Abb. 54. Assimilationsjahreskurve aller 12h-Werte in Abhängigkeit vom CO_2-Gehalt der Luft, der Lichtintensität und der Temperatur

physikalischen Standortfaktoren bestimmt wird. Gleichzeitig sind die Pflanzen einer Entwicklung unterworfen, und wie die an anderer Stelle bereits erwähnten Untersuchungen über den Einfluß der Entwicklung auf die Photosyntheseaktivität zeigten, wird diese stark durch den Entwicklungszustand der Pflanzen gelenkt. Dieser Entwicklungsgang erfährt wiederum durch die Einstrahlungsdauer, also die Photoperiode, und die Qualität des eingestrahlten Lichtes, das Phytochromsystem sei dafür als Beispiel genannt, eine Steuerung. Somit dürfte den oben angeführten physikalischen Standortfaktoren neben deren spezieller Einflußnahme auf die Verfügbarkeit des Kohlenstoffs, Wasserstoffs und Sauerstoffs für die pflanzliche Zelle, also die Photosynthese per se, noch eine über die Entwicklungssteuerung erfolgende, eher indirekte Bedeutung zukommen.

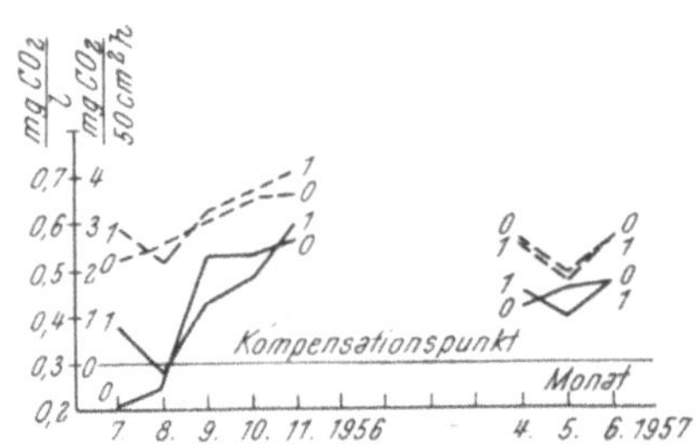

Abb. 55. Durchschnittliche Assimilation um 10h (1—1) und um 12h (0—0) sowie ihre Abhängigkeit vom Kohlensäuregehalt (nach KABEN 1959)

Im Laufe eines Jahres verändert sich das eingestrahlte Licht jedoch nicht nur in quantitativer, sondern auch in qualitativer Hinsicht. Wie schon DORNO (1919) berichtet, gilt diese qualitative Veränderung nicht nur für Pflanzen in so eng gestellten Verbänden wie im Walde, wo die unter den hochstämmigen Bäumen wachsenden Pflanzen vor allem auf diffuses, gestreutes Licht angewiesen sind, sondern auch für die Pflanzen in offenen Lagen.

Den höchsten Rotanteil des Spektrums findet man bei indirekter Sonneneinstrahlung (s. Abb. 56), und mit zunehmender Atmosphärendicke wird vor allem der Anteil der kurzwelligen Strahlung herabgesetzt. Auch die Bedeckung des Himmels übt einen Einfluß auf die Lichtqualität aus (Abb. 56). Nach Untersuchung von EGLE (1937) haben der langwellige und der kurzwellige Teil des Lichtspek-

a)

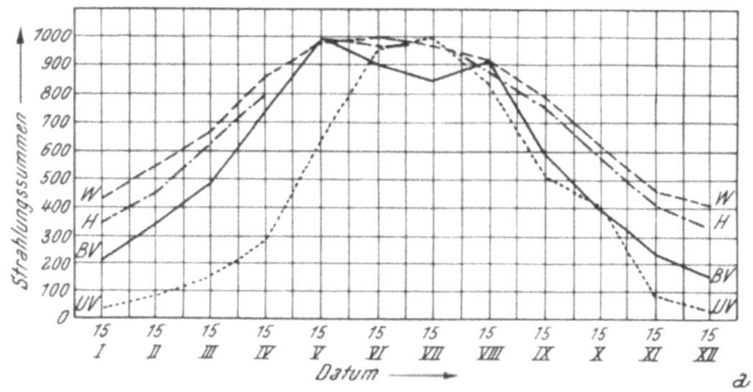

Jährlicher Gang der Summen der { - - - - - - Wärme- *(W)*; —·—·—·— Helligkeits- *(H)*; ———— blauvioletten *(BV)*; ·········· ultravioletten *(UV)* } Strahlung der Sonne

(Nach der ROSCOEschen Integrationsmethode für den 15. jeden Monats berechnet und gezeichnet unter Gleichsetzung der Maxima = 1000.)

b)

$\lambda\mu$	Himmelslicht		Sonne
	Blauer Himmel	Schleierwolken	
0,69	0,2059	0,2523	0,3064
0,63	0,5304	0,5714	0,6039
0,59	1	1	1
0,53	3,494	3,219	2,537
0,49	9,411	7,388	5,559
0,43	61,63	36,52	19,180

c)

Atmosphärendicke		1	2	3	4	5	6	7	8	32
Entsprechende Sonnenhöhe		90°	30°	19,3°	14,3°	11,3°	9,3°	8,3°	7,3°	nahe Horizont
		Lichtmenge								
Rot	$A\lambda = 0{,}76\mu$	0,95	0,91	0,86	0,81	0,77	0,74	0,71	0,66	0,107
Orange	$D\lambda = 0{,}59\mu$	0,87	0,75	0,65	0,57	0,49	0,48	0,37	0,32	0,001
Blau	$F\lambda = 0{,}49\mu$	0,74	0,54	0,40	0,30	0,22	0,16	0,12	0,09	0,000
Violett	$H\lambda = 0{,}40\mu$	0,51	0,25	0,13	0,07	0,03	0,02	0,02	0,00	0,000
		Helligkeit der Sonne								
Sonne		0,84	0,70	0,59	0,50	0,42	0,30	0,26	0,21	0,002

d)

Farbe	Optischer Schwerpunkt	1	1,5	2	3	4	5	6
	Atmosphärendicke / Entsprechende Sonnenhöhe	90°	42°	30°	19,3°	14,3°	11,3°	9,3°
		Washington						
Hellblau	—	0,783	0,690	0,603	0,471	0,375	0,294	0,230
		Davos						
Rot	$0{,}650\mu$	0,912	0,871	0,832	0,759	0,692	0,631	0,575
Grün	$0{,}520\mu$	0,869	0,810	0,755	0,656	0,570	0,496	0,481
Grünblau	$0{,}465\mu$	0,826	0,751	0,682	0,564	0,466	0,385	0,318
Blau	$0{,}415\mu$	0,752	0,652	0,565	0,425	0,320	0,240	0,181
Blauviolett	$0{,}405\mu$	0,730	0,624	0,533	0,389	0,284	0,207	0,151

Abb. 56. Veränderungen der Lichtqualität *a)* während eines Jahres; *b)* durch die Bedeckung des Himmels; *c)* und *d)* durch den Einfallswinkel des Sonnenlichtes (nach DORNO 1919)

trums einen unterschiedlichen Intensitätsgang im Laufe des Jahres (s. auch Abb. 56), wobei sich der Rotanteil des Spektrums im Winter erhöht, was sich in etwa mit den Angaben DORNOS über den Einfluß der Atmosphärendicke, spr. den jahreszeitlich bedingten engen Einstrahlungswinkel, auf die Qualität des eingestrahlten Lichtes deckt.

A. Lichteinflüsse

Somit kommt wahrscheinlich dem Licht sowohl in quantitativer als auch in qualitativer Hinsicht neben seinem direkten Einfluß über die Photolyse des Wassers bei der CO_2-Assimilation auch über die Steuerung der Entwicklung noch eine zusätzliche, die Photosynthese lenkende Bedeutung zu. Wie Untersuchungen von HAHN und MILLER (1966) an *Polytrichum commune* ergaben, greift das Licht neben dessen Einfluß auf die Photolyse des Wassers noch an anderen Stellen in den Stoffwechsel der Chloroplasten und somit in die Photosynthese ein, und zwar wie das Wirkungsspektrum zeigt, über das sogenannte Phytochromsystem. Obige Autoren konnten zeigen, daß die Chloroplastenreduplikation nur im weißen und im hellroten Licht erfolgt, während im Dunkeln und im dunkelroten Bereich lediglich eine Chloroplastenvergrößerung gefunden wurde. Diese Beeinflussung des Chloroplastenwachstums durch die beiden Spektralbereiche war erst nach einer 24 Std. „lag period" wieder reversibel, was auf die Beeinflussung einer ganzen Anzahl wahrscheinlich enzymatisch gesteuerter biochemischer und eventuell auch chloroplastentwicklungsphysiologischer Vorgänge schließen läßt. Zwischen der Chloroplastenwachstumsform auf der einen Seite und dem Stärkegehalt in Abhängigkeit von der eingestrahlten Wellenlänge auf der anderen konnte eine Beziehung hergestellt werden, und zwar hatten die sich nur vergrößernden, sich nicht teilenden und somit wahrscheinlich „älteren" Chloroplasten der im Dunkelrotbereich wachsenden Zellen einen bedeutend höheren Stärkegehalt als die kleineren, einer höheren Teilungsrate unterworfenen und somit wahrscheinlich noch „jüngeren" Chloroplasten der mit hellrotem Licht bestrahlten Zellen.

Von Beziehungen zwischen dem Stärkegehalt in den Chloroplasten und den sich daraus ergebenden Beziehungen zu photomorphogenetischen Reaktionen wird auch von KLEIN und Mitarbeitern (1963) berichtet. Diese Autoren beobachteten bei ihren Untersuchungen über die Entfaltung des primären Blattes bei Mais, daß unmittelbar vor dem photomorphogenetischen Vorgang der Blattentfaltung ein starker Stärkeabbau in den Zellen erfolgte.

Wie HAHN und MILLER in ihrer schon weiter oben angeführten Arbeit berichteten, wird bei *Polytrichum* die lichtabhängige Änderung der Chloroplastengröße von der Akkumulation bzw. dem Abbau der Stärke in den Chloroplasten begleitet und eventuell auch gelenkt. Die Frage nach der Kausalität dieser beiden Vorgänge bleibt noch offen, aber die eben dargestellten Beziehungen zwischen dem Stärkegehalt (also einem Produkt des Zellstoffwechsels) und der Chloroplastenreduplikation (also einem Ausdruck der Aktivität des produzierenden Systems Zelle), gesteuert durch das Phytochromsystem und somit in Abhängigkeit vom Standortfaktor Lichtqualität, würde mit den von LINSER et al. (im Druck) entwickelten Vorstellungen über die Beziehungen zwischen dem Verhältnis produzierendes System der Zelle/Produkte des Zellstoffwechsels auf der einen Seite und den Wachstums- und Differenzierungsvorgängen in der Pflanze auf der anderen, in Einklang stehen.

Von Untersuchungen über Beziehungen zwischen der Wellenlänge des eingestrahlten Lichtes und den durch die Photosynthese gebildeten Produkten berichten HAUSCHILD, NELSON und KROTKOW (1965). Diese Untersuchungen wurden mit *Chlorella* durchgeführt, und dabei ergab sich, daß durch eine kurze Belichtung mit blauem Licht (480 mμ) gegenüber der Verwendung von rotem Licht (650 mμ) sowohl eine Erhöhung des fixierten $^{14}CO_2$ als auch eine Verschiebung in der Verteilung des ^{14}C erfolgte. Die stärkste Erhöhung des ^{14}C-Anteils wurde bei der Asparaginsäure festgestellt, dann folgten Apfelsäure, Glutaminsäure und schließlich Fumarsäure, während der ^{14}C-Anteil im Glycin nur gering erhöht wurde. Die Autoren vermuten ein dem Phytochrom ähnliches System im blauen Spektralbereich. Die Frage, wieweit zwischen den weiter oben angeführten Untersuchungen von HAHN und MILLER (1966) über den Einfluß der Wellenlänge des eingestrahlten Lichtes auf den Stärkegehalt und die Chloroplastenreduplikation einerseits und den eben berichteten Versuchsergebnissen andererseits eine Beziehung besteht, muß jedoch noch offenbleiben.

Auch die Untersuchungen von TREGUNNA und Mitarbeiter (1962) über den Einfluß der Wellenlänge des eingestrahlten Lichtes auf die ^{14}C-Verteilung auf einzelne Verbindungen in Tabakblättern ergaben, daß, verglichen mit weißem Licht, durch rotes Licht der ^{14}C-Einbau in das Glycin, jedoch nicht in das Serin, gefördert wird. Wie bei den weiter oben schon berichteten Untersuchungen an *Chlorella* wird auch bei Tabak im blauen Licht der ^{14}C-Einbau in das Glycin geringer und darüber hinaus auch in das Serin vermindert.

Neben der Qualität des eingestrahlten Lichtes übt nach den Untersuchungen von HORVATT und SZASZ (1965) an Spinat auch die Lichtquantität einen Einfluß auf die Verteilung des assimilierten Kohlenstoffs aus. Wie aus Abb. 57 hervorgeht, wird proportional der zunehmenden Lichtintensität der relative Kohlenhydratgehalt der Pflanzen erhöht. Diese Zunahme erfolgt kontinuierlich bis zu 2000 Lux Einstrahlung sowohl in der Stärkefraktion als auch in der Fraktion der löslichen Kohlenhydrate. Bei 4000 Lux jedoch erfolgt dann eine starke Zunahme des Stärkegehaltes der Blätter und des Gehaltes an löslichen Kohlenhydraten im Stengel. Demgegenüber steht eine Abnahme des relativen Stickstoffgehaltes der Pflanzen mit zunehmender Belichtungsintensität. Diese Abnahme des Stickstoffs erfolgt zu Lasten der löslichen N-Fraktion, während der Proteingehalt konstant bleibt. Eine Erklärung für diese Ergebnisse wäre die Vorstellung, daß bei geringer Lichtintensität und somit geringerer Zurverfügungstellung von ATP über die Photophosphorylierung der Stoffwechsel stärker zur katabolischen Seite mit dem Kohlenhydratabbau über die Glycolyse und den Krebszyklus mit der ATP-Bildung über das Cytochromsystem verschoben ist als zur anabolischen Seite mit einer hohen Stärkesynthese, also einer Reservestoffbildung. Durch den relativ höheren Abbau der PGS, dem ersten stabilen Photosyntheseprodukt, über die Glycolyse und den Krebszyklus würden auch in erhöhtem Ausmaße die als sog. „Eintrittsstore" für den Stickstoff in organische Bindung bekannten Zwischenprodukte dieses Abbauweges (s. Abb. 44), also das Phosphoglycerat (Serin),

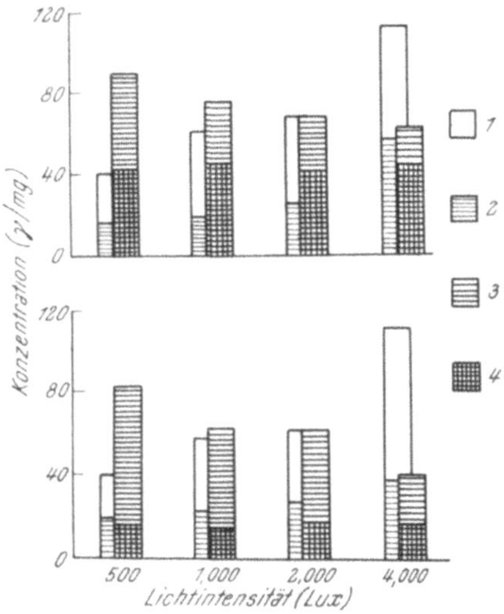

Abb. 57. Der Einfluß der Lichtintensität auf die Kohlenhydrat- und Aminosäureproduktion in der Photosynthese. Im oberen Teil der Abbildung sind die Werte für das Blatt angegeben; im unteren Teil befinden sich die Werte für den Stengel. *1* lösliche Kohlenhydrate, *2* Stärke, *3* löslicher Stickstoff, *4* Proteinstickstoff (nach HORVATT und SZASZ 1965)

das Pyruvat (Alanin), das Oxalacetat (Asparaginsäure) und das α-Ketoglutarat (Glutaminsäure) gebildet, wodurch sich die erhöhte Bildung löslicher N-Verbindungen erklären lassen würde. Erst bei der höheren Lichtintensität würde es dann zur Stärkebildung, also zur Reservestoffbildung kommen.

Schließlich sollen als Beispiel für den Einfluß der Belichtungsdauer, also der Photoperiode, auf die Verteilung des ^{14}C aus CO_2 im Stoffwechsel die Untersuchungen von MOKRONOSOW (1963) an Kartoffeln angeführt werden. Unter Kurztagsbedingungen, welche gleichzeitig auch die Knollenbildung beschleunigten, wurde neben einer allgemeinen Erhöhung der Photosyntheseleistung insbesondere der ^{14}C-Einbau in die Stärke und die Saccharose und unter Langtagsbedingungen in Asparaginsäure, Alanin und Apfelsäure gefördert.

Auf Grund der oben angeführten Untersuchungen über die Bedeutung der Lichtintensität und der Lichtqualität auf die photosynthetische Leistung der Pflanzen ist auch ein Einfluß der Saatstärke und der Standweite auf die Photosynthese, somit die Trockensubstanzbildung und schließlich den Ertrag ganzer Pflanzenbestände zu vermuten. Untersuchungen an *Fagopyrum esculentum* (IWAKI 1958) über Beziehungen zwischen Bestandesdichte und Wachstumsverlauf drei verschiedener Standweiten ergaben, daß die höhere Nettoassimilationsrate der weiter gestellten Bestände sowohl auf die höhere relative Lichtintensität im Bestand als auch auf eine höhere photosynthetische Leistung der Blätter einerseits und auf ein niedrigeres Verhältnis der nicht assimilierenden Pflanzenteile zu den assimilierenden andererseits zurückzuführen ist. Wie weiter oben bei der Besprechung der Lichtverhältnisse bei *Lamium* unter dem Blätterdach des Waldes angeführt wurde, dürfte auch hier durch die enge Standweite das einfallende Licht beträchtlich gestreut werden, woraus sich eine Verschiebung der auf die unteren Blätter auftreffenden Intensität der verschiedenen Spektralbereiche zueinander ergeben dürfte. Daraus resultiert dann eine Veränderung der qualitativen Zusammensetzung des einfallenden Lichtes. Diese Veränderung der einstrahlenden Lichtqualität wäre dann in Anbetracht des oben über die Wirkung der einzelnen Spektralbereiche z. B. auf die Ausbildung des Photosyntheseapparates Gesagten möglicherweise für die geringere photosynthetische Leistung der einzelnen Blätter der enger gestellten Pflanzen verantwortlich. Dazu kommt dann noch der direkte Einfluß der Lichtintensität auf die Photosynthese per se. Untersuchungen mit der gleichen Fragestellung wurden von POPOW und MAZDRAKOW (1962) mit Mais durchgeführt. Bei diesen Versuchen wurden vier verschiedene Standweiten (30×30, 50×50, 70×70 und 90×90 cm) verwendet, und während bei dem lockersten Bestand die größte Blattfläche pro Pflanze erzielt wurde, konnte beim dichtesten Bestand die größte Blattfläche/ha festgestellt werden. Das höchste Frischgewicht und auch die höchste Trockensubstanzbildung konnte jedoch bei der mittleren Standweite von 50×50 cm erzielt werden, obgleich bei den Pflanzen mit einer Standweite von 90×90 cm die Photosynthese zweimal intensiver pro Blattflächeneinheit war als bei Pflanzen mit einer Standweite von 30×30 cm. Die mittlere Photosyntheseleistung schwankte zwischen 3 und 12 g Trockensubstanz/m^2 Blattfläche und war beim lockersten Bestand in allen Entwicklungsabschnitten immer am höchsten. Auch bei diesen Untersuchungen wird deutlich, daß nicht allein die zur Assimilation zur Verfügung stehende Blattfläche eines gegebenen Areals für die photosynthetische Leistung ausschlaggebend ist, sondern daß auch hier wahrscheinlich sowohl die die Entwicklung des Photosyntheseapparates als auch die die eigentliche Photosynthese steuernde, bei verschiedener Standweite veränderte Lichtqualität und -quantität und darüber hinaus wahrscheinlich auch die die quantitative Seite der Photosynthese per se steuernde CO_2-Konzentration in Beständen verschiedener Dichte einen sehr starken Einfluß ausüben.

B. Temperatureinflüsse

Da sowohl die Photolyse des Wassers als auch die CO_2-Fixierung enzymatisch gesteuert und da, wie weiter oben schon angeführt, die Enzymaktivität durch die Temperatur beeinflußt wird, muß neben dem physikalischen Faktor Licht auch dem physikalischen Faktor Temperatur ein Einfluß auf die Photosyntheseaktivität zukommen.

Die im folgenden zu besprechenden Untersuchungen von BOURDEAU (1959) über die Assimilation einiger immergrüner Coniferen (*Picea excelsa*, *Picea pungens*,

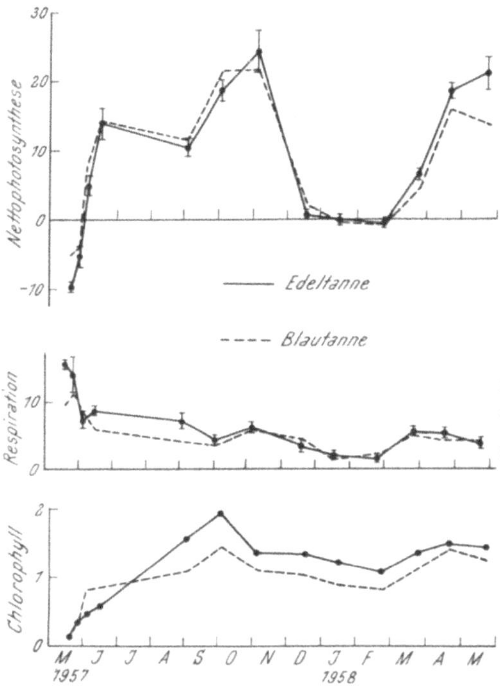

Abb. 58. Zeitlicher Verlauf der photosynthetischen Leistung, der Respiration und des Chlorophyllgehalts in jungen Zweigen zweier verschiedener Fichtenarten (Norway und blue spruce). Die Nettophotosynthese und die Respiration sind in μg CO_2-Austausch/min/g Frischgewicht bei 25° C und 2000 foot candles bzw. im Dunkeln ausgedrückt (nach BOURDEAU 1959)

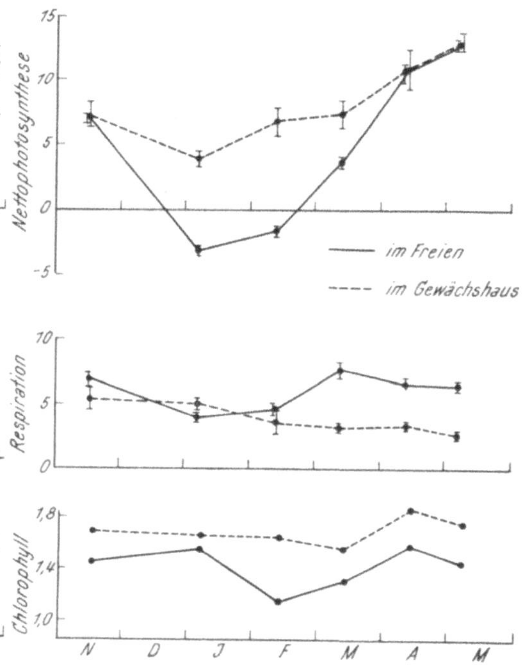

Abb. 59. Photosyntheseleistung, Respiration und Chlorophyllgehalt von *Tsuga canadensis* während des Winters im Gewächshaus und im Freien. Nettophotosynthese und Respiration in mg CO_2-Austausch/min/g Frischgewicht bei 25° C und 3000 foot candles bzw. im Dunkeln ausgedrückt, Chlorophyll in mg/g frische Nadeln (nach BOURDEAU 1959)

Tsuga canadensis, *Pinus silvestris*) im Laufe eines Jahres, bei denen die im Freiland entnommenen Pflanzenteile unter konstanten physikalischen Bedingungen (Licht, Temperatur) im Labor unmittelbar nach der Entnahme im Freiland auf ihre Assimilationsleistung untersucht wurden, dürften einen Einblick in diese Beziehungen geben. In Abb. 58 sind die Durchschnittswerte der Nettophotosynthese und der Respiration des ganzen Zweiges und der durchschnittliche Chlorophyllgehalt der Nadeln im Laufe eines Jahres enthalten. Diesen Ergebnissen nach war im Mai die Nettoassimilation negativ und die Respiration entsprechend hoch.

Zu diesem Zeitpunkt befanden sich die succulenten Zweige in einem Streckungsstadium und der Chlorophyllgehalt war relativ niedrig. Von Anfang Juni an überstieg die Photosyntheserate dann die Respiration und erreichte gegen Ende der Wachstumssaison im Oktober und November dann ihren Höhepunkt. Nach den ersten stärkeren Frösten im Dezember konnte bis etwa März eine Photosyntheseaktivität selbst bei den im Labor herrschenden Bedingungen von 25° C und 2000 ft candles Belichtung bei allen Zweigen nicht mehr festgestellt werden. Erst Mitte April erreichte die photosynthetische Aktivität wieder ein Niveau, das dem im Herbst beobachteten entsprach (Abb. 59). Diese Beobachtungen sprechen dafür, daß durch die tiefen Temperaturen einschneidende stoffwechselphysiologische Veränderungen in den Zellen erfolgen. Der ursprünglich recht niedrige Chlorophyllgehalt der Nadeln nahm bis zu einem Maximum im Oktober kontinuierlich zu, um dann bis Dezember wieder leicht abzunehmen (Abb. 58). Im Frühjahr erfolgte dann wieder ein Chlorophyllgehaltsanstieg. Die Tageslänge hatte im Gegensatz zu den schon berichteten Versuchen bei der Kartoffel keinen Einfluß auf die Assimilationsrate, jedoch zeigten auch die ständig im Gewächshaus unter kontrollierten Bedingungen kultivierten Pflanzen analog den im Freiland gehaltenen im Winter die geringste Photosyntheseaktivität (s. Abb. 59). Auch WINKLER (s. bei HOLZER 1958) berichtete von einem Aussetzen der Assimilation bei Coniferen im Winter. Diese Ergebnisse sprechen für die Annahme, daß die weiter oben berichteten jahreszeitlichen Fluktuationen der Assimilationsleistung nicht allein auf die für den eigentlichen CO_2-Assimilationsprozeß erforderlichen chemischen und physikalischen Standortbedingungen zurückzuführen sind, sondern neben diesen noch von anderen, vermutlich die ganze Pflanze beeinflussenden Faktoren und den daraus resultierenden histologischen und cytologischen Veränderungen mit gesteuert wird.

Anhaltspunkte für cytologische Veränderungen in Abhängigkeit von der Temperatur geben die Untersuchungen von HOLZER (1958) über cytologische Veränderungen bei der Zirbe und der Fichte im Laufe eines Jahres. Ausgehend von der im Sommerzustand zu beobachtenden wandständigen Lage der Chloroplasten erfahren nach seinen Angaben die Assimilationszellen im Laufe des Winters mehrere Veränderungen. Im Herbst werden zunächst an der äußeren Plasmagrenzschicht zahlreiche Tröpfchen unbekannter Zusammensetzung gebildet, bei denen es sich nach Angaben des Autors möglicherweise um Koniferin handelt. Nach den ersten Frösten sammeln sich die Chromatophoren, bei der Zirbe in den Buchten der Zellmembran und bei der Fichte um den Zellkern, in Gruppen, und nach den ersten starken Frösten beginnt sich die große Zellvakuole in zahlreiche kleinere aufzuteilen. Die Chloroplasten erhalten während des ganzen Winters ihre Individualität und wie Färbungen mit Jod-Jod-Kalium zeigten, wiesen die Chloroplasten mit reiner „Winterstellung“ in keinem Falle Stärkebildung auf, woraus geschlossen wurde, daß sie auch zur Assimilation nicht befähigt sind. Darüber hinaus wurde bei anhaltenden Kälteperioden eine Trübung des Protoplasmas beobachtet. Nach dem Einsetzen des warmen Wetters wurden die oben beschriebenen cytologischen Veränderungen sehr bald rückgängig gemacht, und die Zellen besaßen wieder ihren Sommerzustand. Die gleiche Rückbildung kann auch im Winter etwa acht Tage nach Überführung der Pflanzen aus dem Freiland in temperierte Räume erreicht werden, wodurch die Annahme nahegelegt wird, daß diese Veränderungen der assimilierenden Zellen und somit der winterliche assimilatorische Tiefstand der Pflanzen zu einem großen Teil auf Temperatureinflüsse zurückgeführt werden können.

Die hier soeben dargestellten Beziehungen zwischen der Assimilationsleistung der Pflanzen und der Standorttemperatur sind jedoch sehr stark artspezifisch wie auch die folgenden Versuchsergebnisse zeigen. Von der Befähigung einiger Pflanzen, auch bei Minustemperaturen photosynthetisch aktiv zu sein, berichten PISEK und REHNER (1959). Während *Viscum album* ab —3° C eindeutig CO_2 in größeren Mengen abgab und somit eine negative CO_2-Bilanz aufwies, konnte unter den gleichen Versuchsbedingungen bei *Veronica persica* und *Erica karnea* noch eine Nettophotosynthese beobachtet werden. Das Temperaturminimum für eine Nettoassimilation der von den Autoren untersuchten Coniferen lag bei —4° C. Die gleichfalls untersuchten mediterranen immergrünen Dikotyledonen wiesen mit Ausnahme von *Buxus sempervivum* und *Quercus ilex* das tiefste beobachtete winterliche Temperaturminimum der Assimilation auf, welches wahrscheinlich mit dem Gefrierpunkt der betreffenden Blätter zusammenfiel.

Vor allem russische Autoren befaßten sich mit dem Fragenkomplex der Photosynthese unter Winterbedingungen, wobei insbesondere die Assimilationsleistung von Zwischenfrüchten Beachtung fand. SSOKOLOWA und OSSATSCHUK (1959) stellten fest, daß beim Eintreten der niedrigeren Herbsttemperaturen (mittlere Tagestemperatur von 8° C) im Oktober die photosynthetische Produktivität bei Zuckerrüben, Futterrüben, Futterkohl und Erbsen noch recht hoch war, während bei Mais dagegen schon bei 10° C das Wachstum zum Stillstand kam (s. Tab. 73, 74, 75).

Bei Futterkohl und Erbsen wurde selbst im November bei Temperaturen um oder unter 5° C noch ein Photosynthesenettogewinn festgestellt wie aus der Tab. 73 hervorgeht. Die neugebildete organische Substanz lag vor allem in Form von löslichen Baustoffen vor, die Synthese von Reservestoffen war nur sehr gering.

Tabelle 73. *Photosynthetische Produktivität g/dm² Blattfläche* (nach SSOKOLOWA und OSSATSCHUK 1959)

	September	Oktober	November
Zuckerrüben	10,0	8,0	0,1
Futterrüben	14,0	10,0	0,1
Futterkohl	9,4	12,0	8,5
Erbsen	9,0	11,0	6,0
Mais	12,0	—	—

Tabelle 74. *Chlorophyllgehalt der einzelnen Pflanzen im Laufe der Entwicklung in g/kg Blattfrischsubstanz* (nach SSOKOLOWA und OSSATSCHUK 1959)

	1. 9.	1. 10.	1. 11.	20. 11.
Zuckerrüben	1,6	1,8	1,75	1,4
Futterrüben	1,8	1,9	1,8	1,3
Futterkohl	1,5	1,6	1,6	1,4
Erbsen	2,0	2,1	2,1	2,0
Mais	1,8	1,1		

Mit ähnlichen Fragen befaßten sich auch die Untersuchungen von SCHATILOW, RATSCHINSKI und POLIKARPOWA (1959). Bei diesen Untersuchungen wurden in den Morgenstunden Pflanzen verschiedener Arten auf dem Felde ausgegraben, vom Boden befreit und an Ort und Stelle bei Minustemperaturen in eine Glasglocke gebracht, in die $^{14}CO_2$ eingeleitet wurde. Die im Laufe von 2 bis 3 Std. aufgenommene ^{14}C-Menge war bei Wiesenlieschengras dreimal höher als bei Klee und

Tabelle 75. *Blattfläche einzelner Pflanzen in cm^2* (nach SSOKOLOWA und OSSATSCHUK 1959)

	15. 8.	1. 9.	1. 10.	1. 11.	20. 11.
Zuckerrüben	283	1513	3221	5310	4800
Futterrüben	132	793	2640	5280	4910
Futterkohl	168	604	1868	2532	2864
Erbsen	33	126	963	1450	1910
Mais	36	205	1214	1285	—

fast 70mal höher als bei Winterweizen. Auch die Luzerne wies bei Minustemperaturen eine aktive ^{14}C-Assimilation auf. Lediglich bei Luzerne konnte auch bei verdunkelter Glasglocke eine $^{14}CO_2$-Fixierung beobachtet werden. Nach zweistündiger Versuchsdauer lagen 35 bis 39% des aufgenommenen ^{14}C in organischer Form vor.

In der vorliegenden Abhandlung konnten unter Heranziehung einer Anzahl von Arbeiten nur kurz die hauptsächlichsten Probleme und Fragen des so wichtigen Stoffwechsels von Kohlenstoff, Sauerstoff und Wasserstoff im Gesamthaushalt der Natur angeschnitten werden. Der Natur der Sache folgend, wurde vor allem die Photosynthese hervorgehoben. Die Photosynthese kann man sich als weltweiten Prozeß, aber auch als einen nur die Pflanze, nur das Blatt, die Zelle und schließlich nur den Chloroplasten betreffenden Vorgang vorstellen. Durch die Photosynthese werden pro Jahr schätzungsweise 150 bis 200 Milliarden Tonnen Kohlendioxyd aus der Atmosphäre in organische Verbindungen eingebaut. Die zu dieser Überführung des gasförmigen CO_2 in organische Substanzen erforderliche Energie hat gigantische Ausmaße. Etwa 80% der Photosynthese werden im Wasser, also von Wasserpflanzen (vorwiegend in den Weltmeeren), durchgeführt. Die Fragen der Photosynthese sind eng mit dem Problem der Nahrungsmittelproduktion einerseits und dem Problem der Bevölkerungsexplosion andererseits verbunden. Im gleichen Ausmaße wie der animalische Teil der Lebewelt auf unserem Planeten von der pflanzlichen Photosynthese als Nahrungslieferant abhängt, ist auch die Größenordnung der animalischen Population auf der Erde durch den Umfang der möglichen Photosynthese begrenzt.

Literatur

APEL, P.: Rhythmische Änderungen der Stomataapertur und der CO_2-Aufnahme bei Keimblättern von Gerste. Ber. dt. Bot. Ges. **79**, 279–288 (1966). — Über rhythmisch verlaufende Änderungen in der CO_2-Aufnahme von Blättern. Ber. dt. Bot. Ges. **80**, 3–9 (1967). — ARNON, D. J., H. J. TSUJIMOTO und B. D. MCSWAIN: Photosynthetic phosphorylation and electron transport. Nature **207**, 1367–1372 (1965). — ASANA, R. D., A. D. SAINI und D. RAY: Studies in physiological analysis of yield. III. The rate of grain development in wheat in relation to photosynthetic surface and soil moisture. Physiologia Plantarum **11**, 655–665 (1958).

BASSHAM, J. A., und M. KIRK: Microalgae and photosynthetic bacteria. 493 (1963). — BELIKOW, J., und E. KOSSTETZKI: Verteilung der Photosyntheseprodukte der Sojabohne in frühen Phasen ihrer Entwicklung. Zit. nach Landw. Zbl. Abt. 2, Teil I, 455 (1959). — BEN-SHAUL, Y., J. A. SCHIFF und H. T. EPSTEIN: Studies on chloropast development in Euglena. VII. Fine structure of the developing plastid. Plant Physiology **39**, 231–240 (1964). — BIDWELL, R. G. S., und W. B. TURNER: Rates of photosynthesis in attached and detached bean leaves and the effect of spraying with indole acetic acid. Plant Physiology **40**, 446–451 (1965). — Effect of growth regulators on CO_2 assimilation in leaves, and its correlation with the bud break response in photosynthesis. Plant Physiology **41**, 267–270 (1966). — BIGGINS, I., und R. B. PARK: CO_2 Assimilation by etiolated *Hordeum vulgare* seedlings during the onset of photosynthesis. Plant Physiology **41**, 115–118 (1966). — BIGGINS, J., und PARK, R. B.: Nucleic acid content of chloropasts of spinach isolated by a non aqueous technique. Nature **203**, 425 (1964). — BONNER, J., und A. W. GALSTON: Principles of plant physiology. San Francisco: W. H. Freeman and Co. 1952. — BOURDEAU, P. F.: Seasonal variations of the photosynthetic efficiency of evergreen conifers. Ecology **40**, 63–67 (1959).

CALVIN, M.: Recent progress in photobiology. Oxford: Blackwell (Scientific Publications No. 225). 1965. — The path of carbon in photosynthesis. Science **135**, 879 (1962). — CALVIN, M., J. A. BASSHAM, H. H. BENSON, V. LYNCK, C. ONELLET, L. SCHON, W. STEPKA und N. TOLBERT: Symp. Soc. Exptl. Biol. **5**, 284 (1951) zit. nach CALVIN, M., und J. A. BASSHAM: The photosynthesis of carbon compounds. New York: W. A. Benjamin. (1962) — CLAYTON, R. U.: Photosynthesis, primary physical and chemical processes. Annual Review of Plant Physiology **14**, 159 (1963). — COOK, J. R.: Photosynthetic activity during the division cycle in synchronized *Euglena gracilis*. Plant Physiology **41**, 5, 621–825 (1966).

DANNER, J., und I. P. TING: CO_2 Metabolism in Corn Roots. II. Intracellular Distribution of Enzymes. Plant Physiol. **42**, 719–724 (1967). — DAVENPORT, H. E.: Cytochrome components in chloroplasts. Nature **170**, 1112–1114 (1952). — DAVIES, C. R., und P. F. WAREING: Auxin directed transport of radiophosphorus in stems. Planta **65**, 139–156 (1965). — DOMAN, N. G.: Zur Frage des Zusammenhanges von Photosynthese und Atmung der Pflanze. Zit. nach Landw. Zbl. III, 2240 (1959). — DOMAN, N. G., L. N. CHADSHI-MURAT und Ss. JE. DEMINA: Einheitlichkeit und Besonderheiten des Assimilationsweges von Kohlenstoff in verschiedenen Pflanzen. Zit. nach Landw. Zbl. **II**, 2074 (1959). — DORNO, C.: Physik der Sonnen- und Himmelsstrahlung. Braunschweig. 1919.

EGLE, K.: Zur Kenntnis des Lichtfeldes der Pflanze und der Blattfarbstoffe. Planta **26**, 546–583 (1937). — EMERSON, R., R. CHALMERS und C. CEDERSTRAND: Some factors influenzing the long wave limit of photosynthesis. Proc. nat. Acad. Sci. Wash. **43**, 133 (1957). — EMERSON, R., und W. ARNOLD: The photochemical reaction in photosynthesis. J. Gen. Physiol. **16**, 191 (1932). — ENAYAT, A. M.: Untersuchungen über den Einfluß von Kinetin auf die Verteilung anorganischer Stoffe (bzw. Ionen) in der Pflanze. Diss. Gießen. 1964. — ENYI, B. A. C.: The contribution of different organs to grain weight in upland and swamp rice. Ann. Botany **26**, 104, 529–531 (1962).

FEIERABEND, J.: Regulationsvorgänge bei der Bildung von Photosyntheseenzymen. Umsch. Wiss. Tech. **15**, 494–495 (1967). — FREY-WYSSLING, A., und M. S. BUTTROSE: Photosynthesis in the ear of barley. Nature Suppl. **184**, 10, 2031–2032 (1959). — FOGG, G. E.: Growth of Plants. Pelican Books A 560, 201 (1963).

GONG-MOU-SHEN: Abtransport und Verteilung von Assimilaten aus den Blättern der Reispflanze während ihrer verschiedenen Entwicklungsperioden. Versuche mit radioaktivem Kohlenstoff (^{14}C). Shanghai: Acad. Sinica, Inst. of Plant Physiol. 1960. Zit. nach Landw. Zbl. 2, Teil II, 1565 (1961).

HABER, A. H., und W. L. CARRIER: Pigment formation and photosynthesis in dormant lettuce seeds. Plant Physiology **36**, 351 (1961). — HAHN, W., und J. H. MILLER: Light dependence of chloroplast replication and starch metabolism in the moss Polytrichum commune. Physiologia Plantarum **19**, 134–141 (1966). — HALL, D. O., R. C. HUFFAKER, L. M. SHANDON und A. WALLACE: Influence of light on dark carboxylation reactions in etiolated barley leaves. Biochem. Biophys. Acta **35**, 540–542 (1959). — HAUSCHILD, A. H. W., C. D. NELSON und G. KROTKOV: On the mode of action of blue light on the products of photosynthesis in Chlorella vulgaris. Naturwissenschaften **52**, 435 (1965). — HEBER, U., und J. WILLENBRINK: Sites of synthesis and transport of photosynthetic products within leaf cells. Biochem. Biophys. Acta **82**, 313 (1964). — HILL, R.: The cytochrome b component of chloroplasts. Nature **174**, 501–503 (1954). — HODGE, A. J.: Fine structure of lamellar systems as illustrated by chloroplasts. Rev. Mod. Phys. **31**, 331 (1959). — HODGE, A. J., J. D. MCLEAN und F. V. MERCER: A possible mechanism for the morphogenesis of lamellar systems in plants. J. Biophys. Biochem. Cytol. **2**, 597–608 (1956). — HÖFNER, W.: Einfluß von Zellgiften auf ^{14}C-Aufnahme isolierter Gerstenwurzeln aus $NaH^{14}CO_3$. Atompraxis **9**, 82–86 (1963). — HOLZER, K.: Die winterlichen Veränderungen der Assimilationszellen von Zirbe (Pinus cembra, L.) und Fichte (Picea excelsa) an der alpinen Waldgrenze. Österr. Bot. **105**, 323–346 (1958). — HORVATH, J., und K. SZASZ: Effect of light intensity on the metabolic pathways in photosynthesis. Nature **207**, 546, 1965.

IBRAGIMOV, M.: Abhängigkeit der Photosynthese bei verschiedenen Baumwollsorten in Abhängigkeit vom Beleuchtungsgrad. Zit. nach Landw. Zbl. **2**, Teil III, 2327–2328, 1962. — IWAKI, H.: The influence of density on the dry matter production of *Fagopyrum esculentum*. Jap. J. Bot. **16**, 210–226 (1958).

JACKSON, W. A., und N. T. COLEMAN: Fixation of carbon dioxide by plant roots through phosphoenolpyruvate carboxylase. Plant and Soil **11**, 1–16 (1959). — JACOBSON, L.: CO_2-fixation and ion absorption in barley roots. Plant Physiology **30**, 264 (1955). — JERAMIAS, K.: Die Wirkung von Gibberellin- und IES-Gaben auf die Ablagerungsform einiger Kohlenhydrate in vegetativen Teilen von Lamium album. Ber. dtsch. Bot. Ges. **79**, 289–296 (1966).

KABEN, H.: Die Schwankungen der CO_2-Assimilation von *Lamium galeobdolon* im Laufe eines Jahres. Biol. Zentralblatt **78**, 213–231 (1959). — KANDLER, O., und J. HABERER-LLESENKÖTTER: Über den Zusammenhang zwischen Phosphathaushalt und Photosynthese. Z. Naturforschung **18b**, 718–730 (1963). — KARLSON, P.: Kurzes Lehrbuch der Biochemie für Mediziner und Naturwissenschaftler. Stuttgart: Georg Thieme. 1962. — KATES, J. R., und R. F. JONES: CO_2-fixation in cell free preparations of Chlamydomonas reinhardii. Plant Physiology **18** 1022 (1965). — KATOH, S., S. IKUKO, J. SHIRATORI und A. TAKAMIYA: Distribution of plastocyanin in plants, with special reference to its localization in chloroplasts. Arch. Biochem. Biophys. **94**, 136–141 (1961). — KESSLER, E.: Stoffwechselphysiologische Untersuchungen von Hydrogenase enthaltenden Grünalgen. Planta **49**, 435–454 (1957). — KICK, H., D. SAUERBECK und F. FÜHR: Die Aufnahme von Kohlendioxyd durch die Pflanzenwurzel. Plant and Soil **21**, 303–316 (1964). — Die Aufnahme von Kohlendioxyd durch die Pflanzenwurzel. Plant and Soil **22**, 99–111 (1965). — KLEIN, W. H., L. PRICE und K. MITRAKOS: Light stimulated starch degradation in plastids and leaf morphogenesis. Photochem. Photobiol. (Chlor. Metab. Symp.) **2**, 233–240 (1963). — KOK, B., und J. A. BUSINGER: Research in photosynthesis, S. 357. New York: Interscience. 1957.— KORTSCHAK, H. P., C. E. HARTT und G. O. BURR: Carbon dioxide fixation in sugarcane leaves. Plant Physiology **40**, 209–213 (1965). — KORTSCHAK, H. P., und C. E. HARTT: The effects of varied conditions on carbondioxide fixation in sugercane leaves. Naturwissenschaften **53**, 253 (1966). — KURSSANOW, A. L.: Das Wurzelsystem der Pflanzen als Organ des Stoffwechsels. Zit. nach Landw. Zbl. **2**, Teil I, 511(1959).

LAETSCH, W. M., und STETLER, D. A.: Chloroplast structure and function in cultured tobacco tissue. Amer. J. Bot. **52**, 798 (1965). — LETHAM, D. S.: Regulators of cell division in plant tissues. II. A cytokinine in plant extracts: isolation and interaction with other growth regulators. Phytochem. **5**, 269 (1966). —LINSER, H., G. RIEHLE und K. H. NEUMANN: Untersuchungen über den Einfluß von Eisen und Molybdän auf den Proteinstoffwechsel von Hafer in Abhängigkeit von der Entwicklung. Z. Acker- u. Pflanzenbau **3**, 269–282 (1966).—LINSER, H., G. LACH und L. TITZE: Systemwachstum und Produktwachstum bei Weizen und Ölrettich. Z. Pflanzenernähr., Düng., Bodenkde., im Druck. — LINSER, H., und K. H. NEUMANN: Untersuchungen über Beziehungen zwischen Zellteilung und Morphogenese bei Gewebekulturen von Daucus carota. I. Beobachtungen zur Rhizogenese und zur Ausbildung ganzer Pflanzen. Physiol. Plant. **21**, 487–499 (1968). — LIPS, S. H., und H. BEEVERS: Compartmentation of organic acids in corn roots. I. Differential labeling of 2 malate pools. II. The cytoplasmatic pool of malic acid. Plant Physiology **41**, 709–713 (1966). — LUPTON, F. G. H.: Varietal differences in some physiological characters of wheat. Ann. Appl. Biol. **49**, 2964 (1961).

MATTOON, J. R.: The biosynthesis of Amino Acids. in "Biogenesis of natural compounds" Ed. P. BERNFELD, Oxford-London-New York-Paris: Pergamon Press. 1963. — MCNAUGHTON, S. J.: Photosynthetic System II: Racial Differentiation in Typha latifolia. Science **156**, 1363 (1967). — MENKE, W.: Das allgemeine Bauprinzip des Lamellarsystems der Chloroplasten. Experiencia **16**, 537–538 (1960). — METZNER, H.: Photochemische Aktivität isolierter Chloroplasten. Naturwissenschaften **53**, 141 (1966). — MOKRONOSOV, A. T.: Besonderheiten der Photosynthese der Kartoffel während der Morgen-, Tages- und Abendstunden bei verschiedenen Photoperioden. Zit. nach Landw. Zbl. **2**, Teil III, 2964 (1963). — MORTIMER, D. C., und C. B. WYLAM: Die Einlagerung von ^{14}C in Cellulose und weitere Polysaccharide des Zuckerrübenblattes bei kurzfristiger Photosynthese in $^{14}CO_2$. Zit. nach Landw. Zbl. **II**, 12 (1963). — MOTHES, K.: The role of Kinetin in plant regulation. In: Regulateurs naturels de la croissance végétale. Gif s/Yvette. 1963. — MÜHLETHALER, K., und A. FREY-WYSSLING: Entwicklung und Struktur der Proplastiden. J. Biophys. Biochem. Cytol. **6**, 507–512 (1959).

NEUMANN, K. H.: Untersuchungen über Beziehungen zwischen Zellteilung und Morphogenese bei Gewebekulturen von Daucus carota. II. Respiration von Gewebekulturen in Abhängigkeit von der Zellteilungsintensität. Physiol. Plant. **21**, 519–524 (1968). — Untersuchungen über den Einfluß essentieller Schwermetalle auf das Wachstum und den Proteinstoffwechsel von Karottengewebekulturen. Diss. Gießen. 1962. — — Wurzelbildung und Nukleinsäuregehalt bei Phloem-Gewebekulturen der Karotten-wurzel auf synthetischen Nährmedien verschiedener Hormonkombinationen. Proc. Les congrès et colloques de l'Université de Liège. Les Phytohormones et l'órganogenèse. Vol. 38, 95–102 (1965). — Über Beziehungen zwischen hormonalgesteuerter Zellteilungsgeschwindigkeit und Differenzierung, ein Beitrag zur Physiologie der pflanzlichen Ertragsbildung. Habil.-Schrift, Justus-Liebig-Univ., Gießen, 1968.

PALEG, L.: Cellular localization of the gibberellin-induced response of barley endospern. X. Int. Botanical Congress 1964. — PARK, R. B., und N. G. PON: Correlation of structure with function in *Spinacea oleracea* chloroplasts. J. Mol. Biol. 3, 1 (1961). — Lamellar substructure in chloroplasts. J. Mol. Biol. 6, 105–115 (1963). — PEDERSEN, T. A., M. KIRK und J. A. BASSHAM: Light-Dark transients in levels of intermediate compounds during photosynthesis in air-adapted chlorella. Physiologia Plantarum 19, 219–231 (1966). — PISEK, A., und G. REHNER: Temperaturminima der Netto-Assimilation von mediterranen und nordisch-alpinen Immergrünen. Zit. nach Landw. Zbl. 2, Teil II, 1123 (1959). — POEL, L. W.: CO_2-fixation by barley roots. J. Exp. Bot. 4, 157 (1953). — POPOV, K., und P. MAZDRAKOV: Über die Leistung der Photosynthese in Maisbeständen unterschiedlicher Aussaatstärke. Zit. nach Landw. Zbl. 2, Teil II, 1830 (1963). — POSSINGHAM, J. V., und D. SPENCER: Manganese as a functional component of chloroplasts. Austral. J. biol. Sci. 15, 58–68 (1962).

QUINLAN, J. D., und G. R. SAGAR: An autoradiographic study of the movement of ^{14}C labelled assimilates in the developing wheat plant. Weed Res. 2, 4, 264–273 (1962).

RABINOWITSCH, E. J.: Photosynthesis and related processes. Vol. I. New York: Interscience. 1945. — RAGLAND, T. E., und D. P. HACKETT: Radioactive tracer studies of the metabolic fates of intracellularly generated NADH and NADPH in higher plant tissues. Plant Physiology 40, 1191–1197 (1965). — RANSON, S. L., und M. THOMAS: Crassulacean acid metabolism. Annual Rev. Plant Phys. 11, 81–111 (1960). — RASCHKE, K.: Die Stomata als Glieder eines schwingungsfähigen CO_2-Regelsystems. Experimenteller Nachweis an Zea mays L. Z. Naturforschung 20b, 1261–1270 (1965). — Die Reaktion des CO_2-Regelsystems in den Schließzellen von Zea mays auf weißes Licht. Planta 68, 111–140 (1966).

SALENSKI, O. W.: Über Wechselbeziehungen zwischen Photosynthese und Atmung. Zit. nach Landw. Zbl. II, 1350 (1959). — SANTARIUS, U. A., W. ULLRICH und W. URBACH: Intracellular translocation of ATP, ADP and inorganic phosphate in leaf cells of *Elodea densa* in relation of photosynthesis. Biochem. Biophys. Res. Commun. 15, 139 (1964). — SAUER, K., und M. CALVIN: Molecular orientation in quantasomes. I. Electric dichroism and electric birefringence of quantasomes from spinach chloroplasts. J. Mol. Biol. 4, 451 (1962). — SCHATILOW, J. Ss., W. W. RATSCHINSKI und L. POLIKARPOWA: Die Photosynthese mehrjähriger Futterpflanzen und des Winterweizens bei Minustemperaturen. Zit. nach Landw. Zbl. 2, Teil I, 511 (1959). — SCHER, S., und J. C. COLLINGE: Chloroplast replication: Evidence for 5-Bromouracil incorporation and plastid mutation in *Euglena gracilis*. Nature 205, 828 (1965). — SHIMIZU, T., und J. TSUNO: Studies on yield forecast in main crops. III. Growth of rice plant in relation to its photosynthetic activity. Zit. nach Landw. Zbl. 2, Teil III, 2298 (1959). — SHINDY, W., und R. J. WEAVER: Plant regulators alter translocation of photosynthetic products. Nature 214, 1024–1025 (1967). — SMILLIE, R. M.: Photosynthetic and respiratory activities of growing pea leaves. Plant Physiology 37, 716–721 (1962). — SMITH, J. H. C.: Protochlorophyll precursor of chlorophyll. Arch. Biochem. 19, 449–454 (1948). — The development of chlorophyll and oxygen evolving power in etiolated barley leaves when illuminated. Plant Physiology 29, 143–148 (1954). — SMITH, J. H. C., und C. STACY FRENCH: The major and accessory pigments in photosynthesis. Ann. Rev. Plant Phys. 14, 18 (1963). — SPLITTSTOESSER, W. E.: Dark CO_2-fixation and its role in the growth of plant tissue. Plant Physiology 41, 5, 755–759 (1966). — SSILIN, A. G., und T. W. FALKOWA: Photosynthesedynamik von verschiedenen Maissorten. Zit. nach Landw. Zbl. 2, Teil II, 2815 (1961). — SSOKOLOWA, N. F., und JE. A. OSSATSCHUK: Die Produktivität der Photosynthese von Zwischenfrüchten. Zit. nach Landw. Zbl. 2, Teil III, 2125 (1959). — STEINMANN, E., und F. S. SJÖSTRAND: The ultrastructure of chloroplasts. Exp. Cell. Research 8, 15–23 (1955). — STETTLER, D. A., und W. M. LAETSCH: Kinetin induced chloroplast maturation in cultures of tobacco tissue. Science, Washington, D.C., 149, 1387 (1965). — STEWARD, F. C.: Plants at work. Addison-Wesley Publ. Comp. Reading, Mass. (1964). — Handbook of chemistry and physics. 47th ed. Chemical Rubber Co. 1966/67. — STEWARD, F. C., und K. H. NEUMANN: Investigations on the growth and metabolism of cultured explants of Daucus carota. III. Effects of Fe, Mn and Mo on the fixation of carbon dioxid. (In Vorbereitung.) – STOUT, E. R., und G. J. FRITZ: Role of oxygen fixation in OH-prolin biosynthesis by eliolated seedlings. Plant Physiol. 41, 197 (1966). — STRASSBURGER, E.: Lehrbuch der Botanik für Hochschulen. Stuttgart: Gustav Fischer-Verlag. 1962. — STUTZ, R. E., und R. H. BURRIS: Photosynthesis and metabolism of organic acids in higher plants. Plant Physiol. **26**, 226 (1951). — SWEET, G. B., und P. F. WAREING: Role of plant growth in regulating photosynthesis. Nature **210**, 77–79 (1966).

TERENTJEV, V. W., N. N. STASENKO und Z. J. PETROVIC: Die Dauer der $^{14}CO_2$-Aufnahme und die Verarbeitung der Assimilate durch die oberirdischen Organe von Gerste in der Ontogenese. Zit. nach Landw. Zbl. **2**, Teil II, 135 (1963a). — TERENTJEV, V. M., R. J. CAREVA und A. N. LOJKO: Einfluß der Seitentriebe auf die Ernährung des Haupthalmes bei Getreide. Zit. nach Landw. Zbl. **2**, Teil **II**, 1521 (1963b). — TEWARI, K. K., und S. G. WILDMANN: Chloroplast DNA from tobacco leaves. Science **153**, 1269 (1966). — TING, J. P., und W. M. DUGGER: CO_2 metabolism in corn roots. I. Kinetics of carboxylation and decarboxylation. Plant Physiol. **42**, 712–718 (1967). — THORNE, G. N.: Altersbedingte Veränderungen bei der Nettoassimilationsrate und anderen Wachstumsattributen von Zuckerrübe, Kartoffel und Gerste in konstanter Umwelt. Zit. nach Landw. Zbl. **VI**, 2622 (1961). — TOLBERT, N. E., und F. B. GAILEY: CO_2-fixation by etiolated plants after exposure to light. Plant Physiology **30**, 492–499 (1955). — TREBST, A. V., H. Y. TSUJIMOTO und D. J. ARNON: Nature **182**, 351 (1958). — TREGUNNA, E. B., G. KROTKOV und C. D. NELSON: Effect of white, red and blue light on the nature of the products of photosynthesis in tobacco leaves. Canad. J. Bot. **40**, 2, 317–326 (1962).

URBACH, W., M. H. HUDSON, W. ULRICH und K. A. SANTARIUS: Verteilung und Wanderung von Phosphoglycerat zwischen den Chloroplasten und dem Cytoplasma während der Photosynthese. Z. Naturforsch. **20b**, 890–898 (1965).

VERBEEK, R.: Influence de l'acide gibberellique et de la coumarine sur la croissance de l'orge et la formation de l'amylase. Naturwissenschaften **51**, 20, 490–491 (1964).

WALTER, H.: Grundlagen des Pflanzenlebens, S. 177. Stuttgart: Verlagsbuchhandlung Eugen Ulmer. 1950. — WAREING, P. F., und T. A. VILLIERS: Growth substance and inhibitor changes in buds and seeds in response to chilling. IV. Int. Conf. Plant. Growth Regulation, 95–107. Ames: Iowa State Press. 1961. — WETTSTEIN, D. V.: The formation of plastid structures: photochemical apparatus, its structure and function. Brookhaven Symp. Biol. **11**, 138–159 (1958). — WITT, H. T.: Recent progress in photobiology. Oxford: Rockwell Scient. Publ. 1965. — Neuere Ergebnisse über die Primärvorgänge der Photosynthesen. Umschau Wissenschaft u. Technik **18**, 589–596 (1966).

b) Phosphorus and the Energy Conversion Process in Photosynthesis

By

Daniel I. Arnon

1. Introduction

One of the most striking advances of cellular physiology in modern times has been the recognition of the key role which phosphorus compounds play in the metabolism of all living cells. It has long been known that inorganic phosphate is a buffer in plant and animal cells and that organic phosphorus compounds are essential to cellular function; for example, phospholipids were known to be present in cell membranes and hence important to permeability, as were nucleoproteins for chromosomes and reproduction. But newer knowledge of the importance of phosphorus to life processes has come from other directions: from discoveries which established the central role that phosphorus compounds occupy in energy transformations in all living cells. Two coenzyme systems containing phosphorus were recognized as the principal agents in energy transfers within the cell: the adenylic acid system which serves as the carrier of biochemical energy "packets" associated with "energy-rich" phosphate bonds (LIPMANN

1941) and the pyridine nucleotides which are concerned with metabolic oxidation-reduction reactions (electron transport).

The new insight into the biochemical role of phosphorus was derived mainly from experiments in the last 30 years with yeast and animal tissues. Its recent extension to green plants and more particularly to the process of photosynthesis, as will be discussed in this article, provides striking support for the concept of the basic similarity of metabolic patterns in all life phenomena. In photosynthesis as in respiration, the adenylic acid system and pyridine nucleotides were found to play the dominant role in energy transformation and electron transport. But before presenting this new evidence, it may be useful to review briefly the general characteristics of the adenylic acid system and the pyridine nucleotides.

2. The Adenylic Acid System

A living cell obtains the chemical energy required for maintaining its life processes from diverse foodstuffs. The transformation of energy derived from different sources into a form useful to the great number of energy-requiring reactions on which life depends, has been solved by the cell in a remarkably simple and effective manner. It could be compared with the monetary currency device by which a country which receives tourists from foreign lands ministers to their needs. When, for example, French, German, Swiss, Russian or American tourists travel in Italy they change the currency of their respective countries into Italian money. With this conversion accomplished, they can pay for all the goods and services which they require in the one currency which is familiar and acceptable to the local vendors. The vendors in turn are spared the complex and unwieldy job of negotiating each transaction in the home currency of the foreign visitor.

It is now well established (cf. Krebs and Kornberg 1957) that most of the chemical energy set free in the breakdown of various foodstuffs in living cells is converted into one special kind of chemical energy which serves as an "energy currency" for the cell. This special form of chemical energy is that stored in the pyrophosphate linkage (P—O—P) of adenosine triphosphate (ATP, Fig. 60). ATP is thus the special fuel which living cells require for their many energy-consuming reactions. The requirement of living cells for a special type of fuel in the performance of their various energy-requiring tasks may be compared to the requirement of electrical motors for electricity or of steam engines for steam. Whatever other forms of energy are available, they must first be converted into the special kind which the particular machine uses before the machine can perform work.

An essential stage, then, of energy transformations in living cells, is the synthesis of the pyrophosphate bonds of ATP. This occurs through the incorporation (esterification) of inorganic phosphate by various metabolic intermediates, and the formation through several transformations, of "energy-rich" phosphate bonds, as for example, the acyl phosphate bond in 1,3 diphosphoglyceric acid or the enol phosphate bond in phosphoenol pyruvic acid—both compounds being products of sugar degradation. These bonds are designated energy-rich since, on hydrolysis, they yield, under physiological conditions, energy of the order of 10,000 calories per mole (cf. Krebs and Kornberg 1957). These energy-rich phosphate bonds are to be distinguished from the "energy-poor" phosphate ester bonds as, for example, in glucose-6-phosphate, which on hydrolysis liberates energy only in the range of 2000—4000 calories per mole.

The importance of ATP in energy transformations in the cell is that it serves as a carrier of the energy contained in a pyrophosphate bond between the cellular site where the bond is produced and the cellular site where the energy is consumed. ATP is formed when adenosine diphosphate (ADP) accepts a high-energy phosphate group from one of several metabolic "donors" and binds it in the terminal pyrophosphate linkage of ATP. The phosphate group passes from the "donor" molecule to ADP as the acceptor without going through the stage of inorganic phosphate.

Examples of processes in which ATP supplies energy are the many biosynthetic reactions, necessary for the formation of cellular constituents for growth and reproduction, osmotic work in ion absorption and secretion, mechanical work in movement, particularly as developed in higher animals, and also such special processes as bioluminescence in fireflies or generation of electricity in the electric eel.

In many phosphorylation reactions requiring an input of energy, it appears that ATP serves as the energy donor by transferring its terminal phosphate

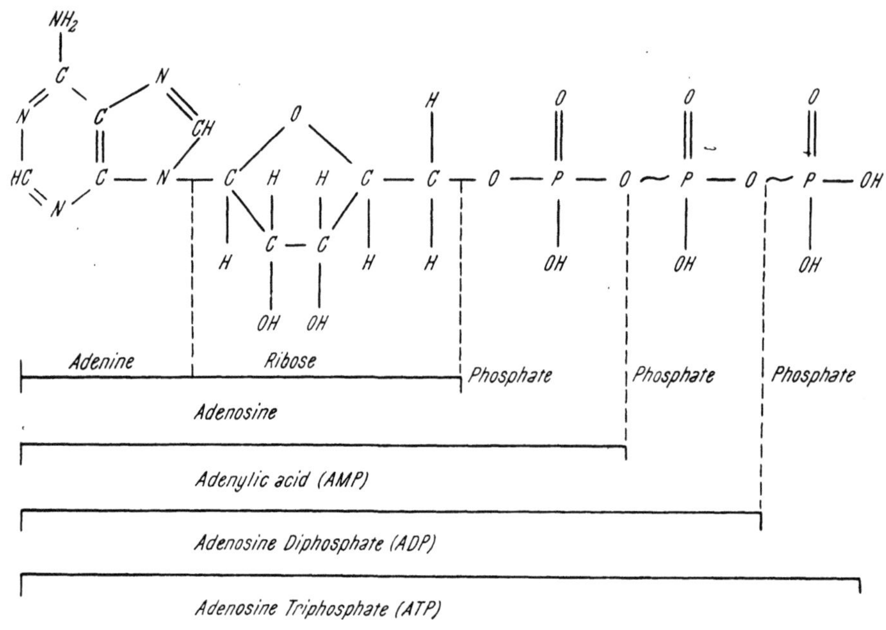

Fig. 60. Adenosine triphosphate (ATP)

group to a suitable phosphate acceptor. In these reactions ATP, having lost one phosphate group, is converted to ADP again. However, reactions are also known (cf. LIPMANN 1958) in which ATP serves as an energy donor by becoming cleaved into adenosine monophosphate (AMP) and pyrophosphate.

The structural relations between AMP, ADP and ATP are shown above. The three compounds are known collectively as the adenylic acid system. A widely distributed enzyme, myokinase or adenylic acid kinase, catalyzes the interconversion between the three:

$$2\,ADP \rightleftarrows ATP + AMP.$$

3. The Pyridine Nucleotides

In the enzymatically catalyzed oxidations and reductions of biological substrates, the actual electron or hydrogen transport is generally accomplished not by the protein moiety (apoenzyme) of the enzyme system, but rather by a prosthetic or active group, which can be either a metal or a coenzyme. Two of the most important hydrogen carriers are the pyridine nucleotide coenzymes: diphosphopyridine nucleotide (DPN, Fig. 61), also known as coenzyme I; and triphosphopyridine nucleotide (TPN), also known as coenzyme II. TPN has the

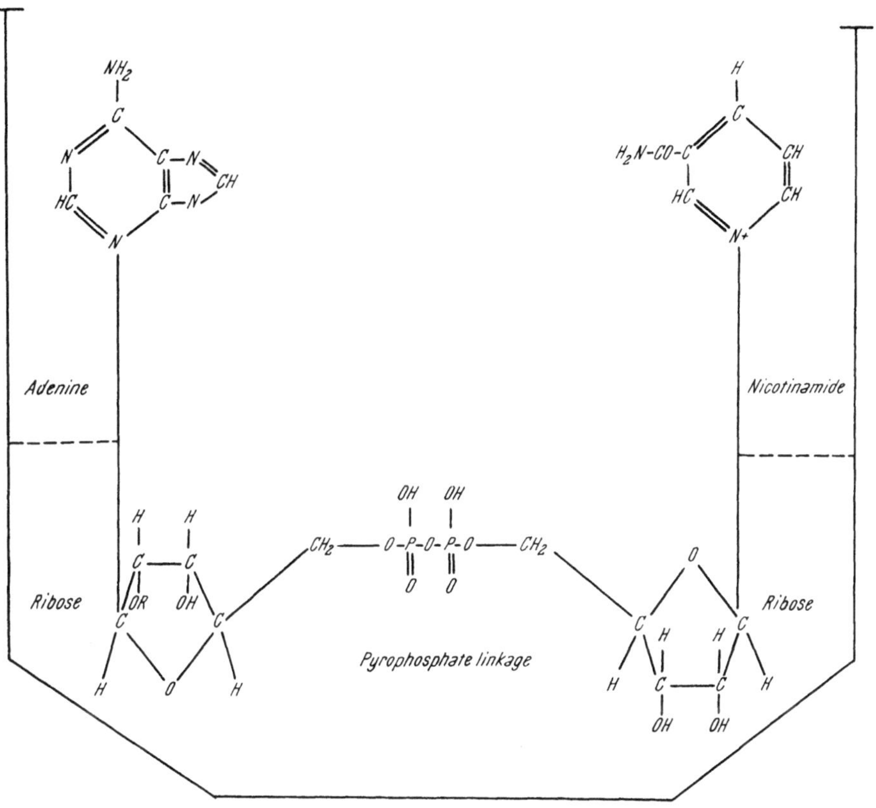

Fig. 61. Structure of Diphosphopyridine nucleotide (DPN, NAD) and Triphosphopyridine nucleotide (TPN, NADP), oxidized forms

same structure as DPN except that as shown above, in addition to the two phosphate groups in the pyrophosphate linkage, it has a third phosphate group attached to the ribose of the adenylic acid moiety of the DPN molecule (KORNBERG 1951).

DPN and TPN serve, in association with enzymes known as dehydrogenases, as hydrogen or electron carriers by undergoing reversible oxidations and reductions in the nicotinamide part of the molecule as represented below. (R signifies the remainder of the molecule.) This role in hydrogen transport is the biochemical function of nicotinamide, a well-known member of the vitamin B group. In animals nicotinamide is known as the anti-pellagra factor.

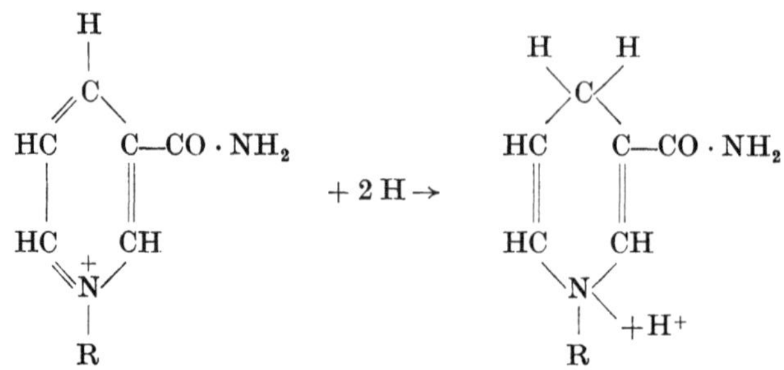

Fig. 62. Reduction of the nicotinamide ring of the pyridine nucleotides (DPN or TPN), (R represents the rest of the molecule)

The oxidation-reduction of DPN and TPN does not involve the phosphate groups of the molecule. Nevertheless, it is well established that certain dehydrogenases are specific for DPN and others for TPN. Since the only difference between these two coenzymes lies in the third phosphate group, it appears that the phosphate group may play a role in the attachment of the coenzymes either to the substrate or to the apoenzyme.

The general mode of action of DPN and TPN in oxidation-reduction can be represented as follows:

$$AH_2 + DPN \text{ (or TPN)} \rightleftarrows A + DPNH_2 \text{ (or } TPNH_2\text{)}$$

where AH_2 and A are respectively, the reduced and oxidized forms of the metabolic substrate. The symbols $DPNH_2$ and $TPNH_2$ will be used in this article for the reduced forms of these coenzymes, to indicate that two equivalents of hydrogen are required to reduce the coenzyme. However, at ordinary PMS, only one of the hydrogen atoms remains on the molecule, the other leaving the molecule as a H^+ ion.

It was pointed out earlier that the essential feature of the adenylic acid system was its capacity to serve as a link between energy-yielding and energy-requiring reactions in the living cell. The pyridine nucleotides serve in a similar manner as carriers of electrons (hydrogens) between cellular reactions which involve an oxidation of one substrate and a reduction of another. In the presence of a suitable dehydrogenase enzyme D_1, two electrons (hydrogens) are transferred from the reduced form of the substrate (AH_2) to DPN or TPN. The $DPNH_2$ or $TPNH_2$ formed in this reaction now becomes linked with another dehydrogenase, D_2, which catalyzes the transfer of two electrons from the reduced coenzyme to an oxidized substrate, B. Reactions of this type are among the most important in living cells and have long been known to occupy a key role in fermentation and respiration. As will be discussed below, they have also recently been found to play a key role in photosynthesis.

4. The Chloroplast as the Site of Photosynthesis

The new knowledge of the importance of the pyridine nucleotides and adenylic acid systems in photosynthesis came, in the main, from experiments with isolated chloroplasts. It is pertinent, therefore, to review briefly the role of chloroplasts in photosynthesis.

Few physiological processes have such an obvious relation to a distinct cytoplasmic particle as photosynthesis has to the chloroplast. In all plants which have chloroplasts, not only do these particles contain all of the chlorophyll (and the accessory pigments) without which photosynthesis cannot proceed, but also, as has long been recognized (SACHS 1887, PFEFFER 1900), the final products of this process, starch and molecular oxygen, are formed in or at the surface of illuminated chloroplasts. It might have been confidently anticipated, therefore, that the study of the structure and enzymatic composition of chloroplasts would lead to a better insight into the biophysical and biochemical events of photosynthesis.

Paradoxically, the biochemical studies of chloroplasts tended at first to diminish the importance previously ascribed to these organelles in photosynthesis. The old concept, once dominant in plant physiology (PFEFFER 1900), that the entire photosynthetic process is localized in chloroplasts, was discredited about twenty years ago when HILL (1951) showed that isolated chloroplasts could not fix CO_2 although they retained a capacity to evolve oxygen when illuminated in the presence of an artificial electron acceptor in accordance with Equation (1) (Hill reaction)

$$2\,A + 2\,H_2O \xrightarrow[\text{chloroplasts}]{\text{light}} 2\,H_2A + O_2 \qquad (1)$$

in which A represents not CO_2 but a non-physiological electron or hydrogen acceptor such as ferric salts (HILL 1951) or quinone (WARBURG 1949). The failure of isolated chloroplasts to fix CO_2 was later confirmed with isotopic carbon (BROWN and FRANCK 1948, BENSON and CALVIN 1950). There was general agreement that, as summed up by LUMRY, SPIKES and EYRING in 1954, the chloroplast was a "system much simpler than that required for photosynthesis" and was the site of only the Hill reaction, which HILL himself designated as "*the chloroplast reaction*". CO_2 assimilation would accordingly occur at another undefined cellular site, which could not, in a cell-free system, be linked with the chloroplast reaction.

Photosynthesis seemed thus to remain in the middle of the twentieth century, as in the nineteenth, a "vital" process, one that cannot be reproduced outside the living cell. For example, in 1953 RABINOWITCH wrote that "the task of separating it (photosynthesis) from other life processes in the cell and analyzing it into its essential chemical reactions has proved to be more difficult than was anticipated. The photosynthetic process, like certain other groups of reactions in living cells, seems to be bound to the structure of the cell; it cannot be repeated outside that structure."

The new, more restricted, view of the role of chloroplasts in photosynthesis, as the site of only the Hill reaction, gained ready acceptance among active investigators in this field, especially since it was recognized that the older, more sweeping view which prevailed without challenge for half a century, was never based on direct evidence for CO_2 fixation by chloroplasts but on the assumption, generally abandoned since the work of VAN NIEL (1931) that the oxygen produced during photosynthesis came from the splitting of CO_2; hence oxygen evolution by chloroplasts, first observed by ENGELMANN in the 1880's, was accepted as evidence of simultaneous CO_2 fixation.

Another phase of biochemical investigations of photosynthesis began with the discovery in 1954 that, under suitable experimental conditions, isolated chloroplasts can assimilate carbon dioxide (ARNON, ALLEN and WHATLEY 1954). Photosynthesis, defined in the usual manner (RABINOWITCH 1945), was found to be independent of the organization of the living cell. Reduction of carbon dioxide to carbohydrates accompanied by oxidation of water to oxygen was carried out, at physiological temperatures and with no energy supply except visible light, by isolated chloroplasts unaided by other cellular particles or enzyme systems.

The new evidence provided the required experimental basis for the old, but hitherto undocumented view, that, in green plants, chloroplasts are the cytoplasmic structures in which is localized the photosynthetic apparatus concerned not only with the initial capture of light energy but also with CO_2 fixation. Moreover, photosynthesis by isolated chloroplasts was found to lend itself to a physical separation into a light phase concerned with the conversion of absorbed light energy into a stable "assimilatory power", chemically defined as ATP and $TPNH_2$, and a dark phase during which the assimilatory power is used for carbon assimilation. This new evidence will now be reviewed in more detail.

5. Photosynthetic Phosphorylation

The experiments with isolated chloroplasts have narrowed down the problem of energy conversion of photosynthesis to the identification of those reactions in which $TPNH_2$ and ATP are formed by light. With respect to $TPNH_2$ it has already been shown independently by VISHNIAC and OCHOA (1951), TOLMACH (1951) and ARNON (1951) that isolated chloroplasts can reduce pyridine nucleotides and simultaneously evolve oxygen, if this photochemical reaction is coupled with a "pulling reaction", i.e. an enzyme system capable of utilizing at once the newly formed reduced pyridine nucleotide.

A direct reduction of pyridine nucleotide by illuminated chloroplasts was first demonstrated by SAN PIETRO and LANG (1956) who measured the accumulation of the reduced nucleotides, but no oxygen evolution. In their experiments DPN was reduced preferentially to TPN and the reduction of pyridine nucleotides occurred only in the presence of appreciable concentrations of chloroplast material. However, they have also noted that the reaction proceeded at lower concentrations of chlorophyll, if a soluble extract from chloroplasts was added.

The observations of SAN PIETRO and LANG were confirmed in ARNON's laboratory except that TPN, instead of DPN, was found to be preferentially reduced. A water-soluble factor (F) readily extractable from chloroplasts, was required for TPN reduction and was found to be a protein in nature (ARNON, WHATLEY and ALLEN 1957). In the presence of the soluble protein, catalytic amounts of chlorophyll (0.1 micromole) were capable of reducing substrate amounts of TPN (4 micromoles). The accumulation of $TPNH_2$ was found to be accompanied by an evolution of oxygen, in accordance with reaction (2):

$$2\,TPN + 4\,H_2O \xrightarrow[\text{chloroplasts}\,+\,F]{\text{light}} 2\,TPNH_2 + O_2 + 2\,H_2O \qquad (2)$$

The TPN-reducing factor (F) has subsequently been purified by SAN PIETRO and LANG (1958) who called it the photosynthetic pyridine nucleotide reductase. They found the purified enzyme to be more active in reducing TPN than DPN, as was observed with the chloroplast extract by ARNON, WHATLEY and ALLEN (1957).

It is clear, therefore, that chloroplasts have an enzymatic apparatus necessary for the photochemical reduction of TPN that is coupled with oxygen evolution. What remains to be determined is the source of ATP in photosynthesis, or more specifically, the cellular site and the mechanism by which ATP is formed during photosynthesis. From the standpoint of cellular physiology, the important question is whether ATP used in photosynthesis is formed by some light-driven assimilation of inorganic phosphate, catalyzed by enzymes closely bound to the chlorophyll system, or whether ATP is formed by mitochondria, by the process of oxidative phosphorylation.

The only cytoplasmic particles known to form ATP were mitochondria, and oxidative phosphorylation by them has usually been invoked in explaining the source of ATP used in photosynthesis (as, for example, by CALVIN's group, cf. BASSHAM et al. 1954, Fig. 7; see also review, ARNON 1956). In early models of ATP formation in photosynthesis it was proposed that the reduction of pyridine nucleotide was carried out by illuminated chloroplasts and the resulting reduced pyridine nucleotide was re-oxidized with molecular oxygen by mitochondria (VISHNIAC and OCHOA 1952). This coupled chloroplast-mitochondrial system differed from conventional oxidative phosphorylation only in the source of the reduced pyridine nucleotide. In one case the pyridine nucleotide was reduced by light and in the other by a respiratory substrate. The phosphorylation reactions proper leading to the synthesis of ATP were in both cases dependent on enzymes localized in mitochondria.

This model for the generation of ATP in photosynthesis posed a serious difficulty. The most specialized photosynthetic tissue, the mesophyll of leaves, was noted for its paucity of mitochondria. Within the mesophyll cells, especially in the palisade parenchyma, chloroplasts are the dominant cytoplasmic bodies, and few mitochondria were known to be present (ESAU 1953, JAMES and DAS 1957). It was difficult, therefore, to visualize how oxidative phosphorylation by mitochondria could generate enough ATP in tissues noted for their vigorous photosynthetic activity.

The difficulty was removed by the discovery in 1954 that isolated chloroplasts are capable of synthesizing ATP in light without the aid of mitochondria (ARNON, ALLEN and WHATLEY 1954). When conditions were so arranged that CO_2 assimilation was excluded, isolated chloroplasts used light energy for the esterification of inorganic phosphate in accord with the over-all reaction:

$$P + ADP \xrightarrow{\text{light}} ATP \tag{3}$$

Light-induced ATP formation in chloroplasts raised at once the question whether this process is analogous to oxidative phosphorylation by mitochondria. Two fundamental differences were apparent. ATP formation by illuminated chloroplasts occurred without the consumption of molecular oxygen and without the addition of a chemical substrate to supply free energy needed for the formation of the pyrophosphate bonds of ATP. The term photosynthetic phosphorylation was therefore given to the light-induced ATP formation by chloroplasts to distinguish it from oxidative (respiratory) phosphorylation by mitochondria and the anaerobic phosphorylations at substrate level that occur in glycolysis. In both of these processes ATP formation occurs at the expense of energy liberated by the oxidation of a chemical substrate, whereas the only "substrate" which is being consumed in photosynthetic phosphorylation is light.

6. Photosynthetic Phosphorylation in Chloroplasts and Bacteria

Although there was no net consumption of molecular oxygen in photosynthetic phosphorylation (as measured by manometric pressure change), the process when first discovered, proceeded at a sustained rate only in the presence of oxygen (ARNON, ALLEN and WHATLEY 1954). Oxygen thus acted as a catalyst in photosynthetic phosphorylation, not as a substrate, as it does in oxidative phosphorylation. A decisive difference between photosynthetic and oxidative phosphorylation was the inability of chloroplasts to form ATP in the dark by oxidizing hydrogen donors of oxidative phosphorylation with molecular oxygen (ARNON, ALLEN and WHATLEY 1956).

Further investigation of photosynthetic phosphorylation by spinach chloroplasts soon resulted in the identification of FMN and vitamin K as catalysts in the process (ARNON, WHATLEY and ALLEN 1954, 1955, WHATLEY, ALLEN and ARNON 1955). At optimal (but still catalytic) concentrations of either FMN or vitamin K (Fig. 63), photosynthetic phosphorylation became independent

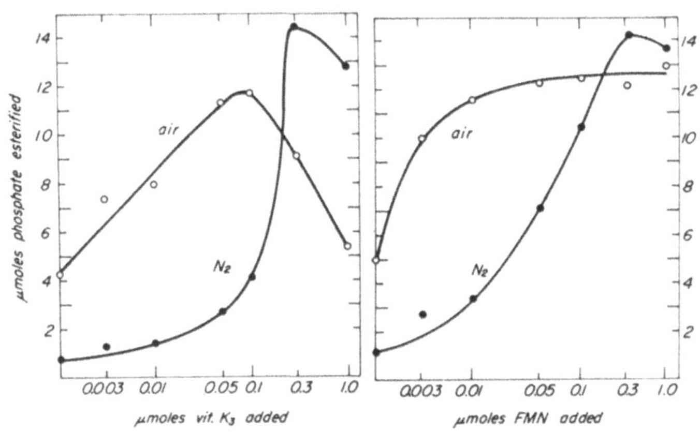

Fig. 63. Effect of vitamin K_3 (2-methyl-1, 4-naphthoquinone) and FMN concentration on cyclic photophosphorylation by spinach chloroplasts in nitrogen and air at a high light intensity. The reaction mixture (3 ml. final volume) included chloroplast fragments (C_{1s}) containing 1.5 mg. chlorophyll; and in micromoles: Tris buffer pH 8.3, 80; $K_2H^{32}PO_4$, 20; ADP, 20; $MgSO_4$, 5; and TPN, 0.3 (only in the FMN series). FMN and vitamin K_3 were added as indicated. The reaction was run for 5 minutes at an illumination of 50,000 Lux. (TSUJIMOTO, HALL and ARNON 1960, ARNON, WHATLEY and ALLEN 1954)

of external oxygen and proceeded vigorously in an atmosphere of nitrogen or argon. At a much lower, "microcatalytic", concentration of the added cofactors, photosynthetic phosphorylation remained dependent on oxygen, although still showing no net oxygen consumption.

These findings are in agreement with the results of WESSELS (1958), JAGENDORF and AVRON (1959) and NAKAMOTO, KROGMANN and VENNESLAND (1958), that photosynthetic phosphorylation with suboptimal amounts of cofactors was oxygen-dependent but became oxygen-independent at higher concentrations of cofactors.

In charting their subsequent investigation ARNON, WHATLEY and ALLEN laid special stress on the anaerobic photosynthetic phosphorylation which proceeds in isolated chloroplasts at optimal catalytic concentrations of FMN and vitamin K. They considered this type more fundamental to photosynthesis in general than the oxygen-catalyzed type because it would also apply to ATP formation in bacterial photosynthesis in which oxygen cannot be involved.

Soon after the discovery of photosynthetic phosphorylation in isolated chloroplasts, FRENKEL (1954) reported a similar phenomenon in the photosynthetic bacterium *Rhodospirillum rubrum*. Although FRENKEL suggested that the light-induced ATP formation in bacterial preparations was similar to that in chloroplasts, the similarity seemed uncertain at first, because FRENKEL's photophosphorylation system, which was a sonic macerate of *R. rubrum* cells, differed in several respects from its counterpart in isolated chloroplasts. FRENKEL's preparations became substrate-dependent after washing; the rate of photophosphorylation was doubled on adding α-ketoglutarate. But in later experiments FRENKEL (1956) ruled out the dependence on an added chemical substrate and the equivalence of chloroplast and bacterial photophosphorylation seemed probable.

FRENKEL's findings were followed by those of WILLIAMS (1956) who demonstrated photosynthetic phosphorylation in cell-free preparations of the obligately anaerobic photosynthetic bacteria, *Chromatium* and *Chlorobium*. It thus became clear that a common *anaerobic* mechanism for a light-induced phosphorylation that does not depend on an exogenous chemical substrate or on oxygen consumption, is shared by both green plants and photosynthetic bacteria. The energy conversion process proper seemed to be fundamentally independent of oxygen although it was still possible that details of mechanisms were different in green plants and photosynthetic bacteria.

The discovery of photosynthetic phosphorylation in chloroplasts by ARNON, ALLEN and WHATLEY (1954) and in bacterial particles by FRENKEL (1954) was confirmed and extended in a number of laboratories. Photosynthetic phosphorylation in isolated chloroplasts was observed by AVRON and JAGENDORF (1957), WESSELS (1957), CHOW and VENNESLAND (1957), NAKAMOTO, KROGMANN and VENNESLAND (1959), and HILL and WALKER (1959); in algae by THOMAS and HAANS (1955) and PETRACK (1959); and in photosynthetic bacteria by GELLER and GREGORY (1956), GELLER (1957), KAMEN and NEWTON (1957) and ANDERSON and FULLER (1958). WHATLEY, ALLEN, TREBST and ARNON (1958, 1960) have also shown that photosynthetic phosphorylation by chloroplasts, which has previously been almost entirely limited to observations on chloroplasts isolated from one species, viz., spinach, is also demonstrable with chloroplasts isolated from several other species of higher plants. It now seems well established, therefore, that the cytoplasmic particles, which in all photosynthetic organisms contain the chlorophyll pigments, also contain a closely bound phosphorylating system.

Soon after the demonstration of photosynthetic phosphorylation in isolated chloroplasts attempts were made to compare its rate with that of CO_2 assimilation by illuminated whole cells. Since, as with most newly-discovered cell-free reactions, the rates of photosynthetic phosphorylation were rather low, there was little inclination at first to accord this process quantitative importance (cf. GAFFRON, 1957, p. 292, 345) as a mechanism for converting light into chemical energy.

With further improvement in experimental methods we obtained rates of photosynthetic phosphorylation up to 170 times higher (ALLEN, WHATLEY and ARNON 1958) than those originally described and even these high rates were exceeded by JAGENDORF and AVRON (1958). The improved rates of photosynthetic phosphorylation were equal to or greater than the maximum known rates of carbon assimilation in intact leaves. It appeared, therefore, that isolated chloroplasts retain, without substantial loss, the enzymatic apparatus for photosynthetic phosphorylation—a conclusion which was in harmony with parallel evidence that the phosphorylating system is tightly bound in the water-insoluble grana portion of the chloroplasts.

7. The Electron Flow Mechanism of Photosynthetic Phosphorylation

Anaerobic photosynthetic phosphorylation has provided direct experimental evidence for the view that the conversion of light into chemical energy is independent of the classical manifestations of photosynthesis in green plants: CO_2 reduction and oxygen evolution. The sole product of the anaerobic photosynthetic phosphorylation is ATP and the salient fact which must be explained is that a "high-energy" pyrophosphate bond is formed at the expense of absorbed light energy. There is no need, *a priori*, to connect this reaction either with photolysis of water or with reduction of CO_2.

The simplest hypothesis to account for the formation of ATP in photosynthetic phosphorylation is to assume that, as in the dark phosphorylations of glycolysis and respiration, the formation of a pyrophosphate bond is also coupled with a release of free energy which occurs during electron transport, i.e. when an electron drops from the higher energy level (that it has when it resides in the electron donor molecule) to the lower energy level that it assumed on joining the electron acceptor molecule. But a mechanism for photosynthetic phosphorylation must also account for its unique features: ATP is formed without the consumption of an exogenous electron donor and electron acceptor. Unlike oxidative phosphorylation, photosynthetic phosphorylation consumes neither exogenous substrate nor molecular oxygen, only light energy.

A mechanism for photosynthetic phosphorylation must, therefore, provide for the generation of both an electron donor and an electron acceptor in the primary photochemical act when radiant energy is absorbed by chlorophyll. Investigations of photosynthesis at the cellular level, in which the main preoccupation has usually been with CO_2 assimilation and oxygen evolution, led to no cogent theory of the primary act of photosynthesis that would fit the experimental facts of photosynthetic phosphorylation. As summed up recently by LIVINGSTON (1960), "physiologists and biochemists appear to believe that this question (the primary act of photosynthesis) was answered long ago by physicists while physicists find the problem distressingly complicated and therefore uninteresting".

The mechanism of photosynthetic phosphorylation that was proposed by ARNON (1959) regards the photosynthetic particle, chloroplast or bacterial chromatophore, as a "closed" catalytic system. He suggested that during the primary photochemical act, one component of the "closed" system, chlorophyll (bound to protein), becomes excited on absorbing a photon and "expels" one of its electrons that has been raised to a higher energy level. The excited chlorophyll thus becomes the electron donor. On losing an electron, chlorophyll assumes an "oxidized" state, and in this way also becomes the electron acceptor in photosynthetic phosphorylation.

The "expelled" electron returns in a stepwise manner via several electron carriers to the "oxidized" chlorophyll molecule which thereupon resumes its normal ground state. On its return "downhill" path, the expelled electron releases free energy as it passes through several electron carriers. The electron carriers are vitamin K, FMN (or related physiological equivalents) and cytochromes. Certain non-physiological agents, such as phenazine methosulfate, have been found to catalyze photosynthetic phosphorylation in bacterial chromatophores (GELLER 1957, KAMEN and NEWTON 1957) and in chloroplasts (JAGENDORF and AVRON 1958, ARNON, WHATLEY and ALLEN 1959) and presumably act by providing artificial "shortcuts" for the physiological electron pathway (GELLER 1957). These intermediate electron carriers are coupled with enzyme systems that catalyze the phosphorylation process during which electron energy is converted into pyrophosphate bond energy.

The stepwise interaction of the "activated" electron with the intermediate electron acceptors constitutes the energy conversion process in photosynthetic phosphorylation. Because of the cyclic path travelled by electrons that are activated by light, this type of photosynthetic phosphorylation has been called *cyclic photophosphorylation* (ARNON, WHATLEY and ALLEN 1958, ARNON 1959).

Chlorophyll can, of course, also be restored to the ground state when the excited electron returns directly without going through the enzymatic "energy transformer stations" but in that case electron energy has not been converted into chemical energy and hence photosynthesis has not occurred. Instead, a light quantum is emitted and the characteristic fluorescence of chlorophyll is observed.

The primary photochemical reaction in which an absorbed light quantum "excites" a chlorophyll molecule and "expels" an electron, is represented by Equations (4) and (4a). The symbol $[Chl]^+$ is intended to denote that the chlorophyll molecule as it loses an electron becomes "oxidized" or forms a "hole" ["odd ion," (LEWIS and LIPKIN 1942)] that is ready to accept another electron and to return in this way to its normal ground state.

$$Chl + h\nu \rightarrow Chl^* \tag{4}$$

$$Chl^* = [Chl]^+ + e^- \tag{4a}$$

In the proposed mechanism of cyclic photophosphorylation Chl* is restored to its ground state by accepting an electron from a cytochrome present in the photosynthetic particle (ARNON 1959). This "terminal" cytochrome component, i. e. a cytochrome that is adjacent to, and interacts with, the excited chlorophyll molecule, becomes oxidized after donating an electron to chlorophyll. The proposed mechanism suggests that phosphorylation is coupled with the oxidation of the terminal cytochrome, in a manner analogous to the phosphorylations which accompany the oxidation of cytochromes by oxygen in mitochondria (LEHNINGER 1955). Thus, chlorophyll (with the aid of light) is the ultimate oxidant in photosynthetic phosphorylation and plays a part which corresponds to that of molecular oxygen in oxidative phosphorylation (cf. HILL 1956). The terminal phosphorylation reaction is represented by Equation (5).

$$2\,Chl^+ + 2\,Fe^{2+}\,cyt + ADP + H_3PO_4 \rightarrow ATP + 2\,Chl + 2\,Fe^{3+}\,cyt \tag{5}$$

The photophosphorylation reaction would leave the cytochrome in the oxidized state. Since cytochromes are present in catalytic amounts, cyclic photophosphorylation would soon cease unless the cytochrome could become reduced again. Our theory provides that in cyclic photophosphorylation the reduction of cytochrome occurs by the return of the electron originally "expelled" from chlorophyll in the primary photochemical reaction [Equations (4) and (4a)].

In isolated chloroplasts, the reduction of cytochrome by the electron expelled from chlorophyll requires an added catalyst, i. e. an intermediary electron carrier. In the simplest case, as shown in the scheme in Fig. 64, the part of the electron carrier is played by a non-physiological catalyst, phenazine methosulfate. Phenazine methosulfate is known to be a very effective electron carrier in reactions involving cytochromes. For example, MASSEY (1959) has found that cytochrome *c* is rapidly reduced in a non-enzymic reaction with reduced phenazine methosulfate. In Fig. 65, the intermediary electron carrier is one of the physiological cofactors, vitamin K or FMN.

The cyclic electron flow diagrams, illustrated by Figs. 64 and 65, are derived from the general scheme presented earlier (ARNON 1959). The key reaction in the proposed mechanism, the "photooxidation" of chlorophyll by the loss of an electron, is based on a type of reaction in photochemistry that was experimentally documented by LEWIS and LIPKIN (1942). They found, by illuminating a variety of substances in rigid media, "that one of the commonest photochemical processes is the mere loss of an electron by an activated molecule". The evidence for the then (in 1942) "new and somewhat surprising phenomenon" was, for example, "that chemical oxidation at room temperature and photooxidation at liquid air temperature (of tri-p-tolylamine) have given the same substance namely, the positive ion left, $(p\text{-}CH_3\text{-}C_6H_4)_3N^+$, when one electron has been removed" (LEWIS and LIPKIN 1942).

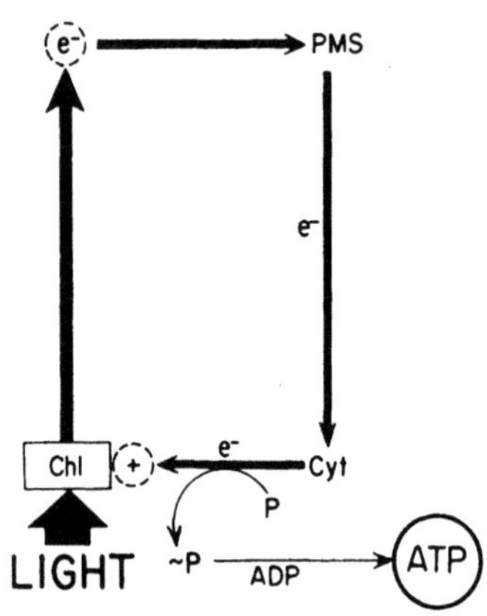

Fig. 64. Scheme for anaerobic cyclic photophosphorylation catalyzed by phenazine methosulfate (PMS). Details in the text

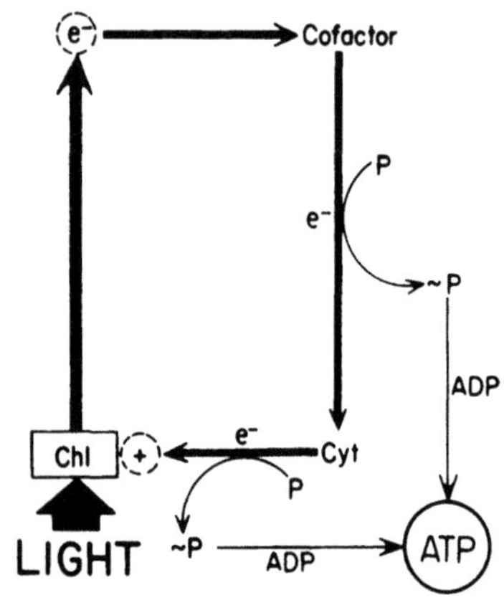

Fig. 65. Scheme for anaerobic cyclic photophosphorylation catalyzed by vitamin K_3 or FMN. Details in the text

In the reactions studied by LEWIS and LIPKIN the fate of the ejected electron was uncertain but, as they pointed out, "the electron must lie in a potential hole which is deep enough so that the large electrostatic field of the ion is unable to dislodge it" for a considerable period of time. This was indicated by the fact that "the (blue) color (of the "odd ion" formed) persists at liquid air temperature for several days, but at only slightly higher temperatures the color disappears. Then presumably the electron has returned to the ion" (LEWIS and LIPKIN 1942). In cyclic photophosphorylation the electron expelled from chlorophyll is visualized as traveling, perhaps by some semi-conductor mechanism (PRINCE 1955) inherent in chloroplast structure, to the first intermediary acceptor in the electron transport chain and thus initiates the electron transfer process that makes cyclic photophosphorylation possible (ARNON 1959).

To summarize, then, the simplest, experimentally demonstrable, case of conversion of light energy into chemical energy, a case that is common to all chlorophyll-containing particles, is cyclic photophosphorylation. We envisage that in cyclic photophosphorylation electrons flow from chlorophyll to a cofactor (Figs. 64 and 65), from the cofactor to cytochromes and from cytochromes back to chlorophyll. During this cyclic flow of electrons the cytochromes present in the photosynthetic particles undergo oxidation-reductions which are believed to be coupled to phosphorylation reactions that produce ATP.

The proposed mechanism for this process may be divided into three phases: (a) the light-induced generation of a high-energy electron and the ultimate electron acceptor [Chl+] (b) electron transport and (c) phosphorylation reactions coupled to electron transport. Phases (b) and (c) are analogous and possibly identical in some respects with their counterparts in oxidative phosphorylation, whereas phase (a) is peculiar to photosynthetic phosphorylation.

8. Evidence for Electron Flow Mechanism in Cyclic Photophosphorylation

The validity of the proposed mechanism for cyclic photophosphorylation is supported by several lines of evidence which have been discussed elsewhere (ARNON 1959, ARNON 1960). They will be briefly reviewed here.

In the absence of chloride, isolated chloroplasts lost their ability to evolve oxygen (WARBURG 1949) but retained the capacity for anaerobic cyclic photophosphorylation (BOVÉ, BOVÉ, WHATLEY and ARNON 1959, ARNON 1959, ARNON 1960). Without chloride, isolated chloroplasts behaved like bacterial chromatophores: their photochemical activity was limited to anaerobic cyclic photophosphorylation.

In the absence of chloride, cyclic photophosphorylation itself was abolished, both in chloroplasts and chromatophores, when the electrons generated in the primary photochemical act were trapped by ferricyanide, and in this manner prevented from completing the cyclic electron path that is coupled with ATP formation (BOVÉ, BOVÉ, WHATLEY and ARNON 1959, ARNON 1959, ARNON 1960).

The important role which we assigned to cytochromes as electron carriers in photophosphorylation is supported by a number of investigations in different laboratories (literature reviewed by ARNON 1959, 1960) and by the evidence illustrated in Figs. 66 and 67. Fig. 66 shows successive oxidation of *Chromatium* cytochromes in light and reduction in the dark, in the same cell-free preparation.

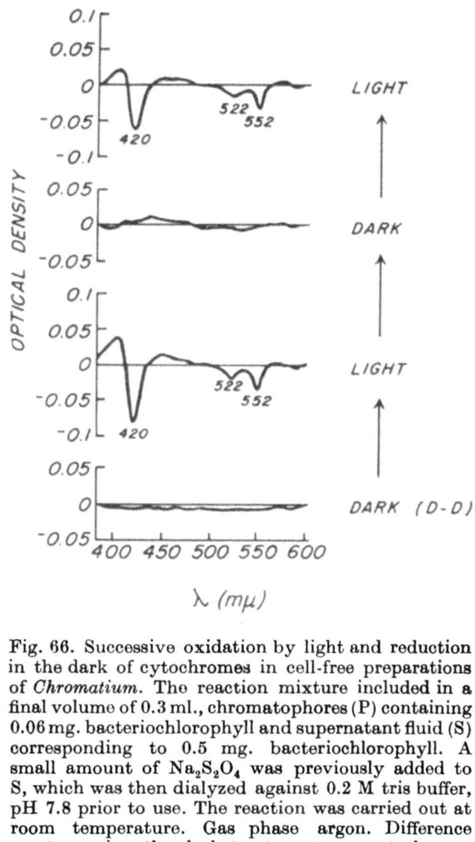

Fig. 66. Successive oxidation by light and reduction in the dark of cytochromes in cell-free preparations of *Chromatium*. The reaction mixture included in a final volume of 0.3 ml., chromatophores (P) containing 0.06 mg. bacteriochlorophyll and supernatant fluid (S) corresponding to 0.5 mg. bacteriochlorophyll. A small amount of $Na_2S_2O_4$ was previously added to S, which was then dialyzed against 0.2 M tris buffer, pH 7.8 prior to use. The reaction was carried out at room temperature. Gas phase argon. Difference spectra, using the dark treatment as control, were made in Thunberg type cuvettes, with a Cary recording spectrophotometer. Illumination was by a tungsten lamp (35,000 Lux). (NOZAKI, OGATA and ARNON 1959)

Fig. 67 shows that the dark reduction of bacterial cytochromes, previously oxidized by light, was accelerated by vitamin K, the cofactor of cyclic photophosphorylation that is effective in bacterial photophosphorylation with aged chromatophores (see ARNON 1960, Table 2). Vitamin K was effective as an electron carrier when added either in its oxidized (vitamin K_3, 2-methyl-1,

4-naphthoquinone) or reduced (vitamin K_5, 2-methyl-4-amino-1-naphthol hydrochloride) form but its effectiveness depended on the presence of chromatophores. Without chromatophores, using a purified cytochrome c_2, a hundred-fold greater concentration of reduced vitamin K was required to reduce the oxidized cytochrome.

Under the experimental conditions in which the *Chromatium* cell-free system was investigated, the light-dark reversible oxidation-reduction reactions were sufficiently decelerated to be conveniently measurable with a recording spectrophotometer at room temperature (NOZAKI, OGATA and ARNON 1959).

CHANCE and NISHIMURA (1960) have recently found that, in whole *Chromatium* cells, a light-induced oxidation of cytochrome c_2 is independent of temperature. This accords with the main postulate of the theory (ARNON 1959) that the primary photochemical act in photosynthesis consists of electronic excitation and would be thus independent of a thermal reaction. New experimental evidence for the electron flow theory has come from the work of ARNOLD and CLAYTON (1960) who, on illuminating bacterial chromatophores, observed temperature-independent (1° K to 300° K) reversible spectral changes in regions near the absorption bands of bacteriochlorophyll.

9. Multiple Sites in Cyclic Photophosphorylation

As already discussed, cyclic photophosphorylation is catalyzed by vitamin K and FMN and also by non-physiological factors such as phenazine methosulfate. This latter fact has given rise to questions whether vitamin K and FMN, or

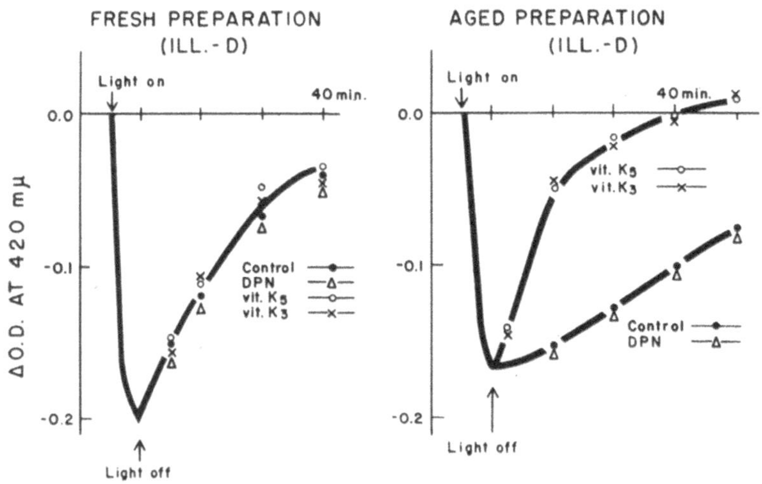

Fig. 67. Effect of vitamin K and other cofactors on the reduction of cytochromes c_2 in cell-free preparations of *Chromatium*. The cytochromes were oxidized by previous illumination (cf. Fig. 66). The reaction mixture included in a final volume of 3.0 ml., dialyzed cell-free suspension (PS) containing 0.06 mg. bacteriochlorophyll, 0.02 μ moles of purified cytochrome c_2 and 0.03 μ moles of the respective cofactors. Difference in optical density was measured on a Beckman DU spectrophotometer with an attached photomultiplier using cuvettes, with the respective cofactor omitted, as controls in each case. (NOZAKI, OGATA and ARNON 1959)

equivalent quinone and flavin constituents of photosynthetic tissues, are to be considered the physiological catalysts of cyclic photophosphorylation or whether they are to be regarded as non-specific agents in no way distinguishable from non-physiological catalysts. The question was of special interest in connection with phenazine methosulfate because this dye has given rates of photosynthetic phosphorylation higher than either vitamin K or FMN (cf. JAGENDORF and AVRON 1958).

The marked effectiveness of phenazine methosulfate could be explained by its acting as an electron carrier that bypasses a rate-limiting step in photosynthetic phosphorylation (GELLER 1957). On this hypothesis phenazine methosulfate might give higher rates of phosphorylation at high light intensity when there is a rapid flux of electrons from excited chlorophyll. Assuming, however, several sites of phosphorylation in the cyclic pathway, the advantage of phenazine methosulfate might disappear at *low light intensity* when the overall rate of the process is limited by the electron flux. Under such conditions the highest rate of photophosphorylation would be observed in a system in which none of the phosphorylation sites was bypassed. Thus, a comparison of photosynthetic phosphorylation, catalyzed by vitamin K and phenazine methosulfate at different light intensities seemed desirable.

The results of such a comparison are shown in Fig. 68. At low intensity cyclic photophosphorylation catalyzed by either vitamin K_3 or FMN proceeded at a much higher rate than that catalyzed by phenazine methosulfate (or pyocyanin). However, at higher light intensities the phenazine methosulfate system gave much greater rates of phosphorylation (TSUJIMOTO, HALL and ARNON 1960).

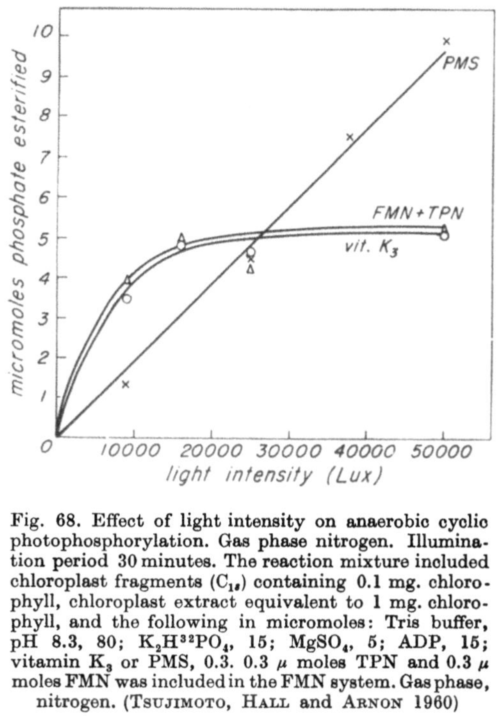

Fig. 68. Effect of light intensity on anaerobic cyclic photophosphorylation. Gas phase nitrogen. Illumination period 30 minutes. The reaction mixture included chloroplast fragments (C_{1s}) containing 0.1 mg. chlorophyll, chloroplast extract equivalent to 1 mg. chlorophyll, and the following in micromoles: Tris buffer, pH 8.3, 80; $K_2H^{32}PO_4$, 15; $MgSO_4$, 5; ADP, 15; vitamin K_3 or PMS, 0.3. 0.3 μ moles TPN and 0.3 μ moles FMN was included in the FMN system. Gas phase, nitrogen. (TSUJIMOTO, HALL and ARNON 1960)

These results suggest that at high light intensity the vitamin K and FMN systems became limited by enzymatic reactions which were unable to keep pace with the rapid electron flux. The increasing rates of phosphorylation obtained at high light intensity with the phenazine methosulfate system are consistent with the explanation that this agent does indeed serve as a bypass around some rate-limiting step, probably by catalyzing the reduction of cytochromes (MASSEY 1959). These findings provide the first indication of enzymatic steps that may limit cyclic photophosphorylation at high light intensities, when physiological catalysts such as vitamin K or FMN (or their analogues) are involved.

The higher rates of photophosphorylation catalyzed by vitamin K and FMN than that catalyzed by phenazine methosulfate, when light is limiting (Fig. 68), suggest the involvement of at least two phosphorylation sites in the vitamin K and FMN pathways. A diagrammatic representation of this mechanism is given in Fig. 65.

A primary phosphorylation reaction, common to all pathways of cyclic photophosphorylation, is envisaged as being coupled with the oxidation of the terminal cytochrome in the photosynthetic particle, i. e., the cytochrome that reacts with the excited chlorophyll molecule (compare Figs. 64 and 65). A second site of phosphorylation in the vitamin K pathway is likely to occur on oxidation of reduced vitamin K (or its analogue) by cytochromes, as was suggested by the model reactions proposed by WESSELS (1954), HARRISON (1958) and CLARK, KIRBY and TODD (1958). Supporting evidence for these conclusions was obtained by fractionating chloroplasts, and by isolating purified grana (MÜLLER, STEERE and ARNON 1958, ARNON 1960), which appeared to be the site of the primary photophosphorylation reaction [Equation (5)].

10. Cyclic Photophosphorylation as Primitive Photosynthesis

The photophosphorylating system is structurally bound to chlorophyll in the smallest particles that function as units in the absorption of light energy, the chromatophores of bacteria and the grana of the chloroplasts. The close structural association of the phosphorylating activity with the chlorophyll pigments suggests that the harnessing of light energy in photosynthesis is more closely associated with ATP formation than with CO_2 assimilation. The enzymes responsible for CO_2 assimilation are easily dissociable from grana in the case of chloroplasts (TREBST, TSUJIMOTO and ARNON 1958), and not even structurally joined together in the case of bacterial chromatophores (ANDERSON and FULLER 1958, LOSADA, TREBST, OGATA and ARNON 1960). These facts are in agreement with the view (LOSADA, TREBST, OGATA and ARNON 1960), that in the course of biochemical evolution, photosynthesis first emerged as a process for converting light energy into ATP and this "primitive" photosynthesis became only later a process linked to CO_2 reduction.

In the conventional view of photosynthesis, the chemical energy formed by the conversion of absorbed light is always used for the reduction of CO_2. The case of cyclic photophosphorylation being a "primitive" photosynthesis in the evolutionary sense, would therefore be strengthened, if examples could be found today in which the only contribution of light to carbon assimilation was the formation of ATP.

Two such cases of photosynthesis in *Chromatium* have recently been described by LOSADA, TREBST, OGATA and ARNON (1960). In one case the sole source of carbon was acetate and in the other, CO_2. The photoassimilation of acetate occurred in the absence of an external hydrogen donor whereas in the photoassimilation of CO_2 the reductant was exogenous hydrogen gas. The sole contribution of light in both cases appeared to be the formation of ATP.

The experimental substitution of ATP for light was considered particularly significant because it was found in such photosynthetic bacteria as *Chromatium*, that are unique in the living world in being strict phototrophs. *Chromatium*, unlike, for example, *Chlorella* or photosynthetic bacteria of the genus *Rhodospirillum*, cannot replace its light-dependent mode of life by a heterotrophic, aerobic metabolism in the dark (VAN NIEL 1931, MÜLLER 1933, VAN NIEL 1949). *Chromatium* grows only in the light, and being an obligate anaerobe, does not provide an alternative way for forming ATP by the mechanism of oxidative phosphorylation.

As regards the photoassimilation of acetate in another photosynthetic bacterium, the facultative anaerobe *R. rubrum*, a similar view that the contribution of light is limited to cyclic photophosphorylation was recently expressed, on the basis of independent evidence, by STANIER, DOUDOROFF, KUNISAWA and CONTOPOULOU (1959).

In certain circumstances, ATP formation may be the sole contribution of the photosynthetic process, not only in bacteria but also in higher plants. It was suggested elsewhere (ARNON, WHATLEY and ALLEN 1958) that in green plants cyclic photophosphorylation may continue forming ATP when CO_2 assimilation is, for one reason or another, reduced or even stopped altogether. This might arise during the well-known midday closure of stomata in leaves of higher plants (STALFELT 1955, HEATH and ORCHARD 1957) which restricts the supply of CO_2. The closure of stomata often coincides with an abundance of starch and an incipient water deficit in the photosynthesizing cells. Under these conditions cyclic photophosphorylation, which consumes neither CO_2 nor water, would be a useful device for generating ATP to drive the many ATP-dependent reactions, notably the synthesis of polysaccharides, proteins and fats.

These theoretical deductions for higher plants have recently received experimental support from the work of MACLACHLAN and PORTER (1959). They reported the first known instance of utilization of light energy in leaf tissue for the synthesis of starch from labelled glucose, under conditions when CO_2 assimilation was excluded but cyclic photophosphorylation could proceed.

11. Pyridine Nucleotide Reduction by Hydrogenase in the Dark

In the examples of photosynthesis in which the contribution of light was limited to ATP formation, no reductant was needed in the conversion of glucose to starch. In the assimilation of acetate hydrogen is released for metabolic purposes and no additional hydrogen donor is required (LOSADA, TREBST, OGATA and ARNON 1960). But the assimilation of CO_2 requires in addition to ATP, a supply of a reductant, i. e., reduced pyridine nucleotide. It was stated earlier that in photosynthesis of green plants both of these components of assimilatory power are formed at the expense of light energy. It is necessary, therefore, to trace the transition from a "primitive" photosynthesis in which light is used only for the formation of ATP to the advanced type of photosynthesis, observed in green plants, in which light energy is used not only for ATP formation but also for the reduction of pyridine nucleotide and the accompanying evolution of oxygen.

In the photoassimilation of CO_2 by *Chromatium* the added reductant was hydrogen gas (cf. ROELOFSEN 1934). This is the simplest reductant usable by living cells. Cell-free hydrogenases from non-photosynthetic bacteria are known to reduce pyridine nucleotides with molecular hydrogen (KORKES 1955, PECK and GEST 1954, cf. GEST 1958), but the evidence for photosynthetic bacteria has been negative (KARUNAIRATNAM and GEST 1958).

The subject was reinvestigated by OGATA, NOZAKI and ARNON (1959), using the cell-free hydrogenase of *Chromatium*. The *Chromatium* hydrogenase, localized in the chromatophores, reduced DPN and TPN with molecular hydrogen in the dark in the presence of catalytic amounts of benzyl viologen. The enzyme was more active toward DPN than TPN (Table 76).

Table 76. *Pyridine nucleotide reduction with molecular hydrogen by cell-free preparations of Chromatium*
(OGATA, NOZAKI and ARNON 1959)

Treatment	DPN Series		TPN Series	
	Light	Dark	Light	Dark
Pyridine nucleotide (PN) ..	0.08	0.09	0.07	0.07
Benzyl viologen (BV)	—0.08	—0.08	—0.08	—0.08
PN + BV	0.80	0.86	0.33	0.42

Each vessel included, in a final volume of 3.0 ml., a cell-free preparation (PS) containing 0.3 mg. bacteriochlorophyll and the following in micromoles: Tris buffer, pH 7.8, 80; $MgCl_2$, 5; potassium phosphate, 5; KCl, 50; and when added, DPN, 4; TPN, 4; and benzyl viologen, 0.1 (a gift of Dr. H. GEST). 0.1 ml. of 20 percent KOH was present in the center well. The reaction was carried out in an atmosphere of hydrogen at 25° C. Illumination, when given, was 35,000 Lux. At the end of the reaction, an aliquot of the reaction mixture was precipitated with saturated $(NH_4)_2SO_4$, pH 8, centrifuged, and the optical density of the clear supernatant fluid was measured at 340 mμ.

These results indicated that in the presence of hydrogen gas, *Chromatium* cells need not depend on light for the reduction of pyridine nucleotides. The role of light is then limited to ATP formation, without which CO_2 assimilation cannot occur (LOSADA, TREBST, OGATA and ARNON 1960). Photosynthesis by *Chromatium*, in the presence of molecular hydrogen, may, therefore, be summarized as follows:

Light Phase

Cyclic photophosphorylation: $ADP + P \rightarrow ATP$

Dark Phase

DPN reduction: $2\,DPN + 2\,H_2 \rightarrow 2\,DPNH_2$

CO_2 assimilation: $CO_2 + 2\,DPNH_2 + 3\,ATP \rightarrow (CH_2O) + H_2O + 2\,DPN + 3\,ADP + 3\,P$

$$\text{SUM: } CO_2 + 2\,H_2 \xrightarrow{\text{light}} (CH_2O) + H_2O$$

GAFFRON (1939, 1944), FRENKEL and LEWIN (1954) have shown that several algal species contain hydrogenases and acquire, after adaptation to hydrogen, a capacity to photoassimilate CO_2 with the aid of molecular hydrogen. This process, which GAFFRON named photoreduction, appears to be the same type of photosynthesis as that in *Chromatium* when it is supplied with hydrogen gas. It seems likely that photoreduction by algae is a reversion to a primitive photosynthesis in which the CO_2 reductant was hydrogen gas, present in the environment, and the sole contribution of light was the formation of ATP by cyclic photophosphorylation.

12. Photoproduction of Hydrogen and its Significance to Photosynthesis

Chromatium, like other photosynthetic bacteria, grows photosynthetically with hydrogen donors more oxidized than molecular hydrogen (VAN NIEL 1931, MÜLLER 1933). Is the role of light in these cases also limited to ATP formation by cyclic photophosphorylation or is light energy used for the reduction of pyridine nucleotides, as is the case in green plants?

Among the hydrogen donors used by *Chromatium* for growth are some which are known to reduce pyridine nucleotides enzymatically in the dark. In these cases, assuming the requisite enzymes are present, there is no need to invoke the participation of light in that step. A case in point is malate, an excellent hydrogen donor for *Chromatium* cells, which are known to contain the malic enzyme that catalyzes the reduction of TPN. But *Chromatium* can also grow photosynthetically with an inorganic electron donor, such as thiosulfate, or with succinate (VAN NIEL 1931, MÜLLER 1933), a substrate that donates electrons at the level of flavin and is therefore unable to reduce pyridine nucleotides. How, in terms of the electron flow theory (ARNON 1959), can pyridine nucleotides be reduced in bacterial photosynthesis with thiosulfate or succinate as hydrogen donors?

An attractive hypothesis was to consider that thiosulfate and succinate act as hydrogen donors which reduce bacterial cytochrome after it is oxidized in light by chlorophyll. In this manner electrons donated by thiosulfate and succinate to chlorophyll, via cytochromes, could be raised at the expense of light energy, to a reducing potential adequate for reduction of pyridine nucleotides. Experimental support for this hypothesis has recently become available (LOSADA, NOZAKI and ARNON 1960).

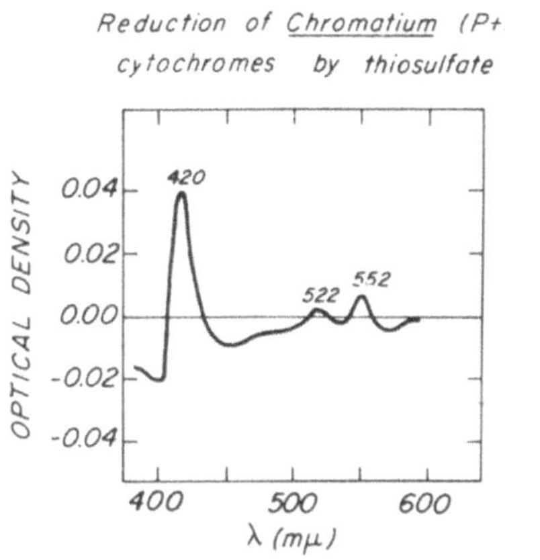

Fig. 69. Reduction of *Chromatium* cytochromes by thiosulfate in a cell-free system. Reaction mixture included, in a final volume of 0.3 ml. of 0.1 M Tris buffer, pH 7.8, chromatophores (P) containing 0.1 mg. bacteriochlorophyll and supernatant fluid (S) corresponding to 0.3 mg. bacteriochlorophyll. 20 micromoles of thiosulfate were added to one of a pair of Thunberg type cuvettes and the resulting difference spectrum was measured in a Cary spectrophotometer after 20 minutes at room temperature. Gas phase, argon. (LOSADA, NOZAKI and ARNON 1960)

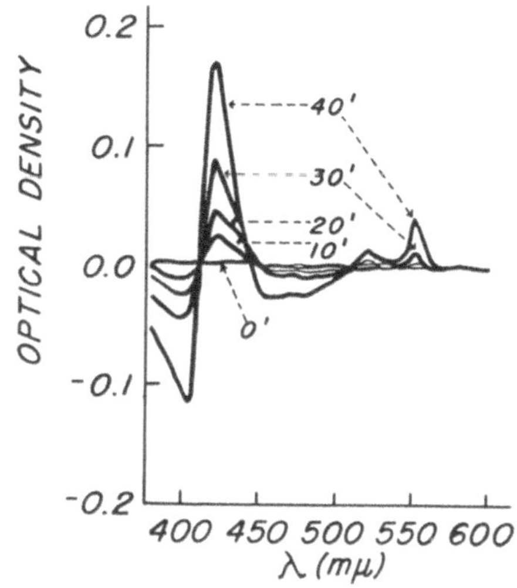

Fig. 70. Reduction of *Chromatium* cytochromes by succinate in a cell-free system. Reaction mixture included, in a final volume of 3.0 ml. of 0.2 M Tris buffer, pH 7.8, chromatophores (P) containing 0.06 mg. bacteriochlorophyll and supernatant fluid (S) corresponding to 0.3 mg. bacteriochlorophyll. 10 μ moles of succinate were added to one of a pair of cuvettes and the resulting difference spectrum was measured in a Cary spectrophotometer at the indicated time intervals. (NOZAKI, OGATA and ARNON 1959)

The reduction of oxidized *Chromatium* cytochromes by thiosulfate is shown in Fig. 69 and by succinate in Fig. 70. As regards the photoproduction of a stronger reductant by *Chromatium* cells from a more oxidized electron donor, Fig. 71 illustrates a vigorous photoproduction of molecular hydrogen from thiosulfate (LOSADA, NOZAKI and ARNON 1960) and Fig. 72 shows photoproduction of molecular hydrogen from succinate (ARNON 1960). In both cases the evolution of hydrogen occurred in the presence of KOH and seemed to be independent of CO_2 assimilation.

The results with thiosulfate provided the first experimental evidence for a light-dependent hydrogen evolution from an *inorganic* electron donor by a photosynthetic organism. Photoproduction of hydrogen was first observed in algae by GAFFRON and RUBIN (1942) and in photosynthetic bacteria by GEST and KAMEN (1949). In algae the photoproduction of hydrogen seemed to depend on internal electron donors of metabolic origin (GAFFRON and RUBIN 1942) whereas photoevolution of hydrogen by photosynthetic bacteria appeared to depend on exogenous organic acids and CO_2 (SIEGEL and KAMEN 1951, NEWTON and WILSON 1953, GEST 1957).

The evolved hydrogen has been ascribed to a photodecomposition of water (GAFFRON and RUBIN 1942, GEST 1957) or to a decomposition of α-ketoglutaric acid (NEWTON and WILSON 1953). We regard the photoproduction of molecular hydrogen from thiosulfate and succinate as evidence for a "non-cyclic" electron flow mechanism in bacterial photosynthesis (as depicted by Fig. 73). HA represents here an electron donor such as thiosulfate or succinate which donates low-energy electrons to the cytochrome-chlorophyll complex, where, with the aid of absorbed light, they are raised to an energy level, at least equal to that of electrons in molecular hydrogen. Photoproduction of hydrogen gas occurs when electrons "activated" by light energy are transferred by hydrogenase to protons.

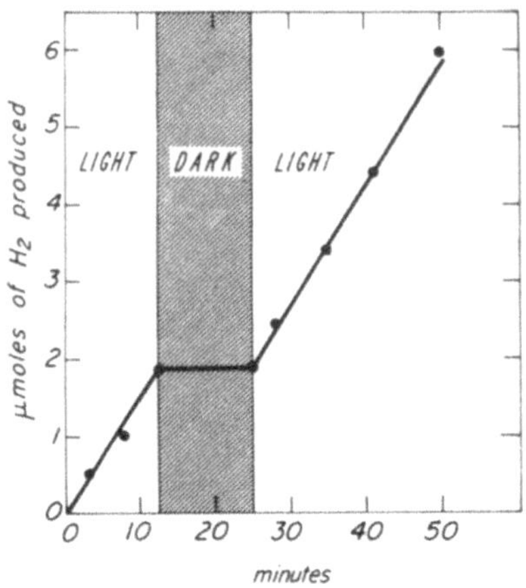

Fig. 71. Light-dependent evolution of hydrogen from thiosulfate by *Chromatium* cells. The reaction mixture included 0.1 g. of washed cells, suspended in 2.6 ml. of a modified nutrient solution from which nitrogen was omitted, 0.3 ml. of 0.5 M Tris buffer, pH 7.2, and 0.1 ml. of 0.2 M sodium thiosulfate. 0.1 ml. of 20% KOH was placed in the center well of the Warburg manometer flasks. The reaction was run at 30° C. Gas phase, argon. Illumination 50,000 Lux. (LOSADA, NOZAKI and ARNON 1960)

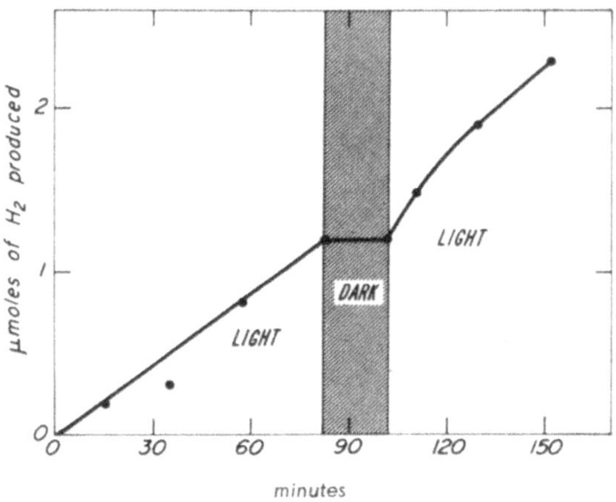

Fig. 72. Photoproduction of hydrogen gas from succinate by *Chromatium* cells

With thiosulfate as the electron donor LOSADA, NOZAKI and ARNON (1960) found evidence for the following sequence of reactions:

$$S_2O_3^{=} + 2\,OH^- \xrightarrow{\text{light}} S + SO_4^{=} + 2e^- + H_2O \qquad (3)$$

$$S + 8\,OH^- \xrightarrow{\text{light}} SO_4^{=} + 6e^- + 4\,H_2O \qquad (4)$$

$$10\,H_2O \xrightarrow{\text{dark}} 10\,H^+ + 10\,OH^- \qquad (5)$$

Sum: $$S_2O_3^{=} + 5\,H_2O \xrightarrow{\text{light}} 2\,SO_4^{=} + 8e^- + 10\,H^+ \qquad (6)$$

If the electron donor (HA) is succinate the same non-cyclic electron flow mechanism (Fig. 73) would account for the photoproduction of hydrogen via the chlorophyll-cytochrome complex in accordance with the overall reaction (ARNON 1960).

$$\text{Succinate} \xrightarrow{\text{light}} \text{fumarate} + H_2.$$

Photoproduction of hydrogen indicates that photosynthetic bacteria should be capable of reducing pyridine nucleotides with light, in the presence of succinate or some other electron donor that is less reduced than pyridine nucleotides. This was indeed observed by FRENKEL (1958) and VERNON and ASH (1959) and confirmed by OGATA, NOZAKI and ARNON (1959).

To recapitulate, the photoproduction of molecular hydrogen from less reduced electron donors, inorganic or organic in nature, is taken as evidence of a non-cyclic electron flow mechanism in bacterial photosynthesis that supplements the cyclic electron flow mechanism which produces only ATP. The non-cyclic electron flow mechanism produces, without invoking a photolysis of water, electrons at a reducing potential at least equal to that of molecular hydrogen. We conclude that molecular hydrogen is evolved in light when the "reducing" electrons are not consumed in metabolic reactions as, for example, in the reduction of CO_2 via pyridine nucleotide (NOZAKI, OGATA and ARNON 1959) and the photo-fixation of molecular nitrogen (ARNON, LOSADA, NOZAKI and TAGAWA 1960).

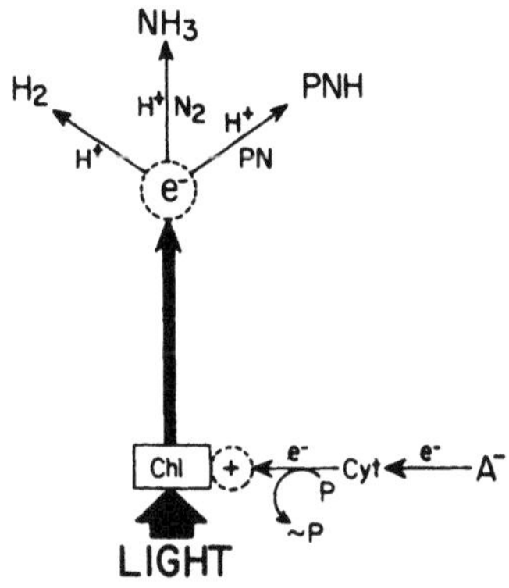

Fig. 73. Scheme for non-cyclic photophosphorylation in *Chromatium*. Details in the text

13. Photoproduction of Reductant in Plants: Non-cyclic Photophosphorylation

We have seen that photosynthetic bacteria can reduce pyridine nucleotide in photosynthesis, either with molecular hydrogen in the dark or with an external electron donor, organic or inorganic, in the light. Green plants that do not contain hydrogenase, depend unconditionally on an external hydrogen donor for reducing pyridine nucleotide in photosynthesis. Since water is the external electron donor in photosynthesis by green plants, and supplies electrons at a very low reducing potential, green plants can reduce pyridine nucleotides only with a considerable input of energy that is supplied by light. Hence the reduction of pyridine nucleotides in photosynthesis of green plants is a light-dependent reaction.

We have seen earlier that isolated chloroplasts can reduce TPN in light with an accompanying stoichiometric evolution of oxygen, in a reaction that is catalyzed by a specific TPN reductase, an enzyme that is localized in chloroplasts [Equation (2)]. Recently, this reaction was found to be linked with photosynthetic phosphorylation (ARNON, WHATLEY and ALLEN 1958). In the presence of ADP and orthophosphate (P), the photoreduction of TPN and oxygen evolution was coupled with the formation of ATP in accordance with Equation (6).

$$2\,TPN + 2\,ADP + 2\,P + 2\,H_2O \rightarrow 2\,TPNH_2 + O_2 + 2\,ATP. \qquad (6)$$

Under appropriate experimental conditions (ARNON, WHATLEY and ALLEN 1959) the evolution of one mole of oxygen was accompanied by the reduction of two moles of TPN, and the esterification of 2 moles of orthophosphate. The stoichiometry of this reaction was the same when TPN was replaced by ferricyanide. With either TPN (DAVENPORT 1959) or ferricyanide (ARNON, WHATLEY and ALLEN 1958, JAGENDORF 1958), the rate of oxygen evolution is greatly increased when it is coupled with phosphorylation. The conventional Hill reaction could thus be viewed as an uncoupled photophosphorylation, i. e., a photochemical electron transport that is proceeding without its normally associated phosphorylation reaction.

The novel features of reaction (6) were first, that its ATP formation unlike any other known phosphorylation, was coupled with an *evolution* of oxygen.

Second, contrary to an analogy with oxidative phosphorylation, ATP formation resulted not in the ultimate oxidation but in the *reduction* of pyridine nucleotide.

The mechanism of reaction (6) was also different, notably in its dependence on chloride (BOVÉ, BOVÉ, WHATLEY and ARNON 1959), from that of the anaerobic cyclic photophosphorylation that is common to chloroplasts and chromatophores. In the presence of chloride, ferricyanide was not an inhibitor as it was in cyclic photophosphorylation but an electron acceptor which promoted ATP formation (ARNON 1960).

The mechanism of reaction (6) is visualized as a special case of the non-cyclic electron flow mechanism in photosynthetic bacteria (Fig. 73), in which *water* (i.e., OH^-) is the electron donor (A^-). Fig. 74 gives a diagram of the non-cyclic photophosphorylation of green plants, based on the general electron flow mechanism in photosynthesis that was shown elsewhere (ARNON 1959).

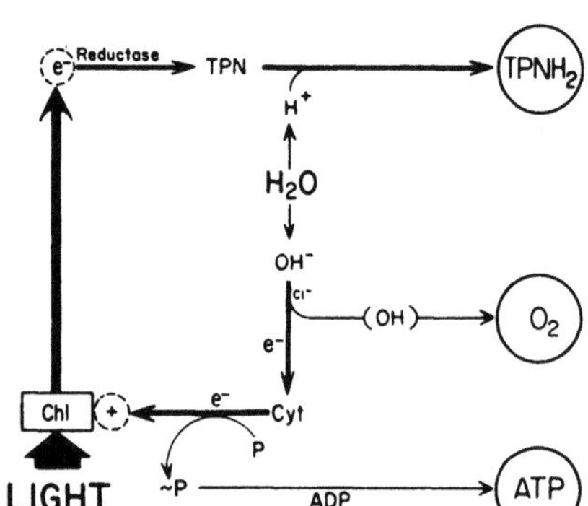

Fig. 74. Scheme for non-cyclic photophosphorylation in chloroplasts. Details in the text

We visualize non-cyclic photophosphorylation of green plants (Fig. 74) as having in common with other photophosphorylations (including, by analogy, non-cyclic photophosphorylation in bacteria) the same primary photochemical act [Equations (4) and (4a)] and the same primary phosphorylation reaction at the site of the cytochrome adjacent to the excited chlorophyll molecule [Equation (5)]. Chloroplasts have no hydrogenase and hence can give no hydrogen evolution. The electron "expelled" in the primary photochemical act is accepted by TPN and used (along with an accompanying proton) for the production of $TPNH_2$. $TPNH_2$ can either accumulate under special conditions, as in the experiments with isolated chloroplasts, or is used, jointly with ATP, for the formation of carbohydrates during normal photosynthesis.

In a non-physiological variant of reaction (6), TPN can be replaced by ferricyanide. In that case the electrons from chlorophyll are accepted by ferricyanide which becomes reduced and accumulates as ferrocyanide. The protons also accumulate, causing the acidity to increase, as has been found to be the case with potassium ferric oxalate by HOLT and FRENCH (1946).

To keep the chlorophyll system functional the electrons removed by non-cyclic transport must be continuously replenished. We had suggested that this is accomplished by an interaction between hydroxyl ions (or water) and a cytochrome component peculiar to the photosynthetic apparatus of green plants but absent in photosynthetic bacteria (ARNON 1959). This reaction was visualized as being possibly an "anode"-type reaction, in which OH^- ions yield molecular oxygen and donate electrons, via a cytochrome chain, to chlorophyll where they are raised at the expense of absorbed light energy to the reducing potential required for TPN reduction. A corollary of the scheme is that water, though not undergoing photolysis, is still the source of the oxygen evolved in photosynthesis by green plants (ARNON 1959).

In the electron transfer sequences visualized in non-cyclic photophosphorylation (Fig. 74), we have ruled out the participation of cytochromes in the transfer of electrons from chlorophyll to TPN because the redox potential of TPN ($E_0' = -0.32$ v.) is altogether too negative for cytochromes to serve here as electron carriers. This leaves the electron transfer from water (hydroxyl ions) to chlorophyll as the sequence of reactions in which cytochromes can serve as electron carriers.*

14. Molecular Oxygen and Photosynthetic Phosphorylation

When photosynthetic phosphorylation was first discovered it proceeded at a sustained rate only in the presence of oxygen (ARNON, ALLEN and WHATLEY 1954, Fig. 64). However, since there was no net consumption of molecular oxygen (as measured by manometric pressure change), we concluded then that oxygen acted as a catalyst in photosynthetic phosphorylation and was not serving as a terminal oxidant — a function which it fulfills in oxidative phosphorylation. A decisive difference, then and now, between photosynthetic and oxidative phosphorylation was the inability of chloroplasts to form ATP in the dark by oxidizing substrates of oxidative phosphorylation with molecular oxygen (ARNON, ALLEN and WHATLEY 1956).

The catalytic action of oxygen may now be explained by the mechanism of noncyclic photophosphorylation. As already stated, TPN, the physiological electron acceptor in noncyclic photophosphorylation [Equation (6) and Fig. 74], may be replaced by nonphysiological electron acceptors, such as ferricyanide. MEHLER (1951a, b) and MEHLER and BROWN (1952) have shown earlier that in a Hill reaction molecular oxygen may act as an artificial electron acceptor in the same manner as ferricyanide. When oxygen acts as an electron acceptor in a Hill reaction it is usually reduced to hydrogen peroxide. The reduction of oxygen to hydrogen peroxide by illuminated chloroplasts is ordinarily a sluggish reaction but it can be greatly accelerated by the addition of one of several catalysts. Among these are FMN (GOOD and HILL 1955) and vitamin K_3. It now appears (NAKAMOTO, KROGMANN and VENNESLAND 1959) that the photoreduction of oxygen may also be coupled with the formation of ATP.

Under physiological conditions, when the electron acceptor is TPN, noncyclic photophosphorylation in chloroplasts [Equation (6)] produces ATP and a strong reductant, $TPNH_2$, having a normal redox potential $E_0' = 324$ mV. Under nonphysiological conditions, when the electron acceptor is not TPN but a more oxidized electron acceptor such as ferricyanide ($E_0' = 360$ mV), a considerable amount of absorbed light energy (equivalent to a redox potential of 684 millivolts) is lost. ATP (also oxygen) is produced in the same ratio to the number of electrons transferred, but the reductant formed is no longer $TPNH_2$ but ferrocyanide.

When oxygen gas ($E_0' = 815$ mV for the water/oxygen system) replaces TPN as the electron acceptor in cell-free systems, the energy loss here is even greater (equivalent to a redox potential of 1139 millivolts) than in the ferricyanide reaction. ATP is again formed but the "reductant" produced is now water instead of $TPNH_2$. Under these conditions water forms at one site in the reaction whereas at another site, water (OH^-) serves as the electron donor and oxygen is being

Note added in proof. — This mechanism, although it appeared thermodynamically possible, could not be reconciled with the properties of known cytochrome constituents of chloroplasts. We later suggested (ARNON 1960) that the interaction between OH^- and cytochromes may require an additional input of energy, and our most recent findings indicate that this energy is supplied by an auxiliary light reaction. This auxiliary light reaction, which removes an electron and liberates molecular oxygen from OH^-, occurs in green plants but not in photosynthetic bacteria, and explains why photosynthesis is accompanied by evolution of oxygen only in green plants (LOSADA, WHATLEY, and ARNON 1961; ARNON, LOSADA, WHATLEY, TSUJIMOTO, HALL and HORTON 1961).

produced. The resultant evolution of oxygen at one end would thus balance the oxygen consumption at the other. An oxygen exchange reaction would result, without any net consumption of oxygen that could be measured manometrically: oxygen would act as a catalyst. This would explain the catalytic effect of oxygen which was observed in the first experiments on photosynthetic phosphorylation (ARNON, ALLEN and WHATLEY 1954).

From the standpoint of cellular physiology, the role of oxygen in ATP formation in photosynthesis provides an interesting contrast to the role of oxygen in ATP formation in respiration. The high thermodynamic efficiency of respiration, and its superiority over fermentation in using the free energy of the degradation of foodstuffs for synthesis of the pyrophosphate bonds of ATP, is made possible by molecular oxygen acting as the terminal electron acceptor in oxidative phosphorylation by mitochondria. Only with oxygen can the oxidation of foodstuffs be complete (to CO_2 and water) and their free energy released in full for metabolic purposes. Biochemical investigations of photosynthesis in cell-free systems revealed no such role for oxygen in ATP formation by photosynthetic phosphorylation in chloroplasts and bacterial particles. In cyclic photophosphorylation ATP is formed under strictly anaerobic conditions where the participation of oxygen is excluded. In noncyclic photophosphorylation experimental conditions may be so arranged that oxygen could replace TPN as an artificial terminal electron acceptor but this would result in a loss rather than in a gain of physiologically useful energy.

15. Separation of Light and Dark Phases of Photosynthesis in Isolated Chloroplasts

A special contribution of cell-free photosynthesis to the study of the mechanism of the process has been the experimental separation of the light-dependent phase, in which photosynthetic events proper occur, from the dark phase during which CO_2 is assimilated. The separation of the two phases in bacterial photosynthesis has already been discussed. A physical separation of the two phases of photosynthesis in green plants by fractionating chloroplasts has recently been described by TREBST, TSUJIMOTO and ARNON (1958).

The light phase was completed first by the complete chloroplast system in the absence of CO_2 and resulted in an evolution of oxygen accompanied by an accumulation of $TPNH_2$ and ATP in the reaction mixture. The green portion of the chloroplasts (grana) was then discarded and when CO_2 was next supplied to the remaining non-green portion of the chloroplasts in the *dark*, it was assimilated to sugar phosphates. The two phases when carried out separately, yielded, essentially, the same final photosynthetic products as the continuously illuminated chloroplast system. The products included hexose and pentose mono- and diphosphates, phosphoglyceric acid, dihydroxyacetone phosphate, and small amounts of phosphoenolpyruvate and malate.

Similar products of CO_2 assimilation by chloroplast extracts, including the formation of phosphorylated sugars, were obtained in a *total dark chemosynthesis* where $TPNH_2$ and ATP were not formed photochemically but were prepared either chemically or enzymatically, or were derived from animal material (TREBST, TSUJIMOTO and ARNON 1958).

An important link in the chain of evidence connecting the photosynthetic events with the dark assimilation of CO_2 in chloroplasts was provided by experiments showing that both cyclic and non-cyclic photophosphorylation were essential. The ATP formed in non-cyclic photophosphorylation alone [Equation (6)] is insufficient for the assimilation of CO_2 to the level of carbohydrates (TREBST, LOSADA and ARNON 1959). Additional ATP must be supplied by cyclic photophosphorylation (LOSADA, TREBST and ARNON 1960, TREBST, LOSADA and ARNON 1960). It is assumed that the intact cell has suitable regulatory mechanisms for keeping cyclic and non-cyclic photophosphorylation in balance.

16. Photosynthetic Phosphorylation and Biochemical Evolution

The insight into the mechanism of photosynthesis, gained from cell-free experiments with chloroplasts and chromatophores, permits us to interpret, with somewhat enhanced confidence, certain aspects of biochemical evolution which we have already discussed elsewhere (ARNON, WHATLEY and ALLEN 1958, LOSADA, TREBST, OGATA and ARNON 1960).

If, in the early periods of evolution of life forms, organic compounds were abundant and the earth's atmosphere was a reducing one (OPARIN 1957, MILLER and UREY 1959), then the beginning of photosynthesis may be viewed as an emergence of a porphyrin that gave rise to chlorophyll and permitted the cell to use for metabolic purposes the energy in the visible spectrum of sunlight. This primitive photosynthesis consisted only of anaerobic cyclic photophosphorylation. No oxygen was evolved and no reduction of CO_2 was essential, since the environment may have supplied preformed carbon compounds. This primitive type of photosynthesis is exemplified today by the already discussed photoassimilation of acetate by the obligate phototrophic anaerobe, *Chromatium*.

The harnessing of light energy for the synthesis of ATP was an event of supreme importance to the cell. It provided the cell, in an *anaerobic* environment, with a much more efficient mechanism than fermentation for the formation of ATP which is the universal cellular "energy currency" needed in the transformation of existing carbon compounds, into fats, carbohydrates, proteins, etc. Cyclic photophosphorylation gave the *anaerobic* photosynthetic cell a mechanism which in efficiency of ATP formation, is comparable with the process of oxidative phosphorylation in aerobic cells, that followed it later in the evolutionary scale.

From the point of view of biochemical evolution, one of the most interesting findings in cell-free photosynthesis was that higher, aerobic plants have retained to this day the anaerobic cyclic photophosphorylation as a mechanism for making ATP while sharing with other organisms in the acquisition of the process of oxidative phosphorylation by mitochondria.

We can next envisage that the photoassimilation of organic compounds was gradually replaced by the assimilation of CO_2 which gained in importance as the supply of organic compounds in the environment diminished. Here the main contribution of light was still the formation of ATP by cyclic photophosphorylation. The reductant, it is reasonable to suppose, was at first the molecular hydrogen of the surrounding atmosphere. *Chromatium*, for example, is still capable of using molecular hydrogen for reducing (in the dark) the pyridine nucleotide that is needed for CO_2 assimilation.

Next, the photosynthetic cell acquired the enzymatic apparatus for photochemically generating electrons with a reducing potential equal to molecular hydrogen, from more oxidized electron donors, such as succinate or thiosulfate. In organisms which contain, or can form adaptively, hydrogenase (photosynthetic bacteria and algae), this phase of photosynthesis can also be observed today as a photoproduction of molecular hydrogen. Light energy now served a dual purpose. It supplied ATP by cyclic photophosphorylation and it provided electrons for reducing pyridine nucleotides and for other metabolic reductions (Fig. 73).

Finally, in the most advanced type of photosynthesis, found in green plants, water (OH^-) became the electron donor. Here the function of light was again to provide ATP in noncyclic photophosphorylation but also to raise the electrons from (OH^-) to an energy level high enough for the reduction of TPN. Only in the last case, when water became the electron donor, did oxygen evolution form an inseparable part of photosynthesis, as is indicated in the proposed mechanism for non-cyclic photophosphorylation in chloroplasts (Fig. 74).

Non-cyclic photophosphorylation enabled green plants to form a CO_2 reductant at the expense of light energy with the aid of an ubiquitous substance, water, and in this way to invade and live autotrophically in areas devoid of reduced sulfur compounds or of other electron donors of restricted distribution. The resultant proliferation of plant growth on the surface of the earth was responsible for releasing to the atmosphere the oxygen, locked in the water molecule, by the only known important mechanism capable of accomplishing this, photosynthesis of green plants (OPARIN 1957, MILLER and UREY 1959).

Once molecular oxygen became available, the way was open for biochemical evolution to progress toward aerobic metabolism. The oxygen-independent cyclic photophosphorylation by chlorophyll-containing particles could now be paralleled by an efficient biological utilization of the energy of chemical substrates through the mechanism of oxidative phosphorylation of mitochondria. Photosynthesis of green plants now provided both the substrates and oxygen to make oxidative phosphorylation and aerobic life on this planet possible.

An interesting aspect of the relation between photosynthetic and oxidative phosphorylation in biochemical evolution is the common phylogenetic relationship between proplastids and mitochondria, as it was recently reported by MÜHLETHALER and FREY-WYSSLING (1959). Their observations on proplastid development in embryonic cells suggest that mitochondria followed rather than preceded chloroplasts as functional organelles in cellular metabolism. This is in harmony with the biochemical evidence, since photosynthetic phosphorylation by chlorophyll-containing particles, being independent of molecular oxygen, could occur before oxidative phosphorylation by mitochondria, which requires molecular oxygen.

17. Concluding Remarks

The concept of photosynthesis which emerged in the six years since the process was first completely localized in isolated chloroplasts differs from the conventional view of photosynthesis that it is mainly a process of CO_2 assimilation. Photosynthesis appears to be first and foremost a process for converting sunlight into chemical energy and this conversion is more directly associated with phosphorus than with carbon assimilation. The trapped light energy is first converted into ATP and reduced pyridine nucleotides and then may be used by the cell for assimilation of carbon, nitrogen, phosphorus or sulfur compounds or for any other energy-requiring cellular activity.

The photoassimilation of acetate by *Chromatium* is a case of photosynthesis without either oxygen evolution or CO_2 reduction (LOSADA, TREBST, OGATA and ARNON 1960). So is the light dependent conversion of glucose into starch (MACLACHLAN and PORTER 1959). In the conventional view of photosynthesis this state of affairs would be a contradiction of terms, but according to our present concept these examples represent photosynthesis because they involve biochemical syntheses that are being driven by light energy after light has been converted by the cell into a form of chemical energy, ATP. Photosynthesis in plants and photosynthetic bacteria is defined here as the synthesis of cellular substances at the expense of chemical energy, formed by photochemical reactions. This definition includes, but is not limited to, CO_2 assimilation.

In this view of photosynthesis, CO_2 assimilation, although quantitatively the dominant form of photosynthesis on our planet, is fundamentally only a special case of the use and storage of light energy. CO_2 assimilation proper, in both green plants and photosynthetic bacteria, consists of exclusively dark reactions that are not peculiar to photosynthesis. The familiar accumulation of carbon compounds as carbohydrates during photosynthesis in green plants constitutes storage of trapped light energy. The first products of photosynthesis in green plants, ATP and $TPNH_2$, are present in the cell only in catalytic amounts and cannot be stored to any appreciable degree for future use, whereas carbohydrates or fats can.

The proposal that ATP formation is the main event in photosynthesis has been made earlier, notably in 1944 by EMERSON, STAUFFER and UMBREIT, who suggested that the "sole function of light energy in photosynthesis is the formation of 'energy-rich' phosphate bonds". They included in this generalization both green plants and photosynthetic bacteria but made no provision for a photochemical generation of a reductant for CO_2 assimilation by green plants. The main reason, however, why their proposal met with little acceptance in the ensuing years, and had little influence on subsequent research in photosynthesis, was the lack of substantial experimental evidence for the participation of phosphorus in their experiments with intact *Chlorella* cells (cf. RABINOWITCH 1945, p. 228, WHITTINGHAM 1955). The theoretical proposals of EMERSON, STAUFFER and UMBREIT could not be adequately defended against the theoretical objections levelled against them (as, for example, by RABINOWITCH 1945, p. 229), particularly since the first experiments with P^{32} to test the occurrence of light-induced phosphorylation in cell-free systems led to negative results. ARONOFF and CALVIN (1948), who made these experiments with spinach grana, reported that "there is no direct connection between light and the gross formation of organic phosphorus compounds".

As the history of photosynthesis approaches the end of its second century, one finds fresh relevance in the admonition of PRIESTLEY, whose discoveries mark the beginning of this field of inquiry. He wrote in 1777: "This is a new and a wide field of experiment and speculation, and a premature attachment to hypothesis is the greatest obstruction we are likely to meet with in our progress through it... *Speculation* is a cheap commodity. *New and important facts* are most wanted, and therefore of most value."

The new facts which led to the concept of photosynthesis and the recognition of the role of phosphorus therein that are presented here are: a) Isolated chloroplasts use the energy of visible light for converting CO_2 to sugars and starch with a simultaneous evolution of oxygen. b) Isolated chloroplasts use light energy for a simultaneous reduction of TPN, formation of ATP and evolution of oxygen (non-cyclic photophosphorylation). c) Isolated chloroplasts and bacterial chromatophores use light energy for an anaerobic formation of ATP as the sole product of the light reaction (cyclic photophosphorylation). d) By fractionating chloroplasts and *Chromatium cells*, the light-dependent phase of photosynthesis has been separated, in time and space, from the dark phase that is concerned with carbon assimilation. Variants of these reactions and the supporting evidence have been discussed above.

(The survey of literature pertaining to this review was completed in November, 1961.)

Literature

ALLEN, M. B., F. R. WHATLEY and D. I. ARNON: Photosynthesis by isolated chloroplasts. VI. Rates of conversion of light into chemical energy in photosynthetic phosphorylation. Biochim. Biophys. Acta **27**, 16–23 (1958). — ANDERSON, I. C., and R. C. FULLER: Photophosphorylation by isolated chromatophores of the purple sulfur bacteria. Arch. Biochem. Biophys. **76**, 168–179 (1958). — ARNOLD, W., and R. K. CLAYTON: The first step in photosynthesis: evidence for its electronic nature. Proc. Nat. Acad. Sci. (U. S.) **46**, 769–776 (1960). — ARNON, D. I.: Extracellular photosynthetic reactions. Nature (Lond.) **167**, 1008–1010 (1951). — Phosphorus metabolism and photosynthesis. Ann. Rev. Plant Physiol. **7**, 325–354 (1956). — Conversion of light into chemical energy in photosynthesis. Nature **184**, 10–21 (1959). — *In*: Light and Life (W. D. MCELROY and B. GLASS, Eds.). Baltimore: Johns Hopkins University Press. 1960. — ARNON, D. I., M. B. ALLEN and F. R. WHATLEY: Photosynthesis by isolated chloroplasts. Nature (Lond.) **174**, 394–396 (1954). — Photosynthesis by isolated chloroplasts. IV. General concept and comparison of three photochemical reactions. Biochim. Biophys. Acta **20**, 449–461 (1956). — ARNON, D. I., M. LOSADA, M. NOZAKI and K. TAGAWA: Photo-fixation of nitrogen and photoproduction of hydrogen with thiosulfate during bacterial photosynthesis. Biochem. J. (1960). — ARNON, D. I., M. LOSADA, F. R. WHATLEY, H. Y. TSUJIMOTO, D. O. HALL, and A. A. HORTON: Photosynthetic phosphorylation and molecular oxygen. Proc. Nat. Acad. Science. (U.S.) **47**, 1314–1334 (1961). — ARNON, D. I., F. R. WHATLEY and M. B. ALLEN: Photosynthesis by isolated chloroplasts. II. Photosynthetic phosphorylation, the conversion of light into phosphate bond energy. J. Amer. Chem. Soc. **76**, 6324–6329 (1954). — Vitamin K as a cofactor of photosynthetic phosphorylation. Biochim. Biophys. Acta **16**, 607-608 (1955). — Triphosphopyridine nucleotide as a catalyst of photosynthetic phosphorylation. Nature (Lond.) **180**, 182–185 (1957). — Assimilatory power in photosynthesis. Photosynthetic phosphorylation by isolated chloroplasts is coupled with TPN reduction. Science **127**, 1026–1034 (1958). — Photosynthesis by isolated chloroplasts. VIII. Generation of assimilatory power. Biochim. Biophys. Acta **32**, 47 (1959). — ARONOFF, S., and M. CALVIN: Phosphorus turnover and photosynthesis. Plant Physiol. **23**, 351–358 (1948). — AVRON, M., and A. T. JAGENDORF: An extractable factor in photosynthetic phosphorylation. Nature (Lond.) **179**, 428–429 (1957). — AVRON, M., A. T. JAGENDORF and M. EVANS: Photosynthetic phosphorylation in a partially purified system. Biochim. Biophys. Acta **26**, 262–269 (1957).

BASSHAM, J. A., A. A. BENSON, L. D. KAY, A. Z. HARRIS, A. T. WILSON and M. CALVIN: The path of carbon in photosynthesis. XXI. The cyclic regeneration of carbon dioxide acceptor. J. Amer. Chem. Soc. **76**, 1760–1770 (1954). — BENSON, A. A., and M. CALVIN: Carbon dioxide fixation by green plants. Ann. Rev. Plant Physiol. **1**, 25–42 (1950). — BROWN, A. H., and J. FRANCK: On the participation of carbon dioxide in the photosynthetic activity of illuminated chloroplast suspensions. Arch. Biochem. **16**, 55–60 (1948). — BOVÉ, J., C. BOVÉ, F. R. WHATLEY and D. I. ARNON: Lecture on "Conversion of light into chemical energy." Presented by D. I. ARNON, IXth Int. Botan. Cong., Montreal, Canada, August 1959.

CHANCE, B., and M. NISHIMURA: On the mechanism of chlorophyll-cytochrome interaction: the temperature insensitivity of light-induced cytochrome oxidation in *Chromatium*. Proc. Nat. Acad. Sci. (U. S.) **46**, 19–25 (1960). — CHOW, C. T., and B. VENNESLAND: Photosynthetic phosphorylation by chloroplast fragments. Plant Physiol. **32**, (Suppl.), iv (1957). — CLARK, V. M., G. W. KIRBY and A. TODD: Oxidative phosphorylation: a chemical approach using quinol phosphates. Nature (Lond.) **181**, 1650–1652 (1958).

DAVENPORT, H. E.: Coenzyme reduction by illuminated chloroplasts. Biochem. J. **73**, 45 P. (1959). — DAVENPORT, H. E., and R. HILL: The preparation and some properties of cytochrome f. Proc. Roy. Soc. B **139**, 327–345 (1952).

EMERSON, R. L., J. F. STAUFFER and W. W. UMBREIT: Relationships between phosphorylation and photosynthesis in *Chlorella*. Amer. J. Bot. **31**, 107–120 (1944). ESAU, K.: Plant Anatomy. New York: Wiley. 1953.

FRENKEL, A. W.: Light induced phosphorylation by cell-free preparations of photosynthetic bacteria. J. Amer. Chem. Soc. **76**, 5568–5569 (1954). — Photophosphorylation of adenine nucleotides by cell-free preparations of purple bacteria. J. Biol. Chem. **222**, 823–834 (1956). — Light-induced reactions of chromatophores of *Rhodospirillum rubrum*. Brookhaven Symposia Biol. **11**, 276–288 (1958). — FRENKEL, A. W., and R. LEWIN: Photoreduction by Chlamydomonas. Amer. J. Bot. **41**, 586–589 (1954).

GAFFRON, H.: Reduction of carbon dioxide with molecular hydrogen in green algae. Nature **143**, 204–205 (1939). — Photosynthesis, photoreduction and dark reduction of carbon dioxide in certain algae. Biol. Rev. **19**, 1–20 (1944). — GAFFRON, H., Ed.: Research in Photosynthesis. New York: Interscience. 1957. — GAFFRON, H., and J. RUBIN: Fermentative and photochemical production of hydrogen in algae. J. Gen. Physiol. **26**, 219–240 (1942). — GELLER, D. M.: Photophosphorylation by *Rhodospirillum rubrum* preparations. Doctoral Diss., Div. Med. Sci., Harvard Univ. 1957. — GELLER, D. M., and J. D. GREGORY: Light-induced oxidation-reduction changes in *Rhodospirillum rubrum* extracts. Fed. Proc. **15**, 260 (1956). — GEST, H.: Some aspects of electron transport in microorganisms with special reference to oxidation and formation of molecular hydrogen. Proc. Intern. Symp. Enz. Chem. Tokyo and Kyoto **1957**, 250–256 (1958). — GEST, H., and M. D. KAMEN: Studies on the metabolism of photosynthetic bacteria. IV. Photochemical production of molecular hydrogen by growing cultures of photosynthetic bacteria. J. Bact. **58**, 239–245 (1949). — GOOD, N., and R. HILL: Photochemical reduction of oxygen in chloroplast preparations. II. Mechanisms of the reaction with oxygen. Archives Biochem. Biophys. **57**, 355–366 (1955).

HARRISON, K.: A theory of oxidative phosphorylation. Nature (Lond.) **181**, 1131 (1958). — HEATH, O. V. S., and B. ORCHARD: Midday closure of stomata. Nature (Lond.) **180**, 180–181 (1957). — HILL, R.: Reduction by chloroplasts. Sympos. Soc. Exper. Biol. **5**, 223–231 (1951). — The cytochrome components and chlorophyll in relation to the carbon cycle of Calvin. Proc. 3rd Intern. Cong. Biochem., Brussels 1955, p. 225–227. New York: Academic Press. 1956. — HILL, R., and D. A. WALKER: Pyocyanine and phosphorylation with chloroplasts. Plant Physiol. **34**, 240–245 (1959). — HOLT, A. S., and C. S. FRENCH: The photochemical production of oxygen and hydrogen ion by isolated chloroplasts. Arch. Biochem. **9**, 25–43 (1946).

JAGENDORF, A. T.: The relationship between electron transport and phosphorylation in spinach chloroplasts. Brookhaven Symp. Biol. **11**, 236–258 (1958). — JAGENDORF, A. T., and M. AVRON: Cofactors and rates of photosynthetic phosphorylation by spinach chloroplasts. J. Biol. Chem. **231**, 277–290 (1958). — Inhibitors of photosynthetic phosphorylation in relation to electron and oxygen transport pathways of chloroplasts. Arch. Biochem. **80**, 246–257 (1959). — JAMES, W. O., and V. S. DAS: The organization of respiration in chlorophyllous cells. New Phytologist **56**, 325–343 (1957).

KAMEN, M., and J. W. NEWTON: Photophosphorylation by subcellular particles from *Chromatium*. Biochim. Biophys. Acta **25**, 462–474 (1957). — KARUNAIRATNAM, M. C., and H. GEST: Hydrogenase and photometabolism in *Rhodospirillum rubrum*. Abstracts of Comm., VIIth Internat. Congr. Microbiol., Sweden, pp. 74–75 (1958). — KORKES, S.: Enzymatic reduction of pyridine nucleotides by molecular hydrogen. J. Biol. Chem. **216**, 737–748 (1955). — KORNBERG, A., *In*: Phosphorus Metabolism, Vol. 1 (W. D. MCELROY and B. GLASS, Eds.), p. 392. Baltimore: Johns Hopkins Press. 1951. — KREBS, H. A., and H. L. KORNBERG: A survey of the energy transformations in living matter. Erg. Physiol. **49**, 212–298 (1957).

LEHNINGER, A. L.: Oxidative phosphorylation. Harvey Lect. **49**, 176–216 (1955). — LEWIS, G. N., and D. LIPKIN: Reversible photochemical processes in rigid media: The dissociation of organic molecules into radicals and ions. J. Amer. Chem. Soc. **64**, 2801–2808 (1942). — LIPMANN, F.: Metabolic generation and utilization of phosphate bond energy. Adv. Enzym. **1**, 99–162 (1941). — Biological sulfate activation and transfer. Science **128**, 575–580 (1958). — LIVINGSTON, R.: Handbuch der Pflanzenphysiologie, Vol. 5 (A. PIRSON, Ed.), p. 832. Berlin-Göttingen-Heidelberg: Springer. 1960. — LOSADA, M., M. NOZAKI and D. I. ARNON: Production of molecular hydrogen from thiosulfate by *Chromatium* cells. Symposium on Light and Life. Baltimore: Johns Hopkins Press. 1960. — LOSADA, M., A. V. TREBST and D. I. ARNON: Photosynthesis by isolated chloroplasts. XI. CO_2 assimilation in a reconstituted chloroplast system. J. Biol. Chem. **235**, 832–829 (1960). — LOSADA, M., A. V. TREBST, S. OGATA and D. I. ARNON: The equivalence of light and adenosine triphosphate in bacterial photosynthesis. Nature (Lond.) **186**, 753–760 (1960). — LOSADA, M., F. R. WHATLEY and D. I. ARNON: Separation of two light reactions in noncyclic photophosphorylation of green plants. Nature **190**, 606–610 (1961). — LUMRY, R., J. D. SPIKES and H. EYRING: Photosynthesis. Ann. Rev. Plant Physiol. **5**, 271–340 (1954).

MACLACHLAN, G. A., and H. K. PORTER: Replacement of oxidation by light as the energy source for glucose metabolism in tobacco leaf. Proc. Roy. Soc. B **150**, 460–473 (1959). — MASSEY, V.: The microestimation of succinate and the extinction coefficient of cytochrome c. Biochim. Biophys. Acta **34**, 255–256 (1959). — MEHLER,

A. H.: Studies on reactions of illuminated chloroplasts. I. Mechanism of the reduction of oxygen and other Hill reagents. Arch. Biochem. Biophys. **33**, 65–77 (1951). — Studies on reactions of illuminated chloroplasts. II. Stimulation and inhibition of the reaction with molecular oxygen. Arch. Biochem. Biophys. **34**, 339–351 (1951). — MEHLER, A. H., and A. H. BROWN: Studies on reactions of illuminated chloroplasts. III. Simultaneous photoproduction and consumption of oxygen studied with oxygen isotopes. Arch. Biochem. Biophys. **38**, 365–370 (1952). — MILLER, S. L., and H. C. UREY: Organic compound synthesis on the primitive earth. Science **130**, 245–251 (1959). — MÜHLENTHALER, K., and A. J. FREY-WYSSLING: Entwicklung und Struktur der Proplastiden. J. Biophys. Biochem. Cytol. **6**, 507–512 (1959). — MULLER, F. M.: On the metabolism of the purple sulphur bacteria in organic media. Ark. mikrobiol. **4**, 131–166 (1933). — MULLER, H. R., R. L. STEERE and D. I. ARNON: Unpublished data (1958).

NAKAMOTO, T., and B. VENNESLAND: Participation of O_2 and peroxide in photophosphorylation by FMN and vitamin K_3. Fed. Proc. **19**, 329 (1960). — NAKAMOTO, T., D. W. KROGMANN and B. VENNESLAND: The effect of oxygen on riboflavin phosphate-dependent photosynthetic phosphorylation by spinach chloroplasts. J. Biol. Chem. **234**, 2783–2788 (1959). — NEWTON, J. W., and P. W. WILSON: Nitrogen fixation and photoproduction of molecular hydrogen by *Thiorhodaceae*. Antonie van Leeuwenhoek **19**, 71–77 (1953). — NOZAKI, M., S. OGATA and D. I. ARNON: Data reported by D. I. ARNON at Symposium on Comparative Biochemistry of Photoreactive Pigments, Pacific Grove, Calif., Sept. 1959.

OGATA, S., M. NOZAKI and D. I. ARNON: Data reported by D. I. ARNON at Symposium on Comparative Biochemistry of Photoreactive Pigments, Pacific Grove, Calif. Sept. 1959. — OPARIN, A. I.: Origin of Life (Translation by S. MORGULIS). New York: MacMillan. 1938.

PECK, H. D., and H. GEST: Enzymatic reduction of pyridine nucleotides by molecular hydrogen. Biochim. Biophys. Acta **15**, 587–588 (1954). — PETRACK, B.: Photophosphorylation in cell-free preparations of blue-green algae. Fed. Proc. **18**, 302 (1959). — PFEFFER, W.: Physiology of Plants. Oxford: Clarendon Press. 1900. — PRIESTLEY, J.: Experiments and observations on different kinds of air, Vol. III. London: J. Johnson. 1777. — PRINCE, M. B.: Silicon solar energy converters. J. Appl. Physics **26**, 534–540 (1955).

RABINOWITCH, E. I.: Photosynthesis and related processes, Vol. 1. New York: Interscience. 1945. — RABINOWITCH, E. I.: Progress in photosynthesis. Scientific American, pp. 80–81, November 1953. — ROELOFSEN, P. A.: On the metabolism of the purple sulphur bacteria. Proc. Kon. Akad. Wetensch. **37**, 660–669 (1934).

SACHS, J.: Lectures on the Physiology of Plants. Oxford: Clarendon Press. 1887. — SAN PIETRO, A., and H. M. LANG: Accumulation of reduced pyridine nucleotides by illuminated grana. Science **124**, 118–119 (1956). — Photosynthetic pyridine nucleotide reductase. I. Partial purification and properties of the enzyme from spinach. J. Biol. Chem. **231**, 211–229 (1958). — SIEGEL, J. M., and M. D. KAMEN: Studies on the metabolism of photosynthetic bacteria. VII. Comparative studies on the photoproduction of H_2 by *Rhodopseudomonas gelationosa* and *Rhodospirillum rubrum*. J. Bact. **61**, 215–228 (1951). — STAFELT, M. G.: The stomata as a hydrophotic regulator of the water deficit of the plant. Physiol. Plant. **8**, 572–593 (1955). — STANIER, R. Y., M. DOUDOROFF, R. KUNISAWA and R. CONTOPOULOU: The role of organic substrates in bacterial photosynthesis. Proc. Nat. Acad. Sci. (U. S.) **45**, 1246–1260 (1959).

THOMAS, J. B., and A. M. J. HAANS: Photosynthetic activity of fragments of *Spirogyra* chloroplasts. Biochim. Biophys. Acta **18**, 286–288 (1955). — TOLMACH, L. J.: Effects of triphosphopyridine nucleotide upon oxygen evolution and carbon dioxide fixation by illuminated chloroplasts. Nature (Lond.) **167**, 946–948 (1951). — TREBST, A. V., M. LOSADA and D. I. ARNON: Photosynthesis by isolated chloroplasts. X. Dependence of CO_2 assimilation on the photochemical reactions of chloroplasts. J. Biol. Chem. **234**, 3055–3058 (1959). — Photosynthesis by isolated chloroplasts. XII. Inhibitors of CO_2 accumulation in a reconstituted chloroplast system. J. Biol. Chem. **235**, 840–845 (1960). — TREBST, A. V., H. Y. TSUJIMOTO and D. I. ARNON: Separation of light and dark phases in the photosynthesis of isolated chloroplasts. Nature (Lond.) **182**, 351–355 (1958). — TSUJIMOTO, H. Y., D. O. HALL and D. I. ARNON: Unpublished data (1960).

VAN NIEL, C. B.: On the morphology and physiology of the purple and green sulphur bacteria. Arch. Mikrobiol. **3**, 1–112 (1931). — The comparative biochemistry of photosynthesis. *In*: Photosynthesis in Plants (J. FRANCK and W. E. LOOMIS, Eds.), pp. 437–495. Ames: Iowa State College Press. 1949. — VERNON, L. P., and

O. K. ASH: The photoreduction of pyridine nucleotides by illuminated chromatophores of *Rhodospirillum rubrum* in the presence of succinate. J. Biol. Chem. **234**, 1878–1882 (1959). — VISHNIAC, W., and S. OCHOA: Photochemical reduction of pyridine nucleotides by spinach grana and coupled carbon dioxide fixation. Nature (Lond.) **167**, 768–769 (1951). — Photochemical reduction of pyridine nucleotides by chloroplast preparations. J. Biol. Chem. **198**, 501–506 (1952).

WARBURG, O.: Heavy metal prosthetic groups and enzyme action, pp. 213–214. London: Oxford Press. 1949. — WESSELS, J. S. C.: A possible function of vitamin K in photosynthesis. Rec. Trav. chim. Pays-Bas **73**, 529–536 (1954). — Studies on photosynthetic phosphorylation: II. Photosynthetic phosphorylation under aerobic conditions. Biochim. Biophys. Acta **29**, 113–123 (1958). — WHATLEY, F. R., M. B. ALLEN and D. I. ARNON: Photosynthetic phosphorylation as an anaerobic process. Biochim. Biophys. Acta **16**, 605–606 (1955). — Photosynthesis by isolated chloroplasts. VII. Vitamin K and riboflavin phosphate as cofactors of cyclic photophosphorylation. Biochim. Biophys. Acta **32**, 32–46 (1959). — WHATLEY, F. R., M. B. ALLEN, A. V. TREBST and D. I. ARNON: Photosynthesis by isolated chloroplasts from different plants. Plant Physiol. **33**, (Suppl.), xxvii–xxviii (1958). — Photosynthesis by isolated chloroplasts. IX. Photosynthetic phosphorylation and CO_2 assimilation in different species. Plant Physiol. **35**, 188–193 (1960). — WHITTINGHAM, C. P.: Energy transformation in photosynthesis and the relation of photosynthesis to respiration. Biol. Rev. **30**, 40–64 (1955). — WILLIAMS, A. M.: Light-induced uptake of inorganic phosphate in cell-free extracts of obligately anaerobic photosynthetic bacteria. Biochim. Biophys. Acta **19**, 570 (1956).

c) Phosphor

Von

K. Mengel

A. Aufnahme, Verteilung und Beweglichkeit

Neben Stickstoff ist der Phosphor das wichtigste Nichtmetall, das die Pflanze für ihr Leben braucht. Die P-Konzentrationen der Bodenlösung liegen in einer Größenordnung von 0,001 bis 1×10^{-3} mol/l vor. Sie sind im Vergleich zu anderen Nährstoffen sehr niedrig (HOAGLAND 1948, FRIED und SHAPIRO 1961), so daß weniger der P-Konzentration als der Nachlieferung von P aus schwerer zugänglichen P-Fraktionen (organisch eingebauter P, P der Apatite und Al- sowie Fe-Phosphate, sorbierter P) für die P-Versorgung während der Vegetation eine Bedeutung zukommt (FRIED und SHAPIRO 1960). Die P-Verfügbarkeit des Bodens, die hier nicht im einzelnen erläutert werden soll, wird maßgeblich durch verschiedene Bodenfaktoren wie pH-Wert, Ca-, Fe-, Al-, Ni-, Cr-, Co- und Humus-Gehalt sowie durch das Mikroorganismenleben des Bodens beeinflußt (ROSCOE 1960, VERGANO 1959, WRIGHT und DONAHUE 1953, NICHOLAS und THOMAS 1954, SPERBER 1957). P wird vornehmlich als Anion aufgenommen. Da seine aktive Aufnahme nur bei physiologischen pH-Werten möglich ist, sind es hauptsächlich $H_2PO_4^-$ und HPO_4^{2-}, die von der Pflanze direkt aufgenommen werden. Nach den heutigen Vorstellungen über die Stoffaufnahme der Pflanze erscheint es nicht ausgeschlossen, daß auch P im Verband einer organischen Struktur, beispielsweise als Phosphatidsäure, aufgenommen wird. Diesem Aufnahmemechanismus kommt jedoch höchstens eine theoretische Bedeutung zu. Vermutlich dürfte es sich hierbei um eine passive Aufnahme handeln. Die Frage, inwieweit auch organische P-Verbindungen der Pflanze als P-Quelle dienen, wird hauptsächlich davon abhängen, mit welcher Geschwindigkeit sie durch Mikroorganismen des Bodens oder durch Enzyme der Pflanzenwurzel mineralisiert werden (FLAIG und KAUL 1956). Wenn so von GERICKE und GSCHWIND (1955) angeführt wird, daß die Pflanze anorganisches Phosphat schneller aufnimmt als organisches, so dürfte in dessen Mineralisierung der begrenzende Faktor zu sehen sein.

HAGEN et al. (1957) schließen aus der Wirkung verschiedener Stoffwechselagenzien auf die P-Aufnahme abgeschnittener Gerstenwurzeln, daß die Aufnahme von HPO_4^{2-} mit der Reduktion von Cytochrom b, die Aufnahme von $H_2PO_4^-$ mit der Reduktion von DPN^+ gekoppelt ist. Die Untersuchungen zeigen also die Verknüpfung der aktiven Phosphataufnahme mit dem Stoffwechsel. Die Aufnahme über den Elektronenfluß des DPN^+, also die $H_2PO_4^-$-Aufnahme, soll hierbei siebenfach höher sein als der mit dem Valenzwechsel des Cytochrom b gekoppelte Aufnahmemechanismus. Die Interpretation der von HAGEN et al. (1957) angeführten Versuchsergebnisse ist jedoch nicht ganz einleuchtend. So soll beispielsweise Paraphenylendiamin, ein Cytochrom c reduzierendes Agenz, die Phosphataufnahme über eine gesteigerte Aktivität des Cytochrom b stimulieren. An sich aber müßte das Paraphenylendiamin zusammen mit dem Cytochrom b um die Elektronenabgabe an das Cytochrom c konkurrieren, also den Elektronenfluß über das Cytochrom b hemmen (LATIES 1959). Die Untersuchungen von HAGEN et al. geben daher noch keine Auskunft darüber, an welchen Stellen die aktive Phosphataufnahme mit dem Stoffwechsel gekoppelt ist.

Die Annahme, daß das Phosphat über verschiedene Stellen (Träger) in das Innere der Zelle (inner space) gelangt, ist jedoch gerechtfertigt. Die heute weit verbreitete Ansicht, daß die Kinetik der aktiven Ionenaufnahme einer enzymatischen Reaktion entspricht, ermöglicht, rechnerische Beziehungen zwischen P-Aufnahme und P-Konzentration der Nährlösung aufzustellen. Die mit der Hofstee-Gleichung (HOFSTEE 1952) gefundene Relation zwischen aufgenommenem Phosphat und dem Quotienten aus aufgenommenem Phosphat und Phosphatkonzentration der Nährlösung ist nicht linear, so daß zumindest mehr als ein Trägersystem für die Phosphataufnahme verantwortlich sein könnte. NOGGLE und FRIED (1960) schließen aus ihren Phosphataufnahmeuntersuchungen, daß zwei verschiedene Träger die P-Aufnahme der höheren Pflanze bewirken. Nach LEGGETT (1961) sollen für die Phosphataufnahme der Hefe drei voneinander unabhängige Reaktionsprozesse mit unterschiedlichen Michaeliskonstanten verantwortlich sein. Eine von diesen drei Reaktionen ist mit der oxydativen Phosphorylierung, wahrscheinlich mit dem Elektronenwechsel des Cytochroms b verknüpft, die beiden anderen Reaktionsmechanismen der P-Aufnahme sind anaerob, einer soll mit der glykolytischen Phosphorylierung, der andere mit der Hexokinasetätigkeit zusammenhängen.

Über die chemische Natur der Phosphatträger ist bis heute noch nichts bekannt. Die Trägerbindungsstellen sind sehr spezifisch. Nur wenige Anionen können daher die Phosphataufnahme konkurrierend beeinflussen. Nach HAGEN et al. (1957) sollen ADP und OH^-, nach OLSEN (1953a) HCO_3^-, nach MICHAEL und MARSCHNER (1958a) Arsenat und nach ENGEL (1958) Silikat durch Konkurrenz hemmen. Cl^-, SO_4^{2-} und NO_3^-, also Ionen, die vorwiegend in der Bodenlösung vorkommen, wirken nach Untersuchungen von MICHAEL und MARSCHNER (1958a) nicht konkurrierend auf die Phosphataufnahme. Die Konzentration der für die Phosphataufnahme spezifischen Bindungsstellen junger Gerstenwurzeln soll nach HAGEN und HOPKINS (1955) und HAGEN et al. (1957) bei 10^{-8} mol/g frischer Wurzelmasse liegen. NOGGLE und FRIED (1960) fanden für Hirse- und Luzernewurzeln eine ähnliche Größenordnung.

Der pH-Wert der Nährlösung kann, wie erwähnt, über die mit ihm verbundene OH-Ionenkonzentration die Phosphataufnahme hemmen. Eine derartige Konkurrenz wird jedoch erst beim Überschreiten des Neutralpunktes in größerem Ausmaße wirksam. Andererseits bestimmt die H-Ionenkonzentration der Nährlösung auch den Dissoziationsgrad der in der Nährlösung vorhandenen Phosphate. OLSEN (1953b) berichtet, daß die primären Phosphate in vier- bis fünffach höheren Mengen aufgenommen werden als die sekundären. HAGEN et al. (1957) kamen zu einem ähnlichen Ergebnis. BIDDULPH und WOODBRIDGE (1952) fanden, daß Bohnen bei pH 4 und 6 maximal Phosphat aufnehmen. Zwischen den beiden Maxima lag ein Minimum. Dieser Befund läßt vermuten, die die H-Ionenkonzentration auch die Trägertätigkeit beeinflußt. Bei sehr niedrigen pH-Werten (pH 4>) sinkt die Ionenaufnahmerate, auch die des Phosphates, allgemein ab (ARNON et al. 1942). Dieser Abfall dürfte auf einen gehemmten Stoffwechsel zurückzuführen sein. Daß die Stoffwechseltätigkeit für die Phosphataufnahme weitgehend bestimmend ist, geht aus zahlreichen Untersuchungen hervor, die mit Stoffwechselgiften bzw. mit den Stoffwechsel beeinflussenden Agenzien durchgeführt wurden (HAGEN et al. 1957, MICHAEL und MARSCHNER 1958b, LEGGETT 1961).

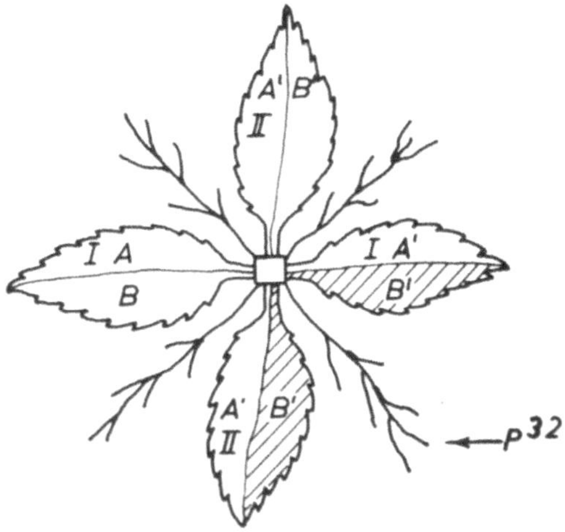

Abb. 75. Die Verteilung von P^{32} auf die verschiedenen Blätter einer Pfefferminze, mit P^{32} markiert

Auch der Phosphattransport in die oberirdischen Teile ist vom Stoffwechsel abhängig. HELDER (1952) fand an intakten Maispflanzen, daß eine vorgeschaltete Dunkelperiode die anschließende Phosphataufnahme erniedrigt, HANSON und BIDDULPH (1953) berichten, daß der Phosphattransport in den oberirdischen Teil bei Belichtung stärker ist als im Dunkeln, SCHEFFER et al. (1957) kamen an jungen Getreidepflanzen zu gleichem Ergebnis. Nach ZHURBITZKY und SHTRAUSBERG (1958) wird bei optimaler Temperatur (20° C) wesentlich mehr Phosphat in den oberirdischen Pflanzenteil transportiert als bei niederen Temperaturen (6 bis 8° C). Es ist nicht anzunehmen, daß der günstige Einfluß einer höheren Temperatur bzw. einer Belichtung hauptsächlich über eine verstärkte Transpiration den erhöhten Transport in die oberirdischen Pflanzenteile bewirkt. BROUWER (1954) konnte feststellen, daß der Wassertransport aus der Nährlösung in das Xylem höchstens indirekt die Phosphataufnahme beeinflußt. Der günstige Einfluß der Belichtung bzw. Temperatur auf den Phosphattransport in den Stengel dürfte demnach auf einem aktiven Prozeß der Pflanze, vermutlich eine mit dem Stoffwechsel gekoppelte Sekretion der Ionen in die Gefäßbündel, beruhen (ARISZ 1958). In Übereinstimmung hiermit berichten RUSSEL und BARBER (1960), daß im Xylemsaft wesentlich höhere Phosphatkonzentrationen vorliegen können als in der Nährlösung.

Die P-Konzentration des Xylemsaftes kann verständlicherweise erheblich schwanken. Sie hängt ab von der P-Konzentration des Nährmediums und besonders vom jeweiligen physiologischen Zustand der betreffenden Pflanze (BOLLARD 1960). BOLLARD (1953) stellte bei Äpfelbäumen fest, daß zur Zeit der stärksten Blutung die P-Konzentration im Xylemsaft zehnmal höher war als in der Ruhephase. LOWRY und HUGGINS (zit. nach BOLLARD 1960) geben für Mais eine Konzentration von 30 ppm P im Blutungssaft an. P kann hier in organischer und anorganischer Form vorliegen. Beim akropetalen Transport wird P vorwiegend in den Xylemgefäßen transportiert und deren Verästelung entsprechend auf die einzelnen Pflanzenorgane verteilt (Rinne und Langston 1960) (s. Abb. 75).

Der laterale P-Transport tritt gegenüber dem Transport in senkrechter Richtung zurück, P ist in der Pflanze auch in basipetaler Richtung gut beweglich. Das über die Blätter aufgenommene P kann in die verschiedensten Pflanzenorgane einschließlich Wurzeln wandern (Bukovac und Wittwer 1957, Schain et al. 1957, Peterburgskij 1956). Auch das von der Wurzel nach oben transportierte P kann wieder nach unten wandern (Biddulph et al. 1958). Zusammen mit den Alkali-Ionen gehört P zu den beweglichsten Ionen im pflanzlichen Organismus. Dies dürfte daher rühren, daß P ziemlich schnell als Phosphat an organische Strukturen, besonders esterartig an Hydroxylgruppen, gebunden wird. Maizel et al. (1956) berichten, daß das aus der Nährlösung aufgenommene Phosphat schon im Wurzelgewebe zum großen Teil in Phosphorylcholin umgebaut wird und als solches in die Xylemgefäße gelangt. Phosphorylcholin wurde im Xylem- und Phloemsaft vorgefunden, so daß die Autoren annehmen, daß diese Verbindung als P-Transportform in der Pflanze fungiert. Sein Zwittercharakter läßt es hierfür geeignet erscheinen.

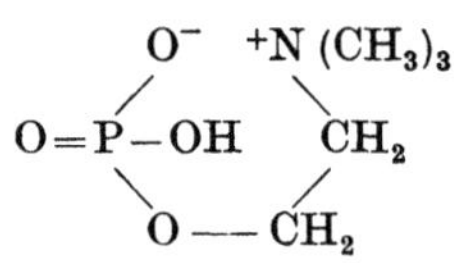

Phosphorylcholin

Mit dieser guten Beweglichkeit des P in der Pflanze mag auch zusammenhängen, daß P ziemlich leicht von der Wurzel in das Nährmedium abgeschieden werden kann. Nach Hevesy (1945) entfällt auf sechs aufgenommene Phosphat-Ionen ein Phosphat-Ion, das abgegeben wird. Dieses Heraustreten von P aus der Pflanze steht zu seinem Eintritt in die Pflanze jedoch in keinem konstanten Verhältnis. Michael und Marschner (1958b) konnten überzeugend nachweisen, daß die von der Pflanze aufgenommene P-Menge aus Aufnahme und Abgabe resultiert. Maßnahmen, die die Aufnahme hemmen (Stoffwechselgifte, N_2-Medium, CO_2-Medium), bewirken eine im Vergleich zur P-Aufnahme starke P-Abgabe; Maßnahmen, die die Aufnahme fördern (Salzkonzentrationen der Nährlösung, Glukosezugaben), wirken umgekehrt. Michael und Marschner (1958b) konnten weiterhin zeigen, daß für die P-Abscheidung in die Nährlösung vornehmlich der anorganische P der Pflanze verantwortlich ist. Je höher der P-Ernährungszustand einer Pflanze und damit auch ihr Gehalt an anorganischem P ist, um so vermehrt

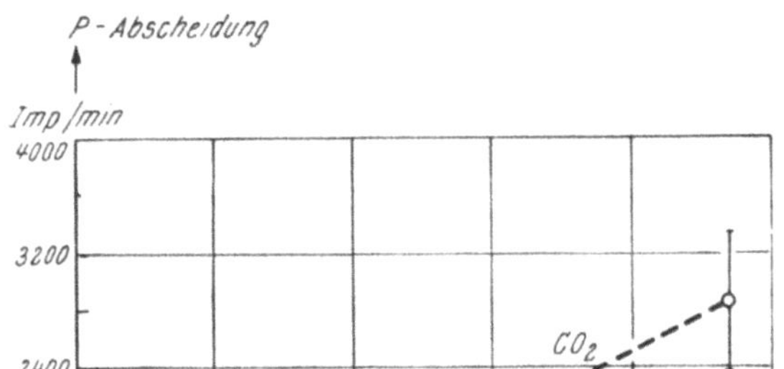

Abb. 76. Die Abscheidung von P durch Weizenwurzeln bei Luft-, N_2- und CO_2-Behandlung der Wurzeln (Michael und Marschner 1958)

wird P von der Pflanzenwurzel ausgeschieden. Bezogen auf den Gesamt-P-Gehalt der Pflanze ist die Abscheidung unter normalen Bedingungen gering (etwa 0,2%), dagegen wurden bei einer CO_2-Behandlung der Wurzeln bis zu 12% des P der Pflanze innerhalb zwei Tagen abgegeben (s. Abb. 76).

Die von den genannten Autoren gefundenen Ergebnisse konnten in der folgenden Zeit bestätigt werden (EMMERT 1959, 1961, SCHEFFER et al. 1961, SCHEFFER und KAUFMANN 1961).

Ähnlich wie die P-Aufnahme hängt auch seine Verteilung in der Pflanze von deren augenblicklichem physiologischem Zustand ab. LINCK und SWANSON (1960) fanden, daß der extraradikal aufgenommene P erst dann in die Blüte einer Erbsenpflanze transportiert wird, wenn diese befruchtet ist. Vorher wird P vornehmlich in die vegetativen Organe befördert. Auch der Einbau von P in die Erbsensamen hängt von den herrschenden Stoffwechselbedingungen ab. Bei Unterkühlung der Hülsen wurde weniger P eingelagert. Nach HELDER und BONGA (1956) hängt der P-Kreislauf in der Pflanze mit der Kohlenhydratsynthese zusammen. Die genannten Autoren fanden an Bohnenblättern, daß bei Belichtung mehr P aus dem Blatt heraustransportiert wird als bei Verdunkelung. Der P-Transport soll mit dem der Assimilate gekoppelt sein. TAMM (1951) berichtet, daß im Laufe der Vegetation der P-Gehalt von Buchenblättern von 0,34 auf 0,15% P/g Trockensubstanz absinkt. SCHARRER und MENGEL (1960) fanden bei Hafer, daß der P-Gehalt bezogen auf die Trockensubstanz mit dem Altern der Pflanze erheblich abnimmt. P kommt in höheren Konzentrationen besonders im meristematischen Gewebe vor (HOFFER und KRANTZ 1949). Gerade die junge Pflanze nimmt vergleichsweise viel P auf (SCHARRER und KÜHN 1956). Es darf daher angenommen werden, daß junges, stoffwechselaktives Gewebe ein besonders hohes P-Bedürfnis hat. P-reich sind auch die generativen Organe. Nach ANDRÈ (zit. nach BAUMEISTER 1958) sind bei Sonnenblumen mehr als 40% des Gesamt-P der Pflanze in den Samen lokalisiert. Eine ähnliche P-Verteilung zwischen Stroh und Korn liegt auch beim Getreide vor. Der P-Gehalt des Getreidekornes ist zwei- bis dreimal so hoch wie der des Strohes. Die Annahme, daß P zur Reifezeit aus den vegetativen Pflanzenorganen in die Samen und Körner transportiert wird, ist daher berechtigt. Jedoch sollen auch im Kornbildungsstadium noch erhebliche Mengen P aus dem Nährmedium direkt in die Ähren transportiert werden, wo sie vornehmlich in der Aleuronschicht für den Aufbau des Phytins verwendet werden (FRAZIER et al. 1956). Nach EATON und ERGIE (1957) liegen zur Reifezeit der Baumwolle 80% des Gesamt-P in den generativen Organen vor.

Die Unterschiede im P-Gehalt zwischen Blatt und Stengel sind nicht besonders deutlich. MENGEL (1961) berichtet, daß trotz einer 40fachen Steigerung der Nährlösungskonzentration der P-Gehalt von Sonnenblumenblättern konstant blieb. Man muß aus diesem Ergebnis schließen, daß, falls die an die Wurzel herangetragene P-Menge nicht zum begrenzenden Faktor wird, der physiologische Bedarf des Blattes für seinen P-Gehalt in erster Linie maßgebend ist.

Auch die Zufuhr anderer Nährstoffe hat für die P-Aufnahme und Verteilung eine Bedeutung. TUEVA (1960) fand, daß eine Erhöhung der N-Fraktion der Wurzel den P-Transport in den oberirdischen Pflanzenteil begünstigt. TRUOG et al. (1947) berichten über einen günstigen Einfluß des Mg auf die Phosphataufnahme. GÄRTEL (1959) fand bei der Weinrebe, daß die Blätter, die Mg-Mangel zeigten, auch einen niedrigen P-Gehalt hatten. Für ihre optimale P-Versorgung war neben dem P-Gehalt auch der Mg-Gehalt des Nährmediums maßgebend. ROTHSTEIN (1958) stellte bei Hefe fest, daß Phosphat die Mg-Aufnahme begünstigt. Diese Wechselbeziehungen zwischen P und Mg sind vermutlich auf die hohe Affinität der Pyrophosphatstruktur zum Mg^{++} zurückzuführen.

B. Funktionen des P und sein Einbau in organische Verbindungen

Im Gegensatz zu den Pflanzennährstoffen S und N wird P im pflanzlichen Organismus weder oxydiert noch reduziert. Es liegt in seiner höchsten Oxydationsstufe als Ortho- oder Pyrophosphat vor. Es neigt zur Esterbildung mit Hydroxylgruppen pflanzeneigener Stoffe (Zucker) und ähnelt in dieser Hinsicht dem Borat und auch dem Silikat. Das Phosphat-Ion ist jedoch mehr als ein bloßer Baustein pflanzlicher Strukturen. Wie im einzelnen noch zu zeigen ist, sind die Phosphorsäureester unentbehrliche Strukturen des Stoffwechsels.

Das anorganische P kann schnell inkorporiert, also esterartig an organische Moleküle gebunden werden. Loughman und Russel (1957) konnten an jungen Gerstenpflanzen zeigen, daß das anorganische Phosphat in weniger als 1 min zum Aufbau von Nucleotiden und Phosphoproteiden verwendet wird. Der Aufbau von Hexosephosphaten setzte etwas später ein. Miettinen und Savioja (1959) fanden an Erbsenwurzeln, daß anorganischer P innerhalb von 10 sec vorwiegend zum Aufbau von ATP, ADP und AMP gebraucht wird. Die Bildung weiterer Nucleotide (Uridintriphosphat und Guanoisintriphosphat) erfolgte nach etwa 30 sec. Erst danach konnten Hexosephosphate festgestellt werden (Fruktose-6-phosphat, Glukose-6-phosphat, Fruktose-1-6-phosphat). Diese zeitliche Reihenfolge des Nachweises organischer P-Verbindungen ist kein Beweis dafür, daß auch die Bildung der organischen Phosphate dieser Reihenfolge entspricht. Miettinen und Savioja (1959) sind vielmehr der Ansicht, daß die Bildung von Hexosephosphat und die Synthese von Nucleotiden unabhängig voneinander verlaufen. Für den ersteren Prozeß sind glykolytische, für den letzteren oxydative Prozesse verantwortlich. Jackson und Hagen (1960) fanden an jungen abgeschnittenen Gerstenwurzeln, daß in einem Zeitraum von 2 Stunden 80 bis 90% des aufgenommenen Phosphates in fünf verschiedenen alkohollöslichen Fraktionen vorlagen. Hiervon konnten drei Fraktionen, nämlich Uridindiphosphatglukose (UDPG), Glukose-1-phosphat (G-1-P) und anorganisches Phosphat identifiziert werden. Die Synthese dieser einzelnen Fraktionen weist Zusammenhänge auf, wie in der nachstehenden Skizze dargestellt ist.

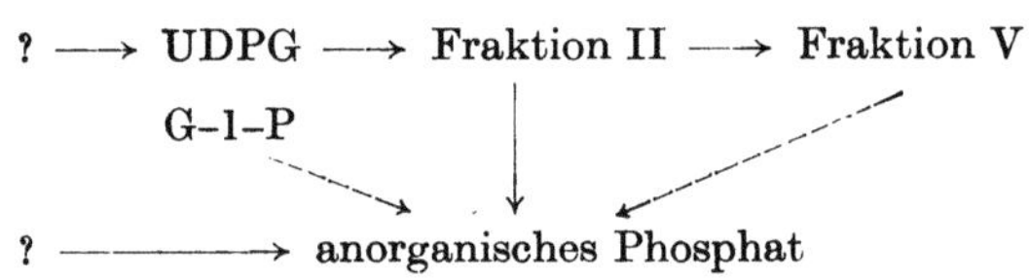

Auf Grund der unterschiedlich starken P-32-Markierung konnten Jackson und Hagen (1960) nachweisen, daß die Fraktion „Anorganisches Phosphat“ von dem Phosphat der Nährlösung ziemlich scharf getrennt ist. Die Autoren vermuten, daß sie teils vom Abbau organischer P-Verbindungen, teils von einer aktiven Aufnahme anorganischen Phosphates herrührt. Die Veresterung anorganischen Phosphates und seine Akkumulation sind demnach zum Teil zwei unabhängige Prozesse, eine Ansicht, die durch Untersuchungen Loughmans (1960) bestätigt wird. Jackson und Hagen (1960) konnten keine Verbindungen des Adenylsäuresystems nachweisen. Nach Haber und Tolbert (1959) wird bei der Wurzelbildung des Salatkeimlings das aufgenommene anorganische Phosphat vorwiegend zum Aufbau von Phosphorylcholin und Phospholipoiden verwendet.

Wie erwähnt, ist P ein wesentlicher Baustein pflanzlicher Strukturen. Die Phytinsäure ist ein Hexaphosphorsäureester des Inosits.

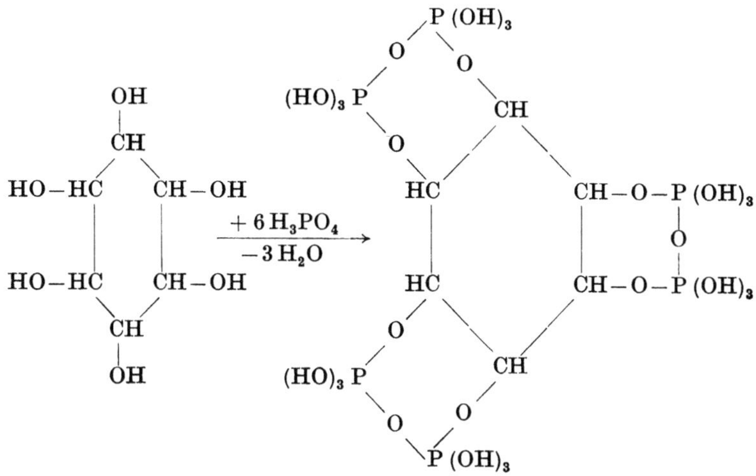

Inosit Phytinsäure

Phytin, das Ca-Mg-Salz des Phytinsäure, kommt hauptsächlich in Samen und Körnern vor. Es umfaßt hier etwa 80% des Gesamt-P, während in grünen Pflanzenteilen der Anteil des Pyhtins am Gesamt-P unter 2% liegt. Phytin stellt eine Reserveform des P dar. Die Pflanze gibt ihrer Nachkommenschaft im Phytin des Samenkornes zwei für die Stoffumformung des Keimprozesses und beginnenden Wachstums wichtige Elemente mit auf den Weg, nämlich P und Mg. Interessanterweise ist im Gegensatz zu den meisten anderen Pflanzennährstoffen deren Gehalt im Korn höher als im Stroh.

Eine zweite pflanzliche P-Fraktion stellen die *Phospholipoide* dar. Es sind Ester der Glycerinphosphorsäure; ihre wichtigsten Vertreter sind *Lecithin* und *Kephalin*. Beide stellen den Hauptanteil der Phospholipoide im Keimling und in vielen Samen dar.

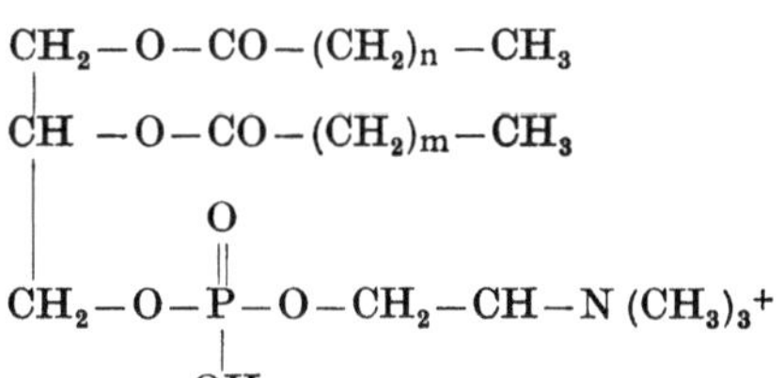

Lecithin

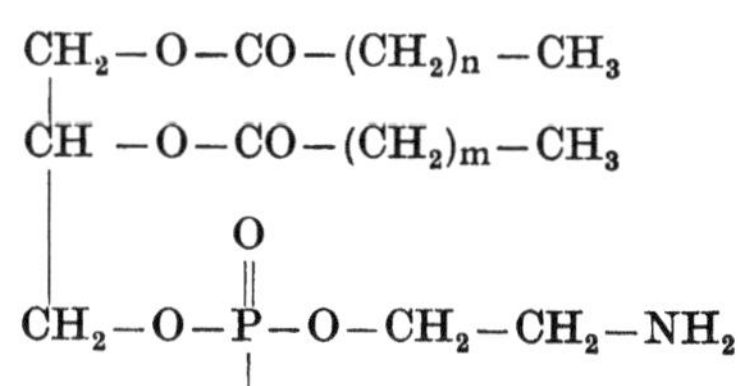

Kephalin

Die Phospholipoide haben dipolaren Charakter; ihr Glyzerinbaustein ist hydrophob, ihr Phosphatrest hydrophil. Dementsprechend können sie sich zwischen Fett- und Wasseroberflächen orientieren und als bindendes Glied zwischen hydrophilen und hydrophoben Zellstrukturen wirken. Hierin dürfte ihre wichtigste Funktion im pflanzlichen Organismus liegen. Im Gegensatz zu den Neutralfetten, die lediglich eine Energiereserve darstellen, sind die Phospholipoide unentbehrliche Bausteine pflanzlicher Strukturen, besonders der Zellmembranen (Tonoplast, Plasmalemma, Membran der Chloroplasten). Phospholipoide werden in geringen Mengen in allen pflanzlichen Geweben angetroffen. Sie können in dispergierter Form ähnlich wie das Neutralfett in kleinen Tröpfchen im Cytoplasma vorkommen. Der größere Anteil der Phospholipoide fungiert jedoch als Baustein plamatischer Strukturen (BONNER und GALSTON 1952).

Einen weiteren Phosphorsäureester stellen die Nucleinsäuren dar. Der Phosphatrest ist hier das bindende Glied zwischen den Pentosemolekülen zweier Nucleotide (s. S. 407). Damit ist das Phosphat ein Baustein grundlegender Strukturen (DNS und RNS) jeglichen Lebens. Seine Verbindung mit dem N-Stoffwechsel besteht darin, daß DNS als Matrize für Nucleinsäuren, RNS als Matrize für Enzymeiweiße fungiert (GIERER 1961).

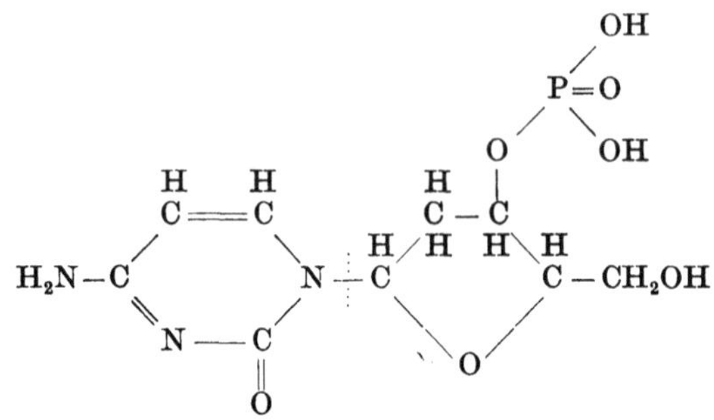

Cytosin Desoxyribose

Nucleotid einer Desoxyribonucleinsäure

Die Nucleotide der Ribonucleinsäuren haben an Stelle der Desoxyribose eine Ribose. Phosphat ist weiterhin ein Baustein wichtiger Coenzyme (Phosphopyridinnucleotide, Coenzym A, Flavinmononucleotid). Auch hier liegt das Phosphat als Ester vor (Strukturformeln s. S. 410f.). Es kommt ihm hier eine spezielle Bedeutung als Baustein zu, da es von keinem anderen Anion ersetzt werden kann. Es bestimmt also maßgeblich die Eigenschaften der genannten Coenzyme wahrscheinlich dadurch, daß es für die Bindung des Coenzyms an Enzymeiweiß eine Rolle spielt. Zumindestens weiß man, daß DPN und TPN unterschiedliche Enzymreaktionen katalysieren, obwohl sich beide Coenzyme nur durch einen Phosphatrest unterscheiden.

Die physiologische Bedeutung des Phosphates wird besonders im Andenylsäuresystem deutlich.

$$\text{AMP} \underset{}{\overset{+\text{ anorganisches Phosphat}}{\rightleftarrows}} \text{ADP} \underset{}{\overset{+\text{ anorganisches Phosphat}}{\rightleftarrows}} \text{ATP}$$

Das Nucleotid Adenylsäure (=Adenosinmonophosphat AMP) vermag bei entsprechender Energiezufuhr ein weiteres Phosphat zu binden, so daß Adenosindiphosphorsäure (ADP) entsteht. Diese wiederum kann mit einem dritten Phosphat zu ATP reagieren. Die Bindung zwischen jeweils zwei Phosphatresten kommt dadurch zustande, daß von einem Phosphatmolekül ein H^+, vom anderen ein OH^- unter Wasseraustritt reagieren.

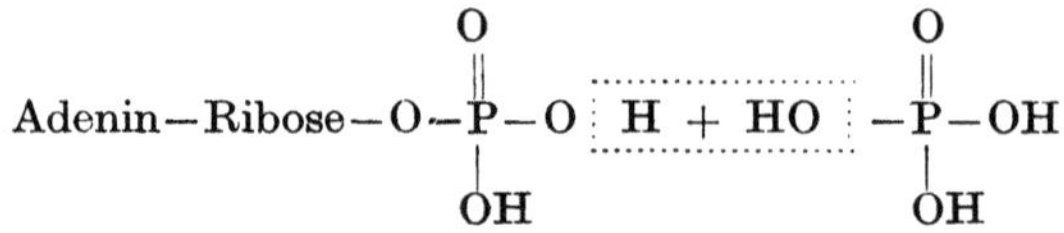

Adenosinmonophosphorsäure

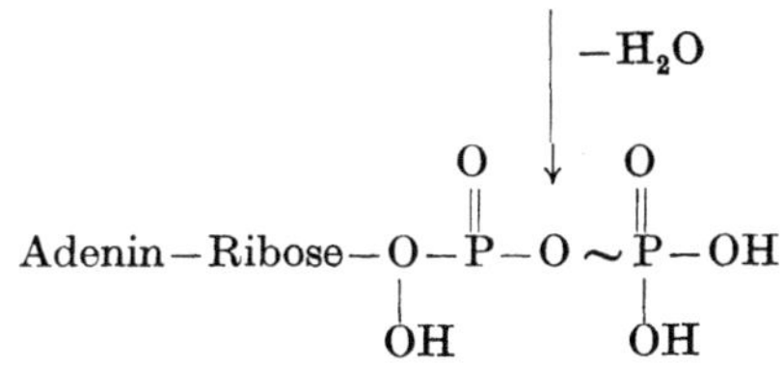

Adenosindiphosphorsäure

Diese Abgabe eines Hydroxyl-Ions der an und für sich zur H-Ionendissoziation neigenden Phosphorsäure kann nur durch eine erhebliche Energiezufuhr von außen erreicht werden. Die sich so bildende Pyrophosphatstruktur ist daher energiereich, und die Bindung zwischen beiden Phosphaten wird energiereiche Bindung genannt und im Formelbild mit ~ bezeichnet. Sie entspricht je mol etwa 7000 cal. Die Adenosintriphosphorsäure enthält, ihrem Aufbau aus drei Phosphatresten entsprechend, zwei energiereiche Bindungen.

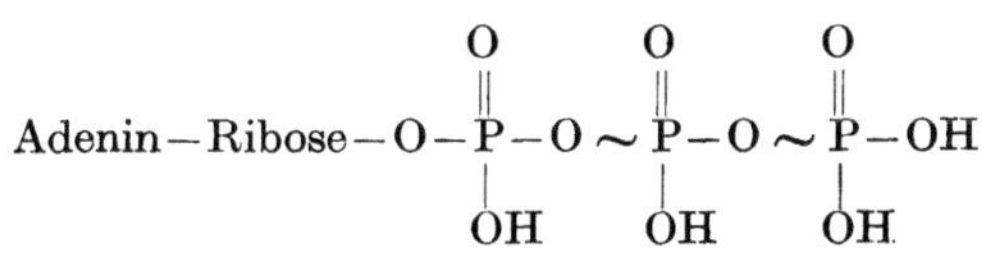

Adenosintriphosphorsäure

Der lebende Organismus bedient sich der Eigenschaft des Phosphat-Ions, sich zu Pyrophosphatverbindungen aneinanderzulagern. Diese Pyrophosphatstruktur stellt mit ihrer energiereichen Bindung das universelle Energiepaket lebender Systeme dar. Die meisten Energieumformungen laufen über diese Pyrophosphatstruktur des ATP (Lipmann 1941). Interessanterweise wird hierbei vornehmlich nur die endständige energiereiche Bindung des ATP benutzt, während eine Aufspaltung des ADP zum Zwecke der Energieumformung seltener vorkommt.

ATP ⇌ ADP + anorganisches Phosphat + 7000 cal.

So erfolgt die Phosphorylierung der Hexosen, indem von dem ATP die Phosphorylgruppe esterartig an die Hexose gebunden wird. Diese wird dabei auf ein höheres Energieniveau gehoben und damit zu einer neuen Reaktion, beispielsweise zum Aufbau hochmolekularer Kohlenhydrate, befähigt (Beladungsreaktion). Die Synthese von Polypeptidketten an der Ribonucleinsäure wird wahrscheinlich über Phosphorylierungen ermöglicht (Dounce 1952), und die Bindung von Coenzym A an eine Fettsäure, die Voraussetzung der Fettsynthese, wird mit Hilfe der Energie des ATP bewerk-

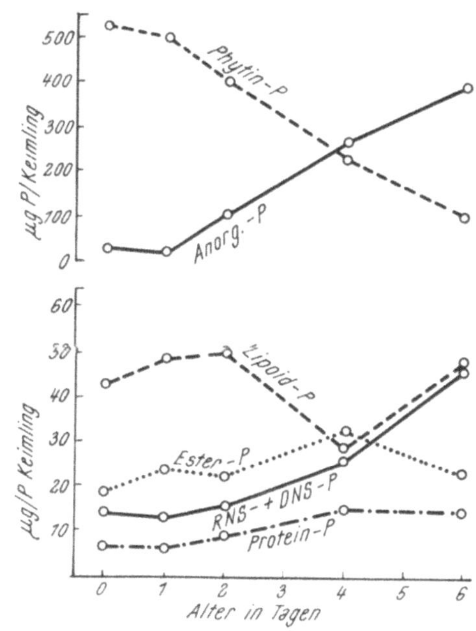

Abb. 77. Die Veränderung der P-Fraktionen im keimenden Baumwollembryo (Ergle und Guinn 1959)

stelligt (STUMPF und BRADBEER 1959). Auch der Aufbau von Phospholipoiden benötigt ATP (MAZELLS und STUMPF 1955). ATP selbst kann in Verbindung mit der Photosynthese, der oxydativen Atmung und der Glykolyse aufgebaut werden.

Man unterscheidet dementsprechend zwischen einer photosynthetischen, oxydativen und anaeroben Phosphorylierung. Die photosynthetische (zyklische und direkte) Phosphorylierung wurde bereits besprochen (s. S. 348 ff.). ARNON konnte nachweisen, daß sie weitgehend dem Mechanismus der oxydativen Phosphorylierung ähnelt (ARNON et al. 1958, ARNON 1959), d. h. der Elektronentransport über Enzyme und Coenzyme ist mit dem ATP-Aufbau gekoppelt. Der Koppelungsmechanismus selbst ist noch ziemlich umstritten (HACKETT 1959). In jüngster Zeit wurde von MITCHELL (1961) eine Hypothese geäußert, die, ohne Zwischenprodukte anzunehmen, die Koppelung der ATP-Synthese mit dem Elektronentransport der Atmungskette erklärt.

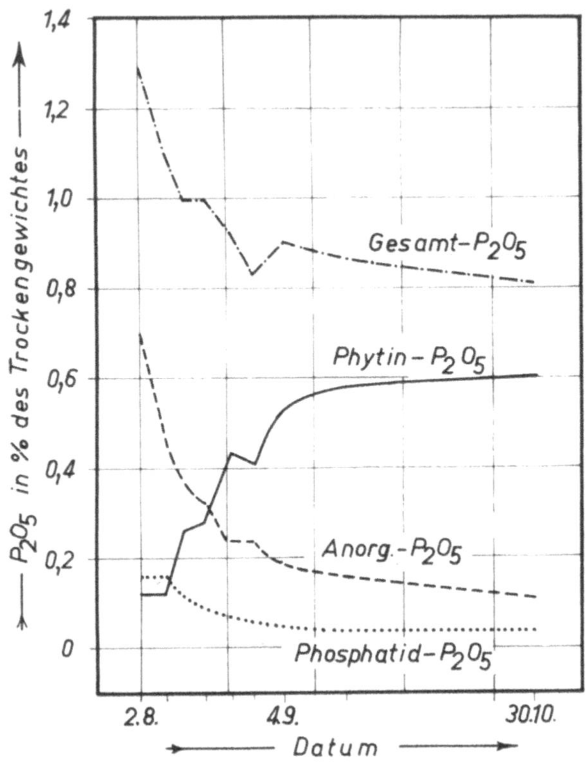

Abb. 78. Die Veränderung der P-Fraktionen im reifenden Maiskorn (SCHMALFUSS 1952)

Neben ATP und seinen Derivaten sind im Stoffwechsel noch andere dem ATP ähnliche Verbindungen wie Uridindiphosphat, Uridintriphosphat und Uridindiphosphatglukose tätig. Sie ermöglichen die Synthese von Saccharose aus Fruktose-6-Phosphat und Glukose-6-Phosphat (BURMA und MORTIMER 1956, EDELMAN et al. 1959, ROREM et al. 1960).

Diese wenigen Hinweise zeigen, daß das Phosphat für die unterschiedlichsten physiologischen Prozesse notwendig ist. Es kann durch kein anderes Anion, auch nicht durch das verwandte Arsenat ersetzt werden. Letzteres kann zwar Phosphatbindungsstellen besetzen, vermag aber nicht die für Phosphat typische Reaktion auszuführen. In dieser Weise blockiert Arsenat den Stoffwechsel.

Weiterhin ist den obigen Ausführungen zu entnehmen, daß der P leicht von einer P-Fraktion in eine andere überführt werden kann. So besteht im Adenylsäuresystem ein Gleichgewicht zwischen anorganischem Phosphat und ADP einerseits und ATP andererseits. Dieses Gleichgewicht kann je nach den vorherrschenden Bedingungen verschoben werden. Ähnliches gilt für die Stärkesynthese.

$$n \text{ Glukosephosphat} \rightleftarrows \text{Stärke} + \text{anorganisches Phosphat}$$

Äußere Faktoren, besonders die Phosphatzufuhr und das physilogische Alter der Pflanze sowie ihre artspezifischen Eigenschaften bestimmen weitgehend, wie sich das Phosphat auf die einzelnen P-Fraktionen aufteilt. MICHAEL (1939) stellte bei Spinat und Hafer fest, daß durch eine steigende P-Düngung vornehmlich der anorganische P, geringfügig der Phosphatid-P und der Nucleoprotein-P überhaupt nicht angereichert werden. Nach GARZ (1959) wird bei Tabak durch eine steigende N-Düngung der Einbau von Phosphat in Nucleinsäuren stimuliert. Der Gehalt an Phosphatid-P wird dagegen durch eine vermehrte N-Zufuhr eher erniedrigt als erhöht. ORMROD und WILLIAMS (1960) berichten, daß in Kleeblättern durch Gibberellin- und 2-4-Dichlorophenoxyessigsäurebehandlung das anorganische Phosphat ab- und das organische Phosphat zunimmt. Die Überführung einer P-Fraktion in eine andere ist besonders während der Keimung und Samenreife groß. Im ersteren Fall wird Phytin hauptsächlich in anorganischen P umgewandelt, im letzteren Fall wird vornehmlich anorganischer P für die Phytinsynthese verbraucht (s. Abb. 77 und 78).

ROWAN und TURNER (1957) fanden, daß in reifenden Erbsensamen das Verhältnis von anorganischem Phosphat/Hexosemonophosphat mit der Stärkebildung abnimmt. WEGNER (1959) berichtet, daß das Phosphat sich esterartig mit den Hydroxylgruppen der Kartoffelstärke bindet. Die Qualität der Kartoffelmehle wird dadurch verbessert.

C. Mangel

Es ist verständlich, daß sich eine ungenügende P-Versorgung auf den Ertrag und auf die pflanzlichen Inhaltsstoffe auswirkt. Nach KURSANOV und KULAEVA (1959) wird durch P-Mangel der Reaktionsablauf des Trikarbonsäurezyklus in den Wurzeln junger Kürbispflanzen gehemmt. Ihr Gehalt an den entsprechenden Säuren (α-Ketoglutarsäure, Bernsteinsäure, Fumarsäure) nimmt ab, die CO_2-Fixierung ist behindert. Brenztraubensäure reichert sich dagegen bei ungenügender P-Ernährung etwas an, so daß anzunehmen ist, daß die Glykolyse weniger stark gehemmt wird als der Trikarbonsäurezyklus. Weiterhin beobachteten KURSANOV und KULAEVA (1959) eine Akkumulation von Glyoxylsäure, Amiden und Guaninverbindungen. Die Anreicherung von Glyoxylsäure läßt auf eine Behinderung der Coenzym-A-Synthese und damit des Glyoxylsäurezyklus schließen, die Anreicherung nichteiweißartiger N-Verbindungen deutet auf eine gehemmte Eiweißsynthese. Der durch den P-Mangel veränderte Stoffwechselablauf konnte durch P-Gaben ziemlich schnell normalisiert werden.

Auch EATON (1950) fand, daß sich bei P-Mangel nichteiweißartige N-Verbindungen in der Sojabohne anreichern. BAGAEV (1953) dagegen berichtet, daß bei P-Mangel hauptsächlich der Fettgehalt und weniger der Eiweißgehalt der Sojabohne erniedrigt wird. Diese unterschiedliche Auswirkung einer ungenügenden P-Versorgung erklärt sich mit den vielfältigen Funktionen des P im Stoffwechsel. Welche Funktion am stärksten im gegebenen Augenblick behindert wird, dürfte vom physiologischen Alter der Pflanze und von ihrer Versorgung mit anderen Nährstoffen, vor allen Dingen mit Stickstoff, abhängen (BEHRENS 1952).

Der Zuckergehalt wird durch P-Mangel kaum beeinflußt. In vielen Fällen zeigen P-Mangelpflanzen sogar eine Zuckeranreicherung, die auf einen gehemmten Stärke- und Zelluloseaufbau zurückzuführen ist (SCARSETH und VOLK 1949). Die Zuckersynthese selbst dürfte jedoch bei akutem P-Mangel ebenfalls behindert sein, wie aus Düngungsversuchen mit Zuckerrüben hervorgeht (GERICKE 1950).

Eine ungenügende P-Versorgung kann sich also nachteilig auf die Qualität pflanzlicher Produkte auswirken. Phosphat fördert die Ausbildung großer Gerstenkörner. Ihr Eiweißanteil wird dadurch geringer, ihre Qualität als Braugerste verbessert (SCHROPP 1942, STROBL 1960). Über eine Erhöhung des Tausendkorngewichtes bei Getreide durch eine ausreichende P-Versorgung wird auch von GERICKE und BÄRMANN (1960) berichtet. Nach PELSHENKE und DREWS (1956) führt P-Mangel zu einer schlechten Backqualität des Getreidekornes, andererseits kann auch eine zu hohe P-Versorgung die Backqualität negativ beeinflussen. Zusammenfassende Arbeiten über die Wirkungsweise einer ausreichenden P-Versorgung auf die Qualität pflanzlicher Produkte wurden von JÜRGENGSCHWIND (1960) und GERICKE (1960) veröffentlicht.

Wie schon erwähnt, wird P besonders in den Samen und Früchten angereichert. Eine ungenügende Phosphatversorgung wirkt sich daher gerade auf deren Ausbildung negativ aus. Getreide hat gerade zur Zeit der Blüte und Ährenbildung einen hohen P-Bedarf (PODWALKOWA 1960). Bei zahlreichen Nutzpflanzen führt eine ungenügende P-Versorgung zu einer Reifeverzögerung.

*P-Mangel*pflanzen sind kleine, kümmerliche Pflanzen mit starrer Haltung und schmutzig-grüner Farbe; teils treten auch rötliche Farbtöne auf. Man bezeichnet den Habitus von P-Mangelpflanzen mit „*Starrtracht*" (SCHROPP 1952). Ihr kümmerlicher Wuchs rührt von einer verminderten Zellteilung her (HOFFER und KRANTZ 1949); die rötlichen Farbtöne (Anthozyane) sind auf eine Anreicherung von löslichen Zuckern zurückzuführen (SCARSETH und VOLK 1949). Diese Anthozyanbildung braucht nicht in jedem Falle bei P-Mangel aufzutreten. Bei Getreide und Mais ist sie jedoch meistens zu beobachten. Der P-Mangel unterscheidet sich vom N-Mangel hauptsächlich durch die graugrüne Färbung der Blätter. Nur bei sehr starkem Mangel hellen sich die Blätter auf und gleichen denen von N-Mangelpflanzen. In diesem Falle ist die Eiweißsynthese, vielfach sogar auch die Nitratreduktion gehemmt. Die Blätter derartiger Mangelpflanzen sind daher reich an Nitrat, aber arm an Phosphat (HOFFER und KRANTZ 1949). Je nach Pflanzenart, Alter und Intensität des P-Mangels sind die Mangelsymptome unterschiedlich. Allgemein konnte jedoch bei zahlreichen Kulturpflanzen die schmutziggrüne Farbe der Blätter häufig verbunden mit einer Rotfärbung, die bei Tomaten und verschiedenen Cruciferen an der Unterseite des Blattes beginnt, beobachtet werden (SKINNER und PURVISI 1949). Die Mangelsymptome sind nicht so charakteristisch ausgeprägt wie die des N- oder K-Mangels. Vielfach kann die dunkelgrüne Farbe von Mangelpflanzen sogar einen optimalen Gesundheitszustand vortäuschen. Die Symptome werden meistens zuerst an den älteren Blättern sichtbar. Vermutlich wird das Phosphat von hier in die jüngeren Gewebe transportiert. Die neu gebildeten Blätter sehen zwar gesund aus, erreichen aber meistens keine normale Größe. Der Winkel, den der Blattstiel mit dem Sproß bildet, ist enger als normal (DAVIDSON und JUDKINS 1949). Diese Symptome wurden besonders bei Obstbäumen beobachtet. Zitrusfrüchte werden bei unzureichender P-Ernährung schon vorzeitig abgeworfen. Sie weisen einen extrem hohen Säuregehalt auf (CAMP et al. 1949). Bei Kartoffeln kann der P-Mangel zu einer Fleckenbildung in den Knollen führen. Über P-Mangelsymptome bei Zierpflanzen wird von PENNINGSFELD (1958) berichtet.

P-Mangelpflanzen haben niedrigere P-Gehalte als Pflanzen mit ausreichender P-Versorgung. Die P-Gehalte verschiedener Pflanzenorgane liegen in einer Größenordnung von 1 bis 5 mg P/g Trockensubstanz (s. Tab. 77).

Zu hohe P-Gaben können die Fe-Versorgung der Pflanze gefährden (DEKOCK et al. 1960, SIDERIS und YOUNG 1956). Auch der Fe-Transport in der Pflanze kann durch zu hohe P-Konzentrationen gehemmt werden (BIDDULPH und WOODBRIDGE 1952).

Tabelle 77. *Die P-Gehalte verschiedener Pflanzensubstanz in mg P/g Trockensubstanz bei ausreichender und ungenügender P-Versorgung*

(nach KÜHN [unveröffentlicht])

Pflanze	P-Gehalt	
	gut versorgt	schlecht versorgt
Rotklee (Beginn der Blüte)	2,75	2,02
Ölrettich (Samen)	7,90	4,54
Ölrettich (Stroh)	0,58	0,42
Sonnenblumen (Blatt)	1,63	0,98
Sonnenblumen (Stengel)	1,16	0,79
Sonnenblumen (Samen)	5,53	3,71
Buschbohnen (Samen)	3,52	2,98
Buschbohnen (Stengel)	2,18	1,97
Lupine (Kraut)	2,85	2,06
Lihoraps	3,61	0,99
Wasserrübe (Körper)	4,72	1,64
Wasserrübe (Blatt)	2,72	0,86
Tabak (Blatt)	2,30	1,39
Zwiebeln (Knolle)	2,62	2,02
Zwiebeln (Kraut)	1,22	1,00

(Abgeschlossen 1961.)

Literatur

ARISZ, W. H.: Influence of inhibitors on the uptake and the transport of chloride ions in leaves of *Vallisneria spiralis*. Acta bot. Neerl. **7**, 1–32 (1958). — ARNON, D. I.: Phosphorus and the biochemistry of photosynthesis. Agrochimica **3**, 108–139 (1959). — ARNON, D. I., W. E. FRATZKE und C. M. JOHNSON: Hydrogen ion concentration in relation to absorption of inorganic nutrients by higher plants. Plant Physiol. **17**, 515–524 (1942). — ARNON, D. I., F. R. WHATLEY und M. B. ALLEN: Assimilatory power in photosynthesis. Science **27**, 1026–1034 (1958).

BAGAEV, V. V.: Der Einfluß der Bedingungen der Phosphorernährung auf die Zusammensetzung der Sojasamen. Dokl. Akad. Nauk SSSR, N. S. **91**, 961–964 (1953). — BAUMEISTER, W.: Phosphor. Handb. d. Pflanzenphysiologie, Bd. IV, S. 482–492. Berlin-Göttingen-Heidelberg: Springer. 1958. — BEHRENS, W. U.: Der Einfluß der Phosphorsäure auf den Stoffumsatz junger Haferpflanzen. Z. Pflanzenernähr., Düng., Bodenkde. **56**, 80–90 (1952). — BIDDULPH, O., S. BIDDULPH, R. CORY und H. KOONTZ: Circulation patterns for phosphorus, sulfur and calcium in the bean plant. Plant Physiol. **33**, 293–300 (1958). — BIDDULPH, O., und G. G. WOODBRIDGE: The uptake of phosphorus by bean plants with particular reference to the effects of iron. Plant Physiol. **27**, 431–444 (1952). — BOLLARD, E. G.: The use of tracheal sap in the study of apple-tree nutrition. J. exper. Bot. **4**, 363–368 (1953). — Transport in the xylem. Ann. Rev. Plant Physiol. **11**, 141–166 (1960). — BONNER, J., und A. W. GALSTON: Principles of Plant Physiology, S. 294–295. San Francisco: Freeman. 1952. — BROUWER, R.: The regulating influence of transpiration and suction tension on the water and salt uptake by roots of intact Vicia faba plants. Acta bot. Neerl. **3**, 264–312 (1954). — BUKOVAC, M. J., und S. H. WITTWER: Absorption and mobility of foliar applied nutrients. Plant Physiol. **32**, 428–435 (1957). — BURMA, D. P., und D. C. MORTIMER: The biosynthesis of uridine diphosphate glucose and sucrose in sugar beet leaf. Arch. Biochem. Biophys. **62**, 16–28 (1956).

CAMP, A. F., H. D. CHAPMAN und E. R. PARKER: Symptoms of citrus malnutrition. In: Hunger signs in crops, S. 334. Washington, D.C.: The American Society of Agronomy. 1949.

DAVIDSON, O. W., und W. P. JUDKINS: Nutrient-deficiency symptoms in decidous fruits. In: Hunger signs in crops, S. 218. Washington, D.C.: The American Society of Agronomy. 1949. — DEKOCK, P. C., A. HALL und M. MCDONALD: A relation between the ratios of phosphorus to iron and potassium to calcium in mustard leaves. Plant a. Soil **12**, 128–142 (1960). — DOUNCE, A. L.: Duplicating mechanism for peptide chain and nucleic acid synthesis. Enzymologia **15**, 251–258 (1952).

EATON, S. V.: Effects of phosphorus deficiency on growth and metabolism of soy-bean. Bot. Gaz. **111**, 426–436 (1950). — EATON, F. M., und D. R. ERGLE: Mineral nutrition of the cotton plant. Plant Physiol. **32**, 169–175 (1957). — EDELMAN, J., S. I. SHIBKO und A. J. KEYS: The role of the scutellum on cereal seedlings in the synthesis and transport of sucrose. J. exper. Bot. **10**, 178–189 (1959). — EMMERT, F. H.: Loss of phosphorus-32 by plant roots after foliar application. Plant Physiol. **34**, 449–454 (1959). — Efflux and retention of foliar applied phosphorus-32 and sulfur-35 by intact bean roots, and the influence of various ambient ions on this relationship. Plant a. Soil **14**, 33–42 (1961). — ENGEL, W.: Beitrag zur Funktion der Kieselsäure im pflanzlichen Organismus. Naturwiss. **45**, 316–317 (1958). — ERGLE, D. R., und G. GUINN: Phosphorus compounds of cotton embryos and their changes during germination. Plant Physiol. **34**, 476–481 (1959).

FLAIG, W., und R. KAUL: Über die Einwirkung von Ribonucleinsäure auf das Pflanzenwachstum. Z. Pflanzenernähr., Düng., Bodenkde. **72**, 103–113 (1956). — FRAZIER, J. C., J. F. SCHAFF, R. E. HEIN und R. H. MCFARLAND: Translocation and distribution of radioactive phosphorus in wheat. Bot. Gaz. **118**, 122–127 (1956). — FRIED, M., und R. E. SHAPIRO: Soil-plant relations in phosphorus uptake. Soil Sci. **90**, 69–76 (1960). — Soil-plant relationships in ion uptake. Ann. Rev. Plant Physiol. **12**, 91–112 (1961).

GARZ, J.: Beziehungen zwischen Stickstoffernährung und Phosphatstoffwechsel des Tabaks. Flora **148**, 212–217 (1959). — GÄRTEL, W.: Beitrag zur Kenntnis des Magnesiummangels bei Reben. Landwirtsch. Forsch., 13. Sonderh., 45–58 (1959). — GERICKE, S.: Wert und Wirkung der Phosphorsäuredüngung in der deutschen Landwirtschaft, S. 60. Essen: Tellus. 1950. — Die Wirkung der Phosphorsäure auf den Stoffgehalt der Pflanzen. Phosphorsäure **20**, 97–106 (1960). — GERICKE, S., und C. BÄRMANN: Die Wirkung der Phosphorsäure auf die Größenausbildung des Getreidekornes. Phosphorsäure **20**, 176–185 (1960). — GERICKE, S., und S. GSCHWIND: Die Düngewirkung der organischen Phosphorsäure. Phosphorsäure **15**, 218–229 (1955). — GIERER, A.: Molekulare Grundlagen der Vererbung. Verh. d. Ges. Deutscher Naturforscher u. Ärzte, S. 110–116. Berlin-Göttingen-Heidelberg: Springer. 1961.

HABER, A. H., und N. E. TOLBERT: Metabolism of C-14-bicarbonate, P-32-phosphate and S-35-sulfate by lettuce seed during germination. Plant Physiol. **34**, 376–380 (1959). — HACKETT, D. P.: Respiratory mechanisms in higher plants. Ann. Rev. Plant Physiol. **10**, 113–146 (1959). — HAGEN, C. E., und H. T. HOPKINS: Ionic species in orthophosphate absorption by barley roots. Plant Physiol. **30**, 193–199 (1955). — HAGEN, C. E., J. E. LEGGETT und P. C. JACKSON: The sites of orthophosphate uptake by barley roots. Proc. nat. Acad. Sci. **43**, 496–506 (1957). — HANSON, I. B., und O. BIDDULPH: The diurnal variation in the translocation of minerals across bean roots. Plant Physiol. **28**, 356–370 (1953). — HELDER, R. J.: Analysis of the process of anion uptake of intact maize plants. Acta bot. Neerl. **1**, 361–434 (1952). — HELDER, R. J., und J. M. BONGA: The influence of light on the loss of labelled phosphorus from bean leaves. Acta bot. Neerl. **5**, 115–121 (1956). — HEVESY, G.: Interaction between the phosphorus atoms of the wheat seedling and the nutrient solution. Ark. Bot. **33**, Nr. 2 (1945). — HOAGLAND, D. R.: Lectures on the inorganic nutrition of plants., S. 8–9. Waltham, Mass.: Chronica Botanica Co. 1948. — HOFFER, G. N., und B. A. KRANTZ: Deficiency symptoms of corn and small grains. In: Hunger signs in crops, S. 66. Washington, D.C.: The American Society of Agronomy. 1949. — HOFSTEE, B. H. J.: On the evaluation of the constants Vm and Km in enzyme reactions. Science **116**, 329–331 (1952).

JACKSON, P. C., und C. E. HAGEN: Products of orthophosphate absorption by barley roots. Plant Physiol. **35**, 326–332 (1960). — JÜRGENS-GSCHWIND, S.: Die Auswirkungen der Phosphatdüngung auf die Qualität landwirtschaftlicher Nutzpflanzen. Phosphorsäure **20**, 197–207 (1960).

KURSANOV, A., und O. KULAEVA: Le metabolisme des racines et l'assimilation d'ammoniac par les plantes déficientes en phosphore. Agrochimica **3**, 29–38 (1959).

LATIES, G. G.: Active transport of salt into plant tissue. Ann. Rev. Plant Physiol. **10**, 87–112 (1959). — LEGGETT, J. E.: Entry of phosphate into yeast cell. Plant Physiol. **36**, 277–284 (1961). — LINCK, A. J., und C. A. SWANSON: A study of several factors affecting the distribution of phosphorus-32 from the leaves of pisum sativum. Plant a. Soil **12**, 57–68 (1960). — LIPMANN, F.: Metabolic generation and utilization of phosphate bond energy. Adv. Enzymology **1**, 99–162 (1941). — LOUGHMAN, B. C.: Uptake and utilization of phosphate associated with respiratory changes in potato tuber slices. Plant Physiol. **35**, 418–424 (1960). — LOUGHMAN, B. C., und R. S. RUSSELL: The absorption and utilization of phosphate by young barley plants, IV, The initial stages of phosphate metabolism in roots. J. exper. Bot. **8**, 280–293 (1957).

Mazelis, M., und P. K. Stumpf: Fat metabolism in higher plants, VI, Incorporation of P^{32} into peanut mitochondriae phospholipids. Plant Physiol. **30**, 237–243 (1955). — Maizel, J. V., A. A. Benson und N. E. Tolbert: Identification of phosphoryl-choline as an important constituent of plant saps. Plant Physiol. **31**, 407–408 (1956). — Mengel, K.: Aufnahmeverlauf und Verteilung von Kalium und Kalzium in der höheren Pflanze. Kalibriefe, Fachgeb. **2**, 1–7 (1961). — Michael, G.: Phosphorsäurefraktionen im Haferkorn und Spinat in Abhängigkeit von verschiedener Phosphorsäuredüngung. Bodenkde. u. Pflanzenernähr. **14**, 148–171 (1939). — Michael, G., und H. Marschner: Über den Phosphataustausch an Wurzeloberflächen. Z. Bot. **46**, 37–52 (1958 a). — Untersuchungen über die Phosphatabscheidung aus Pflanzenwurzeln mit Hilfe von P^{32}. Z. Pflanzenernähr., Düng., Bodenkde. **80**, 1–18 (1958 b). — Miettinen, J. K., und T. Savioja: Uptake of orthophosphate by the pea plant. Suomen Kemistilehti B **22**, 128–130 (1959). — Mitchell, P.: Coupling of phosphorylation to electron and hydrogen transfer by a chemiosmotic type of mechanism. Nature **191**, 144–148 (1961).

Nicholas, D. J. D., und W. D. E. Thomas: Some effects of heavy metals on plants grown in sand culture. Plant a. Soil **5**, 182–193 (1954). — Noggle, J. C., und M. Fried: A kinetic analysis of phosphate absorption by excised roots of millet, barley and alfalfa. Proc. Soil Sci. Soc. Amer. **24**, 33–35 (1960).

Olsen, C.: The significance of concentration for the rate of ion absorption by higher plants in water culture, IV, The influence of hydrogen ion concentration. Physiol. Plant. **6**, 848–858 (1953 a). — The significance of concentration for the rate of ion absorption by higher plants in water culture, II, Experiments with aquatic plants. Physiol. Plant. **6**, 837–843 (1953 b). — Ormrod, D. P., und W. A. Williams: Phosphorus metabbolism of *Trifolium hirsutum* as effected by 2–4 Dichlorophenoxyacetic acid and gibberellic acid. Plant Physiol. **35**, 81–87 (1960).

Pelshenke, P. F., und E. Drews: Die Qualität von Getreide und Getreideerzeugnissen in Abhängigkeit von der Phosphatversorgung der Getreidepflanzen und dem Kalkzustand des Bodens. Landw. Forsch. **9**, 184–195 (1956). — Penningsfeld, F.: Phosphorsäuremangel im Blumen- und Zierpflanzenbau. Phosphorsäure **18**, 1–21 (1958). — Peterburgskij, A. W.: Radioisotope und Phosphor und Kalzium in Versuchen zur Erforschung der Pflanzenernährung und Düngerwirkung. Ber. Timirjasew-Landw. Akad. 105–120 (1956). — Podwalkowa, J. A.: Die Aufnahme von Stickstoff, Phosphor und Kali durch Weizen in der Ontogenese. Bot. Z. **45**, 1025–1027 (1960).

Rinne, R. W., und R. G. Langston: Studies on lateral movement of phosphorus-32 in peppermint. Plant Physiol. **35**, 216–219 (1960). — Rorem, E. S., H. G. Walker und R. M. McCready: Biosynthesis of sucrose and sucrosephosphate by sugar beet leaf extracts. Plant Physiol. **35**, 269–272 (1960). — Roscoe, B.: The distribution and condition of soil phosphate under old permanent pasture. Plant a. Soil **12**, 17–29 (1960). — Rothstein, A.: The transport of bivalent cations into the yeast cell in relation to potassium and phosphate uptake. Radiois. in Scientific Res. **4**, 1–11 (1958). — Rowan, K. S., und D. H. Turner: Physiology of pea fruits, V, Phosphate compounds in the developing seed. Austr. J. Biol. Sci. **10**, 414–425 (1957). — Russell, R. S., und D. A. Barber: The relationship between salt uptake and the absorption of water by intact plants. Ann. Rev. Plant Physiol. **11**, 127–140 (1960).

Scarseth, G. D., und N. J. Volk: Why do plants starve. In: Hunger signs in crops, S. 1–19. Washington, D.C.: The American Society of Agronomy. 1949. — Schain, S. S., W. M. Kaschmanowa, M. A. Melnikowa und A. W. Motowa: Die gleichzeitige Ausnutzung von radioaktivem Phosphor und Kalzium durch Futterpflanzen. Ber. Landw. Lenin-Akad. H. **1**, 15–23 (1957). — Scharrer, K., und H. Kühn: Vergleichende Versuche über die Aufnahme der Phosphorsäure aus markierten Phosphatdüngemitteln. Landw. Forsch. **9**, 1–19 (1956). — Scharrer, K., und K. Mengel: Über das vorübergehende Auftreten sichtbaren Magnesiummangels bei Hafer. Agrochimica **4**, 3–24 (1960). — Scheffer, F., und H. Kaufmann: Zur Phosphationenaufnahme durch Pflanzen. Phosphorsäure **21**, 1–13 (1961). — Scheffer, F., A. Kloke und H. Fölster: Untersuchungen über den Einfluß des Lichtes auf die P_2O_5-Aufnahme bei Keimpflanzen. Plant a. Soil **8**, 194–198 (1957). — Scheffer, F., B. Ulrich und H. J. Kaufmann: Über die Phosphationenaufnahme durch Pflanzen, I, Phosphationenaufnahme durch Hafer als Funktion der Phosphatkonzentrationen in Nährlösung und Pflanze. Plant a. Soil **14**, 264–276 (1961). — Schmalfuss, K.: Pflanzenernährung und Bodenkunde, S. 188. Stuttgart: Hirzel. 1952. — Schropp, W.: Die Auswirkung der Phosphorsäure auf einige Qualitätsmerkmale der Sommergerste. Phosphorsäure **1**, 124–147 (1942). — Beiträge zur

Morphologie der Kulturpflanzen bei Phosphormangel. Phosphorsäure **12**, 148–177 (1952). — SIDERIS, C. P., und H. Y. YOUNG: Effects of nitrogen on growth and ash constituents of *Ananas comosus*. Plant Physiol. **21**, 247–270 (1956). — SKINNER, J. J., und E. R. PURVIS: Plant-nutrient deficiencies in vegetable or truck crops. In: Hunger sigus in crops, S. 176. Washington, D.C.: The American Society of Agronomy. 1949. — SPERBER, J. J.: Solution of mineral phosphates by soil bacteria. Nature **180**, 994–995 (1957). — STROBL, G.: Düngung und Qualität im Braugerstenbau. Phosphorsäure **20**, 154–175 (1960). — STUMPF, P. K., und C. BRADBEER: Fat metabolism in higher plants. Ann. Rev. Plant Physiol. **10**, 197–222 (1959).

TAMM, C. O.: Seasonal variation in composition of birch leaves. Physiol. Plant. **4**, 461–469 (1951). — TRUOG, E., R. J. GOATES, G. C. GERLOFF und K. C. BERGER: Magnesium-phosphorus relationships in plant nutrition. Soil Sci. **63**, 19–25 (1947). — TUEVA, O. F.: A study with P^{32} of the dependence of phosphorus metabolism and crop yield of plants on conditions of nitrogen nutrition. Fiziologiya Rastenii **7**, 3–9 (1960).

VERGNANO, O.: La nutrizione fosforica in presenza di elementi micronutritivi e tossici nel terreno. Agrochimica **3**, 262–269 (1959).

WEGNER, H.: Die Bedeutung der Phosphorsäure für die Eigenschaften der Kartoffelstärke. Phosphorsäure **19**, 16–21 (1959). — WRIGHT, K. E., und B. A. DONAHUE: Aluminium toxicity studies with radioactive phosphorus. Plant Physiol. **28**, 674–680 (1953).

ZHURBITZKY, Z. I., und D. V. SHTRAUSBERG: The effect of temperature on the mineral nutrition of plants. Radiois. in Scientific Res. **4**, 270–285 (1958).

d) Stickstoff

Von

K. Mengel

A. Aufnahme, Verteilung und Beweglichkeit

Von allen Pflanzennährstoffen kommt dem Stickstoff (N) die größte Bedeutung zu. Für den Ablauf aller Lebensvorgänge — selbst für die primitivsten Organismen — ist er notwendig, da er ein wesentliches Element aller Eiweißstrukturen darstellt, an die letztlich jedes Leben gebunden ist. Die Pflanze vermag den Stickstoff in organischer und anorganischer Form aufzunehmen, wobei es allerdings der höheren Pflanze nicht möglich ist, den molekularen Luftstickstoff direkt auszunutzen. Lediglich einige Mikroorganismen sind befähigt, den Luftstickstoff in ihre Körpersubstanz einzubauen. Sie schließen auf diese Weise den N-Kreislauf „organisch gebundener N — anorganisch gebundener N — molekularer N". Verschiedene höhere Pflanzen, wie Leguminosen, Erle und *Pavetta indica*, die in Symbiose mit luft-N-bindenden Mikroorganismen leben, können einen Teil ihres N-Bedarfes dem Luft-N entnehmen. Organisch gebundener Stickstoff, wie Aminosäuren, Amide und Harnstoff, werden von der Pflanzenwurzel aufgenommen. Auch oberirdische Organe, besonders die Blätter, sind befähigt, anorganisch wie auch organisch gebundenen N aufzunehmen und zu verwerten. So wird der auf das Blatt applizierte Harnstoff nach WEBSTER et al. (1955) ziemlich schnell aufgenommen und zur Aminosäure- bzw. Eiweißsynthese verbraucht. Die Autoren stellten in Parallelversuchen weiterhin fest, daß eine dem Harnstoff äquivalente Menge an $NH_4Cl + NaHCO_3$ noch schneller über das Blatt aufgenommen wird, im pflanzlichen Organismus im Vergleich zum Harnstoff jedoch eine gesteigerte Synthese von Amiden bewirkt. BUCHNER (1955) berichtet, daß die extraradikale Harnstoff-Düngung eine gute Ergänzung zur normalen N-Düngung darstellt, FINNEY et al. (1957) fanden bei Harnstoff-Blattdüngung einen erhöhten Kornertrag und Proteingehalt bei Weizen.

Hofmann und Latzko (1954) konnten nachweisen, daß der Cyan-N über Wurzel, Blatt und Stengel von der Pflanze aufgenommen werden kann und in der Pflanze gut beweglich ist. Amberger und Latzko (1954) berichten ergänzend hierzu, daß die Aufnahme-Geschwindigkeit von der Stoffwechselintensität abhängt. Sie war bei feuchtem, warmem Wetter am höchsten. Daß die Pflanze und besonders das Blatt gegen höhere Cyanamid-Konzentrationen empfindlich ist, braucht nicht weiter betont zu werden. In der Pflanze selbst wird das Cyanamid durch ein von der Urease unterschiedliches Ferment gespalten, so daß der aus dem Cyanamid stammende N für den N-Stoffwechsel verfügbar wird (Hofmann et al. 1954).

Die wesentlichen N-Quellen der höheren Pflanze stellen NO_3- und NH_4-N dar. Beide Formen werden von der Pflanzenwurzel (Kappen und Wienhus 1942) aber auch extraradikal schnell aufgenommen und in der Pflanze zu organischen N-Verbindungen umgebaut. Die Aufnahme von NH_4-N ist pH-abhängiger als die von Nitrat. So konnte Pirschle (1931) an 21 verschiedenen Pflanzen feststellen, daß die Wirkung des NH_4-N lediglich im Bereich von pH 5,5 bis 6,5 der des NO_3-N entsprach. Abweichungen von diesem pH-Bereich ergaben Mindererträge und damit auch eine geringere N-Aufnahme. Der optimale Bereich für die Nitrataufnahme lag zwischen pH 4,5 und 7. Auch Huppert und Buchner (1953) fanden in zahlreichen Feldversuchen mit den verschiedensten Kulturpflanzen, daß die Wirkung einer NH_4-Düngung sehr stark vom pH-Wert des Bodens abhängt. Besonders auf sauren Böden eignet sich Nitrat-N für die Düngung vieler Pflanzen besser als NH_4-N. In Übereinstimmung hiermit berichtet Prjanischnikow (1952), daß die Wirkung des Nitrates bzw. des NH_3 vom pH-Wert der Nährlösung abhängt. Bei mehr sauren Medien brachte die Nitratdüngung bei Mais und Zuckerrüben die höheren Erträge, bei pH-Werten um den Neutralpunkt war der NH_4-N dem Nitrat überlegen. In Abb. 79 ist die Abhängigkeit der Nitrat- bzw. NH_4-Wirkung vom pH-Wert dargestellt.

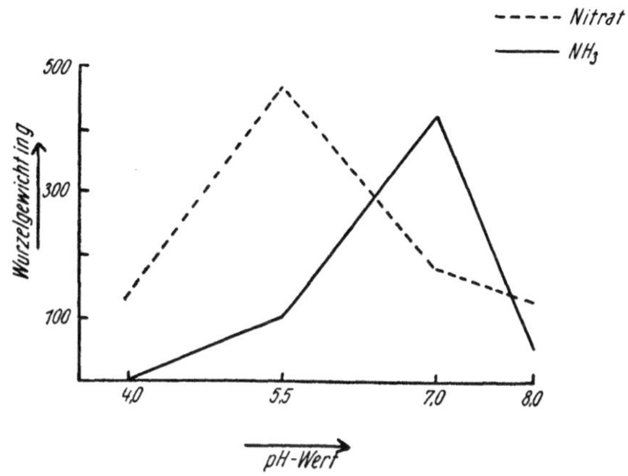

Abb. 79. Das Wurzelgewicht von Zuckerrüben bei NO_3- und NH_4-Ernährung in Abhängigkeit vom pH-Wert (Prjanischnikow 1952, S. 98)

Höhere, über den Neutralpunkt hinausgehende pH-Werte begünstigen die Zersetzung der Ammonsalze, das hierbei entstehende NH_3 wirkt auf die Pflanze giftig. So kann nach Rehm (1953) freies NH_3 die Keimung hemmen. Pirschle (1931) als auch Arnon (1937) stellten fest, daß im Vergleich zur Nitrat-Ernährung die NH_4-Düngung bei Wasserkulturen eine bessere Durchlüftung verlangt, woraus geschlossen werden kann, daß die beiden anorganischen N-Quellen von ihrer Aufnahme bis zur Inkorporierung unterschiedliche Prozesse durchlaufen müssen, die auch — wie weiter unten dargelegt — die Kohlenhydrat- und N-Fraktion sowie den Mineralstoffhaushalt beeinflussen können.

So berichten Scharrer und Jung (1955), daß das Kationen-Anionen-Verhältnis bei NH_4-Ernährung höher ist als bei NO_3-Düngung, falls man den aufgenommenen N als Kation wertet. Nach Buchner (1951) wird bei NO_3-

Ernährung weniger Cl aufgenommen. Pirschle (1931) sowie Arnon (1937) fanden, daß eine NH_4-Düngung die Phosphataufnahme fördert, die Aufnahme der Kationen dagegen hemmt. Die gute Phosphataufnahme kann bei diesen Versuchen nicht auf die pH-erniedrigende Wirkung der physiologisch sauren Ammonsalze zurückgeführt werden, da der pH-Wert konstant gehalten wurde. Auch Arenz (1950) berichtet über einen erhöhten Phosphatgehalt in der Pflanze bei NH_4-Düngung im Vergleich zur Nitrat-Ernährung. Diese Unterschiedlichkeiten zwischen NO_3^- und NH_4^+ dürften in erster Linie daher rühren, daß das eine Ion als Anion, das andere als Kation von der Pflanze aufgenommen wird.

NO_3^- und NH_4^+ werden in der Pflanze ziemlich schnell zu Amino-N umgebaut (Yemm 1949) und der gesamte N-Gehalt einer Pflanze wird von der Form des aufgenommenen N kaum beeinflußt (Pirschle 1931). N-Fraktionen, die als Zwischenprodukt von der Aufnahme des anorganischen N bis zum Einbau der NH_2-Gruppe in ein organisches Molekül auftreten, sind verständlicherweise davon abhängig, ob der N hauptsächlich als NO_3^- oder NH_4^+-Ion vorliegt. So kann es bei Nitrat-Ernährung zu höheren Nitratkonzentrationen in der Pflanze kommen, während die Konzentration an löslichem Amino-N ziemlich konstant bleibt (Zander 1944), NH_4-N erhöht dagegen den Gehalt an löslichem organisch gebundenem N, d. h. hauptsächlich an Aminosäuren und Amiden (Mantel 1941, Gouny 1955). Nach Gouny (1955) haben mit NO_3^- ernährte Pflanzen einen höheren Gehalt an reduzierenden und nicht reduzierenden Zuckern, nach Scharrer und Werner (1957) an Ascorbinsäure.

Die löslichen organischen N-Verbindungen sind gut beweglich. Für den Kreislauf der einzelnen N-Stoffwechselprodukte ist nach Mothes und Engelbrecht (1956) die Wurzel von wesentlicher Bedeutung. Blattspreite und -stiel haben stoffzuleitende und stoffableitende Gewebe, zwischen denen ein Austausch von Stoffwechselprodukten nur sehr begrenzt ist. Die Wurzel dient zwischen den ableitenden und zuleitenden Geweben als Verbindungsorgan, sie hat also für den N-Kreislauf in der Pflanze eine beachtliche Bedeutung, zumal die Amino-Verbindungen, die als N-Reserve und als N-Transportverbindungen fungieren wie Asparagin- und Glutaminsäure, ihre Amide, als auch Allantoin und Allantoinsäure, hauptsächlich in der Wurzel synthetisiert werden. Daneben enthält sie auch im Vergleich zum Blatt einen hohen Anteil leicht löslicher Aminoverbindungen (Chaman Lal Madan 1956). Die lebende Wurzel scheidet Aminosäuren und Amide in das Nährmedium aus (Linskens und Knapp 1955, Parkinson 1955, Katznelson et al. 1954). Frenzel (1957) stellte 13 verschiedene von der Sonnenblumenwurzel ausgeschiedene Ninhydrin-positive Substanzen fest, von denen er 11 identifizieren konnte. Hierunter befanden sich neben der häufig vorkommenden Glutamin- und Asparaginsäure sowie deren Säureamide, Valin, Leucin, Isoleucin und Phenylalanin. In jüngeren Blättern ist der Gesamt-N und auch Eiweißgehalt meistens höher als in älteren. Bei letzteren werden mehr N-haltige Verbindungen abgeleitet als zugeführt. Die jüngsten als auch die älteren Blätter haben höhere Gehalte an löslichen N-Verbindungen, was auf eine erhöhte Zufuhr bzw. Ableitung von N-Stoffwechselprodukten deuten dürfte. Voll ausgebildete, aber noch junge Blätter weisen dagegen einen vergleichsweise hohen Eiweißgehalt bei einer niedrigen Konzentration löslicher N-Verbindungen auf. Das Verhältnis von Eiweiß-N zu löslichem N ist hier ziemlich konstant (Mittelberger 1944). N-Transport wie auch die Konzentration einzelner N-Verbindungen sind eng mit der Entwicklung der Pflanze verbunden. So fanden Scharrer und Mengel (1960), daß bei Hafer zu Beginn des Schoßstadiums 69% des gesamten organischen N als Reinprotein vorlagen, bei beginnender Reife waren es 91%. Der Gesamtgehalt an organischem N nimmt dagegen im Verlaufe der Vegetation ab. In dem Versuch von SCHARRER und MENGEL (1960) wurden beim Auflaufen des Getreides 38%, während des Schossens 25%, zur Zeit des Rispenschiebens 10% und bei der Reife 6% Rohprotein in der Trockensubstanz (Stroh + Korn) ermittelt. Nach MITTELBERGER (1944) steigt der Amidgehalt von Tabakblättern zur Zeit der Blüte stark an. Nach HAY et al. (1953) wird während der Kornausbildung von Mais etwa 60% des gesamten im Korn vorliegenden N aus den vegetativen Organen entnommen. Daß bei Getreide gerade zu dieser Zeit der N-Gehalt des Kornes und auch der Kornertrag durch eine reichliche N-Zufuhr gesteigert werden kann, geht aus den zahlreichen Versuchen mit später N-Düngung hervor (SELKE 1941, PIELEN 1941, SCHROPP und ARENZ 1941, KOBLET und VÖGELI 1955, LINSER 1958, LINSER und PRIMOST 1958, LINSER und PRIMOST 1953).

Diese günstige Wirkung dürfte in erster Linie darauf zurückzuführen sein, daß für die Kornausbildung genügend N-Stoffwechselprodukte vorliegen, daneben aber wirkt sich eine reichliche N-Zufuhr auch vorteilhaft auf den P-Transport aus den vegetativen Organen in die Körner aus (CARLES 1957). Indolylessigsäure begünstigt die Aufnahme und den Transport von Aminosäuren in der Pflanze (REINHOLD und POWELL 1956, 1958).

B. Die Nitratreduktion

Für die Reduktion des NO_3^- zum NH_3 nimmt man heute folgende Reaktionsstufen an:

$$NO_3^- \rightarrow NO_2^- \rightarrow (HNO) \rightarrow NH_2OH \rightarrow NH_3.$$

Ob das Hyponitrit als Zwischenstufe vorkommt, ist noch nicht sicher nachgewiesen. Eine Reaktionsfolge ohne Hyponitrit wäre ebenfalls denkbar (STEWARD und POLLARD 1957). Der erste Reaktionsschrift $NO_3^- \rightarrow NO_2^-$ wird durch das Enzym *Nitratreduktase* katalysiert. EVANS und NASON (1953) und NASON und EVANS (1953), die sie aus Soja und *Neurospora* isolieren konnten, stellten fest, daß sie ein mit Diphosphopyridinnucleotid (= DPN) bzw. Triphosphopyridinnucleotid (= TPN) gekoppeltes Mo-haltiges Flavoprotein ist. Für das System nimmt man folgende Sequenz an:

$$\text{TPNH} \rightarrow \text{Flavoprotein} \rightarrow \text{Mo} \rightarrow \text{Nitrat}.$$

(NICHOLAS und NASON 1954; s. auch S. 489, Molybdän).

Die für die Nitratreduktion notwendigen H-Atome werden also in dieser Reihenfolge bis zum Nitrat geleitet. TPN bzw. DPN können nach VISHNIAC und OCHOA (1951) leicht durch die photolytische Wasserspaltung reduziert werden, d. h. die H-Atome würden dem Wasser, die Energie dem Sonnenlicht entstammen (EVANS und NASON 1953). BURSTRÖM (1942) konnte schon früher nachweisen, daß die Nitratassimilation mit der Belichtung ansteigt, und SCHARRER und SEIBEL (1956) fanden, daß bei ungenügender Belichtung die Nitratkonzentration in Weidelgras und Raps erheblich zunimmt. In Tab. 78 werden diese hohen Unterschiede im Nitratgehalt von Pflanzen, die in der Sonne und die im Schatten gezogen wurden, sehr deutlich. Es ist weiterhin zu sehen, daß eine steigende P-Versorgung bei ausreichender Belichtung den Nitratgehalt vermindert.

BOLLARD (1953) berichtet, daß beim Apfelbaum in den oberirdischen Pflanzenteilen kein Nitrat nachgewiesen werden kann und daß die Nitratreduktion hier ausschließlich in den Wurzeln vor sich geht. Auch LUNDEGÅRDH (1950) führt an, daß bei Weizen etwa 50% des aufgenommenen Nitrates in der Wurzel reduziert werden. Diese Resultate lassen es möglich erscheinen, daß neben dem Licht auch noch andere Energiequellen für die Nitratreduktion von Bedeutung sind. FRANK (1958) nimmt an, daß hierfür energiereiche Phosphate benötigt werden, wobei offen bleibt, ob diese auf photosynthetische oder aerobe Phosphorylierungsprozesse zurückzuführen sind. Der Hinweis von WOLFE (1954), daß bei Dunkelheit die Säuren des Krebszyklus die Nitratassimilation begünstigen, läßt auf die Möglichkeit schließen, daß die aerobe Phosphorylierung als Energiequelle für die Nitratreduktion dienen kann. Die geschilderte Reduktion des Nitrates zu Nitrit mittels eines Mo-haltigen Flavoproteins dürfte für die Pflanze die dominierende Form der Nitratreduktion sein. Es sei jedoch erwähnt, daß auch andere Systeme, z. B. Cytochrome oder Aldehyd-Oxydase, Nitrate reduzieren können.

Tabelle 78. *Nitratgehalt von Lihoraps bei verschiedener Belichtung* (SCHARRER und SEIBEL 1956)

Düngung	mg NO_3-N/g Tr. S.	
	Sonne	Schatten
N_1P_1	0,34	7,95
N_1P_2	0,24	9,04
N_1P_3	0,11	12,20
N_1P_4	0,05	11,02
N_2P_1	5,67	16,74
N_2P_2	2,36	15,77
N_2P_3	1,64	17,76
N_2P_4	0,87	17,60

Das *Nitrit* wird zum *Hyponitrit* oder auch gleich zum *Hydroxylamin* reduziert. EVANS und NASON (zit. nach FRANK 1958), die annehmen, daß Hyponitrit als Reduktionsprodukt des Nitrits vorliegt, konnten nachweisen, daß in zellfreien Extrakten von Sojablättern die Nitritkonzentration bei Zugabe von reduziertem TPN (= reduziertes Coenzym II) abnimmt. Auch VANECKO und VARNER (1955) fanden, daß markiertes Nitrit in Weizenblättern schnell reduziert wird. Eine Anhäufung von Amiden oder NH_3 konnte hierbei nicht festgestellt werden, so daß angenommen werden darf, daß die Reduktionsprodukte des Nitrits schnell in die Aminosäure- bzw. Eiweißsynthese miteinbezogen werden. KESSLER (1957) stellte fest, daß im Lichte die Nitritreduktion schneller verläuft. Er nimmt deshalb an, daß die Reduktion ähnlich wie bei Nitrat mit photochemischen Prozessen gekoppelt ist. Da aber nach OMURA (1954) auch im Dunkeln unter aeroben Bedingungen eine geringe Nitritreduktion festgestellt werden kann, erscheint es nicht ausgeschlossen, daß als Energiequelle für die Nitritreduktase sowohl Licht als auch chemische Energie dienen kann. Die Annahme, daß hier zwei Energiequellen möglich sind, wird noch durch den Befund KESSLERS (1957) — die im Dunkeln ablaufende Nitritreduktion wird sehr stark durch Mn-Mangel gehemmt — bestätigt. Aus neueren Untersuchungen geht hervor, daß die Nitritreduktion mit Ferredoxin gekoppelt ist, welches selbst photosynthetisch reduziert wird (JOY und HAGEMAN 1966). Eine *Hyponitritreduk-*

tase konnte von MEDINA und NICHOLAS (1957) in Neurospora nachgewiesen werden. Dieser Nachweis spricht für die Annahme, daß auch Hyponitrit als intermediäres Produkt auftritt. Eine *Hydroxylaminreduktase* wurde von ZUCKER und NASON (1955) aus Neurospora isoliert.

C. Aminosäuren und Amide

Die frühere Ansicht (VIRTANEN und SARIS 1955, VIRTANEN und CSAKY 1948, VIRTANEN 1955), daß auch Hydroxylamin an Ketosäuren angelagert werden kann und so zur Aminosäuresynthese führt, wurde durch neuere Untersuchungen nicht bestätigt (YEMM und FOLKES 1958, VIRTANEN 1961). Die Synthese der Aminosäure erfolgt durch Anlagerung von NH_3 an Ketosäuren.

Diese *reduktive Aminierung* der Ketosäuren verläuft nach folgendem Schema:

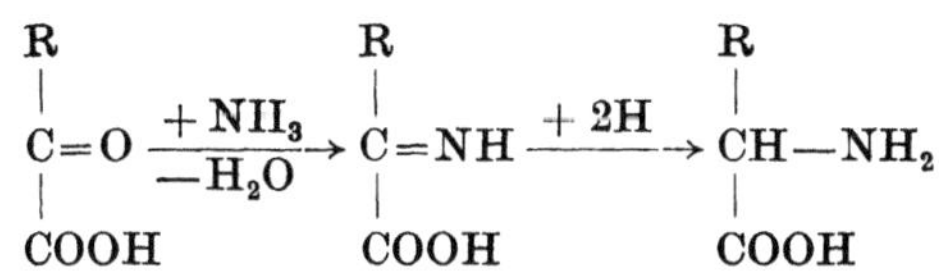

Ketosäure Iminosäure Aminosäure

Nach KRETOVICH (1965) sind es hauptsächlich die nachstehenden Ketosäuren, die direkt zu Aminosäuren aminiert werden:

Brenztraubensäure	—	Alanin
α-Ketoglutarsäure	—	Glutaminsäure
Oxalessigsäure	—	Asparaginsäure
Glyloxylsäure	—	Glyzin

Nach DESCHREIDER (1958) ist für diese Aminierung in vitro UV-Licht notwendig. KURSANOV und KULAEVA (1959) fanden in den Wurzeln junger Kürbispflanzen 19 verschiedene Aminosäuren, die aus NH_4-Ionen und den Karbonsäuren des Kohlenhydratstoffwechsels synthetisiert worden waren. In den letzten Jahren wurden in pflanzlichen Substanzen zahlreiche Ketosäuren nachgewiesen, die wahrscheinlich alle für die Aminosäuresynthese verwendet werden können (VIRTANEN 1955, VIRTANEN und ALFTHAN 1955, STEWARD und POLLARD 1957). STEWARD und POLLARD (1957) führen mehr als 30 verschiedene Ketosäuren mit ihren analogen NH_2-Verbindungen auf, die vermutlich im N-Stoffwechsel der Pflanze eine Rolle spielen. Es ist also wahrscheinlich, daß jeder in der Pflanze vorkommenden Aminosäure eine Ketosäure entspricht. Hieraus mag man die Fülle an Möglichkeiten für den Aufbau, Umbau und Abbau von Aminosäuren ersehen. Besonders die Übertragung von NH_2-Gruppen, die sogenannte *Transaminierung*, ermöglicht es der Pflanze, die für den Stoffwechsel gerade notwendige Aminoverbindung schnell zu synthetisieren. Nach YEMM und FOLKES (1958) darf man annehmen, daß diese Ketosäure Aminosäureaktionen hauptsächlich in den Mitochondrien vor sich gehen. Das Prinzip der Transaminierung kommt im folgenden Schema zum Ausdruck:

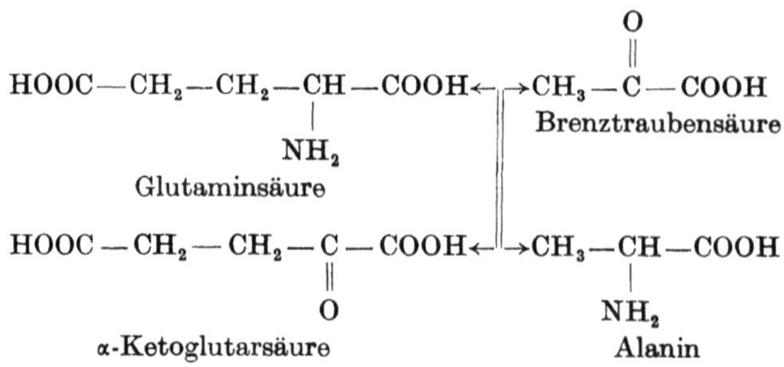

Brenztraubensäure und Glutaminsäure reagieren unter katalytischer Einwirkung einer Transaminase zu α-Ketoglutarsäure und Alanin. Die umgekehrte Reaktion ist ebenfalls möglich. Es darf angenommen werden, daß die meisten Aminosäuren in analoger Weise mit einer Ketosäure unter Bildung einer neuen Aminosäure und einer ihr entsprechenden Ketosäure reagieren können. Wang et al. (1953) stellten fest, daß Acetat erst über den Krebszyklus für die Aminosäuresynthese verwendet werden kann, während Brenztraubensäure die Bildung von Glutaminsäure direkt fördert. Das Ergebnis bestätigt die schnelle Verknüpfung einer Ketosäure mit dem Eiweißstoffwechsel. Die Übertragung von NH_2-Gruppen wird durch Transaminasen bewerkstelligt. Walker und Ranson (1958) konnten in *Kalanchoe*-Blättern eine Asparagin-Glutaminsäure Transaminase und eine Glutamin-Alanin Transaminase nachweisen. Neben den mehr als 50 verschiedenen Aminosäuren, die in pflanzlichem Material nachgewiesen werden konnten (Steward und Pollard 1957), kennt man noch verschiedene *Amide*, die die Regulierung des löslichen NH_2-Spiegels in der Pflanze maßgebend beeinflussen. Die bekanntesten Vertreter, *Asparagin* und *Glutamin*, können bei Bedarf ihre am endständigen C-Atom stehende Aminogruppe auf eine Ketosäure übertragen und umgekehrt können von der Asparagin- und Glutaminsäure hohe Mengen anfallenden NH_3 durch Bindung an das endständige C-Atom unter Bildung des Säureamids abgefangen werden. Gerade diese letzte mit dem Verbrauch von Adenosintriphosphorsäure (= ATP) gekoppelte Reaktion ist für die Neutralisation höherer Mengen toxisch wirkenden NH_3 im pflanzlichen Stoffwechsel von beachtlicher Bedeutung (Baldwin 1957). Das System „Aminosäure Säureamid" fungiert also in der Pflanze als Puffer und als NH_3-Speicher. Es wird immer dann besonders zur Amidbildung kommen, wenn die Kohlenhydratstoffwechselprodukte nicht ausreichen, den aufgenommenen anorganischen N abzufangen, wie z. B. bei Lichtmangel oder bei ungenügender Versorgung eines für den Kohlenhydratstoffwechsel notwendigen Nährstoffs. So bewirkt nach Webster et al. (1955) ein augenblicklich hohes Eindringen von NH_4-Ionen in das Blatt einen Anstieg der Glutamin- und Asparaginkonzentration. Nach Zsoldos (1957) wird in der Reiswurzel die Neutralisation des NH_4-Ions nicht über die Amid-, sondern über die Alaninsynthese bewirkt. Webster (1953) sowie Varner und Webster (1955) gelang es, ein Enzymsystem aus pflanzlicher Substanz zu isolieren, daß die Bildung von Glutamin aus Glutaminsäure und NH_3 katalyiert. Die Reaktion benötigt ATP und Mg^{2+} und wird durch Cystein begünstigt.

Die Amide sowie eine Anzahl weiterer NH_2-Verbindungen, aber auch das Nitrat z. B. in Chenopodiaceen, dienen der Pflanze als lösliche N-Reserve und als N-Transportmittel. Die einzelnen Pflanzenarten haben sich hierbei auf unterschiedliche N-Verbindungen spezialisiert, und es ist nicht immer so, daß die am Anfang des organischen N-Stoffwechsels stehenden Aminosäuren, wie

Asparaginsäure oder Glutaminsäure, als Speicher- und Transportverbindungen fungieren (YEMM und FOLKES 1958).

So fand BOLLARD (1956) im Xylemsaft zahlreicher Mono- und Dikotyledonen neben Asparagin- und Glutaminsäure und ihren Säureamiden noch Serin, Threonin, Alanin, Methionin, Valin und Leucin. Analysen des Xylemsaftes von mehr als 100 verschiedenen Baumarten ergaben, daß in den meisten Fällen zwar Asparagin und Glutamin dominieren, daneben aber gibt es Baumarten, die in ihrem Xylemsaft hauptsächlich *Zitrullin oder Allantoin* bzw. *Allantoinsäure* aufweisen (BOLLARD 1957). ENGELBRECHT (1954) fand in Phaseolus vulgaris viel Allantoin. KASTING und DELWICHE (1957) isolierten aus jungen Getreidepflänzchen hohe Mengen *Arginin*, während der Gehalt an Zitrullin und Ornithin sehr niedrig war. Die Wassermelone enthielt dagegen Zitrullin- und Ornithinmengen in der Größenordnung des Arginins. Asparagin wurde in ihr nicht gefunden. Auch MOTHES und ENGELBRECHT (1956) berichten, daß eine überschüssige N-Ernährung bei Tabak und Phaseolus zu einer Speicherung des N in Form von Allantoin, Allantoinsäure und Glutamin führt. Die genannten Verbindungen werden hauptsächlich in der Wurzel synthetisiert. REUTER (1957a) stellte an Betulaceen fest, daß hier vorwiegend Zitrullin und Arginin als Transport- und Reserveverbindungen vorliegen. In anderen Pflanzen können Prolin, Methylenglutamin und Azetidin-2-Karbonsäure Transport- und Speicherfunktionen haben. Den relativ hohen Gehalt an Glutamin- bzw. Asparaginsäure in den meisten Pflanzen führt REUTER (1957b) darauf zurück, daß ihre Ketosäure-Analoge, die α-Ketoglutarsäure und die Oxalessigsäure im Kohlenhydratstoffwechsel vermehrt anfallen. THOMPSON et al. (1953) konnten in höheren Pflanzen neben Glutamin- und Asparaginsäure relativ viel *γ-Aminobuttersäure* nachweisen. Ihrer Ansicht nach wird diese Verbindung nicht in Eiweiße eingebaut, vielmehr soll sie als NH_2-Überträger fungieren. Als weiteres Pflanzenamid konnte *γ-Methylenglutamin* in zahlreichen Liliaceen von FOWDEN und STEWARD (1957) nachgewiesen werden. Es kommt hier im Vergleich zu anderen löslichen NH_2-Verbindungen in hoher Konzentration vor. Neben dem γ-Methylenglutamin konnten in den letzten Jahren noch annähernd 10 andere Glutaminsäurederivate im pflanzlichen Stoffwechsel festgestellt werden, die, wenngleich sie auch keine überragende Rolle im physiologischen Geschehen spielen, doch alle an Transaminierungen, Oxydationen oder Dekarboxylationen beteiligt sein können (STEWARD und POLLARD 1957).

Aufbau und Abbau N-haltiger organischer Verbindungen im pflanzlichen Stoffwechsel werden nicht ausschließlich durch Anlagerung der NH_2-Gruppe an andere Moleküle bewerkstelligt. Neuere Ergebnisse lassen erkennen, daß auch die *Karbamyl-* und die *Guanidylgruppe* als N-übertragende Gruppen fungieren (STEWARD und POLLARD 1957). Die Tatsache, daß in vielen Pflanzen relativ hohe Mengen an Harnstoff, Arginin oder Zitrullin nachgewiesen werden konnten, deutet schon darauf hin, daß diesen Karbamyl- bzw. Guanidylderivaten allgemeinere Funktionen im Stoffwechsel einiger Pflanzenarten zukommen. So kann nach JONES et al. (zit. nach STEWARD und POLLARD 1957) Zitrullin enzymatisch aus Ornithin und Karbamylphosphat gebildet werden, wobei verständlicherweise Karbamylphosphat als Karbamyl-Donator fungiert. Wie sich diese Reaktion in den gesamten N-Stoffwechsel eingliedert und besonders wie die energiereiche Bindung des Karbamylphosphates synthetisiert wird, ist noch unklar. In gleicher Weise kann auch die Guanidylgruppe von einer Struktur auf eine andere übertragen werden. Die verschiedenen Guanidinderivate stellen so eine Reserve dar, deren N via Guanidylgruppe im Bedarfsfalle mobilisiert werden kann (RATNER und ROCHOVANSKY 1956). Diese Gruppenübertragungen verleiten dazu, in der Pflanze ähnlich wie im tierischen Organismus einen Ornithinzyklus anzunehmen. Tatsächlich läßt sich aus den Ergebnissen von COLEMAN und HEGARTY (1957) schließen, daß ein solcher Zyklus in der Pflanze existiert. Seine physiologische Bedeutung ist jedoch im Vergleich zu dem des tierischen Stoffwechsels gering, da die Pflanze so gut wie keinen Harnstoff ausscheidet (STEWARD und POLLARD 1957, KASTING und DELWICHE 1957). Eine ausführliche Behandlung von Harnstoff und Harnstoffderivaten im pflanzlichen Stoffwechsel findet sich bei REINBOTHE und MOTHES (1962).

Neben den Aminosäuren und Amiden kommen im pflanzlichen Organismus auch Iminosäuren, wie Prolin, Hydroxyprolin und Methylprolin vor. Für ihre Biosynthese führen STEWARD und POLLARD (1957) eine Entwicklungsreihe auf, die allgemein eine Deamination (=Abgabe einer NH_2-Gruppe) und eine Kondensation einschließt. Für die Synthese von Prolin besteht diese Reihe aus folgenden Reaktionsstufen:

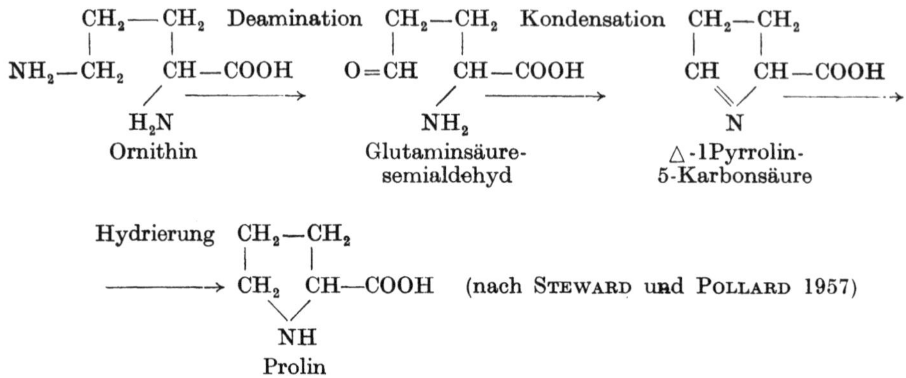

Diese Ableitung veranschaulicht einen möglichen Weg, wie in der Pflanze einfache aliphatische Aminoverbindungen zu zyklischen *Iminosäuren* umgebaut werden können. Eine analoge Synthese kann für die Azetidin-2-Karbonsäure und für die Pipecolinsäure angenommen werden (STEWARD und POLLARD 1957). Einen weiteren Typ von N-Verbindungen stellen die *Betaine* dar. Sie sind in der Pflanze weit verbreitet und können möglicherweise ähnlich wie im tierischen Organismus als Methyl-Donator fungieren. Erwähnt seien noch die *Amine* sowie die Alkaloide, zu deren Synthese gerade die höheren Pflanzen befähigt sind (BAUMEISTER 1952). Die Amine entstehen durch Decarboxylierung von Aminosäuren.

Die Konzentration der oben behandelten löslichen N-Verbindungen wie Aminosäuren, Iminosäuren, Amide und Säureamide, wird von Außenfaktoren wesentlich mehr beeinflußt als die Zusammensetzung der Proteine. Dies ist verständlich, da die lösliche N-Fraktion als Bindeglied zwischen dem anorganischen N und dem Eiweiß-N steht und so bei großem N-Bedarf N an die Eiweißsynthese abgibt, bei verstärkter N-Aufnahme durch die Pflanze N speichert. Hohe Temperaturen bewirken nach FOWDEN und STEWARD (1957) einen Anstieg von Glutamin und Asparagin auf Kosten der ihnen entsprechenden Aminosäuren. Daneben steigt auch der Gehalt an Serin, Glycin und γ-Methylenglutamin an. MULDER und BAKEMA (1956) berichten, daß eine variierte N-P-K-Düngung die Zusammensetzung der Proteine in der Kartoffelknolle nicht ändert, während die Zusammensetzung der nichteiweißartigen N-Fraktion von der Art der Ernährung beeinflußt wird. Tab. 79 zeigt den Einfluß einer variierten K-Düngung auf die Zusammensetzung der löslichen N-Fraktion der Kartoffelknolle (Auszug aus einer Tabelle von MULDER und BAKEMA 1956).

THOMPSON und MORRIS (1956) kamen zu ähnlichem Ergebnis. McCOY et al. (1953) fanden bei Belichtung einen Anstieg an Tryptophan, Glutaminsäure und Prolin. ALLISON (1953) berichtet, daß viruskranke Kartoffelknollen eine Anreicherung von Asparagin und Glutamin aufweisen. Der größte Anteil an freien Aminosäuren liegt meistens in der Wurzel vor. Besonders das Speicher-

Tabelle 79. *Der Einfluß der K-Düngung auf die lösliche N-Fraktion der Kartoffelknolle* g Aminosäure je 16 g Aminosäure-N (= etwa 100 g Gesamt-Aminoverbindungen)

	K-Düngung	
	niedrige	hohe
Glycin	Spur	Spur
Alanin	0,6	0,6
Serin	1,3	1,5
Cystein + Cystin	0,4	0,5
Threonin	1,2	1,3
Valin	3,0	2,6
Methionin + Methioninsulfoxyd	1,5	1,7
Leucin	1,9	1,7
Phenylalanin	2,3	1,4
Thyrosin	5,2	3,3
Prolin	Spur	Spur
Tryptophan	—	—
Asparaginsäure	2,8	3,9
Glutaminsäure	5,8	8,6
Arginin	4,6	5,2
Lysin	0,7	0,8
Histidin	0,6	0,6
γ-Aminobuttersäure	6,4	5,2
Asparagin	37,9	38,6
Glutamin	14,1	12,3

gewebe verschiedener Wurzeln kann in der Vakuole hohe Mengen an Aminosäuren und Peptiden akkumulieren (YEMM und FOLKES 1958). Daneben sind auch die Infloreszenzen reich an Aminoverbindungen (CHAMAN LAL MADAN 1956).

D. Proteine und Proteide

Proteine und Proteide stellen — soweit sie nicht als N-Reserve in Speicherorganen vorliegen — geordnete Strukturen dar, an denen sich alle wesentlichen physiologischen Prozesse abspielen. Das *Reserveeiweiß* liegt hauptsächlich in den Früchten und Samen der Pflanzen vor. Besonders die Leguminosensamen sind eiweißreich, wie man aus Tab. 80 entnehmen kann (SCHARRER 1956).

Tabelle 80. *Der Rohproteingehalt von Körnern bzw. Samen*

	Rohprotein in %
Reis	6,9
Mais	9,6
Gerste	9,7
Hafer	10,7
Hirse	12,7
Erbse	23,15
Pferdebohne	25,3
Wicke	25,9
Gelbe Lupine	38,3
Lein	22,5

Das Reserveeiweiß entsteht durch Ausfällung von Eiweißkörpern in der Vakuole. Man unterscheidet zwischen der wasserlöslichen Fraktion, den *Albuminen*, der in Wasser schwer löslichen Fraktion, den *Globulinen*, der in Äthylalkohol löslichen Fraktion, den *Prolaminen* und der in Säure oder Alkali löslichen Fraktion, den *Glutelinen*. Diese einzelnen Fraktionen sind in ihrem Aufbau jedoch noch ziemlich unerforscht, so daß eine strenge chemische Definition der genannten Fraktionen nicht gegeben werden kann und auch nicht möglich ist, da z. B. das Globulin verschiedener Pflanzenarten unterschiedlich aufgebaut ist. Gleiches gilt für die anderen Reserveeiweiße. DANIELSSON (zit. nach YEMM 1958) fand, daß sich die Molekulargewichte sieben verschiedener *Globuline* zwischen 18.600 und 381.000 bewegen. Die Globulinfraktion verschiedener Leguminosen setzt sich aus zwei physikochemisch zu trennenden Komponenten dem Vicilin und dem Legumin zusammen. DANIELSSON (zit. nach YEMM 1958), der ebenfalls die Globuline verschiedener Getreidekörner trennte, spricht von einer α, β, γ und σ-Komponente im Globulin der Getreidekörner. Der Gesamtanteil an Globulin im Getreidekorn ist gering und liegt etwa bei 0,6 % des gesamten Trockengewichtes. Der Anteil an Albumin ist noch geringer, sowohl in den Früchten der Gramineen als auch in den Samen der Leguminosen. Eine wesentliche Komponente des Albumins verschiedener Leguminosenkörner ist das Legumelin, jedoch stellt auch dieser Baustein noch keinen einheitlich aufgebauten Körper dar. YEMM (1958) nimmt an, daß Globulin und Albumin keine eigentlichen Reserveeiweiße darstellen, sie sind vielmehr infolge ihres geringen Anteils am Gesamtprotein eines Kornes als Plasma-Eiweiß des jungen Embryos und des Endospermgewebes aufzufassen. Prolamin und Glutelin stellen 60 bis 80 % des gesamten Korneiweißes dar, und sie sind als echte Reserveproteine zu betrachten. Auch diese beiden Fraktionen sind chemisch nicht streng zu definieren. So zählt zu den Prolaminen das *Gliadin* des Weizens, das *Hordein* der Gerste und das *Zein* des Maises, von denen jedes selbst auch wieder polydispers, also noch nicht aus einheitlichen Bausteinen aufgebaut ist (YEMM 1958).

Die Eiweißpartikel des Blattes können in erster Linie als Träger von Enzymsystemen betrachtet werden (PIRIE 1959). Hierzu gehören die *Chloroplasten*, die *Mitochondrien*, die *Mikrosome* und alle weiteren nicht in diesen Partikeln lokalisierten Enzymsysteme. Im Unterschied zu den Proteiden, die neben dem Eiweiß noch eine andere Komponente enthalten, setzen sich die Eiweiße lediglich aus Aminosäuren zusammen. Man kennt heute etwa 25 verschiedene Aminosäuren, die in Proteinen vorkommen. Sie sind hier durch die NH_2- und COOH-Gruppe in säureamidartiger Bindung gekoppelt (= *Peptidbindung*).

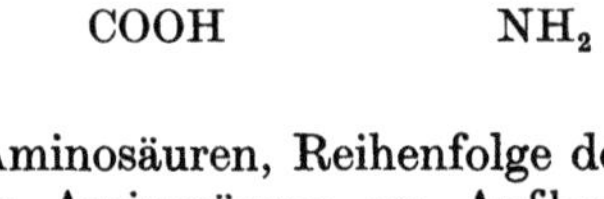

Anteil der einzelnen Aminosäuren, Reihenfolge der Aneinanderknüpfung und Anzahl der verschiedenen Aminosäuren am Aufbau eines Eiweißmoleküls ergeben unzählige Möglichkeiten, verschiedene Proteine zu synthetisieren. Als Beispiele für die Bausteine des Eiweißes in der Kartoffelknolle sind in Tab. 81 die Anteile der einzelnen Aminoverbindungen aufgeführt (MULDER und BAKEMA 1956).

NEHRING (1956) führt die in Tab. 82 dargestellten Werte als Anteile des Proteins im Maiskorn an.

Die Eiweißmoleküle selbst sind Riesenmoleküle mit — je nach Eiweißart — unterschiedlichen Molekulargewichten, die häufig den Wert 100.000 überschreiten können. Der Aufbau der Proteine gliedert sich in eine primäre, sekundäre und tertiäre Struktur (BALEY 1957, TUPPY 1959).

Tabelle 81. *Die Zusammensetzung des Proteins in der Kartoffelknolle*

	g Aminosäure/100 g Protein
Glycin	5,8
Alanin	4,3
Serin	6,0
Cystin + Cystein	0,7
Threonin	5,8
Valin	7,6
Methionin + Methioninsulfoxyd	2,0
Leucin	17,9
Phenylalanin	5,3
Tyrosin	4,6
Prolin	3,6
Tryptophan	1,9
Asparaginsäure	8,1
Glutaminsäure	10,0
Arginin	3,4
Lysin	3,9
Histidin	3,0
γ-Aminobuttersäure	0,0
Asparagin	—
Glutamin	—
Ammoniak	1,6

Die primäre Struktur stellt die Sequenz der Aminosäuren in der Polypeptidkette dar, unter sekundärer Struktur versteht man die in Form einer Wendel gedrehte Polypeptidkette. Eine Windung (= α-Helix) enthält 3,7 Aminosäurereste. Die Windungen sind untereinander durch chemische Bindungen versteift. Diese gewissermaßen gedrehten Polypeptidketten liegen wieder in Schleifenform vor, wobei verschiedene Schleifen oder auch eine Schleife intramolekular miteinander durch salzartige, kovalente oder durch Disulfid-Bindungen gekoppelt sind. Abb. 80 zeigt die von HIRS, MOORE und STEIN aufgeklärte Struktur der Ribonuclease (zit. nach TUPPY).

Tabelle 82. *Der Gehalt an Aminosäuren im Maiskorn bezogen auf das Rohprotein (Rohprotein* = 100*) bei eiweißreichen und eiweißarmen Körnern* (NEHRING 1956)

	eiweißarm	eiweißreich
Lysin	3,0	2,4
Tryptophan	1,19	0,99
Arginin	6,1	5,3
Methionin	2,1	1,9
Valin	7,5	7,1
Threonin	4,9	4,7
Cystin	1,9	1,9
Histidin	2,2	2,2
Isoleucin	5,6	3,9
Phenylalanin	4,4	4,8
Leucin	9,3	12,6

Wie aus der Abb. 80 ersichtlich, enthält die Ribonuclease eine Kette von 124 Aminosäuren, die teils durch Disulfidbrücken miteinander gekoppelt sind.

Die Biosynthese der Proteine bzw. Polypeptide erfolgt durch Aneinanderknüpfen von Aminosäureacylen. Hierbei wird zuerst die Aminosäure durch ATP

„aktiviert". Es bildet sich unter Abspaltung von Pyrophosphat ein Adenosinmonophosphat-Aminoacyl. Dieses aktivierte Aminoacyl reagiert dann mit der Transfer-Ribonukleinsäure (= t-RNS) unter Bindung des Aminoacyls an das C-3 der endständigen Ribose der t-RNS. Die t-RNS ist ein spezifischer „Träger" des Aminoacyls. Sie transportiert das Aminoacyl an den Syntheseort. Es existiert für jede einzelne Aminosäure mindestens eine spezifische t-RNS. Diese Spezifität wird durch ein Triplett von N-Basen (= Codon) der Ribonukleinsäuren (RNS) bedingt. Diese Codons wurden bereits für etwa 20 verschiedene Aminosäuren aufgeklärt (NIRENBERG et al. 1965). Der Syntheseort des Polypeptides ist das *Ribosom*. Es hat einen Durchmesser von etwa 230 Å (WARNER et al. 1962). Es

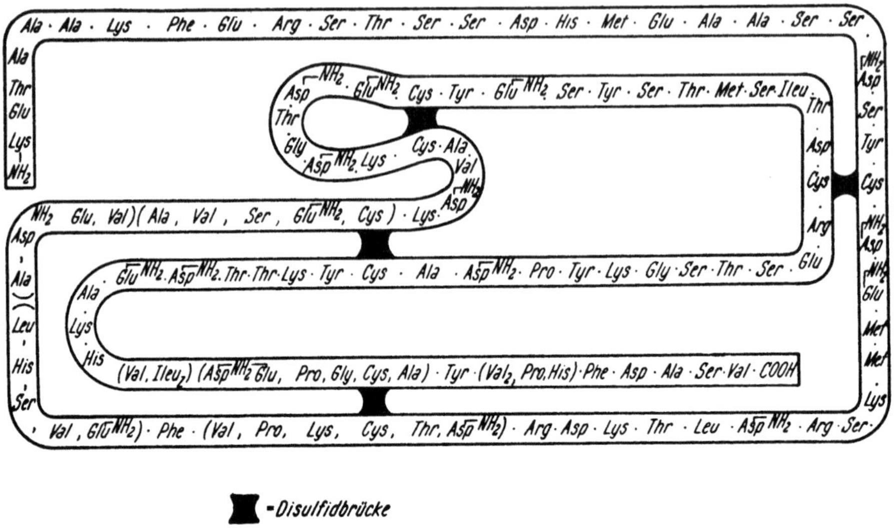

Abb. 80. Die Struktur der Ribonuclease

baut sich aus Untereinheiten auf, die einen Hohlraum bilden, durch den der lange m-RNS-Faden (= Fadenmolekül der Botschafter-Ribonukleinsäure) durchläuft. Meistens sind mehrere Ribosome an eine m-RNS zu einem sog. Polysom angelagert. Jeweils 3 benachbarte N-Basen der m-RNS stellen ein Codon dar. Die einzelnen Codone (hunderte in einem Molekül) der m-RNS determinieren damit die Aminosäuresequenz des zu synthetisierenden Polypeptides. Beim Durchlaufen der m-RNS durch das Ribosom überträgt die t-RNS ihr Aminoacyl auf die begonnene Polypeptidkette. Hierbei lagert sich der „komplementäre" Codon der t-RNS an den Codon der m-RNS (BÖTTGER 1965).

Die Funktion der Ribosome besteht darin, die Reaktionspartner in die erforderliche Position zu bringen. Hierbei wird auch die t-RNS an das Ribosom gebunden. Die Bindung erfordert Energie in Form von GTP und die Anwesenheit von K^+ oder NH_4^+ (LUBIN 1963). Die Polypeptidsynthese ist beendet, sobald das letzte Basentriplett (Codon) der m-RNS vom komplementären Codon (= Anticodon) der t-RNS „abgesättigt" worden ist. Der Polypeptidfaden löst sich dann unter Einwirkung von GTP oder ATP vom Ribosom und geht in seine Tertiärstruktur (Faltung) über.

Wie erwähnt, setzen sich die *Proteide* aus Eiweiß und einer weiteren Komponente wie Zucker oder Säure zusammen. Für die höhere Pflanze sind besonders die *Nucleoproteide* und die *Chromoproteide* von Bedeutung. Die Nucleoproteide, die hauptsächlich im Zellkern vorkommen, enthalten als nicht eiweißartige Komponente die oben schon erwähnten Nucleinsäuren, kompliziertere Moleküle, die Purin- oder Pyrimidinbasen, Pentose und Phosphorsäure enthalten. Die Verknüpfung der einzelnen Komponenten geht aus nachstehendem Schema hervor:

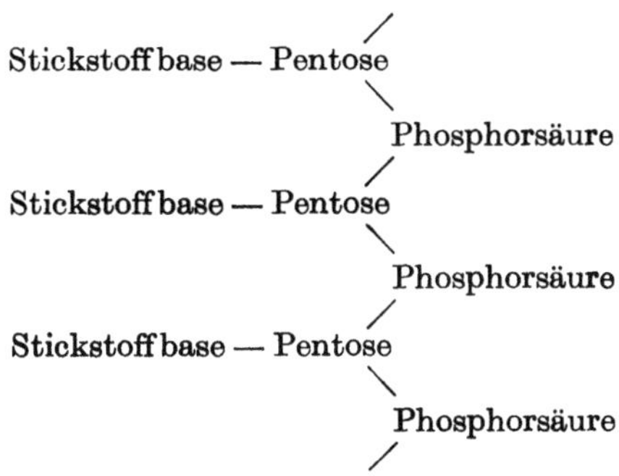

Man bezeichnet die Verbindung „Stickstoffbase-Pentose-Phosphorsäure“ mit „*Nucleotid*“, die Verbindung „Stickstoffbase-Pentose“ mit „*Nucleosid*“. Die Bindung der drei Komponenten geht aus der folgenden Strukturformel hervor:

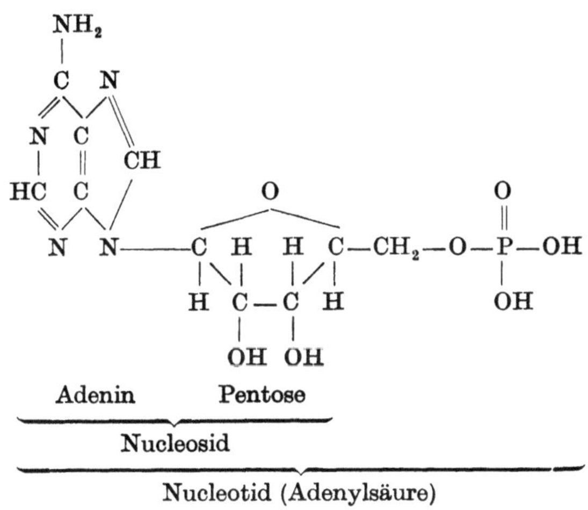

Stickstoffbase und Pentose sind also durch eine glykosidische, Nucleosid und Phosphorsäure durch eine esterartige Bindung miteinander gekoppelt. Im Gegensatz zu den Proteinen und Aminosäuren liegt bei den N-Basen der Nukleinsäure der N auch in heterozyklischer Bindung vor. Bei den Nukleinsäuren ist zu unterscheiden zwischen den *Desoxyribonukleinsäuren* (DNS) und den *Ribonukleinsäuren* (RNS). Erstere enthalten die Desoxyribose, letztere die Ribose als Pentosebaustein im Nukleotid. DNS enthält als N-Basen Adenin, Guanin, Thymin und Cytosin. DNS-Moleküle sind die größten natürlich vorkommenden Makromoleküle. Ihr Strang baut sich aus Tausenden von Nukleotiden auf (MG in der Größenordnung von 10^{10}). Das Molekül besteht aus zwei solchen Strängen, die entgegengesetzt verlaufen und ineinander verdrillt sind. Die N-Basen stehen sich hierbei gegenüber. Adenin hat als „Gegenüber“ das Thymin, Guanin, das Cytosin (=komplementäre N-Basen). Diese selektive Bindung jeweils zweier N-Basen geht auf selektive H-Brücken zwischen Adenin und Thymin bzw. zwischen Guanin und Cytosin zurück. Das Modell dieses komplementären Doppelstranges wurde von Watson und Crick (1953) erstmals postuliert. Es ist als „Watson-Crick"-Modell in die Literatur eingegangen und hat die Nukleinsäure-, Protein- und Vererbungsforschung enorm befruchtet. Bei den Ribonukleinsäuren (RNS) unterscheidet man zwischen 3 verschiedenen Formen: Ribosomen RNS, t-RNS und m-RNS. Ribosomen RNS ist ein wesentlicher Baustein der Ribosome. t-RNS fungiert als Aminoacylträger bei der Proteinsynthese. Sie baut sich aus ungefähr 70 bis 90 Nukleotideinheiten auf (Grunberg-Manago 1962). Neben den N-Basen Adenin, Guanin, Cytosin und Uracil enthält sie noch weitere methylierte N-Basen. Die m-RNS entspricht in Aufbau und MG der DNS. Die DNS kommt fast ausschließlich im Zellkern vor, während sich die RNS hauptsächlich im Cytoplasma befindet.

An einem Einzelstrang der DNS wird entsprechend der Komplementärregel ein m-RNS-Strang aufgebaut. Im Unterschied zur DNS steht bei ihm jedoch als komplementäre Base des Adenins das Uracil. Die m-RNS kopiert hierbei in „Negativform" die N-Basensequenz der DNS. Die synthetisierte m-RNS tritt aus dem Zellkern in das Cytoplasma und übermittelt ihre Basensequenz (Botschaft) der Proteinsynthese. Die Aminosäuresequenz wird damit von der N-Basensequenz der DNS über die komplementäre N-Basensequenz der m-RNS determiniert. Die N-Basensequenz stellt die genetische Information des Zellkerns dar. Sie wird über den Mechanismus der N-Basenkopierung (= Anlagerung komplementärer N-Basen) und den der Proteinsynthese entsprechend nachstehendem Schema realisiert (Schramm 1963):

Funktion	*Struktur*
Gene	DNS
↓	↓
Bodenstoffe	RNS
↓	↓
Enzyme	Proteine
↓	↓
niedermolekulare Bausteine	Aminosäuren Zucker Nukleotide Fettsäuren

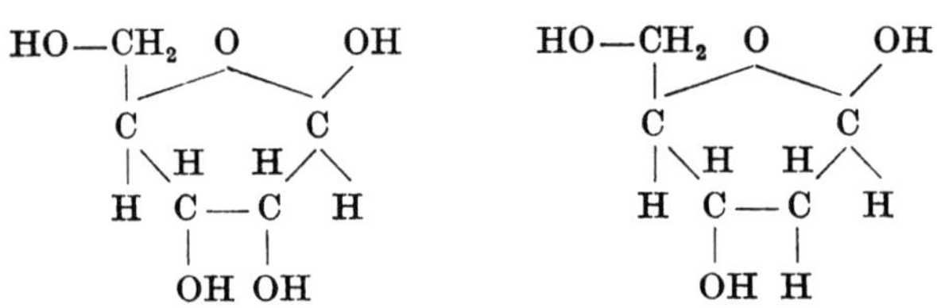

Ribose Desoxyribose

Zu den *Chromoproteiden* zählen das Chlorophyll, die verschiedenen Cytochrome, die Peroxydase, die Cytochromoxydase (Warburgsches Atmungsferment) und die

Katalase. Hieraus geht schon hervor, daß der nicht eiweißartigen Komponente der Chromoproteide ein metallhaltiger Porphyrinring zugrunde liegt. Diese Proteide sind in den lebenden Zellen der höheren Pflanze weit verbreitet, wobei das Chlorophyll in den Chloroplasten, die Cytochromsysteme und die Cytochromoxydase hauptsächlich in den Mitochondrien lokalisiert sind.

E. Die Funktionen des Stickstoffs

Man bezeichnet den N allgemein als Baustoffelement, da Proteine und Proteide wesentlich am Aufbau der Pflanze beteiligt sind. Im Gegensatz zu den Zellulose-, Pektin- und Ligninmolekülen, die hauptsächlich Stützfunktionen ausüben, greift die Eiweißstruktur jedoch viel stärker in den gesamten Stoffwechsel ein, so daß die Funktion der Eiweiße in erster Linie als Träger von Enzymen und prosthetischen Gruppen aufzufassen ist. Eiweißmoleküle stellen komplizierte, aber überaus geordnete Strukturen dar, die im Zusammenwirken mit prosthetischen Gruppen, Co-Enzymen und Metall-Ionen Grundlage aller enzymatischen Funktionen sind. Wie sehr die Struktur und nicht allein die chemischen Eigenschaften eines Atoms oder einer Atomgruppe für die enzymatische Wirksamkeit maßgebend ist, geht daraus hervor, daß von den 6 im Papain vorhandenen SH-Gruppen nur eine auf Grund ihrer exponierten Stellung biologisch aktiv ist. Umgekehrt können die in Seitenketten eingebauten Aminosäuren eines Cytochroms durch andere Aminosäuren substituiert werden, ohne daß dadurch die enzymatische Wirksamkeit leidet (BALEY 1957). Sicherlich gehen die Eigenschaften der Enzyme teils auf den Aufbau des N-Atoms zurück, der letztlich für die Bildung von NH_2-Gruppen und damit auch für die Peptidbindung verantwortlich ist. Von besonderer Bedeutung ist, daß das N-Atom in seiner äußeren Elektronenschale nur 5 Elektronen hat. Bei Auffüllung der äußeren Elektronenschale mit Elektronen irgendwelcher Radikale zur stabilen Elektronenkonfiguration entsteht am N-Atom ein einsames Elektronenpaar, das überaus reaktionsfähig ist und zur Bildung von Komplexen oder *Chelaten* neigt (SCHWARZENBACH 1948). In zahlreichen prosthetischen Gruppen, wie z. B. dem Häm der Fe-Enzyme oder dem Chlorophyll, wird die Metallchelatbindung durch die einsamen Elektronenpaare des N bedingt. Diese reaktionsfähigen Elektronen dürften wesentlich für die Resonanz der Elektronen des gesamten Moleküls sein, die letztlich gerade bei diesen elektronenübertragenden Gruppen das enzymatische Prinzip darstellt. Auch für die N-haltigen Co-Enzyme dürfte dies zutreffen. Hierzu zählen: Diphosphopyridinnucleotid (DPN), Triphosphopyridinnucleotid (TPN), Flavinmononucleotid (FMN), Flavinadenindinucleotid (FAD) und Co-Enzym A (CoA). Auch Adenosintriphosphorsäure (ATP), Adenosindiphosphorsäure (ADP) und Adenosinmonophosphorsäure (AMP) sind dadurch, daß sie Adenin als Komponente enthalten, N-Verbindungen. Ihr Aufbau leitet sich von dem oben dargestellten Nucleotid, der Adenylsäure oder auch Adenosin-Monophosphorsäure genannt, ab. Durch die pyrophosphatartige Bindung einer bzw. zwei weiterer Phosphatreste an die Adenylsäure entsteht die *Adenosindi-* bzw. *Adenosintriphosphorsäure*. Die Bedeutung des ATP als direkt verwertbare Energie im Organismus soll hier nicht weiter erörtert werden, da sie bei der Besprechung der Phosphorsäure näher erläutert wird.

Diphosphopyridinnucleotid (= Coenzym I) bzw. *Triphosphopyridinnucleotid* (= Coenzym II) fungieren im Stoffwechsel, als Wasserstoffüberträger. Es existieren also von beiden Coenzymen eine oxydierte und reduzierte Form.

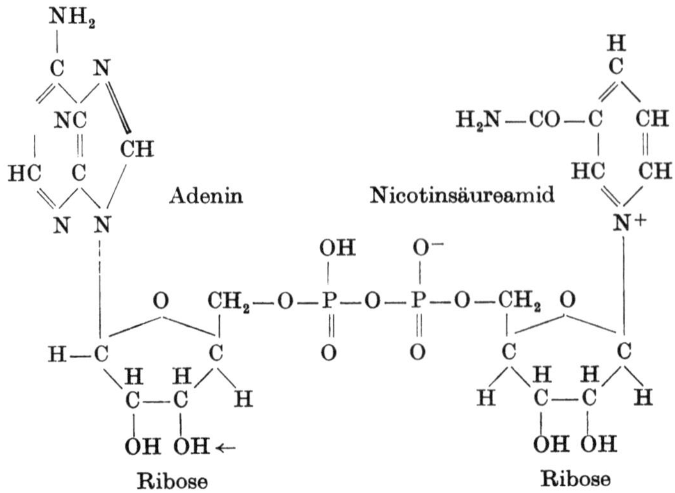

Diphosphopyridinnucleotid (DPN) (oxydierte Form)

Das TPN hat die gleiche Struktur wie das DPN, lediglich das mit → bezeichnete H der Hydroxylgruppe der an das Adenin gebundenen Ribose ist durch einen Phosphorsäurerest — PO $(OH)_2$ substituiert. Im Gegensatz zum ATP/ADP-System, bei dem beide Verbindungen, ATP und ADP zwei zugehörige Reaktionspartner darstellen, d. h. ATP kann aus ADP gebildet werden und umgekehrt, sind TPN und DPN zwei analoge Coenzyme, mit gleichen physiologischen Funktionen. Ihre Phosphatgruppen haben für die Reaktion keine direkte Bedeutung, während beim ATP/ADP-System gerade die energiereiche Pyrophosphatbindung seine physiologische Wirksamkeit bedingt (ARNON 1959). Die Oxydation/Reduktion des DPN bzw. TPN erfolgt am *Nicotinsäureamid* durch Aufnahme bzw. Abgabe von 2 H-Atomen, entsprechend nachstehendem Schema:

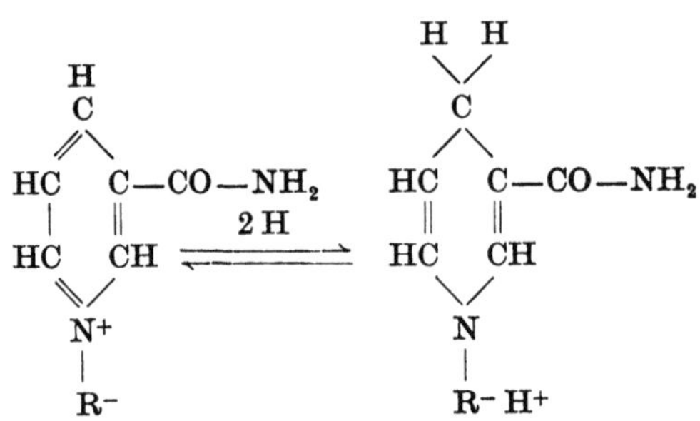

Nicotinsäureamidderivat

Flavinmononucleotid und Flavinadenindinnucleotid, die in analoger Weise H-Atome aufnehmen und abgeben können, werden am *Riboflavin* oxydiert bzw. reduziert, entsprechend den dargestellten Strukturformeln:

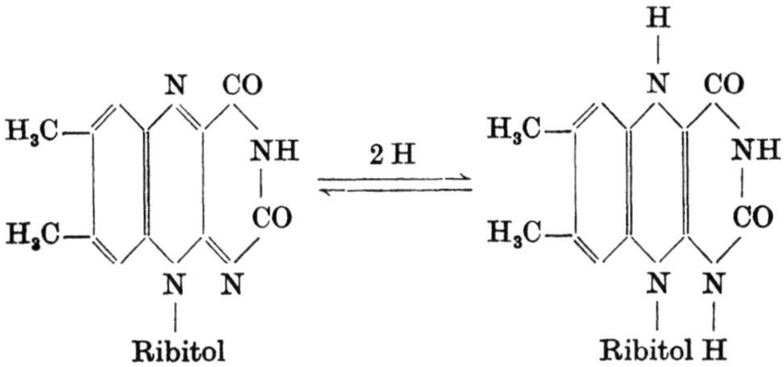

Die gesamte Struktur eines FMN- bzw. FAD-Moleküls baut sich wie folgt auf:

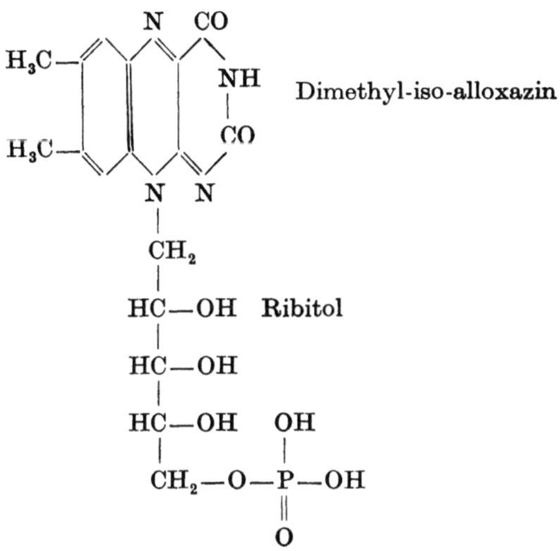

oxydierte Form des Flavinmononucleotids

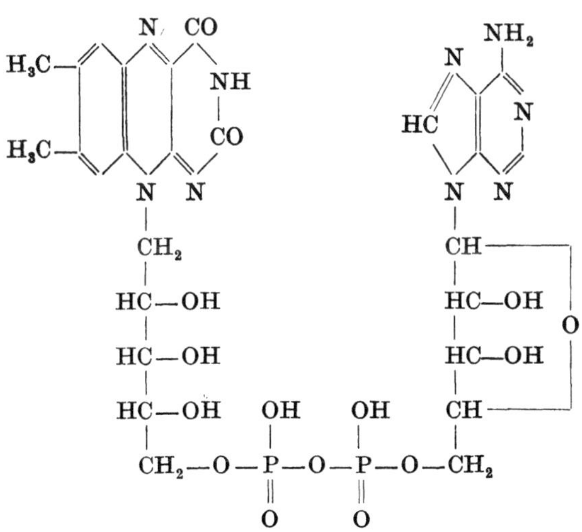

oxydierte Form des Flavinadenindinucleotids

Aus den Strukturformeln geht hervor, daß sich das FMN aus Dimethyl-iso-alloxazin, Ribitol und Phosphorsäure aufbaut. Streng genommen stellt es also kein Nucleotid dar, da es an Stelle der Pentose den Alkohol Ribitol hat. FAD besteht aus einem Molekül Flavinmonocleotid und einem Molekül Adenylsäure, die mit ihren Phosphatresten pyrophosphatartig verbunden sind. *Coenzym A* unterscheidet sich in seiner physiologischen Funktion von den Flavin- und Pyridinnucleotiden; es überträgt nicht wie diese H-Atome bzw. Elektronen, sondern Acetylgruppen. Seine physiologische Bedeutung wird bei der Besprechung des Schwefels noch näher diskutiert, sein Aufbau aus den Komponenten Adenosin-3'-phosphat, Pyrophosphorsäure, Pantothensäure und β-Mercaptoäthylamin sei hier angeführt, da er den oben erwähnten Coenzymen verwandte Bausteine enthält.

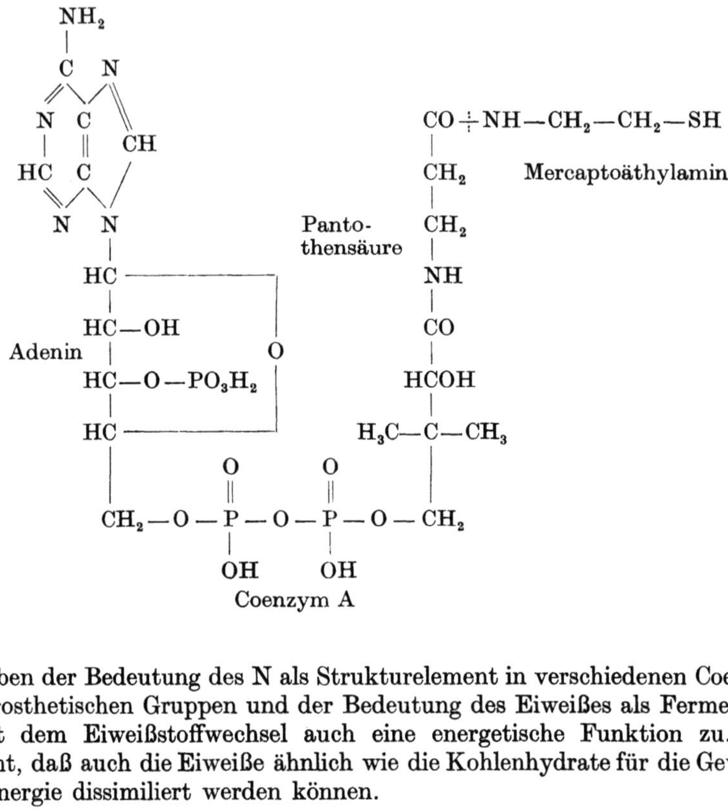

Coenzym A

Neben der Bedeutung des N als Strukturelement in verschiedenen Coenzymen und prosthetischen Gruppen und der Bedeutung des Eiweißes als Fermentträger kommt dem Eiweißstoffwechsel auch eine energetische Funktion zu. Es ist bekannt, daß auch die Eiweiße ähnlich wie die Kohlenhydrate für die Gewinnung von Energie dissimiliert werden können.

F. N-Mangel und N-Überschuß

Der hohe N-Bedarf unserer Kulturpflanzen und der starke Ertragsabfall bei ungenügender N-Versorgung sind bekannt. N-Mangelpflanzen sind in ihrem Wachstum gehemmt (Zwergwuchs), die Blätter werden gleichmäßig hellgelb als Folge einer ungenügenden Ausbildung von Chloroplasten. Die gute Beweglichkeit des N in der Pflanze führt dazu, daß sich der N-Mangel zuerst in den älteren Blättern zeigt, während die Wachstumskegel noch grün erscheinen. Bei stärkerem Mangel zeigen die kleinen kümmerlichen, aufrecht stehenden Pflanzen mit ihren dünnen Stengeln und schmalen Blättern neben gelben Verfärbungen auch rötliche Farbtöne. Vielfach werden die Blätter vorzeitig abgeworfen. Getreide zeigt eine geringe Bestockung (WALLACE 1951). N-Mangel beschleunigt die Entwicklung, die Pflanzen altern früher (MCEVOY 1951, KURSHILIN und SCHWEDSKAJA 1956). Bei guter N-Versorgung nimmt der Gehalt an organisch gebundenem N in der Pflanze zu, wobei besonders die lösliche N-Fraktion ansteigt (HULME 1956, THOMAS und KRAUS 1955). Bei reichlicher N-Ernährung haben die Pflanzen ein saftiges, gesundes Aussehen, die Blätter sind dunkelgrün, die Bildung von Parenchymgewebe ist begünstigt. SCHULZE (1957) berichtet, daß von allen Nährstoffen der N die Bildung von Chloroplasten am besten fördert. Dies ist nicht weiter überraschend, da die Chloroplasten als Eiweißpartikel mit der Proteinsynthese und damit auch mit der N-Versorgung direkt zusammenhängen. SISSAKIAN (1958) stellte fest, daß sich die qualitative Zusammensetzung der Chloroplasten im Verlaufe der Pflanzenentwicklung wenig ändert, lediglich die quantitativen Anteile der am Chloroplastenaufbau beteiligten Aminosäuren können sich während der Vegetation beachtlich verschieben. Bei überschüssiger N-Versorgung der Pflanze werden auf Kosten des Sklerenchyms vermehrt Parenchymzellen ausgebildet; die Pflanzen sind schwammig und weich, ihre Anfälligkeit gegenüber Schädlingen wird größer, die Standfestigkeit besonders des Getreides wird geringer. Die organische N-Fraktion in der Pflanze steigt im Vergleich zu den Kohlenhydraten an (AGARWALA und HEWITT 1955). Auf die Akkumulation löslicher N-Verbindungen, besonders der Amide, wurde bereits hingewiesen.

STEWARD und POLLARD (1957) berichten sehr ausführlich über die in den letzten zehn Jahren mit dem pflanzlichen N-Stoffwechsel zusammenhängenden Arbeiten, YEMM und FOLKES (1958) geben in einem Sammelreferat einen Überblick über Aminosäuren und Proteine in den Pflanzen, PIRIE (1959) berichtet eingehend über die Eiweiße des Blattes und BURRIS (1959) über die Stickstoffernährung der höheren Pflanze. PRJANISCHNIKOW (1952) veröffentlichte eine längere Abhandlung über Funktion und Bedeutung des N im praktischen Pflanzenbau.

Literatur

AGARWALA, S. C., und E. J. HEWITT: Molybdenum as a plant nutrient. V. The interrelationships of molybdenum and nitrate supply in the concentrations of sugars, nitrate and organic nitrogen in cauliflower plants grown in sand culture. J. Hort. Sci. **30**, 151–162 (1955). — ALLISON, R. M.: Effect of leaf roll virus infection on the soluble nitrogen composition of potato tubers. Nature **171**, 573 (1953). — AMBERGER, A., und E. LATZKO: Über die Aufnahme des Zyanamids durch oberirdische Pflanzenteile und seine Verweildauer in der Pflanze. Z. Pflanzenernähr., Düng., Bodenkde. **67** (112), 211–219 (1954). — ARENZ, B.: Zur Frage der P_2O_5- und K-Wirkung in Abhängigkeit von der N-Form. Z. Pflanzenernähr., Düng., Bodenkde. **50** (95), 247–255 (1950). — ARNON, D. I.: Ammonium and nitrate nitrogen nutrition of barley at different seasons in relation to hydrogen-ion concentration, manganese, copper and oxygen supply. Soil Sci. **44**, 91–121 (1937). — Phosphorus and the biochemistry of photosynthesis. Agrochimica **3**, 108–139 (1959).

BAILEY, K.: Protein structure and biological activity. Nature **180**, 833–835 (1957). — BALDWIN, E.: Biochemie, S. 227–241. Weinheim/Bergstraße: Verlag Chemie, 1957. — BAUMEISTER, W.: Mineralstoffe und Pflanzenwachstum, S. 72 und 74. Jena: G. Fischer. 1952. — BOLLARD, E. G.: Nitrogen metabolism of apple trees. Nature **171**, 571–72 (1953). — The nitrogenous constituents of xylem sap. Plant Physiol. **31**, IX (1956). Zit. nach P. F. WAREING: Tree physiology. Nature **180**, 77–78 (1957). — BUCHNER, A.: Über die Änderung des Mineralstoffhaushaltes durch Chloriddüngung bei Ammoniak- bzw. Nitraternährung. Z. Pflanzenernähr., Düng., Bodenkde. **55** (100) 124–144 (1951). — Neuere Erfahrungen über die Blattdüngung mit N, P_2O_5 und K. Z. Pflanzenschutz **2**, 1–3 (1955). — BURRIS, R. H.: Nitrogen nutrition. Ann.

Rev. Plant Physiol. **10**, 301–328 (1959). — BURSTRÖM, H.: Die Lichtabhängigkeit der Nitratassimilation des Blattes. Naturwissenschaften **30**, 645–646 (1942).

CHARLES, J.: Rapports entre le phosphore et l'azote dans le métabolisme et les megrations du mais. C. R. hebd. Séances Acad. Sci **244**, 2541–44, 13/15 (1957). — CHAMAN LAL MADAN: Die Verteilung der freien Aminosäuren in der Pflanze und ihre Beeinflussung durch photoperiodische Induktion. Planta **47**, 53–80 (1956). — COLEMAN, G. R., und M. P. HEGARTY: Metabolism of dl-ornithine-2 ^{14}C in normal and potassium-deficient barley. Nature **179**, 376–377 (1957).

DESCHREIDER, A. R.: Photosynthesis of amino acids. Nature **182**, 528 (1958).

ENGELBRECHT, L.: Über Allantoinsäure und Allantoin. IV. Ihre Beziehungen zu den Säureamiden bei der Keimung von Phaseolus vulgaris. Flora **142**, 25–44 (1954). — EVANS, H., und A. NASON: Pyridine nucleotide—nitrate reductase from extracts of higher plants. Plant Physiol. **28**, 233–254 (1953).

FINNEY, K. F., I. W. MEYER, F. W. SMITH und H. C. TRYER: Effect of foliar spraying of Pawnee wheat with urea solutions on yield, protein content and protein quality. Agronomy J. **49**, 341–47 (1957). — FOWDEN, L., und F. C. STEWARD: Nitrogeneous compounds and nitrogen metabolism in the liliaceae. II. The nitrogenous compounds of leaves of the genus tulipa. Environmental effects on the composition of Tulipa gesneriana. Ann. Botany **21**, 53–67 (1957). — FRANK, H.: Die Nitratassimilation. Naturwissenschaften **45**, 200–203 (1958). — FRENZEL, B.: Zur Abgabe von Aminosäuren und Amiden an das Nährmedium durch die Wurzeln von Helianthus annuus. Planta **49**, 210–234 (1957).

GOUNY, P.: Observations sur les particularités de l'alimentation ammoniacale en l'absence et en présence de calcaire. Ann. de l'instit. nat. de la rech. agron. Serie A: Ann. agron. **6**, 589–614 (1955).

HAY, R. E., E. B. EARLEY und E. E. DE TURK: Concentration and translocation of nitrogen compounds in the corn plant during grain development. Plant Physiol. **28**, 606–621 (1953). — HOFMANN, E., und E. LATZKO: Anwendung der Radioautographie zum Studium der Aufnahme und Verteilung von H_2 ^{14}C N_2 durch die Pflanze. Z. Pflanzenernähr., Düng., Bodenkde. **66** (111), 222–226 (1954). — HOFMANN, E., E. LATZKO und A. SÜSS: Über Aufnahme und fermentativen Abbau von Zyanamid durch höhere Pflanzen. Z. Pflanzenernähr., Düng., Bodenkde. **66** (111), 193–202 (1954). — HULME, A. C.: The nitrogen concent of cox's orange pippin apples in relation to manurial treatments. J. Hort. Sci. **31**, 1–7 (1956). — HUPPERT, V., und A. BUCHNER: Neue Versuchsergebnisse über die Wirkung der N-Formen unter besonderer Berücksichtigung der Umweltverhältnisse. Z. Pflanzenernähr., Düng., Bodenkde. **60** (105), 62–92 (1953).

KAPPEN, H., und W. WIENHUS: Über die Aufnahme des Stickstoffs der Ammoniumsalze und Nitrate durch Keimpflanzen. Mitteilung I. Bodenkde. u. Pflanzenernähr. **27**, 311–330 (1942). — KASTING, R., und C. C. DELWICHE: The presence of ornithine cycle amino acids in some higher plants. Plant Physiol. **32**, 471-475 (1957). — KATZNELSON, H., J. W. ROUATT und T. M. B. PAYNE: Libration of amino-acids by plant roots in relation to desiccation. Nature **174**, 1110–11 (1954). — KESSLER, E.,: Untersuchungen zum Problem der photochemischen Nitratreduktion in Grünalgen. Planta **49**, 505–523 (1957). — KOBLET, R., und H. VÖGELI: Untersuchungen über die Wirkung später N-Düngung beim Getreide. Schweiz. Landwirtsch. Mh. **33**, 3–11 (1955). — KRUSHILIN, A. S., und S. M. SCHWEDSKAJA: Der Einfluß der Mineralstoffernährung auf die Eigenschaften der Pflanze. J. allgem. Biol. **17**, 436–42 (1956). — KURSANOV, A., und O. KULAEVA: Le métabolisme des racines et l'assimilation d'ammoniac par les plantes déficientes en phosphore. Agrochimica **3**, 29–48 (1959).

LINSER, H.: Versuche zur Verbesserung der Qualität von Getreide durch Düngung. Qualitas plantarum et material vegetabiles, Vol. III/IV, 529–549 (1958). — LINSER, H., und E. PRIMOST: Stickstoffdüngung mit hohen, geteilten Gaben. Z. Pflanzenernähr., Düng., Bodenkde. **63** (108), 18–30 (1953). — Zur Frage der Wirtschaftlichkeit verschieden hoher Stickstoffgaben im Getreidebau. Die Bodenkultur **10**, 3–20 (1958). — LINSKENS, H. F., und R. KNAPP: Über die Ausscheidung von Aminosäuren in reinen und gemischten Beständen verschiedener Pflanzenarten. Planta **45**, 106–117 (1955). — LUNDEGÅRDH, H.: The translocation of salts and water through wheat roots. Physiol. Plantarum **3**, 103–151 (1950).

MANTEL, E.: Die Wirkung verschiedener Stickstofformen auf den N-Stoffwechsel bei Rettich im Gefäßversuch. Bodenkde. u. Pflanzenernähr. **24** (69), 342–356 (1941). — MAROTI, M.: Die Entwicklung der isolierten Wurzel und des Sprosses. Stickstoff-Stoffwechsel. Naturwissenschaften **45**, 23 (1958). — MCCOY, T. A., T. H. SUBLETT und V. W. DOBBS: The relation of the amino acid composition to the development of oats. Plant Physiol. **28**, 77–88 (1953). — McEvoy, E. T.: The physiological aspect of major element nutrition on the maturity of fluecured tobacco. J. Sci. Agricult. **31**, 85–98 (1951). — Medina, A., und D. J. D. Nicholas: Hyponitrite reductase in Neurospora. Nature **179**, 533–534 (1957). — Mittelberger, H. v.: Zur Kenntnis des Eiweißhaushaltes alternder Tabakblätter bei verschiedener Stickstoffernährung der Pflanze. Bodenkde. u. Pflanzenernähr. **33** (78), 19–45 (1944). — Mothes, K., und L. Engelbrecht: Über den Stickstoffumsatz in Blattstecklingen. Flora **143**, 428–472 (1956). — Mothes, K., I. Böttger und R. Wollgiehn: Untersuchungen über den Zusammenhang zwischen Nukleinsäure und Eiweißstoffwechsel in grünen Blättern. Naturwissenschaften **45**, 316 (1958). — Mulder, E. G., und K. Bakema: Effect of the nitrogen, phosphorus, potassium and magnesium nutrition of the potato plants on the content of free amino-acids and on the amino-acids composition of the protein of the tubers. Plant a. Soil **7**, 135–166 (1956).

Nason, A., und J. H. Evans: Triphosphorpyridine nucleotide-nitrate reductase in Neurospora. J. biol. Chem. **202**, 655–673 (1953). — Nehring, K.: Pflanzenqualität, Nähr- und Futterwert unter besonderer Berücksichtigung des Einflusses der Düngung. Landwirtsch. Forsch. 8. Sonderh. 110–127 (1956). — Nicholas, D. J. D., und A. Nason: Mechanism of action of nitrate reductase from Neurospora. J. biol. Chem. **211**, 183–197 (1954).

Omura, H.: On the nitrate and nitrite reductase in green algae. Enzymologia **17**, 127–132 (1954).

Parkinson, D.: Liberation of amino-acids by oat seedlings. Nature **176**, 35–36 (1955). — Pielen, L.: Versuche über den Einfluß zeitlich und mengenmäßig gestaffelter Stickstoffgaben auf den Eiweißgehalt und Eiweißertrag von Sommergerste, Sommerweizen und Hafer. Bodenkde. u. Pflanzenernähr. **24** (69), 12–24 (1941). — Pirie, N. W.: Leaf proteins. Ann. Rev. Plant Physiol. **10**, 33–52 (1959). — Pirschle, K.: Nitrate und Ammonsalze als Stickstoffquellen für höhere Pflanzen bei konstanter Wasserstoffkonzentration. Planta **14**, 583–676 (1931). — Prjanischnikow, D. N.: Der Stickstoff im Leben der Pflanzen und im Ackerbau der UdSSR. Berlin: Akademie-Verlag. 1952.

Ratner, S., und O. Rochovansky: Biosynthesis of guanidinoacetic acid. II. Mechanism of amidine group transfer. Arch. Biochem. Biophys. **63**, 296–315 (1956). — Rehm, S.: The origin of toxic ammonia in the germinating garden beet seed. J. Hort. Sci. **28**, 1–13 (1953). — Reinhold, L., und R. G. Powell: A stimulatory action of indole-3-acetic acid on the uptake of amino-acids by plant cells. Nature **177**, 658–659 (1956). — The stimulatory effect of indole-3-acetic acid on the uptake of amino-acids by tissue of Helianthus annuus. J. exper. Bot. **9**, 82–96 (1958). — Reuter, G.: Über den Stickstoffgehalt der Betulaceen und anderer Laub- und Nadelhölzer. Flora **144**, 420–446 (1957a). — Die Hauptformen des löslichen Stickstoffs in vegetativen pflanzlichen Speicherorganen und ihre systematische Bewertbarkeit. Flora **145**, 326–338 (1957b).

Scharrer, K.: Agrikulturchemie II. Futtermittelkunde, S. 55, 65 und 71. Berlin: W. de Gruyter u. Co. 1956. — Scharrer, K., und J. Jung: Der Einfluß der Ernährung auf das Verhältnis von Kationen zu Anionen in der Pflanze. Z. Pflanzenernähr., Düng., Bodenkde. **71** (116), 76–94 (1955). — Scharrer, K., und K. Mengel: Über das vorübergehende Auftreten sichtbaren Magnesiummangels bei Hafer. Agrochimica **4**, 1–22 (1960). — Scharrer, K., und W. Seibel: Über den Einfluß der Ernährung und Belichtung auf den Nitratgehalt von Futterpflanzen. Landwirtsch. Forsch. **9**, 168–178 (1956). — Scharrer, K., und W. Werner: Über die Abhängigkeit des Ascorbinsäuregehaltes der Pflanze von ihrer Ernährung. Z. Pflanzenernähr., Düng., Bodenkde. **77** (122), 97–110 (1957). — Schropp, W., und B. Arenz: Feldversuche über die Eiweißanreicherung des Getreides durch zusätzliche späte Stickstoffzufuhr. Bodenkde. u. Pflanzenernähr. **24**, (69), 24–34 (1941). — Schulze, W.: Über den Einfluß der Düngung auf die Bildung der Chloroplastenpigmente. Z. Pflanzenernähr., Düng., Bodenkde. **76** (121), 1–19 (1957). — Schwarzenbach, G.: Allgemeine und anorganische Chemie, 3. Aufl., S. 114. Stuttgart: G. Thieme. 1948. — Selke, W.: Zusätzliche späte N-Düngung des Getreides. Mitt. Landwirtsch., Berlin **56**, H. 15, 294–296 (1941). — Sissakian, N. M.: On chloroplast proteins. Agrochimica **2**, 191–206 (1958). — Steward, F. C., R. S. G. Bildwell und E. W. Yemm: Protein metabolism, respiration and growth. Nature **178**, 734–38 (1956). — Nitrogen metabolism, respiration and growth of cultured tissue. J. exper. Bot. **9**, 11–51 (1958a). — Steward, F. C., und J. K. Pollard: The amino acid composition of the total protein of growing and non-growing plant tissues. Plant Physiol. **31**, IX (1956). — Nitrogen metabolism in plants; ten years in retrospect. Ann. Rev. Plant Physiol. **8**, 65–114 (1957). —

STEWARD, F. C., J. F. THOMPSON und J. K. POLLARD: Contrasts in the nitrogenous composition of rapidly growing and non-growing plant tissues. J. exper. Bot. **9**, 1–10 (1958b).

THOMAS, W. H., und R. W. KRAUSS: Nitrogen metabolism in Scenedesmus as affected by environmental changes. Plant Physiol. **30**, 113–122 (1955). — THOMPSON, J. F., und C. J. MORRIS: The effect of potassium deficiency on the amino acid composition of turnips. Plant Physiol. **31**, IX (1956). — THOMPSON, J. F., J. K. POLLARD und F. C. STEWARD: Investigations of nitrogen compounds and nitrogen metabolism in plants. Plant Physiol. **28**, 401–414 (1953). — TUPPY, H.: Aminosäure-Sequenzen in Proteinen. Naturwissenschaften **46**, 35–43 (1959).

VANECKO, ST., und J. E. VARNER: Studies on nitrite metabolism in higher plants. Plant Physiol. **30**, 388–390 (1955). — VARNER, J. E., und G. C. WEBSTER: Studies on the enzymatic synthesis of glutamine. Plant Physiol. **30**, 393–402 (1955). — VIRTANEN, A. I.: Neue Amino- und Ketosäuren in grünen Pflanzen und die Biosynthese der Aminosäuren. Angew. Chemie **67**, 381–388 (1955). — VIRTANEN, A. I., und M. ALFTHAN: New α-keto acids in green plants. Acta chem. Scand. **9**, 188–190 (1955). — VIRTANEN, A. I., und T. CSÁKY: Formation of oxime-nitrogen in Torula-yeast fed with potassium nitrate. Nature **161**, 814–815 (1955). — VIRTANEN, A. I., und N. E. SARIS: Organic hydroxylamine compounds from nitrite in Torulopsis utilis. Acta chem. Scand. **9**, 337–338 (1955). — VISHNIAC, W., und S. OCHOA: Photochemical reduction of pyridine nucleotides by spinach grana and coupled carbon dioxide fixation. Nature **167**, 768–769 (1951).

WALKER, D. A., und S. L. RANSON: Physiological studies on acid metabolism in green plants. VI: Transaminase in cell-free extracts from Kalanchoe leaves. Plant Physiol. **33**, 226–230 (1958). — WALLACE, T.: The diagnosis of mineral deficiencies in plants, S. 53–54. London: His Majesty's Stationery Office. 1951. — WANG, C. H., B. E. CHRISTENSEN und V. H. CHELDELIN: Conversion of acetate and pyruvate to glutamine acid in yeast. J. biol. Chem. **201**, 683–688 (1953). — WEBSTER, G. C.: Enzymatic synthesis of glutamine in higher plants. Plant Physiol. **28**, 724–727 (1953).— On the significance of measurements of amino acid incorporation into the proteins of cell-free preparations. Plant Physiol. **31**, 482–483 (1956). — WEBSTER, G. C., und M. P. JOHNSON: Effects of ribonucleic acid on amino acid incorporation by a particulate preparation from pea seedlings. J. biol. Chem. **217**, 641–649 (1955). — WEBSTER, G. C., J. E. VARNER und A. N. GANSA: Conversion of carbon 14-labeled urea into amino acids in leaves. Plant Physiol. **30**, 372–374 (1955). — WOLFE, M.: The effect of molybdenum upon the nitrogen metabolism of Anabena cylindrica. II: A more detailed study of the action of molybdenum in nitrate assimilation. Ann. Bot. N. S. **18**, 309–325 (1954).

YEMM, E. W.: Glutamine in the metabolism of barley plants. New Phytol. **48**, 315–331 (1949). — The plant proteins and peptides and their localization in cells and tissues. Handb. d. Pflanzenphysiologie, Bd. VIII, S. 317–320. Berlin-Göttingen-Heidelberg: Springer. 1958. — YEMM, E. W., und B. F. FOLKES: The metabolism of amino acids and proteins in plants. Ann. Rev. Plant Physiol. **9**, 245–280 (1958).

ZANDER, H.: Beiträge zur Frage der Nitrat- und Ammoniakernährung der Rüben. Bodenkde. u. Pflanzenernähr. **33** (78), 46–94 (1944). — ZSOLDOS, F.: Stickstoffumsatz der ammophilen Pflanzen. I: Aufnahme, Einbau und Entgiftung des Ammoniaks beim Reis. Naturwissenschaften **44**, 566–567 (1957). — ZUCKER, M., und A. NASON: A pyridine nucleotide hydroxylamin reductase from Neurospora. J. biol. Chem. **213**, 463–478 (1955).

e) Schwefel

Von

K. Scharrer und **K. Mengel**

A. Aufnahme, Verteilung und Beweglichkeit

Von den nichtmetallischen Nährstoffen kommt dem S neben N und P eine beachtliche Bedeutung zu. Er ähnelt in vieler Hinsicht dem N. So wird SO_4^{2-} genau wie NO_3^- in der Pflanze reduziert und in Aminosäuren bzw. Eiweiße eingebaut. Ähnlich wie N neigt auch S auf Grund seiner äußeren Elektronenschale zu Komplexbildungen. Wenn viele Wirkungen des N auf die Aminogruppe zurückgehen, so ist beim S die Sulfhydrilgruppe bzw. deren Derivate die physiologisch wirksame Gruppe im Stoffwechselgeschehen. Beim N und S kennt man einen Kreislauf Boden — Pflanze — Atmosphäre. Beide Elemente können in verschiedenen Oxydationsstufen in der Pflanze vorliegen, die den Bereich von NH_3 bis NO_3^- bzw. von SH^- bis SO_4^{2-} umfassen. P kommt im Gegensatz zum N und S im Boden hauptsächlich und in der Pflanze ausschließlich in seiner höchsten Oxydationsstufe vor. Oxydationen und Reduktionen der S- bzw. N-Verbindungen können von der höheren Pflanze, von Mikroorganismen und auch durch reine chemische Angriffe induziert werden. Im Gegensatz zum S liegt beim N in der Pflanze nur eine Verschiebung zur reduzierten Form vor, d. h. die Reaktion läuft in der Richtung $NO_3 \rightarrow$ Amino-N, beim S kann dagegen auch die reduzierte Form in der Pflanze zu Sulfat oxydiert werden (Mothes 1939). Diese Neigung S-haltiger Atomgruppen, oxydiert bzw. reduziert zu werden, unterscheidet den S wesentlich von der Aminogruppe und gibt ihm — wie weiter unten noch zu erläutern ist — die Fähigkeit, als spezifische Komponente in physiologischen Prozessen zu fungieren.

S wird von der höheren Pflanze hauptsächlich als Sulfat-S über die Wurzel sorbiert. Die Aufnahme S-haltiger Aminosäuren spielt für die S-Ernährung der Pflanze nur eine untergeordnete Rolle, dagegen darf die Sorption von SO_2 über das Blatt nicht unterschätzt werden, wobei hohe SO_2-Konzentrationen auch zu erheblichen „*Rauchschäden*" führen können. Olsen (1957) berichtet, daß Baumwollpflanzen etwa 30% ihres Gesamt-S aus der Atmosphäre aufnehmen. Pflanzen, die in einem S-Mangelmedium gezogen werden, nehmen zwar beträchtliche Mengen an S aus der Atmosphäre auf, jedoch nicht genug, um einen S-Mangel zu verhindern. Sulfide werden von der höheren Pflanze nicht aufgenommen.

In physiologischen Bereichen ist die SO_4-Aufnahme ziemlich unabhängig vom pH-Wert (Kylin 1953, Biddulph et al. 1956). Neben $CaSO_4$ dürfte auch ein Teil des S im Boden als $BaSO_4$ vorliegen und damit für die Pflanze praktisch unzugänglich sein. Die Konzentration an Phosphat- und Nitrat-Ionen in der Nährlösung ist ohne Einfluß auf die SO_4-Aufnahme, dagegen können SeO_4^{2-}-Ionen die Sulfataufnahme vermutlich durch Konkurrenz um gleiche Trägersysteme hemmen; für praktische Verhältnisse ist diese Ionenkonkurrenz jedoch ohne Bedeutung (Legett und Epstein 1956). S ist gut beweglich in der Pflanze. Er wandert besonders zu den jüngeren Blättern und zu den Wachstumskegeln, wobei nicht nur S von der Wurzel, sondern auch von den primären Blättern zu den oberirdischen Meristemen strebt. Im Gegensatz zum P ist die Rückwanderung von S gering (Biddulph et al. 1958). Sie erfolgt hauptsächlich im Phloem (Biddulph 1956). Bukovac und Wittwer (1957) nehmen an, daß der basipetal transportierte S hauptsächlich in organisch gebundener Form vorliegt. Mossolow et al. (1956) zeigten die gute Beweglichkeit des S in Phaseolus mit S^{35}. Hierbei ergab sich, daß der auf die älteren Blätter aufgebrachte S hauptsächlich in die Wurzeln, der auf die jüngeren Blätter aufgebrachte S besonders in die generativen Organe transportiert wird.

BIDDULPH et al. (1956) berichten, daß ein Teil des gesamten S in der Pflanze immer gut beweglich bleibt und schnell an die Stellen physiologischen Bedarfs transportiert werden kann. Ein Nachschub von S aus der Wurzel ist aber nur dann möglich, wenn in die Wurzel aus der Nährlösung neue SO_4-Ionen eindringen. Sicherlich gehören zu diesen leicht beweglichen S-Verbindungen hauptsächlich organische S-haltige Moleküle. So fanden POTAPOV und FEJER (1956) im Blutungssaft Methionin und Glutathion.

Über die Inkorporierung anorganischen Schwefels bzw. über die *Sulfat-Reduktion* ist noch nicht viel bekannt. SCHIFF (1956) berichtet, daß S^{35} von Chlorella pyrenoidosa schnell in organische Verbindungen eingebaut wird. Hierbei entsteht u. a. auch ein Adenosylmenthionin. Die Intensität der Inkorporierung war unabhängig davon, ob der S als Sulfat oder als Cystin gegeben wurde, S^{35}-markiertes Methionin wurde zwar von der Chlorella aufgenommen, aber viel langsamer umgebaut. LIVERMAN und RAGLAND (1956) fanden, daß Erbsen den Sulfat-S überaus schnell inkorporieren, und MOYER et al. (1950) berichten, daß S-Mangelblätter von Luzerne den Sulfat-S gut aufnehmen und ihn allmählich in organische Moleküle einbauen. So war nach 34 Tagen die gesamte aufgenommene Sulfatmenge in organischen S überführt worden.

Zwischen *organisch gebundenem S* und dem *Sulfat-S* in der Pflanze besteht keine feste Relation, vielmehr nimmt die Fraktion des anorganischen S mit dem Anstieg der S-Versorgung zu, d. h. die Pflanze ist bestrebt, ihren Bedarf an organisch gebundenem S vorerst einmal aus dem aufgenommenen Sulfat zu decken, darüber hinaus aufgenommenes Sulfat wird als S-Reserve gespeichert (WOSSOLOW und WOLLEIDT 1955). Beim Altern der Pflanze nimmt der organisch gebundene S vermutlich durch Proteolyse etwas ab. Er wird hierbei zu Sulfat oxydiert (MOTHES 1939). Dementsprechend gelten junge Pflanzenteile als reich an organisch gebundenem S (WOSSOLOW und WOLLEIDT 1955). BIDDULPH et al. (1956) fanden bei Bohnen, daß die Blätter S-reicher sind als die Stengel; auch für andere Dikotyledonen dürfte dies zutreffen, falls die S-Ernährung normal ist. Besonders reich an organisch gebundenem S sind die Chloroplasten. Sie sollen nach HANSON et al. (1941) im Sudangras von allen Blatteiweißen das engste S/N-Verhältnis haben.

Der organisch gebundene S (= Neutral-Schwefel) kann in verschiedenen Formen in der Pflanze vorliegen:

1. Als *SH-Gruppe* bzw. als dessen Derivate R—SH;
2. Als Disulfidgruppe R—S—S—R; hierzu gehören die Verbindungen vom Typ der Lauchöle als auch die vom Typ des Cystins.
3. Als Rhodanid R—N=C=S; hierzu zählen die Senföle.
4. Als heterozyklisch eingebauter Schwefel; hierzu zählen Aneurin und Biotin. Die Strukturformeln dieser zyklischen Verbindungen sind nachstehend aufgeführt.

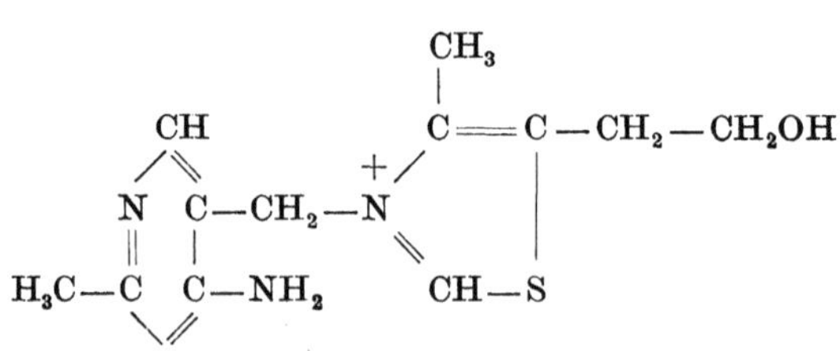

Aneurin

Aneurin ist als Vit. B_1 bekannt. In der höheren Pflanze kommt es besonders in den Getreidekörnern und Leguminosensamen vor. Es ist ein Bestandteil der Co-Carboxylase.

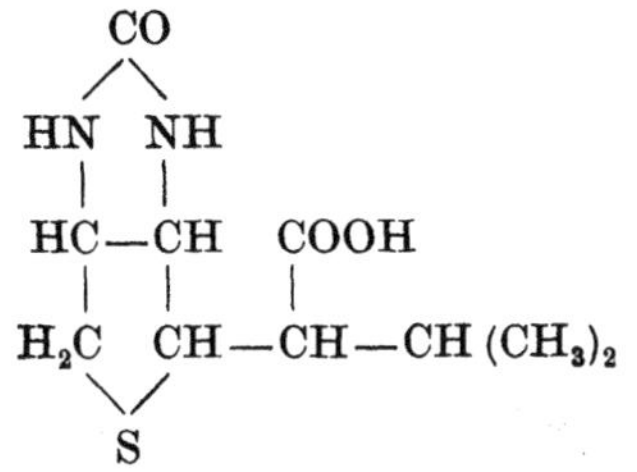

Biotin

Biotin oder Vitamin H ist für den Plasmaaufbau notwendig (BAUMEISTER 1958). *Lauchöle* kommen in Knoblauch und Zwiebeln, *Senföle* in verschiedenen Cruciferen vor. Die Senföle sind vielfach glycosidisch gebunden. Derartige Glycoside sind das Sinigrin in Brassica nigra, das Sinalbin in Sinapis alba und das Raphanin in Raphanus sativus. Nach SCHMALFUSS (1952) sind Senf- und Lauchöle Abbauprodukte des Eiweißstoffwechsels. Eine größere physiologische Bedeutung ist ihnen nicht beizumessen. Neben den bekannten S-haltigen Aminosäuren verdient das von STOLL und SEEBECK (zit. nach VIRTANEN 1955) aus Knoblauch isolierte *Alliin* ($CH_2=CH—CH_2—SO—CH_2—CHNH_2—COOH$) besonders erwähnt zu werden.

B. Funktionen

Die physiologische Bedeutung des Aneurins und Biotins sowie die der Senf- und Lauchöle wurde bereits erwähnt. Wichtiger im Ablauf des Stoffwechsels sind die S-haltigen Aminosäuren, Cystin, Cystein und Methionin, bzw. die S-haltigen Eiweißkörper. Sie umfassen auch mengenmäßig den weitaus größten Teil des gesamten Neutralschwefels, falls es sich nicht gerade um eine senf- bzw. lauchölhaltige Pflanze handelt. Nach BERSIN (1950) liegt etwa die Hälfte des Eiweißschwefels als Methionin vor, während der Rest hauptsächlich als Cystin in die verschiedenen Eiweißkörper eingebaut ist. In der Gesamtstruktur der Eiweißkörper stellt das Cystin das Bindeglied zwischen den einzelnen Polypeptidketten dar (BERSIN 1950). Die *Sulfidbrücken* (R—S—S—R) sind also ein wesentliches Bauelement des Eiweißgerüstes (BALEY 1957). Weitere Funktionen sind diesen Sulfidbrücken und auch den an Eiweißkörpern hängenden SH-Gruppen nicht in jedem Falle zuzuschreiben. Besonders die für die SH-Gruppe so charakteristische Oxydations-Reduktions-Wirkung, wie sie für das Cystin/Cystein und für das Glutathion bekannt ist, kommt nach BALEY (1957) nur einzelnen offenbar durch ihre Stellung im Gesamteiweißkomplex exponierten SH-Gruppen zu. Das Redoxsystem des Cysteins

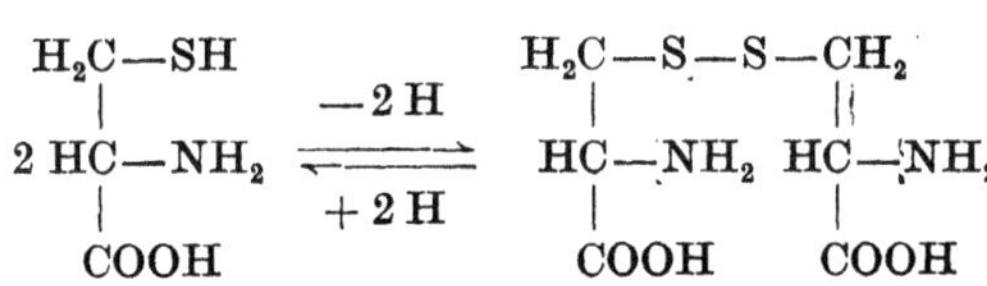

Cystein Cystin

mag als Beispiel für den Wirkungsmechanismus SH-haltiger Enzyme gelten. Cystin als einzelnes Molekül ist wegen seiner schweren Löslichkeit für den pflanzlichen Stoffwechsel von geringerer Bedeutung, dagegen gilt das cystinhaltige, wasserlösliche Tripeptid „*Glutathion*“ als weitverbreitetes Redoxsystem im pflanzlichen Organismus.

$$\underbrace{\underset{\text{Glutamyl-}}{HOOC-\underset{\displaystyle NH_2}{\underset{|}{CH}}-CH_2-CH_2-CO}\,\vdots\,\underset{\text{Cysteinyl-}}{NH-\underset{\displaystyle CH_2SH}{\underset{|}{CH}}-CO}\,\vdots\,\underset{\text{Glycin-}}{NH-CH_2-COOH}}_{\text{Glutathion}}$$

Die enzymatische Wirksamkeit von SH-Gruppen beruht also darauf, H-Atome abzugeben, die der Disulfid-Gruppe (—S—S—) H-Atome aufzunehmen. Dieses System arbeitet analog den Di- bzw. Triphosphorpyridinnucleotiden oder auch den Flavinmononucleotiden bzw. Flavin-Adenin-Dinucleotiden, die ebenfalls je nach Oxydationstufe H-Atome aufnehmen oder abgeben können. Im Gegensatz zu diesen Coenzymen vermögen die Enzyme vom Typ des Cysteins jedoch ihren H auf molekularen Sauerstoff zu übertragen, falls Spuren von Schwermetallen anwesend sind (BALDWIN 1957). Die SH-Gruppe ist geradezu empfindlich gegenüber molekularem Sauerstoff, so daß sie zur terminalen Oxydation befähigt ist. Tatsächlich berichten YOUNG und CONN (1956), daß die Disulfidgruppe des oxydierten Glutathions von H-Atomen des Krebszyklus reduziert werden kann, die SH-Gruppe wird dann ihrerseits wieder durch molekularen Sauerstoff oxydiert. Bei dieser, in den Mitochondrien lokalisierten Reaktion werden die H-Atome vom Tricarbonsäurezyklus über Pyridinnucleotide und Ascorbinsäure bis zum Glutathion übertragen, ohne daß Cytochrome benötigt werden. Die SH-Gruppe dürfte auch noch bei zahlreichen anderen zum Teil noch nicht in allen Einzelheiten bekannten Reaktionen in der oben dargestellten Weise wirksam sein. So ist die Nitratreduktase ein SH-haltiges Flavoprotein. ARNON et al. (1957) nehmen an, daß bei der photosynthetischen Phosphorylierung die Reduktion des Pyridinnucleotids von der SH-Gruppe eines Proteins bewerkstelligt wird (Liponsäure).

Eine weitere sehr wesentliche SH-Verbindung ist das *Coenzym A*. Seine Struktur wurde bereits bei der Abhandlung des *Stickstoffs* (S. 412) dargestellt. Die Wirksamkeit dieses Cofermentes besteht darin, daß es in Form einer Thioesterbindung an die SH-Gruppe einen Acetylrest unter Einwirkung von ATP anlagern kann.

$$CoA-SH + Acetyl \xrightarrow{+ATP} CoA-S\sim COCH_3$$

Es entsteht hierbei eine energiereiche Bindung, so daß auf Grund dieses höheren Energieniveaus der Acetylrest auf andere Moleküle übertragen werden kann. Diese Acetylierung ist das Prinzip der Zitronensäurebildung im Krebszyklus. Die sogenannte „aktivierte Essigsäure“ (=CoA-Acetyl) bildet hier mit der Oxalessigsäure unter Einwirkung des Zitronensäureenzyms (=condensing enzym) die Zitronensäure. Das Coenzym A ist also ein Coferment des Zitronensäureenzyms. Seine große Verbreitung in lebenden Zellen sowie seine für den Kohlenhydratstoffwechsel so bedeutungsvolle Funktion mögen hieraus ermessen werden.

PRICE und TAYLOR (1957) berichten, daß etwa 90% der vorkommenden SH-Gruppen an Eiweiß gebunden sind und daß die SH/Protein-Relation in den einzelnen Geweben ziemlich konstant ist. LEOPOLD und PRICE (1957) fanden, daß die Trijodbenzoesäure mit der SH-Gruppe einen Thioester bildet. Ob jedoch auch in der Pflanze eine solche Bildung und damit eine Inaktivierung von SH-Gruppen durch Trijodbenzoesäure angenommen werden kann, bleibt noch offen.

Immerhin gibt diese Thioesterbildung eine Vorstellung davon, wie der Auxin-Synergist Trijodbenzoesäure wirksam werden und in den Stoffwechsel eingreifen kann. Abschließend sei noch erwähnt, daß eine Kopplung des Sulfats mit Phospohrylierungsreaktionen nicht ausgeschlossen ist. So verweisen WILSON und BANDURSKI (1956) auf ein sulfathaltiges Zwischenprodukt, das Adenosin-3-Phosphat-5-Phosphoryl-Sulfat, das sich aus Sulfat und ATP bildet. Eine analoge Synthese wurde auch zwischen Sulfit und ATP festgestellt.

Die Bedeutung des S als Strukturelement beim Aufbau der Proteine wurde bereits erwähnt. Dementsprechend konnten zahlreiche Autoren feststellen, daß bei ungenügender S-Versorgung der Gehalt an löslichen N-Verbindungen einschließlich Nitrat in der Pflanze ansteigt (ERGLE und EATON 1951, ANDERSON und SPENCER 1949, SCHROPP und ARENZ 1940, CRANE zit. nach STEWARD und POLLARD 1957, EATON 1951). Interessanterweise kann es hierbei zur Anhäufung von Aminosäuren kommen, die im normalen Falle praktisch nicht in freier Form vorliegen. So fand CRANE (zit. nach STEWARD und POLLARD 1957) in S-Mangelpflanzen von Minze neben Glutamin einen hohen Arginingehalt, bei ausreichender S-Ernährung konnte dagegen kein freies Arginin festgestellt werden. COLEMAN (1958) fand in S-Mangelpflanzen von Flachs einen erhöhten Ornithingehalt, bei den Leguminosen reichert sich besonders das Asparagin an (COLEMAN 1957). Hieraus und aus der Tatsache, daß Pflanzen mit ungenügender S-Versorgung einen niedrigen Eiweißgehalt haben, mag man ersehen, wie sehr der S in den Eiweißstoffwechsel eingreift. Eine mangelnde S-Versorgung hemmt also die Eiweißsynthese, ob diese Hemmung jedoch nur darauf beruht, daß ein wichtiger Eiweißbaustein fehlt oder ob auch noch andere mit S-haltigen Enzymen gekoppelte Prozesse hierbei eine Rolle spielen, bleibt offen. MERTZ et al. (1952) untersuchten die Zusammensetzung des Eiweißes von Luzerne, die S-Mangel zeigte, und von Luzerne, die genügend mit S versorgt war. Sie fanden, daß bei S-Mangel von den 18 untersuchten Aminosäuren 16 bezogen auf Gesamt-N abnehmen. Lediglich Arginin zeigte einen geringen und Asparaginsäure einen starken Anstieg bei S-Mangel. Die genannten Autoren vermuten, daß bei ungenügender S-Versorgung die fehlenden S-Bausteine Cystin und Methionin eine Eiweißsynthese verhindern. Die vorhandenen Aminosäuren werden deaminiert, ihr Stickstoff wird in Form der Asparaginsäure und des Arginins gespeichert. Die Akkumulation löslicher N-Verbindungen bei S-Mangel kann nach EATON (1951) auch teils auf eine Proteolyse zurückgehen. ERGLE und EATON (1951) berichten, daß S-Mangelpflanzen einen niedrigen Gehalt an reduzierenden Zuckern haben. Diese Auswirkung kann mit der Akkumulation löslicher N-haltiger Verbindungen bei S-Mangel in Zusammenhang stehen, also keine direkte S-Wirkung sein. Nach ERGLE und EATON (1951) hat die S-Versorgung keinen Einfluß auf die Stärkefraktion. SCHROPP und ARENZ (1940) fanden eine geringfügige Erhöhung des Stärkegehaltes der Kartoffel durch S, der Zuckergehalt von Zuckerrüben wurde durch S wesentlich gesteigert.

C. Mangel

Daß der S-Mangel der Pflanze dem N-Mangel sehr ähnelt, überrascht nicht weiter, da in beiden Fällen eine verminderte Eiweißsynthese und damit ein geringes Wachstum und eine ungenügende Ausbildung von Chloroplasten vorliegt. HANSON et al. (1941) sowie KYLIN (1953) vermuten, daß bei S-Mangel auch die Chloroplasten abgebaut werden. *S-Mangelpflanzen* sind kleine, kümmerliche, aufrechte, starre Pflanzen, die Blätter sind hellgelb mit teils schwachen roten Farbtönen. WEDIN und STRUCKMEYER (1958) beobachteten bei Tabak ein Einrollen der Blattspitzen infolge ungenügender S-Versorgung. S-Mangel in der Praxis ist selten, lediglich die beim Tee als „*tea yellows*" bezeichnete Krankheit stellt einen S-Mangel mit größerer wirtschaftlicher Bedeutung dar. Beim Tee sind die chlorotisch aussehenden Blätter von S-Mangelpflanzen kleiner und etwas nach der Oberfläche zu eingerollt; sie sind steif und spröde und werden häufig vorzeitig abgeworfen. Knospen und Zweige sterben vielfach ab (WALLACE 1951).

Eine ungenügende S-Versorgung äußert sich sehr deutlich im S-Gehalt. KYLIN (1953) berichtet, daß das N/S-Verhältnis junger Weizenpflanzen etwa von 90 auf 460 bei S-Mangel verschoben wird. Er fand, daß das Sproßwachstum bei ungenügender S-Zufuhr mehr gehemmt wird als das Wurzelwachstum. Der S-Gehalt von Pflanzen wird nicht allein durch den im Boden vorhandenen S bestimmt, sondern auch häufig durch die SO_2-Konzentration der Atmosphäre. So können Pflanzen in Industrie- oder Stadtnähe einen beträchtlichen Anteil ihres gesamten S der Luft entnehmen (GILBERT 1951).

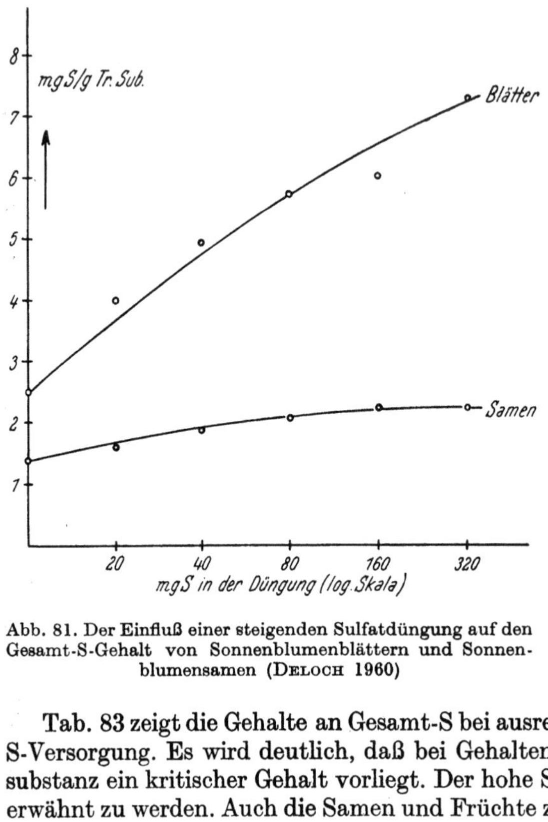

Abb. 81. Der Einfluß einer steigenden Sulfatdüngung auf den Gesamt-S-Gehalt von Sonnenblumenblättern und Sonnenblumensamen (DELOCH 1960)

Der Einfluß einer steigenden Sulfat-Düngung auf den Gesamt-S-Gehalt in Sonnenblumenblättern und auch Sonnenblumensamen geht deutlich aus der Abb. 81 hervor.

Aus der Skizze ist zu ersehen, wie sehr der S-Gehalt in den Blättern zunimmt. Aber auch die Samen zeigen die gleiche Tendenz, wenn auch in abgeschwächtem Maße.

Tab. 83 zeigt die Gehalte an Gesamt-S bei ausreichender und bei ungenügender S-Versorgung. Es wird deutlich, daß bei Gehalten von 1 bis 1,5 mg S/g Trockensubstanz ein kritischer Gehalt vorliegt. Der hohe S-Gehalt der Cruciferen verdient erwähnt zu werden. Auch die Samen und Früchte zeigen in den einzelnen Pflanzen-

Tabelle 83. *S-Gehalt von S-Mangelpflanzen und gut mit S versorgten Pflanzen in mg S/g Trockensubstanz* (DELOCH 1960)

Pflanze	Mangel	ausreichend mit S versorgt
Buschbohnen (Blatt und Stengel) ...	1,35	2,83
Ackerbohnen (Blatt und Stengel)	0,95	1,55
Tomaten (Blatt und Stengel)........	1,05	2,17
Mais (Stengel)....................	0,67	1,05
Senf (Stroh)	1,47	5,47
Tabak	2,34	6,44
Rotklee	1,31	2,41

familien erhebliche Unterschiede im Gesamt-S-Gehalt, wie der Tab. 84 zu entnehmen ist. Der S liegt hier zum großen Teil als organisch gebundener S vor. Der hohe S-Gehalt der Cruciferensamen dürfte hauptsächlich auf den Gehalt an Senfölen, der der Leguminosen auf den hohen Eiweißgehalt zurückzuführen sein. Getreidekörner enthalten vergleichsweise wenig S.

Tabelle 84. *Der Gehalt an S einiger Samen bzw. Früchte in mg S/g Trockensubstanz* (DELOCH 1960)

Pflanze	Gehalt	Pflanze	Gehalt
Roggen	1,54	Lathyrus cicera	2,64
Gerste	1,81	Lathyrus sativus	2,86
Hafer	1,81	Pisum sativum	2,67
Weizen	1,69	Lupinus albus	3,00
Mais	1,69	Vicia villosa	2,92
Milokorn	1,51	Soja	3,25
Sorghum technicum	1,64	Sareptasenf	10,1
Setaria italica	1,73	Lihoraps	11,5
Ackerbohnen	2,37	Senf	13,9
Buschbohnen	2,43	Ölrettich	16,6

Literatur

ANDERSON, A. J., und D. SPENCER: Molybdenum and sulfur in symbiotic nitrogen fixation. Nature **164**, 273–74 (1949). — ARNON, D. J., F. R. WHATLEY und M. B. ALLEN: Triphosphopyridine nucleotide as a catalyst of photosynthetic phosphorylation. Nature **180**, 182–185 (1957).

BALDWIN, E.: Biochemie, S. 186. Weinheim/Bergstraße: Verlag Chemie. 1957. — BALEY, K.: Protein structure and biological activity. Nature **180**, 833–835 (1957). — BAUMEISTER, W.: Handbuch der Pflanzenphysiologie, Hauptnährstoffe, S. 496. Berlin-Göttingen-Heidelberg: Springer. 1958. — BERSIN, TH.: Die Phytochemie des Schwefels. Advanc. Enzymol. **10**, 223–323 (1950). — BIDDULPH, O., S. BIDDULPH, R. CORY und H. KOONTZ: Circulation patterns for phosphorus, sulfur and calcium in the bean plant. Plant Physiol. **33**, 293–300 (1958). — BIDDULPH, O., R. CORY und S. BIDDULPH: The absorption and translocation of sulfur in red kidney bean. Plant Physiol. **31**, 28–33 (1956). — BIDDULPH, S.: Visual indications of S^{35} and P^{32} translocation in the phloem. Amer. J. Bot. **43**, 143–148 (1956). — BÖTTGER, I.: Über den Mechanismus der Eiweißbiosynthese, Biol. Rundschau **3**, 105–122 (1965). — BUKOVAC, M. J., und S. H. WITTWER: Absorption and mobility of foliar applied nutrients. Plant Physiol. **32**, 428–435 (1957).

COLEMAN, R. G.: The effect of sulphur deficiency on the free amino acids of some plants. Austr. J. Biol. Sci. **10**, 50–56 (1957). — Occurrence of ornithin in sulphur deficient flax and the possible place of ornithin and citrulline in the arginin metabolism of some higher plants. Nature **181**, 776–777 (1958).

DELOCH, H. W.: Dissertation der Landw. Fakultät. Gießen 1960.

EATON, S. V.: Effects of sulphur deficiency on growth and metabolism of tomato. Bot. Gaz. **112**, 300–307 (1951). — ERGLE, D. R., und F. M. EATON: Sulphur nutrition of cotton. Plant Physiol. **26**, 639–654 (1951).

GILBERT, F. A.: The place of S in plant nutrition. Bot. Rev. **17**, 671–691 (1951). — GRUNBERG-MANAGO, M.: Enzymatic synthesis of nucleic acids. Ann. Rev. Biochem. **31**, 301–325 (1962).

HANSON, E. A., B. S. BARRIEN und J. G. WOOD: Relations between protein-nitrogen, protein-sulphur and chlorophyll in leaves of Sudan grass. Austr. J. Exper. Biol. **19**, 231–234 (1941).

JOY, K. W., und R. H. HAGEMAN: The purification and properties of nitrite reductase from higher plants, and its dependance on ferredoxin. Biochem. J. **100**, 263–273 (1966).

KRETOVICH, L.: Some problems of amino acid and amide biosynthesis in plants. Ann. Rev. Plant Physiol. **16**, 141–154 (1965). — KYLIN, A.: The uptake and metabolism of sulphate by deseeded wheat plants. Physiol. Plantarum **6**, 775–795 (1953).

LEGETT, J. E., und E. EPSTEIN: Kinetics of sulfate absorption by barley roots. Plant Physiol. **31**, 222–226 (1956). — LEOPOLD, A. C., und R. C. PRICE: Sulfhydryls in plants. I: Reactions with growth regulators. Plant Physiol. **32**, 520–525 (1957). — LIVERMAN, J. L., und J. B. RAGLAND: Metabolism of sulfur-35 in the Alaska pea. Plant Physiol. **31**, VII (1956). — LUBIN, M.: A priming reaction in protein synthesis. Biochim. Biophys. Acta **72**, 345–348 (1963).

MERTZ, E. T., V. L. SINGLETON und C. L. GARLEY: The effect of sulfur deficiency on the amino acids of alfalfa. Arch. Biochem. Biophys. **38**, 139–145 (1952). — MOSSOLOW, I. W., A. N. LAPSCHINA, L. P. WOLLEIDT und A. W. PANOWA: Aufnahme und Verteilung von Calcium und Schwefel in den Pflanzen. Bull. Wsesojusn. Naut. Inst. Udobr. i. Agropotschw. **2**, 28–31 (1956). — MOTHES, K.: Über den Schwefelstoffwechsel der Pflanzen II. Planta **29**, 67–109 (1939). — MOYER, D., D. T. RUSSEL, H. HENDRICKS, und G. R. HILL: Sulfur metabolism in alfalfa. Soil Sci. **70**, 19–28 (1950).

NIRENBERG, M., P. LEDER, M. BERNFIELD, R. BRIMACOMBE, J. TRUPIN, F. ROTTMANN und C. O'NEAL: RNA codewords and protein synthesis. Proc. Natl. Acad. Sci. US **53**, 1161–1168 (1965).

OLSEN, R. A.: Absorption of sulfur dioxide from the atmosphere by cotton plants. Soil Sci. **84**, 107–111 (1957).

POTAPOV, N. G., und D. FEJER: Die Rolle des Schwefels im Leben der Pflanzen. Agrokem. és Talajtan **1**, 37–56 (1956). — PRICE, C. A., und M. R. TAYLOR: Sulfhydryls in plants. II: Distribution in tissues. Plant Physiol. **32**, 525–529 (1957).

REINBOTHE, H., und K. MOTHES: Urea, ureides and guanidines in plants. Ann. Rev. Plant Physiol. **13**, 129–150 (1962).

SCHIFF, J. A.: Preliminary studies on the sulfur metabolism of chlorella pyrenoidosa. Plant Physiol. **31**, VII (1956). — SCHMALFUSS, K.: Pflanzenernährung und Bodenkunde, S. 132. Stuttgart: S. Hirzel. 1952. — SCHRAMM, G.: Biochemische Grundlagen des Lebens. Naturwiss. Rundschau **16**, 89–96 (1963). — SCHROPP, W., und B. ARENZ: Über die Auswirkung des S-Mangels auf die Morphologie, den Ertrag und den N-Haushalt einiger Kulturpflanzen. Z. Bodenkde. Pflanzenernähr. **20** (65), 68–82 (1940). — STEWARD, F. C., und J. K. POLLARD: Nitrogen metabolism in plants: ten years in retrospect. Ann. Rev. Plant Physiol. **8**, 65–114 (1957).

VIRTANEN, A. J.: Neue Amino- und Ketosäuren in grünen Pflanzen und die Biosynthese der Aminosäuren. Angew. Chemie **67**, 381–388 (1955). — VIRTANEN, A. I.: Some aspects of amino acid synthesis in plants and related subjects. Ann. Rev. Plant Physiol. **12**, 1–10 (1961). — VIRTANEN, A. I., und T. Z. CSAKY: Formation of oxine nitrogen in Torula Yeast fed with potassium nitrate. Nature **161**, 814–815 (1948). — VIRTANEN, A. I., und N. SARIS: Organic hydroxylamine compounds from nitrite in Tornlopsis utilis. Acta chem. Scand. **9**, 337–338 (1955).

WALLACE, T.: The diagnosis of mineral deficiencies, S. 60. London: His Majesty's Stationery Office. 1951. — WARNER, J. R., A. RICH und C. E. HALL: Electron microscope of ribosomal clusters synthesizing hemoglobin. Science **138**, 1399–1403 (1962). — WATSON, J. D., und F. H. C. CRICK: Genetical implications of the structure of deoxyribonucleic acid. Nature **171**, 946–967 (1953). — WEDIN, W. F., und B. E. STRUCKMEYER: Effects of chloride and sulfate ions on the growth, leaf burn, composition and anatomical structure of tobacco. Plant Physiol. **33**, 133–139 (1958). — WILSON, L. G., und R. S. BANDURSKI: An ATP-sulfite reaction. Plant Physiol. **31**, VIII (1956). — WOSSOLOW, I. W., und L. P. WOLLEIDT: Zur Frage der physiologischen Rolle des Schwefels in den Pflanzen. Ber. Akad. Wiss. UdSSR **105**, 1045–1048, 11/12 (1955).

YEMM, E. W., und B. F. FOLKES: The metabolism of amino acids and proteins in plants. Ann. Rev. Plant Physiol. **9**, 245–280 (1958). — YOUNG, L. C. T., und E. E. CONN: The reduction and oxidation of glutathione by plant mitochondria. Plant Physiol. **31**, 205–211 (1956).

f) Alkalimetalle

Von

K. Mengel

Die Funktionen der Alkali- und Erdalkali-Ionen werden in der älteren Literatur in erster Linie in deren quellenden bzw. entquellenden Wirkungen auf die Plasmakolloide gesehen (Lundegårdh 1932, Brauner 1930). Nach diesen Anschauungen wird der „giftige" Einfluß eines Ions durch die antagonistische Wirkung eines anderen kompensiert (Libbert 1953). Quellende und entquellende Wirkung sind abhängig von der Wertigkeit und der Wasserhülle des betreffenden Ions, wobei die Alkalien als quellend, die Erdalkalien als entquellend gemäß der „Hofmeisterschen" Ionenreihe gelten. Ein optimales Zusammenspiel der Ionen bewirkt eine „Eukolloidät" (Scharrer 1953), die ihrerseits die Permeabilität des Plasmas sowie den gesamten Wasserhaushalt der Pflanze günstig beeinflußt. Sicherlich ist der Quellungsgrad der Plasmakolloide von Bedeutung. Michael (1941) verweist auf seinen Einfluß bei enzymatischen Reaktionen. Die Eigenschaft der Ionen, den Quellungsgrad eines Kolloidsystems zu bestimmen, ist für das einzelne Ion nicht spezifisch, verwandte Ionen können sich ersetzen. In den letzten Jahren wurden in zahlreichen Arbeiten mehr oder weniger spezifische Reaktionen der Alkali- und Erdalkali-Ionen, besonders deren aktivierende Wirkung bei Enzymreaktionen beschrieben. Darüber hinaus wurde die Bedeutung der Chelatbindung als sehr wesentlich für lebende Gewebe herausgestellt (Burström 1956), so daß die Vorstellung der älteren Schule, Wasserhülle und Wertigkeit seien hauptsächlich für die Affinität eines Ions zu einer organischen Struktur maßgebend, überholt erscheint. Vielmehr spielt die Elektronenkonfiguration eines Atoms, da sie wesentlich an einer Chelatbindung beteiligt ist, eine hervorragende Rolle (Williams 1956). Viele Unstimmigkeiten, die sich mit der älteren Schule nicht erklären ließen, z. B. die verschiedene physiologische Wirkung chemisch naheverwandter Ionen, lassen sich heute mit dem Vermögen eines Ions, eine chelatartige Bindung mit einer organischen Struktur einzugehen, besser erklären.

Es ist verständlich, wenn so die mehr spezifischen Wirkungen der Ionen „bedeutungsvoller" (Bogen 1954) erscheinen, wobei rein kolloidchemische Effekte nicht geleugnet werden sollen. Ob man jedoch einen ungeregelten Wasserhaushalt einer Pflanze, z. B. Welketracht bei K-Mangel, nur mit dem direkten Einfluß des K auf die Quellung erklären kann, ist unwahrscheinlich. Alle Mangelsymptome sind eher Ausdruck verschiedener Unregelmäßigkeiten, besonders stoffwechselphysiologische Störungen, wie gesteigerte Atmung, verminderte Photosynthese, geringere Konzentration an Assimilaten, Stauung von Assimilaten u. dgl. Verschiedene früher als kolloidchemisch befundene Reaktionen konnten als spezifische Wirkungen identifiziert werden. So zeigten Chevremont und Firket (1951), daß die Wachstumshemmung des Be auf eine spezifische Hemmung der alkalischen Phosphatase zurückgeführt werden kann. Die günstige Wirkung von NaCl auf das Wachstum und die Succulenz von Salicornea wird nach van Eijk (1934) lediglich durch die Wirkung des Cl-Ions und nicht durch die osmotische Wirkung der Salzlösung hervorgerufen. Pirson et al. (1952), die über die Wirkung des K bei der Photosynthese berichten, schreiben:

„Die Strukturaktivierung bzw. -stabilisierung durch Kalium dürfte dessen Hauptfunktion im Stoffwechsel sein. Doch beruht diese wohl nicht auf einem allgemeinen plasmatischen Effekt, der durch einfache an Modellen gewonnene Vorstellungen (wie einer Hydratations- und Quellungsänderung des Plasmas) befriedigend gekennzeichnet wäre, sondern eher in einer fein differenzierten Beeinflussung verschieden lokalisierter Reaktionssysteme..."

Daneben gibt es auch viele unspezifische Ionen-Reaktionen, die aber häufig erst auf Grund ihrer aktivierenden Wirkung auf ein Enzymensystem einen physiologischen Prozeß induzieren. So berichten HONDA et al. (1958), daß die Oxydation von reduziertem Cytochrom c sowie von DPNH[1] von K^+, Na^+, Mg^{++}, Ca^{++}, Cl^- und PO_4^{3-} begünstigt wird.

1. Kalium

A. Aufnahme, Verteilung und Beweglichkeit

Kalium liegt von allen Kationen im allgemeinen in höchster Konzentration im pflanzlichen Organismus vor. Seine Notwendigkeit für das Wachstum und für eine normale Entwicklung der Pflanze ist schon seit langem bekannt; die starken Ertrags- und Qualitätseinbußen bei ungenügender K-Versorgung brauchen nicht mehr besonders betont zu werden. Kalium wird genau wie andere Alkali- oder Erdalkali-Ionen als Ion aus der Bodenlösung oder auch direkt vom Bodensorptionskomplex durch Kontaktaustausch aufgenommen (JENNY und OVERSTREET 1939). Für eine ausreichende K-Versorgung sollen etwa 2% der gesamten Austauschkapazität des Bodens mit K abgesättigt sein (BROYER und STOUT 1959). Die K-Aufnahme kann beträchtlich durch die Anwesenheit anderer Kationen, besonders durch Ca, aber auch Mg und Na, behindert werden, und umgekehrt spielt die Ionenkonkurrenz des K gegenüber der Ca-, Mg-, aber auch Na-Aufnahme eine beachtliche Rolle. Aus dieser Konkurrenz ergibt sich, daß die aufgenommene Kationensumme von Ca, K und Mg, obgleich die einzelnen Ionen in ganz unterschiedlichen Mengen aufgenommen werden, ziemlich konstant sein kann (BROYER und STOUT 1959, OLSEN 1950). Die Literatur über die gehemmte Kationenaufnahme bei hohen K-Konzentrationen ist zahlreich. Da sie im allgemeinen schon im Abschnitt III C diskutiert wird, sei hier nur betont, daß sowohl im Freiland als auch im Gefäßversuch und in Experimenten mit verschiedenen Gewebearten ein konkurrierender Einfluß des K auf die Aufnahme anderer Kationen festgestellt wurde (BOWLING und BROWN 1947, SMITH und WALLACE 1956 a und b, LARSON und PIERRE 1953, OVERSTREET et al. 1952, YORK Jr. et al. 1953, SCHARRER und MENGEL 1958, MULDER 1950, FERRARI und SLUIJSMANS 1955). Über eine gehemmte K-Aufnahme durch den konkurrierenden Einfluß des Na wird von ELGABALY (1955), des Ca von HANSON und KAHN (1957) und des Mg von D. MULDER (1950) sowie GÄRTEL (1955) berichtet.

Daß hohe H-Ionenkonzentrationen die K-Aufnahme erschweren, wurde wiederholt festgestellt (FAWZY et al. 1954, OLSEN 1953, JACOBSON et al. 1957, NIELSEN und OVERSTREET 1955, MURPHY 1959). Es dürfte sich hierbei nicht nur um eine Ionenkonkurrenz des H-Ions mit dem K-Ion um negative Valenzen der Wurzeloberfläche bzw. der Trägersysteme handeln. Die Tatsache, daß etwa von pH 4,5 an die K-Aufnahme nicht mehr sonderlich mit dem pH-Wert korreliert, unterhalb dieses Säuregrades aber ein starker Abfall der K-Aufnahme, ja sogar eine Abgabe der K-Ionen in die Nährlösung beobachtet wurde, läßt es wahrscheinlich sein, daß höhere H-Ionenkonzentrationen tiefgehendere Veränderungen des Wurzelplasmas und damit des Aufnahmemechanismus hervorrufen. Hierfür spricht auch der Befund, daß die schädliche H-Ionenwirkung durch mehrwertige Kationen aufgehoben werden kann (FAWZY et al. 1954). MALM (1950) konnte an Hefezellen fest-

[1] Reduziertes Diphosphopyridinnucleotid.

stellen, daß die Dissoziation des K von organischen Komplexen sehr pH-abhängig ist. Bei Behandlung mit anorganischen Säuren wurde ein starkes Heraustreten von K-Ionen aus der Zelle beobachtet, was die Wirksamkeit der Enzymsysteme — wie weiter unten noch näher erläutert wird — wesentlich einschränken dürfte. Für eine ausreichende K-Aufnahme ist besonders im Freiland der O_2-Gehalt der Bodenluft von Bedeutung. Hierbei ist nach HAMMOND et al. (1955) weniger der absolute CO_2-Gehalt als der Partialdruck des O_2 maßgebend. Eine ungenügende O_2-Versorgung kann unter Umständen bis zum K-Mangel führen. Der Einfluß der verschiedensten Faktoren auf den K-Gehalt der Kulturpflanzen wird von WELTE (1956) ausführlich diskutiert.

K ist im Vergleich zu anderen Kationen in der Pflanze sehr gut beweglich. BUKOVAC und WITTWER (1957) wiesen die gute Beweglichkeit des K in basipetaler wie auch akropetaler Richtung direkt mit radioaktiven K-Isotopen nach. Die höchsten K-Gehalte befinden sich im allgemeinen in den jüngeren Blättern, die geringsten in den älteren (BOWLING und BROWN 1947, SCHEFFER und WELTE 1955). BOWLING und BROWN fanden jedoch bei Tabak, daß diese Verteilung nicht immer vorzuliegen braucht. So kommt es bei hoher K-Düngung vor, daß die älteren Blätter K-reicher sind als die jüngeren. Im normalen Fall darf angenommen werden, daß das K vor allen Dingen in die jungen Gewebe transportiert wird. Es ist bekannt, daß K im Vergleich zu den anderen Mineralstoffen von der Pflanze besonders stark in der Jugendentwicklung aufgenommen wird. Nach OLSEN (1948) liegt ein großer Teil des K sorptiv an das Plasma gebunden vor. Mit zunehmendem Alter der Pflanze geht dieses sorptiv gebundene K in den freien Ionenzustand über. Quantitative Angaben, wieviel K sorptiv gebunden ist und welche organischen Strukturen besonders zur K-Bindung neigen, können infolge der Instabilität organischer K-Verbindungen nur schwerlich ermittelt werden. PENSTON sowie MENKE (zit. nach COIC 1956) nehmen an, daß das K^+ auf der Oberfläche der *Chloroplasten* angehäuft vorkommt und bei der Photosynthese in die *Chloroplasten* eindringt. Ein überzeugender Nachweis, daß das K^+ an die Chlorplasten gebunden ist, konnte jedoch noch nicht erbracht werden, da jede Abtrennung der Chloroplasten aus dem Gewebe die lockere Bindung des K^+ an die Chloroplasten aufhebt. Daß das K^+ jedoch an geordneten plasmatischen Strukturen ganz bestimmte physiologisch wirksame Stellen besetzt, darf man heute annehmen (ROBERTSON 1958). HONDA und ROBERTSON (1956) konnten nachweisen, daß K in den *Mitochondrien* in einer wasserunlöslichen Form vorkommt und daß es in dieser Bindung durch Na nicht ausgetauscht werden kann. Die Tatsache, daß für ein normales Pflanzenleben das K in relativ hohen Konzentrationen in der Pflanze vorliegen muß, mag damit zusammenhängen, daß infolge der meist lockeren Bindung des K^+ an organische Strukturen eine hohe Konzentration vorliegen muß, um eine ausreichende Absättigung der für K wichtigen physiologischen Bindungsstellen zu ermöglichen.

B. Funktionen

Die Wirkung und die Bedeutung des K für die Quellung der Plasmakolloide und den Wasserhaushalt der Pflanze wurden schon bei der allgemeinen Besprechung der Alkali- und Erdalkali-Ionen erwähnt. K reguliert den *Wasserhaushalt*. ROGALEW (1949) berichtet, daß bei K-Mangel die Biokolloide weniger stabil sind und daß das Festhaltevermögen für Wasser abnimmt. Hieraus geht schon hervor, daß der Einfluß des K über die Plasmastabilität wirksam wird. Diese dürfte auch für die *Enzymaktivität* maßgebend sein. Ein Beispiel hierfür wird von FARRANT et al. (1953) angegeben. Die in den Mitochondrien lokalisierte Cytochromoxydaseaktivität wird von K^+ unspezifisch aktiviert, indem es die Permeabilität der

Mitochondrien erhöht und so den Reaktionspartnern, Cytochrom c und Cytochromoxydase, ein schnelleres Zusammentreffen ermöglicht (MILLER und EVANS 1956). In ähnlicher Weise, nämlich *Quellungsgrad* und *Permeabilität* enzymatischer Strukturen zu beeinflussen, dürfte das K^+ in anderen Fermentsystemen wirksam sein, und die ältere Schule, die die Hydratationswirkung des K^+ sehr betonte, hat insofern recht, als diese Wirkung mittelbar über die Enzymaktivität in gesteigertem Maße physiologische Prozesse steuert.
Man kennt heute mehr als 40 verschiedene Enzyme des pflanzlichen Stoffwechsels, die durch K^+ aktiviert werden. In vielen Fällen ist der aktivierende Einfluß des K^+ auf Enzyme nicht spezifisch. Die Tatsache jedoch, daß K^+ nicht zu 100% von anderen Kationen in der Pflanze ersetzt werden kann, deutet auf streng spezifische Funktionen. Der Befund von HONDA und ROBERTSON (1956), daß das in den Mitochondrien lokalisierte K nicht wasserlöslich ist und von Na^+ nicht ausgetauscht wird, gibt hierfür schon einen Hinweis. HASSAN und OVERSTREET (1952) fanden, daß alle Alkali-Ionen auf Radieschen-Keimlinge toxisch wirken, außer K^+, das in niederen Konzentrationen sogar das Wachstum stimulierte. Die genannten Autoren konnten nachweisen, daß die toxische Wirkung der Alkali- als auch der Erdalkali-Ionen nicht durch ungünstige osmotische Verhältnisse hervorgerufen wurden, vielmehr müssen die Salze irgendwelche Stoffwechselprozesse gehemmt haben, für die niedrige K-Konzentrationen einen wahrscheinlich günstigen Einfluß hatten. Über eine Erhöhung der Zellteilungsrate durch K berichten WADLEIGH (1949) und BRUNS (1954).

Die unspezifische Aktivierung der Cytochromsysteme verschiedener Pflanzen durch K^+ wurde von MILLER und EVANS (1956) sowie HONDA et al. (1958) gefunden. Die nach BUTLER (1953) durch KCl hervorgerufene erhöhte O_2-Aufnahme der Mitochondrien dürfte ebenfalls auf eine stimulierte Cytochromoxydasetätigkeit zurückzuführen sein. Eine aktivierende Wirkung des K-Ions wurde weiterhin bei verschiedenen *Phosphorylierungsprozessen* gefunden. MILLER und EVANS (1957) sowie MCCOLLUM et al. (1958) berichten, daß K^+ neben Mg^{++} die Aktivität der Brenztraubensäurekinase erhöht. Nach MCCOLLUM et al. hatte bei der aus Pflanzen isolierten Brenztraubensäurekinase Rb^+ die quantitativ gleiche Wirkung wie K^+, während Na^+ und NH_4^+ nur eine abgeschwächte Wirkung zeigten. LATZKO (1959), der ebenfalls eine Aktivitätssteigerung der Brenztraubensäurekinase durch K^+ fand, betont, daß für die Wirksamkeit dieses Enzyms das Ionenmilieu, besonders das Zusammenspiel zwischen ein- und zweiwertigen Ionen von Bedeutung ist. Die aktive Form des Enzyms liegt nach HERS (zit. nach LATZKO 1959) dann vor, wenn eine Valenz des Enzyms durch K^+, die andere durch Mg^{++} abgesättigt ist, wobei das Mg die für den Fermentmechanismus notwendige Bindung an ATP bewirkt.

$$\text{Enzym}\begin{cases}\text{K}\\ \text{Mg—ATP}\end{cases}$$

(aktive Form nach HERS)

LATZKO und CLAUS (1958) berichten, daß die aerobe Phosphorylierung, d. h. die Bildung energiereicher Phosphate (ATP) durch Oxydation von organischer Substanz durch K^+ begünstigt wird. Na^+, NH_4^+ und Rb^+ sind hierbei weniger wirksam. Auch auf die photosynthetische Phosphorylierung soll K^+ neben Mg^{++} nach LATZKO und MECHSNER (1958) aktivierend wirken. Die Wirksamkeit einer gleichen Menge Rb^+ beträgt hier etwa 80% von der des K^+. Li^+, Cs^+ und NH_4^+ sind praktisch ohne Einfluß. Ob bei der photosynthetischen wie auch bei der aeroben Phosphorylierung die K-Wirkung durch einen analogen für die Brenztraubensäurekinase postulierten Mechanismus zustande kommt, sei dahingestellt.

COIC (1956) nimmt an, daß verschiedene phosphorylierte Verbindungen K selektiv sorbieren. Die von LATZKO und MECHSNER (1958) an *Chlorella* gefundene durch K^+ begünstigte photosynthetische Phosphorylierung bedeutet, daß dem K^+ bei einer wesentlichen Reaktionsstufe der *Photosynthese*, nämlich der Umwandlung von Lichtenergie in chemische Energie durch Bildung energiereicher Phosphate, eine entscheidende Bedeutung zukommt. Hiermit stehen die Versuchsergebnisse PIRSONs et al. (1952) sowie BERGMANNs (1955) im Einklang. Sie fanden, daß sich der K-Mangel hauptsächlich auf autotroph lebende Algenkulturen negativ auswirkte. Die starke Hemmung der Photosynthese bei ungenügender K-Versorgung ist zu Anfang reversibel, woraus man schließen darf, daß kein unmittelbarer Zusammenbruch eines Systems vorliegt. PIRSON et al. (1952) sehen die Wirkung des K^+ darin, daß es die Struktur der einzelnen Reaktionssysteme aktiviert und stabilisiert. Sie betonen, daß die Hemmung der Photosynthese eine direkte Auswirkung des K-Mangels ist und nicht durch einen erst später einsetzenden Abfall des Chlorophyllgehaltes bewirkt wird. Auch BOTTINI (1956) berichtet über eine gesteigerte Photosynthesetätigkeit bei ausreichender K-Versorgung.

Diese günstige Wirkung des K^+ auf die Photosynthese mag damit zusammenhängen, daß gerade die Pflanzen mit hohen Kohlenhydrat- oder Fettreserven in ihren Speicherorganen für eine normale Entwicklung viel K verlangen (SCHARRER 1953). Daneben ist jedoch auch noch zu berücksichtigen, daß die Wirksamkeit verschiedener *Hydrolasen* vom K-Spiegel in der Pflanze beträchtlich beeinflußt wird. Amylase, Saccharase, Glukosidase, Galaktosidase, Pektinase und auch Proteasen zeigen bei K-Mangel eine erhöhte Aktivität (HOFMANN und LATZKO 1951, LATZKO und HOFMANN 1951, SCHECK 1953, AMBERGER 1954, HOFMANN und von SCHMELING 1955). Pflanzen mit ungenügender K-Versorgung haben deshalb einen höheren Gehalt niedermolekularer Kohlenhydrate sowie löslicher N-Verbindungen. Steigende K-Gaben bewirken dagegen einen höheren Saccharosegehalt bzw. eine Erhöhung des Stärke-Glukoseverhältnisses in den Speicherorganen. In Übereinstimmung hiermit berichten HOFMANN und von SCHMELING (1955), daß bei vierjährigen K-Düngungsversuchen das K neben einer erhöhten Assimilationsleistung stärkereichere Körner hervorbrachte. Neben der K-Versorgung hängt die Bildung der Polysaccharide auch von der N-Düngung ab. Hohe N-Gaben wirken sich auf die Kohlenhydratfraktionen so aus wie eine unzureichende K-Versorgung (AMBERGER 1954, LATZKO und HOFMANN 1951). Inwieweit die höheren Gehalte an niedermolekularen Kohlenhydraten, meist Monosaccharide, mit einer verstärkten Atmung bei K-Mangel zusammenhängen, ist noch nicht geklärt. AMBERGER (1953) nimmt an, daß höhere K-Konzentrationen die Aktivität der Atmungsfermente hemmen. Daß K-Mangel die Atmung erhöht, wird von weiteren Autoren angeführt (BAUMEISTER und SCHMIDT 1957, PIRSON et al. 1952). Es ist nicht ausgeschlossen, daß der verstärkte Aufbau von Polysacchariden bei ausreichender K-Versorgung auf den günstigen Einfluß des K^+ auf Phosphorylierungsprozesse zurückzuführen ist, da jede Synthese längerer Kohlenstoffketten eine Phosphorylierung der einzelnen Bausteine voraussetzt (Beladungsreaktion).

Auch der *Eiweißstoffwechsel* wird durch die K-Versorgung der Pflanze beeinflußt. Wie oben schon erwähnt, wird die Aktivität von Proteasen durch K-Mangel erhöht. RICHARDS (1956) nimmt an, daß hierdurch die bei ungenügender K-Zufuhr zu beobachtende Anhäufung löslicher N-Verbindungen hervorgerufen wird. Die Proteine würden also bei K-Mangel abgebaut. THOMAS und KRAUS (1955) fanden jedoch im Vergleich zur Zunahme der löslichen N-Fraktion eine nur geringfügige Proteinabnahme bei *Scenedesmus* infolge K-Mangels. Sie nehmen an, daß der K-Spiegel der Zelle auf die Stabilität der Proteine keinen Einfluß hat. In Übereinstimmung hiermit wurde von THOMPSON und MORRIS (1956) festgestellt, daß die

K-Versorgung die Aminosäurezusammensetzung des Eiweißes von Wasserrüben nicht beeinflußt, während in der löslichen N-Fraktion bei K-Mangel der Gehalt an Glutamin beachtlich erhöht, der an Glutaminsäure dagegen erniedrigt wird. THOMPSON und MORRIS (1956) nehmen an, daß bei K-Mangel die Eiweißsynthese gehemmt ist. Auch MULDER und BAKEMA (1956) fanden, daß die K-Versorgung weniger die Proteinfraktion als die Fraktion löslicher N-Verbindungen beeinflußt. Es wird bei K-Mangel in der Kartoffelknolle besonders die Konzentration der Amide, der γ-Aminobuttersäure und des Tyrosins erhöht. Diese N-Verbindungen deuten eher darauf, daß der Verbrauch von NH_4^+ sowie die Eiweißsynthese blockiert ist. Ein konkreter Hinweis hierfür sind die Versuchsergebnisse WEBSTERS (1953, 1956). Er stellte fest, daß die Synthese von γ-Glutamyl-Cystein, eine Vorstufe des Glutathions, und der Einbau von Glutaminsäure in Eiweiß durch K^+ aktiviert wird. Es verdient hervorgehoben zu werden, daß die Inkorporierung von Glutaminsäure ausschließlich durch K^+ aktiviert wird, Rb^+ dagegen wirkt sogar hemmend. Aus diesen Untersuchungen darf man schließen, daß die Akkumulation löslicher organischer N-Verbindungen durch eine gehemmte Eiweißsynthese hervorgerufen wird. RICHARDS und COLEMAN (1952) isolierten aus Gerstenpflanzen mit K-Mangel ein basisches Amin „*Putrescin*" (Tetramethylendiamin). Die Verbindung, die in relativ hoher Konzentration vorlag und die in gesunden Pflanzen nicht nachgewiesen werden konnte, deutet ebenfalls auf einen gestörten Eiweißstoffwechsel. In Zusammenhang mit den enzymatischen Wirkungen des K^+ sei noch erwähnt, daß die für den Trikarbonsäurezyklus wichtige Transacetylase neben Mg^{++} auch noch von K^+, NH_4^+ oder Rb^+ aktiviert werden kann (STADTMAN 1952); Na^+ hat nach v. KORFF (1953) dagegen keinen Einfluß auf die Transacetylase.

RATHJE (1952) fand, daß die CO_2-Abgabe lebender Organismen mit der K-Aufnahme korreliert. Gleichzeitig wurden dabei H-Ionen abgegeben. Bei eingeschränkter Stoffwechseltätigkeit konnte er dagegen eine Abgabe von K- und eine Aufnahme von H-Ionen beobachten. Die vermehrte K-Aufnahme bei erhöhter CO_2-Abgabe ließe sich mit dem Energieaufwand der aktiven Salzaufnahme erklären, ob dagegen die Abgabe von K-Ionen gegen H-Ionen bei geringer Stoffwechseltätigkeit nur einen Austausch darstellt, ist schwer zu sagen. RATHJE (1952) folgert aus seinen Untersuchungen, daß K für die Neutralisation der bei erhöhter Stoffwechseltätigkeit im stärkeren Maße anfallenden organischen Säuren notwendig ist, d. h. die Produktion organischer Säuren würde eine erhöhte K-Aufnahme hervorrufen. Diese Konzeption entspricht der Vorstellung LUNDEGÅRDHS (1945a) über die Kationenaufnahme. BARAUD et al. (1957) berichten, daß ein hoher K-Spiegel in der Kartoffelknolle einen Anstieg der Konzentration an organischen Säuren bewirkt. Die Frage, ob K eine höhere Menge organischer Säuren oder ob die organischen Säuren eine vermehrte K-Aufnahme induzieren, bleibt allerdings noch offen. Für die erste Möglichkeit sprechen die Untersuchungen von NANCE (1957). Er fand, daß bei relativ höherem K-Spiegel in der Pflanze das Acetat unter Einwirkung von Indolylessigsäure im größeren Ausmaß für die Synthese organischer Säuren gebraucht wird, während bei relativ höherem Ca-Spiegel die Veratmung zu CO_2 vorwiegt. BURSTRÖM (1945) fand bei seinen Untersuchungen an Preßsaft von Weizenpflanzen, daß die überschüssige Kationenmenge von Malat-Ionen ausbalanciert wird. Auch er nimmt an, daß eine erhöhte K-Aufnahme die Produktion von Apfelsäure bzw. Malat-Ionen anregt. SCHARRER und WERNER (1957) berichten, daß eine ausreichende K-Versorgung den Ascorbinsäuregehalt einer Anzahl verschiedener Gemüsepflanzen erhöht. Der Einfluß einer mangelnden K-Versorgung auf die chemische Zusammensetzung der Pflanze sowie auf verschiedene physiologische Prozesse wird ausführlich von RICHARDS (1956) beschrieben.

C. Mangel

Äußerlich erkennt man den K-Mangel an einem schlechten *Turgor;* die Pflanzen zeigen die sogenannte „*Welketracht*", daneben treten zumeist erst an den älteren Blättern Chlorosen und Nekrosen auf. Im Gegensatz zum Mg-Mangel beginnen sie meist nicht in der Mitte des Blattes, sondern gehen vom Rande aus, wobei sich die Blattränder etwas nach unten drehen. Jedoch sind diese Unterschiedlichkeiten zwischen K- und Mg-Mangel nicht in jedem Stadium und für jede Pflanze gegeben. So können gerade bei Obstbäumen und Beerensträucher die Schadbilder der Blätter von K- und Mg-Mangel häufig kaum unterschieden werden. D. MULDER (1950) betont, daß neben der Verteilung der chlorotischen und nektrotischen Flecke auf der Blattspreite von Obstbäumen, die Blattgröße einen guten Hinweis dafür gibt, ob Mg- oder K-Mangel vorliegt. Bei K-Mangel wird das Wachstum der Blätter schon sehr früh gehemmt, so daß die Blattspreite im Vergleich zu der

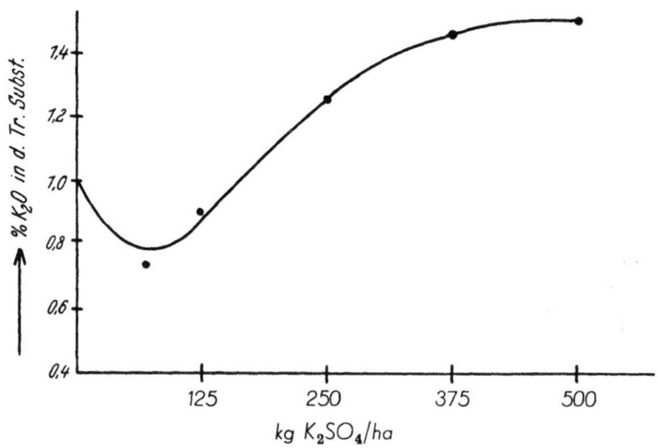

Abb. 82. Einfluß der Kaliumdüngung auf den Kaliumgehalt von Weidelgras (nach WALSH, zit. nach WELTE 1956)

des Mg-Mangel-Blattes kleiner ist. Weiterhin neigen die Bäume bei Mg-Mangel zum Abwerfen der Blätter, was bei K-Mangel nicht gegeben ist. Bei den Gramineen beginnt der K-Mangel an der Blattspitze. Sie hellt sich auf, wird im weiteren Verlauf braun und vertrocknet schließlich. Die Mangelerscheinung schreitet hier von der Spitze zur Basis fort. Diesem Mangelbild entspricht nach E. LÖHR (1953) die K-Verteilung bei ungenügend mit K versorgten Gramineen. E. LÖHR fand, daß das K im Gegensatz zu N- oder P-Mangel vom Hauptsproß in die Nebensprosse des Getreides wandert, so daß der Haupttrieb vom Mangel am stärksten betroffen ist. Bei den Dikotyledonen wandert das K im Mangelzustand, ähnlich wie N, P und Mg, von den älteren in die jüngeren Blätter. Hier wird also, wie schon erwähnt, der K-Mangel zuerst an den älteren Blättern sichtbar. Über K-Mangelsymptome der Rebe wird ausführlich von WILHELM (1950, 1955) und HERSCHLER (1955) berichtet. WILHELM (1955) beobachtete je nach der Intensität des Mangels drei charakteristische Stadien. Im schlimmsten Falle führt der K-Mangel schon zu einem Absterben der Blütenstände, Trauben werden praktisch nicht mehr gebildet. Bei schwachem Mangel ist interessant, daß die tiefblauviolettgefärbten Mangelblätter sich in der Nähe der Trauben befinden. WILHELM (1955) führt hier den Mangel auf den hohen K-Entzug der Trauben aus diesen Blättern zurück. K-Mangelsymptome, Habitus und Ertrag in Abhängigkeit von der K-Versorgung werden für verschiedene Kulturpflanzen von SCHROPP

(1938) beschrieben. Im allgemeinen besteht eine gute Korrelation zwischen K-Gehalt der Pflanze und ihrer K-Versorgung (LUNDEGÅRDH 1945b, GRUPPE 1954, MULDER 1950). SCHINEIS (1955) konnte in zahlreichen Feldversuchen feststellen, daß der K-Gehalt des Heues mit der K-Verfügbarkeit des Bodens gut korreliert. Der K-Gehalt von Mangelpflanzen liegt meistens unter 10 mg K/g Trockensubstanz (WALLACE 1951), bei ausreichender K-Versorgung enthalten die Pflanzen dagegen K in einer Größenordnung von 15 bis 50 mg K/g Trockensubstanz. In Tab. 85 sind die Gehalte verschiedener Pflanzen an K, Ca und Mg angegeben.

Tabelle 85. *Mineralstoffgehalte je g Trockensubstanz*[1] *in mg K, Ca bzw. Mg*

	K	Ca	Mg
Gurke	42	4,3	2,4
Möhre (Wurzel)	22	7,8	3,0
Möhre (Blatt)	15	21,0	1,8
Zwiebel	36	17,0	2,4
Salat	38	4,3	1,2
Spinat	19	7,8	4,8
Sellerie	36	9,2	3,6
Kohlrabi (Knolle)	29	7,8	4,2
Kohlrabi (Blatt)	17	23,0	3,0
Weißkohl	40	9,3	2,4
Rettich	18	7,9	2,4
Tabakblätter	33	15,4	6,9
Tomatenblätter	26	7,0	5,2
Sonnenblumenblätter	40	15,0	3,4
Erbsenblätter	25	23,0	4,3
Haferstroh	13,8	9,0	1,02
Grünhafer (Schoßen)	33	8,7	1,7
Haferkorn	6,4	2,23	1,23
Lihoraps	46	29,0	2,0

[1] Die Gehaltszahlen wurden zum Teil dem Buch JACOB, A.: Magnesia, der fünfte Pflanzenhauptnährstoff, entnommen (Stuttgart: F. Enke, 1955, S. 10), teils sind es verschiedene Analysen des Agrikulturchemischen Institutes, Gießen.

Die Wirksamkeit einer K-Düngung auf den K-Gehalt der Pflanze geht aus der Abb. 82 hervor (WELTE 1956).

Für die Praxis ist von Bedeutung, daß eine ausreichende K-Ernährung die Stabilität der Getreidefaser erhöht und damit die Lagergefahr des Getreides mindert (ACKER 1932, ALTEN 1935, BOSWELL und PARKS 1957). Über die günstige Wirkung einer K-Düngung auf den Faserertrag von Flachs berichten ALTEN und GOEZE (1936), auf den von Hanf GORSCHKOW und SASCHKO (1957). Die Auswirkung des K auf das Stützgewebe der Pflanze kann vielleicht damit zusammenhängen, daß ein höherer K-Spiegel die hydrolytische Wirkung der Glukosidasen einschränkt und damit indirekt die Synthese von Zellulose fördert. Die Erhöhung der Frostresistenz durch ausreichende K-Düngung ist bekannt. Es bleibt noch zu erwähnen, daß bei K-Mangel die Pflanzen weniger widerstandsfähig gegen Infektionskrankheiten sind, das gilt besonders für den Getreidefrost (GASSNER und HASSERBRAUK 1934) wie auch für die Krautfäule der Kartoffel (ALTEN und ORTH 1941). Eine Anzahl Sammelreferate über K wurden vom Internationalen Kali-Institut (1956 und 1957) veröffentlicht. COWIE (1951) sowie JACOB (1955) publizierten Monographien über K.

2. Natrium

Die Na-Aufnahme kann durch andere Kationen behindert werden (SCHARRER und JUNG 1957), und umgekehrt können auch die Na-Ionen, wenn sie in hoher Konzentration in der Nährlösung vorkommen, die Aufnahme anderer Kationen durch konkurrierende Wirkung negativ beeinflussen (BEHRENS 1956, HARMER und BENNET 1945, COOPER et al. 1953, SCHARRER und KÜHN 1958, TULLIN 1954, ELGABALY 1955). LARSON und PIERRE (1953), die ebenfalls feststellen, daß bei steigender Na-Düngung der Gehalt an K, Ca und Mg in der Pflanze abnimmt, verweisen darauf, daß sie bei Mais diese Beziehung nicht fanden. Sie führen dies auf den sehr geringen Na-Gehalt des Maises zurück. In Übereinstimmung hiermit fanden SCHARRER und MENGEL (1960), daß bei Sonnenblumen und Erbsen, die ebenfalls einen sehr niedrigen Na-Gehalt aufweisen, die oberirdischen Pflanzenteile weder durch eine gesteigerte K- noch Mg-Gabe in ihrem Na-Gehalt beeinflußt werden. Die Na-Gehalte der Wurzeln waren dagegen durch die steigende K-Düngung deutlich erniedrigt worden. Trotzdem war der Na-Gehalt der Wurzeln im Vergleich zu den oberirdischen Pflanzenteilen noch sehr hoch. Auch HUFFACKER und WALLACE (1959) fanden bei verschiedenen Pflanzen eine starke Na-Akkumulation in den Wurzeln im Vergleich zu den oberirdischen Pflanzenteilen. Sie vermuten, daß der Übergang von der Wurzel zum Stengel eine Na-Barriere darstellt. Tab. 86 zeigt die Na-Gehalte verschiedener Pflanzenteile (SCHARRER und MENGEL 1960).

Tabelle 86. *Na-Gehalte verschiedener Pflanzenteile* (mval Na/10 g Tr. S.)

	Blatt	Stengel	Wurzel
Tabak	1,41	1,52	1,12
Ackerbohnen	0,76	0,65	2,61
Gurken	0,63	2,11	2,08
Sonnenblumen	0,26	0,30	8,70
Erbsen	0,20	0,52	0,55
Buschbohnen[1]	0,12	0,40	1,43
Mais[1]	0,13	—	2,40

[1] Noch unveröffentlicht.

WYBENGA (1957a) teilt die Pflanzen nach ihrem Vermögen, Na aus der Wurzel in die oberirdischen Pflanzenteile zu transportieren, in drei Gruppen ein. So können z. B. Mais, Bohnen und Astern nur schwerlich Na aus der Wurzel über die Xylemgefäße in den Stengel transportieren; Gerste, Hafer, Tabak und Tomaten nehmen eine Mittelstellung ein, Beta-Rüben, Baumwolle und Spinat vermögen ohne Schwierigkeit große Na-Mengen aus der Wurzel in die Stengel und Blätter zu befördern. Das unterschiedliche Aufnahme- und Transportvermögen muß in der Fähigkeit der einzelnen Pflanzenarten, mehr oder weniger spezifische Na-Träger zu synthetisieren, begründet sein, es hängt wahrscheinlich auch mit dem physiologischen Bedarf der Pflanze für Na zusammen. Denn HARMER und BENNE (1945), die eine Anzahl verschiedener Pflanzen nach ihrer Na-Bedürftigkeit einteilten, kommen zu einer ähnlichen Klassifizierung wie WYBENGA (1957a). In Übereinstimmung hiermit berichten LARSON und PIERRE (1953), daß die Pflanzen, die Na am besten aufnehmen können, auch in ihrem Ertrag am stärksten auf Na reagieren. Die Na-Wirkung fällt mit der Reihenfolge Rote Rüben > Flachs > Hafer > Mais. Der Na-Gehalt liegt für Pflanzen mit geringem Na-Bedarf in einer Größenordnung von 0,5 bis 1,0 mg Na; Hafer,

Gerste und Tabak weisen Gehalte von 3 bis 5 mg Na auf, und die natrophilen Pflanzen können bis zu 20 bis 30 mg Na/g Trockensubstanz enthalten.

Ausgesprochen spezifische Na-Funktionen und auch organische Na-Verbindungen in der Pflanze sind nicht bekannt. Trotzdem ist nach LEHR (1953) das Na ein selbständiger Nährstoff, was damit charakterisiert wird, daß Na auch bei optimaler K-Versorgung noch einen Mehrertrag bewirken kann. Im Gegensatz hierzu berichten DORPH-PETERSON und STEENBJERG (1950), daß sie aus ihren Versuchen mit Mangold, Zuckerrüben, Brassica-Rüben, Kartoffeln und Getreide auf keine selbständige Funktion des Na schließen können, vielmehr konnte die Na-Wirkung durch K vollkommen kompensiert werden. Bei diesen Versuchen bleibt jedoch unberücksichtigt, wieviel Na schon im Boden vorhanden war, und LEHR (1953) verweist mit Recht darauf, daß eine Na-Wirkung nur mit Kontrollen auf Na-armen Nährmedien beobachtet werden kann. Aus der vorhandenen Literatur darf man mit einer gewissen Vorsicht schließen, daß zumindest Beta-Rüben, Spinat, Gerste, Sellerie, Mangold, Karotten und verschiedene Kohlarten in ihrem Ertrag eine Na-spezifische Wirkung zeigen, die durch K nicht zu kompensieren ist (HARMER und BENNE 1945, SCHARRER und KÜHN 1958, TRUOG et al. 1953, HARMER et al. 1953, SCHARRER et al. 1953). LARSON und PIERRE (1953) fanden bei Roten Rüben eine gute Korrelation zwischen K+Na-Gehalt und Ertrag, während zwischen K-Gehalt und Ertrag keine Korrelation vorlag. Der Befund spricht ebenfalls für eine spezifische Na-Wachstumswirkung bei der Roten Rübe. Die unspezifische Wirkung des Na besteht besonders darin, K in einigen wahrscheinlich kolloidchemisch bedingten Funktionen zu ersetzen (LANCASTER et al. 1953, LEHR und WYBENGA 1958). In Übereinstimmung hiermit berichten WEHNUT und COLLINS (1953) über einen günstigen Einfluß des Na auf den Ertrag von Hafer bei ungenügender K-Versorgung. Zu ähnlichen Ergebnissen kamen ULRICH und OHKI (1956) bei Zuckerrüben. LANCASTER et al. (1953) konnten bei Baumwolle in zahlreichen Feldversuchen bei ausreichender K-Düngung keine ertragsteigernde Wirkung des Na feststellen. Die Na-Mengen, die bei niedriger K-Versorgung den K-Mangel kompensieren konnten, waren etwa zehnmal so hoch wie die für die gleiche Wirkung notwendige K-Menge.

Diese Ergebnisse sind jedoch mehr von praktischem Interesse; aus ihnen kann nicht ohne weiteres geschlossen werden, daß das Na hier keine spezifische Funktion erfüllt. Vielmehr ist wahrscheinlich, daß die für ausgesprochene Na-Funktionen relativ geringe Na-Konzentration auch in den Na-ungedüngten Reihen ausreichend vorhanden war. Darüber hinaus ist auch noch zu berücksichtigen, daß die Pflanzen aus der Atmosphäre Na aufnehmen können (BROWELL und WOOD 1957). Die genannten Forscher konnten bei *Atriplex vesicaria* (australischer Salzbusch) und WOOLLEY (1957) bei Tomaten eine deutliche Na-Wirkung auf Ertrag und Habitus der Pflanzen feststellen. Die Versuche wurden in beiden Fällen mit Nährlösungen und filtrierter Luft im Gewächshaus durchgeführt.

Na hat einen günstigen Einfluß auf die Transpiration und den Wasserhaushalt (WYBENGA 1957b, TRUOG et al 1953). HARMER und BENNE (1945) sind der Ansicht, daß es die Widerstandskraft der Pflanze erhöht und die Pflanze besonders bei hoher Hitze vor *Welkeerscheinungen* schützt, COOPER et al. (1953) schreiben ihm eine Bedeutung für den CO_2-Transport in der Pflanze zu, und BEHRENS (1956) verweist darauf, daß Na in den älteren Blättern K und P mobilisieren und so dem Stoffwechsel zuführen kann. Nach WYBENGA und TREGGI (1958) bewirkt eine optimale Na-Versorgung eine bessere Ausbildung und Differenzierung der Flachsfaser. Der Hinweis WYBENGAS (1957), daß in den natrophilen Pflanzen relativ viel Na im Mesophyll akkumuliert ist, läßt es nicht unwahrscheinlich sein, daß bei diesen Pflanzen eine direkte mit dem Stoffwechsel gekoppelte Na-Funktion vorliegt.

Na-Mangel äußert sich bei *Atriplex* durch *Vergilbung* des Laubes; es werden kleinere und weniger Blätter ausgebildet. An den Spitzen und Rändern treten weiße und auch nekrotische Flecke auf. Die Mangelsymptome sind bei den älteren Blättern zuerst sichtbar (BROWNELL und WOOD 1957).

BERNSTEIN und PEARSON (1956) führen die toxische Wirkung hoher Na-Mengen im Nährmedium nicht auf die veränderte Mineralstoffzusammensetzung der oberirdischen Pflanzenteile zurück, vielmehr soll die hohe Na-Akkumulation in der Wurzel einen ungünstigen Einfluß auf die Wasseraufnahme haben. In einer weiteren Arbeit konnten sie feststellen, daß für die Na-Aufnahme weniger die absolute Menge austauschbaren Na als der Prozentsatz austauschbaren Na von der gesamten Kationenaustauschkapazität von Bedeutung ist (PEARSON und BERNSTEIN 1958). Die Na-Toleranz auf ariden Böden wird von BERNSTEIN und PEARSON (1956) für einige Kulturpflanzen in nachstehender Reihenfolge angegeben:

Rote Rüben > Luzerne > Klee > Bohnen

Eine Monographie über Na wurde von WYBENGA (1957) herausgegeben. Eine Anzahl sich mit Na befassender Arbeiten ist in Band 76 der Zeitschrift „Soil Science" erschienen. Weiterhin wurde von BAUMEISTER (1960) eine Monographie über Na veröffentlicht.

3. Weitere Alkali-Ionen

Bei der Besprechung der enzymatischen Funktionen des K wurde schon wiederholt darauf hingewiesen, daß einige andere Alkali-Ionen das K teils ersetzen können. Li hat nach SCHARRER und SCHROPP (1933) praktisch keine Bedeutung für die Pflanzenernährung und kann K nicht ersetzen. MICHAEL (1959) berichtet über eine vergleichsweise geringere Li-Aufnahme gegenüber K. Von allen Alkali-Ionen hat Rb die größte Ähnlichkeit mit K (COLLANDER 1941). MICHAEL (1959) fand, daß es in der gleichen Größenordnung wie K von der Pflanze aufgenommen und auch ähnlich wie K in der Pflanze verteilt wird. Nach MENZEL und HEALD (1955) ist das Rb/K-Verhältnis in der Pflanze 0,85mal größer als das der Nährlösung. Rb wird also nur geringfügig schlechter als K aufgenommen. Es tendiert zu einer vergleichsweise höheren Konzentration in den Blüten, jüngeren Blättern und Wurzeln. MENZEL und HEALD fanden für Cs und K einen Verteilungsfaktor von 0,2, d. h. das Cs/K-Verhältnis in der Pflanze war 0,2mal so groß als das in der Nährlösung. Es darf angenommen werden, daß einige weniger spezifische K-Funktionen vom Rb übernommen werden können. Aber nur in geringen Mengen kann es günstig wirken, höhere Gaben an Rb mindern das Wachstum und rufen Chlorosen hervor (MICHAEL 1959). Hiermit mag der Befund WEBSTERS (1956) zusammenhängen, daß K^+ die Inkorporierung von Glutaminsäure in Eiweiß fördert, Rb^+ aber hemmt. MACKIE und FRIED (1955) berichten, daß Rb zwar besonders in den Reproduktionsorganen angereichert wird, der Fruchtansatz nimmt jedoch nach MURPHY et al. (1955) ab, falls man das K durch Rb ersetzt. ALTEN et al. (1958) fanden, daß bei der Hefe 60 % des K durch Rb substituiert werden können, ohne das Wachstum zu behindern. Abschließend sei noch erwähnt, daß das bei K-Mangel in Gerste gefundene Putrescin, das von sich aus schon eine toxische Wirkung auf die Pflanze hat, nur dann nachgewiesen werden kann, wenn neben der K-Versorgung auch die von Rb und Na unterbleibt.

Literatur

ACKER, W.: Einflüsse der Kaliernährung auf die Widerstandsfähigkeit der Kulturpflanzen. Z. Pflanzenernähr., Düng., Bodenkde. **11B**, 313–318 (1932). — ALTEN, F.: Untersuchungen über die Veränderungen der anatomischen Struktur des Halmes und ihre Beeinflussung durch Kalidüngung bei Hafer und Gerste. Ernähr. d. Pflanze **31**, 181–193 (1935). — ALTEN, F., und G. GOEZE: Der Einfluß der Düngung auf den Ertrag und die Güte der Flachsfaser. Ernähr. d. Pflanze **32**, 1–14 (1936). — ALTEN, F., E. LATZKO und K. MECHSNER: Interferierender Einfluß von Alkaliionen auf Hefezellen. Agrochimica **2**, 177–189 (1958). — ALTEN, F., und H. ORTH: Untersuchung über den Aminosäuregehalt und die Anfälligkeit der Kartoffel gegen die Kraut- und Knollenfäule. Phytopath. Z. **13**, 243–271 (1941). — AMBERGER, A.: Zur Rolle des K bei Atmungsvorgängen. Biochem. Z. **323**, 437–438 (1953). — Einfluß von K und N auf Ferment- und Kohlenhydrathaushalt von Grünlandpflanzen. Z. Pflanzenernähr., Düng., Bodenkde. **66** (111), 211–222 (1954).

BARAUD, J., L. GENEVOIS und J. REDEUILH: Acides organiques et sels mineraux de la pomme de terre. Extrait des P.-V. de la Société des Sciences Physiques et Naturelles de Bordeaux. (Exposé à la séance du 13 mars **1957**.) — BAUMEISTER, W.: Das Natrium als Pflanzennährstoff. Stuttgart: G. Fischer. 1960. — BAUMEISTER, W., und L. SCHMIDT: Über die Ersetzbarkeit des Kaliums durch das Natrium in der Pflanzenernährung. Kali-Briefe, Fachgeb. 2, **3**, Nr. 7 (1957). — BEHRENS, W. U.: Das Natrium als Vegetationsfaktor. Landwirtsch. Forsch. 7. Sonderh., 94–107 (1956).— BERGMANN, L.: Stoffwechsel und Mineralstoffernährung einzelliger Grünalgen. II: Vergleichende Untersuchungen über den Einfluß mineralischer Faktoren bei heterotropher und mixotropher Ernährung. Flora **142**, 493–539 (1955). — BERNSTEIN, L., und G. A. PEARSON: Influence of exchangeable sodium on the yield and chemical composition of plants. I: Green beans, garden beets, clover and alfalfa. Soil Sci. **82**, 247–258 (1956). — BOGEN, H. J.: Ionenwirkungen. Fortschr. Bot. **14**, 278 (1953). — Zellphysiologie und Protoplasmatik. Fortschr. Bot. **15**, 248–249 (1954). — BOSWELL, F. C., und W. L. PARKS: The effect of soil potassium levels on yield, lodging and mineral composition of corn. Proc. Soil Sci. Soc. Amer. **21**, 301–305 (1957). — BOTTINI, E.: Il fabbisogno in potassa dei terreni italiani alla luce dei risultati dell'-analisi fisiologica. Ann. Sperim. agr. Rom **X**, 6, Anh. 121–128 (1956). — BOWLING, I. D., und P. E. BROWN: Role of potash in growth and nutrition of Maryland Tobacco. Technical Bull. No. **933**, 1–26 (1947). — BRAUNER, L.: Untersuchungen über die Elektrolytpermeabilität und Quellung einer leblosen natürlichen Membran. J. Bot. **73**, 513–632 (1930). — BROWNELL, P. F., und J. G. WOOD: Sodium as an essential micronutrient element for *Atriplex vesicaria*, Heward. Nature **179**, 635–636 (**1957**). — BROYER, T. C., und P. R. STOUT: The macronutrient elements. Ann. Rev. Plant. Physiol. **10**, 277–300 (1959). — BUKOVAC, M. J., und S. H. WITTWER: Absorption and mobility of foliar applied nutrients. Plant Physiol. **32**, 428–435 (1957). — BURNS, R. E.: Amer. J. Bot. **38**, 310 (1951), zit. nach Fortschr. Bot. **15**, 299 (1954). — BURSTRÖM, H.: Studies on the buffer systems of cells. Ark. f. Botanik **32A**, No. 7, 1–18 (1945). — Chelatbindung. Fortschr. Bot. **19**, 226–228 (1957). — BUTLER, G. W.: The connexion between respiration and salt accumulation. I: Preliminary note. Physiol. Plantarum **6**, 662–671 (1953).

CHEVREMONT, M., und H. FIRKET: Nature **167**, 772 (1951), zit. nach H. J. BOGEN, Fortschr. Bot. **15**, 248 (1954). — COIC, Y.: Le potassium dans la cellule, S. 39–52. Kalium-Symposium, Internationales Kali-Institut, Bern 1956. — COLLANDER, R.: Selective absorption of cations by higher plants. Plant Physiol. **16**, 691–720 (1941). — COOPER, H. P., W. R. PADEN und M. M. PHILLIPPE: Effects of applications of sodium in fertilizer on yield and composition of the cotton plant. Soil Sci. **76**, 19–28 (1953). — COWIE, G. A.: Potash, its production and place in crop nutrition. London: E. Arnold u. Co. 1951.

DORPH-PETERSON, K., und F. STEENBJERG: Investigations of the effect of fertilizers containing sodium. Plant a. Soil **2**, 283–300 (1950).

EIJK, M. V. VAN: The influence of sodium chloride content of nutrient solutions upon the development of *Salicornea herbacea* and upon the formation of salts within the cell contents of these plants. Proc. Acad. Sci. **37**, 556 (1934), zit. nach V. TULLIN, Physiol. Plantarum **7**, 810–834 (1954). — ELGABALY, M. M.: Specific effects of absorbed ions on plant growth. I: Effect of different combinations of calcium, magnesium and sodium of barley seedlings. Soil Sci. **80**, 235–248 (1955).

FARRANT, J. L., R. N. ROBERTSON und M. J. WILKINS: The mitochondrial membrane. Nature **171**, 401–402 (1953). — FAWZY, H., R. OVERSTREET und L. JACOBSON: The influence of hydrogen ion concentration on cation absorption by barley roots. Plant Physiol. **29**, 234–237 (1954). — FERRARI, TH. J., und L. M. SLUISMANS: Mottling and magnesium deficiency in oats and their dependence on various factors. Plant a. Soil **6**, 262–299 (1955).

GÄRTEL, W.: Untersuchungen über den Kalium- und Magnesiumgehalt von Rebkulturen. Weinberg u. Keller **2**, 368–375 (1955). — GASSNER, G., und K. HASSERBRAUK: Zweijährige Feldversuche über den Einfluß der Düngung auf die Rostanfälligkeit von Getreidepflanzen. Phytopath. Z. **7**, 53–61 (1934). — GORSCHKOW, P. A., und M. M. SASCHKO: Einfluß der Kaliernährung auf den Hanfertrag. Agrobiologija **108**, (6), 82–89 (1957). — GRUPPE, W.: Die Anwendung der Blattanalyse zur Feststellung des Kalium-Ernährungszustandes von Obstbäumen. Kali-Briefe, Fachgebiet **2**, 7. Folge 1954 und 13. Folge 1955.

HAMMOND, L. C., W. H. ALLAWAY und W. E. LOOMIS: Effects of oxygen and carbon dioxide levels upon absorption of potassium by plants. Plant Physiol. **30**, 155–162 (1955). — HANSON, J. B., und J. S. KAHN: The kinetic of potassium accumulation by corn roots as a function of cell maturity. Plant Physiol. **32**, 497–498 (1957). — HARMER, P. M., und E. J. BENNE: Sodium as a crop nutrient. Soil Sci. **60**, 137–148 (1945). — HARMER, P. M., E. J. BENNE, W. M. LAUGHLIN und C. KEY: Factors affecting crop response to sodium applied as common salt on Michigan muck soil. Soil Sci. **76**, 1–17 (1953). — HASSAN, M. N., und R. OVERSTREET: Elongation of seedlings as a biological test of alkali soils: I. Effects of ions on elongation. Soil Sci. **73**, 315–326 (1952). — HERSCHLER, A.: Düngungsmaßnahmen zur Beseitigung bzw. Vorbeugung von Mangelschäden. Weinberg u. Keller **2**, 389–392 (1955). — HOFMANN, E., und E. LATZKO: Einflüsse der Nährstoffe K und N auf Fermentgehalt und Qualität pflanzlicher Erzeugnisse. Biochem. Z. **321**, 476–481 (1951). — HOFMANN, E., und B. v. SCHMELING: Der Einfluß der K-Düngung auf Ertrag und Qualität des Sommerroggens. Z. Pflanzenbau Pflanzenschutz Heft 4. 1–7 (1955). — HONDA, S. J., und R. N. ROBERTSON: Studies in the metabolism of plant cells. XI: The Donnan equilibration and the ionic relations of plant mitochondria. Austr. J. Biol. Sci. **9**, 305–320 (1956). — HONDA, S. J., R. N. ROBERTSON und J. M. GREGORY: Studies in the metabolism of plant cells XII: Ionic effects on oxidation of reduced diphosphopyridine nucleotide and cytochrome c by plant mitochondria. Austr. J. Biol. Sci. **11**, 1–15 (1958). — HUFFAKER, R. C., und A. WALLACE: Effect of potassium and sodium levels on sodium distribution in some plant species. Soil Sci. **88**, 80–82 (1959).

Internationales Kali-Institut: Kalium-Symposium 1956. Internationales Kali-Institut Bern 1956. — Kalium-Symposium 1957. Internationales Kali-Institut Bern 1957.

JACOB, A.: Kali, Gewinnung und Anwendung der Kalidüngesalze. Melsungen: J. Neumann-Neudamm. 1955. — JACOBSON, L., R. OVERSTREET, R. M. CARLSON und J. A. CHASTAIN: The effect of pH and temperature on the absorption of potassium and bromide by barley roots. Plant Physiol. **32**, 658–662 (1957). — JENNY, H., und R. OVERSTREET: Cation interchange between plant roots and soil colloid. Soil Sci. **47**, 257–272 (1939).

KORFF, R. W. v.: The effects of alkali metal ions on the acetate activating enzyme systems. J. Biol. Chem. **203**, 265–271 (1953).

LANCASTER, J. D., W. B. ANDREWS und U. S. JONES: Influence of sodium on yield and quality of cotton lint and seed. Soil Sci. **76**, 29–40 (1953). — LARSON, W. E., und W. H. PIERRE: Interaction of sodium and potassium on yield and cation composition of selected crops. Soil Sci. **76**, 51–64 (1953). — LATZKO, E.: Die Funktionen des Kaliums im Stoffwechsel der energiereichen Phosphate pflanzlicher und tierischer Organismen. Agrochimica **3**, 148–164 (1959). — LATZKO, E., und D. CLAUS: Über die spezifischen Funktionen mineralischer Nährstoffe im intermediären Stoffwechsel. Landwirtsch. Forsch. 11. Sonderh., 101–109 (1958). — LATZKO, E., und E. HOFMANN: Einfluß der N- und K-Düngung auf Fermentgehalt und Qualität bei Weißkraut. Z. Pflanzenbau Pflanzenschutz **2** (46), 42–48 (1951). — LEHR, J. J.: Exploratory pot experiments on sensitiveness of different crops to sodium. B: Oats. Plant a. Soil **4**, 289–297 (1953). — LEHR, J. J., und J. M. WYBENGA: Exploratory pot experiments on sensitiveness of different crops to sodium. D: Barley. Plant a. Soil **9**, 237–253 (1957/58). — LIBBERT, E.: Die Wirkung der Alkali- und Erdalkali-Ionen auf das Wurzelwachstum unter besonderer Berücksichtigung des Ionenantagonismus und seiner Abhängigkeit von Milieufaktoren. Planta **41**, 396–435 (1953). — LÖHR, E.:

Die Redistribution von Kalium in Getreide. Physiol. Plantarum 6, 859–862 (1953). — LUNDEGÅRDH, H.: Die Nährstoffaufnahme der Pflanze, S. 85–121. Jena: G. Fischer. 1932. — Absorption, transport and exudation of inorganic ions by the roots. Ark. f. Botanik 32, No. 12, 1–139 (1945a). — Die Blattanalyse, S. 72 f. Jena: G. Fischer. 1945b.

MACKIE, W. Z., und M. FRIED: Relative distribution of potassium and rubidium[86] within corn plants grown in the field. Soil Sci. 80, 309–312 (1955). — MALM, M.: On the potassium mangament of the yeast cell in the presence of weak acids. Physiol. Plantarum 3, 376–401 (1950). — MCCOLLUM, R. E., R. H. HAGEMANN und E. H. TYNER: Influence of potassium on pyruvic kinase from plant tissue. Soil Sci. 86, 324–331 (1958). — MENZEL, R. G., und W. R. HEALD: Distribution of potassium, rubidium, cesium, calcium and strontium within plants grown in nutrient solutions. Soil Sci. 80, 287–293 (1955). — MICHAEL, G.: Über die Aufnahme und Verteilung des Magnesiums und dessen Rolle in der höheren grünen Pflanze. Bodenkde. u. Pflanzenernähr. 25, 65–120 (1941). — Über das Wahlvermögen der Pflanze bei der Mineralstoffaufnahme. Dt. Akad. Landw. Wiss. Band VIII, Heft 4 (1959). — MILLER, G. W., und H. J. EVANS: The influence of salts on the activity of particulate cytochrome oxidase from roots of higher plants. Plant Physiol. 31, 357–364 (1956). — The influence of salts on pyruvate kinase from tissues of higher plants. Plant Physiol. 32, 346–354 (1957). — MULDER, D.: Mg-deficiency in fruit trees on sandy soils and clay soils in Holland. Plant a. Soil 2, 145–157 (1950). — MULDER, E. G., und K. BAKEMA: Effect of the nitrogen, phosphorus, potassium and magnesium nutrition of potato plants on the content of free amino-acids and on the amino-acid composition of the protein of the tubers. Plant a. Soil 7, 135–166 (1956). — MURPHY, R. P.: Some factors influencing cation uptake by excised roots of perennial rye grass. Plant a. Soil 10, 242–249 (1959). — MURPHY, W. S., A. H. HUNTER und P. F. PRATT: Soil Sci. Soc. Amer. Proc. 19, 433–435 (1955), zit. nach H. BURSTRÖM, Fortschr. Bot. 18, 250 (1956).

NANCE, J. F.: Effect of indolacetic acid on the utilization of azetate-1C^{14} pea stem slices. Plant Physiol. 32, 93–98 (1957). — NIELSEN, T. R., und R. OVERSTREET: A study of the role of the hydrogen ion in the mechanism of potassium absorption by excised barley roots. Plant Physiol. 30, 303–309 (1955).

OLSEN, C.: Adsorptively bound potassium in beech leaf cells. Physiol. Plantarum 1, 136–141 (1948). — The significance of concentration for the rate of ion absorption by higher plants in water culture. Physiol. Plantarum 3, 152–164 (1950). — The significance of concentration for the rate of ion absorption by higher plants in water culture. IV: The influence of hydrogen ion concentration. Physiol. Plantarum 6, 848–858 (1953). — OVERSTREET, R., L. JACOBSON und R. HANDLEY: The effect of calcium on the absorption of potassium by barley roots. Plant Physiol. 27, 575–590 (1952).

PEARSON, G. A., and L. BERNSTEIN: Influence of exchangeable sodium on yield and chemical composition of plants. II: Wheat, barley, oats, rice, tall fescue and tall wheat grass. Soil Sci. 86, 254–261 (1958). — PIRSON, A., C. TICHY und G. WILHELMI: Stoffwechsel und Mineralsalzernährung einzelliger Grünalgen. I. Vergleichende Untersuchungen an Mangelkulturen von *Ankistrodesmus*. Planta 40, 199–251 (1952).

RATHJE, W.: Zur Physiologie des Kaliums. I: Mitt. Parallelität von Kaliumgehalt und Säuregehalt lebender Zellen. Z. Pflanzenernähr., Düng., Bodenkde. 57, 151–163 (1952). — RICHARDS, F. J.: Some aspects of potassium deficiency in plants, S. 59–73. Kalium-Symposium, Internationales Kali-Institut, Bern 1956. — RICHARDS, F. J., und R. G. COLEMAN: Occurrence of putrescine in potassium deficient barley. Nature 170, 460 (1952). — ROBERTSON, R. N.: The uptake of minerals. Hdb. d. Pflanzenphysiologie, Bd. IV, S. 246–247. Berlin-Göttingen-Heidelberg: Springer. 1958. — ROGALEW, K. J.: Die Wirkung von K auf den Gehalt des gebundenen und freien H_2O und die Wasserretentionsfähigkeit der Pflanze. Ber. Akad. Wiss. UdSSR N. S. 66, 981–84 (1949).

SCHARRER, K.: Agrikulturchemie, S. 39. Berlin: W. de Gruyter & Co. 1953. — SCHARRER, K., und J. JUNG: Das Kationen-Anionen-Verhältnis der Pflanze bei Zufuhr steigender Mengen Carbonat-, Sulfat-, Silikat-, Chlorid- und Acetat-Ionen. Z. Pflanzenernähr., Düng., Bodenkde. 76, 27–38 (1957). — SCHARRER, K., und H. KÜHN: Die Wirkung des Natriums im Rhenaniaphosphat. Z. Pflanzenernähr., Düng., Bodenkde. 80, 189–202 (1958). — SCHARRER, K., und K. MENGEL: Über den Kalium-Magnesium-Antagonismus bei Mais und Sonnenblumen. Z. Pflanzenernähr., Düng., Bodenkde. 83, 149–162 (1958). — Aufnahme und Verteilung der Kationen Ca, Mg, K und Na in der Pflanze bei variierter K- und Mg-Düngung sowie bei extraradikaler K-Versorgung. Plant a. Soil 12, 377–396 (1960) — SCHARRER, K., R. SCHREIBERN und H. KÜHN: Über den Einfluß des Natriums auf das Wachstum von Futter- und Zuckerrüben bei ausreichender Versorgung mit Kalium. Z. Pflanzenernähr., Düng., Bodenkde. 62, 128–137 (1953). — SCHARRER, K., und W. SCHROPP: Sand- und Wasserkulturversuche mit Lithium und Rubidium unter besonderer Berücksichtigung einer etwaigen Ersetzbarkeit des Kaliums durch diese Elemente. Ernähr. d. Pflanze 29, 413–425 (1933). — SCHARRER, K., und W. WERNER: Über die Abhängigkeit des Askorbinsäuregehaltes der Pflanze von ihrer Ernährung. Z. Pflanzenernähr., Düng., Bodenkde. 77, 97–110 (1957). — SCHECK, H.: Über den Einfluß des K auf den Kohlenhydratstoffwechsel und auf die Carbohydrasen bei Kulturpflanzen. Z. Pflanzenernähr., Düng., Bodenkde. 60, 209–220 (1953). — SCHEFFER, F., und E. WELTE: Pflanzenernährung, 3. Aufl., S. 119. Stuttgart: F. Enke. 1955. — SCHINEIS, W.: Studien über die Verwertbarkeit der Heuanalyse nach Paul Wagner zur Feststellung des Nährstoffgehaltes des Bodens. Diss. d. Landw. Fakultät Gießen 1955. — SCHROPP, W.: Beiträge zur Kenntnis der K-Mangelerscheinungen bei einigen Öl- und Gespinstpflanzen. Z. Die Ernährung der Pflanze 34, 165–170 (1938). — SHEPPARD, C. W.: New developments in potassium and cell physiology: 1940–50. Science 114, 85–91 (1951). — SMITH, R. L., und A. WALLACE: Influence of cation ratio, temperature, and time on adsorption and absorption of calcium and potassium by citrus and other plant species. Soil Sci. 82, 9–19 (1956a). — Influence of nitrogen fertilization, cation concentration and root cation-exchange capacity on calcium and potassium uptake by plants. Soil Sci. 82, 165–172 (1956b). — STADTMAN, E. R.: The purification and properties of phosphotransacetylase. J. Biol. Chem. 196, 527–534 (1952).

THOMAS, W. H., und R. W. KRAUSS: Nitrogen metabolism in *Scenedesmus* as affected by enviromental changes. Plant Physiol. 30, 113–122 (1955). — TOMPSON, J. F., und C. J. MORRIS: The effect of potassium deficiency on the amino acid composition of turnips. Plant Physiol. 31, IX (1956). — TRUOG, E., K. C. BERGER und O. J. ATTOE: Response of nine economic plants to fertilization with sodium. Soil Sci. 76, 41–50 (1953). — TULLIN, V.: Response of the sugar beet to common salt. Physiol. Plantarum 7, 810–834 (1954).

ULRICH, A., und K. OHKI: Chlorine, bromine and sodium as nutrients for sugar beet plants. Plant Physiol. 31, 171–181 (1956).

WADLEIGH, C. H.: Mineral nutrition of plants. Ann. Rev. Biochem. 655–678 (1949). — WALLACE, T.: The diagnosis of mineral deficiencies in plants, S. 34. London: His Majesty's Stationery Office, 1951. — WEBSTER, G. C.: Enzymatic synthesis of gamma-glutamylcysteine synthesis in higher plants. Plant Physiol. 28, 728–730 (1953). — Effects of monovalent cations on the incorporation of amino acids into protein. Biochim. biophys. Acta 20, 565–566 (1956). — WEHNUT, R. L., und W. O. COLLINS: Response of oats to Na and K on Norfolk sandy loam at two residual K-levels. Soil Sci. 76, 91–96 (1953). — WELTE, E.: Über den Kaliumgehalt der Pflanzen, S. 75–107. Kalium-Symposium 1956. Internationales Kali-Institut, Bern 1956. — WILHELM, A. F.: Zur Kenntnis von Kalimangelerscheinungen bei der Weinrebe. Phytopatholog. Z. 17, 240–265 (1950). — Zur Diagnose von Nährstoffmangelerscheinungen bei Reben. Weinberg u. Keller 2, 297–304 (1955). — WILLIAMS, R. J. P.: Models for metallo-enzymes. Nature 177, 304–307 (1956). — WOOLLEY, J.T.: Sodium and silicon as nutrients for the tomato plant. Plant Physiol. 32, 317–321 (1957). — WYBENGA, J. M.: A contribution to the knowledge of the importance of sodium for plant life, S. 48–57 (1957a), S. 24–25 (1957b). Wageningen: Kantoordruk de Goede, 1957. — WYBENGA, J. M., und G. TREGGI: The effect of sodium on some histological characteristics of flax stems. Plant a. Soil 10, 205–206 (1958).

YORK, E. T., JR., R. BRADFIELD und M. PEECH: Calcium-potassium interactions in soils and plants. II: Reciprocal relationship between calcium and potassium in plants. Soil Sci. 76, 481–491 (1953).

g) Erdalkalimetalle

Von

K. Mengel

1. Calcium

A. Aufnahme, Verteilung und Beweglichkeit

Ebenso wie andere Ionen kann auch das Ca-Ion bei seiner Aufnahme von der Pflanzenwurzel durch den konkurrierenden Einfluß anderer Kationen behindert werden. Wenngleich die Literatur auch Fälle aufzeigt, bei denen die Ca-Aufnahme durch andere Kationen nicht beeinflußt wird — Larson und Pierre (1953) berichten, daß bei Mais die Ca-Aufnahme durch Na^+ unbeeinflußt bleibt —, so dürfte die Ionenkonkurrenz des Ca^{++} gegenüber anderen Kationen grundsätzlich gegeben sein. Über eine verminderte Ca-Aufnahme durch eine steigende K-Düngung berichten: Overstreet et al. (1952), York Jr. et al. (1953), Kretschmer et al. (1953), Scharrer und Jung (1957) sowie Smith und Wallace (1956). Perkins und Stelly (1958) stellten fest, daß eine höhere K- und Na-Düngung den Ca- und Mg-Gehalt von Klee und Hafer erniedrigt. Larson und Pierre (1953) fanden für Rote Rüben, Flachs und Hafer, Elgabaly (1955) für Gerstenkeimpflanzen und Scharrer und Jung (1957) für Sonnenblumen, Zuckerrüben und Mais einen negativen Einfluß des Na auf die Ca-Aufnahme. Nach Geraldson (1957) kann die konkurrierende Wirkung anderer im Überschuß vorhandener löslicher Kationen wie NH_4^+, K^+, Na^+ oder Mg^{++} so groß sein, daß ein Ca-Mangel auftritt. Die Ca-Aufnahme der Tomate wird hierbei am stärksten durch NH_4^+, am wenigsten durch Na^+ gehemmt. Die Versuchsergebnisse Arnons et al. (1942) sowie die Gounys (1955) lassen erkennen, daß eine hohe H-Ionenkonzentration die Ca-Aufnahme negativ beeinflußt. Schmehl et al. (1952) sehen neben H- und Mn-Ionen besonders die konkurrierende Wirkung des Al-Ions als wesentlich für die Ca-Aufnahme auf sauren Standorten an. Umgekehrt kann auch das Ca^{++} die Sorption anderer Kationen durch die Pflanzenwurzel negativ beeinflussen (Scharrer und Jung 1957, Lundegårdh 1932, Overstreet et al. 1952, Kahn und Hanson 1957). Ca ist in der Pflanze im Vergleich zu P oder K schlecht beweglich; in basipetaler Richtung wandert es praktisch nicht, ein Rücktransport aus den Blättern in die Wurzel ist also unwahrscheinlich (O. Biddulph et al. 1958, Bledsoe et al. 1949, Bukovac und Wittwer 1957, Peterburgskij 1956). Im Gegensatz hierzu berichten Schain et al. (1957) und Abutalybow (1955) über eine gute Beweglichkeit des Ca auch in basipetaler Richtung. Nach Kessler und Moscicki (1958) kann die polare akropetal gerichtete Wanderung des Ca durch Trijodbenzoesäure und im abgeschwächten Maße durch Maleinhydrazid aufgehoben werden. Aus den Versuchsergebnissen von Ririe und Toth (1952) darf geschlossen werden, daß die Ca-Ionen über die Wurzel in den Stengel und von hier in die jüngsten Blätter transportiert werden. Die genannten Autoren konnten weiterhin mit geteilten Wurzeln und Ca^{45} markierter Nährlösung feststellen, daß die oberirdischen Pflanzenteile, die sich über der markierten Lösung befanden, reicher an Ca^{45} waren als die Pflanzenteile der gleichen Pflanze über der Kontroll-Lösung. Biddulph et al. (1959) konnten an Bohnen zeigen, daß das Ca in der Wurzel und im Stengel gut beweglich ist. Dagegen können die im Blatt einmal abgelagerten Ca-Mengen nur schwerlich wieder in andere Pflanzenteile transportiert werden. Die in Abb. 83 dargestellten Verhältnisse sind charakteristisch für die Ca-Beweglichkeit in den einzelnen Pflanzenteilen. Man ersieht aus dieser Darstellung, daß die einmalige Gabe an Ca^{45} in der Wurzel, im Stengel und in den Blättern nach kurzer Zeit eine beachtliche Konzentration an markiertem Ca hervorruft. Nach einigen Tagen hat sich diese Menge an Ca^{45} in den Kotyledonen und den übrigen Blättern praktisch nicht geändert, d. h. die einmal deponierte Ca^{45}-Menge wurde nicht mehr weiter transportiert, obgleich in der Zwischenzeit noch weiteres Ca aufgenommen wurde. In den Stengeln und Wurzeln nahm dagegen der Gehalt an Ca^{45} mit der Zeit ab. Diese Abnahme ist auf einen Transport in die jüngeren, neu ausgebildeten Blätter zurückzuführen.

BIDDULPH et al. (1959) kommen auf Grund ihrer Versuche zu folgendem Schluß: Ca wandert in der Pflanze hauptsächlich im Xylem in Richtung des Wasserstromes. Geringe Ca-Mengen können auch transversal in das Phloem eindringen und hier mit dem Saftstrom wandern. Diese Ca-Bewegung wird jedoch im Gegensatz zur Auffassung KESSLERS und MOSCICKIS (1958) nicht durch irgendeine Polarität hervorgerufen. Ein Abtransport von Ca aus dem Blatt über das Xylem tritt dann auf, wenn auch Wasser in dieser Richtung wandert, z. B. bei Behandlung mit Äther oder bei Trocknung der Pflanze. Im normalen Falle jedoch wird vom Blatt nur Ca aufgenommen, aber so gut wie nicht abgegeben. Das führt infolge einer längeren Einwirkung zu einer gewissen Anreicherung von Ca in den älteren Blättern im Vergleich zu den jüngeren. Diese Beobachtung, daß die älteren Blätter mehr Ca enthalten als die jüngeren, wurde von verschiedenen Autoren festgestellt (OKUDA und KASAI 1956, RIRIE und TOTH 1952, TAMM 1951).

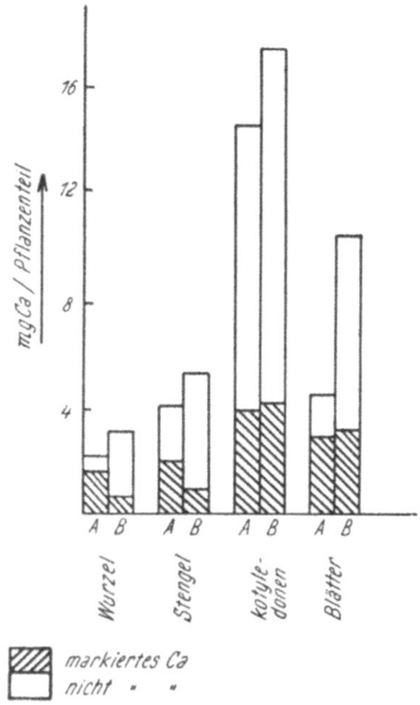

Abb. 83. Der Gehalt an markiertem Ca im Vergleich zum Gesamt-Ca-Gehalt in verschiedenen Pflanzenteilen in Abhängigkeit von der Zeit (O. BIDDULPH et al. 1959)
A Der Ca-Gehalt kurze Zeit nach der Ca^{45}-Gabe zur Nährlösung
B Der Ca-Gehalt nach einigen Tagen nach der Ca^{45}-Gabe zur Nährlösung

An Ca-Salzen können die höheren Pflanzen Ca-Phosphat, $CaCO_3$ und besonders Ca-Oxalat enthalten. $CaCO_3$ ist sowohl in der Zelle selbst wie auch als Inkrustation in der Zellwand vorhanden (POBEGUIN 1955). Weiterhin ist Ca als Strukturelement in Form des *Ca-Pektinats* für den Aufbau der Mittellamelle notwendig; im Phytin liegt es neben dem Mg als Salz der Inosithexaphosphorsäure vor. Von den einzelnen Bauelementen der Zelle gelten die Mitochondrien als besonders Ca-reich (HONDA und ROBERTSON 1956).

B. Funktionen

Von verschiedenen Autoren wurde festgestellt, daß Ca-Ionen die Aufnahme anderer Ionen begünstigen können (VIETS 1944, JACOBSON et al. 1950, TANDA 1956). Der Einfluß steht im gewissen Gegensatz zu der konkurrierenden Wirkung des Ca^{++} bei der Aufnahme anderer Kationen, so daß sich zwei Vorgänge überdecken können: eine konkurrierende und eine spezifische Ca-Ionen-Wirkung. Der spezifische Einfluß des Ca-Ions der nicht nur die Aufnahme der Kationen, sondern auch der Anionen begünstigt (ALBRECHT und SMITH 1942, LEGETT 1956,

FLORELL 1957), wird schon durch sehr geringe Ca-Konzentrationen hervorgerufen, so daß hier seine Wirkung am besten zu sehen ist, während bei höheren Ca-Konzentrationen die konkurrierende Wirkung überwiegt (LUNDEGÅRDH 1932, KAHN und HANSON 1957, OVERSTREET et al. 1952). Nach SMITH und WALLACE 1956 wird durch Ca-Ionen nicht allein die Sorption von K^+, sondern besonders der Transport von K^+ aus der Wurzel in den Stengel begünstigt. HELDER (1957) dagegen berichtet, daß Ca-Ionen die Akkumulation von Salzen in Gerstenwurzeln fördern, ihren Transport in die Blätter jedoch hemmen. OVERSTREET et al. (1952) vermuten, daß Ca^{++} als Co-Faktor die Sorption von K^+ an einen postulierten Träger begünstigt und damit die Umsetzungsrate des Trägersystems erhöht. Auch KAHN und HANSON (1957) führen die stimmulierende Wirkung des Ca-Ions bei der K-Aufnahme auf seinen positiven Einfluß auf den K-Träger zurück. Sie nehmen an, daß Ca^{++} die Affinität zum Träger erhöht. Die Befunde von FAWZY et al. (1954) sowie von NIELSEN und OVERSTREET (1955), aus denen hervorgeht, daß Ca-Ionen bei niedrigen pH-Werten den Austritt von K-Ionen aus der Wurzel verhindern bzw. noch eine K-Aufnahme bewirken, sprechen für eine wahrscheinlich mit dem Stoffwechsel gekoppelte stärkere Bindung des K^+ in Anwesenheit von Ca^{++}. In diesem Zusammenhang erscheinen die Ergebnisse FLORELLS (1957) aufschlußreich, der feststellte, daß mit steigender Ca-Versorgung in den Wurzelzellen mehr Mitochondrien gebildet werden. Sie haben für den Elektronentransport und auch für die Sorption von Ionen eine hervorragende Bedeutung, so daß eine bessere Aufnahme von An- wie auch Kationen durch eine gesteigerte Synthese von Mitochondrien gut möglich ist.

Der günstige Einfluß des Ca^{++} auf das Wachstum und besonders auf das *Wurzelwachstum* mag damit zusammenhängen. Er wird von verschiedenen Autoren hervorgehoben (BURSTRÖM und TULLIN 1957), KALRA 1956, W. BERGMANN 1954, LIBBERT 1953). W. BERGMANN (1954) führt diese Ca-Wirkung auf die CO_2-bindende Eigenschaft des Ca-Ions zurück. Hierdurch wird die Konzentration des wachstumshemmenden CO_2 in der Bodenlösung vermindert. Sicherlich wird dieser indirekte Effekt des Ca^{++} für das Wachstum der Wurzeln eine Bedeutung haben; BURSTRÖM (1955) verweist jedoch darauf, daß auch in fließenden Nährlösungen eine deutliche Ca-Wirkung auf das Wurzelwachstum vorliegt, so daß eine wesentliche direkte Einwirkung des Ca^{++} auf das Wurzelwachstum als sicher erscheint. Neben der stimulierenden Wirkung des Ca^{++} auf die Biosynthese der Mitochondrien (FLORELL 1957) konnte BURSTRÖM (1954b) feststellen, daß Ca^{++} die Elastizität der *Zellwände* steigert und die *Zellstreckung* regelt. Er berichtet, daß bis zu Konzentrationen von 0,4 ppm Ca^{++} das Ca^{++} die Zellstreckung begünstigt. Der entgegengesetzte Befund LIBBERTS (1953) — Ca^{++} hemmt die Zellstreckung — dürfte auf die höhere Ca-Konzentration zurückzuführen sein. BURSTRÖM und TULLIN (1957) konnten aus ihren Untersuchungen folgern, daß diese eslatizitätssteigernde Wirkung des Ca^{++} auf einen sehr stabilen Ca-Chelatkomplex zurückzuführen ist. Längenwachstum, Zellvermehrung in den apikalen Meristemen, sowie Wachstum des Cambium werden durch Ca^{++} stimuliert (BURSTRÖM 1954a, LIBBERT 1953, KALRA 1956). Für die Zellstreckung wirkt das Ca^{++} sehr spezifisch, während das durch EDTA gehemmte Längenwachstum der Wurzeln sowohl durch Ca^{++} als auch durch Mn^{++} aber nicht durch Fe^{+++} aufgehoben werden kann. Hier haben offensichtlich Mn^{++} und Ca^{++} eine auf Längenwachstum und Zellvermehrung günstige Wirkung, bei der sie sich gegenseitig vertreten können. Die Untersuchungen deuten darauf hin, daß der chelatbildenden Eigenschaft des Ca^{++} in der Physiologie der Pflanze eine beachtliche Bedeutung zukommt. BURSTRÖM (1954a) vermutet, daß das Ca^{++} mit dem Streckungsmechanismus des Auxins in einer antagonistischen

Beziehung steht, die wahrscheinlich auf einer Chelatbindung „Ca-Auxin" beruht. Die ungünstige Wirkung von Imidazol, Benzimidazol und Histidin auf das Wurzelwachstum von *Vicia faba* konnten McCorquodale und Duncan (1957) mit Ca^{++}, Mn^{++} oder Zn^{++} aufheben. Auch dieser Effekt läßt sich mit einer Chelatbindung der genannten Metalle mit den hemmenden organischen Verbindungen erklären.

Im Vergleich zu den Schwermetallen und zum Mg werden nur wenige *enzymatische Prozesse* durch Ca^{++} aktiviert. Nach Honda et al. (1958) wird die Oxydation von reduziertem Cytochrom c sowie von reduziertem DPN durch Ca^{++} unspezifisch begünstigt. Forti (1957) berichtet über die aktivierende Wirkung des Ca^{++} auf aus etiolierten Gerstenpflanzen gewonnene ATP-ase. In *Escherichia coli* werden verschiedene Phosphorsäureester-Dehydrogenasen durch Ca^{++} aktiviert (McNair und Cohen 1953). Alle die genannten Fälle sind jedoch nicht spezifisch für Ca^{++}, vielmehr kann es in seiner Funktion meistens von Mg^{++} oder Mn^{++} ersetzt werden.

Daß diese Elemente mit dem Ca^{++} um wichtige enzymatisch wirksame Bindungsstellen konkurrieren, geht auch aus den Ergebnissen Millers und Evans (1957) hervor. Sie fanden, daß die aus höheren Pflanzen gewonnene Brenztraubensäurephosphokinase durch Mn^{++}, Mg^{++} und bis zu einem gewissen Grade durch Co^{++} aktiviert wird. Ca^{++} dagegen wirkt inhibierend. Miller und Evans (1957) vermuten, daß Mg-ADP bzw. Mn-ADP bei der Gruppenübertragung als Co-Faktor fungieren. Den inhibierenden Einfluß des Ca^{++} sehen sie darin, daß das Ca^{++} an Stelle des Mg^{++} bzw. Mn einen allzu stabilen Ca-ADP-Komplex bildet, der als Co-Faktor wirkungslos ist. In gleicher Weise wird auch die Enolase durch Ca^{++} gehemmt (Miller 1958). Neben anderen Erdalkali schützt Ca die α-Amylase vor Inaktivierung (Fiedler 1954).

Die Annahme, daß Ca-Ionen notwendig sind, um die in der Pflanze vorhandene Oxalsäure zu entgiften, ist umstritten (Baumeister 1958). Scharrer und Jung (1954) konnten feststellen, daß eine steigende Ca- und Na-Düngung eine höhere Synthese von Oxalsäure in Rüben- und Mangoldblättern induziert. Dieser Befund spricht nicht dafür, daß die physiologische Rolle des Ca in einer *Neutralisation von Oxalsäure* besteht. Es darf vielmehr angenommen werden, daß sich die komplexen physiologischen Prozesse, die durch ein Ion oder ein Ionenmilieu stimuliert werden, nur schwerlich mit Vorstellungen aus der anorganischen Chemie verglichen werden können. So verweist Nance (1957) darauf, daß bei einem Ionenmilieu mit überwiegenden K-Ionen die Indolylessigsäure die Synthese organischer Säuren aus Acetat begünstigt; dominiert dagegen das Ca-Ion, so wird der Abbau von Acetat zu CO_2 angeregt.

Joham (1957) berichtet, daß bei ungenügender Ca-Versorgung der *Transport der Kohlehydrate* aus dem Blatt in die Stengel bei Baumwolle gehemmt wird. Da die Blätter neben Stärke auch hohe Gehalte an reduzierenden Zuckern und Rohrzucker aufweisen, ist es unwahrscheinlich, daß diese Kohlehydratstauung auf eine Inaktivierung der Amylase zurückgeführt werden kann. Die Stauung ähnelt der bei B-Mangel. Purvis und Davidson (1948) nehmen an, daß zwischen B und Ca in der Pflanze funktionelle Beziehungen bestehen. Sie führen an, daß hohe Ca-Gehalte auch hohe B-Gehalte verlangen. Weiterhin ist erwähnenswert, daß beide Nährstoffe für eine normale Entwicklung der Pflanzenwurzel ständig in der Nährlösung vorhanden sein müssen (Haynes und Robbins 1951), beide haben wesentliche Funktionen in meristematischen Geweben, und beide sind am Aufbau der Zellwand beteiligt. Eine reichliche Ca-Versorgung bewirkt neben einer behinderten B-Aufnahme auch einen geringeren Gehalt von löslichem B in der Pflanze (McIlrath und Bruyn 1956, Guha 1951).

C. Mangel

Wie erwähnt, ist bei Ca-Mangel der *Kohlenhydrattransport* in der Pflanze behindert. Die *Zellteilung* ist vermindert, und die Meristemzellen sind kleiner (DAVIS 1949, SOROKIN und SOMMER 1929). KALRA (1956) dagegen verweist auf eine infolge einer gehemmten Zellteilung Vergrößerung der Zellen des Ca-Mangelgewebes. Er konnte feststellen, daß in meristematischem Mangelgewebe die Maturation der Zelle, die Ausbildung einer Vakuole und die Differenzierung des Gewebes bei Tomatenpflanzen vorzeitig einsetzen. Die Zellkerne des Mangelgewebes waren kleiner und das Chromatin war zu Granulaten akkumuliert. Ca-Mangel äußert sich in einem verminderten Wachstum der oberirdischen und unterirdischen Pflanzenteile. Er ist nicht in jedem Falle durch äußerlich gut sichtbare Symptome gekennzeichnet (HALLSWORTH et al. 1957). Mangelsymptome sind zuerst an den Pflanzenspitzen sichtbar. Die apikalen Meristeme sterben ab, die jüngeren Blätter werden chlorotisch, während bei den älteren Blättern häufig neben einer dunkelgrünen Färbung der Blattspreiten eine Vergrößerung der Blätter auftritt (KALRA 1956). Bei Getreide ist besonders das Spitzenwachstum der Seitensprosse gehemmt (WALLACE 1951).

Die Ca-Gehalte der Pflanzen bezogen auf die Trockensubstanz liegen in einer Größenordnung von 0,5 bis 3,0 % Ca (s. Tab. 85). Abweichungen nach oben oder unten sind häufig. Besonders bei ungenügender Ca-Versorgung sind die Ca-Konzentrationen in der Pflanze sehr gering und liegen vielfach unter 0,5 % in der Trockensubstanz (WALLACE 1951). Unter normalen Verhältnissen ist der Ca-Gehalt der Gräser niedriger als der der Leguminosen oder Kräuter. Während in der Trockensubstanz der Gräser die Ca-Konzentrationen meist unter 1,0 % Ca liegen, enthalten die Dikotyledonen durchschnittlich die doppelte bis dreifache Menge an Ca (JACOB 1955a). Hohe Ca-Konzentrationen des Nährmediums bewirken Kalkchlorosen. Sie sind nach DEKOCK (1956) nicht direkte toxische Auswirkungen einer überhöhten Ca-Konzentration, sondern stellen einen Mangel an aktivierten Schwermetallen meistens des Fe in der Pflanze dar. Wie eine solche Inaktivierung, hervorgerufen durch einen hohen Ca-Gehalt in der Pflanze, entsteht, ist noch ziemlich unklar (BURSTRÖM 1957).

2. Strontium

Sr hat für die Pflanzenernährung praktisch keine Bedeutung, wenngleich es unter Umständen in hohen Mengen von der Pflanze aufgenommen wird, so daß es zu Schädigungen kommen kann. Die *toxische Wirkung* äußert sich durch

Tabelle 87. *Das Ca/Sr-Verhältnis in verschiedenen Pflanzenteilen der Erbse bei einer Ca/Sr-Düngung von 1:1* nach MICHAEL 1959

Pflanzenteil	Ca/Sr-Verhältnis
untere Stengel	1:1,13
obere Stengel	1:1,03
untere Blätter	1:1,00
obere Blätter	1:0,91
Blüten	1:0,76

ein Braunwerden und Absterben der unteren Blätter; sie schreitet von basipetal nach akropetal fort (MICHAEL 1959). Die Pflanze kann schwerlich zwischen

Ca^{++} und Sr^{++} unterscheiden. So verlaufen Ca- und Sr-Aufnahme sowie ihr Transport weitgehend parallel (s. Tab. 87).

Tab. 87 zeigt, daß die unteren Pflanzenorgane etwas reicher an Sr sind als die oberen. Offenbar wird das Sr auf Grund seiner geringeren Löslichkeit in den unteren Pflanzenteilen etwas mehr zurückgehalten. In Übereinstimmung hiermit berichten MENZEL und HEALD (1955), daß das Ca/Sr-Verhältnis der Nährlösung dem der Pflanze entspricht. Auch ihre Versuche an den verschiedensten Pflanzen zeigten eine Zunahme des Ca/Sr-Verhältnisses von der Wurzel fortschreitend bis zu den obersten Pflanzenteilen. BOWEN und DYMOND (1956), die bei Tomaten das Ca/Sr-Verhältnis der Nährlösung von 2:1 bis 400:1 variierten, kamen zu gleichen Ergebnissen. Genau wie Ca^{++} so ist auch Sr^{++} in basipetaler Richtung in der Pflanze schlecht beweglich (MIDDLETON 1958). COLLANDER (1941) fand, daß von den verschiedensten Kationen Ca^{++} die Sr^{++}-Aufnahme am meisten hemmt. Die Vermutung, daß die beiden Ionen bei der Aufnahme um die gleichen Bindungsstellen konkurrieren, konnte von SCOTT RUSSEL (1958) sowie EPSTEIN und LEGETT (1954) bestätigt werden. Auch hohe H- oder K-Ionenkonzentrationen im Nährmedium behindern die Sr-Aufnahme (REDISKE und SELDERS 1953). Trotz der großen Parallelität zwischen Ca und Sr kann das Sr das Ca im physiologischen Geschehen der Pflanze nicht ersetzen (MICHAEL 1959).

3. Magnesium

A. Aufnahme, Verteilung und Beweglichkeit

Mehr als bei den anderen Kationen wird die Mg-Aufnahme der Pflanze durch die konkurrierende Wirkung fremder Ionen, besonders der H^+-, K^+ und NH_4-Ionen, behindert. Diese exponierte Stellung des Mg-Ions wird durch seine außerordentlich große Wasserhülle, daneben aber auch durch die im Vergleich zu den Ionen K^+, HN_4^+ und teilweise auch Ca^{++} häufig geringe Konzentration des Mg^{++} im Nährstoffsubstrat bedingt. Über den negativen Einfluß steigender H-Ionenkonzentrationen der Nährlösung auf die Mg-Aufnahme berichten MICHAEL (1941), ARNON et al. (1942) und SCHROPP (1949). Eine schlechte Mg-Versorgung auf sauren Böden wurde von zahlreichen Autoren für die verschiedensten Pflanzen beobachtet (L. SCHMITT 1936, VAN ITALLIE 1937, FERRARI und SLUIJSMANS 1955, WILHELM 1955, E. G. MULDER 1956, PLANT 1956, PFAFF und BUCHNER 1958). Sie ist jedoch nicht allein auf die konkurrierende Wirkung des H^+-Ions zurückzuführen, sondern auch auf eine Mg-Verarmung der leichten, sauren Böden, bei denen Mg, wie L. SCHMITT (1936) zeigen konnte, stark ausgewaschen wird. Hohe K-Ionenkonzentrationen der Nährlösung wirken in gleicher Weise hemmend auf die Mg-Aufnahme (FERRARI und SLUIJSMANS 1955, D. MULDER 1950, SCHARRER und SCHREIBER 1942, GRUPPE 1955, WALSH und O. DONAHUE 1945, SCHACHTSCHABEL 1956a). MICHAEL und SCHILLING (1957) berichten über eine verminderte Mg-Aufnahme bei steigender K-Düngung und SCHARRER und MENGEL (1958) konnten bei Mais und Sonnenblumen feststellen, daß Mg-Mangel selbst dann auftritt, wenn die Nährlösung zwar noch reichlich Mg enthält, ihr K-Gehalt aber vergleichsweise sehr hoch ist. Die Ergebnisse über den Einfluß des Ca^{++} auf die Mg^{++}-Aufnahme sind unterschiedlich. MICHAEL und SCHILLING (1957) fanden keinen Einfluß einer gesteigerten Ca-Düngung auf den Mg-Gehalt bei Lein, während PLANT (1956) mit einer Gipsdüngung bei verschiedenen Cruciferen einen Mg-Mangel induzierte. JESSEN (1931) berichtet, daß eine Ca-Düngung im Gefäßversuch das Auftreten von Mg-Mangelerscheinungen begünstigt, STEnuit und Piot (1958) und Stenuit (1959) fanden, daß auf Sandböden mit dem Anstieg des pH-Wertes der Mg-Mangel bei Hafer zurückgeht bis ein pH von etwa 5 erreicht ist, nach der neutralen Seite hin nimmt dann der Mg-Mangel wieder zu.

Die dargestellte Beziehung darf man in der Weise deuten, daß im sauren Bereich die Verarmung des Mg im Boden als auch die direkte negative Wirkung des H-Ions den Mg-Mangel hervorriefen, während im mehr neutralen Gebiet die verstärkten Mg-Mangelerscheinungen mehr auf die konkurrierende Wirkung des Ca^{++} zurückzuführen sind (Jung 1959). In Übereinstimmung hiermit wurde von Stenuit und Piot (1958) festgestellt, daß die Mg-Mangelsymptome wieder zunehmen, sobald der Boden mehr als ca. 120 mg austauschbares CaO/100 g Boden enthält. Die *Abhängigkeit der Mg-Aufnahme vom pH-Wert* wird also von zwei Faktoren, dem H^+ und dem Ca^{++} wesentlich bestimmt. Auf die Ionenkonkurrenz zwischen NH_4^+ und Mg^{2+} verweisen E. G. Mulder (1956), McEvoy (1954), Pfaff und Buchner (1958), Jung (1959) und Werner (1959). Die Untersuchungen der genannten Autoren lassen jedoch teilweise offen, ob diese verminderte Mg-Aufnahme auf eine direkte NH^+_4-Konkurrenz zurückzuführen ist oder ob das physiologisch saure NH^+_4-Salz mit seiner die H-Ionenkonzentration erniedrigenden Wirkung die Mg-Aufnahme hinderte. Vermutlich werden beide Ionen, NH_4^+ und H^+, konkurrierend wirken. In diesem Zusammenhang ist ein Befund Gounys (1955) interessant, der an Mais, Lupinen und Erbsen feststellte, daß zwar eine NH^+_4-Ernährung im Vergleich zur Nitrat-Ernährung die Kationenaufnahme einschließlich des Mg^{++} behindert, diese Hemmung aber durch eine $CaCO_3$-Gabe beseitigt werden kann. Das Ergebnis unterstreicht die nicht zu unterschätzende H-Ionenwirkung einer physiologisch sauren Düngung auf die Mg-Aufnahme durch die Pflanze.

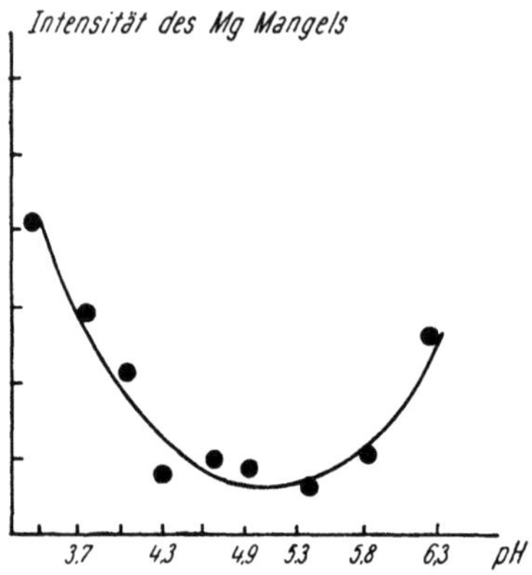

Abb. 84. Die Beziehung zwischen Mg-Mangel bei Hafer und dem pH-Wert von Sandböden (Stenuit und Piot 1958, Stenuit 1959)

Im Vergleich zu den Alkali-Ionen ist die *Beweglichkeit des Mg* in der Pflanze gering. Während es im Blatt und in akropetaler Richtung gut translokalisiert werden kann, konnte eine basipetale Wanderung im Phloem nicht beobachtet werden (Bukovac und Wittwer 1957). Die gute Beweglichkeit des Mg in Richtung der jüngeren Pflanzenteile kommt darin zum Ausdruck, daß Mg-Mangelerscheinungen immer zuerst an den älteren Blättern beobachtet werden. Offenbar wird bei ungenügender Mg-Zufuhr das Mg aus den mehr älteren Pflanzenteilen in die jüngeren transportiert (Gärtel 1959).

Neben dem Chlorophyll, das im Höchstfall 20 bis 30% des gesamten in der Pflanze vorhandenen Mg enthält (Michael 1941), sind Chlorophyllvorstufen, Phytin und Mg-Pektinverbindungen, als organische Mg-Komplexe bekannt. Neales (1956) fand für Weidelgras und Weißklee 18 bzw. 13% chlorophyllgebundenes Mg bezogen auf den gesamten Mg-Gehalt. Es ist wahrscheinlich, daß im pflanzlichen Organismus noch eine Anzahl weiterer organischer Mg-Verbindungen vorkommt, zumal die zahlreichen aktivierenden Wirkungen des Mg^{++} bei Enzymreaktionen auf eine Chelatbindung des Mg^{++} mit organischen Molekülen beruhen.

B. Funktionen

Die physiologische Bedeutung des Mg äußert sich am augenscheinlichsten in der Tatsache, daß es ein Baustein des Chlorophylls darstellt, dessen Wirksamkeit an das Mg-Atom gebunden ist, denn Phäophytin allein vermag die Photosynthese nicht durchzuführen. Nach LEVITT (1954) entspricht die Elektronenresonanz des Mg-Atoms derjenigen der organischen Komponente des Chlorophylls. Die Lichtquanten der Sonnenenergie steigern diese Resonanz in der Weise, daß es zur Aufnahme eines Elektrons kommt.

Lediglich das Mg-Atom vermag diese Resonanz mit den Phäophytin hervorzubringen. Die Aktivierung des Chlorophyllmoleküls durch das Sonnenlicht ist ausreichend, um die Hill-Reaktion, die photolytische Spaltung des Wassers durchzuführen (ALLEN und FRANCK 1955, zit. nach CLENDENNING 1957). Eine Schwierigkeit dieser Hypothese besteht darin, daß mindestens zwei Lichtquanten gespeichert werden müssen, bevor der „Anregungszustand" erreicht wird, der eine Sauerstoff-Wasserstoff-Bindung zu spalten vermag (CLENDENNING 1957). Bei schwacher Lichteinstrahlung würde das eine längere „Speicherzeit" der Photonen im Chlorophyllmolekül bedeuten, was man sich nur schwerlich vorstellen kann. CLENDENNING (1957) nimmt deshalb an, daß die Wasserspaltung durch zwei aufeinanderfolgende nur ein Lichtquant erfordernde Reaktionen erfolgt, nämlich die photolytische Spaltung des Wassers in H- und OH-Radikale und die anschließende Spaltung des intermediär gebundenen Hydroxyl-Radikals.

Diese Vorstellung, daß die Lichtquanten der Sonnenenergie in Zusammenarbeit mit der Resonanz des Chlorophylls die Aufnahme von Elektronen bewirken, deckt sich mit dem von CALVIN (1956) aufgestellten Schema für die Wasserspaltung. Die Photolyse als einleitender Schritt der Photosynthese ist so wesentlich mit einer Eigenschaft des Mg-Atoms, nämlich seiner Elektronenresonanz, die gleichsam zu der des Phäophytins „paßt", gekoppelt.

Im Zusammenspiel mit den anderen Ionen beeinflußt das Mg^{++} die Quellung der Plasmakolloide. Es hat so eine Wirkung auf den Wasserhaushalt der Pflanze, besonders aber auch auf die Quellung von Enzymeiweißen und damit auf deren Wirksamkeit.

Die zentrale Bedeutung des Mg bei *enzymatischen Reaktionen* besteht in seiner Eigenschaft, zwischen Pyrophosphatstruktur und Enzym bzw. Substrat eine chelatartige Kopplung zu bewirken (CALVIN 1954).

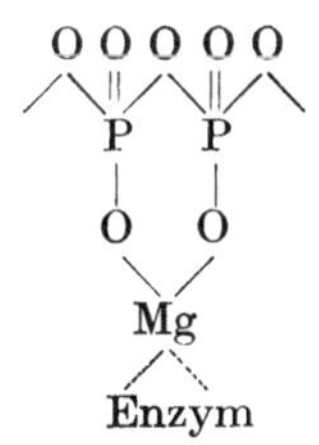

Diese Reaktion ist zwar nicht strengspezifisch für Mg^{++} — auch Mn^{++} vermag eine solche Brücke zu bilden — die Wirksamkeit des Mg^{++} als Enzymaktivator bei Prozessen, die mit Phosphorylgruppen-Übertragungen zusammenhängen, ist jedoch größer als die des Mn^{++}, das bedeutet, daß alle mit *Phosphorylierungsvorgängen* gekoppelte Energieübertragungen besonders die Anwesenheit des Mg-Ions im System erfordern. Seine aktivierende Wirkung steht so am Anfang zahlreicher Reaktionsketten. Das Mg ist so in alle pflanzenphysiologischen Prozesse verwickelt, von der Photosynthese über den Aufbau der Kohlenhydrate, Eiweisse, Fette und Lipoide bis zur Glykolyse dem Zitronensäurecyclus und der direkten Glucoseoxydation. Hierbei ist es gleichgültig, ob die Übertragung einer Phosphorylgruppe mit einem hohen oder einem geringeren Energiewechsel verbunden ist (HEWITT 1958). Phosphokinasen und Phosphotransferasen werden also vornehmlich in gleicher Weise vom Mg^{++} aktiviert.

Eine Besprechung der einzelnen durch Mg aktivierten Enzyme würde an dieser Stelle zu weit führen. Eine Zusammenstellung dieser Fermente findet sich bei HEWITT (1958), SCHILLING (1957) sowie WELTE und WERNER (1959). Wesentliche durch Mg^{++} aktivierte Enzyme, die gleichsam Knotenpunkte des Stoffwechsels darstellen, seien jedoch kurz erläutert:

1. *Die photosynthetische Phosphorlyierung* wird durch Mg^{++} aktiviert (ARNON 1959, ARNON et al. 1957). Diese Feststellung bedeutet, daß die vom Chlorophyll absorbierte Lichtenergie über die Wasserspaltung direkt für den Aufbau der Adenosintriphosphorsäure (ATP) ausgenutzt wird. Die Reaktion stellt die Umwandlung von Sonnenenergie in die universell verwertbare Energie des lebenden Organismus dar.

2. Die *cyclische Phosphorylierung* wird von Mg^{++} aktiviert. Diese Reaktion bedeutet eine vollkommene Überführung der bei der Photolyse aufgebrachten Energie in ATP (ARNON 1959).

$$\mathrm{H + OH + n\,ADP + n\,P \xrightarrow[Mg^{++}]{\text{FMN oder Vit}\cdot\text{K}} n\,ATP + H_2O}$$

Wie aus der Gleichung hervorgeht, wird die bei der Wasserbildung gewonnene Energie restlos zum Aufbau des ATP verwendet. Hierin unterscheidet sich die cyclische Phosphorylierung von der photosynthetischen, bei der nur ein Teil der sorbierten Lichtenergie für die ATP-Synthese verbraucht wird, der andere Teil bewirkt die Reduktion von TPN^{+}. Mit der cyclischen Phosphorylierung hat die Zelle die Möglichkeit, die Aufteilung der sorbierten Lichtenergie in ATP und TPNH zu regulieren, d. h. die Synthese energiereicher Verbindungen (ATP) auf Kosten der Kohlenhydratsynthese zu fördern. Mg^{++} wird von beiden Phosphorylierungsarten benötigt, es kann von Co^{++} aber nicht von Mn^{++} ersetzt werden.

3. Für den zweiten Schritt der Photosynthese, der CO_2-Fixierung, werden im Rückbildungscyclus der Ribulosediphosphorsäure 3 Moleküle ATP verbraucht. Diese Phosphorylierungsvorgänge werden ebenfalls durch Mg^{++} aktiviert.

4. Die mit ATP gekoppelte „Beladungsreaktion" wird durch die Anwesenheit von Mg^{++} oder Mn^{++} ermöglicht. Auf dem Prinzip der Beladungsreaktion beruht der Aufbau von Reserve- und Baustoffen der Pflanze. Die Synthese von Kohlenhydraten, Eiweißen, Nucleinsäuren, Fetten und Lipoiden ist so letztlich unspezifisch an die Anwesenheit des Mg^{++} gebunden.

5. Die *oxydative Decarboxylierung* der Brenztraubensäure wird durch Mg^{++} aktiviert (Brenztraubensäure-Oxydase).

$$\mathrm{Brenztraubensäure + CoA \xrightarrow{Mg^{++}} Acetyl\text{-}CoA + CO_2 + H_2}$$

Die Reaktion stellt die Synthese von Acetyl-CoA dar, dem ersten Baustein der Fettsäure (LYNEN 1957). Die oxydative Decarboxylierung der Brenztraubensäure bildet den Knotenpunkt zwischen Kohlenhydrat- und Fettstoffwechsel. Allgemein wird jegliche oxydative Decarboxylierung bevorzugt durch Mg^{++} aktiviert.

6. Das *Zitronensäureenzym* (condensing enzyme) wird von Mg^{++} und Mn^{++} aktiviert. Mg^{++} ermöglicht also den einleitenden Schritt des Zitronensäurecyclus.

7. Die Synthese von ATP im Zitronensäurecyclus aus ADP und anorganischem Phosphat entspricht dem Reaktionsmechanismus der *Adenylsäurekinase*, die ebenfalls durch Mg^{++} stimuliert wird. Die erforderliche Energie für den Aufbau von ATP entstammt der Spaltung des Succinyl-CoA, welches im Zitronensäurecyclus bei der Oxydierung von α-Ketoglutarsäure entsteht (OCHOA 1954, zit. nach LYNEN 1957). Die Bedeutung dieser Reaktion liegt darin, daß sie die Umwandlung der im Zitronensäurecyclus frei werdenden Energie in ATP aufzeigt. Es ist wahrscheinlich, daß auch die mit der Atmungskette gekoppelte Phosphorylierung Mg^{++} erfordert.

8. Die Bildung von Glutamin aus NH_3 und Glutaminsäure benötigt ATP und Mg^{++} (WEBSTER 1953a, ELLIOTT 1951). Auch die enzymatische, energiebenötigende Synthese von Glutamyl-Cystein ist an die Anwesenheit von Mg^{++} gebunden (WEBSTER 1953b). Die Beispiele zeigen, wie auch *im N-Stoffwechsel* das allgemeine Prinzip vorliegt, den Energiebedarf über ATP und damit über die unspezifische Aktivierung des betreffenden Enzyms durch Mg^{++} zu decken.

Zusammenfassend kann gesagt werden, daß alle Phosphorylierungsprozesse vornehmlich durch Mg^{++} aktiviert werden. Mg^{++} hat hier eine höhere Wirksamkeit als Mn^{++} (HEWITT 1958). Das bedeutet summarisch, daß die multiplen Metallaktivierungsreaktionen der *photosynthetischen* und der *glykolytischen* Prozesse in erster Linie auf Mg^{++} angewiesen sind. Prozesse des Zitronensäurezyclus, besonders die Dehydrasen, werden dagegen vom Mn^{++} stärker aktiviert als vom Mg^{++} (NASON 1958). Daß jedoch auch hier das Mg-Ion die Oxydation der einzelnen Stoffwechselprodukte (α-Ketoglutarsäure, Bernsteinsäure, Isozitronensäure, Äpfelsäure) stimuliert, konnte wiederholt festgestellt werden (LATIES 1953, NASON 1958). Erwähnt sei noch die aktivierende Wirkung des Mg^{++} auf die Enolase und die Carboxylase bei der Glykolyse.

Nach NASON (1958) ist das Mg^{++} chelatartig an die genannten Enzyme gebunden, so daß andere Kationen, besonders Mn^{++} aber auch Co^{++}, Zn^{++} und Ca^{++}, mit dem Mg^{++} um gleiche Bindungsstellen konkurrieren und das Mg^{++} teils in seiner enzymatischen Wirkung ersetzen können. Die Bindung des Ca^{++} an die Enolase ist jedoch so stark, daß die Reaktion blockiert wird (MILLER 1958). Mg^{++} hat also für die meisten enzymatischen Prozesse keine spezifische Funktion, lediglich die anorganische Pyrophosphatase soll allein durch Mg^{++} aktiviert werden.

Dieser kurze Überblick über die enzymatische Bedeutung des Mg^{++} zeigt, daß es in alle wesentlichen physiologischen Prozesse verwickelt ist. Es ist so verständlich, daß die Pflanze in mannigfaltiger Weise auf eine variierte Mg-Zufuhr reagieren kann.

So berichtet NEALES (1955), daß bei Unterschreitung einer kritischen Mg-Konzentration in jungen Gerstenpflanzen keine Netto-Assimilation und keine Substanzproduktion zu beobachten war. Mg begünstigt die Synthese von Blattpigmenten (MICHAEL 1941, W. SCHULZE 1957, SCHARRER und BÜRKE 1953). FINKLE und APPLEMAN (1953 b) verweisen auf die Notwendigkeit von Mg bei der Chlorophyll- und Katalasesynthese. W. WERNER (1959) berichtet über einen höheren Stärkegehalt der Kartoffelknollen bei ausreichender Mg-Versorgung. STENUIT und PIOT (1957) fanden eine durch Mg-Mangel hervorgerufene Ertragsdepression bei Hafer, die für die Körner größer war als für das Stroh; darüber hinaus war auch der Kohlenhydratgehalt erniedrigt.

Die Feststellung JESSENS (1931), daß Mg-Mangelpflanzen einen höheren Gehalt an Asparagin haben, sowie die Beobachtung von NOGGLE und WATSON (1949), daß Mg-Mangelpflanzen einen höheren Gehalt an Gesamt-N und einen niedrigeren Gehalt an unlöslichem N haben, paßt in die Vorstellung, daß die Eiweißsynthese bei Mg-Mangel gehemmt ist, woraus eine Akkumulation löslicher N-Verbindungen besonders von Amiden resultiert. Auch SCHARRER und MENGEL (1960) konnten bestätigen, daß Mg-Mangel den Anteil löslicher N-Verbindungen am Gesamt-N in der Pflanze erhöht.

Die Neigung des Mg^{++}, sich an phosphathaltige Strukturen zu binden, läßt es naheliegend erscheinen, daß Mg^{++} und Phosphat sich bei der Aufnahme und beim Transport in der Pflanze beeinflussen (JACOB 1955b). Ob jedoch das Mg in Form eines organischen Phosphatkomplexes aufgenommen und in der Pflanze transportiert wird, bleibt noch offen. ROTHSTEIN (1958) nimmt an, daß Phosphat die Mg-Aufnahme durch Bildung eines P-haltigen spezifischen Mg-Trägers fördert. Mn^{++}, aber weniger Sr^{++} und Ca^{++}, können mit Mg^{++} um diesen Träger konkurrieren. WEBB et al. (1954) berichten, daß Mg-Mangelpflanzen in ihren vegetativen Organen einen hohen, in den Samen dagegen einen geringen Phosphatgehalt aufweisen. Die Unterschiedlichkeit kann auf einen gehemmten Phosphat-Transport in der Pflanze, aber auch auf eine infolge

Mg-Mangels gehemmte Phytinsynthese zurückgeführt werden. Die Versuchsergebnisse von TRUOG et al. (1947) zeigen deutlich, daß mit verbesserter Mg-Versorgung der Phosphatgehalt in der Pflanze ansteigt. Die Mg-Düngung hatte auf den Phosphatgehalt von Erbsen einen stärkeren Einfluß als eine Phosphatdüngung. GÄRTEL (1959) berichtet über ähnliche Ergebnisse bei Reben. Die von TROUG et al. (1947) durchgeführten Wasserkulturversuche lassen weiter erkennen, daß diese bessere Phosphataufnahme weniger auf Löslichkeitsvorgänge im Boden als auf physiologische Beziehungen zurückzuführen ist. Die Autoren bezeichnen Mg als „*P-carrier*". GÄRTELS (1959) interessante Feststellung, daß die Rebenblätter bei Mg-Mangel auch einen niedrigen Phosphatgehalt zeigen, stützt diese Vermutung. Von anderen Autoren wurden dagegen keine so eindeutigen Wechselbeziehungen zwischen Mg-Versorgung und Phosphatgehalt gefunden (STENUIT und PIOT 1957, SCHROPP 1949, EHRENDORFER 1958, SCHARRER und MENGEL 1960). Bei der Untersuchung und bei der Beurteilung dieser Frage ist noch zu berücksichtigen, daß eine Mg-Düngung auch die Phospatverfügbarkeit des Bodens erhöhen kann, so daß hierdurch auch eine bessere Phosphataufnahme möglich wird (THUN 1943).

Von den weiteren physiologischen Funktionen des Mg sei noch erwähnt, daß es die inhibierende Wirkung von 2,4-Dichlorphenoxyessigsäure (2,4-D) auf die O_2-Aufnahme vermutlich durch Chelatbildung aufhebt (JOHNSON und COLMER 1957). FINKLE und APPLEMAN (1953) berichten, daß Mg-Mangel bei *Chlorella* die *Zellteilungsgeschwindigkeit* hemmt, so daß übernormal große Zellen ausgebildet werden.

C. Mangel

Auf die Auswirkung einer ungenügenden Mg-Versorgung in der Praxis wurde zum Teil schon hingewiesen. Besonders sind die mit dem Kohlenhydratstoffwechsel gekoppelten Stoffe, wie Fette, Stärke und Zucker, bei Mg-Mangel erniedrigt (KREDOW-SICHMANN 1958, JACOB 1955c). Der Hinweis KOWALEWS (1940), daß Mg die Bildung wasserlöslicher Kohlenhydrate fördert, und die Beobachtung KEKUCHS (1953), daß eine ausreichende Mg-Versorgung der Kartoffel den Kohlenhydrattransport von den oberirdischen Teilen in die Knollen begünstigt, lassen vermuten, daß bei Mg-Mangel eine Stauung von Kohlenhydraten im Blatt vorliegt. In Übereinstimmung hiermit findet man bei Mg-Mangel zwischen den Blattadern aufgewellte spröde leicht zerbrechliche Stellen. Weiterhin wurde bei den meisten Dikotyledonen festgestellt, daß der Mg-Mangel mit Aufhellungen zwischen den Blattadern der älteren Blätter beginnt. Mit fortschreitendem Mangel werden die chlorotischen Flecken größer, es bilden sich Nekrosen, ein Abwerfen der beschädigten Blätter ist nicht selten. Neben hellen Ausbleichungen treten auch rötliche Farbtöne auf. Derartige Mangelerscheinungen werden im einzelnen beschrieben für die Rebe von WILHELM (1954), GÄRTEL (1959) und BUCHER (1957), für Tabak von MCEVOY (1954), für Zitrus von RACITI (1956), für Obstbäume von BOULD et al. (1949), D. MULDER (1950) sowie DE HAAS und GRUPPE (1959).

Bei Getreide tritt bei Mg-Mangel eine *Marmorierung der Blätter* auf; es sind hellgelbe Punkte, die wie eine Perlenschnur das Blatt in Längsrichtung durchziehen (ECKSTEIN et al. 1935, STENUIT und PIOT 1957). Bei stärkerem Mg-Mangel werden rötliche Verfärbungen und Nekrosen sichtbar, die bis zum völligen Absterben der Pflanzen führen können (BALKS und WEHRMANN 1938). Mais zeigt bei schwachem Mg-Mangel parallel zur Mittelrippe 2 bis 3 hellgelbe Streifen. Später treten Anthozyanverfärbungen, teilweise unterbrochen durch weiße Flecke („Tigerung"), auf (SCHARRER und MENGEL 1958). Obwohl die Blätter bei Mangelpflanzen spröde sind, hängen sie infolge eines gestörten Wasserhaushaltes besonders bei starker Sonneneinstrahlung schlaff herab. Beschreibungen des Mg-Mangels bei verschiedenen Pflanzen finden sich bei JACOB (1955d), STENUIT und PIOT (1954), SCHILLING (1957) und SCHACHTSCHABEL (1956b). Abb. 85 zeigt einen typischen Mg-Mangel (rechts) und Fe-Mangel (links) bei Sonnenblumen. In ersterem Falle beginnen die Schädigungen bei den ältesten, in letzterem bei den jüngsten Blättern.

Auf die gute Korrelation zwischen Mg-Gehalt und Mangelsymptomen bei Kartoffelblättern wird von SCHROEDER (1959) verwiesen. SCHARRER und MENGEL (1960) berichten über ein vorübergehendes Auftreten von Mg-Mangel bei Sommergetreide. Der Mangel korreliert hier mit dem Mg-Gehalt der Pflanzen

Abb. 85. Fe- (links) und Mg-Mangel (rechts) bei Sonnenblumen (Photo MENGEL)

bezogen auf das Frischgewicht. Der kritische Wert lag bei 125μ g Mg in der Frischsubstanz. Proben unterhalb dieser Mg-Konzentration zeigten deutliche Mangelsymptome. SCHROEDER (1959) gibt für Kartoffelblätter einen Grenzwert von 2 mg Mg/g Trockensubstanz an, DE HAAS und GRUPPE (1959) fanden für Apfelbaumblätter einen Grenzwert von 1,6 mg Mg/g Trockensubstanz; unterhalb dessen sichtbarer Mg-Mangel vorlag.

Die Mg-Gehalte verschiedener Pflanzen sind in Tab. 85 aufgeführt (S. 432); Tab. 85 zeigt den Unterschied im Mg-Gehalt zwischen Mg-Mangelpflanzen

Tabelle 88. *Mg-Gehalte von Mangelpflanzen und gesunden Pflanzen in mg Mg/g Trockensubstanz* (MENGEL 1956)

	Mangel	ausreichende Mg-Versorgung
Tabakblätter	0,44	2,10
Tomatenblätter	0,79	3,58
Blumenkohlblätter	0,84	2,30
Rübenblätter	0,91	2,79
Mangoldblätter	0,44	1,91
Ackerbohnen (Blatt und Stengel)	0,88	1,52
Gerstenstroh	0,36	1,05
Gerstenkörner	0,53	1,17

und gesunden Pflanzen. Der Mg-Gehalt von Dikotyledonen ist im allgemeinen etwas höher als der der Monokotyledonen.

Umfassende Monographien über das Magnesium als Pflanzennährstoff wurden von JACOB (1955), SCHILLING (1957) und SCHROEDER (1959) veröffentlicht. Das 13. Sonderheft der Zeitschrift „Landwirtschaftliche Forschung" befaßt sich ausschließlich mit der Mg-Versorgung der Kulturpflanzen. Es ist unter dem Titel „Magnesium — Boden — Pflanze" erschienen.

Literatur

ABUTALYBOW, M. G.: Eine wiederholte Ausnutzung des Calciums im pflanzlichen Organismus. Ber. Akad. Wiss. UdSSR **105**, 1042–44, 11/12 (1955). — ARNON, D. I.: Phosphorus and the biochemistry of photosynthesis. Agrochimica **3**, 108–139 (1959). — ARNON, D. I., W. E. FRATZKE und C. M. JOHNSON: Hydrogen ion concentration in relation to absorption of inorganic nutrients by higher plants. Plant Physiol. **17**, 515–524 (1942). — ARNON, D. I., F. R. WHATLEY und M. B. ALLEN: Triphosphopyridine nucleotide as a catalyst of photosynthetic phosphorylation. Nature **180**, 182–185 (1957).

BALKS, R., und O. WEHRMANN: Magnesiummangelerscheinungen bei Feldversuchen zu Winterroggen auf leichten Sandböden in Braunschweig. Ernähr. d. Pflanze **34**, 145–147 (1938). — BAUMEISTER, W.: Handbuch der Pflanzenphysiologie, Bd. IV, S. 518–519. Berlin-Göttingen-Heidelberg: Springer. 1958. — BERGMANN, W.: Wurzelwachstum und Ernteertrag. Z. Acker- u. Pflanzenbau **97**, 337–368 (1954). — BIDDULPH, O., S. BIDDULPH, R. CORY und H. KOONTZ: Circulation patterns for phosphorus sulfur and calcium in the bean plant. Plant Physiol. **33**, 293–300 (1958). — BIDDULPH, O., R. CORY und S. BIDDULPH: Translocation of calcium in the bean plant. Plant Physiol. **34**, 512–519 (1959). — BLEDSOE, R. W., C. L. COMAR und H. C. HARRIS: Absorption of radioactive calcium by the peanut fruit. Science **109**, 329–330 (1949). — BOULD, C., D. J. D. NICHOLAS, J. A. H. TOLHURST und T. WALLACE: Zinc deficiency of fruit trees in Britain. Nature **164**, 801–802 (1949). — BOWEN, H. J. M., und J. A. DYMOND: The uptake of calcium and strontium by plants from soils and nutrient solutions. J. Exper. Bot. **7**, 264–272 (1956). — BUCHER, R.: Über die Erkennung und Vorbeugung von Mg-Mangelerscheinungen bei Weinreben mit Hilfe von Blatt- und Bodenuntersuchungen. Kalibriefe, Fachgebiet **5**, 1–7 (1957). — BUKOVAC, M. J., und S. H. WITTWER: Absorption and mobility of foliar applied nutrients. Plant Physiol. **32**, 428–435 (1957). — BURSTRÖM, H.: Mineralstoffwechsel. Fortschr. Bot. **15**, 301 (1954a). — Studies on the growth and metabolism of roots. X: Investigations of calcium effect. Physiol. Plantarum **7**, 332–342 (1954b). — Mineralstoffwechsel. Fortschr. Bot. **17**, 516 (1955). — Mineralstoffwechsel. Fortschr. Bot. **19**, 232 (1957). — BURSTRÖM, H., und V. TULLIN: Observations on chelates and root growth. Physiol. Plantarum **10**, 406–417 (1957).

CALVIN, M.: Chelation and catalysis. In „Symposium of mechanism of enzyme action", S. 255–285, hrsg. von V. D. MCELROY und H. B. GLASS. Baltimore: The John Hopkins Press. 1954. — Der Photosynthesezyklus. Angew. Chem. **68**, 253–264 (1956). — CLENDENNING, K. A.: Biochemistry of chloroplasts in relation to the Hill-reaction. Ann. Rev. Plant Physiol. **8**, 137–152 (1957). — COLLANDER, R.: Selective absorption of cations by higher plants. Plant Physiol. **16**, 691–720 (1941).

DAVIS, D. E.: Some effects of calcium deficiency on the anatomy of *Pinus taeda*. Amer. J. Bot. **36**, 276–282 (1949). — DEKOCK, P. C.: Heavy metal toxicity and iron chlorosis. Ann. Bot. **20**, 133–141 (1956).

ECKSTEIN, O., A. JACOB und F. ALTEN: Zur Magnesiaversorgung der Pflanze. Arbeiten über Kalidüngung **2**, 316–329. Berlin: Verlagsgesellschaft für Ackerbau. 1935. — EHRENDORFER, K.: Untersuchungen über Angebot und Aufnahme der Hauptnährstoffe. Z. Acker- u. Pflanzenbau **105**, 301–328 (1958). — ELGABALY, M. M.: Specific effects of absorbed ions on plant growth. I: Effect of different combinations of calcium, magnesium and sodium of barley seedlings. Soil Sci. **80**, 235–284 (1955). — ELLIOTT, W. H.: Studies on the enzymic synthesis of glutamine. Biochemic. J. **49**, 106–112 (1951). — EPSTEIN, E., und J. LEGETT: The absorption of alkaline earth cations by barley roots: kinetics and mechanism. Amer. J. Bot. **41**, 785–791 (1954).

FAWZY, H., R. OVERSTREET und L. JACOBSON: The influence of hydrogen ion concentration of cation absorption by barley roots. Plant Physiol. **29**, 234–237 (1954). — FERRARI, Th. J., und C. M. J. SLUIJSMANS: Mottling and magnesium deficiency in oats and their dependence on various factors. Plant a. Soil **6**, 262–299 (1955). —

FIEDLER, H. J.: Über die Bedeutung des Ca für die pflanzliche Zelle, dargestellt am Ioneneinfluß auf α-Amylase. Z. Pflanzenernähr., Düng., Bodenkde. **65** 195–205 (1954). — FINKLE, B. J., und D. APPLEMAN: The effect of magnesium concentration on chlorophyll and catalyse development in *Chlorella*. Plant Physiol. **28**, 652–663 (1953a). — The effect of magnesium concentration on growth of *Chlorella*. Plant Physiol. **28**, 664–673 (1953b). — FLORELL, C.: Calcium, mitochondria and anion uptake. Physiol. Plantarum **10**, 781–790 (1957). — FORTI, G.: Adenosintriphosphatase activity of pea mitochondria. Physiol. Plant **10**, 898–909 (1957).

GÄRTEL, W.: Beitrag zur Kenntnis des Magnesiummangels bei Reben. Landwirtsch. Forsch. 13. Sonderh. 45–48 (1959). — GERALDSON, C. M.: Factors affecting calcium nutrition of celery, tomato and pepper. Proc. Soil Sci. Soc. America **21**, 621–625 (1957). — GOUNY, P.: Observations sur les particularités de l'alimentation ammoniacale en l'absence et en présence de calcaire. Ann. de l'instit. nat. de la rech. agron., Serie A: Ann. agron. **6**, 589–614 (1955). — GRUPPE, W.: Vergleichende Blatt- und Bodenuntersuchungen in Apfelplantagen und -baumschulen unter besonderer Berücksichtigung von Kalium und Magnesium. Gartenbauwissenschaft **2**, 3–29 (1955). — GUHA, M. P.: Boron deficiency and its relation to tuber cracking of potatoes. Sci. a. Cult. **17**, 40–42 (1951).

HAAS, P. G. DE, und W. GRUPPE: Die Bedeutung des Magnesiums für die Ernährung der Obstgehölze. Landwirtsch. Forsch. 13. Sonderh., 37–44 (1959). — HALLSWORTH, E. G., E. A. N. GREENWOOD und J. AUDEN: Trace elements in soils, plants and animals. Zit. nach Nature **180**, 24 (1957). — HAYNES, J. L., und W. R. ROBBINS: J. Amer. Soc. Agr. **40**, 795 (1948), zit. nach H. BURSTRÖM, Mineralstoffwechsel. Fortschr. Bot. **13**, 257 (1951). — HELDER, R. J.: Int. Conf. on Radioisotopes in scient. Res., S. 1–11. London 1957. — HERSCHLER, A.: Düngungsmaßnahmen zur Beseitigung bzw. Vorbeugung von Mangelschäden. Weinberg u. Keller **2**, 389–392 (1955). — HEWITT, E. J.: The role of mineral elements in the activity of plant enzyme systems. Handb. d. Pflanzenphysiol. Bd. IV, 436–437. Berlin-Göttingen-Heidelberg: Springer. 1958. — HONDA, S. J., und R. N. ROBERTSON: Studies in the metabolism of plant cells. XI: The Donnan equilibration and the ionic relations of plant mitochondria. Austr. J. Biol. Sci. **9**, 305–320 (1956). — HONDA, S. J., R. N. ROBERTSON und J. M. GREGORY: Studies in the metabolism of plant cells. XII: Ionic effects on oxydation of reduced diphosphopyridine nucleotide and cytochrome c by plant mitochondria. Austr. J. Biol. Sci. **11**, 1–15 (1958).

ITALLIE, TH. B. VAN: Magnesiummangel und Ionenverhältnisse in Getreidepflanzen. Bodenkde. Pflanzenernähr. **5**, 303–333 (1937).

JACOB, A.: Magnesia, der fünfte Pflanzenhauptnährstoff. Stuttgart: F. Enke. 1955. — S. 8–10 (1955a); S. 45–77 (1955b); S. 49–51 (1955c); S. 15–32 (1955d). JACOBSON, L., R. OVERSTREET, H. M. KING und R. HANDLEY: A study of potassium absorption by barley roots. Plant Physiol. **25**, 639–647 (1950). — JESSEN, W.: Die Marmorierung der Blätter der Getreidearten, eine Magnesium-Mangelerscheinung. Z. Pflanzenernähr., Düng., Bodenkde. **22A**, 129–135 (1931). — JOHAM, H. J.: Carbohydrate distribution as affected by calcium deficiency in cotton. Plant Physiol. **32**, 113–117 (1957). — JOHNSON, E. J., und A. R. COLMER: The relationship of magnesium ion and molecular structure of 2,4 dichlorophenoxyacetic acid and some related compounds to the inhibition of the respiration of *azotobacter vinelandii*. Plant Physiol. **32**, 99–101 (1957). — JUNG, J.: Beziehungen zwischen pH-Wert, Stickstoff-Form, Natrium, Kalium und der Wirkung des Magnesiums. Landwirtsch. Forsch. 13. Sonderh. 31–37 (1959).

KAHN, J. S., und J. B. HANSON: The effect of calcium on potassium accumulation in corn and soyabean roots. Plant Physiol. **32**, 312–316 (1957). — KALRA, G. S.: Responses of the tomato plant to calcium deficiency. Bot. Gaz. **118**, 18–37 (1956). — KEKUCH, A. M.: Der Einfluß des Besprühens mit Magnesiumsalzen auf die Knollenbildung der Kartoffel. Ber. Akad. Wiss. UdSSR N. **3**, 168–171 (1953). — KESSLER, B., und Z. W. MOSCICKI: Effect of triiodobenzoic acid upon the transport of foliar applied calcium and iron. Plant Physiol. **33**, 70–72 (1958). — KOWALEW, F.: Tabak **10**, 21–23 (1940), zit. nach A. JACOB: Magnesia, der fünfte Pflanzenhauptnährstoff, S. 49. Stuttgart: F. Enke. 1955. — KREDOW-SICHMAN, O. K.: Die Wirkung von Bor bei der Kalkung saurer Podsolböden. Spurenelemente in der Landwirtschaft S. 133–150. Berlin: Akademie-Verlag. 1958. — KRETSCHMER, A. E., S. J. TOTH und F. E. BEAR: Effect of chloride versus sulfate ions on nutrient-ion absorption by plants. Soil Sci. **76**, 193–199 (1953).

LARSON, W. E., und W. H. PIERRE: Interaction of sodium and potassium on yield and cation composition of selected crops. Soil Sci. **76**, 51–64 (1953). — LATIES, G. L.: The dual role of adenylate in the mitochondrial oxydations of a higher plant.

Physiol. Plantarum 6, 199–214 (1953). — LEGGETT, E. J.: The activation of orthophosphate absorption by cations. Plant Physiol. 31, VII (1956). — LEVITT, L. S.: The role of magnesium in photosynthesis. Science 120, 33–35 (1954). — LIBBERT, E.: Die Wirkung der Alkali- und Erdalkali-Ionen auf das Wurzelwachstum unter besonderer Berücksichtigung des Ionenantagonismus und seiner Abhängigkeit von Milieufaktoren. Planta 41, 396–435 (1953). — LUNDEGÅRDH, H.: Die Nährstoffaufnahme der Pflanze, S. 117. Jena: G. Fischer. 1932. — LYNEN, F.: Coenzym A, ein Bindeglied zwischen energieliefernden und -verbrauchenden Reaktionen des Zellstoffwechsels. Verhdl. d. Gesellschaft Deutscher Naturforscher und Ärzte, Hamburg 1956, S. 78–87. Berlin-Göttingen-Heidelberg: Springer. 1957.

MCCORQUODALE, D. J., und R. E. DUNCAN: Amer. J. Bot. 44, 715–722 (1957), zit. nach H. BURSTRÖM, Fortschr. Bot. 20, 161 (1958). — MCEVOY, E. T.: The relation of ammonium and sulphate ions to magnesium deficiency in tobacco. C. J. Agr. Sci. 34, 281–287 (1954). — MCILRATH, W. J., und J. A. DE BRUYN: Calcium-boron relationship in Siberian millet. Soil Sci. 81, 301–310 (1956). — MCNAIRS, B., und S. S. COHEN: The oxidative pathway of carbohydrate metabolism in Escherichia coli. Biochem. J. 55, 23–33 (1953). — MENGEL, K.: Die Bestimmung kleinster Mengen Magnesium für Zwecke der agrikulturchemischen Analyse und seine Beziehungen zu Bor in der Pflanzenernährung. Dissertation d. Landw. Fakultät. Gießen 1956. — MENZEL, R. G., und W. R. HEALD: Distribution of potassium, rubidium, cesium, calcium and strontium within plants grown in nutrient solutions. Soil Sci. 80, 287–293 (1955). — MICHAEL, G.: Über die Aufnahme und Verteilung des Magnesiums und dessen Rolle in der höheren grünen Pflanze. Bodenkde. u. Pflanzenernähr. 25, 65–120 (1941). — Über das Wahlvermögen der Pflanzen bei der Mineralstoffaufnahme. Dt. Akad. Landwirtschaftswiss. Bd. VIII, Heft 4. Berlin 1959. — MICHAEL, G., und G. SCHILLING: Über den Mg-Versorgungsgrad mitteldeutscher Ackerböden. Z. Pflanzenernähr., Düng., Bodenkde. 79, 31–50 (1957). — MIDDLETON, L. J.: Adsorption and translocation of strontium and cesium by plants from foliar sprays. Nature 181, 1300–1303 (1958). — MILLER, G. W.: Properties of enolase in extracts from pea seed. Plant Physiol. 33, 199–206 (1958). — MILLER, G. W., und H. J. EVANS: The influence of salts on pyruvate kinase from tissue of higher plants. Plant Physiol. 32, 346–354 (1957). — MULDER, D.: Mg-deficiency in fruit trees on sandy soils and clay soils in Holland. Plant a. Soil 2, 145–157 (1950). — MULDER, E. G.: Nitrogen-magnesium relationship in crop plants. Plant a. Soil 7, 341–376 (1956).

NANCE, J. F.: Effects of indolacetic acid on the utilization of acetate C^{14} pea stem slices. Plant Physiol. 32, 93–98 (1957). — NASON, A.: The function of metals in enzyme systems. Soil Sci. 85, 63–77 (1958). — NEALES, T. F.: Relation of Mg supply to the growth and net assimilation-rate of barley. Nature 175, 429–430 (1955). — Components of the total magnesium content within the leaves of white clover and perennial ryegrass. Nature 177, 388–389 (1956). — NIELSEN, T. R., und R. OVERSTREET: A study of the role of hydrogen ion in the mechanism of potassium absorption by excised barley roots. Plant Physiol. 30, 303–309 (1955). — NOGGLE, G. R., und S. A. WATSON: The relationship of riboflavin and ascorbic acid to carbohydrate and nitrogen fractions in immature oat plants as influenced by mineral deficiencies. Plant Physiol. 24, 265–27 (1949).

OKUDA, A., und Z. KASAI: Translocation of mineral nutrients in crop. Rap. VI. Congr. Intern. Sci. Sol. Paris D, 99–106 (1956). — OVERSTREET, R., L. JACOBSON und R. HANDLEY: The effect of calcium on the absorption of potassium by barley roots. Plant Physiol. 27, 575–590 (1952).

PERKINS, H. F., und M. STELLY: Ca- and Mg-content of oats and Crimson clover grown on Norfolk sandy loam as affected by Na and K. Soil Sci. 86, 305–309 (1958). — PETERBURGSKIJ, A. W.: Radioisotope und Phosphor und Calcium in Versuchen zur Erforschung der Pflanzenernährung und Düngerwirkung. Ber. Timirjasew-Landw.-Akad. 105–120 (1956), (russ.). — PFAFF, C., und H. BUCHNER: Die Abhängigkeit der Mg-Wirkung vom Kalkzustand und von der Form der N-Ernährung. Z. Pflanzenernähr., Düng., Bodenkde. 81, 102–117 (1958). — PLANT, W.: The effects of molybdenum deficiency and mineral toxicities on crop in acid soils. J. Hort. Sci. 31, 163–176 (1956). — POBEGUIN, T.: Contribution à l'étude des carbonates de calcium, précipitation do calcaire par les végétaux, comparaison avec le monde animal. Ann. Sci. natur. Bot. Sér. XI, 15, 29–109 (1955). — PURVIS, E. R., und O. W. DAVIDSON: Review of the relation of Ca to the availability and absorption of certain trace elements by plants. Soil Sci. 65, 111–116 (1948).

RACITI, G.: Carenza die magnesio negli aranci siciliani. Ann. d. sperim. agr. X, 5, 1581–1598 (1956). — REDISKE, J. H., und A. A. SELDERS: The absorption and translocation of strontium by plants. Plant Physiol. 28, 594–605 (1953). — RIRIE, D., und S. J. TOTH: Plant studies with radioactive calcium. Soil Sci. **73**, 1–10 (1952). — ROTHSTEIN, A.: The transport of bivalent cations into yeast cell in relation to potassium and phosphate uptake. Radioisotopes in Sci. Res. **4**, 1–11 (1958). — RUSSEL, R. S., und H. M. SQUIRE: The absorption and distribution of strontium in plants. J. Exper. Bot. **9**, 262–276 (1958).

SCHACHTSCHABEL, P.: Der Magnesiumversorgungsgrad nordwestdeutscher Böden und seine Beziehungen zum Auftreten von Mangelsymptomen an Kartoffeln. Z. Pflanzenernähr., Düng., Bodenkde. **74**, 202–219 (1956a). — Magnesium in Boden und Pflanze. Z. landwirtsch. Vers. u. Unters.-Wesen **2**, 507–523 (1956b). — SCHAIN, S. S., B. M. KASCHMANOWA, M. A. MELNIKOWA und A. W. MOTOWA: Wechselbeziehungen zwischen den Futterpflanzen bei der Ausnutzung der Nährstoffe. Wiss. u. fortschrittl. Erfahr. in Landw. S. 47–50 (russ.), 1957. — SCHARRER, K., und R. BÜRKE: Der Einfluß der Ernährung auf die Provitamin-A-(Carotin)-Bildung in landwirtschaftlichen Nutzpflanzen. Z. Pflanzenernähr., Düng., Bodenkde. **62**, 244–262 (1953). — SCHARRER, K., und J. JUNG: Weitere Untersuchungen über Beziehungen zwischen Nährstoffversorgung und Oxalsäurebildung im Zuckerrüben- und Mangoldblatt. Z. Pflanzenernähr., Düng., Bodenkde. **66**, 1–18 (1954). — Das Kationen-Anionenverhältnis der Pflanze bei Zufuhr steigender Mengen Carbonat-, Sulfat-, Silikat-, Chlorid- und Acetat-Ionen. Z. Pflanzenernähr., Düng., Bodenkde. **76**, 27–38 (1957). — SCHARRER, K., und K. MENGEL: Über den Kalium-Magnesium-Antagonismus bei Mais und Sonnenblumen. Z. Pflanzenernähr., Düng., Bodenkde. **83**, 149–162 (1958). — Über das vorübergehende Auftreten sichtbaren Magnesiummangels bei Hafer. Agrochimica **4**, 3–24 (1960). — SCHARRER, K., und R. SCHREIBER: Gefäßversuche mit vergleichenden Kalisalzen zu Mais unter gleichzeitiger Berücksichtigung des Magnesiums und des Bors. Z. Pflanzenernähr., Düng., Bodenkde. **26**, 129–136 (1942). — SCHILLING, G.: Magnesium, ein universeller Pflanzennährstoff. Bergbau — Handel, Gesellsch. für Ausfuhr und Einfuhr von Bergbauerzeugnissen. Berlin W 8, 1957. — SCHMEHL, W. R., M. PEECH und R. BRADFIELD: Influence of soil acidity on absorption of calcium by alfalfa as revealed by radiocalcium. Soil Sci. **73**, 11–21 (1952). — SCHMITT, L.: Altes und Neues zur Magnesiumdüngungsfrage. Z. Pflanzenernähr., Düng., Bodenkde. **42**, 129–143 (1936). — SCHROEDER, D.: Die Magnesium-Ernährung der Pflanzen. Schriftenr. d. Landw. Fakultät der Univ. Kiel, H. 21, S. 83–100 (1959). — SCHROPP, W.: Wasserkulturversuche über die Wirkung des Mg in Nährlösungen mit verschiedener Reaktion. Z. Pflanzenernähr., Düng., Bodenkde. **48**, 65–84 (1949). — SCHULZE, W.: Über den Einfluß der Düngung auf die Bildung der Chloroplastenpigmente. Z. Pflanzenernähr., Düng., Bodenkde. **76**, 1–19 (1957). — SMITH, R. L., und A. WALLACE: Influence of cation ratio, temperature and tissue on adsorption and absorption of calcium and potassium by citrus and other plant species. Soil Sci. **82**, 9–19 (1956). — SOROKIN, H., und A. L. SOMMER: Changes in the cells and tissue of root tips induced by the absence of calcium. Amer. J. Bot. **16**, 23–40 (1929). — STENUIT, D. F.: Beziehungen zwischen Magnesiumgehalt und Ertrag belgischer Böden. Landwirtsch. Forsch. 13. Sonderh., 23–29 (1959). — STENUIT, D. F., und R. PIOT: Symptômes de carence en magnésie chez les plantes agricoles et horticoles. Service Pédologique de Belgique. Heverlee 1954. — La magnésie élément essentiel de l'alimentation des plantes. Revue de l'Agriculture **10**, No. 7–8 (1957). — La magnésie, un élément essentiel pour l'alimentation des plantes. Revue de l'Agriculture **11**, No. 3, 2–24 (1958).

TAMM, C. O.: Seasonal variation in composition of birch leaves. Physiol. Plantarum **4**, 461–469 (1951). — TANDA, T.: Effect of ribonuclease on salt absorption by excised mung bean roots. Plant Physiol. **31**, 251–253 (1956). — THUN, R.: Über die Beeinflussung der Aufnahme und Wirkung verschiedener Phosphatdünger durch eine Kalk-, Magnesiakalk- und Mg-Sulfatdüngung. Bodenkde. u. Pflanzenernähr. **30**, 137–156 (1943). — TRUOG, E., R. J. GOATES, G. C. GERLOFF und K. C. BERGER: Magnesium—phosphorus relationships in plant nutrition. Soil Sci. **63**, 19–25 (1947).

VIETS, F. G.: Calcium and other polyvalent cations as accelerators of ion accumulation by excised barley roots. Plant Physiol. **19**, 466–480 (1944).

WALLACE, T.: The diagnosis of mineral deficiencies in plants, S. 54–56. London: His Majesty's Stationery Office. 1951. — WALSH, TH., und O. DONAHUE: Magnesium deficiency in some crop plants in relation to the level of potassium nutrition. J. Agr. Sci. **35**, 254–263 (1945). — WEBB, K. J., A. J. OHLROGGE und S. A. BARBER: Soil Sci. Soc. Amer. Proc. **18**, 458 (1954), zit. nach H. BURSTRÖM, Fortschr. Bot. **17**, 515 (1955). — WEBSTER, G. C.: Enzymatic synthesis of glutamine in higher plants. Plant Physiol. **28**, 724–727 (1953a). — Enzymatic synthesis of gamma-glutamylcysteine in higher plants. Plant Physiol. **28**, 728–730 (1953b). — WELTE, E., und W. WERNER: Über die physiologischen Funktionen des Magnesiums in der Pflanze.

Landwirtsch. Forsch. 13. Sonderh., 1–9 (1959). — WERNER, W.: Die Wirkung einer Magnesiumdüngung zu Kartoffeln in Abhängigkeit von Bodenreaktion und Stickstoff-Form. Der Kartoffelbau **10**, H. 1 (1959). — WILHELM, A. F.: Mg-Mangel bei der Weinrebe. Kali-Briefe: Gemüse-, Obst- und Weinbau, 1. Folge, S. 2–7, Febr. 1954. — Zur Diagnose von Nährstoffmangelerscheinungen bei Reben. Weinberg u. Keller **2**, 297–304 (1955).

YORK, E. T., JR., R. BRADFIELD und M. PEECH: Calcium-potassium interactions in soils and plants. II: Reciprocal relationship between calcium and potassium in plants. Soil Sci. **76**, 481–491 (1953).

B. Mikronährstoffe

Von

K. Scharrer und K. Mengel*

In der agrikulturchemischen Forschung haben die Mikronährstoffe im vergangenen Jahrzehnt einen großen Raum eingenommen, so daß eine reichhaltige Literatur vorliegt. In einer umfangreichen Literaturarbeit berichtet SCHARRER (1955) über Verhalten, Vorkommen, Bedeutung und Funktionen der einzelnen Mikronährstoffe. HEWITT (1957) gibt einen straffen Überblick über die in den einzelnen Jahren erforschten physiologischen Reaktionen der Mikronährstoffe im pflanzlichen Stoffwechsel. Im Frühjahr 1957 fand ein Symposium über ,,Trace elements in soils, plants and animals" in Bristol statt. Ein zusammenfassender Bericht hierüber ist in ,,Nature" **180**, 23-25 (1957) erschienen. NASON (1958) und DAVIS (1958) diskutieren die Funktionen verschiedener Mikronährstoffe bei enzymatischen Prozessen. Weitere größere Arbeiten über Mikronährstoffe wurden von TRENEL (1958), STILES (1951) und ARNON et al. (1950) veröffentlicht.

Die Mikronährstoffe sind dadurch charakterisiert, daß sie in relativ kleinen Mengen eine hohe physiologische Wirksamkeit haben. Die Unterscheidung zwischen Mikro- und Makronährstoffen beruht so teils auf ihrem quantitativen Vorkommen in der höheren Pflanze, teils auf historisch gegebene Entwicklungen in der Pflanzenphysiologie. So werden die von LIEBIG für das Pflanzenleben als notwendig befundenen Elemente einschließlich des Fe vielfach als Makronährstoffe bezeichnet. Andererseits ist es auch üblich, das Fe zu den Mikronährstoffen zu zählen (HEWITT 1957). Weder quantitatives Vorkommen in der Pflanze noch physiologische Bedeutung oder Funktionen geben überzeugende Anhaltspunkte für eine klare Unterscheidung zwischen Makro- und Mikronährstoffen. Wenn in dem vorliegenden Beitrag das Fe mit zu den Mikronährstoffen gezählt wird, so deshalb, weil es genau wie andere Mikronährstoffe als Metallkomponente in Enzymsysteme eingebaut werden kann und ähnlich wie bei Mn, Cu oder Mo seine enzymatische Wirksamkeit auf einem Valenzwechsel beruht.

Enzymprozesse zu steuern und zu aktivieren ist die wichtigste Aufgabe der Mikronährstoffe. Lediglich B gilt hier als Ausnahme, da es wahrscheinlich wesentliche Funktionen als Strukturelement hat.

HEWITT (1958) unterscheidet fünf verschiedene Aktivierungsmechanismen der einzelnen Metalle bei enzymatischen Reaktionen.

1. Der Valenzwechsel als Elektronen übertragendes Prinzip.
2. Die Bindung zwischen Substrat und Enzym durch ein Metallatom.

* Die Arbeiten zu diesem Beitrag wurden noch von K. SCHARRER begonnen.

3. Die Anregung zur Ionisation oder Dissoziation, die Änderung des elektrischen Potentials oder der Elektronenkonfiguration des Substrates bzw. des Enzymproteins durch ein Metall-Ion.

4. Die Verstärkung der spezifischen Wirksamkeit eines Metall-Ions durch Einbau in einen organischen Komplex.

5. Die Inaktivierung natürlicher Inhibitoren durch ein Metall-Ion.

Bei vielen enzymatischen Reaktionen handelt es sich um die Spaltung einer Elektronenpaarbindung. Elektronenverschiebungen und Elektronenwechsel sind also für alle oben genannten Mechanismen wichtig. So ist bei der Kopplung Enzym — Substrat durch ein Metallatom nicht allein die mechanische Bindung, sondern besonders die „Orientierung" des Substrates durch ein Metallatom von ausschlaggebender Bedeutung. HELLERMANN (1937) gibt mit der Aktivierung der Arginase durch M^{++} hierfür ein anschauliches Beispiel.

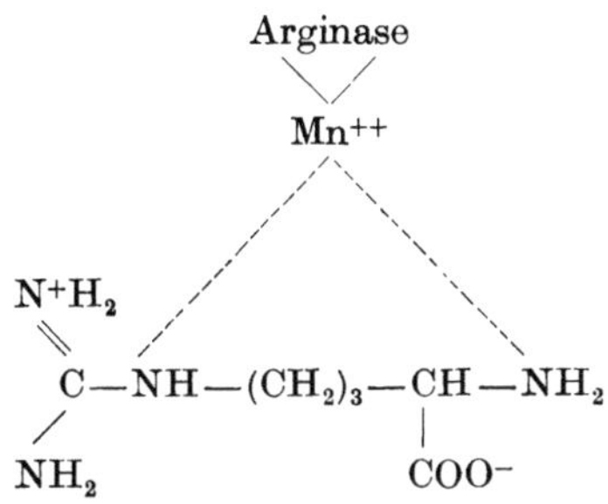

(Nach HELLERMANN 1937.)

Bedingt durch die beiden einsamen Elektronenpaare der N-Atome des Arginins entsteht zwischen Arginin und der Mn-Arginase eine koordinative Bindung. Die Resonanz der Elektronen des Arginins wird dadurch in der Weise geändert, daß sich die Elektronenpaarbindung N—C zwischen dem Guanidinrest und dem übrigen Molekül ändert, so daß sie durch die hydrolytische Wirkung der Arginase gespalten werden kann.

NASON (1958) berichtet, daß die oxydierende Wirkung von Cu^{2+} durch seine Bindung an Ascorbinsäureoxydase annähernd 1000fach verstärkt wird. Nach CALVIN (1954) wird durch die Chelatbindung „Metall-Substrat" das Substrat auf den enzymatischen Prozeß ausgerichtet. KLOTZ (1954) nimmt an, daß die Metall-Ionen ein für den Reaktionsablauf notwendiges Zwischenprodukt synthetisieren und vorübergehend stabilisieren. WILLIAMS (1956) betont, daß die Liganden eines Metall-Chelates die katalytische Wirksamkeit eines Metall-Ions weitgehend bestimmen. Die einzelnen organischen Strukturen besitzen hierbei eine gewisse Selektivität für die Metall-Ionen. So wird Zn im neutralen Reaktionsbereich besonders von SH-Gruppen, Fe von Iminen und Mg von Oxyanionen bevorzugt komplex gebunden. Die katalytische Wirksamkeit eines komplexgebundenen Metall-Ions steigt bei Säure-Basenreaktionen mit der Stabilität des Chelatkomplexes an. Mn^{++} und Mg^{++} begünstigen diese Reaktionen. Metall-Sulfhydrylchelate wirken dagegen hemmend auf Säure-Basenreaktionen. Pb, Hg, Ni und Cu, die mit SH-Gruppen eine stabile Chelatbindung eingehen, können so ein Enzymsystem „vergiften", falls sie in relativ hohen Konzentrationen vorkommen.

Cu, Fe und Mo fungieren in erster Linie als Elektronenüberträger, Mn und in geringerem Maße Zn sind für hydrolytische und Dekarboxylierungsprozesse notwendig (NASON 1958). Auf die Funktion des Mg und auf seine Ähnlichkeit mit Mn bei Gruppenübertragungen wurde schon bei der Besprechung des Mg hingewiesen.

Die meisten Mikronährstoffe rufen bei überdosierter Anwendung toxische Wirkungen hervor. Nach DeKock (1956) sind sie teils auf die Neigung der Schwermetalle, Chelatverbindungen einzugehen, zurückzuführen. Hierbei wird Ca aus seinen für einen normalen Ablauf des physiologischen Geschehens notwendigen Bindungen gedrängt. Diese Konkurrenz der Metall-Ionen um Bindungsstellen organischer Strukturen ist eine grundlegende Ursache dafür, wie ein Metall-Ion bei niederen Konzentrationen katalytisch bei höheren inhibierend wirken kann. Für die praktische Pflanzenernährung ergibt sich hieraus, daß für ein optimales Ablaufen der Stoffwechselprozesse, die Metallionen und besonders die Schwermetalle in harmonisch abgestuften Verhältnissen der Pflanze gegeben werden müssen. Nicht allein die Bindung eines Metall-Ions an einen Enzymkomplex dürfte für den Ablauf physiologischer Prozesse maßgebend sein, auch die Reaktion eines Kations mit Substanzen von Wuchs- oder Hemmstoffcharakter — sei es durch Aktivierung oder Inaktivierung — hat wahrscheinlich einen nachhaltigen Einfluß auf die Entwicklung eines biologischen Systems.

a) Eisen

1. Aufnahme, Verteilung und Beweglichkeit

Das Eisen kann von der Pflanze als Fe^{II}- und als Fe^{III}-Ion aufgenommen werden. Darüber hinaus wird in jüngster Zeit immer mehr die Fe-Aufnahme in Form ganzer Fe-haltiger Moleküle — meist Chelatverbindungen — betont (Holmes und Brown 1955), wenngleich die Aufnahme von Fe-Chelat-Molekülen auch bei Chelatdüngung gegenüber der gesamten Fe-Aufnahme nach den Untersuchungen von Brown und Tiffin (1960) nur gering sein dürfte. Die günstige Wirkung einer Fe-Chelatdüngung muß so hauptsächlich darauf zurückgeführt werden, daß der Chelator das Fe vor Ausfällung schützt. Bei der Aufnahme selbst wird das Fe zum größten Teil vom Chelator abgespalten. Stewart und Leonhard (1954) nehmen an, daß die Pflanze selbst Chelatbildner ausscheidet, mittels derer die Fe-Verfügbarkeit im Nährmedium erhöht wird. Ähnliches wird von Garibaldi und Neiland (1956) für Mikroorganismen berichtet. Die Feststellung Frenzels (1957), daß die Pflanzenwurzel Aminosäuren, also Chelatbildner, ausscheidet, stützt diese Vermutung. Heinonen und Waris (1956) stellten fest, daß die Fe-Konzentration im Blutungssaft unabhängig davon ist, ob das Fe als anorganisches Ion oder auch als EDTA-Komplex vorliegt, falls die Fe-Konzentration beider Formen in der Nährlösung gleich hoch ist. Mit einer gewissen Vorsicht darf man hieraus schließen, daß der limitierende Faktor für die Aufnahme ein in der Pflanze gebildeter Chelator ist. Hierfür spricht auch die Beobachtung, daß andere zur Chelatbildung neigende Ionen, hauptsächlich Schwermetalle, die Fe-Aufnahme und den Fe-Transport durch konkurrierenden Einfluß erschweren können (Sideris 1950, Smith und Specht 1953, Brown und Holmes 1955, Weinstein und Robbins 1955, DeKock 1955).

DeKock (1956) stellte bei *Sinapis alba* fest, daß die konkurrierende Wirkung der einzelnen Schwermetalle gegenüber Fe mit ihrer Tendenz, chelatartige Verbindungen einzugehen, ansteigt, wobei er nachweisen konnte, daß eine Fe-Chlorose als Folge einer gehinderten Fe-Aufnahme und eines gehemmten Fe-Transportes durch Schwermetalle in nachstehender Reihenfolge induziert werden kann: Cu > Ni > Co > Zn > Cr > Mn. Wurde das Fe dagegen in Form eines Chelatkomplexes gegeben, so bewirkten, ausgenommen die Behandlung mit Cu, die übrigen Schwermetalle keine chlorotischen Erscheinungen. Dieses Ergebnis und auch die Tatsache, daß man eine Ionenkonkurrenz des Fe mit den Alkali — und bedingt auch den Erdalkali-Ionen nicht kennt — im Gegenteil, hohe K-Konzentrationen des Nährmediums begünstigen die Fe-Aufnahme (BOLLE-JONES 1955) — lassen vermuten, daß Fe hauptsächlich als Chelatkomplex transportiert wird. SMITH und SPECHT (1953) berichten über gleichlautende Ergebnisse mit Zitrus-Sämlingen.

Daß ein niedriger pH-Wert die Fe-Aufnahme begünstigt, wird von verschiedenen Autoren angeführt (REDISKE und BIDDULPH 1953, JACOBSON und OERTLI 1956). Die letztgenannten Autoren sowie SIDERIS (1950) verweisen darauf, daß bei höheren pH-Werten Fe^{II} zu Fe^{III} oxydiert und durch die bevorzugte Fällung der Fe^{III}-Salze die Fe-Aufnahme eingeschränkt wird. Phosphat-Ionen, die ebenfalls die Fällung von Fe^{III} begünstigen, wirken aus gleichem Grunde erschwerend auf die Fe-Aufnahme (BIDDULPH und WOODBRIDGE 1952, SIDERIS und YOUNG 1956). Auch der Transport des Fe in der Pflanze wird nach BIDDULPH und WOODBRIDGE (1952) durch hohe Phosphatkonzentrationen gehemmt, durch niedrige pH-Werte begünstigt (REDISKE und BIDDULPH (1953). Eine erhöhte Sauerstoffgabe zum Nährmedium, die durch ihre stimulierende Wirkung auf den Stoffwechsel der Wurzelzellen allgemein die Nährstoffaufnahme fördert, kann die Fe-Aufnahme durch ihre oxydierende Wirkung hemmen (DEKOCK 1955).

Die Beobachtung von SIDERIS und YOUNG (1946), mit Nitrat-N ernährte Pflanzen haben relativ viel Fe in der Wurzel, während bei NH_4-Ernährung mehr Fe in die oberirdischen Pflanzenorgane wandert, läßt sich zumindestens teilweise mit der pH-erniedrigenden Wirkung der physiologisch sauren NH_4-Salze erklären (PIRSCHLE 1931). Diese wenigen Hinweise lassen schon erkennen, daß die Beweglichkeit des Fe in der Pflanze von anderen Faktoren, besonders pH-Wert und P-Gehalt, nachhaltig beeinflußt wird, wobei nach REDISKE und BIDDULPH (1953) selbst Fe-Ausfällungen in den Leitbahnen der Pflanzen vorkommen können. Auch hohe Molybdatgehalte des Nährmediums behindern die Fe-Aufnahme. GERLOFF et al. (1959) vermuten, daß diese Hemmung auf eine Fe-Molybdat-Ausfällung in der Wurzel zurückzuführen ist.

BUKOVAC und WITTWER (1957) beobachteten bei Bohnen, daß die Schwermetalle einschließlich Fe in der Pflanze eine höhere Beweglichkeit haben als die Erdalkali-Ionen, gegenüber Alkali-Ionen aber weniger beweglich sind. Nach GLENISTER (1944) kann das Fe nicht von älteren in jüngere Blätter transportiert werden. Er spricht deshalb von einer schlechten Beweglichkeit des Fe in der Pflanze. KESSLER und MOSICKI (1958) konnten bei Blattbesprühungen mit Trijodbenzoesäure die Fe-Beweglichkeit in der Pflanze beachtlich erhöhen, so daß das Fe ohne Schwierigkeit von einem Pflanzenorgan in ein anderes transportiert werden konnte. Man darf annehmen, daß diese erhöhte Beweglichkeit des Fe auf einen Fe-Trijodbenzoesäurekomplex zurückzuführen ist.

Hafer, Reis und Spinat gelten als ferrophile Pflanzen. Ihr Fe-Gehalt liegt bei ungefähr 2000 bis 3000 ppm Fe der Trockensubstanz, die meisten anderen Kulturpflanzen weisen dagegen Fe-Gehalte auf, die, bezogen auf das Trockengewicht, 100 bis 800 ppm Fe betragen.

Nur ein geringer Teil des gesamten Fe in der Pflanze ist wasserlöslich (BENNET 1945). Fe ist in verschiedenen Proteiden, besonders in den noch zu besprechenden Fermentsystemen wie Katalase, Peroxydase, Cytochromen und Cytochromoxydase inkorporiert. Nach LIEBICH (1941) sind in der Zelle etwa 80% des Fe in den Chloroplasten vorhanden, ungefähr 13% sind wasserlöslich und die relativ geringe restliche Fe-Menge verteilt sich auf die übrigen organischen Verbindungen. Wenngleich beim Trennen der einzelnen Fe-Fraktionen analytische Fehler unvermeidlich sind, so dürfte doch die Größenordnung der oben angegebenen Zahlen stimmen. Das bedeutet, daß die in den erwähnten Fe-Enzymen vorhandene Fe-Menge gering ist. Wenn auch Zellkern und Mitochondrien als wichtige Träger bekannter Fe-Enzyme im Vergleich zu anderen Zellsubstanzen noch viel Fe enthalten (Possingham und Brown 1957, Possingham und Brown 1958, Crane 1958), so überwiegt doch bei weitem der Fe-Gehalt der Chloroplasten. Fe ist hier hauptsächlich in dreiwertiger Form an Nucleinsäuren und Eiweiße gebunden und nur ein geringer Anteil, etwa 10%, ist nach Liebich (1941) in Enzymsystemen wirksam. Welche physiologische Bedeutung diesem hohen Fe-Gehalt in den Chloroplasten zukommt, ist noch ziemlich unklar. Es ist wahrscheinlich, daß Fe am Aufbau des Chlorophylls beteiligt ist. Auch die Mitochondrien enthalten neben dem in Porphyrinringe eingebauten Fe noch einen relativ hohen fest an das Substrat, aber nicht porphyrinartig, gebundenen Fe-Anteil. Die Verteilung des Fe in der gesamten Pflanze ist bei gesunden Pflanzen ziemlich gleichmäßig, mit einer geringen Tendenz zu einer höheren Fe-Konzentration in den Wachstumskegeln (Rediske und Biddulph 1953). Jacobson und Oertli (1956) berichten, daß die älteren Blätter mehr Fe enthalten als die jüngeren.

2. Funktionen

Am bekanntesten sind die Funktionen des Fe in Enzymsystemen, in denen das Häm oder Hämin als prosthetische Gruppe fungiert. Das Fe ist hier analog dem Mg im Chlorophyll in einen Porphyrinring eingebaut. Zu diesen Enzymsystemen zählen die Katalase, die Peroxydase, die Cytochromoxydase sowie die Cytochrome. *Cytochromoxydase* ist identisch mit dem Warburgschen-Atmungsferment (Baldwin 1957, Brown und Hendricks 1952, Brown und Steinberg 1953, Brown und Possingham 1957). *Katalase* ist in pflanzlichen Zellen weit verbreitet. Sie bewirkt die Spaltung von Wasserstoffperoxyd in Wasser und molekularen Sauerstoff. Andere Peroxydverbindungen werden dagegen von ihr nur schwerlich angegriffen. Sie werden durch das Ferment *Peroxydase* gespalten, das in pflanzlichen Geweben vorkommt.

Die Funktion der *Cytochromsysteme* besteht darin, daß sie die durch Dehydrogenasen des Krebszyklus abgespaltenen H-Atome bzw. Elektronen bis zur *Cytochromoxydase* weiterleiten, die dann ihrerseits die Bindung der H-Atome an den molekularen Sauerstoff ermöglicht. Im Unterschied zur Cytochromoxydase können die Cytochrome a und c, und bedingt auch b, die Bindung des H an O_2 nicht durchführen (Baldwin 1957).

Die enge Verknüpfung des aeroben Stoffwechsels mit dem Tricarbonsäurezyklus über Fe-haltige Enzymsysteme läßt die Bedeutung des Fe für den Energiehaushalt erkennen. Lundegårdh (1950) sieht in diesem elektronenleitenden System die Ursache für den in entgegengesetzter Richtung laufenden Anionenstrom. Diese sogenannte Elektronenleiter hat ihre Wirksamkeit im Valenzwechsel des Fe. Das System selbst ist genau wie auch die Enzyme des Tricarbonsäurezyklus in den Mitochondrien lokalisiert (Coic 1956, Crane 1958). Der negative Einfluß einer ungenügenden Fe-Versorgung auf die Aktivität der genannten Enzyme ist von zahlreichen Autoren beobachtet worden (Brown und Hendricks 1952, Brown und Steinberg 1953, Nicholas und Goodman 1958, Wallace und Clark 1956). Nicholas und Goodman (1958) konnten bei Fe-Mangel in *Neurospora* keine DPNH-Dehydrase (Diaphorase) nachweisen. Nach Zugabe von Fe wurde sie innerhalb von 24 Stunden synthetisiert.

Bei Fe-Mangel hört die *Zellteilung* auf, was nach Ansicht von Possingham und Brown (1957, 1958) auf eine Hemmung der Cytochromoxydase in den meristematischen Geweben beruht. KESSLER (1957) nimmt an, daß Fe als Bindeglied zwischen Desoxyribonucleinsäure und Proteid fungiert. In diesem Zusammenhang ist der Befund von MOTHES et al. (1958), die Eiweißsynthese verläuft unter Beteiligung von Ribonucleinsäure und Desoxyribonucleinsäure, von Interesse. Die Feststellung verschiedener Autoren (POSSINGHAM 1956, ILJIN 1951a, BENNET 1945, DÉMÉRIADÈS 1956), daß bei Fe-Mangel die Eiweißfraktion zu Gunsten der löslichen organischen N-Verbindungen abnimmt, dürfte hiermit in Zusammenhang stehen. ILJIN (1951a) berichtet, daß in Apfel- und Kirschblättern normalerweise 90% des Gesamt-N als Eiweiß-N vorliegen, bei Fe-Mangel aber nur etwa die Hälfte des Gesamt-N als Eiweiß-N vorhanden ist. Im Rahmen des *Eiweißstoffwechsels* sei noch erwähnt, daß die aus grünen Bohnen isolierte Asparaginsäure-Glutaminsäure-Transaminase spezifisch durch Fe^{II} aktiviert wird (PATWARDHAN 1958). SIDERIS und YOUNG (1956) berichten über eine gehemmte Nitratassimilation bei Fe-Mangel. Die Ausbildung von kleineren Chloroplasten und der geringere Gehalt an Chloroplasten bei Fe-Mangel leitet sich nach JACOBSON und OERTLI (1956) von einer gehemmten Eiweißsynthese ab. Neben dem Chlorophyllgehalt (s. Tab. 84) wird auch der Gehalt an Carotinoiden bei ungenügender Fe-Versorgung erniedrigt (SIDERIS und YOUNG 1956). Die genannten Autoren verweisen darauf, daß bei Fe-Mangel die Zuckerkonzentration in den chlorotischen, in der Nähe des Meristems befindlichen Geweben ansteigt. Dies wird offenbar durch die gehemmte Wachstumsintensität hervorgerufen. BROWN et al. (1958) sowie ILJIN (1951b) berichten, daß bei Fe-Mangel neben einem Anstieg der reduzierenden Zucker auch der Gehalt an organischen Säuren erhöht wird. Angesichts der engen Verknüpfung der Fe-haltigen Enzyme mit dem Tricarbonsäurezyklus ist dieser Befund nicht überraschend.

3. Mangel

Neben der geschilderten Einwirkung einer unzureichenden Fe-Versorgung wird der Fe-Mangel durch chlorotische Aufhellungen an den jüngeren Blättern sichtbar (s. Abb. 85). Bei sehr starkem Mangel können die jüngsten Blätter fast weiß erscheinen (WALLACE 1951, BAUMEISTER 1959). Daß Wachstum und Stoffwechsel empfindlich gehemmt sind, wurde bereits dargelegt. Nach WALLIHAN (1955) korreliert die Intensität des Mangels mit dem Fe-Gehalt der Blätter. Tab. 89 zeigt diesen Zusammenhang. Ihr ist weiterhin die gute Korrelation zwischen Chlorophyllgehalt und Fe-Versorgung zu entnehmen. Als Indikator für den Grad der Fe-Versorgung dürfte jedoch das ,,säurelösliche Fe" geeigneter sein als das gesamte Fe der Blätter. Eine Korrelation zwischen Fe-Mangel und Gesamtgehalt an Fe ist nach OLSEN (1935) nicht immer gegeben, vielmehr ist nach BENNET (1945) und auch JACOBSON (1945) der Gehalt an Fe^{II}, dem sogenannten ,,aktiven Fe", maßgebend. Ob diese Postulation zutrifft, sei dahingestellt. JACOBSON und OERTLI (1956) betonen, daß ein leichter Fe-Mangel durch Fe-Gehaben schnell behoben werden kann. Starke, schon weit fortgeschrittene Chlorosen dagegen sind irreversibel, d. h. eine Fe-Düngung bleibt in diesen Fällen nutzlos. Offenbar sind hier die Schäden schon so weit fortgeschritten, daß die einzelnen durch Fermentsysteme gegebenen Mechanismen zerstört oder in Unordnung geraten sind. Eine Fe-Gabe erhöht hier zwar den Fe-Gehalt, eine Korrelation zwischen Fe- und Chlorophyllkonzentration in der Pflanze ist jedoch verständlicherweise nicht mehr gegeben.

SOMERS und SHIVE (1942) sehen in dem Fe/Mn-Verhältnis in der Pflanze die wesentliche Ursache für das Auftreten von Mangelerscheinungen oder von toxischen Wirkungen. Sie postulieren, daß ein hoher Mn-Gehalt ein hohes Redoxpotential bewirkt, welches das vorhandene „aktive Fe“ zu Fe^{III} oxydiert. Es kommt zu Mangelerscheinungen, die gleichzeitig eine Mn-Toxizität darstellen. Umgekehrt bewirkt eine schlechte Mn-Versorgung einen hohen Gehalt an Fe^{II}. Die hierbei auftretenden toxischen Wirkungen sind nach ihrer Ansicht gleichbedeutend mit einem Mn-Mangel. BURGHARDT (1956) konnte jedoch experimentell nachweisen, daß sich Mn-Mangel und Fe-Toxizität sowie Fe-Mangel und Mn-Toxizität in ihren Schadbildern wesentlich unterscheiden. Bei Mn-Mangel werden die jüngeren Blätter nur zwischen den Adern chlorotisch, Fe-Toxizität erhöht

Tabelle 89. *Beziehungen zwischen Fe-Mangelsymptomen, Chlorophyll- sowie Fe-Gehalt* (JACOBSON 1945)

Grad des Fe-Mangels	Chlorophyll-Gehalt	säurelösliches Fe (ppm)	Gesamt-Fe (ppm)
		bezogen auf Tr. Subst.	
Birnbaumblätter			
stark chlorotisch	0,17	12,4	19,0
chlorotisch	0,25	15,6	26,9
schwach chlorotisch	0,34	17,0	23,6
blaßgrün	0,61	26,7	36,4
grün	0,74	30,4	40,3
dunkelgrün	0,89	35,7	46,9
Tabakblätter			
stark chlorotisch	0,24	39,6	78,9
schwach chlorotisch	0,51	40,0	87,0
blaßgrün	0,74	42,1	70,2
grün	1,11	46,5	73,2
dunkelgrün	1,54	92,7	115,0

dagegen den Pigmentgehalt der gesamten Pflanze. Fe-Mangel äußert sich durch Aufhellung der jüngsten Blätter, Mn-Toxizität zeigt sich an chlorotischen Flecken der älteren Blätter. HEWITT (1948) kommt auf Grund einer kritischen Untersuchung der Redoxpotentiale der einzelnen Schwermetalle zu dem Schluß, daß eine Oxydation des Fe^{II} durch Schwermetalle, einschließlich des Mn, unwahrscheinlich ist. Mn-Toxizität und Fe-Mangel sind auch nach seiner Ansicht zwei verschiedene Phänomene. Sicherlich haben die Schwermetalle einen beachtlichen Einfluß auf die Fe-Versorgung. Dieser Einfluß ist aber nicht auf ihre oxydierende bzw. reduzierende, sondern auf ihre konkurrierende Wirkung, wie oben bei der Fe-Aufnahme schon dargelegt, zurückzuführen (HEWITT 1948). Hierbei handelt es sich vielfach um Bindungsstellen von Enzymsystemen, um welche die Schwermetalle konkurrieren können. So berichtet WALLACE und CLARK (1956), daß Co die Aktivität von Katalase und Peroxydase erniedrigt; ANDERSON und EVANS (1956) verweisen auf die konkurrierende Wirkung des Fe^{III} bei spezifischen Mn-Enzymen. Auch SIDERIS und YOUNG (1949) nehmen an, daß die antagonistische Wirkung zwischen Fe und Mn eine Konkurrenz um gleiche Bindungsstellen ist. Die Chlorosen bei toxischen Mn-Gaben erklären sich SIDERIS und YOUNG mit einer Substitution des Fe durch Mn im Protochlorophyll. Unter diesem Gesichtspunkt hat auch das von SOMERS und SHIVE (1942) sowie von LEACH und TAPER (1954) geforderte optimale Fe/Mn-Verhältnis seine Berechtigung. Wie schon erwähnt, kann auch eine hohe Phosphat-Zufuhr die Fe-Versorgung der Pflanze behindern. DEKOCK (1955) fand, daß bei einem P/Fe-Verhältnis im Blatt von 60 bis 70 die Senfpflanzen chlorotisch waren. Bei einer P/Fe-Relation von 40 bis 50 waren die Pflanzen gesund.

In der Praxis wird die Fe-Chlorose hauptsächlich durch hohe pH-Werte und hohe Ca-Konzentrationen der Bodenlösung hervorgerufen (BOLLE-JONES 1955, HOLMES und BROWN 1955). Diese durch Ca induzierte Chlorose, die auch *Kalkchlorose* genannt wird, stellt nach BROWN (1953) einen echten Fe-Mangel dar, der neben dem äußeren Erscheinungsbild auch die gleichen Enzymveränderungen zeigt wie eine in Fe-Mangellösung gezogene Pflanze (BROWN und STEINBERG 1953). Bei der Kalkchlorose addieren sich offenbar verschiedene Prozesse. Der hohe pH-Wert des Bodens begünstigt die Oxydation zu Fe^{III} und die Ausfällung des Fe. Daneben aber wirken nach BURSTRÖM (1957) auch hohe Ca-Mengen sowie ein relativ hoher pH-Wert in der Pflanze auf das physiologisch wirksame Fe inaktivierend. Wie sich dieser Prozeß im einzelnen erklärt, bleibt noch offen. Daß man die Fe-Chlorose besonders wirkungsvoll mit Fe-Chelaten bekämpfen kann, soll an dieser Stelle nicht weiter ausgeführt werden. Ein Sammelreferat über die Bedeutung des Fe für die höhere Pflanze wurde von BAUMEISTER (1959) veröffentlicht.

Literatur

ANDERSON, I., und H. J. EVANS: Effect of manganese and certain other metal cations on isocitric dehydrogenase and malic enzyme activities in *phaseolus vulgaris*. Plant Physiol. **31**, 22–28 (1956). — ARNON, D. I., et al: Trace elements in plant physiology (Lotsya, Vol. 3). Waltham, Mass.: Chronica Botanica Comp. 1950.

BALDWIN, E.: Biochemie, Einführung in ihre Dynamik, S. 112–120. Weinheim/Bergstraße: Verlag Chemie. 1957. — BAUMEISTER, W.: Die Bedeutung des Eisens für die höhere Pflanze. Pharmazeutische Rundschau **1**, 14–18 (1959). — BENNETT, J. P.: Iron in leaves. Soil Sci. **60**, 91–105 (1945). — BIDDULPH, O., und G. G. WOODBRIDGE: The uptake of phosphorus by bean plants with particular reference to the effects of iron. Plant Physiol. **27**, 431–444 (1952). — BOLLE-JONES, E. W.: The interrelationship of iron and potassium in the potato plant. Plant a. Soil **6**, 129–173 (1955). — BROWN, J. C.: The effect of the dominance of a metabolic system requiring iron or copper in the development of lime-induced chlorosis. Plant Physiol. **28**, 495–502 (1953). — BROWN, J. C., und S. B. HENDRICKS: Enzymatic activities as indications of copper and iron deficiencies in plants. Plant Physiol. **27**, 651–660 (1952). — BROWN, J. C., und R. S. HOLMES: Iron the limiting element in a chlorosis. Plant Physiol. **30**, 451–457 (1955). — BROWN, J. C., R. S. HOLMES und L. O. TIFFIN: Iron chlorosis in soybeans as related to the genotype of rootstock. Soil Sci. **86**, 75–82 (1958). — BROWN, J. C., und J. V. POSSINGHAM: Iron deficiency and the growth of pea roots. Proc. Roy. Soc. (Lond.) Ser. B **147**, 145–166 (1957). — BROWN, J. C., und R. A. STEINBERG: Iron and copper enzymes in leaf lamina of tobacco when deficient in micronutrients or grown on calcareous and organic soils. Plant Physiol. **28**, 488–494 (1953). — BROWN, J. C., und L. O. TIFFIN: Iron chlorosis in soybeans as related to the genotype of rootstock. Soil Sci. **89**, 8–15 (1960). — BUKOVAC, M. J., und S. H. WITTWER: Absorption and mobility of foliar applied nutrients. Plant Physiol. **32**, 428–435 (1957). — BURGHARDT, H.: Beiträge zum Eisen-Mangan-Antagonismus der Pflanzen. Flora **143**, 1–30 (1956). — BURSTRÖM, H.: Mineralstoffwechsel. Fortschr. Bot. **19**, 231–232 (1957).

CALVIN, M.: Chelation and catalysis, S. 221–244. Symposium McCollum Pratt Institute. Baltimore: The Johns Hopkins University Press. 1954. — COIC, Y.: Le potassium dans la cellule. Kalium-Symposium, S. 39–52. Internationales Kali-Institut, Bern 1956. — CRANE, F. L.: Role of trace elements in electron transport and oxidative phosphorylation. Soil Sci. **85**, 78–86 (1958).

DAVIS, G. K.: Mechanisms of trace element function. Soil Sci. **85**, 59–62 (1958). — DEKOCK, P. C.: Iron nutrition of plants at high pH. Soil Sci. **79**, 167–175 (1955). — Heavy metal toxicity and iron chlorosis. Ann. Bot. **20**, 133–141 (1956). — DÉMÉTRIADÈS, S. D.: Chromatographic detection of free amino-acids in normal and iron deficient plants of *Hibiscus esculentus* L. Nature **177**, 95 (1956).

FRENZEL, B.: Zur Abgabe von Aminosäuren und Amiden an das Nährmedium durch die Wurzeln von *Helianthus annuus* L. Planta **49**, 210–234 (1957).

GARIBALDI, J. A., und J. B. NEILANDS: Formation of iron-binding compounds by micro-organisms. Nature **177**, 526–527 (1956). — GERLOFF, G. C., P. R. STOUT und L. H. P. JONES: Molybdenum-manganese-iron antagonism in the nutrition of tomato-plants. Plant Physiol. **34**, 608–613 (1959). — GLENISTER, P. R.: Effects of iron deficiency on respiration of sunflower plants. Bot. Gaz. **106**, 33–40 (1944).

HEINONEN, S., und H. WARIS: The uptake of iron as ferric sequestrene by *Vicia faba* und *Phaseolus vulgaris*. Physiol. Plantarum **9**, 618–623 (1956). — HELLERMAN, L.: Reversible inactivations of certain hydrolytic enzymes. Physiol. Rev. **17**, 454–484 (1937), zit. nach E. J. HEWITT, Handbuch d. Pflanzenphysiologie, Bd. IV, S. 456. Berlin-Göttingen-Heidelberg: Springer. 1958. — HEWITT, E. J.: Relation of manganese and other metal toxicities to the iron status of plants. Nature **161**, 489–490 (1948). — Some aspects of micronutrient element metabolism in plants. Nature **180**, 1020–1022 (1957). — The role of mineral elements in the activity of plant enzyme systems. Handbuch d. Pflanzenphysiologie, Bd. IV, S. 456–459. Berlin-Göttingen-Heidelberg: Springer. 1958. — HOLMES, R. S., und J. C. BROWN: Chelates as correctives for chlorosis. Soil Sci. **80**, 167–179 (1955).

ILJIN, W. S.: Metabolism of plants affected with lime-induced chlorosis (calciose). I: Nitrogen metabolism. Plant a. Soil **3**, 239–256 (1951a). — Metabolism of plants affected with lime-induced chlorosis (calciose). II: Organic acids and carbohydrates. Plant a. Soil **3**, 339–351 (1951b).

JACOBSON, L.: Iron in the leaves and chloroplasts of some plants in relation to their chlorophyll content. Plant Physiol. **20**, 233–245 (1945). — JACOBSON L., und J. J. OERTLI: The relation between iron and chlorophyll contents in chlorotic sunflower leaves. Plant Physiol. **31**, 199–204 (1956).

KESSLER, B.: Effect of certain nucleic acid components upon the status of iron desoxyribonucleic acid and lime-induced chlorosis in fruit trees. Nature **179**, 1015–16 (1957). — KESSLER, B., und Z. W. MOSCICKI: Effect of triiodobenzoic acid and maleic hydrazide upon the transport of foliar applied calcium and iron. Plant Physiol. **33**, 70–72 (1958). — KLOTZ, J. M.: Thermodynamic and molecular properties of some metal-protein complexes. In: Symposium on Mechanisms of Enzyme Action, S. 257–285. Hrsg. v. D. MCELROY und H. B. GLASS. Baltimore: The Johns Hopkins University Press. 1954.

LEACH, W., und C. D. TAPER: Studies in plant mineral nutrition. II. The absorption of iron and manganese by dwarf kidney bean, tomato and onion from culture solutions. Canad. J. Bot. **32**, 561–570 (1954). — LIEBICH, H.: Quantitative Untersuchungen über das Eisen in den Chloroplasten und übrigen Zellbestandteilen von *Spinacea oleracea*. Z. Bot. **37**, 128–157 (1941). — LUNDEGÅRDH, H.: The translocation of salts and water through wheat roots. Physiol. Plantarum **3**, 103–151 (1950).

MOTHES, K., J. BÖTTGER und R. WOLLGRIEHN: Untersuchungen über den Zusammenhang zwischen Nucleinsäure- und Eiweißstoffwechsel in grünen Blättern. Naturwissenschaften **45**, 316 (1958).

NASON, A.: The function of metals in enzyme systems. Soil Sci. **85**, 63–77 (1958). — NICHOLAS, D. J. D., und T. GOODMAN: The effects of deficiencies of zinc and iron on some enzyme systems in *Neurospora*. J. Exper. Bot. **9**, 97–108 (1958).

OLSEN, C.: Iron absorption and chlorosis in green plants. Compt. rend. Travaux, Lab. Carlsberg Ser. chim. **21**, 15–52 (1935).

PATWARDHAN, M. V.: Role of ferrous iron in enzymatic transamination. Nature **181**, 187 (1958). — PIRSCHLE, K.: Nitrate und Ammonsalze als Stickstoffquellen für höhere Pflanzen bei konstanter Wasserstoffionenkonzentration. Planta **14**, 583–676 (1931). — POSSINGHAM, J. V.: Mineral nutrition and amino acids in tomato. Austr. J. Biol. Sci. **9**, 539 (1956). — POSSINGHAM, J. V., und R. BROWN: Intracellular incorporation of iron^{-59} into the root cells of pisum. Nature **180**, 563–564 (1957). — The nuclear incorporation of iron and its significance in growth. J. Exper. Bot. **9**, 277–284 (1958).

REDISKE, J. H., und O. BIDDULPH: The absorption and translocation of iron. Plant Physiol. **28**, 576–593 (1953).

SCHARRER, K.: Biochemie der Spurenelemente, 3. Aufl. Berlin u. Hamburg: P. Parey. 1955. — SIDERIS, S. P.: Manganese interference in the absorption and translocation of radioactive iron (Fe^{59}) in *Ananas comosus*. Plant Physiol. **25**, 307–321 1950). — SIDERIS, C. P., und H. Y. YOUNG: Effects of nitrogen on growth and ash constituents of *Ananas comosus*. Plant Physiol. **21**, 247–270 (1956). — Growth and chemical composition of *Ananas comosus* in solution cultures with different iron-manganese ratios. Plant Physiol. **24**, 416–440 (1949). — Pineapple chlorosis in relation to iron and nitrogen. Plant Physiol. **31**, 211–222 (1956). — SMITH, P. F., und A. W. SPECHT: Heavy-metal nutrition and iron chlorosis of citrus seedlings. Plant Physiol. **28**, 381–382 (1953). — SOMERS, J. J., und J. W. SHIVE: The iron manganese relation in plant metabolism. Plant Physiol. **17**, 582–602 (1942). — STEWART, J., und C. D. LEONHARD: Chelated metals for growing plants in fruit nutrition, S. 775–809, Somerville, N. J.: Somerset Press. 1954. — STILES, W.: Trace elements in plants and animals. Cambridge: University Press, 1951.

TRÉNEL, M.: Spurenelemente in der Landwirtschaft. Berlin: Akademie-Verlag. 1958.

WALLACE, T.: The diagnosis of mineral deficiencies in plants by visual symptoms, S. 60—61. London: His Majesty's Stationery Office. 1951. — WALLACE, J., und H. E. CLARK: Catalase and peroxidase activity in soybean seedlings grown at several iron levels with and without added cobalt. Plant Physiol. **31**, VI (1956). — WALLIHAN, E. F.: Relation of chlorosis to concentration of iron in citrus leaves. Amer. J. Bot. **42**, 101–104 (1955). — WEINSTEIN, L. H., und W. R. ROBBINS: The effect of different iron and manganese nutrient levels on the catalase and cytochrome oxidase activities of green and albino sunflower leaf tissues. Plant Physiol. **30**, 27–32 (1955). — WILLIAMS, R. J. P.: Models for metallo-enzymes. Nature **177**, 304–307 (1956).

b) Mangan

1. Aufnahme, Verteilung und Beweglichkeit

Im Vergleich zu den anderen Makro- und Mikronährstoffen kann der Mn-Gehalt der Pflanze außerordentlich schwanken. Diese Unterschiedlichkeit kann artspezifisch sein. So fand COLLANDER (1941) bei 20 verschiedenen, unter gleichen Bedingungen angezogenen Pflanzen erhebliche Unterschiede im Mn-Gehalt. Mn-reiche Pflanzen enthielten hier bis zu 60mal mehr Mn als Mn-arme Pflanzen. MICHAEL (1959), der verschiedene Pflanzenarten des gleichen Standortes auf ihren Gehalt an Schwermetallen analysierte und auch beachtliche Differenzen im Mn-Gehalt feststellte, führt diese Unterschiedlichkeit der Mn-Aufnahme hauptsächlich auf das Vermögen der Pflanzenwurzel zurück, mit dem Redoxpotential des Bodens zu konkurrieren. Aber auch gleiche Pflanzenarten können je nach ihren Bodenverhältnissen außerordentlich unterschiedliche Mn-Gehalte aufweisen. KURMIES (1955) fand im Wiesenheu Schwankungen zwischen 8 und 1119 ppm. Mn.

Bei der Beeinflussung der Mn-Aufnahme durch andere Nährstoffe bzw. Elemente ist zu unterscheiden zwischen einer konkurrierenden Wirkung eines Ions und einer Wirkung auf die Löslichkeit bzw. auf die Wertigkeit des Mn. Hohe Ca-Konzentrationen behindern nach SWANBACK (1939) die Mn-Aufnahme und den Mn-Transport. Mn wird dabei besonders in der Wurzel akkumuliert. Mg kann nach LÖHNIS (1954), Fe nach TWYMAN (1951), die Mn-Aufnahme hemmen. Umgekehrt behindert auch eine hohe Mn-Konzentration die Aufnahme anderer Schwermetalle (HEWITT 1948). Der Einfluß der genannten Ionen läßt sich wahrscheinlich mit einer Konkurrenz um gleiche Trägersysteme erklären. Hierbei ist eine chelatartige Bindung zwischen Ion und Träger nicht ausgeschlossen. SKELDING (1957) stellte am Wurzelgewebe von Roten Rüben eine Hemmung der Mn-Aufnahme durch CO_2 fest. Dieser Befund dürfte jedoch nicht für Mn spezifisch sein, da auch andere Ionen nach HARRIS und VAN BAVEL (1957) durch CO_2 bei ihrer Aufnahme behindert werden. Nach ROTHSTEIN (1958) hängt die Ausbildung eines Mn-Trägers mit der Phosphatversorgung zusammen. Aus seinen an Hefe durchgeführten Untersuchungen geht hervor, daß weniger Ca^{++} und Sr^{++}, dafür aber um so stärker Mg^{++} um die Bindungsstelle dieses Trägers konkurriert.

In der praktischen Pflanzenernährung sind pH-Wert, Durchlüftung, organische Substanz und Wasserhaushalt des Bodens für die Mn-Versorgung der Pflanze entscheidend. Niedere pH-Werte begünstigen die Mn-Aufnahme, da sie einer Oxydation des $Mn^{II} \rightarrow Mn^{IV}$ entgegenwirken (FINCK 1954, JONES 1957a). MnO_2 kann zwar von der Pflanze als γ-MnO_2 vermutlich mittels von der Wurzel ausgeschiedener Sekrete aufgenommen werden (BROMFIELD 1958), jedoch hat γ-MnO_2 für die Mn-Versorgung der Kulturpflanzen praktisch keine Bedeutung.

Bekanntlich wird durch Kalkung die Mn-Aufnahme sehr stark eingeschränkt (Gisiger und Hasler 1949, Maschhaupt 1934, Lundegårdh 1932). Lundegårdh (1932) konnte jedoch schon damals feststellen, daß die Mn-Versorgung der Pflanze mit steigendem pH-Wert nicht kontinuierlich schlechter wird; vielmehr stieg nach Überschreiten des Neutralpunktes, also bei pH-Werten über 7, die Mn-Verfügbarkeit des Bodens wieder an. Gisiger und Hasler (1949) sowie Jones (1957b) konnten im Prinzip diese Beobachtung Lundegårdhs (1932) bestätigen. Es darf deshalb geschlossen werden, daß nicht allein die mit dem pH-Wert des Bodens ansteigende Tendenz zur Oxydation des Mn^{II} für die Mn-Verfügbarkeit maßgebend ist.

Tatsächlich konnte Jones (1957b) in Gefäßversuchen nachweisen, daß in erster Linie die Mikroorganismen Mn^{II} zu Mn^{IV} oxydieren, und da im Bereich von pH 6,5 bis 7 die Mikroorganismen die besten Lebensbedingungen haben, wird verständlich, weshalb gerade bei dieser Reaktion die Mn-Aufnahme gehemmt ist (Jones 1957a). Jones (1957b) stellte auf sterilisierten Böden fest, daß die Aufnahme des Mn durch die Pflanze bei pH 8 schlechter ist als bei pH 7, ein Beweis dafür, daß die hohe Oxydation von Mn^{II} zu Mn^{IV} im Neutralbereich allein auf die oxydierende Wirkung der Mikroorganismen zurückzuführen ist. Diese Ergebnisse lassen die Hypothesen anderer Autoren über eine bessere Mn-Aufnahme nach Überschreitung des Neutralpunktes weniger wahrscheinlich sein. Leeper und Swaby (1940) nehmen an, daß höhere pH-Werte die Ausfällung von $MnCO_3$ begünstigen. $MnCO_3$ soll pflanzenverfügbar sein. Mulder und Gerretsen (1952) verweisen darauf, daß nach Kalkung eine starke Autoxydation der organischen Substanz des Bodens einsetzt, die auf die Reduktion von Mn^{IV} günstig wirkt. Alle Experimente zeigen jedoch deutlich, daß für die Mn-Versorgung die Konzentration an Mn^{II} wesentlich ist. Die Versuche von Boken (1955, 1956, 1957) sowie die von Bromfield (1957), bei denen das Mn^{IV} des Bodens durch Fe^{II} reduziert wurde, sind hierfür eine gute Bestätigung.

Rich (1956) konnte ergänzend hierzu feststellen, daß der Mn-Gehalt von Erdnußblättern mit dem Gehalt des Bodens an austauschbarem (Mn^{II}) und leicht reduzierbarem Mn positiv korreliert. Auch Schachtschabel (1957) fand, daß die Dörrfleckenkrankheit des Hafers (Mn-Mangel) um so eher auftritt, je geringer die im Boden vorhandene Menge an austauschbarem und leicht reduzierbarem Mn ist. Scharrer et al. (1959) berichten, daß der Gesamtentzug an Mn durch Hafer auf 26 verschiedenen Böden ebenfalls eine positive Korrelation zum austauschbaren Mn und zum leicht reduzierbaren Mn zeigt. Mattson et al. (1948) verweisen darauf, daß ein Teil des in komplexgebundener Form vorliegenden Mn im Boden ebenfalls pflanzenaufnehmbar ist.

Die Beweglichkeit des Mn in der Pflanze ist nach Bussler (1958b) gering. Williams und Vlamis (1957) beobachteten eine schlechte Mn-Verteilung in Gerstenblättern bei ungenügender Si-Versorgung. Nach Millikan (1951) bewirkt Mo eine gleichmäßige Verteilung des Mn in der Pflanze.

2. Funktionen

Bei der Besprechung des Mg wurde schon erwähnt, daß zahlreiche Enzyme von M^{++} oder Mg^{++} qualitativ in gleicher Weise aktiviert werden können. Bei der Glykolyse und bei Reaktionen, die mit Phosphatübertragungen gekoppelt sind, ist nach Nason (1958) das Mg^{++} das wirkungsvollere Ion, bei den Enzymen des *Tricarbonsäurezyklus* ist dagegen die Aktivierung durch Mn^{++} effektiver. Das gilt für die Brenztraubensäure-Oxydase, für die Oxalessigsäure-Dekarboxylase, für die Oxalbernsteinsäure-Dekarboxylase und für das Äpfelsäureenzym (= malic enzyme). Weiterhin werden die α-Ketoglutarsäure-Oxydase und das Zitronensäureenzym (= condensing enzyme) durch Mn^{++} aktiviert. In Übereinstimmung hiermit konnten ANDERSON und EVANS (1956) zeigen, daß im Mn-Mangelgewebe nur eine geringe Aktivität des Äpfelsäureenzyms sowie der Isozitronensäure-Dehydrase vorlag, Mn-toxisches Gewebe zeigte dagegen eine überhöhte Aktivität der genannten Enzyme. KALNITSKY (1953) berichtet über die aktivierende Wirkung des Mn^{++} auf die enzymatische Oxydation der α-Ketoglutarsäure; er konnte feststellen, daß diese Oxydation auch in Abwesenheit des Enzymproteins allein durch Mn^{++} bewerkstelligt werden kann. Hierbei werden jedoch neben Bernsteinsäure noch andere Abbauprodukte gebildet. Der Prozeß ist offenbar ein Beispiel dafür, wie die Wirkung eines Ions durch den Einbau in eine organische Struktur erhöht werden kann. Mg^{++}, welches die enzymatische Oxydation von α-Ketoglutarsäure zu Bernsteinsäure ebenfalls aktiviert, vermag in Abwesenheit des Enzyms die Reaktion nicht durchzuführen.

Neben den verschiedenen Phosphokinasen, Phosphotransferasen, Phosphatasen und Nucleotidpyrophosphotransferasen sei noch die Enolase als ein durch Mn^{++} unspezifisch aktiviertes Enzym erwähnt. Es wurde von MILLER (1958) aus Erbsensamen isoliert. Er konnte nachweisen, daß es durch Mg^{++}, Mn^{++}, Co^{++} und Zn^{++} aktiviert wird, während Ca^{++} als konkurrierender Inhibitor die Reaktion hemmt.

Ebenfalls von Bedeutung ist der Einfluß des Mn auf *Oxydations-Reduktionsvorgänge* im pflanzlichen Organismus. MACLACHLAN und WAYGOOD (1956), die sich mit der Oxydation von Indolylessigsäure durch aus Weizenblättern isolierte Peroxydase befaßten, geben dem Valenzwechsel des Mn bei diesem Prozeß eine ausschlaggebende Bedeutung. Die genannten Autoren postulieren folgendes System:

$$\text{IES} + Mn^{+++} \longrightarrow \text{3-Methylindolradikal} + Mn^{++} + CO_2 + H^+$$

$$\text{3-Methylindolradikal} + O_2 \longrightarrow \text{Indolperoxydradikal}$$

$$\text{Indolperoxydradikal} + \text{Phenol} \xrightarrow{\text{Peroxydase}} \text{Indolderivat} + \text{Phenolradikal}$$

$$\text{Phenolradikal} + Mn^{++} + H^+ \longrightarrow \text{Phenol} + Mn^{+++}.$$

WAYGOOD et al. (1956a, 1956b) verweisen auf die Wahrscheinlichkeit, daß die Oxydation des Mn^{++} nicht wie in dem oben angeführten Schema durch ein Phenolradikal, sondern durch eine in dem Zyklus gebildete Peroxydverbindung der decarboxylierten Indolylessigsäure bewerkstelligt wird. Diese Vorstellung würde der HEWITTS (1957) entsprechen. Er ist der Ansicht, daß die Bildung eines Phenolradikals unwahrscheinlich ist. Er nimmt deshalb an, daß sich das 3-Methylindolradikal umlagert und dabei eine Methylengruppe ausbildet. O_2 wird an den Indolkern in Form einer Peroxydbindung gebunden, die unter Einwirkung von Peroxydase zu einer stabilen Carbonylverbindung (C_9H_7ON) reduziert wird. Die Peroxydase selbst oxydiert anschließend Mn^{++} zu Mn^{+++}.

Die aufgeführten Hypothesen zeigen, wie Mn^{+++} einen Reaktionszyklus induziert und dabei im Kreislauf bleibt, d. h. einen autokatalytischen Prozeß ermöglicht. HEWITT (1957) erklärt die teils unterschiedlichen Wirkungen des Mn auf die Indolylessigsäure damit, daß O-Diphenole durch ihre auf Mn^{+++} reduzierende Wirkung und Zitrat und Pyrophosphat durch ihre chelatisierende Wirkung auf Mn^{+++} mit dem geschilderten System konkurrieren können. Die Wirkung des Mn auf die Indolylessigsäure stellt ein schönes Beispiel dafür dar, wie die Metalle auch über ihre Reaktion mit Wuchsstoffen in den Stoffwechsel eingreifen. Ganz allgemein wird man dieser Frage in Zukunft noch größere Beachtung schenken.

Bei der Oxydation verschiedener Dicarbonsäuren fungiert nach KENTEN und MANN (1953) Mn in analoger Weise in einem p-Kresol-Peroxydase-System. Auch dieses System ist in Anwensenheit von Mn autokatalytisch (CHANCE 1952). In diesem Zusammenhang sei noch erwähnt, daß KENTEN und MANN (1955) eine Reduktion isolierter Chloroplasten durch Mn^{++} beobachteten, die durch Peroxydase begünstigt wurde.

Die geschilderte Wirkungsweise des Mn macht verständlich, daß man auch durch Mn-Düngungsmaßnahmen eine begrenzte Möglichkeit hat, enzymatische Prozesse zu beeinflussen. LAMBIN (1958) berichtet über eine durch Mn-Düngung induzierte höhere Peroxydase-Aktivität im reifen Weizenkorn, bei gleichzeitig verminderter Aktivität der Katalase. Diese Beziehung zwischen Peroxydase und Katalase dürfte allgemein gelten. Beide Enzyme benutzen H_2O_2 als Wasserstoffacceptor, so daß eine gewisse Konkurrenz um diesen Acceptor möglich ist. Hierbei hat die Katalase jedoch geringere Möglichkeiten als die Peroxydase, da sie auch als H-Donator für H_2O_2 spezifisch ist. KENTEN und MANN (1957) berichten über die toxische Wirkung einer hohen Mn-Düngung bei Erbsen. Die Stengel waren hier sehr reich an höherwertigem Mn, so daß zu vermuten ist, daß bei dem hohen Angebot an Mn die vorhandene Peroxydase das physiologische Gleichgewicht zwischen Mn^{II} und höherwertigem Mn nicht aufrecht erhalten kann. BROWN und STEINBERG (1953) fanden im Vergleich zu anderen Mikronährstoffen nur einen geringen Einfluß des Mn auf die Peroxydase-Aktivität. WLASSJUK (1958) beobachtete einen günstigen Einfluß des Mn auf die Bildung der Laccase, auf die Aktivität der Invertase in Zuckerrübenwurzeln und auf die synthetisierende Wirkung der Invertase in Tabak und Hanf.

Die Notwendigkeit des Mn für die Photosynthese wurde von verschiedenen Autoren nachgewiesen. GERRETSEN (1949) konnte an Haferpflanzen zeigen, daß die Mn-Versorgung mit der CO_2-Assimilation korreliert. PIRSON und BERGMANN (1955) beobachteten an heterotrophen *Chlorella*-Kulturen keinen Einfluß des Mn auf das Wachstum bei Dunkelheit, im Licht dagegen wurde das Wachstum der Kulturen durch Mn-Gaben beachtlich gesteigert. Über die Notwendigkeit des Mn bei autotropher Ernährung berichten ebenfalls EYSTER et al. (1958). Nach EYSTER et al. (1958) wird das Mn direkt für den Ablauf der Photosynthese benötigt, während Chlorophyllgehalt und Chlorophyllsynthese nur unmittelbar von Mn beeinflußt werden. Wie erwähnt, wird nach KENTEN und MANN (1955) durch Mn^{++} die Reduktion der Chloroplasten begünstigt. GERRETSEN (1950) konnte an Chloroplastensuspensionen bei Belichtung einen erheblichen Potentialanstieg beobachten, falls die Chloroplasten nicht aus Mn-Mangelpflanzen isoliert wurden. Zugaben von Mn bewirkten bei ausreichender O_2-Versorgung einen signifikanten Anstieg des Potentials, der auf eine Peroxydbindung schließen läßt.

Daß Mn ein notwendiges Element für die Wasserspaltung (Hill-Reaktion) bei der Photosynthese darstellt, geht aus den Untersuchungen der verschiedensten Autoren hervor (KESSLER 1955, PIRSON et al. 1952, EYSTER et al. 1958).

Nach BURSTRÖM (1939) sowie JONES et al. (1949) wird Mn für die Nitratreduktion benötigt; bei Mn-Mangel kommt es zu einer Akkumulation von Nitrit. GERRETSEN (1949) vertritt jedoch die Ansicht, daß zwischen Mn und Nitratassimilation kein direkter Zusammenhang besteht. Im Gegensatz hierzu konnte FRIEDRICHSEN (1944) bei Spinat mit NO_3-Ernährung ein früheres Auftreten von Mn-Mangelsymptomen feststellen als bei NH_4-Ernährung. Neuere Untersuchungen von NASON et al. (1954) zeigten, daß die Nitrit-Reduktase ein Mn-Flavoprotein enthält. Damit dürfte die Mitwirkung des Mn bei der Nitrit-Reduktion als bewiesen gelten. Die Versuchsergebnisse der oben angeführten Autoren gehen vermutlich auf diese gehemmte Nitrit-Reduktase zurück. Im Zusammenhang mit dem N-Stoffwechsel sei noch erwähnt, daß nach STUMPF und LOOMIS (1950) sowie STUMPF et al. (1951) die Reaktion zwischen Hydroxylamin und Glutaminderivaten über ein durch Mn aktiviertes Enzymsystem bewirkt wird. Zn hat hierbei einen inhibierenden Effekt.

Dieses mannigfaltige Eingreifen des Mn in Assimilationsprozesse sowie in Abbau- und Aufbaureaktionen (Phosphorylierung, Trikarbonsäurezyklus) läßt es verständlich erscheinen, daß die Biosynthese verschiedenster Stoffe direkt oder indirekt durch die Mn-Versorgung beeinflußt wird. Mn erhöht den Gehalt an Vitamin C (SCHARRER und WERNER 1957, ZHIZNEVSKAJA 1958, GÜNZEL 1955, WLASSJUK 1958). Nach WLASSJUK (1958) bewirkten Mn-haltige Düngemittel einen Anstieg des Zuckergehaltes in der Zuckerrübe und in der Erdbeere, bei Mais wird der Kohlehydratgehalt im Korn erhöht, das Maisstroh zeigt eine bessere Ausbildung des Stützgewebes und ist reicher an Zellulose. GÜNZEL (1955) fand bei verschiedenen Pflanzen einen durch Mn induzierten höheren Zucker- aber geringeren Stärkegehalt. Der Eiweißgehalt war auf Kosten der löslichen N-Fraktion durch Mn-Düngung angestiegen. Inwieweit hier nur eine spezifische Mn-Wirkung vorliegt, ist jedoch schwerlich zu sagen. Der günstige Einfluß des Mn auf den Chlorophyllgehalt wurde schon erwähnt. HEWITT (1954) berichtet, daß ein Überschuß an Mn in der Pflanze den Chlorophyllgehalt drückt. Da gleichzeitig die Menge des nicht an Chlorophyll gebundenen Mg ansteigt, vermutet er, daß die Synthese einer Chlorophyllvorstufe durch die hohe Mn-Konzentration gehemmt wird.

3. Mangel

Mn-Mangelerscheinungen finden sich in der Praxis besonders auf kalkhaltigen, humusreichen Böden (GISIGER und HASLER 1949, BON und POSTMA 1957, GÜNZEL 1955, LUNDGÅRDH 1932), aber auch auf leichten podsoligen Sandböden (ZHIZNEVSKAJA 1958). Die Mangelsymptome der Dikotyledonen erscheinen als Chlorosen zwischen den Blattadern der jüngsten Blätter, im Gegensatz zum Fe-Mangel, der als Chlorose des gesamten jungen Blattes sichtbar wird und im Gegensatz zum Mg-Mangel, der bei den älteren Blättern beginnt.

Genaue Beschreibungen und Abbildungen des Mn-Mangels der verschiedenen Kulturpflanzen wurden von WALLACE (1951), BEAR et al. (1949) und SCHROPP (1951) publiziert. Nach BUSSLER (1958a) haben Mn-Mangelpflanzen ein geringes Zellvolumen, die Zellwände treten stärker hervor und das interepidermale Gewebe ist zusammengeschrumpft. Auch toxische Schäden zu hoher Mn-Konzentrationen können in der Praxis auftreten (LÖHNIS 1954, ADAMS und WEAR 1957). Die Symptome, braune Flecke oder Chlorosen, beginnen an den älteren Pflanzenteilen (BURGHARD 1956, WILLIAMS und VLAMIS 1957, BUSSLER 1958b). Das überschüssige Mn wird in den peripheren Zellen als MnO_2 abgelagert (WILLIAMS und VLAMIS 1957b, BUSSLER 1958b).

Besonderes Interesse verdient die Mn-Versorgung des Hafers, da er im Vergleich zu den übrigen Getreidearten am ehesten zu Mn-Mangel neigt (JONES 1957c). Die Mangelerscheinung ist als „*Dörrfleckenkrankheit*“ oder „grey speck“ in der Literatur häufig beschrieben worden (LUNDGÅRDH 1932, GERRETSEN 1937, FINCK 1954). Der Mangel tritt nach der Bestockung im Frühjahr bei den älteren Blättern am basalen Teil mit schmutziggrauen Streifen oder Punkten auf. Stärker befallenes Gewebe wird bräunlich. Der obere Teil des Blattes knickt über und hängt schlaff herab (s. Abb. 86). Die Frage, ob die Dörrfleckenkrankheit des Hafers ein direkter Mn-Mangel ist, wurde wiederholt diskutiert. GERRETSEN (1937) nimmt an, daß sie letztlich auf Mikroorganismen an der Wurzel zurückzuführen ist. Die Tatsache, daß das Auftreten der Dörrfleckenkrankheit nicht immer mit dem Mn-Gehalt der Pflanze korreliert, ist jedoch noch kein Beweis dafür, daß kein Mn-Mangel vorliegt. FINCK (1954) konnte nachweisen, daß sich die Mn-Gehalte gesunder Haferpflanzen und kranker Haferpflanzen zwar etwas überdecken können, im allgemeinen aber hat die gesunde Pflanze einen wesent-

Abb. 86. Dörrfleckenkrankheit bei Hafer (Photo Agrikulturchem. Institut Gießen)

lich höheren Mn-Gehalt als eine dörrfleckenkranke Pflanze. Als kritischen Gehalt gibt er 17 ppm Mn in der Trockensubstanz an, ein Wert, der sich mit dem von GISIGER und HASLER (1949) deckt. Tab. 90 zeigt die Mn-Gehalte von gesunden und dörrfleckenkranken Haferpflanzen zur Zeit des Schossens.

Tabelle 90. *Der Mn-Gehalt von gesunden und dörrfleckenkranken Haferpflanzen* (RUSS 1958)

Haferpflanzen	ppm Mn in der Tr. Subst.
stark dörrfleckenkrank	15
dörrfleckenkrank	18
gesund	23
gesund	47

Die Tatsache, daß das Mn in der Pflanze in verschiedener Wertigkeit vorliegen kann, daß eine Ablagerung von MnO_2 möglich ist und daß andere Ionen, besonders Schwermetalle, mit dem Mn um gleiche Bindungsstellen konkurrieren können, ist Grund genug dafür, daß man eine strenge Korrelation zwischen Intensität des Mangels und Mn-Gehalt nicht immer erwarten kann. Darüber hinaus ist noch zu berücksichtigen, ob die Pflanze zu einem gegebenen Vegetationsstadium ausreichend mit Mn versorgt ist. FINCK (1956) berichtet, daß Hafer von Anfang Mai bis Anfang Juni seinen höchsten Mn-Bedarf hat. Mn-Gaben, die zu spät gegeben wurden (Ende Mai), erhöhten zwar den Mn-Gehalt der Pflanze, konnten aber die Dörrfleckenkrankheit nicht mehr heilen.

Der Antagonismus zwischen Fe und Mn wurde bereits im Zusammenhang mit dem Fe besprochen. ANDERSON und EVANS (1956) berichten, daß die überhöhte Dehydrase-Aktivität bei Mn-Toxizität durch Fe erniedrigt wird. SIDERIS und YOUNG (1949) fanden, daß Fe in organischen Verbindungen durch Mn substituiert werden kann. Auf ein ausgeglichenes Fe/Mn-Verhältnis der Nährlösung wurde bereits hingewiesen (SOMERS et al. 1942, SOMERS und SHIVE 1942).

Literatur

ADAMS, F., und J. I. WEAR: Manganese toxicity and soil acidity in relation to crinkle leaf of cotton. Proc. Soil Sci. Soc. Amer. **21**, 305–308 (1957). — ANDERSON, J., und H. J. EVANS: Effect of manganese and certain other metal cations on isocitric dehydrogenase and maleic enzyme activities in *phaseolus vulgaris*. Plant Physiol. **31**, 22–28 (1956).

BEAR, F. E., et al.: Hunger signs in crop. American Society of Agronomy and National Fertilizer Association. Washington, D.C.: Judd. u. Detweiler Inc., 1949. — BOKEN, ELSE: On the effect of ferrous sulphate on the available manganese in the soil and the uptake of manganese by the plant. Plant a. Soil **6**, 97–112 (1955). — On the effect of ferrous sulphate on the available manganese in the soil and the uptake of manganese by the plant. Plant a. Soil **7**, 237–251 (1956). — The effect of ferrous sulphate on the yield and manganese uptake of oats on sandy soil fertilized with pyrolusite. Plant a. Soil **8**, 160–169 (1957). — BON, G., und G. POSTMA: La carence de manganese chez le trefle rouge et la luzerne. Landbouwvoorlichting **14**, No. 4 (1957), zit. nach Revue de l'Agriculture **10**, 645 (1957). — BROMFIELD, S. M.: The solution of manganese oxyde by iron sources used in nutrient solutions. Plant a. Soil **8**, 389–394 (1957). — The solution of γ-MnO_2 by substances released from soil and from the roots of oats and vetch in relation to manganese availability. Plant a. Soil **10**, 147–160 (1958). — BROWN, J. C., und R. A. STEINBERG: Iron and copper enzymes in leaf lamina of tobacco when deficient in micronutrients or grown on calcareous and organic soils. Plant Physiol. **28**, 488–494 (1953). — BURGHARDT, H.: Beiträge zum Eisen-Mangan-Antagonismus. Flora **143**, 1–30 (1956). — BURSTRÖM, H.: Über die Schwermetallkatalyse der Nitratassimilation. Planta **29**, 292–305 (1939). — BUSSLER, W.: Manganmangelsymptome bei höheren Pflanzen. Z. Pflanzenernähr., Düng., Bodenkde. **81**, 225–241 (1958a). — Manganvergiftung bei höheren Pflanzen. Z. Pflanzenernähr., Düng., Bodenkde. **81**, 256–265 (1958b).

CHANCE, B.: Oxidase and peroxidase reactions in the presence of dihydroxymaleic acid. J. biol. Chem. **197**, 577–589 (1952). — COLLANDER, R.: Selective absorption of cations by higher plants. Plant Physiol. **16**, 691–720 (1941).

EYSTER, C., T. E. BROWN, H. A. TANNER und S. L. HOOD: Manganese requirement with respect to growth, Hill reaction and photosynthesis. Plant Physiol. **33**, 235–241 (1958).

FINCK, A.: Mangangehalt dörrfleckenkranker und gesunder Haferpflanzen sowie einiger anderer Feldpflanzen. Die Phosphorsäure **14**, 91–103 (1954). — Manganbedarf des Hafers in verschiedenen Wachstumsstadien. Plant a. Soil **7**, 389–396 (1956). — FRIEDRICHSEN, J.: Über Funktionen des Mangans im Stoffwechsel der höheren Pflanze. Planta **34**, 67–87 (1944).

GERRETSEN, F. C.: Manganese deficiency of oats and its relation to soil bacteria. Ann. Bot. N. S. **1**, 207–230 (1937). — Manganese in relation to photosynthesis. Plant a. Soil **2**, 346–358 (1949). — Manganese in relation to photosynthesis. Plant a. Soil **2**, 159–193 (1950). — GISIGER, L., und A. HASLER: Ursachen der Dörrfleckenkrankheit beim Hafer. Plant a. Soil **1**, 19–50 (1949). — GÜNZEL, G.: Der Einfluß des Mangans auf Qualität und Fermentgehalt einiger Kulturpflanzen. Z. Pflanzenbau, Pflanzenschutz **6**, 134–141 (1955).

HARRIS, G. D., und C. H. M. VAN BAVEL: Nutrient uptake and chemical composition of tobacco plants as affected by the composition of the root atmosphere. Agronomy J. **49**, 176–181 (1957). — HEWITT, E. J.: Relation of manganese and other metal toxicities to the iron status of plants. Nature **161**, 489–490 (1948). — Metal interrelationships in plant nutrition. 2: The relation of metal toxicity, molybdenum and nitrogen source to chlorophyll and magnesium content of beet in sand culture. J. Exper. Bot. **5**, 110–118 (1954). — Some aspects of micronutrient element metabolism in plants. Nature **180**, 1020–1022 (1957).

JONES, L. H. P.: Effect of liming a neutral soil on the cycle of manganese. Plant a. Soil 8, 315–327 (1957a). — The effect of liming a neutral soil on the uptake of manganese by plants. Plant a. Soil 8, 301–314 (1957b). — The relative content of manganese in plant. Plant a. Soil 8, 328–336 (1957c). — JONES, L. H. P., W. B. SHEPHARDSON und C. A. PETERS: The function of manganese in the assimilation of nitrates. Plant Physiol. **24**, 300–306 (1949).

KALNITSKY, G.: The non-enzymatic oxidation of α-ketoglutarate. 1. The effects of manganous ions and amino acids. J. Biol. Chem. **201**, 817–823 (1953). — KENTEN, R. H., und P. J. G. MANN: The oxidation of certain dicarboxylic acids by peroxidase systems in presence of manganese. Biochem. J. **53**, 498–505 (1953). — Biochem. J. **61**, 279–286 (1955), zit. nach H. BURSTRÖM, Fortschr. Bot. **18**, 252 (1956). — Manganese oxidation in the pea plant (*Pisum sativum* L.) grown under conditions of manganese toxicity. Biochem. J. **65**, 179–185 (1957). — KESSLER, E.: On the role of manganese in the oxygen-evolving system of photosynthesis. Arch. Biochem. Biophys. **59**, 527–529 (1955). — KURMIES, B.: Mangan im Wiesenheu. Phosphorsäure **15**, 146–171 (1955).

LAMBIN, A. S.: Der Einfluß der Saatgutvorbehandlung mit Spurenelementlösungen auf den Ertrag. Spurenelemente in der Landwirtschaft, S. 389–405. Berlin: Akademie-Verlag. 1958. — LEPPER, G. W., und R. J. SWABY: The oxidation of manganous compounds by microorganisms in the soil. Soil Sci. **49**, 163–169 (1940). — LÖHNIS, M. P.: Influence of Mg on the uptake of Mn. 8e Congres Intern. Botan. (Paris 1954), Rapp. et Commun. Sect. 11 et 12/83 (1954). — LUNDEGÅRDH, H.: Die Nährstoffaufnahme der Pflanze, S. 271–311. Jena: Gustav Fischer. 1932.

MACLACHLAN, G. A., und E. R. WAYGOOD: Catalysis of indoleacetic acid oxidation by peroxidase and catalase. Plant Physiol. **31**, XXVI (1956). — MASCHHAUPT, J. G.: Das Rätsel der Dörrfleckenkrankheit. Z. Pflanzenernähr., Düng., Bodenkde. **13**, 313–320 (1934). — MATTSON, S., E. ERIKSSON und K. VAHTRAS: Effects of excessive liming on leached acid soils. Kgl. Lantbruks-Högskol. Ann. **15**, 291–307 (1948). — MICHAEL, G.: Das Wahlvermögen der Pflanzen. Vortrag auf der Jahrestagung der Deutschen Bodenkundl. Gesellschaft, Berlin, 1959. — MILLER, G. W.: Properties of enolase in extracts from pea seed. Plant Physiol. **33**, 199–206 (1958). — MILLIKAN, C. R.: Radio-autographs of manganese in plants. Austr. J. Sci. Res. Ser. B **4**, 28–41 (1951). — MULDER, E. G., und F. C. GERRETSEN: Soil manganese in relation to plant growth. Advances in Agron. **4**, 221–277 (1952).

NASON, A.: The function of metals in enzyme systems. Soil Sci. **85**, 63–77 (1958). — NASON, A., R. G. ABRAHAM und B. C. AVERBACH: The enzymatic reduction of nitrite to ammonia by reduced pyridine nucleotides. Biochim. biophys. Acta **15**, 160–161 (1954).

PIRSON, A., und L. BERGMANN: Manganese requirement and carbon source in *chlorella*. Nature **176**, 209–210 (1955). — PIRSON, A., C. TICHY und G. WILHELMI: Stoffwechsel und Mineralsalzernährung einzelliger Grünalgen. Planta **40**, 199–253 (1952).

RICH, C. J.: Manganese content of peanut leaves as related to soil factors. Soil Sci. **82**, 353–363 (1956). — ROTHSTEIH, A.: The transport of bivalent cations into the yeast cell in relation to potassium and phosphate uptake. Radioisotop. Sci. Res. **4**, 1–11 (1958). — RUSS, E.: Über die Bestimmung von pflanzenaufnehmbarem Kupfer und Mangan in Böden unter besonderer Berücksichtigung der Keimpflanzenmethode. Diss. d. Landw. Fakultät Gießen 1958.

SCHACHTSCHABEL, P.: Die Bestimmung des Manganversorgungsgrades von Böden und seine Beziehung zum Auftreten der Dörrfleckenkrankheit bei Hafer. Z. Pflanzenernähr., Düng., Bodenkde. **78**, 147–167 (1957). — SCHARRER, K., und W. WERNER: Über die Abhängigkeit des Ascorbinsäuregehaltes der Pflanze von ihrer Ernährung. Z. Pflanzenernähr., Düng., Bodenkde. **77**,97–110 (1957). — SCHARRER, K., E. RUSS und K. MENGEL: Über die Bestimmung des pflanzenaufnehmbaren Kupfers und Mangans. Z. Pflanzenernähr., Düng., Bodenkde. **85**, 1–20 (1959). — SCHROPP, W.: Die Methodik der Wasserkultur höherer Pflanzen, S. 247–294. Radebeul u. Berlin: Neumann. 1951. — SIDERIS, C. P., und H. Y. YOUNG: Growth and chemical composition of *ananas comosus* in solution cultures with different iron-manganese ratios. Plant Physiol. **24**, 416–440 (1949). — SKELDING, A. D.: The effect of carbon dioxide on the absorption of manganese by root tissues of red beet. Ann. Bot. **21**, 121–141 (1957). — SOMERS, I. I., S. G. GILBERT und W. SHIVE: The iron-manganese ratio in relation to the respiratory CO_2 and deficiency-toxicity symptoms of soybeans. Plant Physiol. **17**, 317–320 (1942). — SOMERS, I. I., und J. W. SHIVE: The iron-manganese relation in plant metabolism. Plant Physiol.

17, 582–602 (1942). — STUMPF, P. K., und W. D. LOOMIS: Observations on plant amide enzyme system requiring manganese and phosphate. Arch. Biochem. **25**, 451–453 (1950). — STUMPF, P. K., W. D. LOOMIS und C. MITCHELSON: Amide metabolim in higher plants. I: Preparations and properties of a glutamyl transphorase from pumpkin seedling. Arch. Biochem. **30**, 126–137 (1951). — SWANBACK, T. R.: Studies on antagonistic phenomena and cation absorption in tobacco in the presence and absence of manganese and boron. Plant Physiol. **14**, 423–446 (1939).

TWYMAN, E. S.: The iron and manganese requirements of plants. New Phytologist **50**, 210–226 (1951).

WALLACE, T.: The diagnosis of mineral deficiencies in plants by visual symptoms. London: His Majesty's Stationery Office. 1951. — WAYGOOD, E. R., A. OAKS und G. A. MACLACHLAN: On the mechanism of indoleacetic acid oxidation by wheat leaves. Canad. J. Bot. **34**, 54–59 (1956a). — The enzymatically catalysed oxidation of indoleacetic acid. Canad. J. Bot. **34**, 905–926 (1956b). — WILLIAMS, D. E., und J. VLAMIS: Manganese toxicity in standard culture solutions. Plant a. Soil **8**, 183–193 (1957a). — The effect of silicon on yield and manganese-^{54} uptake and distribution in the leaves of barley plants grown in culture solutions. Plant Physiol. **32**, 404–409 (1957b). — WLASSJUK, P. A.: Die Anwendung manganhaltiger Düngemittel auf verschiedenen Böden zur Steigerung der Erträge. Spurenelemente in der Landwirtschaft, S. 289–302. Berlin: Akademie-Verlag. 1958.

ZHIZNEVSKAJA, G.: Der Einfluß von Spurenelementen auf den Ertrag und die chemischen Eigenschaften von Mais unter Bedingungen der lettischen Sowjetrepublik. Acad. Sci. of Latvian SSR, Riga, 217–256 (1958).

c) Kupfer

1. Aufnahme, Verteilung und Beweglichkeit

Die günstige Wirkung des Cu auf das Pflanzenwachstum ist schon seit langem bekannt (SCHARRER 1955). ARNON und STOUT (1939) konnten, belegt durch eingehende Untersuchungen, nachweisen, daß Cu im strengen Sinne ein Pflanzennährstoff ist, d. h. es ist für eine normale Entwicklung der Pflanze notwendig und kann in seinen Funktionen durch kein anderes Element ersetzt werden. Cu, das im Vergleich zu Fe, Mn und auch Zn in niedrigeren Konzentrationen in der Pflanze vorkommt (1 bis 50 ppm/Tr. S.), wird in seiner physiologischen Wirksamkeit wesentlich durch seine physiko-chemischen Eigenschaften bestimmt. Es hat einen kleinen Ionendurchmesser, aber für einen Pflanzennährstoff ein hohes Atomgewicht, es ist zum Valenzwechsel befähigt und hat eine ausgesprochene Neigung, Komplexverbindungen, besonders Chelatverbindungen, mit außerordentlicher Stabilität einzugehen (CORWIN 1950). Alle diese Eigenschaften bewirken eine starke Bindung des Cu an organische wie anorganische Substanzen und damit an Boden und Pflanze (HASLER 1943, GILBERT 1957). Seine Neigung, andere Metalle aus Komplexverbindungen der Pflanzenwurzel zu drängen, mag teils dafür verantwortlich sein, daß es die Aufnahme von Schwermetallen beachtlich behindern kann (HEWITT 1948, 1953, SMITH und SPECHT 1953, DEKOCK 1956), während der Einfluß anderer Schwermetalle, abgesehen vom Fe (SMITH 1953), auf die Cu-Aufnahme gering ist. Das sorptiv gebundene Cu des Bodens kann von den meisten Kationen nur schwer aus dem Komplex verdrängt werden. Lediglich H-Ionen vermögen auf Grund ihres leichten Eintauschvermögens, aber auch dadurch, daß sie den acidoiden Charakter der Bodenkolloide vermindern, den Cu-Gehalt der Bodenlösung merklich zu erhöhen. Hieraus erklärt sich, daß mit zunehmender Bodenazidität die Cu-Verfügbarkeit ansteigt und eine physiologisch saure Düngung die Cu-Aufnahme begünstigen kann (SCHARRER und SCHAUMLÖFFEL 1960). Umgekehrt ist bekannt, daß Cu in kalkhaltigen Böden sehr schnell aus der Bodenlösung, sei es durch sorptive Bindung oder durch Ausfällung schwerlöslicher Salze, genommen wird (BOISCHOT und QUILLON 1952).

Die Beweglichkeit des Kupfers in der Pflanze ist nach BUKOVAC und WITTWER (1957) gering. Nach DELF (1956) wird es hauptsächlich im Phloem transportiert. Die Tatsache, daß die Wurzel im Vergleich zu den oberirdischen Pflanzenteilen meistens wesentlich höhere Cu-Gehalte aufweist, läßt auf eine starke Bindung in der Wurzel schließen (RUSS 1958). In Übereinstimmung hiermit konnten KELLER und DEUEL (1958) an abgetöteten Wurzeln verschiedener Pflanzenarten die hohe verdrängende Wirkung des Cu-Ions gegenüber anderen Kationen experimentell nachweisen. Dieser Hinweis läßt vermuten, daß die hohen Cu-Gehalte der Wurzel vornehmlich auf eine nichtmetabolische Sorption an Bindungsstellen des Freien Raumes zurückgehen und nicht von einer aktiven Cu-Aufnahme herrühren. Die starke Neigung des Cu, besonders Komplexverbindungen einzugehen, drückt sich auch darin aus, daß es in der Pflanze hauptsächlich im gebundenen Zustand vorkommt. ERKAMA (1947 und 1950) betont die starke Bindung des Cu an das Protoplasma. Hierbei wird es jedoch nur von ganz bestimmten Proteinstrukturen ziemlich fest inkorporiert, und es ist nicht so, daß Proteine allgemein das Cu stark binden (DAWSON 1950). NEISH (1939) fand bei Kleeblättern, daß etwa $^3/_4$ des gesamten vorhandenen Cu in den Chloroplasten lokalisiert sind. Dieser Befund spricht nicht allein für die starke Bindung des Cu an organische Strukturen, er weist auch auf eventuelle Funktionen des Cu bei der Photosynthese hin (ARNON 1950).

2. Funktionen

Die wesentlichen Aufgaben des Cu im pflanzlichen Stoffwechsel sind durch seine enzymatische Wirksamkeit gegeben. Als spezifische Cu-Enzyme, in die das Metallatom sehr fest eingebaut ist, sind heute die Laccase, die Phenoloxydase, die Tyrosinase (= Polyphenoloxydase) und die Ascorbinsäureoxydase bekannt (DAWSON 1950, ARNON 1950). Die genannten Enzymsysteme katalysieren biologische Oxydationen wahrscheinlich auf Grund des Cu-Valenzwechsels. *Laccase* kommt im Milchsaft verschiedener Pflanzen vor. Im Unterschied zur Polyphenoloxydase besteht ihr Substrat aus p-Phenylendiamin bzw. dessen Derivaten. Die Funktion der Laccase innerhalb des pflanzlichen Stoffwechsels ist noch unklar.

Polyphenoloxydase (Thyrosinase) konnte in zahlreichen Pflanzen nachgewiesen werden. Sie kommt häufig zusammen mit Laccase, Peroxydase und Katalase vor. Ihre Substrate sind Phenolderivate, wobei in natürlichen Systemen Tyrosin und Tannine vorherrschen. ROBINSON und NELSON (1944) geben die Wirkungsweise und die Eingliederung der Polyphenoloxydase in die terminale Oxydation wie folgt wieder:

$$\text{Tyrosin} \xrightarrow[\text{Tyrosinase}]{{}^1/_2 O_2} \text{DOPA}$$

$$\begin{array}{rcl} \text{2 H} & \uparrow\downarrow & {}^1/_2\, O_2 \\ \text{von der Atmung} & & \text{Tyrosinase} \end{array}$$

$$\text{o-Chinon} \xrightarrow[\text{der Atmung}]{\text{Unterbrechung}} \text{Melanin}$$

Die sich am Phenolring abspielenden Oxydoreduktionen lassen sich wie folgt charakterisieren:

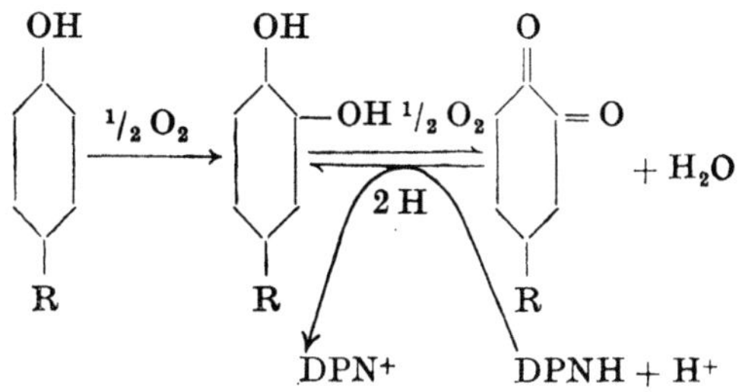

Die Oxydation des Phenolderivats mittels Tyrosinase zu DOPA (o-*D*ihydr-*O*xy-*P*henyl-*A*lanin) ist irreversibel. Sie bewirkt, daß für die eigentliche terminale Oxydation, d. h. für die Übertragung des Wasserstoffs auf den molekularen Sauerstoff, ein ausreichendes Reservoir an DOPA vorhanden ist. DOPA wird durch Abspaltung von 2 H mittels Tyrosinase zu dem entsprechenden Chinon oxydiert, wobei die H-Atome über die Tyrosinase bis auf den molekularen Sauerstoff übertragen werden. Das Chinon selbst wird durch H-Atome des Atmungsstoffwechsels hierbei wieder zu DOPA reduziert, so daß der Zyklus von neuem beginnen kann. Wird die Respiration unterbrochen, d. h. werden keine H-Atome mehr auf das Chinon übertragen, so bilden sich — bedingt durch eine Akkumulation von Chinon — Melanine. Diese bewirken eine Dunkelfärbung, die man häufig bei verletztem Gewebe, z. B. angeschnittenem Obst oder Gemüse, beobachten kann (MALLETTE 1950).

ARNON (1950) verweist auf die außerordentliche Bedeutung der Kopplung zwischen dem Polyphenoloxydasesystem und dem DPN bzw. TPN (Coenzym I bzw. Coenzym II). Diese in so vielen Reaktionen des Stoffwechsels als H-Überträger fungierenden Co-Fermente stellen ein Bindeglied mit zahlreichen wichtigen physiologischen Prozessen und dem Polyphenoloxydase-System dar. Der Vorstellung ARNONS (1950) entsprechend ließe sich das System mit nachstehendem Schema wiedergeben:

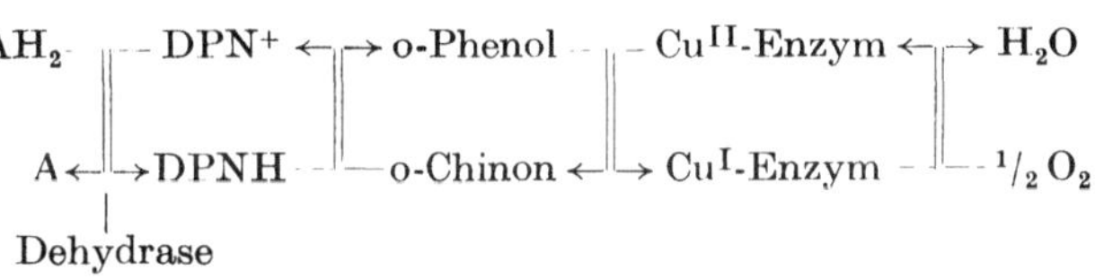

An Stelle des hier aufgeführten DPN+ kann auch TPN+ fungieren. Das Cu-Enzym arbeitet hier wie ein Weberschiffchen, indem es zwischen dem Phenol-Chinon-System und dem O_2 hin und her pendelt und dabei die Elektronen vom Phenol auf den molekularen O_2 überträgt. Nach allgemeiner Ansicht wird dieser Wirkungsmechanismus durch den Valenzwechsel des Cu bedingt. Im Gegensatz hierzu kommt KERTÉSZ (1957) auf Grund seiner Experimente mit aus Pilzen isolierter Phenoloxydase zu dem Ergebnis, daß das Cu in der Polyphenoloxydase nur im 1wertigen Zustand vorliegt und ein Valenzwechsel als wirkendes Prinzip nicht gegeben ist. Es bleibt offen, inwieweit diese Annahme allgemeine Gültigkeit hat. Für das oben dargestellte Schema ist es notwendig, daß das Cu-Enzym Elektronen übertragen kann. In Analogie zum Chlorophyll, das nach LEVITT (1954) im aktivierten Zustand ebenfalls Elektronen abgeben und aufnehmen kann, während das Mg zu keinem im herkömmlichen Sinne definierten Valenzwechsel befähigt ist, kann im Cu-Enzym ein ähnlicher Mechanismus vorliegen.

Die *Ascorbinsäureoxydase* ist ebenfalls in pflanzlichen Zellen weit verbreitet. Nach DAWSON (1950) ist Cu in dieses System sehr fest eingebaut und eine Dissoziation des Cu vom Komplex ist unter physiologischen Verhältnissen unwahrscheinlich. Ascorbinsäureoxydase wird durch den Oxydationsvorgang sehr schnell inaktiviert, was nach DAWSON (1950) durch das Zusammenbrechen des organischen Komplexes hervorgerufen wird. Der Wirkungsmechanismus der Ascorbinsäureoxydase beruht auf dem Valenzwechsel des Cu. Sie unterscheidet sich von der Polyphenoloxydase hauptsächlich dadurch, daß ihr Substrat lediglich die Ascorbinsäure oder ganz allgemein cyclische Verbindungen sind, die eine Doppelbindung benachbart zur Carbonylgruppe haben (Dienol-Gruppe) (DODDS 1948).

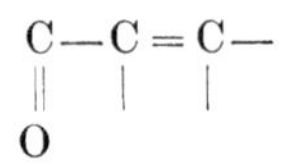

Dienol-Gruppe

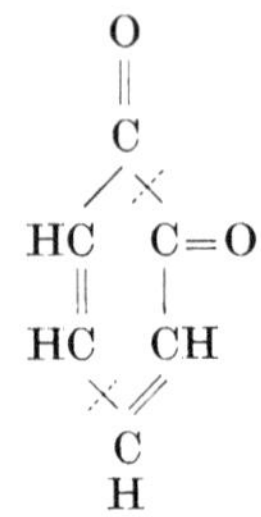

o-Chinon

So kann nach BALDWIN (1957) das o-Chinon des Polyphenoloxydase-Systems von der Ascorbinsäure-Oxydase oxydiert werden. Ebenso können weitere Substrate mit Dienol-Charakter noch von anderen Enzymen, z. B. von Polyphenoloxydase, oxydiert werden. In diesem Zusammenhang ist die Feststellung von MAPSON (1953) interessant, daß nämlich Pflanzen, die keine Polyphenoloxydasen haben, häufig dafür eine höhere Ascorbinsäure-Oxydase-Aktivität aufweisen. Die universelle Verbreitung der Ascorbinsäure in der Pflanze und das vergleichsweise geringere Vorkommen der Ascorbinsäureoxydase läßt darauf schließen, daß der Ascorbinsäure eine Bedeutung als Wasserstoffüberträger zukommt und daß sie hierbei von den verschiedenen Enzymen oxydiert werden kann.

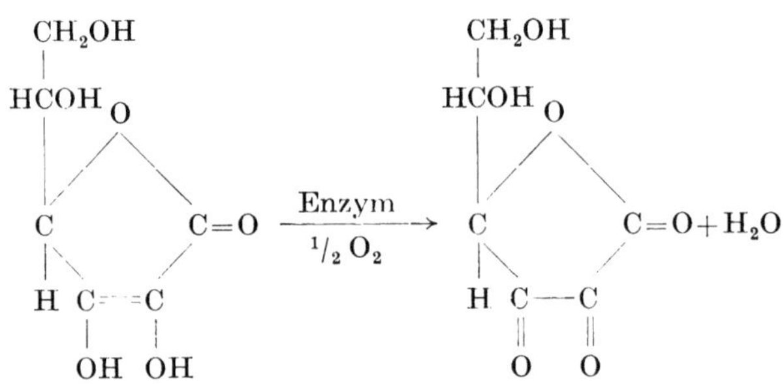

Ascorbinsäure — Dehydroascorbinsäure

Aus der dargestellten Reaktion ist zu entnehmen, daß der H der Ascorbinsäure auf molekularen Sauerstoff übertragen wird, d. h. auch die Ascorbinsäureoxydase bewerkstelligt eine terminale Oxydation (CRANE 1958, ARNON 1950). Hierbei bleibt jedoch noch unklar, wie sich dieser Prozeß in die gesamte Kette der Wasserstoffübertragung des Atmungsstoffwechsels eingliedert, besonders durch welche Enzyme oder Co-Fermente die Dehydroascorbinsäure reduziert wird bzw. welche Verbindung den H neuerlich auf die Dehydroascorbinsäure überträgt (ARNON 1950). Die Feststellung von JAMES (zit. nach ARNON 1950), daß die Oxydation von Milchsäure zu Brenztraubensäure durch Dehydroascorbinsäure bei Anwesenheit von Ascorbinsäureoxydase katalysiert wird, zeigt eine mögliche Verknüpfung des Stoffwechsels mit dem Ascorbinsäure-Dehydroascorbinsäuresystem. WAYGOOD (zit. nach ARNON 1950) vermutet, daß die Oxydoreduktion des Systems über ein Flavin-Enzym und ein spezielles Pigment, das als intermediäres Zwischenprodukt fungiert, mit dem Coenzym I und der Äpfelsäuredehydrase gekoppelt ist.

Die Ergebnisse NASONS et al. (1954) haben die Diskussion um die Reduktion der Dehydroascorbinsäure einen beachtlichen Schritt weitergebracht. Sie stellten fest, daß Coenzym I und Coenzym II ihren Wasserstoff an ein labiles intermediäres Oxydationsprodukt der Ascorbinsäure weitergeben. Dieses Zwischenprodukt wird durch Ascorbinsäureoxydase aus Ascorbinsäure gebildet, ist aber nicht mit der Dehydroascorbinsäure identisch. Die Bedeutung dieser Entdeckung liegt darin, daß hier eine direkte Verknüpfung des Ascorbinsäureoxydasesystems mit den universellen Wasserstoffüberträgern Coenzym I und Coenzym II gefunden wurde.

Die Funktionen des Cu in den besprochenen Enzymen lassen es als Metallkomponente bei terminalen Oxydationen fungieren. Es liegen also in der Pflanze neben dem Cytochrom-Cytochromoxydase-System, das als Metallkomponente Fe enthält, Cu-Enzyme vor, die dem Cytochromsystem entsprechende Reaktionen katalysieren. BURSTRÖM (1954) mißt diesen Cu-Oxydasen eine nicht zu unterschätzende Bedeutung bei. JAMES und BOULTER (1955) stellten fest, daß bei der Keimung im Embryo des Gerstenkornes anfänglich die Cytochromoxydase dominiert, im Verlaufe weniger Tage wird jedoch das Cytochromsystem durch die Ascorbinsäureoxydase ersetzt. BROWN (1953) berichtet, daß die Gramineen im Vergleich zu den Leguminosen eher Cu als Fe-Mangel zeigen. Er ist der Ansicht, daß bei der terminalen Oxydation bei den Gramineen das Cu-Enzymsystem vorherrscht, während bei den Leguminosen das Fe-Cytochromsystem dominiert. Die Wichtigkeit der Cu-Oxydasen im Vergleich zu den Fe-Oxydasen ist noch umstritten. Man nimmt heute an, daß dem Cytochromsystem die größere Bedeutung zukommt (HACKETT 1959).

Daß die Cu-Versorgung der Pflanze einen Einfluß auf die Aktivität der Cu-Enzyme hat, kann verschiedenen Arbeiten entnommen werden. OKANENKO und OSTROWSKAJA (1958) erhöhten die Aktivität der Polyphenoloxydase durch Cu-Düngung. KRAUJA (1958) fand eine gesteigerte Polyphenoloxydase-, Ascorbinsäureoxydase- und Peroxydase-Aktivität in mit Cu ausreichend versorgten Samen. Über eine Erhöhung der Peroxydase-Aktivität bei gleichzeitigem Abfall der Katalase-Tätigkeit berichtet auch LAMBIN (1958). Daß bei Cu-Mangel die Aktivität der Cu-Enzyme geringer wird, konnte von zahlreichen Autoren beobachtet werden. (BROWN und STEINBERG 1953, BROWN und HENDRICKS 1952, NASON et al. 1952, BROWN et al. 1958). COMMISSIONG und NICHOLAS (1957) berichten über einen Mo/Cu-Antagonismus bei *Neurospora*. Cu begünstigt die Aktivität der Cytochromoxydase, Mo schränkt sie ein. Umgekehrt wird die durch Mo aktivierte Nitrat-Reduktase durch Cu gehemmt. Ein ähnlicher Antagonismus liegt auch bei der sauren Phosphatase vor. So konnten COMMISSIONG und NICHOLAS (1957) in vitro nachweisen, daß Mo die Phosphatase-Wirkung durch Bildung einer Mo-Phosphatadditionsverbindung konkurrierend inhibiert. Cu ist befähigt, diese Additionsverbindung zu sprengen und die Enzymaktivität wiederherzustellen.

Ein Einfluß des Cu als Co-Ferment der besprochenen Enzyme und wahrscheinlich auch noch unbekannter Cu-Fermente auf zahlreiche Biosynthesen ist naheliegend. Dawson (1950) berichtet, daß für die Synthese von Fe-Porphyrinproteinen Spuren von Cu notwendig sind. Die Bildung der Kohlenhydrate wird nach Schkolnik et al. (1949) und Brown et al. (1958) durch Cu gefördert. Cu-Mangelpflanzen sind dagegen reich an organischen Säuren sowie Asparagin und Asparaginsäure. Auch Possingham (1956) berichtet, daß bei Cu-Mangel die Eiweißfraktion zugunsten der löslichen N-Fraktion abnimmt. Es bleibt noch dahingestellt, inwieweit es sich bei der Bildung der einzelnen organischen Fraktionen um direkte oder mehr indirekte Cu-Wirkungen handelt, da man heute noch nicht das Ineinandergreifen der einzelnen Stoffwechselbahnen bis in alle Einzelheiten kennt. Gegenteilige Ergebnisse einer Cu-Wirkung sind deshalb nicht überraschend. So berichtet Zhiznevskaja (1958), daß eine Cu-Düngung bei Mais den Gehalt an löslichen Zuckern und auch an Ascorbinsäure erhöhte, während nach Okanenko und Ostrowskaja (1958) der Ascorbinsäuregehalt durch Cu erniedrigt wurde. Die genannten Autoren sowie Okunzow (1958) berichten darüber hinaus, daß Cu den Gasaustausch (O_2-Aufnahme und CO_2-Abgabe) stimuliert, was durch die aufgezeigte Funktion des Cu für die Atmung erklärlich ist. Die günstige Wirkung des Cu auf den Chlorophyllgehalt (Zhiznevskaja 1958) ist nach Okunzow (1958) kein direkter Einfluß des Cu auf die Chlorophyllsynthese. Cu schützt vielmehr das Chlorophyll vor frühzeitigem Abbau. Okunzow (1958) konnte an Kartoffelblättern nachweisen, daß Cu den Alterungsprozeß der Pflanze hinausschiebt und damit den jugendlichen Habitus der Pflanze länger erhält. An Winterroggen fand er eine Erhöhung des Eiweißgehaltes durch Cu-Düngung. Er ist der Ansicht, daß zwischen Eiweiß und Chlorophyll im Blatt eine bestimmte Relation bestehen muß, um das Chlorophyll vor dem Abbau zu schützen. Den stabilisierenden Effekt des Cu erklärt er so mit einer vermehrten Eiweißsynthese.

Abb. 87. Cu-Mangel bei Hafer (rechts ohne Cu, links mit Cu-Düngung) (Photo Mengel)

3. Mangel

Cu-Mangel ist im Obstbau und besonders bei Getreide häufig beobachtet worden (Stieles 1958). Bei Obstbäumen sterben die jungen Schößlinge ab (die-back), die Blätter zeigen an den Rändern Verbrennungserscheinungen oder Chlorosen. Nach Hewitt et al. (1954) tritt bei vielen Pflanzen der Mangel besonders in den Meristemen der Wachstumskegel auf. Blüte und Fruchtansatz sind behindert. Der Cu-Mangel des Getreides wird in der angloamerikanischen Literatur mit „reclamation disease“, „yellow tip“ oder „wither tip“ bezeichnet (Wallace 1951). Die Spitzen des Getreides werden weiß, die Blätter drehen sich ein und sterben mit beginnendem Längenwachstum ab. Das Wachstum der Internodien ist behindert (Brown et al. 1958). Besonders augenscheinlich ist die Hemmung der generativen Phase. So verhindert ein starker Cu-Mangel die Rispen- bzw. Ährenbildung (Abb. 87). SCHARRER und SCHAUMLÖFFEL (1959) berichten, daß je nach der Intensität des Mangels bei Getreide ein mehr oder weniger großer Anteil der Rispen taub ist, falls es überhaupt zum Rispenschieben kommt. Abb. 88 zeigt, wie bei schlechter Cu-Versorgung (entspricht dem Cu-Gehalt des Kornes) der Anteil an tauben Körnern in der Haferrispe zunimmt.

BENZIAN und WARREN (1956) beobachteten an jungen Fichten, besonders in Trockenperioden, einen „Nadelspitzenbrand" (needle tipburn). Die Nadeln waren etwas spiralig gedreht, die Spitzen wurden braun, und schließlich starb

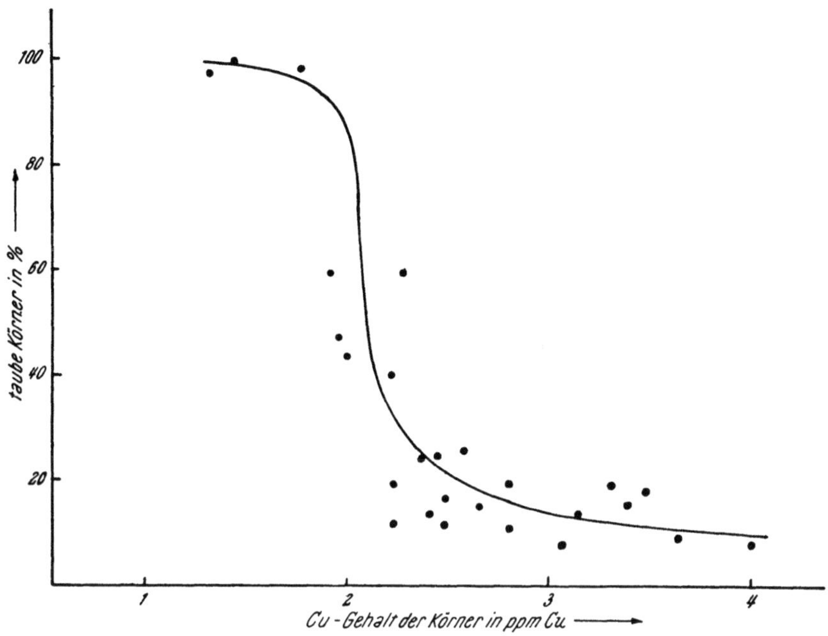

Abb. 88. Der Prozentsatz tauber Körner in Abhängigkeit vom Cu-Gehalt der Körner (RUSS 1958)

der Vegetationspunkt ab. Die Mangelsymptome konnten mit einer Cu-Spritzung geheilt werden. Nach OKUNZOW (1958) sind Weizen, Gerste und Hafer, weniger dagegen Roggen, empfindlich gegenüber einer ungenügenden Cu-Versorgung; Flachs, Hanf, Hirse, Baumwolle und Rotklee nehmen eine mittlere Stellung ein, während die Kartoffel keine hohen Ansprüche an die Cu-Versorgung stellt. SCHAUMLÖFFEL (1958) fand in Getreidekörnern einen kritischen Cu-Gehalt von 2,0 bis 2,5 ppm Cu. Gehalte, die unterhalb dieser Grenze liegen, lassen auf ein Cu-armes Nährmedium mit einer hohen Wahrscheinlichkeit für Cu-Mangel schließen. Auch MULDER (1950) berichtet, daß der Cu-Gehalt der Pflanze mit ihrer Cu-Versorgung korreliert. Es ist jedoch zu berücksichtigen, daß nach LUNDBLAD et al. (1949) der Cu-Gehalt der Pflanze je nach Witterungsbedingungen auf gleichen Böden im Freiland von Jahr zu Jahr erheblich schwanken kann.

Cu-Mangel findet sich vorwiegend auf podsoligen Heidesandböden. Die frühere Annahme, daß die Humusformen dieser Böden das Cu in einer für die Pflanze nicht verfügbaren Form fixieren, trifft nicht ganz zu (SCHLICHTING 1955, SCHAUMLÖFFEL 1958, LUNDBLAD et al. 1949). Für die Cu-Versorgung der Pflanze ist vielmehr in erster Linie der Gehalt des Bodens an Cu maßgebend; Böden, auf denen Mangel auftritt, sind absolut arm an Cu. Die Verfügbarkeit des Cu wird eingeschränkt durch die Umtauschkapazität des Bodens, wobei organische wie auch anorganische Sorptionsträger in qualitativ gleicher Weise Cu — wie oben schon dargelegt — sehr fest binden. H-Ionen können durch Austausch die Cu-Verfügbarkeit erhöhen. Tab. 91 zeigt die Cu-Gehalte einiger Pflanzensubstanzen (SCHARRER und SCHAUMLÖFFEL 1959).

Tabelle 91. *Der Cu-Gehalt verschiedener Pflanzen in ppm Tr. S.*

	ppm Cu
Haferstroh	2,7
Haferkörner	4,1
Luzerne	5,2
Tomatenkraut	3,3
Tomatenfrucht	4,8
Zuckerrübenblätter	7,5
Zuckerrübenwurzel	5,1

Hohe Cu-Konzentrationen des Nährmediums können toxisch wirken. In der Praxis sind jedoch toxische Cu-Schäden so gut wie nicht beobachtet worden. Die Cu-Konzentration der Bodenlösung ist äußerst gering, da Cu-Ionen in relativ größeren Mengen erst dann in die Bodenlösung eintreten, wenn die gesamte Umtauschkapazität der Bodensorptionskomplexe weitgehend durch Cu abgesättigt ist (SCHARRER et al. 1960). Dagegen ist bei Wasserkulturen darauf zu achten, daß die Cu-Konzentration nicht zu hoch ist. SCHÜTTE und MARTIN (1959) stellten in Sandkulturen fest, daß, neben anderen Mikronährstoffen, Cu die Keimung der Pflanze negativ beeinflussen kann. Daß eine Cu-Düngung auf Cu-armen Böden den Cu-Gehalt und auch den Ertrag steigert, kann verschiedenen Arbeiten entnommen werden (BACHULIN 1956, SCHARRER und SCHAUMLÖFFEL 1959, MULDER 1950).

Sammelreferate über Cu wurden von NELSON et al. (1956) und GILBERT (1952) veröffentlicht. Die Beiträge des im Jahre 1950 an der Johns-Hopkins-Universität abgehaltenen Symposiums wurden von MCELROY und GLASS (1950) herausgegeben.

Literatur

ARNON, D. I.: Functional aspects of copper in plants. In: Copper metabolism, S. 89–114. Baltimore: The Johns Hopkins University Press. 1950. — ARNON, D. I., und P. R. STOUT: The essentiality of certain elements in minute quantity for plants with special reference to copper. Plant Physiol. **14**, 371–375 (1939).

BACHULIN, M. D.: Die Wirkung der Kupferdüngung auf die Samen der Wiesengräser. Agrobiologija, H. 4, 89–98 (1956). — BALDWIN, E.: Biochemie, Einführung und ihre Dynamik, S. 106. Weinheim/Bergstraße: Verlag Chemie. 1957. — BENZIAN, B., und R. G. WARREN: Copper deficiency in Sitka spruce seedlings. Nature **178**, 864–865 (1956). — BOISCHOT, P., und P. QUILLON: Fixation du cuivre dans les sols calcaires. C. r. Acad. Sci. (Paris) **234**, 747–749 (1952). — BROWN, J. C.: The effect of the dominance of a metabolic system requiring iron or copper in the development of lime-induced chlorosis. Plant Physiol. **28**, 495–502 (1953). — BROWN, J. C., und S. B. HENDRICKS: Enzymatic activities as indications of copper and iron deficiencies in plants. Plant Physiol. **27**, 651–660 (1952). — BROWN, J. C., und R. A. STEINBERG: Iron and copper enzymes in leaf lamina of tobacco when deficient in micronutrients or grown on calcareous and organic soils. Plant Physiol. **28**, 488–494 (1953). — BROWN, J. C., L. O. TIFFIN und R. S. HOLMES: Carbohydrate and organic acid metabolism with C^{14} distribution affected by copper in Thatcher wheat. Plant Physiol. **33**, 38–42 (1958). — BUKOVAC, M. J., und S. H. WITTWER: Absorption and mobility of foliar applied nutrients. Plant Physiol. **32**, 428–435 (1957). — Burström, H.: Mineralstoffwechsel. Fortschr. Bot. **15**, 303 (1954).

Commissiong, K., und D. J. D. Nicholas: Effects of molybdenum and copper on some enzymes in Neurospora. Nature **180**, 555–556 (1957). — Corwin, A. H.: The formation of copper complexes. In: Copper metabolism, S. 1–17. Baltimore: The Johns Hopkins University Press. 1950. — Crane, F. L.: Role of trace elements in electron transport and oxidative phosphorylation. Soil Sci. **85**, 78–86 (1958).

Dawson, C. R.: The copper protein ascorbic acid oxidase. In: Copper metabolism, S. 18–47. Baltimore: The Johns Hopkins University Press. 1950. — DeKock, P. C.: Heavy metal toxicity and iron chlorosis. Ann. Bot. NS **20**, 133–141 (1956). — Delf, E. M.: Translocation of copper in plants. Nature **157**, 666–668 (1946). — Dodds, M. L.: Comperative substrate specificity studies of ascorbic acid oxidase and copper ion catalysis. Arch. Biochem. **18**, 51–58 (1948).

Erkama, J.: Über die Rolle von Cu und Mn im Leben der höheren Pflanzen. Ann. Acad. Sci. Fenn. Ser. A, II, 25, S. 1–105 (1947). — On the effect of copper and manganese on the iron status of higher plants. Lotsya **3**, 53–62 (1950).

Gilbert, F. A.: Copper in nutrition. Advanc. Agronomy **4**, 147–177 (1952). — Contribution to the knowledge of copper as a plant nutrient. Agrochimica **1**, 136–151 (1957).

Hackett, D. P.: Respiratory mechanisms in higher plants. Ann. Rev. Plant Physiol. **10**, 113–146 (1959). — Hasler, A.: Über das Verhalten des Kupfers im Boden. Mitt. Lebensmittelunters. u. Hyg. **34**, 79–90 (1943). — Hewitt, E. J.: Relation of manganese and other metal toxicities to the iron status of plants. Nature **161**, 489–490 (1948). — Hewitt, E. J., E. W. Bolle-Jones und P. Miles: The production of copper, zinc and molybdenum deficiencies in crop plants grown in sand culture with special reference to some effects of water supply and seed reserves. Plant a. Soil **5**, 205–222 (1954).

James, W. O., und D. Boulter: Further studies on the terminal oxidases in the embryos and young roots of barley. New Phytologist **54**, 1–12 (1955).

Keller, P., und H. Deuel: Kationenaustauschgleichgewichte an abgetöteten Pflanzenwurzeln. Verhandlungen der zweiten und der vierten Kommission der internationalen Bodenkundlichen Gesellschaft, Hamburg 1958, S. 164–168. Weinheim/Bergstraße: Verlag Chemie. 1958. — Kertesz, D.: State of copper in polyphenoloxydase (Tyrosinase). Nature **180**, 506–507 (1957). — Krauja, A.: Der Einfluß von Spurenelementen auf die Keimkraft von Samen und auf einige biochemische Prozesse in Pflanzen. Acad. Sci. of Latvian SSR, Riga, 195–216 (1958).

Lambin, A. S.: Der Einfluß der Saatgutvorbehandlung mit Spurenelementlösungen auf den Ertrag. Spurenelemente in der Landwirtschaft, S. 389–405. Berlin: Akademie-Verlag. 1958. — Levitt, L. S.: The role of magnesium in photosynthesis. Science **120**, 33–35 (1954). — Lundblad, K., O. Svanberg und P. Ekman: The availability and the fixation of copper in Swedish soils. Plant a. Soil **1**, 277–302 (1949).

Mallette, M. F.: The nature of the copper enzymes involved in tyrosine oxidation. In: Copper metabolism, S. 48–75. Baltimore: The Johns Hopkins University Press. 1950. — Mapson, L. W.: Function of ascorbic acid in plants. Vitam. a. Horm. **11**, 1–28 (1953). — McElroy, W. D., und B. Glass: Copper metabolism. Baltimore: The Johns Hopkins University Press. 1950. — Mulder, E. G.: Importance of copper and molybdenum in the nutrition of higher plants and microorganisms. Lotsya **3**, 41–52 (1950).

Nason, A., H. A. Oldewurtel und L. M. Propst: Role of micronutrient elements in the metabolism of higher plants. Arch. Biochem. **38**, 1–13 (1952). — Nason, A., W. D. Wosilait und A. J. Terrell: The enzymatic oxidation of reduced pyridine nucleotides by oxidation product of ascorbic acid. Arch. Biochem. Biophys. **48**, 233–235 (1954). — Neish, A. C.: Studies on chloroplasts. II: Their chemical composition and the distribution of certain metabolites between the chloroplasts and the remainder of the leaf. Biochem. J. **33**, 300–308 (1939). — Nelson, L. G., K. C. Berger und H. J. Andries: Copper requirements and deficiency symptoms of a number of field and vegetable crop. Proc. Soil Sci. Soc. Amer. **20**, 69–72 (1956).

Okanenko, A. S., und L. K. Ostrowskaja: Über die physiologische Bedeutung des Kupfers für den Anbau von Kok-Saghys auf Moorböden. Spurenelemente in der Landwirtschaft, S. 407–417. Berlin: Akademie-Verlag. 1958. — Okunzow, M. M.: Die Bedeutung des Kupfers für die Steigerung der Pflanzenerträge. Spurenelemente in der Landwirtschaft, S. 379–387. Berlin: Akademie-Verlag. 1958.

Possingham, J. V.: The effect of mineral nutrition on the content of free amino acids and amides in tomato plants. Austr. J. Biol. Sci. **9**, 539–551 (1956).

ROBINSON, E. S., und J. M. NELSON: The tyrosine-tyrosinase reaction and aerobic plant respiration. Arch. Biochem. 4, 111–117 (1944). — RUSS, E.: Über die Bestimmung von pflanzenaufnehmbarem Kupfer und Mangan in Böden unter besonderer Berücksichtigung der Keimpflanzenmethode. Diss. d. Landw. Fakultät. Gießen 1958.

SCHARRER, K.: Biochemie der Spurenelemente, S. 123. Berlin u. Hamburg: P. Parey. 1955. — SCHARRER, K., H. KÜHN und E. SCHAUMLÖFFEL: Gefäßversuche über die Wirkung hoher Kupfergaben auf das Wachstum von Getreide. Landwirtsch. Forsch. 13, 44–52 (1960). — SCHARRER, K., und E. SCHAUMLÖFFEL: Die Bestimmung kleinster Mengen Kupfer als Cu-Diäthyldithiocarbaminat durch Verdrängungsreaktion. Z. Pflanzenernähr., Düng., Bodenkde. 87, 1–15 (1959). — Über die Kupferaufnahme durch Sommergetreide auf Kupfermangelböden. Z. Pflanzenernähr., Düng., Bodenkde. 89, 1–17 (1960). — SCHAUMLÖFFEL, E.: Über die Bestimmung kleinster Mengen Kupfer und dessen Aufnahme durch die Pflanze. Diss. d. Landw. Fakultät. Gießen 1958. — SCHKOLNIK, M. J., N. A. MAKAROWA und M. M. STEKLOWA: Über den Einfluß der Spurenelemente auf die Erhöhung der Salzfestigkeit von Pflanzen und über seine Ursache. Bot. J. UdSSR 34, 85–94 (1949). — SCHLICHTING, E.: Kupferbindung und -fixierung durch Humusstoffe. Acta agr. scand. 5, 313–356 (1955). — SCHÜTTE, K. H., und P. MARTIN: The influence of certain micronutrient deficiencies on the germination rates of radish and millet. Plant a. Soil 10, 299–302 (1959). — SMITH, P. F.: Heavy metal accumulation by citrus roots. Bot. Gaz. 114, 426–436 (1953). — SMITH, P. F., und A. W. SPECHT: Heavy-metal nutrition and iron chlorosis of citrus seedlings. Plant Physiol. 28, 371–382 (1953). — STILES, W.: Essential micro-(trace)elements. Handbuch der Pflanzenphysiologie, Bd. IV, S. 572. Berlin-Göttingen-Heidelberg: Springer. 1958.

WALLACE, T.: The diagnosis of mineral deficiencies in plants, S. 65–66. London: His Majesty's Stationery Office. 1951.

ZHIZNEVSKAJA, G.: Der Einfluß von Spurenelementen auf den Ertrag und die chemischen Eigenschaften von Mais unter Bedingungen der lettischen Sowjetrepublik. Acad. Sci. of Latvian SSR, Riga, 217–256 (1958).

d) Zink

1. Aufnahme, Verteilung und Beweglichkeit

Aus der Besprechung der Schwermetalle Mn, Fe und Cu ist schon zu entnehmen, daß auch Zn wahrscheinlich durch Ionenkonkurrenz bei seiner Aufnahme von den genannten Schwermetallen behindert werden kann. SCHARRER und JUNG (1956) beobachteten bei Mais und Ackerbohnen in Wasserkulturen, daß eine steigende Fe-Düngung die Zn-Gehalte der Pflanze etwas erniedrigt, auch Cu scheint einen geringfügigen Einfluß auf die Zn-Aufnahme zu haben, während Mn wirkungslos blieb. Das Ergebnis läßt vermuten, daß in Übereinstimmung mit DEKOCK (1956) die stärkeren Chelatbildner, Fe^{+++} und Cu^{++} gegenüber Zn^{++}, mehr verdrängend wirken als das relativ schwach zur Komplexbildung neigende Mn^{++}. Umgekehrt kann auch eine hohe Zn-Konzentration in der Nährlösung die Aufnahme anderer Schwermetalle negativ beeinflussen (SMITH und SPECHT 1953).

Die Ionenkonkurrenzen der Schwermetalle sind jedoch bei der Nährstoffaufnahme nicht besonders ausgeprägt, und sie werden häufig von den spezifischen Wirkungen der Schwermetalle auf Enzymsysteme überdeckt. In der Praxis ist die Zn-Versorgung der Pflanze weniger abhängig von den übrigen in der Bodenlösung vorhandenen Schwermetallen als von Bodenart, pH-Wert und Phosphatgehalt. SCHARRER und HÖFNER (1958) konnten nachweisen, daß die Zn-Aufnahme durch die Pflanze mit fallendem pH-Wert zunimmt und daß der pH-Wert auf die Zn-Aufnahme einen größeren Einfluß hat als die Zn-Düngung. WEAR (1956) zeigte, daß es sich hier tatsächlich um einen pH-Effekt handelt, denn auch steigende Gaben an Na_2CO_3 verminderten die Zn-Aufnahme, während die Ca-Ionen eines Neutralsalzes ohne Einfluß blieben. Über eine verminderte Zn-Aufnahme durch steigende Phosphatgehalte der Bodenlösung berichten REUTHER und CRAWFORD (1946) sowie LONERAGAN (1951). SCHARRER und HÖFNER (1958) als auch BOAWN et al. (1954) fanden dagegen keinen Einfluß der Phosphat-Düngung auf den Zn-Gehalt der Pflanze. Die höhere Zn-Verfügbarkeit bei niedrigen pH-Werten ist in erster Linie durch Vorgänge im Boden bedingt. HÖFNER (1957) konnte an Auswaschungs- und Sorptionsversuchen mit ^{65}Zn nachweisen, daß die Zn-Beweglichkeit im Boden gering ist und daß sie mit zunehmender Azidität der Bodenlösung merklich ansteigt.

Auch die Beweglichkeit des Zn in der Pflanze ist nach HEWITT und GARDENER (1956) gering. Ihre Untersuchungen an der Weinrebe zeigten, daß das Zn in den Stengeln von den Gefäßwänden adsorbiert wird. Die Adsorption entspricht in ihrer Verteilung einer Ionenaustauschersäule, d. h. an der Einführungsstelle der mit Zn^{65} markierten Lösung war die Zn-Konzentration am größten. Sie nahm mit der Entfernung von der Einführungsstelle ab. In Übereinstimmung hiermit berichten SCHARRER und HÖFNER (1958), daß der Zn-Gehalt in der Pflanze von der Wurzel bis zur oberen Spitze der Pflanze fortlaufend abnimmt. Die Blätter sind im Vergleich zum Stengel reicher an Zn. Nach WALLIHAN et al. (1956) ist die Beweglichkeit des Zn in jungen Blättern größer als in älteren. Auch wird bei Blattdüngung vom jungen Blatt vergleichsweise mehr Zn aufgenommen.

2. Funktionen

In einer Anzahl von Enzymen wirkt Zn als spezifische Metallkomponente. Nach KEILIN und MANN (1940) ist die Kohlensäure-Anhydrase ein Zn-haltiges Enzym, das nach NEISH (1939) besonders in den Chloroplasten und im Protoplasma pflanzlicher Zellen vorkommt. Dehydropeptidase, Dipeptidase, Carboxypeptidase, Alkohol-Dehydrogenase, Glutaminsäure-Dehydrogenase und Milchsäure-Dehydrogenase sind ebenfalls durch Zn^{++} spezifisch aktivierte Enzyme (NASON 1958, NASON et al. 1953). Die Wirkungsweise des Zn^{++} in diesen Systemen ist noch nicht genau geklärt. Es darf jedoch vermutet werden, daß das Zn^{++} hier ähnlich wirkt wie Mn^{++} oder Mg^{++}, indem es eine Bindung und Ausrichtung zwischen Substrat und Enzym ermöglicht. Für diese Vermutung spricht die Tatsache, daß Zn^{++} verschiedene Enzyme aktiviert, die auch von Mn^{++} oder Mg^{++} durch Kopplung des Substrates mit dem Enzym aktiviert werden können. Hierzu zählen die alkalische und die saure Phosphatase (HEWITT 1958) sowie die Enolase (MILLER 1958). Die Bindung der Pyridin-Nucleotide an Protein wird ebenfalls durch Zn bewirkt (NASON 1958). NICHOLAS und GOODMAN (1958) fanden bei *Neurospora*, daß bei ungenügender Zn-Versorgung keine DPN- und keine TPN-Diaphorase synthetisiert wird. Die Reduktion der universellen H-Überträger, Coenzym I und Coenzym II, wird also durch Zn-Mangel behindert. Bei Zugabe von Zn^{++} wurde die Diaphorase innerhalb von 24 Stunden synthetisiert.

Ein Einfluß der Zn-Versorgung auf die Aktivität weiterer nicht als Zn-Enzyme bekannter Fermente wird von verschiedenen Autoren angeführt. So fanden BROWN und STEINBERG (1953) bei ungenügender Zn-Versorgung des Tabaks eine verminderte Katalase-Aktivität. LAMBIN (1958) dagegen berichtet, daß die Katalase-Aktivität durch Zn-Düngung vermindert, die Peroxydase-Aktivität erhöht wird. REED (1946) beobachtete eine erhöhte Polyphenoloxydase-Aktivität in Zn-Mangelpflanzen. Diese Auswirkungen des Zn können, zumal sie sich teils widersprechen, nicht als spezifische Zn-Effekte gewertet werden. Vielmehr ist anzunehmen, daß unter den gegebenen Mangelbedingungen der gesamte Stoffwechsel in Unordnung geraten ist. So sind Foster und Denison (1950) auf Grund ihrer Untersuchungsergebnisse der Ansicht, daß die durch Zn-Mangel inhibierte Brenztraubensäure-Karboxylase kein Zn-Protein ist. Sie nehmen an, daß bei Zn-Mangel ein Karboxylase-Inhibitor gebildet wird.

Der Hinweis auf die durch Zn aktivierten Peptidasen spricht für eine Funktion des Zn im Eiweißstoffwechsel. Nason (1958) mißt dieser in ihren Einzelheiten noch unklaren Funktion des Zn eine erhebliche Bedeutung zu. Nason et al. (1953) fanden, daß sich Zn-Mangel bei *Neurospora* auf die Alkohol-Dehydrogenase und DPN-ase-Aktivität so auswirkt, wie N-Mangel. Diesem Befund darf man entnehmen, daß für die Prozesse oben genannter Enzyme N und Zn als zwei verschiedene Komponenten notwendig sind. Die Versuchsergebnisse Possinghams (1956) lassen eine günstige Wirkung einer ausreichenden Zn-Versorgung der Tomate auf die Eiweißsynthese erkennen.

Tsui (1948) und Höfner (1957) fanden mit steigender Zn-Düngung einen erhöhten Tryptophangehalt. Tsui nimmt an, daß Tryptophan eine Vorstufe des Auxins ist; die günstige Wirkung des Zn auf den Auxingehalt würde sich so über die durch Zn stimulierte Tryptophansynthese erklären. In Übereinstimmung hiermit fand auch Skoog (1940), daß Sprosse und endständige Knospen von Zn-Mangelpflanzen sehr arm an Auxin sind. Er führt dies jedoch im Gegensatz zu Tsui (1948) nicht auf eine gehemmte Tryptophansynthese zurück. Vielmehr wird seiner Ansicht nach durch ein verstärktes Oxydationspotential das Auxin inaktiviert. Die von Carlton (1954) beobachtete Wachstumshemmung der sekundären Meristeme sowie das Zwergwachstum verschiedener Pflanzen bei Zn-Mangel dürften durch den geringen Auxingehalt bedingt sein.

Reed und Dufrenoy (1942) fanden einen Einfluß des Zn auf das Redoxpotential der Pflanze. Die Akkumulation von Fetten in den Chloroplasten und von Phenolkörpern in der Vakuole bei Zn-Mangelzellen sind nach ihrer Ansicht Symptome für eine gehemmte Oxydation, die über ein Cystin-Cystein-System bewirkt wird. Im Zusammenhang mit dem Oxydationsvermögen der Pflanze ist die Feststellung von Grimm und Allen (1954) interessant. Sie fanden, daß bei *Ustilago spaerogena* Zn die Synthese von Cytochromen fördert. Es kann in dieser Funktion weder von Cu, Fe oder Mn ersetzt werden.

3. Mangelsymptome

Zn-Mangelerscheinungen wurden hauptsächlich bei Obstbäumen beobachtet. Es handelt sich hier vielfach um eine Fixierung des Zn im Boden, bedingt durch hohe pH-Werte (Bould et al. 1949). Eine Bodendüngung mit Zn bleibt häufig infolge dieser Fixierung wirkungslos (Hewitt und Gardener 1956). In diesen Fällen ist eine extraradikale oder auch eine radikale Düngung mit Zn-Chelaten angebracht (Benson et al. 1957).

Bäume mit Zn-Mangel zeigen eine spärliche Belaubung und kleine, häufig rosettartig angeordnete Blätter („little leaf" oder „rosette"). Vielfach sind die Blätter auch lanzettförmig und an den Rändern gewellt. Zwischen den Blattnerven zeigen sich diffuse Chlorosen, die Zweige sind brüchig und die Rinde der befallenen Bäume ist rauh (Bould et al. 1949). Woodbridge (1954) stellte fest, daß bei den einzelnen Apfelsorten die Empfindlichkeit gegenüber Zn-Mangel unterschiedlich ist. Die befallenen Bäume sind in der Entwicklung der Zweige gehemmt und neben den oben erwähnten Symptomen wird vielfach ein Absterben der jungen Schößlinge beobachtet. Birnbäume zeigen weniger „little leaf";

hier sind die Blätter mehr länglich und gleichmäßig gelb gefärbt. WOODBRIDGE (1954) verweist auf die Tatsache, daß am gleichen Baum gesunde und von Zn-Mangel befallene Zweige vorkommen können. Bei Steinobst tritt der Zn-Mangel vielfach kurz vor der Ernte auf, ein Abwerfen des Laubes ist nicht selten. Bei Kirschen und Birnbäumen öffnen sich die Knospen infolge Zn-Mangels schlecht. Über eine gestörte Zn-Versorgung bei Obstbäumen berichten: D. MULDER (1950), BOLLARD (1953), WATSON (1950), WADE (1949), HARRIS (1951), WANN und THORNE (1950).

HEWITT et al. (1954) verweisen darauf, daß der Zn-Mangel verschiedener Pflanzen dem P-Mangel ähnelt. Die Blätter sind olivengrün und in ihrem Wachstum gehemmt. Die Zellmembranen der Zn-Mangelpflanzen sind unvollständig ausgebildet, so daß der Zellinhalt hervorquellen kann. BOLLE-JONES und HILTON (1956) beobachteten bei Zn-Mangel an *Hevea brasiliensis* einen kümmerlichen Wuchs, ein Austreiben vieler neuer Seitentriebe und ein Absterben der Wachstumskegel. Blattentwicklung und auftretende Chlorosen ähnelten den Mangelsymptomen von Obstbäumen. Sie verweisen darauf, daß bei ungenügender Zn-Versorgung ein starker Pilzbefall *(Oidium heveae)* an den Gummibäumen beobachtet werden kann. SMITH und BAYLISS (1942) berichten über den Zn-Mangel bei *Pinus radiata*. REED (1939) fand bei Tomaten, die in Zn-Mangellösung gezogen waren, neben einem Zwergwuchs, Chlorosen und Nekrosen an den Blättern. Die Palisadenzellen des Blattgewebes waren länger, das Schwammparenchym war dichter als normal. Als Zeichen für einen gestörten Stoffwechsel enthielten die Zellen kleine Öltröpfchen. In dem befallenen Gewebe waren Ca-Oxalatkristalle angereichert. Zn-Mangel der *Phaseolus*-Bohne wird von VIETS et al. (1954a) beschrieben. Sie fanden eine gute Korrelation zwischen der Intensität des Mangels und dem Zn-Gehalt. Der kritische Gehalt liegt bei 20 ppm Zn bezogen auf Trockengewicht. NELSON (1956) fand bei Soja einen Gehalt von 30 ppm Zn, bei Zn-Mangelpflanzen dagegen nur 15 ppm Zn in der Trockensubstanz. Die Zn-Düngung wirkte sich auf Ertrag und Zn-Gehalt günstig aus. Auch BOULD et al. (1949) berichten über eine gute

Abb. 89. „Little leaf" beim Apfelbaum (links mit Zn versorgt, rechts Zn-Mangel)

Korrelation des Zn-Gehaltes mit der Intensität des Zn-Mangels. Tab. 92 zeigt den Zn-Gehalt verschiedener Pflanzenarten.

VIETS et al. (1954b) berichten, daß *Phaseolus*-Bohnen, Mais, Hopfen und Flachs leicht Zn-Mangel zeigen, Kartoffeln, Tomaten, Zuckerrüben, Luzerne

Tabelle 92. *Der Zn-Gehalt in ppm Tr. S. verschiedener Pflanzenarten bzw. Pflanzenteile* (VIETS et al. 1954b)

	mit Zn-Düngung	ohne Zn-Düngung
Gerste	46,2	33,6
Hafer	39,9	31,3
Soja	45,0	27,2
Phaseolus-Bohne	30,8	21,0
Gerstenkörner		17,8
Haferkörner		15,0
Sojabohne (Samen)		57,8
Phaseolus-Bohne (Samen)		15,8

und Rotklee nehmen eine mittlere Stellung ein und Hafer, Weizen, Gerste, Roggen, Erbsen sowie verschiedene Gräser sind gegenüber einer ungenügenden Zn-Versorgung unempfindlich.

Neuere russische Arbeiten verweisen auf die günstige Wirkung einer Zn-Düngung bei gleichzeitigem Aufkalken podsolierter Böden (ZHIZNEVSKAJA 1958).

Literatur

BENSON, N. R., L. P. BATJER und J. C. CHMELIR: Response of some decidous fruit trees to zinc chelates. Soil Sci. **84**, 63–75 (1957). — BOAWN, L. C., F. G. VIETS JR. und C. L. CRAWFORD: Effect of phosphate fertilizers on zinc nutrition of field beans. Soil Sci. **78**, 1–7 (1954). — BOLLARD, G.: Zinc deficiency in pears. New Zealand J. Sci. Tech. Sec. A **34**, 548–550 (1953). — BOLLE-JONES, E. W., und R. N. HILTON: Zinc deficiency of *Hevea brasiliensis* as a predisposing factor to *Oidium* infection. Nature **177**, 619–620 (1956). — BOULD, C., D. J. D. NICHOLAS, J. A. H. TOLHURST und T. WALLACE: Zinc deficiency of fruit trees in Britain. Nature **164**, 801–802 (1949). — BROWN, J. C., und R. A. STEINBERG: Iron and copper enzymes in leaf lamina of tobacco when deficient in micronutrients or grown on calcareous and organic soils. Plant Physiol. **28**, 488–494 (1953).

CARLTON, W. M.: Some effects of zinc deficiency on the anatomy of the tomato. Bot. Gaz. **116**, 52–64 (1954).

DEKOCK, P. C.: Heavy metal toxicity and iron chlorosis. Ann. Bot. NS **20**, 133–141 (1956).

FOSTER, J. W., und F. W. DENISON JR.: Role of zinc in metabolism. Nature **166**, 833–834 (1950).

GRIMM, P. W., und P. J. ALLEN: Promotion by zinc of the formation of cytochromes in *Ustilago spaerogena*. Plant Physiol. **29**, 369–377 (1954).

HARRIS, W. B.: Copper deficiency of fruit trees. J. Dept. Agr. Sci. Australia **54**, 277–279 (1951). — HEWITT, E. J.: The role of mineral elements in the activity of plant enzyme systems. Handbuch der Pflanzenphysiologie, Bd. IV, S. 437. Berlin-Göttingen-Heidelberg: Springer. 1958. — HEWITT, E. J., E. W. BOLLE-JONES und P. MILES: The production of copper, zinc and molybdenum deficiencies in crop plants grown in sand culture with special reference to some effects of water supply and seed reserves. Plant a. Soil 205–222 (1954). — HEWITT, W. M., und M. E. GARDNER: Some studies of the adsorption of zinc sulfate in Thompson Seedless grape canes. Plant Physiol. **31**, 393–399 (1956). — HÖFNER, W.: Untersuchungen über die Auswaschung und Sorption des Zinks im Boden und über die Zinkaufnahme der Pflanze. Diss. Landw. Fakultät. Gießen 1957.

KATALYMOW, M. W., und A. A. SCHIRSCHOW: Der Einfluß von Zink auf die Pflanzenerträge. Spurenelemente in der Landwirtschaft, S. 477–480. Berlin: Akademie-Verlag. 1958. — KEILIN, D., und T. MANN: Carbonic anhydrase. Purification and nature of the enzyme. Biochem. J. **34**, 1163–1176 (1940).

LAMBIN, A. S.: Der Einfluß der Saatgutvorbehandlung mit Spurenelementlösungen auf den Ertrag. Spurenelemente in der Landwirtschaft, S. 389–405. Berlin: Akademie-Verlag. 1958. — LONERAGAN, J. F.: The effect of applied phosphate on the uptake of zinc by flax. J. Sci. Res. Ser. B **4**, 108–114 (1951).

MILLER, G. W.: Properties of enolase in extracts from pea seedlings. Plant Physiol. **33**, 199–206 (1958). — MULDER, D.: Zinc deficiency of fruit trees in Europe. Lotsya **3**, 85–86 (1950).

NASON, A.: The function of metals in enzyme systems. Soil Sci. **85**, 63–77 (1958). — NASON, A., N. O. KAPLAN und H. A. OLDEWURTEL: Further studies of nutritional conditions affecting enzymatic constitution in *Neurospora*. J. biol. Chem. **201**, 435–444 (1953). — NEISH, A. C.: Studies on chloroplasts. II: Their chemical composition and the distribution of certain metabolites between the chloroplasts and the remainder of the leaf. Biochem. J. **33**, 300–308 (1939). — NELSON, L. E.: Response of soybeans grown in the greenhouse to zinc applied to a black belt soil. Soil Sci. **82**, 271–274 (1956). — NICHOLAS, D. J. D., und T. GOODMAN: The effects of deficiencies of zinc and iron on some enzyme systems in *Neurospora*. J. exper. Bot. **9**, 97–108 (1958).

POSSINGHAM, J. V.: Mineral nutrition and amino acids in tomato. Austr. J. Biol. Sci. **9**, 539–551 (1956).

REED, H. S.: The relation of copper and zinc salts to leaf structure. Amer. J. Bot. **26**, 29–33 (1939). — Effects of zinc deficiency on phosphate metabolism of the tomato plant. Amer. J. Bot. **33**, 778–784 (1946). — REED, H. A., und J. DUFRENOY: Catechol aggregates in the vacuoles of cells of zinc deficient plants. Amer. J. Bot. **29**, 544–551 (1942). — REUTHER, W., und C. L. CRAWFORD: Effect of certain soil and irrigation treatment on citrus chlorosis in a calcareous soil. Soil Sci. **62**, 477–491 (1946).

SCHARRER, K., und W. HÖFNER: Isotopenversuche über die Aufnahme von Zink durch die Pflanze. Z. Pflanzenernähr., Düng., Bodenkde. **81**, 213–224 (1958). — SCHARRER, K., und J. JUNG: Über den Einfluß von Mangan, Kupfer, Zink, Eisen, Bor Molybdän und Kobalt auf die Mineralstoffaufnahme bei Mais und Ackerbohnen. Z. Pflanzenernähr., Düng., Bodenkde. **75**, 47–66 (1956). — SKOOG, F.: Relationships between zinc and auxin in the growth of higher plants. Amer. J. Bot. **27**, 939–951 (1940). — SMITH, M. E., und N. S. BAYLISS: The necessity of zinc for *Pinus radiata*. Plant Physiol. **17**, 303–310 (1942). — SMITH, P. F., und A. W. SPECHT: Heavy-metal nutrition and iron chlorosis of citrus seedlings. Plant Physiol. **28**, 371–382 (1953).

TSUI, C.: The role of zinc in auxin synthesis in the tomato plant. Amer. J. Bot. **35**, 172–179 (1948).

VIETS, F. G. JR., L. C. BOAWN und C. L. CRAWFORD: Zinc content of bean plants in relation to deficiency symptomes and yield. Plant Physiol. **29**, 76–79 (1954a). — Zinc contents and deficiency symptoms of 26 crops grown on a zinc deficient soil. Soil Sci. **78**, 305–316 (1954b).

WADE, G. C.: "Little leaf" of apples. Tasman. J. Agric. **20**, 101–102 (1949). — WALLIHAN, E. F., und L. HEYMANN-HERSCHBERG: Some factors affecting absorption and translocation of zinc in citrus plants. Plant Physiol. **31**, 294–299 (1956). — WANN, F. B., und D. W. THORNE: Zinc deficiency of plants in the Western States. Sci. Mon. **70**, 180–184 (1950). — WATSON, J.: Zinc content of leaves and fruit spurs of apple trees. New Zealand J. Sci. Tech. Sec. A **31**, 58–60 (1950). — WEAR, J. I.: Effect of soil pH and calcium on uptake of zinc by plants. Soil Sci. **81**, 311–315 (1956). — WOODBRIDGE, C. G.: Zinc deficiency in fruit trees in the Okanagan valley in British Columbia. C. J. Agr. Sci. **34**, 545–551 (1954).

ZHIZNEVSKAJA, G. Z.: Der Einfluß von Spurenelementen auf den Ertrag und die chemischen Eigenschaften von Mais unter Bedingungen der lettischen Sowjetrepublik. Acad. Sci. of Latvian SSR, Riga, 217–256 (1958).

e) Molybdän

1. Aufnahme, Verteilung und Beweglichkeit

Im Vergleich zu den anderen Mikronährstoffen kommt Mo nur in äußerst geringen Mengen in der Pflanze vor. Seine Konzentration in pflanzlicher Trockensubstanz liegt häufig unter 1 ppm Mo (Eberhardt 1956). Im Gegensatz zu den übrigen Schwermetallen kommt es im Boden, bedingt durch seine Neigung, Oxokomplexe zu bilden, hauptsächlich als Anion vor, und es wird in dieser Form ($Mo^{IV}O_4^{2-}$) auch von der Pflanze aufgenommen. Hieraus erklärt sich seine in Abhängigkeit vom pH-Wert unterschiedliche Löslichkeit im Vergleich zu den anderen metallischen Mikronährstoffen. Fe, Mn, Cu und Zn werden mit steigendem pH-Wert infolge von Ausfällung und verstärkter Sorption an die Bodenkolloide für die Pflanze weniger verfügbar, Mo dagegen wird — besonders im sauren Bereich — von den Sorptionskörpern des Bodens ziemlich fest sorbiert (Fieldes und Wells 1957, Rubins 1956). Im Gegensatz hierzu vermag die Pflanze aus einer schwach sauren Lösung einer Wasserkultur mehr Mo aufzunehmen als aus einer neutralen bzw. schwach alkalischen (Stout et al. 1951). Dieser Befund überrascht nicht, da er auch für andere Anionen zutrifft (Arnon et al. 1942). Stout et al. (1951) berichten, daß die Pflanze in der Lage ist, aus sehr geringen Mo-Konzentrationen (1 part per billion) Mo aufzunehmen. Die Aufnahme wird durch die Anwesenheit von PO_4^{3-} begünstigt. Dieser Effekt kann nicht allein damit erklärt werden, daß das am Bodensorptionskomplex gebundene MoO_4^{2-} durch PO_4^{3-} ausgetauscht wird; auch in Wasserkulturen konnte eine bessere Mo-Aufnahme bei erhöhter Phosphatkonzentration beobachtet werden. Stout et al. (1951) nehmen an, daß die Begünstigung der Mo-Aufnahme durch Phosphat-Ionen auf noch ungeklärte biochemische Zusammenhänge zurückzuführen ist. Die genannten Autoren fanden weiter, daß SO_4-Ionen die MoO_4-Aufnahme wahrscheinlich durch Konkurrenz um den gleichen Träger hemmen. Anderson und Spencer (1950) beobachteten einen durch hohe $MnSO_4$-Gaben induzierten Mo-Mangel bei Flachs, der durch eine behinderte Mo-Aufnahme hervorgerufen wurde. Die Annahme, daß auch hier die SO_4-Ionen durch Ionenkonkurrenz die Mo-Sorption der Pflanzenwurzel einschränkten, ist naheliegend, zumal nach Candela und Hewitt (1957) das im Nährmedium vorhandene Mn die Mo-Aufnahme begünstigt.

Joham (1953) berichtet, daß besonders bei hoher Mo-Versorgung das Mo in den Blättern angereichert wird. Auch die Samen können nach Meagher et al. (1952) reich an Mo sein. Bei Leguminosen kann dieser Mo-Vorrat ein Mehrfaches des Mo-Bedarfs der Nachkommenschaftspflanze betragen. Hewitt und Agarwala (1952) fanden, daß Mo besonders im Phloem und im vaskulären Parenchym lokalisiert ist. Nach Vanslow und Datta (1949) ist die Beweglichkeit des Mo in der Pflanze gering.

2. Funktionen

Als Enzyme, in denen Mo eine spezifische Komponente darstellt, sind heute die Aldehyd-Oxydase, die Hydrogenase und die Nitratreduktase bekannt (Crane 1958). Die genannten Enzymsysteme sind Flavoproteine, die sich zwar in ihren Substraten streng unterscheiden, in ihren Wirkungsmechanismen jedoch sehr ähnlich sind (Hewitt 1958). Die *Aldehyd-Oxydase* kommt in Kartoffeln vor. Sie vermag, nach Bernheim (zit. nach Hewitt 1958), Nitrat zu reduzieren, sie ist aber nicht identisch mit der Nitratreduktase. Auch die Xanthin-Oxydase (Schardinger-Enzym) kann man mit zu den Aldehyd-Oxydasen rechnen. Sie kommt in der Milch vor, in Pflanzen wurde sie dagegen bis jetzt noch nicht gefunden (HEWITT 1958). Das Enzym katalysiert die Oxydation von Purinderivaten zu Harnsäure. *Hydrogenase* ermöglicht die Spaltung von molekularem Wasserstoff in H-Ionen und Elektronen.

$$H_2 \longrightarrow 2\,H^+ + 2\,e$$

Dieses von SHUG (1955) an *Clostridium pasteurianum* nachgewiesene Enzym hat als prosthetische Gruppe ein Flavinadenindinucleotid. Es soll für die N-Bindung verschiedener Bakterien eine Bedeutung haben.

Nach WILSON (1952) wird die *N-Bindung* einiger Bakterien durch H_2 inhibiert. Es soll sich hierbei um eine Konkurrenz zwischen H_2 und N_2 um die aktive Bindungsstelle eines Enzyms, wahrscheinlich der Hydrogenase, handeln. SHUG et al. (zit. nach EVANS 1956) konnten tatsächlich nachweisen, daß das Absorptionsspektrum der aus *Clostridium* und *Azotobacter* isolierten Hydrogenase in einer N_2-Atmosphäre von der in einer H_2-Atmosphäre unterschiedlich ist. Die genannten Autoren schließen hieraus, daß die in reduzierter Form vorliegende Hydrogenase den sorbierten N_2 reduziert. Eine hohe H_2-Konzentration inhibiert in Übereinstimmung mit der Beobachtung WILSONS (1952) hierbei die Reduktion des N_2.

In den Knöllchen der Leguminosen konnte bis jetzt noch keine Hydrogenase festgestellt werden. Es bleibt deshalb noch offen, ob für ihre N-Bindung die Hydrogenasetätigkeit verantwortlich ist. EVANS (1956) vermutet, daß bei den Knöllchenbakterien eine der Hydrogenase analoge Reduktase vorliegt, die genau wie Hydrogenase hinsichtlich ihrer Oxydantien unspezifisch ist, d. h. die Reduktion verschiedener Verbindungen einschließlich N_2 und Nitrat katalysieren kann. Daß es sich hier um eine durch Mo aktivierte Reduktase handelt, ist wahrscheinlich, da von verschiedenen Autoren ein relativ hoher Mo-Bedarf von Knöllchenbakterien beobachtet wurde (ANDERSON und SPENCER 1949, 1950, MULDER 1948, 1950, JOHAM 1953).

Nitrat-Reduktase ist das am meisten erforschte und wahrscheinlich auch das wichtigste Mo-Enzym in der höheren Pflanze. EVANS und NASON (1953) konnte es aus Blättern der Soja, NASON und EVANS (1953) aus *Neurospora* isolieren. Es ist ein Sulfhydril-Flavoprotein mit FAD[1] bzw. FMN[2] als prostetische Gruppe, und es katalysiert die Reduktion von Nitrat zu Nitrit (NASON 1958). Die Sequenz der einzelnen Reaktionen in der Nitratreduktase entspricht nachstehendem Schema:

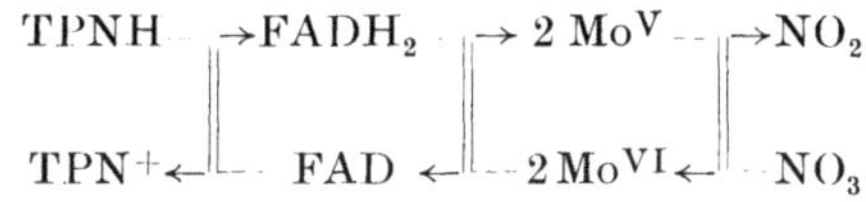

Dieser Mechanismus des Enzyms wurde von NICHOLAS und NASON (1954, 1955) experimentell erhärtet. An Stelle des FAD kann auch FMN fungieren.

Entsprechend der Funktion des Mo bei der Nitratreduktion konnte von zahlreichen Forschern festgestellt werden, daß der Mo-Bedarf der Pflanze bei Nitraternährung höher ist als bei Ernährung mit NH_4-H, Harnstoff, Nitrit oder auch NH_2-Verbindungen (MULDER 1948, ICHIOKA und ARNON 1955, AGARWALA und HEWITT 1955, HEWITT und McCREADY 1956, WOLFE 1954). Daß die Nitratreduktase-Aktivität von der Mo-Versorgung und auch von der Form des gegebenen N abhängt, wurde von CANDELA et al. (1957) an Blumen-

[1] FAD = Flavinadenindinucleotid.
[2] FMN = Flavinmononucleotid.

kohl nachgewiesen. Bei Nitrat-N-Ernährung war die Aktivität am höchsten, bei NH_4-N-Gaben am geringsten. Weiterhin korrelierte sie positiv mit der Mo-Versorgung, d. h. besonders bei Mo-Mangel war die Aktivität sehr gering. Auch HEWITT und AGARWALA (1952) fanden an zahlreichen Pflanzen eine verminderte Reduktionsaktivität bei ungenügender Mo-Versorgung, die hier allerdings nicht nur von einer gehemmten Nitrateduktase herrühren dürfte, da die Autoren die Reduktion von Triphenyltetrazoliumchlorid und nicht von Nitrat als Maß für die Reduktionsaktivität gebrauchten und so im Gegensatz zu CANDELA et al. (1957) keine Beziehung zur gegebenen N-Form beobachteten. Die Hemmung der Nitratreduktion bei Mo-Mangel führt zu einer Nitratakkumulation in der Pflanze (ANDERSON und SPENCER 1950, AGARWALA und HEWITT 1955, MULDER 1948, PLANT 1956).

Neben den geschilderten Funktionen des Mo sind noch andere weniger erforschte mit Mo im Zusammenhang stehend enzymatische Prozesse in der höheren Pflanze wahrscheinlich (HEWITT und MCCREADY 1956). Hierzu gehört besonders die Funktion des Mo im Phosphatstoffwechsel. HEWITT (1958), der diese Frage eingehend diskutiert, kommt zu dem Schluß, daß es heute noch nicht möglich ist, zu entscheiden, ob die durch Mo gehemmte Phosphatase-Aktivität (SPENCER 1954) oder der Bedarf an Mo bei Phosphorylierungsprozessen die für den Phosphatstoffwechsel wesentlichere Funktion ist. POSSINGHAM (1954) stellte fest, daß eine mangelnde Mo-Versorgung den Einbau anorganischen Phosphates in organische Verbindungen hemmt. Die Hemmung kann nach COMMISSIONG und NICHOLAS (1957) eventuell durch eine Mo-Phosphatadditionsverbindung hervorgerufen sein. HEWITT (1958) verweist darauf, daß die bei Mo-Mangel gehemmte Dehydrogenase-Aktivität möglicherweise auch eine direkte Mo-Wirkung darstellt. ZHUROVSKA (1958) fand, daß die Aktivität der Polyphenoloxydase, der Peroxydase und der Ascorbinsäureoxydase durch eine Mo-Düngung erhöht wird. Beispiele für einen Mo/Cu-Antagonismus, Mo hemmt die Cytochromoxydase und die saure Phosphatase, Cu aber begünstigt ihre Wirkung, werden von COMMISSIONG und NICHOLAS (1957) beschrieben.

Ein günstiger Einfluß des Mo auf den Ascorbinsäuregehalt verschiedener Pflanzen wurde wiederholt beobachtet (AGARWALA und HEWITT 1954, 1955a, AGARWALA 1952, HEWITT et al. 1950). AGARWALA (1952) nimmt an, daß Mo für die Biosynthese der Ascorbinsäure notwendig ist. Auch die Gehalte an Gesamt- und reduzierenden Zuckern werden durch eine ausreichende Mo-Versorgung erhöht (AGARWALA und HEWITT 1955a, 1955b, TSCHERNAWINA 1958, ZHUROVSKA 1958). Nach AGARWALA und HEWITT (1955a) besteht jedoch kein direkter Zusammenhang zwischen Zucker- und Ascorbinsäure-Gehalt in Abhängigkeit von der Mo-Versorgung, vielmehr nehmen die Autoren an, daß die niedrigen Zuckergehalte bei Mo-Mangel mit dem gestörten Aufbau der Mittellamelle zusammenhängen. Nach AGARWALA und HEWITT (1954) ist der geringere Zuckergehalt bei ungenügender Mo-Versorgung nicht auf die gehemmte Photosynthese infolge Chlorophyllmangels zurückzuführen, da ein Anstieg der Zuckergehalte mit der Mo-Versorgung auch dann noch festgestellt wurde, wenn das Maximum der Chlorophyllkonzentration schon erreicht war.

Daß Mo im Eiweißstoffwechsel eine hervorragende Rolle spielt, geht aus seiner Nitratreduktase-Funktion hervor. Es wurde schon erwähnt, daß Mo-Mangelpflanzen Nitrat akkumulieren, da die Nitratreduktion gehemmt ist. Hiermit dürfte sich zum Teil auch die Abnahme der löslichen Fraktion an organischem N in der Pflanze erklären (POSSINGHAM 1956, WOLFE 1954). TSCHERNAWINA (1958) fand dagegen bei ungenügender Mo-Versorgung zwar einen niedrigeren Eiweiß-, aber erhöhten Gehalt an nichteiweißartigen N-Verbindungen.

Dieser Unterschied könnte damit erklärt werden, daß bei den Untersuchungen TSCHERNAWINAS (1958) an Leguminosen die Nitratreduktion nicht der für die Eiweißsynthese begrenzende Prozeß war. TSCHERNAWINA nimmt an, daß bei Mo-Mangel die Aminierung von Zuckerderivaten gehemmt ist, WOLFE (1954) schreibt dem Mo einen Einfluß auf die Synthese von Peptiden und Proteinen zu. Über einen durch ausreichende Mo-Versorgung hervorgerufenen höheren Eiweißgehalt berichten weiterhin ZHUROVSKA (1958) und ZHIZNEVSKAJA (1958).

LONERAGAN und ARNON (1954) fanden bei Mo-Mangel neben einem geringeren Chlorophyllgehalt eine verstärkte endogene Atmung bei gehemmter Photosynthese.

3. Mangel

Die durch Mo-Mangel hervorgerufenen Änderungen in den einzelnen organischen Fraktionen, wie Eiweiß, Zucker usw., wurden bereits aufgeführt. Äußerlich zeigt sich eine ungenügende Mo-Versorgung meistens durch gehemmtes Wachstum der Pflanze, durch graugrüne oder gelbe Chlorosen der Blätter und

Abb. 90. „Whip tail" bei Blumenkohl (Photo BRANDENBURG)

Welkeerscheinungen. Vielfach werden keine Blüten ausgebildet (HEWITT et al. 1954). Tomaten zeigen ähnlich wie Tabak gesprenkelte Blätter und nekrotische Flecke, die älteren Blätter sterben häufig ab, während sich die Fiederblättchen der Tomate einrollen; es werden keine Früchte angesetzt (MULDER 1948). Bei Tabak sind die Mangelsymptome zuerst an den mittleren Blättern ersichtlich (STEINBERG 1953). Nach STEWART und LEONARD (1952) ist „yellow spot" bei Zitrus ebenfalls ein Mo-Mangel und wird nicht durch Pilz-, Bakterien- oder Virusbefall hervorgerufen. Die Mangelpflanzen werfen vielfach das Laub ab. PLANT (1956) fand, daß der Salat bei Mo-Mangel einen gedrungenen Wuchs zeigt. Die oval ausgebildeten Blätter sind chlorotisch und teils nekrotisch, das Gewebe erscheint häufig dünn und durchsichtig. Bei starkem Mangel waren die Herzblätter verkrüppelt.

Am bekanntesten ist der mit „whip tail" bezeichnete und in der Praxis häufig vorkommende Mo-Mangel bei Blumenkohl (s. Abb. 90).

Das Blattgewebe zeigt zwischen den Adern gelbe Flecke, während es vom

Rand her grau-grün und schlaff wird. Mit fortschreitendem Mangel wird die Lamina schmäler, so daß schließlich beiderseitig von der Mittelrippe kaum noch Blattgewebe vorhanden ist. Diese Schädigung des Blattgewebes wird nach AGARWALA und HEWITT (1954) durch die unvollständig ausgebildeten Mittellamellen hervorgerufen. Das Gewebe wird dadurch locker und bricht schließlich zusammen. Nach PLANT (1956) braucht „whip tail" bei Blumenkohl nicht immer ein Mo-Mangel zu sein. Auch Al- und Mn-Toxizität können diese Mangelerscheinungen hervorrufen. AGRAWALA und HEWITT (1954) betonen jedoch, daß Mn-Toxizität keine notwendige Ursache für „whip tail" ist. Ihrer Ansicht nach ist „whip tail" Ausdruck eines mäßigen Mo-Mangels, während bei starkem Mangel Wachstumsdepressionen auftreten. Die genannten Autoren heben hervor, daß der Mo-Gehalt in der Pflanze um das Tausendfache schwanken kann, ohne daß Mangelerscheinungen oder toxische Schäden auftreten. JOHAM (1953) berichtet, daß die Baumwollpflanze ein hohes Aufnahmevermögen für Mo hat. Der Gehalt des in den Blättern akkumulierten Mo kann hier in der Trockensubstanz bis zu 1500 ppm Mo betragen. Diese hohe Anreicherung ist sehr beachtlich, da die im normalen Falle vorkommenden Mo-Gehalte um mehr als das Tausendfache überstiegen werden. Tab. 93 zeigt normal vorkommende Mo-Konzentrationen verschiedener Pflanzen.

Tabelle 93. *Der Mo-Gehalt verschiedener Pflanzen in ppm Tr. S.* (SCHARRER und HÖFNER 1959)

Pflanze	Mo in ppm
Mais	0,76
Weizenstroh	0,99
Weizenkorn	0,77
Lupinen	0,47
Buschbohnen	0,60
Hornschotenklee	1,90
Wicken	0,66

Die vereinzelt getroffene Feststellung, daß Mo-Mangelpflanzen relativ hohe Mo-Konzentrationen aufweisen, erklären AGARWALA und HEWITT (1954) damit, daß das bei Mo-Mangel gehemmte Wachstum eine weitere Verdünnung der Mo-Konzentration in der Pflanze nicht zuläßt. STEINBERG (1953) berichtet, daß die Blätter von normal ernährten Tabakpflanzen 10- bis 20mal mehr Mo enthalten als die Blätter von Mangelpflanzen.

Eine umfassende Darstellung von Mo-Mangel bei den einzelnen Kulturpflanzen, ihr Mo-Bedarf sowie die Wirkung einer Mo-Düngung wurde von STOUT und JOHNSON (1956) veröffentlicht. Nach JOHNSON et al. (1952) sind Dikotyledonen im Vergleich zu den Monokotyledonen gegenüber Mo-Mangel anfälliger. Auf den hohen Mo-Bedarf der Leguminosen wurde bereits hingewiesen. MULDER (1948) berichtet, daß der Mo-Gehalt der Knöllchen und Wurzeln bei Erbsen etwa 10mal höher ist als der der Blätter. Wie schon anfangs erwähnt, tritt in der Praxis Mo-Mangel hauptsächlich auf sauren Böden auf (RUBINS 1956, BRANDENBURG und BUHL 1955, TROBISCH 1959, PLANT 1956). Mo ist hier besonders an die sekundären Tonminerale in einer für die Pflanzenwurzel schwer verfügbaren Form festgelegt (FIELDES und WELLS 1957). BRANDENBURG (1960) konnte auf Raseneisensteinböden sowie auf Hochmoorkulturen in Norddeutschland Mo-Mangel an Getreide und Rüben feststellen. Die Blätter der Mangelpflanzen sind hellgrün bis gelb gefärbt, offenbar auf Grund der gehemmten

Nitratreduktion. Mo-Gaben bewirkten ein dunkelgrünes saftiges Aussehen der jungen Pflanzen und signifikante Ertragssteigerungen. Für die Behebung des Mangels ist eine Aufkalkung der Böden häufig wirkungsvoller als eine Mo-Düngung (STEWART und LEONARD 1952, PLANT 1956). Wesentlich ist die pH-Erhöhung; das Ca-Ion bleibt nach PLANT (1956) wirkungslos, während NH_3 die Mo-Verfügbarkeit des Bodens erhöhen kann (ARMIN und JOHAM 1958).

DAVIES und STOCKDILL (1956) fanden auf Mo-Mangelböden einen günstigen Einfluß einer Wolframat-Düngung auf den Grasertrag. Die Vermutung, daß Wolfram das Mo in beschränktem Maße ersetzen kann, ist deshalb berechtigt.

Eine Anzahl umfassender Publikationen über die Bedeutung des Mo in der Agrikulturchemie wurden im Band **81** (1956) der Zeitschrift „Soil Science" veröffentlicht.

Literatur

AGARWALA, S. C.: Relation of nitrogen supply to the molybdenum requirement of cauliflower grown in sand culture. Nature **169**, 1099 (1952). — AGARWALA, S. C., und E. J. HEWITT: Molybdenum as a plant nutrient. IV: The interrelationships of molybdenum and nitrate supply in chlorophyll and ascorbic acid fractions in cauliflower plants grown in sand culture. J. Hort. Sci. **29**, 291–300 (1954). — Molybdenum as a plant nutrient. V. The interrelationships of molybdenum and nitrate supply in the concentrations of sugars, nitrate and organic nitrogen in cauliflower plants grown in sand culture. J. Hort. Sci. **30**, 151–162 (1955a). — Molybdenum as a plant nutrient. VI: Effects of molybdenum supply on the growth and composition of cauliflower plants given different sources of nitrogen supply in sand culture. J. Hort. Sci. **30**, 163–180 (1955b). — ANDERSON, A. J., und D. SPENCER: Molybdenum and sulphur in symbiotic nitrogen fixation. Nature **164**, 273–274 (1949). — Molybdenum in nitrogen metabolism of legumes and non-legumes. Austr. J. Sci. Res. **3B**, 414–430 (1950). — ARMIN, J. V., und H. E. JOHAM: A molybdenum cycle in the soil. Soil Sci. **85**, 156–160 (1958). — ARNON, D. J., W. E. FRATZKE und C. M. JOHNSON: Hydrogen ion concentration in relation to absorption of inorganic nutrients by higher plants. Plant Physiol. **17**, 515–524 (1942).

BRANDENBURG, E.: Neue Ergebnisse über Molybdänmangel an landwirtschaftlichen Kulturpflanzen. Vortrag auf der Tagung der Fachgruppe Bodenkunde, Pflanzenernährung und Düngung in München 1960. — BRANDENBURG, E., und C. BUHL: Über das Vorkommen von Molybdänmangel bei Blumenkohl in Westdeutschland und seine Verhütung. Z. Pflanzenkrankh. Pflanzenschutz **62**, 514–528 (1955).

CANDELA, M. I., und E. J. HEWITT: Molybdenum as a plant nutrient. IX: The effects of different molybdenum and manganese supplies on yield and on the uptake and distribution of molybdenum in tomato plants grown in sand culture. J. Hort. Sci. **32**, 149–161 (1957). — CANDELA, M. I., E. G. FISHER und E. J. HEWITT: Molybdenum as a plant nutrient. X: Some factors affecting the activity of nitrate reductase in cauliflower plants grown with different nitrogen sources and molybdenum levels in sand culture. Plant Physiol. **32**, 280–288 (1957). — COMMISSIONG, K., und D. J. D. NICHOLAS: Effects of molybdenum and copper on some enzymes in *Neurospora*. Nature **180**, 555–556 (1957). — CRANE, F. L.: Role of trace elements in the electron transport and oxidative phosphorylation. Soil. Sci. **85**, 78–86 (1958).

DAVIES, E. B., und S. M. J. STOCKDILL: A pasture response to sodium tungstate on a New Zealand soil. Nature **178**, 866 (1956).

EBERHARDT, W.: Über die Bestimmung kleinster Mengen Molybdän in Böden sowie in pflanzlichen und tierischen Substanzen, S. 119–127. Dissertation der Landw. Fakultät. Gießen 1956. — EVANS, H. J.: Role of molybdenum in plant nutrition. Soil Sci. **81**, 199–208 (1956). — EVANS, H. J., und A. NASON: Pyridine nucleotide-nitrate reductase from extracts of higher plants. Plant Physiol. **28**, 233–254 (1953).

FIELDES, M., und N. WELLS: Trace elements in soils, plants and animals. Zit. nach Nature **180**, 24 (1957).

HEWITT, E. J.: Handbuch der Pflanzenphysiologie, Bd. IV, S. 438–439 und S. 442–444. Berlin-Göttingen-Heidelberg: Springer. 1958. — HEWITT, E. J., und S. C. AGARWALA: Reduction of triphenyltetrazolium chloride by plant tissues and its relation to the molybdenum status. Nature **169**, 545–546 (1952). — HEWITT, E. J., S. C. AGARWALA und E. W. JONES: Effect of molybdenum status on the ascorbic acid content of plants in sand culture. Nature **166**, 1119–1120 (1950). — HEWITT, E. J., E. W. BOLLE-JONES und P. MILES: The production of copper, zinc and molybdenum deficiencies in crop plants grown in sand culture with special reference to some effects of water supply and seed reserves. Plant a. Soil **5**, 205–222 (1954). — HEWITT, E. J., und C. C. MCCREADY: Molybdenum as a plant nutrient. VII: The effects of different molybdenum and nitrogen supplies on yield and composition of tomato plants grown in sand culture. J. Hort. Sci. **31**, 284–290 (1956).

ICHIOKA, P. S., und D. I. ARNON: Molybdenum in relation to nitrogen metabolism. II: Assimilation of ammonia and urea without molybdenum by *Scenedesmus*. Physiol. Plantarum **8**, 552–560 (1955).

JOHAM, H. E.: Accumulation and distribution of molybdenum in the cotton plant. Plant Physiol. **28**, 275–280 (1953). — JOHNSON, C. M., G. A. PEARSON und P. R. STOUT: Molybdenum nutrition of crop plants. II: Plant and soil factors concerned with molybdenum deficiencies in crop plants. Plant a. Soil **4**, 178–196 (1952).

LONERAGAN, J. F., und D. I. ARNON: Molybdenum in the growth and metabolism of *chlorella*. Nature **174**, 427 u. 459 (1954).

MEAGHER, W. R., C. M. JOHNSON und P. R. STOUT: Molybdenum requirement of leguminous plants supplied with fixed nitrogen. Plant Physiol. **27**, 223–230 (1952). — MULDER, E. G.: Importance of molybdenum in the nitrogen metabolism of micro-organisms in higher plants. Plant a. Soil **1**, 94–119 (1948). — Importance of copper and molybdenum in the nutrition of higher plants and micro-organisms. Lotsya **3**, 41–52 (1950).

NASON, A.: The function of metals in enzyme systems. Soil Sci. **85**, 63–77 (1958). — NASON, A., und H. J. EVANS: Triphosphopyridine nucleotide-nitrate reductase in *Neurospora*. J. biol. Chem. **202**, 655–673 (1953). — NICHOLAS, D. J. D., und A. NASON: Mechanisms of action of nitrate reductase from *Neurospora*. J. biol. Chem. **211**, 183–197 (1954). — Role of molybdenum as a constituent of nitrate reductase from soya bean leaves. Plant Physiol. **30**, 135–138 (1955).

PLANT, W.: The effects of molybdenum deficiency and mineral toxicities on crops in acid soils. J. Hort. Sci. **31**, 163–176 (1956). — POSSINGHAM, J. V.: The effect of molybdenum on the organic and inorganic phosphorus in plants. Austr. J. biol. Sci. **7**, 221–224 (1954). — Mineral nutrition and amino acids in tomato. Austr. J. biol. Sci. **9**, 539–551 (1956).

RUBINS, E. J.: Extent of molybdenum deficiency in the United States. Soil Sci. **81**, 191–197 (1956).

SCHARRER, K., und W. HÖFNER: Kationenabtrennung durch Ionenaustauscher bei der photometrischen Molybdän-Bestimmung mit Dithiol. Z. Pflanzenernähr., Düng., Bodenkde. **86**, 49–56 (1959). — SHUG, A. L.: The role of molybdenum and flavine in hydrogenase. J. anal. chem. Soc. **76**, 3355–3356 (1955). — SPENCER, D.: The effect of molybdat on the activity of tomato acid phosphatase. Austr. J. biol. Sci. **7**, 151–160 (1954). — STEINBERG, R. A.: Symptoms of molybdenum deficiency in tobacco. Plant Physiol. **28**, 319–322 (1953). — STEWART, J., und C. D. LEONARD: Molybdenum deficiency in Florida citrus. Nature **170**, 715 (1952). — STOUT, P. R., und C. M. JOHNSON: Molybdenum deficiency in horticultural and field crops. Soil Sci. **81**, 181–190 (1956). — STOUT, P. R., W. R. MEAGHER, G. A. PEARSON und C. M. JOHNSON: Molybdenum nutrition of crop plants. 1. The influence of phosphate and sulfate on the absorption of molybdenum from soils and solution cultures. Plant a. Soil **3**, 51–87 (1951).

TROBISCH, S.: Molybdängehalt unserer Ackerböden. Referat anläßlich der Jahrestagung der Deutschen Bodenkundlichen Gesellschaft in Berlin 1959. — TSCHERNAWINA, I. A.: Der Einfluß von Molybdän auf Ertrag und chemische Zusammensetzung der Leguminosen. Spurenelemente in der Landwirtschaft, S. 457–468. Berlin: Akademie-Verlag. 1958.

VANSLOW, A. P., und N. P. DATTA: Molybdenum deficiency of the citrus plant. Soil Sci. **67**, 363–375 (1949).

WILSON, P. W.: The comparative biochemistry of nitrogen fixation. Advanc. Enzymol. **13**, 345–375 (1952). — WOLFE, M.: The effect of molybdenum upon the nitrogen metabolism of *Anabaena cylindrica*. I: A study of the molybdenum requirement for nitrogen fixation and for nitrate and ammonia assimilation. Anal. Bot. N. S. **18**, 299–308 (1954).

ZHIZNEVSKAJA, G.: Der Einfluß von Spurenelementen auf den Ertrag und die chemischen Eigenschaften von Mais unter Bedingungen der lettischen Sowjetrepublik. Acad. Sci. of Latvian SSR, Riga, 217–256 (1958). — ZHUROVSKA, V.: Die Wirkung von Molybdän auf den Ertrag und die Qualität von Erbsen. Acad. Sci. of Latvian SSR, Riga, 151–164 (1958).

f) Bor

1. Aufnahme, Verteilung und Beweglichkeit

Die Literatur über den Mikronährstoff B ist sehr umfangreich. Nach GAUCH und DUGGER (1954) existieren einige tausend Veröffentlichungen, die sich mit B als Pflanzennährstoff befassen. Dieses hohe Interesse für B mag damit zusammenhängen, daß B-Mangel in der Praxis häufig auftritt, besonders dann, wenn die Bodenlösung hohe Ca-Konzentrationen enthält. KEDROW-SICHMAN (1958) sowie SCHEFFER und WELTE (1955) führen den durch eine höhere Ca-Konzentration des Nährmediums hervorgerufenen B-Mangel nicht auf den erhöhten pH-Wert, sondern auf das unharmonische Verhältnis zwischen Ca und B in der Nährlösung zurück. KEDROW-SICHMAN (1958) konnte diese Vermutung damit beweisen, daß bei einer pH-Erhöhung mit $MgCO_3$ die B-Versorgung der Pflanze unbeeinflußt blieb. REEVE und SHIVE (1944) sowie BRENNAN und SHIVE (1948), die in Sandkulturen Tomaten mit variierter Ca- und B-Düngung zogen, fanden, daß sich eine steigende Ca-Gabe weniger auf die B-Aufnahme als auf die Löslichkeit des B in der Pflanze negativ auswirkt. Hohe Ca-Gaben rufen niedrige Gehalte an wasserlöslichem B in den jüngsten Blättern hervor, was bis zum B-Mangel führen kann. Auch CRIPPS (1956) berichtet, daß mit steigender Ca-Düngung der B-Mangel zunimmt. Umgekehrt werden toxische Schäden einer überhöhten B-Versorgung durch hohe Ca-Gaben abgeschwächt (BRENNAN und SHIVE 1948, COOPER et al. 1958). MCILRATH und DE BRUYN (1956) berichten, daß eine übermäßige Ca-Versorgung sowohl den Gesamtgehalt als auch die Menge an löslichem B in der Pflanze erniedrigt. Da diese Untersuchungen ebenso wie die von BRENNAN und SHIVE (1948) in Quarzsandkulturen durchgeführt wurden, darf man annehmen, daß die verminderte B-Aufnahme bei steigender Ca-Düngung in erster Linie von der Pflanze und weniger von Bodensorptionsvorgängen her bedingt ist. Daß im natürlichen Nährmedium steigende pH-Werte und Tongehalte die Beweglichkeit des B im Boden erniedrigen, konnte von SCHARRER et al. (1954) nachgewiesen werden. HATCHER et al. (1959) stellten auf drei Böden mit unterschiedlicher B-Adsorptionskapazität fest, daß der B-Gehalt in der Pflanze lediglich durch das in der Lösung vorhandene und nicht durch das im Boden adsorbierte B beeinflußt wird.

Pflanzenphysiologisch interessant, aber in seinen Einzelheiten noch ungeklärt, ist das Zusammenspiel zwischen B und Ca in der Pflanze. Auf verschiedene Parallelen beider Nährstoffe wurde bereits bei der Behandlung des Ca hingewiesen. Nach MARSH und SHIVE (1941) soll eine gute B-Versorgung den Gehalt an löslichem Ca in der Pflanze erhöhen. SMITH (1944) stellte fest, daß mehr als die Hälfte des gesamten Ca und B der Pflanze in den Zellwänden und Intercellularen lokalisiert ist, und der Hinweis von PURVIS und DAVIDSON (1948), daß hohe Ca-Konzentrationen in der Pflanze eine höhere B-Versorgung verlangen, läßt im Zusammenhang mit der erwähnten B-Löslichkeit in Abhängigkeit von der Ca-Konzentration vermuten, daß auf eine gewisse in die Zellwand eingebaute Ca-Menge ein entsprechender Anteil an B entfällt. Daß B für den Aufbau der Zellwand eine Rolle spielt, wird weiter unten noch näher erläutert. Der Einfluß des K auf die B-Versorgung ist unterschiedlich. REEVE und SHIVE (1944) fanden, daß nur bei niedrigen B-Konzentrationen der Nährlösung steigende K-Mengen den B-Mangel begünstigen. Im Gegensatz zur Wirkung des Ca konnten sie nicht feststellen, daß B-Toxizität durch hohe K-Gaben abgeschwächt wird, vielmehr schien sie hierdurch noch verstärkt zu werden.

Chandler (1944) konnte bei gesteigerter K-, N- und Mg-Düngung keinen gesicherten Einfluß dieser Elemente auf den B-Haushalt und das Auftreten von B-Mangelerscheinungen feststellen.

Wilkinson (1957) berichtet, daß der B-Gehalt von Tomatenfrüchten und Blättern einer Pflanze von ihrer Inserierung am Stengel abhängt; der erste Fruchtstand zeigte die höchste B-Konzentration, während die B-Gehalte des zweiten, dritten und vierten Fruchtstandes fortlaufend abnahmen. Da die Pflanzen ausreichend mit B versorgt wurden, braucht dieser Abfall der B-Konzentration nicht unbedingt auf ein im Verlaufe der Vegetation an B verarmtes Nährmedium zurückgeführt werden. Ein gehinderter B-Transport in die höheren Pflanzenteile ist nicht unwahrscheinlich, zumal Eaton (1944) dem B eine schlechte Beweglichkeit in der Pflanze zuschreibt. Auch Cripps (1956) berichtet vom Hopfen, daß die jüngeren Blätter weniger B enthalten als die älteren. Ob man jedoch allgemein annehmen darf, daß der B-Gehalt in der Pflanze in akropetaler Richtung abnimmt, sei dahingestellt. Aus den Untersuchungen von Syworotkin (1958) ist zu schließen, daß die einzelnen Pflanzenorgane der gleichen Pflanze sehr unterschiedliche Gehalte haben, so daß anzunehmen ist, daß der physiologische Bedarf an B für den B-Gehalt ziemlich maßgebend ist. Reich an B sind vor allen Dingen die reproduktiven Organe, wie Antheren, Narbe, Griffel und Fruchtknoten. Die Gehalte sind hier mehr als doppelt so hoch wie im Stengel (Gauch und Dugger 1954). Tab. 94 zeigt den B-Gehalt verschiedener Pflanzenteile von Opiummohn.

Tabelle 94. *B-Gehalte verschiedener Pflanzenteile von Opiummohn* (Syworotkin 1958)

Pflanzenorgan	Gehalte in ppm B der Tr. Subst.
Samenkapseln	69,0
obere Blätter	45,1
mittlere Blätter	34,3
Blütenstand	21,2
Halme	17,3
Wurzeln	20,3
Samen	21,0

Die Samen enthalten also im Vergleich zu den Blättern weniger B. Auch für die Leguminosen wird angeführt, daß ihre Blätter und Stengel B-reicher sind als ihre Samen (Schropp 1957).

2. Funktionen

Im Gegensatz zu den übrigen Mikronährstoffen, die als enzymatische Metallkomponenten hauptsächlich in Fermentprozessen wirksam werden, dürfte für die physiologische Rolle des B ein anderer Typ von Wirkungsmechanismus vorliegen. In seinen chemischen und auch physiologischen Eigenschaften ähnelt es mehr dem Phosphat, besonders dadurch, daß beide Anionen, Borat und Phosphat, pflanzenphysiologisch wirksame Ester bilden können. Die eigentliche Funktion des B in der Pflanze ist noch ungeklärt, lediglich die zahlreich bestätigten, aus einer unterschiedlichen B-Versorgung resultierenden Veränderungen im Erscheinungsbild und in der chemischen Zusammensetzung der Pflanze, lassen auf einige Funktionen des B in der Pflanze schließen. Nach Gauch und Dugger (1954) werden durch B beeinflußt:

Kohlenhydrathaushalt
Blüte und Fruchtansatz
Keimung des Pollen
N-Stoffwechsel
aktive Salzaufnahme
Wasserhaushalt
Transport von Hormonen.

GAUCH und DUGGER (1954) sehen in der Notwendigkeit des B für den Kohlenhydrattransport eine wesentliche Funktion. Die zuerst an den stoffwechselaktiven Geweben auftretenden B-Mangelsymptome sind ihrer Meinung nach kein B-, sondern ein Zuckermangel, der sich aus dem gehemmten Kohlenhydrattransport ergibt. Sie nehmen an, daß die Zucker in der Pflanze als Zucker-Boratkomplexe transportiert werden (GAUCH und DUGGER 1953). Der Befund, daß der Kohlenhydrattransport bei B-Mangel gehemmt und daß deshalb die unteren und mittleren Blätter Zucker akkumulieren, während Stengel und Meristeme an Zucker verarmen, konnte von zahlreichen Autoren bestätigt werden (MCILRATH und PALSER 1956) SISLER et al. 1956, ODHNOFF 1957, WHITTINGTON 1957b, JAKOLEWA 1958).

Die Hypothese GAUCHS und DUGGERS (1954), die bei B-Mangel an den Meristemen auftretenden Schäden seien Ausdruck einer ungenügenden Zuckerversorgung, trifft nach den neueren Untersuchungen von SISLER et al. (1956) sowie MCILRATH und PALSER (1956) nicht zu. Die genannten Autoren konnten feststellen, daß eine Zuckerbesprühung von B-Mangelgewebe ohne Einfluß blieb, während eine extraradikale B-Gabe den Mangel beseitigen konnte. SKOK (1957b) kommt auf Grund seiner Versuche mit ^{14}C-Rohrzucker zu dem Schluß, daß B nicht direkt als Transportmittel für Zucker wirkt. ODHNOFF (1957), der ebenfalls in dem primären Schadbild des B-Mangels keinen Zuckermangel sieht, folgert aus seinen Untersuchungen, daß B für die Streckungsphase der Zelle notwendig ist. Bei der Ausbildung der Zellwand bewirkt es eine normale Intussuszeption, wobei möglicherweise die Borsäure als Polyhydroxylverbindung vorliegt. Diese Bindung bewirkt, wie aus rein chemischen Untersuchungen bekannt ist, eine gesteigerte Acidität der Borsäure. In Übereinstimmung hiermit konnte LUNDEGÅRDH (1945) schon früher feststellen, daß B die Azidität der Oberfläche des Zytoplasmas erhöht.

WHITTINGTON (1957b), der die Akkumulation von Kohlenhydraten lediglich auf ein gehemmtes Wachstum zurückführt, sieht in der günstigen Wirkung des B auf die Zellteilung seine primäre Funktion in der Pflanze. Die Tatsache jedoch, daß bei B-Mangel nicht schlechthin eine Zuckerakkumulation, sondern eine unnormale Verteilung der Kohlenhydrate vorliegt, spricht gegen die Anhäufung von Zucker als Folge eines gehemmten Wachstums. Im Gegensatz zu WHITTINGTON (1957a) stellte SKOK (1957a) fest, daß weniger die Zellteilung als die Zellreife mit der B-Versorgung in Zusammenhang steht. In Übereinstimmung hiermit wird nach ODHNOFF (1957) die Zellteilung bei B-Mangel nicht gehemmt, dagegen wird die *Differenzierung der Zellen* wesentlich beeinträchtigt. Diese Feststellung ODHNOFFS (1957) konnte von anderen Autoren an verschiedenen Pflanzen bestätigt werden. LACHANCE und OUELLETTE (1954) berichten, daß bei ungenügender B-Versorgung der Luzerne die Entwicklung von Cambiumzellen zu Xylem- oder Phloemgewebe gestört ist. Es werden lange, dünnwandige, unverholzte Xylemgefäße im Stengel ausgebildet, die Zellteilung ist beschleunigt und die Cambiumzellen zeigen Hyperplasmie. SYWOROTKIN (1958) beobachtete bei B-Mangel ebenfalls eine anomale Entwicklung der Leitgefäße,

Palser und McIlrath (1956) fanden neben einer Vergrößerung der Cambiumzellen eine Hypertrophie und Hyperplasmie des Cambiums, und Spurr (1957) stellte fest, daß bei B-Mangel die Feinstruktur der Zellwände fehlt. Seiner Ansicht nach ist das B ein wesentlicher Baustein von Polyhydroxylketten, die ihrerseits wieder für den Aufbau der Feinstruktur verantwortlich sind. Zusammenfassend läßt sich also sagen, daß B am Aufbau der Zellwände maßgeblich beteiligt ist und daß es vielleicht in dieser Eigenschaft auch auf die Differenzierung der Zellgewebe wirkt.

Auch der Transport der Kohlenhydrate mag mit dem Aufbau der Zellwände in Zusammenhang stehen. So verweisen Gauch und Dugger (1953) neben der oben erwähnten Annahme, die Kohlenhydrate werden als Zucker-Boratkomplexe transportiert, auf die Möglichkeit, daß das an die Zellwand gebundene Borat-Ion den Transport von Zucker durch die Membran bzw. Zellwand bewirkt. Dieser Mechanismus des B, den Kohlenhydrattransport zu begünstigen, steht im Einklang mit den oben dargelegten Funktionen des B beim Aufbau der Zellwände und bei der Differenzierung der Gewebe. Die Feststellung Zieglers (1956), daß nur außerordentlich geringe Mengen Kohlenhydrat als B-Kohlenhydratkomplexe transportiert werden können, da der Siebröhrensaft verschiedener Bäume nur sehr niedrige B-Gehalte aufweist, paßt in diese Vorstellung. McIlrath und Palser (1956) berichten, daß der gehemmte Kohlenhydrattransport bei B-Mangel auf das beschädigte Phloemgewebe zurückzuführen ist, da Baumwolle, die bei ungenügender B-Versorgung diese Phloemschädigung nicht zeigte, einen normalen Kohlenhydratgehalt trotz B-Mangel in den Wurzeln aufwies.

Die günstige Wirkung von B auf die *Keimung der Pollenkörner* und auf das *Wachstum der Pollenschläuche* konnte von zahlreichen Autoren beobachtet werden (Addicot 1943, Batjer und Thompson 1949, Ehlers 1951, O'Kelley 1957). Schmucker (1932, 1933, 1934), der schon vor mehr als 20 Jahren die Bedeutung des B für Pollenkeimung und -wachstum erkannte, nimmt an, daß das Borat-Ion mit organischen Komplexen Polyhydroxylverbindungen eingeht und so die Stabilität der Zellwände erhöht. Geringes Wachstum und häufiges Platzen der Pollenschläuche als Folge von B-Mangel werden so durch die Stabilität der Pektinboratkomplexe vermieden. Es wird offensichtlich, daß hier B, ähnlich wie beim Wachstum der anderen Meristeme, als Strukturelement eine hervorragende Rolle spielt. Auch der durch ausreichende B-Versorgung verbesserte Kohlenhydrattransport und die damit gekoppelte Atmungssteigerung dürften Keimen und Wachsen der Pollenschläuche begünstigen. Nach O'Kelley (1957) übt das B aber daneben noch einen spezifischen Einfluß aus, der durch seinen Einbau in die Zellwände gegeben sein dürfte.

Die Bedeutung des B für Blühen und Fruchtausbildung geht schon aus den relativ hohen B-Gehalten der generativen Organe hervor (Gauch und Dugger 1954). Dementsprechend konnte ein günstiger Einfluß einer B-Düngung auf Blüte, Fruchtansatz und Samenbildung beobachtet werden.

So wurde nach Kedrow-Sichman (1958) der Kornertrag der Gerste durch B um 40% erhöht; Hasler und Maurizio (1949) fanden eine durch B-Düngung hervorgerufene höhere Samenbildung bei Raps; Jakowlewa (1958) berichtet, daß eine ausreichende B-Versorgung die Erträge an Klee- und Rübensamen steigert und ein Abfallen der Fruchtknoten bei Soja, Luzerne und Baumwolle verhindert. Auch Keizo Hirai und Ma Koto Tamai (1957) stellten fest, daß durch B-Mangel der Fruchtansatz bei Raps vermindert ist, und Berler et al. (1957) berichten über die Unfruchtbarkeit von Mais infolge ungenügender B-Versorgung. Nach Vnukova und Ryza (1955) verhindert eine B-Düngung das Verrieseln der Blüte bei der Weinrebe, nach Smirnowa (1958) wird der

Anteil an tauben Körnern bei der Sonnenblume durch B vermindert. Wie erwähnt, lassen sich diese günstigen Wirkungen des B auf die generative Phase durch seine spezifische Wirkung bei der Pollenkeimung, aber auch durch einen verbesserten Kohlenhydrattransport erklären.

Über den günstigen Einfluß des B auf den Gehalt an Zucker bzw. Kohlenhydraten von Früchten und Speicherungsgeweben berichten ASKEW et al. (1951) für die Himbeere, STARK und MATTHEWS (1950) für die Zuckermelone, VNUKOVA und RYZA (1955) für die Weintraube und AGAFONOWA (1958) sowie WASHENIN und BELJAKOWA (1958) für die Kartoffelknolle.

Sicherlich sind diese günstigen Wirkungen des B hauptsächlich auf den guten Kohlenhydrattransport zurückzuführen, daneben aber muß auch berücksichtigt werden, daß B direkt oder indirekt die Photosynthese günstig beeinflußt. AGAFONOWA (1958) stellte fest, daß gerade zur Zeit der Stärkeeinlagerung in die Kartoffelknolle durch B die Intensität der Photosynthese im Vergleich zu B-Mangelpflanzen über Wochen hinaus auf einem hohen Niveau gehalten wird, während die Veratmung von Assimilaten der ausreichend mit B versorgten Pflanzen, besonders in der generativen Phase, relativ niedrig ist. AGAFONOWA (1958) vermutet, daß durch die gute Abwanderung der Zucker bei B-Düngung ein günstiges Konzentrationsgefälle für die photosynthetisch neu gebildeten Kohlenhydrate bewirkt wird. Das B hätte somit einen indirekten Einfluß auf die Photosynthese. AGAFONOWA (1958) verweist noch darauf, daß gut mit B versorgte Pflanzen länger grün bleiben. B schützt die Chloroplasten vor dem Abbau. Diese Wirkung kann mit dem Abtransport der Kohlenhydrate zusammenhängen.

Der günstige Einfluß einer ausreichenden B-Versorgung auf die Kationenaufnahme, wie er von REHM (1937) beobachtet wurde, konnte von MARSH und SHIVE (1941) nicht festgestellt werden. Auch SCHROPP (1957) betont in seiner Monographie über B bei Leguminosen, daß die Tendenz des B, die Nährstoffaufnahme zu fördern, vielfach nicht beobachtet werden kann. Sicherlich wird auch ein infolge B-Mangel kleineres Wurzelsystem die Nährstoffaufnahme negativ beeinflussen, da aber auch das Wachstum der oberirdischen Teile eingeschränkt ist, fragt es sich, ob die verminderte Nährstoffaufnahme auch im Gehalt der Pflanze an den einzelnen Elementen zum Ausdruck kommt. GAUCH und DUGGER (1954) betonen, daß bei B-Mangel die aktive Ionenaufnahme infolge Zuckermangels der Wurzel gehemmt ist. Diese Erklärung mag zutreffen, die Tatsache aber, daß gerade die Kationen- und weniger die Anionenaufnahme beeinflußt wird, läßt sich auch hiermit noch nicht überzeugend deuten. Es sei deshalb in diesem Zusammenhang auf die Feststellung LUNDEGÅRDHS (1945), B erhöht den acidoiden Charakter des Zytoplasmas und damit auch den der Wurzeloberfläche, hingewiesen. Eine verstärkte Kationenaufnahme ließe sich so durch die höhere Konzentration indiffusibler Anionen erklären.

Der N-Stoffwechsel reagiert deutlich auf eine unzureichende B-Versorgung. Die Fraktion der nicht eiweißartigen N-Verbindungen steigt an (STEINBERG et al. 1949, SCHROPP und ARENZ 1940, WADLEIGH und SHIVE 1939), während die Eiweißfraktion abnimmt (BECKENBACH 1944). Die Annahme BECKENBACHS (1944), die verminderte Eiweißsynthese sei — bedingt durch den behinderten Transport — auf einen Mangel an Kohlenhydratderivaten zurückzuführen, ist nicht ganz einleuchtend, da Aminosäuren bzw. Amide häufig neben einer Kohlenhydratakkumulation vorkommen (GAUCH und DUGGER 1954).

Der regulierende Einfluß des B auf den Wasserhaushalt der Pflanze wurde schon von SCHMUCKER (1934) betont. DORFMÜLLER (1941) sowie BIEBL (1942) fanden, daß gut mit B versorgte Pflanzen bei ausreichender Wasserzuführung mehr transpirieren und umgekehrt bei beschränkter Wasserverfügbarkeit ihre Transpiration stärker einschränken können als B-Mangelpflanzen. In Übereinstimmung hiermit berichten WHITTINGTON (1957a) und JENIKEJEW (1958), daß sich eine B-Düngung besonders bei unzureichender Wasserversorgung vorteilhaft auswirkt. BAKER et al. (1956) stellten bei B-Mangelpflanzen eine verminderte Transpiration fest. SCHROPP (1957) fand an abgeschnittenen und ausreichend mit B versorgten Blättern der Ackerbohne eine raschere Wasserabgabe als in Blättern von B-Mangelpflanzen. Wenn man berücksichtigt, daß B den Feinbau der Zelle, die Verteilung der Kohlenhydrate und die Fraktion der löslichen N-Verbindungen nachhaltig beeinflußt, so ist es nicht überraschend, daß B allein schon durch die hydrophilen Eigenschaften dieser einzelnen Stoffgruppen auf den Wasserhaushalt der Pflanze einwirkt (BAKER et al. 1956).

Über einen Anstieg der Polyphenoloxydase-Aktivität bei B-Mangel berichten: REED (1947), MCVICAR und BURRIS (1948), KLEIN (1951), HEWITT (1957). BROWN und STEINBERG (1953 sowie WASHENIN und BELJAKOWA (1958) fanden einen günstigen Einfluß des B auf die Aktivität der Katalase. Nach WASHENIN und BELJAKOWA wird auch die Peroxydase-, Amylase- und Saccharase-Tätigkeit durch B erhöht. Ob hier eine direkte B-Wirkung vorliegt, bleibt dahingestellt. Die Tatsache, daß die B-Versorgung in die verschiedensten Stoffwechselvorgänge eingreift, läßt jedoch vermuten, daß es sich bei den aufgezählten Enzymen eher um mittelbare Auswirkungen des B handelt.

DUGGER et al. (1957) fanden, daß die Synthese von Stärke in Bohnenblättern durch B etwas eingeschränkt wird. Sie nehmen jedoch nicht wie WINFIELD (1945) an, daß die verminderte Stärkesynthese auf eine Konkurrenz zwischen Borat- und Phosphat-Ion um das Zuckermolekül zurückzuführen ist. Für einen konkurrierenden Einfluß ist die Borat-Konzentration im Vergleich zu der des Phosphates zu niedrig. DUGGER et al. (1957) vermuten vielmehr, daß sich das Borat-Ion mit dem Glukose-1-Phosphat bindet und so dessen Konzentration und damit auch seine Reaktionsgeschwindigkeit bei der Stärkesynthese herabsetzt.

3. Mangel

Die B-Mangelerscheinungen treten zuerst an den Wachstumskegeln der Wurzeln und der Sprosse auf. Die Meristeme sterben ab (SYWOROTKIN 1958, STEINBERG und JEFFREY 1956, CRIPPS 1956, ODHNOFF 1957). Diese Symptome sind für alle Pflanzen charakteristisch. SCHROPP (1957), der die B-Ernährung der Leguminosen sehr eingehend behandelt, fand bei B-Mangel ein verkümmertes Wurzelnetz mit eingeschränktem Längenwachstum. Mit fortschreitendem B-Mangel wurden die Wurzeln braun und schleimig. Der Sproß zeigte einen gestauchten Wuchs, die Internodien waren kürzer, die Entwicklung der Wurzelknöllchen war gehemmt. Auf die histologischen Veränderungen des Cambiums, Phloems und Xylems wurde bereits hingewiesen. Sehr charakteristisch, besonders für den B-Mangel bei Leguminosen, ist die vom Wachstumskegel ausgehende Veränderung der jüngsten Blätter. Sie verfärben sich dunkelgrün bis graugrün, teils treten an den Blatträndern auch rötliche Farbtöne auf. Der Querschnitt der B-Mangelblätter ist wesentlich dicker als der normal ernährter Blätter (SCHROPP 1957). Das Schwamm- und Palisandengewebe ist so dicht aufeinandergepreßt, daß kaum Lufträume vorhanden sind, die dicken, aufgequollen erscheinenden Blätter sind brüchig und spröde (LACHANCE und OUELLETTE 1954a).

Die von BRANDENBURG (1931, 1932) als B-Mangelerkrankung erkannte Herz- und Trockenfäule der *Beta*-Rüben äußert sich auch zuerst durch eine anomale Entwicklung des Wachstumskegels. Die Herzblätter werden braun oder schwarz; die älteren Blätter zeigen häufig Vergilbungen und der Rübenkopf beginnt zu faulen. Noch empfindlicher als die *Beta*-Rübe reagiert die *Brassica*-Rübe auf eine ungenügende B-Versorgung. Ihre Wurzeln werden glasig, der Rübenkörper ist häufig hohl. Schorfige und rissige Oberflächen der *Brassica*-Rüben aber auch der Tomatenfrüchte sowie korkartige hohle Stellen in Blumenkohl, Äpfeln und Zitrusfrüchten sind letzten Endes Ausdruck einer behinderten Differenzierung von meristematischem Gewebe und einer anomalen und gehemmten Ausbildung der Zellwände infolge B-Mangels.

BRANDENBURG (zit. nach SCHROPP 1957) konnte an der Gartenbohne den Einfluß des B auf das Wachstum der einzelnen Pflanzenorgane deutlich demonstrieren. Seine Ergebnisse sind in Tab. 95 aufgeführt.

Tabelle 95. *Der Einfluß von B auf das Wachstum der einzelnen Pflanzenorgane*

Pflanzenorgan	Tr. Subst. in g	
	ohne B	mit B
Wurzeln	0,117	0,740
Stengel und Blätter	1,003	3,840
Samen und Hülsen	—	2,050
ganze Pflanze	1,120	6,630

Es wird hier deutlich, wie bei B-Mangel ein Fruchtansatz verhindert wird. Weiterhin ist das geringe Wurzelwachstum bei ungenügender B-Versorgung

Abb. 91. B-Mangel bei Acker-, Garten- und Sojabohne (Photo SCHROPP)

zu beachten (s. Abb. 93). Abb. 91 zeigt den Habitus von B-Mangelpflanzen verschiedener Leguminosen, Abb. 92 den verhinderten Fruchtansatz bei der Erbse infolge B-Mangels.

Die toxische Wirkung hoher B-Gaben ist bekannt. Bei B-Toxizität sind die Blätter deformiert und eingerollt; sie zeigen häufig vom Rande her Nekrosen

(STILES 1958). HERSCHLER (1955) fand, daß neben den erwähnten Symptomen B-Toxizität bei der Weinrebe zum Abstoßen der Gescheine führt; CRIPPS (1956) beobachtete an Hopfen braune und chlorotische Flecke zwischen den Blattadern und herunterhängende Blätter.

OUELLETTE und LACHANCE (1954) fanden eine Korrelation zwischen B-Mangel und B-Gehalt der Luzerneblätter. Die kritische B-Konzentration der Trockensubstanz liegt bei 15 ppm B. Auch SCHROPP (1957) betont, daß sich der B-Gehalt von gesunden und B-Mangelpflanzen beträchtlich unterscheidet. Wie erwähnt, kommt B-Mangel in der Praxis besonders auf aufgekalkten Böden vor. Hier wirkt sich eine B-Düngung vorteilhaft aus (ZHIZNEVSKAJA 1958). OUELLETTE und LACHANCE (1954) fanden, daß der B-Mangel der Luzerne auf leichteren Böden am ehesten auftritt. Da nach GÄRTEL (1955) sowie SCHARRER et al. (1954) pH-Wert, Ton- und Humusgehalt die Festlegung des B im Boden begünstigen, darf vermutet werden, daß der auf leichten Böden auftretende B-Mangel hauptsächlich von einer absoluten B-Armut herrührt.

Abb. 92. Einfluß der B-Versorgung auf den Fruchtansatz (links ohne, rechts mit B) (Photo SCHROPP)

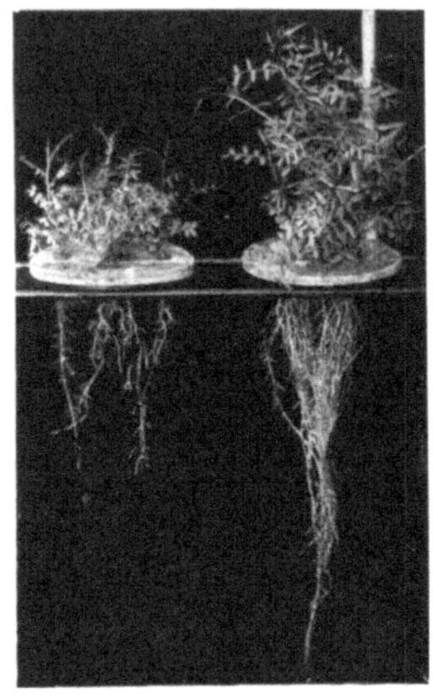

Abb. 93. Der Einfluß der B-Versorgung auf das Wachstum der Wicke (links ohne, rechts mit B) (Photo SCHROPP)

Der B-Bedarf der Monoketyledonen ist geringer als der der Dikotyledonen (SCHROPP 1957, SYWOROTKIN 1958). Ein besonders hohes B-Bedürfnis haben Pflanzen, die ein Milchsaftsystem führen (Wolfsmilch, Löwenzahn, Mohn). SYWOROTKIN ist der Ansicht, daß der B-Bedarf mit dem anatomischen Aufbau und besonders mit der Ausbildung meristematischen Gewebes zusammenhängt. Den geringen B-Bedarf der Monokotyledonen führt er auf das fehlende Cambium zurück, den hohen B-Bedarf der Milchsaft führenden Pflanzen erklärt er damit, daß diese Pflanzen in ihren nie verholzenden Milchröhren eine plasmatische Ausbildung mit meristematischen Charakter haben. Diese Erklärung SYWOROT-

KINS ist angesichts der geschilderten Bedeutung des B für eine normale Entwicklung junger Zellen einleuchtend.

Tab. 96 zeigt den B-Gehalt verschiedener Pflanzenarten.

Tabelle 96. *Der B-Gehalt verschiedener Pflanzenarten in ppm B der Trockensubstanz* (SYWOROTKIN 1958)

Monokotyledonen	B	Dikotyledonen	B	Dikotyledonen mit Milchsaft	B
Gerste	2,3	Erbsen	21,7	Löwenzahn	80,0
Weizen	3,3	Rüben	49,2	Wolfsmilch	93,0
Mais	5,0	Salat	69,9	Mohn	94,0

Aus der Tabelle wird der hohe Unterschied im B-Gehalt der drei Pflanzengruppen deutlich.

Monographien über B als Pflanzennährstoff wurden in den letzten Jahren von GAUCH und DUGGER (1954) sowie SCHROPP (1957) veröffentlicht. In dem von TRÉNEL (1958) aus dem Russischen übersetzten Buch „Spurenelemente in der Landwirtschaft" befindet sich eine Anzahl Arbeiten russischer Autoren, die sich mit B als Pflanzennährstoff befassen.

Literatur

ADDICOT, F. T.: Pollen germination and pollen tube growth, as influenced by pure growth substances. Plant Physiol. **18**, 270–279 (1943). — AGAFONOWA, A. F.: Der Einfluß von Kalk und Bor auf Kartoffeln und Buchweizen. Spurenelemente in der Landwirtschaft, S. 267–277. Berlin: Akademie-Verlag. 1958. — ASKEW, H. O., E. T. CHITTENDEN und R. J. MONK: "Die-back" in raspberries—a boron deficiency ailment. J. Hort. Sci. **26**, 268–284 (1951).

BAKER, J. E., H. G. GAUCH und W. M. DUGGER JR.: Effects of boron on the water relations of higher plants. Plant Physiol. **31**, 89–93 (1956). — BATJER, L. P., und A. H. THOMPSON: Effect of boric acid sprays applied during bloom upon the set of pear fruits. Proc. Amer. Soc. Hort. Sci. **53**, 141–142 (1949). — BECKENBACH, R. J.: Functional relationships between boron and various anions in the nutrition of the tomato. Flo. Agr. Expt. Sta. Bul. Nr. 395 (1944). — BERLER, K. C., T. HEIKKINEN und E. ZUBE: Boron deficiency, a cause of blank stalks and barren ears in corn. Proc. Soil Sci. Amer. **21**, 629–632 (1957). — BIEBL, R.: Borwirkungen auf *Pisum sativum*. Jb. wiss. Bot. **90**, 731–749 (1942). — BRANDENBURG, E.: Die Herz- und Trockenfäule der Rübe als B-Mangelerscheinung. Phytopath. Z. **3**, 499–517 (1931). — Die Herz- und Trockenfäule der Rübe. Ursache und Bekämpfung. Angew. Bot. **14**, 194–228 (1932). — BRENNAN, E. G., und J. W. SHIVE: Effect of calcium and boron nutrition of the tomato on the relation between these elements in the tissues. Soil Sci. **66**, 65–75 (1948). — BROWN, J. C., und R. A. STEINBERG: Iron and copper enzymes in leaf lamina of tobacco when deficient in micronutrients or grown on calcareous and organic soils. Plant Physiol. **28**, 488–494 (1953).

CHANDLER, F. B.: Nutrition of *Brassica* and potatoes. Soil Sci. **57**, 67–75 (1944). — COPPER, W. C., A. PEYNALO und E. O. OLSON: Response of grapefruit on two rootstocks to calcium additions to high sodium, boron contaminated and saline irrigation water. Soil Sci. **86**, 180–189 (1958). — CRIPPS, E. G.: Boron nutrition of the hop. J. HORT. Sci. **31**, 25–34 (1956).

DORFMÜLLER, W.: Über den Einfluß des Bors auf den Wasserhaushalt der Leguminosen. Planta **32**, 51–65 (1941). — DUGGER, W. M., JR., T. E. HUMPHREYS und B. CALHOUN: The influence of boron on starch phosphorylase and its significance in translocation of sugars in plants. Plant Physiol. **32**, 364–370 (1957).

EATON, F. M.: Deficiency, toxicity and accumulation of boron in plants. J. Agr. Res. **69**, 237–277 (1944). — EHLERS, H.: Untersuchungen zur Ernährungsphysiologie der Pollenschläuche. Biol. Zentr. **70**, 432–451 (1951).

GÄRTEL, W.: Untersuchungen über den Borhaushalt und die Bordüngung von

Weinbergsböden. Weinberg u. Keller 2, 257–263 (1955). — GAUCH, H. G., und W. M. DUGGER JR.: The role of boron on the translocation of sucrose. Plant Physiol. 28, 457–487 (1953). — The physiological action of boron in higher plants: A review and interpretation. Agr. Exp. Sta. Maryland Techn. Bull. A, 80 (1954).

HASLER, A., und A. MAURIZIO: Die Wirkung von Bor auf Samenansatz und Nektarsekretion bei Raps. Phytopath. Z. 15, 193–207 (1949). — HATCHER, J. T., G. J. BLAIR und C. A. BOWER: Response of beans to dissolved and adsorbed boron. Soil Sci. 88, 98–100 (1959). — HERSCHLER, A.: Düngungsmaßnahmen zur Beseitigung bzw. Vorbeugung von Mangelschäden. Weinberg u. Keller 2, 389–392 (1955). — HEWITT, E. J.: Some aspects of micronutrient element metabolism in plants. Nature 180, 1020–1022 (1957).

JAKOWLEWA, W. W.: Die Bedeutung des Bors für den Kohlenhydratstoffwechsel der Pflanzen. Spurenelemente in der Landwirtschaft, S. 93–105. Berlin: Akademie-Verlag. 1958. — JENIKEJEW, S. G.: Der Einfluß von Bor auf die Samenernte von Leguminosen in der Kirgisischen SSR. Spurenelemente in der Landwirtschaft, S. 211–214. Berlin: Akademie-Verlag. 1958.

KEDROW-SICHMAN, O. K.: Die Wirkung von Bor bei der Kalkung saurer Podsolböden. Spurenelemente in der Landwirtschaft, S. 133–150. Berlin: Akademie-Verlag. 1958. — KEIZO HIRAI und MA KOTO TAMAI: Studies on the boron deficiency in field crops. Soil Plant Food (Tokyo) 2, 201–203 (1957). — KLEIN, R. M.: The relation of gas exchange and tyrosinase activity of tomato tissues to the level of boron nutrition of the plants. Arch. Biochem. 30, 207–214 (1951).

LACHANCE, R. O., und G. J. OUELLETTE: Pathological histology of boron-deficient alfalfa stems and leaves as an aid in diagnosing alfalfa yellows. Cand. J. Agr. Sci. 34, 488–493 (1954). — LUNDEGÅRDH, H.: Die Blattanalyse, S. 10. Jena: G. Fischer, 1945.

MARSH, R. P., und J. W. SHIVE: Boron as a factor in the calcium metabolism of the corn plant. Soil Sci. 51, 141–151 (1941). — MCILRATH, W. J., und J. A. DE BRUYN: Calcium-boron relationships in Siberian millet. Soil Sci. 81, 301–310 (1956). — MCILRATH, W. J., und B. F. PALSER: Responses of tomato, turnip and cotton to variations in boron nutrition. I. Physiological responses. Bot. Gaz. 118, 43–52 (1956). — MCVICAR, R., und R. H. BURRIS: The relation of boron to certain plant oxidase. Arch. Biochem. 17, 31–39 (1948).

ODHNOFF, C.: Boron deficiency and growth. Physiol. Plant 10, 984–1000 (1957). — O'KELLEY, J. C.: Boron effects on growth, oxygen uptake and sugar absorption by germinating pollen. Amer. J. Bot. 44, 239–244 (1957). — OUELETTE, G. J., und R. O. LACHANCE: Soil and plant analysis as means of diagnosing boron deficiency in alfalfa in Quebec. Canad. J. agric. Sci. 34, 494–503 (1954).

PALSER, B. F., und W. J. MCILRATH: Response of tomato, turnip and cotton to variations in boron nutrition. II. Anatomical responses. Bot. Gaz. 118, 53–71 (1956). — PURVIS, E. R., und O. W. DAVIDSON: Review of the relation of Ca to the availability and absorption of certain trace elements by plants. Soil Sci. 65, 111–116 (1948).

REED, H. S.: A physiological study of boron deficiency in plants. Hilgardia 17, 377–411 (1947). — REEVE, E., und I. W. SHIVE: Potassium-boron and calcium-boron relationships in plant nutrition. Soil Sci. 57, 1–14 (1944). — REHM, S.: Der Einfluß der Borsäure auf Wachstum und Salzaufnahme von *Impatiens balsamina*. Jb. wiss. Bot. 85, 788–814 (1937).

SCHARRER, K., H. KÜHN und J. LÜTTMER: Über die Auswaschung des Bors im Boden. Landwirtsch. Forsch. 7, 89–105 (1954). — SCHEFFER, F., und E. WELTE: Pflanzenernährung, 3. Aufl., S. 163–164. Stuttgart: F. Enke. 1955. — SCHMUCKER, T.: Bor als physiologisch entscheidendes Element. Naturwissenschaften 20, 839 (1932). — Zur Blütenbiologie tropischer *Nymphaea*-Arten. II. Bor als entscheidendster Faktor. Planta 18, 641–650 (1933). — Über den Einfluß von Borsäure auf Pflanzen, insbesondere keimende Pollenkörner. Planta 23, 264–283 (1934). — SCHROPP, W.: Bor und Leguminosen. Arb. u. Ber. d. Süddeutschen Versuchs- u. Forschungsanstalt für Milchwirtschaft Weihenstephan 2, 83–186 (1957). — SCHROPP, W., und B. ARENZ: Über die Wirkung des Bors auf Möhren, Sonnenblumen und Buchweizen. Bodenkde. u. Pflanzenernähr. 16, 185–191 (1940). — SISLER, E. C., W. M. DUGGER und H. G. GAUCH: The role of boron in the translocating of organic compounds in plants. Plant Physiol. 31, 11–17 (1956). — SKOK, J.: Relationship of boron nutrition to radiosensitivity of sunflower plants. Plant Physiol. 32, 648–658 (1957a). — The substition of complexing substances for boron in plant growth. Plant Physiol. 32, 308–312 (1957b). — SMIRNOWA, A. D.: Der Einfluß von Bor und Mangan auf den Ertrag der Sonnenblumen. Spurenelemente in der Landwirtschaft. S. 255–261. Berlin: Akademie-Verlag. 1958. — SMITH, M. E.: The role of boron in plant metabolism.

Austr. J. Exper. Biol. **22**, 257–263 (1944). — SPURR, A. R.: The effect of boron on cell-wall structure in celery. Amer. J. Bot. **44**, 637–650 (1957). — STARK, F. C., und W. A. MATTHEWS: Maryland cantaloupe sweetness can be improved, state experiments demonstrate. Maryland Agr. Exp. Sta. Mis. Paper 96 (1950). — STEINBERG, R. A., J. D. BOWLING und J. E. MCMURTREY JR.: A possible explanation of symptom formation in tobacco with frenching and mineral deficiencies. Science **110**, 714–715 (1949). — STEINBERG, R. A., und R. N. JEFFREY: Effect of micronutrient deficiencies on nicotine formation by tobacco in water-culture. Plant Physiol. **31**, 377–382 (1956). — STILES, W.: Handbuch der Pflanzenphysiologie, Bd. IV, S. 578. Berlin-Göttingen-Heidelberg: Springer. 1958. — SYWOROTKIN, G. S.: Über den Borgehalt von Pflanzen mit einem Milchsaftgefäßsystem. Spurenelemente in der Landwirtschaft, S. 283–288. Berlin: Akademie-Verlag. 1958.

TRÉNEL, M.: Spurenelemente in der Landwirtschaft. Berlin: Akademie-Verlag. 1958.

VNUKOVA, A. S., und V. K. RYZA: Über die Aufgaben der Bor- und Manganverbindungen. Kellerwirtschaft und Weinbau der UdSSR Nr. 3, 33 (1955), zit. nach Weinberg u. Keller **2**, 289–290 (1955).

WADLEIGH, H. C., und J. W. SHIVE: A microchemical study of the effects of boron deficiency in cotton seedlings. Soil Sci. **47**, 33–36 (1939). — WASHENIN, I. G., und B. J. BELJAKOWA: Der Einfluß von Bor, Brom und Jod auf Ertrag und auf Fermentaktivität der Kartoffel auf leichten, podsolierten Rasenböden. Spurenelemente in der Landwirtschaft, S. 151–166. Berlin: Akademie-Verlag. 1958. — WHITTINGTON, W. J.: The role of boron in the nutrition of certain legumes. Fertilizer Feeding Stuffs J. **47**, 69–71 17./7 (1957a). — The role of boron in plant growth. I. The effect on general growth, seed production and cytological behaviour. J. Exper. Bot. **8**, 353–367 (1957b). — WILKINSON, B.: Boron in the glasshouse tomato plant. Nature **180**, 666 (1957). — WINFIELD, M. E.: The role of boron in plant metabolism. III. The influence of boron on certain enzyme systems. Austr. J. Exper. Biol. Med. Sci. **23**, 267–273 (1945).

ZHIZNEVSKAJA, G.: Der Einfluß von Spurenelementen auf den Ertrag und die chemischen Eigenschaften von Mais unter Bedingungen der lettischen Sowjetrepublik. Acad. Sci. of Latvian SSR, Riga, 217–256 (1958). — ZIEGLER, H.: Untersuchungen über die Leitung und Sekretion der Assimilate. Planta **47**, 447–500 (1956).

g) Weitere Mikronährstoffe

Es gibt eine Anzahl chemischer Elemente, die in den meisten Pflanzen vorkommen und auf den unterschiedlichsten Standorten von der Pflanze aufgenommen werden. Ihre Bedeutung für das Pflanzenleben, besonders die Frage, ob sie notwendige, durch kein anderes Element in ihrer Wirksamkeit zu ersetzende Nährstoffe sind, ist teils noch umstritten. Ihr Gehalt in der Pflanze kann sehr unterschiedlich sein und im Falle des Si und Cl in der Größenordnung der Makronährstoffe liegen; der Bedarf der Pflanze dagegen — falls überhaupt von einem Bedarf gesprochen werden kann — ist im Vergleich zu den Makronährstoffen gering. Zu diesen Elementen mit nur geringer oder indirekter Wirkung auf das Pflanzenleben werden in dieser Abhandlung Si, die Halogene und Co gezählt. Diese Abgrenzung von anderen Nährstoffgruppen muß auch in gewissem Maße willkürlich sein, da die Wirkung eines Elementes nicht allein von seiner chemischen Eigenschaft, sondern auch von der Konzentration abhängt, mit der es auf die Pflanze einwirkt.

1. Silicium

A. Aufnahme, Verteilung und Gehalt in der Pflanze

Die hohen Mengen an Si, die in verschiedenen Pflanzenarten angetroffen werden und die in extremen Fällen, z. B. beim Schachtelhalm, mehr als 90% der gesamten Asche betragen können, sprechen dafür, daß die Kieselsäure in weitaus höherem Maße aufgenommen wird, als es dem physiologischen Bedarf entspricht. WAGNER (1940) fand bei Gerste, daß Schwankungen im Gehalt von

2 bis 8 mg Si/g Trockensubstanz je nach dem Standort auftreten, ohne daß Mangelerscheinungen oder toxische Schäden beobachtet werden. Bei Si-Düngung kann der Gehalt noch stark erhöht werden. Die Si-Gehalte der Gerste verschiedener Standorte waren auf Moorböden am geringsten und nahmen in Richtung Sandboden, Lehmboden, Schwarzerdeboden zu. Mit gewisser Vorsicht darf man hieraus schließen, daß weniger der Quarzgehalt eines Bodens als die Menge besser löslicher silikatischer Minerale für die Si-Aufnahme maßgebend ist. Nach HOLZAPPEL und ENGEL (1956) können junge Weizenpflanzen auch Quarzkieselsäure aufnehmen. Jedoch ist der Transport dieser Quarzkristalle in der Pflanze sehr behindert. ENGEL (1958) wies an jungen Weizenpflanzen nach, daß Si schnell aufgenommen und in die organische Substanz eingebaut wird.

Im Gegensatz zum P ist Si in der Pflanze schlecht beweglich und wird von der Wurzel nicht wieder abgegeben. ENGEL (1958) stellte weiter fest, daß Phosphat die Silikataufnahme hemmen kann und umgekehrt. Eine Aufnahme über den gleichen Trägermechanismus erscheint deshalb nicht ausgeschlossen.

LANNING et al. (1958) konnten durch röntgenographische Methoden nachweisen, daß die Kieselsäure hauptsächlich in amorpher Form in der Pflanze abgelagert wird. Bei den Monokotyledonen (Mais, Weizen, Sorghum) wird die Kieselsäure vorwiegend in die Zellwände der Epidermis eingebaut, während die genannten Autoren bei Dikotyledonen keine Ablagerung in den epidermalen Zellwänden fanden. Hier dürfte demnach die Kieselsäure vermehrt im Innern der Zelle vorliegen (BAUMEISTER 1952). ENGEL (1953) fand, daß im ausgereiften Roggenstroh ungefähr 80% der Kieselsäure in Wasser oder Methanol löslich ist, der Rest ist in die Gerüstzellulose sehr fest eingebaut. Die lösliche Si-Fraktion enthält einen Si-Galaktose-Komplex, ein Ester, bei dem auf ein Mol Galaktose zwei Mol Kieselsäure entfallen. Im jungen Roggenhalm ist dagegen das Kieselsäure Galaktose-Verhältnis 1:1. Die Verkieselung der Pflanzen nimmt mit dem Alter zu. Als besonders kieselsäurereich gelten Schachtelhalm, Farne und Gramineen.

B. Notwendigkeit und Funktion des Siliciums

Schon LEMMERMANN und WIESSMANN (1922, 1924) konnten vor Jahrzehnten nachweisen, daß Si das Wachstum der verschiedensten Kulturpflanzen begünstigt. Sie schlossen aus ihren Untersuchungen, daß der gute Effekt der Kieselsäure hauptsächlich auf die vom Silikat hervorgerufene bessere Phosphataufnahme zurückzuführen ist. So fanden sie, daß die Kieselsäuredüngung besonders dann günstig wirkt, wenn der Boden arm an pflanzenverfügbarer Phosphorsäure ist. Direkte physiologische Funktionen des P können jedoch vom Si nicht übernommen werden (LEMMERMANN et al. 1924, WAGNER 1940). Hieraus wird schon ersichtlich, daß die Phosphat-Silikat-Beziehungen mit Vorgängen im Boden und weniger mit pflanzenphysiologischen Prozessen verwickelt sind. Die Feststellung ENGELS (1958), Si hemmt die Phosphataufnahme, ist demnach auch kein Widerspruch zu den Ergebnissen LEMMERMANNS, da sich ENGELS Untersuchungen lediglich auf die Aufnahme durch die Pflanzenwurzel beziehen, LEMMERMANN dagegen eine vom Boden bedingte bessere Phosphatverfügbarkeit durch Silikat-Düngung feststellte, die ohne weiteres eine eventuelle Ionenkonkurrenz Phosphat-Silikat an der Pflanzenwurzel überdecken kann. COOPER und HALL (1955) stellen den Pflanzen, die Kieselsäure akkumulieren, solche gegenüber, die nur geringe Mengen an Kieselsäure aufnehmen. Zu ersteren gehören die Gramineen, zu letzteren die Leguminosen. Nach COOPER und HALL (1955) begünstigt die Kieselsäure in SiO_2-reichen Pflanzen die Aufnahme von CO_2 und damit die Photosynthese. Die genannten Autoren postulieren nachstehendes System: $K_2SiO_3 + H_2CO_3 \rightleftharpoons K_2CO_3 + H_2SiO_3 \rightarrow SiO_2 + H_2O$. Durch den Zerfall der Kieselsäure zu H_2O und SiO_2 (Quarzbildung) wird ihrer Meinung nach die Anionenkonzentration erniedrigt und damit die Aufnahme von CO_2 stimuliert.

WAGNER (1940) stellte an Hafer, Reis, Gerste, Tabak, Buschbohnen, Mais und Gurken in Wasserkulturversuchen fest, daß die Reihen ohne Si-Düngung nach 4 bis 6 Wochen im Wachstum zurückblieben, ja bei Hafer und Reis kam es sogar zur Ausbildung von charakteristischen Mangelerscheinungen. Auch RALEIGH (1939) konnte in Wasserkulturversuchen mit *Beta*-Rüben zeigen, daß Si für ein normales Wachstum notwendig ist. Im Gegensatz hierzu berichten ULRICH und OHKI (1956), daß sie bei Zuckerrüben in Nährlösungen keine Si-Wirkung feststellen konnten. Es sei darauf verwiesen, daß derartige Kulturversuche erhebliche Sicherheitsvorkehrungen erfordern, um Si-Verunreinigungen der Versuchsgefäße, der übrigen Nährstoffe und besonders auch der Luft zu vermeiden. Widersprechende Ergebnisse sind deshalb nicht weiter verwunderlich. Aus den geschilderten Untersuchungen darf man jedoch schließen, daß Si, falls es keinen selbständigen Pflanzennährstoff darstellt, zumindestens eine günstige Wirkung auf das Wachstum hat.

Wie erwähnt, konnte ENGEL (1953) am ausgereiften Roggenstroh nachweisen, daß ungefähr 20% der gesamten Kieselsäure als Gerüstbaustein eine Aufgabe zukommt, inwieweit der Galaktose-Kieselsäureester eine physiologische Funktion hat, bleibt dahingestellt. TULLIN (1954) nimmt an, daß die Siliko-Galaktose das Wachstum hemmt. Seiner Ansicht nach kann diese Hemmung durch Cl-Ionen aufgehoben werden, indem der Siliko-Ester durch Cl abgebaut wird.

WILLIAMS und VLAMIS (1957) berichten, daß Si die Toxizität hoher Mn-Konzentrationen in der Pflanze mindert. Si soll den Transport und die Verteilung von Mn in der Pflanze beeinflussen. Nach WAGNER (1940) ist Getreide bei ungenügender Si-Versorgung anfällig gegenüber Mehltau; nach RALEIGH (1945) hat die Kieselsäure keinen Einfluß auf die Standfestigkeit des Getreides.

C. Mangel

Eine ungenügende Si-Versorgung führt nach den Beobachtungen WAGNERS (1940) zu einer gehemmten Wurzelausbildung. Bei Hafer und Reis ist die Bestockung gering. Die Blätter sind infolge eines gestörten Wasserhaushaltes schlaff und werden mit anhaltendem Mangel gelb bis braun. Die Blattspitzen beginnen einzutrocknen und Nekrosen sind nicht selten. Bei Gurken werden keine Früchte angesetzt. RALEIGH (1945) berichtet über ähnliche Si-Mangelsymptome bei Bohnen. Neben einer starken Wachstumshemmung zeigten die Mangelpflanzen gelbe Blätter, eine verstärkte Transpiration und Welkerscheinungen. Weiterhin stellte er fest, daß die Wurzeln der Si-Mangelpflanzen anfällig gegen Pilzbefall sind.

Mangelpflanzen enthalten wenig Si. Der Gehalt liegt nach WAGNER (1940) zwischen 300 und 800 ppm Si in der Trockensubstanz, der Si-Gehalt gesunder Pflanzen ist 10- bis 50mal, bei Reis sogar mehr als 100mal höher.

2. Chlor

A. Aufnahme, Verteilung und Beweglichkeit

Die Diskussion darüber, ob Cl im strengen Sinne ein Pflanzennährstoff ist oder ob es nur in Verbindung mit anderen Nährstoffen eine fördernde Wirkung ausübt, ist durch Arbeiten von BROYER et al. (1954), ULRICH und OHKI (1956) sowie JOHNSON et al. (1957) maßgebend beeinflußt worden. Diesen Arbeiten entsprechend, ist Cl als ein Pflanzennährstoff anzusehen. Aus den genannten Untersuchungen geht hervor, daß man, falls ausreichende Vorsichtsmaßnahmen getroffen werden, im Wasserkulturversuch Cl-Mangel bei den verschiedensten Pflanzen erzeugen kann. Besonders ist hierbei zu berücksichtigen, daß die Pflanze einen hohen Anteil des notwendigen Cl der Atmosphäre entnehmen kann. Die einzelnen Pflanzenarten zeigen erhebliche Unterschiede im Vermögen, den Cl-Gehalt der Luft auszunutzen; so kann Salat nur schlecht, Mais und Bohnen können dagegen gut Cl aus der Luft aufnehmen (JOHNSON et al. 1957).

WOOLLEY et al. (1958) fanden, daß die Beweglichkeit des Cl^- in der Pflanze sehr groß ist und daß Cl^- sehr schnell aus älteren Blättern in jüngere transportiert werden kann. BUKOVAC und WITTWER (1957) berichten, daß bei Blattdüngungsversuchen das Cl^- schneller aufgenommen und transportiert wird als Sulfat oder Phosphat. Die hohe Beweglichkeit des Cl^- im pflanzlichen Organismus entspricht der der Alkali-Ionen. Es überrascht so nicht weiter, daß die Pflanzen auch über die Wurzel hohe Cl-Mengen aufnehmen können, falls das Nährmedium Cl-reich ist.

Diese hohen Cl-Mengen übersteigen um ein Vielfaches den physiologischen Bedarf. Untersuchungen an Lihoraps mit K-Sulfat, K-Chlorid und K-Lewatit (künstliche Kationenaustauscher) zeigten, daß in den KCl-Düngungsreihen der Cl-Gehalt 5- bis 10mal höher war als in den übrigen Reihen. Der Ertrag wurde durch diese hohe Cl-Menge eher negativ als positiv beeinflußt (MENGEL 1960). ULRICH und OHKI (1956) berichten, daß bei Zuckerrüben ein Cl-Mangel auftritt, wenn die Cl-Konzentrationen in der Trockensubstanz der Blätter in einer Größenordnung von 100 bis 200 ppm Cl liegen. Die Konzentrationen, die man auf den verschiedenen Standorten finden kann, sind dagegen wesentlich höher und liegen bei Werten um 10000 ppm Cl in der Trockenstubsanz. So fanden SCHARRER und MENGEL (1960), daß sich der Cl-Gehalt von Hafer während der Vegetationsdauer zwischen 10 und 20 mg Cl/g Trockensubstanz bewegt, wobei anfänglich ein hoher, gegen Ende der Vegetationszeit ein niedriger Gehalt an Cl vorlag. HAAS (1945) gibt an, daß in Tabakpflanzen der Cl-Gehalt von 0,2 mg Cl bis 10,5 mg Cl/g Trockensubstanz variieren kann. Die jüngeren Tabakblätter sind Cl-reicher als die älteren.

Diese wenigen Beispiele mögen genügen, um darzustellen, daß Cl^- von der Pflanze außerordentlich gut aufgenommen wird und daß hohe Cl-Konzentrationen der Bodenlösung die Pflanze geradezu mit Cl^- überschwemmen können.

B. Funktionen

Über die Aufgaben des Cl^- in der Pflanze ist wenig bekannt. Ähnlich wie die Alkali- und Erdalkali-Ionen hat es einen Einfluß auf die Quellung des Plasmas. Daß das Cl^- auf diese Weise auch enzymatische Vorgänge etwas beeinflussen kann, ist wahrscheinlich (HAAS 1945). NIEMAN (1956) berichtet, daß die O_2-Aufnahme an der Pflanzenwurzel durch Anionen gefördert wird. Cl^- ist hierbei wirksamer als SO_4^{2-}. Er nimmt an, daß die Cl-Ionen auf die Cytochromoxydase aktivierend wirken. Inwieweit jedoch dieser Cl-Einfluß spezifisch ist, sei dahingestellt. HONDA et al. (1958) fanden, daß die Oxydation von reduziertem Cytochrom c durch Coenzym I neben Cl^- von zahlreichen anderen Ionen unspezifisch gefördert wird. VAN EIJK (zit. nach TULLIN 1954) beobachtete bei *Salicornia* einen günstigen Einfluß des Cl^- auf die Succulenz und das Wachstum. Er stellte fest, daß bei dieser halophilen Pflanze das Cl^- nur in engen Grenzen von SO_4^{2-} oder NO_3^- ersetzt werden kann. LATZKO (1954) berichtet, daß die Aktivität der Kohlenhydrat abbauenden

Fermente in der Pflanze durch SO^{2-} mehr erhöht wird als durch Cl^-. Nach ULRICH und OHKI (1956) ist Cl^- für das Spitzen- und Wurzelwachstum notwendig. Über einen guten Einfluß des Cl^- auf das Wachstum von Baumwolle und Tomaten berichten EATON (1942), auf das Wachstum der Roten Rübe RALEIGH (1948). Auch die Futterrüben benötigen eine ausreichende Cl-Ernährung (HOFMANN et al. 1950, BUCHNER 1950). Cl^- erhöht den Wassergehalt der Pflanze. Bei chlorophilen Pflanzen kann hierdurch der Ertrag gesteigert werden. SCHMALFUSS nimmt an, daß bei diesen Pflanzenarten (Spinat, *Beta*-Rüben) Cl^- das Nitrat-Ion bei kolloidchemischen Funktionen ersetzen kann, so daß über das Cl^- die N-Ernährung begünstigt wird (SCHMALFUSS 1945, SCHMALFUSS und REINICKE 1960).

Allzu hohe Cl-Konzentrationen in der Pflanze können dagegen einen schädlichen Einfluß haben. Kartoffeln, Bohnen, Gurken, Tomaten, Wein, Tabak und Obstbäume gelten als chlorophobe, *Beta*-Rüben, Rettich, Spinat, Mangold und Sellerie als chlorophile Pflanzen. BUCHNER (1956) berichtet, daß hohe Cl-Gehalte die Ableitung der Assimilate hemmen. Bei Kartoffeln wird durch eine reichliche Cl-Versorgung die Virusinfektion begünstigt (ARENZ 1950). Über den schädlichen Einfluß einer zu hohen Cl-Versorgung bei verschiedenen Pflanzen wird von HAAS (1945) berichtet.

C. Mangel

Bei ungenügender Cl-Zufuhr beginnen die Blätter zu welken, das Wachstum hört auf, die Wurzeln verzweigen sich stark und sehen verstümmelt aus. Das gesamte Wurzelsystem ist schlecht entwickelt. Die Blätter zeigen chlorotische Zeichnungen, die bei Rüben dem Mn-Mangel ähneln. Später werden sie gelb. Die Mangelerscheinungen treten an den jüngeren Blättern zuerst auf (ULRICH und OHKI 1956). Bei Tomaten beginnen zuerst die Blattspitzen zu welken, und später werden bronzene Farbtöne und Nekrosen beobachtet. Bei starkem Mangel werden keine Früchte angesetzt (BROYER et al. 1954). Solange das Optimum der Cl-Ernährung noch nicht erreicht ist, korreliert das Wachstum mit der Cl-Versorgung. Br^- kann Cl^- teilweise ersetzen, jedoch ist seine Wirksamkeit nur 1/10 von der des Cl^- (BROYER et al. 1954).

ULRICH und OHKI (1956) berichten, daß bei Zuckerrüben die Blattstiele mehr Cl enthalten als die Blätter. Mangelerscheinungen treten auf, wenn die Blattstiele Cl-Gehalte in der Größenordnung von 170 bis 280 ppm Cl und darunter in der Trockensubstanz aufweisen. Die entsprechenden kritischen Cl-Gehalte der Blätter liegen bei 110 bis 190 ppm Cl in der Trockensubstanz. Von JOHNSON et al. (1957) werden für 11 verschiedene Pflanzen, die mit Cl ungenügend versorgt sind, Cl-Konzentrationen angegeben, die sich zwischen 40 und 200 ppm Cl in der Trockensubstanz bewegen. Im Vergleich zu den übrigen Mikronährstoffen wird also Cl in relativ hohen Konzentrationen von der Pflanze benötigt.

3. Jod, Fluor und Brom

Jod ist für die menschliche und tierische und weniger für die Pflanzenernährung von Interesse. Die Jodgehalte in der Pflanze sind gering und liegen in einer Größenordnung von ungefähr 0,07 bis 1,2 ppm J in der Trockensubstanz (Chilean Iodine Educational Bureau 1950). Eine Joddüngung kann die Gehalte jedoch um ein Vielfaches steigern. SCHARRER und SCHROPP (1931) fanden, daß J-Konzentrationen im Boden von mehr als 6 ppm das Wachstum von Getreide hemmen, Jodgehalte des Bodens von unter 0,1 ppm zeigen dagegen einen günstigen Einfluß auf das Wachstum. Auch HAGEMAN et al. (1942) berichten, daß geringe Konzentrationen an J im Nährmedium günstig, höhere ungünstig auf die Pflanze wirken.

Bei Tomaten wurde neben dem Wachstum auch der Fruchtansatz durch überhöhte Jodgaben gehemmt. Die Blätter wurden chlorotisch teils nekrotisch, sie rollten sich ein und starben schließlich ab. Die toxischen Schäden bei Tomaten beginnen an den älteren Blättern und breiten sich mit der Zeit immer weiter auf die jüngeren Pflanzenteile aus (Hageman et al. 1942).

Lehr et al. (1948) berichten, daß geringe Jodgaben das Längenwachstum auf Kosten des radialen Wachstums und des Frischgewichtes der Tomate fördern. Fruchtansatz und Fruchtertrag wurden durch niedrige Jodgaben (0,25 ppm im Nährmedium) gesteigert. White (1943) fand einen günstigen Einfluß des J auf das Wurzelwachstum, Wynd (1934) eine gesteigerte Aktivität der Peroxydase und Invertase bei Jodkonzentrationen der Nährlösung, die über 1 ppm lagen. Seiner Ansicht nach hängt diese erhöhte Enzymaktivität sowie die gesteigerte Atmung nicht direkt mit der toxischen Wirkung höherer Jodgaben zusammen. Hageman et al. (1942) berichten, daß steigende KJ-Gaben den Gehalt an Askorbinsäure in der Pflanze erniedrigen.

Lehr et al. (1948) vermuten, daß dem J auch eine physiologische Funktion in der Pflanze zukommt. Auf Grund der bisherigen Ergebnisse kann man jedoch noch keine spezifischen Aufgaben des J in der Pflanze erkennen, so daß für die Pflanzenernährung die Notwendigkeit des J noch nicht bewiesen ist. Zusammenfassend kann man lediglich sagen, daß geringe J-Konzentrationen der Nährlösung das Wachstum der Pflanze stimulieren können, höhere wirken dagegen toxisch. Bei welchen J-Konzentrationen allerdings die toxische Grenze erreicht wird, ist schwer zu sagen. Die Angaben der einzelnen Autoren sind hier sehr unterschiedlich. Offenbar haben neben der Pflanzenart auch die übrigen Wachstumsbedingungen, vor allem die weiteren Ionen der Nährlösung einen maßgebenden Einfluß darauf, ob eine gegebene J-Konzentration toxisch wirkt. So konnten Lewis und Powers (1941) feststellen, daß höhere Cl-Gaben zum Nährmedium die toxische Wirkung von J aufheben. Ein Antagonismus zwischen den beiden Halogenen ist naheliegend.

Eine ausführliche Abhandlung über die chemischen und biochemischen Eigenschaften des Jods wurde von Scharrer (1928) schon vor mehr als 30 Jahren publiziert. Das „Chilean Iodine Educational Bureau" veröffentlichte eine Monographie über „Iodine und plant life" (London 1950). Die Arbeit enthält eine ausführliche Literaturübersicht.

Fluor hat keine genau definierte Funktion im pflanzlichen Organismus. Der F-Gehalt der trockenen Pflanzensubstanz liegt in einer Größenordnung von 2 ppm F. Er kann allerdings erheblich schwanken. Die Blätter des Tees können sehr viel F enthalten. Hier wurden maximal bis zu 400 ppm F in der Trockensubstanz festgestellt (Mitchell und Edman 1945). Der F-Gehalt des Bodens hat keinen sonderlichen Einfluß auf den F-Gehalt der oberirdischen Pflanzenorgane.

Der gasförmige Fluorwasserstoff der Atmosphäre, der in Industriegegenden vermehrt vorkommt, wird von der Pflanze aufgenommen. Es kann hierbei zu erheblichen Schädigungen der Pflanzen kommen. McNulty und Newman (1957) berichten über Chlorosen und Absterben der Endknospen, die durch geringe HF-Gaben hervorgerufen wurden. Die Atmungsintensität der beschädigten Pflanzen stieg merklich an. Bei höheren Konzentrationen von HF sterben die Pflanzen sehr schnell ab. Auch Leone et al. (1956) fanden, daß der gasförmige HF in hohen Konzentrationen schon bei kurzfristiger Behandlung Schäden bei Tomaten und Mais hervorruft. Ihrer Ansicht nach ist F in der Pflanze beweglich und kann unter Umständen wieder aus der Pflanze auswandern.

Brom hat für die Pflanzenernährung nur eine unwesentliche Bedeutung. Geringe Konzentrationen können auf das Pflanzenwachstum eine gewisse Reizwirkung haben, andere Autoren fanden einen schädigenden Einfluß des Br (zit. nach SCHARRER 1955). SCHARRER und SCHROPP (1949) berichten, daß Getreide relativ hohe Brom-Gaben vertragen kann. Die giftige Wirkung des Broms scheint geringer zu sein als die des Jods.

BROYER et al. (1954) fanden, daß das Br-Ion das Cl-Ion zum Teil ersetzen kann. OZANNE et al. (1956) konnten diese Beobachtung bestätigen. Sie berichten, daß typische Cl-Mangelsymptome, wie Welken und Gelbwerden der Blätter, durch Bromid geheilt werden können. Diese teilweise Ersetzbarkeit des Cl^- durch Br^- kommt auch darin zum Ausdruck, daß Cl^- durch Br^- an der Wurzel verdrängt werden kann.

4. Cobalt

Cobalt ist als Metallkomponente des Vitamin B 12 in der Tierernährung ein lebensnotwendiges Spurenelement; seine Bedeutung in der Pflanzenernährung liegt hauptsächlich darin, daß der Co-Bedarf vieler Tiere vorwiegend über die Pflanze gedeckt wird. Der Co-Gehalt des Pflanzenmaterials liegt in einer Größenordnung von 0,01 bis 0,4 ppm Co, bezogen auf die Trockensubstanz. Gehalte unter 0,08 ppm Co in der Trockensubstanz führen bei Schafen zu Mangelerscheinungen (MITCHELL 1945). HILL et al. (1953) geben für 34 verschiedene Futterpflanzen Co-Konzentrationen zwischen 0,01 und 0,7 ppm Co in der Trockensubstanz an.

Die Böden können sehr unterschiedliche Mengen an Co enthalten (0,2 bis 31 ppm Co, HILL et al. 1953), jedoch liegt es hier zum größten Teil im Kristallgitter gebunden vor, ist also für die Pflanze nicht verfügbar (MITCHELL 1945).

Lediglich das an Tonkolloide sorbierte Co kann von der Pflanze aufgenommen werden, wobei ein Anstieg der Fe und Mn-Konzentration in der Bodenlösung wahrscheinlich durch Ionenkonkurrenz die Co-Aufnahme einschränken kann (HILL et al. 1953). Die Bindung des Co an die Bodenkolloide ist ähnlich der von Ni und Cu sehr fest. Daß Co bei erhöhter Zufuhr vermehrt von der Pflanze aufgenommen werden kann, geht aus Untersuchungen von SCHARRER und TAUBEL (1954) hervor. Das Blatt vermag Co aufzunehmen, jedoch ist der Transport des Co vom Blatt in andere Pflanzenteile äußerst gering (GUSTAVSON und SCHLESSINGER 1956).

Die Wirkung einer Co-Düngung auf das Pflanzenwachstum wurde wiederholt studiert. SCHARRER und SCHROPP (1933) fanden in Sand- und Wasserkulturen keinen Einfluß des Co auf die Entwicklung verschiedener Pflanzen. WASHENIN und BELJAKOWA (1958) beobachteten eine geringfügige positive Wirkung des Co auf den Knollen- und Stärkeertrag von Kartoffeln. Nach MILLER (1954) begünstigt Co das Wachstum der Zellwände. BOLLE-JONES und MALLIKARJUNESWARA (1957) berichten, daß neben einem verbesserten Wachstum auch das Fruchtgewicht bei Tomaten durch Co erhöht wird.

Die genannten Autoren nehmen an, daß durch Co die Peroxydaseaktivität erniedrigt wird, so daß die Indolylessigsäure weniger schnell abgebaut wird. Co käme demnach über eine erhöhte Wuchsstoffkonzentration zur Wirkung. MILLER (1954) fand, daß Co zusammen mit Zucker und Indolylessigsäure das Wachstum etiolierter, subapikaler Segmente junger Erbsenprossse stimuliert. THIMANN (1956) konnte diese Beobachtung bestätigen. Er stellte fest, daß Co in einer Konzentration von 10^{-4} Mol/l das Wachstum isolierter Pflanzenteile wie Erbsensprosse oder Avenakoleoptilen begünstigt. Diese gute Wirkung ist weder auf eine bessere Permeabilität noch auf die Bildung von Vitamin B_{12} zurückzuführen. Da Arsenit und Dinitrophenol die positive Co-Wirkung aufheben, vermutet THIMANN, daß Co an oxydativen Stoffwechselvorgängen beteiligt ist. Co^{++} wirkt aktivierend auf die Enolase (MILLER 1958) und auf die Brenztraubensäurekinase (MILLER und

Evans 1957). Diese Co-Funktionen sind jedoch nicht spezifisch, vielmehr können Mg^{++}, Zn^{++} oder Mn^{++} die genannten Enzyme ebenfalls aktivieren.

Die geschilderten Funktionen des Co lassen erkennen, daß man heute zwar schon einige gut definierte Aufgaben des Co kennt, ein überzeugender Beweis, daß Co im strengen Sinne ein Pflanzennährstoff ist, steht jedoch noch aus. Co-Mangelerscheinungen oder eine anomale Entwicklung höherer Pflanzen bei ungenügender Co-Zufuhr wurden bis jetzt noch nicht beobachtet, so daß Co lediglich als ein Element anzusehen ist, das in geringen Konzentrationen auf das Pflanzenwachstum fördernd wirkt.

Bei niederen Pflanzen mag dies anders sein. So berichten Holm-Hansen et al. (1954), daß für die Alge *Nostoc muscorum* Co ein lebensnotwendiges Spurenelement ist. Es soll hier bei der N-Bindung eine spezifische Funktion haben. Auch für die N-Assimilation der Knöllchenbakterien ist Co unentbehrlich. Bei ungenügender Co-Versorgung kommt es zu N-Mangel an den Wirtspflanzen (Reisenauer 1960).

Toxische Schäden, bedingt durch hohe Co-Konzentrationen in der Pflanze, werden von verschiedenen Autoren beschrieben (Vergnano und Hunter 1952, Hewitt 1953). Bei Hafer treten Chlorosen und nekrotische Streifen an den Blättern auf. Zuckerrübenblätter zeigen braune Flecke zwischen den Blattadern, die später nekrotisch werden. Häufig sterben die Blätter ganz ab. Die hohen Co-Konzentrationen in der Pflanze beeinflussen die übrigen Schwermetalle. So kann eine starke Co-Düngung nach Nicholas und Thomas (1953) einen Fe-Mangel induzieren. Hewitt (1953) fand, daß die toxischen Schäden des Co bei Tomaten eher einem Mn-Mangel ähneln. Aus den Untersuchungen darf geschlossen werden, daß, bedingt durch die starke Neigung des Co, Chelate zu bilden, andere Schwermetalle aus ihren Bindungen verdrängt werden können.

Literatur

Arenz, B.: Pflanzenernährung und Kartoffelabbau. Landwirtsch. Jb. f. Bayern **27**, 51–63 (1950).

Baumeister, W.: Mineralstoffe und Pflanzenwachstum, S. 156–157. Jena: G. Fischer. 1952. — Bolle-Jones, E. W., und V. R. Mallikarjuneswara: A beneficial effect of cobalt on the growth of rubber plant. Nature **179**, 738–739 (1957). — Broyer, T. C., A. B. Carlton, C. M. Johnson und P. R. Stout: Chlorine a micronutrient element for higher plants. Plant Physiol. **29**, 526–532 (1954). — Buchner, A.: Zur Wirkung von Natrium und Chlor bei der Rübendüngung. Z. Acker- u. Pflanzenbau **93**, 523–528 (1950). — Grundsätzliches zur Düngung der Weinberge. Weinberg u. Keller **3**, 453–462 (1956). — Bukovac, M. J., und S. H. Wittwer: Absorption and mobility of foliar applied nutrients. Plant Physiol. **32**, 428–435 (1957).

Cooper, H. P., und E. E. Hall: Differential in potential production and in utilization of nitrogen and potassium by calciumaccumulating and siliconaccumulating crop plants. Soil Sci. **79**, 441–458 (1955).

Eaton, F. M.: Toxicity and accumulation of chloride and sulfate in plants. J. agric. Res. **64**, 357–399 (1942). — Engel, W.: Untersuchungen über die Kieselsäureverbindungen im Roggenhalm. Planta **41**, 358–390 (1953). — Beitrag zur Funktion der Kieselsäure im pflanzlichen Organismus. Naturwissenschaften **45**, 316–317 (1958).

Gustafson, F. G., und M. J. Schlessinger, Jr.: Absorption of Co^{60} by leaves of bean plants in the dark. Plant Physiol. **31**, 316–318 (1956).

Haas, A. R. C.: Influence of chlorine on plants. Soil Sci. **60**, 53–61 (1945). — Hageman, R. H., E. S. Hodge und J. S. McHargue: Effect of potassium iodide on the ascorbic acid content and growth of tomato plants. Plant Physiol. **17**, 465–472 (1942). — Hewitt, E. J.: Metal interrelationships in plant nutrition. J. exper. Bot. **4**, 59–64 (1953). — Hill, A. C., S. J. Toth und F. E. Bear: Cobalt status of New Jersey soils and factors affecting the cobalt content of plants. Soil Sci. **76**, 273–284 (1953). — Hofmann, E., A. Buchner und E. Schulz-Schomburgk: Die Wirkung der Kalidüngung auf Boden und Pflanzen nach den Ergebnissen eines 35jährigen

Feldversuches. Z. Pflanzenbau Pflanzenschutz **1**, 1–18 (1950). — HOLM-HANSEN, O., G. C. GERLOFF und F. SKOOG: Cobalt as an essential element for blue—green algae. Physiol. Plant **7**, 665–675 (1954). — HOLZAPPEL, L., und W. ENGEL: Z. Naturforsch. **11b**, 226–228 (1956), zit. nach H. BURSTRÖM, Fortschr. Bot. **19**, 231 (1957). — HONDA, S. J., R. N. ROBERTSON und J. M. GREGORY: Studies in the metabolism of plant cells. Austr. J. biol. Sci **11**, 1–15 (1958).

JOHNSON, C. M., P. R. STOUT, T. C. BROYER und A. B. CARLTON: Comparative chlorine requirements of different plant species. Plant a. Soil **8**, 337–353 (1957).

LANNING, F. C., B. W. X. PONNAIYA und C. F. CRUMPTON: The chemical nature of silica in plants. Plant Physiol. **33**, 339–343 (1958). — LATZKO, E.: Einfluß von Cl^- und SO_4^{2-}-Ernährung auf die Enzymtätigkeit von Kulturpflanzen. Z. Pflanzenernähr., Düng., Bodenkde. **66**, 148–155 (1954). — LEHR, J. J., J. M. WYBENGA und M. ROSANOW: Iodine as a micronutrient for tomatoes. Plant Physiol. **33**, 421–427 (1948). — LEMMERMANN, O., und H. WIESSMANN: Die ertragssteigernde Wirkung der Kieselsäure bei unzureichender Phosphorsäureernährung der Pflanze. Z. Pflanzenernähr. Düng. **1A**, 185–255 (1922). — Weitere Versuche über die ertragssteigernde Wirkung der Kieselsäure bei unzureichender Phosphorsäuredüngung. Z. Pflanzenernähr. Düng. **1B**, 185–197 (1924). — LEMMERMANN, O., H. WIESSMANN und K. SAMMET: Untersuchungen über die Ursache der ertragssteigernden Wirkung der Kieselsäure. Z. Pflanzenernähr. Düng. **4A**, 265–315 (1924). — LEONE, I. A., E. BRENNAN und R. H. DAINES: Atmospheric fluoride: its uptake and distribution in tomato and corn plants. Plant Physiol. **31**, 329–333 (1956). — LEWIS, J. C., und W. L. POWERS: Antagonistic action of chlorides on the toxicity of iodides to corn. Plant Physiol. **16**, 393–398 (1941).

MCNULTY, I. B., und D. W. NEWMAN: Effects of atmospheric fluoride on the respiration rate of bush bean and Gladiolus leaves. Plant Physiol. **32**, 121–124 (1957). — MENGEL, K.: Der Einfluß einer variierten K- und Mg-Düngung auf die Mg-Versorgung und den Mineralstoffgehalt von Lihoraps. Landwirtsch. Forsch. **13**, 253–261 (1960). — MILLER, C. O.: The influence of cobalt and sugars upon the elongation of etiolated pea stem segments. Plant Physiol. **29**, 79–82 (1954). — MILLER, G. W.: Properties of enolase in extracts from pea seed. Plant Physiol. **33**, 199–206 (1958). — MILLER, G., und H. J. EVANS: The influence of salts on pyruvate kinase from tissues of higher plants. Plant Physiol. **32**, 346–354 (1957). — MITCHELL, R. L.: Cobalt and nickel in soil and plants. Soil Sci. **60**, 63–70 (1945). — MITCHELL, H. H., und M. EDMAN: Fluorine in soils, plants and animals. Soil Sci. **60**, 81–90 (1945).

NICHOLAS, D. J. D., und W. D. E. THOMAS: Some effects of heavy metals on plants grown in soil culture. Plant a. Soil **5**, 67–80 (1953). — NIEMAN, R. N.: Salt-activated respiration in excised roots of the garden pea. Bot. Gaz. **118**, 1–13 (1956).

OZANNE, R. G., J. T. WOOLEY und T. C. BROYER: Bromine in the nutrition of higher plants. Plant Physiol. **31**, VII (1956).

RALEIGH, G. J.: Evidence for the essentiality of silicon for growth of the beet plant. Plant Physiol. **14**, 823–828 (1939). — Silicon in plant growth. Soil Sci. **60**, 133–135 (1945). — Effects of sodium and the chloride ion in the nutrition of the table beet in culture solutions. Proc. Amer. Soc. Hort. Sci. **51**, 433–436 (1948). — REISENAUER, H. M.: Cobalt in nitrogen fixation by a legume. Nature **186**, 375–376 (1960).

SCHARRER, K.: Chemie und Biochemie des Jods. Stuttgart: F. Enke. 1928. — Biochemie der Spurenelemente, S. 112. Berlin u. Hamburg: P. Parey. 1955. — SCHARRER, K., und K. MENGEL: Über das vorübergehende Auftreten sichtbaren Mg-Mangels bei Hafer. Agrochimica **4**, 1–24 (1960). — SCHARRER, K., und W. SCHROPP: Mitteilung zur Kenntnis des Jods als biogenes Element. Biochem. Z. **236**, 187–204 (1931). — Sand- und Wasserkulturversuche mit Nickel und Kobalt. Z. Pflanzenernähr., Düng., Bodenkde. **A31**, 94–113 (1933). — Untersuchungen über die Wirkung von Chlor und Brom auf die Keimung und die erste Jugendentwicklung einiger Kulturpflanzen. Z. Pflanzenernähr., Düng., Bodenkde. **46**, 88–110 (1949). — SCHARRER, K., und N. TAUBEL: Über den Einfluß der Düngung auf den Kobaltgehalt verschiedener Futterpflanzen. Z. Pflanzenernähr., Düng., Bodenkde. **67**, 248–261 (1954). — SCHMALFUSS, K.: Zur Kenntnis der Stickstoffernährung bei Runkelrüben. Bodenkunde u. Pflanzenernährung **36**, 10–26 (1945). — SCHMALFUSS, K., und I. REINICKE: Über die Wirkung gestaffelter K-Gaben als KCl und K_2SO_4 auf Ertrag und Gehalt an Wasser-, N-Verbindungen, K, Cl und S-Fraktionen von Spinatpflanzen im Gefäßversuch. Z. Pflanzenernähr., Düng., Bodenkde., **91**, 21–29 (1960).

THIMANN, K. V.: Studies on the growth and inhibition of isolated plant parts. Amer. J. Bot. **43**, 241–250 (1956). — TULLIN, V.: Response of the sugar beet to common salt. Physiol. Plantarum **7**, 810–834 (1954).

ULRICH, A., und K. OHKI: Chlorine, bromine and sodium as nutrients for sugar beet plants. Plant Physiol. **31**, 171–181 (1956).
VERNANO, O., und J. G. HUNTER: Nickel and cobalt toxicities in oat plants. Ann. Bot. N. S. **17**, 317–328 (1952).
WAGNER, F.: Die Bedeutung der Kieselsäure für das Wachstum einiger Kulturpflanzen, ihren Nährstoffgehalt und ihre Anfälligkeit gegen echte Mehltaupilze. Phytopath. Z. **12**, 427–479 (1940). — WASHENIN, I. G., und B. I. BELJAKOWA: Der Einfluß von Bor, Brom, Jod auf Ertrag und Fermentaktivität der Kartoffel auf leichten podsolierten Rasenböden. Spurenelemente in der Landwirtschaft, S. 151–166. Berlin: Akademie-Verlag. 1958. — WHITE, P. R.: Nutrient deficiency studies and an improved inorganic nutrient for cultivation of excised tomato roots. Growth **7**, 53–65 (1943). — WILLIAMS, D. E., und J. VLAMIS: The effect of silicon on yield and manganese—54 uptake and distribution in the leaves of barley plants grown in culture solutions. Plant Physiol. **32**, 404–409 (1957). — WOOLLEY, J. T., T. C. BROYER und G. V. JOHNSON: Movement of chlorine within plants. Plant Physiol. **33**, 1–7 (1958). — WYND, F. L.: The effects of increasing the iodine content of the tomato plant on respiration and enzymatic activity. Ann. Missouri Bot. Garden **21**, 367–432 (1934).

h) Mineralstoffe mit teils schädlicher Wirkung

Eine strenge Unterscheidung zwischen einem schädlichen Spurenelement und einem, das günstig auf die Pflanze wirkt, ist nicht möglich. Selbst bei den Mikronährstoffen kennt man toxische Wirkungen, falls sie in zu hohen Dosen verabreicht werden. Für die Halogene Br, J, F aber auch für Co trifft dies in noch stärkerem Maße zu, und ihre gelegentlich positive Wirkung in geringen Konzentrationen ist nur minimal. Ähnliches gilt auch für Al, Ni und Se. Da diese Elemente jedoch unter natürlichen Verhältnissen in toxischen Mengen im Boden auftreten können, ihre toxische Wirkung vom Standpunkt der Pflanzenernährung also in erster Linie interessiert, sind sie hier unter dem Begriff „schädliche Spurenelemente" zusammengefaßt. Daneben werden in dieser Gruppe auch noch das Arsen und das Chlorat behandelt.

1. Aluminium

Für das Aluminium sind keine spezifischen Funktionen im Leben der höheren Pflanzen bekannt. MCLEAN und GILBERT (1928) sowie LIPMAN (1938) berichten, daß Al in einer Größenordnung von 1 ppm in der Nährlösung das Pflanzenwachstum steigern kann. Auch SCHARRER und SCHROPP (1936) fanden, daß geringe Al-Gaben den Ertrag bei Hafer und Mais, aber nicht bei Weizen, Gerste und Roggen erhöhten.

Die vorteilhafte wie auch die toxische Wirkung des Al beruht auf seiner Kolloidaktivität. Geringe Al-Konzentrationen können den Quellungsgrad wahrscheinlich günstig beeinflussen. So berichten FAWZY et al. (1954), daß gerade bei niederen pH-Werten die K-Aufnahme der Pflanzenwurzel durch polyvalente Kationen u. a. auch durch Al^{3+}, begünstigt oder sogar erst ermöglicht wird. Hieraus ist schon zu ersehen, daß unspezifische Funktionen vom Al übernommen werden können, so daß unter Umständen Wachstumseffekte beobachtet werden. Al ist jedoch im strengen Sinne kein eigentlicher Pflanzennährstoff.

TAUBÖCK (1942) berichtet, daß er an 124 verschiedenen Blütenpflanzen keine Wirkung des Al auf das Wachstum beobachten konnte; verschiedene Pteriodophyten, wie Farne und Schachtelhalme, haben dagegen einen gewissen Al-Bedarf. Von den Kulturpflanzen zeichnet sich der Tee durch einen hohen Al-Gehalt aus. Er liegt hier in der Trockensubstanz der Blätter in einer Größenordnung von 2000 bis 5000 ppm Al vor. Nach CHENERY (1955) benötigt der Teebusch Al für ein gesundes Wachstum.

Al ist eine wesentliche Komponente im Bodenaufbau. Auf Grund seiner geringen Löslichkeit bei schwachsaurer und neutraler Bodenreaktion ist die Al^{+++}-Konzentration der Bodenlösung jedoch sehr niedrig, und toxische Wirkungen auf die Pflanze sind nicht zu befürchten. Der mittlere Al-Gehalt der Pflanzen liegt hier in einer Größenordnung von 200 ppm Al bezogen auf die Trockensubstanz. Im allgemeinen ist das Blatt reicher an Al als der Stengel. Auf stark sauren Böden steigt der Al-Gehalt der Pflanzen erheblich an. Besonders die Wurzel akkumuliert im Vergleich zum Blatt und Stengel viel Al (HUTCHINSON 1945). Hieraus darf auf eine nur mäßige Beweglichkeit des Al in der Pflanze geschlossen werden. Die hohen Al-Konzentrationen in der Wurzel und in der Nährlösung rufen nach TRÉNEL und ALTEN (1934) erhebliche Wurzelschäden hervor, so daß besonders die Mg-Aufnahme gehemmt werden kann. WRIGHT und DONAHUE (1953) berichten, daß es bei starker Al-Versorgung schon an der Wurzeloberfläche und in der Rindenzone zur Akkumulation von Al kommt. Hierdurch wird die Phosphataufnahme, offenbar durch Al-Phosphatausfällung, erheblich gehemmt. Al-Toxizität korreliert so mit niedrigen P-Gehalten in der Pflanze. Vielfach können die giftigen Al-Auswirkungen durch verstärkte Phosphatgaben beseitigt werden (HUTCHINSON 1945). Eine Ausfällung von Al-Phosphat in der Pflanze bei Al-Toxizität ist ebenfalls nicht unwahrscheinlich. Es ist bekannt, daß auf stark sauren Böden neben Al auch Mn und Fe in hohen Konzentrationen in der Bodenlösung vorliegen und von der Pflanze vermehrt aufgenommen werden. So berichtet ARCHANGELSKAJA (1958), daß Kartoffelkraut von Pflanzen mit Al-Toxizität einen hohen Al-, Mn- und Fe- neben einem geringen Ca- und Mg-Gehalt aufweist. Weiterhin konnte in Gefäß- und Feldversuchen beobachtet werden, daß die Al-Toxizität zeigenden Kartoffelstauden im Wachstum zurückbleiben, früher absterben und nur einen geringen Ertrag bringen. Die wirksamste Art, die Al-Toxizität zu bekämpfen bzw. zu vermeiden, ist eine sachgemäße Aufkalkung des Bodens. PLANT (1956) berichtet ebenfalls über toxische Schäden an verschiedenen Pflanzen, die durch eine hohe Al- und Mn-Aufnahme auf sauren Böden hervorgerufen wurden.

2. Nickel

Ni ist als chemisches Element dem Co nahe verwandt. Auch seine pflanzenphysiologischen Auswirkungen ähneln denen des Co. Während jedoch dem Co eine gewisse Bedeutung als Metallkomponente des Vitamin B_{12} zukommt, ist vom Ni eine ähnliche Funktion in biologischen Systemen nicht bekannt. Das Ni ist deshalb kein notwendiges Spurenelement. Sein vermehrtes Vorkommen besonders in serpentinenreichen Böden kann zu erheblichen Schädigungen der Pflanzen führen, so daß es hauptsächlich als schädliches Spurenelement interessiert (CROOKE und INKSON 1955). Nach NICHOLAS und THOMAS (1954) wirkt Ni noch toxischer als Co. HEWITT (1953), der in Sandkulturen eine Anzahl unterschiedlicher Pflanzenarten mit verschiedenen Schwermetallen versorgte, fand, daß Co und Ni die giftigste Wirkung haben.

Es ist wahrscheinlich, daß diese starke Toxizität auf die hohe Neigung dieser Schwermetalle, Chelatverbindungen einzugehen, zurückzuführen ist. Hierbei können andere lebensnotwendige Schwermetalle von ihren physiologisch wichtigen Bindungsstellen verdrängt werden. So berichten VERGNANO und HUNTER (1952) daß die Toxizität bei Hafer dem Fe-Mangel ähnelt; sie konnte in Übereinstimmung hiermit durch eine Fe^{II}-Sulfat-Behandlung der Blätter geheilt werden.

CROOKE und INKSON (1955) fanden, daß verstärkte Ca- und K-Gaben die Ni-Toxizität bei Getreide auf serpentinenreichen Böden vermindern. Phosphat-

Düngung soll sie dagegen erhöhen. NICHOLAS und THOMAS (1954) stellten fest, daß hohe Ni-Konzentrationen im Nährmedium die Aufnahme der Düngungsphosphorsäure erschweren. Nach CROOKE und INKSON (1955) behindert Ni die Aufnahme der Makroelemente mit Ausnahme des Ca. Es ist wahrscheinlich, daß diese Aufnahmebehinderung von der schädigenden Wirkung hoher Ni-Konzentrationen auf die Wurzel herrührt (KNIGHT und CROOKE 1956).

Eine erfolgreiche Maßnahme, die Ni-Toxizität zu bekämpfen, ist, den pH-Wert zu erhöhen. CROOKE (1956) berichtet, daß sowohl eine pH-Erhöhung durch $CaCO_3$ als auch durch Na_2CO_3 die Löslichkeit des Ni im Boden beachtlich erniedrigt und die Ni-Aufnahme durch die Pflanze senkt.

Bei Getreide äußert sich die Ni-Toxizität zuerst in einer Fleckung der Blätter, später treten chlorotische Streifen auf, die mit der Zeit völlig weiß werden und sich nach den Rändern immer mehr ausdehnen. Auf die Chlorosen folgen meistens Nekrosen (VERGNANO und HUNTER 1952). Auch HEWITT (1953) berichtet, daß bei Dikotyledonen die toxische Wirkung des Ni zuerst durch eine fleckige Aufhellung zwischen den Blattadern sichtbar wird. Später treten Nekrosen auf. VERGNANO und HUNTER (1952) stellten in Sandkulturen mit Hafer fest, daß mit steigender Ni-Gabe der Ni-Gehalt der Pflanze zunimmt. Es wurden so Konzentrationen zwischen etwa 10 bis 1000 ppm Ni in der Trockensubstanz erhalten. CROOKE (1956) fand, daß auf serpentinenreichen Böden toxische Wirkungen bei Hafer beobachtet wurden, sobald die Ni-Konzentrationen in trockenen Haferblättern eine Größenordnung von 100 ppm Ni überschritten hatten.

3. Selen

Die chemische Verwandtschaft zwischen S und Se wird auch im Verhalten des Se gegenüber der Pflanze deutlich. LEGGETT und EPSTEIN (1956) zeigten an abgeschnittenen Gerstenwurzeln, daß die Sorption von SO_4-Ionen durch die Wurzeln von SeO_4^{2-} konkurrierend beeinflußt wird. Offenbar werden beide Ionen von gleichen Bindungsstellen bzw. von gleichen Trägersystemen gebunden. SHRIFT (1954) kam bei Versuchen mit *Chlorella* zu den gleichen Ergebnissen. Er stellte fest, daß für die Se-Aufnahme weniger die absolut vorliegende Selenat-Menge maßgebend war als die Selenat/Sulfat-Relation der Nährlösung. Bei einer hohen Relation kam es zu einer Wachstumshemmung bei *Chlorella*. Diese toxischen Wirkungen hoher Se-Gaben konnten durch verstärkte SO_4^{2-}-Gaben, aber auch durch Methionin abgeschwächt werden. HURD-KARRER (zit. nach STILES 1956) fand schon vor mehr als 20 Jahren, daß zwischen Sulfat und Selenat Wechselbeziehungen bestehen. Er stellte fest, daß die für Tiere schädliche Wirkung hoher Se-Konzentrationen durch Sulfat-Düngung erheblich gesenkt werden kann. Alle diese Ergebnisse zeigen, daß das Se — bedingt durch seine chemische Verwandtschaft — in der Pflanze Stellen besetzen kann, an denen im normalen Fall ein S-Atom steht. Nach TRELEASE (1945) kann Se selbst in Eiweißkörpern an Stelle von S eingebaut werden.

Wenngleich das Se in geringen Konzentrationen auf Cruciferen, Leguminosen und Compositen einen stimulierenden Effekt haben kann, so ist es jedoch nicht als Pflanzennährstoff anzusehen (SCHARRER 1955). KUSNEZOW (1958) berichtet über einen günstigen Einfluß einer Se-Saatgutbehandlung auf die Reife der Baumwolle. Höhere Se-Konzentrationen im Nährmedium führen zu Chlorosen und Wachstumsstörungen der Pflanze. Der Pflanzenwuchs ist dann meistens gedrungen, der Se-Gehalt steigt an. Besonders die Spitzen oder auch die Samen verschiedener Pflanzen können Se bis zu einer Größenordnung von 1500 ppm Se akkumulieren (TRELEASE 1945). Auch SCHARRER und SCHROPP (1950) berichten über den toxischen Einfluß größerer Selenatgaben auf die höhere Pflanze. Se wirkte bei ihren Untersuchungen giftiger als Te.

Ihrer Se-Verträglichkeit entsprechend, teilen MILLER und BYERS (1937) die Pflanzen in drei verschiedene Gruppen ein. Zur 1. Gruppe zählen die Pflanzen, die nur auf Se-haltigen Böden wachsen. Es sind hauptsächlich verschiedene Arten von *Astralagus*. Sie können hohe Se-Mengen gut vertragen, und ihr Se-Gehalt übersteigt häufig 1000 ppm Se in der Trockensubstanz. Zur 2. Gruppe zählen die Pflanzen, deren Standort zwar kein Se-reicher Boden zu sein braucht, die aber auf Se-haltigen Böden gut gedeihen. Hierzu gehören Sonnenblumen, Weizen, Roggen, Gerste und Mais. Diese Pflanzen enthalten auf Se-reichen Standorten Se-Gehalte in einer Größenordnung von 50 ppm Se bezogen auf die Trockensubstanz. Zu den Pflanzen, die sehr empfindlich auf höhere Se-Mengen im Nährmedium reagieren, gehören Präriegräser, z. B. *Andropogon scoparius* und auch verschiedene *Bouteloua*-Arten. Ihre Se-Gehalte liegen bei 0,8 ppm Se in der Trockensubstanz.

Der schädliche Einfluß hoher Se-Gehalte im Futter auf die Tiere wurde bereits erwähnt. Die früher mit „alkali disease" bezeichnete Krankheit ist die Folge eines zu hohen Se-Gehaltes im Futter (KURNICK et al. 1958).

4. Arsen; Chlor als Chlorat und Perchlorat; Thallium

Die giftige Wirkung des As auf das Pflanzenwachstum wurde schon im vorigen Jahrhundert von KNOP und STOKLASA festgestellt. STOKLASA fand, daß die arsenige Säure etwa 100mal toxischer wirkt als Arsensäure. BRENCHLEY (zit. nach STILES 1958) berichtet, daß die arsenige Säure schon in geringsten Konzentrationen von 0,02 ppm in der Nährlösung das Wachstum von Erbsen und Gerste behindert, während Konzentrationen bis zu 10 ppm Arsensäure keinen schädlichen Einfluß ausübten.

STEWART (zit. nach STILES 1958) berichtet sogar, daß sehr kleine Mengen an Arsenat einen günstigen Einfluß auf die Pflanze ausüben können. Toxische Schäden des As in Gefäßversuchen traten nach LOCKARD und MCWALTER (1956) auf, wenn die As-Konzentration des Nährmediums 5 ppm As überstieg. Nach den Untersuchungen von HURD-KARRER (1939) darf gesagt werden, daß die Beziehungen zwischen Phosphat und Arsenat analog denen zwischen Sulfat und Selenat sind.

HURD-KARRER (1939) berichtet, daß die toxischen Schäden hoher Arsenat-Gaben vom As/P-Verhältnis der Nährlösung abhängen. Wird dieses Verhältnis enger als 1:5, so treten Schäden, bedingt durch eine zu hohe As-Aufnahme, auf. Sie äußern sich in einem gedrungenen Wuchs der Pflanze, die Stengel sehen verdorrt aus und die Blätter haben eine blaßgrüne Farbe.

Die Beziehungen zwischen Phosphat und Arsenat überraschen nicht, da beide Elemente in der gleichen Gruppe des periodischen Systems stehen, also eine enge chemische Verwandschaft haben. Es ist gut möglich, daß bei einer hohen Arsenatversorgung der Pflanzen das Arsenat an Stelle des Phosphates von physiologisch wichtigen Gruppen gebunden wird, hier aber die spezifische Funktion des Phosphat-Ions nicht ausführen kann. Diese Vermutung resultiert aus Untersuchungen von CRANE und LIPMANN (1953). Sie fanden in den Mitochondrien von Rattenleber, daß Arsenat den Einbau von Phosphat zu ATP hemmt. Sie nehmen an, daß die Substitution des Phosphates durch Arsenat die aerobe Phosphorylierung und damit einen wichtigen lebensnotwendigen Prozeß unterbricht.

Chlorat und Perchlorat wirken auf die Pflanze schädlich. Die Tatsache hat für die praktische Pflanzenernährung eine Bedeutung, da beide Verbindungen im Chilesalpeter unter Umständen in giftigen Konzentrationen vorkommen können.

Es ist wahrscheinlich, daß ihr negativer Einfluß auf ihre oxydierenden Eigenschaften zurückzuführen ist. GOKSOYER (1951) berichtet, daß bei *Aspergillus* die Nitratreduktion durch Chlorat inhibiert wird.

Abschließend sei noch erwähnt, daß Thallium in äußerst geringen Konzentrationen auf die Pflanze giftig wirkt.

Literatur

ARCHANGELSKAJA, N. S.: Der Einfluß von Mangan, Aluminium und Eisen auf Kartoffeln auf Sandböden. Spurenelemente in der Landwirtschaft, S. 301–308. Berlin: Akademie-Verlag. 1958.

CHENERY, E. M.: A preliminary study of aluminium and the tea bush. Plant a. Soil **6**, 174–200 (1955). — CRANE, R. K., und F. LIPMANN: The effect of arsenate on aerobic phosphorylation. J. biol. Chem. **201**, 235–243 (1953). — CROOKE, W. M.: Effect of soil reaction on uptake of nickel from a serpentine soil. Soil Sci. **81**, 269–276 (1956). — CROOKE, W. M., und R. H. E. INKSON: The relationship between nickel toxicity and major nutrient supply. Plant a. Soil **6**, 1–15 (1955).

FAWZY, H., R. OVERSTREET und L. JACOBSON: The influence of hydrogen ion concentration on cation absorption by barley roots. Plant Physiol. **29**, 234–237 (1954).

GOKSOYR, J.: On the effect of chlorate upon the nitrate reduction of plants. Physiol. Plantarum **4**, 498–513 (1951).

HEWITT, E. J.: Metal interrelationships in plant nutrition. J. exper. Bot. **4**, 59–64 (1953). — HURD-KARRER, A. M.: Antagonism of certain elements essential to plants towards chemically related toxic elements. Plant Physiol. **14**, 9–29 (1939). — HUTCHINSON, G. E.: Aluminium in soils, plants and animals. Soil Sci. **60**, 29–40 (1945).

KNIGHT, A. H., und W. M. CROOKE: Interaction between nickel and calcium in plants. Nature **178**, 220 (1956). — KURNICK, A. A., B. L. REID und J. R. COUCH: Trace elements in poultry nutrition, a review. Soil Sci. **85**, 106–116 (1958). — KUSNEZOW, W. P.: Versuche über den Einfluß von Bor, Molybdän und Selen auf Wachstum und Samenertrag der Baumwolle. Spurenelemente in der Landwirtschaft, S. 469–475. Berlin: Akademie-Verlag. 1958.

LEGGETT, J. E., und E. EPSTEIN: Kinetics of sulfate absorption by barley roots. Plant Physiol. **31**, 222–226 (1956). — LIPMAN, C. B.: Importance of silicon, aluminium and chlorine for higher plants. Soil Sci. **45**, 189–198 (1938). — LOCKARD, R. G., und A. R. MCWALTER: Effects of toxic levels of sodium, arsenic, iron and aluminium on the rice plant. Malayan agric. J. **39**, 256–267 (1956).

MCLEAN, F. T., und B. E. GILBERT: Aluminium toxicity. Plant Physiol. **3**, 293–302 (1928). — MILLER, J. T., und H. G. BYERS: Selenium in plants in relation to its occurrence in soils. J. agric. Res. **55**, 59–68 (1937).

NICHOLAS, D. J. D., und W. D. E. THOMAS: Some effects of heavy metals on plants grown in soil culture. Plant a. Soil **5**, 182–193 (1954).

PLANT, W.: The effects of molybdenum deficiency and mineral toxicities on crops in acid soils. J. Hort. Sci. **31**, 163–176 (1956).

SCHARRER, K.: Biochemie der Spurenelemente, S. 201. Berlin u. Hamburg: P. Parey. 1955. — SCHARRER, K., und W. SCHROPP: Über die Wirkung des Aluminium-Ions auf das Pflanzenwachstum. Z. Pflanzenernähr., Düng., Bodenkde. **45**, 83–95 (1936). — Sand- und Wasserkulturversuche mit Selen und Tellur. Z. Pflanzenernähr., Düng., Bodenkde. **50**, 187–202 (1950). — STILES, W.: Handbuch der Pflanzenphysiologie, Bd. IV, S. 611. Berlin-Göttingen-Heidelberg: Springer. 1958. — SHRIFT, A.: Sulfur-selenium antagonism. Amer. J. Bot. **41**, 223–230 (1954).

TAUBÖCK, K.: Über die Lebensnotwendigkeit des Aluminiums für Pteridophyten. Bot. Arch. **43**, 291–304 (1942). — TRELEASE, S. F.: Selenium on soils, plants and animals. Soil Sci. **60**, 125–131 (1945). — TRENEL, M., und F. ALTEN: Die physiologische Bedeutung der mineralischen Bodenazidität. (Worauf beruht die toxische Wirkung des Aluminiums?) Angew. Chemie **47**, 813–820 (1934).

VERGNANO, O., und J. G. HUNTER: Nickel and cobalt toxicities in oat plants. Ann. Bot. NS **17**, 317–328 (1952).

WRIGHT, K. E., und B. A. DONAHUE: Aluminium toxicity studies with radioactive phosphorus. Plant Physiol. **28**, 674–680 (1953).

V. The Transport of Materials in Plants

A. The Transport of Soil Nutrients

By

G. P. Hill[1]

a) Absorption by the Root and Transport Across the Cortex to the Stele

The first stage in the transport of soil nutrients is their uptake into the root. This has been dealt with extensively elsewhere in this book but, to a lesser degree, it must be considered here, because transport across the cortex cannot be completely dissociated from the initial absorption.

1. Form of the Soil Nutrients

Soil nutrients are principally absorbed in inorganic form and most plants can be grown to maturity on a nutrient solution of inorganic salts. Most of the elements so supplied will thus be absorbed in ionic form, and when a particular salt is supplied the constituent cations and anions may not be taken up in equivalent amounts. The ionic forms of the following elements are important: Cl, K, Na, Ca, Fe, Bo (borate), Mn, Mg, Cu, N (ammonium and nitrate), P (phosphate), and S (sulphate). Iron may also be absorbed as chelation complexes formed with organic compounds (Jacobson 1951). There is evidence too that nitrogen may be absorbed in the form of soluble organic compounds (Miettinen 1959). Miettinen quotes the figures of Kivekas (1939), who showed for a sample of medium rich soil that total nitrogen made up 1.23% of the dry weight; of this, 11.7% was water-soluble, and of thisf raction 24% was free ammonia, 15.6% amides, and 22.3% amino-acids. Miettinen himself found that if C^{14}-labelled amino-acids and amides were supplied to roots they were taken up and transported to all parts of the plant; some underwent metabolism in the roots, e.g. alanine and serine were converted to unknown compounds, probably peptides, which were then transported to the green parts and utilised. If alanine and serine were supplied to the excised shoot they were broken down into completely different compounds, showing the inadvisability of applying results obtained with plant parts to the whole plant without proper controls. Kursanov (1958) and co-workers have particularly emphasised the role of the root in absorbing CO_2 which is used in the formation of organic acids. Moreover we should remember that roots have the ability to absorb other

[1] The author is grateful to Dr. M. H. Zimmermann and Dr. E. G. Bollard for access to manuscripts awaiting publication. He also expresses appreciation for permission by the authors to reproduce figures, to Dr. C. D. Nelson for supplying the photographs for Fig. 95, and to Dr. A. Resch for supplying Fig. 98.

complex molecules such as sucrose and growth substances, though it is unlikely that this is important in their natural environment.

A complicating factor, and one not often given sufficient emphasis in considering transport across the root cortex, is that substances may be transformed in transit, thus reaching the stele in a different form from that in which they were absorbed. The outstanding example here concerns nitrogen since BOLLARD (1958) has shown that most woody plants contain only very small amounts of inorganic nitrogen in the xylem, there being in contrast large quantities of amino-acids and amides. Of course some plants do transport nitrate to the shoots (NIGHTINGALE 1937) but in the others passage from the soil solution to the stele cannot be simply a passive diffusion insofar as there must be contact with enzyme systems.

2. The Mechanism of Absorption and Transport

Absorption cannot be separated from cortical movement because some workers (e. g. BUTLER 1953, EPSTEIN 1955, BURSTRÖM 1957) consider that movement from the external medium to the stele is through a continuous free space. This view is contrary to the idea that the epidermis is a barrier to penetration, though LUNDEGÅRDH (1955) does consider that it restricts the outward passage of ions. SCOTT and PRIESTLEY (1928) and RUSSELL and SHORROCKS (1959) consider that the endodermis constitutes a barrier which may also concentrate ions. In order to account for the fact that the bleeding xylem sap from detopped plants often contains ions in higher concentration than the external medium, some mechanism for concentrating ions within a barrier which prevents leakage to the medium would seem necessary.

In order to examine present divergent views we must first briefly consider the concept of free space, which has become important in the last decade, following the paper by BRIGGS and ROBERTSON (1948). The free space is that part of a plant tissue into which ions from the external medium may diffuse passively. The total free space, which may only be determined indirectly, is called the apparent free space (AFS) and consists of two parts, the water free space (WFS) and the Donnan free space (DFS). The WFS may be considered an extension of the external medium into which ions diffuse until their concentrations are the same as outside. The DFS contains a high concentration of fixed charges, mainly negative, and penetration is dependent on Donnan exchange; this means that diffusion into the DFS is complicated by the requirement that electrical neutrality be maintained there. Since there is already in the DFS a high concentration of negative charges entry of anions will be limited. If a particular cation is in high concentration in the WFS compared to the DFS it will enter the DFS by exchange with mobile cations, electrical neutrality thus being maintained. This process of Donnan exchange, or cation exchange is often referred to as adsorption exchange but the adsorption referred to is not a formation of stable complexes, but a distribution of ions and is freeley reversible.

When roots or tissue slices are put into a fresh medium the subsequent uptake of ions can be divided into two distinct phases. There is first a rapid uptake which lasts a relatively short time (a few seconds to about 30 minutes, according to material and methods of measurement used), followed by a much longer period lasting many hours, of uptake at a longer, steady rate. The initial phase of rapid uptake is non-metabolic (BROYER and OVERSTREET 1940), has a temperature coefficient of a physical process (SUTCLIFFE 1954), and has been observed in dead tissue (BROYER and OVERSTREET 1940, STEWARD and HARRISON 1939). The initial passive phase is therefore considered to involve the penetration of solutes into the free space, and consists of diffusion and cation exchange; it is primarily a phase of cation absorption.

On the other hand the steady uptake of phase two is dependent on metabolism and only takes place under aerobic conditions; it has a high temperature coefficient and is usually characterised by uptake of both anions and cations. This phase is therefore considered to be a period of active accumulation requiring energy. The energy is thought to be required to transport the ions across an otherwise impermeable membrane within which they are accumulated. Calculations of the volume of free space in tissues have led many workers to believe that the cytoplasm is included in the free space; the permeation barrier would then be the tonoplast, accumulation taking place in the vacuole. Others such as ARISZ (1956) and LATIES (1959) adhere to the older view that a plasmalemma is present so that the cytoplasm may also actively accumulate salts. Some recent papers have presented new evidence that a plasmalemma may be present.

KELLER and DEUEL (1957) carried out experiments with killed roots of wheat, maize, beans, tomato and tobacco which indicated that 70—90% of the ion exchange capacity occurred in the cell wall due to free pectin carboxyl groups. JANSEN *et al.* (quoted LATIES 1959) also present evidence that the exchange capacity in oat coleoptiles lies in the cell walls. WALKER (1957), in experiments with *Nitella* showed that the chief electrical resistance between the vacuole and the external solution was the plasmalemma. This supports the view that ions may lose their charge by becoming incorporated in a carrier when crossing the membrane. DIAMOND and SOLOMON (1959) also present convincing evidence that in *Nitella* there is a plasmalemma which is highly impermeable to the potassium ion. It is unclear how far these results with *Nitella* are valid for ligher plants.

HOAGLAND and BROYER (1940) showed with excised roots that salt uptake by plants which have already been allowed to accumulate salts (high salt plants) is initially much lower than that of low salt plants. Work by HUMPHRIES (1952) suggests that it is the salt status with respect to the particular ion being considered that is important, rather than the overall salt status. These experiments indicate that a tissue may become saturated in its capacity to accumulate ions.

The various hypotheses of movement of ions from the external medium to the stele may now be considered in the light of these modern views on the nature of the permeability barriers, free space and accumulation. The demonstration of accumulation by root cells explains why uptake of salts by the shoots often bears no relation to the uptake of salts by the roots. One other well established fact must be explained by these hypotheses—that xylem bleeding sap from detopped plants often contains ions in higher concentrations than are present in the external medium, and that bleeding may continue for some time when the medium is replaced by pure water.

In 1928 SCOTT and PRIESTLEY suggested that movement of ions through the cortex was passive until they reched the endodermis where the suberised Casparian strip prevented further movement through the apoplast and the salts and water had to pass through the cytoplasm. They therefore envisaged that the endodermis acted in the selection and concentration of ions. Several workers have expressed the view that the endodermis constitutes no such barrier (HYLMO 1953, LUNDEGÅRDH 1950, EPSTEIN 1956). LUNDEGÅRDH gently separated the cortex from the endodermis and found that the absorption of ions by the latter was negligible indicating that it played a passive role in the transport of ions.

CRAFTS and BROYER (1938) put forward a different hypothesis. It emphasised the need for some mechanism to concentrate the ions entering the root in order to account for the bleeding phenomenon. The figures of HOAGLAND and BROYER

(1936) for the concentration of ions in the bleeding sap of Hubbard squash on full HOAGLAND'S solution are as follows. Plant 1 with absorbing roots of 81.7 grm fresh weight and 3.4 grm dry weight exuded 243 cc. in the first 24 hrs, and 100 cc. in the second 24 hrs. Plant 2 with absorbing roots of 136 grm fresh weight and 5.8 grm dry weight exuded 343 cc. in the first 24 hrs and 140 cc. in the second 24 hrs. The roots thus exuded three times their fresh wt of sap in the first 24 hrs and the nitrate concentration of the sap was more than twice that of the external solution in the early stages and fell to equal concentration after 24 hrs. Using radio-active solutes RUSSELL and SHORROCKS (1959) have reently shown that the concentration in the bleeding sap may be 100 times greater than in the external medium. To account for HOAGLAND and BROYER'S results, CRAFTS and BROYER postulated that the outer layers of the cortex accumulate ions actively to a concentration which may be much higher than in the external medium; they suggested further that there was movement in the symplast i. e. the cytoplasmic continuum of the cortex, by diffusion, to the cells next to the stele; because the concentration of oxygen is lower in these cells than in the outer layer of the cortex, ions cannot be accumulated in them to so high a degree and some leak into the xylem elements; water then follows by osmosis.

Examination of this hypothesis in the light of modern views illuminates the significance of the present doubt whether the free space includes the cytoplasm. If there is no outer permeation barrier to the cytoplasm then accumulation cannot occur there in the way that CRAFTS and BROYER postulate, in which case accumulation during transport to the stele must take place at the endodermis, the cells around the stele, or in the xylem elements themselves; (according to most proponents of free space, the accumulated salts of the vacuoles are not normally available to the shoot). BIDDULPH (1950) appears to favour the cells around the stele since he speaks of cell to cell transfer across the cortex and secretion into the xylem. JACOBSON *et al.* (1958) obtained estimates of AFS which were higher for submerged, excised roots than for roots of intact plants. This suggests that the endodermis or some other cell layer around the stele is a permeation barrier and supports the ideas of SCOTT and PRIESTLEY, and of BIDDULPH. The hypothesis of Crafts and Broyer fits in with the view that there is a plasmalemma, and HYLMÖ'S criticism (1953) that this would involve two sites of accumulation, cytoplasm as well as vacuoles, cannot carry much weight, since there is no a priori reason why the cytoplasm should not accumulate for transport and the vacuole for storage. Finally, with regard to the hypothesis of CRAFTS and BROYER, the remark of LATIES (1959) may be noted, that in tissue slices the outer layers actively accumulate ions whereas the inner cells are not only incapable of this but may actually lose ions, which shows similarity with CRAFTS and BROYER'S views on the activity of the cortex. However LATIES (1959) has established that in tissue slices the difference is not one of oxygen tension but is due to the presence of an endogenous inhibitor in the inner layers.

Over many years LUNDEGÅRDH has promulgated a theory of anion transport based on anion respiration (reviews: LUNDEGÅRDH 1954, 1955). He divides the respiration of tissues into two parts, ground respiration, not inhibited by very dilute cyanide, and anion respiration, inhibited by cyanide and directly related to the intensity of salt absorption, particularly the absorption of anions. Absorption of anions is postulated to be directly linked to electron transfer in the cytochrome system; the anions function in compensating for the electrostatic potential difference which would arise at a cytochrome unit each time it emitted an electron; they thus exert a coenzymatic effect. The anions would follow the cytochrome chain in the reverse direction to the electrons and be released at cytochrome-b.

Provided the anions are thus actively transported the cations will follow to maintain electrical neutrality; they are thought to be combined with carriers, the combination having a positive charge. LUNDEGÅRDH considers the ions to be reversibly accumulated in the vacuole, although when an adequate salt supply is present in the medium the reverse movement is negligible. The vacuole is assumed to be in dynamic equilibrium with the free space, such that the level of ions in the latter may be raised to a higher level than in the external medium. This higher concentration can be maintained because of the low salt permeability of the epidermis. With this higher concentration in the free space bleeding may be explained by a passive leakage of salts into the xylem from the free space. LUNDEGÅRDH (1950) showed that under the influence of anaerobiosis, cyanide or fluoride, bleeding does not stop quickly, but gradually declines. He maintains that this cannot be explained by an active secretion of salts into the xylem by vascular epithelial cells, but can be explained if anion respiration and accumulation have stopped though leakage from the vacuoles continues for some time.

There is some experimental evidence which supports the view that there is a reversible balance between the ions of the vacuole and the free space, and that the epidermis has a low salt permeability. LUNDEGÅRDH (1945) showed that if healthy root systems which had accumulated salts were held for several days indistilled water much of the salt disappears. PREVOT and STEWART (1936) and HOAGLAND and BROYER (1936) noted that if healthy plants were transferred to more dilute mediums salts were lost to the shoot but not to the medium. A simple explanation of this would be that when the plant is transferred to distilled water or a dilute solution the epidermis prevents leakage to the medium but leakage into the stele goes on. This lowers the concentration in the free space and the equilibrium between the vacuole and the free space results in release of stored salt which is further transported to the shoot. In an excised root system the salt might be transported to the growing root tips. However it is known (ROBERTSON *et al.* 1951) that tissue slices also do not readily lose salt when placed in distilled water. Since ions in the free space should leak into the medium, there being no epidermal barrier, the postulated balance between vacuole and free space should lead to a gradual loss of the accumulated salt to the medium. DAVIES and WILKINS (1951) reported that 56% of the potassium content of carrot discs could be removed by continuous washing for five days with distilled water, so that there is a reverse movement of salt from the vacuoles. The difference between roots and tissue slices may therefore lie in the ion equilibrium between vacuole and free space being almost entirely in favour of the vacuole in tissue slices. On the other hand the path of salts to the stele may not lie in the free space.

SUTCLIFFE (1959) reviews evidence which does not support the LUNDEGÅRDH hypothesis. In particular, for each molecule of oxygen used a maximum of four anions should be moved, since four electrons will be used in its reduction. But HANDLEY and OVERSTREET (1955) studied the uptake of KBr by barley roots and found that 4.3—7.9 anions were moved for each molecule of oxygen used. It is possible that the cytochromes are only involved in ion transport indirectly as part of the respiratory process producing the required energy. ROBERTSON *et al.* (1951) found that DNP concentrations that stimulated electron transport depressed salt absorption.

BROYER (1950) analysed the bleeding sap of excised barley roots which were supplied in the medium with KBr* (Br* = radioactive Br). Two groups of plants were examined, one of which had been allowed to accumulate KBr beforehand. Although the concentration of Br* was the same in the bleeding sap of both groups, less was present in the roots of the one previously treated with KBr. This indicates that the ions could pass to the stele without entering the vacuoles. This could have been through the free space, or through the cytoplasm if this is not included in the latter.

EPSTEIN (1956) contends that ions are absorbed irreversibly into the vacuoles and are not available to move to the shoots. His evidence that selenate interferes with the accumulation of sulphate by the roots but does not interfere with its transport to the shoot does not conflict with the view that the vacuoles are only involved in transport when there is a deficiency of ions in the medium.

If the free space is not involved in transport but is simply an extension of the medium from which ions may be absorbed into the cytoplasm and the vacuoles, it is not necessary to assume a low permeability of the epidermis. Such a low permeability leads to difficulty in accounting for the initial, rapid, non-metabolic phase of uptake. There is other experimental evidence which does not support a low epidermal permeability. Under certain conditions the root may release substances to the external medium. PENSTON (1935) reviewed evidence that plants release mineral elements to the soil through the roots. LUTTKUS and BÖTTICHER (1939), VAN ANDEL, ARISZ and HELDER (1950) found that plants which had remained for more than twelve hours in the dark released potassium from the roots. EMMART (1959) reported the loss from the roots of foliar applied P^{32}.

ARISZ (1956, 1958) considers that transport through the root to the stele is an active process though distinct from the one concerned with accumulation in the vacuoles.

HYLMÖ (1953, 1955, KYLIN and HYLMÖ 1957) has put forward the view that transpiration plays the dominant part in moving salts through the root to the stele. He points out that though it is true that some other mechanism must be responsible for bleeding, bleeding is evident only under certain conditions and that normally the transpirational pull is responsible for the movement of water in plants; it is thus probable that it is also normally responsible for salt movement by carrying ions passively in the water stream. His ideas do not conflict with the view that that salts are also taken up by ion exchange and by carriers, or that accumulation accurs in the cortical vacuoles. He contends that the well known fact (HOAGLAND 1944) that in low salt plants salt uptake is not usually related to water uptake is because much of the salt is accumulated directly through the epidermis. This is supported by the fact that it is those ions which are of prime metabolic importance which are taken up in excess of what would be expected if they were passively taken in with the transpiration stream. WRIGHT (1939) found with plants growing on identical nutrient media that over a four day experimental period calcium uptake paralleled water uptake; potassium was taken up rather in excess, and nitrogen far in excess, of what would be expected for passive uptake. Accumulation capacities of root cells are known to be high, medium and low respectively for nitrogen, potassium and calcium.

HYLMÖ subjects his own results, obtained with calcium and chloride ions, to an analysis which purports to distinguish between bleeding and transpiration streams and reports that the true concentration of the transpiration stream is constant for different rates of water uptake, indicating a passive flow. Moreover the concentration is the same at 2° C and 20° C; at 2° C water movement is much lower but ions continue to be moved up to the shoot at the same concentration. He points out that active processes should be at a low level at this temperature and could not account for the movement. However VAN ANDEL (1953) showed that inhibitors as well as lowered temperature caused a marked fall in rate of flow though not the concentration of the sap from bleeding plants, and in this case transport is probably active. LATIES (1959 b) too, reported that active accumulation proceeds at such low temperatures. HYLMÖ's values for the true ion concentration of the transpiration stream are always lower than the concentration of the medium. The ratio of the two concentrations (the influx coefficient) is a constant; a value of 0.55 was found for calcium and chloride which suggests, HYLMÖ states, that there are two pathways for the transpiration stream. Along one the water and ions would pass unhindered, along the other water would pass freely but the ions would be stopped.

Other papers which show a correlation between water uptake and salt uptake, or movement into the shoot, are those of FREELAND (1936, 1937), using K, P, and Ca; MASON and PHILLIS (1940, 1945), using Ca and Br; and WRIGHT and BARTON (1955).

These results may be equally well explained on the hypothesis of HOAGLAND and BROYER (1943) of an indirect effect of transpiration. The rate of salt transport into the stele is considered to vary according to the difference in salt concentration between the stele and the surrounding tissue. The higher the rate of transpiration, the faster the salts will be carried away and the less will the concentration in the stele be able to build up, so promoting further release of salt into the stele. A close correlation between transpiration and salt transport would thus be expected, particularly in high salt plants where the accumulative capacities of the root cells are largely saturated. In low salt plants the rate of salt release into the stele is limited not only by the rate at which they are transported away by the transpiration stream, but by the amount of salt available to the stele, this being limited by the more intense accumulation by the root cells.

When we look for results which would differentiate between an active and a passive mechanism we find some apparently contradictory evidence. HOPKINS *et al.* (1950) reported that low oxygen concentrations which restrict accumulation by roots do not affect transport of salts to the shoot, indicating a passive mechanism. BROUWER (1954, 1956) on the other hand reports that concentrations of DNP (dinitrophenol) which restrict salt transport to the shoot do not affect water movement. He found that the concentration of ions in the transpiration stream on aerated $CaCl_2$ solution was 13% of the external medium; it increased to 24% if sugar was added to the medium, suggesting a dependence on metabolism; it decreased to 2—4% if the metabolic inhibitor DNP was added to the medium, indicating that only about 20% of the salt transport could be accounted for by a passive mechanism.

The results of MEES and WEATHERLY (1957a and b) are of interest here. Using bleeding, detopped tomato plants they investigated the increase in water flux through the root from medium to stele when the diffusion potential difference between xylem and medium was increased by 2 atmospheres. They did this either by decreasing the osmotic potential of the external medium or by applying a hydrostatic pressure to the exterior of the roots, the stele interior remaining at atmospheric pressure. They found that a hydrostatic pressure difference caused a 20—30% greater increase in water flux than a corresponding osmotic potential and postulated a dual pathway of water movement across the root. One pathway, probably through the cells and membranes, was evidenced by the increase in response to the diffusion potential difference; the other, probably a mass flow through the cell walls or free space, was evidenced by the extra increase in response to hydrostatic pressure difference. They considered that such a mass flow would also result from the hydrostatic tensions produced by transpiration. Use of cyanide showed that the diffusion pathway could be inhibited by about 90% but the mass flow only by 20—65%. If such a mass flow existed in transpiring plants and carried salts with it, it could explain why BROUWER found that about

20% of the salt transport to the shoot could not be inhibited by DNP. MEES and WEATHERLY also obtained results indicating that lack of aeration caused a loss of permeability of the root cells resulting in the medium being carried passively to the stele. This could explain why HOPKINS *et al.* found restricted accumulation but continued salt transport to the shoot at low oxygen concentration.

HOAGLAND (1944) presents additional evidence that there is no direct relationship between salt uptake and transpiration. Some of this could be explained by a direct accumulation from the medium through the epidermis, as opposed to accumulation from the transpiration stream passing through the free space. However, the experiment (Fig. 19, p. 77) in which barley plants of similar salt status but transpiring at different rates absorb approximately the same amount of KBr, with similar distribution between root and shoot, is convincing since the lack of correlation between salt and water uptake cannot be accounted for by accumulation in the root. Other experiments he quotes from BROYER and HOAGLAND (1943) are also convincing.

To account for bleeding HYLMÖ was obliged to put forward a different hypothesis. He suggests that the lowest functional xylem elements are ruptured at the upper transverse wall but that the lower tonoplast is still functional and capable of accumulating ions from the free space in the manner of the cortical cells, thus producing a bleeding stream which may be at a higher concentration than the medium. In the transpiring plant this bleeding stream within the lumen will be complimentary to the transpiration stream in the walls. As a measure of their relative importance he quotes LUNDEGÅRDH (1943) who found that the volume of bleeding sap from young wheat plants was about 20% of the volume of water moved during maximum transpiration.

WIEBE and KRAMER (1954) found that in barley the region of maximum absorption of ions for translocation to the shoot was located several centimetres behind the root tip in the region of maximal water absorption. The region of most intense absorption and accumulation on the other hand is the root apex; few of the ions so absorbed are translocated to the shoot. Similar results were obtained by BROUWER (1954).

PHILIP (1958) has pointed out that transpiration under natural conditions may retard the uptake of salts. In soils of moderate moisture content the soil particles in closest proximity to the roots of a highly transpiring plant may dry out so that the final water movement is in the vapour phase; at such a time little salt would move into the roots.

In conclusion it may be said that the following factors influence the amount of salt taken up and transported to the shoot in a plant growing in soil.

1. The area of absorbing root surface.
2. The amount of salt in the soil.
3. The sugar status of the roots, an energy source being required for the active processes involved.
4. The rate of transpiration; high rates favour uptake until drying out of the soil is caused.
5. The moisture content of the soil, insofar as this influences how soon the soil will dry out.
6. The rate of salt utilisation; young, growing plants absorb salt intensely; plants in a state of vegetative decline may release salts from the roots to the soil.
7. Lack of aeration; this retards water and salt uptake. If cell permeability is destroyed the medium may enter the stele unchanged.
8. Temperature; low temperature slows down entry of salts and water.
9. pH. There is an optimum pH for maximum uptake of most ions.

b) Upward Movement from the Roots

The xylem has long been generally accepted as the path of upward movement of water and nutrients absorbed by the roots. This section will present the evidence on which this conclusion has been based. It will also consider why some workers still maintain that the phloem is also an important channel in this regard.

1. Evidence that the Xylem Transports Root-absorbed Nutrients

A. Root Pressure

When some plants are detopped root pressure causes a bleeding of sap from the cut end of the stem. KRAMER (1949) showed that this bleeding occurred when the bark was stripped off, indicating that it came from the xylem. In some cases he could actually observe drops of fluid exuding from the xylem elements.

B. Evidence from Girdling

Girdling (or ringing) is a technique frequently used in attempts to determine whether the xylem or phloem is concerned in the transport of particular substances. A strip of bark, usually 0.5—2 cm. wide and completely encircling the stem, is removed (the bark consists of all tissues exterior to the cambium and includes the phloem). If, following girdling, transport of the substance is unaffected it is assumed that the xylem is the channel of transport. The girdle is generally protected e.g. by paraffined paper, to prevent the xylem from drying out, but this precaution is not always fully effective. Whenever feasible girdling should be performed on side shoots to ensure that the roots are not deprived of nutrients essential for their normal growth and metabolism; secondary effects on xylem transport may otherwise be produced.

CLEMENTS and ENGARD (1938) carried out experiments on a number of trees including species of *Salix*, *Populus*, *Cornus*, *Sorbus* and *Lonicera*. For each tree three 2—3 year old shoots were selected and pruned 1 cm. above a bud. One

Table 97. *Ash analysis of girdled shoots and controls*
Data of CLEMENTS and ENGARD (1938)

Genus	Treatment	No. of shoots	mgm ash per shoot
Salix	1st control	15	14.56
	girdled	10	49.13
	2nd control	6	362.75
Lonicera	1st control	10	49.29
	girdled	8	233.21
	2nd control	7	297.42
Cornus (location M)...........	1st control	13	14.06
	girdled	12	108.90
	2nd control	6	436.89
Cornus (location A)	1st control	13	23.30
	girdled	12	297.90
	2nd control	5	614.72

was removed at the start and analysed; the second was girdled 4 cm. below the bud and analysed at the end of the experimental period; the third, not girdled was also removed and analysed at the same time. The length of the experimental period was 1—$2^1/_2$ months. The difference between the the girdled and the first control gave the amount of mineral substance passing the girdle; the difference between the girdled and the second control indicated the effect of girdling on transport. Results of the analysis (see Table 97) showed that in some cases considerable amounts of salt passed the girdle, and the authors concluded that the xylem was the principal tissue concerned in salt transport. However one striking feature of the results was the variety of effect according to species and site. Thus no girdled shoot of Surbus (on poor soil) made any growth; others contained 2—13 times as much ash as the first control, but usually much less than the second control: *Lonicera* 4/5, *Cornus* 1/3, *Salix* 1/8. The correct conclusion to draw is that in some girdled plants considerable amounts of salt pass the girdle in the xylem. One might also conclude that in the second control of *Salix* 7/8 of the salt passed upward in the phloem. Possible drying out of the xylem and other side effects do not permit a positive conclusion. The work illustrates the difficulties involved in girdling experiments.

PHILLIS and MASON (1940) carried out similar experiments with cotton using plants with a short main stem forking into two branches. In one group of plants one branch was ringed and in a second group both branches were left unringed. Analysis of the branches at the end of the experimental period showed that the ringed branch contained more phosphorus and less calcium than the unringed branches of both groups. Since calcium is known to be relatively immobile in the phloem they suggested that the results are in accordance with the view that the bulk of the soil nutrients are transported up the stem in the xylem and, provided they are mobile in the phloem, are re-exported down the stem in the phloem.

In 1938 GUSTAFSON and DARKEN using girdles demonstrated appreciable upward movement of radio-active phosphorus in the xylem.

GUSTAFSON (1939) employed the technique of severing or removing a segment of the xylem. The plants were placed with their roots in a solution containing labelled phosphate, for a period of 40 hours or more. Ash determinations were made after two or more days. Little P^{32} was transported by the plants with severed xylem in comparison with the controls. Unfortunately most of the plants with severed xylem had some wilted leaves at the end of the experimental period and this may have affected transport.

C. Evidence from Stripping

In the technique known as stripping, two longitudinal slits are made in the bark on opposite sides of the stem; the bark is then prised from the wood and a piece of paraffined paper or some lanolin paste is placed between them; for a distance of usually about ten cm. the bark is thus separated from the wood. This treatment interferes with the plant less drastically than girdling because the bark remains present, enabling phloem transport to continue.

STOUT and HOAGLAND (1939) used plants of Salix, Pelargonium, and cotton, rooted in sand culture or culture solution. The stripping technique, as described above, was employed and gave rise to no apparent injury. Radio-active salts of potassium, sodium, phosphate or bromide were added to the rooting medium and after a period of a few hours the stem was cut into a series of sections and the bark and wood ashed separately; the tracer content of each was then determined. The results of one of their experiments are shown in Table 98.

The results show that the tracer was present in relatively large quantities in both bark and wood both above and below the stripped section which was 9 inches long. Within the latter practically all the tracer was present in the xylem. The amounts in the bark of the stripped section suggest that it had moved there by some slow form of transport from either end of the strip. In a comparable region of the stem in unstripped controls distribution was similar to the unstripped regions

Table 98.
Gain of potassium in sections of willow stem after an absorption period of 5 hours. (Branch stripped $1^1/_2$ hours before absorption period.) Data of STOUT and HOAGLAND (1939)

		p.p.m. in bark	p.p.m. in wood
Above strip....................	SA	53	47
	S6	11.6	119
	S5	0.9	122
	S4	0.7	112
Stripped section	S3	0.3	98
	S2	0.3	108
	S1	20	113
Below strip....................	SB	84	58

of the stripped plants. The authors suggested that upward movement of mineral salts was normally in the xylem, but that lateral transfer to the bark readily occurred, this being prevented in stripped sections. Ready lateral transfer in both directions between bark and wood has since been frequently observed. CHEN (1951) obtained results similar to those of STOUT and HOAGLAND.

2. Mechanism of Movement in the Xylem

Evidence has already been presented that salts and water may move across the cortex by different mechanisms. Movement of salts and water to the shoot in the xylem, however, is considered to result from the same forces: root pressure and transpirational pull. Root pressure is not considered to be an important factor in trees because it is only observed in certain species, notably the maples and birches. Moreover, in these, it is only observed in late Winter and early Spring. The flow of sap in root pressure is a result of the release of solutes into the root xylem, the consequent osmotic inflow of water creating a hydrostatic pressure. This pressure rarely rise above two atmospheres, a force insufficient to drive the sap to the tops of tall trees. In many herbaceous plants root pressure may be observed throughout the growing season; even so the data of LUNDEGÅRDH (1943) indicate that root pressure in young wheat plants can only move about one fifth the volume of sap moved during high transpiration. It is thus probable that root pressure contributes to xylem sap movement in all plants but that under normal conditions it is far less important than the transpiration pull. The forces involved in transpiration are dealt with elsewhere, and it is not proposed to consider them here.

3. Evidence that Upward Movement Occurs in the Phloem

CURTIS (1929) carried out experiments on defoliated shoots in which either the xylem, bark or neither (control) were severed. After an experimental period of some weeks analyses showed that more mineral salts and nitrogenous materials were transported to the shoot with the xylem severed than with the bark severed, showing greater movement in the bark. However it cannot be maintained that the nutrients came directly from the roots. It is now known that defoliated shoots, and young, growing shoots and leaves, receive much of their nutrient supply, including mineral salts, from mature leaves and storage tissues.

In 1937 Gustafson and Darken conducted experiments on Pelargonium, Sedum, Salix and Bryophyllum cuttings rooted in sand then placed in tap water for the period of the experiment. P^{32} was supplied in the medium and a section of the stem was stripped on one side. Results showed almost as much tracer in the stripped bark as in the unstripped bark on the opposite side. In other experiments in which a segment of xylem and pith was removed, radioactivity measured as the time taken to discharge an electroscope revealed appreciable movement through the bark, though it is difficult to assess from their data just what quantities are involved. In another experiment a piece of bark near the roots was cut at its lower end while remaining attached at its upper end. The roots were then placed in plain water and the lower end of the bark strip dipped into water containing P^{32}. At the end of the experimental period the leaves were found to contain the tracer, indicating some transport through the bark.

In 1959 Ratner *et al.* published a paper in which they suggested that the reason why salt movement was correlated with transpiration in high salt plants but not in low salt plants was because transport was mainly in the xylem in the former and mainly in the phloem in the latter. They argued that the difference between the results of Stout and Hoagland, and Gustafson and Darken, resulted from the use of high salt plants by the former and low salt plants by the latter. In their own experiments they placed plants in a medium containing P^{32} labelled phosphate for one hour, then analysed the tissues. Low salt plants contained more tracer in the cortex, high salt plants more in the xylem. In ringed plants twice as much tracer was found in the wood of the ringed section as in a section of similar location in unringed plants. They suggested that this was due to ready diversion of the solute stream from the phloem to the xylem. Using the stripping technique described for Stout and Hoagland's work they obtained similar results to those workers when using high salt plants, but reported much higher amounts of tracer in the cortex when using low salt plants in a humid chamber. The results of this experiment are shown in Table 99 and may be compared with those of Table 98. The much lower figures for the stripped zone were explained

Table 99. *Effect of stripping on P^{32} content in the cortex of cotton (counts per min. per 100 mgm dry)*
Data of Ratner *et al.* (1959)

Cutting from	Highly saturated plants		Weakly saturated plants	
	control	stripped	control	stripped
Above stripped region	2567	2941	9940	12868
Stripped region	1223	463	8630	1652
Below stripped region	743	1656	6242	6724

by a detrimental effect on the bark, resulting in some diversion to the wood as in ringed plants. It will be noted that Table 98 shows a much higher count for the wood of the stripped region than the regions above and below; this was not a constant feature of Stout and Hoagland's experiments however. There is another explanation for the results of Ratner *et al.* The stripped region in their experiments was only 4 cm. long whereas it was 9 inches long in those of Stout and Hoagland. For a a valid comparison one should therefore consider only the 2 cm. at each end of the strip in the latter case. Examination of Table 98 shows that the end sections of the strip do show much higher concentrations of tracer than the middle regions, and the results are thus comparable with the Russian workers'. The latter merely demonstrate again that appreciable tracer may be translocated through a short region at the end of the strip; more could only be concluded by their use of longer stripped regions.

Our general conclusion must be that nutrients from the root are transported to the shoot predominantly with the transpiration stream in the xylem. It is evident that some transport in the bark can take place, but whether this occurs in significant amounts must await more critical experiments before we can draw definite conclusions.

4. The Nature of the Transported Substances

Various methods have been used to collect xylem sap. Root pressure exudate shows us the nature and concentration of solutes actively released into the stele, and workers who consider that all substances reach the stele in this way can accept root pressure exudate as a sample of the normal sap stream. Those who accept a passive component passing through the free space of the root with the transpiration stream may maintain that the nature and concentration of solutes in such a component are different from the active component, in which case bleeding sap could not give a complete picture of the normal sap stream. It is known (DIMBLEBY 1952) that the concentration of solutes in the bleeding sap decreases with time; concentrations at the beginning probably give the most valid estimate.

PRIESTLEY and WORMALL (1925) reported the following solutes in bleeding sap from grape vines in grams/litre: total solids 1.56; ash 0.56; P_2O_5 0.032; inorganic N 0.023; organic N—trace; glucose 0.29; fructose 0.04; sucrose 0.008; organic acids 0.56; enzymes—diastase and peroxidase. LOWRY *et al.* (1936) report the following as typical of bleeding sap of corn: N 275 ppm; P 30 ppm; Ca 35 ppm; K 115 ppm.

TOLBERT and WIEBE (1955) supplied P^{32}-labelled phosphate to the roots of barley, tomato, sunflower, bean and willow, and found that the P^{32} in the bleeding sap was in the form of three compounds: inorganic phosphate and two unknown organic compounds. The organic compounds reached a maximum of 30% of the P^{32} recovered in tomato. From the R_fs in different chromatographic solvents they concluded that the substances were not sugar esters nor phospholipids. MAIZEL, BENSON and TOLBERT (1956) reported phosphoryl choline and glyceryl phosphoryl choline in the xylem exudate of barley.

TOLBERT and WIEBE (1955) found sulphur only in the form of sulphate in bleeding sap.

Alkaloids have been reported in bleeding sap. DAWSON (1942) reported nicotine in tobacco. WADA *et al.* (1959) reported nicotine and seven other alkaloids in the same plant. MOTHES *et al.* (1954) reported scopolamin in various species.

Sap exuded from bore holes in the stems of maples and birches are considered to result from local stem pressures, bearing no relation to transport in the intact plant. Analyses of such sap will not be presented here.

In a valuable paper in 1953 BOLLARD (also 1957a) presented data on the seasonal variation in concentration of N, P, K and Mg in the xylem sap of apple trees. He obtained this sap by extracting pieces of stem under vacuum. His results are presented in Fig. 94. As the experiments were carried out in the southern hemisphere the dormant season begins in June.

BOLLARD (1957a, b, c and 1958) also found that in fruit tree species nitrogen was present almost exclusively as organic compounds (amino-acids and amides), no nitrate being detected and ammonia nitrogen consisting of less than 1% of the total N. Sap samples from a variety of plants, including dicotyledons, monocotyledons and gymnosperms, showed nitrate present in only one third of the species tested, and was never more than 1—2% of the total N. The chief nitrogen

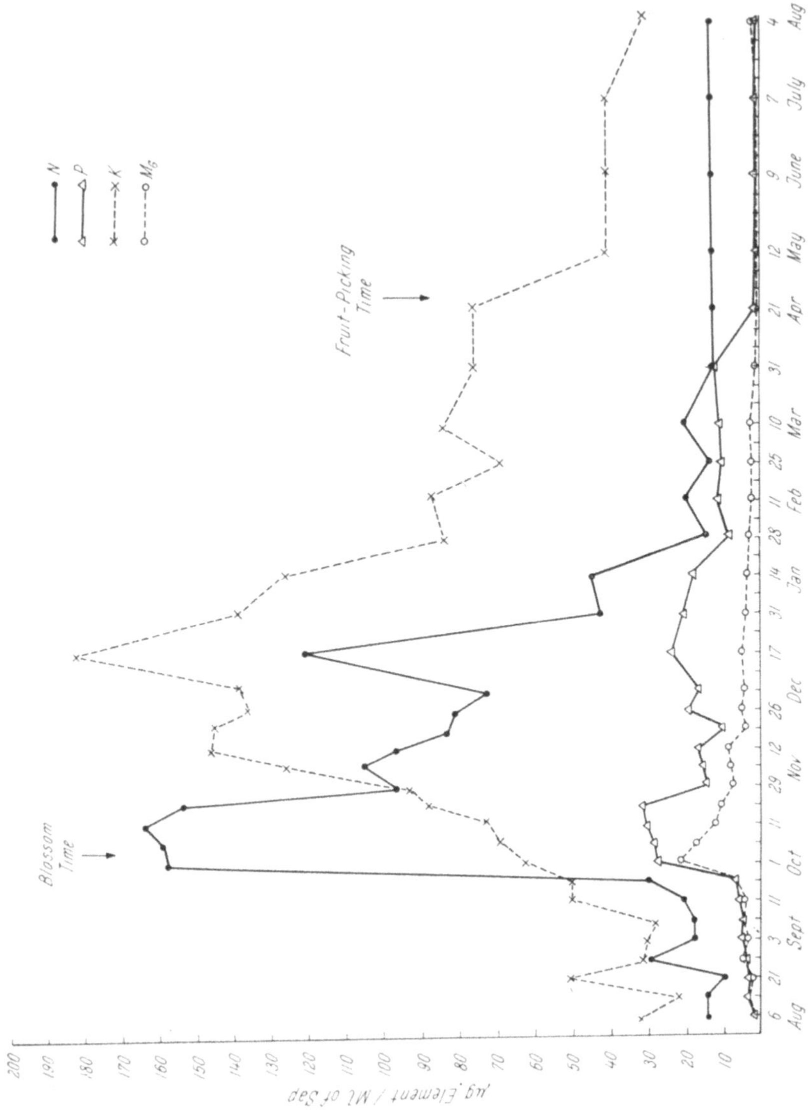

Fig. 94. The seasonal variation in N, P, K and Mg in the tracheal sap of apple (Data of BOLLARD 1953)

constituent varied with the species and the season, but of 116 dicotyledonous species 100 contained glutamine and/or asparagine as major nitrogen constituents of the sap. Data for apple trees serve to illustrate the variation with season: the ratio of glutamine to aspartic acid was about 2 in early October and 0.1—0.17 in November—January. Citrulline and allantoin (or allontoic acid) were prominent in a number of species. Some herbaceous plants appear to transport predominantly nitrate to the shoot, and LUNDEGÅRDH (1954) reported that bleeding sap from wheat plants contained no organic solutes.

Upward transport of calcium in the xylem parallels movement in the phloem in that it appears to be much lower than for other elements. WIEBE and KRAMER (1954) reported that transport of labelled calcium from the roots of barley seedlings was low. BLEDSOE *et al.* (1949) reported that calcium applied to the roots of the peanut plant did not move to the pegs (fruits), which had to absorb their own calcium from the medium.

The prevalence of iron chlorosis, especially on calcareous soils has led to investigation of the uptake and transport of iron. BIDDULPH and WOODBRIDGE (1952) found in the veins of chlorotic plants a precipitate containing P and Fe, indicating that chlorosis might be due in some cases not to deficient uptake but to deposition of iron in the veins. REDISKE and BIDDULPH (1953) showed that phosphate may reduce the uptake of iron. Thus, supplying labelled iron in a medium at pH 7 chlorotic plants were produced. With 0.001 M phosphate supplied, there was no iron uptake, but with 0.0001 M phosphate the leaf regions close to the veins were green, and autoradiography showed a deposition of iron in the veins. 0.0001 M phosphate supplied at pH 4 produced no chlorosis. BROWN *et al.* (1958) showed by reciprocal grafting that the difference between two soybeans in their ability to absorb iron lay in their root systems. Iron is more readily available to plants if chelated i.e. complexed with organic substances e.g. ethylene diamine tetra acetic acid (EDTA), JACOBSON (1951). WEINSTEIN *et al.* (1954) grew sunflower plants with roots divided in half; one half was put in culture solution containing ferrous sulphate; if the other half was in culture solution without iron chlorosis resulted; if it contained no iron but EDTA the plants were green. This indicates that EDTA may be transported without association with iron, while the iron must be absorbed, but in a non-available form. STEWART and LEONARD (1954) suggested that iron was kept mobile in plants as natural chelated compounds.

GOSS and ROMNEY (1959) showed that bicarbonate applied to the rooting medium reduced the concentration of tracer ions in the bleeding sap from cut shoots. However OLSEN (1953) and PORTER and THORNE (1955) present results which show that bicarbonate in the medium results in an increased concentration of ions in the root, indicating that there is some inhibition of transport into the stele. Little is known of the form in which the tracer elements are transported.

BOLLARD (1960) in his review of transport in the xylem gives a comprehensive list of complex organic substances which have been applied to soil and transported through the plant, probably in the xylem. These include systemic insecticides, fungicides, herbicides, antibiotics and growth regulators.

CHARLES (1953) suggested that the walls of the xylem elements were negatively charged because acid dyes were taken up much more rapidly than basic ones by excised leaves. Similar differences have been observed in uptake of the acidic antibiotic penicillin compared to the basic one streptomycin (CROWDY 1957). So simple an explanation cannot, however, account for the considerable differences in uptake of these compounds between different plants, also reported by these authors.

5. Movement of Foliar Applied Mineral Nutrients

The technique of spraying leaves with nutrients normally absorbed from the soil is now widely used. Such nutrients have been found to be readily absorbed by the leaves and, when transported to other parts of the plant, to move in the phloem.

BIDDULPH (1941) applied P^{32} as inorganic phosphate to bean leaves and found that the amount of phosphorus migrating from the leaves and its distribution in the plant varied through the day, the initial movement being principally in a downward direction. This downward movement was at a maximum at about 10 am. and at a minimum at about 10 pm. Upward movement from the leaves to the shoot growing regions was at a maximum at about noon. Biddulph and Markle (1944) continued the study with P^{32} and showed that, on entering the stem from the leaf, the tracer may move upward and downward in the phloem, the upward component varying from none to over 40% of the mobile phosphorus. P^{32} moved readily from the phloem to the xylem where it was carried upwards in the transpiration stream. This ready lateral transfer was confirmed by Biddulph and Cory (1957) in an experiment in which 24% of the translocated P^{32} was lost to the xylem.

S. Biddulph (1956) showed that radio-active sulphur also moved downwards from the leaves in the phloem.

Koontz and Biddulph (1957) showed that the amount of P^{32} translocated from a leaf over a 24 hour period increased as the amount applied was increased, that it was independent of the leaf area treated and of whether the upper or lower surface was treated. More P^{32} was transported from the older, lower leaves than from the younger upper leaves, while very young leaves did not export at all. Of the tracer entering the root the lower leaves contributed more than the upper, whereas all leaves treated appeared to export equal amounts to the stem apex. The amount of tracer moving downward in the stem was initially greater than the amount that moved upwards, but after 48 hours more had accumulated in the upper part of the plant than in the lower. The mobility of P^{32} varied according to the chemical form in which it was applied. Barinov and Ratner (1959) showed that there is a latent phase before assimilation begins which may last some hours and may be eliminated by puncturing the cuticle.

Bukovac, Wittwer and Tukey (1956) investigated the movement of calcium applied to the leaves as radio-active calcium chloride. They reported that it was immobile; no downward transport of Ca^{45} was detected in bean plants. Anaesthetisation of the leaves with diethyl ether led to translocation of considerable amounts of Ca^{45} to to all other parts of the plant. Bukovac and Wittwer (1957) reported on the mobility of several elements, using as a criterion the percentage of foliar applied isotope detected in untreated parts, together with autoradiographs to show the general distribution within the plant. Rubidium, sodium and potassium were the most readily absorbed and the most highly mobile. Calcium, strontium and barium were absorbed but practically immobile. Phosphorus, chlorine, sulphur, zinc, copper, manganese, iron and molybdenum were intermediate with decreasing mobility in that order.

Biddulph, Cory and Biddulph (1959) found that Ca^{45} was not completely immobile in the phloem, but had only 1/100 of the mobility of phosphorus compared at maximum mobilities. They reported that aetherisation caused injury to the vein tissue and resulted in movement in the xylem; they did not support the view (Bukovac and Wittwer 1957; Kessler and Moscicki 1958) that aetherisation caused a reverse polarity in the phloem. Barinov (1959) compared translocation in tomato of Ca^{45} and P^{32} supplied to the leaves in the same compound, $Ca^{45} (H_2P^{32}O_4)_2$. In three experiments the ration of P^{32} absorbed/Ca^{45} absorbed was two or more, which may indicate some absorption in molecular form; one experiment showed a ratio of less than two, indicating some ion absorption. Translocation, as given by the percentage of applied isotope detected in untreated parts, showed that P^{32} was only 1.3—2.0 times more mobile than Ca^{45}. The strongest and weakest movement of both elements occurred at the same time.

In the experimental time of three days 40—54% of the P^{32} and 29% of the Ca^{45} circulating in the phloem moved upwards, the remainder downwards.

TOLBERT and WIEBE (1955) found in squash plants that P^{32} applied to the leaves was recoverable only as inorganic phosphate in the phloem exudate.

EPSTEIN (1955) reported that SO_4, PO_4, SeO_4 and Ca could easily be washed out of leaves. LONG *et al.* (1956) reported that several amino-acids and large amounts of galactan could be washed out of leaves. This may indicate that there is a free space in leaves accessible to the exterior and through which the applied nutrients might enter. The latent phase before absorption reported by BARINOV and RATNER however indicates a cuticular barrier to absorption.

6. Lateral Movement and Circulation of Mineral Nutrients

The experiments of STOUT and HOAGLAND indicated ready transfer of mineral salts radially from the xylem to the phloem. There is evidence that lateral movement i.e. in a tangential direction does not accur so readily.

AUCHTER (1923) using apple, peach, oak and privet, carried out experiments in which nitrate was applied only to the soil on one side of the tree, or to the whole soil when the roots on one side of the tree were removed. In all cases analysis showed that leaves above roots which had received nitrogen increased in nitrogen content, while those not above such roots lost or failed to increase in nitrogen content. BODENBURG (1929) applied lithium nitrate to willows and failed to detect lithium spectroscopically in regions above, but laterally removed from the site of application. CARPENTER (1936) used sugar cane plants with ten roots, one in distilled water and one in each of nine solutions of one essential element, the combined solutions constituting a complete culture medium. The effect on growth and general appearance of the plants produced by this treatment indicated a failure of these components to combine in the plant for proper development. Since it is known that lateral transport of water occurs readily in plants (GREENIDGE 1959) restricted lateral transfer of mineral salts is puzzling, and indicates a need for critical experiments on the simultaneous lateral movement of salts and water.

PETRIE (1937) studied the export of nitrogen and phosphorus from the leaves of wheat and Sudan grass to the inflorescence when various levels of nitrogen were supplied to the roots. He found little effect of varying nitrogen supply, and over 80% of the foliar N, and 85—90% of the P was exported in wheat, while 40—70% of the N and 50—75% of the P was exported in Sudan grass. The difference was probably related to the difference in weight of the inflorescences, that of wheat being heavier.

WILLIAMS (1938, 1948, 1955) using oats showed that roots, stems and leaves, but especially the latter, export nitrogen and phosphorus to the developing inflorescence. WALKLEY (1940) and WALKLEY and PETRIE (1941), working with barley, presented evidence that the mobilisation and export of nitrogen from the leaves was not due to factors inherent in the leaves, but to the presence of sinks at the developing regions of the plant.

In the review of WILLIAMS (1955) will be found evidence, less substantial than that for N and P, that other elements are also exported from the leaves to the inflorescence.

Supplying sulphate to the roots of wheat plants KYLIN (1953) found that in the later stages of growth there was a redistribution of sulphur from the older to the younger parts of the shoot, and from the root to the shoot.

WILKINSON (1956) used P^{32} supplied to the roots to trace movement within the root system. During the first two hours in Vicia faba P^{32} supplied to one lateral root is first distributed within the root system, tending to accumulate temporarily in the lateral roots, before moving to the shoot.

HELDER and BONGA (1956) investigated some factors affecting redistribution of phosphorus. Young bean plants were allowed to absorb through the roots a limited quantity of P^{32} and then transferred to a medium without P. The tracer content of one of the primary leaves was studied. During the first few days the tracer content increased to a maximum, presumably as a result of continuing transport from the root. This was followed by a decrease to a constant level. The decrease could be stopped or even changed to an increase by placing the leaves in the dark, irrespective of the light conditions of the other parts. If the leaf remained in the light, however, transport of P^{32} was affected by the condition of the other parts. A further loss occurred if these were darkened, and subsequent illumination of them resulted in an increase. The authors thought that the results might be explained by a mass flow of the tracer with the sugars in the phloem.

BIDDULPH *et al.* (1958) supplied P^{32}, S^{35}, and Ca^{45} to the roots of bean plants and studied the circulation within the plant by means of autoradiographs. Some of the of the P^{32} continued to circulate within the plant during the whole of the 96 hour experimental period. The S^{35} was mobile at first, but seemed to be rapidly immobilised by incorporation into the young leaves. Ca^{45} was not retranslocated after being transported to the upper parts in the transpiration stream.

Using sugar beet and tomato, WOOLLEY *et al.* (1958) applied radio-active chlorine (Cl^{36}) in solution to the roots. Results showed that the tracer accumulated in the first six leaves during the first 30 days, by which time all the applied tracer had been absorbed. Thereafter radio-activity of these leaves rapidly decreased while that of new tissues increased, indicating a retranslocation of the element.

DELEANO and ADREESCO (1932), MURNEEK and LOGAN (1932), and DENNY (1933) are among a number of workers who have reported on the export of substances from leaves at senescence. Results indicate that 1—90% of N, P, K and Mg may be exported.

Literature

(See p. 562—568)

B. The Transport of Materials Elaborated in the Leaf

By

G. P. Hill

Organic substances synthesised in the roots generally ascend to the shoot in the xylem. Much organic material is synthesised in the leaves from which it moves to the growing regions of the plant; not all the material goes directly to these regions, much of it being stored for future use. The view generally held is that these organic solutes, accompanied by mineral salts, move in the sieve tubes of the phloem, whether from storage regions or from the leaves.

a) Evidence that Movement is in the Phloem

1. Exudation

In 1860 TH. HARTIG first described a method of tapping the sieve tubes of trees by making an incision in the bark. By microscopic exmination he observed that the exudate came from the sieve tubes. This was confirmed by HUBER and

ROUSCHAL (1938). CRAFTS (1939b) demonstrated phloem exudation from numerous herbs by by cutting off the top of a shoot and plunging it into water when, owing to differences of refractive index, thin columns of liquid could be seen descending from the phloem regions. Whenever the content of the phloem exudate has been studied it has been found to contain sugars in high concentration, together with smaller amounts of organic nitrogenous compounds and other substances. Such exudation does not occur from other parts of the cortex and we may conclude that the sieve-tubes constitute an extensive system under pressure. Exudation does not of itself demonstrate that the sap is moving in the intact plant.

2. Girdling, and Other Evidence

The technique of ringing, or girdling, has already been described and is very old. In the 19th century HEINRICH COTTA and later HARTIG and STRASBURGER carried out ringing experiments in which it was observed that the parts of the plant below the ring ceased to grow and often died. It was concluded that the bark carried elaborated materials down the trunk. More conclusive ringing experiments have been done since then, however.

In 1928 MASON and MASKELL showed for cotton plants that diurnal variations in sugar concentration in the leaves was more highly correlated with variation in the bark and, in particular, the inner bark than in the wood. Ringing below the foliated region interrupted the downward transport of carbohydrate, resulting in accumulation above the ring, as shown by tissue analysis. Insertion of paraffined paper between the bark and the wood did not interfere with carbohydrate transport, showing that contact between the two tissues was not essential. When the bark was divided into three parts, outer, inner and middle, and these analysed for sucrose content, the amount of sucrose present showed high correlation with the proportion of sieve tubes contained in each layer, indicating that the sieve tube might be the principal channel of transport. A similar picture was revealed with regard to the downward transport of nitrogenous compounds.

The data of JONES *et al.* (1903) and ANDERSSEN (1929) show that the xylem may contain considerable quantities of sugar in early Spring, and that this largely disappears when the shoots have completed their growth. This led to the assumption that the sugar was transported to the developing shoots in the xylem. Experiments by CURTIS (1935) however, indicate that upward movement of sugars stored in the stem or produced by the leaves also takes place in the phloem. Thus if Craetaegus shoots were ringed shortly before the start of growth in the Spring they made less growth than unringed controls; the amount of growth depended on the distance of the ring from the shoot apex, this determining the amount of reserves on which the shoot could draw. Similar results were obtained with Acer saccharum, a tree noted for the sugar contained in the xylem sap in early Spring. Results from double ringing i.e. two rings on one stem, showed that whereas starch disappeared from other parts of the stem it remained between the rings, indicating that carbohydrate could not be transported past the ring to the growing parts. Double ringing experiments on shoots with expanded leaves showed that, in contrast to controls, no starch deposition occurred between rings, indicating that photosynthates could not pass the rings. CURTIS also compared growth of shoots which were either ringed or had a section of the xylem removed. In comparison with defoliated checks, those with xylem removed made better growth than those which had been ringed. The shoots were kept moist and supported by a cylinder of water. Sugar contents were also higher in those with xylem removed than in the ringed plants.

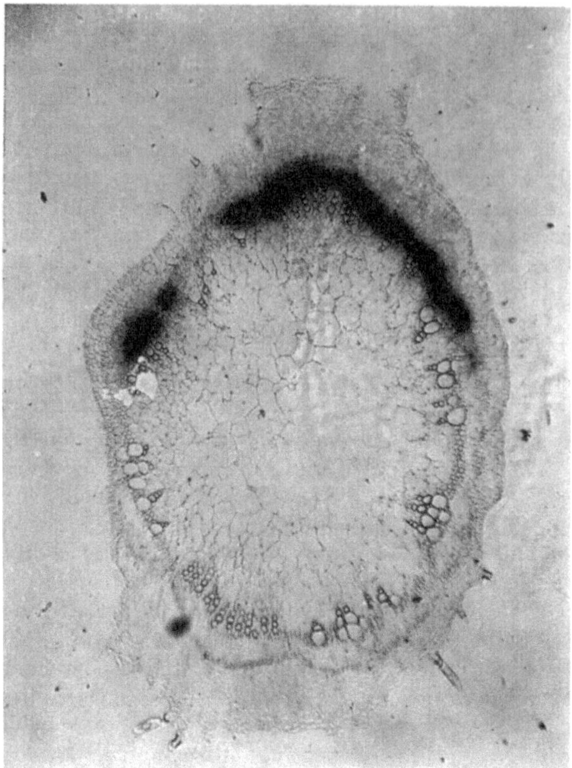

A

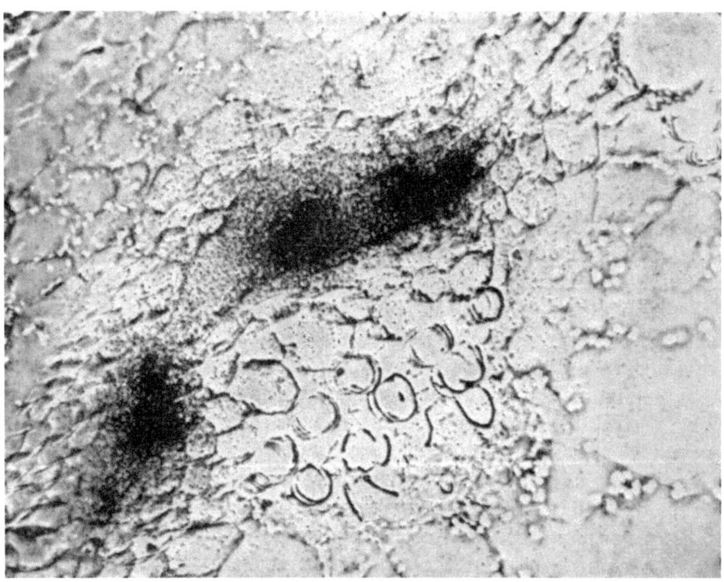

B

Fig. 95. Tissue radioautographs of transverse sections of soybean stem showing location of C^{14} labelled assimilates in the phloem after application of $C^{14}O_2$ to one primary leaf of soybean (*Glycine max L.*). (From PERKINS *et al.* 1959)
A Section from 0.5 — 1.5 cm. below the primary node after 15 minutes of translocation. Exposure 22 hrs. (x44.) — *B* Section from 0—1 cm. below the primary node, after 5 minutes of translocation Exposure 2 weeks. (x300)

SCHUMACHER demonstrated (1930) that translocation out of a leaf would take place through the isolated phloem of bundles and that treatment with eosin caused the sieve plates to become closed with callus and at the same time stopped the transport of solutes out of a leaf. WEEVERS (1928) showed that girdling plants with internal phloem did not prevent translocation past the girdle. MÜNCH (1930) showed that whereas ringing to the xylem stopped downward translocation, ringing down to the last phloem ring did not.

These classic experiments provide a convincing body of evidence that upward and downward translocation of organic material takes place in the phloem. More recent evidence from work using radioactive isotopes provides further support for this view.

RABIDEAU and BURR (1944) enclosed leaves of bean plants in an atmosphere enriched with CO_2 labelled with the radioactive isotope C^{13}. Passage of labelled assimilates down the stem was completely stopped by ringing with hot wax, which killed the living tissues. Water movement up past the ring did not appear to be impeded. Using the stripping technique, and supplying $C^{14}O_2$ to the leaves of Pelargonium plants CHEN (1951) found that the tracer was transported mainly in the bark. CHAILAKHYAN and BUTENKO (1957), using $C^{14}O_2$, also found that the assimilate flow was stopped by ringing the stem. BIDDULPH (1956) showed by means of autoradiographs that S^{35} applied to the leaves was translocated in the sieve tubes. PERKINS *et al.* (1959) showed that C^{14} labelled assimilates moved in the phloem (see Fig. 95).

b) Movement in Other Channels

DIXON and BALL (1922) and BIRCH-HIRSCHFELD (1919) rejected transport in the phloem on the theoretical grounds that the resistance of the sieve tubes was too high to account for the high rates of transport observed; they suggested that movement was in the xylem. This is a question of the mechanism of movement which is dealt with in a later section. PERKINS *et al.* (1959) supplied C^{14} labelled sucrose to the cut petioles of soybean leaves and obtained evidence, not yet conclusive, that it was rapidly translocated downward in the pith.

c) The Substances Found in the Phloem

In considering the nature of the organic materials transported by the phloem it should be remembered that tissue analysis of phloem or bark cannot distinguish between substances in the phloem sap and those in the phloem parenchyma or cortex. Tissue analyses carried out shortly after supplying leaves with $C^{14}O_2$ are more valuable than others since they only concern substances being translocated or recently removed from the conducting channels. However, even in minutes it is possible for quantities of photosynthate to be removed from the channels and transformed in the surrounding cells. Such evidence may provide useful indications but only analyses of sap known to be exuded from the sieve-tubes are reliable. In the usual methods of obtaining sieve-tube sap, by cutting off a shoot or by incision in the bark of a tree, substances eluted from the bark or torn from the cytoplasm may be included. This has proved to be important in the case of squash but in exudate from trees contamination appears to be very slight. The method of obtaining sap from the severed stylets of aphids seems to yield very pure sap, but has not yet been extensively applied. Fig. 96 illustrates the way in which sieve tube sap is obtained from severed aphid stylets.

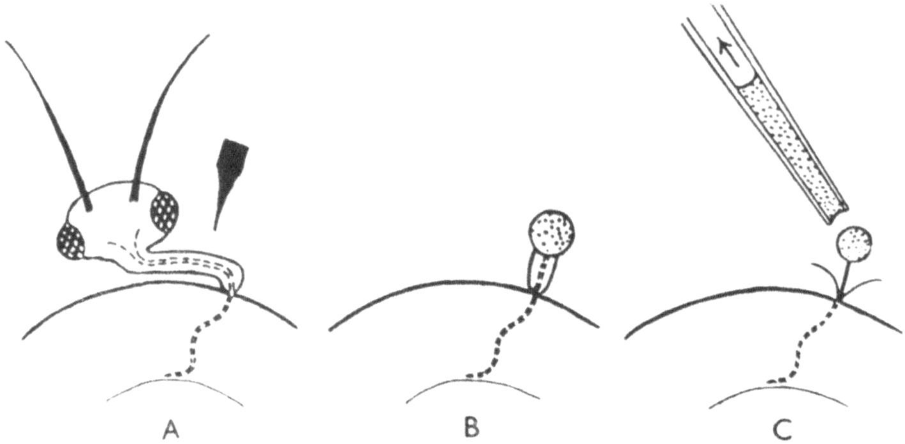

Fig. 96. Method of obtaining sieve-tube sap from aphid stylets. (From MITTLER 1958) *A* Aphid in feeding position on stem and cutting blade. — *B* Stylets and labium after cutting with a droplet of sap exuding. — *C* labium removed and capillary in position for sap collection

1. Carbohydrates

Analyses of the sieve-tube sap collected by bark tapping reveal that 90% or more of its dry weight consists of carbohydrates. In many trees the only sugar found is sucrose. WANNER (1953a) found only sucrose in *Carpinus Betulus* L. and *Robinia Pseudo-Acacia* L. ZIEGLER (1956) found only sucrose in the following trees: *Populus nigra* L.; *Alnus incana* (L) Willd.; *Alnus glutinosa* (L) Gartn.; *Fagus sylvatica* L.; *Castanea sativa* Mill.; *Quercus borealis* (Michx. f.) Farw.; *Quercus Robur* L.; *Quercus petraea* (Mattuschka) Liebl.; *Robinia Pseudo-Acacia* L.; *Acer platanoides* L.; *Tilia platyphyllos* Scop. ZIMMERMANN (1957a) found only sucrose in *Quercus alba* L.; *Quercus Prinus* L.; *Quercus rubra* L.; and *Acer saccharum* Marsh. Analysing sap collected by the aphid stylet method MITTLER (1958) and WEATHERLY *et al.* (1959) found only sucrose with traces of raffinose in Salix spp.; ZIEGLER and MITTLER (1959) found only sucrose in *Heracleum Mantegazzianum* L. *(herbaceous)* and *Picea abies* (L.) Karst.

Glucose and fructose, though found in quantity in analyses of the cortex and leaves, have never been found in phloem exudates. Experiments like those of SWANSON and EL-SHISHINY (1958) using $C^{14}O_2$ supplied to grape leaves indicate that these monosaccharides are rapidly produced from sucrose following its removal from the sieve tubes. When KURSANOV (1956) infiltrated sugar beet leaves with C^{14} labelled fructose he found that most of the label in the vascular bundles was present in sucrose.

A number of sugars of the raffinose family have been found in sieve-tube exudates by ZIMMERMANN (1957a). The principal sugars concerned are raffinose, stachyose and verbascose, which consist chemically of sucrose plus one, two and three added D-galactose moieties respectively. Their structure is shown in Fig. 97. A personal communication by Dr. ZIMMERMANN now makes it clear that these sugars are to be found generally in the plant world. Tests on fifty species of the Leguminoseae showed sucrose to be the only sugar present. On the other hand he found that certain families e.g. the Oleaceae, Verbenaceae and Bignoniaceae are characterised by the presence of the higher sugars in amounts equal to or more than sucrose. PRISTUPA (1959), working on *Cucurbita pepo* and using $C^{14}O_2$

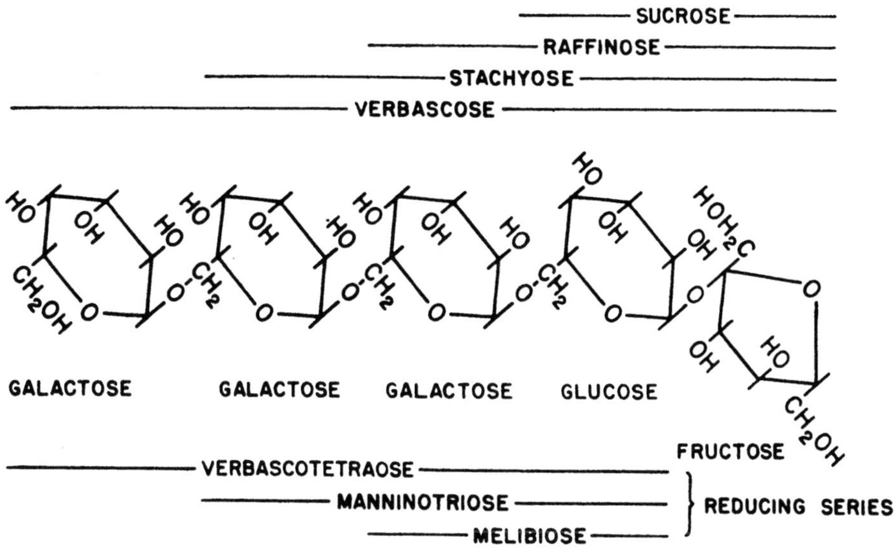

Fig. 97. Chemical structure of the most commonly found sugars in the sieve-tube exudates of plants (From ZIMMERMANN 1958a)

supplied to the leaves, found that after 30 minutes of absorption 70% of the label was in stachyose and verbascose. The usual total sugar concentration found in the sap ranges from 0.2—0.5 M.

2. Sugar Derivatives

D-mannitol, the sugar alcohol which results from the reduction of fructose or mannose, was found by ZIMMERMANN (1958b) to be present in sap of Fraxinus americana in concentrations of 0.05—0.2 M.

KURSANOV and VYSKREBENTSEVA (1954) reported the presence of phosphoric sugar esters in the phloem of cotton. Neither WANNER (1953) nor ZIMMERMANN (1957a) found sugar phosphates in the phloem sap, though in fresh tissue sections WANNER found evidence of phosphatase activity in the young sieve-elements.

ZIEGLER (1956) detected bound phosphate in phloem sap but only at concentrations of less than 0.01%. Since, unlike sucrose, they showed no variation in concentration with time of day or height above the ground he considered that they were normally immobile, probably bound to the cytoplasm. PROKOFYEV and SOBOLEV (1957) supplied P^{32} to the leaves of sunflower. Tissue analysis suggested that P was transported to the older seeds, at the stage of intense oil formation, in the form of organic phosphate.

3. Nitrogen Compounds

Nitrogen in the phloem is transported chiefly in the form of amino-acids and amides. Where proteins and peptides are found it is probable that these were torn from the cytoplasm (CRAFTS and LORENZ 1944). MITTLER (1958) lists the following present in stylet exudate from Salix; aspartic acid, glutamic acid, serine, threonine, alanine, valine, leucine and / or iso-leucine, phenyl alanine, asparagine, glutamine and possibly γ amino-butyric acid. Highest concentration was found in the Spring at the bud swelling stage when total nitrogen concentration reached 0.2%. During the mature leaf stage total N concentration was less than 0.03% and only small amounts of aspartic acid, glutamic acid, glutamine, and traces of asparagine could be detected. At leaf senescence the total N concentration again rose, to 0.13%, and all the compounds present at bud burst could again be detected. ZIMMERMANN (1958b) reported similar seasonal variations in bark exudate, the compounds concerned being mainly glutamine and glutamic acid. The results of ZIEGLER (1956) for *Quercus borealis*, *Q. robur*, *Q. petraea*, and *Acer platanoides*, showed the presence of glutamic acid, aspartic acid, and smaller amounts of alanine in bark exudate in the Summer. At leaf senescence others appeared: asparagine, glutamine, serine, methionine, valine and leucine. In Summer the total concentration was 0.04—0.05%, and at senescence 0.4—0.5%. In *Robinia Pseudo-Acacia* the Summer concentration was higher: 0.07—0.08%. PEEL and WEATHERLY (1959) reported that ten amino-acids/amides were present in stylet exudate from willow during the period from October to April; at other times only three could be detected: glutamic and aspartic acids and asparagine.

4. Organic Acids

PEEL and WEATHERLY (1959) report the presence of citric, tartaric and, possibly, oxalic acids, and suspected them to exist as anions in association with potassium cations.

5. Minerals

Some evidence on the existence of minerals in sieve tubes has been given in the section on the movement of foliar applied nutrients. MOOSE (1938) analysed the exudate of Fraxinus americana and Robinia Pseudo-Acacia for calcium, potassium and magnesium content and found concentrations of from 0.2—0.1%. Such low concentrations in bark exudates cannot be accepted as unequivocal since there may be contaminants present from the bark or cut cortical cells. Here the aphid stylet method needs to be applied for confirmation. ZIEGLER (1956) detected inorganic phosphate in the bark exudate, but again only in concentrations of less than 0.1%. PEEL and WEATHERLY reported potassium present in stylet exudate of willow in concentrations up to 2%.

6. pH

MOOSE (1938) reported that the pH of phloem exudate of various species ranged from 7.05—8.10. ZIEGLER (1956) gave the pH of *Heracleum* sap as 7.45—8.66.

d) Phloem Anatomy

Mechanisms of transport which have been proposed for movement in the phloem cannot be understood without knowledge of the structure of the sieve tube and its associated cells. In leaves, stems and roots of many herbaceous plants, and young apical regions of roots and stems of many woody plants, the phloem is found together with the xylem in a number of discrete strands, called vascular bundles. In woody stems and roots the phloem is found as a complete cylinder external to the cambium.

The sieve tube itself is a composite channel made up of cells called sieve elements end to end in longitudinal series. The sieve element is the quickest cell to develop in the apical meristems in the form of protophloem elements; further back elements of metaphloem and secondary phloem develop. In Monocotyledons and Dicotyledons the undifferentiated cell soon cuts off one or more companion cells by longitudinal division. Occasionally sieve tubes are found without companion cells (CHEADLE and ESAU 1958). Companion cells are nucleated, have dense cytoplasm and show intense metabolic activity; this and their close association with the sieve tube has led to the general view that they play some part, either in translocation or in abstracting solutes from the transport channel. Gymnosperms do not have companion cells, but certain cells called albuminous cells found associated with the sieve cells may be analogous (ESAU *et al.* 1953). HUBER

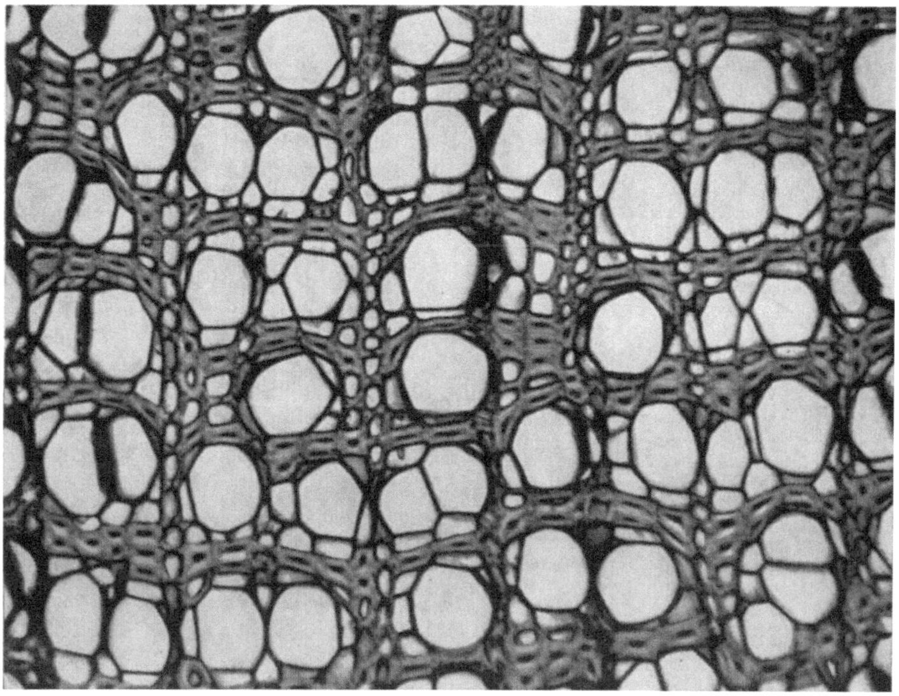

Fig. 98. Transverse section to show the phloem of *Bignonia magnifica* Bull., a liana. The large cells are sieve elements, the thick-walled cells are fibres; companion cells and phloem parenchyma are also shown. (x107.) (Photograph by Dr. M. H. ZIMMERMANN, Harvard University)

and GRAF (1955) report for certain dicotyledonous trees that other parenchyma cells may be associated with the sieve tubes; these like the companion cells are characterised by the absence of starch and collapse at the same time as the sieve tubes. Numerous plasmodesmata connect the sieve tube and these associated cells. The sieve element reaches a stage when it is elongated with a normal content of nucleus and cytoplasm; as with many cells no vacuole is distinguishable. Sieve areas develop on the walls as depressions enclosing interconnecting, plasmodesmatal strands. In Gymnosperms they are found on the lateral walls as well as the end walls, which are themselves oblique, and a similar situation is found with less advanced Angiosperms. In the latter they may also be confined to the end walls, two adjacent end walls then forming collectively a sieve plate. In the most advanced forms groups of connecting strands may close together by the dissolution, or pushing aside, of the intervening wall material (FREY-WYSSLING and MÜLLER (1957), forming one large strand up to 14 microns in diameter (ESAU and CHEADLE

1959). The holes in the sieve plates are called sieve pores and at one time they were thought to be open, but it is now accepted that they are filled with cytoplasm. It is doubtful whether there is any vacuolar connection through the pores (HEPTON *et al.* 1955); moreover the smaller connecting strands may be closed by

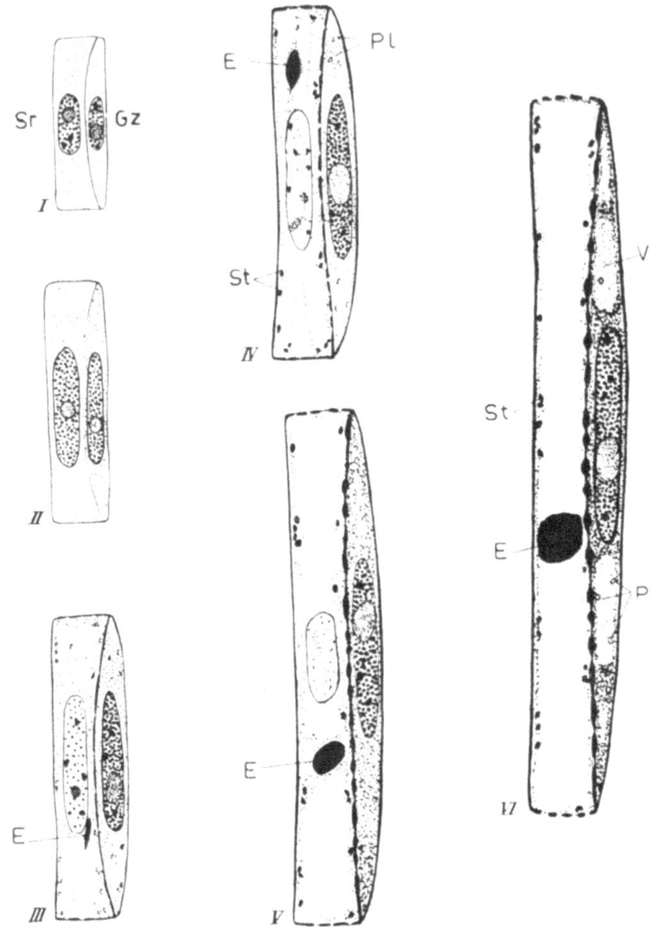

Fig. 99. Differentiation of a sieve element and an associated companion cell in the primary phloem of *Vicia faba* L. (Semi-diagrammatic; carmine acetic acid, squash preparation.) (From RESCH 1954) *I* After unequal cell division. — *II* Nuclei in endomitosis; companion cell with denser cytoplasm. — *III* Nucleus beginning to chromatolyse; nucleolus disappears. — *IV* The cytoplasm of the sieve element becomes vacuolated. — *V* The nacreous wall is formed between the sieve element and the companion cell. — *VI* The sieve plates are perforated.
Sr Sieve element; *Gz* Companion cell; *E* Protein body; *St* Amyloplasts (starch); *Pl* Pastids; *V* Vacuole

a membrane in the middle (VOLZ 1952). ESAU and CHEADLE (1955) found that the cambial initials may divide transversely more than once, resulting in more sieve plates than would be expected from the size and shape of the cambial initials.

While the sieve element still has a nucleus it is judged to be immature. To attain the mature state profound changes occur in the protoplast as follows. The nucleus disintegrates and becomes dispersed; the cytoplasm, when it can be distinguished, is seen as a very thin, delicate layer close to the cell wall, and strands called slime strands can often be seen stretching across the centre of the cell. This slime is different from the cytoplasm but little is known of its composition or function. It has been thought to consist of breakdown products of the nucleus, and may act to seal the sieve tube when it is severed and the resulting release of pressure forces the contents against the sieve plate; prolonged bleeding is thus prevented; however this is doubtful as a primary function. The development of a sieve tube and an associated companion cell is shown in Fig. 98. Fig. 99 shows a section of the phloem of a tropical liana.

For many years there was controversy over whether or not the sieve tube had a limiting semi-permeable membrane. CRAFTS (1939a) considered the sieve tube to be functional only when semi-permeability had been lost; the limiting layer which then prevented loss of turgor and solutes would be provided by the surrounding parenchyma. HUBER und ROUSCHAL (1938) also reported that the sieve tubes could not be plasmolysed. CURTIS (1939) maintained that plasmolysis could be observed if proper precautions were taken in preparing the material. ROUSCHAL (1941) and SCHUMACHER (1939) also reported plasmolysis of sieve elements. The paper of CURRIER *et al.* (1955) removed doubts on this question when they reported plasmolysis of sieve elements in all but one of 23 species tested. The principal precaution they took was to first reduce turgor by placing a six inch length of stem in 0.2—0.3 M sucrose solution for 1—2 hours and then remove a half inch length from the centre for sectioning in the same medium. The cytoplasm did not come away from the end walls during plasmolysis, but since deplasmolysis did not occur rapidly they suggest that this was due to the strength of its atachments to the sieve plate, and not to its being permeable at the sieve plate. An equally probable explanation is that the sieve-plate protoplast is permeable but the sieve tubes became sealed at the ends by a membrane which prevented sucrose from the medium from entering. ZIMMERMANN (1957b) found that the sieve tubes remained turgid for long periods following defoliation, and points out that this indicates the presence of a semi-permeable membrane which prevents the solutes from leaking out. As he points out (1960a) this semi-permeability is not a purely physical membrane property but a result of the controlled metabolic exit and entry of solutes along the length of the sieve tube.

A feature of many plants at leaf fall is that the sieve plates become closed by a substance called callose. In some species the sieve tubes become functional again in the spring and the callose is redissolved (ESAU 1948). In many others new sieve tubes develop in the spring and a section of the stem shows a functional layer of sieve tubes inside a number of layers of crushed sieve tubes. SCHUMACHER (1930) found that callose deposition was associated with wounding, and ZIMMERMANN (1960a) has pointed out that it may be induced by treatment prior to sectioning. CURRIER and STRUGGER (1956) reported callus formation associated with the plasmodesmata of other types of cells.

A characteristic of members of the Diascoreaceae is that the sieve tubes appear to be interrupted at the nodes by groups of cells rich in cytoplasm and containing no starch (BRAUN 1957). The translocation system does not appear to suffer in its function, and it is becoming clearer that sieve plates and cytoplasm are not the obstacles to transport they were once thought to be.

e) Direction of Flow

In the section on foliar-applied mineral nutrients will be found some data on the direction of movement of these out of the leaf in the phloem. As with the xylem radial movement is known to occur readily, e.g. BIDDULPH and CORY

(1957) reported that 24 % of translocated C^{14} assimilates in the bean were lost from the phloem in the stem. Many observations indicate that tangential movement does not occur readily. Caldwell (1930) found that unilateral defoliation of the sunflower produced asymetric growth of the stem and capitulum. Prokofyev and Sobolev (1957) showed by application of labelled phosphate to the leaves of sunflower that P^{32} was found almost exclusively in that part of the fruiting head directly above the leaf, showing that each sector of the fruit was supplied by a particular leaf. Later, Prokofyev *et al.* (1957), they showed that removal of the leaves from one orthostichy did not affect fruiting; some lateral movement of solutes was therefore possible. Removal of the leaves from 3—4 orthostichies resulted in asymetric development of the fruiting head showing that lateral transport was not sufficient to compensate for the removal of so many leaves, and that little redistribution takes place within the fruit. Injury may thus result in some tangential movement but in the uninjured plant this is very slight. Münch (1937) observed that absence of growth below a severely shaded branch caused the formation of a groove extending down the trunk; solutes evidently could not be supplied from other branches to augment supplies from the poorly lighted one, although when this branch died the groove later disappeared, presumably because new sieve tubes from the other branches developed. Zimmermann (1960b) showed by defoliating one branch of a Y-shaped tree that the tangential movement of solutes was not greater than an angle of 1° from the centre of the cross section of the trunk. Weatherly *et al.* (1959) also provide some evidence on the absence of lateral transport in lengths of willow stem. Chailakhyan and Butenko (1957) report movement of C^{14} labelled assimilates from one leaf of perilla into the opposite leaf, but it is not clear whether this occurred in the xylem.

Chailakhyan and Butenko also report that the upper leaves supply mainly shoots on the upper and middle parts of the stem, whereas lower leaves supply assimilates mainly to the roots. There is some upward movement from the lower leaves and this is increased if some of the upper leaves are removed. Nelson and Gorham (1957) found that C^{14} labelled assimilates accumulated more in the shoot tip in the light and more in the roots in the dark. Pristupa and Kursanov (1957) found in 50 day old pumpkin plants that only 1—5 % of C^{14} labelled assimilates reached the roots in daylight hours, a large proportion of the remainder accumulating in the stem section 10 cm. below the treated leaf. At night most of these accumulated products were translocated to the root.

f) Polarity

By polar transport we mean transport which can only take place in one direction, such as the basipetal polar movement found in auxin transport. The finding of Leonard (1939) that sucrose was evenly distributed along the sieve tubes of detached sugar beet leaves does not indicate any polarity of movement within them. Rouschal (1941) and Bauer (1953) were able to control the direction of flow of fluorescein in the sieve tubes of *Cucurbita* and *Pelargonium* respectively by the use of solutions of different osmotic potential; no polarity was indicated. Ziegler could not repeat this using *Heracleum* (Huber 1958). The results of Zimmermann and Connard (1934) using inarch grafts indicated no polarity, though it is possible that transport was through new sieve tubes. Kursanov and Zaprometov (1949) immersed the morphologically upper or lower ends of pieces of wheat stem to a depth of 1 cm. in 0,5 % glycine or asparagine solution; after twenty minutes 5 cm. was cut from each end and tested for increase in nitrogen compared to controls in water. The increase was always greatest at the morphologically upper end, which they took as an indication of polar movement in the sieve tubes. This might also be explained by a more intense accumulation at the upper end. WEATHERLY, PEEL and HILL (1959) found no difference in stylet exudation whether the stylets were located at the morphologically upper or lower end of a stem segment, indicating no polarity.

g) Circulation of Organic Materials

It is basic knowledge that organic materials may be stored in regions of the plant during the dormant season and retranslocated to the growing tissues at the beginning of the next season. Evidence has recently been obtained (ZIMMERMANN 1958, WEATHERLY *et al.* 1959) that cells adjacent to the sieve tubes which accumulate materials are in more dynamic equilibrium with the sieve tubes, abstracting solutes from or releasing them into the transport channel according to conditions. KURSANOV and his co-workers (KURSANOV 1957) have demonstrated an interesting short term circulation of substances. It is shown that up to 50% of C^{14} labelled assimilates travel down to the roots, chiefly in the form of sucrose. There the sucrose is rapidly converted into other compounds, mainly organic acids, and later amino-acids and ureides. The roots may supplement this by the fixation of CO_2, also chiefly in the form of organic acids. Nearly half the products of assimilation later return to the shoot as organic acids—shown by detopping pumpkin plants and collecting the bleeding sap.

h) Metabolic Activity of the Phloem and its Relation to Translocation

1. General

We have already seen that the sieve tube has a semi-permeable membrane. Semi-permeability is now known to be metabolically maintained, a property of living, healthy cells which can easily be destroyed so that, despite its lack of a nucleus, the sieve element is evidently a living cell. Moreover the fact that callose is deposited and may be removed from the sieve plates shows that the cytoplasm carries out controlled enzymatic processes, which would not be expected if it were in a denatured state.

Tests have been carried out on freshly cut sections with the compound tetrazolium chloride which is reduced to a purple substance, formazan, and thus gives some indication of a cell's reducing capacity. BAUER (1953) found little formazan production in the sieve tubes of leaf veins, but large quantities in the border parenchyma. CURRIER *et al.* (1955) found that large amounts were formed in the companion cells of stem sections, varying amounts in the phloem parenchyma and none or occasional granules in the sieve tubes.

2. Enzymatic Activity

WANNER (1953a) found no trace of sugar phosphate in the phloem exudate of Robinia, however he did find (1953b) activity of certain enzymes of the glycolytic respiratory system, in particular, phosphoglucomutase and certain phosphatases, however hexokinase and aldolase were not present, which, WANNER suggests, indicates that the cytoplasm is not actively concerned with sugar transport. Such a conclusion is too sweeping to be justified by his results, especially since some enzymes may not have come out in the sap. It is interesting to compare Wanner's results with those of Kursanov *et al.* (1959) who studied the glycolytic enzymes of isolated conducting tissues of sugar beet. They found hexokinase, phosphohexoseisomerase, and aldolase, but not phosphoglucomutase. Such studies cannot distinguish enzymes of sieve tubes from enzymes of parenchyma and companion cells. Frey (1954) using histochemical tests detected phosphatase activity in very young sieve elements, but seemed uncertain whether this was not an artifact due to movement from the companion cells. Van Fleet (1952) reported peroxidase in all cells of the phloem. Zimmermann (1958) deduced the presence of an α-galactosidase in the cytoplasm of the sieve tubes of Fraxinus americana. The presence of other enzymes has also been inferred from experiments using metabolic inhibitors (see later section).

3. The Effect of Low Temperature

Curtis (1929) reported little effect on translocation from a leaf of lowering the petiole temperature to 6° C. Below 6° a marked retarding effect was noted. Such a critical temperature has not been observed since.

Went and co-workers (1944, 1949) found that the rate of bleeding from detopped tomato plants could be varied according to the concentration of a sucrose solution supplied to a leaf. Using the rate of bleeding as a measure (a rather dubious one) of the translocation of sugar to the root they found that lowering the temperature of the stem enhanced translocation. Hull (1952) chilled petioles of sugar beet and stems of tomato to 1—3° C. while supplying C^{14} labelled sucrose to the leaves. Translocation was followed by measuring accumulation in the tap root (tomato) or by means of autoradiographs made at short intervals after applying the sucrose. An equal or greater translocation at the lower temperatures compared to normal was indicated.

Böhning and his co-workers used a method based on the results of Weintraub and Brown (1950), who found that stem elongation in Phaseolus was directly proportional to the sucrose concentration of a solution applied to leaves in the dark. Böhning *et al.* (1952) investigated the effect of hypocotyl temperature on translocation of carbohydrate from bean leaves and found an optimum of 33° C. Böhning *et al.* (1953) used tomato and measured translocation as growth of the stem or small leaf, which they found was directly proportional to the sucrose concentration of a solution applied to a leaf. They found an optimum of 24° C. with a Q_{10} of about 1.5 between 12° and 24° C.

Vernon and Aranoff (1952) found for the soy bean plant that the rate of translocation of labelled assimilate from a leaf was greatly depressed at low temperatures and in the time normally taken to travel 28 cm. only 12 cm. was travelled at 2° C. Swanson and Böhning (1951) obtained similar results when lowering the petiolar temperature of bean leaves, but the effect decreased with time. This could have been due to a build-up of concentration in the terminal leaf sieve elements. Swanson and Whitney (1953) also reported a retarding effect of lowered temperature, using labelled mineral isotopes applied to leaves. Bauer (1953) using Pelargonium found that lowering the temperature of the petiole had little effect on the transport of fluorescein out of the leaf; lowering the temperature of the lamina had a much more marked retarding effect.

Though the results are contradictory the weight of the evidence indicates a retarding effect of lowered temperature on translocation. Its effect could be on the viscosity of the sap or on the rate of metabolic processes. The Q_{10} of 1.5—2 suggests that an effect on viscosity cannot fully account for the results.

4. Dependence on Respiration

A. Oxygen Requirements

CURTIS (1929) was not able to retard the transport of materials from bean leaves by coating the petioles with paraffin, but by enclosing them in an atmosphere of nitrogen at slight pressure significant retardation was noted. The pressure may have forced the gas into the intercellular spaces of the lamina, displacing the air and interfering with the metabolic entry of solutes into the sieve-tubes.

The most convincing evidence for the dependence of translocation on respiration will be found in the paper of MASON and PHILLIS (1936). They found that coating the outside of the bark of cotton plants with varnish or plasticine resulted in up to 50% retardation of translocation compared to controls. Immersing the bark in mineral oil resulted in 60—100% of transport being blocked.

BAUER (1953) found that covering the petiole of Pelargonium with paraffin had no effect on transport of fluorescein from the lamina. As in the case of CURTIS this treatment cannot ensure that oxygen will be displaced from the intercellular spaces of the petiole. This applies also to the results of VERNON and ARANOFF who found that transport of C^{14} labelled assimilates from leaves of soy bean was not retarded by surrounding part of the stem with an atmosphere of nitrogen. WILLENBRINK (1957) exposed the central petiolar bundle of *Pelargonium*, removing the rest of the tissue, and exposed it to an atmosphere of nitrogen or hydrogen. No effect on the transport of fluorescein from the leaf was observed.

B. Oxygen Consumption of Vascular Tissue

KURSANOV and TURKHINA (1952a and b) and WILLENBRINK (1957) used the WARBURG apparatus to measure the oxygen consumption of excised vascular bundles from sugar beet leaves and *Pelargonium* petioles respectively. They found an intensity of respiration 5—6 times greater than for the petiolar tissue and just above that for laminar tissue. KURSANOV and TURKHINA found that the respiration of the excised bundle increased by about 17% if it was immersed in sucrose solution or if only one quarter of its length was immersed. In their view this indicated that the respiratory energy was being used in transporting the sucrose. WILLENBRINK found a similar increase in respiration whether the bundles were immersed in sucrose solution or in pure water. ZIEGLER (1958) found that sugar solutions were without effect on the respiration of excised bundles of *Heracleum Mantegazzianum*. In addition, though he found an increased respiration intensity of the excised bundles he found that they had lost the capacity to transport sucrose faster than killed bundles, indicating that the increase in respiration was not connected with translocation.

C. Effect of Metabolic Inhibitors

Early papers are reviewed by CURTIS (1935). BAUER (1953) applied phlorizidin, a chemical affecting phosphate transfers, to the leaf blade of Pelargonium and found a marked retardation in the transport of fluorescein from the lamina, whereas if it was applied to the petiole little effect was observed. VERNON and ARANOFF (1952) applied cyanide locally to the stem of soy bean and found no effect on the transport of labelled assimilates from the leaves; it is possible that the inhibitor failed to penetrate to the phloem. The primary leaves of bean plants have hollow petioles. Into the central petiolar cavity KENDALL (1955) injected solutions of inhibitors and investigated their effect on the transport of P^{32} applied to the lamina. He found no effect of 2,4-D (2,4-dichlorophenoxyacetic acid), or IAA (3-indoleacetic acid) which are both growth substances; no effect of TIBA (triiodobenzoic acid), an auxin antagonist; and no effect of sodium fluoroacetate which inhibits aconitase of the citric acid cycle. DPN (2,4-dinitrophenol) and sodium fluoride (both known to affect phosphate transfers) inhibited transport. WILLENBRINK (1957) enclosed exposed petiolar vascular bundles of Pelargonium in a chamber into which he introduced various inhibitors; he studied their effect on transport of fluorescein, nitrogen compounds, phosphorus compounds and C^{14} labelled assimilates out of the lamina. Displacing the air with carbon monoxide had no effect. Cyanide (known to inhibit Cu- and Fe-containing enzymes) vaporized from a 10^{-3} M solution inhibited transport reversibly. Sodium azide (which affects Cu- and Fe-containing enzymes and phosphate transfers), DPN, sodium arsenite and iodoacetic acid (the latter two combine with reactive SH groups) stopped transport irreversibly. It is feasible in both KENDALL's and WILLENBRINK's experiments that the inhibitors entered the xylem and were carried with the transpiration stream to the lamina where they interfered with the entry of the solutes into the sieve tubes. Such a possibility could be tested by the use of labelled inhibitors.

TURKHINA and DUBININA (1954) measured the oxygen uptake of isolated vascular bundles of sugar beet and Plantago in water, 0.01 M KCN, or 0.01 M DDC (diethyl-dithio-carbamate which inhibits Cu-containing enzymes). They found that cyanide inhibited 40.7 % of the uptake and DDC inhibited 54 %. Their view was that cyanide inhibited the cytochrome system whereas DDC inhibited polyphenol oxidase. However the respiration of isolated vascular tissue has been shown to be of doubtful relation to translocation. ZHOLKEVICH *et al.* (1958) showed that respiration of the vascular bundles of sugar beet was higher in drought conditions than normal despite the fact that translocation was depressed.

Though none of the evidence presented is completely unobjectionable and we still await critical experiments, the weight of evidence at present is in favour of a respiration—dependent translocation.

i) Other Factors Influencing Translocation

Light influences translocation in the obvious way of providing energy for the formation of photosynthates. Diurnal variations in concentration (see next section) may be simply related to diurnal variation in light intensity, but it is possible that endogenous rhythms also play a part. The fact, already mentioned, that more assimilates pass to the roots at night would probably be better explained with reference to differences in the physiology or environment between the root and shoot, than as simply related to light conditions. NOVITSKY (1957) maintained short day plants (red perilla) and long day plants (lettuce) in a non-flower-inducing photoperiod, then moved some of them into an inducing photoperiod. Those remaining in the non-inducing conditions transported more labelled assimilates out of the treated leaf in the first 2-3 weeks after the transfer than the plants under an inducing regime. On the other hand a greater proportion of the transported assimilates reached the roots under the inducing day-length.

SIDERIS and KRAUS (1955) removed pineapple suckers from the mother plant and kept them away from soil or moisture for three months in a greenhouse in light or shade. It was shown for the flowering shoots that water and food materials were translocated in large quantities from the leaves to the growing fruits and new suckers, even under these conditions of water deficiency. WEATHERLY *et al.* (1959) showed that the sieve-tubes of willow stems remain turgid in the face of an osmotic potential of over twenty atmospheres in the xylem. ZHOLKEVICH *et al.* (1958) demonstrated that prolonged and intense soil moisture deficiency retards the flow of assimilates from the leaves to the roots in sugar beet, and to the ears in wheat. A secondary effect noted was that the resulting build up of assimilates in the leaves depressed photosynthesis and increased the loss through respiration.

Mineral nutrition and sugar translocation are to some extent interdependent. Thus HOAGLAND and BROYER (1936) showed that roots supplied with endogenous or exogenous sugar absorbed mineral salts more rapidly than roots which had been depleted of cabohydrate by induced respiration in tap water for 24 hours. Conversely PRISTUPA and KURSANOV (1957) present convincing evidence that nitrogenous fertilization greatly increases the translocation of assimilates from leaves to roots of pumpkin. Although no difference in photosynthetic assimilation could be detected between the two groups, those plants with the roots in a solution of ammonium nitrate transported about four times as much labelled assimilates to the roots as those in distilled water. This was thought to be due to the absorbed nitrogen acting as carbon acceptors for the formation of amino-acids, thus creating an intensive sink for assimilates and enhancing their flow to the roots. Work of ANSIMOV (1959) on wheat and sunflower, also employing C^{14} labelled assimilates, confirmed that translocation from the leaves to the roots was decreased when nitrogen was absent from the rooting medium. Moreover, he found that potassium deficiency reduced translocation even more than nitrogen deficiency. Accumulation in the root was measured as % of the total radio-activity of the plant, thus avoiding discrepancies due to variations in the amount of $C^{14}O_2$ absorbed by different plants. If the KCl of the nutrient solution was replaced by $KHCO_3$ an increase in translocation was found. The author ascribes this to CO_2 fixation by the roots in the form of organic acids, which intensifies the general organic acid synthesis mechanisms, creating a more intense sink for the carbohydrates from the leaves.

SISLER, DUGGER, GAUCH and co-workers (1953, 1954, 1956, 1957) and SHKOLNIK *et al.* (1958) present evidence that boron treated plants show increased translocation of sugars compared to boron deficient plants. Thus GAUCH and DUGGER (1953) found that when a single leaf of a tomato plant was immersed in a C^{14} labelled sucrose solution containing 10 ppm boron 550% more radio-activity was found in the stem tip compared to when no boron was supplied. Their interpretation was that a borate-sugar complex formed in the leaves penetrates the sieve-tube membrane more readily than other forms of sugar. DUGGER *et al.* (1957) suggest that boron decreases the amount of starch formed in the leaf so making available more sugar for translocation. SKOK (1957) suggested that boron affected some unspecified cellular activity rather than forming a sugar complex. MCILRATH and PALSER (1956, PALSER and MCILRATH 1956) obtained results indicating that the lower translocation found in boron deficient plants is due to a resulting deterioration of the conducting tissue. ZIEGLER (1956) found no boron present in phloem exudate; the limit of detection of his method was 5 ppm, which rules out any possibility that a sugar-borate complex is actually translocated.

j) Diurnal and Seasonal Variations

Huber *et al.* (1937) measured the sugar concentration of phloem exudate in 50 year old oaks and found a maximum at night and a minimum during the early morning. Zimmermann (1958b) found a sugar concentration peak in the late evening in the bark exudate of Fraxinus americana; the minimum occurred at about noon time. It has already been mentioned that more assimilates pass to the roots during the hours of darkness. The evidence available (Peel and Weatherly 1959, Zimmermann 1958b) suggests that the highest sugar concentrations in the sieve tubes are present at break of dormancy, and the lowest at leaf senscence in the Fall, with intermediate concentrations during the summer months. Reference has already been made to the seasonal variation in nitrogen content.

k) The Mechanism of Translocation

1. Entry into and Exit from the Sieve Tubes

Phillis and Mason (1933), following on from the work of Mason and Maskell (1928a and b), claimed to have demonstrated movement of sucrose against a gradient of concentration from the mesophyll of the leaf into the veins. By tissue analysis they showed that the sucrose concentration in the phloem of stem and leaf of cotton was about ten times higher than in the leaf mesophyll cells. They concluded that there must be an active polar movement of sucrose into the sieve tubes from the leaf mesophyll, and suggested that the conspicuous, enlarged companion cells and mother cells (transition cells) were concerned with active accumulation of sucrose followed by its release into the sieve tubes.

Leonard (1939) showed that sugar moved from the lamina of sugar beet into the petiole in light or darkness. In a detached leaf this process would go on until the lamina was completely depleted and there were high concentrations in the petiole. There was no tendency to accumulate more in one part of the petiole than another, so that polarity was therefore a property of the border parenchyma, around the ends of the fine veinlets. In mature leaves no reversal of polarity occurred on darkening, and the reverse movement, into the lamina, only took place in the case of leaves grown from the beginning in the dark. Experiments also showed that sugar beet leaves will starve themselves to death while supplying a root which already has a concentration of 15–20%. Thus polar movement into and out of the sieve tubes is indicated. In analyses of functioning leaves Leonard found higher sucrose concentrations in the petiolar phloem than in the leaf parenchyma. Loomis (1945) using maize, found that sugar travelled from a low concentration in the leaf through stalks which had a higher concentration to the cobs which had the highest. Curtis and Asai (1939) and Roeckl (1949) reported that sieve-tube sap would plasmolyse the nearby parenchyma cells of the leaf. The experiments of Leonard indicated that mature, darkened leaves cannot act as sinks for assimilates. Aranoff (1955) and Belikov (1959) found by darkening parts of leaves that labelled photosynthate would not move from parts in the light into the darkened mesophyll, though it would pass through it in the veins.

Some observations have been made on a possible mechanism to account for the polar movement of sucrose into the veins. Wanner (1953) found sucrose but no hexoses in the phloem, but hexoses and hexose phosphate in the mesophyll. He also found intense phosphatase activity in the companion cells and the border parenchyma enclosing the vascular bundle. He therefore suggested that these cells are active in splitting off phosphate from the hexose phosphate coming to them from the mesophyll, and synthesise sucrose which is released into the sieve tube. With such a scheme there is no longer a movement against a gradient, since outside the sieve tube there would be a gradient of sugar phosphate from the mesophyll—site of synthesis—to the border parenchyma and companion cells where it is transformed. The high sucrose concentration in the sieve tube would be maintained by the differentially permeable membrane. BAUER (1953) and ZIEGLER (1956) have also favoured such a mechanism. BARRIER and LOOMIS (1957) painted sugar beet leaves with a solution containing P^{32} and found that a few hours afterwards 80% of the absorbed P^{32} was in the form of organic compounds. Six hours after application a large proportion of the tracer was located in the veins while considerable areas of mesophyll were clear of it. No translocation was necessary to load the veins in this manner but a supply of available carbohydrate was essential. This may mean that the phosphorus could only be moved to the veins as sugar phosphate. The hypothesis does not yet satisfactorily account for the failure of sugar to move into darkened mesophyll.

2. Long Distance Translocation

A. The Rate of Movement

DIXON and BALL (1922) made estimates of the rate of sucrose movement in the phloem to account for the growth of tubers. Considering the potato and greater yam, and allowing a supplying tube with a cross-sectional area the size of the total phloem and total sieve-tube area, and sucrose solutions of 10% and 25% respectively, they calculated that rates of 50–88 cm/hr were required. Similarly for potato CRAFTS (1933) estimated a rate of 19 cm/hr if a 10% sucrose solution was supplied through the total phloem cross section.

More recent measurements of the flow of labelled photosynthates indicate similar high rates. Thus HARTT and BURR (1950) fed $C^{14}O_2$ to sugar cane plants and within 20 hours radioactive material was present in all parts of the plant including sister stalks. Moreover, assimilates from a leaf were respired six hours later by roots 258 cm. away, giving a rate of transport of 43 cm/hr. VERNON and ARANOFF (1952) found for soy bean that labelled assimilates were translocated from the leaf at a rate of 84 cm/hr. BIDDULPH and CORY (1957), supplying labelled compounds to the leaves of bean plants found that P^{32} and Thorium moved at 87 cm/hr while C^{14} moved at 107 cm/hr. This included the time for movement from the mesophyll into the phloem. HUBER, SCHMIDT and JAHNEL (1937) found that the concentration peak of bark exudate moved down the trunk of red oak at a rate of approximately 100 cm/hr. ZIMMERMANN (1958a) calculated a rate of 54–73 cm/hr for Fraxinus americana (see the original paper for the method).

The rates observed or calculated are several thousand times faster than would occur by ordinary physical diffusion, and there has been much speculation on the mechanism involved. The movement of small amounts of C^{14} supplied as $C^{14}O_2$ to the leaves of soy bean at rates in excess of 5,000 cm/hr, reported by NELSON *et al.* (1959), must involve a separate mechanism and perhaps a different channel to that functioning for the slower rates.

B. The Mass Flow Hypothesis

The mass flow hypothesis essentially postulates that solutes move together with water in the sieve tubes as a result of a difference in hydrostatic pressure at the two ends of a semi-permeable system. Thus the end of the translocation system is at high turgor in the leaf, turgor being maintained by a high concentration of photosynthetically produced sugar; turgor is reduced at the other end by the abstraction of solutes and a consequent osmotic outflow of water. A continual pressure difference is thereby maintained between source and sink.

Modern ideas on mass flow date from the publication of MÜNCH's book 'Die Stoffbewegungen in der Pflanze' in 1930. In his first exposition MÜNCH suggested that the turgor pressure originated in the leaf parenchyma and was transmitted to the sieve tubes via the plasmodesmata, mass flow of solution following this course. At the other end the pressure pushed the solution through the plasmodesmat into the root cells (or other absorbing cells). It is now considered that solutes enter and leave the sieve tubes metabolically, turgor pressure difference being maintained only in the sieve tube itself. Evidence such as that of CURTIS and SCOFIELD (1933) demonstrating higher concentrations in receiving than supplying organs do not therefore discredit mass flow.

One of the difficulties proponents of mass flow have to face lies in the structure of the sieve tubes. Although among phloem cells they are the obvious choice for a conducting channel, and the sieve plates have often been cited as structures specialised for conduction (which, compared to normal cell walls with their narrow plasmodesmata, may be conceded), the sieve plates nevertheless may constitute a considerable barrier to flow because of the cytoplasmic content of the sieve pores. The presence of slime strands within the lumen of the sieve element is another feature difficult to reconcile with mass flow. Such structural difficulties led DIXON to reject the phloem as a translocation channel.

CRAFTS (1931, 1932, 1933) tried to reconcile sieve-tube structure with pressure flow. Using POISEUILLE's formula to calculate the pressure needed to drive sap through the sieve plates he obtained results which he considered to be much too high and postulated that flow took place mainly in the highly hydrated cell walls. Following criticism by STEWARD and PRIESTLEY (1932) he reverted to the view that flow must be mainly through the sieve-tube lumen, though he continued to believe that there was a component flowing through the walls. As late as 1948 and 1951 CRAFTS published papers adhering to this view; he quoted FREY-WYSSLING in support of the feasibility of the idea that the cell walls might contain pores large enough for the free penetration of solute molecules.

In connection with flow across the sieve plates he wrote that the important point was whether the sieve-pore cytoplasm contained intermolecular spaces which would allow fairly free movement of solutes; he envisaged the cytoplasm molecules as being in continual thermal agitation and shuffling the solute molecules through as in a sieve. Since the establishment of sieve-tube semipermeability (CURRIER *et al.* 1955) CRAFTS does not appear to have maintained the view that flow occurs through the cell walls.

MÜNCH (1943) reconsidered the problem of the sieve plate and maintained that a pressure flow was possible even if the sieve pores were filled with cytoplasm. He showed experimentally that water could be forced through the narrow tracheids of conifers, with their numerous cross walls, as rapidly as through the wood of trees with open vessels. He suggests that this is because though the pores in the walls are narrow they occur on very oblique end walls, such that the total pore area is not less than the cross-sectional area of the tracheid. Such considerations, he says, may also be applied to the sieve tubes, since the sieve plates are generally on oblique walls.

ZIMMERMANN (1957b, 1958) emphasised the role of the cells lining the translocation channel in abstracting or supplying solutes to the sieve tubes, depending on conditions, possibly according to the presence or absence of a stimulus from the leaves. WEATHERLY, PEEL and HILL (1959) also show the importance of a reversible equilibrium between the sieve tube and the contiguous storage cells. They showed that when solute supplies from the leaves were cut off the stem storage cells took over the function of supplying solutes to the sieve tubes. Such processes are possibly of importance not only at the start of the growing season when reserves must be mobilised, but also in conditions unfavourable for photosynthesis or when extra solutes are needed to maintain turgor in the face of high tensions in the xylem. The results of WEATHERLY *et al.* indicate that the sieve element is the important unit in translocation, but with isolated stem pieces a length of 16 cm., or 800–1,000 sieve elements, is necessary for maximum rates and concentrations. This is probably related to the need for a minimum number of storage cells to supply solutes at the required rate to maintain turgor under the prevailing conditions. The authors adhere to the mass flow hypothesis insofar as flow is a result of pressure difference between source and sink.

BAUER (1949) suggested that a glandular type of secretion might occur at the sieve plates, this being overlaid by a pressure flow. He advanced this view to account for an apparent dependence of translocation on oxygen supply. Later (1953) he decided that it was the polar movement of solutes into the sieve tubes of the leaf that was oxygen dependent and made no reference to his previous suggestion. In view of the difficulties encountered by the simple mass flow hypothesis in accounting for flow across the sieve plates, and considering the accumulating evidence that the sieve plates do not constitute a barrier, workers are more and more considering the possibility of a secretory or electro-osmotic flow of solutes across the sieve plates.

C. The Experimental Evidence for Mass Flow

Exudation. HARTIG (1860) was the first to make incisions in the bark of trees and observe exudation from the phloem. He also reported that a second cut made below the first generally yielded no sap, whereas a cut above did. MÜNCH (1930) observed that this release of turgor extended down for distances of 25–600 cm., according to the species. Lateral release of turgor was rarely observed. Curiously MOOSE (1938) reported for a number of trees that a second cut above did not affect the exudation rate from the first unless about 5 cm. away. Exudation has also been reported and used by CRAFTS, HUBER, ZIEGLER and ZIMMERMANN. Exudation from aphid stylets (MITTLER 1957, WEATHERLY *et al.* 1959) makes it particularly clear that the exudation is maintained by continuing turgor due to a constant replenishment of sieve-tube solutes, and not simply to tissue pressure. In those cases where exudation soon stops (from one cut it lasts about half a minute in most trees) evidence suggests that this is due to the blocking of the cut sieve tubes. However, exudation cannot be accepted as evidence that mass flow occurs in the intact plant; it does demonstrate the existence of a high turgor in the sieve tubes, and that mass flow is possible in sieve tubes. If mass flow does occur in the intact plant then it must be at a much slower rate, since an incision opens the system to atmospheric pressure. Rates calculated from stylet exudation are about five times higher than those generally reported for intact plants. Exudation cannot always be obtained from bark incisions (HUBER 1958): in particular no exudation is observed in the Spring until the shoots have finished elongation, though it may be obtained from branches or saplings by the aphid stylet method. It may be that the sieve tubes of the main trunk do not become active until the leaves begin to function. In addition, in later months exudation from the bark may be obtainable in the morning but cease at about noon; this may be one case where flow occurs as result of a suction gradient rather than a pressure gradient. A further explanation is that under conditions of high transpiration it may be difficult to sever the phloem without the sap being sucked into the xylem vessels.

Concentration Gradients. It might be expected that a turgor difference between leaves and roots would be reflected in a positive concentration gradient down the stem and there is some evidence for such a gradient. DIXON and GIBBON (1932) collected sieve-tube exudate from *Fraxinus excelsior* at different heights above ground and found osmotic potential differences ranging from 2.2–8.5 atm./metre. HUBER *et al.* (1937) studied sucrose concentrations at different heights of Quercus rubra and found a positive gradient of about 0.012 atm./metre. ZIMMERMANN (1957b, 1958) also found such gradients and showed that total sugar gradients disappear in the Fall or upon artificial defoliation. PFEIFFER, using cryoscopic measurements on the sap of various trees reported gradients of 0.11–1.04 atm./metre.

Flow Induced by Artificially Imposed Turgor Gradients. ROUSCHAL (1941) injected concentrated glycerol solution into the stem cavity of Cucurbita at one point and produced a surging flow through a series of sieve elements in the reverse direction to normal; he observed this by using the dye fluorescein. SCHUMACHER (1950) could not repeat this using sucrose solution and suggested that the effect of glycerol was due to irritation of the cytoplasm. BAUER (1953) rejected this criticism because by using a petiole of pelargonium with ends in solutions of different concentrations he found that he could control the direction of movement of fluorescein in the main bundles. Glycerol, glucose, sucrose and potassium nitrate solutions were effective.

Movement of Solutes in the Same Direction. According to the mass flow hypothesis solutes should move together in the same direction depending on the turgor gradient and it is probable that some substances would be moved against their concentration gradients. ZIEGLER (1956) for phosphate and ZIMMERMANN (1958b) for sucrose, give evidence of negative gradients down the trunk, but in neither case was it determined that the solute was actually moving downward. It has generally been considered that the sugars, being in greater concentration, control the turgor gradients and thus the direction of movement in the sieve tubes. However, the report of PEEL and WEATHERLY (1959) discloses the possibility that solutes such as potassium may be of importance.

Evidence has accumulated that the movement of viruses and the growth substance 2,4-D within the plant is a passive one with the assimilate stream. The first experiments of BENNETT (1927, 1932) were carried out on raspberry using the mosaic and leaf curl viruses. He found that inoculated canes produced symptoms on the new growth and passed into the roots in the course of a few days or weeks, but did not invade uninoculated sister canes until the next season, shortly after growth began. Movement into uninoculated canes could be induced in the same season by pruning them sufficiently to cause growth of the lateral buds. He also found that the virus could not pass a ring on the stem. In two experiments using stems of *Nicotiana glauca* with top and basal grafts of *Nicotiana tabacum*, Bennett inoculated either the upper or the lower graft and found that symptoms of virus from the top appeared at the base in average periods of 28–32 days, whereas when the basal one was inoculated the virus took 130–302 days to move up and produce symptoms at the top. This indicates that the virus is travelling with the carbohydrate stream since from the healthy upper grafts there would tend to be a continual transport of assimilates downward, with little upward movement. This conclusion is supported by the observation that in some plants in which the virus had not been transported upwards in over 365 days, defoliation led to appearance of symptoms in an average period of 18 days. In other experiments (1934, 1937) sugar beet plants were used in which three shoots were connected by a common root. When one shoot was infected with curly top virus and a second either defoliated or kept darkened, virus passed into the latter and produced symptoms in 10–18 days. The third shoot which was a control, actively assimilating in the light, remained free of symptoms for 55–183 days. When a shoot was both defoliated and darkened the virus moved into it in 24–48 hours. Virus introduced into the tips of etiolated beet leaves in the dark failed to move out of the leaf in a period of 21 days, although it moved out of green leaves in the light within 4 hours. In 1944 BENNETT used the parasitic dodder plant together with his technique employing a sugar beet plant with three shoots, and showed that infesting a shoot with dodder had the same effect as darkening or defoliation.

MITCHELL and BROWN (1946) applied 2,4-D as 0.01 ml. solution containing 10 micrograms of 2,4-D to the upper midrib of the primary leaves of the bean plant. Translocation was detected by a curvature of the stem just above the cotyledonary node. The concentration of 2,4-D did not affect the rate of its translocation but did affect the degree of curvature. Some experiments showed that light was necessary for transport. Plants were covered with a box immediately after applying 2,4-D and the controls kept exposed to light. 22 hours later those in the light showed a marked curvature whereas those in the dark showed none. Growth had occurred in the dark showing that lack of growth was not the explanation. 2,4-D directly applied to the stem in the dark produced curvature showing that there was no qualitative difference between the stem tissues due to darkness. Moreover the 2,4-D was translocated in the dark if the plant was first subjected to a period of high light intensity; presumably sufficient carbohydrates were then accumulated for transport in the dark. MITCHELL and BROWN also showed that transport of 2,4-D did not occur under conditions of high light intensity if the leaf was deprived of CO_2. Nor was 2,4-D transported out of young rapidly growing leaves in the light, probably because the assimilate flow was into the leaf. 2,4-D applied to a leaf would not pass a killed region, pointing to phloem transport; when applied to the root it would pass such a region, suggesting that transport was then in the xylem. RICE (1948) established that more 2,4-D was actually absorbed in darkness than in the light.

Other foliar-applied substances which have been found to depend on light or a supply of sucrose for their transport are phosphorus (BARRIER and LOOMIS 1957), cobalt (GUSTAFSON 1956) and chloride (ARISZ and SOL 1956). HAY and THIMANN (1956) also found that 2,4-D needed light or a supply of sucrose for transport out of the leaf, but they suggest that the sugar is needed as an energy source to move 2,4-D into the sieve tube rather than as a source of the turgor for mass flow. BARRIER and LOOMIS did show that an energy source was necessary for the passage of phosphate into the veins, and some results obtained with 2,4-D might be explained on this view. HAY and THIMANN also point out that 2,4-D is readily metabolised in the plant and evidence of transport of the labelled atom cannot be accepted as transport of applied, labelled 2,4-D unless identification is also made. However the observation of CRAFTS and YAGAMUCHI (1958) and others that labelled, foliar applied substances do not readily enter mature leaves in the light is not easily explicable except by a mass flow with the assimilate stream. The results with viruses cannot be explained by the lack of an energy source for movement into the veins, since in many cases light and an energy source were present yet the virus, or its precursor, was not translocated. CRAFTS and YAGAMUCHI also compared the mobilities of a number of herbicides and found much variation which seemed to depend on the extent to which they were accumulated and immobilised in the cells and tissues through which they passed, and how easily they entered the xylem stream.

Studies of the movement of dyes such as fluorescein have proved inconclusive. SCHUMACHER (1933) found no difference between movement out of leaves in the dark compared to those in the light, and concluded that transport occurred in the cytoplasm. ROUSCHAL (1941) and BAUER (1949, 1953) found that movement of fluorescein could be controlled by factors affecting assimilate transport, e.g. BAUER found that the rate of movement of the dye varied according to the concentration of sucrose solution supplied to the treated leaf in the dark. However experiments with untreated leaves showed that the rate of transport in the light was only about 1.5 times greater than that in the dark. The variation in results obtained with these dyes appears to be due to the fact that they may be transported by more than one mechanism.

CHAILAKHYAN and BUTENKO (1957) working with red perilla showed that the flowering stimulus was transported with the assimilate flow.

BIDDULPH and CORY (1957) supplied P^{32}, thorium and $C^{14}O_2$ to bean leaves and found that the first two moved with the labelled assimilates. Differences in actual velocities of the isotopes suggest that a metabolic factor is also involved, possibly in the passage across the sieve plates. The results of BONNER (1944) on the accumulation of different substances above a girdle also indicate different velocities for movement of different solutes in the same direction, but the apparently different accumulation rates may also reflect different rates of utilization by the tissues above the girdle.

D. Hypotheses of Independent Solute Movement

In contrast to mass flow, hypotheses have been put forward which postulate that different solutes may move independently of each other and of the solvent.

As a result of his studies CURTIS (1935) concluded that solute movement was by protoplasmic streaming within the sieve elements combined with diffusion across the sieve plates, the direction of movement depending on the concentration gradient. Little substantiating evidence was brought forward in support of the hypothesis, and rates of protoplasmic streaming observed in plant cells are far too low to account for observed rates of transport. Streaming has never been observed in sieve tubes and the careful paper of CURRIER *et al.* (1955) convincingly disposes of the argument that failure to observe it has been due to faulty technique.

MASON, MASKELL and PHILLIS demonstrated in their numerous studies that transport in the phloem was associated with positive concentration gradients in the direction of flow. By methods involving defoliation or darkening the leaves they found that they could reverse the normal flow of solutes, and that this was accompanied by a reversal of the concentration gradient. They concluded that movement was by a process similar to diffusion. They calculated that the rate of movement of solutes was at least 40,000 times greater than could be accounted for by normal diffusion, and was close to the rate of movement in air if sucrose were a gas. They therefore suggested (MASON and MASKELL 1928, MASON and PHILLIS 1936) that in the sieve tube the resistance of water to the movement of solutes was in some way reduced by the activity of the protoplasm using respiratory energy. They termed the movement 'activated diffusion'. It has no adequate foundation in physical theory or experiment.

MANGHAM (1917) suggested that sugars in the sieve tubes were adsorbed on to cytoplasmic colloid material which formed a continuum from leaf to root, and that an equilibrium existed between free and adsorbed sugar such that the removal of sugar at the root would cause a wave of readjustment resulting in movement of sugar down the chain. This was pure speculation, but the suggestion of VAN DEN HONERT (1932) that rapid flow may occur at the interface between two immiscible phases was based on observation of the movement of potassium oleate along the interface between water and ether. Considering the variety of solutes carried in the assimilate stream, it is doubtful whether the requisite interfaces exist. NELSON *et al.* (1959) suggest that such a movement may be involved where they have observed very high rates of transport.

It is thus evident that mass flow and most other hypotheses are dependent on differences in concentration and the distinguishing feature of mass flow is that all solutes in the same pressure system move in the same direction. Some workers have tried to demonstrate the movement of two different solutes in opposite directions at the same time. The results have not been conclusive. MASON and PHILLIS (1936) tried to demonstrate simultaneous movement of nitrogen and carbohydrate in opposite directions over a period of 14 days, sampling every two days. The results indicated movement in both directions but the time intervals between samples were ample to allow mass flow in one direction followed by a reversal of flow. PALMQUIST (1938) studying fluorescein and carbohydrate movement claimed to have demonstrated simultaneous movement in opposite directions. Fluorescein however may move by several mechanisms and is not a good indicator of normal solute movement. CHEN (1951) used P^{32} and C^{14} as $C^{14}O_2$ applied to different leaves and found them both in a piece of bark between the two leaves. Two major objections apply to these experiments. Firstly, the duration of the experiments is sufficient for solutes to be transferred from the phloem to the xylem, travel to the leaves in the transpiration stream (as reported by BIDDULPH and MARKLE 1944) and then down again in the phloem. Secondly, the evidence now points to sieve tubes acting independently as pressure systems. CURRIER *et al.* (1955) showed that sieve elements are individually plasmolysable; each can thus maintain a turgor pressure. ROUSCHAL (1941) showed that fluorescein may flow in opposite directions in the inner and outer phloem of the same vascular bundle. BIDDULPH (1956) by autoradiographs of bean stem sections showed that P^{32} and S^{35} originally supplied to a leaf was present in only certain sieve tubes of the connected vascular strand, indicating that sieve tubes may absorb and translocate solutes independently. Only an experiment demonstrating simultaneous transport of different solutes in opposite directions in the same sieve tube can invalidate mass flow and such an experiment is exceedingly difficult to devise.

E. Electrokinetic Hypotheses

Recently two workers have put forward hypotheses in which electrokinetic forces have been postulated as the principal forces producing movement of water and solutes in the sieve tubes. Though as yet lacking a substantial foundation of experimental evidence they do not conflict with the known facts, and are significant in that the role of the sieve plate becomes fundamental.

FENSOM (1957, 1959) emphasises the role of the hydronium ion ($H^+ + H_2O = = H_3O^+$) which is involved in most metabolic reactions in the plant, being produced in regions where growth and respiration are active and moving to regions of H_3O^+ absorption such as the photosynthesising leaves. As they travel up the sieve tubes, because of their high mobility, they traverse the sieve plates more rapidly than other ions with the result that potential differences appear across them. The side of the sieve plate nearest the source of hydronium ions will become electronegative with respect to the other side. Since the sieve pores contain cytoplasm the membranes may be considered of protein nature and the membrane pores will have a negative zeta potential. This will result in the liquid, i.e. the sieve-tube sap, being moved in the direction of the (positive) current, and in the opposite direction to the hydronium ions. The sap would thus move from the leaves to regions of growth and utilization. There may still be a contributing factor of turgor pressure, as envisaged for mass flow. On such a scheme one should find different rates of transport for different solutes according to molecular size and charge.

SPANNER (1958) advanced a similar view in which the principal role of providing a difference of potential across the sieve plate was given to the potassium ion. The difference in concentration of potassium ions across the membrane was considered to be metabolically maintained. The potassium ions would be carried across the sieve plate with the sap and the potential difference would then diminish, so SPANNER suggests that they are absorbed by the companion cells and transported back to the other side of the sieve plate where they are released into the sieve tube. Transport through individual sieve elements is thought to be by turgor pressure. In such a scheme the drop of turgor pressure from one end of a sieve element to the other might be compensated for during movement across the sieve plate, thus obviating the need for very high turgor pressure differences down the sieve tube.

F. General Conclusions on the Mechanism

At present the data available seem best explained on the basis of a mass flow associated with some metabolic component, possibly acting at the sieve plates. Data on the relationship between translocation and metabolism are valuable, but it is now archaic to cite them as evidence to invalidate mass flow. Another point which does not seem to be sufficiently appreciated is that translocation is a function of individual sieve tubes and their associated cells, and there is no reason why transport by mass flow or other mechanisms should not be at different rates or even in different directions in different sieve tubes. Rates of flow are dependent not only on the activity of the source, but on the activity at the sink. Considering that the amount of incident light received and therefore of photosynthesis carried out varies greatly from leaf to leaf, and considering also that sieve tubes supply different roots, rootlets, leaves, shoots, flower buds, fruits, storage organs etc., whose rates of utilization must vary widely, it would be surprising if transport rates and concentrations did not vary from sieve tube to sieve tube.

Literature

(See p. 562—568)

C. The Transport of Auxin

By

G. P. Hill

a) General

It has already been shown that growth substances such as 2,4-D travel in the phloem when applied to leaves. Huber *et al.* (1937) also reported the presence of natural auxin in the phloem exudate of various trees in July and August. Work in the 1930s produced the basic data on auxin transport and are well dealt with in Went and Thimann's book "Phytohormones" (1937). They may be summarised as follows. Transport of natural auxin (in most cases indole-3-acetic acid, IAA) is polar in a basipetal direction from the shoot tip (monocotyledons), the young leaves (dicotyledons) and the root tip. The velocity of transport generally ranges from 9–20 mm/hr. Transport is active insofar as it is inhibited by an atmosphere of nitrogen, and auxin may be accumulated against a concentration gradient. Ether and similar narcotics destroy the polarity, confining movement to passive diffusion. In experiments in which large, unphysiological concentrations of auxin are applied to plants, auxin may penetrate the xylem and travel acropetally.

Van der Weij (1932) reported that the rate of auxin transport through coleoptile sections was not affected by temperature, but the amount transported increased with temperature. Gregory and Hancock (1955) using lengths of woody apple stems enclosed in humid chambers found that a polar transport of auxin down the stem occurred such that if after two hours the stem was cut into $^1/_2$ cm. sections those nearest the apex contained no auxin. They also measured the length of stem which was cleared of auxin in a given time at different temperatures and concluded from the results that the rate of transport had a Q_{10} of about 2 between 10° and 30° C. They disagreed with Van der Weij's view that only the amount of auxin transported was temperature dependent. Though they are possibly right, since they did not measure the rate of advance of an auxin front their results can be explained equally well by assuming that at higher temperatures the rate of transport remained the same but greater amounts were transported. Gregory and Hancock also demonstrated that the amount of auxin transported varied linearly with the oxygen concentration below 5%.

Leopold and Guernsey (1953) obtained indications from experiments on Coleus that auxin transport was more rapid in the vegetative stem than in the flowering stem. The results also point some acropetal transport in the flowering shoot, compared to strict basipetal polarity in the vegetative shoot. The results are not yet regarded as conclusive.

Goldsmith (1959) reported on work in progress at Harvard using C^{14} labelled IAA, which shows that the limited acropetal movement which may be observed in coleoptile sections is equal to the basipetal movement in an atmosphere of nitrogen, both being only a fraction of normal basipetal movement in air, indicating that both are due to passive diffusion. Acropetal movement demonstrated by Jacobs (1954) was not shown to be active, since it was not determined whether it was inhibited by nitrogen or occurred against a gradient.

b) Mechanism of Auxin Transport

The rate of polar transport of auxin is about 200 times greater than passive diffusion. Protoplasmic streaming has been thought to account for this (Went 1928, Du Buy and Olsen 1940) but Clark showed that saponin applied to coleoptile sections stopped protoplasmic streaming but did not interfere with auxin transport. However, Du Buy and Olsen could not stop protoplasmic streaming by the use of saponin. Electrolytic transport in response to a potential gradient has also been proposed because the apex of a plant is generally negative to its base. Clark (1937, 1938) also showed that inverting a coleoptile section, or applying an external electrical potential to a coleoptile, may reverse the normal potential gradient yet not interfere with normal auxin transport. Treatment of coleoptiles with a 10–100 ppm solution of sodium glycocholate inhibited auxin transport but did not interfere with the potential difference. A satisfactory hypothesis for the movement of auxin is yet to be forthcoming. Thimann (1935), using two auxins, obtained results indicating that the molecular structure of the auxin was an important factor in its transport. Other workers using auxin inhibitors have shown that inhibition of transport varies with the structure of the inhibitor. Thus Keitt and Skoog (1959) found such variation using auxin homologues, such as substituted benzoic acids, while Niedergang-Kamien and Leopold (1959) obtained further evidence using eleven different chlorinated phenoxyacetic acids. The fact that different auxins compete in the transport process suggests that the auxin undergoes adsorption at some stage.

Literature

Andel, O. M. van: The influence of salts on the exudation of tomato plants. Acta Bot. Neerl. **2**, 445–521 (1953). — Andel, O. M. van, W. H. Arisz and R. J. Helder: Influence of light and sugar on growth and salt intake by maize. Proc. K. Nederl. Akad. Wetensch. Amsterdam **53**, 159–171 (1950). — Anderssen, F. G.: Some seasonal changes in the tracheal sap of pear and apricot trees. Plant Physiol. **4**, 459–476 (1929). — Ansimov, A. A.: The translocation of assimilates in wheat seedlings in connection with root nutrition conditions. Fiziol. Rasteny **6**, 138–143 (1959). — Arisz, W. H.: Contribution to a theory on the absorption of salts by the plant and their transport in parenchymatous tissue. Proc. Roy. Acad. Amsterdam **48**, 420–446 (1945). — Significance of the symplasm theory for transport in the root. Protoplasma **46**, 5–62 (1956). — Influence of inhibitors on the uptake and transport of chloride ions in leaves of Vallisneria spiralis. Acta Bot. Neerl. **7**, 1–32 (1958). — Arisz, W. H., and H. H. Sol: Influence of light and sucrose on the uptake and transport of chloride in Vallisneria leaves. Acta Bot. Neerl. **5**, 218–246 (1956). — Aranoff, S.: Translocation in soybean leaves. II. Plant Physiol. **30**, 184–185 (1955).

Barinov, G. V.: Comparative rates of entry of P^{32} and Ca^{45} and their mobility in plants following foliar application. DAN USSR **125**, 227–228 (1959). — Barinov, G. V., and E. I. Ratner: Some features of the assimilation of substances through the leaves after foliar application. Fiziol. Rasteny **6**, 324–332 (1959). — Barrier, G. E., and W. E. Loomis: Absorption and translocation of 2–4 dichlorophenoxyacetic acid and P^{32} by leaves. Plant Physiol. **32**, 225–231 (1957). — Bauer, L.: Über den Wanderungsweg fluoreszierender Farbstoffe in den Siebröhren. Planta **37**, 221–243 (1949). — Zur Frage der Stoffbewegungen in der Pflanze mit besonderer Berücksichtigung der Wanderung von Fluorochromen. Planta **42**, 367–451 (1953). — Bennett, C. W.: Virus disease of raspberries. Mich. Agr. Exper. Sta. Tech. Bull. **80**, (1927). — Further observations and experiments with mosaic diseases of raspberries, blackberries and dewberries. Mich. Agr. Exper. Sta. Tech. Bull. **125** (1932). — Plant-tissue relations of the curly top virus. J. Agr. Res. **45**, 665–701 (1934). — Correlation between movement of the curly top virus and translocation of food in tobacco and sugar beet. J. Agr. Res. **48**, 479–502 (1937). — Studies of dodder transmission of plant viruses. Phytopathology **34**, 905–932 (1944). — Biddulph, O.: Diurnal migration of injected radiophosphorus from bean leaves. Amer. J. Bot. **28**, 348–352 (1941). — The translocation of minerals in plants. *In*: Mineral nutrition of plants. Ed. E. Truog.

University of Wisconsin Press, 1951. — BIDDULPH, O., S. BIDDULPH, R. CORY and H. KOONTZ: Circulation patterns for phosphorus, sulphur and calcium in the bean plant. Plant Physiol. **33**, 293–300 (1958). — BIDDULPH, O., and R. CORY: An analysis of translocation in the bean plant using THO, P^{32} and C^{14}. Plant Physiol. **32**, 608–619 (1957). — BIDDULPH, O., R. CORY and S. F. BIDDULPH: Translocation of calcium in the bean plant. Plant Physiol. **31**, 512–519 (1959). — BIDDULPH, O., and J. MARKLE: Translocation of radiophosphorus in the phloem of the cotton plant. Amer. J. Bot. **31**, 65–70 (1944). — BIDDULPH, O., and C. G. WOODBRIDGE: The uptake of phosphorus by bean plants with particular reference to the effects of iron. Plant Physiol. **27**, 431–444 (1952). — BIDDULPH, S. F.: Visual indications of S^{35} and P^{32} translocation in the phloem. Amer. J. Bot. **43**, 143–148 (1956). — BIRCH-HIRSCHFELD, L.: Untersuchungen über die Ausbreitungsgeschwindigkeit gelöster Stoffe in der Pflanze. Jahrb. wiss. Bot. **59**, 171–262 (1919). — BLEDSOE, R. W., C. L. COMAR and H. C. HARRIS: Absorption of radioactive calcium in the peanut fruit. Science **109**, 329–330 (1949). — BODENBURG, E. T.: Lateral transfer of lithium nitrate in Salix. Amer. J. Bot. **16**, 229–237 (1929). — BÖHNING, R. H., W. A. KENDALL and A. J. LINCK: Effect of temperature and sucrose on growth and translocation in tomato. Amer. J. Bot. **40**, 150–153 (1953). — BÖHNING, R., H., C. A. SWANSON and A. J. LINCK: The effect of hypocotyl temperature on translocation of carbohydrates from leaves. Plant Physiol. **27**, 417–421 (1952). — BOLLARD, E. G.: The use of tracheal sap in the study of apple tree nutrition. J. Exper. Bot. **4**, 363–368 (1953). — Composition of the nitrogen fraction of apple tracheal sap. Austral. J. Biol. Sci. **10**, 279–287 (1957a). — Translocation of organic nitrogen in the xylem. Austral. J. Biol. Sci. **10**, 292–301 (1957b). — Nitrogenous compounds in tracheal sap of woody members of the family Rosaceae. Austral. J. Biol. Sci. **10**, 288–291 (1957c). — Nitrogenous compounds in the xylem. *In*: The physiology of forest trees. Ed. K. V. THIMANN, New York, N. Y.: Ronald Press, 1958. — Transport in the xylem. Ann. Rev. Plant Physiol. **11** (1960). — BONNER, J.: Accumulation of various substances in girdled stems of tomato plants. Amer. J. Bot. **31**, 551–555 (1944). — BRAUN, H. J.: Die Leitbündelbecken in den Nodien der Dioscoreaceae mit besonderer Berücksichtigung eines unartigen Typs assimilateleitender Zellen. Ber. Dtsch. Bot. Ges. **70**, 305–322 (1957). — BRIGGS, G. E., and R. N. ROBERTSON: Diffusion and absorption in disks of potato tissue. New Phytol. **47**, 265–283 (1948). — BROUWER, R.: The regulating influence of transpiration and suction tension in the water and salt uptake by the roots of intact Vicia faba plants. Acta Bot. Neerl. **3**, 264–312 (1954). — Investigations into the occurrence of active and passive components in the ion uptake by Vicia faba. Acta Bot. Neerl. **5**, 287–314 (1956). — BROWN, J. C., R. S. HOLMES and L. O. TIFFIN: Iron chlorosis in soybeans as related to the genotype of the rootstock. Soil Sci. **86**, 75–82 (1958). — BROYER, T. C.: Further observations on the absorption and translocation of inorganic solutes using radioactive isotopes with plants. Plant Physiol. **25**, 367–376 (1950). — BROYER, T. C., and D. R. HOAGLAND: Metabolic activities of roots and their bearing on the relation of upward movement of salts and water in plants. Amer. J. Bot. **30**, 261–273 (1943). — BROYER, T. C., and R. OVERSTREET: Cation exchange in plant roots in relation to metabolic factors. Amer. J. Bot. **27**, 425–430 (1940). — BUKOVAC, M. J., and S. H. WITTWER: Absorption and mobility of foliar applied nutrients. Plant Physiol. **32**, 428–435 (1957). — BUKOVAC, M. J., S. H. WITTWER and H. B. TUKEY: Anaesthetisation by di-ethyl-ether and the transport of foliar applied radiocalcium. Plant Physiol. **31**, 254–255 (1956). — BURSTRÖM, H.: Root surface development, sucrose inversion and free space. Physiol. Plant. **10**, 741–755 (1957). — BUTLER, G. W.: Ion uptake by young wheat plants. II. The "apparent free space" of wheat roots. Physiol. Plant. **6**, 617–635 (1953).

CALDWELL, J.: Studies in translocation. II. The movement of food materials in plants. New Phytol. **29**, 27–43 (1930). — CARPENTER, C. W.: Absorption of essential elements by segregated roots of sugar cane. Hawaiian Planters Rec. **40**, 137–142 (1936). — CHAILAKHYAN, M. K., and R. G. BUTENKO: Translocation of assimilates from leaves to shoots during different photoperiodic regimes of plants. Fiziol. Rasteny **4**, 450–462 (1957). — CHARLES, A.: Uptake of dyes into cut leaves. Nature **171**, 435–436 (1953). — CHEADLE, V. I., and K. ESAU: Secondary phloem of the Calycanthaceae. University of California Publication, Botany **29**, 397–510 (1958). — CHEN, S. L.: Simultaneous movement of P^{32} and C^{14} in opposite directions in the phloem tissue. Amer. J. Bot. **38**, 203–211 (1951). — CLARK, W. G.: Electrical polarity and auxin transport. Plant Physiol. **12**, 409–440 (1937). — Electrical polarity and auxin transport. Plant Physiol. **13**, 529–532 (1938). — CLEMENTS, H. F., and C. J. ENGARD: The upward movement of inorganic solutes as affected by a girdle. Plant Physiol. **13**, 103–122 (1938). — CRAFTS, A. S.: Movement of organic materials in plants.

Plant Physiol. **6**, 1–41 (1931). — Phloem anatomy, exudation, and transport of inorganic nutrients in cucurbits. Plant Physiol. **7**, 183–225 (1932). — Sieve-tube structure and translocation in the potato. Plant Physiol. **8**, 81–104 (1933). — The protoplasmic properties of the sieve tube. Protoplasma **33**, 389–398 (1939a). — The relation between structure and function of the phloem. Amer. J. Bot. **26**, 172–177 (1939b). — Movement of materials in phloem as influenced by the porous nature of the tissue. Faraday Soc. Disc. **3**, 153–159 (1948). — Movement of assimilates, viruses, growth regulators and chemical indicators in plants. Bot. Rev. **17**, 203–284 (1951). — CRAFTS, A. S., and T. C. BROYER: Migration of solutes into xylem of the roots of higher plants. Amer. J. Bot. **25**, 529–535 (1938). — CRAFTS, A. S., and O. A. LORENZ: Composition of fruits and phloem exudate of cucurbits. Plant Physiol. **19**, 326–337 (1944). — CRAFTS, A. S., and S. YAGAMUCHI: Comparative tests on the uptake and distribution of labelled herbicides by Zebrina pendula and Tradescantia fluminensis. Hilgardia **27**, 421–454 (1958). — CURRIER, H. B., K. ESAU and V. I. CHEADLE: Plasmolytic studies of the phloem. Amer. J. Bot. **42**, 68–81 (1955). — CURRIER, H. B., and S. STRUGGER: Aniline blue and fluorescence microscopy of callose in bulb scales of Allium cepa L. Protoplasma **45**, 552–559 (1956). — CURTIS, O. F.: Studies on solute translocation in plants. Experiments indicating that translocation is dependent on the activities of living cells. Amer. J. Bot. **16**, 154–168 (1929). — The translocation of solutes in plants. New York, N.Y.: McGraw-Hill Book Co. 1935. — CURTIS, O. F., and G. M. ASAI: Evidence relative to the supposed permeability of sieve-tube protoplasm. Amer. J. Bot. **26**, 16S (1939). — CURTIS, O. F., and H. T. SCOFIELD: A comparison of supplying and receiving tissues and its bearing on the Münch hypothesis of the translocation mechanism. Amer. J. Bot. **20**, 502–512 (1933).

DAVIES, R. E., and M. J. WILKINS: Radioisotope Techniques **1**, 1–8. London: H. M. Stationery Office. 1951. — DAWSON, R. F.: Accumulation of nicotine in reciprocal grafts of tomato and tobacco. Amer. J. Bot. **29**, 66–71 (1942). — DELEANO, T., and M. ANDREESCO: Der qualitative Stoffwechsel der Mineral- und organischen Substanzen in den Salix fragilis-Blättern während ihrer Entwicklung. Beitr. z. Biol. d. Pflanz. **19**, 249–286 (1932). — DENNY, F. E.: Changes in leaves during the period preceding frost. Contr. Boyce Thompson Inst. **5**, 297–312 (1933). — DIAMOND, J. M., and A. K. SOLOMON: Intracellular potassium compartment in Nitella axillaris. J. Gen. Phys. **42**, 1105–1121 (1959). — DIMBLEBY, G. W.: The root sap of birch on a podsol. Plant a. Soil **4**, 141–153 (1952). — DIXON, H. H., and N. G. BALL: Transport of organic substances in plants. Nature **109**, 236–237 (1922). — DIXON, H. H., and M. W. GIBBON: Nature **130**, 661 (1932). — DU BUY, H. G., and R. A. OLSEN: The relation between respiration, protoplasmic streaming and auxin transport in the Avena coleoptile. Amer. J. Bot. **27**, 401–413 (1940). — DUGGER, W. M., T. E. HUMPHREYS and B. CALHOUN: The influence of boron on starch phosphorylase and its significance in translocation of sugars in plants. Plant Physiol. **32**, 364–370 (1957).

ECKERSON, S. H.: Protein synthesis by plants. I. Bot. Gaz. **77**, 377–390, (1924). — EMMART, F. H.: Loss of phosphorus-32 by plant roots after foliar application. Plant Physiol. **34**, 449–453 (1959). — EPSTEIN, E.: Passive permeation and active transport of ions in plant roots. Plant Physiol. **30**, 529–535 (1955). — Mineral nutrition of plants. Mechanism of uptake and transport. Ann. Rev. Plant Physiol. **7**, 1–24 (1956). — ESAU, K.: Phloem structure in the grapevine and its seasonal changes. Hilgardia **18**, 217–296 (1948). — ESAU, K., and V. I. CHEADLE: Significance of cell divisions in differentiating secondary phloem. Acta Bot. Neerl. **4**, 348–357 (1955). — Size of pores and their contents in sieve elements of Dicotyledons. Proc. Nat. Acad. Sci. U.S. **45**, 156–162 (1959). — ESAU, K., V. I. CHEADLE and E. M. GIFFORD: Comparative structure and possible trends of specialization in the phloem. Amer. J. Bot. **40**, 9–19 (1953).

FENSOM, D. S.: An electrokinetic theory of transport. Canad. J. Bot. **35**, 573–582 (1957). — The bio-electric potentials of plants and their functional significance. Canad. J. Bot. **37**, 1003–1026 (1959). — FREELAND, R. O.: Effect of transpiration on the absorption and distribution of mineral salts. Amer. J. Bot. **23**, 355–362 (1936). — Effect of transpiration on the absorption of mineral salts. Amer. J. Bot. **24**, 373–374 (1937). — FREY, G.: Aktivität und Lokalisation von saurer Phosphatase in den vegetativen Teilen einiger Angiospermen und in einigen Samen. Ber. Schweiz. Bot. Ges. **64**, 390–452 (1954). — FREY-WYSSLING, A., and H. R. MÜLLER: Submicroscopic differentiation of plasmodesmata and sieve plates in Cucurbita. J. Ultrastructure Res. **1**, 38–48 (1957).

GAUCH, H. G., and W. M. DUGGAR: The role of boron in the translocation of sucrose. Plant Physiol. **28**, 457–466 (1953). — The physiological action of boron in higher plants: a review and interpretation. Agr. Exper. Sta. Maryland Tech. Bull.

A-80 (1954). — GOLDSMITH, M. H. M.: Studies on the polarity of auxin transport in Avena coleoptiles. Proc. Int. Bot. Cong. Montreal, Vol. II (Abstr.), 1959. — GOSS, J. A., and E. M. ROMNEY: Effects of carbonate and some other anions on the shoot content of P^{32}, Ca^{45}, Fe^{59}, Rb^{86}, Sr^{90}, Ru^{106}, Cs^{137} and Ce^{144} in bean and barley plants. Plant a. Soil **10**, 233–241 (1959). — GREENIDGE, K. N. H.: Ascent of sap. Ann. Rev. Plant Physiol. **8**, 237–257 (1957). — GREGORY, F. G., and C. R. HANCOCK: The rate of transport of natural auxin in woody shoots. Ann. Bot. **19**, 451–465 (1955). — GUSTAFSON, F. G.: Upward transport of minerals through the phloem of stems. Science **90**, 306–307 (1939). — Absorption of Co^{60} by leaves of young plants and its translocation through the plant. Amer. J. Bot. **43**, 157–160 (1956). — GUSTAFSON, F. G., and M. DARKEN: Upward transport of minerals through the phloem of stems. Science **85**, 482–483 (1937). — Further evidence for the upward transport of minerals through the phloem of stems. Amer. J. Bot. **24**, 615–621 (1937).

HARTIG, TH.: Beiträge zur physiologischen Forstbotanik. Allg. Forst- u. Jagd-Z. **36**, 257–261 (1860). — HARTT, C. E., and G. O. BURR: Int. Bot. Cong. Proc. **7**, 748 (1950). — HAY, J. R., and K. V. THIMANN: The fate of 2–4 dichlorophenoxyacetic acid in bean seedlings. II. Translocation. Plant Physiol. **31**, 446–451 (1956). — HELDER, R. J., and J. M. BONGA: The influence of light on the loss of labelled phosphorus from bean leaves. Acta Bot. Neerl. **5**, 115–121 (1956). — HEPTON, C. E. L., R. D. PRESTON and G. W. RIPLEY: Electron microscopic observations on the sieve plates in Cucurbita. Nature **176**, 868–870 (1955). — HOAGLAND, D. R.: Inorganic Plant Nutrition. Waltham, Mass.: Chronica Botanica. 1944. — HOAGLAND, D. R., and T. C. BROYER: General nature of the process of salt accumulation by plants. Plant Physiol. **11**, 471–507 (1936). — Hydrogen ion effects and the accumulation of salt by barley roots as influenced by metabolism. Amer. J. Bot. **27**, 173–185 (1940). — HONERT, T. H. VAN DEN: On the mechanism of translocation of organic materials in plants. Proc. Kon. Akad. Wetensch. Amsterdam **35**, 1104–1111 (1932). — HUBER, B.: Anatomical and physiological investigations on food translocation in trees. *In:* Physiology of Forest Trees. Ed. K. V. THIMANN. New York, N.Y.: Ronald Press. 1958. — HUBER, B., and E. GRAF: Vergleichende Untersuchungen über die Geleitzellen der Siebröhren. Ber. Dtsch. Bot. Ges. **68**, 303–310 (1938). — HUBER, B., and E. ROUSCHAL: Anatomische und zellphysiologische Beobachtungen am Siebröhrensystem der Bäume. Ber. Dtsch. Bot. Ges. **56**, 380–391 (1938). — HUBER, B., E. SCHMIDT and H. JAHNEL: Untersuchungen über den Assimilatström. I. Tharandter forstl. Jahrb. **88**, 1017–1049 (1937). — HULL, H. M.: Carbohydrate translocation in tomato and sugar beet with particular reference to temperature effect. Amer. J. Bot. **39**, 661–669 (1952). — HUMPHRIES, E. C.: The relation between the rate of nutrient uptake by excised barley roots and their content of sucrose and reducing sugars. J. Exper. Bot. **3**, 291–309 (1952). — HYLMÖ, B.: Transpiration and ion absorption. Physiol. Plant. **6**, 333–405 (1953). — Passive components in the ion absorption of plants. I. The zonal ion and water absorption in Brouwer's experiments. Physiol. Plant. **8**, 433–449 (1955).

JACOBSON, L.: Maintenance of iron supply in nutrient solution by a single addition of ferric potassium ethylene diamine tetraacetate. Plant Physiol. **26**, 411–413 (1951). — JACOBSON, L., R. J. HANNAPEL and D. P. MOORE: A study of potassium absorption by barley roots. Plant Physiol. **33**, 278–282 (1958). — JONES, C. H., A. W. EDSON and W. J. MORSE: The maple sap flow. Vermont Agr. Exper. Sta. Bull. **103**, 1–184 (1903).

KEITT, G. W., and F. SKOOG: Effect of some substituted benzoic acids and related compounds on the distribution of callus growth in tobacco stem explants. Plant Physiol. **34**, 117–122 (1959). — KELLER, V. P., and H. Z. DEUEL: Z. Pflanzenernähr., Düng., Bodenkde. **79**, 119–131 (1957). — KENDALL, W. A.: Effect of certain metabolic inhibitors on translocation of P^{32} in bean plants. Plant Physiol. **30**, 347–350 (1955). — KESSLER, B., and Z. W. MOSCICKI: Effect of iodobenzoic acid and maleic hydrazide upon the transport of foliar applied calcium and iron. Plant Physiol. **33**, 70–72 (1958).— KOONTZ, H., and O. BIDDULPH: Factors affecting absorption and translocation of foliar applied phosphorus. Plant Physiol. **32**, 463–470 (1957). — KRAMER, P. J.: Plant and Soil Water Relationships. New York, N.Y.: McGraw-Hill Book Co. 1949. — KURSANOV, A. L.: Recent advances in plant physiology in the U.S.S.R. Ann. Rev. Plant Physiol. **7**, 401–436 (1956). — *In:* Radioisotopes in Scientific Research. Proceedings of International Conference, Paris 1957. Ed. R. C. EXTERMAN, London: Pergamon Press. 1958. — KURSANOV, A. L., O. A. PAVLINOVA and T. P. AFANASIEVA: The glycolytic enzymes in the conducting tissues of sugar beet. Arch. Biochem. Biophys. **83**, 239–247 (1959). — KURSANOV, A. L., and M. W. TURKHINA: The respiration of vascular bundles. DAN USSR **84**, 1073–1076 (1952a). — The respiration of vascular tissue and the transport of sucrose. DAN USSR **85**, 649–652 (1952b). — Kursanov, A. L., and E. I. Vyskrebentseva: The uptake of the products of photosynthesis in cotton from the leaves and from the walls of the pericarp into the developing hairs. Fiziol. Rasteny **1**, 154–163 (1954). — Kursanov, A. L., and M. N. Zaprometov: Adsorbing capacity of protoplasm as the determining factor in translocation of organic substances in plants. DAN USSR **69**, 89–92 (1949).

Laties, G. G.: Active transport of salt into plant tissue. Ann. Rev. Plant Physiol. **10**, 87–112 (1959a). — The generation of latent ion-transport capacity. Proc. Nat. Acad. Sci. U.S. **45**, 163–172 (1959b). — Leonard, O. A.: Translocation of carbohydrates in the sugar beet. Plant Physiol. **14**, 55–74 (1939). — Leopold, A. C., and F. C. Guernsey: Auxin polarity in the Coleus plant. Bot. Gaz. **115**, 147–151 (1953). — Long, W. V., D. V. Sweet and H. B. Tukey: The loss of nutrients by leaching of the foliage. Michigan State Univ. Agr. Exper. Sta. Quart. Bull. **38**, 528–532 (1956). — Loomis, W. E.: Translocation of carbohydrates in maize. Science **101**, 398 (1945). — Lowry, M. N., W. C. Huggins and L. A. Forrest: The effect of soil treatment on the mineral composition of exuded maize sap at different stages of development. Georgia Agr. Exper. Sta. Bull. **193**, 1–28 (1936). — Lundegårdh, H.: Bleeding and sap movement. Arkiv f. Bot. 31A N: o **2** (1943). — Absorption, transport and exudation of inorganic ions by roots. Arkiv f. Bot. N: o **12** (1945). — The translocation of salts and water through wheat plants. Physiol. Plant. **3**, 103–151 (1950). — Anion respiration. *In:* Active transport and secretion. Soc. Exper. Biol. Symposium No. 8, 262–296 (1954). — Mechanisms of absorption, transport, accumulation and secretion of ions in plants. Ann. Rev. Plant Physiol. **6**, 1–24 (1955). — Luttkus, K., and R. Bötticher: Über die Ausscheidung von Aschenstoffen durch die Wurzeln. Planta **29**, 325–340 (1939).

Maizel, J. V., A. A. Benson and N. E. Tolbert: Identification of phosphoryl choline as an important constituent of plant saps. Plant Physiol. **31**, 407–408 (1956). — Mangham, S. N.: On the mechanism of translocation in plant tissues. Ann. Bot. **31**, 293–311 (1917). — Mason, T. G., and E. J. Maskell: Studies on the transport of carbohydrates in the cotton plant. I. Ann. Bot. **42**, 189–253 (1928a). — Studies on the transport of carbohydrates in the cotton plant. II. Ann. Bot. **42**, 571–636 (1928b). — Mason, T. G., E. J. Maskell and E. Phillis: Further studies on the transport in the cotton plant. III. Ann. Bot. **50**, 23–58 (1936). — Mason, T. G., and E. Phillis: Further studies on the transport in the cotton plant. V. Ann. Bot. **50**, 455–499 (1936). — Concerning the upward movement of soil solutes. Ann. Bot. **4**, 765–771 (1940). — The effect of ringing and of transpiration on mineral uptake. Ann. Bot. **2**, 345–351 (1945). — McIlrath, W. J., and B. F. Palser: Responses of tomato, turnip and cotton to variations in boron nutrition. I. Bot. Gaz. **118**, 43–52 (1956). — Mees, G. C., and P. E. Weatherly: The mechanism of water absorption by roots. II. Proc. Roy. Soc. B. **147**, 381–391 (1957). — Miettinen, J. K.: Assimilation of amino-acids in plants. *In*: The utilization of nitrogen and its compounds by plants. Soc. Exper. Biol. Symposium No. **13** (1959). — Mitchell, J. W. and J., W. Brown: Movement of 2.4-dichlorophenoxyacetic acid stimulus and its relation to the translocation of organic food materials in plants. Bot. Gaz. **107**, 393–407 (1946). — Mittler, T. E.: Studies on the feeding and nutrition of Tuberolachnus salignus (Gmelin) (Homoptera, Aphididae). II. J. Exper. Biol. **35**, 74–84 (1958). — Moose, C. A.: Chemical and spectroscopic analysis of phloem exudate and parenchyma sap from several species of plants. Plant Physiol. **13**, 365–380 (1938). — Mothes, K., G. Trefftz, G. Reuter and A. Romeike: Über die Alkaloidsynthese im Sproß. Naturwiss. **41**, 530–531 (1954). — Münch, E.: Die Stoffbewegungen in der Pflanze. Jena: G. Fischer. 1930. — Versuche über Wege und Richtungen der Stoffbewegungen im Baum. Forstwiss. Cbl. **59**, 305–324 (1937). — Durchlässigkeit der Siebröhren für Durchströmungen. Flora **136**, 223–262 (1943).

Nelson, C. D., and P. R. Gorham: Uptake and translocation of C^{14}-labelled sugars applied to primary leaves of soybean seedlings. Canad. J. Bot. **35**, 339–347 (1957). — Nelson, C. D., H. J. Perkins and P. R. Gorham: Evidence for different kinds of concurrent translocation of photosynthetically assimilated C^{14} in the soybean. Canad. J. Bot. **37**, 1181–1189 (1959). — Niedergang-Kamien, E., and A. C. Leopold: The inhibition of transport of Indoleacetic acid by Phenoxyacetic acids. Physiol. Plant. **12**, 776–785 (1959). — Nightingale, G. T.: The nitrogen nutrition of green plants. Bot. Rev. **3**, 85–174 (1937). — Novitsky, Y. I.: Photosynthesis and flow of assimilates in perilla and lectuce grown on different photoperiods. Fiziol. Rasteny **4**, 243–253 (1957).

Olsen, C.: The significance of concentration for the rate of ion absorption by higher plants in water culture. IV. Physiol. Plant. **6**, 848–858 (1953).

PALMQUIST, E. M.: The simultaneous movement of carbohydrates and fluorescein in opposite directions in the phloem. Amer. J. Bot. **25**, 97–105 (1938). — PALSER, B. F., and W. J. MCILRATH: Responses of tomato, turnip and cotton to variations in boron nutrition. II. Bot. Gaz. **118**, 53–71 (1956). — PEEL, A. J., and P. E. WEATHERLY: Composition of sieve-tube sap. Nature **184**, 1955–1956 (1959). — PENSTON, N. L.: Return of mineral elements to the soil by plants. Nature **136**, 268–269 (1935). — PERKINS, H. J., C. D. NELSON and P. R. GORHAM: A tissue-autoradiographic study of the translocation of C^{14}-labelled sugars in the stems of young soybean plants. Canad. J. Bot. **37**, 871–877 (1959). — PETRIE, A. H. K.: Physiological ontogeny in plants and its relation to nutrition. III. Austral. J. Exper. Biol. Med. Sci. **15**, 386–408 (1937). — PHILIP, J. R.: The osmotic cell, solute diffusibility and the plant water economy. Plant Physiol. **33**, 264–271 (1958). — PHILLIS, E., and T. G. MASON: Studies on transport of carbohydrates into the cotton plant. III. Ann. Bot. **47**, 585–634 (1933). — The effects of ringing on the upward movement of solutes from the root. Ann. Bot. **4**, 635–644 (1940). — PORTER, L. K., and D. W. THORNE: Interrelation of carbon dioxide and bicarbonate ions causing plant chlorosis. Soil Sci. **79**, 373–382 (1955). — PREVOT, P., and F. C. STEWARD: Salient features of the root system relative to the problem of salt absorption. Plant Physiol. **11**, 509–534 (1936). — PRIESTLEY, J. H., and A. WORMALL: On solutes exuded by root pressure by vines. New Phytol. **24**, 24–38 (1925). — PRISTUPA, N. A., and A. L. KURSANOV: Descending flow of assimilates and its relation to the absorbing activity of the roots. Fiziol. Rasteny **4**, 417–424 (1957). — PROKOFYEV, A. A., and A. M. SOBOLEV: Concerning phosphorus transport from the leaves to the seeds. Fiziol. Rasteny **4**, 14–23 (1957). — PROKOFYEV, A. A., L. P. ZHDANOVA and A. M. SOBOLEV: Certain regularities in the flow of substances from leaves into reproductive organs. Fiziol. Rasteny **4**, 425–431 (1957).

RABIDEAU, G. S., and G. O. BURR: The use of the C^{13} isotope as a tracer for transport studies in plants. Amer. J. Bot. **32**, 349–356 (1944). — RATNER, E. I., T. A. AKIMOCHKINA and S. F. UKHINA: Paths and mechanism of mineral substance movement from roots to above-ground plant organs as exemplified by P^{32} transport. Fiziol. Rasteny **6**, 3–12 (1959). — REDISKE, J. H., and O. BIDDULPH: The absorption and translocation of iron. Plant Physiol. **28**, 576–593 (1953). — RESCH, A.: Beiträge zur Cytologie des Phloems. Planta **44**, 75–98 (1954). — RICE, E. L.: Absorption and translocation of ammonium 2.4-dichlorophenoxyacetic acid by bean plants. Bot. Gaz. **109**, 301–314 (1948). — ROBERTSON, R. M., T. M. WILKINS and D. C. WEEKS: Studies in the metabolism of plant cells. IX. Austral. J. Sci. Res. B. **4**, 248–264 (1951). — ROECKL, B.: Nachweis eines Konzentrationshubs zwischen Palisadenzellen und Siebröhren. Planta **36**, 530–550 (1949). — RUSSELL, R., and V. M. SHORROCKS: The relationship between transpiration and absorption of inorganic ions by intact plants. J. Exper. Bot. **10**, 301–316 (1959).

SCOTT, L. I., and J. H. PRIESTLEY: The root as an absorbing organ. I. New Phytol. **27**, 125-141 (1928). — SCHUMACHER, W.: Untersuchungen über die Lokalisation der Stoffwanderung in den Leitbündeln höherer Pflanzen. Jahrb. wiss. Bot. **73**, 770–823 (1930). — Untersuchungen über die Wanderungen des Fluoresceins in den Siebröhren. Jahrb. wiss. Bot. **77**, 685–732 (1933). — Über die Plasmolysierbarkeit der Siebröhren. Jahrb. wiss. Bot. **88**, 545–553 (1939). — Zur Bewegung des Fluoresceins in den Siebröhren. Planta **37**, 626–634 (1950). — SHKOLNIK, M. I., and S. A. ABDURASHITOV: The influence of microelements on the synthesis and translocation of carbohydrates. Fiziol. Rasteny **5**, 393–399 (1958). — SIDERIS, C. P., and B. H. KRAUS: Transpiration and translocation phenomena in pineapple. Amer. J. Bot. **42**, 707–709 (1955). — SISLER, E. C., W. M. DUGGER and H. G. GAUCH: The role of boron in the translocation of organic compounds in plants. Plant Physiol. **31**, 11–17 (1956). — SKOK, J.: Relationship of boron nutrition to radiosensitivity of sunflower plants. Plant Physiol. **32**, 648–658 (1957). — SPANNER, D. C.: The translocation of sugar in sieve tubes. J. Exper. Bot. **2**, 332–342 (1958). — STEWARD, F. C., and J. H. HARRISON: The absorption of rubidium bromide by potato disks. Ann. Bot. **3**, 427–453 (1939). — STEWARD, F. C., and J. H. PRIESTLEY: Movement of organic materials in plants. A note on a recently suggested mechanism. Plant Physiol. **7**, 165–171 (1932). — STEWART, I., and C. D. LEONARD: Chelated metals for growing plants. *In:* Mineral Nutrition of Fruit Crops. Ed. N. F. CHILDERS, New Brunswick, N. J.: Rutgers University Press, 1954. — SUTCLIFFE, J. F.: The exchangeability of potassium and bromide ions in cells of red beet root tissue. J. Exper. Bot. **3**, 313–327 (1954). — Salt uptake in plants. Biol. Rev. **34**, 159–220 (1959).

THIMANN, K. V.: On an analysis of activity of two growth promoting substances on plant tissues. Proc. Kon. Akad. Wetensch. Amsterdam **38**, 896–912 (1935). — TOLBERT, N. E., and H. WIEBE: Phosphorus and sulphur compounds in plant xylem sap.

Plant Physiol. **30**, 499–504 (1955). — TURKHINA, M.V., and I. M. DUBININA: Certain peculiarities of the respiratory system of the fibro-vascular bundles. DAN USSR **95**, 199–202 (1954).

VAN FLEET, D. S.: The histochemical localization of enzymes in vascular plants. Bot. Rev. **18**, 354–398 (1952). — VERNON, L. P., and S. ARANOFF: Metabolism of soybean leaves. IV. Arch. Biochem. Biophys. **36**, 383–398 (1952). — VOLZ, G.: Elektronenmikroskopische Untersuchungen über die Porengröße pflanzlicher Zellwände. Mikroskopie **7**, 251–266 (1952).

WADA, E., T. KISAKI and M. IHIDA: The tobacco alkaloids in the root and sap of some Nicotiana plants. Arch. Biochem. Biophys. **80**, 258–267 (1959). — WALKER, N. A.: Ion permeability of the plasmalemma of the plant cell. Nature **180**, 94–95 (1957). — WALKLEY, J.: Protein synthesis in mature and senescent leaves of barley. New Phytol. **39**, 362–369 (1940). — WALKLEY, J., and A. K. H. PETRIE: Studies on the nitrogen metabolism of plants. IV. Ann. Bot. **5**, 661–673 (1941). — WANNER, H.: Die Zusammensetzung des Siebröhrensaftes: Kohlenhydrate. Ber. Schweiz. Bot. Ges. **63**, 162–168 (1953 a). — Enzyme der Glycolyse im Phloemsaft. Ber. Schweiz. Bot. Ges. **63**, 201–212 (1953 b). — WEATHERLY, P. E., A. J. PEEL and G. P. HILL: The physiology of the sieve tube. J. Exper. Bot. **10**, 1–16 (1959). — WEEVERS, T.: Die Ergebnisse einiger Ringelungsversuche und ihre Bedeutung für die Stoffwanderung. Rec. Trav. Bot. Neerl. **25a**, 461–474 (1928). — WEIJ, H. G. VAN DER: Der Mechanismus des Wuchsstofftransports. I. Rec. Trav. Bot. Neerl. **29**, 379–496 (1932). — WEINSTEIN, L. H., E. R. PURVIS, A. N. MEISS and R. L. UHLER: Absorption and translocation of ethylenediamine-tetraacetic acid by sunflower plants. J. Agr. Food Chem. **2**, 421–424 (1954). — WEINTRAUB, R. L., and J. W. BROWN: Translocation of exogenous growth regulators in the bean seedling. Plant Physiol. **25**, 140–149 (1950). — WENT, F. W.: Plant growth under controlled conditions. III. Amer. J. Bot. **31**, 597–618 (1944). WENT, F. W., and H. M. HULL: The effect of temperature on translocation of carbohydrates in the tomato plant. Plant Physiol. **24**, 505–526 (1949). — WENT, F. W., and K. V. THIMANN: Phytohormones. New York, N.Y.: Macmillan 1937. — WIEBE, H. H., and P. J. KRAMER: Translocation of radioactive isotopes from various regions of the roots of barley seedlings. Plant Physiol. **29**, 342–348 (1954). — WILKINSON, J.: Some aspects of phosphate nutrition in the root system of broad bean (*Vicia faba*). J. Exper. Bot. **7**, 290–295 (1956). — WILLENBRINK, J.: Über die Hemmung des Stofftransports in den Siebröhren durch lokale Inaktivierung verschiedener Atmungsenzyme. Planta **48**, 269–342 (1957). — WILLIAMS, R. F.: Physiological ontogeny and its relation to nutrition. IV. Austral. J. Exper. Biol. Med. Sci. **16**, 65–83 (1938). — The effects of phosphorus supply on the rates of intake of phosphorus and nitrogen and upon certain aspects of phosphorus metabolism in gramineous plants. Austral. J. Sci. Res. B. **1**, 333–361 (1948). — Redistribution of mineral elements during development. Ann. Rev. Plant Physiol. **6**, 25–42 (1955). — WOOLLEY, J. T., T. C. BROYER and G. V. JOHNSON: Movement of chlorine within plants. Plant Physiol. **33**, 1–7 (1958). — WRIGHT, K. E.: Transpiration and the absorption of mineral salts. Plant Physiol. **14**, 171–174 (1939). — WRIGHT, K. E., and N. L. BARTON: Transpiration and the absorption and distribution of radioactive phosphorus in plants. Plant Physiol. **30**, 386–388 (1955).

ZHOLKEVICH, V. N., L. D. PRUSAKOVA and A. A. LISANDR: Translocation of assimilates and respiration of conducting pathways in relation to soil moisture. Fiziol. Rasteny **5**, 337–344 (1958). — ZIEGLER, H.: Untersuchungen über die Leitung und Sekretion der Assimilate. Planta **47**, 447–500 (1956). — ZIEGLER, H., and T. E. MITTLER: Über den Zuckergehalt der Siebröhren- bzw. Siebzellensäfte von Heracleum *Mantegazzianum L.* and *Picea abies* (L.) Karst. Z. Naturforsch. **146**, 278–281 (1959). — ZIMMERMANN, M. H.: Translocation of organic substances in trees. I. Plant Physiol. **32**, 288–291 (1957 a). — Translocation of organic substances in trees. II. Plant Physiol. **32**, 399–404 (1957 b). — Translocation of organic substances in trees. III. Plant Physiol. **33**, 213–217 (1958). — Translocation of organic substances in the phloem of trees. *In:* The Physiology of Forest Trees, Ed. K. V. THIMANN. New York, N.Y.: Ronald Press, 1958 a. — Transport in the phloem. Ann. Rev. Plant Physiol. **11**, XX–XX (1960). — Longitudinal and tangential movement within the sieve-tube system of white ash (*Fraxinus americana* L.). *In:* Festschrift zum 60. Geburtstag von Prof. A. FREY-WYSSLING, 1960. — ZIMMERMANN, P. W., and M. H. CONNARD: Reversal of direction of translocation of solutes in stems. Contr. Boyce Thompson Inst. **6**, 297–302 (1934).

D. Die Ausscheidung von Substanzen (Exkretion)

Von

J. G. Kisser

Allgemeines

Eine Ausscheidung liegt dann vor, wenn ein Stoff aus einer lebenden Zelle oder einem lebenden Gewebe irreversibel eliminiert wird. Handelt es sich bei diesen Stoffen um nicht assimilierte anorganische Ausscheidungsstoffe, so bezeichnet man sie als „Rekrete"; dagegen werden organische Endprodukte des dissimilatorischen Stoffwechsels als „Exkrete" zusammengefaßt. „Sekrete" schließlich sind Ausscheidungsstoffe des assimilatorischen Stoffwechsels mit bestimmter physiologischer Funktion. Eine solche typische Sekretion liegt z. B. vor bei der Ausscheidung der zahlreichen Exoenzyme durch die verschiedensten Mikroorganismen, mit Hilfe derer sie das Substrat zwecks Gewinnung von Atmungs- und Baumaterial für ihren Aufbaustoffwechsel chemisch verändern, bei der Drüsentätigkeit der Insektivoren u. dgl.

Die Ausscheidung von Stoffen erfolgt in gasförmiger, flüssiger oder fester Form, wobei es sich um einzelne, chemisch genau definierte anorganische oder organische Verbindungen oder aber meist um sehr komplizierte Stoffgemische handeln kann. Die betreffenden Stoffe können ferner aktiv durch die Lebenstätigkeit bestimmter Zellen und Gewebe ausgeschieden werden, aber auch passiv aus lebenden Zellen und Geweben durch Auswaschung und Auslaugung (Salze, Alkaloide, Phenole und Phenolderivate, Bitterstoffe) nach außen gelangen. Nur die aktiven Ausscheidungen sollen im folgenden behandelt werden, während die passiven Gegenstand des folgenden Abschnittes sind.

a) Ausscheidungen der Epidermis

1. Wachse

Diese bestehen im allgemeinen aus Estern höherer Fettsäuren mit höheren Fettalkoholen, ferner aus freien höheren Fettsäuren und höheren Alkoholen; zusätzlich können daneben auch noch höhere normale gesättigte Kohlenwasserstoffe und sekundäre Alkohole, aber auch noch andere Begleitstoffe vorkommen. Wachse sind vielfach in die Kutikula eingelagert, daneben werden sie auf ihr auch nach außen in Form von Körnchen, Stäbchen oder Krusten abgeschieden. Bezüglich ihres Chemismus, ihrer mikroskopischen und submikroskopischen Struktur, ihrer Bildung und Verbreitung finden sich eingehende Darstellungen bei TREIBER (1957), KREGER (1958), ROELOFSEN (1959) und FREY-WYSSLING (1959).

Eine ausgezeichnete zusammenfassende Darstellung der Feinstruktur, der chemischen Konstitution, der chemotaxonomischen Bedeutung sowie der Biosynthese der epikutikulären Wachsabscheidungen auf Blättern an Hand der neuesten Literatur verdanken wir EGLINTON und HAMILTON (1967). Unter Berücksichtigung älterer Beschreibungen und Bezeichnungen haben nunmehr AMELUNXEN, MORGENROTH und PICKSACK (1967) auf Grund ihrer Untersuchungen mit dem Elektronenrastermikroskop eine morphologische Gruppierung der vielfältigen, auch für diagnostische Zwecke wertvollen Wachsbildungen vorgenommen. Sie unterscheiden folgende 6 Wachstypen: einfacher Wachskörnchenüberzug, Wachsstäbchen und -fäden, Wachsplättchen und -schuppen, Wachsschichten und -krusten, gehäufte Wachsüberzüge und schließlich flüssige und schmierige Wachsüberzüge.

Diese Wachsüberzüge finden sich sowohl an Blättern (z. B. Rotkohl, Schöllkraut), Stengeln (Eschen-Ahorn) und Früchten (Pflaume, Schlehdorn, Weinbeere), bilden dort meist einen mehr oder minder dichten hellgraublauen Überzug und machen die Epidermis unbenetzbar; auch auf Blütenblättern (z. B. *Fritillaria imperialis*) kommen Wachsüberzüge vor (POHL 1929). Das Wachs wird durch die Kutikula hindurch ausgeschieden, steht mit ihr in keiner festen Verbindung und läßt sich daher leicht wegwischen. Eine Erneuerung entfernter Wachsüberzüge ist bei einjährigen Blättern nur möglich, solange sie wachsen. Dagegen scheinen nach HÄRTEL und PAPESCH (1955) auch ältere Koniferen-Nadeln ihr Wachs regenerieren zu können. Entgegen oft nicht ganz glücklichen Formulierungen in manchen Lehrbüchern werden die Spaltöffnungen verschiedener Koniferen durch die Wachsausscheidungen in den Vorhöfen keineswegs verstopft; vielmehr handelt es sich hier um eine poröse Wachsmasse, die wohl in erster Linie die Spaltöffnungen auch bei Benetzung mit Wasser für den Gasaustausch frei halten soll.

An gewissen Pflanzen treten Wachsausscheidungen in so reichlicher Menge auf, daß sie gesammelt und praktisch genutzt werden können (vgl. WOLFF 1928). Die bekanntesten diesbezüglichen Pflanzenwachse sind: das Carnaubawachs, das die Ober- und Unterseite der jungen Blätter der in Brasilien heimischen Carnaubawachspalme (*Copernicia cerifera*) als grüngelber Überzug bedeckt, der sich in Form kleiner Schuppen ablöst; das Candellilawachs, das alle oberirdischen Teile einer in Mexiko heimischen strauchigen Euphorbiacee (*Pedilanthus Pavonis*) überzieht, und das Palmwachs, das an den Stämmen der in den Anden Südamerikas heimischen Wachspalme (*Ceroxylon andicola*, ferner *Klopstockia cerifera*) bis $^1/_2$ cm dicke Wachskrusten bildet. Praktische Bedeutung besitzt ferner auch das Schilfwachs (Fibrawachs).

FREY-WYSSLING (1959) ist der Auffassung, daß es sich bei den Wachsausscheidungen um die Überproduktion eines zur Einlagerung in die Zellwände bestimmten Stoffes handelt, dessen Überschuß gelöst durch die Epidermis nach außen ausgeschieden wird und auf der Kutikula zu Körnchen eintrocknet oder kristallisiert.

2. Fette und Öle

Zum Unterschied von den Wachsen handelt es sich bei diesen um Ester einbasischer Fettsäuren (mit gerader Kohlenstoffanzahl) mit Glyzerin in Form ein- oder mehrsäuriger Triglyceride; daneben finden sich auch freie Fettsäuren.

Eine Übersicht über die Ausscheidung von fetten Ölen auf Epidermen gibt POHL (1929, dort auch weitere Literatur; s. auch LINSBAUER 1930). Danach können Ölüberzüge auf Organen verschiedener morphologischer Wertigkeit vorkommen; vor allem finden sie sich auf den Epidermen von Blütenblättern sowohl dikotyler wie auch monokotyler (Liliaceen, Orchideen, Spatha von *Arum italicum*) Pflanzen, doch scheint ihr Vorkommen bei letzteren häufiger zu sein; bei *Impatiens parviflora* weisen alle Achsenorgane der Blütenstände und die Frucht, in geringem Maße auch Deck-, Kelch- und Korollblätter Ölausscheidungen auf; die Unterseite der Kelchblätter von *Caltha palustris* verdankt ihren starken fettartigen Glanz ebenfalls einem Ölüberzug. Bekannt ist ferner die reichliche Ausscheidung von flüssigem fetten Öl auf der Epidermis der Frucht von *Malus coronarius*. Die Blätter von *Ranunculus Ficaria* weisen in ihrer Jugend auf der Oberseite starken Fettglanz auf; dieser Ölüberzug scheint in der Folge abgewaschen zu werden und verlorenzugehen; infolgedessen erscheinen die älteren Blätter glanzlos. Ölausscheidungen finden sich ferner auf der Oberseite der Schwimmblätter von *Potamogeton natans*, an den Enden der Luftwurzeln der Orchidee *Vanilla acutifolia* oder auf der Samenschale von *Haemanthus coccineus*.

3. Flavone

Solche bilden nach Brunswik (1922) den Hauptbestandteil des durch die Kutikula hindurch ausgeschiedenen mehligen Belages („Mehlstaub") auf den vegetativen Organen von Primeln. Außer im „Mehlstaub"-Exkret von 25 *Primula*-Arten konnte Flavon als feste Ausscheidung auch bei drei Arten der Gattung *Dionysia* nachgewiesen werden. *Primula sinensis* und *Cortusa Matthioli* enthalten in ihrem flüssig bleibenden Drüsenexkret sehr reichlich Flavone in mehr oder weniger inniger Lösung; dagegen gibt das hautreizende Exkret von *Primula obconica* keine Flavonreaktion.

b) Die Ausscheidung von Wasser und Salzen

Die höheren Pflanzen verfügen über verschiedene Einrichtungen zur Ausscheidung von Wasser. Während aber sowohl bei der stomatären wie auch bei der kutikulären Transpiration nur reines Wasser in Dampfform abgegeben werden kann, besteht bei der Ausscheidung von Wasser in tropfbar flüssiger Form für die Pflanze gleichzeitig auch die Möglichkeit, sich gewisser überschüssiger wasserlöslicher Stoffe zu entledigen. Von dieser Möglichkeit wird auch reichlich Gebrauch gemacht; wir finden daher in dem ausgeschiedenen Wasser meist auch verschiedene Stoffe, vor allem anorganischer Natur, in wechselnden Mengen gelöst, von minimalen Spuren bis zu relativ hohen Konzentrationen. Im letzteren Fall, wie z. B. bei den sogenannten Salzdrüsen, steht dann die Salzausscheidung im Vordergrund und das Wasser fungiert nur als Lösungs- und Transportmittel. Bei gewissen Insektivoren, wie bei den Kannenpflanzen, steht das in die Kanne abgeschiedene Wasser in unmittelbarer Beziehung zum Insektenfang und fungiert gleichzeitig als Lösungsmittel für die von den Verdauungsdrüsen ausgeschiedenen Enzyme sowie für die Eiweißabbauprodukte.

1. Die Ausscheidung durch epidermale Hydathoden

Als solche bezeichnet Haberlandt (1918) der Wasserausscheidung dienende metamorphosierte Epidermiszellen oder mehrzellige Haargebilde; sie besitzen bei den Blütenpflanzen keinen direkten Anschluß an das Wasserleitungssystem und treten sehr häufig als mehrzellige Trichome, zumeist als Keulen-, Köpfchen- oder Schuppenhaare, seltener als typische Haargebilde auf. Bei *Phaseolus multiflorus* finden sie sich z. B. vor allem an der Blattunterseite in Form gekrümmter plasmareicher Keulenhaare. Trotz der Mannigfaltigkeit in ihrem Bau weisen die Trichomhydathoden stets eine charakteristische Gliederung in das Köpfchen (oder die Schuppe), den Stiel und das Fußstück auf; das ein- oder mehrzellige plasmareiche Köpfchen fungiert dabei als das eigentliche Wasserausscheidungsorgan. Wasserausscheidung durch epidermale Bildungen finden sich auch bei anderen Pflanzen, wie z. B. bei gewissen Malvaceen, bei *Nicotiana*, bei *Lathyrus odoratus* u. a. Zu den epidermalen Hydathoden sind auch die Verdauungsdrüsen gewisser Insektivoren (z. B. *Nepenthes*) zu rechnen, unter denen jedoch relativ weitlumige Tracheiden endigen und die neben den Verdauungsfermenten auch reichlich Wasser sezernieren. In gleicher Weise besitzen auch die epidermalen Hydathoden (Grübchen) an den Blättern vieler Farne (z. B. *Polypodium*-, *Aspidium*-Arten u. a.) einen direkten Anschluß an das Wasserleitungssystem. Was ihre Verteilung betrifft, so sind sie entweder gleichmäßig über die Blattoberseite verstreut oder treten vorwiegend längs der Blattränder auf, wo sie eine kontinuierende Reihe bilden. Sie bestehen aus einer Gruppe epidermaler und plasmareicher Drüsenzellen, die in ein seichtes Grübchen eingesenkt sind, und sitzen einem verbreiterten tracheidenreichen Leitbündelende unmittelbar auf.

Durch die epidermalen Hydathoden werden mit dem Wasser gleichzeitig auch Mineralsalze, gelegentlich aber auch gewisse organische Stoffe ausgeschieden.

Nach LEPESCHKIN (1906) beträgt der Salzgehalt der ausgeschiedenen Flüssigkeit bei *Polypodium* 0,2%, bei *Phaseolus* 0,4%, bei *Abutilon* 0,5%, bei *Nicotiana* 0,1% und bei *Lathyrus* 0,5%. Bei letzterer Pflanze finden sich in der ausgeschiedenen Flüssigkeit ferner auch Alkalioxalate, bei *Vicia sativa* und *Polypodium aureum* Glukose.

2. Die Salzdrüsen

Diese sind innerhalb von zwei Familien (Plumbaginaceen, Frankeniaceen) verbreitet, finden sich aber daneben noch bei vereinzelten Pflanzenarten (*Acanthus, Avicennia, Tamarix, Glaux, Aegiceras, Spartina* und *Aeluropus*); die meisten dieser Arten sind imstande, hohe Salzgehalte zu ertragen (s. HELDER 1956).

Nach SCHTSCHERBACK (1910) treten die Salzausscheidungen an den Blättern von *Tamarix gallica* sowie von *Frankenia pulverulenta* und *Fr. hirsuta* als winzige weiße Pünktchen auf, dagegen sind die Blätter von *Statice* manchmal mit einer Salzkruste bedeckt, die in der Hauptsache aus Chloriden und Sulfaten des K, Na und Mg besteht. Eine eingehende Untersuchung über den Bau und die Funktion der sezernierenden Drüsen bei *Statice Gmelini* verdanken wir RUHLAND (1915); sie sind in reichlicher Anzahl ziemlich gleichmäßig über die Ober- und Unterseite des Blattes verteilt. Steht Wasser in ausreichender Menge zur Verfügung, so wird es durch eine exkretorische Eigentätigkeit der Drüsen ausgeschieden; diese gehören somit nicht dem Typus der Filtrationshydathoden an, wie auch ihre Exkretionsfähigkeit an abgeschnittenen Blättern und an Blattstücken beweist. Dies wurde auch durch neuere Untersuchungen von DECKER (1961) bei *Tamarix* bestätigt und ferner gezeigt, daß diese aktive Salzausscheidung unabhängig vom Wurzeldruck erfolgt. Durch diese Drüsentätigkeit wird gleichzeitig eine „Absalzung" erreicht, d. h. es wird durch die Salzausscheidungen eine Anhäufung der sich in den Blättern durch die Transpiration konzentrierenden Salzlösungen verhindert. Durch die Salzdrüsen wird nicht nur NaCl, sondern in gleicher Weise werden, wenn in größeren Mengen geboten, auch z. B. Sulfate, Phosphate oder Nitrate des K, Ca und Mg ausgeschieden.

3. Die Guttation

Bei dieser handelt es sich um die Ausscheidung von flüssigem Wasser durch Hydathoden, die mit besonderen Öffnungen in der Oberhaut, den sogenannten Wasserspalten versehen sind. Zur Guttation sind unter bestimmten Bedingungen praktisch alle Landpflanzen befähigt. Die Wasserspalten bestehen ähnlich wie die Spaltöffnungen aus zwei, allerdings chlorophyllfreien Schließzellen, deren Beweglichkeit nur gering oder schon frühzeitig verlorengegangen ist. Die Anzahl der Wasserspalten einer einzelnen Hydathode ist verschieden; an der Spitze der Blattzähne von *Fuchsia* sitzt nur je eine einzige große Wasserspalte, aus einigen wenigen (3 bis 6 Wasserspalten) bestehen die Hydathoden bei *Ulmus campestris* und bei *Helleborus niger* und aus zahlreichen, in einer dichten Gruppe beisammenstehenden die Hydathoden bei Kompositen, bei *Alchemilla, Geum, Potentilla* u. a.

Bei den sogenannten passiven Hydathoden erfolgt die Wasserausscheidung durch einfache Druckfiltration, d. h. das Wasser wird durch den Wurzeldruck durch die Wasserspalten aus den unter ihnen endigenden Blattnerven ausgepreßt. Dagegen schaltet sich bei den sogenannten aktiven oder Epithem-Hydathoden zwischen die Wasserspalte und die Nervenendigungen ein besonderes Ausscheidungsgewebe, das Epithem ein, dessen Drüsentätigkeit die Wasserausscheidung besorgt und reguliert. Solche Epithem-Hydathoden finden sich bei verschiedenen krautigen Pflanzen, besonders aber bei Holzgewächsen. Die Hydathoden sitzen meist an den Blattspitzen, Blattzähnen und Blatträndern, bei manchen Pflanzen (z. B. Urticaceen) sind sie auch über die Blattfläche verteilt.

Optimale Voraussetzungen für eine kräftige Guttation sind dann gegeben, wenn bei reichlicher Bodenfeuchtigkeit die Bodentemperatur wesentlich höher als die Lufttemperatur ist. Bei dem mit der Abkühlung der Luft verbundenen Anstieg der relativen Luftfeuchtigkeit ist dann die Verdunstung des ausgeschiedenen Wassers auch wesentlich vermindert, so daß es als ständig abfallende und sich wieder erneuernde Tropfen an den Blattspitzen (Gräser), Blattzähnen (Frauenmantel) oder Blatträndern (Kapuzinerkresse, Schöllkraut) sichtbar wird. Da sich die Pflanzen ferner im Trieb befinden müssen, ist bei krautigen Pflanzen die Guttation auch während der ganzen oder eines längeren Teiles der Vegetationszeit zu beobachten, zum Unterschied von den Holzgewächsen, bei denen das Wachstum des Jahrestriebes schon innerhalb kurzer Zeit abgeschlossen wird. Wie Gracanin (1963) bei Weizenkeimlingen zeigen konnte, ist die für die Guttation kritische Bodenfeuchtigkeit bei einzelnen Bodenarten sehr verschieden.

In physiologischer und ökologischer Hinsicht liegt die Bedeutung der Guttation darin, daß durch sie die Wasser- und Salzzufuhr zu den Blättern auch nach Ausschaltung der Transpiration durch hohe relative Luftfeuchtigkeit oder Spaltöffnungsverschluß gewährleistet wird. Dies erscheint insbesondere im Hinblick auf die in der Nacht mit besonderer Intensität ablaufenden Wachstumsvorgänge bedeutungsvoll. Mit der Wasserausscheidung ist vielfach auch eine Stoffausscheidung verbunden; mit Hilfe der Guttation ist somit die Pflanze in der Lage, sich gewisser überschüssiger anorganischer, aber auch organischer Substanzen zu entledigen. Bekannt sind ja in dieser Hinsicht die reichlichen Kalkablagerungen um die in grubigen Vertiefungen an den Blatträndern liegenden Hydathoden gewisser Steinbrech-Arten. Nach Stahl (1920) lassen sich im Guttationswasser der verschiedensten Pflanzen fast stets K, Ca, seltener Mg, ferner Chloride, Sulfate und Nitrate, seltener Phosphate nachweisen, wobei Art und Menge der mineralischen Ausscheidungen wesentlich vom Alter der Blätter, der Bodenbeschaffenheit, dem Standort usw. abhängen. Bezüglich weiterer Literatur über diesen Gegenstand s. Stocking (1956).

4. Das Bluten

Als solches wird der Saftaustritt aus Wunden bezeichnet, der in den meisten Fällen durch den Wurzeldruck zustande kommt, in bestimmten Fällen aber durch lokale Blutungsdrucke bedingt sein kann.

Bluten als Auswirkung des Wurzeldruckes tritt sowohl bei krautigen Pflanzen wie bei Holzgewächsen auf. Bei krautigen Pflanzen kann das Bluten bei günstiger Wasserversorgung während der ganzen Zeit ihrer Entwicklung festgestellt werden, doch ist die ausgeschiedene Flüssigkeitsmenge bei ihnen meist gering. Bei der großen Brennessel wurde z. B. innerhalb 40 Stunden eine Flüssigkeitsausscheidung von 11,3 cm^3 gemessen. Bei den Holzgewächsen tritt das Bluten besonders ausgeprägt im Frühjahr in Erscheinung, wenn die Wurzeln ihre Tätigkeit bereits aufgenommen haben, das Laub aber noch nicht entfaltet ist. Besonders stark bluten Weinrebe, Birke und Ahorn-Arten, dann Weißbuche und Rotbuche. Die Menge des Blutungssaftes beträgt bei der Weinrebe bis zu 1 Liter pro Tag, bei der Birke bis zu 5 Liter. Da es sich bei den Blutungssäften um Gefäßwasser handelt, enthalten sie auch die verschiedensten Mineralsalze. Da ferner im Frühjahr zur Zeit des Laubausbruches die Reservestoffe der Wurzeln und des Stammes mobilisiert und zu ihrem Transport die Gefäße benutzt werden, enthält der Blutungssaft zu diesem Zeitpunkt auch mehr oder minder reichlich organische Substanzen und zwar neben Eiweiß und organischen Säuren vor allem Zucker. Die Zuckerkonzentration des Blutungssaftes ist bei manchen Holzgewächsen beträchtlich und beträgt bei der Birke bis zu etwa 1,4%, beim Spitzahorn bis etwa 3% und beim amerikanischen Zuckerahorn über 3% bis 8% (?). In gewissen Gebieten wird der Birkensaft vergoren und als „Birkenwein" getrunken. Der Blutungssaft des amerikanischen Zuckerahorns dient in den U.S.A. zur Gewinnung des Ahornzuckers („maple sugar"). Bezüglich näherer Details hinsichtlich der Größe der Blutungsdrucke, der Menge des ausgeschiedenen Blutungssaftes, der Ausflußdauer und des Gehaltes an organischen und anorganischen Bestandteilen sei auf BENECKE-JOST (1924) sowie BÜSGEN-MÜNCH (1927) und die dort angegebene Literatur, ferner STOCKING (1956) verwiesen, ferner auf ZATTLER und CHROMETZKA (1962), die bei Hopfen die Änderungen des Gehaltes des Blutungssaftes an Mineralstoffen sowie an Zucker und Aminosäuren innerhalb einer 25tägigen Blutungszeit fortlaufend verfolgt haben.

Auf lokalen Blutungsdrucken beruhen die sich auf wiederholte Verletzungen hin einstellenden und oft geraume Zeit andauernden Ergüsse von nicht unbeträchtlichen Mengen zuckerreichen Saftes. Dieser wird vergoren und als Genußmittel verwendet. Hierher gehört die Gewinnung des Palmweins durch bestimmte Art der Verletzung der Blütenstände gewisser Palmenarten (*Cocos nucifera, Phoenix dactylifera, Arenga saccharifera*) sowie der Pulque aus der *Agave americana* (näheres darüber bei MOLISCH 1922).

c) Die Nektarausscheidung

Nektarien sind Gewebe drüsigen Charakters, die zuckerhaltigen Saft ausscheiden. Sie sind im Pflanzenreich ungemein weit, von den Farnen bis zu den Blütenpflanzen verbreitet und können an allen Teilen der Pflanze vorkommen. Nektarien innerhalb der Blüte werden als „florale" oder „nuptiale", außerhalb der Blüten als „extraflorale" oder „extranuptiale" bezeichnet; durch ihre Zuckerausscheidungen werden durch letztere besonders Ameisen häufig angelockt, weshalb sie auch als „myrmecophil" bezeichnet werden.

Hinsichtlich Form, Größe und anatomischen Aufbaus weisen die Nektarien, besonders die floralen, sehr große Mannigfaltigkeiten auf. Bei den floralen Nektarien finden sich alle Übergänge von ganz einfachen Bildungen, deren Zellen sich kaum von den Nachbarzellen unterscheiden, bis zu solchen, bei denen 4 bis 5 und auch mehr übereinanderliegende Zellschichten an der Nektarausscheidung beteiligt sind. Während das Nektarien-Gewebe selbst meist frei von Stärke ist, enthält der Nektarienboden solche meist reichlich; dazu kommt noch der Zuckerzustrom durch die Leitbündel. Dagegen sind die extrafloralen Nektarien meist einfacher gebaut und bestehen entweder nur aus epidermalen oder auch aus hypodermalen Zellen; Stärke findet sich hier im Bereich des Nektarienbodens entweder überhaupt nicht oder nur in ganz geringer Menge. Die Nektar-ausscheidenden Zellen sind meist sehr plasmareich. Die Art des Nektar-Austrittes verläuft im einzelnen Fall verschieden. Oft fehlt jegliche Kutikularisierung und hier diffundiert der Nektar dann einfach durch die Zellmembranen nach außen. Bei Nektarien, die von einer dünnen Kutikula überzogen sind, tritt der Nektar erst nach deren Zerreißung aus, womit gleichzeitig auch eine Verschleimung der an die Kutikula angrenzenden Zelluloseschicht verbunden sein kann. Bei Nektarien mit dicker Kutikula erfolgt der Austritt des Nektars durch Spaltöffnungen oder durch solche, die in Saftspalten umgewandelt wurden. In gewissen Fällen wurden in der Außenmembran sowie in den Kutikularschichten feine Porensysteme festgestellt. An Ausscheidungsprodukten finden sich im Nektar vor allem Zucker (Saccharose, Glukose und Fruktose, in einigen Fällen vielleicht auch Maltose), daneben aber auch Eiweiß, Schleime und organische Säuren, weshalb der Nektar auch im allgemeinen sauer reagiert, ferner Mineralstoffe und gelegentlich auch bestimmte Duftstoffe.

Bezüglich näherer Details über Vorkommen, Bau und Funktion der Nektarien sowie über die Art der Stoffausscheidungen sei auf die Darstellungen von CAMMERLOHER (1931), EWERT (1932) und HELPER (1958) verwiesen.

1. Die floralen Nektarien

Bei den einzelnen Pflanzenarten erfolgt die Nektarausscheidung an den verschiedensten Stellen innerhalb der Blüte; praktisch können sämtliche Blütenorgane als Ganzes oder zum Teil die Funktion eines Nektariums übernehmen. Eine Übersicht über die Ausbildung der Nektarien gibt PORSCH (1913); er konnte gleichzeitig zeigen, daß der morphologische Bau der Blütennektarien ein phylogenetisch brauchbares Merkmal darstellt. Nektarien können demnach an Kelchblättern (Linde, *Prunus*-Arten, Stachelbeere), an Korollblättern (*Fritillaria imperialis*, Ranunculaceen), an Staubgefäßen (Lerchensporn), zwischen Staubgefäßen und Fruchtblättern (Apfel, Birne, Quitte, Schmetterlingsblütler), am Fruchtknoten als eine ihm aufliegende drüsige Scheibe (Johannisbeere, Umbelliferen, Kornelkirsche, Efeu, *Vaccinium*-Arten, Glockenblumen) auftreten. Eine besondere Form stellen die sogenannten Septalnektarien dar, wie sie vor allem in den Fruchtknoten zahlreicher monokotyler Pflanzen vorkommen; hier liegt das Nektargewebe zwischen den Scheidewänden in Lücken, die die drei miteinander verwachsenen Fruchtblätter im Innern des Fruchtknotens frei lassen.

Menge und chemische Zusammensetzung des Nektars sind bei den einzelnen Pflanzenarten verschieden, ändern sich aber innerhalb einer Art je nach dem Alter der Blüten und in Abhängigkeit vom Gesamternährungszustand der Pflanze sowie von den klimatischen Verhältnissen. In jüngster Zeit hat HUBER (1956) bei einer Reihe von Pflanzen den Einfluß von Temperatur sowie Luft- und Bodenfeuchtigkeit auf die Nektarproduktion näher untersucht, mit dem Ergebnis, daß diesen Faktoren sowohl in quantitativer wie auch in qualitativer Hinsicht große Bedeutung zukommt.

Der Zuckergehalt des Nektars ist bei den einzelnen Pflanzenarten verschieden und schwankt zwischen wenigen Prozent bis etwa 70%. Eingehende Untersuchungen über die chemische Zusammensetzung des Nektars verdanken wir BEUTLER (1928, 1929). Danach enthält z. B. der Nektar des Apfels 12,8% Invertzucker und 8,5% Rohrzucker, der Kirsche 16,2 bzw. 18,9%, der Linde 13,5 bzw. 16,0%, des Hederich 49,0 bzw. 6,0%, des Ackersenf 36,2 bzw. 10,0%, des Raps 45,1 bzw. 0,0% und der Taubnessel 9,6 bzw. 32,8%. Bei der Roßkastanie besteht der Nektar fast ausschließlich aus Rohrzucker (70%), dem er auch seine große Süßigkeit verdankt. Mit der Zusammensetzung des Nektars und dem Mechanismus seiner Sekretion hat sich eingehend LÜTTGE (1961, 1962) befaßt. Ferner konnte PERCIVAL (1961) auf Grund papierchromatischer Untersuchungen des Zuckergehaltes des Nektars einer sehr großen Anzahl von Blütenpflanzen 10 verschiedene Nektartypen feststellen, die sich in folgende 3 Haupttypen zusammenfassen lassen: 1. überwiegend Saccharose, 2. etwa gleiche Mengen Saccharose, Glucose und Fructose, 3. hauptsächlich Fructose und Glucose.

2. Die extrafloralen Nektarien

Diese sind im Pflanzenreich ungemein weit verbreitet; es können daher hier nur einige Vorkommen beispielhaft angeführt werden. So besitzt z. B. unter den Farnen der Adlerfarn (*Pteridium aquilinum*) an seinen Wedelstielen Nektarien. Bei *Rizinus communis* tragen die Keimblätter am Grunde 2 Nektarien in Form kugeliger Auftreibungen, die Stengel solche in Form knopfförmiger Anschwellungen.

Beim Götterbaum liegen die Nektarien an der Unterseite der basalen Lappen der Fiederblätter, beim Liguster an der Blattunterseite in der Nähe der Mittelrippe. Bei der Glyzine wird Nektar im unteren Blattdrittel an der Blattunterseite in der Nähe der Mittelrippe ausgeschieden. Die Laubblattnektarien von *Catalpa bignonioides* werden von Insekten und Honigbienen besucht, ebenso weisen auch die Nektarien auf den Nebenblättern von *Vicia sativa*, *V. Faba* und anderen Leguminosen reichlichen Insektenbesuch auf. Bei *Prunus*-Arten, ferner beim gemeinen Schneeball sitzen die Nektarien in Form kleiner rötlicher warzenartiger Erhebungen an den Blattstielen knapp unterhalb des Blattgrundes. Auch auf den Hüllkelchblättern finden sich bei verschiedenen Kompositen (*Centaurea*-Arten, *Helianthus tuberosus*) Nektarien; besonders auffällig sind ja die großen, meist halbmondförmigen gelb gefärbten Nektarien im Bereiche der Blütenstände von Wolfsmilcharten, wo sie die Funktion von floralen Nektarien übernehmen.

3. Schlußbemerkung

Bei den extrafloralen Nektarien holziger Pflanzen ist die Nektarbildung auf die Zeit des Triebes (Stengel- und Blattwachstum) beschränkt, bei krautigen Pflanzen auf die jugendlichen Blätter und Internodien. FREY-WYSSLING (1945) deutet nun die Nektarausscheidung dahingehend, daß in die ihr Wachstum abschließenden Organe auch weiterhin noch Bildungssäfte geleitet werden, die aber keine Verwendung mehr finden, sich daher stauen und von denen ein Teil durch die Nektarien ausgeschieden wird. Im Gegensatz zu den Wasserdrüsen, die sich an Nervenendigungen befinden, findet man daher auch die Nektarien meist auch an den Stoffleitungswegen (Hauptnerven, Blattstiel, Blattgrund). Man kann daher die Nektarien mit Recht als „Saftventile“ bezeichnen. Je günstiger die Assimilationsbedingungen, desto ausgeprägter ist auch die Neigung zur Nektarausscheidung.

Das gleiche gilt auch für die floralen Nektarien; sie befinden sich an entsprechenden Teilen der Koroll-, Staub- oder Fruchtblätter, so wie die extrafloralen am Laubblatt, und scheiden auch die gleichen Stoffe wie diese aus; sie beginnen ferner in einem ähnlichen Zeitpunkt zu sezernieren, nämlich im Anschluß an die Entfaltungsbewegungen der Blütenblätter.

d) Die Ausscheidungen der Carnivoren

Als insektivor oder richtiger als carnivor werden solche Pflanzen bezeichnet, die imstande sind, mit Hilfe bestimmter Vorrichtungen Insekten und andere kleine Tiere zu fangen, festzuhalten, abzutöten und deren Eiweißanteile zu verdauen, die sie dann zusätzlich zur Deckung ihres Stickstoffbedarfes verwenden. Für diese verschiedenen Verrichtungen benötigen die Insektivoren oder Carnivoren bestimmte anatomische und morphologische, vielfach zu Stoffausscheidungen befähigte Einrichtungen. Wir finden daher je nach dem Typus des Fangapparates Nektardrüsen zur Anlockung von Insekten, bei den Klebefallen verschieden gebaute Drüsenhaare oder Emergenzen mit Schleimabsonderungen, an denen die auffliegenden Insekten haften bleiben, gleichzeitig als Trichomhydathoden wirkende Drüsenhaare bei den Kannenpflanzen und ferner meist in sehr reichlicher Menge verschiedentlich gestaltete Verdauungsdrüsen (Digestionsdrüsen), die die Enzymausscheidung sowie die Resorption der gelösten Stickstoffverbindungen besorgen. Bezüglich aller näheren hierher gehörenden Details muß auf die ausführliche Behandlung dieser biologisch so interessanten Pflanzengruppe durch LLOYD (1942) sowie SCHMUCKER und LINNEMANN (1959) verwiesen werden.

e) Die Ausscheidung von Terpenen, Gummi und Schleimen

Überaus weit verbreitet sind bei den höheren Pflanzen Ausscheidungen von Terpenen, die nach dem in der Praxis üblichen Sprachgebrauch allgemein als ätherische Öle und Harze bezeichnet werden. Letztere Bezeichnung wird aber nicht den tatsächlichen Verhältnissen gerecht, da Harze eine feste Substanz darstellen, daher kaum jemals allein, sondern in ätherischen Ölen gelöst ausgeschieden werden. Es wäre daher richtiger, hier von Balsam zu sprechen. Mit ätherischen Ölen und Balsamen sind vielfach noch andere Stoffe vergesellschaftet, die dann mit ihnen gleichzeitig ausgeschieden werden, wie z. B. besonders häufig Gummi und Schleime, die aber auch für sich allein auftreten können.

In vielen Fällen werden diese Exkrete in der Zelle selbst deponiert; in vielen anderen Fällen aber bestehen Einrichtungen zu deren Eliminierung aus den Zellen, in denen sie gebildet werden (extrazelluläre Exkretausscheidungen). Die Ausscheidung kann in interzellularen Hohlraumbildungen erfolgen, in denen das Exkret dauernd verbleibt (endogene Exkretausscheidung) oder aber auch mittels besonderer Einrichtungen nachträglich aus der Pflanze ausgeschieden werden (endo-exogene Ausscheidung), oder aber das Exkret wird unmittelbar aus der Pflanze nach außen abgegeben (exogene Exkretausscheidung). Bezüglich der großen Mannigfaltigkeit der Exkretionsmechanismen sowie der reichlichen einschlägigen Literatur s. KISSER (1958).

Bei einer großen Anzahl der hierher gehörenden Exkrete handelt es sich unzweifelhaft um Endprodukte des pflanzlichen Stoffwechsels, die in diesen nicht mehr einbezogen werden können und die daher in verschiedener Weise und an verschiedenen Orten aus dem Stoffwechselgetriebe eliminiert werden. Die Exkretbildung und Exkretausscheidung ist daher auch primär ein biochemisches Problem. Daß die ausgeschiedenen Stoffe auch sekundäre Wirkungen entfalten können, die für die ausscheidende Pflanze selbst förderlich erscheinen, wird niemand in Abrede stellen, wie z. B. die Beziehungen zwischen Blütenduft und Blütenbesuch durch bestimmte Insekten, die Herabsetzung der Transpiration durch Überzüge mit einer Schleim-Harz-Emulsion wie etwa bei den „lackierten" Knospen u. a.

1. Endogene Exkretausscheidung

Diese erfolgt durch sogenannte innere Drüsen besonders häufig in schizogene Exkreträume, die durch Auseinanderweichen ursprünglich fest miteinander verbundener Zellen entstehen. Im Verlaufe der weiteren Entwicklung werden diese interzellularen Räume unter gleichzeitiger Vermehrung der sie umgebenden Zellen (Epithelzellen) durch radiale Teilung erweitert; diese Epithelzellen besorgen die Exkretausscheidung in den interzellularen Exkretraum. Als Exkrete finden sich flüchtige Terpene (ätherische Öle z. B. bei den Umbelliferen), zähflüssige Balsame (Nadelhölzer), Gummiharze (Clusioideen), Milchsäfte (bei gewissen Umbelliferen und Cactaceen) sowie Gummi bzw. Schleime (Lycopodiaceen, Araliaceen). Ihrer Form nach sind die Exkreträume entweder mehr oder minder rundlich (Myrtaceen) oder langgestreckt und gangartig (Exkretgänge oder Exkretkanäle der Coniferen, Umbelliferen u. a.). Je nachdem, ob das Exkret vorwiegend flüssige (ätherische Öle) oder feste Bestandteile (Harze) enthält und daher zähflüssig ist, spricht man bei den rundlichen Exkreträumen von Ölbehältern bzw. Harzbehältern, bei den langgestreckten von Ölgängen bzw. Harzgängen oder Harzkanälen. Die Ausscheidung der Exkrete durch die Epithelzellen erfolgt vielfach unter Druck, wodurch die Exkreträume prall gefüllt werden. Bei deren Verletzung fließt das unter Druck stehende Exkret aus, worauf die Epithelzellen die Exkretausscheidung wieder aufnehmen. Auf dieser reichlichen und durch Verletzung vermehrten Balsamproduktion beruht die praktisch im großen Maßstab durchgeführte Harznutzung und Harzgewinnung von gewissen Nadelbäumen.

Mit Exkret erfüllte Hohlräume können im Pflanzenkörper aber auch noch auf eine andere Art entstehen, indem das Exkret zunächst innerhalb der Zellen eines größeren oder kleineren Gewebekomplexes abgelagert wird, worauf dann die Zellen aufgelöst werden und die in ihnen vorhandenen Exkrettröpfchen in dem so entstandenen Hohlraum zu einem großen Tropfen zusammenfließen. Solche lysigen entstandene Exkreträume finden sich z. B. in der Schale der Orange oder Zitrone.

2. Endo-exogene Exkretausscheidung

Diese liegt vor, wenn das Exkret zunächst in einen Exkretbehälter ausgeschieden wird, der besondere Baueigentümlichkeiten und Einrichtungen besitzt, die eine nachträgliche Entleerung nach außen ermöglichen. Dies ist z. B. bei den Exkretbehältern in den Blättern der Weinraute (*Ruta graveolens*) oder bei den Spritzdrüsen von *Dictamnus albus* der Fall.

3. Exogene Exkretausscheidung

Diese erfolgt durch sogenannte äußere Drüsen, die somit an der äußeren Oberfläche der verschiedensten Pflanzen und Pflanzenteile sitzen; ihre Exkretionszellen sind durchwegs epidermalen Ursprungs und entlassen des Exkret unmittelbar nach außen. Trotz der großen Formenmannigfaltigkeit lassen sich gewisse Typen klar herausstellen. Als Ausscheidungsprodukten begegnen wir wieder vor allem ätherischen Ölen, Harzen, Gummi und Schleimen. Den Ausscheidungen von ätherischen Ölen durch solche epidermale Drüsen verdanken viele vegetative Pflanzenteile ihren charakteristischen Geruch, während Harze, Gummi-Harze und Schleime ihren Glanz oder ihre Klebrigkeit bedingen.

A. Ausscheidung durch Drüsenhaare, Drüsenschuppen und Drüsenzotten

Allen diesen Haarbildungen ist ein besonderer, die Exkretion besorgender Teil, nämlich das Drüsenköpfchen (daher auch Köpfchenhaare genannt) gemeinsam, das ein- oder auch mehrzellig sein kann. Diese glandulösen oder drüsigen Haargebilde gliedern sich in die in die Epidermiszelle eingesenkte Basal-, Fuß- oder Tragzelle, in den Stiel und in das Drüsenköpfchen. Der Stiel ist bei den Drüsenhaaren kurz (sitzende Drüsen) oder länger (gestielte Drüsen) und zumindest im oberen Teil einreihig; das Drüsenköpfchen ist einzellig oder durch meist sektoriale Teilungen mehrzellig. Die Drüsenschuppen besitzen einen kurzen Stiel oder Fuß und ein flache schirmförmige Scheibe, die Drüsenzotten einen mehrreihigen Stiel und ein mehrzelliges, nicht durch radiäre Teilungen hervorgegangenes Köpfchen. Allen diesen Drüsenbildungen gemeinsam ist die charakteristische Art der Exkretausscheidung. Das Exkret wird in den Drüsenzellen des Köpfchens gebildet und durch die Zellulosewand nach außen ausgeschieden; da die Kutikula für das Exkret jedoch undurchlässig ist, wird sie blasig abgehoben und das Exkret sammelt sich in dem von der abgehobenen Kutikula und der Zellulosewand begrenzten Raum kappenförmig an, aus dem es nach Aufreißen der Kutikula ausfließt. Diese Art der Exkretausscheidung ist überaus häufig und findet sich bei sehr zahlreichen Pflanzen (Lippenblütler, Korbblütler, Nachtschattengewächse, Pelargonie, Primeln u. a.).

B. Ausscheidung durch Kolleteren

Die Leimzotten oder Kolleteren bestehen meist aus zahlreichen, nicht regelmäßig angeordneten und zu einem gewölbten, sitzenden oder kurz gestielten Köpfchen vereinigten Zellen. Sie unterscheiden sich von den vorher genannten Drüsenbildungen dadurch, daß sämtliche oberflächlich gelegenen Zellen zur Exkretausscheidung befähigt sind, und ferner, daß sich bei ihnen das Exkret nicht in einer Kutikularhaube ansammelt, sondern nach unmittelbarer Zerreißung der Kutikula nach außen tritt und durch lange Zeit nachgebildet wird. Kolleteren finden sich vorwiegend auf Knospenschuppen. Ihre Ausscheidungsprodukte bestehen bei *Ribes*, *Carpinus* und *Corylus* vorwiegend aus harzartigen Stoffen, bei *Aesculus* und *Alnus viridis* aus Gummiharzen. Die Verbindung von Terpenausscheidungen mit gleichzeitiger mehr oder minder reichlicher Schleimabsonderung, die ihren Ausgang von der unter der Kutikula gelegenen Wandschicht nimmt, ist häufig.

C. Ausscheidung durch Drüsenflächen

Diese stellen den einfachsten Typus epidermaler Exkretausscheidung dar; sie bestehen nämlich aus normal gestalteten Epidermiszellen, die aber unter Sprengung der Kutikula zu einer Exkretausscheidung befähigt sind. Vielfach stellen die Drüsenflächen die drüsige Fortsetzung von Kolleteren auf der Oberfläche von Knospenschuppen dar, wie dies z. B. bei *Rumex*, *Rheum*, *Alnus*, *Carpinus*, *Corylus* u. a. der Fall ist. Wie durch die Kolleteren werden auch durch sie neben Harzen auch Gummi und Schleime ausgeschieden.

D. Ausscheidung durch Drüsenflecken

Auch bei diesen handelt es sich unmittelbar um Epidermiszellen, die aber auch schon nach ihrem Bau zu typischen Exkretionszellen umgewandelt erscheinen; sie sind zur Organoberfläche meist stark gestreckt, nehmen infolgedessen prismatische Formen an und unterscheiden sich ferner von den angrenzenden Epidermiszellen durch ihre zarten Wände und ihren Plasmareichtum. Solche Drüsenflecken finden sich z. B. auf der Oberseite der Deckschuppen verschiedener *Populus*-Arten und scheiden einen Harzbalsam teils direkt durch die Kutikula, teils nach deren Abhebung und Zerreißung aus. Auch an den Laubblättern erfolgt eine analoge Exkretausscheidung, und zwar an den von der Drüsenzellschicht (Prismenschicht) überzogenen Blattspitzen. Bei den Rubiaceen liegen von Drüsenflecken überzogene Emergenzen vor, wobei bei der Exkretausscheidung der obere Teil der Kutikula entweder als Ganzes haubenartig abgehoben oder durch einen Riß gesprengt wird.

f) Die Wurzelausscheidungen

Die Frage der Wurzelausscheidungen hat in den letzten Jahren im Hinblick auf das Problem der Bodenmüdigkeit sowie der gegenseitigen stofflichen Beeinflussung von Pflanzen untereinander (Allelopathie) erhöhte Aufmerksamkeit gefunden. Das diesbezügliche reichliche, aber zu einer klaren Fragebeantwortung doch noch nicht ausreichende Tatsachenmaterial wurde von Grümmer (1955) sowie von Rademacher (1959) in dankenswerter Weise zusammenfassend bearbeitet.

Den exakten Untersuchungen der Frage der allelopathischen Beeinflussung höherer Pflanzen durch aktive Wurzelausscheidungen stehen infolge der sich überlagernden Wirkung zahlreicher Faktoren fast unüberwindliche Schwierigkeiten entgegen. Denn von Wurzelausscheidungen kann nur dann gesprochen werden, wenn es sich um eine mit den Stoffwechselvorgängen engstens verknüpfte aktive Stoffabgabe handelt; auszuschließen ist daher die passive Freisetzung von Stoffen aus lebenden funktionstüchtigen Zellen (Rekretion), ebenso das Freiwerden von Stoffen aus absterbendem oder totem Wurzelmaterial (Calyptra, Epidermis- und Wurzelhaarzellen, Exodermiszellen). Diese Abgabe organischer Stoffe kann aber ihrerseits wieder die Voraussetzung für die Anhäufung von Mikroorganismen in der Rhizosphäre sein, durch die allenfalls von der Wurzel abgegebene Stoffe mit hemmender Wirkung auf andere Pflanzen abgebaut oder aber selbst Substanzen mit toxischer Wirkung produziert werden können.

Hinsichtlich der die gegenseitige chemische Beeinflussung von Pflanzen bedingenden Stoffe haben sich je nach der ausscheidenden und der betroffenen Pflanzengruppe bestimmte Bezeichnungen eingebürgert: „Antibiotika" sind von Mikroorganismen ausgeschiedene und auf andere Mikroorganismen wirkende Stoffe. „Marasmine" sind Stoffwechselprodukte parasitärer Mikroorganismen mit bestimmten Auswirkungen auf die Wirtspflanzen. „Phytonzide" sind von höheren Pflanzen stammende Stoffe mit Wirkung auf Mikroorganismen. Als „Koline" bezeichnet GRÜMMER von höheren Pflanzen stammende Stoffe (Hemmstoffe) mit schädigender Wirkung auf andere höhere Pflanzen; für diese schlägt RADEMACHER die Bezeichnung „Allelopathica" vor und weist gleichzeitig darauf hin, daß nicht außer acht gelassen werden darf, daß die gegenseitige Beeinflussung von Organismen untereinander nicht nur negativer Art ist, sondern auch positiver Art sein kann.

Bezüglich der Stoffe, die von Wurzeln ausgeschieden werden, liegen sehr zahlreiche Angaben vor, wobei jedoch in den meisten Fällen der Beweis aussteht, ob es sich um aktive Ausscheidungen, ferner um solche normaler gesunder Pflanzen handelt. Als solche Stoffe werden genannt: Atmungskohlensäure, H-Ionen beim Kationen-Austausch, aber auch andere Kationen, Mineralsalze, Zucker, organische Säuren, Aminosäuren, Alkaloide, fluoreszierende Stoffe u. a. Diesbezüglich sei auf die eingangs angeführten zusammenfassenden Darstellungen von GRÜMMER (1955) und RADEMACHER (1959) verwiesen.

Auch die Frage nach der aktiven Ausscheidung von N-Verbindungen durch die Wurzeln ist noch offen. MOTHES (1958) sowie MOTHES und ROMEICA (1958) bezweifeln, ob es sich bei den N-Ausscheidungen um einen normalen Vorgang handelt, oder ob solche erst beim Altern der Pflanzen, beim Absterben der Organe oder bei schweren Störungen des Stoffwechsels erfolgen. Auch die Ausscheidung von organischen N-Verbindungen durch die Knöllchen der Leguminosen ist nach der Auffassung von SCHAEDE (1948) kein normaler Vorgang, sondern scheint nur unter gewissen Bedingungen zu erfolgen, die die C-Assimilation und damit auch die N-Assimilation beeinträchtigen (s. auch SCHWARTZ 1959).

Einen wesentlichen Fortschritt auf dem Gebiete der gegenseitigen Beeinflussung von Pflanzen durch Wurzelausscheidung bedeutet die neue Methodik der Umlaufkultur (s. MARTIN und RADEMACHER 1960), wenngleich sich auch durch sie aktive und passive Ausscheidungen nicht auseinanderhalten lassen. Bei dieser Methodik läuft die Nährlösung durch gekoppelte Gefäße um, die wechselweise mit den Pflanzen der zu prüfenden Kombination besetzt sind, wodurch sich zunächst alle Wechselwirkungen auf den Wurzelraum beschränken. Gleichzeitig wird dadurch der Wasserfaktor als Konkurrenzfaktor und ebenso die Nährstoffkonkurrenz durch ständige Nährstoffzugabe ausgeschaltet. Mit Hilfe dieser Methodik konnten MARTIN und RADEMACHER zeigen, daß durch die Wurzelausscheidungen des Weizens und noch stärker durch die des Roggens z. B. die Entwicklung von *Matricaria maritima* deutlich gehemmt wird (Verminderung des Sproßtrockengewichtes um 28 %), ebenso die von *Sinapis arvensis* durch Roggen um 20 % und durch Hafer um 23 %. Starke Wirkungen gingen von *Polygonum persicaria* aus, wenn diese Pflanze gegenüber Lein und Kartoffeln (Sämlinge) einen Wachstumsvorsprung erhielt; die Sproßtrockengewichte der gehemmten Pflanzen lagen bis zu 50 % niedriger als die der Kontrollpflanzen.

g) Gasförmige Ausscheidungen

Daß die Pflanze über einen intensiven Gasstoffwechsel verfügt, indem sie bei der C-Assimilation O_2 und bei ihrem Atmungsstoffwechsel CO_2 abgibt, ist eine altbekannte Tatsache. Daß daneben aber auch noch andere Gase oder flüchtige Verbindungen aus der Zelle entweichen, ist jedoch eine Erkenntnis erst neueren Datums. Wenn es sich dabei auch nicht um beträchtliche Mengen, sondern oft nur um Spuren handelt, so kommt doch manchen dieser Ausscheidungen nicht nur eine biologische und in gewissen Fällen auch praktische Bedeutung zu, sondern sie weisen auch Wege, um neue und vertiefte Einblicke in das pflanzliche Stoffwechselgetriebe zu gewinnen.

1. Ammoniak

Nach den Untersuchungen von Klein und Steiner (1928), ferner von Steiner (1929) entweicht aus Blättern und Blüten gasförmig Ammoniak, das nicht festgehalten werden kann und daher durch Exhalation verlorengeht. Dabei zeigte sich, daß von den zahlreichen untersuchten Arten sämtliche an die Luft Ammoniak abgeben, besonders reichlich die Blüten, was möglicherweise mit einer Eiweißveratmung dieser kurzlebigen, aber intensiv atmenden Pflanzenteile zusammenhängt; mit der Blütenentfaltung nimmt die Menge des ausgeschiedenen Ammoniaks zu. Bei den Blättern ist ebenfalls das Alter von maßgeblicher Bedeutung; am meisten Ammoniak wird von jungen, im Wachstum befindlichen Blättern ausgeschieden; dabei zeigen sich zwischen den einzelnen Pflanzenarten ganz beträchtliche Unterschiede. So enthalten z. B. die Exhalate von *Equisetum*-Arten nur ganz geringe Spuren, die von jugendlichen Laubblättern dikotyler Pflanzen die größten Mengen und wesentlich geringere die von Gräsern und Koniferen. Die ausnehmend geringe Ammoniak-Exhalation der Brennessel, einer typischen Nitratpflanze, und der stark blausäurehaltigen Traubenkirsche verdient besonders vermerkt zu werden.

Die Ursache dieser Ammoniakausscheidungen ist in einem dauernden starken Eiweißabbau zu suchen, wodurch nicht alles entstehende Ammoniak durch Salzbildung oder Amidbildung gebunden werden kann. Infolge seiner großen Löslichkeit in Wasser entweicht daher ein Teil durch die imbibierten Membranen in die Interzellularen und gelangt auf dem Wege der Diffusion durch die Spaltöffnungen nach außen.

2. Amine

Auch die Ausscheidung von Aminen ist im Pflanzenreich ungemein weit verbreitet. Amine bedingen den charakteristischen Geruch vieler Blüten (z. B. Birne, Weißdorn), aber auch den unangenehmen Geruch der vegetativen Teile gewisser Pflanzen, wie z. B. des stinkenden Gänsefußes (*Chenopodium vulvaria*) oder des einjährigen Bingelkrautes (*Mercurialis annua*). Bei *Chenopodium vulvaria* diffundiert Trimethylamin aus zahlreichen Drüsen an die Oberfläche des Stengels, der Blätter und der Blütenhülle. In vielen anderen Fällen scheint jedoch Diffusion durch die Oberhaut nach außen oder Austritt durch die Spaltöffnungen zu erfolgen. Diese Frage bedarf noch einer Klärung.

Auf Grund neuer Trennungs- und Identifizierungsverfahren hat Stein von Kamienski (1957, 1958 a, b, c, dort auch die gesamte einschlägige Literatur) 220 Arten von Blütenpflanzen aus 47 Familien untersucht und in 75 Arten, die sich auf 13 Familien verteilen, folgende Amine festgestellt: Methylamin in 25 Arten, Dimethylamin in 1 Art (einziges bisher festgestelltes Vorkommen, und zwar in den Blüten des Bärenklau, *Heracleum sphondylium*), Trimethylamin in 19 Arten, Äthylamin in 3 Arten, i-Butylamin in 15 Arten, i-Amylamin in 75 Arten und β-Phenyläthylamin in 16 Arten; Methylamin ist in Spuren sehr weit verbreitet.

Bei den Blüten sind Amine schon in den Knospen vorhanden; ihre Menge steigt bis zur Vollanthese an und nimmt beim Abblühen wieder ab. Bei trockenem warmem Wetter scheint der Amingehalt der Blüten höher als bei feuchter Witterung zu sein. Blütenbiologisch ist bemerkenswert, daß Amin-führende Blüten in der Regel eine weiße, unscheinbar grünliche oder rötlich-braune Farbe besitzen. In bunten Blüten sind Amine eher eine Ausnahme, ausgenommen das in Spuren sehr weit verbreitete Methylamin. Hinsichtlich des Blütenbesuches (Fliegen, Käfer) bestehen blütenbiologische Zusammenhänge.

Von ferner 105 untersuchten Pilzarten aus 18 Familien enthielten 44 Arten Amine, deren Art und Menge je nach Entwicklungszustand, Standort, Jahreszeit usw. weitgehenden Schwankungen unterliegt. In den Brandsporen des Weizenstinkbrandes (*Tilletia tritici*) kommt nur Trimethylamin in beträchtlichen Mengen vor, dagegen ist im Mutterkorn (*Claviceps purpurea*) eine große Anzahl von Aminen enthalten. Auch gewisse Flechten produzieren Amine, und zwar neben geringen Mengen von Methylamin große Mengen von Trimethylamin, z. B. die nach Urin oder Heringslake riechenden Thalli von *Sticta sylvatica* und *St. fuliginosa.*

STEIN VON KAMIENSKI befaßt sich auch eingehend mit der Frage nach der Entstehung der Amine, auf die nicht näher eingegangen werden kann; s. diesbezüglich auch GUGGENHEIM (1951, 1958).

3. Äthylen

Während des Reifungsvorganges wird von vielen Früchten (z. B. Apfel, Birne, Weißdorn) Äthylen gebildet und ausgeschieden, das andere Pflanzen oder Pflanzenteile zu beeinflussen vermag (MOLISCH 1937, GRÜMMER 1955, dort auch die weitere einschlägige Literatur). So wirkt das ausgeschiedene Äthylen wieder beschleunigend auf den Reifungsvorgang, weshalb auch Obst nicht luftdicht verpackt und frühreifende Obstsorten nicht neben spätreifende gelagert werden sollen. Durch künstliche Äthyleneinwirkung kann daher auch der Reifungsvorgang von verschiedenen Früchten (z. B. Bananen, Zitronen, Tomaten, Melonen) beschleunigt oder auch das Austreiben ruhender Knollen und anderer Pflanzenorgane ausgelöst werden. Neben dem Äthylen wird von Äpfeln noch eine ganze Reihe anderer flüchtiger Verbindungen ausgeschieden.

Der Zeitpunkt des Einsetzens der Äthylenausscheidung wurde bei Tomaten von WORKMAN und PRATT (1957) näher verfolgt. Danach beginnen Tomaten mit dem Einsetzen des Reifungsvorganges, d. i. mit dem Auftreten der ersten rötlichen Flecken, Äthylen in meßbaren Mengen auszuscheiden. Äthylen wird aber nicht nur aus reifenden Früchten, sondern nach PRATT (1954) auch aus anderen Pflanzen und Pflanzenteilen (Spargel, Kürbis, Löwenzahnblüten, Blätter von *Silybum marianum*) frei. Nach HALL, TRUCHELUT, LEINWEBER und HERRERO (1957) beginnt bei der Baumwollpflanze die Ausscheidung von nennenswerten Mengen von Äthylen mit dem Beginn der Blüte. Die Frage nach der Entstehungsweise des Äthylens im Rahmen des Gesamtstoffwechsels ist noch ungeklärt, doch wird an ihr intensiv gearbeitet. In physiologischer Hinsicht sind BURG und BURG (1962) der Auffassung, daß es sich beim Äthylen nicht um ein Nebenprodukt des Fruchtstoffwechsels, sondern um ein typisches Hormon handelt.

4. Ätherische Öle

Diese werden sowohl durch aktive Drüsentätigkeit als auch durch Verdampfen durch die Zellwände hindurch nach außen ausgeschieden (s. KISSER 1958). Letzteres ist vor allem bei Blüten der Fall, die ihren Duft niedrigmolekularen Terpenen (ätherischen Ölen) verdanken. Sie finden sich vor allem in der Epidermis, aber auch in den angrenzenden Mesophyllschichten der Blumenblätter und zwar im Hautplasma in Form feinster Tröpfchen. Bei gewisser Temperatur treten die Öltröpfchen fortlaufend durch die Epidermisaußenwand und die Kutikula nach außen, verdampfen und werden stets in den Zellen regeneriert, ohne sich in ihnen anzuhäufen. Der Gehalt der Blütenblätter an ätherischem Öl ist an sich gering; während des Blühens wird aber in vielen Blütenblättern fortlaufend neues ätherisches Öl nachgebildet.

Literatur

AMELUNXEN, F., K. MORGENROTH und T. PICKSACK: Untersuchungen an der Epidermis mit dem Stereoscan-Elektronenmikroskop. Z. Pflanzenphysiol. **57**, 79–95 (1967).

BENECKE, W., und L. JOST: Pflanzenphysiologie, Bd. I, Stoffwechsel. Jena: G. Fischer. 1924. — BEUTLER, R.: Biologisch-chemische Beobachtungen am Nektar einheimischer Immenblumen. Sitzber. Ges. Morph. u. Physiol., München, **38**, 24–31 (1928). — Biologische Beobachtungen über die Zusammensetzung des Blütennektars. Sitzber. Ges. Morph. u. Physiol., München, **39**, 41–48 (1929). — BRUNSWIK, H.: Die Mikrochemie der Flavonexkrete bei den Primulinae. Sitzber. Akad. Wiss. Wien, math.-naturwiss. Kl., Abt. I, **131**, 221 (1922). — BÜSGEN, M., und E. MÜNCH: Bau und Leben unserer Waldbäume, 3. Aufl. Jena: G. Fischer 1927. — BURG, ST. P., und E. A. BURG: Role von Ethylene in Fruit Ripening. Plant Physiol. **37**, 179–189 (1962).

CAMMERLOHER, H.: Blütenbiologie I., Wechselbeziehungen zwischen Blumen und Insekten. Sammlung Borntraeger, Bd. 15. Berlin: Borntraeger. 1931.

DECKER, J. P.: Salt Secretion by Tamarix pentandra Pall. Forest Sci. **7**, 214–217 (1961).

EGLINTON, G., und R. J. HAMILTON: Leaf Epicuticular Waxes. Science **156**, 1322–1335 (1967). — EWERT: Die Nektarien in ihrer Bedeutung für Bienenzucht und Landwirtschaft. Leipzig: 1932.

FREY-WYSSLING, A.: Ernährung und Stoffwechsel der Pflanzen. Zürich: Büchergilde Gutenberg. 1945. — Die pflanzliche Zellwand. Berlin-Göttingen-Heidelberg: Springer. 1957.

GRAČANIN, M.: Die kritische Bodenfeuchtigkeit für die Guttation. Ein Beitrag zur Frage des ökologischen Wertes des aktiven Bodenwassers. Ber. dtsch. bot. Ges. **75**, 465–473 (1963). — GRÜMMER, G.: Die gegenseitige Beeinflussung höherer Pflanzen-Allelopathie. Jena: G. Fischer. 1955. — GUGGENHEIM, M.: Die biogenen Amine. Basel: S. Karger. 1951. — Die biogenen Amine in der Pflanzenwelt. In: W. RUHLAND, Handb. d. Pflanzenphysiol., Bd. VIII, S. 889–988. Berlin-Göttingen-Heidelberg: Springer. 1958.

HABERLANDT, G.: Physiologische Pflanzenanatomie, 5. Aufl. Leipzig: Engelmann. 1918. — HALL, W. C., G. B. TRUCHELUT, C. L. LEINWEBER und F. A. HERRERO: Ethylene production by the cotton plant and its effects under experimental und field conditions. Physiol. plant. **10**, 306–317 (1957). — HÄRTEL, O., und E. PAPESCH: Über die Wachsausscheidungen der Koniferen. Ber. Dtsch. Bot. Ges. **68**, 133–142 (1955). — HELDER, R. J.: The loss of substances by cells and tissues (salt glands). In: W. RUHLAND, Handb. d. Pflanzenphysiol., Bd. II, S. 468–488. Berlin-Göttingen-Heidelberg: Springer. 1956. — The excretion of carbohydrates (nectaries). In: W. RUHLAND, Handb. d. Pflanzenphysiol., Bd. VI, S. 978–990. Berlin-Göttingen-Heidelberg: Springer. 1958. — HUBER, H.: Die Abhängigkeit der Nektarsekretion von Temperatur, Luft- und Bodenfeuchtigkeit. Planta **48**, 47–98 (1956).

KISSER, J. G.: Die Ausscheidung von ätherischen Ölen und Harzen. In: W. RUHLAND, Handb. d. Pflanzenphysiol., Bd. X, S. 91–131. Berlin-Göttingen-Heidelberg: Springer. 1958. — KLEIN, G., und M. STEINER: Stickstoffbasen und Eiweißabbau höherer Pflanzen. I. Ammoniak und flüchtige Amine. Jb. wiss. Bot. **68**, 602–710

(1928). — KREGER, D. R.: Wax. In: W. RUHLAND, Handb. d. Pflanzenphysiol., Bd. X, S. 249–281. Berlin-Göttingen-Heidelberg: Springer. 1958.

LEPESCHKIN, W. W.: Zur Kenntnis des Mechanismus der aktiven Wasserausscheidung der Pflanzen. Beihefte Bot. Zbl., I. Abt., **19**, 409–452 (1906). — LINSBAUER, K.: Die Epidermis. In: K. LINSBAUER, Handb. d. Pflanzenanatomie, Bd. IV, Abt. 1, Teil 2. Berlin: Borntraeger. 1930. — LLOYD, F. E.: The Carnivorous Plants. Waltham, Mass.: Chronica Botanica Co. 1942. — LÜTTGE, U.: Über die Zusammensetzung des Nektars und den Mechanismus seiner Sekretion I. Planta (Berl.) **56**, 189–212 (1961), II. Ebenda **59**, 108–114 (1962), III. Ebenda **59**, 175–194 (1962).

MARTIN, P., und B. RADEMACHER: Untersuchungen zur Frage der Wurzel-Allelopathie von Kulturpflanzen und Unkräutern. Beitr. Biol. Pflanzen **35**, 213–237 (1960). — MOLISCH, H.: Pflanzenphysiologie als Theorie der Gärtnerei, 5. Aufl. Jena: G. Fischer. 1922. — Der Einfluß einer Pflanze auf die andere — Allelophatie. Jena: G. Fischer. 1937. — MOTHES, K.: Ammoniakentgiftung und Aminogruppenvorrat. In: W. RUHLAND, Handb. d. Pflanzenphysiol., Bd. VIII, S. 716–762. Berlin-Göttingen-Heidelberg: Springer. 1958. — MOTHES, K., und A. ROMEIKA: Die Alkaloide. In: W. RUHLAND, Handb. d. Pflanzenphysiol., Bd. VIII, S. 989–1049. Berlin-Göttingen-Heidelberg: Springer. 1958.

PERCIVAL, M. S.: Types of Nectar in Angiosperms. New Phytol. **60**, 235–281 (1961). — POHL, FR.: Ölüberzüge verschiedener Pflanzenorgane, besonders der Blüte. Zugleich ein Beitrag zur ökologischen Blütenanatomie. Jb. wiss. Bot. **70**, 565–655 (1929). — PORSCH, O.: Die Abstammung der Monokotylen und die Blütennektarien. Ber. Dtsch. Bot. Ges. **31**, 580–590 (1913). — PRATT, H. K.: Direct chemical proof of ethylene production by detached leaves. Plant Physiol. **29**, 16–18 (1954).

RADEMACHER, B.: Gegenseitige Beeinflussung höherer Pflanzen. In: W. RUHLAND, Handb. d. Pflanzenphysiol., Bd. XI, S. 655–706. Berlin-Göttingen-Heidelberg: Springer. 1959. — ROELOFSEN, P. A.: The Plant Cell Wall. In: W. ZIMMERMANN und P. G. OZENDA, Handb. d. Pflanzenanatomie, Bd. III, Teil 4. Berlin-Nikolassee: Borntraeger. 1959. — RUHLAND, W.: Untersuchungen über die Hautdrüsen der Plumbaginaceen. Jb. wiss. Bot. **55**, 409–498 (1915).

SCHAEDE, R.: Die pflanzlichen Symbiosen, 2. Aufl. Jena: G. Fischer. 1948. — SCHMUCKER, TH., und G. LINNEMANN: Carnivorie. In: W. RUHLAND, Handb. d. Pflanzenphysiol., Bd. XI, S. 198–283. Berlin-Göttingen-Heidelberg: Springer. 1959. — SCHTSCHERBACK, J.: Über die Salzausscheidungen durch die Blätter von Statice Gmelini. Ber. Dtsch. Bot. Ges. **28**, 30–34 (1910). — SCHWARTZ, W.: Bakterien- und Actinomyceten-Symbiosen. In: W. RUHLAND, Handb. d. Pflanzenphysiol., Bd. XI, S. 546–576. Berlin-Göttingen-Heidelberg: Springer. 1959. — STAHL, E.: Zur Physiologie und Biologie der Exkrete. Flora N. F. **13**, 1–132 (1920). — STEIN VON KAMIENSKI, E.: Untersuchungen über die flüchtigen Amine der Pflanzen. I. Mitt. Methodik der Trennung und des Nachweises flüchtiger Amine. Planta **50**, 291–314 (1957/58a). — II. Mitt. Die Amine von Blütenpflanzen und Moosen. Planta **50**, 315–330 (1957/58b). — III. Mitt. Die Amine von Pilzen. Über den Weg der Aminbildung in Pflanzen. Planta **50**, 331–352 (1957/58c). — STEINER, M.: Weitere Untersuchungen über flüchtige Stickstoffbasen bei höheren Pflanzen. Beitr. Biol. Pflanzen **17**, 247–258 (1929). — STOCKING, C. R.: Guttation and bleeding. In: W. RUHLAND, Handb. d. Pflanzenphysiol., Bd. III, S. 489–502. Berlin-Göttingen-Heidelberg: Springer. 1956.

TREIBER, E.: Die Chemie der Pflanzenzellwand. Berlin-Göttingen-Heidelberg: Springer. 1957.

WOLFF, H.: Wachse. In: J. v. WIESNER, Rohstoffe des Pflanzenreiches, 4. Aufl., Bd. II, S. 2010–2023. Leipzig: Engelmann. 1928. — WORKMAN, M., und H. K. PRATT: Studies on the physiology of tomato fruits. II. Ethylene production at 20° C as related to respiration, ripening, and date of harvest. Plant Physiol. **32**, 330–334 (1957).

ZATTLER, FR., und P. CHROMETZKA: Untersuchungen über das Bluten von Hopfenreben. Bayer. landw. Jb. **39**, 347–355 (1962).

E. The Leaching of Materials from Leaves

By

H. B. Tukey and H. B. Tukey Jr.

Introduction

Leaching, as used in this paper, is defined as the removal of materials from plants by action of aqueous solutions. This makes no distinction between the various sources of the leached plant materials, only that they were derived from the plant.

FREY-WYSSLING (1935) has used the term, *Stoffausscheidung* and he has then made subdivisions based on the nature and function of materials prior to removal, namely, *Rekretion* (products of resorption which have not been assimilated by the plant, as potassium ions, calcium oxalate, and calcium carbonate), *Sekretion* (products which have been synthesized by the plant and eliminated in special organs, such as sugars by nectaries), and *Exkretion* (products of dissimilation or degeneration, such as resins and waxes). ARENS (1934, 1950) has used the expression *Kutikular exkretion* with the argument that some *Rekretion* products may have been involved in metabolism, and that there is an active mechanism for the movement of materials through the cuticle. MES (1954) has avoided this difficulty by employing the combination "Excretion (recretion)". "Exosmosis" has been used to describe the movement of materials outward from plant tissues under the influence of osmotic forces. WALLACE (1930) has used "lixiviation", a term which refers principally to separations according to solubility. "Leaching" is the more inclusive and more useful word, and properly describes the operation rather than the nature of the products of leaching.

Among the earliest observations on leaching phenomena were those by DE SAUSSURE (1804), who reported that washed leaves contained less of certain materials than did unwashed leaves; GAUDICHAUD (1841), who observed that water droplets on leaves became alkaline; GARREAU (1849), who found small amounts of carbonates in washings from leaves; and WOLFF (1871, 1880), who noted the lower ash content of plants growing in moist climes. Subsequently, with the development of new techniques, a number of workers reported on both quantitative and qualitative studies of leaching, which have been reviewed by WEHMER (1892), SWART (1914), ARENS (1934), SCHOCH (1955), and STENLID (1958). With the introduction of radioisotope techniques, various leaching phenomena have been more critically studied, as reviewed by STENLID (1958) and TUKEY JR. (1958), and some of the internal and external factors affecting leaching have been evaluated.

a) Internal Factors

Internal factors affecting leaching are those factors which originate within the plant itself, such as the nature of the plant, its physiological age, and its nutrient status. Perhaps foremost among these is the type and nature of the plant.

1. The Type and Nature of the Plant

Buchenau (1883) and von Homeyer (1883) observed much improved growth of plants growing beneath the spread of beech (*Fagus* spp), maple (*Acer* spp) and linden (*Tilia* spp) trees, as compared with poplar (*Populus* spp), birch (*Betula* spp), and willow (*Salix* spp); and they felt that the improvement might be due to nutrients leached from the overhead canopy. Wallace (1930) has shown that, in general, leaves of the black currant (*Ribes nigrum*) are more resistant to leaching than are leaves of apple (*Malus domestica*), pear (*Pyrus communis*), plum (*Prunus* spp), and gooseberry (*Ribes* spp). However, resistance to leaching varied between cultivars of the same species; thus the Victoria plum (*Prunus domestica*) was more resistant than any of the other plants studied, although other plums were leached easily.

The pH of dew droplets collected from the leaves of numerous botanical species varied between 6.6 and 9.2 indicating varying degrees of leachability of the leaves (Arens 1934). These same species showed considerable variation in the loss of mineral and ash constituents.

Tamm (1951) and Will (1955) have recorded leaching losses from conifers, Dalbro (1956) from fruit trees, and Long, Sweet and Tukey (1956) from vegetable and ornamental plants.

Leaves of bean (*Phaseolus vulgaris*), corn (*Zea mays*) and squash (*Cucurbita pepo*) have been shown to lose two to four times as much Ca^{45} and K^{42} as do leaves of tomato (*Lycospersicon esculentum*), and five to eight times as much K^{42} as do leaves of sugar beet (*Beta vulgaris*) (Tukey *et al.* 1958). Mes (1954) has reported that tomatoes lost 5 per cent of the P^{32} in the leaves after 30 minutes of artificial rain. Corn and potato (*Solanum tuberosum*) lost 2.7 per cent of the P^{32} and bean lost 2.2 per cent. In soaking experiments, tobacco (*Nicotiana tabacum*) lost no P^{32} after six hours immersion in water.

Deciduous trees lose more nutrients than do conifers during the summer months but conifers continue to lose nutrients throughout the winter months as well (Madgwick and Ovington 1959). Tamm (1951) has reported that 2 to 3 kilograms per hectare of potassium, sodium, and calcium were carried to the ground by rain from spruce (*Picea abies*) and pine (*Pinus sylvestris*) trees during 30 days in the autumn. Will (1955) found large amounts of calcium, magnesium, sodium, potassium, and phosphorus in the rain water beneath pine trees (*Pinus radiata*).

Cholodny (1932) has shown that summer wheat (*Triticum* spp) and barley (*Hordeum* spp) are more susceptible to leaching than is rye (*Secale* spp). Rice (*Oryza* spp) is apparently less affected than are other grains (LeClerc and Breazeale 1908), although Fujiwara and Iida (1956) found a decrease in the potassium content of rice leaves after a heavy rain.

Bhan *et al.* (1959) showed that considerable amounts of nutrients could be leached from leaves of banana (*Musa Cavendishii* and *Ensete* spp) while lesser amounts were washed from leaves of cotton (*Gossypium* spp) and swiss chard (*Beta vulgaris cicla*). Mature leaves of sweet orange (*Citrus sinensis*) lost no potassium, calcium, magnesium and phosphorus. These findings are apparently related to the physical characteristics of the leaves. Fogg (1947) has indicated that considerable variation among leaves exists in regard to wettability. It appears that leaves with a smooth, waxy, steeply-angled leaf surface which are wetted with difficulty, such as sweet orange and sugar beet, are not as subject to the leaching action of rain and dew. By artificially removing the waxy cuticle of cabbage (*Brassica oleracea*) loss by leaching has been increased (Arens 1934).

Leaves of tomato, bean, and such tropical plants as banana, coffee (*Coffea arabica*) (SCHWEIZER 1940) and castor bean (*Ricinus communis*) (LAUSBERG 1935, ARENS and LAUSBERG 1946) may be wetted without difficulty and thus are leached with ease.

2. Physiological Age and Condition of the Leaf

Not only are there differences among crops in respect to leaching, but there are also differences among individual leaves of the same crop and even the same plant (SCHOCH 1955), depending on the physiological age of the leaf. CHOLODNY (1932) found little or no losses of materials from young leaves of onion (*Allium cepa*), clematis (*Clematis vitalba*), pea (*Pisum sativum*), and lupine (*Lupinus albus*). He theorized that although young leaves appear delicate and fragile, they are less susceptible to leaching than are older leaves. Loss of Ca^{45} from 4-week-old squash leaves during 24 hours has been found to be 3.4 per cent of the radiocalcium in the leaf, while losses from 2-week-old leaves were 2.3 per cent (TUKEY *et al.* 1958).

As the maturity of the leaf increases, the susceptibility to loss of nutrients also increases, reaching a peak at senescence (ARENS 1934, GUYON 1937, LAUSBERG 1935, STENLID 1958). For example, losses of potassium from very young leaves during 24 hours may be less than 5 per cent of the initial potassium content of the leaves (TUKEY *et al.* 1958), but as the leaves become mature, the loss of potassium may be 80 per cent or greater (WALLACE 1930). 52 per cent of the calcium in mature barley leaves can be leached by soaking in water for a few minutes (LECLERC and BREAZEALE 1908). Magnesium, sodium, and other minerals behave similarly. SCHOCH (1955) has indicated that the greater leaching at maturity may be associated with accumulation of nutrients, since young leaves on young plants which ordinarily appear resistant to leaching become susceptible when they are part of a mature plant.

LINSKENS (1952) has shown that young leaves are hydrophobic and are wetted with difficulty. Hydrophoby decreases with the maturity of the leaves. Thus, the susceptibility to leaching may be related once again to the wetting properties of the leaf. ARENS (1934) has indicated that this hydrophoby of young leaves is an adaptive mechanism which has developed through evolutionary processes. Without such a protective mechanism plants could quickly become deficient in certain nutrients, especially early in leaf ontogeny, when the leaf is growing rapidly and is in need of large amounts of nutrients.

WEHMER (1892) suggested that changes in leaf composition during the season, especially changes at senescence, were due to the action of rain and dew rather than to the more commonly accepted principle of *Rückwanderung* which explained that materials moved back into the plant from the leaf.

3. Nutrient Status of the Plant

The nutrient status and general vigor of the plant may greatly affect the quantity of leaching losses. ARENS (1934) and SCHOCH (1955) have suggested that loss of nutrients is dependent on the mineral content of the plant. They maintain that nutrients which are accumulated in excess of requirements are leached quickly and easily, until a certain level of nutrient concentration is reached within the plant. This suggestion is supported by the evidence that the greatest percentage of nutrient loss occurs in the first hours of leaching (STENLID 1958).

Leaves from healthy and vigorous plants tend to be less susceptible to leaching than are leaves from less vigorous, diseased, bruised, or nutritionally deficient plants (HELDER 1956). For example, plants deficient in phosphorus and calcium have been shown to lose a greater percentage of the P^{32} and Ca^{45} respectively than do plants not deficient in these nutrients (TUKEY *et al.* 1958). This indicates that loss of nutrients by leaching is not just an overflow mechanism to rid the plant of excess salts, but rather may deplete an already deficient system.

The nutritive status of the plant may also affect its susceptibility to leaching in another way. According to ARENS (1934), aquatic plants have a low osmotic concentration which allows the plant to be almost constantly bathed in water without extensive leaching. On the contrary, land plants have a higher osmotic concentration and are easily leached when in contact with water.

b) External Factors

External factors affecting leaching are those which originate outside the plant, such as light, temperature, rainfall, dew, and the nature of the leaching solution.

1. The Leaching Solution

Rain water as it falls on foliage contains varying amounts of dissolved salts (DALBRO 1956, INGHAM 1950). Dissolved salts may have appreciable effect on the quantity of nutrient loss by leaching. In general, potassium salts (KCl, KH_2PO_4, K_2HPO_4) increase losses as compared to distilled water. Sodium salts increase losses slightly, but calcium salts tend to inhibit losses (ASPREY 1935, BROOKS 1916, INGOLD 1931, TUKEY JR. 1958). Similarly, glucose solutions and solutions of indoleacetic acid maintain cell integrity and decrease the leaching of metabolites (SACHER 1958, TUKEY JR. 1958). These findings have been related to alterations in permeability of tissues (ASPREY 1935).

2. Light and Temperature

Light has little effect on the leaching of most minerals from young bean leaves, with two exceptions. Losses of P^{32} and S^{35} have been reported to be three times as great in darkness as in the light (TUKEY *et al.* 1958); and the loss of carbohydrates from similar tissues parallels directly the fluctuations of light intensity, being greatest during periods of high light intensity and lowest during hours of darkness (TUKEY JR. *et al.* 1957).

ARENS (1934) reports that light increases the loss of nutrients from mature leaves as compared to darkness. This has been noted in other tissues and has been explained on the basis of increased cytoplasmic permeability in the light and changes in rate of respiration in the dark (ILJIN 1928, LEPESCHKIN 1948).

High temperatures stimulate increased leaching losses from mature leaves (ARENS 1934, LEPESCHKIN 1948, STENLID 1958). However, the effect of temperature does not seem to manifest itself with young leaves, as losses of carbohydrates do not increase with temperature (TUKEY JR. *et al.* 1957).

3. Rain, Dew and Mist

The intensity and velocity of rain greatly affects the efficiency of leaching. BHAN *et al.* (1959) have suggested that the buffeting action of rain and accompanying winds may increase leaching. Rain which falls as a light drizzle and continuously bathes the leaves will remove considerably more nutrients than will an even greater quantity of water which falls in a short period of time (LAUSBERG 1935). LINSKENS (1952) reports that leaves which have been wetted and dried are subsequently wetted more easily so that intermittent rains tend to overcome the hydrophobic characteristics of some leaves.

Continuous or intermittent mists used in plant propagation have removed appreciable quantities of materials from cuttings and attached leaves (LONG *et al.* 1956, SHARPE 1955). In fact, symptoms characteristic of nutrient deficiencies have been noted in plants under mist (SWEET and CARLSON 1955). Some of the responses observed in mist propagation may be associated with changes in nutrient composition brought about by leaching.

Dew is very important as a leaching agent, especially in seasons and climates where rainfall is low. PHILLIS and MASON (1942) report an abundance of potassium and traces of calcium in dew on cotton leaves in Trinidad. They have suggested that large losses of materials may occur from heavy dew in a season of no rain. ARENS (1934) and ENGEL (1939) recognized the importance of leaching by dew. HILTNER (1930) and ZATTLER (1932) noted the beneficial effect of dew on plant growth. This effect may have been due to the leaching action of dew.

Measurable quantities of minerals can be leached from foliage after only a brief exposure to water (MES 1954, TUKEY *et al.* 1958). In fact, CORIN *et al.* (1958) have shown that washing leaves prior to chemical analysis will reduce their mineral content significantly. Thus, the results of foliage analyses to determine the nutritional status of plants should be interpreted with a knowledge of the previous precipitation and the techniques of sampling and processing (ARENS 1936, DALBRO 1956, TUKEY and TUKEY JR. 1959).

4. Greenhouse and Field-Grown Plants

Plants grown in the greenhouse often contain a higher concentration of certain nutrients than do the same plants grown out-of-doors. COUNCLER (1883) noted that the ash from leaves of *Acer negundo* growing under glass contained 12 per cent phosphate, 27 per cent calcium, and 45 per cent potash, as compared with 3 per cent phosphate, 15 per cent calcium, and 34 per cent potash for plants growing in the field. Similar results were obtained by ARENS (1934), LECLERC and BREAZEALE (1908) and MANN (1924). Investigating this phenomenon further, TUKEY JR. and AMLING (1958) showed that large differences occurred in the concentration of readily leachable nutrients, such as potassium, calcium, magnesium, and sodium, and only rarely did this occur with nutrients which are leached with difficulty, such as zinc and phosphorus. Similarly, plants growing out-of-doors but protected from rain by a plastic roof contained higher concentrations of leachable nutrients than did plants not so protected.

This substantiates the conclusions of WEHMER (1892) that the differences in nutrient composition between greenhouse and field-grown crops may be, in part, attributed to leaching of nutrients by rain and dew. It also points out that results from greenhouse and field experiments are not always comparable. When subjected to leaching, greenhouse plants lose greater amounts of constituents than do field-grown plants, explained in part by the larger accumulation of nutrients in plants under glass (KINGSLEY *et al.* 1957).

Tropical plants in a greenhouse are improved when they are syringed with water in a manner which approximates the action of rain and dew in their natural habitat. Castor bean plants accumulated lethal concentrations of salts in the leaves, but continued to survive when syringed with water (ARENS 1950). Flower growers frequently syringe the foliage of greenhouse plants to improve the quality of the crop, and it has been suggested that the washing of house plants with a damp cloth may be a means of leaching nutrients from the leaves (SCHOCH 1955, TUKEY and TUKEY JR. 1959).

LECLERC and BREAZEALE (1908) suggested that the depletion of greenhouse soils was in part due to the lack of rainfall, which occurred out-of-doors and which returned nutrients to the soil.

c) The Nature of Leached Materials and the Mechanism and Ecological Significance of Leaching

1. Mechanism of Leaching

Evidently stomata are not the primary pathway of nutrient loss. LAUSBERG (1935) has reported up to 70 per cent greater loss from upper leaf surfaces where stomata are fewer in number than from lower surfaces where stomata are more numerous. The layer of cuticle, originally thought to be continuous tand impermeable, has been found to be discontinuous, broken, or entirely absen in some cases (SKOSS 1953). Leaf cutin imbibes water and offers little impediment to the passage of materials in solution (ARENS 1950). Pectinaceous layers and epidermal plasmodesmata may be interspersed with cutin in some leaves, forming continuous pathways from the vascular elements and other plant parts to the leaf surfaces (ROBERTS *et al.* 1948). ARENS (1934) has proposed that cuticular excretion is an active plant mechanism; ENGEL (1939) and SCHOCH (1955) consider leaching losses to be simply passive diffusion.

2. Leachability, Nature and Amount of Leached Materials

The relative leachability of several radioisotopes from young leaves has been determined (TUKEY *et al.* 1958). Those minerals which were readily leached include Na^{22} and Mn^{54} with losses of more than 25 per cent of nutrient in the leaves. Minerals which were moderately leached (1 to 10 per cent) include Ca^{45}, Mg^{28}, S^{35}, K^{42} and Sr^{90}-Y^{90}. Minerals which were leached with difficulty (less than 1 per cent) were Fe^{55-59}, Zn^{65}, P^{32} and Cl^{36}. Quantitative losses are greatly increased as leaves mature.

In addition to mineral constituents, large quantities of organic substances, chiefly carbohydrates, can be leached from leaves. DALBRO (1956) has calculated that more than 800 kilograms per hectare of organic materials can be lost from apple foliage during one year.

Early work on the identification of substances being leached from foliage revealed only the presence of inorganic minerals, such as potassium, calcium, sodium, carbonate, phosphate, and silicic acid. Later work has shown a greater diversity in the products leached. WASICKY (1958) has reported that 34 percent of the ascorbic acid content of rhododendron leaves was removed by a 2-hour tropical rain. LONG *et al.* (1956) determined small amounts of a polypeptide and large amounts of a galactan in leachates. Exudations from other tissues contain sugars, lipids, organic acids, nucleotides, flavones, and amino acids, as well as inorganic salts (CHRISTIANSEN 1950, LUNDERGÅRDH and STENLID 1944).

Chromatographic analysis of the leachates from bean leaves revealed numerous sugars, amino acids, and carboxylic acids (TUKEY JR. and ROMBERGER

1959). In the neutral fraction were identified raffinose, glucose, fructose and sucrose, and large amounts of sugar alcohols similar in behavior to mannitol and sorbitol. In the cationic fraction were evidences of amino acids, such as glutamic and aspartic acids, arginine, serine, valine, proline, threonine, alanine, and leucine. In the anionic fraction were evidences of lactic, succinic, and glycolic acids, as well as acidic glycosides and pectic substances.

3. Nutrient Cycle

Leaching increases as a function of time. After several days of continuous leaching, losses may reach three to eight times the amount of the total nutrients initially in the leaves indicating a replacement of leached nutrients from other plant parts (LAUSBERG 1935). Further evidence for replacement is found in a comparison of losses from leaves leached while still attached to the parent plant and from leaves detached prior to leaching; more than twice as much calcium and potassium have been removed from attached leaves as from detached leaves (SCHOCH 1955, TUKEY *et al.* 1958). Further, more Ca^{45} has been lost through leaves by leaching when there is a constant supply of Ca^{45} to the roots than when the supply is allowed to deplete (TUKEY *et al.* 1958). A replenishment mechanism is thus effectively shown whereby nutrients are absorbed by the roots and transported through the stem to the leaves to replace the leached nutrients as suggested earlier by ARENS and LAUSBERG (1946) and MES (1954). The radioisotope technique has conclusively demonstrated the complete cycle of nutrients from the plant to the soil and back to the plant again (TUKEY *et al.* 1958).

4. Losses from Other Plant Parts

Leaching may occur from plant parts other than leaves. Fruits of raspberry (*Rubus* spp) and mulberry (*Morus* spp) have been leached (CHOLODNY 1932); and anthocyanin pigments, sugars and mineral nutrients have been washed from strawberry fruits (*Fragaria* spp) (TUKEY *et al.* 1958). CHOLODNY (1932) explained severe economic losses of grain crops in the Ukraine by the leaching of sugars from the flowers and developing seeds during the milk stage of grain development.

Stems and branches of woody plants are capable of loss, even during the dormant season (DALBRO 1956, MADGWICK and OVINGTON 1959). The leaching and exudation of nutrients from roots is a well studied phenomenon.

5. Ecological Significance of Leaching

Because of the difficulty of separating the effects of leaching in nature, the phenomenon has not received the attention it perhaps deserves. Not until the advent of radioisotopes could the importance of leaching losses be fully evaluated. Now that leaching has been conclusively demonstrated, it can be related to other natural occurrences, particularly in the field of ecology and plant association and distribution.

ARENS (1934) and later LAUSBERG (1935) have suggested that plants, such as the potato, are not tolerant of a high salt concentration within the plant and so prefer a maritime climate where rain and dew can serve as salt-removing agents. In contrast, plants such as lupine which will tolerate a high salt concentration within the plant, are adapted to a continental climate with less rain and dew. Further, they point out, desert plants often possess special salt-removing parts such as glandular hairs which accumulate salts and then absciss. Such phenomena are seldom observed among plant populations in moist regions. Leaching thus becomes essential in maintaining nutritional equilibria in plants, and the ability of plants to utilize this mechanism becomes an important ecological factor. The rain forest can be considered as a natural plant association well adapted to cuticular leaching.

The materials leached from taller plants will have considerable effect upon the nutrition of the plants below. TAMM (1950) has indicated that certain forest mosses receive a considerable portion of their nutrient supply from the leaching of conifer trees overhead. The effect may be deleterious as in the case of leaching from Juglandaceous plants which may have an inhibiting effect upon growth of plants beneath (BODE 1958).

Not only is the plant a product of the soil, but the soil is a product of the plant. Plant leachates enrich the upper layers of the soil and tend to counterbalance the losses due to leaching of the soil. Plants may draw nutrients from deep and distant soil areas which ultimately accumulate beneath the spread of the plant. As reviewed by DALBRO (1956), leachates influence the number and behavior of soil microorganisms which in turn influence the soil-forming processes, soil texture, and fertility. Leaching thus becomes important in the development of an ecological succession culminating in the climax forest.

The concept of leaching also has many other practical implications as discussed by DALBRO (1956) and TUKEY and TUKEY JR. (1959), including the effect on crop yield, quality, and susceptibility to pathological and physiological disorders. The leaf is revealed in an even more dynamic role, concerned not only with photosynthesis and transpiration, but also with uptake and loss of materials which help to adjust the plant to its environment by maintaining a nutritional balance conducive to optimum growth and development.

Literature

ARENS, K.: Die kutikuläre Exkretion des Laubblattes. Jb. wiss. Bot. **80**, 248–230 (1934). — Kann man in allen Fällen aus den Ergebnissen der Aschenanalyse Schlüsse auf Lebensfunktionen der Pflanze ziehen? Landwirtsch. Jb. **82**, 453–463 (1936). — Eliminação de sais tóxicos através da cutícula foliar. Thesis. Faculdade Nacional de Filosofia, Rio de Janeiro. 1950. — ARENS, K., and TH. LAUSBERG: A excrecão cuticulãr de sais minerais pelas folhas de "*Ricinus communis*" e seu reflêxo sôbre o teõr mineral do sólo. Summa Brasil. Biol. **1**, 23–43 (1946). — ASPREY, G. F.: On the relationship between exosmosis and salt absorption by potato tuber tissue previously treated with various salt solutions. Protoplasma **24**, 497–504 (1935).

BHAN, K. C., A. WALLACE and O. R. LUNT: Some mineral losses from leaves by leaching. Proc. Amer. Soc. Hort. Sci. **73**, 289–293 (1959). — BROOKS, S. C.: Studies on exosmosis. Amer. J. Bot. **3**, 483–492 (1916). — BUCHENAU, F.: Die düngende Wirkung des aus den Baumkronen niederträufelnden Wassers. Ber. dtsch. bot. Ges. **1**, 108–109 (1883). — BODE, H. R.: Beiträge zur Kenntnis allelopathischer Erscheinungen bei einigen Juglandaceen. Planta **51**, 440–480 (1958).

CHOLODNY, N.: Zur Kenntnis der durch das regnerische Wetter verursachten Ertragsabnahme bei Getreidearten. Ber. dtsch. bot. Ges. **50**, 562–570 (1932). — CHRISTIANSEN, G. S.: The metabolism of stem tissue during growth and its inhibition. V. Nature and significance of the exudate. Arch. Biochem. **29**, 357–368 (1950). — CORIN C., A. LECRENIER, R. KIRCHMAN, O. LIARD and M. A. PICARD: Contribution à l'étude de la nutrition minérale des arbres fruitiers au moyen des isotopes radioactifs. Radioisotopes in Scientific Research **4**, 382–389. London: Pergamon. 1958. — COUNCLER, C.: Aschengehalt der Blätter in Wasserkultur gewachsener Bäumchen, verglichen mit demjenigen auf festem Boden erwachsener. Landwirtsch. Versuchsstationen **29**, 241–245 (1883).

DALBRO, S.: Leaching of nutrients from apple foliage. Proceedings Fourteenth International Horticultural Congress (Paris, 1955), 770–778 (1956).

ENGEL, H.: Das Verhalten der Blätter bei Benetzung mit Wasser. Jb. wiss. Bot. **88**, 818–861 (1939).

FOGG, G. E.: Quantitative studies on wetting of leaves by water. Proc. Roy. Soc. London B **134**, 503–522 (1947). — FREY-WYSSLING, A.: Ein physiologisches System der pflanzlichen Ausscheidungsstoffe. Protoplasma **23**, 393–409 (1935). — FUJIWARA, A., and S. IIDA: Biochemical and nutritional studies on potassium. III. On the leaching extraction of potassium from the higher plants. Tohoku J. Agric. Res. **7**, 85–101 (1956).

GARREAU, M.: Récherches sur l'absorption et l'exhalation des surfaces aériennes des plantes. Ann. Sci. Nat. Bot. **8**, 321–346 (1849). — GAUDICHAUD, C.: Récherches générales sur l'organographie, la physiologie et l'organogenie. Paris: Fortin, Masson. 1841. — GUYON, G.: Evaluation des pertes salines des végétaux par les eaux météoriques. C. R. Acad. Agr. France **23**, 845–850 (1937).

HELDER, R. J.: The loss of substances by cells and tissues. Handbuch der Pflanzenphysiologie **2**, 468–488 (1956). — HILTNER, E.: Der Tau und seine Bedeutung für den Pflanzenbau. Wiss. Arch. Landwirtsch. A **3**, 1–70 (1930). — HOMEYER, E. F. VON: Bemerkungen über die düngende Wirkung des aus den Baumkronen niederträufelnden Wassers. Ber. dtsch. bot. Ges. **1**, 471 (1883).

ILJIN, W. S.: Die Durchlässigkeit des Protoplasmas, ihre quantitative Bestimmung und ihre Beeinflussung durch Salze und durch die Wasserstoffionenkonzentration. Protoplasma **3**, 558–602 (1928). — INGHAM, G.: Effect of materials absorbed from the atmosphere in maintaining soil fertility. Soil Sci. **79**, 205–212 (1950). — INGOLD, C. T.: On the effect of previous treatment with salt solutions on the subsequent outward diffusion of electrolytes from plant tissue. Ann. Bot. **45**, 709–716 (1931).

KINGSLEY, A. F., C. O. CLAGETT, H. J. KLOSTERMAN and T. E. STOA: Loss of minerals from mature wheat and flax by simulated rain. Agronomy J. **49**, 37–39 (1957).

LAUSBERG, TH.: Quantitative Untersuchungen über die kutikuläre Exkretion des Laubblattes. Jb. wiss. Bot. **81**, 769–806 (1935). — LECLERC, J. A., and J. F. BREAZEALE: Plant food removed from growing plants by rain and dew. United States Department of Agriculture Yearbook of Agriculture **1908**, 389–402. — LEPESCHKIN, W. W.: Influence of temperature and light upon the exosmosis and accumulation of salts in leaves. Amer. J. Bot. **35**, 254–259 (1948). — LINSKENS, H. F.: Über die Änderung der Benetzbarkeit und deren Ursache. Planta **41**, 40–51 (1952). — LONG, W. G., D. V. SWEET and H. B. TUKEY: The loss of nutrients from plant foliage by leaching as indicated by radioisotopes. Science **123**, 1039–1040 (1956). — LUNDEGÅRDH, H., and G. STENLID: On the exudation of nucleotides and flavones from living roots. Arkiv f. Bot. A **31**, 1–27 (1944).

MADGWICK, H. A. I., and J. D. OVINGTON: The chemical composition of precipitation in adjacent forest and open plots. Forestry **32**, 14–22 (1959). — MANN, C. E. T.: The physiology of the nutrition of fruit trees. I. Some effects of Ca and K starvation. Ann. Rep. Long Ashton Research Station **1924**, 30–45. — MANN, C. E. T., and T. WALLACE: The effects of leaching with cold water on the foliage of the apple. J. Pomology Hort. Sci. **4**, 146–161 (1925). — MES, M. G.: Excretion (recretion) of phosphorus and other mineral elements under the influence of rain. S. Afr. J. Sci. **50**, 167–172 (1954).

PHILLIS, E., and T. G. MASON: On diurnal variations in the mineral content of the leaf of the cotton plant. Ann. Bot. N. S. **6**, 437–442 (1942).

ROBERTS, E. A., M. D. SOUTHWICK and D. H. PALMITER: A microchemical examination of McIntosh apple leaves showing relationship of cell-wall constituents to penetration of spray solutions. Plant Physiol. **23**, 557–559 (1948).

SACHER, J. A.: Relationship between auxin and membrane-integrity in tissue senescence and abscission. Science **125**, 1199– 1200 (1957). — Studies on auxin-membrane permeability relations in fruit and leaf tissues. Plant Physiol. (in press). — DE SAUSSURE, T.: Récherches chimiques sur la végétation. Paris: Nyon. 1804. — SCHOCH, K.: Quantitative Erfassung der kutikularen Rekretion von K und Ca. Ber. Schweiz. bot. Ges. **65**, 205–250 (1955). — SCHWEIZER, J.: Physiologische studies bij koffie I. Arch. Koffiecultuur in Nederlandsch-Indie **14**, 2 (1940). — SHARPE, R. H.: Mist propagation studies with emphasis on mineral content of foliage. Proc. Florida State Hort. Soc. **68**, 345–347 (1955). — SKOSS, J. D.: The structure and chemistry of plant cuticle in relation to environmental factors and to permeability. Ph. D. Thesis, University of California, Los Angeles. 1953. — STENLID, G.: Salt loss and redistribution of salts in higher plants. Encyclopedia of Plant Physiology **4**, 615–637 (1958). — SWART, N.: Die Stoffwanderung in ablebenden Blättern. Jena. 1914. — SWEET, D. V., and R. F. CARLSON: Rooting of cuttings in air-cooled mist chambers. Michigan Agr. Exper. Station Quart. Bull. **38**, 258–267 (1955).

TAMM, C. O.: Growth and plant nutrient concentration in *Hylocomium proliferum* in relation to tree canopy. Oikos **2**, 60 (1950). — Removal of plant nutrients from tree crowns by rain. Physiol. Plant. **4**, 184–188 (1951). — TUKEY, H. B., and H. B. TUKEY, JR.: Practical implications of nutrient losses from plant foliage by leaching. Proc. Amer. Soc. Hort. Sci. **74**, (1959) — TUKEY, H. B., S. H. WITTWER and H. B. TUKEY JR.: Leaching of nutrients from plant foliage as determined by radioisotopes. Radioisotopes in Scientific Research **4**, 304–319. London: Pergamon. 1958. — TUKEY, H. B. JR.: Loss of nutrients from above-ground plant parts by leaching as determined by radioisotopes. Ph. D. Thesis, Michigan State University (1958). — TUKEY, H. B. JR., and H. J. AMLING: Leaching of foliage by rain and dew as an explanation of differences in the nutrient composition of greenhouse- and field-grown plants. Michigan Agr. Exper. Station Quart. Bull. **40**, 876–881 (1958). — TUKEY, H. B. JR., and J. A. ROMBERGER: The nature of substances leached from foliage. Plant Physiol. **34**, suppl. (1959). — TUKEY, H. B. JR., S. H. WITTWER and H. B. TUKEY: Leaching of carbohydrates from plant foliage as related to light intensity. Science **126**, 120–121 (1957).

WALLACE, T.: Experiments on the effect of leaching with cold water on the foliage of fruit trees. I. The course of leaching of dry matter, ash, and potash from leaves of apple, pear, plum, black currant and gooseberry. J. Pomology Hort. Sci. **8**, 44–60 (1930). — WASICKY, R.: Extraction of vitamin C from above ground portions of plants by rain. Sci. Pharmaceut. **26**, 100–103 (1958). — WEHMER, C.: Zur Frage nach der Entleerung absterbender Organe, insbesondere der Laubblätter. Landwirtsch. Jb. **21**, 513–569 (1892). — WILL, G. M.: Removal of mineral nutrients from tree crowns by rain. Nature **176**, 1180 (1955). — WOLFF, E.: Aschen-Analysen. I und II. Berlin. 1871/1880.

ZATTLER, F.: Über die Bildung des Taues und seine physiologische Wirkung auf die Pflanze. Praktische Blätter f. Pflanzenbau u. Pflanzenschutz **10**, 73–89 (1932).

GPSR Compliance

The European Union's (EU) General Product Safety Regulation (GPSR) is a set of rules that requires consumer products to be safe and our obligations to ensure this.

If you have any concerns about our products, you can contact us on ProductSafety@springernature.com

In case Publisher is established outside the EU, the EU authorized representative is:

Springer Nature Customer Service Center GmbH
Europaplatz 3
69115 Heidelberg, Germany

Batch number: 10584556

Printed by Printforce, the Netherlands